항공자격증명을 위한

항공법규

| 이득순 지음 |

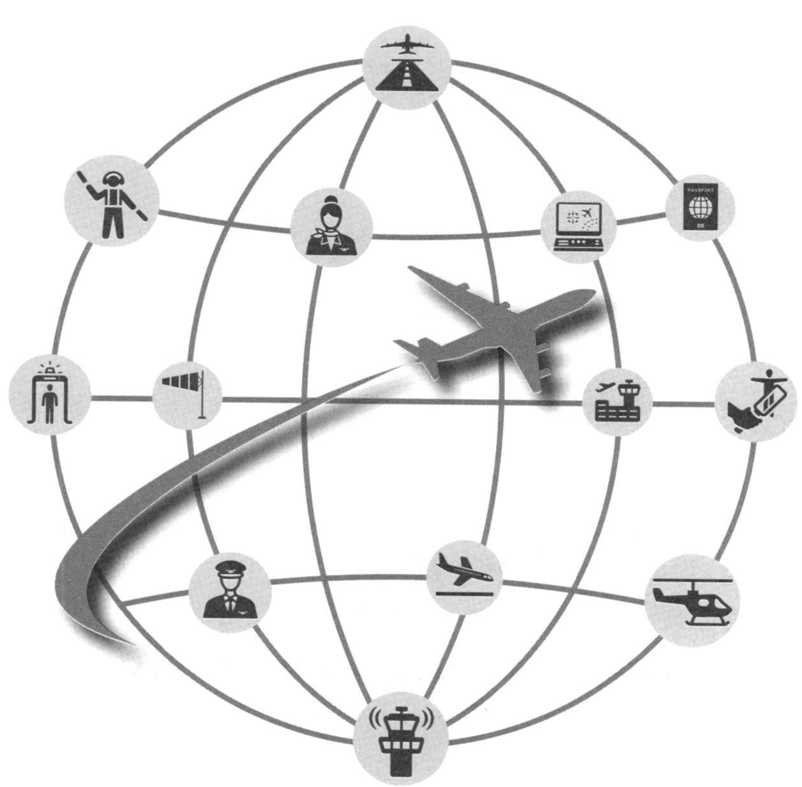

BM (주)도서출판 성안당

■ 도서 A/S 안내

성안당에서 발행하는 모든 도서는 저자와 출판사, 그리고 독자가 함께 만들어 나갑니다.

좋은 책을 펴내기 위해 많은 노력을 기울이고 있습니다. 혹시라도 내용상의 오류나 오탈자 등이 발견되면 "좋은 책은 나라의 보배"로서 우리 모두가 함께 만들어 간다는 마음으로 연락주시기 바랍니다. 수정 보완하여 더 나은 책이 되도록 최선을 다하겠습니다.

성안당은 늘 독자 여러분들의 소중한 의견을 기다리고 있습니다. 좋은 의견을 보내주시는 분께는 성안당 쇼핑몰의 포인트(3,000포인트)를 적립해 드립니다.

잘못 만들어진 책이나 부록 등이 파손된 경우에는 교환해 드립니다.

저자 문의 e-mail : airdslee@hanmail.net(이득순)

본서 기획자 e-mail : coh@cyber.co.kr(최옥현)

홈페이지 : http://www.cyber.co.kr 전화 : 031) 950-6300

머리말

우리나라는 1948년 대한민국 정부 수립 때 정부조직법에 교통부(현 국토교통부의 전신)를 두고, 교통부에서 항공사무를 관장하며, 교통부시설국에 항공과를 두는 것으로 우리나라 항공의 시작의 장을 마련하게 되었다. 또한 6·25 전쟁 중에 비행기가 전무한 상태에서 앞을 내다본 우리의 선각자들은 국제민간항공기구(ICAO)에 가입(1952년 12월 11일)하여 당당히 독립 국가로서 대한민국을 공식적으로 인정(ICAO는 UN의 전문기구)받는 쾌거를 이루었다. 이는 동시에 대한민국 항공의 기반을 국제 기준에 두는 계기를 마련하는 일이었다.

이후 헌법 제6조 ① "헌법에 의하여 체결·공포된 조약과 일반적으로 승인된 국제법규는 국내법과 같은 효력을 가진다."에 따라 「항공법(1961년 3월 7일 법률 제591호)」을 제정하여 2016년 3월 29일까지 56년 동안 사용하였다. 그 후 국제 기준에 신속히 대응하는 데 미흡한 측면이 있어 항공 관련 법규의 체계와 내용을 알기 쉽게 하기 위하여 「항공법」을 「항공사업법」, 「항공안전법」 및 「공항시설법」으로 분법하였다. 이처럼 국제 기준 변화에 탄력적으로 대응하고, 국민들이 이해하기 쉽도록 분법한 「항공법」을 현재 항공의 기준으로 활용하고 있다.

한편 항공사무를 관장하는 교통부조직은 항공과(課) 조직 24년(1948. 11.~1972. 2.), 항공국(局) 조직 26년(1972. 3.~2008. 2.), 항공정책실(室) 조직 12년째(2008. 3.~현재) 운영되고 있다. 3정책관(국장), 13개 과(課)(약 200명)로 확대 개편하여 복잡하고 전문화된 국제 기준에 대응하고 있다. 또한 집행부서인 3개 지방 항공청(615명), 항공교통본부(310명) 및 항공철도사고조사위원회(11명) 등 방대한 항공부문조직(총 1,137명)*으로 항공관련 부분 관리·감독 및 국제 기준에 대응하고 있다(*국토교통부와 그 소속기관직제 시행규칙 발췌 자료).

우리나라는 1948년 10월 1일 대한항공사(KNA) 설립 및 스틴슨 단발기 3대 도입을 시작으로 2020년 10월 현재 총 836대(비행기 623대, 헬리콥터 208대, 활공기 3대 / 항공운송사업용 422대, 항공기사용사업용 176대, 자가용 239대)를 등록 및 보유하고 있다. 이러한 항공기를 안전하게 운용 및 운영하는 기준이 항공법규이다.

항공법규는 국제민간항공협약과 같은 부속서를 기반으로 하며, 현재 국제민간항공기구(ICAO) 체약국은 193국이다. 우리나라는 1952년 ICAO에 가입한 후, 약 50년 만인 2001년에 처음 이사국(파트 Ⅲ)으로 선임되어 7회 연속 이사국으로 활동하고 있다. 또 항공운송규모 6위, **ICAO 예산(약 929억 원)의 분담금 11위** 등 파트 I 국가와 동등한 수준의 외형 성장을 이루고 세계 186개 도시(2019년 기준)를 운항하고 있다(** 보조 자료, 2020. 5. 5. ICAO 전략기획팀 신설).

항공자격증명을 위한 「항공법규」는 2020년 개정된 최신 법령을 반영하였으며, 항공안전법, 항공사업법, 공항시설법 외에 항공보안법, 항공·철도 사고조사에 관한 법률, 국제항공법 등을 독자들이 이해하기 쉽도록 2단표로 일목요연하게 구성하였다. 또 항공정책, 관리 및 실무에 40여 년 이상의 경력자들로 한국항공우주기술협회 감수위원회를 구성하여 예상문제를 장별로 분리하여 수록하였고, 법령 근거를 해설로 명기하여 항공자격증명의 적중률을 높였다. 또한 부록으로 모의고사를 수록하여 실전에 대비할 수 있도록 하였다.

독자 여러분의 의견과 조언을 http://airdslee@hanmail.net으로 보내 주시면 독자들과 함께 좋은 「항공법규」를 만들어 갈 것을 약속드린다.

본 「항공법규」의 기획, 출판에 깊게 협력하여 주신 협회 이상희 회장님, 김관연 부회장님, 전문교육기관 협의회장님, 성안당의 관계자 여러분께도 심심한 사의를 표한다.

李 得 淳

항공자격시험제도 주요 내용

항공자격증명을 위한 주요 내용은 관련법규를 요약하였다. [시행기관: 한국교통안전공단]

1. 항공종사자 자격별 업무 범위(항공안전법 별표)
2. 항공자격증명별 응시 경력(시행규칙 별표 4 요약)
3. 항공자격증명 학과실기 과목 및 범위(시행규칙 별표 5 요약)
4. 자격증명을 가진 사람의 학과시험 면제기준(시행규칙 별표 6 및 보완)
5. 항공자격시험 학과 및 실기시험의 수수료(시행규칙 별표 47 요약)

[별표] 자격증명별 업무 범위(법 제36조 제1항 관련)

자격	업무 범위
운송용 조종사	항공기에 탑승하여 다음 각 호의 행위를 하는 것 1. 사업용 조종사의 자격을 가진 사람이 할 수 있는 행위 2. 항공운송사업의 목적을 위하여 사용하는 항공기를 조종하는 행위
사업용 조종사	항공기에 탑승하여 다음 각 호의 행위를 하는 것 1. 자가용 조종사의 자격을 가진 사람이 할 수 있는 행위 2. 무상으로 운항하는 항공기를 보수를 받고 조종하는 행위 3. 항공기사용사업에 사용하는 항공기를 조종하는 행위 4. 항공운송사업에 사용하는 항공기(1명의 조종사가 필요한 항공기만 해당)를 조종하는 행위 5. 기장 외의 조종사로서 항공운송사업에 사용하는 항공기를 조종하는 행위
자가용 조종사	무상으로 운항하는 항공기를 보수를 받지 아니하고 조종하는 행위
부조종사 (MPL)	비행기에 탑승하여 다음 각 호의 행위를 하는 것 1. 자가용 조종사의 자격을 가진 사람이 할 수 있는 행위 2. 기장 외의 조종사로서 비행기를 조종하는 행위
항공사(항행사)	항공기에 탑승하여 그 위치 및 항로의 측정과 항공상의 자료를 산출하는 행위
항공기관사	항공기에 탑승하여 발동기 및 기체를 취급하는 행위(조종장치의 조작은 제외한다)
항공교통관제사	항공교통의 안전·신속 및 질서를 유지하기 위하여 항공기 운항을 관제하는 행위
항공정비사	다음 각 호의 행위를 하는 것 1. 제32조 제1항에 따라 정비등(等)을 한 항공기등(等), 장비품 또는 부품에 대하여 감항성을 확인하는 행위 2. 제108조 제4항에 따라 정비를 한 경량항공기 또는 그 장비품·부품에 대하여 안전하게 운용할 수 있음을 확인하는 행위 ㈜ 제32조(항공기등(等)의 정비확인), 제108조(경량항공기 안전성인증등(等))
운항관리사	항공운송사업에 사용되는 항공기 또는 국외운항항공기의 운항에 필요한 다음 각 호의 사항을 확인하는 행위 1. 비행계획의 작성 및 변경 2. 항공기 연료 소비량의 산출 3. 항공기 운항의 통제 및 감시

■ 항공안전법 시행규칙 [별표 4] 〈개정 2020. 12. 10.〉

항공종사자 · 경량항공기조종사 자격증명 응시경력 발췌
(제75조, 제91조 제3항 및 제286조 관련)

1. 운송용 조종사 항공종사자 자격증명시험 경력

1) 21세 이상으로서 비행기 자격증명을 신청하는 경우 비행기 조종사 중 1,500시간 이상의 비행경력이 있는 사람으로서 계기비행증명을 받은 사업용 조종사 또는 부조종사 자격증명을 받은 사람
2) 21세 이상으로서 헬리콥터 자격증명을 신청하는 경우 헬리콥터 조종사로서 1,000시간 이상의 비행경력이 있는 사업용 조종사 자격증명을 받은 사람

2. 사업용 조종사 항공종사자 자격증명시험 경력

1) 18세 이상으로서 비행기 자격증명을 신청하는 경우 200시간 이상의 비행경력이 있는 사람
2) 18세 이상으로서 헬리콥터에 대하여 자격증명을 신청하는 경우 헬리콥터 조종사로서 150시간 이상의 비행경력이 있는 사람
   ㊟ 활공기 및 비행선은 별표 4를 참고

3. 자가용 조종사 항공종사자 자격증명시험 경력

1) 17세 이상으로서 비행기 또는 헬리콥터에 대하여 자격증명을 신청하는 경우 40시간 이상의 비행경력이 있는 사람
   ㊟ 활공기 및 비행선은 별표 4를 참고

4. 부조종사(MPL) 항공종사자 자격증명시험 경력

1) 18세 이상으로서 전문교육기관의 교육과정을 이수한 사람 또는
2) 비행시간의 합계가 240시간 이상인 비행경력이 있는 사람

5. 항공사(항행사) 항공종사자 자격증명시험 경력

1) 18세 이상으로서 200시간 이상의 비행경력이 있는 사람 또는
2) 주야간비행 중 25회 이상 항법에 응용하는 실기연습을 한 사람 또는
3) 전문교육기관에서 항공사에 필요한 교육과정을 이수한 사람

6. 항공기관사 항공종사자 자격증명시험 경력

1) 18세 이상으로서 200시간 이상의 비행경력이 있는 사람 또는
2) 전문교육기관에서 항공기관사에게 필요한 교육과정을 이수한 사람 또는
3) 사업용 조종사 자격증명 및 계기비행증명을 받고 항공기관사업무의 실기연습을 5시간 이상 한 사람

7. 항공교통관제사 항공종사자 자격증명시험 경력

1) 18세 이상으로서 전문교육기관에서 항공교통관제에 필요한 교육과정을 이수한 사람으로서 3개월 또는 90시간 이상의 관제실무를 수행한 경력이 있는 사람 또는
2) 항공교통관제사 자격증명이 있는 사람의 지휘·감독하에 9개월 이상의 관제실무를 행한 경력이 있거나 민간항공에 사용되는 군의 관제시설에서 9개월 또는 270시간 이상의 관제실무를 수행한 경력이 있는 사람 또는
3) 외국정부가 발급한 항공교통관제사의 자격증명을 받은 사람

8. 항공정비사 항공종사자 자격증명시험 경력

1) 18세 이상으로서 항공기 종류 한정(비행기, 헬리콥터)이 필요한 항공정비사 자격증명
   (1) 4년 이상의 항공기 정비업무경력자 또는
   (2) 대학·전문대학 또는 「학점인정 등에 관한 법률」에 따라 교육과정 이수 후의 정비실무경력이 6개월 이상이거나 또는 교육과정 이수 전의 정비실무경력이 1년 이상인 사람 또는
   (3) 전문교육기관에서 해당 항공기 종류에 필요한 과정을 이수한 사람 또는
   (4) 외국정부가 발급한 해당 항공기 종류 한정 자격증명을 받은 사람
2) 정비분야 한정이 필요한 항공정비사 자격증명을 신청하는 경우
   (1) 항공기 전자·전기·계기 관련 분야에서 4년 이상의 정비실무경력이 있는 사람 또는
   (2) 전문교육기관에서 항공기 전자·전기·계기의 정비에 필요한 과정을 이수한 사람으로서 항공기 전자·전기·계기 관련 분야에서 정비실무경력이 2년 이상인 사람
   ㈜ "정비업무"란 정비실무(수리, 개조, 검사를 포함), 정비기술, 정비계획 및 정비품질관리를 말한다.

9. 운항관리사 항공종사자 자격증명시험 경력

1) 21세 이상으로서 항공기의 운항에 관하여 경력을 2년 이상 가진 사람 또는 다음의 경력 둘 이상을 합산하여 2년 이상의 경력이 있는 사람
   (1) 조종을 행한 경력 또는
   (2) 공중항법에 의하여 비행을 행한 경력 또는
   (3) 기상업무를 행한 경력 또는
   (4) 항공기에 승무하여 무선설비의 조작을 행한 경력
2) 항공교통관제사 자격증명을 받은 후 2년 이상의 관제실무 경력이 있는 사람 또는
3) 전문대학 이상의 교육기관에서 운항관리사 학과시험의 범위를 포함하는 각 과목을 이수한 사람으로서 3개월 이상의 운항관리경력(실습경력 포함)이 있는 사람 또는
4) 전문교육기관에서 운항관리사에 필요한 교육과정을 이수한 사람 또는
5) 운항관리에 필요한 교육과정을 이수하고 현재 최근 6개월 이내에 90일(근무일 기준) 이상 항공운송사업체에서 운항관리사의 지휘·감독하에 운항관리실무를 보조하여 행한 경력이 있는 사람 또는
6) 외국정부가 발급한 운항관리사의 자격증명을 받은 사람 또는
7) 항공교통관제사 또는 자가용 조종사 이상의 자격증명을 받은 후 2년 이상의 항공정보업무 경력이 있는 사람

10. 경량항공기 조종사 자격증명시험 경력

1) 21세 이상으로서 전문교육기관 이수자는 20시간 이상의 경량항공기 비행경력이 있는 사람 또는
2) 자가용 조종사, 사업용 조종사, 운송용 조종사 또는 부조종사는 2시간 이상의 경량항공기 비행경력이 있는 사람

■ 항공안전법 시행규칙 [별표 5] 〈개정 2020. 12. 10.〉 [시행일 : 2021. 3. 1.]

자격증명시험의 과목 및 범위(제82조 제1항 관련)

• 항공종사자 자격증명시험 학과시험의 과목 및 범위

1. 운송용조종사 학과시험의 과목 및 범위(비행기 · 헬리콥터)
(헬리콥터 자격증명의 학과시험의 경우 계기비행에 관한 범위는 제외한다)

과목	범위
① 항공법규	가. 국내항공법규 나. 국제항공법규
② 비행이론	가. 비행 원리, 항공역학 등 비행에 관한 이론 및 지식 나. 항공기의 구조와 시스템에 관한 지식 다. 항공기 성능에 관한 지식 라. 항공기의 무게중심과 균형에 관한 지식 마. 항공기 계기와 그 밖의 장비품에 관한 일반지식
③ 공중항법	가. 항법의 기초 및 종류 나. 항행안전시설의 종류 · 기능과 이용방법 다. 탑재항행장비의 원리 · 종류 · 기능과 사용방법 라. 비행준비 · 지상운용 · 이륙 · 상승 · 순항 · 강하 · 착륙 등 단계별 비행절차 및 비상상황 대응절차 마. 운송용 조종사와 관련된 인적수행능력에 관한 지식(위협 및 오류 관리에 관한 원리를 포함한다) 및 적용
④ 항공기상	가. 지구 대기의 구조, 열과 온도 등 기상일반에 관한 사항 나. 다음의 기상 등에 관한 지식 1) 대기압과 고도측정 2) 일기도 및 바람 · 구름 3) 기단 및 전선 4) 난기류, 착빙(着氷) 및 뇌우 5) 열대기상, 북극기상 및 우주기상 등 다. 항공기상 관측 및 분석에 관한 지식 라. 항공기상 예보에 관한 지식 마. 기상레이더 등 기상관측장비에 관한 지식 바. 그 밖에 항공기 운항에 영향을 주는 기상에 관한 지식
⑤ 항공교통 · 통신 · 정보업무	가. 항공교통관제업무의 일반지식 나. 조난 · 비상 · 긴급통신방법 및 절차 다. 항공통신에 관한 일반지식 라. 항공정보간행물, 항공고시보 등 항공정보업무에 관한 지식

2. 사업용조종사 학과시험의 과목 및 범위(비행기 · 헬리콥터 · 비행선)

① 항공법규	가. 국내항공법규 나. 국제항공법규
② 비행이론	가. 비행 원리, 항공역학 등 비행에 관한 이론 및 지식 나. 항공기의 구조와 시스템에 관한 지식 다. 항공기 성능에 관한 지식 라. 항공기의 무게중심과 균형에 관한 지식 마. 항공기 계기와 그 밖의 장비품에 관한 일반지식
③ 공중항법	가. 항법의 기초 및 종류 나. 항행안전시설의 종류 · 기능과 이용방법 다. 탑재항행장비의 원리 · 종류 · 기능과 사용방법 라. 비행준비 · 지상운용 · 이륙 · 상승 · 순항 · 강하 · 착륙 등 단계별 비행절차 및 비상상황 대응절차 마. 사업용 조종사와 관련된 인적수행능력에 관한 지식(위협 및 오류 관리에 관한 원리를 포함한다) 및 적용
④ 항공기상	가. 지구 대기의 구조, 열과 온도 등 기상일반에 관한 사항 나. 다음의 기상 등에 관한 지식 1) 대기압과 고도측정 2) 일기도 및 바람 · 구름 3) 기단 및 전선 4) 난기류, 착빙 및 뇌우 5) 열대기상, 북극기상 및 우주기상 등 다. 항공기상 관측 및 분석에 관한 지식 라. 항공기상 예보에 관한 지식 마. 기상레이더 등 기상관측장비에 관한 지식 바. 그 밖에 항공기 운항에 영향을 주는 기상에 관한 지식
⑤ 항공교통 · 통신 · 정보업무	가. 항공교통관제업무의 일반지식 나. 조난 · 비상 · 긴급통신방법 및 절차 다. 항공통신에 관한 일반지식 라. 항공정보간행물, 항공고시보 등 항공정보업무에 관한 지식

3. 사업용조종사 학과시험의 과목 및 범위(활공기)

① 항공법규	가. 국내항공법규 나. 국제항공법규
② 비행이론	가. 비행이론에 관한 일반지식 나. 활공기의 취급법과 운항제한에 관한 지식 다. 활공기에 사용되는 계측기의 지식 라. 항공지도의 이용방법 마. 활공비행에 관련된 기상에 관한 지식

4. 자가용조종사 학과시험의 과목 및 범위(비행기 · 헬리콥터 · 비행선)

① 항공법규	가. 국내항공법규 나. 국제항공법규
② 비행이론	가. 비행 원리, 항공역학 등 비행에 관한 이론 및 지식 나. 항공기의 구조와 시스템에 관한 지식 다. 항공기 성능에 관한 지식 라. 항공기의 무게중심과 균형에 관한 지식 마. 항공기 계기와 그 밖의 장비품에 관한 일반지식
③ 공중항법	가. 항법의 기초 및 종류 나. 항행안전시설의 종류 · 기능과 이용방법 다. 탑재항행장비의 원리 · 종류 · 기능과 사용방법 라. 비행준비 · 지상운용 · 이륙 · 상승 · 순항 · 강하 · 착륙 등 단계별 비행절차 및 비상상황 대응절차 마. 자가용 조종사와 관련된 인적수행능력에 관한 지식(위협 및 오류 관리에 관한 원리를 포함한다) 및 적용
④ 항공기상	가. 지구 대기의 구조, 열과 온도 등 기상일반에 관한 사항 나. 다음의 기상 등에 관한 지식 1) 대기압과 고도측정 2) 일기도 및 바람 · 구름 3) 기단 및 전선 4) 난기류, 착빙 및 뇌우 5) 열대기상, 북극기상 및 우주기상 등 다. 항공기상 관측 및 분석에 관한 지식 라. 항공기상 예보에 관한 지식 마. 기상레이더 등 기상관측장비에 관한 지식 바. 그 밖에 항공기 운항에 영향을 주는 기상에 관한 지식
⑤ 항공교통 · 통신 · 정보업무	가. 항공교통관제업무의 일반지식 나. 조난 · 비상 · 긴급통신방법 및 절차 다. 항공통신에 관한 일반지식 라. 항공정보간행물, 항공고시보 등 항공정보업무에 관한 지식

5. 자가용조종사 학과시험의 과목 및 범위(활공기)

① 항공법규	가. 국내항공법규 나. 국제항공법규
② 공중항법	가. 비행이론에 관한 일반지식(상급활공기와 특수활공기만 해당한다) 나. 활공기의 취급법과 운항제한에 관한 지식 다. 활공비행에 관한 기상의 개요(상급활공기와 특수활공기만 해당한다)

6. 부조종사 학과시험의 과목 및 범위(비행기)

① 항공법규	가. 국내 항공법규 나. 국제 항공법규

7. 항공사(항행사) 학과시험의 과목 및 범위

① 항공법규	해당 업무에 필요한 항공법규
② 공중항법	가. 지문항법 · 추측항법 · 무선항법 나. 천측항법에 관한 일반지식 다. 항법용 계측기의 원리와 사용방법 라. 항행안전시설의 제원 마. 항공도 해독 및 이용방법 바. 항공사와 관련된 인적요소에 관한 일반지식
③ 항공기상	가. 항공기상통보와 천기도 해독 나. 기상통보 방식 다. 항공기상 관측에 관한 지식 라. 구름과 전선에 관한 지식 마. 그 밖에 비행에 영향을 주는 기상에 관한 지식
④ 항공교통 · 통신 · 정보업무	가. 항공교통 관제업무의 일반지식 나. 항공교통에 관한 일반지식 다. 조난 · 비상 · 긴급통신방법 및 절차 라. 항공정보업무

8. 항공기관사 학과시험의 과목 및 범위

① 항공법규	해당 업무에 필요한 항공법규
② 항공역학	가. 항공역학의 이론과 항공기의 중심위치의 계산에 필요한 지식 나. 항공기관사와 관련한 인적요소에 관한 일반지식
③ 항공기체	항공기의 기체의 강도 · 구조 · 성능과 정비에 관한 지식
④ 항공발동기	항공기용 발동기와 계통 및 구조 · 성능 · 정비에 관한 지식과 항공기 연료 · 윤활유에 관한 지식
⑤ 항공장비	항공기 장비품의 구조 · 성능과 정비에 관한 지식
⑥ 항공기제어	비행 중에 필요한 동력장치와 장비품의 제어에 관한 지식

9. 항공교통관제사 학과시험의 과목 및 범위

① 항공법규	가. 국내항공법규　　나. 국제항공법규
② 관제일반	가. 비행계획, 항공교통관제허가 및 항공교통업무와 관련된 항공기 기체・발동기・시스템의 성능 등에 관한 일반지식 나. 항공로관제절차 다. 접근관제절차 라. 비행장관제절차 마. 레이더관제절차 바. 항공교통관제사와 관련된 인적수행능력에 관한 지식(위협 및 오류 관리에 관한 원리를 포함한다) 및 적용
③ 항행안전시설	가. 항행안전시설의 종류・성능 및 이용방법 나. 항공지도의 해독 다. 공중항법에 관한 일반지식 라. 항법용 계측기의 원리와 사용방법
④ 항공기상	가. 지구 대기의 구조, 열과 온도 등 기상일반에 관한 사항 나. 다음의 기상 등에 관한 지식 1) 대기압과 고도측정　　2) 일기도 및 바람・구름 3) 기단 및 전선　　4) 난기류, 착빙 및 뇌우 5) 열대기상, 북극기상 및 우주기상 등 다. 항공기상 관측 및 분석에 관한 지식 라. 항공기상 예보에 관한 지식 마. 기상레이더 등 기상관측장비에 관한 지식 바. 그 밖에 항공교통관제에 필요한 기상에 관한 지식
⑤ 항공교통・통신・정보업무	가. 항공교통관제업무의 일반지식 나. 조난・비상・긴급통신방법 및 절차 다. 항공통신에 관한 일반지식 라. 항공정보간행물, 항공고시보 등 항공정보업무에 관한 지식

10. 항공정비사 학과시험의 과목 및 범위(비행기・헬리콥터・비행선)

① 항공법규	해당 업무에 필요한 항공법규
② 정비일반	가. 정비일반의 이론과 항공기의 중심위치의 계산 등에 관한 지식 나. 항공정비 분야와 관련된 인적수행능력에 관한 지식(위협 및 오류 관리에 관한 원리를 포함한다)
③ 항공기체	항공기체의 강도・구조・성능과 정비에 관한 지식
④ 항공발동기	항공기용 동력장치의 구조・성능・정비에 관한 지식과 항공기 연료・윤활유에 관한 지식
⑤ 전자・전기・계기(기본)	항공기 장비품의 구조・성능・정비 및 전자・전기・계기에 관한 지식

11. 항공정비사 학과시험의 과목 및 범위(경량비행기 · 경량헬리콥터 · 자이로플레인을 포함)

① 항공법규	비행기 · 헬리콥터 · 비행선의 항공법규에서 정한 범위와 같음
② 정비일반	비행기 · 헬리콥터 · 비행선의 정비일반에서 정한 범위와 같음
③ 항공기체	비행기 · 헬리콥터 · 비행선의 항공기체에서 정한 범위와 같음
④ 항공발동기	비행기 · 헬리콥터 · 비행선의 항공발동기에서 정한 범위와 같음
⑤ 전자 · 전기 · 계기(기본)	비행기 · 헬리콥터 · 비행선의 전자 · 전기 · 계기(기본)에서 정한 범위와 같음

12. 항공정비사 학과시험의 과목 및 범위(활공기)

① 항공법규	해당 업무에 필요한 항공법규
② 정비일반	가. 정비일반의 이론과 항공기의 중심위치의 계산 등에 관한 지식 나. 항공정비 분야와 관련된 인적수행능력에 관한 지식(위협 및 오류 관리에 관한 원리를 포함한다)
③ 활공기체	활공기의 기체와 장비품(예항장치의 착탈장치를 포함한다)의 강도 · 성능 · 정비와 개조에 관한 지식

13. 항공정비사 학과시험의 과목 및 범위(전자 · 전기 · 계기 분야)

① 항공법규	해당 업무에 필요한 항공법규
② 정비일반	가. 정비일반의 이론과 항공기의 중심위치의 계산 등에 관한 지식 나. 항공정비 분야와 관련된 인적수행능력에 관한 지식(위협 및 오류 관리에 관한 원리를 포함한다)
③ 전자 · 전기 · 계기(기본)	항공기 장비품의 구조 · 성능 · 정비 및 전자 · 전기 · 계기에 관한 지식
④ 전자 · 전기 · 계기(심화)	항공기용 전자 · 전기 · 계기의 구조 · 성능시험 · 정비와 개조에 관한 심화지식

14. 운항관리사 학과시험의 과목 및 범위

① 항공법규	가. 국내 항공법규 나. 국제 항공법규
② 항공기	가. 항공운송사업에 사용되는 항공기의 구조 및 성능에 관한 지식 나. 항공운송사업에 사용되는 항공기 연료 소비에 관한 지식 다. 중량분포의 기술원칙 라. 중량배분이 항공기 운항에 미치는 영향
③ 항행안전시설	가. 항행안전시설의 종류 · 성능 및 이용방법 나. 항공지도의 해독 다. 공중항법에 관한 일반지식 라. 항법용 계측기의 원리와 사용방법 마. 항공기의 운항관리와 관련된 인적수행능력에 관한 지식(위협 및 오류 관리에 관한 원리를 포함한다) 및 적용

④ 항공기상	가. 지구 대기의 구조, 열과 온도 등 기상일반에 관한 사항 나. 다음의 기상 등에 관한 지식 1) 대기압과 고도측정 2) 일기도 및 바람・구름 3) 기단 및 전선 4) 난기류, 착빙 및 뇌우 5) 열대기상, 북극기상 및 우주기상 등 다. 항공기상 관측 및 분석에 관한 지식 라. 항공기상 예보에 관한 지식 마. 기상레이더 등 기상관측장비에 관한 지식 바. 그 밖에 항공기의 운항관리에 필요한 기상에 관한 지식
⑤ 항공통신	가. 항공통신시설의 개요, 통신조작과 시설의 운용방법 및 절차 나. 항공교통관제업무의 일반지식 다. 항공통신 및 항공정보에 관한 지식 라. 조난・비상・긴급통신방법 및 절차

15. 경량항공기 조종사 학과시험의 과목 및 범위(타면조종형비행기・체중이동형비행기・경량헬리콥터・자이로플레인・동력패러슈트)

① 항공법규	해당 업무에 필요한 항공법규
② 항공기상	가. 항공기상의 기초지식 나. 항공기상 통보와 기상도의 해독
③ 비행이론	가. 비행의 기초 원리 나. 경량항공기 구조와 기능에 관한 기초지식
④ 항공교통 및 항법	가. 공지통신의 기초지식 나. 조난・비상・긴급통신방법 및 절차 다. 항공정보업무 라. 지문항법・추측항법・무선항법

• 항공종사자 자격증명시험 실기시험의 범위

1. 운송용 조종사 · 사업용 조종사 · 부조종사 · 자가용 조종사 실기시험의 범위(비행기 · 헬리콥터 · 비행선)

(헬리콥터 자격증명 실기시험의 경우 계기비행에 관한 범위는 제외한다)

가. 조종기술
나. 계기비행절차(경량항공기 조종사, 자가용 조종사 및 사업용 조종사의 경우는 제외한다)
다. 무선기기 취급법
라. 공지통신 연락
마. 항법기술
바. 해당 자격의 수행에 필요한 기술

2. 사업용조종사실기시험의 범위(활공기)

가. 조종기술
나. 해당 자격의 수행에 필요한 기술

3. 자가용조종사실기시험의 범위(상급활공기 · 중급활공기)

가. 조종기술
나. 해당 자격의 수행에 필요한 기술

4. 항공사 실기시험의 범위

가. 추측항법
나. 무선항법
다. 천측항법
라. 해당 자격의 수행에 필요한 기술

5. 항공기관사 실기시험의 범위

가. 기체동력장치나 그 밖의 장비품의 취급과 검사의 방법
나. 항공기 탑재중량의 배분과 중심위치의 계산
다. 기상조건 또는 운항계획에 의한 발동기의 출력의 제어와 연료소비량의 계산
라. 항공기의 고장 또는 1개 이상의 발동기의 부분적 고장의 경우에 하여야 할 처리
마. 해당 자격의 수행에 필요한 기술

6. 항공교통관제사 실기시험의 범위

가. 항공교통관제 분야와 관련된 인적수행능력(위협 및 오류관리능력을 포함한다) 및 항공교통관제에 필요한 기술
나. 항공교통관제에 필요한 일반영어 및 표준관제영어

7. 항공정비사 실기시험의 범위

[비행기(경량비행기를 포함한다) · 헬리콥터(경량헬리콥터 및 자이로플레인을 포함한다) · 비행선]

가. 기체동력장치나 그 밖에 장비품의 취급 · 정비와 검사방법
나. 항공기(경량항공기를 포함한다) 탑재중량의 배분과 중심위치의 계산
다. 해당 자격의 수행에 필요한 기술

8. 항공정비사 실기시험의 범위(활공기)

가. 기체장비품(예항줄과 착탈장치를 포함한다)의 취급 · 정비 · 개조 및 검사방법
나. 활공기 탑재중량의 배분과 중심위치의 계산
다. 해당 자격의 수행에 필요한 기술

9. 항공정비사 실기시험의 범위

전자 · 전기 · 계기 관련 분야(기본)
가. 전자 · 전기 · 계기의 취급 · 정비 · 개조와 검사방법
나. 해당 자격의 수행에 필요한 기술

10. 운항관리사 실기시험의 범위

가. 실기시험(실습 및 구술시험 병행): 일기도의 해독, 항공정보의 수집 · 분석, 비행계획의 작성, 운항 전 브리핑 등의 작업을 하게 하여 운항관리 업무에 필요한 실무적인 능력 확인
나. 구술시험: 운항관리 업무에 필요한 전반적인 지식 확인
  1) 항공전반의 일반지식
  2) 항공기 성능 · 운용한계 등
  3) 운항에 필요한 정보 등의 수집 및 분석
  4) 악천후의 기상 상태 및 비정상상태, 긴급상태 등의 대응
  5) 운항감시(Flight Monitoring)
  6) 운항관리 분야와 관련된 인적수행능력(위협 및 오류 관리능력을 포함한다)

11. 경량항공기 조종사 자격증명 실기시험의 과목 및 범위

(타면조종형비행기 · 체중이동형비행기 · 경량헬리콥터 · 자이로플레인 · 동력패러슈트)

가. 조종기술
나. 무선기기 취급법
다. 공지통신 연락
라. 항법기술
마. 해당 자격의 수행에 필요한 기술

■ 항공안전법 시행규칙 [별표 6] 〈개정 2018. 3. 23.〉

자격증명을 가진 사람의 학과시험 면제기준(제86조 제2항 관련)

응시자격	소지하고 있는 자격증명	학과시험 면제과목
사업용 조종사	항공기관사	비행이론
	항공교통관제사	항공기상
	운항관리사	항공기상
자가용 조종사	항공기관사	비행이론
	운항관리사	공중항법, 항공기상
	항공교통관제사	항공기상
항공기관사	운송용 조종사	항공역학
	사업용 조종사	항공역학
	항공정비사 (종류 한정만 해당)	항공역학(2018년 12월 31일 이전에 응시하여 항공정비사 자격증명을 취득한 사람에 한정한다), 항공장비, 항공발동기, 항공기체
항공교통관제사	운송용 조종사	항공기상
	사업용 조종사	항공기상
	자가용 조종사	항공기상
	운항관리사	항행안전시설, 항공기상
항공정비사 (종류 한정만 해당) 시행규칙 제88조 ③ 참고	항공기관사	정비일반, 항공기체, 항공발동기, 전자・전기・계기
	항공기술사	정비일반, 항공기체, 항공발동기, 전자・전기・계기
	항공기사	정비일반, 항공기체, 항공발동기, 전자・전기・계기
	산업기사	정비일반, 항공기체, 항공발동기, 전자・전기・계기
운항관리사	운송용 조종사	항행안전시설, 항공기, 항공통신
	사업용 조종사	항행안전시설, 항공기, 항공통신
경량항공기 조종사	운송용 조종사	항공기상, 항공교통 및 항법, 항공법규, 비행이론
	사업용 조종사	
	자가용 조종사	
	항공교통관제사	항공기상, 항공교통 및 항법
	운항관리사	항공기상, 항공교통 및 항법

■ 항공안전법 시행규칙 [별표 47] 〈개정 2020. 12. 10.〉

수수료(제321조 관련) 발췌

납부자	수수료
15. 법 제38조 제1항에 따른 시험 및 법 제38조 제2항에 따른 심사에 응시하는 자	
가. 학과시험	
(1) 자격증명시험(조종사, 항공정비사, 항공교통관제사, 운항관리사)	5만 6천원
(2) 한정심사(조종사, 항공정비사)	9만 2천원
나. 실기시험	
(1) 자격증명시험	
(가) 조종사, 항공정비사(구술), 항공교통관제사(구술), 운항관리사	9만 7천원
(나) 항공정비사	12만 7천원
(다) 항공교통관제사	10만 2천원
(2) 한정심사(조종사, 항공정비사)	11만 7천원
30. 법 제109조에 따른 경량항공기 조종사 자격증명을 신청하는 자	제15호에 따른 수수료
34. 법 제125조 제1항에 따른 초경량비행장치 조종자 증명을 신청하는 자	
가. 학과시험	4만 4천원
나. 실기시험	6만 6천원
다. 증명서 발급 및 재발급	1만원

※ 비고

3. 제14호부터 제16호까지, 제18호, 제29호부터 제31호까지, 제33호 및 제34호를 신청하는 신청자는 해당 수수료 외에 **부가세를 추가 부담하여야** 한다.
4. 제34호에 따른 초경량비행장치 조종자 증명의 실기시험에 사용되는 초경량비행장치는 해당 시험응시자가 제공하여야 한다.
5. 제15호 및 제18호에 따른 시험에 응시하는 자는 시험실시기관이 제공하는 항공기를 이용하는 경우 해당 항공기의 실운용비를 따로 부담하여야 한다.
7. 「국민기초생활 보장법」에 따른 수급자 또는 「한부모가족지원법」에 따른 보호대상자에게는 제15호, 제18호 및 제34호에 따른 수수료의 100분의 50을 감면할 수 있다.

■ 항공안전법 시행규칙 제88조

자격증명시험의 면제

1. 항공기술사 자격을 가진 사람이 항공정비사 종류별 자격증명시험에 응시하는 경우: 학과시험(항공법규는 제외한다)의 면제
2. 항공정비기능장 또는 항공기사자격을 가진 사람(해당 자격 취득 후 항공기 정비업무에 1년 이상 종사한 경력이 있는 사람만 해당한다)이 항공정비사 종류별 자격증명시험에 응시하는 경우: 학과시험(항공법규는 제외한다)의 면제
3. 항공산업기사 자격을 가진 사람(해당 자격 취득 후 항공기 정비업무에 2년 이상 종사한 경력이 있는 사람만 해당한다)이 항공정비사 종류별 자격증명시험에 응시하는 경우: 학과시험(항공법규는 제외한다)의 면제

• 시행기관: 한국산업인력공단

1) 항공기관기술사 시험과목

① 왕복기관, ② 터어보프롭기관, ③ 터어보제트기관, ④ 로케트기관,
⑤ 기타 동력장치 및 기계장치에 관한 사항

▶ 수수료

☆ 필기: 67,800원
☆ 실기: 87,100원

2) 항공기체기술사 시험과목

① 프로펠러기, ② 제트기 및 로케트, ③ 기타 항공기의 기체에 관한 사항

▶ 수수료

☆ 필기: 67,800원
☆ 실기: 87,100원

3) 항공기사 시험과목

△ 필기: ① 항공역학, ② 항공기동력장치, ③ 항공기구조, ④ 항공장비, ⑤ 항공제어공학
△ 실기: 항공기설계 실무

▶ 수수료

☆ 필기: 19,400원
☆ 실기: 22,600원

4) 항공산업기사 시험과목

△ 필기: ① 항공역학, ② 항공기관, ③ 항공기체, ④ 항공장비
△ 실기: 항공기정비 실무

▶ 수수료

☆ 필기: 19,400원
☆ 실기: 57,100원

항공법규 학과 수험준비의 꿀팁

- 항공법은 국내항공법과 국제항공법으로 분류된다. 국내항공법(규)은 국내실정법으로서 항공안전법, 항공사업법, 공항시설법, 항공보안법, 항공·철도의 사고조사에 관한 법률, 항공안전기술원법, 상법(항공운송편) 등으로 나누어져 있다.
- 항공자격증명의 학과 과목 및 범위에서 서술한 바와 같이 항공안전법이 주요 법규이므로, 항공안전법을 중심으로 자격증명 수험 준비를 하는 것이 요령이라고 할 수 있다. 자격증명별로 약간의 차이는 있지만, 4지 선다형 20~25문제와 단답형 5문제로 출제된다.
- 항공안전법의 장별로 수험준비자들이 중점적으로 준비해야 할 사항을 분류하면 다음과 같다.
  - 자격증명준비 분류: 조종사(운송용조종사, 사업용조종사, 자가용조종사 및 부조종사), 항공사(항행사), 항공기관사, 항공교통관제사, 항공정비사, 운항관리사 및 경량항공조종사

항공안전법 장·절	중점적으로 준비해야 할 수험자
제1장 총칙	전체(용어 정의 등)
제2장 항공기 등록	항공정비사, 항공기술사, 항공기사, 산업기사
제3장 항공기기술기준 및 형식증명 등	항공정비사, 항공기술사, 항공기사, 산업기사
제4장 항공종사자 등	전체, 경량항공기 조종사, 초경량비행장치 조종자
제5장 항공기의 운항	조종사, 항공사, 항공기관사, 항공교통관제사, 운항관리사, 경량항공기조종사
제6장 공역 및 항공교통업무 등	조종사, 항공사, 항공기관사, 항공교통관제사, 운항관리사, 경량항공기조종사 및 초경량비행장치 조종자
제7장 항공운송사업자 등에 대한 안전관리 – 제1절 항공운송사업자에 대한 안전관리	조종사, 항공사, 항공기관사, 항공교통관제사, 운항관리사, 항공정비사
제7장 항공운송사업자 등에 대한 안전관리 – 제2절 항공기사용사업자에 대한 안전관리	조종사, 항공사, 항공기관사, 항공교통관제사, 운항관리사, 경량항공기조종사 및 초경량비행장치 조종자
제7장 항공운송사업자 등에 대한 안전관리 – 제3절 항공기정비업자에 대한 안전관리	항공정비사, 항공기술사, 항공기사, 산업기사
제8장 외국항공기	조종사
제9장 경량항공기	경량항공기 조종사, 항공정비사
제10장 초경량비행장치	초경량비행장치 조종자
제11장 보칙	해당 조문별
제12장 벌칙	해당 조문별

차 례

CHAPTER 1 항공안전법

제1장 총칙 ···· 3
제2장 항공기 등록 ···· 9
제3장 항공기기술기준 및 형식증명 등 ···· 13
제4장 항공종사자 등 ···· 32
제5장 항공기의 운항 ···· 51
제6장 공역 및 항공교통업무 등 ···· 105
제7장 항공운송사업자 등에 대한 안전관리 ···· 121
제8장 외국항공기 ···· 131
제9장 경량항공기 ···· 135
제10장 초경량비행장치 ···· 146
제11장 보칙 ···· 160
제12장 벌칙 ···· 173
▶ 예상문제 ···· 309

CHAPTER 2 항공사업법

제1장 총칙 ···· 367
제2장 항공운송사업 ···· 374
제3장 항공기사용사업 등 ···· 393
제4장 외국인 국제항공운송사업 ···· 412
제5장 항공교통이용자 보호 ···· 417
제6장 항공사업의 진흥 ···· 424
제7장 보칙 ···· 427
제8장 벌칙 ···· 434
▶ 예상문제 ···· 446

CHAPTER 3 공항시설법

제1장 총칙 ···· 449
제2장 공항 및 비행장의 개발 ···· 453
제3장 공항 및 비행장의 관리·운영 ···· 478
제4장 항행안전시설 ···· 495

제5장 보칙 ······ 502
제6장 벌칙 ······ 511
제7장 범칙행위에 관한 처리의 특례〈신설 2018. 2. 21.〉 ······ 513
▶ 예상문제 ······ 515

CHAPTER 4 항공·철도 사고조사에 관한 법률
제1장 총칙 ······ 521
제2장 항공·철도사고조사위원회 ······ 522
제3장 사고조사 ······ 525
제4장 보칙 ······ 529
제5장 벌칙 ······ 530
▶ 예상문제 ······ 531

CHAPTER 5 항공보안법
제1장 총칙 〈개정 2010. 3. 22.〉 ······ 535
제2장 항공보안협의회 등 〈개정 2013. 4. 5.〉 ······ 537
제3장 공항·항공기 등의 보안 ······ 545
제4장 항공기 내의 보안 〈개정 2013. 4. 5.〉 ······ 556
제5장 항공보안장비 등 〈개정 2013. 4. 5.〉 ······ 560
제6장 항공보안 위협에 대한 대응 〈개정 2013. 4. 5.〉 ······ 566
제7장 보칙 ······ 570
제8장 벌칙 ······ 571

CHAPTER 6 국제항공법
Ⅰ. 국제항공법의 개념 ······ 577
Ⅱ. 항공에 관한 국제조약 및 기구 ······ 579
▶ 예상문제 ······ 596

부록 **모의고사**

제1회 조종사자격증명 모의고사 ········ 603
제2회 조종사자격증명 모의고사 ········ 607
제1회 항공정비사 모의고사 ········ 611
제2회 항공정비사 모의고사 ········ 615

항공안전법

AVIATION LAW

항공안전법, 시행령 [법률 제17613호, 2020. 12. 8., 일부개정] [대통령령 제31259호, 2020. 12. 10., 일부개정]	항공안전법 시행규칙 [국토교통부령 제786호, 2020. 12. 10., 일부개정]
제1장 총칙	
제1조(목적) 이 법은 「국제민간항공협약」 및 같은 협약의 부속서에서 채택된 표준과 권고되는 방식에 따라 항공기, 경량항공기 또는 초경량비행장치의 안전하고 효율적인 항행을 위한 방법과 국가, 항공사업자 및 항공종사자 등의 의무 등에 관한 사항을 규정함을 목적으로 한다. 〈개정 2019. 8. 27.〉	
제2조(정의) 이 법에서 사용하는 용어의 뜻은 다음과 같다. 〈개정 2019. 8. 27.〉 1. **"항공기"**란 공기의 반작용(지표면 또는 수면에 대한 공기의 반작용은 제외한다. 이하 같다)으로 뜰 수 있는 기기로서 최대이륙중량, 좌석 수 등 국토교통부령으로 정하는 기준에 해당하는 다음 각 목의 기기와 그 밖에 대통령령으로 정하는 기기를 말한다. 가. 비행기 나. 헬리콥터 다. 비행선 라. 활공기(滑空機) 영 제2조(항공기의 범위) 「항공안전법」(이하 "법") 제2조 제1호 각 목 외의 부분에서 "대통령령으로 정하는 기기"란 다음 각 호의 어느 하나에 해당하는 기기를 말한다. 1. 최대이륙중량, 좌석 수, 속도 또는 자체중량 등이 국토교통부령으로 정하는 기준을 초과하는 기기 2. 지구 대기권 내외를 비행할 수 있는 항공우주선 2. **"경량항공기"**란 항공기 외에 공기의 반작용으로 뜰 수 있는 기기로서 최대이륙중량, 좌석 수 등 국토교통부령으로 정하는 기준에 해당하는 비행기, 헬리콥터, 자이로플레인(gyroplane) 및 동력패러슈트(powered parachute) 등을 말한다. 3. **"초경량비행장치"**란 항공기와 경량항공기 외에 공기의 반작용으로 뜰 수 있는 장치로서 자체중량, 좌석 수 등 국토교통부령으로 정하는 기준에 해당하는 동력비행장치, 행글라이더, 패러글라이더, 기구류 및 무인비행장치 등을 말한다.	제2조(항공기의 기준) 「항공안전법」(이하 "법") 제2조 제1호 각 목 외의 부분에서 "최대이륙중량, 좌석 수 등 국토교통부령으로 정하는 기준"이란 다음 각 호의 기준을 말한다. 1. 비행기 또는 헬리콥터 가. 사람이 탑승하는 경우: 다음의 기준을 모두 충족할 것 1) 최대이륙중량이 600킬로그램(수상비행에 사용하는 경우에는 650킬로그램)을 초과 할 것 2) 조종사 좌석을 포함한 탑승좌석 수가 1개 이상일 것 3) 동력을 일으키는 기계장치(이하 "발동기")가 1개 이상일 것 나. 사람이 탑승하지 아니하고 원격조종 등의 방법으로 비행하는 경우: 다음의 기준을 모두 충족할 것 1) 연료의 중량을 제외한 자체중량이 150킬로그램을 초과할 것 2) 발동기가 1개 이상일 것 2. 비행선 가. 사람이 탑승하는 경우 다음의 기준을 모두 충족할 것 1) 발동기가 1개 이상일 것 2) 조종사 좌석을 포함한 탑승좌석 수가 1개 이상일 것 나. 사람이 탑승하지 아니하고 원격조종 등의 방법으로 비행하는 경우 다음의 기준을 모두 충족할 것 1) 발동기가 1개 이상일 것 2) 연료의 중량을 제외한 자체중량이 180킬로그램을 초과하거나 비행선의 길이가 20미터를 초과 할 것 3. 활공기: 자체중량이 70킬로그램을 초과할 것 제3조(항공기인 기기의 범위) 영 제2조 제1호에서 "최대이륙중량, 좌석 수, 속도 또는 자체중량 등이 국토교통부령으로 정하는 기준을 초과하는 기기"란 다음 각 호의 어느 하나에 해당하는 것을 말한다. 〈개정 2018. 3. 23.〉

항공안전법, 시행령	항공안전법 시행규칙
4. **"국가기관등항공기"**란 국가, 지방자치단체, 그 밖에 「공공기관의 운영에 관한 법률」에 따른 공공기관으로서 대통령령으로 정하는 공공기관(이하 "국가기관등")이 소유하거나 임차(賃借)한 항공기로서 다음 각 목의 어느 하나에 해당하는 업무를 수행하기 위하여 사용되는 항공기를 말한다. 다만, 군용·경찰용·세관용 항공기는 제외한다. 가. 재난·재해 등으로 인한 수색(搜索)·구조 나. 산불의 진화 및 예방 다. 응급환자의 후송 등 구조·구급활동 라. 그 밖에 공공의 안녕과 질서유지를 위하여 필요한 업무 영 제3조(국가기관등항공기 관련 공공기관의 범위) 법 제2조 제4호 각 목 외의 부분 본문에서 "대통령령으로 정하는 공공기관"이란 「국립공원공단법」에 따른 국립공원공단을 말한다. 〈개정 2017. 5. 29., 2019. 1. 15.〉 5. **"항공업무"**란 다음 각 목의 어느 하나에 해당하는 업무를 말한다. 가. 항공기의 운항(무선설비의 조작을 포함한다) 업무(제46조에 따른 항공기 조종연습은 제외한다) 나. 항공교통관제(무선설비의 조작을 포함한다) 업무(제47조에 따른 항공교통관제연습은 제외한다) 다. 항공기의 운항관리 업무 라. 정비·수리·개조(이하 **"정비등(等)"**)된 항공기·발동기·프로펠러(이하 **"항공기등(等)"**), 장비품 또는 부품에 대하여 안전하게 운용할 수 있는 성능(이하 **"감항성"**)이 있는지를 확인하는 업무 및 경량항공기 또는 그 장비품·부품의 정비사항을 확인하는 업무 6. **"항공기사고"**란 사람이 비행을 목적으로 항공기에 탑승하였을 때부터 탑승한 모든 사람이 항공기에서 내릴 때까지[사람이 탑승하지 아니하고 원격조종 등의 방법으로 비행하는 항공기(이하 **"무인항공기"**)의 경우에는 비행을 목적으로 움직이는 순간부터 비행이 종료되어 발동기가 정지되는 순간까지를 말한다] 항공기의 운항과 관련하여 발생한 다음 각 목의 어느 하나에 해당하는 것으로서 국토교통부령으로 정하는 것을 말한다. 가. 사람의 사망, 중상 또는 행방불명 나. 항공기의 파손 또는 구조적 손상	1. 제4조 제1호부터 제3호까지의 기준 중 어느 하나 이상의 기준을 초과하거나 같은 조 제4호부터 제7호까지의 제한요건 중 어느 하나 이상의 제한요건을 벗어나는 비행기, 헬리콥터, 자이로플레인 및 동력패러슈트 2. 제5조 제5호 각 목의 기준을 초과하는 무인비행장치 제4조(경량항공기의 기준) 법 제2조 제2호에서 "최대이륙중량, 좌석 수 등 국토교통부령으로 정하는 기준에 해당하는 비행기, 헬리콥터, 자이로플레인(gyroplane) 및 동력패러슈트(powered parachute) 등"이란 법 제2조 제3호에 따른 초경량비행장치에 해당하지 아니하는 것으로서 다음 각 호의 기준을 모두 충족하는 비행기, 헬리콥터, 자이로플레인 및 동력패러슈트를 말한다. 1. 최대이륙중량이 600킬로그램(수상비행에 사용하는 경우에는 650킬로그램) 이하일 것 2. 최대 실속속도 또는 최소 정상비행속도가 45노트 이하일 것 3. 조종사 좌석을 포함한 탑승 좌석이 2개 이하일 것 4. 단발(單發) 왕복발동기를 장착할 것 5. 조종석은 여압(與壓)이 되지 아니할 것 6. 비행 중에 프로펠러의 각도를 조정할 수 없을 것 7. 고정된 착륙장치가 있을 것. 다만, 수상비행에 사용하는 경우에는 고정된 착륙장치 외에 접을 수 있는 착륙장치를 장착할 수 있다. 제5조(초경량비행장치의 기준) 법 제2조 제3호에서 "자체중량, 좌석 수 등 국토교통부령으로 정하는 기준에 해당하는 동력비행장치, 행글라이더, 패러글라이더, 기구류 및 무인비행장치 등"이란 다음 각 호의 기준을 충족하는 동력비행장치, 행글라이더, 패러글라이더, 기구류, 무인비행장치, 회전익비행장치, 동력패러글라이더 및 낙하산류 등을 말한다. 〈개정 2020. 12. 10.〉 1. 동력비행장치: 동력을 이용하는 것으로서 다음 각 목의 기준을 모두 충족하는 고정익비행장치 가. 탑승자, 연료 및 비상용 장비의 중량을 제외한 자체중량이 115킬로그램 이하일 것 나. 좌석이 1개일 것 2. 행글라이더: 탑승자 및 비상용 장비의 중량을 제외한 자체중량이 70킬로그램 이하로서 체중이동, 타면조종 등의 방법으로 조종하는 비행장치 3. 패러글라이더: 탑승자 및 비상용 장비의 중량을 제외한 자체중량이 70킬로그램 이하로서 날개에 부착된 줄을 이용하여 조종하는 비행장치 4. 기구류: 기체의 성질·온도차 등을 이용하는 다음 각 목의 비행장치

항공안전법, 시행령	항공안전법 시행규칙
다. 항공기의 위치를 확인할 수 없거나 항공기에 접근이 불가능한 경우 7. **"경량항공기사고"**란 비행을 목적으로 경량항공기의 발동기가 시동되는 순간부터 비행이 종료되어 발동기가 정지되는 순간까지 발생한 다음 각 목의 어느 하나에 해당하는 것으로서 국토교통부령으로 정하는 것을 말한다. 가. 경량항공기에 의한 사람의 사망, 중상 또는 행방불명 나. 경량항공기의 추락, 충돌 또는 화재 발생 다. 경량항공기의 위치를 확인할 수 없거나 경량항공기에 접근이 불가능한 경우 8. **"초경량비행장치사고"**란 초경량비행장치를 사용하여 비행을 목적으로 이륙[이수(離水)를 포함한다. 이하 같다]하는 순간부터 착륙[착수(着水)를 포함한다. 이하 같다]하는 순간까지 발생한 다음 각 목의 어느 하나에 해당하는 것으로서 국토교통부령으로 정하는 것을 말한다. 가. 초경량비행장치에 의한 사람의 사망, 중상 또는 행방불명 나. 초경량비행장치의 추락, 충돌 또는 화재 발생 다. 초경량비행장치의 위치를 확인할 수 없거나 초경량비행장치에 접근이 불가능한 경우 9. **"항공기준사고"(航空機準事故)**란 항공안전에 중대한 위해를 끼쳐 항공기사고로 이어질 수 있었던 것으로서 국토교통부령으로 정하는 것을 말한다.	가. 유인자유기구 나. 무인자유기구(기구 외부에 2킬로그램 이상의 물건을 매달고 비행하는 것만 해당한다. 이하 같다) 다. 계류식(繫留式)기구 5. 무인비행장치: 사람이 탑승하지 아니하는 것으로서 다음 각 목의 비행장치 가. 무인동력비행장치: 연료의 중량을 제외한 자체중량이 150킬로그램 이하인 무인비행기, 무인헬리콥터 또는 무인멀티콥터 나. 무인비행선: 연료의 중량을 제외한 자체중량이 180킬로그램 이하이고 길이가 20미터 이하인 무인비행선 6. 회전익비행장치: 제1호 각 목의 동력비행장치의 요건을 갖춘 헬리콥터 또는 자이로플레인 7. 동력패러글라이더: 패러글라이더에 추진력을 얻는 장치를 부착한 다음 각 목의 어느 하나에 해당하는 비행장치 가. 착륙장치가 없는 비행장치 나. 착륙장치가 있는 것으로서 제1호 각 목의 동력비행장치의 요건을 갖춘 비행장치 8. 낙하산류: 항력(抗力)을 발생시켜 대기(大氣) 중을 낙하하는 사람 또는 물체의 속도를 느리게 하는 비행장치 9. 그 밖에 국토교통부장관이 종류, 크기, 중량, 용도 등을 고려하여 정하여 고시하는 비행장치 **제6조(사망 · 중상 등의 적용기준)** ① 법 제2조 제6호 가목에 따른 사람의 사망 또는 중상에 대한 적용기준은 다음 각 호와 같다. 1. 항공기에 탑승한 사람이 사망하거나 중상을 입은 경우. 다만, 자연적인 원인 또는 자기 자신이나 타인에 의하여 발생된 경우와 승객 및 승무원이 정상적으로 접근할 수 없는 장소에 숨어있는 밀항자 등에게 발생한 경우는 제외한다. 2. 항공기로부터 이탈된 부품이나 그 항공기와의 직접적인 접촉 등으로 인하여 사망하거나 중상을 입은 경우 3. 항공기 발동기의 흡입 또는 후류(後流)로 인하여 사망하거나 중상을 입은 경우 ② 법 제2조 제6호 가목, 같은 조 제7호 가목 및 같은 조 제8호 가목에 따른 행방불명은 항공기, 경량항공기 또는 초경량비행장치 안에 있던 사람이 항공기사고, 경량항공기사고 또는 초경량비행장치사고로 1년간 생사가 분명하지 아니한 경우에 적용한다. ③ 법 제2조 제7호 가목 및 같은 조 제8호 가목에 따른 사람의 사망 또는 중상에 대한 적용기준은 다음 각 호와 같다.

항공안전법, 시행령	항공안전법 시행규칙
10. **"항공안전장애"**란 항공기사고 및 항공기준사고 외에 항공기의 운항 등과 관련하여 항공안전에 영향을 미치거나 미칠 우려가 있는 것을 말한다. 10의2. **"항공안전위해요인"**이란 항공기사고, 항공기준사고 또는 항공안전장애를 발생시킬 수 있거나 발생 가능성의 확대에 기여할 수 있는 상황, 상태 또는 물적·인적요인 등을 말한다. 10의3. **"위험도"(Safety risk)**란 항공안전위해요인이 항공안전을 저해하는 사례로 발전할 가능성과 그 심각도를 말한다. 10의4. **"항공안전데이터"**란 항공안전의 유지 또는 증진 등을 위하여 사용되는 다음 각 목의 자료를 말한다. 가. 제33조에 따른 항공기 등에 발생한 고장, 결함 또는 기능장애에 관한 보고 나. 제58조 제4항에 따른 비행자료 및 분석결과 다. 제58조 제5항에 따른 레이더 자료 및 분석결과 라. 제59조 및 제61조에 따라 보고된 자료 마. 제60조 및 「항공·철도 사고조사에 관한 법률」 제19조에 따른 조사결과 바. 제132조에 따른 항공안전 활동 과정에서 수집된 자료 및 결과보고 사. 「기상법」 제12조에 따른 기상업무에 관한 정보 아. 「항공사업법」 제2조 제34호에 따른 공항운영자가 항공안전관리를 위해 수집·관리하는 자료 등 자. 「항공사업법」 제6조 제1항 각 호에 따라 구축된 시스템에서 관리되는 정보 차. 「항공사업법」 제68조 제4항에 따른 업무수행 중 수집한 정보·통계 등 카. 항공안전을 위해 국제기구 또는 외국정부 등이 우리나라와 공유한 자료 타. 그 밖에 국토교통부령으로 정하는 자료 10의5. **"항공안전정보"**란 항공안전데이터를 안전관리 목적으로 사용하기 위하여 가공(加工)·정리·분석한 것을 말한다.	1. 경량항공기 및 초경량비행장치에 탑승한 사람이 사망하거나 중상을 입은 경우. 다만, 자연적인 원인 또는 자기 자신이나 타인에 의하여 발생된 경우는 제외한다. 2. 비행 중이거나 비행을 준비 중인 경량항공기 또는 초경량비행장치로부터 이탈된 부품이나 그 경량항공기 또는 초경량비행장치와의 직접적인 접촉 등으로 인하여 사망하거나 중상을 입은 경우 **제7조(사망·중상의 범위)** ① 법 제2조 제6호 가목, 같은 조 제7호 가목 및 같은 조 제8호 가목에 따른 사람의 사망은 항공기사고, 경량항공기사고 또는 초경량비행장치사고가 발생한 날부터 30일 이내에 그 사고로 사망한 경우를 포함한다. ② 법 제2조 제6호 가목, 같은 조 제7호 가목 및 같은 조 제8호 가목에 따른 중상의 범위는 다음 각 호와 같다. 1. 항공기사고, 경량항공기사고 또는 초경량비행장치사고로 부상을 입은 날부터 7일 이내에 48시간을 초과하는 입원치료가 필요한 부상 2. 골절(코뼈, 손가락, 발가락 등의 간단한 골절은 제외한다) 3. 열상(찢어진 상처)으로 인한 심한 출혈, 신경·근육 또는 힘줄의 손상 4. 2도나 3도의 화상 또는 신체표면의 5퍼센트를 초과하는 화상(화상을 입은 날부터 7일 이내에 48시간을 초과하는 입원치료가 필요한 경우만 해당한다) 5. 내장의 손상 6. 전염물질이나 유해방사선에 노출된 사실이 확인된 경우 **제8조(항공기의 파손 또는 구조적 손상의 범위)** 법 제2조 제6호 나목에서 "항공기의 파손 또는 구조적 손상"이란 별표 1의 항공기의 손상·파손 또는 구조상의 결함으로 항공기 구조물의 강도, 항공기의 성능 또는 비행특성에 악영향을 미쳐 대수리 또는 해당 구성품(component)의 교체가 요구되는 것을 말한다. **제9조(항공기준사고의 범위)** 법 제2조 제9호에서 "국토교통부령으로 정하는 것"이란 별표 2와 같다. **제10조(항공안전데이터의 종류)** 법 제2조 제10호의4 타목에서 "국토교통부령으로 정하는 자료"란 다음 각 호의 자료를 말한다. 1. 제209조 제1항에 따른 위험물의 포장·적재(積載)·저장·운송 또는 처리 과정에서 발생한 사건으로서 항공상 위험을 야기할 우려가 있는 사건에 관한 자료 2. 항공기와 조류의 충돌에 관련된 자료 3. 그 밖에 국토교통부장관이 항공안전의 관리에 필요하다고 인정하여 고시하는 자료 [전문개정 2020. 2. 28.]

항공안전법, 시행령

11. **"비행정보구역"**이란 항공기, 경량항공기 또는 초경량비행장치의 안전하고 효율적인 비행과 수색 또는 구조에 필요한 정보를 제공하기 위한 공역(空域)으로서 「국제민간항공협약」 및 같은 협약 부속서에 따라 국토교통부장관이 그 명칭, 수직 및 수평 범위를 지정·공고한 공역을 말한다.
12. **"영공"(領空)**이란 대한민국의 영토와 「영해 및 접속수역법」에 따른 내수 및 영해의 상공을 말한다.
13. **"항공로"(航空路)**란 국토교통부장관이 항공기, 경량항공기 또는 초경량비행장치의 항행에 적합하다고 지정한 지구의 표면상에 표시한 공간의 길을 말한다.
14. **"항공종사자"**란 제34조 제1항에 따른 항공종사자 자격증명을 받은 사람을 말한다.
15. **"모의비행장치"**란 항공기의 조종실을 모방한 장치로서 기계·전기·전자장치 등에 대한 통제기능과 비행의 성능 및 특성 등이 실제의 항공기와 동일하게 재현될 수 있게 고안된 장치를 말한다.
16. **"운항승무원"**이란 제35조 제1호부터 제6호까지의 어느 하나에 해당하는 자격증명을 받은 사람으로서 항공기에 탑승하여 항공업무에 종사하는 사람을 말한다.
17. **"객실승무원"**이란 항공기에 탑승하여 비상시 승객을 탈출시키는 등 승객의 안전을 위한 업무를 수행하는 사람을 말한다.
18. **"계기비행"(計器飛行)**이란 항공기의 자세·고도·위치 및 비행방향의 측정을 항공기에 장착된 계기에만 의존하여 비행하는 것을 말한다.
19. **"계기비행방식"**이란 계기비행을 하는 사람이 제84조 제1항에 따라 국토교통부장관 또는 제85조 제1항에 따른 항공교통업무증명(이하 "항공교통업무증명"이라 한다)을 받은 자가 지시하는 이동·이륙·착륙의 순서 및 시기와 비행의 방법에 따라 비행하는 방식을 말한다.
20. **"피로위험관리시스템"**이란 운항승무원과 객실승무원이 충분한 주의력이 있는 상태에서 해당 업무를 할 수 있도록 피로와 관련한 위험요소를 경험과 과학적 원리 및 지식에 기초하여 지속적으로 감독하고 관리하는 시스템을 말한다.
21. **"비행장"**이란 「공항시설법」 제2조 제2호에 따른 비행장을 말한다.
22. **"공항"**이란 「공항시설법」 제2조 제3호에 따른 공항을 말한다.
23. **"공항시설"**이란 「공항시설법」 제2조 제7호에 따른 공항시설을 말한다.
24. **"항행안전시설"**이란 「공항시설법」 제2조 제15호에 따른 항행안전시설을 말한다.
25. **"관제권"(管制圈)**이란 비행장 또는 공항과 그 주변의 공역으로서 항공교통의 안전을 위하여 국토교통부장관이 지정·공고한 공역을 말한다.
26. **"관제구"(管制區)**란 지표면 또는 수면으로부터 200미터 이상 높이의 공역으로서 항공교통의 안전을 위하여 국토교통부장관이 지정·공고한 공역을 말한다.
27. **"항공운송사업"**이란 「항공사업법」 제2조 제7호에 따른 항공운송사업을 말한다.
28. **"항공운송사업자"**란 「항공사업법」 제2조 제8호에 따른 항공운송사업자를 말한다.
29. **"항공기사용사업"**이란 「항공사업법」 제2조 제15호에 따른 항공기사용사업을 말한다.
30. **"항공기사용사업자"**란 「항공사업법」 제2조 제16호에 따른 항공기사용사업자를 말한다.
31. **"항공기정비업자"**란 「항공사업법」 제2조 제18호에 따른 항공기정비업자를 말한다.
32. **"초경량비행장치사용사업"**이란 「항공사업법」 제2조 제23호에 따른 초경량비행장치사용사업을 말한다.
33. **"초경량비행장치사용사업자"**란 「항공사업법」 제2조 제24호에 따른 초경량비행장치사용사업자를 말한다.
34. **"이착륙장"**이란 「공항시설법」 제2조 제19호에 따른 이착륙장을 말한다.

제3조(군용항공기 등의 적용 특례) ① 군용항공기와 이에 관련된 항공업무에 종사하는 사람에 대해서는 이 법을 적용하지 아니한다.

② 세관업무 또는 경찰업무에 사용하는 항공기와 이에 관련된 항공업무에 종사하는 사람에 대하여는 이 법을 적용하지 아니한다. 다만, 공중 충돌 등 항공기사고의 예방을 위하여 제51조, 제67조, 제68조 제5호, 제79조 및 제84조 제1항을 적용한다.

항공안전법, 시행령	항공안전법 시행규칙
③ 「대한민국과 아메리카합중국 간의 상호방위조약」 제4조에 따라 아메리카합중국이 사용하는 항공기와 이에 관련된 항공업무에 종사하는 사람에 대하여는 제2항을 준용한다.	
제4조(국가기관등항공기의 적용 특례) ① 국가기관등항공기와 이에 관련된 항공업무에 종사하는 사람에 대해서는 이 법(제66조, 제69조부터 제73조까지 및 제132조는 제외한다)을 적용한다. ② 제1항에도 불구하고 국가기관등항공기를 재해ㆍ재난 등으로 인한 수색ㆍ구조, 화재의 진화, 응급환자 후송, 그 밖에 국토교통부령으로 정하는 공공목적으로 긴급히 운항(훈련을 포함한다)하는 경우에는 제53조, 제67조, 제68조 제1호부터 제3호까지, 제77조 제1항 제7호, 제79조 및 제84조 제1항을 적용하지 아니한다. ③ 제59조, 제61조, 제62조 제5항 및 제6항을 국가기관등항공기에 적용할 때에는 "국토교통부장관"은 "소관 행정기관의 장"으로 본다. 이 경우 소관 행정기관의 장은 제59조, 제61조, 제62조 제5항 및 제6항에 따라 보고받은 사실을 국토교통부장관에게 알려야 한다.	**제11조(긴급운항 범위)** 법 제4조 제2항에서 "국토교통부령으로 정하는 공공목적으로 긴급히 운항(훈련을 포함한다)하는 경우"란 소방ㆍ산림 또는 자연공원 업무 등에 사용되는 항공기를 이용하여 재해ㆍ재난의 예방, 응급환자를 위한 장기(臟器) 이송, 산림 방제(防除)ㆍ순찰, 산림보호사업을 위한 화물 수송, 그 밖에 이와 유사한 목적으로 긴급히 운항(훈련을 포함한다)하는 경우를 말한다. **제11조의2(항공기 등록에 필요한 정비인력 기준)** ① 법 제7조 제2항에 따른 항공기 등록에 필요한 정비 인력은 다음 각 호의 업무 수행에 필요한 인력(휴직ㆍ병가ㆍ휴가 등을 하는 정비 인력의 업무를 대행하는 인력을 포함한다. 이하 이 조에서 같다)으로 한다. 다만, 국내항공운송사업자의 경우에는 제1호에 따른 업무 수행에 필요한 인력으로 한다. 1. 항공기ㆍ발동기ㆍ프로펠러(이하 "항공기등"이라 한다)의 점검 및 정비 2. 위탁받은 항공기등의 정비(다른 항공운송사업자로부터 항공기등의 정비를 위탁받은 항공운송사업자만 해당한다) 3. 법 제93조 제1항 및 제2항에 따라 인가받은 정비 훈련프로그램의 운용 4. 제1호부터 제3호까지의 규정에 따른 업무에 준하는 업무 ② 제1항 각 호에 따른 업무별 가중치 및 그 산출의 세부기준은 국토교통부장관이 정하여 고시한다. [본조신설 2020. 12. 10.]
제5조(임대차 항공기의 운영에 대한 권한 및 의무 이양의 적용 특례) 외국에 등록된 항공기를 임차하여 운영하거나 대한민국에 등록된 항공기를 외국에 임대하여 운영하게 하는 경우 그 임대차(賃貸借) 항공기의 운영에 관련된 권한 및 의무의 이양(移讓)에 관한 사항은 「국제민간항공협약」에 따라 국토교통부장관이 정하여 고시한다.	
제6조(항공안전정책기본계획의 수립 등) ① 국토교통부장관은 국가항공안전정책에 관한 기본계획(이하 "항공안전정책기본계획"이라 한다)을 5년마다 수립하여야 한다. ② 항공안전정책기본계획에는 다음 각 호의 사항이 포함되어야 한다. 1. 항공안전정책의 목표 및 전략	

항공안전법, 시행령	항공안전법 시행규칙
2. 항공기사고 · 경량항공기사고 · 초경량비행장치사고 예방 및 운항 안전에 관한 사항 3. 항공기 · 경량항공기 · 초경량비행장치의 제작 · 정비 및 안전성 인증체계에 관한 사항 4. 비행정보구역 · 항공로 관리 및 항공교통체계 개선에 관한 사항 5. 항공종사자의 양성 및 자격관리에 관한 사항 6. 그 밖에 항공안전의 향상을 위하여 필요한 사항 ③ 국토교통부장관은 항공안전정책기본계획을 수립 또는 변경하려는 경우 관계 행정기관의 장에게 필요한 협조를 요청할 수 있다. ④ 국토교통부장관은 항공안전정책기본계획을 수립하거나 변경하였을 때에는 그 내용을 관보에 고시하고, 제3항에 따라 협조를 요청한 관계 행정기관의 장에게 알려야 한다. ⑤ 국토교통부장관은 항공안전정책기본계획을 시행하기 위하여 연도별 시행계획을 수립할 수 있다.	
제2장 항공기 등록	
제7조(항공기 등록) ① 항공기를 소유하거나 임차하여 항공기를 사용할 수 있는 권리가 있는 자(이하 "소유자등")는 항공기를 대통령령으로 정하는 바에 따라 국토교통부장관에게 등록을 하여야 한다. 다만, 대통령령으로 정하는 항공기는 그러하지 아니하다. **영 제4조(등록을 필요로 하지 아니하는 항공기의 범위)** 법 제7조 단서에서 "대통령령으로 정하는 항공기"란 다음 각 호의 어느 하나에 해당하는 항공기를 말한다. 1. 군 또는 세관에서 사용하거나 경찰업무에 사용하는 항공기 2. 외국에 임대할 목적으로 도입한 항공기로서 외국 국적을 취득할 항공기 3. 국내에서 제작한 항공기로서 제작자 외의 소유자가 결정되지 아니한 항공기 4. 외국에 등록된 항공기를 임차하여 법 제5조에 따라 운영하는 경우 그 항공기 ② 제90조 제1항에 따른 운항증명을 받은 국내항공운송사업자 또는 국제항공운송사업자가 제1항에 따라 항공기를 등록하려는 경우에는 해당 항공기의 안전한 운항을 위하여 국토교통부령으로 정하는 바에 따라 필요한 정비 인력을 갖추어야 한다. 〈2020. 6. 9. 신설〉	

항공안전법, 시행령
제8조(항공기 국적의 취득) 제7조에 따라 등록된 항공기는 대한민국의 국적을 취득하고, 이에 따른 권리와 의무를 갖는다.
제9조(항공기 소유권 등) ① 항공기에 대한 소유권의 취득·상실·변경은 등록하여야 그 효력이 생긴다. ② 항공기에 대한 임차권(賃借權)은 등록하여야 제3자에 대하여 그 효력이 생긴다.
제10조(항공기 등록의 제한) ① 다음 각 호의 어느 하나에 해당하는 자가 소유하거나 임차한 항공기는 등록할 수 없다. 다만, 대한민국의 국민 또는 법인이 임차하여 사용할 수 있는 권리가 있는 항공기는 그러하지 아니하다. 1. 대한민국 국민이 아닌 사람 2. 외국정부 또는 외국의 공공단체 3. 외국의 법인 또는 단체 4. 제1호부터 제3호까지의 어느 하나에 해당하는 자가 주식이나 지분의 2분의 1 이상을 소유하거나 그 사업을 사실상 지배하는 법인 5. 외국인이 법인 등기사항증명서상의 대표자이거나 외국인이 법인 등기사항증명서상의 임원 수의 2분의 1 이상을 차지하는 법인 ② 제1항 단서에도 불구하고 외국 국적을 가진 항공기는 등록할 수 없다.
제11조(항공기 등록사항) ① 국토교통부장관은 제7조에 따라 항공기를 등록한 경우에는 항공기 등록원부(登錄原簿)에 다음 각 호의 사항을 기록하여야 한다. 1. 항공기의 형식 2. 항공기의 제작자 3. 항공기의 제작번호 4. 항공기의 정치장(定置場) 5. 소유자 또는 임차인·임대인의 성명 또는 명칭과 주소 및 국적 6. 등록 연월일 7. 등록기호 ② 제1항에서 규정한 사항 외에 항공기의 등록에 필요한 사항은 대통령령으로 정한다.
제12조(항공기 등록증명서의 발급) 국토교통부장관은 제7조에 따라 항공기를 등록하였을 때에는 등록한 자에게 대통령령으로 정하는 바에 따라 항공기 등록증명서를 발급하여야 한다.
제13조(항공기 변경등록) 소유자등은 제11조 제1항 제4호 또는 제5호의 등록사항이 변경되었을 때에는 그 변경된 날부터 15일 이내에 대통령령으로 정하는 바에 따라 국토교통부장관에게 변경등록을 신청하여야 한다.
제14조(항공기 이전등록) 등록된 항공기의 소유권 또는 임차권을 양도·양수하려는 자는 그 사유가 있는 날부터 15일 이내에 대통령령으로 정하는 바에 따라 국토교통부장관에게 이전등록을 신청하여야 한다.
제15조(항공기 말소등록) ① 소유자등은 등록된 항공기가 다음 각 호의 어느 하나에 해당하는 경우에는 그 사유가 있는 날부터 15일 이내에 대통령령으로 정하는 바에 따라 국토교통부장관에게 말소등록을 신청하여야 한다. 1. 항공기가 멸실(滅失)되었거나 항공기를 해체(정비등, 수송 또는 보관하기 위한 해체는 제외한다)한 경우 2. 항공기의 존재 여부를 1개월(항공기사고인 경우에는 2개월) 이상 확인할 수 없는 경우 3. 제10조 제1항 각 호의 어느 하나에 해당하는 자에게 항공기를 양도하거나 임대(외국 국적을 취득하는 경우만 해당한다)한 경우 4. 임차기간의 만료 등으로 항공기를 사용할 수 있는 권리가 상실된 경우 ② 제1항에 따라 소유자등이 말소등록을 신청하지 아니하면 국토교통부장관은 7일 이상의 기간을 정하여 말소등록을 신청할 것을 최고(催告)하여야 한다.

항공안전법, 시행령	항공안전법 시행규칙
③ 제2항에 따른 최고를 한 후에도 소유자등이 말소등록을 신청하지 아니하면 국토교통부장관은 직권으로 등록을 말소하고, 그 사실을 소유자등 및 그 밖의 이해관계인에게 알려야 한다.	
제16조(항공기 등록원부의 발급 · 열람) ① 누구든지 국토교통부장관에게 항공기 등록원부의 등본 또는 초본의 발급이나 열람을 청구할 수 있다. ② 제1항에 따라 청구를 받은 국토교통부장관은 특별한 사유가 없으면 해당 자료를 발급하거나 열람하도록 하여야 한다.	
제17조(항공기 등록기호표의 부착) ① 소유자등은 항공기를 등록한 경우에는 그 항공기 등록기호표를 국토교통부령으로 정하는 형식 · 위치 및 방법 등에 따라 항공기에 붙여야 한다. ② 누구든지 제1항에 따라 항공기에 붙인 등록기호표를 훼손해서는 아니 된다.	**제12조(등록기호표의 부착)** ① 항공기를 소유하거나 임차하여 사용할 수 있는 권리가 있는 자(이하 "소유자등")가 항공기를 등록한 경우에는 법 제17조 제1항에 따라 강철 등 내화금속(耐火金屬)으로 된 등록기호표(가로 7센티미터 세로 5센티미터의 직사각형)를 다음 각 호의 구분에 따라 보기 쉬운 곳에 붙여야 한다. 1. 항공기에 출입구가 있는 경우: 항공기 주(主)출입구 윗부분의 안쪽 2. 항공기에 출입구가 없는 경우: 항공기 동체의 외부 표면 ② 제1항의 등록기호표에는 국적기호 및 등록기호(이하 "등록부호"라 한다)와 소유자등의 명칭을 적어야 한다.
제18조(항공기 국적 등의 표시) ① 누구든지 국적, 등록기호 및 소유자등의 성명 또는 명칭을 표시하지 아니한 항공기를 운항해서는 아니 된다. 다만, 신규로 제작한 항공기 등 국토교통부령으로 정하는 항공기의 경우에는 그러하지 아니하다. ② 제1항에 따른 국적 등의 표시에 관한 사항과 등록기호의 구성 등에 필요한 사항은 국토교통부령으로 정한다.	**제13조(국적 등의 표시)** ① 법 제18조 제1항 단서에서 "신규로 제작한 항공기 등 국토교통부령으로 정하는 항공기"란 다음 각 호의 어느 하나에 해당하는 항공기를 말한다. 1. 제36조 제2호 또는 제3호에 해당하는 항공기 2. 제37조 제1호 가목에 해당하는 항공기 ② 법 제18조 제2항에 따른 국적 등의 표시는 국적기호, 등록기호 순으로 표시하고, 장식체를 사용해서는 아니 되며, 국적기호는 로마자의 대문자 "HL"로 표시하여야 한다. ③ 등록기호의 첫 글자가 문자인 경우 국적기호와 등록기호 사이에 붙임표(-)를 삽입하여야 한다. ④ 항공기에 표시하는 등록부호는 지워지지 아니하고 배경과 선명하게 대조되는 색으로 표시하여야 한다. ⑤ 등록기호의 구성 등에 필요한 세부사항은 국토교통부장관이 정하여 고시한다. **제14조(등록부호의 표시위치등)** 등록부호의 표시위치 및 방법은 다음 각 호의 구분에 따른다. 1. 비행기와 활공기의 경우에는 주 날개와 꼬리 날개 또는 주 날개와 동체에 다음 각 목의 구분에 따라 표시하여야 한다.

항공안전법, 시행령	항공안전법 시행규칙
	가. 주 날개에 표시하는 경우: 오른쪽 날개 윗면과 왼쪽 날개 아랫면에 주 날개의 앞 끝과 뒤 끝에서 같은 거리에 위치하도록 하고, 등록부호의 윗 부분이 주 날개의 앞 끝을 향하게 표시할 것. 다만, 각 기호는 보조 날개와 플랩에 걸쳐서는 아니 된다. 나. 꼬리 날개에 표시하는 경우: 수직 꼬리 날개의 양쪽 면에, 꼬리 날개의 앞 끝과 뒤 끝에서 5센티미터 이상 떨어지도록 수평 또는 수직으로 표시할 것 다. 동체에 표시하는 경우: 주 날개와 꼬리 날개 사이에 있는 동체의 양쪽 면의 수평안정판 바로 앞에 수평 또는 수직으로 표시할 것 2. 헬리콥터의 경우에는 동체 아랫면과 동체 옆면에 다음 각 목의 구분에 따라 표시하여야 한다. 가. 동체 아랫면에 표시하는 경우: 동체의 최대 횡단면 부근에 등록부호의 윗부분이 동체좌측을 향하게 표시할 것 나. 동체 옆면에 표시하는 경우: 주 회전익 축과 보조 회전익 축 사이의 동체 또는 동력장치가 있는 부근의 양 측면에 수평 또는 수직으로 표시할 것 3. 비행선의 경우에는 선체 또는 수평안정판과 수직안정판에 다음 각 목의 구분에 따라 표시하여야 한다. 가. 선체에 표시하는 경우: 대칭축과 직교하는 최대 횡단면 부근의 윗면과 양 옆면에 표시할 것 나. 수평안정판에 표시하는 경우: 오른쪽 윗면과 왼쪽 아랫면에 등록부호의 윗부분이 수평안정판의 앞 끝을 향하게 표시할 것 다. 수직안정판에 표시하는 경우: 수직안정판의 양 쪽면 아랫부분에 수평으로 표시할 것 **제15조(등록부호의 높이등)** 등록부호에 사용하는 각 문자와 숫자의 높이는 같아야 하고, 항공기의 종류와 위치에 따른 높이는 다음 각 호의 구분에 따른다. 1. 비행기와 활공기에 표시하는 경우 가. 주 날개에 표시하는 경우에는 50센티미터 이상 나. 수직 꼬리 날개 또는 동체에 표시하는 경우에는 30센티미터 이상 2. 헬리콥터에 표시하는 경우 가. 동체 아랫면에 표시하는 경우에는 50센티미터 이상 나. 동체 옆면에 표시하는 경우에는 30센티미터 이상 3. 비행선에 표시하는 경우 가. 선체에 표시하는 경우에는 50센티미터 이상 나. 수평안정판과 수직안정판에 표시하는 경우에는 15센티미터 이상

항공안전법, 시행령	항공안전법 시행규칙
	제16조(등록부호의 폭 · 선등) 등록부호에 사용하는 각 문자와 숫자의 폭, 선의 굵기 및 간격은 다음 각 호와 같다. 1. 폭과 붙임표(-)의 길이: 문자 및 숫자의 높이의 3분의 2. 다만 영문자 I와 아라비아 숫자 1은 제외한다. 2. 선의 굵기: 문자 및 숫자의 높이의 6분의 1 3. 간격: 문자 및 숫자의 폭의 4분의 1 이상 2분의 1 이하 **제17조(등록부호 표시의 예외)** ① 국토교통부장관은 제14조부터 제16조까지의 규정에도 불구하고 부득이한 사유가 있다고 인정하는 경우에는 등록부호의 표시위치, 높이, 폭 등을 따로 정할 수 있다. ② 법 제2조 제4호에 따른 국가기관등항공기에 대해서는 제14조부터 제16조까지의 규정에도 불구하고 관계 중앙행정기관의 장이 국토교통부장관과 협의하여 등록부호의 표시위치, 높이, 폭 등을 따로 정할 수 있다.
제3장 항공기기술기준 및 형식증명 등	
제19조(항공기기술기준) 국토교통부장관은 항공기등, 장비품 또는 부품의 안전을 확보하기 위하여 다음 각 호의 사항을 포함한 기술상의 기준(이하 "항공기기술기준"이라 한다)을 정하여 고시하여야 한다. 1. 항공기등의 감항기준 2. 항공기등의 환경기준(배출가스 배출기준 및 소음기준을 포함한다) 3. 항공기등이 감항성을 유지하기 위한 기준 4. 항공기등, 장비품 또는 부품의 식별 표시 방법 5. 항공기등, 장비품 또는 부품의 인증절차	
제20조(형식증명 등) ① 항공기등의 설계에 관하여 국토교통부장관의 증명을 받으려는 자는 국토교통부령으로 정하는 바에 따라 국토교통부장관에게 제2항 각 호의 어느 하나에 따른 증명을 신청하여야 한다. 증명받은 사항을 변경할 때에도 또한 같다. 〈개정 2017. 12. 26.〉 ② 국토교통부장관은 제1항에 따른 신청을 받은 경우 해당 항공기등이 항공기기술기준 등에 적합한지를 검사한 후 다음 각 호의 구분에 따른 증명을 하여야 한다. 〈신설 2017. 12. 26.〉 1. 해당 항공기등의 설계가 항공기기술기준에 적합한 경우: 형식증명	**제18조(형식증명 등의 신청)** ① 법 제20조 제1항 전단에 따라 형식증명(이하 "형식증명"이라 한다) 또는 제한형식증명(이하 "제한형식증명"이라 한다)을 받으려는 자는 별지 제1호서식의 형식(제한형식)증명 신청서를 국토교통부장관에게 제출하여야 한다. 〈개정 2018. 6. 27.〉 ② 제1항에 따른 신청서에는 다음 각 호의 서류를 첨부하여야 한다. 1. 인증계획서(Certification Plan) 2. 항공기 3면도 3. 발동기의 설계 · 운용 특성 및 운용한계에 관한 자료(발동기에 대하여 형식증명을 신청하는 경우에만 해당한다) 4. 그 밖에 국토교통부장관이 정하여 고시하는 서류 [제목개정 2018. 6. 27.]

항공안전법, 시행령	항공안전법 시행규칙
2. 신청인이 다음 각 목의 어느 하나에 해당하는 항공기의 설계가 해당 항공기의 업무와 관련된 항공기 기술기준에 적합하고 신청인이 제시한 운용범위에서 안전하게 운항할 수 있음을 입증한 경우: 제한형식증명 가. 산불진화, 수색구조 등 국토교통부령으로 정하는 특정한 업무에 사용되는 항공기(나목의 항공기를 제외한다) 나. 「군용항공기 비행안전성 인증에 관한 법률」 제4조 제5항 제1호에 따른 형식인증을 받아 제작된 항공기로서 산불진화, 수색구조 등 국토교통부령으로 정하는 특정한 업무를 수행하도록 개조된 항공기 ③ 국토교통부장관은 제2항 제1호의 형식증명(이하 "형식증명"이라 한다) 또는 같은 항 제2호의 제한형식증명(이하 "제한형식증명"이라 한다)을 하는 경우 국토교통부령으로 정하는 바에 따라 형식증명서 또는 제한형식증명서를 발급하여야 한다. 〈개정 2017. 12. 26.〉 ④ 형식증명서 또는 제한형식증명서를 양도·양수하려는 자는 국토교통부령으로 정하는 바에 따라 국토교통부장관에게 양도사실을 보고하고 해당 증명서의 재발급을 신청하여야 한다. 〈개정 2017. 12. 26.〉 ⑤ 형식증명, 제한형식증명 또는 제21조에 따른 형식증명승인을 받은 항공기등의 설계를 변경하기 위하여 부가적인 증명(이하 "부가형식증명"이라 한다)을 받으려는 자는 국토교통부령으로 정하는 바에 따라 국토교통부장관에게 부가형식증명을 신청하여야 한다. 〈개정 2017. 12. 26.〉 ⑥ 국토교통부장관은 부가형식증명을 하는 경우 국토교통부령으로 정하는 바에 따라 부가형식증명서를 발급하여야 한다. 〈신설 2017. 12. 26.〉 ⑦ 국토교통부장관은 다음 각 호의 어느 하나에 해당하는 경우 해당 항공기등에 대한 형식증명, 제한형식증명 또는 부가형식증명을 취소하거나 6개월 이내의 기간을 정하여 그 효력의 정지를 명할 수 있다. 다만, 제1호에 해당하는 경우에는 형식증명, 제한형식증명 또는 부가형식증명을 취소하여야 한다. 〈개정 2017. 12. 26.〉 1. 거짓이나 그 밖의 부정한 방법으로 형식증명, 제한형식증명 또는 부가형식증명을 받은 경우	**제19조(형식증명 등을 받은 항공기등의 형식설계 변경)** 법 제20조 제1항 전단에 따라 항공기등에 대한 형식증명 또는 제한형식증명을 받은 자가 같은 항 후단에 따라 형식설계를 변경하려면 별지 제2호서식의 형식설계 변경신청서에 다음 각 호의 서류를 첨부하여 국토교통부장관에게 제출하여야 한다. 〈개정 2020. 12. 10.〉 1. 별지 제3호서식에 따른 형식(제한형식)증명서 2. 제18조 제2항 각 호의 서류 [전문개정 2018. 6. 27.] **제20조(형식증명 등을 위한 검사범위)** 국토교통부장관은 법 제20조 제2항에 따라 형식증명 또는 제한형식증명을 위한 검사를 하는 경우에는 다음 각 호에 해당하는 사항을 검사하여야 한다. 다만, 형식설계를 변경하는 경우에는 변경하는 사항에 대한 검사만 해당한다. 〈개정 2018. 6. 27.〉 1. 해당 형식의 설계에 대한 검사 2. 해당 형식의 설계에 따라 제작되는 항공기등의 제작과정에 대한 검사 3. 항공기등의 완성 후의 상태 및 비행성능 등에 대한 검사 [제목개정 2018. 6. 27.] **제21조(형식증명서 등의 발급 등)** ① 국토교통부장관은 법 제20조 제2항에 따른 형식증명 또는 제한형식증명을 위한 검사 결과 해당 항공기등이 같은 항 각 호의 기준에 적합한 경우 별지 제3호서식의 형식(제한형식)증명서를 발급하여야 한다. 〈개정 2018. 6. 27.〉 ② 국토교통부장관은 제1항에 따라 형식증명서 또는 제한형식증명서를 발급할 때에는 항공기등의 성능과 주요 장비품 목록 등을 기술한 형식증명자료집 또는 제한형식증명자료집을 함께 발급하여야 한다. 〈개정 2018. 6. 27.〉 [제목개정 2018. 6. 27.] **제22조(형식증명서 등의 양도·양수)** ① 법 제20조 제4항에 따라 형식증명서 또는 제한형식증명서를 양도·양수하려는 자는 형식증명서 또는 제한형식증명서 번호, 양수하려는 자의 성명 또는 명칭, 주소와 양수·양도일자를 적은 별지 제4호서식의 형식(제한형식)증명서 재발급 신청서에 다음 각 호의 서류를 첨부하여 국토교통부장관에게 제출하여야 한다. 〈개정 2018. 6. 27.〉 1. 양도 및 양수에 관한 계획서 2. 항공기등의 설계자료 및 감항성유지 사항의 양도·양수에 관한 서류 3. 그 밖에 국토교통부장관이 정하여 고시하는 서류

항공안전법, 시행령	항공안전법 시행규칙
2. 항공기등이 형식증명, 제한형식증명 또는 부가형식증명 당시의 항공기기술기준 등에 적합하지 아니하게 된 경우 [제목개정 2017. 12. 26.]	② 국토교통부장관은 제1항에 따른 신청서 기재사항과 첨부서류를 확인하고 별지 제3호서식의 형식(제한형식)증명서를 발급하여야 한다. 〈개정 2018. 6. 27.〉 [제목개정 2018. 6. 27.] 제23조(부가형식증명의 신청) ① 법 제20조 제5항에 따라 부가형식증명을 받으려는 자는 별지 제5호서식의 부가형식증명 신청서를 국토교통부장관에게 제출하여야 한다. 〈개정 2018. 6. 27.〉 ② 제1항에 따른 신청서에는 다음 각 호의 서류를 첨부하여야 한다. 〈개정 2018. 6. 27.〉 1. 법 제19조에 따른 항공기기술기준(이하 "항공기기술기준"이라 한다)에 대한 적합성 입증계획서 2. 설계도면 및 설계도면 목록 3. 부품표 및 사양서 4. 그 밖에 참고사항을 적은 서류 제24조(부가형식증명의 검사범위) 국토교통부장관은 법 제20조 제5항에 따라 부가형식증명을 위한 검사를 하는 경우에는 다음 각 호에 해당하는 사항을 검사하여야 한다. 〈개정 2018. 6. 27.〉 1. 변경되는 설계에 대한 검사 2. 변경되는 설계에 따라 제작되는 항공기등의 제작과정에 대한 검사 3. 완성 후의 상태 및 비행성능에 관한 검사 제25조(부가형식증명서의 발급) 국토교통부장관은 제24조에 따른 검사 결과 변경되는 설계가 항공기기술기준에 적합하다고 인정하는 경우에는 별지 제6호서식의 부가형식증명서를 발급하여야 한다.

항공안전법, 시행령	항공안전법 시행규칙
제21조(형식증명승인) ① 항공기등의 설계에 관하여 외국정부로부터 형식증명을 받은 자가 해당 항공기등에 대하여 항공기기술기준에 적합함을 승인(이하 "형식증명승인"이라 한다)받으려는 경우 국토교통부령으로 정하는 바에 따라 항공기등의 형식별로 국토교통부장관에게 형식증명승인을 신청하여야 한다. 다만, 다음 각 호의 어느 하나에 해당하는 항공기의 경우에는 장착된 발동기와 프로펠러를 포함하여 신청할 수 있다. 〈개정 2017. 12. 26.〉 1. 최대이륙중량 5천700킬로그램 이하의 비행기 2. 최대이륙중량 3천175킬로그램 이하의 헬리콥터 ② 제1항에도 불구하고 대한민국과 항공기등의 감항성에 관한 항공안전협정을 체결한 국가로부터 형식증명을 받은 제1항 각 호의 항공기 및 그 항공기에 장착된 발동기와 프로펠러의 경우에는 제1항에 따른 형식증명승인을 받은 것으로 본다. 〈신설 2017. 12. 26.〉 ③ 국토교통부장관은 형식증명승인을 할 때에는 해당 항공기등(제2항에 따라 형식증명승인을 받은 것으로 보는 항공기 및 그 항공기에 장착된 발동기와 프로펠러는 제외한다)이 항공기기술기준에 적합한지를 검사하여야 한다. 다만, 대한민국과 항공기등의 감항성에 관한 항공안전협정을 체결한 국가로부터 형식증명을 받은 항공기등에 대해서는 해당 협정에서 정하는 바에 따라 검사의 일부를 생략할 수 있다. 〈개정 2017. 12. 26.〉 ④ 국토교통부장관은 제3항에 따른 검사 결과 해당 항공기등이 항공기기술기준에 적합하다고 인정하는 경우에는 국토교통부령으로 정하는 바에 따라 형식증명승인서를 발급하여야 한다. 〈개정 2017. 12. 26.〉 ⑤ 국토교통부장관은 형식증명 또는 형식증명승인을 받은 항공기등으로서 외국정부로부터 그 설계에 관한 부가형식증명을 받은 사항이 있는 경우에는 국토교통부령으로 정하는 바에 따라 부가적인 형식증명승인(이하 "부가형식증명승인"이라 한다)을 할 수 있다. 〈개정 2017. 12. 26.〉 ⑥ 국토교통부장관은 부가형식증명승인을 할 때에는 해당 항공기등이 항공기기술기준에 적합한지를 검사한 후 적합하다고 인정하는 경우에는 국토교통부령으로 정하는 바에 따라 부가형식증명승인서를 발급하여야 한다. 다만, 대한민국과 항공기등의 감항성에 관한 항공안전협정을 체결한 국가로부터 부가형식증명을 받은 사항에 대해서는 해당 협정에서 정하는 바에 따라 검사의 일부를 생략할 수 있다. 〈개정 2017. 12. 26.〉	제26조(형식증명승인의 신청) ① 법 제21조 제1항에 따라 형식증명승인을 받으려는 자는 별지 제7호서식의 형식증명승인 신청서를 국토교통부장관에게 제출하여야 한다. ② 제1항에 따른 신청서에는 다음 각 호의 서류를 첨부하여야 한다. 1. 외국정부의 형식증명서 2. 형식증명자료집 3. 설계 개요서 4. 항공기기술기준에 적합함을 입증하는 자료 5. 비행교범 또는 운용방식을 적은 서류 6. 정비방식을 적은 서류 7. 그 밖에 참고사항을 적은 서류 ③ 삭제 〈2018. 6. 27.〉 제27조(형식증명승인을 위한 검사 범위) ① 국토교통부장관은 법 제21조 제3항 본문에 따라 형식증명승인을 위한 검사를 하는 경우에는 다음 각 호에 해당하는 사항을 검사하여야 한다. 〈개정 2018. 6. 27.〉 1. 해당 형식의 설계에 대한 검사 2. 해당 형식의 설계에 따라 제작되는 항공기등의 제작과정에 대한 검사 ② 제1항에도 불구하고 국토교통부장관은 법 제21조 제3항 단서에 따라 형식증명승인을 위한 검사의 일부를 생략하는 경우에는 다음 각 호의 서류를 확인하는 것으로 제1항에 따른 검사를 대체할 수 있다. 다만, 해당 국가로부터 형식증명을 받을 당시에 특수기술기준(Special Condition)이 적용된 경우로서 형식증명을 받은 기간이 5년이 지나지 아니한 경우에는 그러하지 아니하다. 〈개정 2018. 6. 27.〉 1. 외국 정부의 형식증명서 2. 형식증명자료집 제28조(형식증명승인서의 발급) 국토교통부장관은 법 제21조 제3항에 따른 검사 결과 해당 항공기등이 항공기기술기준에 적합하다고 인정하는 경우(같은 조 제2항에 따라 형식증명승인을 받은 것으로 보는 경우를 포함한다)에는 별지 제8호서식의 형식증명승인서에 형식증명자료집을 첨부하여 발급하여야 한다. 〈개정 2018. 6. 27.〉 제29조(부가형식증명승인의 신청 등) ① 법 제21조 제5항에 따라 부가형식증명승인을 받으려는 자는 별지 제9호서식의 부가형식증명승인 신청서에 다음 각 호의 서류를 첨부하여 국토교통부장관에게 제출하여야 한다. 〈개정 2018. 6. 27.〉 1. 외국정부의 부가형식증명서 2. 변경되는 설계 개요서

항공안전법, 시행령	항공안전법 시행규칙
⑦ 국토교통부장관은 다음 각 호의 어느 하나에 해당하는 경우에는 해당 항공기등에 대한 형식증명승인 또는 부가형식증명승인을 취소하거나 6개월 이내의 기간을 정하여 그 효력의 정지를 명할 수 있다. 다만, 제1호에 해당하는 경우에는 형식증명승인 또는 부가형식증명승인을 취소하여야 한다. 〈개정 2017. 12. 26.〉 1. 거짓이나 그 밖의 부정한 방법으로 형식증명승인 또는 부가형식증명승인을 받은 경우 2. 항공기등이 형식증명승인 또는 부가형식증명승인 당시의 항공기기술기준에 적합하지 아니하게 된 경우	3. 변경되는 설계가 항공기기술기준에 적합함을 입증하는 자료 4. 변경되는 설계에 따라 개정된 비행교범(운용방식을 포함한다) 5. 변경되는 설계에 따라 개정된 정비교범(정비방식을 포함한다) 6. 그 밖에 참고사항을 적은 서류 ② 제1항에도 불구하고 법 제21조 제6항 단서에 따라 부가형식증명승인 검사의 일부를 생략 받으려는 경우에는 제1항에 따른 신청서에 다음 각 호의 서류를 첨부하여야 한다. 〈개정 2018. 6. 27.〉 1. 외국정부의 부가형식증명서 2. 변경되는 설계에 따라 개정된 비행교범(운용방식을 포함한다) 3. 변경되는 설계에 따라 개정된 정비교범(정비방식을 포함한다) 4. 부가형식증명을 발급한 해당 외국정부의 신청서 서신 **제30조(부가형식증명승인을 위한 검사 범위)** 국토교통부장관은 법 제21조 제6항 본문에 따라 부가형식증명승인을 위한 검사를 하는 경우에는 다음 각 호에 해당하는 사항을 검사하여야 한다. 〈개정 2018. 6. 27.〉 1. 변경되는 설계에 대한 검사 2. 변경되는 설계에 따라 제작되는 항공기등의 제작과정에 대한 검사 **제31조(부가형식증명승인서의 발급)** 국토교통부장관은 법 제21조 제5항에 따른 부가형식증명승인을 위한 검사 결과 해당 항공기등이 항공기기술기준에 적합하다고 인정하는 경우에는 별지 제10호서식의 부가형식증명승인서를 발급하여야 한다.
제22조(제작증명) ① 형식증명 또는 제한형식증명에 따라 인가된 설계에 일치하게 항공기등을 제작할 수 있는 기술, 설비, 인력 및 품질관리체계 등을 갖추고 있음을 증명(이하 "제작증명"이라 한다)받으려는 자는 국토교통부령으로 정하는 바에 따라 국토교통부장관에게 제작증명을 신청하여야 한다. 〈개정 2017. 12. 26.〉 ② 국토교통부장관은 제1항에 따른 신청을 받은 경우 항공기등을 제작하려는 자가 형식증명 또는 제한형식증명에 따라 인가된 설계에 일치하게 항공기등을 제작할 수 있는 기술, 설비, 인력 및 품질관리체계 등을 갖추고 있는지를 검사하여야 한다. 〈개정 2017. 12. 26.〉	**제32조(제작증명의 신청)** ① 법 제22조 제1항에 따라 제작증명을 받으려는 자는 별지 제11호서식의 제작증명 신청서를 국토교통부장관에게 제출하여야 한다. ② 제1항에 따른 신청서에는 다음 각 호의 서류를 첨부하여야 한다. 1. 품질관리규정 2. 제작하려는 항공기등의 제작 방법 및 기술 등을 설명하는 자료 3. 제작 설비 및 인력 현황 4. 품질관리 및 품질검사의 체계(이하 "품질관리체계"라 한다)를 설명하는 자료 5. 제작하려는 항공기등의 감항성 유지 및 관리체계(이하 "제작관리체계"라 한다)를 설명하는 자료

항공안전법, 시행령	항공안전법 시행규칙
③ 국토교통부장관은 제1항에 따라 제작증명을 하는 경우 국토교통부령으로 정하는 바에 따라 제작증명서를 발급하여야 한다. 이 경우 제작증명서는 타인에게 양도·양수할 수 없다. 〈신설 2017. 12. 26.〉 ④ 제작증명을 받은 자는 항공기등, 장비품 또는 부품의 감항성에 영향을 미칠 수 있는 설비의 이전이나 증설 또는 품질관리체계의 변경 등 국토교통부령으로 정하는 사유가 발생하는 경우 이를 국토교통부장관에게 보고하여야 한다. 〈신설 2017. 12. 26.〉 ⑤ 국토교통부장관은 다음 각 호의 어느 하나에 해당하는 경우에는 제작증명을 취소하거나 6개월 이내의 기간을 정하여 그 효력의 정지를 명할 수 있다. 다만, 제1호에 해당하는 경우에는 제작증명을 취소하여야 한다. 〈개정 2017. 12. 26.〉 1. 거짓이나 그 밖의 부정한 방법으로 제작증명을 받은 경우 2. 항공기등이 제작증명 당시의 항공기기술기준에 적합하지 아니하게 된 경우	③ 제2항 제1호에 따른 품질관리규정에 담아야 할 세부내용, 같은 항 제4호 및 제5호에 따른 품질관리체계 및 제작관리체계에 대한 세부적인 기준은 국토교통부장관이 정하여 고시한다. **제33조(제작증명을 위한 검사 범위)** 국토교통부장관은 법 제22조 제2항에 따라 제작증명을 위한 검사를 하는 경우에는 해당 항공기등에 대한 제작기술, 설비, 인력, 품질관리체계, 제작관리체계 및 제작과정을 검사하여야 한다. 〈개정 2018. 6. 27.〉 **제34조(제작증명서의 발급등)** ① 국토교통부장관은 제33조에 따라 제작증명을 위한 검사 결과 제작증명을 받으려는 자가 항공기기술기준에 적합하게 항공기등을 제작할 수 있는 기술, 설비, 인력 및 품질관리체계 등을 갖추고 있다고 인정하는 경우에는 별지 제12호서식의 제작증명서를 발급하여야 한다. ② 국토교통부장관은 제1항에 따른 제작증명서를 발급할 때에는 제작할 수 있는 항공기등의 형식증명 목록을 적은 생산승인 지정서를 함께 발급하여야 한다. **제34조의2(제작증명을 받은 자의 설비 이전 등의 보고)** 법 제22조 제4항에서 "설비의 이전이나 증설 또는 품질관리체계의 변경 등 국토교통부령으로 정하는 사유가 발생하는 경우"란 다음 각 호의 어느 하나에 해당하는 경우를 말한다. 1. 제작증명을 받은 설비의 일부를 이전하거나 기존 설비를 증설하는 경우 2. 품질관리체계를 설명하는 자료 또는 관련 공정·절차를 변경하는 경우 3. 그 밖에 항공기등, 장비품 또는 부품의 감항성에 영향을 미칠 수 있는 경우로서 국토교통부장관이 정하여 고시하는 경우 [본조신설 2018. 6. 27.]
제23조(감항증명 및 감항성 유지) ① 항공기가 감항성이 있다는 증명(이하 "감항증명")을 받으려는 자는 국토교통부령으로 정하는 바에 따라 국토교통부장관에게 감항증명을 신청하여야 한다. ② 감항증명은 대한민국 국적을 가진 항공기가 아니면 받을 수 없다. 다만, 국토교통부령으로 정하는 항공기의 경우에는 그러하지 아니하다. ③ 누구든지 다음 각 호의 어느 하나에 해당하는 감항증명을 받지 아니한 항공기를 운항하여서는 아니 된다. 〈개정 2017. 12. 26.〉 1. **표준감항증명:** 해당 항공기가 형식증명 또는 형식증명승인에 따라 인가된 설계에 일치하게 제작되고 안전하게 운항할 수 있다고 판단되는 경우에 발급하는 증명	**제35조(감항증명의 신청)** ① 법 제23조 제1항에 따라 감항증명을 받으려는 자는 별지 제13호서식의 항공기 표준감항증명 신청서 또는 별지 제14호서식의 항공기 특별감항증명 신청서에 다음 각 호의 서류를 첨부하여 국토교통부장관 또는 지방항공청장에게 제출하여야 한다. 〈개정 2020. 12. 10.〉 1. 비행교범(연구·개발을 위한 특별감항증명의 경우에는 제외한다) 2. 정비교범(연구·개발을 위한 특별감항증명의 경우에는 제외한다) 3. 그 밖에 감항증명과 관련하여 국토교통부장관이 필요하다고 인정하여 고시하는 서류 ② 제1항 제1호에 따른 비행교범에는 다음 각 호의 사항이 포함되어야 한다. 1. 항공기의 종류·등급·형식 및 제원(諸元)에 관한 사항 2. 항공기 성능 및 운용한계에 관한 사항

항공안전법, 시행령	항공안전법 시행규칙
2. **특별감항증명:** 해당 항공기가 제한형식증명을 받았거나 항공기의 연구, 개발 등 국토교통부령으로 정하는 경우로서 항공기 제작자 또는 소유자등이 제시한 운용범위를 검토하여 안전하게 운항할 수 있다고 판단되는 경우에 발급하는 증명 ④ 국토교통부장관은 제3항 각 호의 어느 하나에 해당하는 감항증명을 하는 경우 국토교통부령으로 정하는 바에 따라 해당 항공기의 설계, 제작과정, 완성 후의 상태와 비행성능에 대하여 검사하고 해당 항공기의 운용한계(運用限界)를 지정하여야 한다. 다만, 다음 각 호의 어느 하나에 해당하는 항공기의 경우에는 국토교통부령으로 정하는 바에 따라 검사의 일부를 생략할 수 있다. 〈신설 2017. 12. 26.〉 1. 형식증명, 제한형식증명 또는 형식증명승인을 받은 항공기 2. 제작증명을 받은 자가 제작한 항공기 3. 항공기를 수출하는 외국정부로부터 감항성이 있다는 승인을 받아 수입하는 항공기 ⑤ 감항증명의 유효기간은 1년으로 한다. 다만, 항공기의 형식 및 소유자등(제32조 제2항에 따른 위탁을 받은 자를 포함한다)의 감항성 유지능력 등을 고려하여 국토교통부령으로 정하는 바에 따라 유효기간을 연장할 수 있다. 〈개정 2017. 12. 26.〉 ⑥ 국토교통부장관은 제4항에 따른 검사 결과 항공기가 감항성이 있다고 판단되는 경우 국토교통부령으로 정하는 바에 따라 감항증명서를 발급하여야 한다. 〈신설 2017. 12. 26.〉 ⑦ 국토교통부장관은 다음 각 호의 어느 하나에 해당하는 경우에는 해당 항공기에 대한 감항증명을 취소하거나 6개월 이내의 기간을 정하여 그 효력의 정지를 명할 수 있다. 다만, 제1호에 해당하는 경우에는 감항증명을 취소하여야 한다. 〈개정 2017. 12. 26.〉 1. 거짓이나 그 밖의 부정한 방법으로 감항증명을 받은 경우 2. 항공기가 감항증명 당시의 항공기기술기준에 적합하지 아니하게 된 경우 ⑧ 항공기를 운항하려는 소유자등은 국토교통부령으로 정하는 바에 따라 그 항공기의 감항성을 유지하여야 한다. 〈개정 2017. 12. 26.〉	3. 항공기 조작방법 등 그 밖에 국토교통부장관이 정하여 고시하는 사항 ③ 제1항 제2호에 따른 정비교범에는 다음 각 호의 사항이 포함되어야 한다. 다만, 장비품·부품 등의 사용한계 등에 관한 사항은 정비교범 외에 별도로 발행할 수 있다. 1. 감항성 한계범위, 주기적 검사 방법 또는 요건, 장비품·부품 등의 사용한계 등에 관한 사항 2. 항공기 계통별 설명, 분해, 세척, 검사, 수리 및 조립절차, 성능점검 등에 관한 사항 3. 지상에서의 항공기 취급, 연료·오일 등의 보충, 세척 및 윤활 등에 관한 사항 **제36조(예외적으로 감항증명을 받을 수 있는 항공기)** 법 제23조 제2항 단서에서 "국토교통부령으로 정하는 항공기"란 다음 각 호의 어느 하나에 해당하는 항공기를 말한다. 1. 법 제101조 단서에 따라 허가를 받은 항공기 2. 국내에서 수리·개조 또는 제작한 후 수출할 항공기 3. 국내에서 제작되거나 외국으로부터 수입하는 항공기로서 대한민국의 국적을 취득하기 전에 감항증명을 신청한 항공기 **제37조(특별감항증명의 대상)** 법 제23조 제3항 제2호에서 "항공기의 연구, 개발 등 국토교통부령으로 정하는 경우"란 다음 각 호의 어느 하나에 해당하는 경우를 말한다. 〈개정 2018. 3. 23., 2020. 12. 10.〉 1. 항공기 및 관련 기기의 개발과 관련된 다음 각 목의 어느 하나에 해당하는 경우 가. 항공기 제작자 및 항공기 관련 연구기관 등이 연구·개발 중인 경우 나. 판매·홍보·전시·시장조사 등에 활용하는 경우 다. 조종사 양성을 위하여 조종연습에 사용하는 경우 2. 항공기의 제작·정비·수리·개조 및 수입·수출 등과 관련한 다음 각 목의 어느 하나에 해당하는 경우 가. 제작·정비·수리 또는 개조 후 시험비행을 하는 경우 나. 정비·수리 또는 개조(이하 "정비등"이라 한다)를 위한 장소까지 승객·화물을 싣지 아니하고 비행하는 경우 다. 수입하거나 수출하기 위하여 승객·화물을 싣지 아니하고 비행하는 경우 라. 설계에 관한 형식증명을 변경하기 위하여 운용한계를 초과하는 시험비행을 하는 경우 마. 삭제 〈2018. 3. 23.〉 3. 무인항공기를 운항하는 경우 4. 특정한 업무를 수행하기 위하여 사용되는 다음 각 목의 어느 하나에 해당하는 경우 가. 재난·재해 등으로 인한 수색·구조에 사용되는 경우

항공안전법, 시행령	항공안전법 시행규칙
⑨ 국토교통부장관은 제8항에 따라 소유자등이 해당 항공기의 감항성을 유지하는지를 수시로 검사하여야 하며, 항공기의 감항성 유지를 위하여 소유자등에게 항공기등, 장비품 또는 부품에 대한 정비등에 관한 감항성개선 또는 그 밖의 검사·정비등을 명할 수 있다. 〈개정 2017. 12. 26.〉	나. 산불의 진화 및 예방에 사용되는 경우 다. 응급환자의 수송 등 구조·구급활동에 사용되는 경우 라. 씨앗 파종, 농약 살포 또는 어군(魚群)의 탐지 등 농·수산업에 사용되는 경우 마. 기상관측, 기상조절 실험 등에 사용되는 경우 바. 건설자재 등을 외부에 매달고 운반하는 데 사용되는 경우(헬리콥터만 해당한다) 사. 해양오염 관측 및 해양 방제에 사용되는 경우 아. 산림, 관로(管路), 전선(電線) 등의 순찰 또는 관측에 사용되는 경우 5. 제1호부터 제4호까지 외에 공공의 안녕과 질서유지를 위한 업무를 수행하는 경우로서 국토교통부장관이 인정하는 경우 **제38조(감항증명을 위한 검사범위)** 국토교통부장관 또는 지방항공청장이 법 제23조 제4항 각 호 외의 부분 본문에 따라 감항증명을 위한 검사를 하는 경우에는 해당 항공기의 설계·제작과정 및 완성 후의 상태와 비행성능이 항공기기술기준에 적합하고 안전하게 운항할 수 있는지 여부를 검사하여야 한다. 〈개정 2018. 6. 27.〉 [제39조에서 이동, 종전 제38조는 제41조로 이동 〈2018. 6. 27.〉] **제39조(항공기의 운용한계 지정)** ① 국토교통부장관 또는 지방항공청장은 법 제23조 제4항 각 호 외의 부분 본문에 따라 감항증명을 하는 경우에는 항공기기술기준에서 정한 항공기의 감항분류에 따라 다음 각 호의 사항에 대하여 항공기의 운용한계를 지정하여야 한다. 〈개정 2018. 6. 27.〉 1. 속도에 관한 사항 2. 발동기 운용성능에 관한 사항 3. 중량 및 무게중심에 관한 사항 4. 고도에 관한 사항 5. 그 밖에 성능한계에 관한 사항 ② 국토교통부장관 또는 지방항공청장은 제1항에 따라 운용한계를 지정하였을 때에는 별지 제18호서식의 운용한계 지정서를 항공기의 소유자등에게 발급하여야 한다. [제41조에서 이동, 종전 제39조는 제38조로 이동 〈2018. 6. 27.〉] **제40조(감항증명을 위한 검사의 일부 생략)** 법 제23조 제4항 단서에 따라 감항증명을 할 때 생략할 수 있는 검사는 다음 각 호의 구분에 따른다. 〈개정 2018. 6. 27.〉 1. 법 제20조 제2항에 따른 형식증명 또는 제한형식증명을 받은 항공기: 설계에 대한 검사 2. 법 제21조 제1항에 따른 형식증명승인을 받은 항공기: 설계에 대한 검사와 제작과정에 대한 검사

항공안전법, 시행령	항공안전법 시행규칙
	3. 법 제22조 제1항에 따른 제작증명을 받은 자가 제작한 항공기: 제작과정에 대한 검사 4. 법 제23조 제4항 제3호에 따른 수입 항공기(신규로 생산되어 수입하는 완제기(完製機)만 해당한다): 비행성능에 대한 검사 [제42조에서 이동, 종전 제40조는 제42조로 이동 〈2018. 6. 27.〉] **제41조(감항증명의 유효기간을 연장할 수 있는 항공기)** 법 제23조 제5항 단서에 따라 감항증명의 유효기간을 연장할 수 있는 항공기는 항공기의 감항성을 지속적으로 유지하기 위하여 국토교통부장관이 정하여 고시하는 정비방법에 따라 정비등(等)이 이루어지는 항공기를 말한다. 〈개정 2018. 6. 27.〉 [제38조에서 이동, 종전 제41조는 제39조로 이동 〈2018. 6. 27.〉] **제42조(감항증명서의 발급 등)** ① 국토교통부장관 또는 지방항공청장은 법 제23조 제4항 각 호 외의 부분 본문에 따른 검사 결과 해당 항공기가 항공기기술기준에 적합한 경우에는 별지 제15호서식의 표준감항증명서 또는 별지 제16호서식의 특별감항증명서를 신청인에게 발급하여야 한다. 〈개정 2018. 6. 27.〉 ② 항공기의 소유자등은 제1항에 따른 감항증명서를 잃어버렸거나 감항증명서가 못 쓰게 되어 재발급받으려는 경우에는 별지 제17호서식의 표준·특별감항증명서 재발급 신청서를 국토교통부장관 또는 지방항공청장에게 제출하여야 한다. ③ 국토교통부장관 또는 지방항공청장은 제2항에 따른 재발급 신청서를 접수한 경우 해당 항공기에 대한 감항증명서의 발급기록을 확인한 후 재발급하여야 한다. [제40조에서 이동, 종전 제42조는 제40조로 이동 〈2018. 6. 27.〉] **제43조(감항증명서의 반납)** 국토교통부장관 또는 지방항공청장은 법 제23조 제7항에 따라 항공기에 대한 감항증명을 취소하거나 그 효력을 정지시킨 경우에는 지체 없이 항공기의 소유자등에게 해당 항공기의 감항증명서의 반납을 명하여야 한다. 〈개정 2018. 6. 27.〉 **제44조(항공기의 감항성 유지)** 법 제23조 제8항에 따라 항공기를 운항하려는 소유자등은 다음 각 호의 방법에 따라 해당 항공기의 감항성을 유지하여야 한다. 〈개정 2018. 6. 27.〉 1. 해당 항공기의 운용한계 범위에서 운항할 것 2. 제작사에서 제공하는 정비교범, 기술문서 또는 국토교통부장관이 정하여 고시하는 정비방법에 따라 정비등을 수행할 것 3. 법 제23조 제9항에 따른 감항성개선 또는 그 밖의 검사·정비등의 명령에 따른 정비등을 수행할 것

항공안전법, 시행령	항공안전법 시행규칙
	제45조(항공기등·장비품 또는 부품에 대한 감항성개선 명령 등) ① 국토교통부장관은 법 제23조 제9항에 따라 소유자등에게 항공기등, 장비품 또는 부품에 대한 정비등에 관한 감항성개선을 명할 때에는 다음 각 호의 사항을 통보하여야 한다. 〈개정 2018. 6. 27.〉 1. 항공기등, 장비품 또는 부품의 형식 등 개선 대상 2. 검사, 교환, 수리·개조 등을 하여야 할 시기 및 방법 3. 그 밖에 검사, 교환, 수리·개조 등을 수행하는 데 필요한 기술자료 4. 제3항에 따른 보고 대상 여부 ② 국토교통부장관은 법 제23조 제9항에 따라 소유자등에게 검사·정비등을 명할 때에는 다음 각 호의 사항을 통보하여야 한다. 〈개정 2018. 6. 27.〉 1. 항공기등, 장비품 또는 부품의 형식 등 검사 대상 2. 검사·정비등을 하여야 할 시기 및 방법 3. 제3항에 따른 보고 대상 여부 ③ 제1항에 따른 감항성개선 또는 제2항에 따른 검사·정비등의 명령을 받은 소유자등은 감항성개선 또는 검사·정비등을 완료한 후 그 이행 결과가 보고 대상인 경우에는 국토교통부장관에게 보고하여야 한다.
제24조(감항승인) ① 우리나라에서 제작, 운항 또는 정비등을 한 항공기등, 장비품 또는 부품을 타인에게 제공하려는 자는 국토교통부령으로 정하는 바에 따라 국토교통부장관의 감항승인을 받을 수 있다. ② 국토교통부장관은 제1항에 따른 감항승인을 할 때에는 해당 항공기등, 장비품 또는 부품이 항공기기술기준 또는 제27조 제1항에 따른 기술표준품의 형식승인기준에 적합하고, 안전하게 운용할 수 있다고 판단하는 경우에는 감항승인을 하여야 한다. ③ 국토교통부장관은 다음 각 호의 어느 하나에 해당하는 경우에는 제2항에 따른 감항승인을 취소하거나 6개월 이내의 기간을 정하여 그 효력의 정지를 명할 수 있다. 다만, 제1호에 해당하는 경우에는 그 감항승인을 취소하여야 한다. 1. 거짓이나 그 밖의 부정한 방법으로 감항승인을 받은 경우 2. 항공기등, 장비품 또는 부품이 감항승인 당시의 항공기기술기준 또는 제27조 제1항에 따른 기술표준품의 형식승인기준에 적합하지 아니하게 된 경우	**제46조(감항승인의 신청)** ① 법 제24조 제1항에 따라 감항승인을 받으려는 자는 다음 각 호의 구분에 따른 신청서를 국토교통부장관 또는 지방항공청장에게 제출하여야 한다. 1. 항공기를 외국으로 수출하려는 경우: 별지 제19호서식의 항공기 감항승인 신청서 2. 발동기·프로펠러, 장비품 또는 부품을 타인에게 제공하려는 경우: 별지 제20호서식의 부품 등의 감항승인 신청서 ② 제1항에 따른 신청서에는 다음 각 호의 서류를 첨부하여야 한다. 〈개정 2018. 6. 27.〉 1. 항공기기술기준 또는 법 제27조 제1항에 따른 기술표준품 형식승인기준(이하 "기술표준품형식승인기준"이라 한다)에 적합함을 입증하는 자료 2. 정비교범(제작사가 발행한 것만 해당한다) 3. 그 밖에 법 제23조 제9항에 따른 감항성개선 명령의 이행 결과 등 국토교통부장관이 정하여 고시하는 서류 **제47조(감항승인을 위한 검사범위)** 법 제24조 제2항에 따라 국토교통부장관 또는 지방항공청장이 감항승인을 할 때에는 해당 항공기등·장비품 또는 부품의 상태 및 성능이 항공기기술기준 또는 기술표준품형식승인기준에 적합한지를 검사하여야 한다.

항공안전법, 시행령	항공안전법 시행규칙
	제48조(감항승인서의 발급) 국토교통부장관 또는 지방항공청장은 법 제24조 제2항에 따른 감항승인을 위한 검사 결과 해당 항공기가 항공기기술기준에 적합하다고 인정하는 경우에는 별지 제21호서식의 항공기 감항승인서를, 해당 발동기·프로펠러, 장비품 또는 부품이 항공기기술기준 또는 기술표준품형식승인기준에 적합하다고 인정하는 경우에는 별지 제22호서식의 부품 등 감항승인서를 신청인에게 발급하여야 한다.
제25조(소음기준적합증명) ① 국토교통부령으로 정하는 항공기의 소유자등은 감항증명을 받는 경우와 수리·개조 등으로 항공기의 소음치(騷音値)가 변동된 경우에는 국토교통부령으로 정하는 바에 따라 그 항공기가 제19조 제2호의 소음기준에 적합한지에 대하여 국토교통부장관의 증명(이하 "소음기준적합증명")을 받아야 한다. ② 소음기준적합증명을 받지 아니하거나 항공기기술기준에 적합하지 아니한 항공기를 운항해서는 아니 된다. 다만, 국토교통부령으로 정하는 바에 따라 국토교통부장관의 운항허가를 받은 경우에는 그러하지 아니하다. ③ 국토교통부장관은 다음 각 호의 어느 하나에 해당하는 경우에는 소음기준적합증명을 취소하거나 6개월 이내의 기간을 정하여 그 효력의 정지를 명할 수 있다. 다만, 제1호에 해당하는 경우에는 소음기준적합증명을 취소하여야 한다. 1. 거짓이나 그 밖의 부정한 방법으로 소음기준적합증명을 받은 경우 2. 항공기가 소음기준적합증명 당시의 항공기기술기준에 적합하지 아니하게 된 경우	제49조(소음기준적합증명 대상 항공기) 법 제25조 제1항에서 "국토교통부령으로 정하는 항공기"란 다음 각 호의 어느 하나에 해당하는 항공기로서 국토교통부장관이 정하여 고시하는 항공기를 말한다. 1. 터빈발동기를 장착한 항공기 2. 국제선을 운항하는 항공기 제50조(소음기준적합증명 신청) ① 법 제25조 제1항에 따라 소음기준적합증명을 받으려는 자는 별지 제23호서식의 소음기준적합증명 신청서를 국토교통부장관 또는 지방항공청장에게 제출하여야 한다. ② 제1항에 따른 신청서에는 다음 각 호의 서류를 첨부하여야 한다. 1. 해당 항공기가 법 제19조 제2호에 따른 소음기준(이하 "소음기준")에 적합함을 입증하는 비행교범 2. 해당 항공기가 소음기준에 적합하다는 사실을 입증할 수 있는 서류(해당 항공기를 제작 또는 등록하였던 국가나 항공기 제작기술을 제공한 국가가 소음기준에 적합하다고 증명한 항공기만 해당한다) 3. 수리·개조 등에 관한 기술사항을 적은 서류(수리·개조 등으로 항공기의 소음치(騷音値)가 변경된 경우에만 해당한다) 제51조(소음기준적합증명의 검사기준 등) 법 제25조 제1항에 따른 소음기준적합증명의 검사기준과 소음의 측정방법 등에 관한 세부적인 사항은 국토교통부장관이 정하여 고시한다. 제52조(소음기준적합증명서의 발급) 국토교통부장관은 제24조에 따른 검사 결과 변경되는 설계가 항공기기술기준에 적합하다고 인정하는 경우에는 별지 제6호서식의 부가형식증명서를 발급하여야 한다. 제53조(소음기준적합증명의 기준에 적합하지 아니한 항공기의 운항허가) ① 법 제25조 제2항 단서에 따라 운항허가를 받을 수 있는 경우는 다음 각 호와 같다. 이 경우 국토교통부장관은 제한사항을 정하여 항공기의 운항을 허가할 수 있다.

항공안전법, 시행령	항공안전법 시행규칙
	1. 항공기의 생산업체, 연구기관 또는 제작자 등이 항공기 또는 그 장비품 등의 시험·조사·연구·개발을 위하여 시험비행을 하는 경우 2. 항공기의 제작 또는 정비등을 한 후 시험비행을 하는 경우 3. 항공기의 정비등을 위한 장소까지 승객·화물을 싣지 아니하고 비행하는 경우 4. 항공기의 설계에 관한 형식증명을 변경하기 위하여 운용한계를 초과하는 시험비행을 하는 경우 ② 법 제25조 제2항 단서에 따른 운항허가를 받으려는 자는 별지 제25호서식의 시험비행 등의 허가신청서를 국토교통부장관에게 제출하여야 한다. **제54조(소음기준적합증명서의 반납)** 법 제25조 제3항에 따라 항공기의 소음기준적합증명을 취소하거나 그 효력을 정지시킨 경우에는 지체 없이 항공기의 소유자등에게 해당 항공기의 소음기준적합증명서의 반납을 명하여야 한다.
제26조(항공기기술기준 변경에 따른 요구) 국토교통부장관은 항공기기술기준이 변경되어 형식증명을 받은 항공기가 변경된 항공기기술기준에 적합하지 아니하게 된 경우에는 형식증명을 받거나 양수한 자 또는 소유자등에게 변경된 항공기기술기준을 따르도록 요구할 수 있다. 이 경우 형식증명을 받거나 양수한 자 또는 소유자등은 이에 따라야 한다.	
제27조(기술표준품 형식승인) ① 항공기등의 감항성을 확보하기 위하여 국토교통부장관이 정하여 고시하는 장비품(시험 또는 연구·개발 목적으로 설계·제작하는 경우는 제외한다. 이하 "기술표준품"이라 한다)을 설계·제작하려는 자는 국토교통부장관이 정하여 고시하는 기술표준품의 형식승인기준(이하 "기술표준품 형식승인기준"이라 한다)에 따라 해당 기술표준품의 설계·제작에 대하여 국토교통부장관의 승인(이하 "기술표준품형식승인"이라 한다)을 받아야 한다. 다만, 대한민국과 기술표준품의 형식승인에 관한 항공안전협정을 체결한 국가로부터 형식승인을 받은 기술표준품으로서 국토교통부령으로 정하는 기술표준품은 기술표준품형식승인을 받은 것으로 본다. ② 국토교통부장관은 기술표준품형식승인을 할 때에는 기술표준품의 설계·제작에 대하여 기술표준품형식승인기준에 적합한지를 검사한 후 적합하다고 인정하는 경우에는 국토교통부령으로 정하는 바에 따라 기술표준품형식승인서를 발급하여야 한다.	**제55조(기술표준품형식승인의 신청)** ① 법 제27조 제1항에 따라 기술표준품형식승인을 받으려는 자는 별지 제26호서식의 기술표준품형식승인 신청서를 국토교통부장관에게 제출하여야 한다. ② 제1항에 따른 신청서에는 다음 각 호의 서류를 첨부하여야 한다. 1. 법 제27조 제1항에 따른 기술표준품형식승인기준(이하 "기술표준품형식승인기준")에 대한 적합성 입증 계획서 또는 확인서 2. 기술표준품의 설계도면, 설계도면 목록 및 부품 목록 3. 기술표준품의 제조규격서 및 제품사양서 4. 기술표준품의 품질관리규정 5. 해당 기술표준품의 감항성 유지 및 관리체계(이하 "기술표준품관리체계")를 설명하는 자료 6. 그 밖에 참고사항을 적은 서류 **제56조(형식승인이 면제되는 기술표준품)** 법 제27조 제1항 단서에서 "국토교통부령으로 정하는 기술표준품"이란 다음 각 호의 기술표준품을 말한다. 〈개정 2018. 6. 27.〉

항공안전법, 시행령	항공안전법 시행규칙
③ 누구든지 기술표준품형식승인을 받지 아니한 기술표준품을 제작·판매하거나 항공기등에 사용해서는 아니 된다. ④ 국토교통부장관은 다음 각 호의 어느 하나에 해당하는 경우에는 해당 기술표준품형식승인을 취소하거나 6개월 이내의 기간을 정하여 그 효력의 정지를 명할 수 있다. 다만, 제1호에 해당하는 경우에는 기술표준품형식승인을 취소하여야 한다. 1. 거짓이나 그 밖의 부정한 방법으로 기술표준품형식승인을 받은 경우 2. 기술표준품이 기술표준품형식승인 당시의 기술표준품형식승인기준에 적합하지 아니하게 된 경우	1. 법 제20조에 따라 형식증명 또는 제한형식증명을 받은 항공기에 포함되어 있는 기술표준품 2. 법 제21조에 따라 형식증명승인을 받은 항공기에 포함되어 있는 기술표준품 3. 법 제23조 제1항에 따라 감항증명을 받은 항공기에 포함되어 있는 기술표준품 **제57조(기술표준품형식승인의 검사범위 등)** ① 국토교통부장관은 법 제27조 제2항에 따라 기술표준품형식승인을 위한 검사를 하는 경우에는 다음 각 호의 사항을 검사하여야 한다. 1. 기술표준품이 기술표준품형식승인기준에 적합하게 설계되었는지 여부 2. 기술표준품의 설계·제작과정에 적용되는 품질관리체계 3. 기술표준품관리체계 ② 국토교통부장관은 제1항 제1호에 따른 사항을 검사하는 경우에는 기술표준품의 최소성능표준에 대한 적합성과 도면, 규격서, 제작공정 등에 관한 내용을 포함하여 검사하여야 한다. ③ 국토교통부장관은 제1항 제2호에 따른 사항을 검사하는 경우에는 해당 기술표준품을 제작할 수 있는 기술·설비 및 인력 등에 관한 내용을 포함하여 검사하여야 한다. ④ 국토교통부장관은 제1항 제3호에 따른 사항을 검사하는 경우에는 기술표준품의 식별방법 및 기록유지 등에 관한 내용을 포함하여 검사하여야 한다. **제58조(기술표준품형식승인서의 발급 등)** ① 국토교통부장관은 법 제27조 제2항에 따른 검사 결과 해당 기술표준품의 설계·제작이 기술표준품형식승인기준에 적합하다고 인정하는 경우에는 별지 제27호서식의 기술표준품형식승인서를 발급하여야 한다. ② 법 제27조에 따른 기술표준품형식승인을 받은 자는 해당 기술표준품에 기술표준품형식승인을 받았음을 나타내는 표시를 할 수 있다. **제59조(항공기기술기준 등의 제·개정 신청등)** ① 항공기기술기준 또는 기술표준품형식승인기준의 제정 또는 개정을 신청하려는 자는 별지 제28호서식의 항공기기술기준 또는 기술표준품형식승인기준 제·개정 신청서에 항공기기술기준 또는 기술표준품형식승인기준 신·구조문대비표를 첨부하여 국토교통부장관에게 제출하여야 한다. ② 국토교통부장관은 제1항에 따른 신청이 있는 경우 30일 이내에 이를 검토하여 항공기기술기준 또는 기술표준품형식승인기준으로의 반영 여부를 제60조에 따른 항공기기술기준위원회의 심의를 거쳐 신청인에게 통보하여야 한다.

항공안전법, 시행령	항공안전법 시행규칙
	제60조(항공기기술기준 위원회의 구성 및 운영) ① 항공기기술기준 및 기술표준품형식승인기준의 적합성에 관하여 국토교통부장관의 자문에 조언하게 하기 위하여 국토교통부장관 소속으로 항공기기술기준위원회를 둔다. ② 항공기기술기준위원회는 다음 각 호의 사항을 심의·의결한다. 1. 항공기기술기준의 제·개정안 2. 기술표준품형식승인기준의 제·개정안 ③ 항공기기술기준위원회의 구성, 위원의 선임기준 및 임기 등 항공기기술기준위원회의 운영에 필요한 세부사항은 국토교통부장관이 정하여 고시한다.
제28조(부품등제작자증명) ① 항공기등에 사용할 장비품 또는 부품을 제작하려는 자는 국토교통부령으로 정하는 바에 따라 항공기기술기준에 적합하게 장비품 또는 부품을 제작할 수 있는 인력, 설비, 기술 및 검사체계 등을 갖추고 있는지에 대하여 국토교통부장관의 증명(이하 "부품등제작자증명"이라 한다)을 받아야 한다. 다만, 다음 각 호의 어느 하나에 해당하는 장비품 또는 부품을 제작하려는 경우에는 그러하지 아니하다. 1. 형식증명 또는 부가형식증명 당시 또는 형식증명승인 또는 부가형식증명승인 당시 장착되었던 장비품 또는 부품의 제작자가 제작하는 같은 종류의 장비품 또는 부품 2. 기술표준품형식승인을 받아 제작하는 기술표준품 3. 그 밖에 국토교통부령으로 정하는 장비품 또는 부품 ② 국토교통부장관은 부품등제작자증명을 할 때에는 항공기기술기준에 적합하게 장비품 또는 부품을 제작할 수 있는지를 검사한 후 적합하다고 인정하는 경우에는 국토교통부령으로 정하는 바에 따라 부품등제작자증명서를 발급하여야 한다. ③ 누구든지 부품등제작자증명을 받지 아니한 장비품 또는 부품을 제작·판매하거나 항공기등 또는 장비품에 사용해서는 아니 된다. ④ 대한민국과 항공안전협정을 체결한 국가로부터 부품등제작자증명을 받은 경우에는 부품등제작자증명을 받은 것으로 본다. ⑤ 국토교통부장관은 다음 각 호의 어느 하나에 해당하는 경우에는 부품등제작자증명을 취소하거나 6개월 이내의 기간을 정하여 그 효력의 정지를 명할 수 있다. 다만, 제1호에 해당하는 경우에는 부품등제작자증명을 취소하여야 한다.	**제61조(부품등제작자증명의 신청)** ① 법 제28조 제1항에 따른 부품등제작자증명을 받으려는 자는 별지 제29호서식의 부품등제작자증명 신청서를 국토교통부장관에게 제출하여야 한다. ② 제1항에 따른 신청서에는 다음 각 호의 서류를 첨부하여야 한다. 1. 장비품 또는 부품[이하 "부품등(等)"]의 식별서 2. 항공기기술기준에 대한 적합성 입증 계획서 또는 확인서 3. 부품등의 설계도면·설계도면 목록 및 부품등의 목록 4. 부품등의 제조규격서 및 제품사양서 5. 부품등의 품질관리규정 6. 해당 부품등의 감항성 유지 및 관리체계(이하 "부품등관리체계"라 한다)를 설명하는 자료 7. 그 밖에 참고사항을 적은 서류 **제62조(부품등제작자증명의 검사범위 등)** ① 국토교통부장관은 법 제28조 제2항에 따라 부품등제작자증명을 위한 검사를 하는 경우에는 해당 부품등이 항공기기술기준에 적합하게 설계되었는지의 여부, 품질관리체계, 제작과정 및 부품등관리체계에 대한 검사를 하여야 한다. ② 제1항에 따른 검사의 세부적인 검사기준·방법 및 절차 등은 국토교통부장관이 정하여 고시한다. **제63조(부품등제작자증명을 받지 아니하여도 되는 부품등)** 법 제28조 제1항 제3호에서 "국토교통부령으로 정하는 장비품 또는 부품"이란 다음 각 호의 어느 하나에 해당하는 것을 말한다. 1. 「산업표준화법」 제15조 제1항에 따라 인증받은 항공 분야 부품등 2. 전시·연구 또는 교육목적으로 제작되는 부품등 3. 국제적으로 공인된 규격에 합치하는 부품등 중 국토교통부장관이 정하여 고시하는 부품등

<table>
<tr><th>항공안전법, 시행령</th><th>항공안전법 시행규칙</th></tr>
<tr><td>1. 거짓이나 그 밖의 부정한 방법으로 부품등제작자증명을 받은 경우
2. 장비품 또는 부품이 부품등제작자증명 당시의 항공기기술기준에 적합하지 아니하게 된 경우</td><td>제64조(부품등제작자증명서의 발급) ① 국토교통부장관은 법 제28조 제2항에 따른 검사 결과 부품등제작자증명을 받으려는 자가 항공기기술기준에 적합하게 부품등을 제작할 수 있다고 인정하는 경우에는 별지 제30호서식의 부품등제작자증명서를 발급하여야 한다.
② 국토교통부장관은 제1항에 따른 부품등제작자증명서를 발급할 때에는 해당 부품등이 장착될 항공기등의 형식을 지정하여야 한다.
③ 법 제28조에 따른 부품등제작자증명을 받은 자는 해당 부품등에 대하여 부품등제작자증명을 받았음을 나타내는 표시를 할 수 있다.</td></tr>
<tr><td>제29조(과징금의 부과) ① 국토교통부장관은 제20조 제7항, 제22조 제5항, 제27조 제4항 또는 제28조 제5항에 따라 형식증명, 제한형식증명, 부가형식증명, 제작증명, 기술표준품형식승인 또는 부품등제작자증명의 효력정지를 명하는 경우로서 그 증명이나 승인의 효력정지가 항공기 이용자 등에게 심한 불편을 주거나 공익을 해칠 우려가 있는 경우에는 그 증명이나 승인의 효력정지처분을 갈음하여 1억원 이하의 과징금을 부과할 수 있다. <개정 2017. 12. 26.>

영 제5조(항공기등을 제작하려는 자 등에 대한 위반행위의 종류별 과징금의 금액) 법 제29조 제1항에 따라 과징금을 부과하는 위반행위의 종류와 위반 정도 등에 따른 과징금의 금액은 별표 1과 같다.
영 제6조(과징금의 부과 및 납부) ① 국토교통부장관은 법 제29조 제1항에 따라 과징금을 부과하려는 경우에는 그 위반행위의 종류와 해당 과징금의 금액을 명시하여 이를 납부할 것을 서면으로 통지하여야 한다.
② 제1항에 따라 통지를 받은 자는 통지를 받은 날부터 20일 이내에 국토교통부장관이 정하는 수납기관에 과징금을 내야 한다. 다만, 천재지변이나 그 밖의 부득이한 사유로 그 기간에 과징금을 낼 수 없는 경우에는 그 사유가 없어진 날부터 7일 이내에 내야 한다.
③ 제2항에 따라 과징금을 받은 수납기관은 그 납부자에게 영수증을 발급하여야 한다.
④ 과징금의 수납기관은 제2항에 따른 과징금을 받으면 지체 없이 그 사실을 국토교통부장관에게 통보하여야 한다.

② 제1항에 따른 과징금 부과의 구체적인 기준, 절차 및 그 밖에 필요한 사항은 대통령령으로 정한다.</td><td></td></tr>
</table>

항공안전법, 시행령	항공안전법 시행규칙
③ 국토교통부장관은 제1항에 따라 과징금을 내야 할 자가 납부기한까지 과징금을 내지 아니하면 국세 체납처분의 예에 따라 징수한다. 영 제7조(과징금의 독촉 및 징수) ① 국토교통부장관은 제6조 제1항에 따라 과징금의 납부통지를 받은 자가 납부기한까지 과징금을 내지 아니하면 납부기한이 지난 날부터 7일 이내에 독촉장을 발급하여야 한다. 이 경우 납부기한은 독촉장의 발급일부터 10일 이내로 하여야 한다. ② 국토교통부장관은 제1항에 따라 독촉을 받은 자가 납부기한까지 과징금을 내지 아니한 경우에는 소속 공무원으로 하여금 국세 체납처분의 예에 따라 과징금을 강제징수하게 할 수 있다.	
제30조(수리·개조승인) ① 감항증명을 받은 항공기의 소유자등은 해당 항공기등, 장비품 또는 부품을 국토교통부령으로 정하는 범위에서 수리하거나 개조하려면 국토교통부령으로 정하는 바에 따라 그 수리·개조가 항공기기술기준에 적합한지에 대하여 국토교통부장관의 승인(이하 "수리·개조승인"이라 한다)을 받아야 한다. ② 소유자등은 수리·개조승인을 받지 아니한 항공기등, 장비품 또는 부품을 운항 또는 항공기등에 사용해서는 아니 된다. ③ 제1항에도 불구하고 다음 각 호의 어느 하나에 해당하는 경우로서 항공기기술기준에 적합한 경우에는 수리·개조승인을 받은 것으로 본다. 1. 기술표준품형식승인을 받은 자가 제작한 기술표준품을 그가 수리·개조하는 경우 2. 부품등제작자증명을 받은 자가 제작한 장비품 또는 부품을 그가 수리·개조하는 경우 3. 제97조 제1항에 따른 정비조직인증을 받은 자가 항공기등, 장비품 또는 부품을 수리·개조하는 경우	제65조(항공기등 또는 부품등의 수리·개조승인의 범위) 법 제30조 제1항에 따라 승인을 받아야 하는 항공기등 또는 부품등의 수리·개조의 범위는 항공기의 소유자등이 법 제97조에 따라 정비조직인증을 받아 항공기등 또는 부품등을 수리·개조하거나 정비조직인증을 받은 자에게 위탁하는 경우로서 그 정비조직인증을 받은 업무 범위를 초과하여 항공기등 또는 부품등을 수리·개조하는 경우를 말한다. 제66조(수리·개조승인의 신청) 법 제30조 제1항에 따라 항공기등 또는 부품등의 수리·개조승인을 받으려는 자는 별지 제31호서식의 수리·개조승인 신청서에 다음 각 호의 내용을 포함한 수리계획서 또는 개조계획서를 첨부하여 작업을 시작하기 10일 전까지 지방항공청장에게 제출하여야 한다. 다만, 항공기사고 등으로 인하여 긴급한 수리·개조를 하여야하는 경우에는 작업을 시작하기 전까지 신청서를 제출할 수 있다. 1. 수리·개조 신청사유 및 작업 일정 2. 작업을 수행하려는 인증된 정비조직의 업무범위 3. 수리·개조에 필요한 인력, 장비, 시설 및 자재 목록 4. 해당 항공기등 또는 부품등의 도면과 도면 목록 5. 수리·개조 작업지시서 제67조(항공기등 또는 부품등의 수리·개조승인) ① 지방항공청장은 제66조에 따른 수리·개조승인의 신청을 받은 경우에는 수리계획서 또는 개조계획서를 통하여 수리·개조가 항공기기술기준에 적합한지 여부를 확인한 후 승인하여야 한다. 다만, 신청인이 제출한 수리계획서 또는 개조계획서만으로 확인이 곤란한 경우에는 수리·개조가 시행되는 현장에서 확인한 후 승인할 수 있다.

항공안전법, 시행령	항공안전법 시행규칙
	② 지방항공청장은 제1항에 따라 수리ㆍ개조승인을 하는 때에는 별지 제32호서식의 수리ㆍ개조 결과서에 작업지시서 수행본 1부를 첨부하여 제출하는 것을 조건으로 신청자에게 승인하여야 한다.
제31조(항공기등의 검사 등) ① 국토교통부장관은 제20조부터 제25조까지, 제27조, 제28조, 제30조 및 제97조에 따른 증명ㆍ승인 또는 정비조직인증을 할 때에는 국토교통부장관이 정하는 바에 따라 미리 해당 항공기등 및 장비품을 검사하거나 이를 제작 또는 정비하려는 조직, 시설 및 인력 등을 검사하여야 한다. ② 국토교통부장관은 제1항에 따른 검사를 하기 위하여 다음 각 호의 어느 하나에 해당하는 사람 중에서 항공기등 및 장비품을 검사할 사람(이하 "검사관")을 임명 또는 위촉한다. 1. 제35조 제8호의 항공정비사 자격증명을 받은 사람 2. 「국가기술자격법」에 따른 항공분야의 기사 이상의 자격을 취득한 사람 3. 항공기술 관련 분야에서 학사 이상의 학위를 취득한 후 3년 이상 항공기의 설계, 제작, 정비 또는 품질보증 업무에 종사한 경력이 있는 사람 4. 국가기관등항공기의 설계, 제작, 정비 또는 품질보증 업무에 5년 이상 종사한 경력이 있는 사람 ③ 국토교통부장관은 국토교통부 소속 공무원이 아닌 검사관이 제1항에 따른 검사를 한 경우에는 예산의 범위에서 수당을 지급할 수 있다.	
제32조[항공기등(等)의 정비등(等)의 확인] ① 소유자등은 항공기등, 장비품 또는 부품에 대하여 정비등(국토교통부령으로 정하는 경미한 정비 및 제30조 제1항에 따른 수리ㆍ개조는 제외한다. 이하 이 조에서 같다)을 한 경우에는 제35조 제8호의 항공정비사 자격증명을 받은 사람으로서 국토교통부령으로 정하는 자격요건을 갖춘 사람으로부터 그 항공기등, 장비품 또는 부품에 대하여 국토교통부령으로 정하는 방법에 따라 감항성을 확인받지 아니하면 이를 운항 또는 항공기등에 사용해서는 아니 된다. 다만, 감항성을 확인받기 곤란한 대한민국 외의 지역에서 항공기등, 장비품 또는 부품에 대하여 정비등을 하는 경우로서 국토교통부령으로 정하는 자격요건을 갖춘 자로부터 그 항공기등, 장비품 또는 부품에 대하여 감항성을 확인받은 경우에는 이를 운항 또는 항공기등에 사용할 수 있다.	제68조(경미한 정비의 범위) 법 제32조 제1항 본문에서 "국토교통부령으로 정하는 경미한 정비"란 다음 각 호의 어느 하나에 해당하는 작업을 말한다. 1. 간단한 보수를 하는 예방작업으로서 리깅(Rigging) 또는 간극의 조정작업 등 복잡한 결합작용을 필요로 하지 아니하는 규격장비품 또는 부품의 교환작업 2. 감항성에 미치는 영향이 경미한 범위의 수리작업으로서 그 작업의 완료 상태를 확인하는 데에 동력장치의 작동 점검과 같은 복잡한 점검을 필요로 하지 아니하는 작업 3. 그 밖에 윤활유 보충 등 비행전후에 실시하는 단순하고 간단한 점검 작업 제69조(항공기등의 정비등을 확인하는 사람) 법 제32조 제1항 본문에서 "국토교통부령으로 정하는 자격요건을 갖춘 사람"이란 다음 각 호의 어느 하나에 해당하는 사람을 말한다.

항공안전법, 시행령	항공안전법 시행규칙
② 소유자등은 항공기등, 장비품 또는 부품에 대한 정비등을 위탁하려는 경우에는 제97조 제1항에 따른 정비조직인증을 받은 자 또는 그 항공기등, 장비품 또는 부품을 제작한 자에게 위탁하여야 한다.	1. 항공운송사업자 또는 항공기사용사업자에 소속된 사람: 국토교통부장관 또는 지방항공청장이 법 제93조(법 제96조 제2항에서 준용하는 경우를 포함한다)에 따라 인가한 정비규정에서 정한 자격을 갖춘 사람으로서 제81조 제2항에 따른 동일한 항공기 종류 또는 제81조 제6항에 따른 동일한 정비분야에 대해 최근 24개월 이내에 6개월 이상의 정비경험이 있는 사람 2. 법 제97조 제1항에 따라 정비조직인증을 받은 항공기정비업자에 소속된 사람: 제271조 제1항에 따른 정비조직절차교범에서 정한 자격을 갖춘 사람으로서 제81조 제2항에 따른 동일한 항공기 종류 또는 제81조 제6항에 따른 동일한 정비분야에 대해 최근 24개월 이내에 6개월 이상의 정비경험이 있는 사람 3. 자가용항공기를 정비하는 사람: 해당 항공기 형식에 대하여 제작사가 정한 교육기준 및 방법에 따라 교육을 이수하고 제81조 제2항에 따른 동일한 항공기 종류 또는 제81조 제6항에 따른 동일한 정비분야에 대해 최근 24개월 이내에 6개월 이상의 정비경험이 있는 사람 4. 제작사가 정한 교육기준 및 방법에 따라 교육을 이수한 사람 또는 이와 동등한 교육을 이수하여 국토교통부장관 또는 지방항공청장으로부터 승인을 받은 사람 **제70조[항공기등(等)의 정비등(等)을 확인하는 방법]** 법 제32조 제1항 본문에서 "국토교통부령으로 정하는 방법" 이란 다음 각 호의 어느 하나에 해당하는 방법을 말한다. 1. 법 제93조 제1항(법 제96조 제2항에서 준용하는 경우를 포함한다)에 따라 인가받은 정비규정에 포함된 정비프로그램 또는 검사프로그램에 따른 방법 2. 국토교통부장관의 인가를 받은 기술자료 또는 절차에 따른 방법 3. 항공기등 또는 부품등의 제작사에서 제공한 정비매뉴얼 또는 기술자료에 따른 방법 4. 항공기등 또는 부품등의 제작국가 정부가 승인한 기술자료에 따른 방법 5. 그 밖에 국토교통부장관 또는 지방항공청장이 인정하는 기술자료에 따른 방법 **제71조(국외 정비확인자의 자격인정)** 법 제32조 제1항 단서에서 "국토교통부령으로 정하는 자격요건을 갖춘 자"란 다음 각 호의 어느 하나에 해당하는 사람으로서 국토교통부장관의 인정을 받은 사람(이하 "국외 정비확인자"라 한다)을 말한다. 1. 외국정부가 발급한 항공정비사 자격증명을 받은 사람 2. 외국정부가 인정한 항공기정비사업자에 소속된 사람으로서 항공정비사 자격증명을 받은 사람과 동등하거나 그 이상의 능력이 있는 사람

항공안전법, 시행령	항공안전법 시행규칙
	제72조(국외 정비확인자의 인정신청) 제71조에 따른 인정을 받으려는 사람은 다음 각 호의 사항을 적은 신청서에 외국정부가 발급한 항공정비사 자격증명 또는 외국정부가 인정한 항공기정비사업자임을 증명하는 서류 및 그 사업자에 소속된 사람임을 증명하는 서류와 사진 2장을 첨부하여 국토교통부장관에게 제출하여야 한다. 1. 성명, 국적, 연령 및 주소 2. 경력 3. 정비확인을 하려는 장소 4. 자격인정을 받으려는 사유 제73조(국외 정비확인자 인정서의 발급) ① 국토교통부장관은 제71조에 따른 인정을 하는 경우에는 별지 제33호서식의 국외 정비확인자 인정서를 발급하여야 한다. ② 국토교통부장관은 제1항에 따라 국외 정비확인자 인정서를 발급하는 경우에는 국외 정비확인자가 감항성을 확인할 수 있는 항공기등 또는 부품등의 종류·등급 또는 형식을 정하여야 한다. ③ 제1항에 따른 인정의 유효기간은 1년으로 한다.
제33조[항공기 등(等)에 발생한 고장, 결함 또는 기능장애 보고 의무] ① 형식증명, 부가형식증명, 제작증명, 기술표준품형식승인 또는 부품등제작자증명을 받은 자는 그가 제작하거나 인증을 받은 항공기등, 장비품 또는 부품이 설계 또는 제작의 결함으로 인하여 국토교통부령으로 정하는 고장, 결함 또는 기능장애가 발생한 것을 알게 된 경우에는 국토교통부령으로 정하는 바에 따라 국토교통부장관에게 그 사실을 보고하여야 한다. ② 항공운송사업자, 항공기사용사업자 등 대통령령으로 정하는 소유자등 또는 제97조 제1항에 따른 정비조직인증을 받은 자는 항공기를 운영하거나 정비하는 중에 국토교통부령으로 정하는 고장, 결함 또는 기능장애가 발생한 것을 알게 된 경우에는 국토교통부령으로 정하는 바에 따라 국토교통부장관에게 그 사실을 보고하여야 한다. 영 제8조(항공기에 발생한 고장, 결함 또는 기능장애 보고 의무자) 법 제33조 제2항에서 "항공운송사업자, 항공기사용사업자 등 대통령령으로 정하는 소유자등"이란 다음 각 호의 어느 하나에 해당하는 자를 말한다. 〈개정 2019. 8. 27.〉 1. 「항공사업법」 제2조 제10호에 따른 국내항공운송사업자	제74조(항공기 등에 발생한 고장, 결함 또는 기능장애 보고) ① 법 제33조 제1항 및 제2항에서 "국토교통부령으로 정하는 고장, 결함 또는 기능장애"란 별표 20의2 제5호에 따른 의무보고 대상 항공안전장애(이하 "고장등"이라 한다)를 말한다. 〈개정 2020. 2. 28.〉 ② 법 제33조 제1항 및 제2항에 따라 고장등이 발생한 사실을 보고할 때에는 별지 제34호서식의 고장·결함·기능장애 보고서 또는 국토교통부장관이 정하는 전자적인 보고방법에 따라야 한다. ③ 제2항에 따른 보고는 고장등이 발생한 것을 알게 된 때(별표 20의2 제5호 마목 및 바목의 의무보고 대상 항공안전장애인 경우에는 보고 대상으로 확인된 때를 말한다)부터 96시간 이내(해당 기간에 포함된 토요일 및 법정공휴일에 해당하는 시간은 제외한다)에 해야 한다. 〈개정 2019. 9. 23., 2020. 2. 28.〉

항공안전법, 시행령	항공안전법 시행규칙
2. 「항공사업법」 제2조 제12호에 따른 국제항공운송사업자(이하 "국제항공운송사업자"라 한다) 3. 「항공사업법」 제2조 제14호에 따른 소형항공운송사업자 4. 항공기사용사업자 5. 최대이륙중량이 5,700킬로그램을 초과하는 비행기를 소유하거나 임차하여 해당 비행기를 사용할 수 있는 권리가 있는 자 6. 최대이륙중량이 3,175킬로그램을 초과하는 헬리콥터를 소유하거나 임차하여 해당 헬리콥터를 사용할 수 있는 권리가 있는 자	
제4장 항공종사자 등	
제34조(항공종사자 자격증명 등) ① 항공업무에 종사하려는 사람은 국토교통부령으로 정하는 바에 따라 국토교통부장관으로부터 항공종사자 자격증명(이하 "자격증명")을 받아야 한다. 다만, 항공업무 중 무인항공기의 운항 업무인 경우에는 그러하지 아니하다. ② 다음 각 호의 어느 하나에 해당하는 사람은 자격증명을 받을 수 없다. 1. 다음 각 목의 구분에 따른 나이 미만인 사람 가. 자가용 조종사 자격: 17세(제37조에 따라 자가용 조종사의 자격증명을 활공기에 한정하는 경우에는 16세) 나. 사업용 조종사, 부조종사, 항공사, 항공기관사, 항공교통관제사 및 항공정비사 자격: 18세 다. 운송용 조종사 및 운항관리사 자격: 21세 2. 제43조 제1항에 따른 자격증명 취소처분을 받고 그 취소일부터 2년이 지나지 아니한 사람(취소된 자격증명을 다시 받는 경우에 한정한다) ③ 제1항 및 제2항에도 불구하고 「군사기지 및 군사시설 보호법」을 적용받는 항공작전기지에서 항공기를 관제하는 군인은 국방부장관으로부터 자격인정을 받아 항공교통관제 업무를 수행할 수 있다.	**제75조(응시자격)** 법 제34조 제1항에 따른 항공종사자 자격증명(이하 "자격증명") 또는 법 제37조 제1항에 따른 자격증명의 한정을 받으려는 사람은 법 제34조 제2항 각 호의 어느 하나에 해당되지 아니하는 사람으로서 별표 4에 따른 경력을 가진 사람이어야 한다.
제35조(자격증명의 종류) 자격증명의 종류는 다음과 같이 구분한다. 1. 운송용 조종사 2. 사업용 조종사 3. 자가용 조종사 4. 부조종사(MPL) 5. 항공사(Flight Navigator)	

항공안전법, 시행령	항공안전법 시행규칙
6. 항공기관사 7. 항공교통관제사 8. 항공정비사 9. 운항관리사	
제36조(업무범위) ① 자격증명의 종류에 따른 업무범위는 별표와 같다. ② 자격증명을 받은 사람은 그가 받은 자격증명의 종류에 따른 업무범위 외의 업무에 종사해서는 아니 된다. ③ 다음 각 호의 어느 하나에 해당하는 경우에는 제1항 및 제2항을 적용하지 아니한다. 1. 국토교통부령으로 정하는 항공기에 탑승하여 조종(항공기에 탑승하여 그 기체 및 발동기를 다루는 것을 포함한다. 이하 같다)하는 경우 2. 새로운 종류, 등급 또는 형식의 항공기에 탑승하여 시험비행 등을 하는 경우로서 국토교통부령으로 정하는 바에 따라 국토교통부장관의 허가를 받은 경우	제79조(항공기의 지정) 법 제36조 제3항 제1호에서 "국토교통부령으로 정하는 항공기"란 중급 활공기 또는 초급 활공기를 말한다. 제80조(시험비행 등의 허가) 법 제36조 제3항 제2호에 따라 시험비행 등을 하려는 사람은 별지 제25호서식의 시험비행 등의 허가신청서를 지방항공청장에게 제출하여야 한다.
제37조(자격증명의 한정) ① 국토교통부장관은 다음 각 호의 구분에 따라 자격증명에 대한 한정을 할 수 있다. 〈개정 2019. 8. 27.〉 1. 운송용 조종사, 사업용 조종사, 자가용 조종사, 부조종사 또는 항공기관사 자격의 경우: 항공기의 종류, 등급 또는 형식 2. 항공정비사 자격의 경우: 항공기·경량항공기의 종류 및 정비분야 ② 제1항에 따라 자격증명의 한정을 받은 항공종사자는 그 한정된 종류, 등급 또는 형식 외의 항공기·경량항공기나 한정된 정비분야 외의 항공업무에 종사해서는 아니 된다. 〈개정 2019. 8. 27.〉 ③ 제1항에 따른 자격증명의 한정에 필요한 세부사항은 국토교통부령으로 정한다.	제81조(자격증명의 한정) ① 국토교통부장관은 법 제37조 제1항 제1호에 따라 항공기의 종류·등급 또는 형식을 한정하는 경우에는 자격증명을 받으려는 사람이 실기시험에 사용하는 항공기의 종류·등급 또는 형식으로 한정하여야 한다. ② 제1항에 따라 한정하는 항공기의 종류는 비행기, 헬리콥터, 비행선, 활공기 및 항공우주선으로 구분한다. ③ 제1항에 따라 한정하는 항공기의 등급은 다음 각 호와 같이 구분한다. 다만, 활공기의 경우에는 상급(활공기가 특수 또는 상급 활공기인 경우) 및 중급(활공기가 중급 또는 초급 활공기인 경우)으로 구분한다. 1. 육상 항공기의 경우: 육상단발 및 육상다발 2. 수상 항공기의 경우: 수상단발 및 수상다발 ④ 제1항에 따라 한정하는 항공기의 형식은 다음 각 호와 같이 구분한다. 1. 조종사 자격증명의 경우에는 다음 각 목의 어느 하나에 해당하는 형식의 항공기 가. 비행교범에 2명 이상의 조종사가 필요한 것으로 되어 있는 항공기 나. 가목 외에 국토교통부장관이 지정하는 형식의 항공기 2. 항공기관사 자격증명의 경우에는 모든 형식의 항공기 ⑤ 국토교통부장관이 법 제37조 제1항 제2호에 따라 한정하는 **항공정비사 자격증명의 항공기·경량항공기의 종류**는 다음 각 호와 같다. 〈개정 2020. 2. 28.〉

항공안전법, 시행령	항공안전법 시행규칙
	1. 항공기의 종류 가. **비행기 분야**. 다만, 비행기에 대한 정비업무경력이 4년(국토교통부장관이 지정한 전문교육기관에서 비행기 정비에 필요한 과정을 이수한 사람은 2년) 미만인 사람은 최대이륙중량 5,700킬로그램 이하의 비행기로 제한한다. 나. **헬리콥터 분야**. 다만, 헬리콥터 정비업무경력이 4년(국토교통부장관이 지정한 전문교육기관에서 헬리콥터 정비에 필요한 과정을 이수한 사람은 2년) 미만인 사람은 최대이륙중량 3,175킬로그램 이하의 헬리콥터로 제한한다. 2. 경량항공기의 종류 가. **경량비행기 분야**: 타면조종형비행기, 체중이동형비행기 또는 동력패러슈트 나. **경량헬리콥터 분야**: 경량헬리콥터 또는 자이로플레인 ⑥ 국토교통부장관이 법 제37조 제1항 제2호에 따라 항공정비사의 자격증명을 한정하는 **정비분야 범위**는 다음 각 호와 같다. 1. 기체(機體) 관련 분야 2. 왕복발동기 관련 분야 3. 터빈발동기 관련 분야 4. 프로펠러 관련 분야 5. 전자·전기·계기 관련 분야 [시행일: 2021. 3. 1.] 제81조 제5항 제1호 가목 단서, 제81조 제5항 제1호 나목 단서
제38조(시험의 실시 및 면제) ① 자격증명을 받으려는 사람은 국토교통부령으로 정하는 바에 따라 항공업무에 종사하는 데 필요한 지식 및 능력에 관하여 국토교통부장관이 실시하는 학과시험 및 실기시험에 합격하여야 한다. ② 국토교통부장관은 제37조에 따라 자격증명을 항공기·경량항공기의 종류, 등급 또는 형식별로 한정(제44조에 따른 계기비행증명 및 조종교육증명을 포함한다)하는 경우에는 항공기·경량항공기 탑승경력 및 정비경력 등을 심사하여야 한다. 이 경우 항공기·경량항공기의 종류 및 등급에 대한 최초의 자격증명의 한정은 실기시험으로 심사할 수 있다. 〈개정 2019. 8. 27.〉 ③ 국토교통부장관은 다음 각 호의 어느 하나에 해당하는 사람에게는 국토교통부령으로 정하는 바에 따라 제1항 및 제2항에 따른 시험 및 심사의 전부 또는 일부를 면제할 수 있다. 〈개정 2019. 8. 27.〉 1. 외국정부로부터 자격증명을 받은 사람	제76조(응시원서의 제출) 법 제38조 제1항에 따른 자격증명의 시험(이하 "**자격증명시험**") 또는 법 제38조 제2항에 따른 자격증명의 한정심사(이하 "**한정심사**")에 응시하려는 자는 별지 제35호서식의 항공종사자 자격증명시험(한정심사) 응시원서에 다음 각 호의 서류를 첨부하여 「한국교통안전공단법」에 따라 설립된 한국교통안전공단(이하 "한국교통안전공단")의 이사장에게 제출하여야 한다. 다만, 제1호의 서류는 실기시험 응시원서 접수 시까지 제출할 수 있다. 〈개정 2018. 3. 23.〉 1. 자격증명시험 또는 한정심사에 응시할 수 있는 별표 4에 따른 경력이 있음을 증명하는 서류 2. 제88조 또는 제89조에 따라 자격증명시험 또는 한정심사의 일부 또는 전부를 면제받으려는 사람은 면제받을 수 있는 자격 또는 경력 등이 있음을 증명하는 서류

<table>
<tr><th>항공안전법, 시행령</th><th>항공안전법 시행규칙</th></tr>
<tr><td>2. 제48조에 따른 전문교육기관의 교육과정을 이수한 사람
3. 항공기·경량항공기 탑승경력 및 정비경력 등 실무 경험이 있는 사람
4. 「국가기술자격법」에 따른 항공기술분야의 자격을 가진 사람
④ 국토교통부장관은 제1항에 따라 학과시험 및 실기시험에 합격한 사람에 대해서는 자격증명서를 발급하여야 한다.</td><td>제77조(비행경력의 증명) ① 제76조 제1호에 따른 경력 중 비행경력은 다음 각 호의 구분에 따라 증명된 것이어야 한다.
1. 자격증명을 받은 조종사의 비행경력: 비행이 끝날 때마다 해당 기장이 증명한 것
2. 법 제46조 제2항의 허가를 받은 사람의 비행경력: 조종연습 비행이 끝날 때마다 그 조종교관이 증명한 것
3. 제1호 및 제2호 외의 비행경력: 비행이 끝날 때마다 그 사용자, 감독자 또는 그 밖에 이에 준하는 사람이 증명한 것
② 제1항에 따른 비행경력의 증명은 별지 제36호서식의 비행경력증명서에 따른다.
제78조(비행시간의 산정) 제77조에 따른 비행경력을 증명할 때 그 비행시간은 다음 각 호의 구분에 따라 산정(算定)한다.
1. 조종사 자격증명이 없는 사람이 조종사 자격증명시험에 응시하는 경우: 법 제46조 제2항의 허가를 받은 사람이 단독 또는 교관과 동승하여 비행한 시간
2. 자가용 조종사 자격증명을 받은 사람이 사업용 조종사 자격증명시험에 응시하는 경우(사업용 조종사 또는 부조종사 자격증명을 받은 사람이 운송용 조종사 자격증명시험에 응시하는 경우를 포함한다): 다음 각 목의 시간을 합산한 시간
가. 단독 또는 교관과 동승하여 비행하거나 기장으로서 비행한 시간
나. 비행교범에 따라 항공기 운항을 위하여 2명 이상의 조종사가 필요한 항공기의 기장 외의 조종사로서 비행한 시간
다. 기장 외의 조종사로서 기장의 지휘·감독 하에 기장의 임무를 수행한 경우 그 비행시간. 다만, 한 사람이 조종할 수 있는 항공기에 기장 외의 조종사가 탑승하여 비행하는 경우 그 기장 외의 조종사에 대해서는 그 비행시간의 2분의 1
3. 항공사 또는 항공기관사 자격증명시험에 응시하는 경우: 별표 4에서 정한 실제 항공기에 탑승하여 해당 항공사 또는 항공기관사에 준하는 업무를 수행한 경우 그 비행시간
제82조(시험과목 및 시험방법) ① 자격증명시험 또는 한정심사의 학과시험 및 실기시험의 과목과 범위는 별표 5와 같다.
② 제1항에 따른 실기시험의 항목 중 항공기 또는 모의비행장치로 실기시험을 실시할 필요가 없다고 국토교통부장관이 인정하는 항목에 대해서는 구술로 실기시험을 실시하게 할 수 있다.
③ 운송용 조종사의 실기시험에 사용하는 비행기의 발동기는 2개 이상이어야 한다.</td></tr>
</table>

항공안전법 시행규칙

제83조(시험 및 심사결과의 통보 등) ① 한국교통안전공단의 이사장은 자격증명시험 또는 한정심사의 학과시험 및 실기시험을 실시한 경우에는 각각 합격 여부 등 그 결과를 해당 시험에 응시한 사람에게 통보하여야 한다. 〈개정 2018. 3. 23.〉

② 한국교통안전공단의 이사장은 자격증명시험 또는 한정심사를 실시한 경우에는 항공종사자 자격증명별로 학과시험 및 실기시험 합격자 현황을 국토교통부장관에게 보고하여야 한다. 〈개정 2018. 3. 23.〉

제84조(시험 및 심사의 실시에 관한 세부 사항) ① 한국교통안전공단의 이사장은 자격증명시험 및 한정심사를 실시하려는 경우에는 매년 말까지 자격증명시험 및 한정심사의 학과시험 및 실기시험의 일정(전용 전산망과 연결된 컴퓨터를 이용하여 수시로 시행하는 자격증명시험 및 한정심사의 학과시험의 일정은 제외한다), 응시자격 및 응시과목 등을 포함한 다음 연도의 계획을 공고하여야 한다. 〈개정 2018. 3. 23.〉

② 이 규칙에서 정한 사항 외에 자격증명시험 및 한정심사에 관하여 필요한 사항은 국토교통부장관이 정하여 고시한다.

제85조(과목합격의 유효) 자격증명시험 또는 한정심사의 학과시험의 일부 과목 또는 전 과목에 합격한 사람이 같은 종류의 항공기에 대하여 자격증명시험 또는 한정심사에 응시하는 경우에는 제83조 제1항에 따른 통보가 있는 날(전 과목을 합격한 경우에는 최종 과목의 합격 통보가 있는 날)부터 2년 이내에 실시(자격증명시험 또는 한정심사 접수 마감일을 기준으로 한다)하는 자격증명시험 또는 한정심사에서 그 합격을 유효한 것으로 한다.

제86조(자격증명을 받은 사람의 학과시험 면제) 자격증명을 받은 사람이 다른 자격증명을 받기 위하여 자격증명시험에 응시하는 경우에는 별표 6에 따라 응시하려는 학과시험의 일부를 면제한다.

제87조(항공종사자 자격증명서의 발급 및 재발급 등) ① 한국교통안전공단의 이사장은 자격증명시험 또는 한정심사의 학과시험 및 실시시험의 전 과목을 합격한 사람이 별지 제37호서식의 자격증명서 (재)발급신청서(전자문서로 된 신청서를 포함한다)를 제출한 경우 별지 제38호서식의 항공종사자 자격증명서를 발급하여야 한다. 다만, 법 제35조 제1호부터 제7호까지의 자격증명의 경우에는 법 제40조에 따른 항공신체검사증명서를 제출받아 이를 확인한 후 자격증명서를 발급하여야 한다. 〈개정 2018. 3. 23.〉

② 항공종사자 자격증명서를 발급받은 사람은 항공종사자 자격증명서를 잃어버리거나 자격증명서가 헐어 못 쓰게 된 경우 또는 그 기재사항을 변경하려는 경우에는 별지 제37호서식의 자격증명서 (재)발급신청서(전자문서로 된 신청서를 포함한다)를 한국교통안전공단의 이사장에게 제출하여야 한다. 〈개정 2018. 3. 23.〉

③ 제2항에 따라 재발급 신청을 받은 한국교통안전공단의 이사장은 그 신청 사유가 적합하다고 인정되면 별지 제38호서식의 항공종사자 자격증명서를 재발급하여야 한다. 〈개정 2018. 3. 23.〉

④ 한국교통안전공단의 이사장은 제1항 및 제3항에 따라 항공종사자 자격증명서를 발급하거나 재발급할 때 신청인의 신청이 있으면 전자문서로 된 자격증명서를 추가로 발급할 수 있다. 〈신설 2020. 11. 2.〉

⑤ 한국교통안전공단의 이사장은 제1항 및 제3항에 따라 항공종사자 자격증명서를 발급 또는 재발급한 경우에는 별지 제39호서식의 항공종사자 자격증명서 발급대장을 작성하여 갖춰 두거나, 컴퓨터 등 전산정보처리장치에 별지 제39호서식의 항공종사자 자격증명서 발급대장의 내용을 작성·보관하고 이를 관리하여야 한다. 〈개정 2018. 3. 23., 2020. 11. 2.〉

⑥ 한국교통안전공단의 이사장은 제88조 제1항 제1호 각 목의 어느 하나에 해당하는 사람에 대해서는 외국정부로부터 받은 자격증명(제75조 또는 「국제민간항공협약」 부속서 1에서 정한 해당 자격증명별 응시경력에 적합하여야 한다. 이하 같다)을 자격증명으로 인정한다. 이 경우 그 유효기간은 1년의 범위에서 해당 외국정부로부터 받은 자격증명 유효기간의 남은 기간으로 하되, 1년의 범위에서 한 번만 유효기간을 연장할 수 있다. 〈개정 2018. 3. 23., 2020. 11. 2.〉

⑦ 한국교통안전공단의 이사장은 제1항 또는 제3항에 따라 자격증명서를 발급받은 사람으로부터 별지 제40호서식의 자격증명서 유효성확인 신청서(전자문서로 된 신청서를 포함한다)를 접수받은 경우 그 해당 자격증명서의 유효성을 확인한 후 별지 제41호서식의 자격증명서 유효성확인 증명서를 발급하여야 한다. 〈개정 2018. 3. 23., 2020. 11. 2.〉

제88조(자격증명시험의 면제) ① 법 제38조 제3항 제1호에 따라 외국정부로부터 자격증명(임시 자격증명을 포함한다)을 받은 사람에게는 다음 각 호의 구분에 따라 자격증명시험의 일부 또는 전부를 면제한다.

1. 다음 각 목의 어느 하나에 해당하는 항공업무를 일시적으로 수행하려는 사람으로서 해당 자격증명시험에 응시하는 경우: 학과시험 및 실기시험의 면제

항공안전법 시행규칙

가. 새로운 형식의 항공기 또는 장비를 도입하여 시험비행 또는 훈련을 실시할 경우의 교관요원 또는 운용요원
나. 대한민국에 등록된 항공기 또는 장비를 이용하여 교육훈련을 받으려는 사람
다. 대한민국에 등록된 항공기를 수출하거나 수입하는 경우 국외 또는 국내로 승객·화물을 싣지 아니하고 비행하려는 조종사

2. 일시적인 조종사의 부족을 충원하기 위하여 채용된 외국인 조종사로서 해당 자격증명시험에 응시하는 경우: 학과시험(항공법규는 제외한다)의 면제
3. 모의비행장치 교관요원으로 종사하려는 사람으로서 해당 자격증명시험에 응시하는 경우: 학과시험(항공법규는 제외한다)의 면제
4. 제1호부터 제3호까지의 규정 외의 경우로서 해당 자격증명시험에 응시하는 경우: 학과시험(항공법규는 제외한다)의 면제

② 법 제38조 제3항 제2호 또는 제3호에 해당하는 사람이 해당 자격증명시험에 응시하는 경우에는 별표 7 제1호에 따라 실기시험의 일부를 면제한다.

③ 제75조에 따른 응시자격을 갖춘 사람으로서 법 제38조 제3항 제4호에 따라 「국가기술자격법」에 따른 항공기술사·항공정비기능장·항공기사 또는 항공산업기사의 자격을 가진 사람에 대해서는 다음 각 호의 구분에 따라 시험을 면제한다.

1. 항공기술사 자격을 가진 사람이 항공정비사 종류별 자격증명시험에 응시하는 경우: 학과시험(항공법규는 제외한다)의 면제
2. 항공정비기능장 또는 항공기사자격을 가진 사람(해당 자격 취득 후 항공기 정비업무에 1년 이상 종사한 경력이 있는 사람만 해당한다)이 항공정비사 종류별 자격증명시험에 응시하는 경우: 학과시험(항공법규는 제외한다)의 면제
3. 항공산업기사 자격을 가진 사람(해당 자격 취득 후 항공기 정비업무에 2년 이상 종사한 경력이 있는 사람만 해당한다)이 항공정비사 종류별 자격증명시험에 응시하는 경우: 학과시험(항공법규는 제외한다)의 면제

제89조(한정심사의 면제) ① 법 제38조 제3항 제1호에 따라 외국정부로부터 자격증명의 한정(임시 자격증명의 한정을 포함한다)을 받은 사람이 해당 한정심사에 응시하는 경우에는 학과시험과 실기시험을 면제한다.

② 법 제38조 제3항 제2호에 따라 국토교통부장관이 지정한 전문교육기관에서 항공기에 관한 전문교육을 이수한 조종사 또는 항공기관사가 교육 이수 후 180일 이내에 교육받은 것과 같은 형식의 항공기에 관한 한정심사에 응시하는 경우에는 국토교통부장관이 정하는 바에 따라 실기시험을 면제한다. 다만, 항공기의 소유자등이 새로운 형식의 항공기를 도입하는 경우 그 항공기의 조종사 또는 항공기관사에 관한 한정심사에서는 그 응시자가 외국정부가 인정한 외국의 전문교육기관(항공기 제작사 소속 훈련기관을 포함한다)에서 항공기에 관한 전문교육을 이수한 경우에는 국토교통부장관이 정하는 바에 따라 학과시험과 실기시험을 면제한다.

③ 법 제38조 제3항 제3호에 따른 실무경험이 있는 사람이 한정심사에 응시하는 경우에는 별표 7 제2호에 따라 실기시험의 일부를 면제한다.

제90조(조종사 등이 받은 자격증명의 효력) ① 자가용 조종사 자격증명을 받은 사람이 같은 종류의 항공기에 대하여 부조종사 또는 사업용 조종사의 자격증명을 받은 경우에는 종전의 자가용 조종사 자격증명에 관한 항공기 형식의 한정 또는 계기비행증명에 관한 한정은 새로 받은 자격증명에도 유효하다.

② 부조종사 또는 사업용 조종사의 자격증명을 받은 사람이 같은 종류의 항공기에 대하여 운송용 조종사 자격증명을 받은 경우에는 종전의 자격증명에 관한 항공기 형식의 한정 또는 계기비행증명·조종교육증명에 관한 한정은 새로 받은 자격증명에도 유효하다.

③ 항공정비사 자격증명을 받은 사람이 비행기 한정을 받은 경우에는 활공기에 대한 한정을 함께 받은 것으로 본다.

④ 제81조 제5항 제1호 가목에 따라 항공정비사 자격증명을 비행기 분야로 한정을 받은 사람은 제81조 제5항 제2호 가목의 경량비행기 분야로 한정을 함께 받은 것으로 보고, 제81조 제5항 제1호 나목에 따라 항공정비사 자격증명을 헬리콥터 분야로 한정을 받은 사람은 제81조 제5항 제2호 나목의 경량헬리콥터 분야로 한정을 함께 받은 것으로 본다. 〈신설 2020. 2. 28.〉

항공안전법, 시행령	항공안전법 시행규칙
제39조(모의비행장치를 이용한 자격증명 실기시험의 실시 등) ① 국토교통부장관은 항공기 대신 국토교통부장관이 지정하는 모의비행장치를 이용하여 제38조 제1항에 따른 실기시험을 실시할 수 있다. ② 국토교통부장관이 지정하는 모의비행장치를 이용한 탑승경력은 제38조 제2항 전단에 따른 항공기 탑승경력으로 본다. ③ 제2항에 따른 모의비행장치의 지정기준과 탑승경력의 인정 등에 필요한 사항은 국토교통부령으로 정한다.	제91조(모의비행장치의 지정기준 등) ① 법 제39조 제1항에 따라 항공기 대신 이용할 수 있는 모의비행장치의 지정을 받으려는 자는 별지 제42호서식의 모의비행장치 지정신청서에 다음 각 호의 서류를 첨부하여 지방항공청장에게 제출하여야 한다. 1. 모의비행장치의 설치과정 및 개요 2. 모의비행장치의 운영규정 3. 항공기와 같은 형식의 모의비행장치 시험비행기록 비교자료 4. 모의비행장치의 성능 및 점검요령 5. 모의비행장치의 관리 및 정비방법 6. 모의비행장치에 의한 훈련계획 7. 모의비행장치의 최소 운용장비 목록과 그 적용방법(항공운송사업 또는 항공기사용사업에 사용되는 항공기만 해당한다) ② 지방항공청장은 제1항에 따른 신청을 받으면 국토교통부장관이 고시하는 모의비행장치 지정기준 및 검사요령에 따라 해당 모의비행장치를 검사하여 지정기준에 적합한 경우에는 별지 제43호서식의 모의비행장치 지정서를 발급하여야 한다. ③ 모의비행장치 탑승경력의 인정은 별표 4에 따른다.
제40조(항공신체검사증명) ① 다음 각 호의 어느 하나에 해당하는 사람은 자격증명의 종류별로 국토교통부장관의 항공신체검사증명을 받아야 한다. 1. 운항승무원 2. 제35조 제7호의 자격증명을 받고 항공교통관제 업무를 하는 사람 ② 제1항에 따른 자격증명의 종류별 항공신체검사증명의 기준, 방법, 유효기간 등에 필요한 사항은 국토교통부령으로 정한다. ③ 국토교통부장관은 제1항에 따른 자격증명의 종류별 항공신체검사증명을 받으려는 사람이 제2항에 따른 자격증명의 종류별 항공신체검사증명의 기준에 적합한 경우에는 항공신체검사증명서를 발급하여야 한다. ④ 국토교통부장관은 제1항에 따른 자격증명의 종류별 항공신체검사증명을 받으려는 사람이 제2항에 따른 자격증명의 종류별 항공신체검사증명의 기준에 일부 미달한 경우에도 국토교통부령으로 정하는 바에 따라 항공신체검사를 받은 사람의 경험 및 능력을 고려하여 필요하다고 인정하는 경우에는 해당 항공업무의 범위를 한정하여 항공신체검사증명서를 발급할 수 있다.	제92조(항공신체검사증명의 기준 및 유효기간 등) ① 법 제40조 제1항에 따른 자격증명의 종류별 항공신체검사증명의 종류와 그 유효기간은 별표 8과 같다. ② 항공신체검사증명의 종류별 항공신체검사기준은 별표 9와 같다. ③ 법 제49조 제1항에 따라 지정된 항공전문의사(이하 "항공전문의사")는 법 제40조 제4항에 따라 항공신체검사증명을 받으려는 사람이 자격증명별 항공신체검사기준에 일부 미달한 경우에도 별표 8에 따른 유효기간을 단축하여 항공신체검사증명서를 발급할 수 있다. 다만, 단축되는 유효기간은 별표 8에 따른 유효기간의 2분의 1을 초과할 수 없다. ④ 제88조 제1항에 따라 자격증명시험을 면제받은 사람이 외국정부 또는 외국정부가 지정한 민간의료기관이 발급한 항공신체검사증명을 받은 경우에는 그 항공신체검사증명의 남은 유효기간까지는 법 제40조 제1항에 따른 항공신체검사증명을 받은 것으로 본다. ⑤ 별표 8에 따른 제1종의 항공신체검사증명을 받은 사람은 같은 별표에 따른 제2종 및 제3종의 항공신체검사증명을 함께 받은 것으로 본다. 이 경우 그 제2종 및 제3종의 항공신체검사증명의 유효기간은 별표 8에도 불구하고 제1종의 항공신체검사증명의 유효기간으로 한다. 〈개정 2020. 2. 28.〉

<table>
<tr><th>항공안전법, 시행령</th><th>항공안전법 시행규칙</th></tr>
<tr><td>⑤ 제1항에 따른 자격증명의 종류별 항공신체검사증명 결과에 불복하는 사람은 국토교통부령으로 정하는 바에 따라 국토교통부장관에게 이의신청을 할 수 있다.
⑥ 국토교통부장관은 제5항에 따른 이의신청에 대한 결정을 한 경우에는 지체 없이 신청인에게 그 결정 내용을 알려야 한다.</td><td>⑥ 자가용 조종사 자격증명을 받은 사람이 법 제44조에 따른 계기비행증명을 받으려는 경우에는 별표 9에 따른 제1종 신체검사기준을 충족하여야 한다.
⑦ 이 규칙에서 정한 사항 외에 항공신체검사증명의 기준에 관한 세부적인 사항은 국토교통부장관이 정하여 고시한다.
제93조(항공신체검사증명 신청 등) ① 법 제40조 제1항에 따라 항공신체검사증명을 받으려는 사람은 별지 제44호서식의 항공신체검사증명 신청서에 자기의 병력(病歷), 최근 복용 약품 및 과거에 부적합 판정을 받은 경우 그 사유와 날짜 등을 적어 항공전문의사에게 제출하여야 한다.
② 제1항에 따라 신청서를 제출받은 항공전문의사는 신청서의 허위 기재 등 법 제43조 제3항에 따른 부정한 행위가 있었다고 인정하는 경우에는 판정을 보류하고 그 사실을 국토교통부장관에게 통보해야 하며, 운항승무원 또는 항공교통관제사에 대한 항공신체검사의 결과가 별표 9의 기준에 적합하다고 인정하는 경우에는 별지 제45호서식의 항공신체검사증명서를 발급하여야 한다. 〈개정 2020. 5. 27., 2020. 12. 10.〉
③ 항공전문의사는 제2항에 따라 항공신체검사증명서를 발급한 경우 별지 제46호서식의 항공신체검사증명서 발급대장을 작성·관리하되, 전자적 처리가 불가능한 특별한 사유가 없으면 전자적 처리가 가능한 방법으로 작성·관리하여야 한다.
④ 항공전문의사는 매월 항공신체검사증명서 발급한 결과를 다음 달 5일까지 영 제26조 제7항 제1호에 따라 항공신체검사증명에 관한 업무를 위탁받은 사단법인 한국항공우주의학협회(이하 "한국항공우주의학협회"라 한다)에 통지하여야 한다.
⑤ 항공전문의사는 법 제40조 제4항 및 이 규칙 제92조 제3항에 따라 유효기간을 단축하거나 항공업무 범위를 한정하여 항공신체검사증명을 발급하거나 별표 9에 따른 항공신체검사기준에 미달하여 항공신체검사증명서를 발급할 수 없다고 판단되는 경우에는 한국항공우주의학협회에 자문하여야 한다. 〈개정 2020. 12. 10.〉
제94조(항공신체검사증명의 유효기간 연장) ① 법 제40조 제1항 제1호에 따른 항공신체검사증명을 받은 운항승무원이 외국에 연속하여 6개월 이상 체류하면서 외국정부 또는 외국정부가 지정한 민간의료기관의 항공신체검사증명을 받은 경우에는 다음 각 호의 구분에 따른 기간을 넘지 아니하는 범위에서 외국에서 받은 해당 항공신체검사증명의 유효기간까지 그 유효기간을 연장 받을 수 있다.
1. 항공운송사업·항공기사용사업에 사용되는 항공기 및 비사업용으로 사용되는 항공기의 운항승무원은 6개월
2. 자가용 조종사는 24개월</td></tr>
</table>

항공안전법, 시행령	항공안전법 시행규칙
	② 제1항에 따라 항공신체검사증명의 유효기간을 연장 받으려는 사람은 별지 제47호서식의 항공신체검사증명 유효기간 연장신청서에 다음 각 호의 서류를 첨부하여 항공전문의사에게 제출하여야 한다. 1. 항공신체검사증명서 2. 외국정부 또는 외국정부가 지정한 민간의료기관이 발급한 항공신체검사증명서 ③ 제2항에 따라 항공신체검사증명의 유효기간 연장신청을 받은 항공전문의사는 신청서에 첨부된 외국정부 또는 외국정부가 지정한 민간의료기관이 발급한 항공신체검사증명서를 확인한 후 그 사실이 인정되는 경우에는 유효기간을 연장하여 별지 제45호서식의 항공신체검사증명서를 발급하여야 한다. **제95조(항공신체검사증명에 대한 재심사)** ① 한국항공우주의학협회는 제93조 제4항에 따라 항공전문의사로부터 항공신체검사증명서의 발급 결과를 통지받은 경우에는 그 항공전문의사가 실시한 항공신체검사증명의 적합성 여부를 재심사할 수 있다. ② 한국항공우주의학협회는 제1항에 따른 재심사 결과 항공신체검사증명서가 부적합하게 발급되었다고 인정되는 경우에는 지체 없이 이를 국토교통부장관 또는 지방항공청장에게 통지하여야 한다. **제96조(이의신청 등)** ① 법 제40조 제5항에 따라 항공신체검사증명의 결과에 대하여 이의가 있는 사람은 그 결과를 통보받은 날부터 30일 이내에 별지 제48호서식의 항공신체검사증명 이의신청서(전자문서로 된 신청서를 포함한다)를 국토교통부장관에 제출하여야 한다. ② 국토교통부장관은 제1항에 따른 이의신청을 심사하기 위하여 다음 각 호의 사람에게 자문할 수 있다. 1. 이의신청 내용과 관련된 해당 질환 전문의 2. 항공운송 분야 비행경력이 있는 전문가 ③ 국토교통부장관은 제1항에 따른 이의신청을 받으면 신청을 받은 날부터 30일 이내에 이를 심사하고 그 결과를 신청인에게 통지하여야 한다. 다만, 제2항에 따른 자문이 지연되어 이의신청에 대한 심사를 기한까지 마칠 수 없는 경우에는 그 심사기간을 30일 연장할 수 있다. 〈개정 2019. 9. 23.〉 ④ 제3항 단서에 따라 심사기간을 연장하는 경우에는 심사기간이 끝나기 7일 전까지 신청인에게 그 내용을 통지하여야 한다. ⑤ 그 밖에 이의신청에 관한 구체적인 사항은 국토교통부장관이 정하여 고시한다.

항공안전법, 시행령	항공안전법 시행규칙
제41조(항공신체검사명령) 국토교통부장관은 특히 필요하다고 인정하는 경우에는 항공신체검사증명의 유효기간이 지나지 아니한 운항승무원 및 항공교통관제사에게 제40조에 따른 항공신체검사를 받을 것을 명할 수 있다.	
제42조(항공업무 등에 종사 제한) 제40조 제2항에 따른 자격증명의 종류별 항공신체검사증명의 기준에 적합하지 아니한 운항승무원 및 항공교통관제사는 종전 항공신체검사증명의 유효기간이 남아 있는 경우에도 항공업무(제46조에 따른 항공기 조종연습 및 제47조에 따른 항공교통관제연습을 포함한다)에 종사해서는 아니 된다.	
제43조(자격증명·항공신체검사증명의 취소 등) ① 국토교통부장관은 항공종사자가 다음 각 호의 어느 하나에 해당하는 경우에는 그 자격증명이나 자격증명의 한정(이하 이 조에서 "자격증명등"이라 한다)을 취소하거나 1년 이내의 기간을 정하여 자격증명등의 효력정지를 명할 수 있다. 다만, 제1호 또는 제31호에 해당하는 경우에는 해당 자격증명등을 취소하여야 한다. 〈개정 2019. 8. 27., 2020. 6. 9., 2020. 12. 8.〉 1. 거짓이나 그 밖의 부정한 방법으로 자격증명등을 받은 경우 2. 이 법을 위반하여 벌금 이상의 형을 선고 받은 경우 3. 항공종사자로서 항공업무를 수행할 때 고의 또는 중대한 과실로 항공기사고를 일으켜 인명피해나 재산피해를 발생시킨 경우 4. 제32조 제1항 본문에 따라 정비등을 확인하는 항공종사자가 국토교통부령으로 정하는 방법에 따라 감항성을 확인하지 아니한 경우 5. 제36조 제2항을 위반하여 자격증명의 종류에 따른 업무범위 외의 업무에 종사한 경우 6. 제37조 제2항을 위반하여 자격증명의 한정을 받은 항공종사자가 한정된 종류, 등급 또는 형식 외의 항공기·경량항공기나 한정된 정비분야 외의 항공업무에 종사한 경우 7. 제40조 제1항(제46조 제4항 및 제47조 제4항에서 준용하는 경우를 포함한다)을 위반하여 항공신체검사증명을 받지 아니하고 항공업무(제46조에 따른 항공기 조종연습 및 제47조에 따른 항공교통관제연습을 포함한다. 이하 이 항 제8호, 제13호, 제14호 및 제16호에서 같다)에 종사한 경우	**제97조(자격증명·항공신체검사증명의 취소 등)** ① 법 제43조(법 제44조 제4항, 제46조 제4항 및 제47조 제4항에서 준용하는 경우를 포함한다)에 따른 행정처분기준은 별표 10과 같다. ② 국토교통부장관 또는 지방항공청장은 제1항에 따른 처분을 한 경우에는 별지 제49호서식의 항공종사자 행정처분대장을 작성·관리하되, 전자적 처리가 불가능한 특별한 사유가 없으면 전자적 처리가 가능한 방법으로 작성·관리하고, 자격증명에 대한 처분 내용은 한국교통안전공단의 이사장에게 통지하고 항공신체검사증명에 대한 처분 내용은 한국교통안전공단 이사장 및 한국항공우주의학협회의 장에게 통지하여야 한다. 〈개정 2018. 3. 23.〉

항공안전법, 시행령

8. 제42조를 위반하여 제40조 제2항에 따른 자격증명의 종류별 항공신체검사증명의 기준에 적합하지 아니한 운항승무원 및 항공교통관제사가 항공업무에 종사한 경우
9. 제44조 제1항을 위반하여 계기비행증명을 받지 아니하고 계기비행 또는 계기비행방식에 따른 비행을 한 경우
10. 제44조 제2항을 위반하여 조종교육증명을 받지 아니하고 조종교육을 한 경우
11. 제45조 제1항을 위반하여 항공영어구술능력증명을 받지 아니하고 같은 항 각 호의 어느 하나에 해당하는 업무에 종사한 경우
12. 제55조를 위반하여 국토교통부령으로 정하는 비행경험이 없이 같은 조 각 호의 어느 하나에 해당하는 항공기를 운항하거나 계기비행·야간비행 또는 제44조 제2항에 따른 조종교육의 업무에 종사한 경우
13. 제57조 제1항을 위반하여 주류등의 영향으로 항공업무를 정상적으로 수행할 수 없는 상태에서 항공업무에 종사한 경우
14. 제57조 제2항을 위반하여 항공업무에 종사하는 동안에 같은 조 제1항에 따른 주류등을 섭취하거나 사용한 경우
15. 제57조 제3항을 위반하여 같은 조 제1항에 따른 주류등의 섭취 및 사용 여부의 측정 요구에 따르지 아니한 경우

15의2. 제57조의2를 위반하여 항공기 내에서 흡연을 한 경우

16. 항공업무를 수행할 때 고의 또는 중대한 과실로 항공기준사고, 항공안전장애 또는 제61조 제1항에 따른 항공안전위해요인을 발생시킨 경우
17. 제62조 제2항 또는 제4항부터 제6항까지에 따른 기장의 의무를 이행하지 아니한 경우
18. 제63조를 위반하여 조종사가 운항자격의 인정 또는 심사를 받지 아니하고 운항한 경우
19. 제65조 제2항을 위반하여 기장이 운항관리사의 승인을 받지 아니하고 항공기를 출발시키거나 비행계획을 변경한 경우
20. 제66조를 위반하여 이륙·착륙 장소가 아닌 곳에서 이륙하거나 착륙한 경우
21. 제67조 제1항을 위반하여 비행규칙을 따르지 아니하고 비행한 경우
22. 제68조를 위반하여 같은 조 각 호의 어느 하나에 해당하는 비행 또는 행위를 한 경우
23. 제70조 제1항을 위반하여 허가를 받지 아니하고 항공기로 위험물을 운송한 경우
24. 제76조 제2항을 위반하여 항공업무를 수행한 경우
25. 제77조 제2항을 위반하여 같은 조 제1항에 따른 운항기술기준을 준수하지 아니하고 비행을 하거나 업무를 수행한 경우
26. 제79조 제1항을 위반하여 국토교통부장관이 정하여 공고하는 비행의 방식 및 절차에 따르지 아니하고 비관제공역(非管制空域) 또는 주의공역(注意空域)에서 비행한 경우
27. 제79조 제2항을 위반하여 허가를 받지 아니하거나 국토교통부장관이 정하는 비행의 방식 및 절차에 따르지 아니하고 통제공역에서 비행한 경우
28. 제84조 제1항을 위반하여 국토교통부장관 또는 항공교통업무증명을 받은 자가 지시하는 이동·이륙·착륙의 순서 및 시기와 비행의 방법에 따르지 아니한 경우
29. 제90조 제4항(제96조 제1항에서 준용하는 경우를 포함한다)을 위반하여 운영기준을 준수하지 아니하고 비행을 하거나 업무를 수행한 경우
30. 제93조 제7항 후단(제96조 제2항에서 준용하는 경우를 포함한다)을 위반하여 운항규정 또는 정비규정을 준수하지 아니하고 업무를 수행한 경우

30의2. 제108조 제4항 본문에 따라 경량항공기 또는 그 장비품·부품의 정비사항을 확인하는 항공종사자가 국토교통부령으로 정하는 방법에 따라 확인하지 아니한 경우

31. 이 조에 따른 자격증명등의 정지명령을 위반하여 정지기간에 항공업무에 종사한 경우

② 국토교통부장관은 항공종사자가 다음 각 호의 어느 하나에 해당하는 경우에는 그 항공신체검사증명을 취소하거나 1년 이내의 기간을 정하여 항공신체검사증명의 효력정지를 명할 수 있다. 다만, 제1호에 해당하는 경우에는 항공신체검사증명을 취소하여야 한다.

항공안전법, 시행령	항공안전법 시행규칙
1. 거짓이나 그 밖의 부정한 방법으로 항공신체검사증명을 받은 경우 2. 제1항 제13호부터 제15호까지의 어느 하나에 해당하는 경우 3. 제40조 제2항에 따른 자격증명의 종류별 항공신체검사증명의 기준에 맞지 아니하게 되어 항공업무를 수행하기에 부적합하다고 인정되는 경우 4. 제41조에 따른 항공신체검사명령에 따르지 아니한 경우 5. 제42조를 위반하여 항공업무에 종사한 경우 6. 제76조 제2항을 위반하여 항공신체검사증명서를 소지하지 아니하고 항공업무에 종사한 경우 ③ 자격증명등의 시험에 응시하거나 심사를 받는 사람 또는 항공신체검사를 받는 사람이 그 시험이나 심사 또는 검사에서 부정한 행위를 한 경우에는 그 부정한 행위를 한 날부터 각각 2년간 이 법에 따른 자격증명등의 시험에 응시하거나 심사를 받을 수 없으며, 이 법에 따른 항공신체검사를 받을 수 없다. ④ 제1항 및 제2항에 따른 처분의 기준 및 절차와 그 밖에 필요한 사항은 국토교통부령으로 정한다.	
제44조(계기비행증명 및 조종교육증명) ① 운송용 조종사(헬리콥터를 조종하는 경우만 해당한다), 사업용 조종사, 자가용 조종사 또는 부조종사의 자격증명을 받은 사람은 그가 사용할 수 있는 항공기의 종류로 다음 각 호의 비행을 하려면 국토교통부령으로 정하는 바에 따라 국토교통부장관의 계기비행증명을 받아야 한다. 1. 계기비행 2. 계기비행방식에 따른 비행 ② 다음 각 호의 조종연습을 하는 사람에 대하여 조종교육을 하려는 사람은 비행시간을 고려하여 그 항공기의 종류별·등급별로 국토교통부령으로 정하는 바에 따라 국토교통부장관의 조종교육증명을 받아야 한다. 〈개정 2017. 10. 24.〉 1. 제35조 제1호부터 제4호까지의 자격증명을 받지 아니한 사람이 항공기(제36조 제3항에 따라 국토교통부령으로 정하는 항공기는 제외한다)에 탑승하여 하는 조종연습 2. 제35조 제1호부터 제4호까지의 자격증명을 받은 사람이 그 자격증명에 대하여 제37조에 따라 한정을 받은 종류 외의 항공기에 탑승하여 하는 조종연습 ③ 제2항에 따른 조종교육증명에 필요한 사항은 국토교통부령으로 정한다.	**제98조(계기비행증명 및 조종교육증명 절차 등)** ① 법 제44조에 따른 계기비행증명 및 조종교육증명을 위한 학과 및 실기시험, 시험장소 등 세부적인 내용과 절차는 국토교통부장관이 정하여 고시한다. ② 법 제44조 제2항에 따라 조종교육증명을 받아야 하는 조종교육은 항공기(초급활공기는 제외한다)에 대한 이륙조작·착륙조작 또는 공중조작의 실기교육[법 제46조 제1항 각 호에 따른 조종연습을 하는 사람(이하 "조종연습생"이라 한다) 단독으로 비행하게 하는 경우를 포함한다]으로 한다. ③ 법 제44조 제2항에 따른 조종교육증명은 항공기의 종류별·등급별로 다음 각 호와 같이 발급받아야 한다. 〈개정 2018. 4. 25.〉 1. 초급 조종교육증명 2. 선임 조종교육증명 ④ 제3항 각 호에 따른 조종교육증명을 받은 사람이 할 수 있는 조종교육의 세부내용은 다음 각 호와 같다. 다만, 초급교육증명을 받은 사람으로서 조종교육 비행시간이 100시간 미만이거나 조종교육을 한 기간이 6개월 미만인 사람은 선임조종교육증명을 받은 사람의 관리 하에서 업무를 수행하여야 한다. 1. 초급 조종교육증명을 받은 사람 가. 지상교육

항공안전법, 시행령	항공안전법 시행규칙
④ 제1항에 따른 계기비행증명 및 제2항에 따른 조종교육증명의 시험 및 취소 등에 관하여는 제38조 및 제43조 제1항・제3항을 준용한다.	나. 해당 항공기 종류별 자가용・사업용 조종사 자격증명, 계기비행증명 또는 조종교육증명 취득을 위한 비행교육 다. 조종연습생의 단독비행에 대한 허가. 다만, 해당 조종연습생의 최초의 단독비행 허가는 제외한다. 2. 선임 조종교육증명을 받은 사람 가. 제1호에 따라 초급 조종교육증명을 받은 사람이 하는 업무 나. 조종연습생의 최초 단독비행에 대한 허가 다. 초급 조종교육증명을 받은 사람에 대한 관리
제45조(항공영어구술능력증명) ① 다음 각 호의 어느 하나에 해당하는 업무에 종사하려는 사람은 국토교통부장관의 항공영어구술능력증명을 받아야 한다. 1. 두 나라 이상을 운항하는 항공기의 조종 2. 두 나라 이상을 운항하는 항공기에 대한 관제 3. 「공항시설법」 제53조에 따른 항공통신업무 중 두 나라 이상을 운항하는 항공기에 대한 무선통신 ② 제1항에 따른 항공영어구술능력증명(이하 "항공영어구술능력증명"이라 한다)을 위한 시험의 실시, 항공영어구술능력증명의 등급, 등급별 합격기준, 등급별 유효기간 등에 필요한 사항은 국토교통부령으로 정한다. ③ 국토교통부장관은 항공영어구술능력증명을 받으려는 사람이 제2항에 따른 등급별 합격기준에 적합한 경우에는 국토교통부령으로 정하는 바에 따라 항공영어구술능력증명서를 발급하여야 한다. ④ 제3항에도 불구하고 제34조 제3항에 따라 국방부장관으로부터 자격인정을 받아 항공교통관제 업무를 수행하는 사람으로서 항공영어구술능력증명을 받으려는 사람이 제2항에 따른 등급별 합격기준에 적합한 경우에는 국방부장관이 항공영어구술능력증명서를 발급할 수 있다. ⑤ 외국정부로부터 항공영어구술능력증명을 받은 사람은 해당 등급별 유효기간의 범위에서 제2항에 따른 항공영어구술능력증명을 위한 시험이 면제된다. ⑥ 항공영어구술능력증명의 취소 등에 관하여는 제43조 제1항 제1호 및 같은 조 제3항을 준용한다. 이 경우 "자격증명등"은 "항공영어구술능력증명"으로 본다.	제99조(항공영어구술능력증명시험의 실시 등) ① 법 제45조 제2항에 따른 항공영어구술능력증명시험의 등급은 6등급으로 구분하되, 6등급 항공영어구술능력증명시험에 응시하려는 사람은 응시원서 접수 당시 제3항에 따른 유효기간 내에 있는 5등급 항공영어구술능력증명을 보유해야 한다. 〈개정 2019. 9. 23.〉 ② 법 제45조 제2항에 따른 항공영어구술능력증명시험의 평가 항목 및 등급별 합격기준은 별표 11과 같다. 〈개정 2019. 9. 23.〉 ③ 법 제45조 제2항에 따른 항공영어구술능력증명의 등급별 유효기간은 다음 각 호의 구분에 따른 기준일부터 계산하여 4등급은 3년, 5등급은 6년, 6등급은 영구로 한다. 1. 최초 응시자(항공영어구술능력증명의 유효기간이 지난 사람을 포함한다): 합격 통지일 2. 4등급 또는 5등급의 항공영어구술능력증명을 받은 사람이 유효기간이 끝나기 전 6개월 이내에 항공영어구술능력증명시험에 합격한 경우: 기존 증명의 유효기간이 끝난 다음 날 ④ 제1항에 따른 항공영어구술능력증명시험의 구체적인 실시방법 등에 관하여 필요한 사항은 국토교통부장관이 정하여 고시한다. 제100조(항공영어구술능력증명시험 결과의 통지 등) ① 제319조에 따른 항공영어구술능력평가 전문기관은 제99조 제1항 및 제2항에 따라 별지 제50호서식의 항공영어구술능력증명시험 응시원서를 접수받아 항공영어구술능력증명시험을 실시한 경우에는 등급, 합격일 등이 포함된 시험 결과를 해당 응시자 및 한국교통안전공단의 이사장에게 통보하여야 한다. 〈개정 2018. 3. 23.〉 ② 제1항에 따른 통보를 받은 경우 한국교통안전공단의 이사장은 항공영어구술능력증명시험에 합격한 사람에게 합격 여부를 정보통신망 또는 우편 등의 방법으로 통지해야 한다. 〈개정 2020. 2. 28.〉

항공안전법, 시행령	항공안전법 시행규칙
	③ 항공영어구술능력증명시험에 합격한 사람은 항공영어구술능력증명서를 발급받으려면 별지 제50호의2서식의 항공영어구술능력증명서 신청서를 한국교통안전공단에 제출해야 한다. 〈신설 2020. 2. 28.〉 ④ 한국교통안전공단 이사장은 제3항에 따른 신청서를 제출받은 경우 별지 제51호서식의 항공영어구술능력증명서(법 제45조 제1항 제1호 또는 제2호에 해당하는 업무에 종사하려는 사람의 경우에는 항공영어구술능력의 등급과 그 유효기간을 적은 별지 제38호서식의 항공종사자 자격증명서)를 발급하고 그 결과를 별지 제39호서식의 항공종사자 자격증명서 발급대장에 기록·보관하되, 전자적 처리가 불가능한 특별한 사유가 없으면 전자적 처리가 가능한 방법으로 작성·관리해야 한다. 〈신설 2020. 2. 28.〉
제46조(항공기의 조종연습) ① 다음 각 호의 조종연습을 위한 조종에 관하여는 제36조 제1항·제2항 및 제37조 제2항을 적용하지 아니한다. 1. 제35조 제1호부터 제4호까지에 따른 자격증명 및 제40조에 따른 항공신체검사증명을 받은 사람이 한정받은 등급 또는 형식 외의 항공기(한정받은 종류의 항공기만 해당한다)에 탑승하여 하는 조종연습으로서 그 항공기를 조종할 수 있는 자격증명 및 항공신체검사증명을 받은 사람(그 항공기를 조종할 수 있는 지식 및 능력이 있다고 인정하여 국토교통부장관이 지정한 사람을 포함한다)의 감독으로 이루어지는 조종연습 2. 제44조 제2항 제1호에 따른 조종연습으로서 그 조종연습에 관하여 국토교통부장관의 허가를 받고 조종교육증명을 받은 사람의 감독으로 이루어지는 조종연습 3. 제44조 제2항 제2호에 따른 조종연습으로서 조종교육증명을 받은 사람의 감독으로 이루어지는 조종연습 ② 국토교통부장관은 제1항 제2호에 따른 조종연습의 허가 신청을 받은 경우 신청인이 항공기의 조종연습을 하기에 필요한 능력이 있다고 인정되는 경우에는 국토교통부령으로 정하는 바에 따라 그 조종연습을 허가하여야 한다. ③ 제1항 제2호에 따른 허가는 신청인에게 항공기 조종연습허가서를 발급함으로써 한다.	**제101조(조종연습의 허가 신청)** ① 법 제46조 제1항 제2호에 따른 조종연습의 허가를 받으려는 사람은 별지 제52호서식의 항공기 조종연습 허가신청서를 지방항공청장에게 제출해야 한다. 〈개정 2020. 2. 28.〉 ② 제1항에 따라 조종연습의 허가 신청을 받은 지방항공청장은 신청인의 항공신체검사증명서를 확인해야 하며 신청인이 항공기의 조종연습을 하기에 필요한 능력이 있다고 인정되는 경우에는 별지 제53호서식의 항공기 조종연습허가서를 발급해야 한다. 이 경우 항공조종연습의 유효기간은 신청인의 항공신체검사증명서 유효기간 내에서 정해야 한다. 〈개정 2020. 2. 28.〉

항공안전법, 시행령	항공안전법 시행규칙
④ 제1항 제2호에 따른 허가를 받은 사람의 항공신체검사증명, 그 허가의 취소 등에 관하여는 제40조부터 제43조까지의 규정을 준용한다. ⑤ 제3항에 따른 항공기 조종연습허가서를 받은 사람이 조종연습을 할 때에는 항공기 조종연습허가서와 항공신체검사증명서를 지녀야 한다.	
제47조(항공교통관제연습) ① 제35조 제7호의 항공교통관제사 자격증명을 받지 아니한 사람이 항공교통관제 업무를 연습(이하 "항공교통관제연습"이라 한다)하려는 경우에는 국토교통부장관의 항공교통관제연습허가를 받고 국토교통부령으로 정하는 자격요건을 갖춘 사람의 감독 하에 항공교통관제연습을 하여야 한다. ② 국토교통부장관은 제1항에 따른 항공교통관제연습허가 신청을 받은 경우에는 신청인이 항공교통관제연습을 하기에 필요한 능력이 있다고 인정되면 국토교통부령으로 정하는 바에 따라 그 항공교통관제연습을 허가하여야 한다. ③ 제1항에 따른 항공교통관제연습의 허가는 신청인에게 항공교통관제연습허가서를 발급함으로써 한다. ④ 제1항에 따른 항공교통관제연습 허가를 받은 사람의 항공신체검사증명, 그 허가의 취소 등에 관하여는 제40조부터 제43조까지의 규정을 준용한다. ⑤ 제3항에 따른 항공교통관제연습허가서를 받은 사람이 항공교통관제연습을 할 때에는 항공교통관제연습허가서와 항공신체검사증명서를 지녀야 한다.	제102조(항공교통관제연습허가의 신청 등) ① 법 제47조 제1항에서 "국토교통부령으로 정하는 자격요건을 갖춘 사람"이란 다음 각 호의 요건을 모두 갖춘 사람을 말한다. 〈개정 2017. 7. 18.〉 1. 법 제35조 제7호에 따른 항공교통관제사 자격증명을 받은 사람 2. 법 제40조 제3항에 따른 항공신체검사증명을 받은 사람 3. 제229조 제2호에 따른 항공교통관제기관(이하 "항공교통관제기관"이라 한다)으로부터 발급받은 항공교통관제업무의 한정을 받은 사람 ② 법 제47조 제2항에 따라 항공교통관제연습허가를 받으려는 사람은 별지 제54호서식의 항공교통관제연습 허가신청서에 별표 4 제1호의 항공교통관제사경력 중 전문교육기관의 교육과정을 이수하였거나 교육과정을 이수하고 있음을 증명하는 서류(전문교육기관의 교육과정을 이수하였거나 이수하고 있는 사람에 한정한다)를 첨부하여 지방항공청장 또는 항공교통본부장에게 제출해야 한다. 〈개정 2020. 2. 28.〉 ③ 제2항에 따라 신청서를 제출받은 지방항공청장 또는 항공교통본부장은 신청서와 첨부서류 및 신청인의 항공신체검사증명서를 확인한 후 항공교통관제연습을 하기에 필요한 능력이 있다고 인정될 경우 별지 제55호서식의 항공교통관제연습 허가서를 신청자에게 발급하되, 그 유효기간은 신청인의 항공신체검사증명서의 유효기간 내에서 정해야 한다. 다만, 신청자의 관제연습 행위가 비행안전에 영향을 줄 수 있다고 판단하는 경우에는 항공교통관제연습을 허가하지 않을 수 있다. 〈개정 2020. 2. 28.〉 제103조(항공신체검사증명서 등의 재발급) ① 운항승무원, 조종연습생, 항공교통관제사 또는 법 제47조 제1항의 허가를 받은 사람(이하 "**관제연습생**")은 항공신체검사증명서 또는 항공기 조종연습허가서 또는 항공교통관제연습허가서(이하 "**증명서등**")를 잃어버리거나 증명서등이 못 쓰게 된 경우 또는 그 기재사항을 변경하려는 경우에는 별지 제56호서식의 재발급신청서를 다음 각 호의 자에게 제출하여야 한다. 1. 항공신체검사증명서: 한국항공우주의학협회의 장 2. 항공기 조종연습허가서: 지방항공청장

항공안전법, 시행령	항공안전법 시행규칙
	3. 항공교통관제연습허가서: 지방항공청장 또는 항공교통본부장 ② 지방항공청장, 항공교통본부장 또는 한국항공우주의학협회의 장은 제1항의 신청이 적합하다고 인정하는 경우에는 해당 증명서등을 재발급하여야 한다.
제48조(전문교육기관의 지정 등) ① 항공종사자를 양성하려는 자는 국토교통부령으로 정하는 바에 따라 국토교통부장관으로부터 항공종사자 전문교육기관(이하 "전문교육기관"이라 한다)으로 지정을 받을 수 있다. 다만, 제35조 제1호부터 제4호까지의 항공종사자를 양성하려는 자는 전문교육기관으로 지정을 받아야 한다. ② 제1항에 따라 전문교육기관으로 지정을 받으려는 자는 국토교통부령으로 정하는 기준(이하 "전문교육기관 지정기준"이라 한다)에 따라 교육과목, 교육방법, 인력, 시설 및 장비 등 교육훈련체계를 갖추어야 한다. ③ 국토교통부장관은 전문교육기관을 지정하는 경우에는 교육과정, 교관의 인원·자격 및 교육평가방법 등 국토교통부령으로 정하는 사항이 명시된 훈련운영기준을 전문교육기관지정서와 함께 해당 전문교육기관으로 지정받은 자에게 발급하여야 한다. ④ 국토교통부장관은 교육훈련 과정에서의 안전을 확보하기 위하여 필요하다고 판단되면 직권으로 또는 전문교육기관의 신청을 받아 제3항에 따른 훈련운영기준을 변경할 수 있다. ⑤ 전문교육기관으로 지정을 받은 자는 제3항에 따른 훈련운영기준 또는 제4항에 따라 변경된 훈련운영기준을 준수하여야 한다. ⑥ 전문교육기관으로 지정을 받은 자는 훈련운영기준에 따라 교육훈련체계를 계속적으로 유지하여야 하며, 새로운 교육과정의 개설 등으로 교육훈련체계가 변경된 경우에는 국토교통부장관이 실시하는 검사를 받아야 한다. ⑦ 국토교통부장관은 전문교육기관으로 지정받은 자가 교육훈련체계를 유지하고 있는지 여부를 정기 또는 수시로 검사하여야 한다. ⑧ 국토교통부장관은 전문교육기관이 항공운송사업에 필요한 항공종사자를 양성하는 경우에는 예산의 범위에서 필요한 경비의 전부 또는 일부를 지원할 수 있다.	제104조(전문교육기관의 지정 등) ① 법 제48조 제1항에 따른 전문교육기관으로 지정을 받으려는 자는 별지 제57호서식의 항공종사자 전문교육기관 지정신청서에 다음 각 호의 사항이 포함된 교육계획서를 첨부하여 국토교통부장관에게 제출하여야 한다. 1. 교육과목 및 교육방법 2. 교관 현황(교관의 자격·경력 및 정원) 3. 시설 및 장비의 개요 4. 교육평가방법 5. 연간 교육계획 6. 교육규정 ② 법 제48조 제2항에 따른 전문교육기관의 지정기준은 별표 12와 같으며, 지정을 위한 심사 등에 관한 세부절차는 국토교통부장관이 정한다. 〈개정 2018. 4. 25., 2020. 2. 28.〉 ③ 법 제48조 제3항에서 "국토교통부령으로 정하는 사항"이란 다음 각 호의 사항을 말한다. 〈신설 2018. 4. 25.〉 1. 교육과정, 교관의 인원·자격 및 교육평가방법 2. 훈련용 항공기의 지정 및 정비방법에 관한 사항 3. 전문교육기관의 책임관리자 4. 교육훈련 기록관리에 관한 사항 5. 교육훈련의 품질보증체계에 관한 사항 6. 그 밖에 교육훈련에 필요한 사항으로서 국토교통부장관이 정하여 고시하는 사항 ④ 국토교통부장관은 제1항에 따른 신청서를 심사하여 그 내용이 제2항에서 정한 지정기준에 적합한 경우에는 법 제35조, 제37조 및 제44조에 따른 자격별로 별지 제58호서식의 항공종사자 전문교육기관 지정서 및 별지 제58호의2서식의 훈련운영기준(Training Specifications)을 발급하여야 한다. 〈개정 2018. 4. 25.〉 ⑤ 국토교통부장관은 제4항에 따라 지정한 전문교육기관(이하 "지정전문교육기관"이라 한다)을 공고하여야 한다. 〈개정 2018. 4. 25., 2019. 2. 26.〉 ⑥ 지방항공청장은 법 제48조 제4항에 따라 직권으로 훈련운영기준을 변경하는 때에는 지체 없이 변경 내용과 그 사유를 전문교육기관의 장에게 알리고 새로운 훈련운영기준을 발급해야 한다. 〈신설 2019. 2. 26., 2020. 5. 27.〉

항공안전법, 시행령	항공안전법 시행규칙
⑨ 국토교통부장관은 항공교육훈련 정보를 국민에게 제공하고 전문교육기관 등 항공교육훈련기관을 체계적으로 관리하기 위하여 시스템(이하 "항공교육훈련통합관리시스템"이라 한다)을 구축·운영하여야 한다. [전문개정 2017. 10. 24.] ⑩ 국토교통부장관은 항공교육훈련통합관리시스템을 구축·운영하기 위하여 「항공사업법」 제2조 제35호에 따른 항공교통사업자 또는 항공교육훈련기관 등에게 필요한 자료 또는 정보의 제공을 요청할 수 있다. 이 경우 자료나 정보의 제공을 요청받은 자는 정당한 사유가 없으면 이에 따라야 한다.	⑦ 법 제48조 제4항에 따라 전문교육기관의 장이 훈련운영기준 변경신청을 하려는 경우에는 변경하는 훈련운영기준을 적용하려는 날의 15일전까지 별지 제58호의3서식의 훈련운영기준 변경신청서에 변경하려는 내용과 그 사유를 적어 지방항공청장에게 제출해야 한다. 〈신설 2019. 2. 26., 2020. 5. 27.〉 ⑧ 지방항공청장은 제7항에 따른 훈련운영기준 변경신청을 받으면 그 내용을 검토하여 교육훈련 과정에서의 안전확보에 문제가 있는 경우를 제외하고는 변경된 훈련운영기준을 신청인에게 발급해야 한다. 〈신설 2019. 2. 26., 2020. 5. 27.〉 ⑨ 지방항공청장은 법 제48조 제7항에 따라 지정전문교육기관이 교육훈련체계를 유지하고 있는지 여부를 다음 각 호의 기준에 따라 검사하여야 한다. 〈개정 2018. 4. 25., 2019. 2. 26., 2020. 5. 27.〉 1. 정기검사: 매년 1회 2. 수시검사: 교육훈련체계가 변경되는 경우 등 지방항공청장이 필요하다고 판단하는 때 ⑩ 지정전문교육기관은 다음 각 호의 사항을 법 제48조 제9항에 따른 항공교육훈련통합관리시스템에 입력하여야 한다. 〈개정 2018. 4. 25., 2019. 2. 26.〉 1. 법 제48조 제2항에 따른 교육훈련체계의 변경사항 2. 해당 교육훈련과정의 이수자 명단
제48조의2(전문교육기관 지정의 취소 등) ① 국토교통부장관은 전문교육기관으로 지정받은 자가 다음 각 호의 어느 하나에 해당하는 경우에는 그 지정을 취소하거나 6개월 이내의 기간을 정하여 그 업무의 정지를 명할 수 있다. 다만, 제1호 또는 제8호에 해당하는 경우에는 그 지정을 취소하여야 한다. 1. 거짓이나 그 밖의 부정한 방법으로 전문교육기관으로 지정받은 경우 2. 정당한 사유 없이 전문교육기관 지정기준을 위반한 경우 3. 제48조 제5항을 위반하여 정당한 사유 없이 훈련운영기준을 준수하지 아니한 경우 4. 정당한 사유 없이 제48조 제10항에 따른 국토교통부장관의 자료 또는 정보제공의 요청을 따르지 아니한 경우 5. 전문교육기관으로 지정받은 이후 2년을 초과하는 기간 동안 교육과정을 개설하지 아니한 경우 6. 고의 또는 중대한 과실로 항공기사고를 발생시키거나 소속 항공종사자에 대하여 관리·감독하는 상당한 주의의무를 게을리하여 항공기사고가 발생한 경우	제104조의2(지정전문교육기관의 지정 취소 등의 기준) ① 법 제48조의2에 따른 지정전문교육기관의 지정 취소 등 행정처분의 기준은 별표 12의2와 같다. ② 법 제48조의2 제1항 제7호 라목에서 "국토교통부령으로 정하는 중요사항"이란 다음 각 호의 사항을 말한다. 1. 안전목표에 관한 사항 2. 안전조직에 관한 사항 3. 안전장애 등에 대한 보고체계에 관한 사항 4. 안전평가에 관한 사항 [본조신설 2018. 4. 25.]

항공안전법, 시행령	항공안전법 시행규칙
7. 제58조 제2항을 위반하여 다음 각 목의 어느 하나에 해당하는 경우 가. 업무를 시작하기 전까지 항공안전관리시스템을 마련하지 아니한 경우 나. 승인을 받지 아니하고 항공안전관리시스템을 운용한 경우 다. 항공안전관리시스템을 승인받은 내용과 다르게 운용한 경우 라. 승인을 받지 아니하고 국토교통부령으로 정하는 중요사항을 변경한 경우 8. 이 항 본문에 따른 업무정지 기간에 업무를 한 경우 ② 제1항에 따른 처분의 세부기준 및 절차와 그 밖에 필요한 사항은 국토교통부령으로 정한다. [본조신설 2017. 10. 24.]	
제48조의3(전문교육기관 지정을 받은 자에 대한 과징금의 부과) ① 국토교통부장관은 전문교육기관 지정을 받은 자가 제48조의2 제2호부터 제7호까지의 어느 하나에 해당하여 그 업무의 정지를 명하여야 하는 경우로서 그 업무를 정지하는 경우 전문교육기관 이용자 등에게 심한 불편을 주거나 공익을 해칠 우려가 있는 경우에는 업무정지 처분을 갈음하여 10억원 이하의 과징금을 부과할 수 있다. ② 제1항에 따른 과징금 부과의 구체적인 기준, 절차 및 그 밖에 필요한 사항은 대통령령으로 정한다. ③ 국토교통부장관은 제1항에 따라 과징금을 내야 할 자가 납부기한까지 과징금을 내지 아니하면 국세 체납처분의 예에 따라 징수한다. [본조신설 2017. 10. 24.] **영 제8조의2(전문교육기관 지정을 받은 자에 대한 위반행위의 종류별 과징금의 금액)** ① 법 제48조의3 제1항에 따라 과징금을 부과할 수 있는 위반행위의 종류와 위반 정도 등에 따른 과징금의 금액은 별표 1의2와 같다. ② 과징금의 부과·납부 및 독촉에 관하여는 제6조 및 제7조를 준용한다. [본조신설 2018. 4. 24.]	
제49조(항공전문의사의 지정 등) ① 국토교통부장관은 제40조에 따른 자격증명의 종류별 항공신체검사증명을 효율적이고 전문적으로 하기 위하여 국토교통부령으로 정하는 바에 따라 항공의학에 관한 전문교육을 받은 전문의사(이하 "항공전문의사"라 한다)를 지정하여 제40조에 따른 항공신체검사증명에 관한 업무를 대행하게 할 수 있다.	**제105조(항공전문의사의 지정 등)** ① 법 제49조 제1항에 따라 항공전문의사로 지정을 받으려는 사람은 별지 제59호서식의 항공전문의사 지정신청서에 제2항에 따른 항공전문의사의 지정기준에 적합함을 증명하는 서류(제2항 제2호에 따른 전문의임을 증명하는 서류는 제외한다)를 첨부하여 국토교통부장관에게 제출해야 한다. 〈개정 2020. 2. 28.〉

항공안전법, 시행령	항공안전법 시행규칙
② 교육이수실적, 경력 등 항공전문의사의 지정기준은 국토교통부령으로 정한다. ③ 항공전문의사는 국토교통부령으로 정하는 바에 따라 국토교통부장관이 정기적으로 실시하는 전문교육을 받아야 한다.	② 법 제49조 제2항에 따른 항공전문의사의 지정기준은 다음 각 호와 같다. 〈개정 2020. 2. 28.〉 1. 항공전문의사 지정을 신청한 날을 기준으로 직전 1년 이내에 제5항에 따른 항공의학에 관한 교육과정을 이수할 것 2. 「의료법」 제5조에 따른 의사로서 항공의학 분야에서 5년 이상의 경력이 있거나 같은 법 제77조에 따른 전문의(치과의사와 한의사는 제외한다)일 것 3. 별표 13에서 정한 항공신체검사 의료기관의 시설 및 장비 기준에 적합한 의료기관에 소속(동일 지역 내에 있는 다른 의료기관의 시설 및 장비를 사용할 수 있는 경우를 포함한다)되어 있을 것 ③ 국토교통부장관은 신청인이 제2항에 따른 지정기준에 적합한 경우에는 별지 제60호서식의 항공전문의사 지정서를 신청인에게 발급하여야 한다. ④ 국토교통부장관은 제3항에 따라 항공전문의사를 지정한 경우에는 이를 공고하여야 한다. ⑤ 법 제49조에 따라 항공전문의사로 지정받으려는 사람과 항공전문의사로 지정받은 사람이 이수하여야 할 교육과목 및 교육시간은 다음 표와 같다. 〈개정 2020. 2. 28.〉

교육과목	교육시간	
	항공전문의사로 지정 받으려는 사람	항공전문의사로 지정 받은 사람
항공의학이론	10시간	6시간
항공의학실기	10시간	7시간
항공관련법령	4시간	3시간
정신계질환 판정 및 상담기법	4시간	3시간
계	28시간	19시간(매 3년)

항공안전법, 시행령	항공안전법 시행규칙
	⑥ 제5항에 따른 교육의 세부적인 운영방법 등에 관하여 필요한 사항은 국토교통부장관이 정하여 고시한다.
제50조(항공전문의사 지정의 취소 등) ① 국토교통부장관은 항공전문의사가 다음 각 호의 어느 하나에 해당하는 경우에는 그 지정을 취소하거나 1년 이내의 기간을 정하여 그 지정의 효력정지를 명할 수 있다. 다만 제1호, 제3호, 제4호 또는 제6호부터 제8호까지의 어느 하나에 해당하는 경우에는 그 지정을 취소하여야 한다. 1. 거짓이나 그 밖의 부정한 방법으로 항공전문의사로 지정받은 경우	**제106조(항공전문의사 지정의 취소 등)** ① 법 제50조 제1항 제2호에서 "항공신체검사증명서의 발급 등 국토교통부령으로 정한 업무"란 다음 각 호의 업무를 말한다. 1. 제93조 제2항에 따른 항공신체검사증명서의 발급 2. 제93조 제3항에 따른 항공신체검사증명서 발급대장의 작성・관리 3. 제93조 제4항에 따른 항공신체검사증명서 발급결과의 통지 4. 그 밖에 항공신체검사에 관한 업무로서 국토교통부장관이 정하여 고시하는 업무 ② 법 제50조 제1항에 따른 행정처분의 기준은 별표 14와 같다.

항공안전법, 시행령	항공안전법 시행규칙
2. 항공전문의사가 제40조에 따른 항공신체검사증명서의 발급 등 국토교통부령으로 정하는 업무를 게을리 수행한 경우 3. 이 조에 따른 항공전문의사 지정의 효력정지 기간에 제40조에 따른 항공신체검사증명에 관한 업무를 수행한 경우 4. 항공전문의사가 제49조 제2항에 따른 지정기준에 적합하지 아니하게 된 경우 5. 항공전문의사가 제49조 제3항에 따른 전문교육을 받지 아니한 경우 6. 항공전문의사가 고의 또는 중대한 과실로 항공신체검사증명서를 잘못 발급한 경우 7. 항공전문의사가 「의료법」 제65조 또는 제66조에 따라 자격이 취소 또는 정지된 경우 8. 본인이 지정 취소를 요청한 경우 ② 제1항에 따른 처분기준 및 처분절차 등은 국토교통부령으로 정한다.	③ 항공전문의사는 법 제50조 제1항 제8호에 따른 항공전문의사 지정 취소를 요청하려는 경우에는 별지 제60호의2서식의 항공전문의사 지정 취소 신청서를 작성하여 국토교통부장관에게 제출해야 한다. 〈신설 2020. 2. 28.〉 ④ 국토교통부장관은 법 제50조 제2항에 따라 항공전문의사의 지정을 취소하거나 지정의 효력정지를 명할 때에는 한국항공우주의학협회의 장에게 그 사실을 통지하여야 한다. 〈개정 2020. 2. 28.〉 ⑤ 국토교통부장관은 제3항에 따라 항공전문의사의 지정을 취소하거나 지정의 효력정지를 명할 때에는 이를 공고하여야 한다. 〈개정 2020. 2. 28.〉
제5장 항공기의 운항	
제51조(무선설비의 설치 · 운용 의무) 항공기를 운항하려는 자 또는 소유자등은 해당 항공기에 비상위치무선표지설비, 2차감시레이더용 트랜스폰더 등 국토교통부령으로 정하는 무선설비를 설치 · 운용하여야 한다.	**제107조(무선설비)** ① 법 제51조에 따라 항공기에 설치 · 운용하여야 하는 무선설비는 다음 각 호와 같다. 다만, 항공운송사업에 사용되는 항공기 외의 항공기가 계기비행방식 외의 방식(이하 "시계비행방식")에 의한 비행을 하는 경우에는 제3호부터 제6호까지의 무선설비를 설치 · 운용하지 아니할 수 있다. 〈개정 2019. 2. 26.〉 1. 비행 중 항공교통관제기관과 교신할 수 있는 초단파(VHF) 또는 극초단파(UHF)무선전화 송수신기 각 2대. 이 경우 비행기[국토교통부장관이 정하여 고시하는 기압고도계의 수정을 위한 고도(이하 "전이고도"라 한다) 미만의 고도에서 교신하려는 경우만 해당한다]와 헬리콥터의 운항승무원은 붐(Boom) 마이크로폰 또는 스롯(Throat) 마이크로폰을 사용하여 교신하여야 한다. 2. 기압고도에 관한 정보를 제공하는 2차감시 항공교통관제 레이더용 트랜스폰더(Mode 3/A 및 Mode C SSR transponder. 다만, 국외를 운항하는 항공운송사업용 항공기의 경우에는 Mode S transponder) 1대 3. 자동방향탐지기(ADF) 1대[무지향표지시설(NDB) 신호로만 계기접근절차가 구성되어 있는 공항에 운항하는 경우만 해당한다] 4. 계기착륙시설(ILS) 수신기 1대(최대이륙중량 5천 700킬로그램 미만의 항공기와 헬리콥터 및 무인항공기는 제외한다)

항공안전법, 시행령	항공안전법 시행규칙
	5. 전방향표지시설(VOR) 수신기 1대(무인항공기는 제외한다) 6. 거리측정시설(DME) 수신기 1대(무인항공기는 제외한다) 7. 다음 각 목의 구분에 따라 비행 중 뇌우 또는 잠재적인 위험 기상조건을 탐지할 수 있는 기상레이더 또는 악기상 탐지장비 가. 국제선 항공운송사업에 사용되는 비행기로서 여압장치가 장착된 비행기의 경우: 기상레이더 1대 나. 국제선 항공운송사업에 사용되는 헬리콥터의 경우: 기상레이더 또는 악기상 탐지장비 1대 다. 가목 외에 국외를 운항하는 비행기로서 여압장치가 장착된 비행기의 경우: 기상레이더 또는 악기상 탐지장비 1대 8. 다음 각 목의 구분에 따라 비상위치지시용 무선표지설비(ELT). 이 경우 비상위치지시용 무선표지설비의 신호는 121.5메가헤르츠(MHz) 및 406메가헤르츠(MHz)로 송신되어야 한다. 가. 2대를 설치하여야 하는 경우: 다음의 어느 하나에 해당하는 항공기. 이 경우 비상위치지시용 무선표지설비 2대 중 1대는 자동으로 작동되는 구조여야 하며, 2)의 경우 1대는 구명보트에 설치해야 한다. 1) 승객의 좌석 수가 19석을 초과하는 비행기(항공운송사업에 사용되는 비행기만 해당한다) 2) 비상착륙에 적합한 육지(착륙이 가능한 섬을 포함한다)로부터 순항속도로 10분의 비행거리 이상의 해상을 비행하는 제1종 및 제2종 헬리콥터, 회전날개에 의한 자동회전(autorotation)에 의하여 착륙할 수 있는 거리 또는 안전한 비상착륙(safe forced landing)을 할 수 있는 거리를 벗어난 해상을 비행하는 제3종 헬리콥터 나. 1대를 설치하여야 하는 경우: 가목에 해당하지 아니하는 항공기. 이 경우 비상위치지시용 무선표지설비는 자동으로 작동되는 구조여야 한다. ② 제1항 제1호에 따른 무선설비는 다음 각 호의 성능이 있어야 한다. 1. 비행장 또는 헬기장에서 관제를 목적으로 한 양방향통신이 가능할 것 2. 비행 중 계속하여 기상정보를 수신할 수 있을 것 3. 운항 중 「전파법 시행령」 제29조 제1항 제7호 및 제11호에 따른 항공기국과 항공국 간 또는 항공국과 항공기국 간 양방향통신이 가능할 것 4. 항공비상주파수(121.5MHz 또는 243.0MHz)를 사용하여 항공교통관제기관과 통신이 가능할 것

항공안전법, 시행령	항공안전법 시행규칙
	5. 제1항 제1호에 따른 무선전화 송수신기 각 2대 중 각 1대가 고장이 나더라도 나머지 각 1대는 고장이 나지 아니하도록 각각 독립적으로 설치할 것 ③ 제1항 제2호에 따라 항공운송사업용 비행기에 장착해야 하는 기압고도에 관한 정보를 제공하는 트랜스폰더는 다음 각 호의 성능이 있어야 한다. 1. 고도 7.62미터(25피트) 이하의 간격으로 기압고도정보(pressure altitude information)를 관할 항공교통관제기관에 제공할 수 있을 것 2. 해당 비행기의 위치(공중 또는 지상)에 대한 정보를 제공할 수 있을 것[해당 비행기에 비행기의 위치(공중 또는 지상 : airborne/on-the-ground status)를 자동으로 감지하는 장치(automatic means of detecting)가 장착된 경우만 해당한다] ④ 제1항에 따른 무선설비의 운용요령 등에 관하여 필요한 사항은 국토교통부장관이 정하여 고시한다.
제52조(항공계기 등의 설치 · 탑재 및 운용 등) ① 항공기를 운항하려는 자 또는 소유자등은 해당 항공기에 항공기 안전운항을 위하여 필요한 항공계기(航空計器), 장비, 서류, 구급용구 등(이하 "항공계기등")을 설치하거나 탑재하여 운용하여야 한다. 이 경우 최대이륙중량이 600킬로그램 초과 5천700킬로그램 이하인 비행기에는 사고예방 및 안전운항에 필요한 장비를 추가로 설치할 수 있다. 〈개정 2017. 1. 17.〉 ② 제1항에 따라 항공계기등을 설치하거나 탑재하여야 할 항공기, 항공계기등의 종류, 설치 · 탑재기준 및 그 운용방법 등에 필요한 사항은 국토교통부령으로 정한다.	**제108조(항공일지)** ① 법 제52조 제2항에 따라 항공기를 운항하려는 자 또는 소유자등은 탑재용 항공일지, 지상 비치용 발동기 항공일지 및 지상 비치용 프로펠러 항공일지를 갖추어 두어야 한다. 다만, 활공기의 소유자등은 활공기용 항공일지를, 법 제102조 각 호의 어느 하나에 해당하는 항공기의 소유자등은 탑재용 항공일지를 갖춰 두어야 한다. ② 항공기의 소유자등은 항공기를 항공에 사용하거나 개조 또는 정비한 경우에는 지체 없이 다음 각 호의 구분에 따라 항공일지에 적어야 한다. 1. 탑재용 항공일지(법 제102조 각 호의 어느 하나에 해당하는 항공기는 제외한다) 가. 항공기의 등록부호 및 등록 연월일 나. 항공기의 종류 · 형식 및 형식증명번호 다. 감항분류 및 감항증명번호 라. 항공기의 제작자 · 제작번호 및 제작 연월일 마. 발동기 및 프로펠러의 형식 바. 비행에 관한 다음의 기록 1) 비행연월일 2) 승무원의 성명 및 업무 3) 비행목적 또는 편명 4) 출발지 및 출발시각 5) 도착지 및 도착시각 6) 비행시간 7) 항공기의 비행안전에 영향을 미치는 사항 8) 기장의 서명 사. 제작 후의 총 비행시간과 오버홀을 한 항공기의 경우 최근의 오버홀 후의 총 비행시간

항공안전법 시행규칙

아. 발동기 및 프로펠러의 장비교환에 관한 다음의 기록
1) 장비교환의 연월일 및 장소
2) 발동기 및 프로펠러의 부품번호 및 제작일련번호
3) 장비가 교환된 위치 및 이유

자. 수리·개조 또는 정비의 실시에 관한 다음의 기록
1) 실시 연월일 및 장소
2) 실시 이유, 수리·개조 또는 정비의 위치 및 교환 부품명
3) 확인 연월일 및 확인자의 서명 또는 날인

2. 탑재용 항공일지(법 제102조 각 호의 어느 하나에 해당하는 항공기만 해당한다)

가. 항공기의 등록부호·등록증번호 및 등록 연월일

나. 비행에 관한 다음의 기록
1) 비행연월일
2) 승무원의 성명 및 업무
3) 비행목적 또는 항공기 편명
4) 출발지 및 출발시각
5) 도착지 및 도착시각
6) 비행시간
7) 항공기의 비행안전에 영향을 미치는 사항
8) 기장의 서명

3. 지상 비치용 발동기 항공일지 및 지상 비치용 프로펠러 항공일지

가. 발동기 또는 프로펠러의 형식

나. 발동기 또는 프로펠러의 제작자·제작번호 및 제작 연월일

다. 발동기 또는 프로펠러의 장비교환에 관한 다음의 기록
1) 장비교환의 연월일 및 장소
2) 장비가 교환된 항공기의 형식·등록부호 및 등록증번호
3) 장비교환 이유

라. 발동기 또는 프로펠러의 수리·개조 또는 정비의 실시에 관한 다음의 기록
1) 실시 연월일 및 장소
2) 실시 이유, 수리·개조 또는 정비의 위치 및 교환 부품명
3) 확인 연월일 및 확인자의 서명 또는 날인

마. 발동기 또는 프로펠러의 사용에 관한 다음의 기록
1) 사용 연월일 및 시간
2) 제작 후의 총 사용시간 및 최근의 오버홀 후의 총 사용시간

4. 활공기용 항공일지

가. 활공기의 등록부호·등록증번호 및 등록 연월일

나. 활공기의 형식 및 형식증명번호

다. 감항분류 및 감항증명번호

라. 활공기의 제작자·제작번호 및 제작 연월일

마. 비행에 관한 다음의 기록
1) 비행 연월일
2) 승무원의 성명
3) 비행목적

항공안전법 시행규칙

4) 비행 구간 또는 장소
5) 비행시간 또는 이·착륙횟수
6) 활공기의 비행안전에 영향을 미치는 사항
7) 기장의 서명

바. 수리·개조 또는 정비의 실시에 관한 다음의 기록
1) 실시 연월일 및 장소
2) 실시 이유, 수리·개조 또는 정비의 위치 및 교환부품명
3) 확인 연월일 및 확인자의 서명 또는 날인

제109조(사고예방장치 등) ① 법 제52조 제2항에 따라 사고예방 및 사고조사를 위하여 항공기에 갖추어야 할 장치는 다음 각 호와 같다. 다만, 국제항공노선을 운항하지 아니하는 헬리콥터의 경우에는 제2호 및 제3호의 장치를 갖추지 아니할 수 있다.

1. 다음 각 목의 어느 하나에 해당하는 비행기에는 「국제민간항공협약」 부속서 10에서 정한 바에 따라 운용되는 공중충돌경고장치(Airborne Collision Avoidance System, ACAS Ⅱ) 1기 이상
가. 항공운송사업에 사용되는 모든 비행기. 다만, 소형항공운송사업에 사용되는 최대이륙중량이 5천 700킬로그램 이하인 비행기로서 그 비행기에 적합한 공중충돌경고장치가 개발되지 아니하거나 공중충돌경고장치를 장착하기 위하여 필요한 비행기 개조 등의 기술이 그 비행기의 제작자 등에 의하여 개발되지 아니한 경우에는 공중충돌경고장치를 갖추지 아니 할 수 있다.
나. 2007년 1월 1일 이후에 최초로 감항증명을 받는 비행기로서 최대이륙중량이 1만5천킬로그램을 초과하거나 승객 30명을 초과하여 수송할 수 있는 터빈발동기를 장착한 항공운송사업 외의 용도로 사용되는 모든 비행기
다. 2008년 1월 1일 이후에 최초로 감항증명을 받는 비행기로서 최대이륙중량이 5,700킬로그램을 초과하거나 승객 19명을 초과하여 수송할 수 있는 터빈발동기를 장착한 항공운송사업 외의 용도로 사용되는 모든 비행기

2. 다음 각 목의 어느 하나에 해당하는 비행기 및 헬리콥터에는 그 비행기 및 헬리콥터가 지표면에 근접하여 잠재적인 위험상태에 있을 경우 적시에 명확한 경고를 운항승무원에게 자동으로 제공하고 전방의 지형지물을 회피할 수 있는 기능을 가진 지상접근경고장치(Ground Proximity Warning System) 1기 이상
가. 최대이륙중량이 5,700킬로그램을 초과하거나 승객 9명을 초과하여 수송할 수 있는 터빈발동기를 장착한 비행기
나. 최대이륙중량이 5,700킬로그램 이하이고 승객 5명 초과 9명 이하를 수송할 수 있는 터빈발동기를 장착한 비행기
다. 최대이륙중량이 5,700킬로그램을 초과하거나 승객 9명을 초과하여 수송할 수 있는 왕복발동기를 장착한 모든 비행기
라. 최대이륙중량이 3,175킬로그램을 초과하거나 승객 9명을 초과하여 수송할 수 있는 헬리콥터로서 계기비행방식에 따라 운항하는 헬리콥터

3. 다음 각 목의 어느 하나에 해당하는 항공기에는 비행자료 및 조종실 내 음성을 디지털 방식으로 기록할 수 있는 비행기록장치 각 1기 이상
가. 항공운송사업에 사용되는 터빈발동기를 장착한 비행기. 이 경우 비행기록장치에는 25시간 이상 비행자료를 기록하고, 2시간 이상 조종실 내 음성을 기록할 수 있는 성능이 있어야 한다.
나. 승객 5명을 초과하여 수송할 수 있고 최대이륙중량이 5,700킬로그램을 초과하는 비행기 중에서 항공운송사업 외의 용도로 사용되는 터빈발동기를 장착한 비행기. 이 경우 비행기록장치에는 25시간 이상 비행자료를 기록하고, 2시간 이상 조종실 내 음성을 기록할 수 있는 성능이 있어야 한다.
다. 1989년 1월 1일 이후에 제작된 헬리콥터로서 최대이륙중량이 3천 180킬로그램을 초과하는 헬리콥터. 이 경우 비행기록장치에는 10시간 이상 비행자료를 기록하고, 2시간 이상 조종실 내 음성을 기록할 수 있는 성능이 있어야 한다.
라. 그 밖에 항공기의 최대이륙중량 및 제작 시기 등을 고려하여 국토교통부장관이 필요하다고 인정하여 고시하는 항공기

항공안전법 시행규칙

4. 최대이륙중량이 5,700킬로그램을 초과하거나 승객 9명을 초과하여 수송할 수 있는 터빈발동기(터보프롭발동기는 제외한다)를 장착한 항공운송사업에 사용되는 비행기에는 전방돌풍경고장치 1기 이상. 이 경우 돌풍경고장치는 조종사에게 비행기 전방의 돌풍을 시각 및 청각적으로 경고하고, 필요한 경우에는 실패접근(missed approach), 복행(go-around) 및 회피기동(escape manoeuvre)을 할 수 있는 정보를 제공하는 것이어야 하며, 항공기가 착륙하기 위하여 자동착륙장치를 사용하여 활주로에 접근할 때 전방의 돌풍으로 인하여 자동착륙장치가 그 운용한계에 도달하고 있는 경우에는 조종사에게 이를 알릴 수 있는 기능을 가진 것이어야 한다.
5. 최대이륙중량 2만 7천킬로그램을 초과하고 승객 19명을 초과하여 수송할 수 있는 항공운송사업에 사용되는 비행기로서 15분 이상 해당 항공교통관제기관의 감시가 곤란한 지역을 비행하는 하는 경우 위치추적 장치 1기 이상

② 제1항 제2호에 따른 지상접근경고장치는 다음 각 호의 구분에 따라 경고를 제공할 수 있는 성능이 있어야 한다.

1. 제1항 제2호 가목에 해당하는 비행기의 경우에는 다음 각 목의 경우에 대한 경고를 제공할 수 있을 것
   가. 과도한 강하율이 발생하는 경우
   나. 지형지물에 대한 과도한 접근율이 발생하는 경우
   다. 이륙 또는 복행 후 과도한 고도의 손실이 있는 경우
   라. 비행기가 다음의 착륙형태를 갖추지 아니한 상태에서 지형지물과의 안전거리를 유지하지 못하는 경우
      1) 착륙바퀴가 착륙위치로 고정
      2) 플랩의 착륙위치
   마. 계기활공로 아래로의 과도한 강하가 이루어진 경우
2. 제1항 제2호 나목 및 다목에 해당하는 비행기와 제1항 제2호 라목에 해당하는 헬리콥터의 경우에는 다음 각 목의 경우에 대한 경고를 제공할 수 있을 것
   가. 과도한 강하율이 발생되는 경우
   나. 이륙 또는 복행 후에 과도한 고도의 손실이 있는 경우
   다. 지형지물과의 안전거리를 유지하지 못하는 경우

③ 제1항 제2호에 따른 지상접근경고장치를 이용하는 항공기를 운영하려는 자 또는 소유자등은 지상접근경고장치의 지형지물 정보 현행성 유지를 위한 데이터베이스 관리절차를 수립·시행해야 한다. 〈신설 2020. 12. 10.〉

④ 제1항 제3호에 따른 비행기록장치의 종류, 성능, 기록하여야 하는 자료, 운영방법, 그 밖에 필요한 사항은 법 제77조에 따라 고시하는 운항기술기준에서 정한다. 〈개정 2020. 12. 10.〉

⑤ 제1항 제3호에도 불구하고 다음 각 호의 어느 하나에 해당하는 경우에는 비행기록장치를 장착하지 아니할 수 있다. 〈개정 2020. 12. 10.〉

1. 제3항에 따른 운항기술기준에 적합한 비행기록장치가 개발되지 아니하거나 생산되지 아니하는 경우
2. 해당 항공기에 비행기록장치를 장착하기 위하여 필요한 항공기 개조 등의 기술이 그 항공기의 제작사 등에 의하여 개발되지 아니한 경우

제110조(구급용구 등) 법 제52조 제2항에 따라 항공기의 소유자등이 항공기(무인항공기는 제외한다)에 갖추어야 할 구명동의, 음성신호발생기, 구명보트, 불꽃조난신호장비, 휴대용 소화기, 도끼, 메가폰, 구급의료용품 등은 별표 15와 같다.

제111조(승객 및 승무원의 좌석 등) ① 법 제52조 제2항에 따라 항공기(무인항공기는 제외한다)에는 2세 이상의 승객과 모든 승무원을 위한 안전띠가 달린 좌석(침대좌석을 포함한다)을 장착해야 한다. 〈개정 2019. 2. 26.〉

② 항공운송사업에 사용되는 항공기의 모든 승무원의 좌석에는 안전띠 외에 어깨끈을 장착해야 한다. 이 경우 운항승무원의 좌석에 장착하는 어깨끈은 급감속시 상체를 자동적으로 제어하는 것이어야 한다. 〈개정 2019. 2. 26.〉

제112조(낙하산의 장비) 법 제52조 제2항에 따라 다음 각 호의 어느 하나에 해당하는 항공기에는 항공기에 타고 있는 모든 사람이 사용할 수 있는 수의 낙하산을 갖춰 두어야 한다.

1. 법 제23조 제3항 제2호에 따른 특별감항증명을 받은 항공기(제작 후 최초로 시험비행을 하는 항공기 또는 국토교통부장관이 지정하는 항공기만 해당한다)
2. 법 제68조 각 호 외의 부분 단서에 따라 같은 조 제4호에 따른 곡예비행을 하는 항공기(헬리콥터는 제외한다)

항공안전법 시행규칙

제113조(항공기에 탑재하는 서류) 법 제52조 제2항에 따라 항공기(활공기 및 법 제23조 제3항 제2호에 따른 특별감항증명을 받은 항공기는 제외한다)에는 다음 각 호의 서류를 탑재하여야 한다. 〈개정 2020. 11. 2.〉

1. 항공기등록증명서
2. 감항증명서
3. 탑재용 항공일지
4. 운용한계 지정서 및 비행교범
5. 운항규정(별표 32에 따른 교범 중 훈련교범 · 위험물교범 · 사고절차교범 · 보안업무교범 · 항공기 탑재 및 처리 교범은 제외한다)
6. 항공운송사업의 운항증명서 사본(항공당국의 확인을 받은 것을 말한다) 및 운영기준 사본(국제운송사업에 사용되는 항공기의 경우에는 영문으로 된 것을 포함한다)
7. 소음기준적합증명서
8. 각 운항승무원의 유효한 자격증명서(법 제34조에 따라 자격증명을 받은 사람이 국내에서 항공업무를 수행하는 경우에는 전자문서로 된 자격증명서를 포함한다. 이하 제219조 각 호에서 같다) 및 조종사의 비행기록에 관한 자료
9. 무선국 허가증명서(radio station license)
10. 탑승한 여객의 성명, 탑승지 및 목적지가 표시된 명부(passenger manifest)(항공운송사업용 항공기만 해당한다)
11. 해당 항공운송사업자가 발행하는 수송화물의 화물목록(cargo manifest)과 화물 운송장에 명시되어 있는 세부 화물신고서류(detailed declarations of the cargo)(항공운송사업용 항공기만 해당한다)
12. 해당 국가의 항공당국 간에 체결한 항공기 등의 감독 의무에 관한 이전협정서 사본(법 제5조에 따른 임대차 항공기의 경우만 해당한다)
13. 비행 전 및 각 비행단계에서 운항승무원이 사용해야 할 점검표
14. 그 밖에 국토교통부장관이 정하여 고시하는 서류

제114조(산소 저장 및 분배장치 등) ① 법 제52조 제2항에 따라 고고도(高高度) 비행을 하는 항공기(무인항공기는 제외한다. 이하 이 조에서 같다)는 다음 각 호의 구분에 따른 호흡용 산소의 양을 저장하고 분배할 수 있는 장치를 장착하여야 한다.

1. 여압장치가 없는 항공기가 기내의 대기압이 700헥토파스칼(hPa) 미만인 비행고도에서 비행하려는 경우에는 다음 각 목에서 정하는 양
   가. 기내의 대기압이 700헥토파스칼(hPa) 미만 620헥토파스칼(hPa) 이상인 비행고도에서 30분을 초과하여 비행하는 경우에는 승객의 10퍼센트와 승무원 전원이 그 초과되는 비행시간 동안 필요로 하는 양
   나. 기내의 대기압이 620헥토파스칼(hPa) 미만인 비행고도에서 비행하는 경우에는 승객 전원과 승무원 전원이 해당 비행시간 동안 필요로 하는 양
2. 기내의 대기압을 700헥토파스칼(hPa) 이상으로 유지시켜 줄 수 있는 여압장치가 있는 모든 비행기와 항공운송사업에 사용되는 헬리콥터의 경우에는 다음 각 목에서 정하는 양
   가. 기내의 대기압이 700헥토파스칼(hPa) 미만인 동안 승객 전원과 승무원 전원이 비행고도 등 비행환경에 따라 적합하게 필요로 하는 양
   나. 기내의 대기압이 376헥토파스칼(hPa) 미만인 비행고도에서 비행하거나 376헥토파스칼(hPa) 이상인 비행고도에서 620헥토파스칼(hPa)인 비행고도까지 4분 이내에 강하할 수 없는 경우에는 승객 전원과 승무원 전원이 최소한 10분 이상 사용할 수 있는 양

② 여압장치가 있는 비행기로서 기내의 대기압이 376헥토파스칼(hPa) 미만인 비행고도로 비행하려는 비행기에는 기내의 압력이 떨어질 경우 운항승무원에게 이를 경고할 수 있는 기압저하경보장치 1기를 장착하여야 한다.

항공안전법 시행규칙

③ 항공운송사업에 사용되는 항공기로서 기내의 대기압이 376헥토파스칼(hPa) 미만인 비행고도로 비행하거나 376헥토파스칼(hPa) 이상인 비행고도에서 620헥토파스칼(hPa)의 비행고도까지 4분 이내에 안전하게 강하할 수 없는 경우에는 승객 및 객실승무원 좌석 수를 더한 수보다 최소한 10퍼센트를 초과하는 수의 자동으로 작동되는 산소분배장치를 장착하여야 한다.

④ 여압장치가 있는 비행기로서 기내의 대기압이 376헥토파스칼(hPa) 미만인 비행고도에서 비행하려는 비행기의 경우 운항승무원의 산소마스크는 운항승무원이 산소의 사용이 필요할 때에 비행임무를 수행하는 좌석에서 즉시 사용할 수 있는 형태여야 한다.

⑤ 비행 중인 비행기의 안전운항을 위하여 조종업무를 수행하고 있는 모든 운항승무원은 제1항에 따른 산소 공급이 요구되는 상황에서는 언제든지 산소를 계속 사용할 수 있어야 한다.

⑥ 제1항에 따라 항공기에 장착하여야 할 호흡용산소의 저장·분배장치에 대한 비행고도별 세부 장착요건 및 산소의 양, 그밖에 필요한 사항은 국토교통부장관이 정하여 고시한다.

제115조(헬리콥터 기체진동 감시 시스템 장착) 최대이륙중량이 3천 175킬로그램을 초과하거나 승객 9명을 초과하여 수송할 수 있는 국제항공노선을 운항하는 항공운송사업에 사용되는 헬리콥터는 법 제52조 제1항에 따라 기체에서 발생하는 진동을 감시할 수 있는 시스템(vibration health monitoring system)을 장착해야 한다.

제116조(방사선투사량계기) ① 법 제52조 제2항에 따라 항공운송사업용 항공기 또는 국외를 운항하는 비행기가 평균해면으로부터 1만 5천미터(4만9천피트)를 초과하는 고도로 운항하려는 경우에는 방사선투사량계기(Radiation Indicator) 1기를 갖추어야 한다.

② 제1항에 따른 방사선투사량계기는 투사된 총 우주방사선의 비율과 비행 시마다 누적된 양을 계속적으로 측정하고 이를 나타낼 수 있어야 하며, 운항승무원이 측정된 수치를 쉽게 볼 수 있어야 한다.

제117조(항공계기장치 등) ① 법 제52조 제2항에 따라 시계비행방식 또는 계기비행방식(계기비행 및 항공교통관제 지시하에 시계비행방식으로 비행을 하는 경우를 포함한다)에 의한 비행을 하는 항공기에 갖추어야 할 항공계기 등의 기준은 별표 16과 같다.

② 야간에 비행을 하려는 항공기에는 별표 16에 따라 계기비행방식으로 비행할 때 갖추어야 하는 항공계기 등 외에 추가로 다음 각 호의 조명설비를 갖추어야 한다. 다만, 제1호 및 제2호의 조명설비는 주간에 비행을 하려는 항공기에도 갖추어야 한다.

1. 항공운송사업에 사용되는 항공기에는 2기 이상, 그 밖의 항공기에는 1기 이상의 착륙등. 다만, 헬리콥터의 경우 최소한 1기의 착륙등은 수직면으로 방향전환이 가능한 것이어야 한다.
2. 충돌방지등 1기
3. 항공기의 위치를 나타내는 우현등, 좌현등 및 미등
4. 운항승무원이 항공기의 안전운항을 위하여 사용하는 필수적인 항공계기 및 장치를 쉽게 식별할 수 있도록 해주는 조명설비
5. 객실조명설비
6. 운항승무원 및 객실승무원이 각 근무위치에서 사용할 수 있는 손전등(flashlight)

③ 마하 수(Mach number) 단위로 속도제한을 나타내는 항공기에는 마하 수 지시계(Mach number Indicator)를 장착하여야 한다. 다만, 마하 수 환산이 가능한 속도계를 장착한 항공기의 경우에는 그러하지 아니하다.

④ 제2항 제1호에도 불구하고 소형항공운송사업에 사용되는 항공기로서 해당 항공기에 착륙등을 추가로 장착하기 위한 기술이 그 항공기 제작자 등에 의해 개발되지 아니한 경우에는 1기의 착륙등을 갖추고 비행할 수 있다.

제118조(제빙·방빙장치) 법 제52조 제2항에 따라 결빙이 있거나 결빙이 예상되는 지역으로 운항하려는 항공기에는 결빙을 제거할 수 있는 제빙(De-icing)장치 또는 결빙을 방지할 수 있는 방빙(Anti-icing)장치를 갖추어야 한다.

항공안전법, 시행령	항공안전법 시행규칙
제53조(항공기의 연료) 항공기를 운항하려는 자 또는 소유자등은 항공기에 국토교통부령으로 정하는 양의 연료를 싣지 아니하고 항공기를 운항해서는 아니 된다.	제119조(항공기의 연료와 오일) 법 제53조에 따라 항공기에 실어야 하는 연료와 오일의 양은 별표 17과 같다.
제54조(항공기의 등불) 항공기를 운항하거나 야간(해가 진 뒤부터 해가 뜨기 전까지를 말한다. 이하 같다)에 비행장에 주기(駐機) 또는 정박(碇泊)시키는 사람은 국토교통부령으로 정하는 바에 따라 등불로 항공기의 위치를 나타내야 한다.	제120조(항공기의 등불) ① 법 제54조에 따라 항공기가 야간에 공중·지상 또는 수상을 항행하는 경우와 비행장의 이동지역 안에서 이동하거나 엔진이 작동 중인 경우에는 우현등, 좌현등 및 미등(이하 "항행등"이라 한다)과 충돌방지등에 의하여 그 항공기의 위치를 나타내야 한다. ② 법 제54조에 따라 항공기를 야간에 사용되는 비행장에 주기(駐機) 또는 정박시키는 경우에는 해당 항공기의 항행등을 이용하여 항공기의 위치를 나타내야 한다. 다만, 비행장에 항공기를 조명하는 시설이 있는 경우에는 그러하지 아니하다. ③ 항공기는 제1항 및 제2항에 따라 위치를 나타내는 항행등으로 잘못 인식될 수 있는 다른 등불을 켜서는 아니 된다. ④ 조종사는 섬광등이 업무를 수행하는 데 장애를 주거나 외부에 있는 사람에게 눈부심을 주어 위험을 유발할 수 있는 경우에는 섬광등을 끄거나 빛의 강도를 줄여야 한다.
제55조(운항승무원의 비행경험) 다음 각 호의 어느 하나에 해당하는 항공기를 운항하려고 하거나 계기비행·야간비행 또는 제44조 제2항에 따른 조종교육 업무에 종사하려는 운항승무원은 국토교통부령으로 정하는 비행경험(모의비행장치를 이용하여 얻은 비행경험을 포함한다)이 있어야 한다. 1. 항공운송사업 또는 항공기사용사업에 사용되는 항공기 2. 항공기 중량, 승객 좌석 수 등 국토교통부령으로 정하는 기준에 해당하는 항공기로서 국외 운항에 사용되는 항공기(이하 "국외운항항공기"라 한다)	제121조(조종사의 최근의 비행경험) ① 법 제55조에 따라 다음 각 호의 어느 하나에 해당하는 조종사는 해당 항공기를 조종하고자 하는 날부터 기산하여 그 이전 90일까지의 사이에 조종하려는 항공기와 같은 형식의 항공기에 탑승하여 이륙 및 착륙을 각각 3회 이상 행한 비행경험이 있어야 한다. 1. 항공운송사업 또는 항공기사용사업에 사용되는 항공기를 조종하려는 조종사 2. 제126조 각 호의 어느 하나에 해당하는 항공기를 소유하거나 운용하는 법인 또는 단체에 고용된 조종사. 다만, 기장 외의 조종사는 이륙 또는 착륙 중 항공기를 조종하고자 하는 경우에만 해당한다. ② 제1항에 따른 조종사가 야간에 운항업무에 종사하고자 하는 경우에는 제1항의 비행경험 중 적어도 야간에 1회의 이륙 및 착륙을 행한 비행경험이 있어야 한다. 다만, 교육훈련, 기종운영의 특성 등으로 국토교통부장관의 인가를 받은 조종사에 대해서는 그러하지 아니하다. ③ 제1항 또는 제2항의 비행경험을 산정하는 경우 제91조 제2항에 따라 지방항공청장의 지정을 받은 모의비행장치를 조작한 경험은 제1항 또는 제2항의 비행경험으로 본다.

항공안전법, 시행령	항공안전법 시행규칙
	제122조(항공기관사의 최근의 비행경험) ① 법 제55조에 따라 항공운송사업 또는 항공기사용사업에 사용되는 항공기의 운항업무에 종사하려는 항공기관사는 종사하려는 날부터 기산하여 그 이전 6개월까지의 사이에 항공운송사업 또는 항공기사용사업에 사용되는 해당 항공기와 같은 형식의 항공기에 승무하여 50시간 이상 비행한 경험이 있어야 한다. ② 제1항의 비행경험을 산정하는 경우 제91조 제2항에 따라 지방항공청장의 지정을 받은 모의비행장치를 조작한 경험은 25시간을 초과하지 아니하는 범위에서 제1항의 비행경험으로 본다. ③ 제1항에도 불구하고 국토교통부장관이 제1항의 비행경험과 같은 수준 이상의 경험이 있다고 인정하는 항공기관사는 항공기의 운항업무에 종사할 수 있다. **제123조(항공사의 비행경험)** ① 법 제55조에 따라 항공운송사업 또는 항공기사용사업에 사용되는 항공기의 운항업무에 종사하려는 항공사는 종사하려는 날부터 계산하여 그 이전 1년까지의 사이에 50시간(국내항공운송사업 또는 항공기사용사업에 사용되는 항공기 운항에 종사하려는 경우에는 25시간) 이상 항공기 운항업무에 종사한 비행경험이 있어야 한다. ② 제1항의 비행경험을 산정하는 경우 제91조 제2항에 따라 지방항공청장의 지정을 받은 모의비행장치를 조작한 경험은 제1항의 비행경험으로 본다. ③ 제1항에도 불구하고 국토교통부장관이 제1항의 비행경험과 같은 수준 이상의 경험이 있다고 인정하는 항공사는 항공기의 운항업무에 종사할 수 있다. **제124조(계기비행의 경험)** ① 법 제55조에 따라 계기비행을 하려는 조종사는 계기비행을 하려는 날부터 계산하여 그 이전 6개월까지의 사이에 6회 이상의 계기접근과 6시간 이상의 계기비행(모의계기비행을 포함한다)을 한 경험이 있어야 한다. ② 제1항의 비행경험을 산정하는 경우 제91조 제2항에 따라 지방항공청장의 지정을 받은 모의비행장치를 조작한 경험은 제1항의 비행경험으로 본다. ③ 제1항에도 불구하고 국토교통부장관이 제1항의 비행경험과 같은 수준 이상의 비행경험이 있다고 인정하는 조종사는 계기비행업무에 종사할 수 있다. **제125조(조종교육 비행경험)** ① 법 제55조에 따라 법 제44조 제2항의 조종교육업무에 종사하려는 조종사는 조종교육을 하려는 날부터 계산하여 그 이전 1년까지의 사이에 10시간 이상의 조종교육을 한 경험이 있어야 한다. 다만, 조종교육증명을 최초로 취득한 조종사에 대해서는 그 조종교육증명을 취득한 날부터 1년까지는 그러하지 아니하다.

항공안전법, 시행령	항공안전법 시행규칙
	② 조종교육업무에 종사하려는 조종사가 조종교육업무에 사용할 항공기에 제1항 본문에 따른 경험을 갖춘 자와 동승하여 야간에 1회 이상의 이륙 및 착륙을 포함한 10시간 이상의 비행을 한 경우에는 제1항 본문에 따른 조종교육을 한 경험으로 본다. **제126조(국외운항항공기의 기준)** 법 제55조 제2호에서 "항공기 중량, 승객 좌석 수 등 국토교통부령으로 정하는 기준에 해당하는 항공기"란 다음 각 호의 어느 하나에 해당하는 항공기를 말한다. 1. 최대이륙중량이 5천700킬로그램을 초과하는 비행기 2. 1개 이상의 터빈발동기(터보제트발동기 또는 터보팬발동기를 말한다)를 장착한 비행기 3. 승객 좌석 수가 9석을 초과하는 비행기 4. 3대 이상의 항공기를 운용하는 법인 또는 단체의 항공기
제56조(승무원 등의 피로관리) ① 항공운송사업자, 항공기사용사업자 또는 국외운항항공기 소유자등은 다음 각 호의 어느 하나 이상의 방법으로 소속 운항승무원 및 객실승무원(이하 "승무원"이라 한다)과 운항관리사의 피로를 관리하여야 한다. 〈개정 2020. 12. 8.〉 1. 국토교통부령으로 정하는 승무원의 승무시간, 비행근무시간, 근무시간 등(이하 이 조에서 "승무시간등"이라 한다) 또는 운항관리사의 근무시간의 제한기준을 따르는 방법 2. 피로위험관리시스템을 마련하여 운용하는 방법 ② 항공운송사업자, 항공기사용사업자 또는 국외운항항공기 소유자등이 피로위험관리시스템을 마련하여 운용하려는 경우에는 국토교통부령으로 정하는 바에 따라 국토교통부장관의 승인을 받아 운용하여야 한다. 승인 받은 사항 중 국토교통부령으로 정하는 중요사항을 변경하는 경우에도 또한 같다. ③ 항공운송사업자, 항공기사용사업자 또는 국외운항항공기 소유자등은 제1항 제1호에 따라 승무원 또는 운항관리사의 피로를 관리하는 경우에는 승무원의 승무시간등 또는 운항관리사의 근무시간에 대한 기록을 15개월 이상 보관하여야 한다. 〈개정 2020. 12. 8.〉 [제목개정 2020. 12. 8.]	**제127조(운항승무원의 승무시간 등의 기준 등)** ① 법 제56조 제1항 제1호에 따른 운항승무원의 승무시간, 비행근무시간, 근무시간 등(이하 "승무시간등"이라 한다)의 기준은 별표 18과 같다. 다만, 천재지변, 기상악화, 항공기 고장 등 항공기 소유자등이 사전에 예측할 수 없는 상황이 발생한 경우 승무시간 등의 기준은 국토교통부장관이 정하여 고시할 수 있다. ② 항공운송사업자 및 항공기사용사업자는 제1항에 따른 기준의 범위에서 운항승무원이 피로로 인하여 항공기의 안전운항을 저해하지 아니하도록 세부적인 기준을 운항규정에 정하여야 한다. **제128조(객실승무원의 승무시간 기준 등)** ① 항공운송사업자는 법 제56조 제1항 제1호에 따라 객실승무원이 비행피로로 인하여 항공기 안전운항에 지장을 초래하지 아니하도록 월간, 3개월간 및 연간 단위의 승무시간 기준을 운항규정에 정하여야 한다. 이 경우 연간 승무시간은 1천 200시간을 초과해서는 아니 된다. ② 제1항에 따른 승무를 위하여 해당 형식의 항공기에 탑승하여 임무를 수행하는 객실승무원의 수에 따른 연속되는 24시간 동안의 비행근무시간 기준과 비행근무 후의 지상에서의 최소 휴식시간 기준은 별표 19와 같다. 다만, 천재지변, 기상악화, 항공기 고장 등 항공기 소유자등이 사전에 예측할 수 없는 상황이 발생한 경우 비행근무시간 등의 기준은 국토교통부장관이 정하여 고시할 수 있다. **제128조의2(승무원 피로위험관리시스템의 승인 등)** ① 법 제56조 제2항에 따라 피로위험관리시스템을 승인받으려는 자는 별지 제60호의3서식의 피로위험관리시스템 승인신청서에 다음 각 호의 서류를 첨부하여 국토교통부장관에게 제출해야 한다.

항공안전법, 시행령	항공안전법 시행규칙
	1. 피로위험관리시스템 매뉴얼 2. 피로위험관리시스템 이행계획서 ② 제1항에 따라 신청서를 받은 국토교통부장관은 해당 피로위험관리시스템이 다음 각 호의 기준을 모두 갖추고 있는 경우에는 별지 제60호의4서식의 피로위험관리시스템 승인서를 발급해야 한다. 1. 피로위험관리시스템에 다음 각 목의 사항이 모두 포함되어 있을 것 가. 피로위험관리 정책에 관한 사항 나. 피로위험관리 조직에 관한 사항 다. 피로위험관리시스템 운용절차에 관한 다음의 사항 1) 피로위험관리시스템에 적용하는 승무시간 등의 제한기준에 관한 사항 2) 피로위험도 관리에 관한 사항 3) 안전성과 관리에 관한 사항 4) 피로관련 보고제도에 관한 사항 5) 피로관련 승무원의 교육훈련에 관한 사항 6) 피로관련 기록유지에 관한 사항 라. 그 밖에 피로위험관리시스템 운용에 필요하다고 인정하여 국토부장관이 고시하는 사항 2. 법 제58조 제2항에 따른 항공안전관리시스템과 연계되어 있을 것 3. 제127조 제1항 및 제128조 제1항에 따른 승무시간 등의 기준의 준수에 따른 피로관리 이상으로 피로가 관리될 수 있을 것 ③ 법 제56조 제2항 후단에서 "국토교통부령으로 정하는 중요한 사항"이란 다음 각 호의 사항을 말한다. 1. 피로위험관리시스템에서 적용되는 승무시간 등의 제한기준에 관한 사항 2. 피로관련 위험도 관리에 관한 사항 3. 안전성과 관리에 관한 사항 ④ 법 제56조 제2항 후단에 따른 변경승인을 받으려는 자는 별지 제60호의5서식의 피로위험관리시스템 변경승인신청서에 다음 각 호의 서류를 첨부하여 국토교통부장관에게 제출해야 한다. 1. 변경된 피로위험관리시스템 매뉴얼 2. 피로위험관리시스템 신·구 대비표 ⑤ 제4항에 따른 신청서를 받은 국토교통부장관은 제4항에 따른 변경신청이 제2항에 따른 기준에 적합하면 변경승인을 해야 한다. [본조신설 2020. 12. 10.]

항공안전법, 시행령	항공안전법 시행규칙
제57조(주류등의 섭취·사용 제한) ① 항공종사자(제46조에 따른 항공기 조종연습 및 제47조에 따른 항공교통관제연습을 하는 사람을 포함한다. 이하 이 조에서 같다) 및 객실승무원은 「주세법」 제3조 제1호에 따른 주류, 「마약류 관리에 관한 법률」 제2조 제1호에 따른 마약류 또는 「화학물질관리법」 제22조 제1항에 따른 환각물질 등(이하 "주류등"이라 한다)의 영향으로 항공업무(제46조에 따른 항공기 조종연습 및 제47조에 따른 항공교통관제연습을 포함한다. 이하 이 조에서 같다) 또는 객실승무원의 업무를 정상적으로 수행할 수 없는 상태에서는 항공업무 또는 객실승무원의 업무에 종사해서는 아니 된다. ② 항공종사자 및 객실승무원은 항공업무 또는 객실승무원의 업무에 종사하는 동안에는 주류등을 섭취하거나 사용해서는 아니 된다. ③ 국토교통부장관은 항공안전과 위험 방지를 위하여 필요하다고 인정하거나 항공종사자 및 객실승무원이 제1항 또는 제2항을 위반하여 항공업무 또는 객실승무원의 업무를 하였다고 인정할 만한 상당한 이유가 있을 때에는 주류등의 섭취 및 사용 여부를 호흡측정기 검사 등의 방법으로 측정할 수 있으며, 항공종사자 및 객실승무원은 이러한 측정에 따라야 한다. 〈개정 2020. 6. 9.〉 ④ 국토교통부장관은 항공종사자 또는 객실승무원이 제3항에 따른 측정 결과에 불복하면 그 항공종사자 또는 객실승무원의 동의를 받아 혈액 채취 또는 소변 검사 등의 방법으로 주류등의 섭취 및 사용 여부를 다시 측정할 수 있다. ⑤ 주류등의 영향으로 항공업무 또는 객실승무원의 업무를 정상적으로 수행할 수 없는 상태의 기준은 다음 각 호와 같다. 1. 주정성분이 있는 음료의 섭취로 혈중알코올농도가 0.02퍼센트 이상인 경우 2. 「마약류 관리에 관한 법률」 제2조 제1호에 따른 마약류를 사용한 경우 3. 「화학물질관리법」 제22조 제1항에 따른 환각물질을 사용한 경우 ⑥ 제1항부터 제5항까지의 규정에 따라 주류등의 종류 및 그 측정에 필요한 세부 절차 및 측정기록의 관리 등에 필요한 사항은 국토교통부령으로 정한다.	**제129조(주류등의 종류 및 측정 등)** ① 법 제57조 제3항 및 제4항에 따라 국토교통부장관 또는 지방항공청장은 소속 공무원으로 하여금 항공종사자 및 객실승무원의 주류등의 섭취 또는 사용 여부를 측정하게 할 수 있다. ② 제1항에 따라 주류등의 섭취 또는 사용 여부를 적발한 소속 공무원은 별지 제61호서식의 주류등 섭취 또는 사용 적발 보고서를 작성하여 국토교통부장관 또는 지방항공청장에게 보고하여야 한다. ③ 제1항에 따른 주류등의 섭취 또는 사용 여부의 측정에 필요한 사항은 국토교통부장관이 정한다. 〈신설 2020. 12. 10.〉

<table>
<tr><th>항공안전법, 시행령</th><th>항공안전법 시행규칙</th></tr>
<tr><td>제57조의2(항공기 내 흡연 금지) 항공종사자(제46조에 따른 항공기 조종연습을 하는 사람을 포함한다) 및 객실승무원은 항공업무 또는 객실승무원의 업무에 종사하는 동안에는 항공기 내에서 흡연을 하여서는 아니 된다.
[본조신설 2020. 12. 8.]</td><td></td></tr>
<tr><td>제58조(국가 항공안전프로그램 등) ① 국토교통부장관은 다음 각 호의 사항이 포함된 항공안전프로그램을 마련하여 고시하여야 한다. 〈개정 2019. 8. 27.〉
1. 항공안전에 관한 정책, 달성목표 및 조직체계
2. 항공안전 위험도의 관리
3. 항공안전보증
4. 항공안전증진
5. 삭제 〈2019. 8. 27.〉
6. 삭제 〈2019. 8. 27.〉
② 다음 각 호의 어느 하나에 해당하는 자는 제작, 교육, 운항 또는 사업 등을 시작하기 전까지 제1항에 따른 항공안전프로그램에 따라 항공기사고 등의 예방 및 비행안전의 확보를 위한 항공안전관리시스템을 마련하고, 국토교통부장관의 승인을 받아 운용하여야 한다. 승인받은 사항 중 국토교통부령으로 정하는 중요사항을 변경할 때에도 또한 같다. 〈개정 2017. 10. 24., 2019. 8. 27.〉
1. 형식증명, 부가형식증명, 제작증명, 기술표준품형식승인 또는 부품등제작자증명을 받은 자
2. 제35조 제1호부터 제4호까지의 항공종사자 양성을 위하여 제48조 제1항 단서에 따라 지정된 전문교육기관
3. 항공교통업무증명을 받은 자
4. 제90조(제96조 제1항에서 준용하는 경우를 포함한다)에 따른 운항증명을 받은 항공운송사업자 및 항공기사용사업자
5. 항공기정비업자로서 제97조 제1항에 따른 정비조직인증을 받은 자
6. 「공항시설법」 제38조 제1항에 따라 공항운영증명을 받은 자</td><td>제130조(항공안전관리시스템의 승인 등) ① 법 제58조 제2항에 따라 항공안전관리시스템을 승인받으려는 자는 별지 제62호서식의 항공안전관리시스템 승인신청서에 다음 각 호의 서류를 첨부하여 제작·교육·운항 또는 사업 등을 시작하기 30일 전까지 국토교통부장관 또는 지방항공청장에게 제출해야 한다. 〈개정 2020. 2. 28.〉
1. 항공안전관리시스템 매뉴얼
2. 항공안전관리시스템 이행계획서 및 이행확약서
3. 제2항에서 정하는 항공안전관리시스템 승인기준에 미달하는 사항이 있는 경우 이를 보완할 수 있는 대체운영절차
② 제1항에 따라 항공안전관리시스템 승인신청서를 받은 국토교통부장관 또는 지방항공청장은 해당 항공안전관리시스템이 별표 20에서 정한 항공안전관리시스템 구축·운용 및 승인기준을 충족하고 국토교통부장관이 고시한 운용조직의 규모 및 업무특성별 운용요건에 적합하다고 인정되는 경우에는 별지 제63호서식의 항공안전관리시스템 승인서를 발급하여야 한다. 〈개정 2020. 2. 28.〉
③ 법 제58조 제2항 후단에서 "국토교통부령으로 정하는 중요사항"이란 다음 각 호의 사항을 말한다. 〈개정 2020. 2. 28.〉
1. 안전목표에 관한 사항
2. 안전조직에 관한 사항
3. 항공안전장애 등 항공안전데이터 및 항공안전정보에 대한 보고체계에 관한 사항
4. 항공안전위해요인 식별 및 위험도 관리
5. 안전성과지표의 운영(지표의 선정, 경향성 모니터링, 확인된 위험에 대한 경감 조치 등)에 관한 사항
6. 변화관리에 관한 사항
7. 자체 안전감사 등 안전보증에 관한 사항</td></tr>
</table>

항공안전법, 시행령	항공안전법 시행규칙
7. 「공항시설법」 제43조 제2항에 따라 항행안전시설을 설치한 자 8. 제55조 제2호에 따른 국외운항항공기를 소유 또는 임차하여 사용할 수 있는 권리가 있는 자 ③ 국토교통부장관은 제83조 제1항부터 제3항까지에 따라 국토교통부장관이 하는 업무를 체계적으로 수행하기 위하여 제1항에 따른 항공안전프로그램에 따라 그 업무에 관한 항공안전관리시스템을 구축·운용하여야 한다. ④ 제2항 제4호에 따른 항공운송사업자 중 국토교통부령으로 정하는 항공운송사업자는 항공안전관리시스템을 구축할 때 다음 각 호의 사항을 포함한 비행자료분석프로그램(Flight data analysis program)을 마련하여야 한다. 〈신설 2019. 8. 27.〉 1. 비행자료를 수집할 수 있는 장치의 장착 및 운영절차 2. 비행자료와 분석결과의 보호 및 활용에 관한 사항 3. 그 밖에 비행자료의 보존 및 품질관리 요건 등 국토교통부장관이 고시하는 사항 ⑤ 국토교통부장관 또는 제2항 제3호에 따라 항공안전관리시스템을 마련해야 하는 자가 제83조 제1항에 따른 항공교통관제 업무 중 레이더를 이용하여 항공교통관제 업무를 수행하려는 경우에는 항공안전관리시스템에 다음 각 호의 사항을 포함하여야 한다. 〈신설 2019. 8. 27.〉 1. 레이더 자료를 수집할 수 있는 장치의 설치 및 운영절차 2. 레이더 자료와 분석결과의 보호 및 활용에 관한 사항 ⑥ 제4항에 따른 항공운송사업자 또는 제5항에 따라 레이더를 이용하여 항공교통관제 업무를 수행하는 자는 제4항 또는 제5항에 따라 수집한 자료와 그 분석결과를 항공기사고 등을 예방하고 항공안전을 확보할 목적으로만 사용하여야 하며, 분석결과를 이유로 관련된 사람에게 해고·전보·징계·부당한 대우 또는 그 밖에 신분이나 처우와 관련하여 불이익한 조치를 취해서는 아니 된다. 〈신설 2019. 8. 27.〉 ⑦ 제1항부터 제3항까지에서 규정한 사항 외에 다음 각 호의 사항은 국토교통부령으로 정한다. 〈개정 2019. 8. 27.〉 1. 제1항에 따른 항공안전프로그램의 마련에 필요한 사항	④ 제3항에서 정한 중요사항을 변경하려는 자는 별지 제64호서식의 항공안전관리시스템 변경승인 신청서에 다음 각 호의 서류를 첨부하여 국토교통부장관 또는 지방항공청장에게 제출하여야 한다. 1. 변경된 항공안전관리시스템 매뉴얼 2. 항공안전관리시스템 매뉴얼 신·구대조표 ⑤ 국토교통부장관 또는 지방항공청장은 제4항에 따라 제출된 변경사항이 별표 20에서 정한 항공안전관리시스템 승인기준에 적합하다고 인정되는 경우 이를 승인하여야 한다. **제130조의2(비행자료분석프로그램을 마련해야 하는 항공운송사업자)** 법 제58조 제4항에 따라 비행자료분석프로그램(Flight Data Analysis Program)을 마련해야 하는 항공운송사업자는 다음 각 호와 같다. 1. 최대이륙중량이 2만킬로그램을 초과하는 비행기를 사용하는 항공운송사업자 2. 최대이륙중량이 7천킬로그램을 초과하거나 승객 9명을 초과하여 수송할 수 있는 헬리콥터를 사용하여 국제항공노선을 취항하는 항공운송사업자 [본조신설 2020. 2. 28.] **제131조(항공안전프로그램의 마련에 필요한 사항)** 법 제58조 제7항 제1호에 따라 항공안전프로그램을 마련할 때에는 다음 각 호의 사항을 반영해야 한다. 〈개정 2018. 3. 23., 2020. 2. 28.〉 1. 항공안전에 관한 정책, 달성목표 및 조직체계 가. 항공안전분야의 기본법령에 관한 사항 나. 기본법령에 따른 세부기준에 관한 사항 다. 항공안전 관련 조직의 구성, 기능 및 임무에 관한 사항 라. 항공안전 관련 법령 등의 이행을 위한 전문인력 확보에 관한 사항 마. 기본법령을 이행하기 위한 세부지침 및 주요 안전정보의 제공에 관한 사항 2. 항공안전 위험도 관리 가. 항공안전 확보를 위해 국토교통부장관이 수행하는 증명, 인증, 승인, 지정 등에 관한 사항 나. 항공안전관리시스템 이행의무에 관한 사항 다. 항공기사고 및 항공기준사고 조사에 관한 사항 라. 항공안전위해요인의 식별 및 항공안전 위험도 평가에 관한 사항 마. 항공안전 위험도의 경감 등 항공안전문제의 해소에 관한 사항 3. 항공안전보증 가. 안전감독 등 감시활동에 관한 사항

항공안전법, 시행령	항공안전법 시행규칙
2. 제2항에 따른 항공안전관리시스템에 포함되어야 할 사항, 항공안전관리시스템의 승인기준 및 구축·운용에 필요한 사항 3. 제3항에 따른 업무에 관한 항공안전관리시스템의 구축·운용에 필요한 사항 [제목개정 2019. 8. 27.]	나. 국가의 항공안전성과에 관한 사항 4. 항공안전증진 가. 안전업무 담당 공무원에 대한 교육·훈련, 의견 교환 및 안전정보의 공유에 관한 사항 나. 항공안전관리시스템 운영자에 대한 교육·훈련, 의견교환 및 안전정보의 공유에 관한 사항 5. 국제기준관리시스템의 구축·운영 6. 그 밖에 국토교통부장관이 항공안전목표 달성에 필요하다고 정하는 사항 제132조(항공안전관리시스템에 포함되어야 할 사항 등) ① 법 제58조 제7항 제2호에 따른 항공안전관리시스템에 포함되어야 할 사항은 다음 각 호와 같다. 〈개정 2020. 2. 28.〉 1. 항공안전에 관한 정책 및 달성목표 가. 최고경영관리자의 권한 및 책임에 관한 사항 나. 안전관리 관련 업무분장에 관한 사항 다. 총괄 안전관리자의 지정에 관한 사항 라. 위기대응계획 관련 관계기관 협의에 관한 사항 마. 매뉴얼 등 항공안전관리시스템 관련 기록·관리에 관한 사항 2. 항공안전 위험도의 관리 가. 항공안전위해요인의 식별절차에 관한 사항 나. 위험도 평가 및 경감조치에 관한 사항 3. 항공안전보증 가. 안전성과의 모니터링 및 측정에 관한 사항 나. 변화관리에 관한 사항 다. 항공안전관리시스템 운영절차 개선에 관한 사항 4. 항공안전증진 가. 안전교육 및 훈련에 관한 사항 나. 안전관리 관련 정보 등의 공유에 관한 사항 5. 그 밖에 국토교통부장관이 항공안전관리시스템 운영에 필요하다고 정하는 사항 ② 제58조 제7항 제2호에 따른 항공안전관리시스템의 및 구축·운용 그 승인기준은 별표 20과 같다. 〈개정 2020. 2. 28.〉 ③ 삭제 〈2020. 2. 28.〉 ④ 삭제 〈2020. 2. 28.〉 제133조(항공교통업무 안전관리시스템의 구축·운용에 관한 사항) 법 제58조 제3항 및 제7항 제3호에 따른 항공교통업무에 관한 항공안전관리시스템의 구축·운용에 관하여는 별표 20을 준용한다. [전문개정 2020. 2. 28.]

항공안전법, 시행령	항공안전법 시행규칙
제59조(항공안전 의무보고) ① 항공기사고, 항공기준사고 또는 항공안전장애 중 국토교통부령으로 정하는 사항(이하 "의무보고 대상 항공안전장애")을 발생시켰거나 항공기사고, 항공기준사고 또는 의무보고 대상 항공안전장애가 발생한 것을 알게 된 항공종사자 등 관계인은 국토교통부장관에게 그 사실을 보고하여야 한다. 다만, 제33조에 따라 고장, 결함 또는 기능장애가 발생한 사실을 국토교통부장관에게 보고한 경우에는 이 조에 따른 보고를 한 것으로 본다. 〈개정 2019. 8. 27.〉 ② 국토교통부장관은 제1항에 따른 보고(이하 "항공안전 의무보고")를 통하여 접수한 내용을 이 법에 따른 경우를 제외하고는 제3자에게 제공하거나 일반에게 공개해서는 아니 된다. 〈신설 2019. 8. 27.〉 ③ 누구든지 항공안전 의무보고를 한 사람에 대하여 이를 이유로 해고 · 전보 · 징계 · 부당한 대우 또는 그 밖에 신분이나 처우와 관련하여 불이익한 조치를 취해서는 아니 된다. 〈신설 2019. 8. 27.〉 ④ 제1항에 따른 항공종사자 등 관계인의 범위, 보고에 포함되어야 할 사항, 시기, 보고 방법 및 절차 등은 국토교통부령으로 정한다. 〈개정 2019. 8. 27.〉	제134조(항공안전 의무보고의 절차 등) ① 법 제59조 제1항 본문에서 "항공안전장애 중 국토교통부령으로 정하는 사항"이란 별표 20의2에 따른 사항을 말한다. 〈신설 2020. 2. 28.〉 ② 법 제59조 제1항 및 법 제62조 제5항에 따라 다음 각 호의 어느 하나에 해당하는 사람은 별지 제65호서식에 따른 항공안전 의무보고서(항공기가 조류 또는 동물과 충돌한 경우에는 별지 제65호의2서식에 따른 조류 및 동물 충돌 보고서) 또는 국토교통부장관이 정하여 고시하는 전자적인 보고방법에 따라 국토교통부장관 또는 지방항공청장에게 보고해야 한다. 〈개정 2020. 2. 28., 2020. 12. 10.〉 1. 항공기사고를 발생시켰거나 항공기사고가 발생한 것을 알게 된 항공종사자 등 관계인 2. 항공기준사고를 발생시켰거나 항공기준사고가 발생한 것을 알게 된 항공종사자 등 관계인 3. 법 제59조 제1항 본문에 따른 의무보고 대상 항공안전장애(이하 "의무보고 대상 항공안전장애"라 한다)를 발생시켰거나 의무보고 대상 항공안전장애가 발생한 것을 알게 된 항공종사자 등 관계인(법 제33조에 따른 보고 의무자는 제외한다) ③ 법 제59조 제1항에 따른 항공종사자 등 관계인의 범위는 다음 각 호와 같다. 〈개정 2020. 2. 28.〉 1. 항공기 기장(항공기 기장이 보고할 수 없는 경우에는 그 항공기의 소유자등을 말한다) 2. 항공정비사(항공정비사가 보고할 수 없는 경우에는 그 항공정비사가 소속된 기관 · 법인 등의 대표자를 말한다) 3. 항공교통관제사(항공교통관제사가 보고할 수 없는 경우 그 관제사가 소속된 항공교통관제기관의 장을 말한다) 4. 「공항시설법」에 따라 공항시설을 관리 · 유지하는 자 5. 「공항시설법」에 따라 항행안전시설을 설치 · 관리하는 자 6. 법 제70조 제3항에 따른 위험물취급자 7. 「항공사업법」 제2조 제20호에 따른 항공기취급업자 중 다음 각 호의 업무를 수행하는 자 가. 항공기 중량 및 균형관리를 위한 화물 등의 탑재관리, 지상에서 항공기에 대한 동력지원 나. 지상에서 항공기의 안전한 이동을 위한 항공기 유도 ④ 제2항에 따른 보고서의 제출 시기는 다음 각 호와 같다. 〈개정 2020. 2. 28.〉 1. 항공기사고 및 항공기준사고: 즉시

항공안전법, 시행령	항공안전법 시행규칙
	2. 항공안전장애 가. 별표 20의2 제1호부터 제4호까지, 제6호 및 제7호에 해당하는 의무보고 대상 항공안전장애의 경우 다음의 구분에 따른 때부터 72시간 이내(해당 기간에 포함된 토요일 및 법정공휴일에 해당하는 시간은 제외한다). 다만, 제6호 가목, 나목 및 마목에 해당하는 사항은 즉시 보고해야 한다. 1) 의무보고 대상 항공안전장애를 발생시킨 자: 해당 의무보고 대상 항공안전장애가 발생한 때 2) 의무보고 대상 항공안전장애가 발생한 것을 알게 된 자: 해당 의무보고 대상 항공안전장애가 발생한 사실을 안 때 나. 별표 20의2 제5호에 해당하는 의무보고 대상 항공안전장애의 경우 다음의 구분에 따른 때부터 96시간 이내. 다만, 해당 기간에 포함된 토요일 및 법정공휴일에 해당하는 시간은 제외한다. 1) 의무보고 대상 항공안전장애를 발생시킨 자: 해당 의무보고 대상 항공안전장애가 발생한 때 2) 의무보고 대상 항공안전장애가 발생한 것을 알게 된 자: 해당 의무보고 대상 항공안전장애가 발생한 사실을 안 때 다. 가목 및 나목에도 불구하고, 의무보고 대상 항공안전장애를 발생시켰거나 의무보고 대상 항공안전장애가 발생한 것을 알게 된 자가 부상, 통신 불능, 그 밖의 부득이한 사유로 기한 내 보고를 할 수 없는 경우에는 그 사유가 해소된 시점부터 72시간 이내

항공안전법, 시행령	항공안전법 시행규칙
제60조(사실조사) ① 국토교통부장관은 제59조 제1항, 제120조 제2항, 제129조 제3항에 따른 보고를 받은 경우 또는 제59조 제1항, 제120조 제2항, 제129조 제3항에 따른 보고를 받지 않았으나 항공기사고, 항공기준사고 또는 의무보고 대상 항공안전장애가 발생한 것을 인지하게 된 경우 이에 대한 사실 여부와 이 법의 위반사항 등을 파악하기 위한 조사를 할 수 있다. 〈개정 2019. 8. 27., 2020. 6. 9.〉 ② 국토교통부장관은 제33조 및 제59조 제1항에 따라 의무보고 대상 항공안전장애에 대한 보고가 이루어진 경우 이 법 및 「공항시설법」에 따른 행정처분을 아니할 수 있다. 다만, 제1항에 따른 조사결과 고의 또는 중대한 과실로 의무보고 대상 항공안전장애를 발생시킨 경우에는 그러하지 아니하다. 〈신설 2019. 8. 27.〉 ③ 제1항에 따른 사실조사의 절차 및 방법 등에 관하여는 제132조 제2항 및 제4항부터 제9항까지의 규정을 준용한다. 〈개정 2019. 8. 27.〉 ④ 제1항부터 제3항까지에서 규정한 사항 외에 사실조사 수행에 필요한 사항은 국토교통부장관이 정한다. 〈신설 2019. 8. 27.〉	
제61조(항공안전 자율보고) ① 누구든지 제59조 제1항에 따른 의무보고 대상 항공안전장애 외의 항공안전장애(이하 "자율보고대상 항공안전장애"라 한다)를 발생시켰거나 발생한 것을 알게 된 경우 또는 항공안전위해요인이 발생한 것을 알게 되거나 발생이 의심되는 경우에는 국토교통부령으로 정하는 바에 따라 그 사실을 국토교통부장관에게 보고할 수 있다. 〈개정 2019. 8. 27.〉 ② 국토교통부장관은 제1항에 따른 보고(이하 "항공안전 자율보고"라 한다)를 통하여 접수한 내용을 이 법에 따른 경우를 제외하고는 제3자에게 제공하거나 일반에게 공개해서는 아니 된다. 〈개정 2019. 8. 27.〉 ③ 누구든지 항공안전 자율보고를 한 사람에 대하여 이를 이유로 해고 · 전보 · 징계 · 부당한 대우 또는 그 밖에 신분이나 처우와 관련하여 불이익한 조치를 해서는 아니 된다. ④ 국토교통부장관은 자율보고대상 항공안전장애 또는 항공안전위해요인을 발생시킨 사람이 그 발생일부터 10일 이내에 항공안전 자율보고를 한 경우에는 고의 또는 중대한 과실로 발생시킨 경우에 해당하지 아니하면 이 법 및 「공항시설법」에 따른 처분을 하여서는 아니 된다. 〈개정 2019. 8. 27., 2020. 6. 9.〉	제135조(항공안전 자율보고의 절차 등) ① 법 제61조 제1항에 따라 항공안전 자율보고를 하려는 사람은 별지 제66호서식의 항공안전 자율보고서 또는 국토교통부장관이 정하여 고시하는 전자적인 보고방법에 따라 한국교통안전공단의 이사장에게 보고할 수 있다. 〈개정 2018. 3. 23.〉 ② 제1항에 따른 항공안전 자율보고의 접수 · 분석 및 전파 등에 관하여 필요한 사항은 국토교통부장관이 정하여 고시한다.

항공안전법, 시행령	항공안전법 시행규칙
⑤ 제1항부터 제4항까지에서 규정한 사항 외에 항공안전 자율보고에 포함되어야 할 사항, 보고 방법 및 절차 등은 국토교통부령으로 정한다.	
제61조의2(항공안전데이터 등의 수집 및 처리시스템) ① 국토교통부장관은 항공안전의 증진을 위하여 항공안전데이터와 항공안전정보(이하 "항공안전데이터등"이라 한다)의 수집・저장・통합・분석 등의 업무를 전자적으로 처리하기 위한 시스템(이하 "통합항공안전데이터수집분석시스템"이라 한다)을 구축・운영할 수 있다. ② 국토교통부장관은 필요하다고 인정하는 경우 통합항공안전데이터수집분석시스템의 운영을 대통령령으로 정하는 바에 따라 관계 전문기관에 위탁할 수 있다. 영 제8조의3(항공안전데이터 등의 수집 및 처리시스템 운영의 위탁) 국토교통부장관은 법 제61조의2 제2항에 따라 통합항공안전데이터수집분석시스템의 운영을 「항공안전기술원법」에 따른 항공안전기술원에 위탁한다. [본조신설 2020. 2. 25.] ③ 국토교통부장관은 통합항공안전데이터수집분석시스템의 운영을 위하여 다음 각 호의 사항이 포함된 통합항공안전데이터수집분석시스템의 운영기준을 정하여 고시할 수 있다. 1. 항공안전데이터등의 수집・저장・분석 절차 2. 항공안전데이터등의 제공기관과 분석결과 공유방법 및 절차 3. 그 밖에 통합항공안전데이터수집분석시스템 운영에 필요한 사항으로서 국토교통부령으로 정하는 사항 [본조신설 2019. 8. 27.]	
제61조의3(항공안전데이터등의 개인정보 보호) 국토교통부장관 또는 제61조의2 제2항에 따라 통합항공안전데이터수집분석시스템의 운영을 위탁받은 전문기관은 같은 조 제1항에 따라 수집・저장・분석된 항공안전데이터등을 항공안전 유지 및 증진의 목적으로만 활용하여야 하며, 이 경우에도 「개인정보 보호법」 제2조 제1호에 따른 개인정보가 보호될 수 있도록 시책을 마련하여 시행하여야 한다. [본조신설 2019. 8. 27.]	

항공안전법, 시행령	항공안전법 시행규칙
제62조(기장의 권한 등) ① 항공기의 운항 안전에 대하여 책임을 지는 사람(이하 "기장"이라 한다)은 그 항공기의 승무원을 지휘·감독한다. ② 기장은 국토교통부령으로 정하는 바에 따라 항공기의 운항에 필요한 준비가 끝난 것을 확인한 후가 아니면 항공기를 출발시켜서는 아니 된다. ③ 기장은 항공기나 여객에 위난(危難)이 발생하였거나 발생할 우려가 있다고 인정될 때에는 항공기에 있는 여객에게 피난방법과 그 밖에 안전에 관하여 필요한 사항을 명할 수 있다. ④ 기장은 운항 중 그 항공기에 위난이 발생하였을 때에는 여객을 구조하고, 지상 또는 수상(水上)에 있는 사람이나 물건에 대한 위난 방지에 필요한 수단을 마련하여야 하며, 여객과 그 밖에 항공기에 있는 사람을 그 항공기에서 나가게 한 후가 아니면 항공기를 떠나서는 아니 된다. ⑤ 기장은 항공기사고, 항공기준사고 또는 의무보고 대상 항공안전장애가 발생하였을 때에는 국토교통부령으로 정하는 바에 따라 국토교통부장관에게 그 사실을 보고하여야 한다. 다만, 기장이 보고할 수 없는 경우에는 그 항공기의 소유자등이 보고를 하여야 한다. 〈개정 2019. 8. 27.〉 ⑥ 기장은 다른 항공기에서 항공기사고, 항공기준사고 또는 의무보고 대상 항공안전장애가 발생한 것을 알았을 때에는 국토교통부령으로 정하는 바에 따라 국토교통부장관에게 그 사실을 보고하여야 한다. 다만, 무선설비를 통하여 그 사실을 안 경우에는 그러하지 아니하다. 〈개정 2019. 8. 27.〉 ⑦ 항공종사자 등 이해관계인이 제59조 제1항에 따라 보고한 경우에는 제5항 본문 및 제6항 본문은 적용하지 아니한다.	**제136조(출발 전의 확인)** ① 법 제62조 제2항에 따라 기장이 확인하여야 할 사항은 다음 각 호와 같다. 1. 해당 항공기의 감항성 및 등록 여부와 감항증명서 및 등록증명서의 탑재 2. 해당 항공기의 운항을 고려한 이륙중량, 착륙중량, 중심위치 및 중량분포 3. 예상되는 비행조건을 고려한 의무무선설비 및 항공계기 등의 장착 4. 해당 항공기의 운항에 필요한 기상정보 및 항공정보 5. 연료 및 오일의 탑재량과 그 품질 6. 위험물을 포함한 적재물의 적절한 분배 여부 및 안정성 7. 해당 항공기와 그 장비품의 정비 및 정비 결과 8. 그 밖에 항공기의 안전 운항을 위하여 국토교통부장관이 필요하다고 인정하여 고시하는 사항 ② 기장은 제1항 제7호의 사항을 확인하는 경우에는 다음 각 호의 점검을 하여야 한다. 1. 항공일지 및 정비에 관한 기록의 점검 2. 항공기의 외부 점검 3. 발동기의 지상 시운전 점검 4. 그 밖에 항공기의 작동사항 점검
제63조(기장 등의 운항자격) ① 다음 각 호의 어느 하나에 해당하는 항공기의 기장은 지식 및 기량에 관하여, 기장 외의 조종사는 기량에 관하여 국토교통부장관의 자격인정을 받아야 한다. 1. 항공운송사업에 사용되는 항공기 2. 항공기사용사업에 사용되는 항공기 중 국토교통부령으로 정하는 업무에 사용되는 항공기 3. 국외운항항공기	**제137조(기장 등의 운항자격인정 대상 항공기 등)** 법 제63조 제1항 제2호에서 "국토교통부령으로 정하는 업무"란 「항공사업법 시행규칙」 제4조 제1호, 제2호, 제5호부터 제7호까지 및 제9호에 따른 업무를 말한다. **제138조(기장의 운항자격인정을 위한 지식 요건)** 법 제63조 제1항에 따라 같은 항 각 호의 어느 하나에 해당하는 항공기의 기장은 다음 각 호의 구분에 따른 지식이 있어야 한다. 1. 법 제63조 제1항 제1호·제2호에 해당하는 항공기의 기장: 운항하려는 지역, 노선 및 공항에 대한 다음 각 목의 지식

항공안전법, 시행령	항공안전법 시행규칙
② 국토교통부장관은 제1항에 따른 자격인정을 받은 사람에 대하여 그 지식 또는 기량의 유무를 정기적으로 심사하여야 하며, 특히 필요하다고 인정하는 경우에는 수시로 지식 또는 기량의 유무를 심사할 수 있다. ③ 국토교통부장관은 제1항에 따른 자격인정을 받은 사람이 제2항에 따른 심사를 받지 아니하거나 그 심사에 합격하지 못한 경우에는 그 자격인정을 취소하여야 한다. ④ 국토교통부장관은 필요하다고 인정할 때에는 국토교통부령으로 정하는 바에 따라 지정한 항공운송사업자 또는 항공기사용사업자에게 소속 기장 또는 기장 외의 조종사에 대하여 제1항에 따른 자격인정 또는 제2항에 따른 심사를 하게 할 수 있다. ⑤ 제4항에 따라 자격인정을 받거나 그 심사에 합격한 기장 또는 기장 외의 조종사는 제1항에 따른 자격인정 및 제2항에 따른 심사를 받은 것으로 본다. 이 경우 제3항을 준용한다. ⑥ 국토교통부장관은 제4항에도 불구하고 필요하다고 인정할 때에는 국토교통부령으로 정하는 기장 또는 기장 외의 조종사에 대하여 제2항에 따른 심사를 할 수 있다. ⑦ 항공운송사업에 종사하는 항공기의 기장은 운항하려는 지역, 노선 및 공항(국토교통부령으로 정하는 지역, 노선 및 공항에 관한 것만 해당한다)에 대한 경험요건을 갖추어야 한다. ⑧ 제1항부터 제7항까지의 규정에 따른 자격인정·심사 또는 경험요건 등에 필요한 사항은 국토교통부령으로 정한다.	가. 지형 및 최저안전고도 나. 계절별 기상 특성 다. 기상, 통신 및 항공교통시설 업무와 그 절차 라. 수색 및 구조 절차 마. 운항하려는 지역 또는 노선과 관련된 장거리 항법절차가 포함된 항행안전시설 및 그 이용절차 바. 인구밀집지역 상공 및 항공교통량이 많은 지역 상공의 비행경로에서 적용되는 비행절차 사. 장애물, 등화시설, 접근을 위한 항행안전시설, 목적지 공항 혼잡지역 및 그 도면 아. 항공로절차, 목적지 상공 도착절차, 출발절차, 체공절차 및 공항이 포함된 인가된 계기접근 절차 자. 공항 운영 최저기상치(공항에서 항공기가 이·착륙할 수 있는 최저 시정과 구름높이를 정한 값을 말한다) 차. 항공고시보 카. 운항규정 2. 법 제63조 제1항 제3호에 해당하는 항공기의 기장: 해당 형식의 항공기에 대한 정상 상태에서의 조종기술과 비정상 상태에서의 조종기술 및 비상절차에 관한 지식 [전문개정 2019. 2. 26.] **제139조(기장 등의 운항자격인정을 위한 기량 요건)** 법 제63조 제1항에 따라 같은 항 각 호의 어느 하나에 해당하는 항공기의 기장 또는 기장 외의 조종사는 다음 각 호의 구분에 따른 기량이 있어야 한다. 1. 법 제63조 제1항 제1호·제2호에 해당하는 항공기의 기장 또는 기장 외의 조종사: 운항하려는 지역, 노선 및 공항에 대해 해당 형식의 항공기에 대한 정상 상태에서의 조종기술과 비정상 상태에서의 조종기술 및 비상절차 수행능력 2. 법 제63조 제1항 제3호에 해당하는 항공기 기장 또는 기장 외의 조종사: 해당 형식의 항공기에 대한 정상 상태에서의 조종기술과 비정상 상태에서의 조종기술 및 비상절차 수행능력 [전문개정 2019. 2. 26.] **제140조(기장 등의 운항자격 인정 및 심사 신청)** 법 제63조 제1항에 따라 기장 또는 기장 외의 조종사의 운항자격 인정을 받으려는 사람은 별지 제67호서식의 조종사 운항자격 인정(심사) 신청서에 별지 제36호서식의 비행경력증명서를 첨부하여 국토교통부장관에게 제출하여야 한다. **제141조(기장 등의 운항자격인정을 위한 심사)** ① 법 제63조 제1항에 따른 지식 또는 기량에 관한 자격인정은 구술·필기 및 실기평가 과정을 통하여 심사한다.

항공안전법 시행규칙

② 국토교통부장관은 법 제63조 제1항에 따른 자격인정에 필요한 심사(이하 "운항자격인정심사"라 한다) 업무를 담당하는 사람으로 소속 공무원을 지명하거나 해당 분야의 전문지식과 경험을 가진 사람을 위촉하여야 한다.

③ 제1항에 따른 실기심사는 제2항에 따라 국토교통부장관이 지명한 소속 공무원(이하 "운항자격심사관"이라 한다) 또는 국토교통부장관의 위촉을 받은 사람(이하 "위촉심사관"이라 한다)과 운항자격인정심사를 받으려는 사람이 해당 형식의 항공기에 탑승하여 해당 노선을 왕복비행(순환노선에서의 연속되는 2구간 이상의 편도비행을 포함한다)하여 심사하여야 한다. 다만, 제139조에 따른 정상 및 비정상 상태에서의 조종기술 및 비상절차 수행능력에 대한 실기심사는 지방항공청장이 지정한 동일한 형식의 항공기의 모의비행장치로 심사할 수 있다.

④ 운항자격인정심사의 세부항목 및 판정기준 등에 관하여 필요한 사항은 국토교통부장관이 정하여 고시한다.

제142조(기장 등의 운항자격인정) 법 제63조 제1항 각 호의 어느 하나에 해당하는 항공기의 기장 또는 기장 외의 조종사에 대한 같은 항에 따른 운항자격인정은 다음 각 호의 구분에 따른 범위로 한정한다.

1. 법 제63조 제1항 제1호 또는 같은 항 제2호에 해당하는 항공기의 기장 또는 기장 외의 조종사: 항공기 형식과 운항하려는 지역, 노선 및 공항(제155조 제1항에 따른 지역, 노선 및 공항만 해당한다)에 대한 것
2. 법 제63조 제1항 제3호에 해당하는 항공기의 기장 또는 기장 외의 조종사: 항공기 형식에 대한 것

[전문개정 2019. 2. 26.]

제143조(기장 등의 운항자격의 정기심사) ① 국토교통부장관은 법 제63조 제2항에 따라 같은 조 제1항에 따른 자격인정을 받은 기장 또는 기장 외의 조종사에 대해 다음 각 호의 구분에 따라 정기심사를 실시한다. 〈개정 2019. 2. 26.〉

1. 법 제63조 제1항 제1호 또는 같은 항 제2호에 해당하는 항공기의 기장 또는 기장 외의 조종사: 운항하려는 지역, 노선 및 공항에 따라 기장의 경우에는 제138조 제1호 및 제139조 제1호에 따른 지식 및 기량의 유지에 관하여, 기장 외의 조종사의 경우에는 제139조 제1호에 따른 기량의 유지에 관하여 다음 각 목의 구분에 따른 심사 실시
   가. 정상 상태에서의 조종기술: 매년 1회 이상 국토교통부장관이 정하는 방법에 따른 심사
   나. 비정상 상태에서의 조종기술 및 비상절차 수행능력: 매년 2회 이상 국토교통부장관이 정하는 방법에 따른 심사
2. 법 제63조 제1항 제3호에 따른 항공기 기장 또는 기장 외의 조종사: 운항하려는 항공기 형식에 따라 기장의 경우에는 제138조 제2호 및 제139조 제2호에 따른 지식 및 기량의 유지에 관하여, 기장 외의 조종사의 경우에는 제139조 제2호에 따른 기량의 유지에 관하여 2년마다 1회 이상 국토교통부장관이 정하는 방법에 따른 심사 실시

② 제1항의 정기심사는 운항자격심사관 또는 위촉심사관이 실시한다.

③ 제1항의 정기심사에 관하여는 제141조 제1항 · 제3항 및 제4항을 준용한다.

④ 제1항 제1호 나목에도 불구하고 다음 각 호의 어느 하나에 해당하는 조종사에 대한 심사는 기장의 경우에는 지식 및 기량의 유지에 관하여, 기장 외의 조종사의 경우에는 기량의 유지에 관하여 각각 매년 1회 이상 국토교통부장관이 정하는 방법에 따라 실시한다. 다만, 2개 이상의 기종을 조종하는 조종사인 경우에는 기종별 격년으로 심사한다. 〈개정 2019. 2. 26.〉

1. 「항공사업법」 제10조에 따른 소형항공운송사업에 사용되는 항공기를 조종하는 조종사
2. 제137조에 따른 업무를 하는 항공기사용사업에 사용되는 항공기를 조종하는 조종사
3. 삭제 〈2019. 2. 26.〉

제144조(기장 등의 운항자격의 수시심사) 법 제63조 제2항에 따라 국토교통부장관은 다음 각 호의 어느 하나에 해당하는 기장 또는 기장 외의 조종사에 대해서는 수시로 지식 또는 기량의 유무를 심사할 수 있다.

1. 항공기사고 또는 비정상운항을 발생시킨 기장 또는 기장 외의 조종사
2. 제138조 각 호의 사항에 중요한 변경이 있는 지역, 노선 및 공항을 운항하는 기장 또는 기장 외의 조종사
3. 항공기의 성능 · 장비 또는 항법에 중요한 변경이 있는 경우 해당 항공기를 운항하는 기장 또는 기장 외의 조종사
4. 6개월 이상 운항업무에 종사하지 아니한 기장 또는 기장 외의 조종사
5. 항공 관련 법규 위반으로 처분을 받은 기장 또는 기장 외의 조종사
6. 항공기의 이륙 · 착륙에 특별한 주의가 필요한 공항으로서 국토교통부장관이 지정한 공항에 운항하는 기장 또는 기장 외의 조종사

항공안전법 시행규칙

7. 해당 운항자격 경력이 1년 미만인 기장 또는 기장 외의 조종사
8. 새로운 공항을 운항한지 6개월이 지나지 아니한 기장 또는 기장 외의 조종사
9. 취항 중인 공항에 항공기 형식을 변경하여 운항한 지 6개월이 지나지 아니한 기장 또는 기장 외의 조종사

제145조(기장 등의 운항자격인정의 취소) ① 국토교통부장관은 법 제63조 제3항에 따라 기장 또는 기장 외의 조종사가 제143조에 따라 심사를 받아야 하는 달의 다음 달 말까지 심사를 받지 아니하거나 제143조 또는 제144조에 따른 심사에 합격하지 못한 경우에는 그 운항자격인정을 취소해야 한다. 〈개정 2019. 2. 26.〉

② 국토교통부장관은 제1항에 따라 운항자격인정을 취소하는 경우에는 취소사실을 그 기장 또는 기장 외의 조종사에게 사유와 함께 서면으로 통보하여야 한다.

제146조(지정항공운송사업자등의 지정 신청 등) ① 항공운송사업자 또는 제137조에 따른 업무를 하는 항공기사용사업자가 법 제63조 제4항에 따라 지정을 받으려는 경우에는 다음 각 호의 사항을 적은 별지 제68호서식의 지정항공운송사업자등의 지정신청서를 국토교통부장관에게 제출하여야 한다.

1. 명칭 및 주소
2. 해당 항공운송사업 또는 항공기사용사업의 면허번호·면허취득일 또는 등록번호·등록일
3. 해당 항공운송사업 노선
4. 기종별 항공기 대수 및 법 제63조에 따라 자격인정을 받은 사람의 수

② 제1항의 신청서에는 다음 각 호의 사항이 적힌 훈련 및 심사에 관한 규정을 첨부하여야 한다.

1. 법 제63조 제1항 또는 제2항에 따라 운항자격인정을 받으려는 사람 또는 정기·수시심사를 받아야 하는 사람(이하 "운항자격심사 대상자"이라 한다)에 대한 선정기준, 자격인정 및 심사방법과 그 조직체계
2. 운항자격심사 대상자에 대한 자격인정 또는 심사업무 담당자가 되려는 사람(이하 "지정심사관 후보자"라 한다)의 선정기준 및 그 조직체계
3. 운항자격심사 대상자와 지정심사관 후보자의 훈련체계 및 훈련방법
4. 운항자격인정 및 심사, 선정에 관한 기록의 작성 및 보존 방법

③ 국토교통부장관은 제1항에 따른 신청이 제147조의 기준에 적합하다고 인정하는 경우에는 소속 기장 또는 기장 외의 조종사에 대한 운항자격인정 또는 심사를 할 수 있는 자(이하 "지정항공운송사업자등"이라 한다)로 지정하여야 한다.

④ 제3항의 경우에 국토교통부장관은 해당 지정항공운송사업자등이 운항자격인정 또는 심사를 할 수 있는 항공기 형식을 정하여 지정할 수 있다. 이 경우 신규 도입 항공기에 대해서는 해당 형식 항공기를 보유한 후 1년이 지나야 지정을 할 수 있다.

⑤ 지정항공운송사업자등이 제2항에 따른 훈련 및 심사에 관한 규정을 변경하려는 경우에는 미리 국토교통부장관의 승인을 받아야 한다.

제147조(지정항공운송사업자등의 지정기준) 법 제63조 제4항에 따른 지정항공운송사업자등의 지정기준은 다음 각 호와 같다.

1. 운항자격심사 대상자와 지정심사관 후보자의 선정을 위한 조직이 있고, 그 선정기준이 항공기의 형식, 보유 대수, 노선 등에 비추어 적합할 것
2. 운항자격심사 대상자와 지정심사관 후보자의 훈련을 위한 조직이 있고 조종훈련교관 및 훈련시설을 충분히 확보할 것
3. 운항자격심사 대상자와 지정심사관 후보자의 훈련과목·훈련시간, 그 밖에 훈련방법이 항공기의 형식, 보유 대수, 노선 등에 비추어 적합할 것
4. 법 제63조 제1항 및 제2항에 따른 운항자격인정 및 심사를 하기 위하여 필요한 인원의 지정심사관 후보자가 있을 것
5. 제149조 제3항에 따라 지정된 지정심사관의 권한행사에 독립성이 보장될 것
6. 운항자격인정 및 심사의 내용, 평가기준 및 운항자격인정 취소기준은 국토교통부장관이 법 제63조 제1항부터 제3항까지에 따라 하는 자격인정 및 심사의 내용, 평가기준 및 자격인정 취소기준에 준하는 것일 것
7. 관계 기록의 작성 및 보존방법이 적절할 것

항공안전법 시행규칙

제148조(지정항공운송사업자등의 지정 취소) 국토교통부장관은 지정항공운송사업자등이 다음 각 호의 어느 하나에 해당하는 경우에는 지정항공운송사업자등의 지정을 취소할 수 있다.

1. 거짓이나 그 밖의 부정한 방법으로 지정을 받은 경우
2. 제149조 제3항에 따른 지정심사관이 부정한 방법으로 법 제63조 제4항에 따른 운항자격인정 또는 심사를 한 경우
3. 제146조 제2항에 따른 훈련 및 심사에 관한 규정을 위반한 경우
4. 제147조에 따른 지정기준에 적합하지 아니하게 된 경우
5. 법 또는 법에 따른 명령이나 처분을 위반한 경우

제149조(지정심사관의 지정 신청 등) ① 지정항공운송사업자등은 소속 기장 또는 기장 외의 조종사에 대한 운항자격인정 또는 심사를 하려는 경우에는 지정심사관 후보자를 선정하여 별지 제69호서식의 지정심사관 지정(심사) 신청서를 국토교통부장관에게 제출하여야 한다.

② 제1항의 신청서에는 지정심사관 후보자가 제151조 제1항 각 호의 요건에 적합함을 증명하는 서류를 첨부하여야 한다.

③ 제1항에 따른 신청을 받은 국토교통부장관은 지정심사관 후보자가 제151조의 요건에 적합한 경우에는 지정심사관으로 지정하여야 한다.

④ 제3항에 따라 지정을 받은 지정심사관(이하 "지정심사관"이라 한다)은 제141조 제3항에 따른 위촉심사관의 자격이 있는 것으로 본다.

제150조(위촉심사관등에 대한 항공기 형식 한정 등) ① 국토교통부장관은 위촉심사관 또는 지정심사관(이하 "위촉심사관등"이라 한다)을 위촉 또는 지정하는 경우 항공기 형식을 한정하여 위촉 또는 지정하여야 한다.

② 국토교통부장관이 위촉심사관등의 위촉 또는 지정을 위하여 실시하는 심사에 관하여는 제141조 제1항, 제3항 및 제4항을 준용한다.

③ 제2항에 따른 심사는 운항자격심사관이 한다.

제151조(위촉심사관등의 위촉 또는 지정 요건) ① 위촉심사관등의 위촉 또는 지정 요건은 다음 각 호와 같다.

1. 다음 각 목의 어느 하나에 해당하는 사람일 것
   가. 항공운송사업에 사용되는 항공기의 기장으로서의 비행시간이 2천시간 이상이거나 해당 형식의 항공기 기장으로서의 비행시간이 1천시간 이상이고, 위촉심사관등이 되기 위한 훈련을 받은 사람일 것
   나. 제137조에 따른 업무를 하는 항공기사용사업에 사용되는 항공기의 조종사로서의 비행시간이 1,500시간 이상이거나 해당 형식의 항공기 기장으로서의 비행시간이 1천시간 이상이고, 위촉심사관등이 되기 위한 훈련을 받은 사람일 것
2. 운항자격인정을 받은 기장일 것
3. 기장 또는 기장 외의 조종사에 대한 운항자격인정 및 심사를 하는 데 필요한 지식과 기량이 있을 것
4. 법 제43조에 따라 자격증명, 자격증명의 한정 또는 항공신체검사증명의 효력정지명령을 받고 그 정지기간이 끝나거나 그 정지가 면제된 날부터 2년이 지난 사람일 것

② 제1항에도 불구하고 제1항 각 호의 요건을 갖춘 사람이 없거나 국토교통부장관이 필요하다고 인정하는 경우에는 지식 및 기량이 우수한 기장 중에서 항공운송사업자 또는 제137조에 따른 업무를 하는 항공기사용사업자의 신청을 받아 위촉심사관등으로 위촉하거나 지정할 수 있다.

제152조(위촉심사관등에 대한 정기 · 수시 심사) ① 국토교통부장관은 위촉심사관등이 제151조의 요건을 갖추고 있는지의 여부를 확인하기 위하여 위촉심사관등의 지식에 관하여는 1년마다, 기량에 관하여는 2년마다 심사하되, 특히 필요하다고 인정하는 경우에는 수시로 심사할 수 있다.

② 제1항에 따른 심사는 국토교통부장관이 정하는 위촉심사관등에 대한 심사표에 따른다.

③ 제1항의 심사는 운항자격심사관이 하되, 새로운 형식의 항공기 도입 또는 운항자격심사관의 사고 등의 사유가 있는 경우에는 국토교통부장관이 위촉심사관을 지명하여 할 수 있다.

④ 제1항의 심사에 관하여는 제141조 제1항, 제3항 및 제4항을 준용한다.

항공안전법 시행규칙

제153조(위촉 또는 지정의 실효 및 취소) ① 위촉심사관등이 다음 각 호의 어느 하나에 해당하는 경우에는 위촉 또는 지정의 효력은 즉시 상실된다.

1. 제152조 제1항에 따른 심사를 받지 아니하거나 그 심사에 합격하지 못한 경우
2. 위촉 또는 지정 당시 소속된 항공운송사업자 또는 항공기사용사업자 소속을 이탈한 경우
3. 위촉 또는 지정 당시 소속된 지정항공운송사업자등이 그 자격을 상실한 경우
4. 위촉 또는 지정 당시 한정받은 항공기 형식과 다른 형식의 항공기에 탑승하여 항공업무를 하게 된 경우

② 국토교통부장관은 위촉심사관등이 다음 각 호의 어느 하나에 해당하는 경우에는 위촉 또는 지정을 취소할 수 있다.

1. 거짓이나 그 밖의 부정한 방법으로 위촉 또는 지정을 받은 경우
2. 부정한 방법으로 법 제63조 제1항, 제2항 및 제4항에 따른 자격인정 또는 심사를 한 경우
3. 과실로 항공기사고를 발생시킨 경우
4. 법 또는 법에 따른 명령이나 처분을 위반한 경우

③ 국토교통부장관은 운항자격심사관으로 하여금 위촉심사관등이 운항자격인정심사 또는 정기·수시심사를 수행한 기록물 등을 포함한 조종사의 운항자격에 관한 업무 전반에 대하여 정기 또는 수시로 확인하게 하여야 한다.

제154조(특별심사 대상 조종사) 법 제63조 제6항에서 "국토교통부령으로 정하는 기장 또는 기장 외의 조종사"란 항공운송사업 또는 제137조에 따른 업무를 하는 항공기사용사업에 사용되는 항공기의 기장 또는 기장 외의 조종사를 말한다.

제155조(기장의 지역, 노선 및 공항에 대한 경험요건) ① 법 제63조 제7항에서 "국토교통부령으로 정하는 지역, 노선 및 공항"이란 주변의 지형, 장애물 및 진입·출발방식 등을 고려하여 법 제77조에 따라 국토교통부장관이 고시하는 운항기술기준에서 정한 지역, 노선 및 공항을 말한다.

② 법 제63조 제7항에 따라 항공운송사업에 사용되는 항공기의 기장은 법 제77조에 따라 국토교통부장관이 고시하는 운항기술기준에서 정한 경험이 있어야 한다.

제156조(기장의 경험요건의 면제) 국토교통부장관은 신규로 개설되는 노선을 운항하려는 기장이 다음 각 호의 어느 하나에 해당하는 경우에는 제155조 제2항에 따른 경험요건을 면제할 수 있다.

1. 운항하려는 지역, 노선 및 공항에 대한 시각장비 또는 비행장 도면이 포함된 운항절차에 대한 교육을 받고 위촉심사관등으로부터 확인을 받은 경우
2. 위촉심사관 또는 운항하려는 해당 형식 항공기의 기장으로서 비행한 시간이 1천시간 이상인 경우

제157조(지정항공운송사업자등에 대한 준용규정 등) ① 지정항공운송사업자등의 자격인정 또는 심사에 관하여는 제137조부터 제140조까지, 제141조 제1항·제3항, 제142조, 제143조 제1항·제4항, 제144조 및 제145조를 준용한다.

② 지정항공운송사업자등은 매월 법 제63조 제4항에 따른 운항자격인정 또는 심사결과를 다음 달 20일까지 국토교통부장관에게 보고하여야 한다.

항공안전법, 시행령	항공안전법 시행규칙
제64조(모의비행장치를 이용한 운항자격 심사 등) 국토교통부장관은 비상시의 조치 등 항공기로 제63조에 따른 자격인정 또는 심사를 하기 곤란한 사항에 대해서는 제39조 제3항에 따라 국토교통부장관이 지정한 모의비행장치를 이용하여 제63조에 따른 자격인정 또는 심사를 할 수 있다.	
제65조(운항관리사) ① 항공운송사업자와 국외운항항공기 소유자등은 국토교통부령으로 정하는 바에 따라 운항관리사를 두어야 한다. ② 제1항에 따라 운항관리사를 두어야 하는 자가 운항하는 항공기의 기장은 그 항공기를 출발시키거나 비행계획을 변경하려는 경우에는 운항관리사의 승인을 받아야 한다. ③ 제1항에 따라 운항관리사를 두어야 하는 자는 국토교통부령으로 정하는 바에 따라 운항관리사가 해당 업무를 원활하게 수행하는 데 필요한 지식 및 경험을 갖출 수 있도록 필요한 교육훈련을 하여야 한다.	제158조(운항관리사) ① 법 제65조 제1항에 따라 운항관리사를 두어야 하는 자는 운항관리사가 연속하여 12개월 이상의 기간 동안 운항관리사의 업무에 종사하지 아니한 경우에는 그 운항관리사가 제159조에 따른 지식과 경험을 갖추고 있는지의 여부를 확인한 후가 아니면 그 운항관리사를 운항관리사의 업무에 종사하게 해서는 아니 된다. ② 법 제65조 제1항에 따라 운항관리사를 두어야 하는 자는 운항관리사가 해당 업무와 관련된 항공기의 운항 사항을 항상 알고 있도록 하여야 한다. 제159조(운항관리사에 대한 교육훈련 등) 법 제65조 제1항에 따라 운항관리사를 두어야 하는 자는 법 제65조 제3항에 따라 운항관리사가 다음 각 호의 지식 및 경험 등을 갖출 수 있도록 교육훈련계획을 수립하고 매년 1회 이상 교육훈련을 실시하여야 한다. 1. 운항하려는 지역에 대한 다음 각 목의 지식 가. 계절별 기상조건 나. 기상정보의 출처 다. 기상조건이 운항 예정인 항공기에서 무선통신을 수신하는 데 미치는 영향 라. 화물 탑재 절차 등 2. 해당 항공기 및 그 장비품에 대한 다음 각 목의 지식 가. 운항규정의 내용 나. 무선통신장비 및 항행장비의 특성과 제한사항 3. 운항 감독을 하도록 지정된 지역에 대해 최근 12개월 이내에 항공기 조종실에 탑승하여 1회 이상의 편도비행(해당 지역에 있는 비행장 및 헬기장에서의 착륙을 포함한다)을 한 경험(항공운송사업자에 소속된 운항관리사만 해당한다) 4. 업무 수행에 필요한 다음 각 목의 능력 가. 인적요소(Human Factor)와 관련된 지식 및 기술 나. 기장에 대한 비행준비의 지원 다. 기장에 대한 비행 관련 정보의 제공 라. 기장에 대한 운항비행계획서(Operational Flight Plan) 및 비행계획서의 작성 지원 마. 비행 중인 기장에게 필요한 안전 관련 정보의 제공 바. 비상시 운항규정에서 정한 절차에 따른 조치

항공안전법, 시행령	항공안전법 시행규칙
제66조(항공기 이륙·착륙의 장소) ① 누구든지 항공기(활공기와 비행선은 제외한다)를 비행장이 아닌 곳(해당 항공기에 요구되는 비행장 기준에 맞지 아니하는 비행장을 포함한다)에서 이륙하거나 착륙하여서는 아니 된다. 다만, 각 호의 경우에는 그러하지 아니하다. 1. 안전과 관련한 비상상황 등 불가피한 사유가 있는 경우로서 국토교통부장관의 허가를 받은 경우 2. 제90조 제2항에 따라 국토교통부장관이 발급한 운영기준에 따르는 경우 **영 제9조(항공기 이륙·착륙 장소 외에서의 이륙·착륙 허가 등)** ① 법 제66조 제1항 제1호에 따른 안전과 관련한 비상상황 등 불가피한 사유가 있는 경우는 다음 각 호의 어느 하나에 해당하는 경우로 한다. 1. 항공기의 비행 중 계기 고장, 연료 부족 등의 비상상황이 발생하여 신속하게 착륙하여야 하는 경우 2. 응급환자 또는 수색인력·구조인력 등의 수송, 비행훈련, 화재의 진화, 화재 예방을 위한 감시, 항공촬영, 항공방제, 연료보급, 건설자재 운반 또는 헬리콥터를 이용한 사람의 수송 등의 목적으로 항공기를 비행장이 아닌 장소에서 이륙 또는 착륙하여야 하는 경우 ② 제1항 제1호에 해당하여 법 제66조 제1항 제1호에 따라 착륙의 허가를 받으려는 자는 무선통신 등을 사용하여 국토교통부장관에게 착륙 허가를 신청하여야 한다. 이 경우 국토교통부장관은 특별한 사유가 없으면 허가하여야 한다. ③ 제1항 제2호에 해당하여 법 제66조 제1항 제1호에 따라 이륙 또는 착륙의 허가를 받으려는 자는 국토교통부령으로 정하는 허가신청서를 국토교통부장관에게 제출하여야 한다. 이 경우 국토교통부장관은 그 내용을 검토하여 안전에 지장이 없다고 인정되는 경우에는 6개월 이내의 기간을 정하여 허가하여야 한다. ② 제1항 제1호에 따른 허가에 필요한 세부 기준 및 절차와 그 밖에 필요한 사항은 대통령령으로 정한다.	제160조(이륙·착륙장소 외에서의 이륙·착륙허가신청) 영 제9조 제3항에 따라 국토교통부장관 또는 지방항공청장의 허가를 받으려는 자는 별지 제70호서식의 이륙·착륙 장소 외에서의 이륙·착륙 허가 신청서에 다음 각 호의 사항을 적은 서류를 첨부하여 국토교통부장관 또는 지방항공청장에게 제출하여야 한다. 1. 이륙·착륙하려는 장소(해당 장소의 약도를 포함한다) 2. 이륙·착륙의 절차 및 방향의 선정 3. 이륙·착륙 장소의 지형 적합성 및 우천·강설 등에 따른 지반 약화 가능성 4. 이륙·착륙 장소에 적합한 용량의 소화기 비치계획 및 풍향을 지시할 수 있는 장치의 설치 여부 5. 이륙·착륙 장소의 주변 장애물(급격한 경사, 전선 및 건물 등을 말한다) 6. 이륙·착륙 장소에 사람의 접근통제 및 안전요원 배치 계획 7. 항공기사고를 방지하기 위한 조치 8. 항공기의 급유 시 안전대책 9. 국유지 및 사유지에 이륙·착륙 시 관계기관 또는 관계인과의 토지사용에 대한 사전협의 사항 10. 항공기의 소음 등으로 인한 민원발생 예방대책 11. 그 밖에 항공기의 안전한 이륙·착륙을 위하여 국토교통부장관이 정하여 고시하는 사항

항공안전법, 시행령	항공안전법 시행규칙
제67조(항공기의 비행규칙) ① 항공기를 운항하려는 사람은 「국제민간항공협약」 및 같은 협약 부속서에 따라 국토교통부령으로 정하는 비행에 관한 기준·절차·방식 등(이하 "비행규칙"이라 한다)에 따라 비행하여야 한다. ② 비행규칙은 다음 각 호와 같이 구분한다. 1. 재산 및 인명을 보호하기 위한 비행절차 등 일반적인 사항에 관한 규칙 2. 시계비행에 관한 규칙 3. 계기비행에 관한 규칙 4. 비행계획의 작성·제출·접수 및 통보 등에 관한 규칙 5. 그 밖에 비행안전을 위하여 필요한 사항에 관한 규칙	제161조(비행규칙의 준수 등) ① 기장은 법 제67조에 따른 비행규칙에 따라 비행하여야 한다. 다만, 안전을 위하여 불가피한 경우에는 그러하지 아니하다. ② 기장은 비행을 하기 전에 현재의 기상관측보고, 기상예보, 소요 연료량, 대체 비행경로 및 그 밖에 비행에 필요한 정보를 숙지하여야 한다. ③ 기장은 인명이나 재산에 피해가 발생하지 아니하도록 주의하여 비행하여야 한다. ④ 기장은 다른 항공기 또는 그 밖의 물체와 충돌하지 아니하도록 비행하여야 하며, 공중충돌경고장치의 회피지시가 발생한 경우에는 그 지시에 따라 회피기동을 하는 등 충돌을 예방하기 위한 조치를 하여야 한다. 제162조(항공기의 지상이동) 법 제67조에 따라 비행장 안의 이동지역에서 이동하는 항공기는 충돌예방을 위하여 다음 각 호의 기준에 따라야 한다. 1. 정면 또는 이와 유사하게 접근하는 항공기 상호간에는 모두 정지하거나 가능한 경우에는 충분한 간격이 유지되도록 각각 오른쪽으로 진로를 바꿀 것 2. 교차하거나 이와 유사하게 접근하는 항공기 상호간에는 다른 항공기를 우측으로 보는 항공기가 진로를 양보할 것 3. 추월하는 항공기는 다른 항공기의 통행에 지장을 주지 아니하도록 충분한 분리 간격을 유지할 것 4. 기동지역에서 지상이동 하는 항공기는 관제탑의 지시가 없는 경우에는 활주로진입전대기지점(Runway Holding Position)에서 정지·대기할 것 5. 기동지역에서 지상이동하는 항공기는 정지선등(Stop Bar Lights)이 켜져 있는 경우에는 정지·대기하고, 정지선등이 꺼질 때에 이동할 것 제163조(비행장 또는 그 주변에서의 비행) ① 법 제67조에 따라 비행장 또는 그 주변을 비행하는 항공기의 조종사는 다음 각 호의 기준에 따라야 한다. 1. 이륙하려는 항공기는 안전고도 미만의 고도 또는 안전속도 미만의 속도에서 선회하지 말 것 2. 해당 비행장의 이륙기상최저치 미만의 기상상태에서는 이륙하지 말 것 3. 해당 비행장의 시계비행 착륙기상최저치 미만의 기상상태에서는 시계비행방식으로 착륙을 시도하지 말 것 4. 터빈발동기를 장착한 이륙항공기는 지표 또는 수면으로부터 450미터(1,500피트)의 고도까지 가능한 한 신속히 상승할 것. 다만, 소음 감소를 위하여 국토교통부장관이 달리 비행방법을 정한 경우에는 그러하지 아니하다.

항공안전법 시행규칙

5. 해당 비행장을 관할하는 항공교통관제기관과 무선통신을 유지할 것
6. 비행로, 교통장주(交通長周), 그 밖에 해당 비행장에 대하여 정하여진 비행 방식 및 절차에 따를 것
7. 다른 항공기 다음에 이륙하려는 항공기는 그 다른 항공기가 이륙하여 활주로의 종단을 통과하기 전에는 이륙을 위한 활주를 시작하지 말 것
8. 다른 항공기 다음에 착륙하려는 항공기는 그 다른 항공기가 착륙하여 활주로 밖으로 나가기 전에는 착륙하기 위하여 그 활주로 시단을 통과하지 말 것
9. 이륙하는 다른 항공기 다음에 착륙하려는 항공기는 그 다른 항공기가 이륙하여 활주로의 종단을 통과하기 전에는 착륙하기 위하여 해당 활주로의 시단을 통과하지 말 것
10. 착륙하는 다른 항공기 다음에 이륙하려는 항공기는 그 다른 항공기가 착륙하여 활주로 밖으로 나가기 전에 이륙하기 위한 활주를 시작하지 말 것
11. 기동지역 및 비행장 주변에서 비행하는 항공기를 관찰할 것
12. 다른 항공기가 사용하고 있는 교통장주를 회피하거나 지시에 따라 비행할 것
13. 비행장에 착륙하기 위하여 접근하거나 이륙 중 선회가 필요할 경우에는 달리 지시를 받은 경우를 제외하고는 좌선회할 것
14. 비행안전, 활주로의 배치 및 항공교통상황 등을 고려하여 필요한 경우를 제외하고는 바람이 불어오는 방향으로 이륙 및 착륙할 것

② 제1항 제6호부터 제14호까지의 규정에도 불구하고 항공교통관제기관으로부터 다른 지시를 받은 경우에는 그 지시에 따라야 한다.

제164조(순항고도) ① 법 제67조에 따라 비행을 하는 항공기의 순항고도는 다음 각 호와 같다.

1. 항공기가 관제구 또는 관제권을 비행하는 경우에는 항공교통관제기관이 법 제84조 제1항에 따라 지시하는 고도
2. 제1호 외의 경우에는 별표 21 제1호에서 정한 순항고도
3. 제2호에도 불구하고 국토교통부장관이 수직분리축소공역(RVSM)으로 정하여 고시한 공역의 경우에는 별표 21 제2호에서 정한 순항고도

② 제1항에 따른 항공기의 순항고도는 다음 각 호의 구분에 따라 표현되어야 한다.

1. 순항고도가 전이고도를 초과하는 경우: 비행고도(Flight Level)
2. 순항고도가 전이고도 이하인 경우: 고도(Altitude)

제165조(기압고도계의 수정) 법 제67조에 따라 비행을 하는 항공기의 기압고도계는 다음 각 호의 기준에 따라 수정하여야 한다.

1. 전이고도 이하의 고도로 비행하는 경우에는 비행로를 따라 185킬로미터(100해리) 이내에 있는 항공교통관제기관으로부터 통보받은 QNH[185킬로미터(100해리) 이내에 항공교통관제기관이 없는 경우에는 제227조 제1호에 따른 비행정보기관 등으로부터 받은 최신 QNH를 말한다]로 수정할 것
2. 전이고도를 초과한 고도로 비행하는 경우에는 표준기압치(1,013.2 헥토파스칼)로 수정할 것

제166조(통행의 우선순위) ① 법 제67조에 따라 교차하거나 그와 유사하게 접근하는 고도의 항공기 상호간에는 다음 각 호에 따라 진로를 양보하여야 한다.

1. 비행기·헬리콥터는 비행선, 활공기 및 기구류에 진로를 양보할 것
2. 비행기·헬리콥터·비행선은 항공기 또는 그 밖의 물건을 예항(曳航)하는 다른 항공기에 진로를 양보할 것
3. 비행선은 활공기 및 기구류에 진로를 양보할 것
4. 활공기는 기구류에 진로를 양보할 것
5. 제1호부터 제4호까지의 경우를 제외하고는 다른 항공기를 우측으로 보는 항공기가 진로를 양보할 것

② 비행 중이거나 지상 또는 수상에서 운항 중인 항공기는 착륙 중이거나 착륙하기 위하여 최종접근 중인 항공기에 진로를 양보하여야 한다.

항공안전법 시행규칙

③ 착륙을 위하여 비행장에 접근하는 항공기 상호간에는 높은 고도에 있는 항공기가 낮은 고도에 있는 항공기에 진로를 양보하여야 한다. 이 경우 낮은 고도에 있는 항공기는 최종 접근단계에 있는 다른 항공기의 전방에 끼어들거나 그 항공기를 추월해서는 아니 된다.

④ 제3항에도 불구하고 비행기, 헬리콥터 또는 비행선은 활공기에 진로를 양보하여야 한다.

⑤ 비상착륙하는 항공기를 인지한 항공기는 그 항공기에 진로를 양보하여야 한다.

⑥ 비행장 안의 기동지역에서 운항하는 항공기는 이륙 중이거나 이륙하려는 항공기에 진로를 양보하여야 한다.

제167조(진로와 속도 등) ① 법 제67조에 따라 통행의 우선순위를 가진 항공기는 그 진로와 속도를 유지하여야 한다.

② 다른 항공기에 진로를 양보하는 항공기는 그 다른 항공기의 상하 또는 전방을 통과해서는 아니 된다. 다만, 충분한 거리 및 항적난기류(航跡亂氣流)의 영향을 고려하여 통과하는 경우에는 그러하지 아니하다.

③ 두 항공기가 충돌할 위험이 있을 정도로 정면 또는 이와 유사하게 접근하는 경우에는 서로 기수(機首)를 오른쪽으로 돌려야 한다.

④ 다른 항공기의 후방 좌・우 70도 미만의 각도에서 그 항공기를 추월(상승 또는 강하에 의한 추월을 포함한다)하려는 항공기는 추월당하는 항공기의 오른쪽을 통과하여야 한다. 이 경우 추월하는 항공기는 추월당하는 항공기와 간격을 유지하며, 추월당하는 항공기의 진로를 방해해서는 아니 된다.

제168조(수상에서의 충돌예방) 법 제67조에 따라 수상에서 항공기를 운항하려는 자는 「해사안전법」에서 달리 정한 것이 없으면 다음 각 호의 기준에 따라 운항하거나 이동하여야 한다.

1. 항공기와 다른 항공기 또는 선박이 근접하는 경우에는 주변 상황과 그 다른 항공기 또는 선박의 이동상황을 고려하여 운항할 것
2. 항공기와 다른 항공기 또는 선박이 교차하거나 이와 유사하게 접근하는 경우에는 그 다른 항공기 또는 선박을 오른쪽으로 보는 항공기가 진로를 양보하고 충분한 간격을 유지할 것
3. 항공기와 다른 항공기 또는 선박이 정면 또는 이와 유사하게 접근하는 경우에는 서로 기수를 오른쪽으로 돌리고 충분한 간격을 유지할 것
4. 추월하려는 항공기는 충돌을 피할 수 있도록 진로를 변경하여 추월할 것
5. 수상에서 이륙하거나 착륙하는 항공기는 수상의 모든 항공기 또는 선박으로부터 충분한 간격을 유지하여 선박의 항해를 방해하지 말 것
6. 수상에서 야간에 이동, 견인 및 정박하는 항공기는 별표 22에서 정하는 등불을 작동시킬 것. 다만, 부득이한 경우에는 별표 22에서 정하는 위치와 형태 등과 유사하게 등불을 작동시켜야 한다.

제169조(비행속도의 유지 등) ① 법 제67조에 따라 항공기는 지표면으로부터 750미터(2,500피트)를 초과하고, 평균해면으로부터 3,050미터(1만피트) 미만인 고도에서는 지시대기속도 250노트 이하로 비행하여야 한다. 다만, 관할 항공교통관제기관의 승인을 받은 경우에는 그러하지 아니하다.

② 항공기는 별표 23 제1호에 따른 C 또는 D등급 공역에서는 공항으로부터 반지름 7.4킬로미터(4해리) 내의 지표면으로부터 750미터(2,500피트)의 고도 이하에서는 지시대기속도 200노트 이하로 비행하여야 한다. 다만, 관할 항공교통관제기관의 승인을 받은 경우에는 그러하지 아니하다.

③ 항공기는 별표 23 제1호에 따른 B등급 공역 중 공항별로 국토교통부장관이 고시하는 범위와 고도의 구역 또는 B등급 공역을 통과하는 시계비행로에서는 지시대기속도 200노트 이하로 비행하여야 한다.

④ 최저안전속도가 제1항부터 제3항까지의 규정에 따른 최대속도보다 빠른 항공기는 그 항공기의 최저안전속도로 비행하여야 한다.

제170조(편대비행) ① 법 제67조에 따라 2대 이상의 항공기로 편대비행(編隊飛行)을 하려는 기장은 미리 다음 각 호의 사항에 관하여 다른 기장과 협의하여야 한다.

1. 편대비행의 실시계획
2. 편대의 형(形)
3. 선회 및 그 밖의 행동 요령

항공안전법 시행규칙

4. 신호 및 그 의미
5. 그 밖에 필요한 사항

② 제1항에 따라 법 제78조 제1항 제1호에 따른 관제공역 내에서 편대비행을 하려는 항공기의 기장은 다음 각 호의 사항을 준수하여야 한다.

1. 편대 책임기장은 편대비행 항공기들을 단일 항공기로 취급하여 관할 항공교통관제기관에 비행 위치를 보고할 것
2. 편대 책임기장은 편대 내의 항공기들을 집결 또는 분산 시 적절하게 분리할 것
3. 편대를 책임지는 항공기로부터 편대 내의 항공기들을 종적 및 횡적으로는 1킬로미터, 수직으로는 30미터 이내의 분리를 할 것

제171조(활공기 등의 예항) ① 법 제67조에 따라 항공기가 활공기를 예항하는 경우에는 다음 각 호의 기준에 따라야 한다.

1. 항공기에 연락원을 탑승시킬 것(조종자를 포함하여 2명 이상이 탈 수 있는 항공기의 경우만 해당하며, 그 항공기와 활공기 간에 무선통신으로 연락이 가능한 경우는 제외한다)
2. 예항하기 전에 항공기와 활공기의 탑승자 사이에 다음 각 목에 관하여 상의할 것
   가. 출발 및 예항의 방법
   나. 예항줄 이탈의 시기·장소 및 방법
   다. 연락신호 및 그 의미
   라. 그 밖에 안전을 위하여 필요한 사항
3. 예항줄의 길이는 40미터 이상 80미터 이하로 할 것
4. 지상연락원을 배치할 것
5. 예항줄 길이의 80퍼센트에 상당하는 고도 이상의 고도에서 예항줄을 이탈시킬 것
6. 구름 속에서나 야간에는 예항을 하지 말 것(지방항공청장의 허가를 받은 경우는 제외한다)

② 항공기가 활공기 외의 물건을 예항하는 경우에는 다음 각 호의 기준에 따라야 한다.

1. 예항줄에는 20미터 간격으로 붉은색과 흰색의 표지를 번갈아 붙일 것
2. 지상연락원을 배치할 것

제172조(시계비행의 금지) ① 법 제67조에 따라 시계비행방식으로 비행하는 항공기는 해당 비행장의 운고(Ceiling)가 450미터(1,500피트) 미만 또는 지상시정이 5킬로미터 미만인 경우에는 관제권 안의 비행장에서 이륙 또는 착륙을 하거나 관제권 안으로 진입할 수 없다. 다만, 관할 항공교통관제기관의 허가를 받은 경우에는 그러하지 아니하다.

② 야간에 시계비행방식으로 비행하는 항공기는 지방항공청장 또는 해당 비행장의 운영자가 정하는 바에 따라야 한다.

③ 항공기는 다음 각 호의 어느 하나에 해당되는 경우에는 기상상태에 관계없이 계기비행방식에 따라 비행하여야 한다. 다만, 관할 항공교통관제기관의 허가를 받은 경우에는 그러하지 아니하다.

1. 평균해면으로부터 6,100미터(2만피트)를 초과하는 고도로 비행하는 경우
2. 천음속(遷音速) 또는 초음속(超音速)으로 비행하는 경우

④ 항공기를 운항하려는 사람은 300미터(1천피트) 수직분리최저치가 적용되는 8,850미터(2만9천피트) 이상 1만2,500미터(4만1천피트) 이하의 수직분리축소공역에서는 시계비행방식으로 운항하여서는 아니 된다.

⑤ 시계비행방식으로 비행하는 항공기는 제199조 제1호 각 목에 따른 최저비행고도 미만의 고도로 비행하여서는 아니 된다. 다만, 다음 각 호의 어느 하나에 해당하는 경우에는 그러하지 아니하다.

1. 이륙하거나 착륙하는 경우
2. 항공교통업무기관의 허가를 받은 경우
3. 비상상황의 경우로서 지상의 사람이나 재산에 위해를 주지 아니하고 착륙할 수 있는 고도인 경우

제173조(시계비행방식에 의한 비행) ① 법 제67조에 따라 시계비행방식으로 비행하는 항공기는 지표면 또는 수면상공 900미터(3천피트) 이상을 비행할 경우에는 별표 21에 따른 순항고도에 따라 비행하여야 한다. 다만, 관할 항공교통업무기관의 허가를 받은 경우에는 그러하지 아니하다.

항공안전법 시행규칙

② 시계비행방식으로 비행하는 항공기는 다음 각 호의 어느 하나에 해당하는 경우에는 항공교통관제기관의 지시에 따라 비행하여야 한다.

1. 별표 23 제1호에 따른 B, C 또는 D등급의 공역 내에서 비행하는 경우
2. 관제비행장의 부근 또는 기동지역에서 운항하는 경우
3. 특별시계비행방식에 따라 비행하는 경우

③ 관제권 안에서 시계비행방식으로 비행하는 항공기는 비행정보를 제공하는 관할 항공교통업무기관과 공대지통신(空對地通信)을 유지·경청하고, 필요한 경우에는 위치보고를 하여야 한다.

④ 시계비행방식으로 비행 중인 항공기가 계기비행방식으로 변경하여 비행하려는 경우에는 그 비행계획의 변경 사항을 관할 항공교통관제기관에 통보하여야 한다.

제174조(특별시계비행) ① 법 제67조에 따라 예측할 수 없는 급격한 기상의 악화 등 부득이한 사유로 관할 항공교통관제기관으로부터 특별시계비행허가를 받은 항공기의 조종사는 제163조 제1항 제3호에도 불구하고 다음 각 호의 기준에 따라 비행하여야 한다.

1. 허가받은 관제권 안을 비행할 것
2. 구름을 피하여 비행할 것
3. 비행시정을 1,500미터 이상 유지하며 비행할 것
4. 지표 또는 수면을 계속하여 볼 수 있는 상태로 비행할 것
5. 조종사가 계기비행을 할 수 있는 자격이 없거나 제117조 제1항에 따른 항공계기를 갖추지 아니한 항공기로 비행하는 경우에는 주간에만 비행할 것. 다만, 헬리콥터는 야간에도 비행할 수 있다.

② 특별시계비행을 하는 경우에는 다음 각 호의 조건에서만 제1항에 따른 기준에 따라 이륙하거나 착륙할 수 있다.

1. 지상시정이 1,500미터 이상일 것
2. 지상시정이 보고되지 아니한 경우에는 비행시정이 1,500미터 이상일 것

제175조(비행시정 및 구름으로부터의 거리) 법 제67조에 따라 시계비행방식으로 비행하는 항공기는 별표 24에 따른 비행시정 및 구름으로부터의 거리 미만인 기상상태에서 비행하여서는 아니 된다. 다만, 특별시계비행방식에 따라 비행하는 항공기는 그러하지 아니하다.

제176조(모의계기비행의 기준) 법 제67조에 따라 모의계기비행을 하려는 자는 다음 각 호의 기준에 따라야 한다.

1. 완전하게 작동하는 이중비행조종장치(Dual Control)를 장착하고 있을 것
2. 안전감독 조종사(Safety Pilot)가 조종석에 타고 있을 것
3. 안전감독 조종사가 항공기의 전방 및 양 측면에 대하여 적절한 시야를 확보하고 있거나 항공기 내에 관숙승무원(Observer)이 있어 안전감독 조종사의 시야를 보완할 수 있을 것

제177조(계기 접근 및 출발 절차 등) ① 법 제67조에 따라 계기비행의 절차는 다음 각 호와 같이 구분한다. 〈개정 2020. 2. 28.〉

1. 비정밀접근절차: 전방향표지시설(VOR), 전술항행표지시설(TACAN) 등 전자적인 활공각(滑空角) 정보를 이용하지 아니하고 활주로방위각 정보를 이용하는 계기접근절차
2. 정밀접근절차: 계기착륙시설(Instrument Landing System/ILS, Microwave Landing System/MLS, GPS Landing System/GLS) 또는 위성항법시설(Satellite Based Augmentation System/SBAS Cat Ⅰ)을 기반으로 하여 활주로방위각 및 활공각 정보를 이용하는 계기접근절차
3. 수직유도정보에 의한 계기접근절차: 활공각 및 활주로방위각 정보를 제공하며, 최저강하고도 또는 결심고도가 75미터(250피트) 이상으로 설계된 성능기반항행(Performance Based Navigation/PBN) 계기접근절차
4. 표준계기도착절차: 항공로에서 제1호부터 제3호까지의 규정에 따른 계기접근절차로 연결하는 계기도착절차
5. 표준계기출발절차: 비행장을 출발하여 항공로를 비행할 수 있도록 연결하는 계기출발절차

항공안전법 시행규칙

② 제1항 제1호부터 제3호까지의 규정에 따른 계기접근절차는 결심고도와 시정 또는 활주로가시범위(Visibility or Runway Visual Range/RVR)에 따라 다음과 같이 구분한다. 〈개정 2020. 12. 10.〉

종류		결심고도 (Decision Height/DH)	시정 또는 활주로 가시범위 (Visibility or Runway Visual Range/RVR)
A형(Type A)		75미터(250피트) 이상 *결심고도가 없는 경우 최저강하고도를 적용	해당 사항 없음
B형 (Type B)	1종 (Category Ⅰ)	60미터(200피트) 이상 75미터(250피트) 미만	시정 800미터(1/2마일) 또는 550미터 이상
	2종 (Category Ⅱ)	30미터(200피트) 이상 60미터(250피트) 미만	RVR 300미터 이상 550미터 미만
	3종 (Category Ⅲ)	30미터(100피트) 미만 또는 적용하지 아니함(No DH)	RVR 300미터 미만 또는 적용하지 아니함(No RVR)

③ 제2항의 표 중 종류별 구분은 「국제민간항공협약」 부속서 14에서 정하는 바에 따른다.

제178조(계기비행규칙 등) ① 법 제67조에 따라 계기비행방식으로 비행하는 항공기는 제199조 제2호 각 목에 따른 고도 미만으로 비행해서는 아니 된다. 다만, 이륙 또는 착륙하는 경우와 관할 항공교통업무기관의 허가를 받은 경우에는 그러하지 아니하다.

② 계기비행방식으로 비행하는 항공기가 시계비행방식으로 변경하려는 경우에는 계기비행의 취소 및 비행계획의 변경사항을 관할 항공교통업무기관에 통보하여야 한다.

③ 제2항에도 불구하고 계기비행방식으로 비행 중인 항공기는 시계비행기상상태가 상당한 시간 동안 유지되지 아니할 것으로 예상되는 경우에는 계기비행방식에 의한 비행을 취소해서는 아니 된다.

제179조(관제공역 내에서의 계기비행규칙) ① 법 제67조에 따라 비행하는 항공기는 관제공역 내에서 비행할 경우에는 제185조 및 제190조부터 제193조까지를 준수하여야 한다.

② 관제공역 내에서 계기비행방식으로 비행하려는 항공기는 별표 21에 따른 순항고도로 비행하여야 한다. 다만, 관할 항공교통관제기관에서 별도로 지시하는 경우에는 그러하지 아니하다.

제180조(항공교통관제업무가 제공되지 아니하는 공역에서의 계기비행규칙) ① 항공교통관제업무가 제공되지 아니하는 공역에서 계기비행방식으로 비행하려는 항공기는 별표 21에 따른 순항고도로 비행하여야 한다. 다만, 관할 항공교통업무기관으로부터 해발고도 900미터(3천피트) 이하의 고도로 비행하도록 지시를 받은 경우에는 그러하지 아니하다.

② 항공교통관제업무가 제공되지 아니하는 공역에서 계기비행방식으로 비행하는 항공기는 비행정보를 제공하는 항공교통업무기관과 공대지통신을 유지·경청하고, 제191조에 따라 위치보고를 하여야 한다.

제181조(계기비행방식등에 의한 비행·접근·착륙 및 이륙)

① 계기비행방식으로 착륙하기 위하여 접근하는 항공기의 조종사는 다음 각 호의 기준에 따라 비행하여야 한다.

1. 해당 비행장에 설정된 계기접근절차를 따를 것
2. 기상상태가 해당 계기접근절차의 착륙기상최저치 미만인 경우에는 결심고도(DH) 또는 최저강하고도(MDA)보다 낮은 고도로 착륙을 위한 접근을 시도하지 아니할 것. 다만, 다음 각 목의 요건에 모두 적합한 경우에는 그러하지 아니하다.

가. 정상적인 강하율에 따라 정상적인 방법으로 그 활주로에 착륙하기 위한 강하를 할 수 있는 위치에 있을 것

나. 비행시정이 해당 계기접근절차에 규정된 시정 이상일 것

항공안전법 시행규칙

다. 조종사가 다음 중 어느 하나 이상의 해당 활주로 관련 시각참조물을 확실히 보고 식별할 수 있을 것(정밀접근방식이 제177조 제2항에 따른 제2종 또는 제3종에 해당하는 경우는 제외한다)

1) 진입등시스템(ALS): 조종사가 진입등의 구성품 중 붉은색 측면등(red side row bars) 또는 붉은색 최종진입등(red terminating bars)을 명확하게 보고 식별할 수 없는 경우에는 활주로의 접지구역표면으로부터 30미터(100피트) 높이의 고도 미만으로 강하할 수 없다.

2) 활주로시단(threshold)

3) 활주로시단표지(threshold marking)

4) 활주로시단등(threshold light)

5) 활주로시단식별등

6) 진입각지시등(VASI 또는 PAPI)

7) 접지구역(touchdown zone) 또는 접지구역표지(touchdown zone marking)

8) 접지구역등(touchdown zone light)

9) 활주로 또는 활주로표지

10) 활주로등

3. 다음 각 목의 어느 하나에 해당할 때 제2호 다목의 요건에 적합하지 아니한 경우 또는 최저강하고도 이상의 고도에서 선회 중 비행장이 육안으로 식별되지 아니하는 경우에는 즉시 실패접근(계기접근을 시도하였으나 착륙하지 못한 항공기를 위하여 설정된 비행절차를 말한다. 이하 같다)을 하여야 한다.

가. 최저강하고도보다 낮은 고도에서 비행 중인 때

나. 실패접근의 지점(결심고도가 정해져 있는 경우에는 그 결심고도를 포함한다. 이하 같다)에 도달할 때

다. 실패접근의 지점에서 활주로에 접지할 때

② 조종사는 비행시정이 착륙하려는 비행장의 계기접근절차에 규정된 시정 미만인 경우에는 착륙하여서는 아니 된다. 다만, 법 제3조 제1항에 따른 군용항공기와 같은 조 제3항에 따른 아메리카합중국이 사용하는 항공기는 그러하지 아니하다.

③ 조종사는 해당 민간비행장에서 정한 최저이륙기상치 이상인 경우에만 이륙하여야 한다. 다만, 국토교통부장관의 허가를 받은 경우에는 그러하지 아니하다.

④ 조종사는 최종접근진로, 위치통지점(FIX) 또는 체공지점에서의 시간차접근(Timed Approach) 또는 비절차선회(No Procedure Turn/PT)접근까지 제5항 제2호에 따른 레이더 유도(Vectors)를 받는 경우에는 관할 항공교통관제기관으로부터 절차선회하라는 지시를 받지 아니하고는 절차선회를 해서는 아니 된다.

⑤ 제1항 제1호에 따른 계기접근절차 외의 항공로 운항 및 레이더 사용절차는 다음 각 호에 따른다.

1. 항공교통관제용 레이더는 감시접근용 또는 정밀접근용으로 사용하거나 다른 항행안전무선시설을 이용하는 계기접근절차와 병행하여 사용할 수 있다.
2. 레이더 유도는 최종접근진로 또는 최종접근지점까지 항공기가 접근하도록 진로안내를 하는데 사용할 수 있다.
3. 조종사는 설정되지 아니한 비행로를 비행하거나 레이더 유도에 따라 접근허가를 받은 경우에는 공고된 항공로 또는 계기접근절차 비행구간으로 비행하기 전까지 제199조에 따른 최저비행고도를 준수하여야 한다. 다만, 항공교통관제기관으로부터 최종적으로 지시받은 고도가 있는 경우에는 우선적으로 그 고도에 따라야 한다.
4. 제3호에 따라 관할 항공교통관제기관으로부터 최종적으로 고도를 지시받은 조종사는 공고된 항공로 또는 계기접근절차 비행로에 진입한 이후에는 그 비행로에 대하여 인가된 고도로 강하하여야 한다.
5. 조종사가 최종접근진로나 최종접근지점에 도착한 경우에는 그 시설에 대하여 인가된 절차에 따라 계기접근을 수행하거나 착륙 시까지 감시레이더접근 또는 정밀레이더접근을 계속할 수 있다.

⑥ 계기착륙시설(Instrument Landing System/ILS)은 다음 각 호와 같이 구성되어야 한다.

1. 계기착륙시설은 방위각제공시설(LLZ), 활공각제공시설(GP), 외측마커(Outer Marker), 중간마커(Middle Marker) 및 내측마커(Inner Marker)로 구성되어야 한다.

항공안전법 시행규칙

2. 제1종 정밀접근(CAT-I) 계기착륙시설의 경우에는 내측마커를 설치하지 아니할 수 있다.
3. 외측마커 및 중간마커는 거리측정시설(DME)로 대체할 수 있다.
4. 제2종 및 제3종 정밀접근(CAT-Ⅱ 및 Ⅲ) 계기착륙시설로서 내측마커를 설치하지 아니하려는 경우에는 항행안전시설 설치허가 신청서에 필요한 사유를 적어야 한다.

⑦ 조종사는 군비행장에서 이륙 또는 착륙하거나 군 기관이 관할하는 공역을 비행하는 경우에는 해당 군비행장 또는 군 기관이 정한 계기비행절차 또는 관제지시를 준수하여야 한다. 다만, 해당 군비행장 또는 군 기관의 장과 협의하여 국토교통부장관이 따로 정한 경우에는 그러하지 아니하다.

⑧ 제2종 및 제3종 정밀접근 계기착륙시설의 정밀계기접근절차를 따라 비행하는 경우에는 다음 각 호의 어느 하나를 적용한다. 다만, 「항공사업법」 제7조, 제10조 및 제54조에 따른 항공운송사업자의 항공기에 대해서는 제2호 및 제3호를 적용하지 아니한다.

1. 조종사는 결심고도가 있는 제2종 및 제3종 정밀접근 계기착륙시설의 정밀계기접근절차를 따라 비행할 경우 인가된 결심고도보다 낮은 고도로 착륙을 위한 접근을 시도하여서는 아니 된다. 다만, 국토교통부장관의 인가를 받은 경우 또는 다음 각 목의 어느 하나에 해당하는 경우에는 그러하지 아니하다.
   가. 조종사가 정상적인 강하율에 따라 정상적인 방법으로 활주로 접지구역에 착륙하기 위한 강하를 할 수 있는 위치에 있는 경우
   나. 조종사가 다음의 어느 하나의 활주로 시각참조물을 육안으로 식별할 수 있는 경우
      1) 진입등시스템. 다만, 조종사가 진입등시스템의 구성품 중 진입등만 식별할 수 있고 붉은색 측면등 또는 붉은색 최종진입등은 식별할 수 없는 경우에는 활주로의 표면으로부터 30미터(100피트) 미만의 고도로 강하해서는 아니 된다.
      2) 활주로시단
      3) 활주로시단표지
      4) 활주로시단등
      5) 접지구역 또는 접지구역표지
      6) 접지구역등
2. 조종사는 결심고도가 없는 제3종 정밀접근 계기착륙시설의 정밀계기접근절차를 따라 비행하려는 경우에는 미리 국토교통부장관의 인가를 받아야 한다.
3. 제2종 및 제3종 정밀접근 계기착륙시설의 정밀계기접근절차 운용의 일반기준은 다음 각 목과 같다.
   가. 제2종 및 제3종 계기착륙시설의 정밀계기접근절차를 이용하는 조종사는 다음의 기준에 적합하여야 한다.
      1) 제2종 정밀접근 계기착륙시설의 정밀계기접근절차를 이용하는 기장과 기장 외의 조종사는 제2종 계기착륙시설의 정밀계기접근절차의 운용에 관하여 지방항공청장의 인가를 받을 것
      2) 제3종 정밀접근 계기착륙시설의 정밀계기접근절차를 이용하는 기장과 기장 외의 조종사는 제3종 정밀접근 계기착륙시설의 정밀계기접근절차의 운용에 관하여 지방항공청장의 인가를 받을 것
      3) 조종사는 자신이 이용하는 계기착륙시설의 정밀계기접근절차 및 항공기에 대하여 잘 알고 있을 것
   나. 조종사의 전면에 있는 항공기 조종계기판에는 해당 계기착륙시설의 정밀계기접근절차를 수행하는 데 필요한 장비가 갖추어져 있어야 한다.
   다. 비행장 및 항공기에는 별표 25에 따른 해당 계기착륙시설의 정밀계기접근용 지상장비와 해당 항공기에 필요한 장비가 각각 갖추어져 있어야 한다.
4. 「항공사업법」 제7조·제10조 및 제54조에 따른 항공운송사업자의 항공기가 제2종 또는 제3종 정밀접근 계기착륙시설의 정밀계기접근절차에 따라 비행하는 경우에는 별표 25에서 정한 기준을 준수하여야 한다.

⑨ 조종사는 제8항 제1호 가목 및 나목의 기준에 적합하지 아니한 경우에는 활주로에 접지하기 전에 즉시 실패접근을 하여야 한다. 다만, 국토교통부장관의 허가를 받은 경우에는 그러하지 아니하다.

항공안전법 시행규칙

제182조(비행계획의 제출 등) ① 법 제67조에 따라 비행정보구역 안에서 비행을 하려는 자는 비행을 시작하기 전에 비행계획을 수립하여 관할 항공교통업무기관에 제출하여야 한다. 다만, 긴급출동 등 비행 시작 전에 비행계획을 제출하지 못한 경우에는 비행 중에 제출할 수 있다.

② 제1항에 따른 비행계획은 구술 · 전화 · 서류 · 전문(電文) · 팩스 또는 정보통신망을 이용하여 제출할 수 있다. 이 경우 서류 · 팩스 또는 정보통신망을 이용하여 비행계획을 제출할 때에는 별지 제71호서식의 비행계획서에 따른다.

③ 제2항에 불구하고 항공운송사업에 사용되는 항공기의 비행계획을 제출하는 경우에는 별지 제72호서식의 반복비행계획서를 항공교통본부장에게 제출할 수 있다.

④ 제1항 본문에 따라 비행계획을 제출하여야 하는 자 중 국내에서 유상으로 여객이나 화물을 운송하는 자 또는 두 나라 이상을 운항하는 자는 다음 각 호의 구분에 따른 시기까지 별지 제73호서식의 항공기 입출항 신고서(GENERAL DECLARATION)를 지방항공청장에게 제출(정보통신망을 이용할 경우에는 해당 정보통신망에서 사용하는 양식에 따른다)하여야 한다.

1. 국내에서 유상으로 여객이나 화물을 운송하는 자: 출항 준비가 끝나는 즉시
2. 두 나라 이상을 운항하는 자
   가. 입항의 경우: 국내 목적공항 도착 예정 시간 2시간 전까지. 다만, 출발국에서 출항 후 국내 목적공항까지의 비행시간이 2시간 미만인 경우에는 출발국에서 출항 후 20분 이내까지 할 수 있다.
   나. 출항의 경우: 출항 준비가 끝나는 즉시

⑤ 제2항 후단에 따른 비행계획서는 국토교통부장관이 정하여 고시하는 작성방법에 따라 작성되어야 한다.

⑥ 제4항에 따른 항공기 입출항 신고서를 제출받은 지방항공청장은 신고서 및 첨부서류에 흠이 없고 형식적 요건을 충족하는 경우에는 지체 없이 접수하여야 한다.

⑦ 제1항 본문에 따라 비행을 하려는 자는 비행을 시작하기 전에 제109조 제1항에서 정하고 있는 사고예방장치가 작동되지 않는 경우 별지 제71호서식의 비행계획서의 기타정보란에 이 사항을 기록하고, 항공교통관제기관에 통보해야 한다. 〈신설 2020. 2. 28.〉

제183조(비행계획에 포함되어야 할 사항) 법 제67조에 따라 비행계획에는 다음 각 호의 사항이 포함되어야 한다. 다만, 제9호부터 제14호까지의 사항은 지방항공청장 또는 항공교통본부장이 요청하거나 비행계획을 제출하는 자가 필요하다고 판단하는 경우에만 해당한다.

1. 항공기의 식별부호
2. 비행의 방식 및 종류
3. 항공기의 대수 · 형식 및 최대이륙중량 등급
4. 탑재장비
5. 출발비행장 및 출발 예정시간
6. 순항속도, 순항고도 및 예정항공로
7. 최초 착륙예정 비행장 및 총 예상 소요 비행시간
8. 교체비행장(시계비행방식에 따라 비행하려는 경우 또는 제186조 제3항 각 호에 해당되는 경우는 제외한다)
9. 시간으로 표시한 연료탑재량
10. 출발 전에 연료탑재량으로 인하여 비행 중 비행계획의 변경이 예상되는 경우에는 변경될 목적비행장 및 비행경로에 관한 사항
11. 탑승 총 인원(탑승수속 상 불가피한 경우에는 해당 항공기가 이륙한 직후에 제출할 수 있다)
12. 비상무선주파수 및 구조장비
13. 기장의 성명(편대비행의 경우에는 편대 책임기장의 성명)
14. 낙하산 강하의 경우에는 그에 관한 사항
15. 그 밖에 항공교통관제와 수색 및 구조에 참고가 될 수 있는 사항

항공안전법 시행규칙

제184조(비행계획의 준수) ① 법 제67조에 따라 항공기는 비행 시 제출된 비행계획을 지켜야 한다. 다만, 비행계획의 변경에 대하여 항공교통관제기관의 허가를 받은 경우 또는 긴급한 조치가 필요한 비상상황이 발생한 경우에는 그러하지 아니하다. 이 경우 비상상황의 발생으로 비행계획을 지키지 못하였을 때에는 긴급 조치를 한 즉시 이를 관할 항공교통관제기관에 통보하여야 한다.

② 항공기는 항공로의 중심선을 따라 비행하여야 하며, 항공로가 설정되지 아니한 지역에서는 항행안전시설과 그 비행로의 정해진 지점 간을 직선으로 비행하여야 한다. 다만, 국토교통부장관이 별도로 정한 바에 따르거나 관할 항공교통관제기관으로부터 달리 지시를 받은 경우에는 그러하지 아니하다.

③ 항공기는 제2항을 지킬 수 없는 경우 관할 항공교통업무기관에 통보하여야 한다.

④ 전방향표지시설(VOR)에 따라 설정된 항공로를 비행하는 항공기는 주파수 변경지점이 설정되어 있는 경우에는 그 변경지점 또는 가능한 한 가까운 지점에서 항공기 후방의 항행안전시설로부터 전방의 항행안전시설로 주파수를 변경하여야 한다.

⑤ 관제비행을 하는 항공기가 부주의로 비행계획을 이탈하여 비행하는 경우에는 다음 각 호의 조치를 취해야 한다.

1. 항공로를 이탈한 경우에는 항공기의 기수를 조정하여 즉시 항공로로 복귀할 것
2. 항공기의 진대기속도(眞對氣速度)가 순항고도에서 보고지점 간의 평균진대기속도와 차이가 있거나 비행계획상 마하속도(Mach) 0.02 또는 진대기속도의 19Km/h(10kt) 하락 또는 초과할 것이 예상되는 경우에는 관할 항공교통업무기관에 통보할 것
3. 자동종속감시시설 협약(ADS-C)이 없는 곳에서는 다음 위치통지점, 비행정보구역 경계지점 또는 목적비행장 중 가장 가까운 지역의 도착 예정시간에 2분 이상의 오차가 발생되는 경우에는 그 변경되는 도착 예정시간을 관할 항공교통업무기관에 통보할 것
4. 자동종속감시시설(ADS-C) 협약이 있는 곳에서는 해당 협약에 따른 지정된 값을 넘어서는 변화가 발생할 때 마다 데이터 링크를 통해 항공교통업무기관에 자동적으로 정보를 제공할 것

⑥ 시계비행방식에 따른 관제비행을 하는 항공기는 시계비행기상상태 미만으로 기상이 악화되어 시계비행방식에 따른 운항을 할 수 없다고 판단되는 경우에는 다음 각 호의 조치를 하여야 한다.

1. 목적비행장 또는 교체비행장으로 시계비행 기상상태를 유지하면서 비행할 수 있도록 관제허가의 변경을 요청하거나, 관제공역을 이탈하여 비행할 수 있도록 관제허가의 변경을 요청할 것
2. 제1호에 따른 관제허가를 받지 못할 경우에는 시계비행 기상상태를 유지하여 운항하면서 관제공역을 이탈하거나 가까운 비행장에 착륙하기 위한 조치를 할 예정임을 관할 항공교통관제기관에 통보할 것
3. 관할 항공교통관제기관에 특별시계비행방식에 따른 운항허가를 요구할 것(관제권 안에서 비행하고 있는 경우만 해당한다)
4. 관할 항공교통관제기관에 계기비행방식에 따른 운항허가를 요구할 것

제185조(고도·항공로 등의 변경) 법 제67조에 따라 비행계획에 포함된 순항고도, 순항속도 및 항공로에 관한 사항을 변경하려는 항공기는 다음 각 호의 구분에 따른 정보를 관할 항공교통관제기관에 통보하여야 한다.

1. 순항고도의 변경: 항공기의 식별부호, 변경하려는 순항고도 및 순항속도(마하 수 또는 진대기속도를 말한다. 이하 이 조에서 같다.), 다음 보고지점 또는 비행정보구역 경계 도착 예정시간
2. 순항속도의 변경: 항공기의 식별부호, 변경하려는 속도
3. 항공로의 변경
   가. 목적비행장 변경이 없을 경우: 항공기의 식별부호, 비행의 방식, 변경 항공로, 변경 예정시간, 그 밖에 항공로의 변경에 필요한 정보
   나. 목적비행장 변경이 있을 경우: 항공기의 식별부호, 비행의 방식, 목적비행장까지의 변경 항공로, 변경 예정시간, 교체비행장, 그 밖에 비행장·항공로의 변경에 필요한 정보

제186조(교체비행장 등) ① 항공운송사업에 사용되거나 항공운송사업을 제외한 국외비행에 사용되는 비행기를 운항하려는 경우에는 다음 각 호의 구분에 따라 제183조 제8호에 따른 교체비행장을 지정하여야 한다.

항공안전법 시행규칙

1. 출발비행장의 기상상태가 비행장 착륙 최저치(aerodrome landing minima) 이하이거나 그 밖의 다른 이유로 출발비행장으로 되돌아올 수 없는 경우: 이륙교체비행장(takeoff alternate aerodrome)
2. 제215조 제1항에 따른 비행기로서 제215조 제2항에 따른 시간을 초과하는 지점이 있는 노선을 운항하려는 경우: 항공로 교체비행장(en-route alternate aerodrome). 이 경우 항공로 교체비행장은 제215조 제3항에 따른 승인을 받은 최대회항시간 이내에 도착 가능한 지역에 있어야 한다.
3. 계기비행방식에 따라 비행하려는 경우: 1개 이상의 목적지 교체비행장(destination alternate aerodrome). 다만, 다음 각 목의 어느 하나에 해당하는 경우에는 그러하지 아니하다.
  가. 최초 착륙예정 비행장(aerodrome of intended landing)의 기상상태가 비행하는 동안 또는 도착 예정시간에 양호해질 것이 확실시 되고, 도착 예정시간 전·후의 일정 시간 동안 시계비행 기상상태에서 접근하여 착륙할 것이 확실히 예상되는 경우
  나. 최초 착륙예정 비행장이 외딴 지역에 위치하고 적합한 목적지 교체비행장이 없는 경우

② 제1항 제1호에 따른 이륙교체비행장은 다음 각 호의 요건을 갖추어야 한다.
1. 2개의 발동기를 가진 비행기의 경우에는 1개의 발동기가 작동하지 아니할 때의 순항속도로 출발비행장으로부터 1시간의 비행거리 이내인 지역에 있을 것
2. 3개 이상의 발동기를 가진 비행기의 경우에는 모든 발동기가 작동할 때의 순항속도로 출발비행장으로부터 2시간의 비행거리 이내인 지역에 있을 것
3. 예상되는 이용시간 동안의 기상조건이 해당 운항에 대한 비행장 운영 최저치(aerodrome operating minima) 이상일 것

③ 항공운송사업에 사용되는 비행기 외의 비행기를 계기비행방식에 따라 비행하려면 1개 이상의 목적지 교체비행장을 지정하여야 한다. 다만, 다음 각 호의 어느 하나에 해당하는 경우에는 그러하지 아니하다.
1. 최초 착륙예정 비행장의 기상상태가 비행하는 동안 또는 도착 예정시간에 양호해질 것이 확실시되고, 도착 예정시간 전·후의 일정 시간 동안 시계비행 기상상태에서 접근하여 착륙할 것이 확실히 예상되는 경우
2. 최초 착륙예정 비행장이 외딴 지역에 위치하고 적합한 목적지 교체비행장이 없는 경우

④ 제3항 각 호 외의 부분 단서 및 각 호에 따라 목적지 교체비행장의 지정이 요구되지 아니하는 경우로서 다음 각 호의 기준에 적합하지 아니한 경우에는 비행을 시작하여서는 아니 된다.
1. 최초 착륙예정 비행장에 표준계기접근절차가 수립되어 있을 것
2. 도착 예정시간 2시간 전부터 2시간 후까지의 기상상태가 다음 각 목과 같이 예보되어 있을 것
  가. 운고(雲高)가 계기접근절차의 최저치보다 300미터(1천피트) 이상일 것
  나. 시정이 5,500미터 이상이거나 표준계기접근절차의 최저치보다 4천미터 이상일 것

⑤ 항공운송사업에 사용되는 헬리콥터를 운항하려면 다음 각 호의 구분에 따라 교체헬기장(alternate heliport)을 지정하여야 한다.
1. 출발헬기장의 기상상태가 헬기장 운영 최저치(heliport operating minima) 이하인 경우: 1개 이상의 이륙 교체헬기장(take-off alternate heliport)
2. 계기비행방식에 따라 비행하려는 경우: 1개 이상의 목적지 교체헬기장(destination alternate heliport). 다만, 다음 각 목의 어느 하나에 해당하는 경우에는 그러하지 아니하다.
  가. 최초 착륙예정 헬기장(heliport of intended landing)의 기상상태가 비행하는 동안 또는 도착 예정시간에 양호해질 것이 확실시되고, 도착 예정시간 전·후의 일정 시간 동안 시계비행 기상상태에서 접근하여 착륙할 것이 확실히 예상되는 경우
  나. 최초 착륙예정 헬기장이 외딴 지역에 위치하고 적합한 교체헬기장이 없는 경우. 이 경우 비행계획에는 회항할 수 없는 지점(point of no return)을 표시하여야 한다.

항공안전법 시행규칙

3. 기상예보 상태가 헬기장 운영 최저기상치(heliport operating minima)이하인 목적지 헬기장으로 비행하려는 경우 : 최소한 2개의 목적지 교체헬기장(destination alternate heliport). 이 경우 첫 번째 목적지 교체헬기장의 운영 최저기상치는 목적지 헬기장의 운영 최저기상치 이상이어야 하고, 두 번째 목적지 교체헬기장의 운영 최저기상치는 첫 번째 목적지 교체헬기장의 운영 최저기상치 이상이어야 한다.

⑥ 제5항에 따른 교체헬기장(alternate heliport)은 교체헬기장으로 사용할 수 있는 헬기장 사용 가능시간과 헬기장 운영 최저기상치(heliport operating minima) 등의 정보를 확인하고 지정하여야 한다.

⑦ 항공운송사업에 사용되는 헬리콥터 외의 헬리콥터를 계기비행방식에 따라 비행하려면 1개 이상의 적합한 교체헬기장을 지정하여야 한다. 다만, 다음 각 호의 어느 하나에 해당하는 경우에는 그러하지 아니하다.

1. 도착 예정시간 2시간 전부터 2시간 후까지 또는 실제 출발시간부터 도착 예정시간 2시간 후까지의 시간 중 짧은 시간에 대하여 최초 착륙예정 헬기장의 기상상태가 다음 각 목과 같이 예보되어 있는 경우
   가. 운고가 계기접근절차의 최저치보다 120미터(400피트) 이상
   나. 시정이 계기접근절차의 최저치보다 1,500미터 이상
2. 다음 각 목의 어느 하나에 해당하는 경우
   가. 최초 착륙예정 헬기장이 외딴 지역에 위치하고 적합한 교체헬기장이 없는 경우
   나. 최초 착륙예정 헬기장에 계기접근절차가 수립되어 있는 경우
   다. 목적지 헬기장이 해상에 있어 회항할 수 있는 교체헬기장을 지정할 수 없는 경우

⑧ 제5항부터 제7항까지의 규정에 따른 교체헬기장이 해상교체헬기장(off-shore alternate heliport)인 경우에는 다음 각 호의 요건을 모두 갖추어야 한다. 다만, 해안 교체헬기장(on-shore alternate heliport)까지 비행할 수 있는 충분한 연료의 탑재가 가능하면 해상 교체헬기장을 지정하지 아니할 수 있다.

1. 해상 교체헬기장은 회항할 수 없는 지점 외에서만 지정하고, 회항할 수 없는 지점 내에서는 해안 교체헬기장을 지정할 것
2. 적합한 교체헬기장을 결정하는 경우에는 주요 조종계통 및 부품을 신뢰할 수 있을 것
3. 교체헬기장에 도착하기 전에 1개의 발동기가 고장나더라도 교체헬기장까지 운항할 수 있는 성능이 확보될 수 있을 것
4. 갑판의 이용이 보장되어 있을 것
5. 기상정보는 정확하고 신뢰할 수 있을 것

⑨ 제5항 제2호 단서에 따라 교체헬기장의 지정이 요구되지 아니하는 경우로서 제7항 제1호의 기준에 적합하지 아니한 경우에는 비행을 시작하여서는 아니 된다.

제187조(최초 착륙예정 비행장 등의 기상상태) ① 제186조 제1항 제1호에 따른 이륙 교체비행장의 기상상태는 해당 비행기의 도착 예정시간에 비행장 운영 최저치 이상이어야 한다.

② 제186조 제1항 제3호에 따른 최초 착륙예정 비행장의 기상정보를 이용할 수 있거나 목적지 교체비행장의 지정이 요구되는 경우에는 최소 1개의 목적지 교체비행장의 기상상태가 도착 예정시간에 해당 비행장 운영 최저치 이상일 경우에 비행을 시작하여야 한다.

③ 제186조 제3항에 따른 목적지 교체비행장의 지정이 요구되는 경우에는 최초 착륙예정 비행장과 최소 1개의 목적지 교체비행장의 기상상태가 도착 예정시간에 해당 비행장 운영 최저치 이상일 경우에 비행을 시작하여야 한다.

④ 제186조 제5항에 따른 최초 착륙예정 헬기장의 기상정보를 이용할 수 있거나 교체헬기장의 지정이 요구되는 경우에는 최소 1개의 교체헬기장의 기상상태가 도착 예정시간에 해당 헬기장 운영 최저치 이상일 경우에 비행을 시작하여야 한다.

⑤ 제186조 제7항에 따라 교체헬기장의 지정이 요구되는 경우에는 최초 착륙예정 헬기장과 1개 이상의 교체헬기장의 기상상태가 도착 예정시간에 해당 헬기장 운영 최저치 이상일 경우에 비행을 시작하여야 한다. 〈개정 2020. 12. 10.〉

항공안전법 시행규칙

제188조(비행계획의 종료) ① 항공기는 도착비행장에 착륙하는 즉시 관할 항공교통업무기관(관할 항공교통업무기관이 없는 경우에는 가장 가까운 항공교통업무기관)에 다음 각 호의 사항을 포함하는 도착보고를 하여야 한다. 다만, 지방항공청장 또는 항공교통본부장이 달리 정한 경우에는 그러하지 아니하다.

1. 항공기의 식별부호
2. 출발비행장
3. 도착비행장
4. 목적비행장(목적비행장이 따로 있는 경우만 해당한다)
5. 착륙시간

② 제1항에도 불구하고 도착비행장에 착륙한 후 도착보고를 할 수 있는 적절한 통신시설 등이 제공되지 아니하는 경우에는 착륙 직전에 관할 항공교통업무기관에 도착보고를 하여야 한다.

제189조(정밀접근 운용계획 승인신청) ① 제177조 제2항에 따른 제2종 또는 제3종의 정밀접근방식으로 해당 종류의 정밀접근시설을 갖춘 활주로에 착륙하려는 자는 다음 각 호의 사항을 적은 운용계획 승인신청서를 지방항공청장에게 제출하여야 한다.

1. 성명 및 주소
2. 항공기의 형식 및 등록부호
3. 정밀접근의 종류
4. 해당 항공기의 장비 명세와 정비방식
5. 해당 사용비행장에 설치된 정밀접근시설의 내용
6. 정밀접근 조종사의 성명과 자격
7. 항공기 조종사의 교육훈련 내용
8. 운용시험 실시내용
9. 그 밖에 참고가 될 사항

② 외국항공기를 운용하는 외국인 중 그 외국으로부터 제2종 또는 제3종의 정밀접근 운용계획 승인을 받은 사람이 대한민국에 있는 제2종 또는 제3종의 정밀접근시설을 갖춘 비행장의 활주로에 해당 종류의 정밀접근방식으로 착륙하려는 경우에는 제1항에도 불구하고 다음 각 호의 사항을 적은 정밀접근 운용계획 승인신청서에 신청인이 외국으로부터 발급받은 정밀접근 운용계획 승인서의 사본과 한글 또는 영문으로 정밀접근 운용절차를 적은 서류를 첨부하여 지방항공청장에게 제출하여야 한다.

1. 성명 및 주소
2. 항공기의 형식 및 등록부호
3. 그 밖에 참고가 될 사항

③ 제1항에 따른 제2종 및 제3종 정밀접근 운용계획 승인에 관한 절차는 국토교통부장관이 정한다.

제190조(통신) ① 관제비행을 하는 항공기는 관할 항공교통관제기관과 공대지 양방향 무선통신을 유지하고 그 항공교통관제기관의 음성통신을 경청하여야 한다.

② 제1항에 따른 무선통신을 유지할 수 없는 항공기(이하 "통신두절항공기"라 한다)는 국토교통부장관이 고시하는 교신절차에 따라야 하며, 관제비행장의 기동지역 또는 주변을 운항하는 항공기는 관제탑의 시각 신호에 따른 지시를 계속 주시하여야 한다.

③ 통신두절항공기는 시계비행 기상상태인 경우에는 시계비행방식으로 비행을 계속하여 가장 가까운 착륙 가능한 비행장에 착륙한 후 도착 사실을 지체 없이 관할 항공교통관제기관에 통보하여야 한다.

④ 통신두절항공기는 계기비행 기상상태이거나 제3항에 따른 비행이 불가능한 경우 다음 각 호의 기준에 따라 비행하여야 한다. 〈개정 2020. 12. 10.〉

항공안전법 시행규칙

1. 항공교통업무용 레이더가 운용되지 아니하는 공역의 필수 위치통지점에서 위치보고를 할 수 없는 항공기는 해당 비행로의 최저비행고도와 관할 항공교통관제기관으로부터 최종적으로 지시받은 고도 중 높은 고도로 비행하여야 하며, 관할 항공교통관제기관으로부터 최종적으로 지시받은 속도를 20분간 유지한 후 비행계획에 명시된 고도와 속도로 변경하여 비행할 것
2. 항공교통업무용 레이더가 운용되는 공역의 필수 위치통지점에서 위치보고를 할 수 없는 항공기는 다음 각 목의 시간 중 가장 늦은 시간부터 해당 비행로의 최저비행고도와 관할 항공교통관제기관으로부터 최종적으로 지시받은 고도 중 높은 고도를 유지하고 관할 항공교통관제기관으로부터 최종적으로 지시받은 속도를 7분간 유지한 후, 비행계획에 명시된 고도와 속도로 변경하여 비행할 것
   가. 최종지정고도 또는 최저비행고도에 도달한 시간
   나. 트랜스폰더 코드를 7,600으로 조정한 시간이거나 자동종속감시시설(ADS-B) 송신기에 통신두절을 표시한 시간
   다. 필수 위치통지점에서 위치보고에 실패한 시간
3. 레이더에 의하여 유도되고 있거나 허가한계점(Clearance Limit)을 지정받지 아니한 항공기가 지역항법(RNAV)으로 항공로를 이탈하여 비행 중인 경우에는 최저비행고도를 고려하여 다음 위치통지점에 도달하기 전에 비행계획에 명시된 비행로에 합류할 것
4. 무선통신이 두절되기 전에 관할 항공교통관제기관으로부터 최종적으로 지정받거나 지정 예정을 통보받은 비행로(지정받거나 지정 예정을 통보받지 아니한 경우에는 비행계획에 명시된 비행로)를 따라 목적비행장의 항행안전시설이나 위치통지점(FIX)까지 비행한 후 체공할 것
5. 무선통신이 두절되기 전에 관할 항공교통관제기관으로부터 최종적으로 지정받은 접근 예정시간(접근 예정시간을 지정받지 아니한 경우에는 비행계획에 명시된 도착 예정시간)에 목적비행장의 항행안전시설이나 위치통지점(FIX)으로부터 강하를 시작하거나, 착륙할 비행장의 계기접근절차에 따라 접근을 시작할 것
6. 가능한 한 제5호에 따른 접근 예정시간과 도착 예정시간 중 더 늦은 시간부터 30분 이내에 착륙할 것

제191조(위치보고) ① 법 제67조에 따라 관제비행을 하는 항공기는 국토교통부장관이 정하여 고시하는 위치통지점에서 가능한 한 신속히 다음 각 호의 사항을 관할 항공교통업무기관에 보고(이하 "위치보고"라 한다)하여야 한다. 다만, 레이더에 의하여 관제를 받는 경우로서 관할 항공교통관제기관이 별도로 위치보고를 요구하지 아니하는 경우에는 그러하지 아니하다.

1. 항공기의 식별부호
2. 해당 위치통지점의 통과시각과 고도
3. 그 밖에 항공기의 안전항행에 영향을 미칠 수 있는 사항

② 관제비행을 하는 항공기는 비행 중에 관할 항공교통업무기관으로부터 위치보고를 요청받은 경우에는 즉시 위치보고를 하여야 한다.

③ 제1항에 따른 위치통지점이 설정되지 아니한 경우에는 관할 항공교통업무기관이 지정한 시간 또는 거리 간격으로 위치보고를 하여야 한다.

④ 관제비행을 하는 항공기로서 데이터링크통신을 이용하여 위치보고를 하는 항공기는 관할 항공교통관제기관이 요구하는 경우에는 음성통신을 이용하여 위치보고를 하여야 한다.

제192조(항공교통관제허가) ① 법 제67조에 따라 관제비행을 하려는 자는 관할 항공교통관제기관으로부터 항공교통관제허가(이하 "관제허가"라 한다)를 받고 운항을 시작하여야 한다.

② 관제허가의 우선권을 받으려는 자는 그 이유를 관할 항공교통관제기관에 통보하여야 한다.

③ 법 제67조에 따라 관제비행장에서 비행하는 항공기는 관제지시를 준수하여야 하며, 관제허가를 받지 아니하고 기동지역을 이동하여서는 아니 된다.

④ 항공교통관제기관의 관제지시와 항공기에 장착된 공중충돌경고장치의 지시가 서로 다를 경우에는 공중충돌경고장치의 지시에 따라야 한다.

항공안전법 시행규칙

제193조(관제의 종결) 법 제67조에 따라 관제비행을 하는 항공기는 항공교통관제업무를 제공받아야 할 상황이 끝나는 즉시 그 사실을 관할 항공교통관제기관에 통보하여야 한다. 다만, 관제비행장에 착륙하는 경우에는 그러하지 아니하다.

제194조(신호) ① 법 제67조에 따라 비행하는 항공기는 별표 26에서 정하는 신호를 인지하거나 수신할 경우에는 그 신호에 따라 요구되는 조치를 하여야 한다.

② 누구든지 제1항에 따른 신호로 오인될 수 있는 신호를 사용하여서는 아니 된다.

③ 항공기 유도원(誘導員)은 별표 26 제6호에 따른 유도신호를 명확하게 하여야 한다.

제195조(시간) ① 법 제67조에 따라 항공기의 운항과 관련된 시간을 전파하거나 보고하려는 자는 국제표준시(UTC: Coordinated Universal Time)를 사용하여야 하며, 시각은 자정을 기준으로 하루 24시간을 시·분으로 표시하되, 필요하면 초 단위까지 표시하여야 한다.

② 관제비행을 하려는 자는 관제비행의 시작 전과 비행 중에 필요하면 시간을 점검하여야 한다.

③ 데이터링크통신에 따라 시간을 이용하려는 경우에는 국제표준시를 기준으로 1초 이내의 정확도를 유지·관리하여야 한다.

제196조(요격) ① 법 제67조에 따라 민간항공기를 요격(邀擊)하는 항공기의 기장은 별표 26 제3호에 따른 시각신호 및 요격절차와 요격방식에 따라야 한다.

② 피요격(被邀擊)항공기의 기장은 별표 26 제3호에 따른 시각신호를 이해하고 응답하여야 하며, 요격절차와 요격방식 등을 준수하여 요격에 응하여야 한다. 다만, 대한민국이 아닌 외국정부가 관할하는 지역을 비행하는 경우에는 해당 국가가 정한 절차와 방식으로 그 국가의 요격에 응하여야 한다.

제197조(곡예비행 등을 할 수 있는 비행시정) 법 제67조에 따른 곡예비행을 할 수 있는 비행시정은 다음 각 호의 구분과 같다.

1. 비행고도 3,050미터(1만피트) 미만인 구역: 5천미터 이상
2. 비행고도 3,050미터(1만피트) 이상인 구역: 8천미터 이상

제198조(불법간섭 행위 시의 조치) ① 법 제67조에 따라 비행 중 항공기의 피랍·테러 등의 불법적인 행위에 의하여 항공기 또는 탑승객의 안전이 위협받는 상황(이하 "불법간섭" 이라 한다)에 처한 항공기는 항공교통업무기관에서 다른 항공기와의 충돌 방지 및 우선권 부여 등 필요한 조치를 취할 수 있도록 가능한 범위에서 한 다음 각 호의 사항을 관할 항공교통업무기관에 통보하여야 한다.

1. 불법간섭을 받고 있다는 사실
2. 불법간섭 행위와 관련한 중요한 상황정보
3. 그 밖에 상황에 따른 비행계획의 이탈사항에 관한 사항

② 불법간섭을 받고 있는 항공기의 기장은 가능한 한 해당 항공기가 안전하게 착륙할 수 있는 가장 가까운 공항 또는 관할 항공교통업무기관이 지정한 공항으로 착륙을 시도하여야 한다.

③ 불법간섭을 받고 있는 항공기가 제1항에 따른 사항을 관할 항공교통업무기관에 통보할 수 없는 경우에는 다음 각 호의 조치를 하여야 한다.

1. 기장은 제2항에 따른 공항으로 비행할 수 없는 경우에는 관할 항공교통업무기관에 통보할 수 있을 때까지 또는 레이더나 자동종속감시시설의 포착범위 내에 들어갈 때까지 배정된 항공로 및 순항고도를 유지하며 비행할 것
2. 기장은 관할 항공교통업무기관과 무선통신이 불가능한 상황에서 배정된 항공로 및 순항고도를 이탈할 것을 강요받은 경우에는 가능한 한 다음 각 목의 조치를 할 것
   가. 항공기 안의 상황이 허용되는 한도 내에서 현재 사용 중인 초단파(VHF) 주파수, 초단파 비상주파수(121.5Mhz) 또는 사용 가능한 다른 주파수로 경고방송을 시도할 것
   나. 2차 감시 항공교통관제 레이더용 트랜스폰더(Mode3/A 및 Mode C SSR transponder) 또는 데이터링크 탑재장비를 사용하여 불법간섭을 받고 있다는 사실을 알릴 것
   다. 고도 600미터의 수직분리가 적용되는 지역에서는 계기비행 순항고도와 300미터 분리된 고도로, 고도 300미터의 수직분리가 적용되는 지역에서는 계기비행 순항고도와 150미터 분리된 고도로 각각 변경하여 비행할 것

항공안전법, 시행령	항공안전법 시행규칙
제68조(항공기의 비행 중 금지행위 등) 항공기를 운항하려는 사람은 생명과 재산을 보호하기 위하여 다음 각 호의 어느 하나에 해당하는 비행 또는 행위를 해서는 아니 된다. 다만, 국토교통부령으로 정하는 바에 따라 국토교통부장관의 허가를 받은 경우에는 그러하지 아니하다. 1. 국토교통부령으로 정하는 최저비행고도(最低飛行高度) 아래에서의 비행 2. 물건의 투하(投下) 또는 살포 3. 낙하산 강하(降下) 4. 국토교통부령으로 정하는 구역에서 뒤집어서 비행하거나 옆으로 세워서 비행하는 등의 곡예비행 5. 무인항공기의 비행 6. 그 밖에 생명과 재산에 위해를 끼치거나 위해를 끼칠 우려가 있는 비행 또는 행위로서 국토교통부령으로 정하는 비행 또는 행위	**제199조(최저비행고도)** 법 제68조 제1호에서 "국토교통부령으로 정하는 최저비행고도"란 다음 각 호와 같다. 1. 시계비행방식으로 비행하는 항공기 가. 사람 또는 건축물이 밀집된 지역의 상공에서는 해당 항공기를 중심으로 수평거리 600미터 범위 안의 지역에 있는 가장 높은 장애물의 상단에서 300미터(1천피트)의 고도 나. 가목 외의 지역에서는 지표면·수면 또는 물건의 상단에서 150미터(500피트)의 고도 2. 계기비행방식으로 비행하는 항공기 가. 산악지역에서는 항공기를 중심으로 반지름 8킬로미터 이내에 위치한 가장 높은 장애물로부터 600미터의 고도 나. 가목 외의 지역에서는 항공기를 중심으로 반지름 8킬로미터 이내에 위치한 가장 높은 장애물로부터 300미터의 고도 **제200조(최저비행고도 아래에서의 비행허가)** 법 제68조 각 호 외의 부분 단서에 따라 최저비행고도 아래에서 비행하려는 자는 별지 제74호서식의 최저비행고도 아래에서의 비행허가 신청서를 지방항공청장에게 제출하여야 한다. **제201조(물건의 투하 또는 살포의 허가 신청)** 법 제68조 각 호 외의 부분 단서에 따라 비행 중인 항공기에서 물건을 투하하거나 살포하려는 자는 다음 각 호의 사항을 적은 물건 투하 또는 살포 허가신청서를 운항 예정일 25일 전까지 지방항공청장에게 제출하여야 한다. 〈개정 2018. 3. 23.〉 1. 성명 및 주소 2. 항공기의 형식 및 등록부호 3. 비행의 목적·일시·경로 및 고도 4. 물건을 투하하는 목적 5. 투하하려는 물건의 개요와 투하하려는 장소 6. 조종자의 성명과 자격 7. 그 밖에 참고가 될 사항 **제202조(낙하산 강하허가 신청)** 법 제68조 각 호 외의 부분 단서에 따라 낙하산 강하를 목적으로 항공기를 운항하려는 사람은 다음 각 호의 사항을 적은 낙하산 강하허가 신청서를 지방항공청장에게 제출해야 한다. 〈개정 2019. 2. 26.〉 1. 성명·주소 및 연락처(실시간 연락 가능한 통신수단) 2. 항공기의 형식 및 등록부호 3. 비행계획의 개요(비행의 목적·일시·경로 및 고도를 적을 것) 4. 낙하산으로 강하하는 목적·일시 및 장소 5. 조종사의 성명과 자격

항공안전법 시행규칙

6. 낙하산의 형식과 그 밖에 해당 낙하산에 관하여 필요한 사항
7. 낙하산으로 강하하는 사람 및 물건에 대한 개요
8. 그 밖에 참고가 될 사항

제203조(곡예비행) 법 제68조 제4호에 따른 곡예비행은 다음 각 호와 같다.

1. 항공기를 뒤집어서 하는 비행
2. 항공기를 옆으로 세우거나 회전시키며 하는 비행
3. 항공기를 급강하시키거나 급상승시키는 비행
4. 항공기를 나선형으로 강하시키거나 실속(失速)시켜 하는 비행
5. 그 밖에 항공기의 비행자세, 고도 또는 속도를 비정상적으로 변화시켜 하는 비행

제204조(곡예비행 금지구역) 법 제68조 제4호에서 "국토교통부령으로 정하는 구역"이란 다음 각 호의 어느 하나에 해당하는 구역을 말한다.

1. 사람 또는 건축물이 밀집한 지역의 상공
2. 관제구 및 관제권
3. 지표로부터 450미터(1,500피트) 미만의 고도
4. 해당 항공기(활공기는 제외한다)를 중심으로 반지름 500미터 범위 안의 지역에 있는 가장 높은 장애물의 상단으로부터 500미터 이하의 고도
5. 해당 활공기를 중심으로 반지름 300미터 범위 안의 지역에 있는 가장 높은 장애물의 상단으로부터 300미터 이하의 고도

제205조(곡예비행의 허가 신청) 법 제68조 각 호 외의 부분 단서에 따라 곡예비행을 하려는 자는 다음 각 호의 사항을 적은 곡예비행 허가신청서를 비행 예정일 25일 전까지 지방항공청장에게 제출하여야 한다. 〈개정 2018. 3. 23.〉

1. 성명 및 주소
2. 항공기의 형식 및 등록부호
3. 비행계획의 개요(비행의 목적 · 일시 및 경로를 적을 것)
4. 곡예비행의 내용 · 이유 · 일시 및 장소
5. 조종자의 성명과 자격
6. 동승자의 성명 및 동승의 목적
7. 그 밖에 참고가 될 사항

제206조(무인항공기의 비행허가 신청 등) ① 법 제68조 각 호 외의 부분 단서에 따라 무인항공기를 비행시키려는 자는 별지 제75호서식의 무인항공기 비행허가 신청서에 다음 각 호의 사항을 적은 서류를 첨부하여 지방항공청장 또는 항공교통본부장에게 비행예정일 7일 전까지 제출하여야 한다.

1. 성명 · 주소 및 연락처
2. 무인항공기의 형식, 최대이륙중량, 발동기 수 및 날개 길이
3. 무인항공기의 등록증명서 사본 및 식별부호
4. 무인항공기의 표준감항증명서 또는 특별감항증명서 사본
5. 무인항공기 조종사의 자격증명서 사본
6. 무인항공기의 무선국 허가증 사본(「전파법」 제19조에 따라 무선국 허가를 받은 경우에 한정한다)
7. 비행의 목적 · 일시 및 비행규칙의 개요, 육안식별운항계획(육안식별운항을 하는 경우에 한정한다), 비행경로, 이륙 · 착륙 장소, 순항고도 · 속도 및 비행주파수
8. 무인항공기의 이륙 · 착륙 요건
9. 무인항공기에 대한 다음 각 목의 성능
   가. 운항속도
   나. 일반 및 최대 상승률

항공안전법 시행규칙

다. 일반 및 최대 강하율
라. 일반 및 최대 선회율
마. 최대 항속시간
바. 그 밖에 무인항공기 비행과 관련된 성능에 관한 자료

10. 다음 각 목의 통신을 위한 주파수와 장비
 가. 대체통신수단을 포함한 항공교통관제기관과의 통신
 나. 지정된 운용범위를 포함한 무인항공기와 무인항공기 통제소 간의 통신
 다. 무인항공기 조종사와 무인항공기 감시자 간의 통신(무인항공기 감시자가 있는 경우에 한정한다)
11. 무인항공기의 항행장비 및 감시장비(SSR transponder, ADS-B 등)
12. 무인항공기의 감지・회피성능
13. 다음 각 목의 경우에 대비한 비상절차
 가. 항공교통관제기관과의 통신이 두절된 경우
 나. 무인항공기와 무인항공기 통제소 간의 통신이 두절된 경우
 다. 무인항공기 조종사와 무인항공기 감시자 간의 통신이 두절된 경우(무인항공기 감시자가 있는 경우에 한정한다)
14. 하나 이상의 무인항공기 통제소가 있는 경우 그 수와 장소 및 무인항공기 통제소 간의 무인항공기 통제에 관한 이양절차
15. 소음기준적합증명서 사본(법 제25조 제1항에 따라 소음기준적합증명을 받은 경우에 한정한다)
16. 해당 무인항공기 운항과 관련된 항공보안 수단을 포함한 국가항공보안계획 이행 확인서
17. 무인항공기의 적재 장비 및 하중 등에 관한 정보
18. 무인항공기의 보험 또는 책임범위 증명에 관한 서류

② 지방항공청장 또는 항공교통본부장은 제1항에 따른 신청을 받은 경우에는 그 내용을 심사한 후 항공교통의 안전에 지장이 없다고 인정되는 경우에는 비행을 허가하여야 한다.

③ 무인항공기를 비행시키려는 자는 다음 각 호의 사항을 따라야 한다. 〈개정 2019. 9. 23.〉

1. 인명이나 재산에 위험을 초래할 우려가 있는 비행을 시키지 말 것
2. 주거지역, 상업지역 등 인구가 밀집된 지역과 그 밖에 사람이 많이 모인 장소의 상공을 비행시키지 말 것
3. 법 제78조 제1항에 따른 관제공역・통제공역・주의공역에서 항공교통관제기관의 승인을 받지 아니하고 비행시키지 말 것
4. 안개 등으로 인하여 지상목표물을 육안으로 식별할 수 없는 상태에서 비행시키지 말 것
5. 별표 24에 따른 비행시정 및 구름으로부터의 거리 기준을 위반하여 비행시키지 말 것
6. 야간에 비행시키지 말 것
7. 그 밖에 국토교통부장관이 정하여 고시하는 사항을 지킬 것

항공안전법, 시행령	항공안전법 시행규칙
제69조(긴급항공기의 지정 등) ① 응급환자의 수송 등 국토교통부령으로 정하는 긴급한 업무에 항공기를 사용하려는 소유자등은 그 항공기에 대하여 국토교통부장관의 지정을 받아야 한다. ② 제1항에 따라 국토교통부장관의 지정을 받은 항공기(이하 "긴급항공기"라 한다)를 제1항에 따른 긴급한 업무의 수행을 위하여 운항하는 경우에는 제66조 및 제68조 제1호·제2호를 적용하지 아니한다. ③ 긴급항공기의 지정 및 운항절차 등에 필요한 사항은 국토교통부령으로 정한다. ④ 국토교통부장관은 긴급항공기의 소유자등이 다음 각 호의 어느 하나에 해당하는 경우에는 그 긴급항공기의 지정을 취소할 수 있다. 다만, 제1호에 해당하는 경우에는 그 긴급항공기의 지정을 취소하여야 한다. 1. 거짓이나 그 밖의 부정한 방법으로 긴급항공기로 지정받은 경우 2. 제3항에 따른 운항절차를 준수하지 아니하는 경우 ⑤ 제4항에 따라 긴급항공기의 지정 취소처분을 받은 자는 취소처분을 받은 날부터 2년 이내에는 긴급항공기의 지정을 받을 수 없다.	제207조(긴급항공기의 지정) ① 법 제69조 제1항에서 "응급환자의 수송 등 국토교통부령으로 정하는 긴급한 업무"란 다음 각 호의 어느 하나에 해당하는 업무를 말한다. 1. 재난·재해 등으로 인한 수색·구조 2. 응급환자의 수송 등 구조·구급활동 3. 화재의 진화 4. 화재의 예방을 위한 감시활동 5. 응급환자를 위한 장기(臟器) 이송 6. 그 밖에 자연재해 발생 시의 긴급복구 ② 법 제69조 제1항에 따라 제1항 각 호에 따른 업무에 항공기를 사용하려는 소유자등은 해당 항공기에 대하여 지방항공청장으로부터 긴급항공기의 지정을 받아야 한다. ③ 제2항에 따른 지정을 받으려는 자는 다음 각 호의 사항을 적은 긴급항공기 지정신청서를 지방항공청장에게 제출하여야 한다. 1. 성명 및 주소 2. 항공기의 형식 및 등록부호 3. 긴급한 업무의 종류 4. 긴급한 업무 수행에 관한 업무규정 및 항공기 장착장비 5. 조종사 및 긴급한 업무를 수행하는 사람에 대한 교육훈련 내용 6. 그 밖에 참고가 될 사항 ④ 지방항공청장은 제3항에 따른 서류를 확인한 후 제1항 각 호의 긴급한 업무에 해당하는 경우에는 해당 항공기를 긴급항공기로 지정하였음을 신청자에게 통지하여야 한다. 제208조(긴급항공기의 운항절차) ① 제207조 제2항에 따라 긴급항공기의 지정을 받은 자가 긴급항공기를 운항하려는 경우에는 그 운항을 시작하기 전에 다음 각 호의 사항을 지방항공청장에게 구술 또는 서면 등으로 통지하여야 한다. 1. 항공기의 형식·등록부호 및 식별부호 2. 긴급한 업무의 종류 3. 긴급항공기의 운항을 의뢰한 자의 성명 또는 명칭 및 주소 4. 비행일시, 출발비행장, 비행구간 및 착륙장소 5. 시간으로 표시한 연료탑재량 6. 그 밖에 긴급항공기 운항에 필요한 사항 ② 제1항에 따라 긴급항공기를 운항한 자는 운항이 끝난 후 24시간 이내에 다음 각 호의 사항을 적은 긴급항공기 운항결과 보고서를 지방항공청장에게 제출하여야 한다. 1. 성명 및 주소 2. 항공기의 형식 및 등록부호 3. 운항 개요(이륙·착륙 일시 및 장소, 비행목적, 비행경로 등)

항공안전법, 시행령	항공안전법 시행규칙
	4. 조종사의 성명과 자격 5. 조종사 외의 탑승자의 인적사항 6. 응급환자를 수송한 사실을 증명하는 서류(응급환자를 수송한 경우만 해당한다) 7. 그 밖에 참고가 될 사항
제70조(위험물 운송 등) ① 항공기를 이용하여 폭발성이나 연소성이 높은 물건 등 국토교통부령으로 정하는 위험물(이하 "위험물"이라 한다)을 운송하려는 자는 국토교통부령으로 정하는 바에 따라 국토교통부장관의 허가를 받아야 한다. ② 제90조 제1항에 따른 운항증명을 받은 자가 위험물 탑재 정보의 전달방법 등 국토교통부령으로 정하는 기준을 충족하는 경우에는 제1항에 따른 허가를 받은 것으로 본다. ③ 항공기를 이용하여 운송되는 위험물을 포장・적재(積載)・저장・운송 또는 처리(이하 "위험물취급"이라 한다)하는 자(이하 "위험물취급자"라 한다)는 항공상의 위험 방지 및 인명의 안전을 위하여 국토교통부장관이 정하여 고시하는 위험물취급의 절차 및 방법에 따라야 한다.	제209조(위험물 운송허가 등) ① 법 제70조 제1항에서 "폭발성이나 연소성이 높은 물건 등 국토교통부령으로 정하는 위험물"이란 다음 각 호의 어느 하나에 해당하는 것을 말한다. 1. 폭발성 물질 2. 가스류 3. 인화성 액체 4. 가연성 물질류 5. 산화성 물질류 6. 독물류 7. 방사성 물질류 8. 부식성 물질류 9. 그 밖에 국토교통부장관이 정하여 고시하는 물질류 ② 항공기를 이용하여 제1항에 따른 위험물을 운송하려는 자는 별지 제76호서식의 위험물 항공운송허가 신청서에 다음 각 호의 서류를 첨부하여 국토교통부장관에게 제출하여야 한다. 1. 위험물의 포장방법 2. 위험물의 종류 및 등급 3. UN매뉴얼에 따른 포장물 및 내용물의 시험성적서(해당하는 경우에만 적용한다) 4. 그 밖에 국토교통부장관이 정하여 고시하는 서류 ③ 국토교통부장관은 제2항에 따른 신청이 있는 경우 위험물운송기술기준에 따라 검사한 후 위험물운송기술기준에 적합하다고 판단되는 경우에는 별지 제77호서식의 위험물 항공운송허가서를 발급하여야 한다. ④ 제2항 및 제3항에도 불구하고 법 제90조에 따른 운항증명을 받은 항공운송사업자가 법 제93조에 따른 운항규정에 다음 각 호의 사항을 정하고 제1항 각 호에 따른 위험물을 운송하는 경우에는 제3항에 따른 허가를 받은 것으로 본다. 다만, 국토교통부장관이 별도의 허가요건을 정하여 고시한 경우에는 제3항에 따른 허가를 받아야 한다. 1. 위험물과 관련된 비정상사태가 발생할 경우의 조치내용 2. 위험물 탑재정보의 전달방법 3. 승무원 및 위험물취급자에 대한 교육훈련

항공안전법, 시행령	항공안전법 시행규칙
	⑤ 제3항에도 불구하고 국가기관등항공기가 업무 수행을 위하여 제1항에 따른 위험물을 운송하는 경우에는 위험물 운송허가를 받은 것으로 본다. ⑥ 제1항 각 호의 구분에 따른 위험물의 세부적인 종류와 종류별 구체적 내용에 관하여는 국토교통부장관이 정하여 고시한다.
제71조(위험물 포장 및 용기의 검사 등) ① 위험물의 운송에 사용되는 포장 및 용기를 제조·수입하여 판매하려는 자는 그 포장 및 용기의 안전성에 대하여 국토교통부장관이 실시하는 검사를 받아야 한다. ② 제1항에 따른 포장 및 용기의 검사방법·합격기준 등에 필요한 사항은 국토교통부장관이 정하여 고시한다. ③ 국토교통부장관은 위험물의 용기 및 포장에 관한 검사업무를 전문적으로 수행하는 기관(이하 "포장·용기검사기관"이라 한다)을 지정하여 제1항에 따른 검사를 하게 할 수 있다. ④ 검사인력, 검사장비 등 포장·용기검사기관의 지정기준 및 운영 등에 필요한 사항은 국토교통부령으로 정한다. ⑤ 국토교통부장관은 포장·용기검사기관이 다음 각 호의 어느 하나에 해당하는 경우에는 그 지정을 취소하거나 6개월 이내의 기간을 정하여 그 업무의 전부 또는 일부의 정지를 명할 수 있다. 다만, 제1호에 해당하는 경우에는 그 지정을 취소하여야 한다. 〈개정 2017. 1. 17.〉 1. 거짓이나 그 밖의 부정한 방법으로 포장·용기검사기관으로 지정받은 경우 2. 포장·용기검사기관이 제2항에 따른 포장 및 용기의 검사방법·합격기준 등을 위반하여 제1항에 따른 검사를 한 경우 3. 제4항에 따른 지정기준에 맞지 아니하게 된 경우 ⑥ 제5항에 따른 처분의 세부기준 등 그 밖에 필요한 사항은 국토교통부령으로 정한다.	제210조(위험물 포장·용기검사기관의 지정 등) ① 법 제71조 제3항에 따라 위험물의 포장·용기검사기관으로 지정받으려는 자는 별지 제78호서식의 위험물 포장·용기검사기관 지정신청서에 다음 각 호의 서류를 첨부하여 국토교통부장관에게 제출하여야 한다. 1. 위험물 포장·용기의 검사를 위한 시설의 확보를 증명하는 서류(설비 및 기기 일람표와 그 배치도를 포함한다) 2. 사업계획서 3. 시설·기술인력의 관리 및 검사 시행절차 등 검사 수행에 필요한 사항이 포함된 검사업무규정 ② 법 제71조 제4항에 따른 위험물의 포장·용기검사기관의 검사장비 및 검사인력 등의 지정기준은 별표 27과 같다. ③ 법 제71조 제4항에 따른 위험물 포장·용기검사기관의 운영에 대해서는 「산업표준화법」 제12조에 따른 한국산업표준 KS Q 17020(검사 기관 운영에 대한 일반 기준)을 적용한다. ④ 국토교통부장관은 제1항에 따른 신청을 받은 경우에는 이를 심사하여 그 내용이 제2항 및 제3항에 따른 지정기준 및 운영기준에 적합하다고 인정되는 경우에는 별지 제79호서식의 위험물 포장·용기검사기관 지정서를 신청인에게 발급하고 그 사실을 공고하여야 한다. ⑤ 제4항에 따라 위험물 포장·용기 검사기관으로 지정받은 검사기관의 장은 제1항 각호의 사항이 변경된 경우에는 그 변경내용을 국토교통부장관에게 보고하여야 한다. ⑥ 국토교통부장관은 위험물 포장·용기 검사기관으로 지정받은 검사기관이 제2항 및 제3항의 기준에 적합한지의 여부를 매년 심사하여야 한다. 제211조(위험물 포장·용기 검사기관 지정의 취소 등) ① 법 제71조 제6항에 따른 위험물 포장·용기 검사기관의 지정 취소 또는 업무정지처분의 기준은 별표 28과 같다. ② 국토교통부장관은 위반행위의 정도·횟수 등을 고려하여 별표 28에서 정한 업무 정지기간을 2분의1의 범위에서 늘리거나 줄일 수 있다. 다만, 늘리는 경우에도 그 기간은 6개월을 초과할 수 없다.

항공안전법, 시행령	항공안전법 시행규칙
제72조(위험물취급에 관한 교육 등) ① 위험물취급자는 위험물취급에 관하여 국토교통부장관이 실시하는 교육을 받아야 한다. 다만, 국제민간항공기구(International Civil Aviation Organization) 등 국제기구 및 국제항공운송협회(International Air Transport Association)가 인정한 교육기관에서 위험물취급에 관한 교육을 이수한 경우에는 그러하지 아니하다. ② 제1항에 따라 교육을 받아야 하는 위험물취급자의 구체적인 범위와 교육 내용 등에 필요한 사항은 국토교통부장관이 정하여 고시한다. ③ 국토교통부장관은 제1항에 따른 교육을 효율적으로 하기 위하여 위험물취급에 관한 교육을 전문적으로 하는 전문교육기관(이하 "위험물전문교육기관"이라 한다)을 지정하여 위험물취급자에 대한 교육을 하게 할 수 있다. ④ 교육인력, 시설, 장비 등 위험물전문교육기관의 지정기준 및 운영 등에 필요한 사항은 국토교통부령으로 정한다. ⑤ 국토교통부장관은 위험물전문교육기관이 다음 각 호의 어느 하나에 해당하는 경우에는 그 지정을 취소하거나 6개월 이내의 기간을 정하여 그 업무의 전부 또는 일부의 정지를 명할 수 있다. 다만, 제1호에 해당하는 경우에는 그 지정을 취소하여야 한다. 1. 거짓이나 그 밖의 부정한 방법으로 위험물전문교육기관으로 지정받은 경우 2. 제4항에 따른 지정기준에 맞지 아니하게 된 경우 ⑥ 제5항에 따른 처분의 세부기준 등 그 밖에 필요한 사항은 국토교통부령으로 정한다.	제212조(위험물전문교육기관의 지정 등) ① 법 제72조 제3항에 따라 위험물전문교육기관으로 지정받으려는 자는 별지 제80호서식의 위험물전문교육기관 지정신청서에 다음 각 호의 사항이 포함된 교육계획서를 첨부하여 국토교통부장관에게 제출하여야 한다. 1. 교육과정과 교육방법 2. 교관의 자격·경력 및 정원 등의 현황 3. 교육시설 및 교육장비의 개요 4. 교육평가의 방법 5. 연간 교육계획 6. 제4항 제2호에 따른 교육규정 ② 법 제72조 제4항에 따른 위험물전문교육기관의 지정기준은 별표 29와 같다. ③ 국토교통부장관은 제1항에 따라 신청을 받은 경우에는 이를 심사하여 그 내용이 제2항의 기준에 적합하다고 인정되는 경우에는 별지 제81호서식의 위험물전문교육기관 지정서를 발급하고 그 사실을 공고하여야 한다. ④ 제3항에 따라 지정을 받은 위험물전문교육기관은 다음 각 호에서 정하는 바에 따라 교육과 평가 등을 실시하여야 한다. 1. 교육은 초기교육과 정기교육으로 구분하여 실시한다. 2. 위험물전문교육기관의 장은 법 제72조 제2항에 따라 국토교통부장관이 고시하는 교육내용 등을 반영하여 교육규정을 제정·운영하고, 교육규정을 변경하려는 경우에는 국토교통부장관의 승인을 받아야 한다. 3. 교육평가는 다음 각 목의 방법으로 한다. 가. 교육평가를 위한 시험과목, 시험 실시 요령, 판정기준, 시험문제 출제, 시험방법·관리, 시험지 보관, 시험장, 시험감독 및 채점 등은 자체 실정에 맞게 위험물전문교육기관의 장이 정한다. 나. 교육생은 총교육시간의 100분의 90 이상을 출석하여야 하고, 성적은 100점 만점의 경우 80점 이상을 받아야만 수료할 수 있다. 4. 위험물전문교육기관의 장은 컴퓨터 등 전자기기를 이용한 전자교육과정(교육 또는 평가)을 운영할 경우에는 사전에 국토교통부장관의 승인을 받아야 한다. 5. 위험물전문교육기관의 장은 전년도 12월15일까지 다음 연도 교육계획을 수립하여 국토교통부장관에게 보고하여야 한다. ⑤ 위험물전문교육기관의 장은 교육을 마쳤을 때에는 교육 및 평가 결과를 국토교통부장관이 정하여 고시하는 방법에 따라 보관하여야 하며, 국토교통부장관이 요청하면 이를 제출하여야한다.

항공안전법, 시행령	항공안전법 시행규칙
	⑥ 위험물전문교육기관의 장은 제1항 각 호(제6호는 제외한다)의 사항이 변경된 경우에는 그 변경내용을 지체 없이 국토교통부장관에게 보고하여야 한다. ⑦ 국토교통부장관은 위험물전문교육기관이 제2항의 기준에 적합한 지의 여부를 매년 심사하여야한다. **제213조(위험물전문교육기관의 지정의 취소 등)** ① 법 제72조 제6항에 따른 위험물전문교육기관의 지정 취소 또는 업무정지처분의 기준은 별표 30과 같다. ② 국토교통부장관은 위반행위의 정도·횟수 등을 고려하여 별표 30에서 정한 업무정지 기간을 2분의 1의 범위에서 늘리거나 줄일 수 있다. 다만, 늘리는 경우에도 그 기간은 6개월을 초과할 수 없다.
제73조(전자기기의 사용제한) 국토교통부장관은 운항 중인 항공기의 항행 및 통신장비에 대한 전자파 간섭 등의 영향을 방지하기 위하여 국토교통부령으로 정하는 바에 따라 여객이 지닌 전자기기의 사용을 제한할 수 있다.	**제214조(전자기기의 사용제한)** 법 제73조에 따라 운항 중에 전자기기의 사용을 제한할 수 있는 항공기와 사용이 제한되는 전자기기의 품목은 다음 각 호와 같다. 1. 다음 각 목의 어느 하나에 해당하는 항공기 가. 항공운송사업용으로 비행 중인 항공기 나. 계기비행방식으로 비행 중인 항공기 2. 다음 각 목 외의 전자기기 가. 휴대용 음성녹음기 나. 보청기 다. 심장박동기 라. 전기면도기 마. 그 밖에 항공운송사업자 또는 기장이 항공기 제작회사의 권고 등에 따라 해당항공기에 전자파 영향을 주지 아니한다고 인정한 휴대용 전자기기
제74조(회항시간 연장운항의 승인) ① 항공운송사업자가 2개 이상의 발동기를 가진 비행기로서 국토교통부령으로 정하는 비행기를 다음 각 호의 구분에 따른 순항속도(巡航速度)로 가장 가까운 공항까지 비행하여 착륙할 수 있는 시간이 국토교통부령으로 정하는 시간을 초과하는 지점이 있는 노선을 운항하려면 국토교통부령으로 정하는 바에 따라 국토교통부장관의 승인을 받아야 한다. 1. 2개의 발동기를 가진 비행기: 1개의 발동기가 작동하지 아니할 때의 순항속도 2. 3개 이상의 발동기를 가진 비행기: 모든 발동기가 작동할 때의 순항속도 ② 국토교통부장관은 제1항에 따른 승인을 하려는 경우에는 제77조 제1항에 따라 고시하는 운항기술기준에 적합한지를 확인하여야 한다.	**제215조(회항시간 연장운항의 승인)** ① 법 제74조 제1항 각 호 외의 부분에서 "국토교통부령으로 정하는 비행기"란 터빈발동기를 장착한 항공운송사업용 비행기(화물만을 운송하는 3개 이상의 터빈발동기를 가진 비행기는 제외한다)를 말한다. ② 법 제74조 제1항 각 호 외의 부분에서 "국토교통부령으로 정하는 시간"이란 다음 각 호의 구분에 따른 시간을 말한다. 1. 2개의 발동기를 가진 비행기: 1시간. 다만, 최대인가승객 좌석 수가 20석 미만이며 최대이륙중량이 4만 5천 360킬로그램 미만인 비행기로서 「항공사업법 시행규칙」 제3조 제3호에 따른 전세운송에 사용되는 비행기의 경우에는 3시간으로 한다. 2. 3개 이상의 발동기를 가진 비행기: 3시간

항공안전법, 시행령	항공안전법 시행규칙
	③ 제1항에 따른 비행기로 제2항 각 호의 구분에 따른 시간을 초과하는 지점이 있는 노선을 운항하려는 항공운송사업자는 비행기 형식(등록부호)별, 운항하려는 노선별 및 최대 회항시간(2개의 발동기를 가진 비행기의 경우에는 1개의 발동기가 작동하지 아니할 때의 순항속도로, 3개 이상의 발동기를 가진 비행기의 경우에는 모든 발동기가 작동할 때의 순항속도로 가장 가까운 공항까지 비행하여 착륙할 수 있는 시간을 말한다. 이하 같다)별로 국토교통부장관 또는 지방항공청장의 승인을 받아야 한다. ④ 제3항에 따른 승인을 받으려는 항공운송사업자는 별지 제82호서식의 회항시간 연장운항승인 신청서에 법 제77조에 따라 고시하는 운항기술기준에 적합함을 증명하는 서류를 첨부하여 운항 개시 예정일 20일 전까지 국토교통부장관 또는 지방항공청장에게 제출하여야 한다.
제75조(수직분리축소공역 등에서의 항공기 운항 승인) ① 다음 각 호의 어느 하나에 해당하는 공역에서 항공기를 운항하려는 소유자등은 국토교통부령으로 정하는 바에 따라 국토교통부장관의 승인을 받아야 한다. 다만, 수색·구조를 위하여 제1호의 공역에서 운항하려는 경우 등 국토교통부령으로 정하는 경우에는 그러하지 아니하다. 1. 수직분리고도를 축소하여 운영하는 공역(이하 "수직분리축소공역"이라 한다) 2. 특정한 항행성능을 갖춘 항공기만 운항이 허용되는 공역(이하 "성능기반항행요구공역"이라 한다) 3. 그 밖에 공역을 효율적으로 운영하기 위하여 국토교통부령으로 정하는 공역 ② 국토교통부장관은 제1항에 따른 승인을 하려는 경우에는 제77조 제1항에 따라 고시하는 운항기술기준에 적합한지를 확인하여야 한다.	**제216조(수직분리축소공역 등에서의 항공기 운항)** ① 법 제75조 제1항에 따라 국토교통부장관 또는 지방항공청장으로부터 승인을 받으려는 자는 별지 제83호서식의 항공기 운항승인 신청서에 법 제77조에 따라 고시하는 운항기술기준에 적합함을 증명하는 서류를 첨부하여 운항개시예정일 15일 전까지 국토교통부장관 또는 지방항공청장에게 제출하여야 한다. ② 법 제75조 제1항 각 호 외의 부분 단서에서 "국토교통부령으로 정하는 경우"란 다음 각 호의 어느 하나에 해당하는 경우를 말한다. 1. 항공기의 사고·재난이나 그 밖의 사고로 인하여 사람 등의 수색·구조 등을 위하여 긴급하게 항공기를 운항하는 경우 2. 우리나라에 신규로 도입하는 항공기를 운항하는 경우 3. 수직분리축소공역에서의 운항승인을 받은 항공기에 고장 등이 발생하여 그 항공기를 정비 등을 위한 장소까지 운항하는 경우 **제217조(효율적 운영이 요구되는 공역)** 법 제75조 제1항 제3호에서 "국토교통부령으로 정하는 공역"이란 다음 각 호의 어느 하나에 해당하는 공역을 말한다. 1. 특정한 통신성능을 갖춘 항공기만 운항이 허용되는 공역(이하 "특정통신성능요구(RCP)공역"이라 한다) 2. 그 밖에 국토교통부장관이 정하여 고시하는 공역
제76조(승무원 등의 탑승 등) ① 항공기를 운항하려는 자는 그 항공기에 국토교통부령으로 정하는 바에 따라 운항의 안전에 필요한 승무원을 태워야 한다.	**제218조(승무원 등의 탑승 등)** ① 법 제76조 제1항에 따라 항공기에 태워야 할 승무원은 다음 각 호의 구분에 따른다. 〈개정 2019. 2. 26.〉

항공안전법, 시행령	항공안전법 시행규칙
② 운항승무원 또는 항공교통관제사가 항공업무를 수행하는 경우에는 국토교통부령으로 정하는 바에 따라 자격증명서 및 항공신체검사증명서를 소지하여야 하며, 운항승무원 또는 항공교통관제사가 아닌 항공종사자가 항공업무를 수행하는 경우에는 국토교통부령으로 정하는 바에 따라 자격증명서를 소지하여야 한다. ③ 항공운송사업자 및 항공기사용사업자는 국토교통부령으로 정하는 바에 따라 항공기에 태우는 승무원에게 해당 업무 수행에 필요한 교육훈련을 하여야 한다.	1. 항공기의 구분에 따라 다음 표에서 정하는 운항승무원

항공기	탑승시켜야 할 운항승무원
비행교범에 따라 항공기 운항을 위하여 2명 이상의 조종사가 필요한 항공기	조정사 (기장과 기장 외의 조종사)
여객운송에 사용되는 항공기	
인명구조, 산불진화 등 특수임무를 수행하는 쌍발 헬리콥터	
구조상 단독으로 발동기 및 기체를 완전히 취급할 수 없는 항공기	조종사 및 항공기관사
법 제 51조에 따라 무선설비를 갖추고 비행하는 항공기	「전파법」에 따른 무선설비를 조작할 수 있는 무선종사자 기술자격증을 가진 조종사 1명
착륙하지 아니하고 550킬로미터 이상의 구간을 비행하는 항공기(비행 중 상시 지상표지 또는 항행안전시설을 이용할 수 있다고 인정되는 관성항법장치 또는 정밀 도플러레이더 장치를 갖춘 것은 제외한다)	조종사 및 항공사

2. 여객운송에 사용되는 항공기로 승객을 운송하는 경우에는 항공기에 장착된 승객의 좌석 수에 따라 그 항공기의 객실에 다음 표에서 정하는 수 이상의 객실승무원

장착된 좌석 수	객실승무원 수
20석 이상 50석 이하	1명
51석 이상 100석 이하	2명
101석 이상 150석 이하	3명
151석 이상 200석 이하	4명
201석 이상	5명에 좌석 수 50석을 추가할 때마다 1명씩 추가

② 제1항 제1호에 따른 운항승무원의 업무를 다른 운항승무원이 하여도 그 업무에 지장이 없다고 국토교통부장관이 인정하는 경우에는 해당 운항승무원을 태우지 아니할 수 있다.

③ 제1항 제1호에도 불구하고 다음 각 호의 어느 하나에 해당하는 항공기로서 해당 항공기의 비행교범에서 항공기 운항을 위하여 2명의 조종사를 필요로 하지 아니하는 항공기의 경우에는 조종사 1명으로 운항할 수 있다.

1. 소형항공운송사업에 사용되는 다음 각 목의 어느 하나에 해당하는 항공기

항공안전법 시행규칙

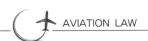

가. 관광비행에 사용되는 헬리콥터
나. 가목 외에 최대이륙중량 5,700킬로그램 이하의 항공기
2. 항공기사용사업에 사용되는 헬리콥터

④ 항공운송사업자, 항공기사용사업자 또는 국외비행에 사용되는 비행기를 운영하는 자는 제1항 제1호에 따라 항공기에 승무하는 운항승무원에 대하여 다음 각 호의 사항에 관한 교육훈련계획을 수립하여 매년 1회 이상 교육훈련을 실시하여야 한다.

1. 해당 항공기 형식에 관한 이론교육 및 비행훈련. 다만, 최초교육 및 연간 보수교육을 위한 비행훈련은 지방항공청장이 지정한 동일 형식의 항공기의 모의비행장치를 이용하여 할 수 있으며, 사업용이 아닌 국외비행에 사용되는 비행기의 기장과 기장 외의 조종사로서 2개 형식 이상의 한정자격을 보유한 사람에 대해서는 해당 형식별로 이론교육 및 비행훈련을 격년으로 실시할 수 있다.
2. 해당 항공기 형식의 발동기·기체·시스템의 오작동, 화재 또는 그 밖의 비정상적인 상황으로 일어날 수 있는 모든 경우의 비상대응절차 및 승무원 간의 협조에 관한 사항
3. 인적요소(Human Factor)에 관련된 지식 및 기술에 관한 사항
4. 법 제70조 제3항에 따라 국토교통부장관이 정하여 고시하는 위험물취급의 절차 및 방법에 관한 사항
5. 해당 형식의 항공기의 고장 등 비정상적인 상황이나 화재 등 비상상황이 발생한 경우 운항승무원 각자의 임무와 다른 운항승무원의 임무와의 관계를 숙지할 수 있도록 하는 절차 등에 관한 훈련

⑤ 제1항 제2호에 따른 객실승무원은 항공기 비상시의 경우 또는 비상탈출이 요구되는 경우 항공기에 갖춰진 비상장비 또는 구급용구 등을 이용하여 필요한 조치를 할 수 있는 지식과 능력이 있어야 한다.

⑥ 항공운송사업자 또는 국외비행에 사용되는 비행기를 운영하는 자는 제1항 제2호에 따라 항공기에 태우는 객실승무원에 대하여 다음 각 호의 사항에 관한 교육훈련계획을 수립하여 최초 교육 및 최초 교육을 받은 날부터 12개월마다 한번 이상 교육훈련을 실시하여야 한다. 다만, 제4호의 사항에 대해서는 최초 교육을 받은 날부터 24개월마다 한번 이상 교육훈련을 실시할 수 있다.

1. 항공기 비상시의 경우 또는 비상탈출이 요구되는 경우의 조치사항
2. 해당 항공기에 구비되는 별표 15에서 정한 구급용구 등 및 탈출대(Escape Slide)·비상구·산소장비·자동심장충격기(Automatic External Defibrillator)의 사용에 관한 사항
3. 평균해면으로부터 3천미터 이상의 고도로 운항하는 비행기에서 근무하는 경우 항공기 내 산소결핍이 미치는 영향과 여압장치가 장착된 비행기에서의 객실의 압력손실로 인한 생리적 현상에 관한 사항
4. 법 제70조 제3항에 따라 국토교통부장관이 정하여 고시하는 위험물취급의 절차 및 방법에 관한 사항
5. 항공기 비상시 승무원 각자의 임무 및 다른 승무원의 임무에 관한 사항
6. 운항승무원과 객실승무원 간의 협조사항을 포함한 객실의 안전을 위한 인적요소(Human Factor)에 관한 사항

제219조(자격증명서와 항공신체검사증명서의 소지 등) 법 제76조 제2항에 따른 자격증명서와 항공신체검사증명서의 소지 등의 대상자 및 그 준수사항은 다음 각 호와 같다.

1. 운항승무원: 해당 자격증명서 및 항공신체검사증명서를 지니거나 항공기 내의 접근하기 쉬운 곳에 보관하여야 한다.
2. 항공교통관제사: 자격증명서 및 항공신체검사증명서를 지니거나 항공업무를 수행하는 장소의 접근하기 쉬운 곳에 보관하여야 한다.
3. 운항승무원 및 항공교통관제사가 아닌 항공정비사 및 운항관리사: 해당 자격증명서를 지니거나 항공업무를 수행하는 장소의 접근하기 쉬운 곳에 보관하여야 한다.

항공안전법, 시행령	항공안전법 시행규칙
제77조(항공기의 안전운항을 위한 운항기술기준) ① 국토교통부장관은 항공기 안전운항을 확보하기 위하여 이 법과 「국제민간항공협약」 및 같은 협약 부속서에서 정한 범위에서 다음 각 호의 사항이 포함된 운항기술기준을 정하여 고시할 수 있다. 1. 자격증명 2. 항공훈련기관 3. 항공기 등록 및 등록부호 표시 4. 항공기 감항성 5. 정비조직인증기준 6. 항공기 계기 및 장비 7. 항공기 운항 8. 항공운송사업의 운항증명 및 관리 9. 그 밖에 안전운항을 위하여 필요한 사항으로서 국토교통부령으로 정하는 사항 ② 소유자등 및 항공종사자는 제1항에 따른 운항기술기준을 준수하여야 한다.	제220조(안전운항을 위한 운항기술기준 등) 법 제77조 제1항 제9호에서 "국토교통부령으로 정하는 사항"이란 항공기(외국 국적을 가진 항공기를 포함한다)의 임대차 승인에 관한 사항을 말한다.
제6장 공역 및 항공교통업무 등	
제78조(공역 등의 지정) ① 국토교통부장관은 공역을 체계적이고 효율적으로 관리하기 위하여 필요하다고 인정할 때에는 비행정보구역을 다음 각 호의 공역으로 구분하여 지정·공고할 수 있다. 1. 관제공역: 항공교통의 안전을 위하여 항공기의 비행 순서·시기 및 방법 등에 관하여 제84조 제1항에 따라 국토교통부장관 또는 항공교통업무증명을 받은 자의 지시를 받아야 할 필요가 있는 공역으로서 관제권 및 관제구를 포함하는 공역 2. 비관제공역: 관제공역 외의 공역으로서 항공기의 조종사에게 비행에 관한 조언·비행정보 등을 제공할 필요가 있는 공역 3. 통제공역: 항공교통의 안전을 위하여 항공기의 비행을 금지하거나 제한할 필요가 있는 공역 4. 주의공역: 항공기의 조종사가 비행 시 특별한 주의·경계·식별 등이 필요한 공역 ② 국토교통부장관은 필요하다고 인정할 때에는 국토교통부령으로 정하는 바에 따라 제1항에 따른 공역을 세분하여 지정·공고할 수 있다. ③ 제1항 및 제2항에 따른 공역의 설정기준 및 지정절차 등 그 밖에 필요한 사항은 국토교통부령으로 정한다.	제221조(공역의 구분·관리 등) ① 법 제78조 제2항에 따라 국토교통부장관이 세분하여 지정·공고하는 공역의 구분은 별표 23과 같다. ② 법 제78조 제3항에 따른 공역의 설정기준은 다음 각 호와 같다. 1. 국가안전보장과 항공안전을 고려할 것 2. 항공교통에 관한 서비스의 제공 여부를 고려할 것 3. 이용자의 편의에 적합하게 공역을 구분할 것 4. 공역이 효율적이고 경제적으로 활용될 수 있을 것 ③ 제1항에 따른 공역 지정 내용의 공고는 항공정보간행물 또는 항공고시보에 따른다. ④ 법 제78조 제3항에 따라 공역 구분의 세부적인 설정기준과 지정절차, 항공기의 표준 출발·도착 및 접근 절차, 항공로 등의 설정에 필요한 세부 사항은 국토교통부장관이 정하여 고시한다.

항공안전법, 시행령	항공안전법 시행규칙
제79조(항공기의 비행제한 등) ① 제78조 제1항에 따른 비관제공역 또는 주의공역에서 항공기를 운항하려는 사람은 그 공역에 대하여 국토교통부장관이 정하여 공고하는 비행의 방식 및 절차에 따라야 한다. ② 항공기를 운항하려는 사람은 제78조 제1항에 따른 통제공역에서 비행해서는 아니 된다. 다만, 국토교통부령으로 정하는 바에 따라 국토교통부장관의 허가를 받아 그 공역에 대하여 국토교통부장관이 정하는 비행의 방식 및 절차에 따라 비행하는 경우에는 그러하지 아니하다.	제222조(통제공역에서의 비행허가) 법 제79조 제2항 단서에 따라 통제공역에서 비행하려는 자는 별지 제84호서식의 통제공역 비행허가 신청서를 지방항공청장에게 제출하여야 한다. 다만, 비행 중인 경우에는 무선통신 등의 방법을 사용하여 지방항공청장에게 제출할 수 있다.
제80조(공역위원회의 설치) ① 제78조에 따른 공역의 설정 및 관리에 필요한 사항을 심의하기 위하여 국토교통부장관 소속으로 공역위원회를 둔다. ② 제1항에서 규정한 사항 외에 공역위원회의 구성·운영 및 기능 등에 필요한 사항은 대통령령으로 정한다. 영 제10조(공역위원회의 구성) ① 법 제80조 제1항에 따른 공역위원회(이하 "위원회"라 한다)는 위원장 1명과 부위원장 1명을 포함하여 15명 이내의 위원으로 구성한다. ② 위원회의 위원장은 국토교통부의 항공업무를 담당하는 고위공무원단에 속하는 일반직공무원 중 국토교통부장관이 지명하는 사람이 되고, 부위원장은 제3항 제1호의 위원 중에서 위원장이 지명하는 사람이 된다. ③ 위원회의 위원은 다음 각 호의 사람이 된다. 1. 외교부·국방부·산업통상자원부 및 국토교통부의 3급 국가공무원 또는 고위공무원단에 속하는 일반직공무원(외교부의 경우에는 「외무공무원임용령」 제3조 제2항 제2호 및 제3호에 따른 직위에 재직 중인 외무공무원)이나 이에 상응하는 계급의 장교 중 해당 기관의 장이 지명하는 사람 각 1명 2. 「대한민국과 아메리카합중국 간의 상호방위조약」 제4조에 따라 대한민국에 주둔하고 있는 미합중국 군대의 장교 중 제1호에 따른 장교에 상응하는 계급의 장교로서 주한미군사령관이 지명하는 사람 1명 3. 항공에 관한 학식과 경험이 풍부한 사람 중에서 국토교통부장관이 위촉하는 사람 ④ 제3항 제3호에 따른 위원의 임기는 2년으로 한다. 영 제11조(위원회의 기능)위원회는 다음 각 호의 사항을 심의한다.	

항공안전법, 시행령	항공안전법 시행규칙
1. 법 제78조 제1항 각 호에 따른 관제공역(空域), 비관제공역, 통제공역 및 주의공역의 설정·조정 및 관리에 관한 사항 2. 항공기의 비행 및 항공교통관제에 관한 중요한 절차와 규정의 제정 및 개정에 관한 사항 3. 공역의 구조 및 관리에 중대한 영향을 미칠 수 있는 공항시설, 항공교통관제시설 및 항행안전시설의 신설·변경 및 폐쇄에 관한 사항 4. 그 밖에 항공기가 공역과 공항시설, 항공교통관제시설 및 항행안전시설을 안전하고 효율적으로 이용하는 방안에 관한 사항 **영 제12조(위원회의 제척·기피·회피)** ① 위원회의 위원이 다음 각 호의 어느 하나에 해당하는 경우에는 위원회의 심의·의결에서 제척(除斥)된다. 1. 위원 또는 그 배우자나 배우자였던 사람이 해당 안건의 당사자(당사자가 법인·단체 등인 경우에는 그 임원을 포함한다. 이하 이 호 및 제2호에서 같다)가 되거나 그 안건의 당사자와 공동권리자 또는 공동의무자인 경우 2. 위원이 해당 안건의 당사자와 친족이거나 친족이었던 경우 3. 위원이 해당 안건에 대하여 증언, 진술, 자문, 연구, 용역 또는 감정을 한 경우 4. 위원이나 위원이 속한 법인이 해당 안건의 당사자의 대리인이거나 대리인이었던 경우 ② 해당 안건의 당사자는 위원에게 공정한 심의·의결을 기대하기 어려운 사정이 있는 경우에는 위원회에 기피 신청을 할 수 있고, 위원회는 의결로 이를 결정한다. 이 경우 기피 신청의 대상인 위원은 그 의결에 참여하지 못한다. ③ 위원이 제1항 각 호에 따른 제척 사유에 해당하는 경우에는 스스로 해당 안건의 심의·의결에서 회피(回避)하여야 한다. **영 제13조(위원의 해임 및 해촉)** 국토교통부장관은 위원이 다음 각 호의 어느 하나에 해당하는 경우에는 해당 위원을 해촉(解囑)할 수 있다. 1. 심신장애로 인하여 직무를 수행할 수 없게 된 경우 2. 직무와 관련된 비위사실이 있는 경우 3. 직무태만, 품위손상이나 그 밖의 사유로 인하여 위원으로 적합하지 아니하다고 인정되는 경우 4. 제12조 제1항 각 호의 어느 하나에 해당하는 데에도 불구하고 회피하지 아니한 경우	

<table>
<tr><th>항공안전법, 시행령</th><th>항공안전법 시행규칙</th></tr>
<tr><td>5. 위원 스스로 직무를 수행하는 것이 곤란하다고 의사를 밝히는 경우
영 제14조(위원장의 직무) ① 위원장은 위원회를 대표하며, 위원회의 업무를 총괄한다.
② 위원장이 부득이한 사유로 직무를 수행할 수 없을 때에는 부위원장이 그 직무를 대행하며, 위원장과 부위원장이 모두 부득이한 사유로 그 직무를 수행할 수 없을 때에는 위원장이 미리 지명한 위원이 그 직무를 대행한다.
영 제15조(위원장의 직무) ① 위원장은 위원회의 회의를 소집하고, 그 의장이 된다.
② 위원회의 회의는 재적위원 과반수의 출석으로 개의(開議)하고, 출석위원 과반수의 찬성으로 의결한다.
영 제16조(간사) ① 위원회에 위원회의 사무를 처리할 간사 1명을 둔다.
② 간사는 국토교통부 소속 공무원 중에서 국토교통부장관이 지명한다.
영 제17조(운영세칙)이 영에 규정한 것 외에 위원회의 운영에 필요한 사항은 위원회의 의결을 거쳐 위원장이 정한다.</td><td></td></tr>
<tr><td>제81조(항공교통안전에 관한 관계 행정기관의 장의 협조) ① 국토교통부장관은 항공교통의 안전을 확보하기 위하여 다음 각 호의 사항에 관하여 관계 행정기관의 장과 상호 협조하여야 한다. 이 경우 국가안보를 고려하여야 한다.
1. 항공교통관제에 관한 사항
2. 효율적인 공역관리에 관한 사항
3. 그 밖에 항공교통의 안전을 위하여 필요한 사항
영 제18조(항공교통안전의 협조 요청에 관한 사항) ① 국토교통부장관은 법 제81조 제1항에 따라 항공교통의 안전을 확보하기 위하여 군 기관, 항공기상에 관한 정보를 제공하는 행정기관의 장 등에게 협조를 요청할 수 있다.
② 제1항에 따른 협조 요청의 방법 및 세부 사항은 국토교통부령으로 정한다.
② 제1항에 따른 협조 요청에 필요한 세부 사항은 대통령령으로 정한다.</td><td>제223조(군 기관과의 협조) ① 영 제18조 제1항에 따라 국토교통부장관, 지방항공청장 및 항공교통본부장은 민간항공기의 비행에 영향을 줄 수 있는 군용항공기 등의 행위에 대하여 책임이 있는 군 기관과 긴밀한 협조를 유지하여야 한다.
② 국토교통부장관, 지방항공청장 및 항공교통본부장은 영 제18조 제1항에 따라 민간항공기의 안전하고 신속한 비행을 위하여 항공기의 비행정보 등의 교환에 관한 합의서를 군 기관과 체결할 수 있다.
③ 국토교통부장관, 지방항공청장 및 항공교통본부장은 영 제18조 제1항에 따라 민간항공기가 공격당할 위험이 있는 공역으로 접근하거나 진입한 경우 군 기관과 협조하여 항공기를 식별하고 공격을 회피할 수 있도록 유도하는 등 필요한 조치를 할 수 있는 절차를 수립하여야 한다.
제224조(항공기상기관과의 협조) ① 영 제18조 제1항에 따라 국토교통부장관, 지방항공청장 및 항공교통본부장은 항공기의 운항에 필요한 최신의 기상정보를 항공기에 제공하기 위하여 항공기상에 관한 정보를 제공하는 기관(이하 “항공기상기관”이라 한다)과 다음 각 호의 사항을 협조하여야 한다.
1. 기상정보표출장치의 사용 외에 항공교통업무 종사자가 관측한 기상정보 또는 조종사가 보고한 기상정보의 통보에 관한 사항</td></tr>
</table>

항공안전법, 시행령	항공안전법 시행규칙
	2. 항공교통업무 종사자가 관측한 기상정보 또는 조종사가 보고한 기상정보가 비행장의 기상예보에 포함되지 아니하는 내용일 경우에는 그 기상정보의 통보에 관한 사항 3. 화산폭발 전 화산활동 정보, 화산폭발 및 화산재구름의 상황에 관한 정보의 통보에 관한 사항 ② 영 제18조 제1항에 따라 국토교통부장관, 지방항공청장 및 항공교통본부장은 화산재에 관한 정보가 있는 경우에는 항공고시보와 항공기상기관의 중요기상정보(SIGMET)가 서로 일치하도록 긴밀하게 협조하여야 한다.
제82조(전시 상황 등에서의 공역관리) 전시(戰時) 및 「통합방위법」에 따른 통합방위사태 선포 시의 공역관리에 관하여는 각각 전시 관계법 및 「통합방위법」에서 정하는 바에 따른다.	
제83조(항공교통업무의 제공 등) ① 국토교통부장관 또는 항공교통업무증명을 받은 자는 비행장, 공항, 관제권 또는 관제구에서 항공기 또는 경량항공기 등에 항공교통관제 업무를 제공할 수 있다. ② 국토교통부장관 또는 항공교통업무증명을 받은 자는 비행정보구역에서 항공기 또는 경량항공기의 안전하고 효율적인 운항을 위하여 비행장, 공항 및 항행안전시설의 운용 상태 등 항공기 또는 경량항공기의 운항과 관련된 조언 및 정보를 조종사 또는 관련 기관 등에 제공할 수 있다. ③ 국토교통부장관 또는 항공교통업무증명을 받은 자는 비행정보구역에서 수색·구조가 필요한 항공기 또는 경량항공기에 관한 정보를 조종사 또는 관련 기관 등에 제공할 수 있다. 〈개정 2020. 6. 9.〉 ④ 제1항부터 제3항까지의 규정에 따라 국토교통부장관 또는 항공교통업무증명을 받은 자가 하는 업무(이하 "항공교통업무")의 제공 영역, 대상, 내용, 절차 등에 필요한 사항은 국토교통부령으로 정한다.	**제225조(항공교통관제업무의 한정 등)** ① 법 제83조 제1항에 따라 항공교통관제기관에서 항공교통관제 업무를 수행하려는 사람은 국토교통부장관이 정하는 바에 따라 그 업무에 종사할 수 있는 항공교통관제 업무의 한정을 받아야 한다. 다만, 해당 항공교통관제 업무의 한정을 받은 사람의 직접적인 감독을 받아 항공교통관제 업무를 하는 경우에는 그러하지 아니하다. ② 제1항에 따른 항공교통관제 업무의 한정을 받은 사람이 해당 항공교통관제기관에서 항공교통관제 업무에 종사하지 아니한 날이 180일이 지날 경우에는 그 업무의 한정의 효력이 정지된 것으로 본다. 다만, 해당 항공교통관제업무에 관하여 국토교통부장관이 정하는 훈련을 받은 경우에는 그러하지 아니하다. ③ 제1항에 따른 항공교통관제 업무의 한정에 관한 사항과 제2항 단서에 따른 교육훈련 및 항공기탑승훈련 등의 실시에 관한 세부기준 및 절차 등에 관하여 필요한 사항은 국토교통부장관이 정하여 고시한다. **제226조(항공교통관제업무의 대상 등)** 법 제83조 제1항에 따른 항공교통관제 업무의 대상이 되는 항공기는 다음 각 호와 같다. 1. 별표 23 제1호에 따른 A, B, C, D 또는 E등급 공역 내를 계기비행방식으로 비행하는 항공기 2. 별표 23 제1호에 따른 B, C 또는 D등급 공역 내를 시계비행방식으로 비행하는 항공기 3. 특별시계비행방식으로 비행하는 항공기 4. 관제비행장의 주변과 이동지역에서 비행하는 항공기 **제227조(항공교통업무 제공 영역 등)** ① 법 제83조 제4항에 따른 항공교통업무의 제공 영역은 법 제83조 제1항에 따른 비행장·공항 및 공역으로 한다.

항공안전법 시행규칙

② 법 제83조 제4항에 따라 비행정보구역 내의 공해상(公海上)의 공역에 대한 항공교통업무의 제공은 항공기의 효율적인 운항을 위하여 국제민간항공기구에서 승인한 지역별 다자간협정(이하 "지역항행협정"이라 한다)에 따른다.

제228조(항공교통업무의 목적 등) ① 법 제83조 제4항에 따른 항공교통업무는 다음 각 호의 사항을 주된 목적으로 한다.

1. 항공기 간의 충돌 방지
2. 기동지역 안에서 항공기와 장애물 간의 충돌 방지
3. 항공교통흐름의 질서유지 및 촉진
4. 항공기의 안전하고 효율적인 운항을 위하여 필요한 조언 및 정보의 제공
5. 수색·구조를 필요로 하는 항공기에 대한 관계기관에의 정보 제공 및 협조

② 제1항에 따른 항공교통업무는 다음 각 호와 같이 구분한다.

1. 항공교통관제업무: 제1항 제1호부터 제3호까지의 목적을 수행하기 위한 다음 각 목의 업무
   가. 접근관제업무: 관제공역 안에서 이륙이나 착륙으로 연결되는 관제비행을 하는 항공기에 제공하는 항공교통관제업무
   나. 비행장관제업무: 비행장 안의 기동지역 및 비행장 주위에서 비행하는 항공기에 제공하는 항공교통관제업무로서 접근관제업무 외의 항공교통관제업무(이동지역 내의 계류장에서 항공기에 대한 지상유도를 담당하는 계류장관제업무를 포함한다)
   다. 지역관제업무: 관제공역 안에서 관제비행을 하는 항공기에 제공하는 항공교통관제업무로서 접근관제업무 및 비행장관제업무 외의 항공교통관제업무
2. 비행정보업무: 비행정보구역 안에서 비행하는 항공기에 대하여 제1항 제4호의 목적을 수행하기 위하여 제공하는 업무
3. 경보업무: 제1항 제5호의 목적을 수행하기 위하여 제공하는 업무

제229조(항공교통업무기관의 구분) 법 제83조 제4항에 따른 항공교통업무기관은 다음 각 호와 같이 구분한다.

1. 비행정보기관: 비행정보구역 안에서 비행정보업무 및 경보업무를 제공하는 기관
2. 항공교통관제기관: 관제구·관제권 및 관제비행장에서 항공교통관제업무, 비행정보업무 및 경보업무를 제공하는 기관

제230조(항공교통관제업무의 수행) ① 항공교통관제기관은 다음 각 호의 항공교통관제 업무를 수행한다.

1. 항공기의 이동예정 정보, 실제 이동사항 및 변경 정보 등의 접수
2. 접수한 정보에 따른 각각의 항공기 위치 확인
3. 관제하고 있는 항공기 간의 충돌 방지와 항공교통흐름의 촉진 및 질서유지를 위한 허가와 정보 제공
4. 관제하고 있는 항공기와 다른 항공교통관제기관이 관제하고 있는 항공기 간에 충돌이 예상되는 경우에 또는 다른 항공교통관제기관으로 항공기의 관제를 이양하기 전에 그 기관의 필요한 관제허가에 대한 협조

② 항공교통관제 업무를 수행하는 자는 항공기 간의 적절한 분리와 효율적인 항공교통흐름의 유지를 위하여 관제하는 항공기에 대한 지시사항과 그 항공기의 이동에 관한 정보를 기록하여야 한다.

③ 항공교통관제기관은 다음 각 호에 따른 항공기 간의 분리가 유지될 수 있도록 항공교통관제허가를 하여야 한다.

1. 별표 23 제1호에 따른 A 또는 B등급 공역 내에서 비행하는 항공기
2. 별표 23 제1호에 따른 C, D 또는 E등급 공역 내에서 계기비행방식으로 비행하는 항공기
3. 별표 23 제1호에 따른 C등급 공역 내에서 계기비행방식으로 비행하는 항공기와 시계비행방식으로 비행하는 항공기
4. 관제권 안에서 특별시계비행방식으로 비행하는 항공기와 계기비행방식으로 비행하는 항공기
5. 관제권 안에서 특별시계비행방식으로 비행하는 항공기

④ 항공교통관제기관이 제3항에 따라 항공기 간의 분리를 위한 관제를 하는 경우에는 수직적·종적·횡적 및 혼합분리방법으로 관제한다. 이 경우 혼합분리방법으로 관제업무를 수행하는 경우에는 지역항행협정을 따를 수 있다.

⑤ 제1항부터 제4항까지의 규정에 따른 항공교통관제 업무의 내용, 방법, 절차 및 항공기간 분리최저치 등에 관하여 필요한 세부 사항은 국토교통부장관이 정하여 고시한다.

항공안전법 시행규칙

제231조(항공기에 대한 관제책임 등) ① 법 제83조 제4항에 따라 관제를 받는 항공기는 항상 하나의 항공교통관제기관이 관제를 제공하여야 한다.

② 관제공역 내에서 비행하는 모든 항공기에 대한 관제책임은 제1항에 따라 그 관제공역을 관할하는 항공교통관제기관에 있다. 다만, 관련되는 다른 항공교통관제기관과 관제책임에 관하여 다른 합의가 있는 경우에 그에 따른다.

제232조(항공교통업무기관과 항공기 소유자등 간의 협의 등) ① 항공교통업무기관은 법 제83조 제4항에 따라 「국제민간항공협약」 부속서 6에서 정한 항공기 소유자등의 준수사항 등을 고려하여 항공교통업무를 수행하여야 한다.

② 항공교통업무기관은 다른 항공교통업무기관이나 항공기 소유자등으로부터 받은 항공기 안전운항에 관한 정보(위치보고를 포함한다)를 항공기 소유자등이 요구하는 경우 항공기 소유자등과 협의하여 해당 정보를 신속히 제공하여야 한다.

제233조(잠재적 위험활동에 관한 협의) ① 법 제83조 제4항에 따라 항공교통업무기관은 민간항공기에 대한 위험을 회피하고 정상적인 운항의 간섭을 최소화할 수 있도록 민간항공기의 운항에 위험을 줄 수 있는 행위(이하 "잠재적 위험활동"이라 한다)에 대한 계획을 관련된 관할 항공교통업무기관과 협의하여야 한다.

② 제1항에 따라 잠재적 위험활동에 관한 계획에 대하여 협의할 때에는 그 잠재적 위험활동에 관한 정보를 「국제민간항공협약」 부속서 15에 따른 시기에 공고할 수 있도록 사전에 협의하여야 한다.

③ 관할 항공교통업무기관은 제2항에 따라 잠재적 위험활동에 관한 계획에 대하여 협의를 완료한 경우에는 그 잠재적 위험활동에 관한 정보를 항공고시보 또는 항공정보간행물에 공고하여야 한다.

④ 제2항에 따른 잠재적 위험활동에 관한 계획을 수립하는 경우에는 다음 각 호의 기준에 따라야 한다.

1. 잠재적 위험활동의 구역, 횟수 및 기간은 가능한 한 항공로의 폐쇄·변경, 경제고도의 봉쇄 또는 정기적으로 운항하는 항공기의 운항 지연 등이 발생되지 아니하도록 설정할 것
2. 잠재적 위험활동에 사용되는 공역의 규모는 가능한 한 작게 할 것
3. 민간항공기의 비상상황이나 그 밖에 예측할 수 없는 상황으로 인하여 위험활동을 중지시켜야 할 경우에 대비하여 관할 항공교통업무기관과 직통통신망을 설치할 것

⑤ 항공교통업무기관은 잠재적 위험활동이 지속적으로 발생하여 관계기관 간에 잠재적 위험활동에 관한 지속적인 협의가 필요하다고 인정되는 경우에는 관계기관과 그에 관한 사항을 협의하기 위한 협의회를 설치·운영할 수 있다.

제234조(비상항공기에 대한 지원) ① 항공교통업무기관은 법 제83조 제4항에 따라 비상상황(불법간섭 행위를 포함한다)에 처하여 있거나 처하여 있다고 의심되는 항공기에 대해서는 그 상황을 최대한 고려하여 우선권을 부여하여야 한다.

② 제1항에 따라 항공교통업무기관은 불법간섭을 받고 있는 항공기로부터 지원요청을 받은 경우에는 신속하게 이에 응하고, 비행안전과 관련한 정보를 지속적으로 송신하며, 항공기의 착륙단계를 포함한 모든 비행단계에서 필요한 조치를 신속하게 하여야 한다.

③ 제1항에 따라 항공교통업무기관은 항공기가 불법간섭을 받고 있음을 안 경우 그 항공기의 조종사에게 불법간섭 행위에 관한 사항을 무선통신으로 질문해서는 아니 된다. 다만, 해당 항공기의 조종사가 무선통신을 통한 질문이 불법간섭을 악화시키지 아니한다고 사전에 통보한 경우에는 그러하지 아니하다.

④ 제1항에 따라 항공교통업무기관은 비상상황에 처하여 있거나 처하여 있다고 의심되는 항공기와 통신하는 경우에는 그 비상상황으로 인하여 긴급하게 업무를 수행하여야 하는 조종사의 업무 환경 및 심리상태 등을 고려하여야 한다.

제235조(우발상황에 대한 조치) 법 제83조 제4항에 따라 항공교통업무기관은 표류항공기(계획된 비행로를 이탈하거나 위치보고를 하지 아니한 항공기를 말한다. 이하 같다) 또는 미식별항공기(해당 공역을 비행 중이라고 보고하였으나 식별되지 아니한 항공기를 말한다. 이하 같다)를 인지한 경우에는 다음 각 호의 구분에 따른 신속한 조치를 하여야 한다.

1. 표류항공기의 경우
   가. 표류항공기와 양방향 통신을 시도할 것
   나. 모든 가능한 방법을 활용하여 표류항공기의 위치를 파악할 것
   다. 표류하고 있을 것으로 추정되는 지역의 관할 항공교통업무기관에 그 사실을 통보할 것
   라. 관련되는 군 기관이 있는 경우에는 표류항공기의 비행계획 및 관련 정보를 그 군 기관에 통보할 것

항공안전법 시행규칙

마. 다목 및 라목에 따른 기관과 비행 중인 다른 항공기에 대하여 표류항공기와의 교신 및 표류항공기의 위치결정에 필요한 사항에 관하여 지원요청을 할 것
바. 표류항공기의 위치가 확인되는 경우에는 그 항공기에 대하여 위치를 통보하고, 항공로에 복귀할 것을 지시하며, 필요한 경우 관할 항공교통업무기관 및 군 기관에 해당 정보를 통보할 것
2. 미식별항공기의 경우
가. 미식별항공기의 식별에 필요한 조치를 시도할 것
나. 미식별항공기와 양방향 통신을 시도할 것
다. 다른 항공교통업무기관에 대하여 미식별항공기에 대한 정보를 문의하고 그 항공기와의 교신을 위한 협조를 요청할 것
라. 해당 지역의 다른 항공기로부터 미식별항공기에 대한 정보 입수를 시도할 것
마. 미식별항공기가 식별된 경우로서 필요한 경우에는 관련 군 기관에 해당 정보를 신속히 통보할 것

제236조(민간항공기의 요격에 대한 조치) ① 항공교통업무기관은 법 제83조 제4항에 따라 관할 공역 내의 항공기에 대한 요격을 인지한 경우에는 다음 각 호에 따라 조치하여야 한다.
1. 항공비상주파수(121.5MHz) 또는 그 밖의 가능한 주파수를 사용하여 피요격항공기와의 양방향 통신을 시도할 것
2. 피요격항공기의 조종사에게 요격 사실을 통보할 것
3. 요격항공기와 통신을 유지하고 있는 요격통제기관에 피요격항공기에 관한 정보를 제공할 것
4. 필요하면 피요격항공기와 요격항공기 또는 요격통제기관 간의 의사소통을 중개할 것
5. 요격통제기관과 긴밀히 협조하여 피요격항공기의 안전 확보에 필요한 조치를 할 것
6. 피요격항공기가 인접 비행정보구역으로부터 표류된 것으로 판단되는 경우에는 인접 비행정보구역을 관할하는 항공교통업무기관에 그 상황을 통보할 것

② 법 제83조 제4항에 따라 항공교통업무기관은 관할 공역 밖에서 피요격항공기를 인지한 경우에는 다음 각 호에 따라 조치하여야 한다.
1. 요격이 이루어지고 있는 공역을 관할하는 항공교통업무기관에 그 상황을 통보하고, 항공기의 식별을 위한 모든 정보를 제공할 것
2. 피요격항공기와 관할 항공교통업무기관, 요격항공기 또는 요격통제기관 간의 의사소통을 중개할 것

③ 국토교통부장관은 민간항공기에 요격행위가 발생되는 것을 예방하기 위하여 비행계획, 양방향 무선통신 및 위치보고가 요구되는 관제구·관제권 및 항공로를 지정·관리하여야 한다.

제237조(언어능력 등) ① 항공교통관제사는 법 제83조 제4항에 따른 항공교통업무를 수행하기 위하여 국토교통부장관이 정한 무선통신에 사용되는 언어를 말하고 이해할 수 있어야 한다.
② 항공교통관제기관 상호간에는 영어를 사용하여야 한다. 다만, 관련 항공교통관제기관 간 언어 사용에 관하여 다른 합의가 있는 경우에는 그에 따른다.

제238조(우발계획의 수립·시행) ① 국토교통부장관은 법 제83조 제4항에 따라 항공교통업무 및 관련 지원업무가 예상할 수 없는 사유로 중단되는 경우를 대비하여 항공교통업무 우발계획의 수립기준을 정하여 고시하여야 한다.
② 항공교통업무기관의 장은 제1항에 따른 수립기준에 적합하게 관할 공역 내의 항공교통업무 우발계획을 수립·시행하여야 한다.

제239조(항공교통흐름의 관리 등) ① 법 제83조 제4항에 따라 항공교통업무기관은 항공교통업무와 관련하여 같은 시간대에 규정된 수용량을 초과하거나 초과가 예상되는 공역에서 지역항행협정이나 관련 기관 간의 협정에 따라 항공교통흐름을 관리하여야 한다.
② 제1항에 따른 항공교통흐름의 관리에 관한 처리기준 및 방법 등에 관한 세부 사항은 국토교통부장관이 정하여 고시한다.

제240조(비행정보업무의 수행 등) ① 법 제83조 제4항에 따라 제228조 제2항 제2호에 따른 비행정보업무는 항공교통업무의 대상이 되는 모든 항공기에 대하여 수행한다.

항공안전법 시행규칙

② 같은 항공교통업무기관에서 항공교통관제업무와 비행정보업무를 함께 수행하는 경우에는 항공교통관제업무를 우선 수행하여야 한다.

제241조(비행정보의 제공) ① 법 제83조 제4항에 따라 항공교통업무기관에서 항공기에 제공하는 비행정보는 다음 각 호와 같다. 다만, 제8호의 정보는 시계비행방식으로 비행 중인 항공기가 시계비행방식의 비행을 유지할 수 없을 경우에 제공한다.

1. 중요기상정보(SIGMET) 및 저고도항공기상정보(AIRMET)
2. 화산활동·화산폭발·화산재에 관한 정보
3. 방사능물질이나 독성화학물질의 대기 중 유포에 관한 사항
4. 항행안전시설의 운영 변경에 관한 정보
5. 이동지역 내의 눈·결빙·침수에 관한 정보
6. 「공항시설법」 제2조 제8호에 따른 비행장시설의 변경에 관한 정보
7. 무인자유기구에 관한 정보
8. 해당 비행경로 주변의 교통정보 및 기상상태에 관한 정보
9. 출발·목적·교체비행장의 기상상태 또는 그 예보
10. 별표 23에 따른 공역등급 C, D, E, F 및 G 공역 내에서 비행하는 항공기에 대한 충돌위험
11. 수면을 항해 중인 선박의 호출부호, 위치, 진행방향, 속도 등에 관한 정보(정보 입수가 가능한 경우만 해당한다)
12. 그 밖에 항공안전에 영향을 미치는 사항

② 항공교통업무기관은 법 제83조 제4항에 따라 특별항공기상보고(Special air reports)를 접수한 경우에는 이를 다른 관련 항공기, 기상대 및 다른 항공교통업무기관에 가능한 한 신속하게 전파하여야 한다.

③ 이 규칙에서 정한 것 외에 항공교통업무기관에서 제공하는 비행정보 및 비행정보의 제공방법, 제공절차 등에 관하여 필요한 사항은 국토교통부장관이 정하여 고시한다.

제242조(경보업무의 수행)제228조 제2항 제3호에 따른 경보업무는 다음 각 호의 항공기에 대하여 수행한다.

1. 법 제83조 제4항에 따른 항공교통업무의 대상이 되는 항공기
2. 항공교통업무기관에 비행계획을 제출한 모든 항공기
3. 테러 등 불법간섭을 받는 것으로 인지된 항공기

제243조(경보업무의 수행절차 등) ① 항공교통업무기관은 법 제83조 제4항에 따라 항공기가 다음 각 호의 구분에 따른 비상상황에 처한 사실을 알았을 때에는 지체 없이 수색·구조업무를 수행하는 기관에 통보하여야 한다.

1. 불확실상황(Uncertainly phase)
   가. 항공기로부터 연락이 있어야 할 시간 또는 그 항공기와의 첫 번째 교신시도에 실패한 시간 중 더 이른 시간부터 30분 이내에 연락이 없을 경우
   나. 항공기가 마지막으로 통보한 도착 예정시간 또는 항공교통업무기관이 예상한 도착 예정시간 중 더 늦은 시간부터 30분 이내에 도착하지 아니할 경우. 다만, 항공기 및 탑승객의 안전이 의심되지 아니하는 경우는 제외한다.
2. 경보상황(Alert phase)
   가. 불확실상황에서의 항공기와의 교신시도 또는 관계 부서의 조회로도 해당 항공기의 위치를 확인하기 곤란한 경우
   나. 항공기가 착륙허가를 받고도 착륙 예정시간부터 5분 이내에 착륙하지 아니한 상태에서 그 항공기와의 무선교신이 되지 아니할 경우
   다. 항공기의 비행능력이 상실되었으나 불시착할 가능성이 없음을 나타내는 정보를 입수한 경우. 다만, 항공기 및 탑승자의 안전에 우려가 없다는 명백한 증거가 있는 경우는 제외한다.
   라. 항공기가 테러 등 불법간섭을 받는 것으로 인지된 경우
3. 조난상황(Distress phase)
   가. 경보상황에서 항공기와의 교신시도를 실패하고, 여러 관계 부서와의 조회 결과 항공기가 조난당하였을 가능성이 있는 경우

항공안전법 시행규칙

나. 항공기 탑재연료가 고갈되어 항공기의 안전을 유지하기가 곤란한 경우
다. 항공기의 비행능력이 상실되어 불시착하였을 가능성이 있음을 나타내는 정보가 입수되는 경우
라. 항공기가 불시착 중이거나 불시착하였다는 정보사항이 정확한 정보로 판단되는 경우. 다만, 항공기 및 탑승자가 중대하고 긴박한 위험에 처하여 있지 아니하며, 긴급한 도움이 필요하지 아니하다는 명백한 증거가 있는 경우는 제외한다.

② 항공교통업무기관은 제1항에 따른 경보업무를 수행할 때에는 가능한 한 다음 각 호의 사항을 수색·구조업무를 수행하는 기관에 통보하여야 한다.

1. 불확실상황(INCERFA/Uncertainly phase), 경보상황(ALERFA/Alert phase) 또는 조난상황(DETRESFA /Distress phase)의 비상상황별 용어
2. 통보하는 기관의 명칭 및 통보자의 성명
3. 비상상황의 내용
4. 비행계획의 중요 사항
5. 최종 교신 관제기관, 시간 및 사용주파수
6. 최종 위치보고 지점
7. 항공기의 색상 및 특징
8. 위험물의 탑재사항
9. 통보기관의 조치사항
10. 그 밖에 수색·구조 활동에 참고가 될 사항

③ 항공교통업무기관은 제2항에 따라 비상상황을 통보한 후에도 비상상황과 관련된 조사를 계속하여야 하며, 비상상황이 악화되면 그에 관한 정보를, 비상상황이 종료되면 그 종료 사실을 수색 및 구조업무를 수행하는 기관에 지체 없이 통보하여야 한다.

④ 항공교통업무기관은 필요한 경우 비상상황에 처한 항공기와 무선교신을 시도하는 등 이용할 수 있는 모든 통신시설을 이용하여 해당 항공기에 대한 정보를 획득하기 위하여 노력하여야 한다.

제244조(항공기의 소유자등에 대한 통보) 법 제83조 제4항에 따라 항공교통업무기관은 항공기가 제243조 제1항에 따른 불확실상황 또는 경보상황에 처하였다고 판단되는 경우에는 해당 항공기의 소유자등에게 그 사실을 통보하여야 한다. 이 경우 통보사항에는 가능한 한 제243조 제2항 각 호의 사항을 포함하여야 한다.

제245조(비상항공기의 주변에서 운항하는 항공기에 대한 통보) 법 제83조 제4항에 따라 항공교통업무기관은 항공기가 제243조 제1항에 따른 비상상황에 처하였다고 판단되는 경우에는 그 항공기의 주변에서 비행하고 있는 다른 항공기에 대하여 가능한 한 신속하게 비상상황이 있다는 사실을 알려 주어야 한다.

제246조(항공교통업무에 필요한 정보 등) ① 항공교통업무기관은 법 제83조 제4항에 따라 항공기에 대하여 최신의 기상상태 및 기상예보에 관한 정보를 제공할 수 있어야 한다.

② 항공교통업무기관은 법 제83조 제4항에 따라 비행장 주변에 관한 정보, 항공기의 이륙상승 및 강하지역에 관한 정보, 접근관제지역 내의 돌풍 등 항공기 운항에 지장을 주는 기상현상의 종류, 위치, 수직 범위, 이동방향, 속도 등에 관한 상세한 정보를 항공기에 제공할 수 있도록 관계 기상관측기관·항공운송사업자 등과 긴밀한 협조체제를 유지하여야 한다.

③ 항공교통업무기관은 법 제83조 제4항에 따라 항공교통의 안전 확보를 위하여 비행장설치자, 항행안전시설관리자, 무인자유기구의 운영자, 방사능·독성 물질의 제조자·사용자와 협의하여 다음 각 호의 소관사항을 지체 없이 통보받을 수 있도록 조치하여야 한다.

1. 비행장 내 기동지역에서의 항공기 이륙·착륙에 지장을 주는 시설물 또는 장애물의 설치·운영 상태에 관한 사항
2. 항공기의 지상이동, 이륙, 접근 및 착륙에 필요한 항공등화 등 항행안전시설의 운영 상태에 관한 사항
3. 무인자유기구의 비행에 관한 사항
4. 관할 구역 내의 비행로에 영향을 줄 수 있는 폭발 전 화산활동, 화산폭발 및 화산재에 관한 사항

항공안전법, 시행령	항공안전법 시행규칙
	5. 관할 공역에 영향을 미치는 방사선물질 또는 독성화학물질의 대기 방출에 관한 사항 6. 그 밖에 항공교통의 안전에 지장을 주는 사항
제84조(항공교통관제 업무 지시의 준수) ① 비행장, 공항, 관제권 또는 관제구에서 항공기를 이동·이륙·착륙시키거나 비행하려는 자는 국토교통부장관 또는 항공교통업무증명을 받은 자가 지시하는 이동·이륙·착륙의 순서 및 시기와 비행의 방법에 따라야 한다. ② 비행장 또는 공항의 이동지역에서 차량의 운행, 비행장 또는 공항의 유지·보수, 그 밖의 업무를 수행하는 자는 항공교통의 안전을 위하여 국토교통부장관 또는 항공교통업무증명을 받은 자의 지시에 따라야 한다.	**제247조(항공안전 관련 정보의 복창)** ① 항공기의 조종사는 법 제84조 제1항에 따라 관할 항공교통관제기관에서 음성으로 전달된 항공안전 관련 항공교통관제의 허가 또는 지시사항을 복창하여야 한다. 이 경우 다음 각 호의 사항은 반드시 복창하여야 한다. 1. 항공로의 허가사항 2. 활주로의 진입, 착륙, 이륙, 대기, 횡단 및 역방향 주행에 대한 허가 또는 지시사항 3. 사용 활주로, 고도계 수정치, 2차 감시 항공교통관제 레이더용 트랜스폰더(Mode 3/A 및 Mode C SSR transponder)의 배정부호, 고도지시, 기수지시, 속도지시 및 전이고도 ② 항공기의 조종사는 제1항에 따른 관할 항공교통관제기관의 허가 또는 지시사항을 이해하고 있고 그에 따르겠다는 것을 명확한 방법으로 복창하거나 응답하여야 한다. ③ 항공교통관제사는 제1항에 따른 항공교통관제의 허가 또는 지시사항에 대하여 항공기의 조종사가 정확하게 인지하였는지 여부를 확인하기 위하여 복창을 경청하여야 하며, 그 복창에 틀린 사항이 있을 때에는 즉시 시정조치를 하여야 한다. ④ 제1항을 적용할 때에 관할 항공교통관제기관에서 달리 정하고 있지 아니하면 항공교통관제사와 조종사간 데이터통신(CPDLC)에 의하여 항공교통관제의 허가 또는 지시사항이 전달되는 경우에는 음성으로 복창을 하지 아니할 수 있다. **제248조(비행장 내에서의 사람 및 차량에 대한 통제 등)** ① 법 제84조 제2항에 따라 관제탑은 지상이동 중이거나 이륙·착륙 중인 항공기에 대한 안전을 확보하기 위하여 비행장의 기동지역 내를 이동하는 사람 또는 차량을 통제하여야 한다. ② 법 제84조 제2항에 따라 저시정 기상상태에서 제2종(Category Ⅱ) 또는 제3종(Category Ⅲ)의 정밀계기운항이 진행 중일 때에는 계기착륙시설(ILS)의 방위각제공시설(Localizer) 및 활공각제공시설(Glide Slope)의 전파를 보호하기 위하여 기동지역을 이동하는 사람 및 차량에 대하여 제한을 하여야 한다. ③ 법 제84조 제2항에 따라 관제탑은 조난항공기의 구조를 위하여 이동하는 비상차량에 우선권을 부여하여야 한다. 이 경우 차량과 지상이동 하는 항공기 간의 분리최저치는 지방항공청장이 정하는 바에 따른다.

항공안전법, 시행령	항공안전법 시행규칙
	④ 제2항에 따라 비행장의 기동지역 내를 이동하는 차량은 다음 각 호의 사항을 준수하여야 한다. 다만, 관제탑의 다른 지시가 있는 경우에는 그 지시를 우선적으로 준수하여야 한다. 1. 지상이동・이륙・착륙 중인 항공기에 진로를 양보할 것 2. 차량은 항공기를 견인하는 차량에게 진로를 양보할 것 3. 차량은 관제지시에 따라 이동 중인 다른 차량에게 진로를 양보할 것 ⑤ 법 제84조 제2항에 따라 비행장 내의 이동지역에 출입하는 사람 또는 차량(건설기계 및 장비를 포함한다)의 관리・통제 및 안전관리 등에 대한 세부 사항은 국토교통부장관이 정하여 고시한다.
제85조(항공교통업무증명 등) ① 국토교통부장관 외의 자가 항공교통업무를 제공하려는 경우에는 국토교통부령으로 정하는 바에 따라 항공교통업무를 제공할 수 있는 체계(이하 "항공교통업무제공체계")를 갖추어 국토교통부장관의 항공교통업무증명을 받아야 한다. ② 국토교통부장관은 항공교통업무증명에 필요한 인력・시설・장비, 항공교통업무규정에 관한 요건 및 항공교통업무증명절차 등(이하 "항공교통업무증명기준")을 정하여 고시하여야 한다. ③ 국토교통부장관은 항공교통업무증명을 할 때에는 항공교통업무증명기준에 적합한지를 검사하여 적합하다고 인정되는 경우에는 국토교통부령으로 정하는 바에 따라 항공교통업무증명서를 발급하여야 한다. ④ 항공교통업무증명을 받은 자는 항공교통업무증명을 받았을 때의 항공교통업무제공체계를 유지하여야 하며, 항공교통업무증명기준을 준수하여야 한다. ⑤ 항공교통업무증명을 받은 자는 항공교통업무제공체계를 변경하려는 경우 국토교통부령으로 정하는 바에 따라 국토교통부장관에게 신고하여야 한다. 다만, 제2항에 따른 항공교통업무규정 등 국토교통부령으로 정하는 중요사항을 변경하려는 경우에는 국토교통부장관의 승인을 받아야 한다. ⑥ 제5항 본문에 따른 변경신고가 신고서의 기재사항 및 첨부서류에 흠이 없고, 법령 등에 규정된 형식상의 요건을 충족하는 경우에는 신고서가 접수기관에 도달된 때에 신고 의무가 이행된 것으로 본다. 〈신설 2017. 8. 9.〉	**제249조(항공교통업무증명의 신청)** ① 법 제85조 제1항에 따라 항공교통업무증명을 받으려는 자는 별지 제85호서식의 항공교통업무증명 신청서에 항공교통업무규정을 첨부하여 국토교통부장관에게 제출하여야 한다. ② 제1항에 따른 항공교통업무규정에는 다음 각 호의 사항을 적어야 한다. 1. 수행하려는 항공교통업무의 범위 2. 운영인력 및 시설・장비 현황 3. 항공교통업무 수행을 위하여 필요한 규정 및 절차 4. 그 밖에 국토교통부장관이 정하여 고시하는 사항 **제250조(항공교통업무증명의 발급)** ① 국토교통부장관은 제249조 제1항에 따른 항공교통업무증명 신청서를 접수받은 경우에는 법 제85조 제1항에 따라 항공교통업무를 제공할 수 있는 체계(이하 "항공교통업무제공체계")가 법 제85조 제2항에 따른 항공교통업무증명기준(이하 "항공교통업무증명기준"이라 한다)에 적합한지의 여부를 검사하여 적합하다고 인정하면 항공교통업무증명 신청자에게 별지 제86호서식의 항공교통업무증명서를 발급하여야 한다. ② 국토교통부장관은 소속 공무원 또는 법 제35조 제7호에 따른 항공교통관제사 자격증명을 받은 사람으로서 해당 분야 10년 이상의 실무경력을 갖춘 사람으로 하여금 제1항에 따른 검사를 하게 하거나 자문에 응하게 할 수 있다. **제251조(항공교통업무증명의 변경신고)** ① 제250조 제1항에 따른 항공교통업무증명을 받은 자가 항공교통업무제공체계를 변경하려는 경우에는 법 제85조 제5항 본문에 따라 별지 제87호서식의 항공교통업무증명 변경신고서에 다음 각 호의 서류를 첨부하여 국토교통부장관에게 신고하여야 한다. 1. 변경 내용 및 그 내용을 증명하는 서류 2. 신・구 내용 대비표

항공안전법, 시행령	항공안전법 시행규칙
⑦ 국토교통부장관은 항공교통업무증명기준이 변경되어 항공교통업무증명을 받은 자의 항공교통업무제공체계가 변경된 항공교통업무증명기준에 적합하지 아니하게 된 경우 변경된 항공교통업무증명기준을 따르도록 명할 수 있다. 〈개정 2017. 8. 9.〉 ⑧ 국토교통부장관은 항공교통업무증명을 받은 자가 항공교통업무제공체계를 계속적으로 유지하고 있는지를 정기 또는 수시로 검사할 수 있다. 〈개정 2017. 8. 9.〉 ⑨ 국토교통부장관은 제8항에 따른 검사 결과 항공교통안전에 위험을 초래할 수 있는 사항이 발견되었을 때에는 국토교통부령으로 정하는 바에 따라 시정조치를 명할 수 있다. 〈개정 2017. 8. 9.〉	② 제1항에 따른 변경신고를 받은 국토교통부장관은 신고서 및 첨부서류에 흠이 없고 형식적 요건을 충족하는 경우에는 지체 없이 접수하여야 한다. **제252조(항공교통업무증명의 변경승인 등)** ① 법 제85조 제5항 단서에서 "항공교통업무규정 등 국토교통부령으로 정하는 중요사항"이란 다음 각 호의 어느 하나에 해당하는 사항을 말한다. 1. 항공교통업무규정 중 다음 각 목의 사항 가. 업무범위 나. 비행절차 다. 구성조직 라. 종사자 교육훈련프로그램 마. 우발계획 2. 운영하는 시설・장비 3. 대표자 ② 제1항에 따라 항공교통업무증명을 받은 자가 제1항 각 호의 어느 하나에 해당하는 사항을 변경하려면 그 변경 예정일 10일 전까지 별지 제88호서식의 항공교통업무증명 변경승인 신청서에 그 변경사실을 증명할 수 있는 서류를 첨부하여 국토교통부장관에게 제출하여야 한다. ③ 국토교통부장관은 제2항에 따른 항공교통업무증명의 변경 신청서를 접수받은 경우 그 변경사유가 타당하다고 인정되면 제250조 제1항에 따라 항공교통업무증명을 발급하여야 한다. **제253조(항공교통업무제공체계 검사 등)** ① 국토교통부장관이 법 제85조 제7항에 따라 실시하는 정기검사는 연 1회를 실시한다. ② 국토교통부장관은 법 제85조 제8항에 따라 항공교통업무증명을 받은 자에게 시정조치를 명하는 경우에는 업무의 조치기간 등 시정에 필요한 적정한 기간을 주어야 한다. ③ 제2항에 따른 시정조치명령을 받은 항공교통업무증명을 받은 자는 그 명령을 이행하였을 때에는 지체 없이 그 시정내용을 국토교통부장관에게 통보하여야 한다.
제86조(항공교통업무증명의 취소 등) ① 국토교통부장관은 항공교통업무증명을 받은 자가 다음 각 호의 어느 하나에 해당하는 경우에는 항공교통업무증명을 취소하거나 6개월 이내의 기간을 정하여 항공교통업무제공의 정지를 명할 수 있다. 다만, 제1호 또는 제8호에 해당하는 경우에는 항공교통업무증명을 취소하여야 한다. 〈개정 2017. 8. 9.〉 1. 거짓이나 그 밖의 부정한 방법으로 항공교통업무증명을 받은 경우	**제254조(항공교통업무증명의 취소 등)** ① 법 제86조 제2항에 따른 항공교통업무증명의 취소 또는 항공교통업무 제공의 정지처분의 기준은 별표 31과 같다. ② 국토교통부장관은 위반행위의 정도・횟수 등을 고려하여 별표 31에서 정한 항공교통업무 제공의 정지기간을 2분의 1의 범위에서 이를 늘리거나 줄일 수 있다. 다만, 늘리는 경우에도 그 기간은 6개월을 초과할 수 없다.

항공안전법, 시행령	항공안전법 시행규칙
2. 제58조 제2항을 위반하여 다음 각 목의 어느 하나에 해당하는 경우 가. 항공교통업무 제공을 시작하기 전까지 항공안전관리시스템을 마련하지 아니한 경우 나. 승인을 받지 아니하고 항공안전관리시스템을 운용한 경우 다. 항공안전관리시스템을 승인받은 내용과 다르게 운용한 경우 라. 승인을 받지 아니하고 국토교통부령으로 정하는 중요사항을 변경한 경우 3. 제85조 제4항을 위반하여 항공교통업무제공체계를 계속적으로 유지하지 아니하거나 항공교통업무증명기준을 준수하지 아니하고 항공교통업무를 제공한 경우 4. 제85조 제5항을 위반하여 신고를 하지 아니하거나 승인을 받지 아니하고 항공교통업무제공체계를 변경한 경우 5. 제85조 제7항을 위반하여 변경된 항공교통업무증명기준에 따르도록 한 명령에 따르지 아니한 경우 6. 제85조 제9항에 따른 시정조치 명령을 이행하지 아니한 경우 7. 고의 또는 중대한 과실로 항공기사고를 발생시키거나 소속 항공종사자에 대하여 관리·감독하는 상당한 주의의무를 게을리하여 항공기사고가 발생한 경우 8. 이 조에 따른 항공교통업무 제공의 정지기간에 항공교통업무를 제공한 경우 ② 제1항에 따른 처분의 세부기준 등 그 밖에 필요한 사항은 국토교통부령으로 정한다.	
제87조(항공교통업무증명을 받은 자에 대한 과징금의 부과) ① 국토교통부장관은 항공교통업무증명을 받은 자가 제86조 제1항 제2호부터 제7호까지의 어느 하나에 해당하여 항공교통업무 제공의 정지를 명하여야 하는 경우로서 그 항공교통업무 제공을 정지하면 비행장 이용자 등에게 심한 불편을 주거나 공익을 해칠 우려가 있는 경우에는 항공교통업무 제공의 정지처분을 갈음하여 1억원 이하의 과징금을 부과할 수 있다. **영 제19조(항공교통업무증명을 받은 자에 대한 위반행위의 종류별 과징금의 금액 등)** ① 법 제87조 제1항에 따라 과징금을 부과하는 위반행위의 종류와 위반 정도 등에 따른 과징금의 금액은 별표 2와 같다.	

항공안전법, 시행령	항공안전법 시행규칙
② 과징금의 부과·납부 및 독촉·징수에 관하여는 제6조 및 제7조를 준용한다.	
② 제1항에 따른 과징금 부과의 구체적인 기준, 절차 및 그 밖에 필요한 사항은 대통령령으로 정한다. ③ 국토교통부장관은 제1항에 따른 과징금을 내야 할 자가 납부기한까지 과징금을 내지 아니하면 국세 체납처분의 예에 따라 징수한다.	
제88조(수색·구조 지원계획의 수립·시행) 국토교통부장관은 항공기가 조난되는 경우 항공기 수색이나 인명구조를 위하여 대통령령으로 정하는 바에 따라 관계 행정기관의 역할 등을 정한 항공기 수색·구조 지원에 관한 계획을 수립·시행하여야 한다.	
영 제20조(항공기 수색·구조 지원계획의 내용 등) ① 법 제88조에 따른 항공기 수색·구조 지원에 관한 계획에는 다음 각 호의 사항이 포함되어야 한다. 1. 수색·구조 지원체계의 구성 및 운영에 관한 사항 2. 국방부장관, 국토교통부장관 및 주한미군사령관의 관할 공역에서의 역할 3. 그 밖에 항공기 수색 또는 인명구조를 위하여 필요한 사항 ② 제1항에 따른 항공기 수색·구조 지원에 관한 계획의 수립 및 시행에 필요한 세부사항은 국토교통부장관이 관계 행정기관의 장과 협의하여 정한다.	
제89조(항공정보의 제공 등) ① 국토교통부장관은 항공기 운항의 안전성·정규성 및 효율성을 확보하기 위하여 필요한 정보(이하 "항공정보")를 비행정보구역에서 비행하는 사람 등에게 제공하여야 한다. ② 국토교통부장관은 항공로, 항행안전시설, 비행장, 공항, 관제권 등 항공기 운항에 필요한 정보가 표시된 지도(이하 "항공지도")를 발간(發刊)하여야 한다. ③ 제1항 및 제2항에서 규정한 사항 외에 항공정보 또는 항공지도의 내용, 제공방법, 측정단위 등에 필요한 사항은 국토교통부령으로 정한다.	**제255조(항공정보)** ① 법 제89조 제1항에 따른 항공정보의 내용은 다음 각 호와 같다. 1. 비행장과 항행안전시설의 공용의 개시, 휴지, 재개(再開) 및 폐지에 관한 사항 2. 비행장과 항행안전시설의 중요한 변경 및 운용에 관한 사항 3. 비행장을 이용할 때에 있어 항공기의 운항에 장애가 되는 사항 4. 비행의 방법, 결심고도, 최저강하고도, 비행장 이륙·착륙 기상 최저치 등의 설정과 변경에 관한 사항 5. 항공교통업무에 관한 사항 6. 다음 각 목의 공역에서 하는 로켓·불꽃·레이저광선 또는 그 밖의 물건의 발사, 무인기구(기상관측용 및 완구용은 제외한다)의 계류·부양 및 낙하산 강하에 관한 사항 가. 진입표면·수평표면·원추표면 또는 전이표면을 초과하는 높이의 공역 나. 항공로 안의 높이 150미터 이상인 공역 다. 그 밖에 높이 250미터 이상인 공역

항공안전법, 시행령	항공안전법 시행규칙
	7. 그 밖에 항공기의 운항에 도움이 될 수 있는 사항 ② 제1항에 따른 항공정보는 다음 각 호의 어느 하나의 방법으로 제공한다. 1. 항공정보간행물(AIP) 2. 항공고시보(NOTAM) 3. 항공정보회람(AIC) 4. 비행 전·후 정보(Pre-Flight and Post-Flight Information)를 적은 자료 ③ 법 제89조 제2항에 따라 발간하는 항공지도에 제공하는 사항은 다음 각 호와 같다. 1. 비행장장애물도(Aerodrome Obstacle Chart) 2. 정밀접근지형도(Precision Approach Terrain) 3. 항공로도(Enroute Chart) 4. 지역도(Area Chart) 5. 표준계기출발도(Standard Departure Chart-Instrument) 6. 표준계기도착도(Standard Arrival Chart-Instrument) 7. 계기접근도(Instrument Approach Chart) 8. 시계접근도(Visual Approach Chart) 9. 비행장 또는 헬기장도(Aerodrome/Heliport Chart) 10. 비행장지상이동도(Aerodrome Ground Movement Chart) 11. 항공기주기도 또는 접현도(Aircraft Parking/Docking Chart) 12. 세계항공도(World Aeronautical Chart) 13. 항공도(Aeronautical Chart) 14. 항법도(Aeronautical Navigation Chart) 15. 항공교통관제감시 최저고도도(ATC Surveillance Minimum Altitude Chart) 16. 그 밖에 국토교통부장관이 고시하는 사항 ④ 법 제89조 제3항에 따라 항공정보에 사용되는 측정단위는 다음 각 호의 어느 하나의 방법에 따라 사용한다. 1. 고도(Altitude): 미터(m) 또는 피트(ft) 2. 시정(Visibility): 킬로미터(㎞) 또는 마일(SM). 이 경우 5킬로미터 미만의 시정은 미터(m) 단위를 사용한다. 3. 주파수(Frequency): 헤르쯔(㎐) 4. 속도(Velocity Speed): 초당 미터(㎧) 5. 온도(Temperature): 섭씨도(℃) ⑤ 제1항부터 제4항까지에서 규정한 사항 외에 항공정보의 제공 및 항공지도의 발간 등에 관한 세부사항은 국토교통부장관이 정하여 고시한다.

항공안전법, 시행령	항공안전법 시행규칙
제7장 항공운송사업자 등에 대한 안전관리	
▶ 제1절 항공운송사업자에 대한 안전관리	
제90조(항공운송사업자의 운항증명) ① 항공운송사업자는 운항을 시작하기 전까지 국토교통부령으로 정하는 기준에 따라 인력, 장비, 시설, 운항관리지원 및 정비관리지원 등 안전운항체계에 대하여 국토교통부장관의 검사를 받은 후 운항증명을 받아야 한다. ② 국토교통부장관은 제1항에 따른 운항증명(이하 "운항증명"이라 한다)을 하는 경우에는 운항하려는 항공로, 공항 및 항공기 정비방법 등에 관하여 국토교통부령으로 정하는 운항조건과 제한 사항이 명시된 운영기준을 운항증명서와 함께 해당 항공운송사업자에게 발급하여야 한다. ③ 국토교통부장관은 항공기의 안전운항을 확보하기 위하여 필요하다고 판단되면 직권으로 또는 항공운송사업자의 신청을 받아 제2항에 따른 운영기준을 변경할 수 있다. ④ 항공운송사업자 또는 항공운송사업자에 속한 항공종사자는 제2항에 따른 운영기준을 준수하여야 한다. ⑤ 운항증명을 받은 항공운송사업자는 최초로 운항증명을 받았을 때의 안전운항체계를 유지하여야 하며, 노선의 개설 등으로 안전운항체계가 변경된 경우에는 국토교통부장관이 실시하는 검사를 받아야 한다. ⑥ 국토교통부장관은 항공기 안전운항을 확보하기 위하여 운항증명을 받은 항공운송사업자가 안전운항체계를 유지하고 있는지를 정기 또는 수시로 검사하여야 한다. ⑦ 국토교통부장관은 제6항에 따른 정기검사 또는 수시검사를 하는 중에 다음 각 호의 어느 하나에 해당하여 긴급한 조치가 필요하게 되었을 때에는 국토교통부령으로 정하는 바에 따라 항공기 또는 노선의 운항을 정지하게 하거나 항공종사자의 업무를 정지하게 할 수 있다. 1. 항공기의 감항성에 영향을 미칠 수 있는 사항이 발견된 경우 2. 항공기의 운항과 관련된 항공종사자가 교육훈련 또는 운항자격 등 이 법에 따라 해당 업무에 종사하는 데 필요한 요건을 충족하지 못하고 있음이 발견된 경우 3. 승무시간 기준, 비행규칙 등 항공기의 안전운항을 위하여 이 법에서 정한 기준을 따르지 아니하고 있는 경우	제257조(운항증명의 신청 등) ① 법 제90조 제1항에 따라 운항증명을 받으려는 자는 별지 제89호서식의 운항증명 신청서에 별표 32의 서류를 첨부하여 운항 개시 예정일 90일 전까지 국토교통부장관 또는 지방항공청장에게 제출하여야 한다. ② 국토교통부장관 또는 지방항공청장은 제1항에 따른 운항증명의 신청을 받으면 10일 이내에 운항증명검사계획을 수립하여 신청인에게 통보하여야 한다. 제258조(운항증명을 위한 검사기준) 법 제90조 제1항에 따라 항공운송사업자의 운항증명을 하기 위한 검사는 서류검사와 현장검사로 구분하여 실시하며, 그 검사기준은 별표 33과 같다. 제259조(운항증명 등의 발급) ① 국토교통부장관 또는 지방항공청장은 제258조에 따른 운항증명검사 결과 검사기준에 적합하다고 인정하는 경우에는 별지 제90호서식의 운항증명서 및 별지 제91호서식의 운영기준을 발급하여야 한다. ② 법 제90조 제2항에서 "국토교통부령으로 정하는 운항조건과 제한사항"이란 다음 각 호의 사항을 말한다. 1. 항공운송사업자의 주 사업소의 위치와 운영기준에 관하여 연락을 취할 수 있는 자의 성명 및 주소 2. 항공운송사업에 사용할 정규 공항과 항공기 기종 및 등록기호 3. 인가된 운항의 종류 4. 운항하려는 항공로와 지역의 인가 및 제한 사항 5. 공항의 제한 사항 6. 기체 · 발동기 · 프로펠러 · 회전익 · 기구와 비상장비의 검사 · 점검 및 분해정밀검사에 관한 제한시간 또는 제한시간을 결정하기 위한 기준 7. 항공운송사업자 간의 항공기 부품교환 요건 8. 항공기 중량 배분을 위한 방법 9. 항공기등의 임차에 관한 사항 10. 그 밖에 안전운항을 위하여 국토교통부장관이 정하여 고시하는 사항 제260조(운항증명 등의 변경등) ① 제259조에 따라 운항증명을 받은 항공운송사업자가 그 명칭 등 국토교통부장관이 정하여 고시하는 사항을 변경하려면 그 변경 예정일 30일 전까지 별지 제92호서식의 운항증명 변경신청서에 그 변경 사실을 증명할 수 있는 서류를 첨부하여 국토교통부장관 또는 지방항공청장에게 제출하여야 한다.

항공안전법, 시행령	항공안전법 시행규칙
4. 운항하려는 공항 또는 활주로의 상태 등이 항공기의 안전운항에 위험을 줄 수 있는 상태인 경우 5. 그 밖에 안전운항체계에 영향을 미칠 수 있는 상황으로 판단되는 경우 ⑧ 국토교통부장관은 제7항에 따른 정지처분의 사유가 없어진 경우에는 지체 없이 그 처분을 취소하여야 한다.	② 국토교통부장관 또는 지방항공청장은 제1항에 따른 운항증명 변경신청서를 접수한 경우 그 변경 사유가 타당하다고 인정되면 제259조에 따라 운항증명을 발급하여야 한다. 제261조(운영기준의 변경 등) ① 법 제90조 제3항에 따라 국토교통부장관 또는 지방항공청장이 항공기 안전운항을 확보하기 위하여 운영기준을 변경하려는 경우에는 변경의 내용과 사유를 포함한 변경된 운영기준을 운항증명 소지자에게 발급하여야 한다. ② 제1항에 따른 변경된 운영기준은 안전운항을 위하여 긴급히 요구되거나 운항증명 소지자가 이의를 제기하는 경우가 아니면 발급받은 날부터 30일 이후에 적용된다. ③ 법 제90조 제3항에 따라 운항증명소지자가 운영기준 변경신청을 하려는 경우에는 변경할 운영기준을 적용하려는 날의 15일전까지 별지 제93호서식의 운영기준 변경신청서에 변경하려는 내용과 사유를 적어 국토교통부장관 또는 지방항공청장에게 제출하여야 한다. ④ 국토교통부장관 또는 지방항공청장은 제3항에 따른 운영기준변경신청을 받으면 그 내용을 검토하여 항공기 안전운항을 확보하는데 문제가 없다고 판단되는 경우에는 별지 제94호서식에 따른 변경된 운영기준을 신청인에게 발급하여야 한다. 제262조(안전운항체계 변경검사 등) ① 법 제90조 제5항에서 "노선의 개설 등으로 안전운항체계가 변경된 경우"란 다음 각 호의 어느 하나에 해당하는 경우를 말한다. 1. 법 제90조 제2항에 따라 발급된 운영기준에 등재되지 아니한 새로운 형식의 항공기를 도입한 경우 2. 새로운 노선을 개설한 경우 3. 「항공사업법」 제21조에 따라 사업을 양도·양수한 경우 4. 「항공사업법」 제22조에 따라 사업을 합병한 경우 ② 운항증명을 발급 받은 자는 법 제90조 제5항에 따라 안전운항체계가 변경된 경우에는 별지 제95호서식의 안전운항체계 변경검사 신청서에 다음 각 호의 사항이 포함된 안전운항체계 변경에 대한 입증자료(이하 이 조에서 "안전적합성입증자료")와 별지 제93호서식의 운영기준 변경신청서(운영기준의 변경이 있는 경우만 해당한다)를 첨부하여 운항개시예정일 5일 전까지 국토교통부장관 또는 지방항공청장에게 제출하여야 한다. 1. 사용 예정 항공기 2. 항공기 및 그 부품의 정비시설 3. 항공기 급유시설 및 연료저장시설 4. 예비품 및 그 보관시설 5. 운항관리시설 및 그 관리방식

항공안전법, 시행령	항공안전법 시행규칙
	6. 지상조업시설 및 장비 7. 운항에 필요한 항공종사자의 확보상태 및 능력 8. 취항 예정 비행장의 제원 및 특성 9. 여객 및 화물의 운송서비스 관련 시설 10. 면허조건 또는 사업 개시 관련 행정명령 이행실태 11. 그 밖에 안전운항과 노선운영에 관하여 국토교통부장관 또는 지방항공청장이 정하여 고시하는 사항 ③ 국토교통부장관 또는 지방항공청장은 제2항에 따라 제출받은 입증자료를 바탕으로 변경된 안전운항체계에 대하여 검사한 경우에는 그 결과를 신청자에게 통보하여야 한다. ④ 국토교통부장관 또는 지방항공청장은 제3항에 따른 검사 결과 적합하다고 인정되는 경우로서 제259조 제1항에 따라 발급한 운영기준의 변경이 수반되는 경우에는 변경된 운영기준을 함께 발급하여야 한다. ⑤ 국토교통부장관 또는 지방항공청장은 제3항에도 불구하고 운항증명을 받은 자가 사업계획의 변경 등으로 다른 기종의 항공기를 운항하려는 경우 등 항공기의 안전운항을 확보하는데 문제가 없다고 판단되는 경우에는 법 제77조에 따라 고시하는 운항기술기준에서 정하는 바에 따라 안전운항체계의 변경에 따른 검사의 일부 또는 전부를 면제할 수 있다. **제263조(항공기 또는 노선의 운항정지 및 항공종사자의 업무정지 등)** 국토교통부장관 또는 지방항공청장은 법 제90조 제7항에 따라 항공기 또는 노선의 운항을 정지하게 하거나 항공종사자의 업무를 정지하게 하려면 다음 각 호에 따라 조치하여야 한다. 1. 운항증명 소지자 또는 항공종사자에게 항공기 또는 노선의 운항을 정지하게 하거나 항공종사자의 업무를 정지하게 하는 사유 및 조치하여야 할 내용을 구두로 지체 없이 통보하고, 사후에 서면으로 통보하여야 한다. 2. 제1호에 따른 통보를 받은 자가 그 조치하여야 할 사항을 조치하였을 때에는 지체 없이 그 내용을 국토교통부장관 또는 지방항공청장에게 통보하여야 한다. 3. 국토교통부장관 또는 지방항공청장은 제2호에 따른 통보를 받은 경우에는 그 내용을 확인하고 항공기의 안전운항에 지장이 없다고 판단되면 지체 없이 그 사실을 통보하여 항공기 또는 노선의 운항을 재개할 수 있게 하거나 항공종사자의 업무를 계속 수행할 수 있게 하여야 한다.

항공안전법, 시행령	항공안전법 시행규칙
제91조(항공운송사업자의 운항증명 취소 등) ① 국토교통부장관은 운항증명을 받은 항공운송사업자가 다음 각 호의 어느 하나에 해당하는 경우에는 운항증명을 취소하거나 6개월 이내의 기간을 정하여 항공기 운항의 정지를 명할 수 있다. 다만, 제1호, 제39호 또는 제49호의 어느 하나에 해당하는 경우에는 운항증명을 취소하여야 한다. 〈개정 2017. 12. 26., 2019. 8. 27., 2020. 6. 9., 2020. 12. 8.〉 1. 거짓이나 그 밖의 부정한 방법으로 운항증명을 받은 경우 2. 제18조 제1항을 위반하여 국적·등록기호 및 소유자등의 성명 또는 명칭을 표시하지 아니한 항공기를 운항한 경우 3. 제23조 제3항을 위반하여 감항증명을 받지 아니한 항공기를 운항한 경우 4. 제23조 제9항에 따른 항공기의 감항성 유지를 위한 항공기등, 장비품 또는 부품에 대한 정비등에 관한 감항성개선 또는 그 밖에 검사·정비등의 명령을 이행하지 아니하고 이를 운항 또는 항공기등에 사용한 경우 5. 제25조 제2항을 위반하여 소음기준적합증명을 받지 아니하거나 항공기기술기준에 적합하지 아니한 항공기를 운항한 경우 6. 제26조를 위반하여 변경된 항공기기술기준을 따르도록 한 요구에 따르지 아니한 경우 7. 제27조 제3항을 위반하여 기술표준품형식승인을 받지 아니한 기술표준품을 항공기등에 사용한 경우 8. 제28조 제3항을 위반하여 부품등제작자증명을 받지 아니한 장비품 또는 부품을 항공기등 또는 장비품에 사용한 경우 9. 제30조 제2항을 위반하여 수리·개조승인을 받지 아니한 항공기등을 운항하거나 장비품·부품을 항공기등에 사용한 경우 10. 제32조 제1항을 위반하여 정비등을 한 항공기등, 장비품 또는 부품에 대하여 감항성을 확인받지 아니하고 운항 또는 항공기등에 사용한 경우 11. 제42조를 위반하여 제40조 제2항에 따른 자격증명의 종류별 항공신체검사증명의 기준에 적합하지 아니한 운항승무원을 항공업무에 종사하게 한 경우 12. 제51조를 위반하여 국토교통부령으로 정한 무선설비를 설치하지 아니한 항공기 또는 설치한 무선설비가 운용되지 아니하는 항공기를 운항한 경우	**제264조(항공운송사업자의 운항증명 취소 등)** 법 제91조에 따른 항공운송사업자의 운항증명 취소 또는 항공기 운항의 정지처분의 기준은 별표 34와 같다. [전문개정 2020. 11. 2.]

항공안전법, 시행령

13. 제52조를 위반하여 항공기에 항공계기등을 설치하거나 탑재하지 아니하고 운항하거나, 그 운용방법 등을 따르지 아니한 경우
14. 제53조를 위반하여 항공기에 국토교통부령으로 정하는 양의 연료를 싣지 아니하고 운항한 경우
15. 제54조를 위반하여 항공기를 운항하거나 야간에 비행장에 주기 또는 정박시키는 경우에 국토교통부령으로 정하는 바에 따라 등불로 항공기의 위치를 나타내지 아니한 경우
16. 제55조를 위반하여 국토교통부령으로 정하는 비행경험이 없는 운항승무원에게 항공기를 운항하게 하거나 계기비행·야간비행 또는 조종교육의 업무에 종사하게 한 경우
17. 제56조 제1항을 위반하여 소속 승무원 또는 운항관리사의 피로를 관리하지 아니한 경우
18. 제56조 제2항을 위반하여 국토교통부장관의 승인을 받지 아니하고 피로위험관리시스템을 운용하거나 중요사항을 변경한 경우
19. 제57조 제1항을 위반하여 항공종사자 또는 객실승무원이 주류등의 영향으로 항공업무 또는 객실승무원의 업무를 정상적으로 수행할 수 없는 상태에서 항공업무 또는 객실승무원의 업무에 종사하게 한 경우
20. 제58조 제2항을 위반하여 다음 각 목의 어느 하나에 해당하는 경우
 가. 사업을 시작하기 전까지 항공안전관리시스템을 마련하지 아니한 경우
 나. 승인을 받지 아니하고 항공안전관리시스템을 운용한 경우
 다. 항공안전관리시스템을 승인받은 내용과 다르게 운용한 경우
 라. 승인을 받지 아니하고 국토교통부령으로 정하는 중요 사항을 변경한 경우
21. 제62조 제5항 단서를 위반하여 항공기사고, 항공기준사고 또는 의무보고 대상 항공안전장애가 발생한 경우에 국토교통부령으로 정하는 바에 따라 발생 사실을 보고하지 아니한 경우
22. 제63조 제4항에 따라 자격인정 또는 심사를 할 때 소속 기장 또는 기장 외의 조종사에 대하여 부당한 방법으로 자격인정 또는 심사를 한 경우
23. 제63조 제7항을 위반하여 운항하려는 지역, 노선 및 공항에 대한 경험요건을 갖추지 아니한 기장에게 운항을 하게 한 경우
24. 제65조 제1항을 위반하여 운항관리사를 두지 아니한 경우
25. 제65조 제3항을 위반하여 국토교통부령으로 정하는 바에 따라 운항관리사가 해당 업무를 수행하는 데 필요한 교육훈련을 하지 아니하고 해당 업무에 종사하게 한 경우
26. 제66조를 위반하여 이륙·착륙 장소가 아닌 곳에서 항공기를 이륙하거나 착륙하게 한 경우
27. 제68조를 위반하여 같은 조 각 호의 어느 하나에 해당하는 비행 또는 행위를 하게 한 경우
28. 제70조 제1항을 위반하여 허가를 받지 아니하고 항공기를 이용하여 위험물을 운송한 경우
29. 제70조 제3항을 위반하여 국토교통부장관이 고시하는 위험물취급의 절차 및 방법에 따르지 아니하고 위험물을 취급한 경우
30. 제72조 제1항을 위반하여 위험물취급에 관한 교육을 받지 아니한 사람에게 위험물취급을 하게 한 경우
31. 제74조 제1항을 위반하여 승인을 받지 아니하고 비행기를 운항한 경우
32. 제75조 제1항을 위반하여 승인을 받지 아니하고 같은 항 각 호의 어느 하나에 해당하는 공역에서 항공기를 운항한 경우
33. 제76조 제1항을 위반하여 국토교통부령으로 정하는 바에 따라 운항의 안전에 필요한 승무원을 태우지 아니하고 항공기를 운항한 경우
34. 제76조 제3항을 위반하여 항공기에 태우는 승무원에 대하여 해당 업무를 수행하는 데 필요한 교육훈련을 하지 아니한 경우
35. 제77조 제2항을 위반하여 같은 조 제1항에 따른 운항기술기준을 준수하지 아니하고 운항하거나 업무를 한 경우
36. 제90조 제1항을 위반하여 운항증명을 받지 아니하고 운항을 시작한 경우
37. 제90조 제4항을 위반하여 운영기준을 준수하지 아니한 경우

항공안전법, 시행령
38. 제90조 제5항을 위반하여 안전운항체계를 유지하지 아니하거나 변경된 안전운항체계를 검사받지 아니하고 항공기를 운항한 경우 39. 제90조 제7항을 위반하여 항공기 또는 노선 운항의 정지처분에 따르지 아니하고 항공기를 운항한 경우 40. 제93조 제1항 본문 또는 같은 조 제2항 단서를 위반하여 국토교통부장관의 인가를 받지 아니하고 운항규정 또는 정비규정을 마련하였거나 국토교통부령으로 정하는 중요사항을 변경한 경우 41. 제93조 제2항 본문을 위반하여 국토교통부장관에게 신고하지 아니하고 운항규정 또는 정비규정을 변경한 경우 42. 제93조 제7항 전단을 위반하여 같은 조 제1항 본문 또는 제2항 단서에 따라 인가를 받거나 같은 조 제2항 본문에 따라 신고한 운항규정 또는 정비규정을 해당 종사자에게 제공하지 아니한 경우 43. 제93조 제7항 후단을 위반하여 같은 조 제1항 본문 또는 제2항 단서에 따라 인가를 받거나 같은 조 제2항 본문에 따라 신고한 운항규정 또는 정비규정을 준수하지 아니하고 항공기를 운항하거나 정비한 경우 44. 제94조 각 호에 따른 항공운송의 안전을 위한 명령을 따르지 아니한 경우 45. 제132조 제1항에 따라 업무(항공안전 활동을 수행하기 위한 것만 해당한다)에 관한 보고를 하지 아니하거나 서류를 제출하지 아니하는 경우 또는 거짓으로 보고하거나 서류를 제출한 경우 46. 제132조 제2항에 따른 항공기 등에의 출입이나 장부·서류 등의 검사(항공안전 활동을 수행하기 위한 것만 해당한다)를 거부·방해 또는 기피한 경우 47. 제132조 제2항에 따른 관계인에 대한 질문(항공안전 활동을 수행하기 위한 것만 해당한다)에 답변하지 아니하거나 거짓으로 답변한 경우 48. 고의 또는 중대한 과실에 의하여 또는 항공종사자의 선임·감독에 관하여 상당한 주의의무를 게을리하여 항공기사고 또는 항공기준사고를 발생시킨 경우 49. 이 조에 따른 항공기 운항의 정지기간에 운항한 경우 ② 제1항에 따른 처분의 세부기준 및 절차 등 그 밖에 필요한 사항은 국토교통부령으로 정한다.

항공안전법, 시행령	항공안전법 시행규칙
제92조(항공운송사업자에 대한 과징금의 부과) ① 국토교통부장관은 운항증명을 받은 항공운송사업자가 제91조 제1항 제2호부터 제38호까지 또는 제40호부터 제48호까지의 어느 하나에 해당하여 항공기 운항의 정지를 명하여야 하는 경우로서 그 운항을 정지하면 항공기 이용자 등에게 심한 불편을 주거나 공익을 해칠 우려가 있는 경우에는 항공기의 운항정지처분을 갈음하여 100억원 이하의 과징금을 부과할 수 있다. **영 제21조(항공운송사업자 등에 대한 위반행위의 종류별 과징금의 금액 등)** ① 법 제92조 제1항 및 제95조 제4항에 따라 과징금을 부과하는 위반행위의 종류와 위반 정도 등에 따른 과징금의 금액은 별표 3과 같다. ② 과징금의 부과·납부 및 독촉·징수에 관하여는 제6조 및 제7조를 준용한다. ② 제1항에 따른 과징금 부과의 구체적인 기준, 절차 및 그 밖에 필요한 사항은 대통령령으로 정한다. ③ 국토교통부장관은 제1항에 따른 과징금을 내야 할 자가 납부기한까지 과징금을 내지 아니하면 국세 체납처분의 예에 따라 징수한다.	**제265조(위반행위의 세부유형)** 영 별표 3 제2호 허목2)·3), 같은 호 보목2)·3), 같은 호 오목2)·3), 같은 호 호목2)·3) 및 이 규칙 별표 34 제2호 고목 2)·3), 같은 호 소목 2)·3), 같은 호 조목 2)·3) 및 같은 호 누목 2)·3) 따른 위반행위의 세부유형은 별표 35와 같다. 〈개정 2020. 11. 2〉
제93조(항공운송사업자의 운항규정 및 정비규정) ① 항공운송사업자는 운항을 시작하기 전까지 국토교통부령으로 정하는 바에 따라 항공기의 운항에 관한 운항규정 및 정비에 관한 정비규정을 마련하여 국토교통부장관의 인가를 받아야 한다. 다만, 운항규정 및 정비규정을 운항증명에 포함하여 운항증명을 받은 경우에는 그러하지 아니하다. ② 항공운송사업자는 제1항 본문에 따라 인가를 받은 운항규정 또는 정비규정을 변경하려는 경우에는 국토교통부령으로 정하는 바에 따라 국토교통부장관에게 신고하여야 한다. 다만, 최소장비목록, 승무원 훈련프로그램 등 국토교통부령으로 정하는 중요사항을 변경하려는 경우에는 국토교통부장관의 인가를 받아야 한다. ③ 국토교통부장관은 제1항 본문 또는 제2항 단서에 따라 인가하려는 경우에는 제77조 제1항에 따른 운항기술기준에 적합한지를 확인하여야 한다.	**제266조(운항규정과 정비규정의 인가 등)** ① 항공운송사업자는 법 제93조 제1항 본문에 따라 운항규정 또는 정비규정을 마련하거나 법 제93조 제2항 단서에 따라 인가받은 운항규정 또는 정비규정 중 제3항에 따른 중요사항을 변경하려는 경우에는 별지 제96호서식의 운항규정 또는 정비규정 (변경)인가 신청서에 운항규정 또는 정비규정(변경의 경우에는 변경할 운항규정과 정비규정의 신·구내용 대비표)을 첨부하여 국토교통부장관 또는 지방항공청장에게 제출하여야 한다. ② 법 제93조 제1항에 따른 운항규정 및 정비규정에 포함되어야 할 사항은 다음 각 호와 같다. 1. 운항규정에 포함되어야 할 사항: 별표 36에 규정된 사항 2. 정비규정에 포함되어야 할 사항: 별표 37에 규정된 사항 ③ 법 제93조 제2항 단서에서 "최소장비목록, 승무원 훈련프로그램 등 국토교통부령으로 정하는 중요사항"이란 다음 각 호의 사항을 말한다. 1. 운항규정의 경우: 별표 36 제1호 가목6)·7)·38), 같은 호 나목9), 같은 호 다목3)·4) 및 같은 호 라목에 관한 사항과 별표 36 제2호 가목5)·6), 같은 호 나목7), 같은 호 다목3)·4) 및 같은 호 라목에 관한 사항 2. 정비규정의 경우: 별표 37에서 변경인가대상으로 정한 사항

항공안전법, 시행령	항공안전법 시행규칙
④ 국토교통부장관은 제1항 본문 또는 제2항 단서에 따라 인가하는 경우 조건 또는 기한을 붙이거나 조건 또는 기한을 변경할 수 있다. 다만, 그 조건 또는 기한은 공공의 이익 증진이나 인가의 시행에 필요한 최소한도의 것이어야 하며, 해당 항공운송사업자에게 부당한 의무를 부과하는 것이어서는 아니 된다. ⑤ 국토교통부장관은 제2항 본문에 따른 신고를 받은 날부터 10일 이내에 신고수리 여부를 신고인에게 통지하여야 한다. 〈신설 2020. 6. 9.〉 ⑥ 국토교통부장관이 제5항에서 정한 기간 내에 신고수리 여부 또는 민원 처리 관련 법령에 따른 처리기간의 연장을 신고인에게 통지하지 아니하면 그 기간(민원 처리 관련 법령에 따라 처리기간이 연장 또는 재연장된 경우에는 해당 처리기간을 말한다)이 끝난 날의 다음 날에 신고를 수리한 것으로 본다. 〈신설 2020. 6. 9.〉 ⑦ 항공운송사업자는 제1항 본문 또는 제2항 단서에 따라 국토교통부장관의 인가를 받거나 제2항 본문에 따라 국토교통부장관에게 신고한 운항규정 또는 정비규정을 항공기의 운항 또는 정비에 관한 업무를 수행하는 종사자에게 제공하여야 한다. 이 경우 항공운송사업자와 항공기의 운항 또는 정비에 관한 업무를 수행하는 종사자는 운항규정 또는 정비규정을 준수하여야 한다. 〈개정 2020. 6. 9.〉	④ 국토교통부장관 또는 지방항공청장은 제1항에 따른 운항규정 또는 정비규정 (변경)인가신청서를 접수받은 경우 법 제77조 제1항에 따른 운항기술기준에 적합한지의 여부를 확인한 후 적합하다고 인정되면 그 규정을 인가하여야 한다. **제267조(운항규정과 정비규정의 신고)** ① 법 제93조 제2항 본문에 따라 인가 받은 운항규정 또는 정비규정 중 제3항에 따른 중요사항 외의 사항을 변경하려는 경우에는 별지 제97호 서식의 운항규정 또는 정비규정 변경신고서에 변경된 운항규정 또는 정비규정과 신·구 내용 대비표를 첨부하여 국토교통부장관 또는 지방항공청장에게 신고하여야 한다. ② 삭제 〈2020. 12. 10.〉 **제268조(운항규정 및 정비규정의 배포)** 항공운송사업자는 제266조 및 제267조에 따라 인가받거나 신고한 운항규정 또는 정비규정에 최신의 정보가 수록될 수 있도록 하여야 하며, 항공기의 운항 또는 정비에 관한 업무를 수행하는 해당 종사자에게 최신의 운항규정 및 정비규정을 배포하여야 한다.
제94조(항공운송사업자에 대한 안전개선명령) 국토교통부장관은 항공운송의 안전을 위하여 필요하다고 인정되는 경우에는 항공운송사업자에게 다음 각 호의 사항을 명할 수 있다. 1. 항공기 및 그 밖의 시설의 개선 2. 항공에 관한 국제조약을 이행하기 위하여 필요한 사항 3. 그 밖에 항공기의 안전운항에 대한 방해 요소를 제거하기 위하여 필요한 사항	
▶ 제2절 항공기사용사업자에 대한 안전관리	
제95조(항공기사용사업자의 운항증명 취소 등) ① 국토교통부장관은 제96조 제1항에서 준용하는 제90조에 따라 운항증명을 받은 항공기사용사업자가 제91조 제1항 각 호의 어느 하나에 해당하는 경우에는 운항증명을 취소하거나 6개월 이내의 기간을 정하여 항공기 운항의 정지를 명할 수 있다. 다만, 제91조 제1항 제1호, 제39호 또는 제49호의 어느 하나에 해당하는 경우에는 운항증명을 취소하여야 한다.	

항공안전법, 시행령	항공안전법 시행규칙
② 국토교통부장관은 항공기사용사업자(제96조 제1항에서 준용하는 제90조에 따라 운항증명을 받은 항공기사용사업자는 제외한다)가 제91조 제1항 제2호부터 제22호까지, 제26호부터 제30호까지 및 제32호부터 제48호까지의 어느 하나에 해당하는 경우에는 6개월 이내의 기간을 정하여 항공기 운항의 정지를 명할 수 있다. ③ 제1항 및 제2항에 따른 처분의 세부기준 및 절차와 그 밖에 필요한 사항은 국토교통부령으로 정한다. 〈신설 2017. 1. 17.〉 ④ 국토교통부장관은 제1항 또는 제2항에 따라 항공기 운항의 정지를 명하여야 하는 경우로서 그 운항을 정지하면 항공기 이용자 등에게 심한 불편을 주거나 공익을 해칠 우려가 있는 경우에는 항공기의 운항정지처분을 갈음하여 3억원 이하의 과징금을 부과할 수 있다. 〈개정 2017. 1. 17.〉 ⑤ 제4항에 따른 과징금 부과의 구체적인 기준, 절차 및 그 밖에 필요한 사항은 대통령령으로 정한다. 〈개정 2017. 1. 17.〉 ⑥ 국토교통부장관은 제4항에 따른 과징금을 내야 할 자가 납부기한까지 과징금을 내지 아니하면 국세 체납처분의 예에 따라 징수한다. 〈개정 2017. 1. 17.〉	
제96조(항공기사용사업자에 대한 준용규정) ① 항공기사용사업자 중 국토교통부령으로 정하는 업무를 하는 항공기사용사업자에 대해서는 제90조를 준용한다. ② 항공기사용사업자의 운항규정 또는 정비규정의 인가 등에 관하여는 제93조 및 제94조를 준용한다.	제269조(운항증명을 받아야 하는 항공기사용사업의 범위) ① 법 제96조 제1항에서 "국토교통부령으로 정하는 업무를 하는 항공기사용사업자"란 「항공사업법 시행규칙」 제4조 제1호 및 제5호부터 제7호까지의 업무를 하는 항공기사용사업자를 말한다. 다만, 「항공사업법 시행규칙」 제4조 제1호 및 제5호의 업무를 하는 항공기사용사업의 경우에는 헬리콥터를 사용하여 업무를 하는 항공기사용사업만 해당한다. ② 항공기사용사업자에 대한 운항증명의 신청, 검사, 발급 등에 관하여는 제257조부터 제268조까지의 규정을 준용한다.

항공안전법, 시행령	항공안전법 시행규칙
▶ 제3절 항공기정비업자에 대한 안전관리	
제97조(정비조직인증 등) ① 제8조에 따라 대한민국 국적을 취득한 항공기와 이에 사용되는 발동기, 프로펠러, 장비품 또는 부품의 정비등의 업무 등 국토교통부령으로 정하는 업무를 하려는 항공기정비업자 또는 외국의 항공기정비업자는 그 업무를 시작하기 전까지 국토교통부장관이 정하여 고시하는 인력, 설비 및 검사체계 등에 관한 기준(이하 "정비조직인증기준"이라 한다)에 적합한 인력, 설비 등을 갖추어 국토교통부장관의 인증(이하 "정비조직인증"이라 한다)을 받아야 한다. 다만, 대한민국과 정비조직인증에 관한 항공안전협정을 체결한 국가로부터 정비조직인증을 받은 자는 국토교통부장관의 정비조직인증을 받은 것으로 본다. ② 국토교통부장관은 정비조직인증을 하는 경우에는 정비등의 범위·방법 및 품질관리절차 등을 정한 세부 운영기준을 정비조직인증서와 함께 해당 항공기정비업자에게 발급하여야 한다. ③ 항공기등, 장비품 또는 부품에 대한 정비등을 하는 경우에는 그 항공기등, 장비품 또는 부품을 제작한 자가 정하거나 국토교통부장관이 인정한 정비등에 관한 방법 및 절차 등을 준수하여야 한다.	제270조(정비조직인증을 받아야 하는 대상 업무) 법 제97조 제1항 본문에서 "국토교통부령으로 정하는 업무"란 다음 각 호의 어느 하나에 해당하는 업무를 말한다. 1. 항공기등 또는 부품등의 정비등의 업무 2. 제1호의 업무에 대한 기술관리 및 품질관리 등을 지원하는 업무 제271조(정비조직인증의 신청) ① 법 제97조에 따른 정비조직인증을 받으려는 자는 별지 제98호서식의 정비조직인증 신청서에 정비조직절차교범을 첨부하여 지방항공청장에게 제출하여야 한다. ② 제1항의 정비조직절차교범에는 다음 각 호의 사항을 적어야 한다. 1. 수행하려는 업무의 범위 2. 항공기등·부품등에 대한 정비방법 및 그 절차 3. 항공기등·부품등의 정비에 관한 기술관리 및 품질관리의 방법과 절차 4. 그 밖에 시설·장비 등 국토교통부장관이 정하여 고시하는 사항 제272조(정비조직인증서의 발급) 지방항공청장은 법 제97조 제1항에 따라 정비조직인증기준에 적합한지 여부를 검사한 결과 그 기준에 적합하다고 인정되는 경우에는 법 제97조 제2항에 따른 세부 운영기준과 함께 별지 제99호서식의 정비조직인증서를 신청자에게 발급하여야 한다.
제98조(정비조직인증의 취소 등) ① 국토교통부장관은 정비조직인증을 받은 자가 다음 각 호의 어느 하나에 해당하는 경우에는 정비조직인증을 취소하거나 6개월 이내의 기간을 정하여 그 효력의 정지를 명할 수 있다. 다만, 제1호 또는 제5호에 해당하는 경우에는 그 정비조직인증을 취소하여야 한다. 1. 거짓이나 그 밖의 부정한 방법으로 정비조직인증을 받은 경우 2. 제58조 제2항을 위반하여 다음 각 목의 어느 하나에 해당하는 경우 가. 업무를 시작하기 전까지 항공안전관리시스템을 마련하지 아니한 경우 나. 승인을 받지 아니하고 항공안전관리시스템을 운용한 경우 다. 항공안전관리시스템을 승인받은 내용과 다르게 운용한 경우	제273조(정비조직인증의 취소 등의 기준) ① 법 제98조 제1항 제2호 라목에서 "국토교통부령으로 정하는 중요 사항"이란 제130조 제3항 각 호의 사항을 말한다. ② 법 제98조 제2항에 따른 정비조직인증 취소 등의 행정처분기준은 별표 38과 같다.

<table>
<tr><th>항공안전법, 시행령</th><th>항공안전법 시행규칙</th></tr>
<tr><td>라. 승인을 받지 아니하고 국토교통부령으로 정하는 중요 사항을 변경한 경우
3. 정당한 사유 없이 정비조직인증기준을 위반한 경우
4. 고의 또는 중대한 과실에 의하거나 항공종사자에 대한 관리・감독에 관하여 상당한 주의의무를 게을리함으로써 항공기사고가 발생한 경우
5. 이 조에 따른 효력정지기간에 업무를 한 경우
② 제1항에 따른 처분의 기준은 국토교통부령으로 정한다.</td><td></td></tr>
<tr><td>제99조(정비조직인증을 받은 자에 대한 과징금의 부과)
① 국토교통부장관은 정비조직인증을 받은 자가 제98조 제1항 제2호부터 제4호까지의 어느 하나에 해당하여 그 효력의 정지를 명하여야 하는 경우로서 그 효력을 정지하는 경우 그 업무의 이용자 등에게 심한 불편을 주거나 공익을 해칠 우려가 있는 경우에는 효력정지처분을 갈음하여 5억원 이하의 과징금을 부과할 수 있다.

영 제22조(정비조직인증을 받은 자에 대한 위반행위의 종류별 과징금의 금액 등) ① 법 제99조 제1항에 따라 과징금을 부과하는 위반행위의 종류와 위반 정도 등에 따른 과징금의 금액은 별표 4와 같다.
② 과징금의 부과・납부 및 독촉・징수에 관하여는 제6조 및 제7조를 준용한다.

② 제1항에 따른 과징금 부과의 구체적인 기준, 절차 및 그 밖에 필요한 사항은 대통령령으로 정한다.
③ 국토교통부장관은 제1항에 따라 과징금을 내야 할 자가 납부기한까지 과징금을 내지 아니하면 국세 체납처분의 예에 따라 징수한다.</td><td></td></tr>
<tr><td colspan="2">제8장 외국항공기</td></tr>
<tr><td>제100조(외국항공기의 항행) ① 외국 국적을 가진 항공기의 사용자(외국, 외국의 공공단체 또는 이에 준하는 자를 포함한다)는 다음 각 호의 어느 하나에 해당하는 항행을 하려면 국토교통부장관의 허가를 받아야 한다. 다만, 「항공사업법」 제54조 및 제55조에 따른 허가를 받은 자는 그러하지 아니하다.
1. 영공 밖에서 이륙하여 대한민국에 착륙하는 항행
2. 대한민국에서 이륙하여 영공 밖에 착륙하는 항행
3. 영공 밖에서 이륙하여 대한민국에 착륙하지 아니하고 영공을 통과하여 영공 밖에 착륙하는 항행</td><td>제274조(외국항공기의 항행허가 신청) 법 제100조 제1항 제1호 및 제2호에 따른 항행을 하려는 자는 그 운항 예정일 2일 전까지 별지 제100호서식의 외국항공기 항행허가 신청서를 지방항공청장에게 제출하여야 하고, 법 제100조 제1항 제3호에 따른 통과항행을 하려는 자는 별지 제101호서식의 영공통과 허가신청서를 항공교통본부장에게 제출하여야 한다</td></tr>
</table>

항공안전법, 시행령	항공안전법 시행규칙
② 외국의 군, 세관 또는 경찰의 업무에 사용되는 항공기는 제1항을 적용할 때에는 해당 국가가 사용하는 항공기로 본다. ③ 제1항 각 호의 어느 하나에 해당하는 항행을 하는 자는 국토교통부장관이 요구하는 경우 지체 없이 국토교통부장관이 지정한 비행장에 착륙하여야 한다.	**제275조(외국항공기의 항행허가 변경신청)** 제274조에 따라 외국항공기 항행허가 또는 영공통과 허가를 받은 자가 허가받은 사항을 변경하려는 경우에는 그 운항 예정일 2일 전까지 별지 제102호서식의 외국항공기 항행허가 변경신청서 또는 제103호서식의 영공통과허가 변경신청서를 지방항공청장 또는 항공교통본부장에게 제출하여야 한다.
제101조(외국항공기의 국내 사용) 외국 국적을 가진 항공기(「항공사업법」 제54조 및 제55조에 따른 허가를 받은 자가 해당 운송에 사용하는 항공기는 제외한다)는 대한민국 각 지역 간을 운항해서는 아니 된다. 다만, 국토교통부령으로 정하는 바에 따라 국토교통부장관의 허가를 받은 경우에는 그러하지 아니하다.	**제276조(외국항공기의 국내사용허가 신청)** 법 제101조 단서에 따라 외국 국적을 가진 항공기를 운항하려는 자는 그 운항 개시 예정일 2일 전까지 별지 제104호서식의 외국항공기 국내사용허가 신청서를 지방항공청장에게 제출하여야 한다. **제277조(외국항공기의 국내사용허가 변경 신청)** 제276조에 따라 외국항공기의 국내사용허가를 받은 자가 허가받은 사항을 변경하려는 경우에는 해당 사항이 변경되는 날 2일 전까지 별지 제105호서식의 외국항공기 국내사용허가 변경신청서를 지방항공청장에게 제출하여야 한다.
제102조(증명서 등의 인정) 다음 각 호의 어느 하나에 해당하는 항공기의 감항성 및 그 승무원의 자격에 관하여 해당 항공기의 국적인 외국정부가 한 증명 및 그 밖의 행위는 이 법에 따라 한 것으로 본다. 1. 제100조 제1항 각 호의 어느 하나에 해당하는 항행을 하는 외국 국적의 항공기 2. 「항공사업법」 제54조 및 제55조에 따른 허가를 받은 자가 사용하는 외국 국적의 항공기	**제278조(증명서 등의 인정)** 법 제102조에 따라 「국제민간항공협약」의 부속서로서 채택된 표준방식 및 절차를 채용하는 협약 체결국 외국정부가 한 다음 각 호의 증명·면허와 그 밖의 행위는 국토교통부장관이 한 것으로 본다. 1. 법 제12조에 따른 항공기 등록증명 2. 법 제23조 제1항에 따른 감항증명 3. 법 제34조 제1항에 따른 항공종사자의 자격증명 4. 법 제40조 제1항에 따른 항공신체검사증명 5. 법 제44조 제1항에 따른 계기비행증명 6. 법 제45조 제1항에 따른 항공영어구술능력증명
제103조(외국인국제항공운송사업자에 대한 운항증명승인 등) ① 「항공사업법」 제54조에 따라 외국인 국제항공운송사업 허가를 받으려는 자는 국토교통부령으로 정하는 기준에 따라 그가 속한 국가에서 발급받은 운항증명과 운항조건·제한사항을 정한 운영기준에 대하여 국토교통부장관의 운항증명승인을 받아야 한다. ② 국토교통부장관은 제1항에 따른 운항증명승인을 하는 경우에는 운항하려는 항공로, 공항 등에 관하여 운항조건·제한사항을 정한 서류를 운항증명승인서와 함께 발급할 수 있다. ③ 「항공사업법」 제54조에 따라 외국인 국제항공운송사업 허가를 받은 자(이하 "외국인국제항공운송사업자"라 한다)와 그에 속한 항공종사자는 제2항에 따라 발급된 운항조건·제한사항을 준수하여야 한다.	**제279조(외국인국제항공운송사업자에 대한 운항증명승인 등)** ① 「항공사업법」 제54조에 따라 외국인 국제항공운송사업 허가를 받으려는 자는 법 제103조 제1항에 따라 그 운항 개시 예정일 60일 전까지 별지 제106호서식의 운항증명승인 신청서에 다음 각 호의 서류를 첨부하여 국토교통부장관에게 제출하여야 한다. 다만, 「항공사업법 시행규칙」 제53조에 따라 이미 제출한 경우에는 다음 각 호의 서류를 제출하지 아니할 수 있다. 1. 「국제민간항공협약」 부속서 6에 따라 해당 정부가 발행한 운항증명(Air Operator Certificate) 및 운영기준(Operations Specifications) 2. 「국제민간항공협약」 부속서 6(항공기 운항)에 따라 해당 정부로부터 인가받은 운항규정(Operations Manual) 및 정비규정(Maintenance Control Manual) 3. 항공기 운영국가의 항공당국이 인정한 항공기 임대차 계약서(해당 사실이 있는 경우만 해당한다)

<table>
<tr><th>항공안전법, 시행령</th><th>항공안전법 시행규칙</th></tr>
<tr><td>④ 국토교통부장관은 외국인국제항공운송사업자가 사용하는 항공기의 안전운항을 위하여 국토교통부령으로 정하는 바에 따라 제2항에 따른 운항조건ㆍ제한사항을 변경할 수 있다.
⑤ 외국인국제항공운송사업자는 대한민국에 노선의 개설 등에 따른 운항증명승인 또는 운항조건ㆍ제한사항이 변경된 경우에는 국토교통부장관의 변경승인을 받아야 한다.
⑥ 국토교통부장관은 항공기의 안전운항을 위하여 외국인국제항공운송사업자가 사용하는 항공기에 대하여 검사를 할 수 있다.
⑦ 국토교통부장관은 제6항에 따른 검사 중 긴급히 조치하지 아니할 경우 항공기의 안전운항에 중대한 위험을 초래할 수 있는 사항이 발견되었을 때에는 국토교통부령으로 정하는 바에 따라 해당 항공기의 운항을 정지하거나 항공종사자의 업무를 정지할 수 있다.
⑧ 국토교통부장관은 제7항에 따라 한 정지처분의 사유가 없어진 경우에는 지체 없이 그 처분을 취소하거나 변경하여야 한다.</td><td>4. 별지 제107호서식의 외국항공기의 소유자등 안전성 검토를 위한 질의서(Questionnaire of Foreign Operators' Safety)
② 국토교통부장관은 제1항에 따라 운항증명승인 신청을 받은 경우에는 그 서류와 다음 각 호의 사항을 검사하여 적합하다고 인정되면 해당 국가에서 외국인국제항공운송사업자에게 발급한 운항증명이 유효함을 확인하는 별지 제108호서식의 운항증명 승인서 및 별지 제109호서식의 운항조건 및 제한사항을 정한 서류를 함께 발급하여야 한다. 〈개정 2020. 12. 10.〉
1. 운항증명을 발행한 국가에 대한 국제민간항공기구의 국제항공안전평가(ICAO USOAP 등) 결과
2. 운항증명을 발행한 국가 또는 외국인국제항공운송사업자에 대하여 외국정부가 공표한 항공안전에 관한 평가 결과
③ 국토교통부장관은 제2항 제1호부터 제2호까지 사항이 변경되었음을 알게 된 경우 또는 제4항에 따라 변경 내용 및 사유를 제출받은 경우에는 제2항에 따라 발급한 별지 제108호서식의 운항증명승인서 또는 별지 제109호서식의 운항조건 및 제한사항을 개정할 필요가 있다고 판단되면 해당 내용을 변경하여 발급할 수 있다. 〈개정 2020. 12. 10.〉
④ 외국인국제항공운송사업자는 제2항에 따라 국토교통부장관이 발급한 별지 제108호서식의 운항증명 승인서 또는 별지 제109호서식의 운항조건 및 제한사항에 변경사항이 발생하면 그 사유가 발생한 날로부터 30일 이내에 별지 제109호의2서식의 운항증명 변경승인 신청서에 변경내용을 증명할 수 있는 서류를 첨부하여 국토교통부장관에게 제출해야 한다. 〈개정 2020. 12. 10.〉
제280조(외국인국제항공운송사업자의 항공기의 운항정지 등) 국토교통부장관은 법 제103조 제7항에 따라 외국인국제항공운송사업자의 항공기의 운항을 정지하게 하거나 그에 속한 항공종사자의 업무를 정지하게 하려는 경우에는 다음 각 호의 순서에 따라 조치하여야 한다.
1. 국토교통부장관은 외국인국제항공운송사업자 또는 항공종사자에게 항공기의 운항 또는 항공종사자의 업무를 정지하는 사유와 조치하여야 할 내용을 구두로 지체 없이 통보하고, 사후에 서면으로 통보하여야 한다.
2. 제1호에 따라 통보를 받은 자는 조치하여야 할 사항을 조치하였을 때에는 지체 없이 그 내용을 국토교통부장관에게 통보하여야 한다.
3. 국토교통부장관은 제2호에 따른 통보를 받은 경우 그 내용을 확인하고 항공기의 안전운항에 지장이 없다고 판단되면 지체 없이 그 사실을 해당 외국인국제항공운송사업자 또는 항공종사자에게 통보하여 항공기의 운항 또는 항공종사자의 업무를 계속 수행할 수 있게 하여야 한다.</td></tr>
</table>

항공안전법, 시행령	항공안전법 시행규칙
제104조(안전운항을 위한 외국인국제항공운송사업자의 준수사항 등) ① 외국인국제항공운송사업자는 다음 각 호의 서류를 국토교통부령으로 정하는 바에 따라 항공기에 싣고 운항하여야 한다. 1. 제103조 제2항에 따라 국토교통부장관이 발급한 운항증명승인서와 운항조건·제한사항을 정한 서류 2. 외국인국제항공운송사업자가 속한 국가가 발급한 운항증명 사본 및 운영기준 사본 3. 그 밖에 「국제민간항공협약」 및 같은 협약의 부속서에 따라 항공기에 싣고 운항하여야 할 서류 등 ② 외국인국제항공운송사업자와 그에 속한 항공종사자는 제1항 제2호의 운영기준을 준수하여야 한다. ③ 국토교통부장관은 항공기의 안전운항을 위하여 외국인국제항공운송사업자와 그에 속한 항공종사자가 제1항 제2호의 운영기준을 준수하는지 등에 대하여 정기 또는 수시로 검사할 수 있다. ④ 국토교통부장관은 제3항에 따른 정기검사 또는 수시검사에서 긴급히 조치하지 아니할 경우 항공기의 안전운항에 중대한 위험을 초래할 수 있는 사항이 발견되었을 때에는 국토교통부령으로 정하는 바에 따라 해당 항공기의 운항을 정지하거나 항공종사자의 업무를 정지할 수 있다. ⑤ 국토교통부장관은 제4항에 따른 정지처분의 사유가 없어지면 지체 없이 그 처분을 취소하여야 한다.	**제281조(외국인국제항공운송사업자의 항공기에 탑재하는 서류)** 법 제104조 제1항에 따라 외국인국제항공운송사업자는 운항하려는 항공기에 다음 각 호의 서류를 탑재하여야 한다. 1. 항공기 등록증명서 2. 감항증명서 3. 탑재용 항공일지 4. 운용한계 지정서 및 비행교범 5. 운항규정(항공기 등록국가가 발행한 경우만 해당한다) 6. 소음기준적합증명서 7. 각 승무원의 유효한 자격증명(조종사 비행기록부를 포함한다) 8. 무선국 허가증명서(radio station license) 9. 탑승한 여객의 성명, 탑승지 및 목적지가 표시된 명부(passenger manifest) 10. 해당 항공운송사업자가 발행하는 수송화물의 목록(cargo manifest)과 화물 운송장에 명시되어 있는 세부 화물신고서류(detailed declarations of the cargo) 11. 해당 국가의 항공당국 간에 체결한 항공기 등의 감독 의무에 관한 이전협정서 사본(법 제5조에 따른 임대차 항공기의 경우만 해당한다)
제105조(외국인국제항공운송사업자의 항공기 운항의 정지 등) ① 국토교통부장관은 외국인국제항공운송사업자가 다음 각 호의 어느 하나에 해당하는 경우에는 6개월 이내의 기간을 정하여 항공기 운항의 정지를 명할 수 있다. 다만, 제1호 또는 제6호에 해당하는 경우에는 운항증명승인을 취소하여야 한다. 1. 거짓이나 그 밖의 부정한 방법으로 운항증명승인을 받은 경우 2. 제103조 제1항을 위반하여 운항증명승인을 받지 아니하고 운항한 경우 3. 제103조 제3항을 위반하여 같은 조 제2항에 따른 운항조건·제한사항을 준수하지 아니한 경우 4. 제103조 제5항을 위반하여 변경승인을 받지 아니하고 운항한 경우 5. 제106조에서 준용하는 제94조 각 호에 따른 항공운송의 안전을 위한 명령에 따르지 아니한 경우	**제282조(외국인국제항공운송사업자의 항공기 운항의 정지 등)** 법 제105조 제2항에 따른 처분의 세부기준은 별표 39와 같다.

항공안전법, 시행령	항공안전법 시행규칙
6. 이 조에 따른 항공기 운항의 정지기간에 항공기를 운항한 경우 ② 제1항에 따른 처분의 세부기준 등 그 밖에 필요한 사항은 국토교통부령으로 정한다.	
제106조(외국인국제항공운송사업자에 대한 준용규정) 외국인국제항공운송사업자의 항공안전 의무보고 및 자율보고 등에 관하여는 제59조, 제61조, 제92조 및 제94조를 준용한다.	
제107조(외국항공기의 유상운송에 대한 운항안전성 검사) 「항공사업법」 제55조에 따라 외국항공기의 유상운송 허가를 받으려는 자는 국토교통부령으로 정하는 기준에 따라 그가 속한 국가에서 발급받은 운항증명과 운항조건·제한사항을 정한 운영기준에 대하여 국토교통부장관이 실시하는 운항안전성 검사를 받아야 한다.	제283조(외국항공기의 유상운송에 대한 운항안전성 검사) 법 제107조에 따라 국토교통부장관이 실시하는 외국항공기의 유상운송에 대한 운항안전성 검사는 제279조 제1항에 따른 서류 및 같은 조 제2항에 따른 사항을 확인하는 것을 말한다. 〈개정 2020. 12. 10.〉
제9장 경량항공기	
제108조(경량항공기 안전성인증 등) ① 시험비행 등 국토교통부령으로 정하는 경우로서 국토교통부장관의 허가를 받은 경우를 제외하고는 경량항공기를 소유하거나 사용할 수 있는 권리가 있는 자(이하 "경량항공기소유자등"이라 한다)는 국토교통부령으로 정하는 기관 또는 단체의 장으로부터 그가 정한 안전성인증의 유효기간 및 절차·방법 등에 따라 그 경량항공기가 국토교통부장관이 정하여 고시하는 비행안전을 위한 기술상의 기준에 적합하다는 안전성인증을 받지 아니하고 비행하여서는 아니 된다. 이 경우 안전성인증의 유효기간 및 절차·방법 등에 대해서는 국토교통부장관의 승인을 받아야 하며, 변경할 때에도 또한 같다. ② 제1항에 따라 국토교통부령으로 정하는 기관 또는 단체의 장이 안전성인증을 할 때에는 국토교통부령으로 정하는 바에 따라 안전성인증 등급을 부여하고, 그 등급에 따른 운용범위를 지정하여야 한다. ③ 경량항공기소유자등 또는 경량항공기를 사용하여 비행하려는 사람은 제2항에 따라 부여된 안전성인증 등급에 따른 운용범위를 준수하여 비행하여야 한다.	제284조(경량항공기의 안전성인증 등) ① 법 제108조 제1항 전단에서 "시험비행 등 국토교통부령으로 정하는 경우"란 다음 각 호의 어느 하나에 해당하는 경우를 말한다. 1. 연구·개발 중에 있는 경량항공기의 안전성 여부를 평가하기 위하여 시험비행을 하는 경우 2. 법 제108조 제1항 전단에 따른 안전성인증을 받은 경량항공기의 성능 향상을 위하여 운용한계를 초과하여 시험비행을 하는 경우 3. 그 밖에 국토교통부장관이 필요하다고 인정하는 경우 ② 법 제108조 제1항 전단에 따른 시험비행 등을 위하여 국토교통부장관의 허가를 받으려는 자는 별지 제110호서식의 경량항공기 시험비행허가 신청서에 해당 경량항공기가 같은 항 전단에 따라 국토교통부장관이 정하여 고시하는 비행안전을 위한 기술상의 기준(이하 "경량항공기 기술기준"이라 한다)에 적합함을 입증할 수 있는 다음 각 호의 서류를 첨부하여 국토교통부장관에게 제출하여야 한다. 1. 해당 경량항공기에 대한 소개서 2. 경량항공기의 설계가 경량항공기 기술기준에 충족함을 입증하는 서류 3. 설계도면과 일치되게 제작되었음을 입증하는 서류 4. 완성 후 상태, 지상 기능점검 및 성능시험 결과를 확인할 수 있는 서류

항공안전법, 시행령	항공안전법 시행규칙
④ 경량항공기소유자등 또는 경량항공기를 사용하여 비행하려는 사람은 경량항공기 또는 그 장비품·부품을 정비한 경우에는 제35조 제8호의 항공정비사 자격증명을 가진 사람으로부터 국토교통부령으로 정하는 방법에 따라 안전하게 운용할 수 있다는 확인을 받지 아니하고 비행하여서는 아니 된다. 다만, 국토교통부령으로 정하는 경미한 정비는 그러하지 아니하다.	5. 경량항공기 조종절차 및 안전성 유지를 위한 정비방법을 명시한 서류 6. 경량항공기 사진(전체 및 측면사진을 말하며, 전자파일로 된 것을 포함한다) 각 1매 7. 시험비행계획서 ③ 국토교통부장관은 제2항에 따른 신청서를 접수받은 경우 경량항공기 기술기준에 적합한지의 여부를 확인한 후 적합하다고 인정하면 신청인에게 시험비행을 허가하여야 한다. ④ 법 제108조 제1항 전단 및 같은 조 제2항에서 "국토교통부령으로 정하는 기관 또는 단체"란 「항공안전기술원법」에 따른 항공안전기술원(이하 "기술원"이라 한다)을 말한다. 〈개정 2018. 3. 23.〉 ⑤ 법 제108조 제2항에 따른 안전성인증 등급은 다음 각 호와 같이 구분하고, 각 등급에 따른 운용범위는 별표 40과 같다. 1. 제1종: 경량항공기 기술기준에 적합하게 완제(完製)형태로 제작된 경량항공기 2. 제2종: 경량항공기 기술기준에 적합하게 조립(組立)형태로 제작된 경량항공기 3. 제3종: 경량항공기가 완제형태로 제작되었으나 경량항공기 제작자로부터 경량항공기 기술기준에 적합함을 입증하는 서류를 발급받지 못한 경량항공기 4. 제4종: 다음 각 목의 어느 하나에 해당하는 경량항공기 가. 경량항공기 제작자가 제공한 수리·개조지침을 따르지 아니하고 수리 또는 개조하여 원형이 변경된 경량항공기로서 제한된 범위에서 비행이 가능한 경량항공기 나. 제1호부터 제3호까지에 해당하지 아니하는 경량항공기로서 제한된 범위에서 비행이 가능한 경량항공기 ⑥ 제5항에 따른 안전성인증 등급의 구분 및 운용범위에 관하여 필요한 세부사항은 국토교통부장관이 정하여 고시한다. **제285조(경량항공기의 정비 확인)** ① 법 제108조 제4항 본문에 따라 경량항공기소유자등 또는 경량항공기를 사용하여 비행하려는 사람이 경량항공기 또는 그 부품등을 정비한 후 경량항공기 등을 안전하게 운용할 수 있다는 확인을 받기 위해서는 법 제35조 제8호에 따른 항공정비사 자격증명을 가진 사람으로부터 해당 정비가 다음 각 호의 어느 하나에 충족되게 수행되었음을 확인받은 후 해당 정비 기록문서에 서명을 받아야 한다. 1. 해당 경량항공기 제작자가 제공하는 최신의 정비교범 및 기술문서 2. 해당 경량항공기 제작자가 정비교범 및 기술문서를 제공하지 아니하여 경량항공기소유자등이 안전성인증 검사를 받을 때 제출한 검사프로그램

항공안전법, 시행령	항공안전법 시행규칙
	3. 그 밖에 국토교통부장관이 정하여 고시하는 기준에 부합하는 기술자료 ② 법 제108조 제4항 단서에서 "국토교통부령으로 정하는 경미한 정비"란 별표 41에 따른 정비를 말한다.
제109조(경량항공기 조종사 자격증명) ① 경량항공기를 사용하여 비행하려는 사람은 국토교통부령으로 정하는 바에 따라 국토교통부장관의 자격증명(이하 "경량항공기 조종사 자격증명"이라 한다)을 받아야 한다. ② 다음 각 호의 어느 하나에 해당하는 사람은 경량항공기 조종사 자격증명을 받을 수 없다. 1. 17세 미만인 사람 2. 제114조 제1항에 따른 경량항공기 조종사 자격증명 취소처분을 받고 그 취소일부터 2년이 지나지 아니한 사람	**제286조(경량항공기 조종사 응시자격)** 법 제109조 제1항에 따라 경량항공기 조종사 자격증명을 받으려는 사람은 법 제109조 제2항 각 호에 해당하지 아니하는 사람으로서 별표 4에 따른 경력을 가진 사람이어야 한다. **제287조(경량항공기 조종사 자격증명 응시원서의 제출 등)** 법 제112조 제1항부터 제3항까지의 규정에 따라 경량항공기 조종사 자격증명 시험 또는 경량항공기 조종사 자격증명의 한정심사에 응시하려는 사람에 관하여는 제75조부터 제77조까지 및 제81조부터 제89조까지를 준용한다. 이 경우 "항공기"는 "경량항공기"로, "항공종사자"는 "경량항공기 조종사"로 보되, 제88조 제2항에 대해서는 "실기시험"을 "학과시험"으로 본다.
제110조(경량항공기 조종사 업무범위) 경량항공기 조종사 자격증명을 받은 사람은 경량항공기에 탑승하여 경량항공기를 조종하는 업무(이하 "경량항공기 조종업무"라 한다) 외의 업무를 해서는 아니 된다. 다만, 새로운 종류의 경량항공기에 탑승하여 시험비행 등을 하는 경우로서 국토교통부령으로 정하는 바에 따라 국토교통부장관의 허가를 받은 경우에는 그러하지 아니하다.	**제288조(경량항공기의 조종사의 자격증명 업무범위 외의 비행 시 허가대상)** 법 제110조 단서에 따라 다음 각 호의 어느 하나에 해당하는 경우에는 국토교통부장관의 허가를 받아야 한다. 1. 새로운 종류의 경량항공기에 탑승하여 시험비행을 하는 경우 2. 국내에 최초로 도입되는 경량항공기에서 교관으로서 훈련을 실시하는 경우 3. 그 밖에 국토교통부장관이 필요하다고 인정하는 경우 **제289조(경량항공기 시험비행 등의 허가)** 법 제110조 단서에 따라 경량항공기의 시험비행 등을 하려는 사람은 별지 제25호서식의 시험비행 등의 허가신청서를 지방항공청장에게 제출하여야 한다.
제111조(경량항공기 조종사 자격증명의 한정) ① 국토교통부장관은 경량항공기 조종사 자격증명을 하는 경우에는 경량항공기의 종류를 한정할 수 있다. ② 제1항에 따라 경량항공기 조종사 자격증명의 한정을 받은 사람은 그 한정된 경량항공기 종류 외의 경량항공기를 조종해서는 아니 된다. ③ 제1항에 따른 경량항공기 조종사 자격증명의 한정에 필요한 세부 사항은 국토교통부령으로 정한다.	**제290조(경량항공기 조종사 자격증명의 한정)** 국토교통부장관은 법 제111조 제3항에 따라 경량항공기의 종류를 한정하는 경우에는 자격증명을 받으려는 사람이 실기심사에 사용하는 다음 각 호의 어느 하나에 해당하는 경량항공기의 종류로 한정하여야 한다. 1. 타면조종형비행기 2. 체중이동형비행기 3. 경량헬리콥터 4. 자이로플레인 5. 동력패러슈트

항공안전법, 시행령	항공안전법 시행규칙
제112조(경량항공기 조종사 자격증명 시험의 실시 및 면제) ① 경량항공기 조종사 자격증명을 받으려는 사람은 국토교통부령으로 정하는 바에 따라 경량항공기 조종업무에 종사하는 데 필요한 지식 및 능력에 관하여 국토교통부장관이 실시하는 학과시험 및 실기시험에 합격하여야 한다. ② 국토교통부장관은 제111조에 따라 경량항공기 조종사 자격증명(제115조에 따른 경량항공기 조종교육증명을 포함한다)을 경량항공기의 종류별로 한정하는 경우에는 경량항공기 탑승경력 등을 심사하여야 한다. 이 경우 종류에 대한 최초의 경량항공기 조종사 자격증명의 한정은 실기시험을 실시하여 심사할 수 있다. ③ 국토교통부장관은 다음 각 호의 어느 하나에 해당하는 사람에게는 국토교통부령으로 정하는 바에 따라 제1항 및 제2항에 따른 시험 및 심사의 전부 또는 일부를 면제할 수 있다. 1. 제35조 제1호부터 제4호까지의 자격증명 또는 외국정부로부터 경량항공기 조종사 자격증명을 받은 사람 2. 제117조에 따른 경량항공기 전문교육기관의 교육과정을 이수한 사람 3. 해당 분야에 관한 실무경험이 있는 사람 ④ 국토교통부장관은 제1항에 따라 학과시험 및 실기시험에 합격한 사람에 대해서는 경량항공기 조종사 자격증명서를 발급하여야 한다.	
제113조(경량항공기 조종사의 항공신체검사증명) ① 경량항공기 조종사 자격증명을 받고 경량항공기 조종업무를 하려는 사람(제116조에 따라 경량항공기 조종연습을 하는 사람을 포함한다)은 국토교통부장관의 항공신체검사증명을 받아야 한다. ② 제1항에 따른 항공신체검사증명에 관하여는 제40조 제2항부터 제6항까지의 규정을 준용한다.	**제291조(경량항공기 조종사의 항공신체검사증명의 기준 등)** 법 제113조 제1항에 따른 경량항공기 조종사의 항공신체검사증명의 기준, 유효기간 및 신청 등에 관하여는 제92조부터 제96조까지의 규정을 준용한다. 이 경우 "항공기"는 "경량항공기"로, "항공종사자"는 "경량항공기 조종사"로 본다.
제114조(경량항공기 조종사 자격증명등·항공신체검사증명의 취소 등) ① 국토교통부장관은 경량항공기 조종사 자격증명을 받은 사람이 다음 각 호의 어느 하나에 해당하는 경우에는 그 경량항공기 조종사 자격증명이나 자격증명의 한정(이하 이 조에서 "자격증명등"이라 한다)을 취소하거나 1년 이내의 기간을 정하여 자격증명등의 효력정지를 명할 수 있다. 다만, 제1호 또는 제17호의 어느 하나에 해당하는 경우에는 자격증명등을 취소하여야 한다.	**제292조(경량항공기 조종사 자격증명·항공신체검사증명의 취소 등)** ① 법 제114조 제1항(법 제115조 제3항에서 준용하는 경우를 포함한다) 및 제2항에 따른 행정처분기준은 별표 42와 같다.

항공안전법, 시행령	항공안전법 시행규칙
1. 거짓이나 그 밖의 부정한 방법으로 자격증명등을 받은 경우 2. 이 법을 위반하여 벌금 이상의 형을 선고받은 경우 3. 경량항공기 조종업무를 수행할 때 고의 또는 중대한 과실로 경량항공기사고를 일으켜 인명피해나 재산피해를 발생시킨 경우 4. 제110조 본문을 위반하여 경량항공기 조종업무 외의 업무에 종사한 경우 5. 제111조 제2항을 위반하여 경량항공기 조종사 자격증명의 한정을 받은 사람이 한정된 경량항공기 종류 외의 경량항공기를 조종한 경우 6. 제113조(제116조 제5항에서 준용하는 경우를 포함한다)를 위반하여 항공신체검사증명을 받지 아니하고 경량항공기 조종업무를 하거나 경량항공기 조종연습을 한 경우 7. 제115조 제1항을 위반하여 조종교육증명을 받지 아니하고 조종교육을 한 경우 8. 제115조 제2항을 위반하여 국토교통부장관이 정하는 교육을 받지 아니한 경우 9. 제118조를 위반하여 이륙·착륙 장소가 아닌 곳 또는 「공항시설법」 제25조 제6항에 따라 사용이 중지된 이착륙장에서 경량항공기를 이륙하거나 착륙하게 한 경우 10. 제121조 제2항에서 준용하는 제57조 제1항을 위반하여 주류등의 영향으로 경량항공기 조종업무(제116조에 따른 경량항공기 조종연습을 포함한다)를 정상적으로 수행할 수 없는 상태에서 경량항공기를 사용하여 비행한 경우 11. 제121조 제2항에서 준용하는 제57조 제2항을 위반하여 경량항공기 조종업무(제116조에 따른 경량항공기 조종연습을 포함한다)에 종사하는 동안에 같은 조 제1항에 따른 주류등을 섭취하거나 사용한 경우 12. 제121조 제2항에서 준용하는 제57조 제3항을 위반하여 같은 조 제1항에 따른 주류등의 섭취 및 사용 여부의 측정 요구에 따르지 아니한 경우 13. 제121조 제3항에서 준용하는 제67조 제1항을 위반하여 비행규칙을 따르지 아니하고 비행한 경우 14. 제121조 제4항에서 준용하는 제79조 제1항을 위반하여 국토교통부장관이 정하여 공고하는 비행의 방식 및 절차에 따르지 아니하고 비관제공역 또는 주의공역에서 비행한 경우	② 국토교통부장관 또는 지방항공청장은 제1항에 따른 처분을 한 경우에는 별지 제111호서식의 경량항공기 조종사등 행정처분 대장을 작성·관리하되, 전자적 처리가 불가능한 특별한 사유가 없으면 전자적 처리가 가능한 방법으로 작성·관리하고, 그 처분 내용에 따라 한국교통안전공단의 이사장 또는 한국항공우주의학협회에 통지하여야 한다. 〈개정 2018. 3. 23.〉

항공안전법, 시행령	항공안전법 시행규칙
15. 제121조 제4항에서 준용하는 제79조 제2항을 위반하여 허가를 받지 아니하거나 국토교통부장관이 정하는 비행의 방식 및 절차에 따르지 아니하고 통제공역에서 비행한 경우 16. 제121조 제5항에서 준용하는 제84조 제1항을 위반하여 국토교통부장관 또는 항공교통업무증명을 받은 자가 지시하는 이동·이륙·착륙의 순서 및 시기와 비행의 방법에 따르지 아니한 경우 17. 이 조에 따른 자격증명등의 효력정지기간에 경량항공기 조종업무에 종사한 경우 ② 국토교통부장관은 경량항공기 조종업무를 하는 사람이 다음 각 호의 어느 하나에 해당하는 경우에는 그 항공신체검사증명을 취소하거나 1년 이내의 기간을 정하여 항공신체검사증명의 효력정지를 명할 수 있다. 다만, 제1호에 해당하는 경우에는 항공신체검사증명을 취소하여야 한다. 1. 거짓이나 그 밖의 부정한 방법으로 항공신체검사증명을 받은 경우 2. 제113조 제2항에서 준용하는 제40조 제2항에 따른 자격증명의 종류별 항공신체검사증명의 기준에 맞지 아니하게 되어 경량항공기 조종업무를 수행하기에 부적합하다고 인정되는 경우 3. 제1항 제10호부터 제12호까지의 어느 하나에 해당하는 경우 ③ 자격증명등의 시험에 응시하거나 심사를 받는 사람이 그 시험 또는 심사에서 부정행위를 하거나 항공신체검사를 받는 사람이 그 검사에서 부정한 행위를 한 경우에는 그 부정행위를 한 날부터 각각 2년 동안 이 법에 따른 자격증명등의 시험에 응시하거나 심사를 받을 수 없으며, 이 법에 따른 항공신체검사를 받을 수 없다. ④ 제1항 및 제2항에 따른 처분의 기준 및 절차와 그 밖에 필요한 사항은 국토교통부령으로 정한다.	
제115조(경량항공기 조종교육증명) ① 다음 각 호의 조종연습을 하는 사람에 대하여 경량항공기 조종교육을 하려는 사람은 그 경량항공기의 종류별로 국토교통부령으로 정하는 바에 따라 국토교통부장관의 조종교육증명을 받아야 한다. 1. 경량항공기 조종사 자격증명을 받지 아니한 사람이 경량항공기에 탑승하여 하는 조종연습	**제293조(경량항공기 조종교육증명 절차 등)** ① 법 제115조 제1항에 따른 경량항공기 조종사 조종교육증명을 위한 학과시험 및 실기시험, 시험장소 등에 관한 세부적인 내용과 절차는 국토교통부장관이 정하여 고시한다. ② 법 제115조 제1항에 따라 조종교육증명을 받아야 하는 조종교육은 경량항공기에 대한 이륙조작·착륙조작 또는 공중조작의 실기교육(경량항공기 조종연습생 단독으로 비행하게 하는 경우를 포함한다)으로 한다.

항공안전법, 시행령	항공안전법 시행규칙
2. 경량항공기 조종사 자격증명을 받은 사람이 그 경량항공기 조종사 자격증명에 대하여 제111조에 따른 한정을 받은 종류 외의 경량항공기에 탑승하여 하는 조종연습 ② 제1항에 따른 조종교육증명(이하 "경량항공기 조종교육증명"이라 한다)은 경량항공기 조종교육증명서를 발급함으로써 하며, 경량항공기 조종교육증명을 받은 자는 국토교통부장관이 정하는 바에 따라 교육을 받아야 한다. ③ 경량항공기 조종교육증명의 시험 및 취소 등에 관하여는 제112조 및 제114조 제1항·제3항을 준용한다.	③ 법 제115조 제2항에 따라 조종교육증명을 받는 자는 한국교통안전공단의 이사장이 실시하는 다음 각 호의 내용이 포함된 안전교육을 정기적(조종교육증명 또는 안전교육을 받은 해의 말일부터 2년 내)으로 받아야 한다. 〈개정 2018. 3. 23.〉 1. 항공법령의 개정사항 2. 기상정보 획득 및 이해 3. 경량항공기 사고사례
제116조(경량항공기 조종연습) ① 제115조 제1항 제1호의 조종연습을 하려는 사람은 그 조종연습에 관하여 국토교통부령으로 정하는 바에 따라 국토교통부장관의 허가를 받고 경량항공기 조종교육증명을 받은 사람의 감독 하에 조종연습을 하여야 한다. ② 제115조 제1항 제2호의 조종연습을 하려는 사람은 경량항공기 조종교육증명을 받은 사람의 감독 하에 조종연습을 하여야 한다. ③ 제1항에 따른 조종연습에 대해서는 제109조 제1항을 적용하지 아니하고, 제2항에 따른 조종연습에 대해서는 제111조 제2항을 적용하지 아니한다. ④ 국토교통부장관은 제1항에 따라 조종연습의 허가 신청을 받은 경우 신청인이 경량항공기 조종연습을 하기에 필요한 능력이 있다고 인정될 때에는 국토교통부령으로 정하는 바에 따라 그 조종연습을 허가하고, 신청인에게 경량항공기 조종연습허가서를 발급한다. ⑤ 제4항에 따른 허가를 받은 사람의 항공신체검사증명 등에 관하여는 제113조 및 제114조를 준용한다. ⑥ 제4항에 따른 허가를 받은 사람이 경량항공기 조종연습을 할 때에는 경량항공기 조종연습허가서와 항공신체검사증명서를 지녀야 한다.	제294조(경량항공기 조종연습의 허가 신청) ① 법 제116조 제1항에 따라 경량항공기 조종연습 허가를 받으려는 사람은 별지 제112호서식의 경량항공기 조종연습 허가신청서에 자동차운전면허증 사본(제2종 항공신체검사증명서 대신 자동차운전면허증을 제출하는 사람에 한정한다)을 첨부하여 지방항공청장에게 제출해야 한다. 〈개정 2020. 2. 28.〉 ② 제1항에 따른 신청을 받은 지방항공청장은 법 제116조 제4항에 따라 신청인이 경량항공기 조종연습을 하기에 필요한 능력이 있다고 인정될 때에는 그 조종연습을 허가하고, 별지 제113호서식의 경량항공기 조종연습허가서를 발급하여야 한다.
제117조(경량항공기 전문교육기관의 지정 등) ① 국토교통부장관은 경량항공기 조종사를 양성하기 위하여 국토교통부령으로 정하는 바에 따라 경량항공기 전문교육기관을 지정할 수 있다. ② 국토교통부장관은 제1항에 따라 지정된 경량항공기 전문교육기관이 경량항공기 조종사를 양성하는 경우에는 예산의 범위에서 필요한 경비의 전부 또는 일부를 지원할 수 있다.	제295조(경량항공기 전문교육기관의 지정 등) ① 법 제117조 제1항에 따라 경량항공기 조종사를 양성하는 전문교육기관(이하 "경량항공기 전문교육기관"이라 한다)으로 지정을 받으려는 자는 별지 제114호서식의 경량항공기 전문교육기관 지정신청서에 다음 각 호의 사항이 포함된 교육규정을 첨부하여 국토교통부장관에게 제출하여야 한다. 〈개정 2020. 5. 27.〉 1. 교육과목 및 교육방법 2. 교관 현황(교관의 자격·경력 및 정원) 3. 시설 및 장비의 개요

항공안전법, 시행령	항공안전법 시행규칙
③ 경량항공기 전문교육기관의 교육과목, 교육방법, 인력, 시설 및 장비 등의 지정기준은 국토교통부령으로 정한다. ④ 국토교통부장관은 경량항공기 전문교육기관으로 지정받은 자가 다음 각 호의 어느 하나에 해당하는 경우에는 그 지정을 취소할 수 있다. 다만, 제1호에 해당하는 경우에는 그 지정을 취소하여야 한다. 1. 거짓이나 그 밖의 부정한 방법으로 경량항공기 전문교육기관으로 지정받은 경우 2. 제3항에 따른 경량항공기 전문교육기관의 지정기준 중 국토교통부령으로 정하는 사항을 위반한 경우	4. 교육평가방법 5. 연간 교육계획 6. 삭제 〈2020. 5. 27.〉 ② 법 제117조 제3항에 따른 경량항공기 전문교육기관의 지정기준은 별표 12와 같으며, 지정을 위한 심사 등에 관한 세부 절차는 국토교통부장관이 정하여 고시한다. ③ 국토교통부장관은 제1항에 따른 신청서를 심사하여 그 내용이 제2항에서 정한 지정기준에 적합한 경우에는 별지 제115호서식에 따른 경량항공기 전문교육기관 지정서를 발급하여야 한다. ④ 국토교통부장관은 제3항에 따라 경량항공기 전문교육기관을 지정할 때에는 그 내용을 공고하여야 한다. ⑤ 경량항공기 지정전문교육기관은 교육 종료 후 교육이수자의 명단 및 평가 결과를 지체 없이 국토교통부장관 및 한국교통안전공단의 이사장에게 보고하고, 이를 항공교육훈련통합관리시스템에 입력해야 한다. 〈개정 2018. 3. 23., 2020. 5. 27.〉 ⑥ 경량항공기 지정전문교육기관은 제1항 각 호의 사항에 변경이 있는 경우에는 그 변경 내용을 지체 없이 국토교통부장관에게 보고하고, 이를 항공교육훈련통합관리시스템에 입력해야 한다. 〈개정 2020. 5. 27.〉 ⑦ 국토교통부장관은 1년마다 경량항공기 지정전문교육기관이 제2항의 지정기준에 적합한지 여부를 심사하여야 한다. ⑧ 법 제117조 제4항 제2호에서 “국토교통부령으로 정하는 사항을 위반한 경우”란 다음 각 호의 어느 하나에 해당하는 경우를 말한다. 1. 학과교육 및 실기교육의 과목, 교육시간을 이행하지 아니한 경우 2. 교관 확보기준을 위반한 경우 3. 시설 및 장비 확보기준을 위반한 경우 4. 교육규정 중 교육과정명, 교육생 정원, 학사운영보고 및 기록유지에 관한 기준을 위반한 경우
제118조(경량항공기 이륙·착륙의 장소) ① 누구든지 경량항공기를 비행장(군 비행장은 제외한다) 또는 이착륙장이 아닌 곳에서 이륙하거나 착륙하여서는 아니 된다. 다만, 안전과 관련한 비상상황 등 불가피한 사유가 있는 경우로서 국토교통부장관의 허가를 받은 경우에는 그러하지 아니한다.	**제296조(경량항공기의 이륙·착륙장소 외에서의 이륙·착륙 허가신청)** 영 제23조 제3항에 따른 경량항공기의 이륙 또는 착륙의 허가에 관하여는 제160조를 준용한다. 이 경우 “항공기”는 “경량항공기”로 본다.

항공안전법, 시행령	항공안전법 시행규칙
영 제23조(경량항공기의 이륙·착륙 장소 외에서의 이륙·착륙 허가 등) ① 법 제118조 제1항 단서에 따라 안전과 관련한 비상상황 등 불가피한 사유가 있는 경우는 다음 각 호의 어느 하나에 해당하는 경우로 한다. 〈개정 2019. 8. 27.〉 1. 경량항공기의 비행 중 계기 고장, 연료 부족 등의 비상상황이 발생하여 신속하게 착륙하여야 하는 경우 2. 항공기의 운항 등으로 비행장 및 이착륙장을 사용할 수 없는 경우 3. 경량항공기가 이륙·착륙하려는 장소 주변 30킬로미터 이내에 비행장 또는 이착륙장이 없는 경우 ② 제1항 제1호에 해당하여 법 제118조 제1항 단서에 따라 착륙의 허가를 받으려는 자는 무선통신 등을 사용하여 국토교통부장관에게 착륙 허가를 신청하여야 한다. 이 경우 국토교통부장관은 특별한 사유가 없으면 허가하여야 한다. ③ 제1항 제2호 또는 제3호에 해당하여 법 제118조 제1항 단서에 따라 이륙 또는 착륙의 허가를 받으려는 자는 국토교통부령으로 정하는 허가신청서를 국토교통부장관에게 제출하여야 한다. 이 경우 국토교통부장관은 그 내용을 검토하여 안전에 지장이 없다고 인정되는 경우에는 6개월 이내의 기간을 정하여 허가하여야 한다. ② 제1항 단서에 따른 허가에 필요한 세부기준 및 절차와 그 밖에 필요한 사항은 대통령령으로 정한다.	
제119조(경량항공기 무선설비 등의 설치·운용 의무) 국토교통부령으로 정하는 경량항공기를 항공에 사용하려는 사람 또는 소유자등은 해당 경량항공기에 무선교신용 장비, 항공기 식별용 트랜스폰더 등 국토교통부령으로 정하는 무선설비를 설치·운용하여야 한다.	**제297조(경량항공기의 의무무선설비)** ① 법 제119조에서 "국토교통부령으로 정하는 경량항공기"란 제284조 제5항 제1호부터 제3호까지의 등급에 해당하는 경량항공기를 말한다. ② 법 제119조에 따라 경량항공기에 설치·운용 하여야 하는 무선설비는 다음 각 호와 같다. 1. 비행 중 항공교통관제기관과 교신할 수 있는 초단파(VHF) 또는 극초단파(UHF) 무선전화 송수신기 1대 2. 기압고도에 관한 정보를 제공하는 2차 감시 항공교통관제 레이더용 트랜스폰더(Mode 3/A 및 Mode C SSR transponder) 1대 ③ 제2항 제1호에 따른 무선전화 송수신기는 제107조 제2항 제3호 및 제4호의 성능을 가져야 한다. 〈개정 2019. 2. 26.〉

항공안전법, 시행령	항공안전법 시행규칙
제120조(경량항공기 조종사의 준수사항) ① 경량항공기 조종사는 경량항공기로 인하여 인명이나 재산에 피해가 발생하지 아니하도록 국토교통부령으로 정하는 준수사항을 지켜야 한다. ② 경량항공기 조종사는 경량항공기사고가 발생하였을 때에는 지체 없이 국토교통부령으로 정하는 바에 따라 국토교통부장관에게 그 사실을 보고하여야 한다. 다만, 경량항공기 조종사가 보고할 수 없을 때에는 그 경량항공기소유자등이 경량항공기사고를 보고하여야 한다.	**제298조(경량항공기 조종사의 준수사항)** ① 법 제120조 제1항에 따라 경량항공기 조종사는 다음 각 호의 어느 하나에 해당하는 행위를 하여서는 아니 된다. 〈개정 2019. 9. 23.〉 1. 인명이나 재산에 위험을 초래할 우려가 있는 낙하물을 투하하는 행위 2. 주거지역, 상업지역 등 인구가 밀집된 지역이나 그 밖에 사람이 많이 모인 장소의 상공에서 인명 또는 재산에 위험을 초래할 우려가 있는 방법으로 비행하는 행위 3. 안개 등으로 지상목표물을 육안으로 식별할 수 없는 상태에서 비행하는 행위 4. 별표 24에 따른 비행시정 및 구름으로부터의 거리 기준을 위반하여 비행하는 행위 5. 일몰 후부터 일출 전까지의 야간에 비행하는 행위 6. 평균해면으로부터 1,500미터(5천피트) 이상으로 비행하는 행위. 다만, 항공교통업무기관으로부터 승인을 받은 경우는 제외한다. 7. 동승한 사람의 낙하산 강하(降下) 8. 그 밖에 곡예비행 등 비정상적인 방법으로 비행하는 행위 ② 경량항공기 조종사는 항공기를 육안으로 식별하여 미리 피할 수 있도록 주의하여 비행하여야 한다. ③ 경량항공기 조종사는 동력을 이용하지 아니하는 초경량비행장치에 대하여 진로를 양보하여야 한다. ④ 경량항공기의 조종사는 탑재용 항공일지를 경량항공기 안에 갖춰 두어야 하며, 경량항공기를 항공에 사용하거나 개조 또는 정비한 경우에는 지체 없이 항공일지에 다음 각 호의 사항을 적어야 한다. 1. 경량항공기의 등록부호 및 등록 연월일 2. 경량항공기의 종류 및 형식 3. 안전성인증서번호 4. 경량항공기의 제작자·제작번호 및 제작 연월일 5. 발동기 및 프로펠러의 형식 6. 비행에 관한 다음의 기록 가. 비행 연월일 나. 승무원의 성명 다. 비행목적 라. 비행 구간 또는 장소 마. 비행시간 바. 경량항공기의 비행안전에 영향을 미치는 사항 사. 기장의 서명 7. 제작 후의 총비행시간과 최근의 오버홀 후의 총 비행시간

항공안전법, 시행령	항공안전법 시행규칙
	8. 정비등의 실시에 관한 다음의 사항 가. 실시 연월일 및 장소 나. 실시 이유, 정비등의 위치와 교환 부품명 다. 확인 연월일 및 확인자의 서명 또는 날인 ⑤ 항공레저스포츠사업에 종사하는 경량항공기 조종사는 다음 각 호의 사항을 준수하여야 한다. 1. 비행 전에 해당 경량항공기의 이상 유무를 점검하고, 항공기의 안전 운항에 지장을 주는 이상이 있을 경우에는 비행을 중단할 것 2. 비행 전에 비행안전을 위한 주의사항에 대하여 동승자에게 충분히 설명할 것 3. 이륙 시 해당 경량항공기의 제작자가 정한 최대이륙중량을 초과하지 아니하게 할 것 4. 이륙 또는 착륙 시 해당 경량항공기의 제작자가 정한 거리기준을 충족하는 활주로를 이용할 것 5. 동승자에 관한 인적사항(성명, 생년월일 및 주소)을 기록하고 유지할 것 **제299조(경량항공기사고의 보고 등)** 법 제120조 제2항에 따라 경량항공기사고를 일으킨 조종사 또는 그 경량항공기의 소유자등은 다음 각 호의 사항을 지방항공청장에게 보고하여야 한다. 1. 조종사 및 그 경량항공기의 소유자등의 성명 또는 명칭 2. 사고가 발생한 일시 및 장소 3. 경량항공기의 종류 및 등록부호 4. 사고의 경위 5. 사람의 사상 또는 물건의 파손 개요 6. 사상자의 성명 등 사상자의 인적사항 파악을 위하여 참고가 될 사항
제121조(경량항공기에 대한 준용규정) ① 경량항공기의 등록 등에 관하여는 제7조부터 제18조까지의 규정을 준용한다. ② 경량항공기에 대한 주류등의 섭취・사용 제한에 관하여는 제57조를 준용한다. ③ 경량항공기의 비행규칙에 관하여는 제67조를 준용한다. ④ 경량항공기의 비행제한에 관하여는 제79조를 준용한다. ⑤ 경량항공기에 대한 항공교통관제 업무 지시의 준수에 관하여는 제84조를 준용한다.	**제300조(항공기에 대한 규정의 준용)** 경량항공기에 관하여는 제12조부터 제17조까지, 제129조, 제161조부터 제170조까지, 제172조부터 제175조까지, 제182조부터 제188조까지, 제190조부터 제196조까지, 제198조, 제222조, 제247조 및 제248조를 준용한다.

항공안전법, 시행령	항공안전법 시행규칙
제10장 초경량비행장치	
제122조(초경량비행장치 신고) ① 초경량비행장치를 소유하거나 사용할 수 있는 권리가 있는 자(이하 "초경량비행장치소유자등"이라 한다)는 초경량비행장치의 종류, 용도, 소유자의 성명, 제129조 제4항에 따른 개인정보 및 개인위치정보의 수집 가능 여부 등을 국토교통부령으로 정하는 바에 따라 국토교통부장관에게 신고하여야 한다. 다만, 대통령령으로 정하는 초경량비행장치는 그러하지 아니하다. **제24조(신고를 필요로 하지 않는 초경량비행장치의 범위)** 법 제122조 제1항 단서에서 "대통령령으로 정하는 초경량비행장치"란 다음 각 호의 어느 하나에 해당하는 것으로서 「항공사업법」에 따른 항공기대여업·항공레저스포츠사업 또는 초경량비행장치사용사업에 사용되지 아니하는 것을 말한다. 〈개정 2020. 5. 26., 2020. 12. 10.〉 1. 행글라이더, 패러글라이더 등 동력을 이용하지 아니하는 비행장치 2. 기구류(사람이 탑승하는 것은 제외한다) 3. 계류식(繫留式) 무인비행장치 4. 낙하산류 5. 무인동력비행장치 중에서 최대이륙중량이 2킬로그램 이하인 것 6. 무인비행선 중에서 연료의 무게를 제외한 자체무게가 12킬로그램 이하이고, 길이가 7미터 이하인 것 7. 연구기관 등이 시험·조사·연구 또는 개발을 위하여 제작한 초경량비행장치 8. 제작자 등이 판매를 목적으로 제작하였으나 판매되지 아니한 것으로서 비행에 사용되지 아니하는 초경량비행장치 9. 군사목적으로 사용되는 초경량비행장치 [제목개정 2020. 12. 10.] ② 국토교통부장관은 제1항 본문에 따른 신고를 받은 날부터 7일 이내에 신고수리 여부를 신고인에게 통지하여야 한다. 〈신설 2020. 6. 9.〉	**제301조(초경량비행장치 신고)** ① 법 제122조 제1항 본문에 따라 초경량비행장치소유자등은 법 제124조에 따른 안전성인증을 받기 전(법 제124조에 따른 안전성인증 대상이 아닌 초경량비행장치인 경우에는 초경량비행장치를 소유하거나 사용할 수 있는 권리가 있는 날부터 30일 이내를 말한다)까지 별지 제116호서식의 초경량비행장치 신고서(전자문서로 된 신고서를 포함한다)에 다음 각 호의 서류(전자문서를 포함한다)를 첨부하여 한국교통안전공단 이사장에게 제출하여야 한다. 이 경우 신고서 및 첨부서류는 팩스 또는 정보통신을 이용하여 제출할 수 있다. 〈개정 2020. 12. 10.〉 1. 초경량비행장치를 소유하거나 사용할 수 있는 권리가 있음을 증명하는 서류 2. 초경량비행장치의 제원 및 성능표 3. 초경량비행장치의 사진(가로 15센티미터, 세로 10센티미터의 측면사진) ② 한국교통안전공단 이사장은 초경량비행장치의 신고를 받으면 별지 제117호서식의 초경량비행장치 신고증명서를 초경량비행장치소유자등에게 발급하여야 하며, 초경량비행장치소유자등은 비행 시 이를 휴대하여야 한다. 〈개정 2020. 12. 10.〉 ③ 한국교통안전공단 이사장은 제2항에 따라 초경량비행장치 신고증명서를 발급하였을 때에는 별지 제118호서식의 초경량비행장치 신고대장을 작성하여 갖추어 두어야 한다. 이 경우 초경량비행장치 신고대장은 전자적 처리가 불가능한 특별한 사유가 없으면 전자적 처리가 가능한 방법으로 작성·관리하여야 한다. 〈개정 2020. 12. 10.〉 ④ 초경량비행장치소유자등은 초경량비행장치 신고증명서의 신고번호를 해당 장치에 표시하여야 하며, 표시방법, 표시장소 및 크기 등 필요한 사항은 국토교통부장관의 승인을 받아 한국교통안전공단 이사장이 정한다. 〈개정 2020. 12. 10.〉 ⑤ 삭제 〈2020. 12. 10.〉

항공안전법, 시행령	항공안전법 시행규칙
③ 국토교통부장관이 제2항에서 정한 기간 내에 신고수리 여부 또는 민원 처리 관련 법령에 따른 처리기간의 연장을 신고인에게 통지하지 아니하면 그 기간(민원 처리 관련 법령에 따라 처리기간이 연장 또는 재연장된 경우에는 해당 처리기간을 말한다)이 끝난 날의 다음 날에 신고를 수리한 것으로 본다. 〈신설 2020. 6. 9.〉 ④ 국토교통부장관은 제1항에 따라 초경량비행장치의 신고를 받은 경우 그 초경량비행장치소유자등에게 신고번호를 발급하여야 한다. 〈개정 2020. 6. 9.〉 ⑤ 제4항에 따라 신고번호를 발급받은 초경량비행장치소유자등은 그 신고번호를 해당 초경량비행장치에 표시하여야 한다. 〈개정 2020. 6. 9.〉	
제123조(초경량비행장치 변경신고 등) ① 초경량비행장치소유자등은 제122조 제1항에 따라 신고한 초경량비행장의 용도, 소유자의 성명 등 국토교통부령으로 정하는 사항을 변경하려는 경우에는 국토교통부령으로 정하는 바에 따라 국토교통부장관에게 변경신고를 하여야 한다. ② 국토교통부장관은 제1항에 따른 변경신고를 받은 날부터 7일 이내에 신고수리 여부를 신고인에게 통지하여야 한다. 〈신설 2020. 6. 9.〉 ③ 국토교통부장관이 제2항에서 정한 기간 내에 신고수리 여부 또는 민원 처리 관련 법령에 따른 처리기간의 연장을 신고인에게 통지하지 아니하면 그 기간(민원 처리 관련 법령에 따라 처리기간이 연장 또는 재연장된 경우에는 해당 처리기간을 말한다)이 끝난 날의 다음 날에 신고를 수리한 것으로 본다. 〈신설 2020. 6. 9.〉 ④ 초경량비행장치소유자등은 제122조 제1항에 따라 신고한 초경량비행장치가 멸실되었거나 그 초경량비행장치를 해체(정비등, 수송 또는 보관하기 위한 해체는 제외한다)한 경우에는 그 사유가 발생한 날부터 15일 이내에 국토교통부장관에게 말소신고를 하여야 한다. 〈개정 2020. 6. 9.〉 ⑤ 제4항에 따른 신고가 신고서의 기재사항 및 첨부서류에 흠이 없고, 법령 등에 규정된 형식상의 요건을 충족하는 경우에는 신고서가 접수기관에 도달된 때에 신고된 것으로 본다. 〈신설 2020. 6. 9.〉 ⑥ 초경량비행장치소유자등이 제4항에 따른 말소신고를 하지 아니하면 국토교통부장관은 30일 이상의 기간을 정하여 말소신고를 할 것을 해당 초경량비행장치소유자등에게 최고하여야 한다. 〈개정 2020. 6. 9.〉	제302조(초경량비행장치 변경신고) ① 법 제123조 제1항에서 "초경량비행장치의 용도, 소유자의 성명 등 국토교통부령으로 정하는 사항"이란 다음 각 호의 어느 하나를 말한다. 1. 초경량비행장치의 용도 2. 초경량비행장치 소유자등의 성명, 명칭 또는 주소 3. 초경량비행장치의 보관 장소 ② 초경량비행장치소유자등은 제1항 각 호의 사항을 변경하려는 경우에는 그 사유가 있는 날부터 30일 이내에 별지 제116호서식의 초경량비행장치 변경·이전신고서를 한국교통안전공단 이사장에게 제출하여야 한다. 〈개정 2020. 12. 10.〉 ③ 삭제 〈2020. 12. 10.〉 제303조(초경량비행장치 말소신고) ① 법 제123조 제4항에 따른 말소신고를 하려는 초경량비행장치 소유자등은 그 사유가 발생한 날부터 15일 이내에 별지 제116호서식의 초경량비행장치 말소신고서를 한국교통안전공단 이사장에게 제출하여야 한다. 〈개정 2020. 12. 10.〉 ② 한국교통안전공단 이사장은 제1항에 따른 신고가 신고서 및 첨부서류에 흠이 없고 형식상 요건을 충족하는 경우 지체 없이 접수하여야 한다. 〈개정 2020. 12. 10.〉 ③ 한국교통안전공단 이사장은 법 제123조 제6항에 따른 최고(催告)를 하는 경우 해당 초경량비행장치의 소유자등의 주소 또는 거소를 알 수 없는 경우에는 말소신고를 할 것을 관보에 고시하고, 한국교통안전공단 홈페이지에 공고하여야 한다. 〈개정 2020. 12. 10.〉

항공안전법, 시행령	항공안전법 시행규칙
⑦ 제6항에 따른 최고를 한 후에도 해당 초경량비행장치소유자등이 말소신고를 하지 아니하면 국토교통부장관은 직권으로 그 신고번호를 말소할 수 있으며, 신고번호가 말소된 때에는 그 사실을 해당 초경량비행장치소유자등 및 그 밖의 이해관계인에게 알려야 한다. 〈개정 2020. 6. 9.〉	
제124조(초경량비행장치 안전성인증) 시험비행 등 국토교통부령으로 정하는 경우로서 국토교통부장관의 허가를 받은 경우를 제외하고는 동력비행장치 등 국토교통부령으로 정하는 초경량비행장치를 사용하여 비행하려는 사람은 국토교통부령으로 정하는 기관 또는 단체의 장으로부터 그가 정한 안정성인증의 유효기간 및 절차·방법 등에 따라 그 초경량비행장치가 국토교통부장관이 정하여 고시하는 비행안전을 위한 기술상의 기준에 적합하다는 안전성인증을 받지 아니하고 비행하여서는 아니 된다. 이 경우 안전성인증의 유효기간 및 절차·방법 등에 대해서는 국토교통부장관의 승인을 받아야 하며, 변경할 때에도 또한 같다.	**제304조(초경량비행장치의 시험비행허가)** ① 법 제124조 전단에서 "시험비행 등 국토교통부령으로 정하는 경우"란 제305조 제1항에 따른 초경량비행장치 안전성인증 대상으로 다음 각 호의 어느 하나에 해당하는 경우를 말한다. 〈개정 2020. 12. 10.〉 1. 연구·개발 중에 있는 초경량비행장치의 안전성 여부를 평가하기 위하여 시험비행을 하는 경우 2. 안전성인증을 받은 초경량비행장치의 성능개량을 수행하고 안전성여부를 평가하기 위하여 시험비행을 하는 경우 3. 그 밖에 국토교통부장관이 필요하다고 인정하는 경우 ② 법 제124조 전단에 따른 시험비행 등을 위한 허가를 받으려는 자는 별지 제119호서식의 초경량비행장치 시험비행허가 신청서에 해당 초경량비행장치가 같은 조 전단에 따라 국토교통부장관이 정하여 고시하는 초경량비행장치의 비행안전을 위한 기술상의 기준(이하 "초경량비행장치 기술기준"이라 한다)에 적합함을 입증할 수 있는 다음 각 호의 서류를 첨부하여 국토교통부장관에게 제출하여야 한다. 1. 해당 초경량비행장치에 대한 소개서 2. 초경량비행장치의 설계가 초경량비행장치 기술기준에 충족함을 입증하는 서류 3. 설계도면과 일치되게 제작되었음을 입증하는 서류 4. 완성 후 상태, 지상 기능점검 및 성능시험 결과를 확인할 수 있는 서류 5. 초경량비행장치 조종절차 및 안전성 유지를 위한 정비방법을 명시한 서류 6. 초경량비행장치 사진(전체 및 측면사진을 말하며, 전자파일로 된 것을 포함한다) 각 1매 7. 시험비행계획서 ③ 국토교통부장관은 제2항에 따른 신청서를 접수받은 경우 초경량비행장치 기술기준에 적합한지의 여부를 확인한 후 적합하다고 인정하면 신청인에게 시험비행을 허가하여야 한다. **제305조(초경량비행장치 안전성인증 대상 등)** ① 법 제124조 전단에서 "동력비행장치 등 국토교통부령으로 정하는 초경량비행장치"란 다음 각 호의 어느 하나에 해당하는 초경량비행장치를 말한다.

항공안전법, 시행령	항공안전법 시행규칙
	1. 동력비행장치 2. 행글라이더, 패러글라이더 및 낙하산류(항공레저스포츠 사업에 사용되는 것만 해당한다) 3. 기구류(사람이 탑승하는 것만 해당한다) 4. 다음 각 목의 어느 하나에 해당하는 무인비행장치 가. 제5조 제5호 가목에 따른 무인비행기, 무인헬리콥터 또는 무인멀티콥터 중에서 최대이륙중량이 25킬로그램을 초과하는 것 나. 제5조 제5호 나목에 따른 무인비행선 중에서 연료의 중량을 제외한 자체중량이 12킬로그램을 초과하거나 길이가 7미터를 초과하는 것 5. 회전익비행장치 6. 동력패러글라이더 ② 법 제124조 전단에서 "국토교통부령으로 정하는 기관 또는 단체"란 기술원 또는 별표 43에 따른 시설기준을 충족하는 기관 또는 단체 중에서 국토교통부장관이 정하여 고시하는 기관 또는 단체(이하 "초경량비행장치 안전성 인증기관"이라 한다)를 말한다. 〈개정 2018. 3. 23.〉
제125조(초경량비행장치 조종자 증명 등) ① 동력비행장치 등 국토교통부령으로 정하는 초경량비행장치를 사용하여 비행하려는 사람은 국토교통부령으로 정하는 기관 또는 단체의 장으로부터 그가 정한 해당 초경량비행장치별 자격기준 및 시험의 절차·방법에 따라 해당 초경량비행장치의 조종을 위하여 발급하는 증명(이하 "초경량비행장치 조종자 증명"이라 한다)을 받아야 한다. 이 경우 해당 초경량비행장치별 자격기준 및 시험의 절차·방법 등에 관하여는 국토교통부령으로 정하는 바에 따라 국토교통부장관의 승인을 받아야 하며, 변경할 때에도 또한 같다. ② 국토교통부장관은 초경량비행장치 조종자 증명을 받은 사람이 다음 각 호의 어느 하나에 해당하는 경우에는 초경량비행장치 조종자 증명을 취소하거나 1년 이내의 기간을 정하여 그 효력의 정지를 명할 수 있다. 다만, 제1호 또는 제8호의 어느 하나에 해당하는 경우에는 초경량비행장치 조종자 증명을 취소하여야 한다. 1. 거짓이나 그 밖의 부정한 방법으로 초경량비행장치 조종자 증명을 받은 경우 2. 이 법을 위반하여 벌금 이상의 형을 선고받은 경우 3. 초경량비행장치의 조종자로서 업무를 수행할 때 고의 또는 중대한 과실로 초경량비행장치사고를 일으켜 인명피해나 재산피해를 발생시킨 경우	**제306조(초경량비행장치의 조종자 증명 등)** ① 법 제125조 제1항 전단에서 "동력비행장치 등 국토교통부령으로 정하는 초경량비행장치"란 다음 각 호의 어느 하나에 해당하는 초경량비행장치를 말한다. 1. 동력비행장치 2. 행글라이더, 패러글라이더 및 낙하산류(항공레저스포츠 사업에 사용되는 것만 해당한다) 3. 유인자유기구 4. 초경량비행장치 사용사업에 사용되는 무인비행장치. 다만 다음 각 목의 어느 하나에 해당하는 것은 제외한다. 가. 제5조 제5호 가목에 따른 무인비행기, 무인헬리콥터 또는 무인멀티콥터 중에서 연료의 중량을 제외한 자체중량이 12킬로그램 이하인 것 나. 제5조 제5호 나목에 따른 무인비행선 중에서 연료의 중량을 제외한 자체중량이 12킬로그램 이하이고, 길이가 7미터 이하인 것 5. 회전익비행장치 6. 동력패러글라이더 ② 법 제125조 제1항 전단에서 "국토교통부령으로 정하는 기관 또는 단체"란 한국교통안전공단 및 별표 44의 기준을 충족하는 기관 또는 단체 중에서 국토교통부장관이 정하여 고시하는 기관 또는 단체(이하 "초경량비행장치조종자증명기관"이라 한다)를 말한다. 〈개정 2018. 3. 23.〉

항공안전법, 시행령	항공안전법 시행규칙
4. 제129조 제1항에 따른 초경량비행장치 조종자의 준수사항을 위반한 경우 5. 제131조에서 준용하는 제57조 제1항을 위반하여 주류등의 영향으로 초경량비행장치를 사용하여 비행을 정상적으로 수행할 수 없는 상태에서 초경량비행장치를 사용하여 비행한 경우 6. 제131조에서 준용하는 제57조 제2항을 위반하여 초경량비행장치를 사용하여 비행하는 동안에 같은 조 제1항에 따른 주류등을 섭취하거나 사용한 경우 7. 제131조에서 준용하는 제57조 제3항을 위반하여 같은 조 제1항에 따른 주류등의 섭취 및 사용 여부의 측정 요구에 따르지 아니한 경우 8. 이 조에 따른 초경량비행장치 조종자 증명의 효력정지기간에 초경량비행장치를 사용하여 비행한 경우 ③ 국토교통부장관은 초경량비행장치 조종자 증명을 위한 초경량비행장치 실기시험장, 교육장 등의 시설을 지정·구축·운영할 수 있다. 〈신설 2017. 8. 9.〉	③ 초경량비행장치조종자증명기관은 법 제125조 제1항 후단에 따른 승인을 신청하는 경우에는 다음 각 호의 사항이 포함된 초경량비행장치 조종자 증명 규정에 제·개정 이유서 및 신·구 내용 대비표(변경승인을 신청하는 경우에 한정한다)를 첨부하여 국토교통부장관에게 제출하여야 한다. 〈개정 2020. 5. 27.〉 1. 초경량비행장치 조종자 증명 시험의 응시자격 2. 초경량비행장치 조종자 증명 시험의 과목 및 범위 3. 초경량비행장치 조종자 증명 시험의 실시 방법과 절차 4. 초경량비행장치 조종자 증명 발급에 관한 사항 5. 그 밖에 초경량비행장치 조종자 증명을 위하여 국토교통부장관이 필요하다고 인정하는 사항 ④ 제3항에 따른 초경량비행장치 조종자 증명 규정 중 제1항 제4호 가목에 따른 무인동력비행장치에 대한 자격기준, 시험실시 방법 및 절차 등은 다음 각 호의 구분에 따른 무인동력비행장치별로 구분하여 달리 정해야 한다. 〈신설 2020. 5. 27.〉 1. 1종 무인동력비행장치: 최대이륙중량이 25킬로그램을 초과하고 연료의 중량을 제외한 자체중량이 150킬로그램 이하인 무인동력비행장치 2. 2종 무인동력비행장치: 최대이륙중량이 7킬로그램을 초과하고 25킬로그램 이하인 무인동력비행장치 3. 3종 무인동력비행장치: 최대이륙중량이 2킬로그램을 초과하고 7킬로그램 이하인 무인동력비행장치 4. 4종 무인동력비행장치: 최대이륙중량이 250그램을 초과하고 2킬로그램 이하인 무인동력비행장치 ⑤ 법 제125조 제2항에 따른 행정처분기준은 별표 44의2와 같다. 〈신설 2020. 2. 28., 2020. 5. 27.〉 ⑥ 지방항공청장은 법 제125조 제2항에 따른 처분을 한 경우에는 그 내용을 별지 제119호의2서식의 초경량비행장치 조종자등 행정처분 대장에 작성·관리하고, 그 처분 내용을 한국교통안전공단의 이사장에 통지해야 한다. 〈신설 2020. 2. 28., 2020. 5. 27.〉 ⑦ 제5항에 따른 행정처분 대장은 「전자문서 및 전자거래 기본법」 제2조 제1호에 따른 전자문서로 작성·관리할 수 있다. 〈신설 2020. 2. 28., 2020. 5. 27.〉

항공안전법, 시행령	항공안전법 시행규칙
제126조(초경량비행장치 전문교육기관의 지정 등) ① 국토교통부장관은 초경량비행장치 조종자를 양성하기 위하여 국토교통부령으로 정하는 바에 따라 초경량비행장치 전문교육기관(이하 "초경량비행장치 전문교육기관"이라 한다)을 지정할 수 있다. ② 국토교통부장관은 초경량비행장치 전문교육기관이 초경량비행장치 조종자를 양성하는 경우에는 예산의 범위에서 필요한 경비의 전부 또는 일부를 지원할 수 있다. ③ 초경량비행장치 전문교육기관의 교육과목, 교육방법, 인력, 시설 및 장비 등의 지정기준은 국토교통부령으로 정한다. ④ 국토교통부장관은 초경량비행장치 전문교육기관으로 지정받은 자가 다음 각 호의 어느 하나에 해당하는 경우에는 그 지정을 취소할 수 있다. 다만, 제1호에 해당하는 경우에는 그 지정을 취소하여야 한다. 1. 거짓이나 그 밖의 부정한 방법으로 초경량비행장치 전문교육기관으로 지정받은 경우 2. 제3항에 따른 초경량비행장치 전문교육기관의 지정기준 중 국토교통부령으로 정하는 기준에 미달하는 경우 ⑤ 국토교통부장관은 초경량비행장치 전문교육기관으로 지정받은 자가 제3항의 지정기준을 충족·유지하고 있는지에 대하여 관련 사항을 보고하게 하거나 자료를 제출하게 할 수 있다. 〈신설 2017. 8. 9.〉 ⑥ 국토교통부장관은 초경량비행장치 전문교육기관으로 지정받은 자가 제3항의 지정기준을 충족·유지하고 있는지에 대하여 관계 공무원으로 하여금 사무소 등을 출입하여 관계 서류나 시설·장비 등을 검사하게 할 수 있다. 이 경우 검사를 하는 공무원은 그 권한을 나타내는 증표를 지니고 이를 관계인에게 내보여야 한다. 〈신설 2017. 8. 9.〉 ⑦ 국토교통부장관은 초경량비행장치 조종자의 효율적 활용과 운용능력 향상을 위하여 필요한 경우 교육·훈련 등 조종자의 육성에 관한 사업을 실시할 수 있다. 〈신설 2019. 11. 26.〉	제307조(초경량비행장치 조종자 전문교육기관의 지정 등) ① 법 제126조 제1항에 따른 초경량비행장치 조종자 전문교육기관으로 지정받으려는 자는 별지 제120호서식의 초경량비행장치 조종자 전문교육기관 지정신청서에 다음 각 호의 사항을 적은 서류를 첨부하여 한국교통안전공단에 제출하여야 한다. 〈개정 2017. 11. 10., 2018. 3. 23.〉 1. 전문교관의 현황 2. 교육시설 및 장비의 현황 3. 교육훈련계획 및 교육훈련규정 ② 법 제126조 제3항에 따른 초경량비행장치 조종자 전문교육기관의 지정기준은 다음 각 호와 같다. 1. 다음 각 목의 전문교관이 있을 것 가. 비행시간이 200시간(무인비행장치의 경우 조종경력이 100시간)이상이고, 국토교통부장관이 인정한 조종교육교관과정을 이수한 지도조종자 1명 이상 나. 비행시간이 300시간(무인비행장치의 경우 조종경력이 150시간)이상이고 국토교통부장관이 인정하는 실기평가과정을 이수한 실기평가조종자 1명 이상 2. 다음 각 목의 시설 및 장비(시설 및 장비에 대한 사용권을 포함한다)를 갖출 것 가. 강의실 및 사무실 각 1개 이상 나. 이륙·착륙 시설 다. 훈련용 비행장치 1대 이상 3. 교육과목, 교육시간, 평가방법 및 교육훈련규정 등 교육훈련에 필요한 사항으로서 국토교통부장관이 정하여 고시하는 기준을 갖출 것 ③ 한국교통안전공단은 제1항에 따라 초경량비행장치 조종자 전문교육기관 지정신청서를 제출한 자가 제2항에 따른 기준에 적합하다고 인정하는 경우에는 별지 제121호 서식의 초경량비행장치 조종자 전문교육기관 지정서를 발급하여야 한다. 〈개정 2017. 11. 10., 2018. 3. 23.〉 제307조의2(초경량비행장치 조종자 육성 등) ① 한국교통안전공단 이사장은 법 제126조 제7항에 따른 초경량비행장치 조종자 교육·훈련 과정의 내용·방법 및 운영에 관한 사항을 정할 수 있다. ② 한국교통안전공단 이사장은 제1항에 따른 사항을 정하려면 국토교통부장관의 승인을 받아야 한다. 이를 변경하려는 경우에도 같다. [본조신설 2020. 12. 10.]

항공안전법, 시행령	항공안전법 시행규칙
제127조(초경량비행장치 비행승인) ① 국토교통부장관은 초경량비행장치의 비행안전을 위하여 필요하다고 인정하는 경우에는 초경량비행장치의 비행을 제한하는 공역(이하 "초경량비행장치 비행제한공역"이라 한다)을 지정하여 고시할 수 있다. ② 동력비행장치 등 국토교통부령으로 정하는 초경량비행장치를 사용하여 국토교통부장관이 고시하는 초경량비행장치 비행제한공역에서 비행하려는 사람은 국토교통부령으로 정하는 바에 따라 미리 국토교통부장관으로부터 비행승인을 받아야 한다. 다만, 비행장 및 이착륙장의 주변 등 대통령령으로 정하는 제한된 범위에서 비행하려는 경우는 제외한다. 영 제25조(초경량비행장치 비행승인 제외 범위) 법 제127조 제2항 단서에서 "비행장 및 이착륙장의 주변 등 대통령령으로 정하는 제한된 범위"란 다음 각 호의 어느 하나에 해당하는 범위를 말한다. 1. 비행장(군 비행장은 제외한다)의 중심으로부터 반지름 3킬로미터 이내의 지역의 고도 500피트 이내의 범위(해당 비행장에서 법 제83조에 따른 항공교통업무를 수행하는 자와 사전에 협의가 된 경우에 한정한다) 2. 이착륙장의 중심으로부터 반지름 3킬로미터 이내의 지역의 고도 500피트 이내의 범위(해당 이착륙장을 관리하는 자와 사전에 협의가 된 경우에 한정한다) ③ 제2항 본문에 따른 비행승인 대상이 아닌 경우라 하더라도 다음 각 호의 어느 하나에 해당하는 경우에는 제2항의 절차에 따라 국토교통부장관의 비행승인을 받아야 한다. 〈신설 2017. 8. 9.〉 1. 제68조 제1호에 따른 국토교통부령으로 정하는 고도 이상에서 비행하는 경우 2. 제78조 제1항에 따른 관제공역·통제공역·주의공역 중 국토교통부령으로 정하는 구역에서 비행하는 경우 ④ 제2항 및 제3항 제2호에 따른 국토교통부장관의 비행승인이 필요한 때에 제131조의2 제2항에 따라 무인비행장치를 비행하려는 경우 해당 국가기관등의 장이 국토교통부령으로 정하는 바에 따라 사전에 그 사실을 국토교통부장관에게 알리면 비행승인을 받은 것으로 본다. 〈신설 2019. 8. 27.〉	제308조(초경량비행장치의 비행승인) ① 법 제127조 제2항 본문에서 "동력비행장치 등 국토교통부령으로 정하는 초경량비행장치"란 제5조에 따른 초경량비행장치를 말한다. 다만, 다음 각 호의 어느 하나에 해당하는 초경량비행장치는 제외한다. 〈개정 2017. 7. 18.〉 1. 영 제24조 제1호부터 제4호까지의 규정에 해당하는 초경량비행장치(항공기대여업, 항공레저스포츠사업 또는 초경량비행장치사용사업에 사용되지 아니하는 것으로 한정한다) 2. 제199조 제1호 나목에 따른 최저비행고도(150미터) 미만의 고도에서 운영하는 계류식 기구 3. 「항공사업법 시행규칙」 제6조 제2항 제1호에 사용하는 무인비행장치로서 다음 각 목의 어느 하나에 해당하는 무인비행장치 가. 제221조 제1항 및 별표 23에 따른 관제권, 비행금지구역 및 비행제한구역 외의 공역에서 비행하는 무인비행장치 나. 「가축전염병 예방법」 제2조 제2호에 따른 가축전염병의 예방 또는 확산 방지를 위하여 소독·방역업무 등에 긴급하게 사용하는 무인비행장치 4. 다음 각 목의 어느 하나에 해당하는 무인비행장치 가. 최대이륙중량이 25킬로그램 이하인 무인동력비행장치 나. 연료의 중량을 제외한 자체중량이 12킬로그램 이하이고 길이가 7미터 이하인 무인비행선 5. 그 밖에 국토교통부장관이 정하여 고시하는 초경량비행장치 ② 제1항에 따른 초경량비행장치를 사용하여 비행제한공역을 비행하려는 사람은 법 제127조 제2항 본문에 따라 별지 제122호서식의 초경량비행장치 비행승인신청서를 지방항공청장에게 제출하여야 한다. 이 경우 비행승인신청서는 서류, 팩스 또는 정보통신망을 이용하여 제출할 수 있다. 〈개정 2017. 7. 18.〉 ③ 지방항공청장은 제2항에 따라 제출된 신청서를 검토한 결과 비행안전에 지장을 주지 아니한다고 판단되는 경우에는 이를 승인하여야 한다. 이 경우 동일지역에서 반복적으로 이루어지는 비행에 대해서는 6개월의 범위에서 비행기간을 명시하여 승인할 수 있다. ④ 지방항공청장은 제3항에 따른 승인을 하는 경우에는 다음 각 호의 조건을 붙일 수 있다. 〈신설 2019. 9. 23.〉 1. 탑승자에 대한 안전점검 등 안전관리에 관한 사항 2. 비행장치 운용한계치에 따른 기상요건에 관한 사항(항공레저스포츠사업에 사용되는 기구류 중 계류식으로 운영되지 않는 기구류만 해당한다)

항공안전법, 시행령	항공안전법 시행규칙
	3. 비행경로에 관한 사항 ⑤ 법 제127조 제3항 제1호에서 "국토교통부령으로 정하는 고도"란 다음 각 호에 따른 고도를 말한다. 〈신설 2017. 11. 10., 2018. 11. 22., 2019. 9. 23., 2020. 2. 28.〉 1. 사람 또는 건축물이 밀집된 지역: 해당 초경량비행장치를 중심으로 수평거리 150미터(500피트) 범위 안에 있는 가장 높은 장애물의 상단에서 150미터 2. 제1호 외의 지역: 지표면·수면 또는 물건의 상단에서 150미터 ⑥ 법 제127조 제3항 제2호에서 "국토교통부령으로 정하는 구역"이란 별표 23 제2호에 따른 관제공역 중 관제권과 통제공역 중 비행금지구역을 말한다. 〈신설 2017. 11. 10., 2018. 11. 22., 2019. 9. 23., 2020. 2. 28.〉 ⑦ 법 제127조 제3항 제2호에 따른 승인 신청이 다음 각 호의 요건을 모두 충족하는 경우에는 6개월의 범위에서 비행기간을 명시하여 승인할 수 있다. 〈신설 2020. 5. 27.〉 1. 교육목적을 위한 비행일 것 2. 무인비행장치는 최대이륙중량이 7킬로그램 이하일 것 3. 비행구역은 「초·중등교육법」 제2조 각 호에 따른 학교의 운동장일 것 4. 비행시간은 정규 및 방과 후 활동 중일 것 5. 비행고도는 지표면으로부터 고도 20미터 이내일 것 6. 비행방법 등이 안전·국방 등 비행금지구역의 지정 목적을 저해하지 않을 것 ⑧ 법 제127조 제4항에 따라 국가기관등의 장이 무인비행장치를 비행하려는 경우 사전에 유·무선 방법으로 지방항공청장에게 통보해야 한다. 다만, 제221조 제1항 및 별표 23에 따른 관제권에서 비행하려는 경우에는 해당 관제권의 항공교통업무를 수행하는 자와, 비행금지구역에서 비행하려는 경우에는 해당 구역을 관할하는 자와 사전에 협의가 된 경우에 한정한다. 〈신설 2018. 11. 22., 2019. 9. 23., 2020. 2. 28., 2020. 5. 27.〉 ⑨ 제7항에 따라 무인비행장치를 비행한 국가기관등의 장은 비행 종료 후 지체없이 별지 제122호서식에 따른 초경량비행장치 비행승인신청서를 지방항공청장에게 제출해야 한다. 〈신설 2018. 11. 22., 2019. 9. 23., 2020. 2. 28., 2020. 5. 27.〉
제128조(초경량비행장치 구조 지원 장비 장착 의무) 초경량비행장치를 사용하여 초경량비행장치 비행제한공역에서 비행하려는 사람은 안전한 비행과 초경량비행장치사고 시 신속한 구조 활동을 위하여 국토교통부령으로 정하는 장비를 장착하거나 휴대하여야 한다.	제309조(초경량비행장치의 구조지원 장비 등) ① 법 제128조 본문에서 "국토교통부령으로 정하는 장비"란 다음 각 호의 어느 하나에 해당하는 것(제3호부터 제6호까지는 항공레저스포츠사업에 사용되는 기구류 중 계류식으로 운영되지 않는 기구류에만 해당한다)을 말한다. 〈개정 2019. 9. 23.〉

항공안전법, 시행령	항공안전법 시행규칙
다만, 무인비행장치 등 국토교통부령으로 정하는 초경량비행장치는 그러하지 아니하다.	1. 위치추적이 가능한 표시기 또는 단말기 2. 조난구조용 장비(제1호의 장비를 갖출 수 없는 경우만 해당한다) 3. 구급의료용품 4. 기상정보를 확인할 수 있는 장비 5. 휴대용 소화기 6. 항공교통관제기관과 무선통신을 할 수 있는 장비 ② 법 제128조 단서에서 "무인비행장치 등 국토교통부령으로 정하는 초경량비행장치"란 다음 각 호의 어느 하나에 해당하는 초경량비행장치를 말한다. 1. 동력을 이용하지 아니하는 비행장치 2. 계류식 기구 3. 동력패러글라이더 4. 무인비행장치
제129조(초경량비행장치 조종자 등의 준수사항) ① 초경량비행장치의 조종자는 초경량비행장치로 인하여 인명이나 재산에 피해가 발생하지 아니하도록 국토교통부령으로 정하는 준수사항을 지켜야 한다. ② 초경량비행장치 조종자는 무인자유기구를 비행시켜서는 아니 된다. 다만, 국토교통부령으로 정하는 바에 따라 국토교통부장관의 허가를 받은 경우에는 그러하지 아니하다. ③ 초경량비행장치 조종자는 초경량비행장치사고가 발생하였을 때에는 국토교통부령으로 정하는 바에 따라 지체 없이 국토교통부장관에게 그 사실을 보고하여야 한다. 다만, 초경량비행장치 조종자가 보고할 수 없을 때에는 그 초경량비행장치소유자등이 초경량비행장치사고를 보고하여야 한다. ④ 무인비행장치 조종자는 무인비행장치를 사용하여 「개인정보 보호법」 제2조 제1호에 따른 개인정보(이하 "개인정보"라 한다) 또는 「위치정보의 보호 및 이용 등에 관한 법률」 제2조 제2호에 따른 개인위치정보(이하 "개인위치정보"라 한다) 등 개인의 공적·사적 생활과 관련된 정보를 수집하거나 이를 전송하는 경우 타인의 자유와 권리를 침해하지 아니하도록 하여야 하며 형식, 절차 등 세부적인 사항에 관하여는 각각 해당 법률에서 정하는 바에 따른다. 〈개정 2017. 8. 9.〉	제310조(초경량비행장치 조종자의 준수사항) ① 초경량비행장치 조종자는 법 제129조 제1항에 따라 다음 각 호의 어느 하나에 해당하는 행위를 하여서는 아니 된다. 다만, 무인비행장치의 조종자에 대해서는 제4호 및 제5호를 적용하지 아니한다. 〈개정 2017. 11. 10., 2018. 11. 22., 2019. 9. 23.〉 1. 인명이나 재산에 위험을 초래할 우려가 있는 낙하물을 투하(投下)하는 행위 2. 주거지역, 상업지역 등 인구가 밀집된 지역이나 그 밖에 사람이 많이 모인 장소의 상공에서 인명 또는 재산에 위험을 초래할 우려가 있는 방법으로 비행하는 행위 2의2. 사람 또는 건축물이 밀집된 지역의 상공에서 건축물과 충돌할 우려가 있는 방법으로 근접하여 비행하는 행위 3. 법 제78조 제1항에 따른 관제공역·통제공역·주의공역에서 비행하는 행위. 다만, 법 제127조에 따라 비행승인을 받은 경우와 다음 각 목의 행위는 제외한다. 가. 군사목적으로 사용되는 초경량비행장치를 비행하는 행위 나. 다음의 어느 하나에 해당하는 비행장치를 별표 23 제2호에 따른 관제권 또는 비행금지구역이 아닌 곳에서 제199조 제1호 나목에 따른 최저비행고도(150미터) 미만의 고도에서 비행하는 행위 1) 무인비행기, 무인헬리콥터 또는 무인멀티콥터 중 최대이륙중량이 25킬로그램 이하인 것 2) 무인비행선 중 연료의 무게를 제외한 자체 무게가 12킬로그램 이하이고, 길이가 7미터 이하인 것 4. 안개 등으로 인하여 지상목표물을 육안으로 식별할 수 없는 상태에서 비행하는 행위 5. 별표 24에 따른 비행시정 및 구름으로부터의 거리기준을 위반하여 비행하는 행위

항공안전법, 시행령	항공안전법 시행규칙
⑤ 제1항에도 불구하고 초경량비행장치 중 무인비행장치 조종자로서 야간에 비행 등을 위하여 국토교통부령으로 정하는 바에 따라 국토교통부장관의 승인을 받은 자는 그 승인 범위 내에서 비행할 수 있다. 이 경우 국토교통부장관은 국토교통부장관이 고시하는 무인비행장치 특별비행을 위한 안전기준에 적합한지 여부를 검사하여야 한다. 〈신설 2017. 8. 9.〉 ⑥ 제5항에 따른 승인을 신청하고자 하는 자는 제127조 제2항 및 제3항에 따른 비행승인 신청을 함께 할 수 있다. 〈신설 2019. 11. 26.〉	6. 일몰 후부터 일출 전까지의 야간에 비행하는 행위. 다만, 제199조 제1호 나목에 따른 최저비행고도(150미터) 미만의 고도에서 운영하는 계류식 기구 또는 법 제124조 전단에 따른 허가를 받아 비행하는 초경량비행장치는 제외한다. 7. 「주세법」 제3조 제1호에 따른 주류, 「마약류 관리에 관한 법률」 제2조 제1호에 따른 마약류 또는 「화학물질관리법」 제22조 제1항에 따른 환각물질 등(이하 "주류등"이라 한다)의 영향으로 조종업무를 정상적으로 수행할 수 없는 상태에서 조종하는 행위 또는 비행 중 주류등을 섭취하거나 사용하는 행위 8. 제308조 제4항에 따른 조건을 위반하여 비행하는 행위 9. 그 밖에 비정상적인 방법으로 비행하는 행위 ② 초경량비행장치 조종자는 항공기 또는 경량항공기를 육안으로 식별하여 미리 피할 수 있도록 주의하여 비행하여야 한다. ③ 동력을 이용하는 초경량비행장치 조종자는 모든 항공기, 경량항공기 및 동력을 이용하지 아니하는 초경량비행장치에 대하여 진로를 양보하여야 한다. ④ 무인비행장치 조종자는 해당 무인비행장치를 육안으로 확인할 수 있는 범위에서 조종하여야 한다. 다만, 법 제124조 전단에 따른 허가를 받아 비행하는 경우는 제외한다. ⑤ 「항공사업법」 제50조에 따른 항공레저스포츠사업에 종사하는 초경량비행장치 조종자는 다음 각 호의 사항을 준수하여야 한다. 〈개정 2019. 9. 23.〉 1. 비행 전에 해당 초경량비행장치의 이상 유무를 점검하고, 이상이 있을 경우에는 비행을 중단할 것 2. 비행 전에 비행안전을 위한 주의사항에 대하여 동승자에게 충분히 설명할 것 3. 해당 초경량비행장치의 제작자가 정한 최대이륙중량 및 풍속 기준을 초과하지 아니하도록 비행할 것 4. 다음 각 목의 사항(다목부터 마목까지의 사항은 기구류 중 계류식으로 운영되지 않는 기구류의 조종자에게만 해당한다)을 기록하고 유지할 것 가. 탑승자의 인적사항(성명, 생년월일 및 주소) 나. 사고 발생 시 비상연락 · 보고체계 등에 관한 사항 다. 해당 초경량비행장치의 제작사 매뉴얼에 따른 비행 전 · 후 점검결과 및 조치에 관한 사항 라. 기상정보에 관한 사항 마. 비행 시작 · 종료시간, 이륙 · 착륙장소, 비행경로 등 비행에 관한 사항 5. 기구류 중 계류식으로 운영되지 않는 기구류의 조종자는 다음 각 목의 구분에 따른 사항을 관할 항공교통업무기관에 통보할 것

항공안전법, 시행령	항공안전법 시행규칙
	가. 비행 전: 비행 시작시간 및 종료예정시간 나. 비행 후: 비행 종료시간 ⑥ 무인자유기구 조종자는 별표 44의3에서 정하는 바에 따라 무인자유기구를 비행해야 한다. 다만, 무인자유기구가 다른 국가의 영토를 비행하는 경우로서 해당 국가가 이와 다른 사항을 정하고 있는 경우에는 이에 따라 비행해야 한다. 〈신설 2020. 12. 10.〉
	제311조(무인자유기구의 비행허가 신청 등) ① 법 제129조 제2항에 따라 무인자유기구를 비행시키려는 자는 별지 제123호서식의 무인자유기구 비행허가 신청서에 다음 각 호의 사항을 적은 서류를 첨부하여 지방항공청장에게 신청하여야 한다. 1. 성명·주소 및 연락처 2. 기구의 등급·수량·용도 및 식별표지 3. 비행장소 및 회수장소 4. 예정비행시간 및 회수(완료)시간 5. 비행방향, 상승속도 및 최대고도 6. 고도 1만 8천미터(6만피트) 통과 또는 도달 예정시간 및 그 위치 7. 그 밖에 무인자유기구의 비행에 참고가 될 사항 ② 지방항공청장은 제1항에 따른 신청을 받은 경우에는 그 내용을 심사한 후 항공교통의 안전에 지장이 없다고 인정하는 경우에는 비행을 허가하여야 한다. ③ 삭제 〈2020. 12. 10.〉 **제312조(초경량비행장치사고의 보고 등)** 법 제129조 제3항에 따라 초경량비행장치사고를 일으킨 조종자 또는 그 초경량비행장치소유자등은 다음 각 호의 사항을 지방항공청장에게 보고하여야 한다. 1. 조종자 및 그 초경량비행장치소유자등의 성명 또는 명칭 2. 사고가 발생한 일시 및 장소 3. 초경량비행장치의 종류 및 신고번호 4. 사고의 경위 5. 사람의 사상(死傷) 또는 물건의 파손 개요 6. 사상자의 성명 등 사상자의 인적사항 파악을 위하여 참고가 될 사항 **제312조의2(무인비행장치의 특별비행승인)** ① 법 제129조 제5항 전단에 따라 야간에 비행하거나 육안으로 확인할 수 없는 범위에서 비행하려는 자는 별지 제123호의2서식의 무인비행장치 특별비행승인 신청서에 다음 각 호의 서류를 첨부하여 지방항공청장에게 제출하여야 한다. 〈개정 2020. 5. 27., 2020. 12. 10.〉

항공안전법, 시행령	항공안전법 시행규칙
	1. 무인비행장치의 종류・형식 및 제원에 관한 서류 2. 무인비행장치의 성능 및 운용한계에 관한 서류 3. 무인비행장치의 조작방법에 관한 서류 4. 무인비행장치의 비행절차, 비행지역, 운영인력 등이 포함된 비행계획서 5. 안전성인증서(제305조 제1항에 따른 초경량비행장치 안전성인증 대상에 해당하는 무인비행장치에 한정한다) 6. 무인비행장치의 안전한 비행을 위한 무인비행장치 조종자의 조종 능력 및 경력 등을 증명하는 서류 7. 해당 무인비행장치 사고에 따른 제3자 손해 발생 시 손해배상 책임을 담보하기 위한 보험 또는 공제 등의 가입을 증명하는 서류(「항공사업법」 제70조 제4항에 따라 보험 또는 공제에 가입하여야 하는 자로 한정한다) 8. 별지 제122호서식의 초경량비행장치 비행승인신청서(법 제129조 제6항에 따라 법 제127조 제2항 및 제3항의 비행승인 신청을 함께 하려는 경우에 한정한다) 9. 그 밖에 국토교통부장관이 정하여 고시하는 서류 ② 지방항공청장은 제1항에 따른 신청서를 제출받은 날부터 30일(새로운 기술에 관한 검토 등 특별한 사정이 있는 경우에는 90일) 이내에 법 제129조 제5항에 따른 무인비행장치 특별비행을 위한 안전기준에 적합한지 여부를 검사한 후 적합하다고 인정하는 경우에는 별지 제123호의3서식의 무인비행장치 특별비행승인서를 발급하여야 한다. 이 경우 지방항공청장은 항공안전의 확보 또는 인구밀집도, 사생활 침해 및 소음 발생 여부 등 주변 환경을 고려하여 필요하다고 인정되는 경우 비행일시, 장소, 방법 등을 정하여 승인할 수 있다. 〈개정 2018. 11. 22., 2020. 5. 27.〉 ③ 제1항 및 제2항에 규정한 사항 외에 무인비행장치 특별비행승인을 위하여 필요한 사항은 국토교통부장관이 정하여 고시한다. [본조신설 2017. 11. 10.]
제130조(초경량비행장치사용사업자에 대한 안전개선명령) 국토교통부장관은 초경량비행장치사용사업의 안전을 위하여 필요하다고 인정되는 경우에는 초경량비행장치사용사업자에게 다음 각 호의 사항을 명할 수 있다. 1. 초경량비행장치 및 그 밖의 시설의 개선 2. 그 밖에 초경량비행장치의 비행안전에 대한 방해요소를 제거하기 위하여 필요한 사항으로서 국토교통부령으로 정하는 사항	제313조(초경량비행장치사용사업자에 대한 안전개선명령) 법 제130조 제2호에서 "국토교통부령으로 정하는 사항"이란 다음 각 호의 어느 하나에 해당하는 사항을 말한다. 1. 초경량비행장치사용사업자가 운용중인 초경량비행장치에 장착된 안전성이 검증되지 아니한 장비의 제거 2. 초경량비행장치 제작자가 정한 정비절차의 이행 3. 그 밖에 안전을 위하여 지방항공청장이 필요하다고 인정하는 사항

항공안전법, 시행령	항공안전법 시행규칙
	제313조의2(국가기관등 무인비행장치의 긴급비행) ① 법 제131조의2 제2항에 따른 무인비행장치의 적용특례가 적용되는 긴급 비행의 목적은 다음 각 호의 어느 하나에 해당하는 공공목적으로 한다. 〈개정 2020. 11. 2.〉 1. 재해·재난으로 인한 수색·구조 2. 시설물 붕괴·전도 등으로 인한 재해·재난이 발생한 경우 또는 발생할 우려가 있는 경우의 안전진단 3. 산불, 건물·선박화재 등 화재의 진화·예방 4. 응급환자 후송 5. 응급환자를 위한 장기(臟器) 이송 및 구조·구급활동 6. 산림 방제(防除)·순찰 7. 산림보호사업을 위한 화물 수송 8. 대형사고 등으로 인한 교통장애 모니터링 9. 풍수해 및 수질오염 등이 발생하는 경우 긴급점검 10. 테러 예방 및 대응 11. 그 밖에 제1호부터 제10호까지에서 규정한 공공목적과 유사한 공공목적 ② 법 제131조의2 제2항에 따른 안전관리방안에는 다음 각 호의 사항이 포함되어야 한다. 1. 무인비행장치의 관리 및 점검계획 2. 비행안전수칙 및 교육계획 3. 사고 발생 시 비상연락·보고체계 등에 관한 사항 4. 무인비행장치 사고로 인하여 지급할 손해배상 책임을 담보하기 위한 보험 또는 공제의 가입 등 피해자 보호대책 5. 긴급비행 기록관리 등에 관한 사항 [본조신설 2017. 11. 10.]
제131조(초경량비행장치에 대한 준용규정) 초경량비행장치소유자등 또는 초경량비행장치를 사용하여 비행하려는 사람에 대한 주류등의 섭취·사용 제한에 관하여는 제57조를 준용한다.	
제131조의2(무인비행장치의 적용 특례) ① 군용·경찰용 또는 세관용 무인비행장치와 이에 관련된 업무에 종사하는 사람에 대하여는 이 법을 적용하지 아니한다. ② 국가, 지방자치단체, 「공공기관의 운영에 관한 법률」에 따른 공공기관으로서 대통령령으로 정하는 공공기관이 소유하거나 임차한 무인비행장치를 재해·재난 등으로 인한 수색·구조, 화재의 진화, 응급환자 후송, 그 밖에 국토교통부령으로 정하는 공공목적으로 긴급히 비행(훈련을 포함한다)하는 경우(국토교통부령으로 정하는 바에 따라 안전관리 방안을 마련한 경우에 한정한다)에는 제129조 제1항, 제2항, 제4항 및 제5항을 적용하지 아니한다. 〈개정 2019. 11. 26.〉	

항공안전법, 시행령	항공안전법 시행규칙
영 제25조의2(무인비행장치의 적용특례) 법 제131조의2 제2항에서 "대통령령으로 정하는 공공기관" 이란 다음 각 호의 공공기관을 말한다. 1. 「국가공간정보 기본법」 제12조에 따른 한국국토정보공사 2. 「국립공원공단법」에 따른 국립공원공단 3. 「도로교통법」 제120조에 따른 도로교통공단 4. 「산림복지 진흥에 관한 법률」 제49조에 따른 한국산림복지진흥원 5. 「시설물의 안전 및 유지관리에 관한 특별법」 제45조에 따른 한국시설안전공단 6. 「임업 및 산촌 진흥촉진에 관한 법률」 제29조의2에 따른 한국임업진흥원 7. 「전기사업법」 제74조에 따른 한국전기안전공사 8. 「한국가스공사법」에 따른 한국가스공사 9. 「한국감정원법」에 따른 한국감정원 10. 「한국교통안전공단법」에 따른 한국교통안전공단 11. 「한국도로공사법」에 따른 한국도로공사 12. 「한국산업안전보건공단법」에 따른 한국산업안전보건공단 13. 「한국수자원공사법」에 따른 한국수자원공사 14. 「한국원자력안전기술원법」에 따른 한국원자력안전기술원 15. 「한국전력공사법」에 따른 한국전력공사 및 한국전력공사가 출자하여 설립한 발전자회사 16. 「한국철도공사법」에 따른 한국철도공사 17. 「한국철도시설공단법」에 따른 한국철도시설공단 18. 「한국토지주택공사법」에 따른 한국토지주택공사 19. 「한국환경공단법」에 따른 한국환경공단 20. 「한국해양과학기술원법」에 따른 한국해양과학기술원 21. 「항만공사법」에 따른 항만공사 22. 「해양환경관리법」 제96조에 따른 해양환경공단 23. 「공공기관의 운영에 관한 법률」에 따른 공공기관 중 무인비행장치를 공공목적으로 긴급히 비행할 필요가 있다고 국토교통부장관이 인정하여 고시하는 공공기관 [본조신설 2020. 5. 26.]	

<table>
<tr><th>항공안전법, 시행령</th><th>항공안전법 시행규칙</th></tr>
<tr><td>③ 제129조 제3항을 이 조 제2항에 적용할 때에는 “국토교통부장관”은 “소관 행정기관의 장”으로 본다. 이 경우 소관 행정기관의 장은 제129조 제3항에 따라 보고받은 사실을 국토교통부장관에게 알려야 한다.
[본조신설 2017. 8. 9.]</td><td></td></tr>
<tr><td colspan="2">제11장 보칙</td></tr>
<tr><td>제132조(항공안전 활동) ① 국토교통부장관은 항공안전의 확보를 위하여 다음 각 호의 어느 하나에 해당하는 자에게 그 업무에 관한 보고를 하게 하거나 서류를 제출하게 할 수 있다. 〈개정 2020. 6. 9.〉
1. 항공기등, 장비품 또는 부품의 제작 또는 정비등을 하는 자
2. 비행장, 이착륙장, 공항, 공항시설 또는 항행안전시설의 설치자 및 관리자
3. 항공종사자, 경량항공기 조종사 및 초경량비행장치 조종자
4. 항공교통업무증명을 받은 자
5. 항공운송사업자(외국인국제항공운송사업자 및 외국항공기로 유상운송을 하는 자를 포함한다. 이하 이 조에서 같다), 항공기사용사업자, 항공기정비업자, 초경량비행장치사용사업자, 「항공사업법」 제2조 제22호에 따른 항공기대여업자, 「항공사업법」 제2조 제27호에 따른 항공레저스포츠사업자, 경량항공기 소유자등 및 초경량비행장치 소유자등
6. 제48조에 따른 전문교육기관, 제72조에 따른 위험물전문교육기관, 제117조에 따른 경량항공기 전문교육기관, 제126조에 따른 초경량비행장치 전문교육기관의 설치자 및 관리자
7. 그 밖에 항공기, 경량항공기 또는 초경량비행장치를 계속하여 사용하는 자
② 국토교통부장관은 이 법을 시행하기 위하여 특히 필요한 경우에는 소속 공무원으로 하여금 제1항 각 호의 어느 하나에 해당하는 자의 다음 각 호의 어느 하나의 장소에 출입하여 항공기, 경량항공기 또는 초경량비행장치, 항행안전시설, 장부, 서류, 그 밖의 물건을 검사하거나 관계인에게 질문하게 할 수 있다. 이 경우 국토교통부장관은 검사 등의 업무를 효율적으로 수행하기 위하여 특히 필요하다고 인정하면 국토교통부령으로 정하는 자격을 갖춘 항공안전에 관한 전문가를 위촉하여 검사 등의 업무에 관한 자문에 응하게 할 수 있다.</td><td>제314조(항공안전전문가) 법 제132조 제2항에 따른 항공안전에 관한 전문가로 위촉받을 수 있는 사람은 다음 각 호의 어느 하나에 해당하는 사람으로 한다.
1. 항공종사자 자격증명을 가진 사람으로서 해당 분야에서 10년 이상의 실무경력을 갖춘 사람
2. 항공종사자 양성 전문교육기관의 해당 분야에서 5년 이상 교육훈련업무에 종사한 사람
3. 5급 이상의 공무원이었던 사람으로서 항공분야에서 5년(6급의 경우 10년) 이상의 실무경력을 갖춘 사람
4. 대학 또는 전문대학에서 해당 분야의 전임강사 이상으로 5년 이상 재직한 경력이 있는 사람
제315조(정기안전성검사) ① 국토교통부장관 또는 지방항공청장은 법 제132조 제3항에 따라 다음 각 호의 사항에 관하여 항공운송사업자가 취항하는 공항에 대하여 정기적인 안전성검사를 하여야 한다.
1. 항공기 운항·정비 및 지원에 관련된 업무·조직 및 교육훈련
2. 항공기 부품과 예비품의 보관 및 급유시설
3. 비상계획 및 항공보안사항
4. 항공기 운항허가 및 비상지원절차
5. 지상조업과 위험물의 취급 및 처리
6. 공항시설
7. 그 밖에 국토교통부장관이 항공기 안전운항에 필요하다고 인정하는 사항
② 법 제132조 제6항에 따른 공무원의 증표는 별지 제124호 서식의 항공안전감독관증에 따른다.
제316조(항공기의 운항정지 및 항공종사자의 업무정지 등) 국토교통부장관 또는 지방항공청장은 법 제132조 제8항에 따라 항공기, 경량항공기 또는 초경량비행장치의 운항 또는 항행안전시설의 운용을 일시 정지하게 하거나 항공종사자, 초경량비행장치 조종자 또는 항행안전시설을 관리하는 자의 업무를 일시 정지하게 하는 경우에는 다음 각 호에 따라 조치하여야 한다.</td></tr>
</table>

항공안전법, 시행령	항공안전법 시행규칙
1. 사무소, 공장이나 그 밖의 사업장 2. 비행장, 이착륙장, 공항, 공항시설, 항행안전시설 또는 그 시설의 공사장 3. 항공기 또는 경량항공기의 정치장 4. 항공기, 경량항공기 또는 초경량비행장치 ③ 국토교통부장관은 항공운송사업자가 취항하는 공항에 대하여 국토교통부령으로 정하는 바에 따라 정기적인 안전성검사를 하여야 한다. ④ 제2항 및 제3항에 따른 검사 또는 질문을 하려면 검사 또는 질문을 하기 7일 전까지 검사 또는 질문의 일시, 사유 및 내용 등의 계획을 피검사자 또는 피질문자에게 알려야 한다. 다만, 긴급한 경우이거나 사전에 알리면 증거인멸 등으로 검사 또는 질문의 목적을 달성할 수 없다고 인정하는 경우에는 그러하지 아니하다. ⑤ 제2항 및 제3항에 따른 검사 또는 질문을 하는 공무원은 그 권한을 표시하는 증표를 지니고, 이를 관계인에게 보여주어야 한다. ⑥ 제5항에 따른 증표에 관하여 필요한 사항은 국토교통부령으로 정한다. ⑦ 제2항 및 제3항에 따른 검사 또는 질문을 한 경우에는 그 결과를 피검사자 또는 피질문자에게 서면으로 알려야 한다. ⑧ 국토교통부장관은 제2항 또는 제3항에 따른 검사를 하는 중에 긴급히 조치하지 아니할 경우 항공기, 경량항공기 또는 초경량비행장치의 안전운항에 중대한 위험을 초래할 수 있는 사항이 발견되었을 때에는 국토교통부령으로 정하는 바에 따라 항공기, 경량항공기 또는 초경량비행장치의 운항 또는 항행안전시설의 운용을 일시 정지하게 하거나 항공종사자, 초경량비행장치 조종자 또는 항행안전시설을 관리하는 자의 업무를 일시 정지하게 할 수 있다. ⑨ 국토교통부장관은 제2항 또는 제3항에 따른 검사 결과 항공기, 경량항공기 또는 초경량비행장치의 안전운항에 위험을 초래할 수 있는 사항을 발견한 경우에는 그 검사를 받은 자에게 시정조치 등을 명할 수 있다.	1. 항공기, 경량항공기 또는 초경량비행장치의 운항 또는 항행안전시설의 운용을 일시 정지하게 하거나 항공종사자, 초경량비행장치 조종자 또는 항행안전시설을 관리하는 자의 업무를 일시 정지하게 하는 사유 및 조치하여야 할 내용의 통보(구두로 통보한 경우에는 사후에 서면으로 통지하여야 한다) 2. 제1호에 따른 통보를 받은 자가 통보받은 내용을 이행하고 그 결과를 제출한 경우 그 이행 결과에 대한 확인 3. 제2호에 따른 확인 결과 일시 운항정지 또는 업무정지 등의 사유가 해소되었다고 판단하는 경우에는 항공기, 경량항공기 또는 초경량비행장치의 재운항 또는 항행안전시설의 재운용이 가능함을 통보하거나, 항공종사자, 초경량비행장치 조종자 또는 항행안전시설을 관리하는 자가 업무를 계속 수행할 수 있음을 통보(구두로 통보하는 것을 포함한다)
제133조(항공운송사업자에 관한 안전도 정보의 공개) 국토교통부장관은 국민이 항공기를 안전하게 이용할 수 있도록 국토교통부령으로 정하는 바에 따라 다음 각 호의 사항이 포함된 항공운송사업자(외국인국제항공운송사업자를 포함한다. 이하 이 조에서 같다)에 관한 안전도 정보를 공개하여야 한다. 1. 국토교통부령으로 정하는 항공기사고에 관한 정보	**제317조(항공운송사업자에 관한 안전도 정보의 공개)** ① 법 제133조 제1호에서 "국토교통부령으로 정하는 항공사고"란 최근 5년 이내에 발생한 항공기사고로서 국제민간항공기구에서 공개한 사고를 말한다. ② 법 제133조 제3호에서 "국토교통부령으로 정하는 사항"이란 다음 각 호의 어느 하나에 해당하는 사항을 말한다. 〈개정 2019. 9. 23.〉

항공안전법, 시행령	항공안전법 시행규칙
2. 항공운송사업자가 속한 국가에 대한 국제민간항공기구(ICAO)의 안전평가 결과[국제민간항공기구(ICAO)에서 안전기준에 미달하여 항공기사고의 위험도가 높은 것으로 공개한 국가만 해당한다] 3. 그 밖에 항공운송사업자의 안전과 관련하여 국토교통부령으로 정하는 사항	1. 외국정부에서 실시·공개한 항공운송사업자의 항공안전 평가결과에 관한 사항 2. 항공운송사업자별 기령(機齡) 20년 초과 항공기(이하 "경년항공기"라 한다)의 보유 및 운영에 관한 사항(외국인국제항공운송사업자는 제외한다) ③ 국토교통부장관은 법 제133조에 따라 항공운송사업자에 관한 안전도 정보를 공개하는 경우에는 국토교통부 홈페이지에 게재하여야 한다. 이 경우 필요하다고 인정하는 경우에는 항공 관련 기관이나 단체의 홈페이지에 함께 게재할 수 있다.
제133조의2(안전투자의 공시) ①「항공사업법」 제2조 제35호에 따른 항공교통사업자는 항공안전의 증진을 위하여 국토교통부장관이 항공안전과 직·간접적으로 관련이 있다고 인정한 지출 또는 투자(이하 "안전투자") 세부내역을 매년 공시하여야 한다. ② 안전투자의 범위, 항목 및 공시를 위한 기준, 절차 등 안전투자의 공시를 위하여 필요한 사항은 국토교통부령으로 정한다. [본조신설 2019. 11. 26.]	**제317조의2(안전투자의 범위 및 항목)** ① 법 제133조의2 제1항에 따른 안전투자(이하 "안전투자")의 범위 및 항목은 다음 각 호와 같다. 1. 항공기 및 부품 가. 경년항공기의 교체 나. 예비용 항공기의 구입 또는 임차 다. 항공기의 정비·수리·개조 라. 발동기·부품 등의 구매 및 임차 마. 정비시설·장비의 구매 및 유지 관리 2. 항공기 운항 및 공항시설 가. 공항시설의 설치 및 개선 나. 소방·제설·제빙·방빙 등을 위한 차량 등의 구입 다. 법 제58조 제2항에 따른 항공안전관리시스템의 구축 및 유지 관리와 안전정보 관리 3. 항공종사자·직원의 교육훈련 4. 항공안전을 위한 연구개발 5. 항공안전 증진을 위한 홍보 6. 그 밖에 항공안전에 관련된 투자에 관한 사항으로서 국토교통부장관이 고시하는 사항 ② 제1항에 따른 안전투자 범위 및 항목에 관한 세부기준은 국토교통부장관이 정하여 고시한다. [본조신설 2020. 5. 27.] **제317조의3(안전투자의 공시기준)** ① 법 제133조의2 제1항에 따른 안전투자 공시에는 다음 각 호의 사항이 모두 포함되어야 한다. 1. 과거 2년간의 안전투자 실적 2. 당해 연도의 안전투자 계획 3. 향후 1년간 안전투자 계획 4. 그 밖에 안전투자에 관한 사항으로서 국토교통부장관이 정하여 고시하는 사항 ② 제1항에 따른 안전투자공시에 관한 세부기준은 국토교통부장관이 정하여 고시한다. [본조신설 2020. 5. 27.]

항공안전법, 시행령	항공안전법 시행규칙
	제317조의4(안전투자의 공시 절차) ① 「항공사업법」 제2조 제35호에 따른 항공교통사업자(이하 "항공교통사업자"라 한다)는 법 제133조의2에 따른 안전투자의 공시를 하려면 제317조의3에 따른 공시기준(이하 "공시기준"이라 한다)에 따라 안전투자 공시내역서를 작성하여 매년 3월 말까지 국토교통부장관에게 제출하여야 한다. ② 제1항에 따른 안전투자 공시내역서를 받은 국토교통부장관은 안전투자 공시내역서가 공시기준에 맞는지를 확인하여야 하며, 필요한 경우 해당 항공교통사업자에게 안전투자 공시내역서의 보완을 요청할 수 있다. ③ 국토교통부장관은 제2항에 따른 안전투자 공시내역서를 받은 날부터 1개월 이내에 확인의견을 항공교통사업자에게 통보하여야 한다. ④ 제3항에 따른 확인의견을 받은 항공교통사업자는 통보를 받은 날로부터 10일 이내에 확인의견과 안전투자 공시내역서를 항공교통사업자의 인터넷 홈페이지 및 「항공사업법」 제6조 제1항 제3호에 따른 항공정보포털시스템에 게시해야 한다. ⑤ 제1항부터 제4항까지에서 규정한 사항 외에 안전투자의 공시 절차에 관한 세부적인 사항은 국토교통부장관이 정하여 고시한다. [본조신설 2020. 5. 27.]
제134조(청문) 국토교통부장관은 다음 각 호의 어느 하나에 해당하는 처분을 하려면 청문을 하여야 한다. 〈개정 2017. 10. 24., 2017. 12. 26.〉 1. 제20조 제7항에 따른 형식증명 또는 부가형식증명의 취소 2. 제21조 제7항에 따른 형식증명승인 또는 부가형식증명승인의 취소 3. 제22조 제5항에 따른 제작증명의 취소 4. 제23조 제7항에 따른 감항증명의 취소 5. 제24조 제3항에 따른 감항승인의 취소 6. 제25조 제3항에 따른 소음기준적합증명의 취소 7. 제27조 제4항에 따른 기술표준품형식승인의 취소 8. 제28조 제5항에 따른 부품등제작자증명의 취소 9. 제43조 제1항 또는 제2항에 따른 자격증명등 또는 항공신체검사증명의 취소 또는 효력정지 10. 제44조 제4항에서 준용하는 제43조 제1항에 따른 계기비행증명 또는 조종교육증명의 취소 11. 제45조 제6항에서 준용하는 제43조 제1항에 따른 항공영어구술능력증명의 취소 12. 제48조의2에 따른 전문교육기관 지정의 취소	

항공안전법, 시행령	항공안전법 시행규칙
13. 제50조 제1항에 따른 항공전문의사 지정의 취소 또는 효력정지 14. 제63조 제3항에 따른 자격인정의 취소 15. 제71조 제5항에 따른 포장·용기검사기관 지정의 취소 16. 제72조 제5항에 따른 위험물전문교육기관 지정의 취소 17. 제86조 제1항에 따른 항공교통업무증명의 취소 18. 제91조 제1항 또는 제95조 제1항에 따른 운항증명의 취소 19. 제98조 제1항에 따른 정비조직인증의 취소 20. 제105조 제1항 단서에 따른 운항증명승인의 취소 21. 제114조 제1항 또는 제2항에 따른 자격증명등 또는 항공신체검사증명의 취소 22. 제115조 제3항에서 준용하는 제114조 제1항에 따른 조종교육증명의 취소 23. 제117조 제4항에 따른 경량항공기 전문교육기관 지정의 취소 24. 제125조 제2항에 따른 초경량비행장치 조종자 증명의 취소 25. 제126조 제4항에 따른 초경량비행장치 전문교육기관 지정의 취소	
제135조(권한의 위임·위탁) ① 이 법에 따른 국토교통부장관의 권한은 그 일부를 대통령령으로 정하는 바에 따라 특별시장·광역시장·특별자치시장·도지사·특별자치도지사 또는 국토교통부장관 소속 기관의 장에게 위임 **영 제26조(권한의 위임·위탁)** ① 국토교통부장관은 법 제135조 제1항에 따라 다음 각 호의 권한을 지방항공청장에게 위임한다. 〈개정 2018. 6. 19., 2019. 8. 27., 2020. 2. 25., 2020. 5. 26., 2020. 12. 10.〉 1. 법 제23조 제3항 제1호에 따른 표준감항증명. 다만, 다음 각 목의 표준감항증명은 제외한다. 가. 법 제20조 제2항·제1호에 따른 형식증명을 받은 항공기에 대한 최초의 표준감항증명 나. 법 제22조에 따른 제작증명을 받아 제작한 항공기에 대한 최초의 표준감항증명 2. 다음 각 목에 해당하는 항공기에 대한 법 제23조 제3항 제2호에 따른 특별감항증명. 다만, 법 제20조 제2항 제2호에 따른 제한형식증명을 받은 항공기에 대한 최초의 특별감항증명은 제외한다.	**제318조(전문검사기관의 지정 기준)** 영 제26조 제3항에서 "국토교통부령으로 정하는 기술인력, 시설 및 장비"란 별표 45에 따른 기술인력, 시설 및 장비를 말한다. **제319조(항공영어구술능력평가전문기관의 지정)** ① 영 제26조 제8항에 따라 항공영어구술능력증명시험의 실시를 위한 평가전문기관 또는 단체(이하 "평가기관")로 지정받으려는 자는 별지 제125호서식의 항공영어구술능력평가 전문기관 지정신청서에 다음 각 호의 서류를 첨부하여 국토교통부장관에게 제출하여야 한다. 〈개정 2019. 9. 23.〉 1. 평가기관의 조직도 2. 평가전문인력의 정원, 자격 및 경력을 적은 서류 3. 평가전문인력에 대한 교육훈련 프로그램 4. 다음 각 목의 사항이 포함된 항공영어구술능력평가업무 수행계획서 가. 시험문제의 검토·선정 나. 시험의 실시·평가 다. 시험결과의 통보 5. 평가의 객관성, 공정성 확보방안 및 부정행위 방지대책

항공안전법, 시행령	항공안전법 시행규칙
가. 항공기를 정비 · 수리 또는 개조(이하 "정비등"이라 한다) 후 시험비행을 하는 항공기 나. 항공기의 정비등을 위한 장소까지 승객 · 화물을 싣지 아니하고 비행하는 항공기 다. 항공기를 수입하거나 수출하기 위하여 승객 · 화물을 싣지 아니하고 비행하는 항공기 라. 재난 · 재해 등으로 인한 수색 · 구조에 사용하는 항공기 마. 산불 진화 및 예방에 사용하는 항공기 바. 응급환자의 수송 등 구조 · 구급활동에 사용하는 항공기 사. 씨앗 파종, 농약 살포 또는 어군(魚群) 탐지 등 농수산업에 사용하는 항공기 아. 기상관측 또는 기상조절 실험 등에 사용되는 항공기 자. 건설자재 등을 외부에 매달고 운반하는 데 사용하는 헬리콥터 차. 해양오염 관측 및 해양 방제에 사용하는 항공기 카. 산림, 관로(管路), 전선(電線) 등의 순찰 또는 관측에 사용하는 항공기 3. 법 제23조 제4항에 따른 항공기의 설계, 제작과정, 완성 후의 상태와 비행성능의 검사 및 운용한계(運用限界)의 지정(제1호 및 제2호에 따라 지방항공청장에게 권한이 위임된 표준감항증명 또는 특별감항증명의 대상이 되는 항공기만 해당한다) 4. 법 제23조 제5항 단서에 따른 감항증명의 유효기간 연장 4의2. 법 제23조 제6항에 따른 감항증명서의 발급(제1호 및 제2호에 따라 지방항공청장에게 권한이 위임된 표준감항증명 또는 특별감항증명의 대상이 되는 항공기만 해당한다) 5. 법 제23조 제7항에 따른 감항증명의 취소 및 효력정지명령(지방항공청장에게 권한이 위임된 감항증명에 관한 감항증명의 취소 및 효력 정지만 해당한다) 6. 법 제23조 제9항에 따른 항공기의 감항성 유지 여부에 대한 수시검사 7. 법 제24조에 따른 항공기등(항공기, 발동기 및 프로펠러를 말한다. 이하 같다), 장비품 또는 부품의 감항승인, 감항승인의 취소 및 효력정지명령. 다만, 다음 각 목의 감항승인과 그 감항승인의 취소 및 효력정지명령은 제외한다.	② 국토교통부장관은 제1항에 따라 신청을 받은 경우에는 그 내용을 심사하여 별표 46에 따른 기준에 적합하다고 인정하면 별지 제126호 서식의 항공영어구술능력평가 전문기관 지정서를 발급하고 이를 관보에 고시해야 한다. 〈개정 2019. 9. 23.〉 ③ 제2항에 따라 지정을 받은 평가기관은 제1항 각 호의 사항이 변경된 경우에는 그 변경 내용을 지체 없이 국토교통부장관에게 보고하여야 한다. **제320조(평가전문기관의 인력 · 시설기준 등)** ① 영 제26조 제8항에서 "국토교통부령으로 정하는 인력 · 시설 등"이란 별표 46에 따른 인력 · 시설 등을 말한다. 〈개정 2019. 9. 23.〉 ② 국토교통부장관은 평가기관이 제1항의 기준에 적합한지 여부를 매년 심사하여야 한다. [제목개정 2019. 9. 23.] **제321조(안전투자 공시업무의 위탁)** 영 제26조 제10항 제6호에서 "국토교통부령으로 정하는 업무"란 다음 각 호의 업무를 말한다. 1. 제317조의4 제1항에 따른 안전투자 공시내역서의 접수 2. 제317조의4 제2항에 따른 안전투자 공시내역서의 확인 및 보완 요청 3. 제317조의4 제3항에 따른 안전투자 공시내역서 확인의견의 통보 [본조신설 2020. 5. 27.]

항공안전법, 시행령
가. 법 제20조에 따른 형식증명 또는 제한형식증명을 받은 항공기등에 대한 최초의 감항승인 나. 법 제22조에 따른 제작증명을 받아 제작한 항공기등에 대한 최초의 감항승인 다. 법 제27조에 따른 기술표준품형식승인을 받은 기술표준품에 대한 최초의 감항승인 라. 법 제28조에 따른 부품등제작자증명을 받아 제작한 장비품 또는 부품에 대한 최초의 감항승인 8. 법 제25조에 따른 소음기준적합증명, 소음기준적합증명의 취소 및 효력정지명령. 다만, 다음 각 목의 소음기준적합증명과 그 소음기준적합증명의 취소 및 효력정지명령은 제외한다. 가. 법 제20조에 따른 형식증명 또는 제한형식증명을 받은 항공기에 대한 최초의 소음기준적합증명 나. 법 제22조에 따른 제작증명을 받아 제작한 항공기에 대한 최초의 소음기준적합증명 9. 법 제30조에 따른 수리·개조승인 9의2. 법 제33조 제2항에 따른 고장 등 보고(국제항공운송사업자의 보고는 제외한다)의 접수 10. 법 제36조 제3항 제2호에 따른 시험비행 등에 대한 허가 11. 법 제39조 제2항에 따른 모의비행장치의 지정 12. 법 제41조에 따른 운항승무원(국제항공운송사업자에 소속된 운항승무원은 제외한다) 및 항공교통관제사(지방항공청에 소속된 항공교통관제사로 한정한다)에 대한 항공신체검사명령 13. 법 제43조 제1항에 따른 자격증명등의 취소 또는 효력정지명령 및 같은 조 제2항에 따른 항공신체검사증명의 취소 또는 효력정지명령(국제항공운송사업자에 소속된 항공종사자와 지방항공청에 소속된 항공교통관제사에 대한 자격증명등 및 항공신체검사증명의 취소 또는 효력정지명령은 제외한다) 14. 법 제46조 제1항 제2호에 따른 항공기 조종연습을 위한 허가 15. 법 제47조에 따른 항공교통관제연습 허가(지방항공청장의 관할구역에서만 해당한다) 15의2. 법 제48조 제4항에 따른 훈련운영기준의 변경, 같은 조 제6항에 따른 교육훈련체계 변경에 관한 검사 및 같은 조 제7항에 따른 전문교육기관 지정을 받은 자에 대한 정기 또는 수시 검사 15의3. 법 제48조의2 제1항에 따른 전문교육기관 지정을 받은 자에 대한 업무의 정지 및 지정취소 15의4. 법 제48조의3에 따른 전문교육기관 지정을 받은 자에 대한 과징금의 부과 및 징수 16. 법 제56조 제2항에 따른 피로위험관리시스템 승인 및 변경승인(국제항공운송사업자에 대한 피로위험관리시스템 승인 및 변경승인은 제외한다) 17. 법 제57조 제3항 및 제4항에 따른 주류등의 섭취 및 사용 여부의 측정(지방항공청에 소속된 항공교통관제사에 대한 측정은 제외한다) 18. 법 제58조 제2항 제2호·제4호(국제항공운송사업자는 제외한다) 및 제5호에 해당하는 자에 대한 항공안전관리시스템의 승인 및 변경승인 18의2. 법 제58조 제3항에 따른 항공안전관리시스템의 구축·운용(지방항공청장의 관할구역에서만 해당한다) 19. 법 제59조 제1항에 따른 항공안전 의무보고의 접수 및 법 제60조 제1항에 따른 사실조사(법 제83조에 따라 항공교통업무를 제공하는 자 및 국제항공운송사업자와 관련된 법 제59조 제1항에 따른 항공안전 의무보고는 제외한다) 20. 법 제62조 제5항 및 제6항에 따른 기장 또는 항공기의 소유자등의 보고(국제항공운송사업자와 그에 소속된 기장의 보고는 제외한다)의 접수 21. 법 제66조 제1항 제1호에 따른 항공기(「항공사업법」 제2조 제11호에 따른 국제항공운송사업에 사용되는 항공기는 제외한다)의 이륙·착륙 허가 22. 법 제68조 각 호 외의 부분 단서에 따른 비행 또는 행위에 대한 허가[법 제68조 제5호에 따른 무인항공기(두 나라 이상을 비행하는 무인항공기로서 대한민국 밖에서 이륙하여 대한민국에 착륙하지 아니하고 대한민국 내를 운항하여 대한민국 밖에 착륙하는 무인항공기만 해당한다)의 비행에 대한 허가는 제외한다] 23. 법 제69조에 따른 긴급항공기의 지정 및 지정취소 24. 법 제74조에 따른 비행기(「항공사업법」 제2조 제11호에 따른 국제항공운송사업에 사용되는 비행기는 제외한다)의 회항시간 연장운항의 승인

항공안전법, 시행령
25. 법 제75조 제1항 각 호에 따른 공역에서의 항공기(「항공사업법」 제2조 제11호에 따른 국제항공운송사업에 사용되는 항공기는 제외한다)의 운항승인 26. 법 제79조 제2항 단서에 따른 통제공역에서의 비행허가 27. 법 제81조에 따른 항공교통의 안전을 확보하기 위한 관계 행정기관의 장과의 협조(지방항공청장에게 권한이 위임된 사항에 관한 관계 행정기관의 장과의 협조만 해당한다) 28. 법 제83조 제1항에 따른 항공교통관제 업무의 제공, 같은 조 제2항에 따른 항공기 또는 경량항공기의 운항과 관련된 조언 및 정보의 제공 및 같은 조 제3항에 따른 수색·구조를 필요로 하는 항공기 또는 경량항공기에 관한 정보의 제공(지방항공청장의 관할구역에서만 해당한다) 29. 법 제84조 제1항에 따른 항공기의 이동·이륙·착륙의 순서 및 시기와 비행의 방법에 대한 지시 및 같은 조 제2항에 따른 비행장 또는 공항 이동지역에서의 지시(지방항공청장의 관할구역에서만 해당한다) 30. 법 제89조 제1항에 따른 항공정보의 제공(지방항공청장의 관할구역에서만 해당하며, 간행물 형태로 제공하는 것은 제외한다) 31. 법 제90조 제1항부터 제3항까지 및 제5항(법 제96조 제1항에서 준용하는 경우를 포함한다)에 따른 운항증명, 운영기준·운항증명서의 발급, 운영기준의 변경 및 안전운항체계 변경검사(국제항공운송사업자에 대한 운항증명, 운영기준·운항증명서의 발급, 운영기준의 변경 및 안전운항체계 변경검사는 제외한다) 32. 법 제90조 제6항(법 제96조 제1항에서 준용하는 경우를 포함한다)에 따른 안전운항체계 유지에 대한 정기검사 또는 수시검사(국제항공운송사업자에 대한 정기검사 또는 수시검사는 제외한다) 33. 법 제90조 제7항 및 제8항(법 제96조 제1항에서 준용하는 경우를 포함한다)에 따른 항공기 또는 노선의 운항정지명령, 항공종사자의 업무정지명령 및 그 처분의 취소(국제항공운송사업자에 대한 운항정지명령, 업무정지명령 및 그 처분의 취소는 제외한다) 34. 법 제91조 제1항에 따른 항공운송사업자(국제항공운송사업자는 제외한다)에 대한 운항증명의 취소 및 항공기의 운항정지명령 35. 법 제92조에 따른 항공운송사업자(국제항공운송사업자는 제외한다)에 대한 과징금의 부과 및 징수 36. 법 제93조(법 제96조 제2항에서 준용하는 경우를 포함한다)에 따른 운항규정 및 정비규정의 인가, 변경신고의 수리 및 변경인가(국제항공운송사업자의 운항규정 및 정비규정의 인가, 변경신고의 수리 및 변경인가는 제외한다) 37. 법 제94조(법 제96조 제2항에서 준용하는 경우를 포함한다)에 따른 안전개선명령(지방항공청장에게 권한이 위임된 사항에 관한 안전개선명령만 해당한다) 38. 법 제95조 제1항 및 제2항에 따른 항공기사용사업자에 대한 운항증명의 취소 및 항공기의 운항정지명령 39. 법 제95조 제4항에 따른 항공기사용사업자에 대한 과징금의 부과 및 징수 40. 법 제97조에 따른 정비조직인증 및 세부 운영기준·정비조직인증서의 발급 41. 법 제98조에 따른 정비조직인증의 취소 또는 효력정지명령 42. 법 제99조에 따른 정비조직인증을 받은 자에 대한 과징금의 부과 및 징수 43. 법 제100조 제1항 제1호 및 제2호에 따른 외국항공기(미수교 국가 국적의 항공기는 제외한다)의 항행허가 44. 법 제101조 단서에 따른 외국항공기의 국내 사용 허가 45. 법 제114조 제1항에 따른 경량항공기 조종사 자격증명등의 취소 또는 효력정지명령 및 같은 조 제2항(법 제116조 제5항에서 준용하는 경우를 포함한다)에 따른 항공신체검사증명의 취소 또는 효력정지명령 46. 법 제116조 제1항 및 제4항에 따른 경량항공기 조종연습을 위한 허가 및 조종연습허가서의 발급 47. 법 제118조 제1항 단서에 따른 경량항공기의 이륙·착륙의 허가 48. 법 제120조 제2항에 따른 경량항공기 조종사 또는 경량항공기소유자등의 경량항공기사고 보고의 접수 49. 경량항공기에 대하여 준용되는 다음 각 목의 권한 가. 법 제121조 제2항에 따라 준용되는 법 제57조 제3항 및 제4항에 따른 주류등의 섭취 및 사용 여부의 측정 나. 법 제121조 제4항에 따라 준용되는 법 제79조 제2항 단서에 따른 통제공역에서의 비행허가

항공안전법, 시행령
다. 법 제121조 제5항에 따라 준용되는 법 제84조 제1항에 따른 경량항공기의 이동·이륙·착륙의 순서 및 시기와 비행의 방법에 대한 지시 및 같은 조 제2항에 따른 비행장 또는 공항 이동지역에서의 지시(지방항공청장의 관할구역에서만 해당한다) 50. 삭제 〈2020. 12. 10.〉 51. 삭제 〈2020. 12. 10.〉 52. 법 제125조 제2항에 따른 초경량비행장치 조종자 증명의 취소 또는 효력정지명령 53. 법 제127조 제2항에 따른 초경량비행장치 비행제한공역에서의 비행승인 53의2. 법 제127조 제3항에 따른 비행승인 54. 법 제129조 제2항 단서에 따른 무인자유기구 비행허가 55. 법 제129조 제3항에 따른 초경량비행장치 조종자 또는 초경량비행장치소유자등의 초경량비행장치사고 보고의 접수 55의2. 법 제129조 제5항 전단에 따른 승인, 같은 항 후단에 따른 검사 및 같은 조 제6항에 따른 비행승인 신청의 접수 56. 법 제130조에 따른 초경량비행장치사용사업자에 대한 안전개선명령 57. 법 제131조에 따라 준용되는 법 제57조 제3항 및 제4항에 따른 주류등의 섭취 및 사용 여부의 측정 58. 법 제132조와 관련된 다음 각 목에 해당하는 권한(지방항공청장에게 권한이 위임된 사항에 관한 권한만 해당한다) 가. 법 제132조 제1항에 따른 업무에 관한 보고 또는 서류제출 명령 나. 법 제132조 제2항에 따른 검사·질문, 전문가의 위촉 및 자문의 요청 다. 법 제132조 제3항에 따른 안전성검사 라. 법 제132조 제8항에 따른 항공기·경량항공기·초경량비행장치의 운항 또는 항행안전시설의 운용의 일시 정지 명령 마. 법 제132조 제8항에 따른 항공종사자, 초경량비행장치 조종자 또는 항행안전시설을 관리하는 자의 업무의 일시 정지 명령 바. 법 제132조 제9항에 따른 시정조치 등의 명령 59. 법 제134조에 따른 청문의 실시(지방항공청장에게 권한이 위임된 사항에 관한 청문의 실시만 해당한다) 60. 법 제166조에 따른 과태료의 부과·징수(지방항공청장에게 권한이 위임된 사항에 관한 과태료의 부과·징수만 해당한다) ② 국토교통부장관은 법 제135조 제1항에 따라 다음 각 호의 권한을 항공교통본부장에게 위임한다. 〈개정 2019. 8. 27., 2020. 12. 10.〉 1. 법 제41조에 따른 항공교통본부장에 소속된 항공교통관제사에 대한 항공신체검사명령 2. 법 제47조에 따른 항공교통관제연습 허가(항공교통본부장의 관할구역에서만 해당한다) 2의2. 법 제58조 제3항에 따른 항공안전관리시스템의 구축·운용(항공교통본부장의 관할구역에서만 해당한다) 3. 법 제68조 각 호 외의 부분 단서에 따른 비행 또는 행위에 대한 허가[법 제68조 제5호에 따른 무인항공기(두 나라 이상을 비행하는 무인항공기로서 대한민국 밖에서 이륙하여 대한민국에 착륙하지 아니하고 대한민국 내를 운항하여 대한민국 밖에 착륙하는 무인항공기만 해당한다)의 비행에 대한 허가에 한정한다] 4. 법 제81조에 따른 항공교통의 안전을 확보하기 위한 관계 행정기관의 장과의 협조(항공교통본부장에게 권한이 위임된 사항에 관한 관계 행정기관의 장과의 협조만 해당한다) 5. 법 제83조 제1항에 따른 항공교통관제 업무의 제공, 같은 조 제2항에 따른 항공기 또는 경량항공기의 운항과 관련된 조언 및 정보의 제공 및 같은 조 제3항에 따른 수색·구조를 필요로 하는 항공기 또는 경량항공기에 관한 정보의 제공(항공교통본부장의 관할구역에서만 해당한다) 6. 법 제84조 제1항에 따른 항공기의 이동·이륙·착륙의 순서 및 시기와 비행의 방법에 대한 지시 및 같은 조 제2항에 따른 비행장 또는 공항 이동지역에서의 지시(항공교통본부장의 관할구역에서만 해당한다) 6의2. 법 제88조에 따른 수색·구조 지원계획의 수립·시행

항공안전법, 시행령

7. 법 제89조 제1항에 따른 항공정보의 제공(항공교통본부장의 관할구역에서만 해당한다)
8. 법 제89조 제2항에 따른 항공지도의 발간
9. 법 제100조 제1항 제3호에 따른 외국항공기의 항행허가
10. 법 제121조 제5항에 따라 준용되는 법 제84조 제1항에 따른 경량항공기의 이동 · 이륙 · 착륙의 순서 및 시기와 비행의 방법에 대한 지시 및 같은 조 제2항에 따른 비행장 또는 공항 이동지역에서의 지시(항공교통본부장의 관할구역에서만 해당한다)
11. 법 제132조와 관련된 다음 각 목에 해당하는 권한(항공교통본부장에게 권한이 위임된 사항에 관한 권한만 해당한다)
 가. 법 제132조 제1항에 따른 업무에 관한 보고 또는 서류제출 명령
 나. 법 제132조 제2항에 따른 검사 · 질문, 전문가의 위촉 및 자문의 요청
 다. 법 제132조 제8항에 따른 항공기 · 경량항공기 · 초경량비행장치의 운항 또는 항행안전시설의 운용의 일시 정지 명령
 라. 법 제132조 제8항에 따른 항공종사자, 초경량비행장치 조종자 또는 항행안전시설을 관리하는 자의 업무의 일시 정지 명령
 마. 법 제132조 제9항에 따른 시정조치 등의 명령
12. 법 제166조에 따른 과태료의 부과 · 징수(항공교통본부장에게 권한이 위임된 사항에 관한 과태료의 부과 · 징수만 해당한다)

③ 국토교통부장관은 법 제135조 제2항에 따라 다음 각 호에 따른 증명 또는 승인을 위한 검사에 관한 업무를 국토교통부령으로 정하는 기술인력, 시설 및 장비 등을 확보한 비영리법인 중에서 국토교통부장관이 지정하여 고시하는 전문검사기관에 위탁한다. 〈개정 2018. 6. 19., 2020. 12. 10.〉

1. 법 제20조에 따른 형식증명 또는 제한형식증명을 위한 검사업무 및 부가형식증명을 위한 검사업무
2. 법 제21조에 따른 형식증명승인을 위한 검사업무 및 부가형식증명승인을 위한 검사업무
3. 법 제22조에 따른 제작증명을 위한 검사업무
4. 다음 각 목에 해당하는 항공기에 대한 법 제23조 제3항 각 호에 따른 감항증명(최초의 감항증명만 해당한다)을 위한 검사업무
 가. 법 제20조에 따른 형식증명 또는 제한형식증명을 받은 항공기
 나. 법 제22조에 따른 제작증명을 받아 제작한 항공기
 다. 항공기 제작자 및 항공기 관련 연구기관 등이 연구 · 개발 중인 항공기
 라. 판매 · 홍보 · 전시 · 시장조사 등에 활용하는 항공기
 마. 조종사 양성을 위하여 조종연습에 사용하는 항공기
5. 다음 각 목에 해당하는 항공기등, 장비품 또는 부품에 대한 법 제24조에 따른 최초의 감항승인을 위한 검사업무
 가. 법 제20조에 따른 형식증명 또는 제한형식증명을 받은 항공기등
 나. 법 제22조에 따른 제작증명을 받아 제작한 항공기등
 다. 법 제27조에 따른 기술표준품형식승인을 받은 기술표준품
 라. 법 제28조에 따른 부품등제작자증명을 받아 제작한 장비품 또는 부품
6. 법 제27조에 따른 기술표준품형식승인을 위한 검사업무
7. 법 제28조에 따른 부품등제작자증명을 위한 검사업무

④ 국토교통부장관은 법 제135조 제3항에 따라 법 제30조에 따른 수리 · 개조승인에 관한 권한 중 중앙행정기관이 소유하거나 임차한 국가기관등항공기의 수리 · 개조승인에 관한 권한을 해당 중앙행정기관의 장에게 위탁한다.

⑤ 삭제 〈2020. 12. 10.〉

⑥ 국토교통부장관은 법 제135조 제5항에 따라 다음 각 호의 업무를 「한국교통안전공단법」에 따른 한국교통안전공단(이하 "한국교통안전공단"이라 한다)에 위탁한다. 〈개정 2017. 11. 7., 2018. 4. 24., 2019. 2. 8., 2020. 5. 26., 2020. 12. 10.〉

항공안전법, 시행령

1. 법 제38조에 따른 자격증명 시험업무 및 자격증명 한정심사업무와 자격증명서의 발급에 관한 업무
2. 법 제44조에 따른 계기비행증명업무 및 조종교육증명업무와 증명서의 발급에 관한 업무
3. 법 제45조 제3항에 따른 항공영어구술능력증명서의 발급에 관한 업무
4. 법 제48조 제9항 및 제10항에 따른 항공교육훈련통합관리시스템에 관한 업무
5. 법 제61조에 따른 항공안전 자율보고의 접수·분석 및 전파에 관한 업무
6. 법 제112조에 따른 경량항공기 조종사 자격증명 시험업무 및 자격증명 한정심사업무와 자격증명서의 발급에 관한 업무
7. 법 제115조 제1항 및 제2항에 따른 경량항공기 조종교육증명업무와 증명서의 발급 및 경량항공기 조종교육증명을 받은 자에 대한 교육에 관한 업무

7의2. 법 제122조에 따른 초경량비행장치 신고의 수리 및 신고번호의 발급에 관한 업무

7의3. 법 제123조에 따른 초경량비행장치의 변경신고의 수리, 말소신고의 접수, 말소신고의 최고와 직권말소 및 직권말소의 통보에 관한 업무

8. 법 제125조 제1항에 따른 초경량비행장치 조종자 증명에 관한 업무
9. 법 제125조 제3항에 따른 실기시험장, 교육장 등 시설의 지정·구축 및 운영에 관한 업무
10. 법 제126조 제1항 및 제5항에 따른 초경량비행장치 전문교육기관의 지정 및 지정조건의 충족 및 유지 여부 확인에 관한 업무
11. 법 제126조 제7항에 따른 교육·훈련 등 조종자의 육성에 관한 업무

⑦ 국토교통부장관은 법 제135조 제6항에 따라 다음 각 호의 업무를 「민법」 제32조에 따라 국토교통부장관의 허가를 받아 설립된 사단법인 한국항공우주의학협회에 위탁한다.

1. 법 제40조에 따른 항공신체검사증명에 관한 업무 중 다음 각 목의 업무
   가. 항공신체검사증명의 적합성 심사에 관한 업무
   나. 항공신체검사증명서의 재발급에 관한 업무
2. 법 제49조 제3항에 따른 항공전문의사의 교육에 관한 업무

⑧ 국토교통부장관은 법 제135조 제7항에 따라 항공영어구술능력증명시험의 실시에 관한 업무를 한국교통안전공단 또는 국토교통부령으로 정하는 인력·시설 등을 갖춘 영어평가 관련 전문기관·단체 중에서 국토교통부장관이 지정하여 고시하는 전문기관·단체에 위탁한다. 〈개정 2017. 11. 7., 2019. 2. 8., 2019. 8. 27.〉

⑨ 국토교통부장관은 제8항에 따라 업무를 위탁한 경우에는 위탁받은 기관 및 위탁업무의 내용 등을 관보에 게재하여야 한다. 〈신설 2017. 11. 7.〉

⑩ 국토교통부장관은 법 제135조 제5항 및 제8항에 따라 다음 각 호의 업무를 「항공안전기술원법」에 따른 항공안전기술원에 위탁한다. 〈신설 2017. 7. 17., 2017. 11. 7., 2020. 2. 25., 2020. 5. 26., 2020. 12. 10.〉

1. 「국제민간항공협약」 및 같은 협약 부속서에서 채택된 표준과 권고되는 방식에 따라 법 제19조·제67조·제70조 및 제77조에 따른 항공기기술기준, 비행규칙, 위험물취급의 절차·방법 및 운항기술기준을 정하기 위한 연구 업무
2. 삭제 〈2020. 2. 25.〉
3. 법 제33조에 따라 국토교통부장관에게 보고된 항공기등, 장비품 또는 부품에 발생한 고장, 결함 또는 기능장애에 관한 자료의 연구·분석 업무
4. 법 제58조 제1항에 따른 항공안전프로그램의 마련을 위한 항공기사고, 항공기준사고 또는 법 제59조 제1항 본문에 따른 의무보고 대상 항공안전장애에 대한 조사결과의 연구·분석 및 관련 자료의 수집·관리에 관한 업무

4의2. 법 제59조 제1항에 따른 항공안전 의무보고의 분석 및 전파에 관한 업무

4의3. 국제민간항공기구(International Civil Aviation Organization) 및 그 밖의 국제기구에서 다음 각 목의 어느 하나에 해당되는 업무와 관련하여 요구하는 자료 등의 연구·분석 및 관리 등에 관한 업무
   가. 법 제78조에 따른 공역 등의 지정 업무
   나. 법 제83조에 따른 항공교통업무

항공안전법, 시행령

다. 법 제84조에 따른 항공교통관제 업무
라. 법 제89조에 따른 항공정보의 제공 및 항공지도 발간 업무
5. 법 제129조 제5항 후단에 따른 검사에 관한 업무
6. 법 제133조의2제1항에 따른 안전투자의 공시에 관한 업무로서 국토교통부령으로 정하는 업무

② 국토교통부장관은 제20조부터 제25조까지, 제27조, 제28조 및 제30조에 따른 증명, 승인 또는 검사에 관한 업무를 대통령령으로 정하는 바에 따라 전문검사기관을 지정하여 위탁할 수 있다.

영 제27조(전문검사기관의 검사규정) ① 제26조 제3항에 따라 지정・고시된 전문검사기관(이하 "전문검사기관")은 항공기등, 장비품 또는 부품의 증명 또는 승인을 위한 검사에 필요한 업무규정(이하 "검사규정"이라 한다)을 정하여 국토교통부장관의 인가를 받아야 한다. 인가받은 사항을 변경하려는 경우에도 또한 같다.
② 제1항에 따른 검사규정에는 다음 각 호의 사항이 포함되어야 한다.
1. 증명 또는 승인을 위한 검사업무를 수행하는 기구의 조직 및 인력
2. 증명 또는 승인을 위한 검사업무를 사람의 업무 범위 및 책임
3. 증명 또는 승인을 위한 검사업무의 체계 및 절차
4. 각종 증명의 발급 및 대장의 관리
5. 증명 또는 승인을 위한 검사업무를 수행하는 사람에 대한 교육훈련
6. 기술도서 및 자료의 관리・유지
7. 시설 및 장비의 운용・관리
8. 증명 또는 승인을 위한 검사 결과의 보고에 관한 사항

영 제28조(검사업무를 수행하는 사람의 자격 등) ① 전문검사기관에서 증명 또는 승인을 위한 검사 업무를 수행하는 사람은 법 제31조 제2항 각 호의 어느 하나에 해당하는 사람이어야 한다.
② 전문검사기관에서 증명 또는 승인을 위한 검사업무를 수행하는 사람의 선임・직무 및 감독에 관한 사항은 국토교통부장관이 정한다.

③ 국토교통부장관은 제30조에 따른 수리・개조승인에 관한 권한 중 국가기관등항공기의 수리・개조승인에 관한 권한을 대통령령으로 정하는 바에 따라 관계 중앙행정기관의 장에게 위탁할 수 있다.
④ 국토교통부장관은 제89조 제1항에 따른 업무를 대통령령으로 정하는 바에 따라 「항공사업법」 제68조 제1항에 따른 한국항공협회(이하 "협회"라 한다)에 위탁할 수 있다.
⑤ 국토교통부장관은 다음 각 호의 업무를 대통령령으로 정하는 바에 따라 「한국교통안전공단법」에 따른 한국교통안전공단(이하 "한국교통안전공단") 또는 항공 관련 기관・단체에 위탁할 수 있다. 〈개정 2017. 8. 9., 2017. 10. 24., 2019. 11. 26., 2020. 6. 9.〉
1. 제38조에 따른 자격증명 시험업무 및 자격증명 한정심사업무와 자격증명서의 발급에 관한 업무
2. 제44조에 따른 계기비행증명업무 및 조종교육증명업무와 증명서의 발급에 관한 업무
3. 제45조 제3항에 따른 항공영어구술능력증명서의 발급에 관한 업무
4. 제48조 제9항 및 제10항에 따른 항공교육훈련통합관리시스템에 관한 업무
5. 제61조에 따른 항공안전 자율보고의 접수・분석 및 전파에 관한 업무
6. 제112조에 따른 경량항공기 조종사 자격증명 시험업무 및 자격증명 한정심사업무와 자격증명서의 발급에 관한 업무
7. 제115조 제1항 및 제2항에 따른 경량항공기 조종교육증명업무와 증명서의 발급 및 경량항공기 조종교육증명을 받은 자에 대한 교육에 관한 업무
8. 제122조에 따른 초경량비행장치 신고의 수리 및 신고번호의 발급에 관한 업무
9. 제123조에 따른 초경량비행장치의 변경신고, 말소신고, 말소신고의 최고와 직권말소 및 직권말소의 통보에 관한 업무

항공안전법, 시행령

10. 제125조 제1항에 따른 초경량비행장치 조종자 증명에 관한 업무
11. 제125조 제3항에 따른 실기시험장, 교육장 등 시설의 지정·구축·운영에 관한 업무
12. 제126조 제1항 및 제5항에 따른 초경량비행장치 전문교육기관의 지정 및 지정조건의 충족·유지 여부 확인에 관한 업무
13. 제126조 제7항에 따른 교육·훈련 등 조종자의 육성에 관한 업무

⑥ 국토교통부장관은 다음 각 호의 업무를 대통령령으로 정하는 바에 따라 항공의학 관련 전문기관 또는 단체에 위탁할 수 있다.

1. 제40조에 따른 항공신체검사증명에 관한 업무
2. 제49조 제3항에 따른 항공전문의사의 교육에 관한 업무

⑦ 국토교통부장관은 제45조 제2항에 따른 항공영어구술능력증명시험의 실시에 관한 업무를 대통령령으로 정하는 바에 따라 한국교통안전공단 또는 영어평가 관련 전문기관·단체에 위탁할 수 있다. 〈개정 2017. 8. 9., 2017. 10. 24.〉

⑧ 국토교통부장관은 다음 각 호의 업무를 대통령령으로 정하는 바에 따라 「항공안전기술원법」에 따른 항공안전기술원 또는 항공 관련 기관·단체에 위탁할 수 있다. 〈신설 2017. 1. 17., 2017. 8. 9., 2019. 8. 27.〉

1. 「국제민간항공협약」 및 같은 협약 부속서에서 채택된 표준과 권고되는 방식에 따라 제19조, 제67조, 제70조 및 제77조에 따른 항공기기술기준, 비행규칙, 위험물취급의 절차·방법 및 운항기술기준을 정하기 위한 연구 업무
2. 제59조에 따른 항공안전 의무보고의 분석 및 전파에 관한 업무
3. 제129조 제5항 후단에 따른 검사에 관한 업무
4. 그 밖에 항공기의 안전한 항행을 위한 연구·분석 업무로서 대통령령으로 정하는 업무

영 제29조(고유식별정보의 처리) 국토교통부장관(제26조에 따라 국토교통부장관의 권한을 위임·위탁받은 자를 포함한다)은 다음 각 호의 사무를 수행하기 위하여 불가피한 경우 「개인정보 보호법 시행령」 제19조에 따른 주민등록번호, 여권번호 또는 외국인등록번호가 포함된 자료를 처리할 수 있다. 〈개정 2019. 8. 27.〉

1. 법 제34조, 제37조 및 제38조에 따른 자격증명, 자격증명의 한정, 시험의 실시·면제 및 자격증명서의 발급에 관한 사무

1의2. 법 제40조에 따른 항공신체검사증명에 관한 사무

2. 법 제44조에 따른 계기비행증명 및 조종교육증명에 관한 사무

2의2. 법 제45조에 따른 항공영어구술능력증명에 관한 사무

2의3. 법 제46조에 따른 조종연습 및 법 제47조에 따른 항공교통관제연습에 필요한 항공신체검사증명서의 확인에 관한 사무

2의4. 법 제49조 제1항에 따른 항공전문의사 지정에 관한 사무

3. 법 제63조에 따른 기장 등의 운항자격에 관한 사무
4. 법 제109조, 제111조 및 제112조에 따른 경량항공기 조종사 자격증명, 자격증명의 한정, 시험의 실시·면제 및 경량항공기 조종사 자격증명서의 발급에 관한 사무
5. 법 제115조에 따른 경량항공기 조종교육증명 및 경량항공기 조종교육증명을 받은 자에 대한 교육에 관한 사무
6. 법 제125조에 따른 초경량비행장치 조종자 증명 등에 관한 사무

항공안전법, 시행령	항공안전법 시행규칙
제136조(수수료 등) ① 다음 각 호의 어느 하나에 해당하는 자는 국토교통부령으로 정하는 수수료를 국토교통부장관에게 내야 한다. 다만, 제135조 제2항 및 제5항부터 제8항까지의 규정에 따라 권한이 위탁된 경우에는 그 수탁기관에 내야 한다. 〈개정 2019. 11. 26., 2020. 6. 9.〉 1. 이 법에 따른 증명·승인·인증·등록 또는 검사(이하 "검사등"이라 한다)를 받으려는 자 2. 이 법에 따른 증명서 또는 허가서의 발급 또는 재발급을 신청하는 자 ② 검사등을 위하여 현지출장이 필요한 경우에는 그 출장에 드는 여비를 신청인이 내야 한다. 이 경우 여비의 기준은 국토교통부령으로 정한다.	**제321조(수수료)** ① 법 제136조에 따라 수수료를 내야 하는 자와 그 금액은 별표 47과 같다. ② 국가 또는 지방자치단체에 대해서는 국토교통부장관 또는 지방항공청장이 직접 수행하는 업무에 한정하여 제1항에 따른 수수료 및 법 제136조 제2항에 따른 여비를 면제한다. ③ 제1항에 따른 수수료는 정보통신망을 이용하여 전자화폐·전자결제 등의 방법으로 내도록 할 수 있다. ④ 법 제136조 제2항에 따른 현지출장 등의 여비 지급기준은 「공무원여비규정」에 따른다. 다만, 법 제135조 제2항에 따른 전문검사기관의 경우에는 그 기관의 여비규정에 따른다. ⑤ 제1항에 따른 수수료를 과오납한 경우에는 해당 과오납 금액을 반환하고, 별표 47 제15호, 제18호, 제30호, 제31호 및 제34호에 관한 사항으로서 시험에 응시하려는 사람이 납부한 수수료는 다음 각 호의 어느 하나에 해당하는 경우 납부한 사람에게 반환하여야 한다. 〈개정 2018. 3. 23.〉 1. 한국교통안전공단의 귀책사유로 시험에 응하지 못한 경우 해당 응시수수료의 전부 2. 학과시험 시행 1일 전까지 및 실기시험 시행 7일 전까지 접수를 취소하는 경우 그 해당 응시수수료의 전부
제137조(벌칙 적용에서 공무원 의제) 다음 각 호의 어느 하나에 해당하는 사람은 「형법」 제129조부터 제132조까지의 규정을 적용할 때 공무원으로 본다. 〈개정 2017. 1. 17., 2020. 6. 9.〉 1. 제31조 제2항에 따른 검사관 중 공무원이 아닌 사람 2. 제135조 제2항 및 제5항부터 제8항까지의 규정에 따라 국토교통부장관이 위탁한 업무에 종사하는 전문검사기관, 전문기관 또는 단체 등의 임직원	
제12장 벌칙	
제138조(항행 중 항공기 위험 발생의 죄) ① 사람이 현존하는 항공기, 경량항공기 또는 초경량비행장치를 항행 중에 추락 또는 전복(顚覆)시키거나 파괴한 사람은 사형, 무기징역 또는 5년 이상의 징역에 처한다. ② 제140조의 죄를 지어 사람이 현존하는 항공기, 경량항공기 또는 초경량비행장치를 항행 중에 추락 또는 전복시키거나 파괴한 사람은 사형, 무기징역 또는 5년 이상의 징역에 처한다.	
제139조(항행 중 항공기 위험 발생으로 인한 치사·치상의 죄) 제138조의 죄를 지어 사람을 사상(死傷)에 이르게 한 사람은 사형, 무기징역 또는 7년 이상의 징역에 처한다.	

항공안전법, 시행령
제140조(항공상 위험 발생 등의 죄) 비행장, 이착륙장, 공항시설 또는 항행안전시설을 파손하거나 그 밖의 방법으로 항공상의 위험을 발생시킨 사람은 10년 이하의 징역에 처한다. 〈개정 2017. 10. 24.〉
제141조(미수범) 제138조 제1항 및 제140조의 미수범은 처벌한다.
제142조(기장 등의 탑승자 권리행사 방해의 죄) ① 직권을 남용하여 항공기에 있는 사람에게 그의 의무가 아닌 일을 시키거나 그의 권리행사를 방해한 기장 또는 조종사는 1년 이상 10년 이하의 징역에 처한다. ② 폭력을 행사하여 제1항의 죄를 지은 기장 또는 조종사는 3년 이상 15년 이하의 징역에 처한다. 〈개정 2017. 10. 24.〉
제143조(기장의 항공기 이탈의 죄) 제62조 제4항을 위반하여 항공기를 떠난 기장(기장의 임무를 수행할 사람을 포함한다)은 5년 이하의 징역에 처한다.
제144조(감항증명을 받지 아니한 항공기 사용 등의 죄) 다음 각 호의 어느 하나에 해당하는 자는 3년 이하의 징역 또는 5천만원 이하의 벌금에 처한다. 1. 제23조 또는 제25조를 위반하여 감항증명 또는 소음기준적합증명을 받지 아니하거나 감항증명 또는 소음기준적합증명이 취소 또는 정지된 항공기를 운항한 자 2. 제27조 제3항을 위반하여 기술표준품형식승인을 받지 아니한 기술표준품을 제작・판매하거나 항공기등에 사용한 자 3. 제28조 제3항을 위반하여 부품등제작자증명을 받지 아니한 장비품 또는 부품을 제작・판매하거나 항공기등 또는 장비품에 사용한 자 4. 제30조를 위반하여 수리・개조승인을 받지 아니한 항공기등, 장비품 또는 부품을 운항 또는 항공기등에 사용한 자 5. 제32조 제1항을 위반하여 정비등을 한 항공기등, 장비품 또는 부품에 대하여 감항성을 확인받지 아니하고 운항 또는 항공기등에 사용한 자
제144조의2(전문교육기관의 지정 위반에 관한 죄) 제48조 제1항 단서를 위반하여 전문교육기관의 지정을 받지 아니하고 제35조 제1호부터 제4호까지의 항공종사자를 양성하기 위하여 항공기등을 사용한 자는 3년 이하의 징역 또는 3천만원 이하의 벌금에 처한다. [본조신설 2017. 10. 24.]
제145조(운항증명 등의 위반에 관한 죄) 다음 각 호의 어느 하나에 해당하는 자는 3년 이하의 징역 또는 3천만원 이하의 벌금에 처한다. 1. 제90조 제1항(제96조 제1항에서 준용하는 경우를 포함한다)에 따른 운항증명을 받지 아니하고 운항을 시작한 항공운송사업자 또는 항공기사용사업자 2. 제97조를 위반하여 정비조직인증을 받지 아니하고 항공기등, 장비품 또는 부품에 대한 정비등을 한 항공기정비업자 또는 외국의 항공기정비업자
제146조(주류등의 섭취・사용 등의 죄) 다음 각 호의 어느 하나에 해당하는 사람은 3년 이하의 징역 또는 3천만원 이하의 벌금에 처한다. 〈개정 2020. 6. 9.〉 1. 제57조 제1항을 위반하여 주류등의 영향으로 항공업무(제46조에 따른 항공기 조종연습 및 제47조에 따른 항공교통관제연습을 포함한다) 또는 객실승무원의 업무를 정상적으로 수행할 수 없는 상태에서 그 업무에 종사한 항공종사자(제46조에 따른 항공기 조종연습 및 제47조에 따른 항공교통관제연습을 하는 사람을 포함한다. 이하 이 조에서 같다) 또는 객실승무원 2. 제57조 제2항을 위반하여 주류등을 섭취하거나 사용한 항공종사자 또는 객실승무원 3. 제57조 제3항을 위반하여 국토교통부장관의 측정에 따르지 아니한 항공종사자 또는 객실승무원

항공안전법, 시행령
제147조(항공교통업무증명 위반에 관한 죄) ① 제85조 제1항을 위반하여 항공교통업무증명을 받지 아니하고 항공교통업무를 제공한 자는 3년 이하의 징역 또는 3천만원 이하의 벌금에 처한다. ② 다음 각 호의 어느 하나에 해당하는 자는 1천만원 이하의 벌금에 처한다. 1. 제85조 제4항을 위반하여 항공교통업무제공체계를 유지하지 아니하거나 항공교통업무증명기준을 준수하지 아니한 자 2. 제85조 제5항을 위반하여 신고를 하지 아니하거나 승인을 받지 아니하고 항공교통업무제공체계를 변경한 자
제148조(무자격자의 항공업무 종사 등의 죄) 다음 각 호의 어느 하나에 해당하는 사람은 2년 이하의 징역 또는 2천만원 이하의 벌금에 처한다. 〈개정 2017. 1. 17.〉 1. 제34조를 위반하여 자격증명을 받지 아니하고 항공업무에 종사한 사람 2. 제36조 제2항을 위반하여 그가 받은 자격증명의 종류에 따른 업무범위 외의 업무에 종사한 사람 3. 제43조(제46조 제4항 및 제47조 제4항에서 준용하는 경우를 포함한다)에 따른 효력정지명령을 위반한 사람 4. 제45조를 위반하여 항공영어구술능력증명을 받지 아니하고 같은 조 제1항 각 호의 어느 하나에 해당하는 업무에 종사한 사람
제148조의2(항공안전 의무보고에 관한 죄) 제59조 제3항을 위반하여 항공안전 의무보고를 한 사람에 대하여 불이익조치를 한 자는 2년 이하의 징역 또는 2천만원 이하의 벌금에 처한다. [본조신설 2019. 8. 27.]
제149조(과실에 따른 항공상 위험 발생 등의 죄) ① 과실로 항공기 · 경량항공기 · 초경량비행장치 · 비행장 · 이착륙장 · 공항시설 또는 항행안전시설을 파손하거나, 그 밖의 방법으로 항공상의 위험을 발생시키거나 항행 중인 항공기를 추락 또는 전복시키거나 파괴한 사람은 1년 이하의 징역 또는 1천만원 이하의 벌금에 처한다. 〈개정 2017. 1. 17.〉 ② 업무상 과실 또는 중대한 과실로 제1항의 죄를 지은 경우에는 3년 이하의 징역 또는 5천만원 이하의 벌금에 처한다.
제150조(무표시 등의 죄) 제18조에 따른 표시를 하지 아니하거나 거짓 표시를 한 항공기를 운항한 소유자등은 1년 이하의 징역 또는 1천만원 이하의 벌금에 처한다. 〈개정 2017. 1. 17.〉
제151조(승무원을 승무시키지 아니한 죄) 항공종사자의 자격증명이 없는 사람을 항공기에 승무(乘務)시키거나 이 법에 따라 항공기에 승무시켜야 할 승무원을 승무시키지 아니한 소유자등은 1년 이하의 징역 또는 1천만원 이하의 벌금에 처한다. 〈개정 2017. 1. 17.〉
제152조(무자격 계기비행 등의 죄) 제44조 제1항 · 제2항 또는 제55조를 위반한 자는 2천만원 이하의 벌금에 처한다.
제153조(무선설비 등의 미설치 · 운용의 죄) 제51조부터 제54조까지의 규정을 위반한 자는 2천만원 이하의 벌금에 처한다.
제153조의2(항공기 내 흡연의 죄) ① 운항 중인 항공기 내에서 제57조의2를 위반한 자는 1천만원 이하의 벌금에 처한다. ② 주기 중인 항공기 내에서 제57조의2를 위반한 자는 500만원 이하의 벌금에 처한다. [본조신설 2020. 12. 8.]
제154조(무허가 위험물 운송의 죄) 제70조 제1항을 위반한 자는 2천만원이하의 벌금에 처한다.
제155조(수직분리축소공역 등에서 승인 없이 운항한 죄) 제75조를 위반하여 국토교통부장관의 승인을 받지 아니하고 같은 조 제1항 각 호의 어느 하나에 해당하는 공역에서 항공기를 운항한 소유자등은 1천만원 이하의 벌금에 처한다.
제156조(항공운송사업자 등의 업무 등에 관한 죄) 항공운송사업자 또는 항공기사용사업자가 다음 각 호의 어느 하나에 해당하는 경우에는 1천만원 이하의 벌금에 처한다. 〈개정 2020. 6. 9.〉 1. 제74조를 위반하여 승인을 받지 아니하고 비행기를 운항한 경우

항공안전법, 시행령
2. 제93조 제7항 후단(제96조 제2항에서 준용하는 경우를 포함한다)을 위반하여 운항규정 또는 정비규정을 준수하지 아니하고 항공기를 운항하거나 정비한 경우 3. 제94조(제96조 제2항에서 준용하는 경우를 포함한다)에 따른 항공운송의 안전을 위한 명령을 이행하지 아니한 경우
제157조(외국인국제항공운송사업자의 업무 등에 관한 죄) 외국인국제항공운송사업자가 다음 각 호의 어느 하나에 해당하는 경우에는 1천만원 이하의 벌금에 처한다. 1. 제104조 제1항을 위반하여 같은 항 각 호의 서류를 항공기에 싣지 아니하고 운항한 경우 2. 제105조에 따른 항공기 운항의 정지명령을 위반한 경우 3. 제106조에서 준용하는 제94조에 따른 항공운송의 안전을 위한 명령을 이행하지 아니한 경우
제158조(기장 등의 보고의무 등의 위반에 관한 죄) 다음 각 호의 어느 하나에 해당하는 자는 500만원 이하의 벌금에 처한다. 〈개정 2019. 8. 27.〉 1. 제62조 제5항 또는 제6항을 위반하여 항공기사고·항공기준사고 또는 의무보고 대상 항공안전장애에 관한 보고를 하지 아니하거나 거짓으로 한 자 2. 제65조 제2항에 따른 승인을 받지 아니하고 항공기를 출발시키거나 비행계획을 변경한 자
제159조(운항승무원 등의 직무에 관한 죄) ① 운항승무원 등으로서 다음 각 호의 어느 하나에 해당하는 자는 500만원 이하의 벌금에 처한다. 1. 제66조부터 제68조까지, 제79조 또는 제100조 제1항을 위반한 자 2. 제84조 제1항에 따른 지시에 따르지 아니한 자 3. 제100조 제3항에 따른 착륙 요구에 따르지 아니한 자 ② 기장 외의 운항승무원이 제1항에 따른 죄를 지은 경우에는 그 행위자를 벌하는 외에 기장도 500만원 이하의 벌금에 처한다.
제160조(경량항공기 불법 사용 등의 죄) ① 다음 각 호의 어느 하나에 해당하는 자는 3년 이하의 징역 또는 3천만원 이하의 벌금에 처한다. 1. 제121조 제2항에서 준용하는 제57조 제1항을 위반하여 주류등의 영향으로 경량항공기를 사용하여 비행을 정상적으로 수행할 수 없는 상태에서 경량항공기를 사용하여 비행을 한 사람 2. 제121조 제2항에서 준용하는 제57조 제2항을 위반하여 경량항공기를 사용하여 비행하는 동안에 주류등을 섭취하거나 사용한 사람 3. 제121조 제2항에서 준용하는 제57조 제3항을 위반하여 국토교통부장관의 측정 요구에 따르지 아니한 사람 ② 제110조 본문을 위반하여 경량항공기 조종업무 외의 업무를 한 사람은 2년 이하의 징역 또는 2천만원 이하의 벌금에 처한다. ③ 제108조 제1항에 따른 안전성인증을 받지 아니한 경량항공기를 사용하여 비행을 한 자 또는 비행을 하게 한 자는 1년 이하의 징역 또는 1천만원 이하의 벌금에 처한다. ④ 다음 각 호의 어느 하나에 해당하는 자는 6개월 이하의 징역 또는 500만원 이하의 벌금에 처한다. 〈개정 2020. 6. 9.〉 1. 제109조 제1항을 위반하여 경량항공기 조종사 자격증명을 받지 아니하고 경량항공기를 사용하여 비행을 한 사람 2. 제121조 제1항에서 준용하는 제7조 제1항을 위반하여 등록을 하지 아니한 경량항공기를 사용하여 비행을 한 자 3. 제121조 제1항에서 준용하는 제18조 제1항을 위반하여 국적 및 등록기호를 표시하지 아니하거나 거짓으로 표시한 경량항공기를 사용하여 비행을 한 사람 ⑤ 제115조 제1항을 위반하여 경량항공기 조종교육증명을 받지 아니하고 조종교육을 한 사람은 2천만원 이하의 벌금에 처한다. ⑥ 제119조를 위반하여 무선설비를 설치·운용하지 아니한 자는 500만원 이하의 벌금에 처한다.

항공안전법, 시행령

⑦ 다음 각 호의 어느 하나에 해당하는 사람은 300만원 이하의 벌금에 처한다.
1. 제118조를 위반하여 경량항공기를 사용하여 이륙·착륙 장소가 아닌 곳 또는 「공항시설법」 제25조 제6항에 따라 사용이 중지된 이착륙장에서 이륙하거나 착륙한 사람
2. 제121조 제4항에서 준용하는 제79조 제2항을 위반하여 통제공역에서 비행한 사람

제161조(초경량비행장치 불법 사용 등의 죄) ① 다음 각 호의 어느 하나에 해당하는 자는 3년 이하의 징역 또는 3천만원 이하의 벌금에 처한다.
1. 제131조에서 준용하는 제57조 제1항을 위반하여 주류등의 영향으로 초경량비행장치를 사용하여 비행을 정상적으로 수행할 수 없는 상태에서 초경량비행장치를 사용하여 비행을 한 사람
2. 제131조에서 준용하는 제57조 제2항을 위반하여 초경량비행장치를 사용하여 비행하는 동안에 주류등을 섭취하거나 사용한 사람
3. 제131조에서 준용하는 제57조 제3항을 위반하여 국토교통부장관의 측정 요구에 따르지 아니한 사람

② 제124조에 따른 비행안전을 위한 기술상의 기준에 적합하다는 안전성인증을 받지 아니한 초경량비행장치를 사용하여 제125조 제1항에 따른 초경량비행장치 조종자 증명을 받지 아니하고 비행을 한 사람은 1년 이하의 징역 또는 1천만원 이하의 벌금에 처한다.

③ 제122조 또는 제123조를 위반하여 초경량비행장치의 신고 또는 변경신고를 하지 아니하고 비행을 한 자는 6개월 이하의 징역 또는 500만원 이하의 벌금에 처한다.

④ 제129조 제2항을 위반하여 국토교통부장관의 허가를 받지 아니하고 무인자유기구를 비행시킨 사람은 500만원 이하의 벌금에 처한다.

⑤ 제127조 제2항을 위반하여 국토교통부장관의 승인을 받지 아니하고 초경량비행장치 비행제한공역을 비행한 사람은 200만원 이하의 벌금에 처한다.

제162조(명령 위반의 죄) 제130조에 따른 초경량비행장치사용사업의 안전을 위한 명령을 이행하지 아니한 초경량비행장치사용사업자는 1천만원 이하의 벌금에 처한다.

제163조(검사 거부 등의 죄) 제132조 제2항 및 제3항에 따른 검사 또는 출입을 거부·방해하거나 기피한 자는 500만원 이하의 벌금에 처한다.

제164조(양벌규정) 법인의 대표자나 법인 또는 개인의 대리인, 사용인, 그 밖의 종업원이 그 법인 또는 개인의 업무에 관하여 제144조, 제145조, 제148조, 제150조부터 제154조까지, 제156조, 제157조 및 제159조부터 제163조까지의 어느 하나에 해당하는 위반행위를 하면 그 행위자를 벌하는 외에 그 법인 또는 개인에게도 해당 조문의 벌금형을 과(科)한다. 다만, 법인 또는 개인이 그 위반행위를 방지하기 위하여 해당 업무에 관하여 상당한 주의와 감독을 게을리하지 아니한 경우에는 그러하지 아니하다.

제165조(벌칙 적용의 특례) 제144조, 제156조 및 제163조의 벌칙에 관한 규정을 적용할 때 제92조(제106조에서 준용하는 경우를 포함한다) 또는 제95조 제4항에 따라 과징금을 부과할 수 있는 행위에 대해서는 국토교통부장관의 고발이 있어야 공소를 제기할 수 있으며, 과징금을 부과한 행위에 대해서는 과태료를 부과할 수 없다. 〈개정 2017. 1. 17.〉

제166조(과태료) ① 다음 각 호의 어느 하나에 해당하는 자에게는 500만원 이하의 과태료를 부과한다. 〈개정 2019. 11. 26., 2020. 12. 8.〉
1. 제56조 제1항을 위반하여 같은 항 각 호의 어느 하나 이상의 방법으로 소속 승무원 또는 운항관리사의 피로를 관리하지 아니한 자(항공운송사업자 및 항공기사용사업자는 제외한다)
2. 제56조 제2항을 위반하여 국토교통부장관의 승인을 받지 아니하고 피로위험관리시스템을 운용하거나 중요사항을 변경한 자(항공운송사업자 및 항공기사용사업자는 제외한다)

항공안전법, 시행령

3. 제58조 제2항을 위반하여 다음 각 목의 어느 하나에 해당하는 자(제58조 제2항 제1호 및 제4호에 해당하는 자 중 항공운송사업자 및 항공기사용사업자 외의 자만 해당한다)
  가. 제작 또는 운항 등을 시작하기 전까지 항공안전관리시스템을 마련하지 아니한 자
  나. 국토교통부장관의 승인을 받지 아니하고 항공안전관리시스템을 운용한 자
  다. 항공안전관리시스템을 승인받은 내용과 다르게 운용한 자
  라. 국토교통부장관의 승인을 받지 아니하고 국토교통부령으로 정하는 중요사항을 변경한 자
4. 제65조 제1항을 위반하여 운항관리사를 두지 아니하고 항공기를 운항한 항공운송사업자 외의 자
5. 제65조 제3항을 위반하여 운항관리사가 해당 업무를 수행하는 데 필요한 교육훈련을 하지 아니하고 업무에 종사하게 한 항공운송사업자 외의 자
6. 제70조 제3항에 따른 위험물취급의 절차와 방법에 따르지 아니하고 위험물취급을 한 자
7. 제71조 제1항에 따른 검사를 받지 아니한 포장 및 용기를 판매한 자
8. 제72조 제1항을 위반하여 위험물취급에 필요한 교육을 받지 아니하고 위험물취급을 한 자
9. 제115조 제2항을 위반하여 국토교통부장관이 정하는 바에 따라 교육을 받지 아니하고 경량항공기 조종교육을 한 자
10. 제124조를 위반하여 초경량비행장치의 비행안전을 위한 기술상의 기준에 적합하다는 안전성인증을 받지 아니하고 비행한 사람(제161조 제2항이 적용되는 경우는 제외한다)
11. 제132조 제1항에 따른 보고 등을 하지 아니하거나 거짓 보고 등을 한 사람
12. 제132조 제2항에 따른 질문에 대하여 거짓 진술을 한 사람
13. 제132조 제8항에 따른 운항정지, 운용정지 또는 업무정지를 따르지 아니한 자
14. 제132조 제9항에 따른 시정조치 등의 명령에 따르지 아니한 자
15. 제133조의2 제1항에 따른 공시를 하지 아니하거나 거짓으로 공시한 자

② 다음 각 호의 어느 하나에 해당하는 자에게는 300만원 이하의 과태료를 부과한다.
1. 제108조 제4항을 위반하여 국토교통부령으로 정하는 방법에 따라 안전하게 운용할 수 있다는 확인을 받지 아니하고 경량항공기를 사용하여 비행한 사람
2. 제120조 제1항을 위반하여 국토교통부령으로 정하는 준수사항을 따르지 아니하고 경량항공기를 사용하여 비행한 사람
3. 제125조 제1항을 위반하여 초경량비행장치 조종자 증명을 받지 아니하고 초경량비행장치를 사용하여 비행을 한 사람(제161조 제2항이 적용되는 경우는 제외한다)

③ 다음 각 호의 어느 하나에 해당하는 자에게는 200만원 이하의 과태료를 부과한다. 〈개정 2017. 8. 9., 2020. 6. 9.〉
1. 제13조 또는 제15조 제1항을 위반하여 변경등록 또는 말소등록의 신청을 하지 아니한 자
2. 제17조 제1항을 위반하여 항공기 등록기호표를 붙이지 아니하고 항공기를 사용한 자
3. 제26조를 위반하여 변경된 항공기기술기준을 따르도록 한 요구에 따르지 아니한 자
4. 항공종사자가 아닌 사람으로서 고의 또는 중대한 과실로 제61조 제1항의 항공안전위해요인을 발생시킨 사람
5. 제84조 제2항(제121조 제5항에서 준용하는 경우를 포함한다)을 위반하여 항공교통의 안전을 위한 국토교통부장관 또는 항공교통업무증명을 받은 자의 지시에 따르지 아니한 자
6. 제93조 제7항 후단(제96조 제2항에서 준용하는 경우를 포함한다)을 위반하여 운항규정 또는 정비규정을 준수하지 아니하고 항공기의 운항 또는 정비에 관한 업무를 수행한 종사자
7. 제108조 제3항을 위반하여 부여된 안전성인증 등급에 따른 운용범위를 준수하지 아니하고 경량항공기를 사용하여 비행한 사람
8. 제129조 제1항을 위반하여 국토교통부령으로 정하는 준수사항을 따르지 아니하고 초경량비행장치를 이용하여 비행한 사람
9. 제127조 제3항을 위반하여 국토교통부장관의 승인을 받지 아니하고 초경량비행장치를 이용하여 비행한 사람

항공안전법, 시행령

10. 제129조 제5항을 위반하여 국토교통부장관이 승인한 범위 외에서 비행한 사람

④ 다음 각 호의 어느 하나에 해당하는 자에게는 100만원 이하의 과태료를 부과한다. 〈개정 2019. 8. 27., 2020. 6. 9.〉

1. 제33조에 따른 보고를 하지 아니하거나 거짓으로 보고한 자
2. 제59조 제1항(제106조에서 준용하는 경우를 포함한다)을 위반하여 항공기사고, 항공기준사고 또는 의무보고 대상 항공안전장애를 보고하지 아니하거나 거짓으로 보고한 자
3. 제121조 제1항에서 준용하는 제17조 제1항을 위반하여 경량항공기 등록기호표를 붙이지 아니한 경량항공기소유자등
4. 제122조 제5항을 위반하여 신고번호를 해당 초경량비행장치에 표시하지 아니하거나 거짓으로 표시한 초경량비행장치소유자등
5. 제128조를 위반하여 국토교통부령으로 정하는 장비를 장착하거나 휴대하지 아니하고 초경량비행장치를 사용하여 비행을 한 자

⑤ 다음 각 호의 어느 하나에 해당하는 자에게는 50만원 이하의 과태료를 부과한다.

1. 제120조 제2항을 위반하여 경량항공기사고에 관한 보고를 하지 아니하거나 거짓으로 보고한 경량항공기 조종사 또는 그 경량항공기소유자등
2. 제121조 제1항에서 준용하는 제13조 또는 제15조를 위반하여 경량항공기의 변경등록 또는 말소등록을 신청하지 아니한 경량항공기소유자등

⑥ 다음 각 호의 어느 하나에 해당하는 자에게는 30만원 이하의 과태료를 부과한다. 〈개정 2020. 6. 9.〉

1. 제123조 제4항을 위반하여 초경량비행장치의 말소신고를 하지 아니한 초경량비행장치소유자등
2. 제129조 제3항을 위반하여 초경량비행장치사고에 관한 보고를 하지 아니하거나 거짓으로 보고한 초경량비행장치 조종자 또는 그 초경량비행장치소유자등

제167조(과태료의 부과 · 징수절차) 제166조에 따른 과태료는 대통령령으로 정하는 바에 따라 국토교통부장관이 부과 · 징수한다.

영 제30조(과태료의 부과기준) 법 제167조에 따른 과태료 부과기준은 별표 5와 같다

■ 항공안전법 [별표]

자격증명별 업무범위(제36조 제1항 관련)

자격	업무 범위
운송용 조종사	항공기에 탑승하여 다음 각 호의 행위를 하는 것 1. 사업용 조종사의 자격을 가진 사람이 할 수 있는 행위 2. 항공운송사업의 목적을 위하여 사용하는 항공기를 조종하는 행위
사업용 조종사	항공기에 탑승하여 다음 각 호의 행위를 하는 것 1. 자가용 조종사의 자격을 가진 사람이 할 수 있는 행위 2. 무상으로 운항하는 항공기를 보수를 받고 조종하는 행위 3. 항공기사용사업에 사용하는 항공기를 조종하는 행위 4. 항공운송사업에 사용하는 항공기(1명의 조종사가 필요한 항공기만 해당한다)를 조종하는 행위 5. 기장 외의 조종사로서 항공운송사업에 사용하는 항공기를 조종하는 행위
자가용 조종사	무상으로 운항하는 항공기를 보수를 받지 아니하고 조종하는 행위
부조종사	비행기에 탑승하여 다음 각 호의 행위를 하는 것 1. 자가용 조종사의 자격을 가진 사람이 할 수 있는 행위 2. 기장 외의 조종사로서 비행기를 조종하는 행위
항공사	항공기에 탑승하여 그 위치 및 항로의 측정과 항공상의 자료를 산출하는 행위
항공기관사	항공기에 탑승하여 발동기 및 기체를 취급하는 행위(조종장치의 조작은 제외한다)
항공교통관제사	항공교통의 안전·신속 및 질서를 유지하기 위하여 항공기 운항을 관제하는 행위
항공정비사	다음 각 호의 행위를 하는 것 1. 제32조 제1항에 따라 정비등을 한 항공기등, 장비품 또는 부품에 대하여 감항성을 확인하는 행위 2. 제108조 제4항에 따라 정비를 한 경량항공기 또는 그 장비품·부품에 대하여 안전하게 운용할 수 있음을 확인하는 행위
운항관리사	항공운송사업에 사용되는 항공기 또는 국외운항항공기의 운항에 필요한 다음 각 호의 사항을 확인하는 행위 1. 비행계획의 작성 및 변경 2. 항공기 연료 소비량의 산출 3. 항공기 운항의 통제 및 감시

■ 항공안전법 시행령 [별표 5] 〈개정 2020. 5. 26.〉

과태료의 부과기준(제30조 관련)

1. 일반기준

가. 위반행위의 횟수에 따른 과태료의 가중된 부과기준은 최근 1년간 같은 위반행위로 과태료 부과처분을 받은 경우에 적용한다. 이 경우 기간의 계산은 위반행위에 대하여 과태료 부과처분을 받은 날과 그 처분 후 다시 같은 위반행위를 하여 적발된 날을 기준으로 한다.

나. 가목에 따라 가중된 부과처분을 하는 경우 가중처분의 적용 차수는 그 위반행위 전 부과처분 차수(가목에 따른 기간 내에 과태료 부과처분이 둘 이상 있었던 경우에는 높은 차수를 말한다)의 다음 차수로 한다.

다. 부과권자는 다음의 어느 하나에 해당하는 경우에는 제2호에 따른 과태료 금액의 2분의 1 범위에서 그 금액을 줄일 수 있다. 다만, 과태료를 체납하고 있는 위반행위자의 경우에는 그렇지 않다.

1) 위반행위자가 「질서위반행위규제법 시행령」 제2조의2 제1항 각 호의 어느 하나에 해당하는 경우
2) 위반행위가 사소한 부주의나 오류로 인한 것으로 인정되는 경우
3) 위반행위자가 법 위반상태를 시정하거나 해소하기 위하여 노력한 사실이 인정되는 경우
4) 그 밖에 위반행위의 정도, 위반행위의 동기와 그 결과 등을 고려하여 감경할 필요가 있다고 인정되는 경우

라. 부과권자는 다음의 어느 하나에 해당하는 경우에는 제2호에 따른 과태료 금액의 2분의 1 범위에서 그 금액을 늘릴 수 있다. 다만, 법 제166조에 따른 과태료 금액의 상한을 넘을 수 없다.

1) 위반의 내용·정도가 중대하여 공중에 미치는 영향이 크다고 인정되는 경우
2) 법 위반상태의 기간이 6개월 이상인 경우
3) 그 밖에 위반행위의 정도, 위반행위의 동기와 그 결과 등을 고려하여 가중할 필요가 있다고 인정되는 경우

2. 개별기준

(단위: 만원)

위반행위	근거 법조문	과태료 금액		
		1차 위반	2차 위반	3차 이상 위반
가. 법 제13조 또는 제15조 제1항을 위반하여 변경등록 또는 말소등록의 신청을 하지 않은 경우	법 제166조 제3항 제1호	100	150	200
나. 법 제17조 제1항을 위반하여 항공기 등록기호표를 부착하지 않고 항공기를 사용한 경우	법 제166조 제3항 제2호	100	150	200
다. 법 제26조를 위반하여 변경된 항공기기술기준을 따르도록 한 요구에 따르지 않은 경우	법 제166조 제3항 제3호	100	150	200
라. 법 제33조에 따른 보고를 하지 않거나 거짓으로 보고한 경우	법 제166조 제4항 제1호	50	75	100
마. 법 제56조 제1항을 위반하여 같은 항 각 호의 어느 하나 이상의 방법으로 소속 승무원의 피로를 관리하지 않은 경우(항공운송사업자 및 항공기사용사업자는 제외한다)	법 제166조 제1항 제1호	250	375	500
바. 법 제56조 제2항을 위반하여 국토교통부장관의 승인을 받지 않고 피로위험관리시스템을 운용하거나 중요사항을 변경한 경우(항공운송사업자 및 항공기사용사업자는 제외한다)	법 제166조 제1항 제2호	250	375	500

위반행위	근거 법조문	과태료 금액		
		1차 위반	2차 위반	3차 이상 위반
사. 법 제58조 제2항을 위반하여 다음의 어느 하나에 해당하는 경우(법 제58조 제2항 제1호 및 제4호에 해당하는 자 중 항공운송사업자 및 항공기사용사업자 외의 자만 해당한다)	법 제166조 제1항 제3호			
1) 제작 또는 운항 등을 시작하기 전까지 항공안전관리시스템을 마련하지 않은 경우		250	375	500
2) 국토교통부장관의 승인을 받지 않고 항공안전관리시스템을 운용한 경우		250	375	500
3) 항공안전관리시스템을 승인받은 내용과 다르게 운용한 경우		250	375	500
4) 국토교통부장관의 승인을 받지 않고 국토교통부령으로 정하는 중요사항을 변경한 경우		250	375	500
아. 법 제59조 제1항(법 제106조에서 준용하는 경우를 포함한다)을 위반하여 항공기사고, 항공기준사고 또는 의무보고 대상 항공안전장애를 보고하지 않거나 거짓으로 보고한 경우	법 제166조 제4항 제2호	50	75	100
자. 항공종사자가 아닌 사람으로서 고의 또는 중대한 과실로 법 제61조 제1항의 항공안전위해요인을 발생시킨 경우	법 제166조 제3항 제4호	100	150	200
차. 항공운송사업자 외의 자가 법 제65조 제1항을 위반하여 운항관리사를 두지 않고 항공기를 운항한 경우	법 제166조 제1항 제4호	250	375	500
카. 항공운송사업자 외의 자가 법 제65조 제3항을 위반하여 운항관리사가 해당 업무를 수행하는 데 필요한 교육훈련을 하지 않고 업무에 종사하게 한 경우	법 제166조 제1항 제5호	250	375	500
타. 법 제70조 제3항에 따른 위험물취급의 절차와 방법에 따르지 않고 위험물취급을 한 경우	법 제166조 제1항 제6호			
1) 위험물을 일반화물로 신고하는 경우		250	375	500
2) 운송서류에 표기한 위험물과 다른 위험물을 운송하려는 경우		250	375	500
3) 유엔기준을 충족하지 않은 포장용기를 사용하였거나 위험물 포장지침을 따르지 않았을 경우		250	375	500
4) 휴대 가능한 위험물의 종류 또는 수량기준을 위반한 경우		250	375	500
5) 위험물 운송서류상의 표기가 오기되었거나 서명이 누락된 경우		250	375	500
6) 위험물 라벨을 부착하지 않았거나 위험물 분류와 다른 라벨을 부착한 경우		250	375	500
파. 법 제71조 제1항에 따른 검사를 받지 않은 포장 및 용기를 판매한 경우	법 제166조 제1항 제7호	250	375	500
하. 법 제72조 제1항을 위반하여 위험물취급에 필요한 교육을 받지 않고 위험물취급을 한 경우	법 제166조 제1항 제8호	250	375	500
거. 법 제84조 제2항(법 제121조 제5항에서 준용하는 경우를 포함한다)을 위반하여 항공교통의 안전을 위한 국토교통부장관 또는 항공교통업무증명을 받은 자의 지시에 따르지 않은 경우	법 제166조 제3항 제5호	100	150	200
너. 법 제93조 제5항 후단(법 제96조 제2항에서 준용하는 경우를 포함한다)을 위반하여 운항규정 또는 정비규정을 준수하지 않고 항공기의 운항 또는 정비에 관한 업무를 수행한 경우	법 제166조 제3항 제6호	100	150	200

위반행위	근거 법조문	과태료 금액		
		1차 위반	2차 위반	3차 이상 위반
더. 법 제108조 제3항을 위반하여 부여된 안전성인증 등급에 따른 운용범위를 준수하지 않고 경량항공기를 사용하여 비행한 경우	법 제166조 제3항 제7호	100	150	200
러. 법 제108조 제4항을 위반하여 국토교통부령으로 정하는 방법에 따라 안전하게 운용할 수 있다는 확인을 받지 않고 경량항공기를 사용하여 비행한 경우	법 제166조 제2항 제1호	150	225	300
머. 법 제115조 제2항을 위반하여 국토교통부장관이 정하는 바에 따라 교육을 받지 않고 경량항공기 조종교육을 한 경우	법 제166조 제1항 제9호	250	375	500
버. 법 제120조 제1항을 위반하여 국토교통부령으로 정하는 준수사항을 따르지 않고 경량항공기를 사용하여 비행한 경우	법 제166조 제2항 제2호	150	225	300
서. 경량항공기 조종사 또는 그 경량항공기소유자등이 법 제120조 제2항을 위반하여 경량항공기사고에 관한 보고를 하지 않거나 거짓으로 보고한 경우	법 제166조 제5항 제1호	25	37.5	50
어. 경량항공기소유자등이 법 제121조 제1항에서 준용하는 법 제13조 또는 제15조를 위반하여 경량항공기의 변경등록 또는 말소등록을 신청하지 않은 경우	법 제166조 제5항 제2호	25	37.5	50
저. 경량항공기소유자등이 법 제121조 제1항에서 준용하는 법 제17조 제1항을 위반하여 경량항공기 등록기호표를 부착하지 않은 경우	법 제166조 제4항 제3호	50	75	100
처. 초경량비행장치소유자등이 법 제122조 제3항을 위반하여 신고번호를 해당 초경량비행장치에 표시하지 않거나 거짓으로 표시한 경우	법 제166조 제4항 제4호	50	75	100
커. 초경량비행장치소유자등이 법 제123조 제2항을 위반하여 초경량비행장치의 말소신고를 하지 않은 경우	법 제166조 제6항 제1호	15	22.5	30
터. 법 제124조를 위반하여 초경량비행장치의 비행안전을 위한 기술상의 기준에 적합하다는 안전성인증을 받지 않고 비행한 경우(법 제161조 제2항이 적용되는 경우는 제외한다)	법 제166조 제1항 제10호	250	375	500
퍼. 법 제125조 제1항을 위반하여 초경량비행장치 조종자 증명을 받지 않고 초경량비행장치를 사용하여 비행을 한 경우(법 제161조 제2항이 적용되는 경우는 제외한다)	법 제166조 제2항 제3호	150	225	300
허. 법 제127조 제3항을 위반하여 국토교통부장관의 승인을 받지 않고 초경량비행장치를 이용하여 비행한 경우	법 제166조 제3항 제9호	100	150	200
고. 법 제128조를 위반하여 국토교통부령으로 정하는 장비를 장착하거나 휴대하지 않고 초경량비행장치를 사용하여 비행을 한 경우	법 제166조 제4항 제5호	50	75	100
노. 법 제129조 제1항을 위반하여 국토교통부령으로 정하는 준수사항을 따르지 않고 초경량비행장치를 이용하여 비행한 경우	법 제166조 제3항 제8호	100	150	200
도. 초경량비행장치 조종자 또는 그 초경량비행장치소유자등이 법 제129조 제3항을 위반하여 초경량비행장치사고에 관한 보고를 하지 않거나 거짓으로 보고한 경우	법 제166조 제6항 제2호	15	22.5	30
로. 법 제129조 제5항을 위반하여 국토교통부장관이 승인한 범위 외에서 비행한 경우	법 제166조 제3항 제10호	100	150	200

위반행위	근거 법조문	과태료 금액		
		1차 위반	2차 위반	3차 이상 위반
모. 법 제132조 제1항에 따른 보고 등을 하지 않거나 거짓 보고 등을 한 경우	법 제166조 제1항 제11호	250	375	500
보. 법 제132조 제2항에 따른 질문에 대하여 거짓 진술을 한 경우	법 제166조 제1항 제12호	250	375	500
소. 법 제132조 제8항에 따른 운항정지, 운용정지 또는 업무정지를 따르지 않은 경우	법 제166조 제1항 제13호	250	375	500
오. 법 제132조 제9항에 따른 시정조치 등의 명령에 따르지 않은 경우	법 제166조 제1항 제14호	250	375	500
조. 법 제133조의2 제1항에 따른 공시를 하지 않거나 거짓으로 공시한 경우	법 제166조 제1항 제15호	250	375	500

■ 항공안전법 시행규칙 [별표 1]

항공기의 손상 · 파손 또는 구조상의 결함(제8조 관련)

1. 다음 각 목의 어느 하나에 해당되는 경우에는 항공기의 중대한 손상 · 파손 및 구조상의 결함으로 본다.

가. 항공기에서 발동기가 떨어져 나간 경우

나. 발동기의 덮개 또는 역추진장치 구성품이 떨어져 나가면서 항공기를 손상시킨 경우

다. 압축기, 터빈블레이드 및 그 밖에 다른 발동기 구성품이 발동기 덮개를 관통한 경우. 다만, 발동기의 배기구를 통해 유출된 경우는 제외한다.

라. 레이돔(radome)이 파손되거나 떨어져 나가면서 항공기의 동체 구조 또는 시스템에 중대한 손상을 준 경우

마. 플랩(flap), 슬랫(slat) 등 고양력장치(高揚力裝置) 및 윙렛(winglet)이 손실된 경우. 다만, 외형변경목록(Configuration Deviation List)을 적용하여 항공기를 비행에 투입할 수 있는 경우는 제외한다.

바. 바퀴다리(landing gear leg)가 완전히 펴지지 않았거나 바퀴(wheel)가 나오지 않은 상태에서 착륙하여 항공기의 표피가 손상된 경우. 다만, 간단한 수리를 하여 항공기가 비행할 수 있는 경우는 제외한다.

사. 항공기 내부의 감압 또는 여압을 조절하지 못하게 되는 구조적 손상이 발생한 경우

아. 항공기준사고 또는 항공안전장애 등의 발생에 따라 항공기를 점검한 결과 심각한 손상이 발견된 경우

자. 비상탈출로 중상자가 발생했거나 항공기가 심각한 손상을 입은 경우

차. 그 밖에 가목부터 자목까지의 경우와 유사한 항공기의 손상 · 파손 또는 구조상의 결함이 발생한 경우

2. 제1호에 해당하는 경우에도 다음 각 목의 어느 하나에 해당하는 경우에는 항공기의 중대한 손상 · 파손 및 구조상의 결함으로 보지 아니한다.

가. 덮개와 부품(accessory)을 포함하여 한 개의 발동기의 고장 또는 손상

나. 프로펠러, 날개 끝(wing tip), 안테나, 프로브(probe), 베인(vane), 타이어, 브레이크, 바퀴, 페어링(faring), 패널(panel), 착륙장치 덮개, 방풍창 및 항공기 표피의 손상

다. 주회전익, 꼬리회전익 및 착륙장치의 경미한 손상

라. 우박 또는 조류와 충돌 등에 따른 경미한 손상[레이돔(radome)의 구멍을 포함한다]

■ 항공안전법 시행규칙 [별표 2] 〈개정 2020. 2. 28.〉

항공기준사고의 범위(제9조 관련)

1. 항공기의 위치, 속도 및 거리가 다른 항공기와 충돌위험이 있었던 것으로 판단되는 근접비행이 발생한 경우(다른 항공기와의 거리가 500피트 미만으로 근접하였던 경우를 말한다) 또는 경미한 충돌이 있었으나 안전하게 착륙한 경우
2. 항공기가 정상적인 비행 중 지표, 수면 또는 그 밖의 장애물과의 충돌(Controlled Flight into Terrain)을 가까스로 회피한 경우
3. 항공기, 차량, 사람 등이 허가 없이 또는 잘못된 허가로 항공기 이륙·착륙을 위해 지정된 보호구역에 진입하여 다른 항공기와의 충돌을 가까스로 회피한 경우
4. 항공기가 다음 각 목의 장소에서 이륙하거나 이륙을 포기한 경우 또는 착륙하거나 착륙을 시도한 경우
   가. 폐쇄된 활주로 또는 다른 항공기가 사용 중인 활주로
   나. 허가 받지 않은 활주로
   다. 유도로(헬리콥터가 허가를 받고 이륙하거나 이륙을 포기한 경우 또는 착륙하거나 착륙을 시도한 경우는 제외한다)
   라. 도로 등 착륙을 의도하지 않은 장소
5. 공기가 이륙·착륙 중 활주로 시단(始端)에 못 미치거나(Undershooting) 또는 종단(終端)을 초과한 경우(Overrunning) 또는 활주로 옆으로 이탈한 경우(다만, 항공안전장애에 해당하는 사항은 제외한다)
6. 항공기가 이륙 또는 초기 상승 중 규정된 성능에 도달하지 못한 경우
7. 비행 중 운항승무원이 신체, 심리, 정신 등의 영향으로 조종업무를 정상적으로 수행할 수 없는 경우(Pilot Incapacitation)
8. 조종사가 연료량 또는 연료배분 이상으로 비상선언을 한 경우(연료의 불충분, 소진, 누유 등으로 인한 결핍 또는 사용 가능한 연료를 사용할 수 없는 경우를 말한다)
9. 항공기 시스템의 고장, 항공기 동력 또는 추진력의 손실, 기상 이상, 항공기 운용한계의 초과 등으로 조종상의 어려움(Difficulties in Controlling)이 발생했거나 발생할 수 있었던 경우
10. 다음 각 목에 따라 항공기에 중대한 손상이 발견된 경우(항공기사고로 분류된 경우는 제외한다)
    가. 항공기가 지상에서 운항 중 다른 항공기나 장애물, 차량, 장비 또는 동물과 접촉·충돌
    나. 비행 중 조류(鳥類), 우박, 그 밖의 물체와 충돌 또는 기상 이상 등
    다. 항공기 이륙·착륙 중 날개, 발동기 또는 동체와 지면의 접촉·충돌 또는 끌림(dragging). 다만, Tail-Skid의 경미한 접촉 등 항공기 이륙·착륙에 지장이 없는 경우는 제외한다.
    라. 착륙바퀴가 완전히 펴지지 않거나 올려진 상태로 착륙한 경우
11. 비행 중 운항승무원이 비상용 산소 또는 산소마스크를 사용해야 하는 상황이 발생한 경우
12. 운항 중 항공기 구조상의 결함(Aircraft Structural Failure)이 발생한 경우 또는 터빈발동기의 내부 부품이 외부로 떨어져 나간 경우를 포함하여 터빈발동기의 내부 부품이 분해된 경우(항공기사고로 분류된 경우는 제외한다)
13. 운항 중 발동기에서 화재가 발생하거나 조종실, 객실이나 화물칸에서 화재·연기가 발생한 경우(소화기를 사용하여 진화한 경우를 포함한다)
14. 비행 중 비행 유도(Flight Guidance) 및 항행(Navigation)에 필요한 다중(多衆)시스템(Redundancy System) 중 2개 이상의 고장으로 항행에 지장을 준 경우
15. 비행 중 2개 이상의 항공기 시스템 고장이 동시에 발생하여 비행에 심각한 영향을 미치는 경우
16. 운항 중 비의도적으로 항공기 외부의 인양물이나 탑재물이 항공기로부터 분리된 경우 또는 비상조치를 위해 의도적으로 항공기 외부의 인양물이나 탑재물이 항공기로부터 분리한 경우

※ 비고: 항공기준사고 조사결과에 따라 항공기사고 또는 항공안전장애로 재분류 할 수 있다.

■ 항공안전법 시행규칙 [별표 4] 〈개정 2020. 12. 10.〉

항공종사자 · 경량항공기조종사 자격증명 응시경력(제75조, 제91조 제3항 및 제286조 관련)

1. 항공종사자

가. 자격증명시험

자격증명의 종류	비행경력 또는 그 밖의 경력
운송용 조종사	1) 비행기에 대하여 자격증명을 신청하는 경우 다음의 경력을 모두 충족하는 비행기 조종사 중 1,500시간 이상의 비행경력이 있는 사람으로서 계기비행증명을 받은 사업용 조종사 또는 부조종사 자격증명(외국정부가 발급한 운송용 조종사 자격증명 또는 계기비행증명이 포함된 사업용 조종사 또는 부조종사 자격증명을 포함한다)을 받은 사람. 이 경우 비행시간을 산정할 때 지방항공청장이 지정한 모의비행장치를 이용한 비행훈련시간은 100시간의 범위 내에서 인정하고, 다른 종류의 항공기 비행경력은 해당 비행시간의 3분의 1 또는 200시간 중 적은 시간의 범위 내에서 인정한다. 가) 기장 외의 조종사로서 기장의 감독 하에 기장의 임무를 500시간 이상 수행한 경력이나 기장으로서 250시간 이상을 비행한 경력 또는 기장으로서 최소 70시간 이상 비행하였을 경우 해당 비행시간의 2배와 500시간과의 차이만큼 기장 외의 조종사로서 기장의 감독 하에 기장의 임무를 수행한 비행경력 나) 200시간 이상의 야외 비행경력. 이 경우 200시간의 야외 비행경력 중 기장으로서 100시간 이상의 비행경력 또는 기장 외의 조종사로서 기장의 감독 하에 기장의 임무를 수행 한 100시간 이상의 비행경력을 포함해야 한다. 다) 75시간 이상의 기장 또는 기장 외의 조종사로서의 계기비행경력(30시간의 범위 내에서 지방항공청장이 지정한 모의비행장치를 이용한 계기비행경력을 인정한다) 라) 100시간 이상의 기장 또는 기장 외의 조종사로서의 야간 비행경력 2) 헬리콥터에 대하여 자격증명을 신청하는 경우 다음의 경력을 모두 충족하는 헬리콥터 조종사로서 1,000시간 이상의 비행경력이 있는 사업용 조종사 자격증명(외국정부가 발급한 운송용 조종사 또는 사업용 조종사 자격증명을 포함한다)을 받은 사람. 이 경우 비행시간을 산정할 때에는 지방항공청장이 지정한 모의비행장치를 이용한 비행훈련시간은 100시간의 범위 내에서 인정하고, 다른 종류의 항공기 비행경력은 해당 비행시간의 3분의 1 또는 200시간 중 적은 시간의 범위 내에서 인정한다. 가) 기장으로서 250시간 이상의 비행경력 또는 기장으로서 70시간 이상의 비행시간과 기장 외의 조종사로서 기장의 감독 하에 기장의 임무를 수행한 비행시간의 합계가 250시간 이상의 비행경력 나) 200시간 이상의 야외 비행경력. 이 경우 200시간의 야외 비행경력 중 기장으로서 100시간 이상의 비행경력 또는 기장 외의 조종사로서 기장의 감독 하에 기장의 임무를 수행한 100시간 이상의 비행경력을 포함해야 한다. 다) 30시간 이상의 기장 또는 기장 외의 조종사로서의 계기비행경력(10시간의 범위 내에서 지방항공청장이 지정한 모의비행장치를 이용한 계기비행경력을 인정한다) 라) 50시간 이상의 기장 또는 기장 외의 조종사로서의 야간 비행경력
사업용 조종사	1) 비행기에 대하여 자격증명을 신청하는 경우 다음의 경력을 모두 충족하는 200시간(국토교통부장관이 지정한 전문교육기관의 교육과정을 이수한 사람은 150시간) 이상의 비행경력이 있는 사람으로서 자가용 조종사 자격증명(외국정부가 발급한 운송용 조종사 또는 사업용 조종사 자격증명을 포함한다)을 받은 사람. 이 경우 비행시간을 산정할 때 지방항공청장이 지정한 모의비행장치를 이용한 비행훈련시간은 10시간의 범위 내에서 인정하고, 다른 종류의 항공기 비행경력은 해당 비행시간의 3분의 1 또는 50시간 중 적은 시간의 범위 내에서 인정한다. 가) 기장으로서 100시간(국토교통부장관이 지정한 전문교육기관의 교육과정을 이수한 사람은 70시간) 이상의 비행경력 나) 기장으로서 20시간 이상의 야외비행경력. 이 경우 총 540킬로미터 이상의 구간에서 2개 이상의 다른 비행장에서의 완전 착륙을 포함해야 한다.

자격증명의 종류	비행경력 또는 그 밖의 경력
사업용 조종사	다) 10시간 이상의 기장 또는 기장 외의 조종사로서 계기비행경력(5시간의 범위 내에서 지방항공청장이 지정한 모의비행장치를 이용한 계기비행경력을 포함한다) 라) 이륙과 착륙이 각각 5회 이상 포함된 5시간 이상의 기장으로서의 야간 비행경력 2) 헬리콥터에 대하여 자격증명을 신청하는 경우 다음의 경력을 모두 충족하는 헬리콥터 조종사로서 150시간(국토교통부장관이 지정한 전문교육기관의 교육과정을 이수한 사람은 100시간) 이상의 비행경력이 있는 사람으로서 헬리콥터의 자가용 조종사 자격증명(외국정부가 발급한 운송용 조종사 또는 사업용 조종사 자격증명을 포함한다)을 받은 사람. 이 경우 비행시간을 산정할 때 지방항공청장이 지정한 모의비행장치를 이용한 비행훈련시간은 10시간의 범위 내에서 인정하고, 다른 종류의 항공기 비행경력은 해당 비행시간의 3분의 1 또는 50시간 중 적은 시간의 범위 내에서 인정한다. 가) 기장으로서 35시간 이상의 비행경력 나) 기장으로서 10시간 이상의 야외 비행경력. 이 경우 총 300킬로미터 이상의 구간에서 2개의 다른 지점에서의 착륙비행과정을 포함해야 한다. 다) 기장 또는 기장 외의 조종사로서 10시간 이상의 계기비행경력(5시간의 범위 내에서 지방항공청장이 지정한 모의비행장치를 이용한 계기비행경력을 포함한다) 라) 기장으로서 이륙과 착륙이 각각 5회 이상 포함된 5시간 이상의 야간 비행경력 3) 특수활공기에 대하여 자격증명을 신청하는 경우 다음의 활공경력을 모두 충족하는 사람으로서 특수활공기의 자가용 조종사 자격증명을 받은 사람. 다만, 비행기의 조종사 자격증명을 받은 경우에는 단독 조종으로 10시간 이상의 활공 및 10회 이상의 활공 착륙경력이 있는 사람 가) 단독 조종으로 15시간 이상의 활공 및 20회 이상의 활공착륙 또는 단독 조종으로 25시간 이상의 동력비행(비행기에 의한 것을 포함한다) 및 20회 이상의 발동기 작동 중의 착륙(비행기에 의한 것을 포함한다) 나) 출발지점으로부터 240킬로미터 이상의 야외 비행경력(비행기에 의한 것을 포함한다). 이 경우 출발지점과 도착지점의 중간에 2개 이상의 다른 지점에 착륙한 경력을 포함해야 한다. 다) 5회 이상의 실속회복(비행기에 의한 것을 포함한다) 4) 상급활공기에 대하여 자격증명을 신청하는 경우 다음 각 목의 경력을 포함한 15시간 이상의 활공경력이 있는 사람으로서 상급활공기의 자가용 조종사 자격증명을 받은 사람. 다만, 비행기 조종사 자격증명을 받은 경우에는 비행기, 윈치 또는 자동차를 이용하여 30회 이상의 활공경력이 있는 사람 가) 비행기, 윈치 또는 자동차를 이용하여 15회 이상의 활공을 포함한 75회 이상의 활공경력 나) 5회 이상의 실속회복 5) 비행선에 대하여 자격증명을 신청하는 경우 다음 각 목의 비행조종경력을 포함한 200시간 이상의 비행경력이 있는 사람으로서 비행선의 자가용 조종사 자격증명을 소지한 사람 가) 비행선 조종사로서 50시간 이상의 비행경력 나) 10시간 이상의 야외 비행경력 및 10시간 이상의 야간 비행경력을 포함한 30시간 이상의 기장으로서의 비행경력 또는 기장 외의 조종사로서 기장의 감독 하에 기장의 임무를 수행한 비행경력 다) 20시간 이상의 비행시간 및 10시간 이상의 비행선 비행시간을 포함한 40시간 이상의 계기비행시간 라) 20시간 이상의 비행선 비행교육훈련
자가용 조종사	1) 비행기 또는 헬리콥터에 대하여 자격증명을 신청하는 경우 다음의 경력을 모두 충족하는 40시간(국토교통부장관이 지정한 전문교육기관 이수자는 35시간) 이상의 비행경력이 있는 사람(해당 항공기에 대하여 외국정부가 발급한 조종사 자격증명을 소지한 사람을 포함한다). 이 경우 비행시간을 산정할 때 지방항공청장이 지정한 모의비행장치를 이용한 비행훈련시간은 5시간의 범위 내에서 인정하고, 다른 종류의 항공기 또는 경량항공기(경량항공기 중 타면조종형비행기는 비행기에만 해당하고, 경량헬리콥터는 헬리콥터에만 해당한다) 중 비행경력은 해당 비행시간의 3분의 1 또는 10시간 중 적은 시간의 범위 내에서 인정한다. 가) 비행기에 대하여 자격증명을 신청하는 경우 5시간 이상의 단독 야외 비행경력(solo cross-country flight time)을 포함한 10시간 이상의 단독 비행경력. 이 경우 270킬로미터 이상의 구간 비행 중 2개의 다른 비행장에서의 이륙·착륙 경력을 포함해야 한다.

자격증명의 종류	비행경력 또는 그 밖의 경력
자가용 조종사	나) 헬리콥터에 대하여 자격증명을 신청하는 경우 5시간 이상의 단독 야외 비행경력을 포함한 10시간 이상의 단독 비행경력. 이 경우 출발지점으로부터 180킬로미터 이상의 구간 비행 중 2개의 다른 지점에서의 착륙비행 과정 경력을 포함해야 한다. 2) 특수활공기에 대하여 자격증명을 신청하는 경우 다음 각 목의 활공경력이 있는 사람. 다만, 비행기에 대한 조종사 자격증명을 받은 경우에는 2시간 이상의 활공 및 5회 이상의 활공착륙 경력이 있는 사람 가) 단독 조종으로 3시간 이상의 활공(교관과 동승한 활공경력은 1시간의 범위 내에서 인정한다) 및 10회 이상의 활공착륙 또는 단독 조종으로 15시간 이상의 동력비행(비행기에 의한 것을 포함하며, 교관과 동승한 활공경력은 5시간의 범위 내에서 인정한다) 및 10회 이상의 발동기 작동 중의 착륙(비행기에 의한 것을 포함한다) 나) 출발지점으로부터 120킬로미터 이상의 야외 비행. 이 경우 출발지점과 도착지점의 중간에 1개 이상의 다른 지점에 착륙한 경력을 포함해야 한다. 다) 5회 이상의 실속비행(비행기에 의한 것을 포함한다) 3) 상급활공기에 대하여 자격증명을 신청하는 경우 다음의 비행경력을 포함한 6시간 이상의 활공경력이 있는 사람 가) 2시간 이상의 단독 비행경력 나) 20회 이상의 이륙·착륙 비행경력 4) 비행선에 대하여 자격증명을 신청하는 경우 다음의 비행조종경력을 모두 충족하는 25시간 이상의 비행경력이 있는 사람 가) 3시간 이상의 야외 비행경력. 이 경우 45킬로미터 이상의 구간에서 1개 이상의 다른 지점에 이륙·착륙한 비행경력을 포함해야 한다. 나) 비행장에서 5회 이상의 이륙·착륙(완전 정지 포함) 다) 3시간 이상의 계기비행경력 라) 5시간 이상의 기장 임무 비행경력
부조종사	다음의 요건을 모두 충족하는 사람 가) 국토교통부장관이 지정한 전문교육기관의 교육과정을 이수한 사람 나) 지방항공청장이 지정한 모의비행장치를 이용한 비행훈련시간과 실제 비행기에 의한 비행시간의 합계가 240시간 이상인 비행경력이 있는 사람. 이 경우 실제 비행기에 의한 비행시간은 다음의 비행경력을 포함하여 40시간 이상이어야 한다. (1) 5시간 이상의 단독 야외 비행경력을 포함한 10시간 이상의 단독 비행경력 (2) 270킬로미터 이상의 구간 비행 중 2개의 다른 비행장에 이륙·착륙한 비행경력 다) 야간비행경력이 있는 사람 라) 계기비행 경험이 있는 사람
항공사	다음의 어느 하나에 해당하는 사람 가) 야간에 행한 30시간 이상의 야외 비행경력을 포함한 200시간(항공운송사업에 사용되는 항공기 조종사로서의 비행경력이 있는 경우에는 그 비행시간을 100시간의 범위 내에서 인정한다) 이상의 비행경력이 있는 사람 나) 야간비행 중 25회 이상 천체관측에 의하여 위치결정을 하고, 주간비행 중 25회 이상 무선위치선, 천측위치선 그 밖의 항법 제원을 이용하여 위치결정을 하여, 그것을 항법에 응용하는 실기연습을 한 사람 다) 국토교통부장관이 지정한 전문교육기관에서 항공사에 필요한 교육과정을 이수한 사람
항공기관사	다음의 어느 하나에 해당하는 사람 가) 200시간 이상의 운송용 항공기(2개 이상의 발동기를 장착한 군용항공기를 포함한다)를 조종한 비행경력이 있는 사람으로서 항공기관사를 필요로 하는 항공기에 탑승하여 항공기관사 업무의 실기연습을 100시간(50시간의 범위 내에서 지방항공청장이 지정한 모의비행장치를 이용한 비행경력을 인정한다) 이상 한 사람 나) 국토교통부장관이 지정한 전문교육기관에서 항공기관사에게 필요한 교육과정을 이수한 사람 다) 사업용 조종사 자격증명 및 계기비행증명을 받고 항공기관사업무의 실기연습을 5시간 이상 한 사람

자격증명의 종류	비행경력 또는 그 밖의 경력
항공교통 관제사	다음의 어느 하나에 해당하는 사람 가) 국토교통부장관이 지정한 전문교육기관에서 항공교통관제에 필요한 교육과정을 이수한 사람(외국의 전문교육기관으로서 해당 외국정부가 인정한 전문교육기관에서 교육과정을 이수한 사람을 포함한다)으로서 관제실무감독관의 요건을 갖춘 사람의 지휘·감독 하에 3개월(이 경우 비행장은 90시간, 접근관제절차·접근관제감시·지역관제절차·지역관제감시는 180시간을 의미한다) 또는 90시간(비행장에 해당되며, 접근관제절차·접근관제감시·지역관제절차·지역관제감시의 경우에는 180시간) 이상의 관제실무를 수행한 경력(전문교육기관의 교육과정을 이수하기 전에 관제실무를 수행한 경력을 포함한다)이 있는 사람 나) 항공교통관제사 자격증명이 있는 사람의 지휘·감독 하에 9개월(이 경우 비행장은 270시간, 접근관제절차·접근관제감시·지역관제절차·지역관제감시는 540시간을 의미한다) 이상의 관제실무를 행한 경력이 있거나 민간항공에 사용되는 군의 관제시설에서 9개월(이 경우 비행장은 270시간, 접근관제절차·접근관제감시·지역관제절차·지역관제감시는 540시간을 의미한다) 또는 270시간(비행장관제에 해당되며, 접근관제절차·접근관제감시·지역관제절차·지역관제감시의 경우에는 540시간)이상의 관제실무를 수행한 경력이 있는 사람 다) 삭제 〈2019. 9. 23.〉 라) 외국정부가 발급한 항공교통관제사의 자격증명을 받은 사람
항공정비사	1) 항공기 종류 한정이 필요한 항공정비사 자격증명을 신청하는 경우에는 다음의 어느 하나에 해당하는 사람 가) 자격증명을 받으려는 해당 항공기 종류에 대한 6개월 이상의 정비업무경력을 포함하여 4년 이상의 항공기 정비업무경력(자격증명을 받으려는 항공기가 활공기인 경우에는 활공기의 정비와 개조에 대한 경력을 말한다)이 있는 사람 나) 「고등교육법」에 따른 대학·전문대학(다른 법령에서 이와 동등한 수준 이상의 학력이 있다고 인정되는 교육기관을 포함한다) 또는 「학점인정 등에 관한 법률」에 따라 학습하는 곳에서 별표 5 제1호에 따른 항공정비사 학과시험의 범위를 포함하는 각 과목을 모두 이수하고, 자격증명을 받으려는 항공기와 동등한 수준 이상의 것에 대하여 교육과정 이수 후의 정비실무경력이 6개월 이상이거나 교육과정 이수 전의 정비실무경력이 1년 이상인 사람 다) 국토교통부장관이 지정한 전문교육기관에서 해당 항공기 종류에 필요한 과정을 이수한 사람(외국의 전문교육기관으로서 그 외국정부가 인정한 전문교육기관에서 해당 항공기 종류에 필요한 과정을 이수한 사람을 포함한다). 이 경우 항공기의 종류인 비행기 또는 헬리콥터 분야의 정비에 필요한 과정을 이수한 사람은 경량항공기의 종류인 경량비행기 또는 경량헬리콥터 분야의 정비에 필요한 과정을 각각 이수한 것으로 본다. 라) 외국정부가 발급한 해당 항공기 종류 한정 자격증명을 받은 사람 2) 정비분야 한정이 필요한 항공정비사 자격증명을 신청하는 경우에는 다음의 어느 하나에 해당하는 사람 가) 항공기 전자·전기·계기 관련 분야에서 4년 이상의 정비실무경력이 있는 사람 나) 국토교통부장관이 지정한 전문교육기관에서 항공기 전자·전기·계기의 정비에 필요한 과정을 이수한 사람으로서 항공기 전자·전기·계기 관련 분야에서 정비실무경력이 2년 이상인 사람
운항관리사	다음의 어느 하나에 해당하는 사람 가) 항공운송사업 또는 항공기사용사업에 사용되는 항공기의 운항에 관하여 다음의 어느 하나에 해당하는 경력을 2년 이상 가진 사람 또는 다음의 어느 하나에 해당하는 경력 둘 이상을 합산하여 2년 이상의 경력이 있는 사람 (1) 조종을 행한 경력 (2) 공중항법에 의하여 비행을 행한 경력 (3) 기상업무를 행한 경력 (4) 항공기에 승무하여 무선설비의 조작을 행한 경력 나) 항공교통관제사 자격증명을 받은 후 2년 이상의 관제실무 경력이 있는 사람 다) 「고등교육법」에 따른 전문대학 이상의 교육기관에서 별표 5 제1호에 따른 운항관리사 학과시험의 범위를 포함하는 각 과목을 이수한 사람으로서 3개월 이상의 운항관리경력(실습경력 포함)이 있는 사람

자격증명의 종류	비행경력 또는 그 밖의 경력
운항관리사	라) 국토교통부장관이 지정한 전문교육기관에서 운항관리사에 필요한 교육과정을 이수한 사람(외국의 전문교육기관으로서 그 외국정부가 인정한 전문교육기관에서 운항관리에 필요한 교육과정을 이수한 사람을 포함한다) 마) 항공운송사업체에서 운항관리에 필요한 교육과정을 이수하고 응시일 현재 최근 6개월 이내에 90일(근무일 기준) 이상 항공운송사업체에서 운항관리사의 지휘·감독 하에 운항관리실무를 보조하여 행한 경력이 있는 사람 바) 외국정부가 발급한 운항관리사의 자격증명을 받은 사람 사) 항공교통관제사 또는 자가용 조종사 이상의 자격증명을 받은 후 2년 이상의 항공정보업무 경력이 있는 사람

나. 한정심사

심사분야	자격별	응시경력
자격증명 한정	조종사 및 항공기관사	다음의 어느 하나에 해당하는 사람 가) 항공기 종류의 한정의 경우는 자격증명시험의 비행경력을 갖춘 사람 나) 항공기 형식의 한정의 경우는 다음의 어느 하나에 해당하는 사람 (1) 제89조 제2항에 따른 전문교육기관 또는 외국정부가 인정한 교육기관(항공기제작사의 교육기관을 포함한다)에서 해당 기종에 대한 전문교육훈련을 이수한 사람 (2) 제266조에 따른 운항규정에 명시된 항공운송사업자, 항공기사용사업자 또는 항공기제작사가 실시하는 지상교육(항공기제작사에서 정한 교육훈련과 동등 이상의 지상교육을 포함한다)을 이수한 사람 또는 자가용으로 운항되는 항공기의 조종사로 자체 지상교육을 이수한 사람으로서 다음의 어느 하나에 해당하는 사람 (가) 비행기의 경우 20시간(왕복발동기를 장착한 비행기의 경우 16시간) 이상의 모의비행훈련과 2시간 이상의 비행훈련을 받은 사람. 다만, 모의비행훈련을 받지 아니한 경우에는 실제비행훈련 1시간을 모의비행훈련 4시간으로 인정할 수 있다. (나) 헬리콥터의 경우 20시간 이상의 비행훈련을 받은 사람. 다만, 다른 헬리콥터에 대한 한정자격이 있는 사람이 다른 기종의 한정을 받으려는 경우에는 10시간 이상의 비행훈련을 받은 사람 (3) 군·경찰·세관에서 해당 기종에 대한 기장비행시간(항공기관사의 경우 항공기관사 비행시간)이 200시간 이상인 사람 (4) 법 제2조 제4호에 따른 국가기관등항공기를 소유한 국가·지방자치단체 및 국립공원관리공단에서 국토교통부장관으로부터 승인을 받은 교육과정[지상교육 및 비행훈련과정(실무교육을 포함한다)]을 이수한 사람 다) 항공기 등급한정의 경우 해당 항공기의 종류 및 등급에 대한 비행시간이 10시간 이상인 사람 라) 제89조 제1항에 따라 외국정부로부터 한정자격증명을 소지한 사람
	항공정비사	1) 항공기 종류 한정의 경우 항공정비사 자격증명 취득일부터 해당 항공기 종류에 대한 6개월 이상의 정비실무경력이 있는 사람 2) 전기·전자·계기 관련 분야 한정의 경우 항공정비사 자격증명 취득일부터 항공기 전기·전자·계기 관련 분야에 대한 2년 이상의 정비실무경력이 있는 사람

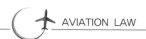

심사분야	자격별	응시경력
조종교육 증명	초급 (비행기, 비행선, 헬리콥터)	다음의 요건을 모두 충족하는 사람 가) 해당 항공기(활공기를 제외한다) 종류에 대한 200시간 이상의 비행경력 나) 운송용 조종사 또는 사업용 조종사 자격증명을 받은 이후 다음의 어느 하나의 교육훈련을 이수 (1) 제89조 제2항에 따른 전문교육기관 또는 외국정부가 인정한 교육기관(항공기제작사의 교육기관을 포함한다)에서 해당 항공기 종류·등급에 대한 조종교관과정의 교육훈련 (2) 조종교육증명을 소지한 사람으로부터 해당 항공기 종류·등급에 대한 다음 각 목의 교육훈련 (가) 지상교육: (1)에 따른 전문교육기관의 학과교육과 동등하다고 국토교통부장관 또는 지방항공청장이 인정한 교육 (나) 비행훈련: 신청하는 사람이 해당 항공기 종류·등급의 기장으로서 조종교육증명을 갖춘 사람과 25시간 이상의 동승 비행훈련 다) 계기비행증명 소지(다만, 비행기 또는 헬리콥터에 대한 초급 조종교육증명을 신청하는 경우에만 해당한다)
	초급(활공기)	다음의 어느 하나에 해당하는 사람 가) 활공기에 대한 기장으로서 15시간 이상의 비행경력 나) 사업용 조종사 자격증명을 받은 이후 다음의 어느 하나의 교육훈련을 이수 (1) 제89조 제2항에 따른 전문교육기관 또는 외국정부가 인정한 교육기관(항공기제작사의 교육기관을 포함한다)에서 활공기에 대한 조종교관과정의 교육훈련 이수 (2) 조종교육증명을 소지한 사람으로부터 활공기에 대한 다음의 교육훈련 이수 (가) 지상교육: (1)에 따른 전문교육기관의 학과교육과 동등하다고 국토교통부장관 또는 지방항공청장이 인정한 소정의 교육 (나) 비행훈련: 활공기 조종교육증명을 소지한 사람과 20회 이상의 활공경력을 포함한 2시간 이상의 동승 훈련비행
	선임 (비행기, 비행선, 헬리콥터)	해당 항공기(활공기를 제외한다) 종류·등급에 대한 초급 조종교육증명을 받은 후 조종교육업무를 수행한 275시간의 비행경력을 포함한 총 500시간 이상의 비행경력을 보유한 사람
	선임(활공기)	활공기에 대한 초급 조종교육증명을 받은 후 조종교육업무를 수행한 10시간의 비행경력을 포함한 총 25시간 이상의 비행경력을 보유한 사람
계기비행 증명	조종사	다음의 요건을 모두 충족하는 사람 가) 해당 비행기 또는 헬리콥터에 대한 운송용 조종사, 사업용 조종사 또는 자가용 조종사 자격증명이 있을 것 나) 비행기 또는 헬리콥터의 기장으로서 해당 항공기 종류에 대한 총 50시간(이 경우 실시하고자 하는 비행기 또는 헬리콥터 기장으로서 10시간 이상의 야외비행경력을 포함) 이상의 야외비행경력을 보유할 것 다) 제89조 제2항에 따른 전문교육기관 또는 외국정부가 인정한 교육기관(항공기제작사의 교육기관을 포함한다)에서 해당 항공기 종류에 대한 계기비행과정의 교육훈련을 이수하거나 다음의 계기비행과정의 교육훈련을 이수할 것 (1) 지상교육: 가)에 따른 전문교육기관의 학과교육과 동등하다고 국토교통부장관 또는 지방항공청장이 인정한 소정의 교육 (2) 비행훈련: 40시간 이상의 계기비행훈련. 이 경우 20시간의 범위 내에서 조종교육증명을 받은 사람으로부터 지방항공청장이 지정한 모의비행장치로 실시한 계기비행훈련시간을 포함할 수 있다.

2. 경량항공기 조종사

가. 자격증명

자격증명의 종류	비행경력 또는 그 밖의 경력
경량항공기 조종사	다음의 어느 하나에 해당하는 사람 가) 국토교통부장관이 지정한 전문교육기관 이수자는 다음 나)의 경력을 모두 충족하는 20시간 나) 경량항공기에 대하여 다음의 경력을 포함한 20시간 이상의 경량항공기 비행경력이 있는 사람 (1) 5시간 이상의 단독 비행경력 (2) 타면조종형비행기, 경량헬리콥터 및 자이로플레인에 대해서는 5시간 이상의 야외비행경력. 이 경우 120킬로미터 이상의 구간에서 1개 이상의 다른 지점에 이륙·착륙한 비행경력이 있어야 한다. 다) 자가용 조종사, 사업용 조종사, 운송용 조종사 또는 부조종사가 다음의 구분에 따른 경량항공기에 대하여 2시간 이상의 단독 비행경력을 포함한 5시간 이상의 비행경력이 있는 사람 (1) 자가용 조종사, 사업용 조종사, 운송용 조종사 또는 부조종사가 비행기에 대하여 자격증명이 한정된 경우: 경량항공기 타면조종형비행기 (2) 자가용 조종사, 사업용 조종사, 운송용 조종사 또는 부조종사가 헬리콥터에 대하여 자격증명이 한정된 경우: 경량항공기 경량헬리콥터 및 자이로플레인

나. 한정심사

심사분야	자격별	응시경력
조종교육증명	경량항공기 조종사	1) 항공기에 대한 조종교육증명을 받은 사람으로서 다음의 구분에 따른 경량항공기의 비행경력이 5시간 이상인 사람 가) 사업용 또는 운송용 조종사가 비행기에 대하여 자격증명이 한정된 경우: 경량항공기 타면조종형비행기 나) 사업용 또는 운송용 조종사가 헬리콥터에 대하여 자격증명이 한정된 경우: 경량항공기 경량헬리콥터 및 자이로플레인 2) 경량항공기 조종사 자격증명을 받은 사람으로서 다음의 어느 하나에 해당하는 사람 가) 제89조 제1항에 따라 외국정부로부터 경량항공기 종류에 대한 조종교육증명을 받은 사람 나) 제89조 제2항에 따른 전문교육기관 또는 외국정부가 인정한 교육기관(항공기제작사의 교육기관을 포함한다)에서 경량항공기 종류에 대한 조종교관과정의 전문교육훈련을 이수한 사람 다) 경량항공기의 종류별 비행경력(타면조종형 경량비행기의 경우에는 비행기 비행경력을, 경량헬리곱터의 경우에는 헬리곱터 비행경력을 각각 포함한다)이 200시간 이상이고 다음의 교육 및 훈련을 이수한 사람 (1) 조종교육에 관하여 국토교통부장관이 인정하는 소정의 지상교육 (2) 경량항공기 조종교육증명을 받은 사람으로부터 15시간 이상의 비행훈련

※ 비고

1. "정비업무"란 정비실무(수리, 개조, 검사를 포함한다), 정비기술, 정비계획 및 정비품질관리를 말한다.
2. 이 표에서 정한 전문교육·훈련을 이수하지 아니한 사람 또는 제266조에 따른 운항규정 또는 정비규정에 명시된 교육훈련 시행을 위하여 항공운송사업자 또는 항공기사용사업자가 실시하는 교육훈련을 이수하지 아니한 사람에 대한 한정심사는 전문교육훈련과정(항공기제작사에서 정한 교육훈련과정을 포함한다)과 동등한 수준 이상의 교육훈련을 해당 기종의 교관 또는 위촉심사관으로부터 이수하고 그 교관 또는 위촉심사관이 서명한 교육증명서와 상기 한정심사 신청자격의 각 호에 해당하는 경력사항을 증명하는 서류를 첨부하는 사람에 한하여 시행할 수 있다(경량항공기 조종사의 경우에는 적용하지 아니한다).

3. 다음 각 목의 어느 하나에 해당하는 사람이 제91조 제2항에 따라 국토교통부장관이 고시한 지정기준에 따라 제3종으로 지정받은 모의비행장치로 비행훈련을 받은 경우에는 실제 항공기로 비행훈련을 받은 것으로 본다(경량항공기 조종사의 경우에는 적용하지 아니한다).
   가. 자격증명의 한정을 받으려는 비행기와 같은 등급의 비행기의 형식에 대한 한정자격증명을 받은 사람
   나. 자격증명의 한정을 받으려는 비행기와 같은 등급의 군용 비행기의 기장으로서 500시간 이상의 비행경력이 있는 사람
   다. 총 1천 500시간 이상의 비행경력이 있는 사람. 이 경우 자격증명의 한정을 받으려는 비행기와 같은 등급의 비행기 조종사로 1천시간 이상의 비행경력을 포함해야 한다.
   라. 형식의 한정이 요구되는 두 기종 이상의 비행기 조종사로서 1천시간 이상의 비행경력이 있는 사람
4. 항공교통관제사 자격증명 취득을 위한 비행경력 또는 그 밖의 경력에서 "관제실무감독관"이란 다음 각 목의 어느 하나에 해당하는 사람을 말한다.
   가. 항공교통관제사 자격증명을 보유한 사람으로서 3년 이상의 실무경력이 있는 사람
   나. 항공교통관제사 자격증명 취득 이후 항공교통관제 감독관 또는 교관과정을 이수한 사람

■ 항공안전법 시행규칙 [별표 5] 〈개정 2020. 12. 10.〉

[시행일: 2021. 3. 1.] 제1호 가목 1)의 항공정비사(경량항공기에 관한 부분은 제외한다)
제1호 가목 2)의 항공정비사(경량항공기에 관한 부분은 제외한다)
제1호 나목 1)의 항공정비사(경량항공기에 관한 부분은 제외한다)
제1호 나목 2)의 항공정비사(경량항공기에 관한 부분은 제외한다)

자격증명시험 및 한정심사의 과목 및 범위(제82조 제1항 관련)

1. 항공종사자

가. 학과시험의 과목 및 범위

1) 자격증명시험

자격증명의 종류	자격증명의 한정을 하려는 항공기의 종류 · 등급 또는 업무의 종류	과목	범위
운송용 조종사	비행기 · 헬리콥터 (헬리콥터 자격증명의 학과시험의 경우 계기비행에 관한 범위는 제외한다)	항공법규	가. 국내항공법규 나. 국제항공법규
		비행이론	가. 비행 원리, 항공역학 등 비행에 관한 이론 및 지식 나. 항공기의 구조와 시스템에 관한 지식 다. 항공기 성능에 관한 지식 라. 항공기의 무게중심과 균형에 관한 지식 마. 항공기 계기와 그 밖의 장비품에 관한 일반지식
		공중항법	가. 항법의 기초 및 종류 나. 항행안전시설의 종류 · 기능과 이용방법 다. 탑재항행장비의 원리 · 종류 · 기능과 사용방법 라. 비행준비 · 지상운용 · 이륙 · 상승 · 순항 · 강하 · 착륙 등 단계별 비행절차 및 비상상황 대응절차 마. 운송용 조종사와 관련된 인적수행능력에 관한 지식(위협 및 오류 관리에 관한 원리를 포함한다) 및 적용
		항공기상	가. 지구 대기의 구조, 열과 온도 등 기상일반에 관한 사항 나. 다음의 기상 등에 관한 지식 1) 대기압과 고도측정 2) 일기도 및 바람 · 구름 3) 기단 및 전선 4) 난기류, 착빙(着氷) 및 뇌우 5) 열대기상, 북극기상 및 우주기상 등 다. 항공기상 관측 및 분석에 관한 지식 라. 항공기상 예보에 관한 지식 마. 기상레이더 등 기상관측장비에 관한 지식 바. 그 밖에 항공기 운항에 영향을 주는 기상에 관한 지식
		항공교통 · 통신 · 정보업무	가. 항공교통관제업무의 일반지식 나. 조난 · 비상 · 긴급통신방법 및 절차 다. 항공통신에 관한 일반지식 라. 항공정보간행물, 항공고시보 등 항공정보업무에 관한 지식

자격증명의 종류	자격증명의 한정을 하려는 항공기의 종류·등급 또는 업무의 종류	과목	범위
사업용 조종사	비행기·헬리콥터·비행선	항공법규	가. 국내항공법규 나. 국제항공법규
		비행이론	가. 비행 원리, 항공역학 등 비행에 관한 이론 및 지식 나. 항공기의 구조와 시스템에 관한 지식 다. 항공기 성능에 관한 지식 라. 항공기의 무게중심과 균형에 관한 지식 마. 항공기 계기와 그 밖의 장비품에 관한 일반지식
		공중항법	가. 항법의 기초 및 종류 나. 항행안전시설의 종류·기능과 이용방법 다. 탑재항행장비의 원리·종류·기능과 사용방법 라. 비행준비·지상운용·이륙·상승·순항·강하·착륙 등 단계별 비행절차 및 비상상황 대응절차 마. 사업용 조종사와 관련된 인적수행능력에 관한 지식(위협 및 오류 관리에 관한 원리를 포함한다) 및 적용
		항공기상	가. 지구 대기의 구조, 열과 온도 등 기상일반에 관한 사항 나. 다음의 기상 등에 관한 지식 1) 대기압과 고도측정 2) 일기도 및 바람·구름 3) 기단 및 전선 4) 난기류, 착빙 및 뇌우 5) 열대기상, 북극기상 및 우주기상 등 다. 항공기상 관측 및 분석에 관한 지식 라. 항공기상 예보에 관한 지식 마. 기상레이더 등 기상관측장비에 관한 지식 바. 그 밖에 항공기 운항에 영향을 주는 기상에 관한 지식
		항공교통·통신·정보업무	가. 항공교통관제업무의 일반지식 나. 조난·비상·긴급통신방법 및 절차 다. 항공통신에 관한 일반지식 라. 항공정보간행물, 항공고시보 등 항공정보업무에 관한 지식
	활공기	항공법규	가. 국내항공법규 나. 국제항공법규
		비행이론	가. 비행이론에 관한 일반지식 나. 활공기의 취급법과 운항제한에 관한 지식 다. 활공기에 사용되는 계측기의 지식 라. 항공지도의 이용방법 마. 활공비행에 관련된 기상에 관한 지식

자격증명의 종류	자격증명의 한정을 하려는 항공기의 종류 · 등급 또는 업무의 종류	과목	범위
자가용 조종사	비행기 · 헬리콥터 · 비행선	항공법규	가. 국내항공법규 나. 국제항공법규
		비행이론	가. 비행 원리, 항공역학 등 비행에 관한 이론 및 지식 나. 항공기의 구조와 시스템에 관한 지식 다. 항공기 성능에 관한 지식 라. 항공기의 무게중심과 균형에 관한 지식 마. 항공기 계기와 그 밖의 장비품에 관한 일반지식
		공중항법	가. 항법의 기초 및 종류 나. 항행안전시설의 종류 · 기능과 이용방법 다. 탑재항행장비의 원리 · 종류 · 기능과 사용방법 라. 비행준비 · 지상운용 · 이륙 · 상승 · 순항 · 강하 · 착륙 등 단계별 비행절차 및 비상상황 대응절차 마. 자가용 조종사와 관련된 인적수행능력에 관한 지식(위협 및 오류 관리에 관한 원리를 포함한다) 및 적용
		항공기상	가. 지구 대기의 구조, 열과 온도 등 기상일반에 관한 사항 나. 다음의 기상 등에 관한 지식 1) 대기압과 고도측정 2) 일기도 및 바람 · 구름 3) 기단 및 전선 4) 난기류, 착빙 및 뇌우 5) 열대기상, 북극기상 및 우주기상 등 다. 항공기상 관측 및 분석에 관한 지식 라. 항공기상 예보에 관한 지식 마. 기상레이더 등 기상관측장비에 관한 지식 바. 그 밖에 항공기 운항에 영향을 주는 기상에 관한 지식
		항공교통 · 통신 · 정보업무	가. 항공교통관제업무의 일반지식 나. 조난 · 비상 · 긴급통신방법 및 절차 다. 항공통신에 관한 일반지식 라. 항공정보간행물, 항공고시보 등 항공정보업무에 관한 지식
	활공기	항공법규	가. 국내항공법규 나. 국제항공법규
		공중항법	가. 비행이론에 관한 일반지식(상급활공기와 특수활공기만 해당한다) 나. 활공기의 취급법과 운항제한에 관한 지식 다. 활공비행에 관한 기상의 개요(상급활공기와 특수활공기만 해당한다)
부조종사	비행기	항공법규	가. 국내 항공법규 나. 국제 항공법규

자격증명의 종류	자격증명의 한정을 하려는 항공기의 종류·등급 또는 업무의 종류	과목	범위
항공사		항공법규	해당 업무에 필요한 항공법규
		공중항법	가. 지문항법·추측항법·무선항법 나. 천측항법에 관한 일반지식 다. 항법용 계측기의 원리와 사용방법 라. 항행안전시설의 제원 마. 항공도 해독 및 이용방법 바. 항공사와 관련된 인적요소에 관한 일반지식
		항공기상	가. 항공기상통보와 천기도 해독 나. 기상통보 방식 다. 항공기상 관측에 관한 지식 라. 구름과 전선에 관한 지식 마. 그 밖에 비행에 영향을 주는 기상에 관한 지식
		항공교통·통신·정보업무	가. 항공교통 관제업무의 일반지식 나. 항공교통에 관한 일반지식 다. 조난·비상·긴급통신방법 및 절차 라. 항공정보업무
항 공 기관사		항공법규	해당 업무에 필요한 항공법규
		항공역학	가. 항공역학의 이론과 항공기의 중심위치의 계산에 필요한 지식 나. 항공기관사와 관련한 인적요소에 관한 일반지식
		항공기체	항공기의 기체의 강도·구조·성능과 정비에 관한 지식
		항공발동기	항공기용 발동기와 계통 및 구조·성능·정비에 관한 지식과 항공기 연료·윤활유에 관한 지식
		항공장비	항공기 장비품의 구조·성능과 정비에 관한 지식
		항공기제어	비행 중에 필요한 동력장치와 장비품의 제어에 관한 지식
항공교통 관제사		항공법규	가. 국내항공법규 나. 국제항공법규
		관제일반	가. 비행계획, 항공교통관제허가 및 항공교통업무와 관련된 항공기 기체·발동기·시스템의 성능 등에 관한 일반지식 나. 항공로관제절차 다. 접근관제절차 라. 비행장관제절차 마. 레이더관제절차 바. 항공교통관제사와 관련된 인적수행능력에 관한 지식(위협 및 오류 관리에 관한 원리를 포함한다) 및 적용
		항행안전시설	가. 항행안전시설의 종류·성능 및 이용방법 나. 항공지도의 해독 다. 공중항법에 관한 일반지식 라. 항법용 계측기의 원리와 사용방법

자격증명의 종류	자격증명의 한정을 하려는 항공기의 종류 · 등급 또는 업무의 종류	과목	범위
항공교통 관제사		항공기상	가. 지구 대기의 구조, 열과 온도 등 기상일반에 관한 사항 나. 다음의 기상 등에 관한 지식 1) 대기압과 고도측정 2) 일기도 및 바람 · 구름 3) 기단 및 전선 4) 난기류, 착빙 및 뇌우 5) 열대기상, 북극기상 및 우주기상 등 다. 항공기상 관측 및 분석에 관한 지식 라. 항공기상 예보에 관한 지식 마. 기상레이더 등 기상관측장비에 관한 지식 바. 그 밖에 항공교통관제에 필요한 기상에 관한 지식
		항공교통 · 통신 · 정보업무	가. 항공교통관제업무의 일반지식 나. 조난 · 비상 · 긴급통신방법 및 절차 다. 항공통신에 관한 일반지식 라. 항공정보간행물, 항공고시보 등 항공정보업무에 관한 지식
항공정비사	비행기 · 헬리콥터 · 비행선	항공법규	해당 업무에 필요한 항공법규
		정비일반	가. 정비일반의 이론과 항공기의 중심위치의 계산 등에 관한 지식 나. 항공정비 분야와 관련된 인적수행능력에 관한 지식(위협 및 오류 관리에 관한 원리를 포함한다)
		항공기체	항공기체의 강도 · 구조 · 성능과 정비에 관한 지식
		항공발동기	항공기용 동력장치의 구조 · 성능 · 정비에 관한 지식과 항공기 연료 · 윤활유에 관한 지식
		전자 · 전기 · 계기(기본)	항공기 장비품의 구조 · 성능 · 정비 및 전자 · 전기 · 계기에 관한 지식
	경량비행기 · 경량헬리콥터 (자이로플레인을 포함한다)	항공법규	비행기 · 헬리콥터 · 비행선의 항공법규에서 정한 범위와 같음
		정비일반	비행기 · 헬리콥터 · 비행선의 정비일반에서 정한 범위와 같음
		항공기체	비행기 · 헬리콥터 · 비행선의 항공기체에서 정한 범위와 같음
		항공발동기	비행기 · 헬리콥터 · 비행선의 항공발동기에서 정한 범위와 같음
		전자 · 전기 · 계기(기본)	비행기 · 헬리콥터 · 비행선의 전자 · 전기 · 계기(기본)에서 정한 범위와 같음
	활공기	항공법규	해당 업무에 필요한 항공법규
		정비일반	가. 정비일반의 이론과 항공기의 중심위치의 계산 등에 관한 지식 나. 항공정비 분야와 관련된 인적수행능력에 관한 지식(위협 및 오류 관리에 관한 원리를 포함한다)
		활공기체	활공기의 기체와 장비품(예항장치의 착탈장치를 포함한다)의 강도 · 성능 · 정비와 개조에 관한 지식

자격증명의 종류	자격증명의 한정을 하려는 항공기의 종류·등급 또는 업무의 종류	과목	범위
항공정비사	전자·전기·계기 분야	항공법규	해당 업무에 필요한 항공법규
		정비일반	가. 정비일반의 이론과 항공기의 중심위치의 계산 등에 관한 지식 나. 항공정비 분야와 관련된 인적수행능력에 관한 지식(위협 및 오류 관리에 관한 원리를 포함한다)
		전자·전기·계기(기본)	항공기 장비품의 구조·성능·정비 및 전자·전기·계기에 관한 지식
		전자·전기·계기(심화)	항공기용 전자·전기·계기의 구조·성능시험·정비와 개조에 관한 심화지식
운항관리사		항공법규	항공법규(운항관리사의 업무 수행에 적용되는 항공법규만 해당한다)
		항공기	가. 항공운송사업에 사용되는 항공기의 구조 및 이착륙·순항 성능에 관한 지식 나. 항공운송사업에 사용되는 항공기 연료 소비에 관한 지식 다. 중량분포의 기술원칙 라. 중량배분이 항공기 운항에 미치는 영향 마. 최소장비목록(Minimum Equipment List)과 외형변경목록(Configuration deviation list)
		항행안전시설	가. 항행안전시설의 종류·성능 및 이용방법 나. 항공지도의 해독 다. 공중항법에 관한 일반지식 라. 항법용 계측기의 원리와 사용방법 마. 항공기의 운항관리와 관련된 인적수행능력에 관한 지식(위협 및 오류 관리에 관한 원리를 포함한다) 및 적용 바. 표준운항절차의 적용
		항공기상	가. 지구 대기의 구조, 열과 온도 등 기상일반에 관한 사항 나. 다음의 기상 등에 관한 지식 1) 대기압과 고도측정 2) 일기도 및 바람·구름 3) 기단 및 전선 4) 난기류, 착빙 및 뇌우 5) 열대기상, 북극기상 및 우주기상 등 다. 항공기상 관측 및 분석에 관한 지식 라. 항공기상 예보에 관한 지식 마. 기상레이더 등 기상관측장비에 관한 지식 바. 그 밖에 항공기의 운항관리에 필요한 기상에 관한 지식
		항공통신	가. 항공통신시설의 개요, 통신조작과 시설의 운용방법 및 절차 나. 항공교통관제업무의 일반지식 다. 항공통신 및 항공정보에 관한 지식 라. 조난·비상·긴급통신방법 및 절차

2) 한정심사

자격별	한정을 받으려는 내용	과목	범위
조종사	항공기 종류 · 등급의 한정	없음	없음
	항공기 형식의 한정	해당 형식의 항공기 비행교범	해당 형식의 항공기 조종업무 또는 항공기관사 업무에 필요한 지식
	계기비행증명 (비행기 · 헬리콥터)	계기비행	가. 계기비행 등에 관한 항공법규 나. 추측항법과 무선항법 다. 항공기용 계측기(개요) 라. 항공기상(개요) 마. 항공기상통보 바. 계기비행 등의 비행계획 사. 항공통신에 관한 일반지식 아. 계기비행 등에 관련된 인적요소에 관한 일반지식
	계기비행증명 (종류 변경 시)	없음	없음
	초급 조종교육증명 (비행기 · 헬리콥터 · 활공기 · 비행선)	조종교육	가. 조종교육에 관한 항공법규 나. 조종교육의 실시요령 다. 위험 · 사고의 방지요령 라. 구급법 마. 조종교육에 관련된 인적요소에 관한 일반지식 바. 비행에 관한 전문지식
	선임 조종교육증명 (비행기 · 헬리콥터 · 활공기 · 비행선)	없음	없음
	조종교육증명 (종류 또는 등급 변경 시)	없음	없음
항공 기관사	항공기 종류 · 등급의 한정	없음	없음
	항공기 형식의 한정	해당 형식의 항공기 비행교범	해당 형식의 항공기 조종업무 또는 항공기관사 업무에 필요한 지식
항공 정비사	항공기(경량항공기를 포함한다) 종류의 한정	1. 다른 항공기(경량항공기를 포함한다) 종류 한정을 받은 경우에는 없음 2. 전자 · 전기 · 계기 분야의 한정을 받은 경우에는 항공기체, 항공발동기의 내용을 포함한 과목	없음 가. 항공기체: 항공기체(헬리콥터의 경우 회전익을 포함한다)의 강도 · 구조 · 성능과 정비에 관한 지식 나. 항공발동기: 항공기용 동력장치의 구조 · 성능 · 정비에 관한 지식과 항공기 연료 · 윤활유에 관한 지식
	정비분야의 한정	항공기 종류 한정을 받은 경우에는 전자 · 전기 · 계기 분야(심화)의 내용을 포함한 과목	항공기용 전자 · 전기 · 계기의 구조 · 성능시험 · 정비와 개조에 관한 심화지식

나. 실기시험의 범위

1) 자격증명시험

자격증명의 종류	자격증명의 한정을 하려는 항공기의 종류·등급 또는 업무의 종류	실시범위
운송용 조종사 사업용 조종사 부조종사 자가용 조종사	비행기·헬리콥터(헬리콥터 자격증명 실기시험의 경우 계기비행에 관한 범위는 제외한다)·비행선	가. 조종기술 나. 계기비행절차(경량항공기 조종사, 자가용 조종사 및 사업용 조종사의 경우는 제외한다) 다. 무선기기 취급법 라. 공지통신 연락 마. 항법기술 바. 해당 자격의 수행에 필요한 기술
사업용조종사	활공기	가. 조종기술 나. 해당 자격의 수행에 필요한 기술
자가용조종사	상급활공기 중급활공기	가. 조종기술 나. 해당 자격의 수행에 필요한 기술
항공사		가. 추측항법 나. 무선항법 다. 천측항법 라. 해당 자격의 수행에 필요한 기술
항공기관사		가. 기체동력장치나 그 밖의 장비품의 취급과 검사의 방법 나. 항공기 탑재중량의 배분과 중심위치의 계산 다. 기상조건 또는 운항계획에 의한 발동기의 출력의 제어와 연료소비량의 계산 라. 항공기의 고장 또는 1개 이상의 발동기의 부분적 고장의 경우에 하여야 할 처리 마. 해당 자격의 수행에 필요한 기술
항공교통관제사		가. 항공교통관제 분야와 관련된 인적수행능력(위협 및 오류 관리능력을 포함한다) 및 항공교통관제에 필요한 기술 나. 항공교통관제에 필요한 일반영어 및 표준관제영어
항공정비사	비행기(경량비행기를 포함한다)·헬리콥터(경량헬리콥터 및 자이로플레인을 포함한다)·비행선	가. 기체동력장치나 그 밖에 장비품의 취급·정비와 검사방법 나. 항공기(경량항공기를 포함한다) 탑재중량의 배분과 중심위치의 계산 다. 해당 자격의 수행에 필요한 기술
	활공기	가. 기체장비품(예항줄과 착탈장치를 포함한다)의 취급·정비·개조 및 검사방법 나. 활공기 탑재중량의 배분과 중심위치의 계산 다. 해당 자격의 수행에 필요한 기술
	전자·전기·계기 관련 분야(기본)	가. 전자·전기·계기의 취급·정비·개조와 검사방법 나. 해당 자격의 수행에 필요한 기술

자격증명의 종류	자격증명의 한정을 하려는 항공기의 종류 · 등급 또는 업무의 종류	실시범위
운항관리사		가. 실기시험(실습 및 구술시험 병행): 일기도의 해독, 항공정보의 수집 · 분석, 비행계획의 작성, 운항 전 브리핑 등의 작업을 하게 하여 운항관리 업무에 필요한 실무적인 능력 확인 나. 구술시험: 운항관리 업무에 필요한 전반적인 지식 확인 1) 항공전반의 일반지식 2) 항공기 성능 · 운용한계 등 3) 운항에 필요한 정보 등의 수집 · 분석, 비행안전에 영향을 미치는 요인의 규명 및 향후 영향 예측 4) 악천후의 기상상태, 비정상상태 또는 긴급상태에서의 적절한 조치 결정 5) 운항감시(Flight Monitoring) 및 비행의 개시, 지속, 전환, 종료를 위한 표준 절차 6) 운항관리 분야와 관련된 인적수행능력(위협 및 오류 관리능력을 포함한다) 7) 기상 상황, 항공기 상태 및 운항 절차에 따른 최소한의 운용 제한 적용

2) 한정심사

자격증명의 종류	자격증명의 한정을 받으려는 내용	범위
항공기관사	항공기 종류 · 등급의 한정	해당 항공기의 종류 · 등급에 맞는 조종업무 또는 항공기관사에게 필요한 기술
	항공기 형식의 한정	해당 항공기 형식에 맞는 조종업무 또는 항공기관사에게 필요한 기술
조종사	항공기 종류 · 등급의 한정	해당 항공기의 종류 · 등급에 맞는 조종업무 또는 항공기관사에게 필요한 기술
	항공기 형식의 한정	해당 항공기 형식에 맞는 조종업무 또는 항공기관사에게 필요한 기술
	계기비행증명 (비행기 · 헬리콥터)	가. 운항에 필요한 지식 나. 비행 전 작업 다. 기본적인 계기비행 라. 공중조작 및 형식 특성에 맞는 비행 마. 다음의 계기비행 1) 이륙 시의 계기비행 2) 표준계기출발방식 및 계기착륙 3) 체공방식 4) 계기접근방식 5) 복행방식 6) 계기접근 · 착륙 바. 계기비행방식의 야외 비행 사. 비상시 및 긴급 시의 조작 아. 항공교통관제기관과의 연락 자. 종합능력

자격증명의 종류	자격증명의 한정을 받으려는 내용	범위
조종사	초급 조종교육증명 (비행기 · 헬리콥터 · 활공기 · 비행선)	가. 조종기술 나. 비행 전후 지상에서의 조종기술과 관련된 교육요령 다. 항공기에 탑승한 조종연습생에 대한 지상에서의 조종감독요령 라. 항공기 탑승 시의 조종교육요령
	선임 조종교육증명 (비행기 · 헬리콥터 · 활공기 · 비행선)	가. 조종기술 나. 비행 전후 지상에서의 조종기술과 관련된 교육요령 다. 항공기에 탑승한 조종연습생에 대한 지상에서의 조종감독요령 라. 항공기 탑승 시의 조종교육요령 마. 초급 조종교육증명을 받은 사람에 대한 지도요령
항공정비사	항공기 종류(경량항공기를 포함한다)의 한정	해당 종류에 맞는 항공기 정비업무에 필요한 기술
	정비분야의 한정	전자 · 전기 · 계기 분야(기본 및 심화)의 정비업무에 필요한 기술

2. 경량항공기 조종사 자격증명시험

가. 학과시험의 과목 및 범위

1) 자격증명시험

자격증명의 종류	자격증명의 한정을 하려는 경량항공기 종류	과목	범위
경량 항공기 조종사	타면조종형비행기 · 체중이동형비행기 · 경량헬리콥터 · 자이로플레인 · 동력패러슈트	항공법규	해당 업무에 필요한 항공법규
		항공기상	가. 항공기상의 기초지식 나. 항공기상 통보와 기상도의 해독
		비행이론	가. 비행의 기초 원리 나. 경량항공기 구조와 기능에 관한 기초지식
		항공교통 및 항법	가. 공지통신의 기초지식 나. 조난 · 비상 · 긴급통신방법 및 절차 다. 항공정보업무 라. 지문항법 · 추측항법 · 무선항법

2) 한정심사

자격증명의 종류	한정을 받으려는 내용	과목	범위
경량 항공기 조종사	조종교육증명 (타면조종형비행기 · 체중이동형비행기 · 경량헬리콥터 · 자이로플레인 · 동력패러슈트)	조종교육	가. 조종교육에 관한 항공법규 나. 조종교육의 실시요령 다. 위험 · 사고의 방지요령 라. 구급법 마. 조종교육에 관련된 인적요소에 관한 사항 바. 비행에 관한 전문지식
	조종교육증명 (종류 변경 시)	없음	없음

나. 실기시험의 범위

1) 자격증명시험

자격증명의 종류	자격증명의 한정을 하려는 경량항공기 종류	실시범위
경량항공기 조종사	타면조종형비행기 · 체중이동형비행기 · 경량헬리콥터 · 자이로플레인 · 동력패러슈트	가. 조종기술 나. 무선기기 취급법 다. 공지통신 연락 라. 항법기술 마. 해당 자격의 수행에 필요한 기술

2) 한정심사

자격증명의 종류	자격증명의 한정을 받으려는 내용	범위
경량항공기 조종사	조종교육증명 (타면조종형비행기 · 체중이동형비행기 · 경량헬리콥터 · 자이로플레인 · 동력패러슈트)	가. 조종기술 나. 비행 전 · 후 지상에서의 조종기술과 관련된 교육요령 다. 경량항공기에 탑승한 조종연습생에 대한 지상에서의 조종감독요령 라. 경량항공기 탑승 시의 조종교육요령

■ 항공안전법 시행규칙 [별표 6] 〈개정 2018. 3. 23.〉

자격증명을 가진 사람의 학과시험 면제기준(제86조 제2항 관련)

응시자격	소지하고 있는 자격증명	학과시험 면제과목
사업용 조종사	항공기관사	비행이론
	항공교통관제사	항공기상
	운항관리사	항공기상
자가용 조종사	항공기관사	비행이론
	운항관리사	공중항법, 항공기상
	항공교통관제사	항공기상
항공기관사	운송용 조종사	항공역학
	사업용 조종사	항공역학
	항공정비사 (종류 한정만 해당한다)	항공역학(2018년 12월 31일 이전에 응시하여 항공정비사 자격증명을 취득한 사람에 한정한다), 항공장비, 항공발동기, 항공기체
항공교통 관제사	운송용 조종사	항공기상
	사업용 조종사	항공기상
	자가용 조종사	항공기상
	운항관리사	항행안전시설, 항공기상
항공정비사 (종류 한정만 해당한다)	항공기관사	정비일반, 항공기체, 항공발동기, 전자・전기・계기
운항관리사	운송용 조종사	항행안전시설, 항공기, 항공통신
	사업용 조종사	항행안전시설, 항공기, 항공통신
경량항공기 조종사	운송용 조종사	항공기상, 항공교통 및 항법, 항공법규, 비행이론
	사업용 조종사	
	자가용 조종사	
	항공교통관제사	항공기상, 항공교통 및 항법
	운항관리사	항공기상, 항공교통 및 항법

■ 항공안전법 시행규칙 [별표 7] 〈개정 2020. 2. 28.〉

자격증명시험 및 한정심사의 일부 면제(제88조 제2항 및 제89조 제3항 관련)

1. 자격증명시험

자격증명의 종류	면제 대상	일부면제 범위
가. 운송용 조종사	1) 사업용 조종사로서 계기비행증명 및 형식에 대한 한정자격증명을 받은 사람 2) 부조종사 자격증명을 받은 사람	실기시험 중 구술시험만 실시
나. 사업용 조종사	1) 비행경력이 1,500시간 이상인 사람 2) 국토교통부장관이 지정한 전문교육기관에서 사업용 조종사에게 필요한 과정을 이수한 사람	
다. 자가용 조종사	1) 비행경력이 300시간 이상인 사람 2) 국토교통부장관이 지정한 전문교육기관에서 자가용 조종사에게 필요한 과정을 이수한 사람	
라. 항공기관사	1) 항공기관사를 필요로 하는 항공기의 탑승실무경력이 300시간 이상인 사람 2) 국토교통부장관이 지정한 전문교육기관에서 항공기관사에게 필요한 과정을 이수한 사람	
마. 항공교통관제사	1) 5년 이상 항공교통관제에 관한 실무경력이 있는 사람 2) 국토교통부장관이 지정한 전문교육기관에서 항공교통관제사에게 필요한 과정을 이수한 사람	
바. 항공정비사	1) 해당 종류 또는 정비분야와 관련하여 5년 이상의 정비실무경력이 있는 사람 2) 국토교통부장관이 지정한 전문교육기관에서 항공기 종류 또는 정비분야의 교육과정을 이수한 사람	
사. 운항관리사	1) 5년 이상 운항관리에 관한 실무경력이 있는 사람 2) 국토교통부장관이 지정한 전문교육기관에서 운항관리사에게 필요한 과정을 이수한 사람	
아. 경량항공기조종사	1) 국토교통부장관이 지정한 전문교육기관에서 경량항공기조종사에게 필요한 과정을 이수한 사람	학과시험 중 항공법규만 실시

2. 한정심사

자격증명의 종류		면제 대상	일부면제 범위
조종사	종류추가	해당 종류의 비행경력이 1,500시간 이상인 사람	실기시험 중 구술시험만 실시
	등급추가	해당 등급의 비행경력이 1,500시간 이상인 사람	
	형식추가	해당 형식의 비행시간이 200시간 이상인 사람(훈련비행시간 제외)	
항공 정비사	종류 추가	해당 항공기 종류의 정비실무경력이 5년 이상인 사람	실기시험 중 구술시험만 실시
	정비분야 추가	해당 정비분야의 정비실무경력이 5년 이상인 사람	

■ 항공안전법 시행규칙 [별표 12] 〈개정 2020. 12. 10.〉

전문교육기관 지정기준(제104조 제2항 관련)

1. 자가용 조종사과정 지정기준

가. 교육과목 및 교육방법

1) 학과교육: 과목별 교육내용 및 시간은 다음을 표준으로 하되, 총교육시간은 180시간 이상이어야 한다. 다만, 과목별 교육시간은 100분의 35의 범위에서 조정할 수 있고, 교육내용별 교육시간은 조정하여 실시할 수 있다.

과목	교육 내용	교육시간	계
항공법규	국제・국내항공법규	7.5	15
	조종 관련 항공법규	7.5	
공중항법	항법이론	15	45
	비행단계별 비행절차	15	
	인적수행능력(위기 및 오류관리 포함)	15	
항공기상	기상일반	15	30
	항공기상, 분석 및 실무	15	
비행이론	비행이론 일반	10	45
	항공기의 구조와 시스템	15	
	기초비행원리	10	
	항공기 성능	10	
항공교통・통신・정보업무	교통관제업무 일반	15	40
	조난・비상・긴급통신 방법 및 절차	10	
	항공통신・항공정보	15	
시험(중간시험을 한 번 이상 실시해야 한다)		5	5
계			180

2) 실기교육: 과목별 시간배분은 다음을 표준으로 하며, 과목별 교육시간은 100분의 35 범위 내에서 조정이 가능하되, 단독 비행시간 10시간을 포함한 총교육시간은 35시간 이상이어야 한다.

구분	과목	동승 비행시간	단독 비행시간	계
비행기	1. 장주 이착륙	7	3	10
	2. 공중 조작	7	2	9
	3. 기본계기비행	1	–	1
	4. 야외 비행	5	5	10
	5. 야간 비행	2	–	2
	6. 비정상 및 비상절차	1	–	1
	7. 시험(중간시험을 한 번 이상 실시하여야 한다)	2	–	2
계		25	10	35

구분	과목	동승 비행시간	단독 비행시간	계
헬리콥터	1. 장주 이착륙	8	2	10
	2. 공중 조작	3	2	5
	3. 지표 부근에서의 조작	4	1	5
	4. 야외 비행	5	5	10
	5. 비정상 및 비상절차	3	–	3
	6. 시험(중간시험을 한 번 이상 실시하여야 한다)	2	–	2
계		25	10	35

단, 지방항공청장이 지정한 모의비행훈련장치를 이용한 비행훈련시간은 5시간 이내에서 인정한다.

나. 교관 확보기준

1) 학과교관

가) 자격요건

(1) 21세 이상일 것

(2) 해당 과목에 대한 지식과 능력을 갖추고 있을 것

(3) 항공기 종류 및 등급에 해당하는 자가용 조종사, 사업용 조종사, 부조종사 또는 운송용 조종사 자격증명(항공법규, 인적수행능력, 항공기상, 비행이론, 항공교통 · 통신 · 정보업무 과목의 학과교관의 경우에는 제외한다)을 가질 것

(4) 다음 표에 해당하는 교과목별 학과교관이 가져야 할 자격증명은 다음과 같다.

과목	자격증명 등
1. 항공법규	항공종사자 자격증명 소지자 또는 해당 분야의 실무경력(교육경력을 포함한다)이 3년 이상인 사람
2. 항공기상	항공종사자 자격증명(항공정비사를 제외한다) 소지자 또는 해당 분야의 실무경력(교육경력을 포함한다)이 3년 이상인 사람
3. 비행이론	항공종사자 자격증명 소지자 또는 해당 분야의 실무경력(교육경력을 포함한다)이 3년 이상인 사람
4. 항공교통 · 통신 · 정보업무	항공종사자 자격증명(항공정비사를 제외한다) 소지자 또는 해당 분야의 실무경력(교육경력을 포함한다)이 3년 이상인 사람
5. 인적수행능력(위기 및 오류관리 포함)	항공종사자 자격증명 소지자 또는 항공의학, 심리학, 철학을 전공하고 인적수행능력 과정을 이수한 사람(항공우주의료 관련 해당분야 실무경력 또는 교육경력이 3년 이상인 사람을 포함한다)

나) 운영기준

(1) 학과교관의 강의는 1주당 30시간을 초과하지 않을 것(비행실기교관으로 근무한 시간을 포함하며 학과시험 감독으로 근무한 시간은 제외한다)

(2) 학과교관의 강의준비 시간은 강의 1시간당 1시간이상 주어질 것.

2) 비행실기교관

가) 자격요건

(1) 21세 이상일 것

(2) 해당 과정의 실기교육(모의비행장치 비행훈련 포함)에 필요한 아래의 항공종사자 자격증명 중 어느 하나를 가질 것. 다만, 사업용 조종사 자격증명을 가진 비행실기교관 중 25% 이상은 계기비행증명을 가질 것

(가) 사업용 조종사 자격증명 및 조종교육증명

(나) 부조종사 자격증명 및 조종교육증명

(다) 운송용 조종사 자격증명 및 조종교육증명
(라) 군의 비행실기교관 자격
나) 운영기준
(1) 비행실기교관의 조종교육시간은 연간 1,200시간(학과교관으로 근무한 시간을 포함하며, 학과시험감독으로 근무한 시간은 제외한다)을 초과하지 아니할 것
(2) 비행실기교관 1명이 담당하는 교육생은 8명 이하로 할 것
3) 주임교관
가) 24세 이상일 것
나) 해당 교육과정 운영에 필요한 지식, 경력, 능력 및 지휘통솔력을 갖춘 학과 및 비행실기 교관 중 각각 1명을 학과주임교관 및 실기주임교관으로 임명할 것
4) 실기시험관
가) 자격요건
(1) 23세 이상일 것
(2) 해당 과정의 실기시험(모의비행장치 실기시험 포함)에 필요한 아래의 항공종사자 자격증명 중 어느 하나를 가진 사람으로서 400시간 이상의 조종교육경력과 1,000시간 이상의 총 비행경력이 있을 것
(가) 사업용 조종사 자격증명 및 선임 조종교육증명
(나) 운송용 조종사 자격증명 및 선임 조종교육증명
(다) 군의 비행평가교관 자격
(3) 최근 2년 이내에 「항공사업법」, 「항공안전법」 또는 「공항시설법」을 위반하여 행정처분을 받은 사실이 없을 것
나) 운영기준
(1) 필요 시 실기시험관은 학과교관 및 비행실기교관을 겸임할 수 있도록 할 것
(2) 실기시험관은 자신이 비행실기 과목을 교육한 학생에 대하여는 그 과목에 대한 평가업무를 수행할 수 없도록 할 것
다. 시설 및 장비 확보기준
1) 강의실, 자료열람실, 비행계획실, 브리핑실, 교관실 및 행정사무실 등 학과교육 및 비행실기교육에 필요한 교육훈련시설은 학생 수를 고려하여 충분히 확보해야 하며, 건축 관계 법규, 「소음·진동관리법」 및 「소방법」 등 관련 법규의 기준에 적합할 것
2) 실기비행훈련에 사용되는 훈련용 항공기는 「항공안전법」에 따른 감항성을 확보할 수 있도록 유지·관리할 것
3) 모의비행훈련장치는 모의비행훈련장치 지정기준 및 검사요령에 따라 지정되고 유지·관리할 것
4) 이착륙 시설(훈련비행장)은 실기비행훈련에 사용되는 항공기의 비행훈련에 적합한 활주로·계류장 및 항공교통관제 처리용량을 갖추어야 하며, 교신이 가능한 무선송수신 통신장비를 갖출 것
5) 비행실기교육을 외부에 위탁하는 경우 수탁자는 법 제48조에 따라 전문교육기관 지정을 받은 자일 것. 다만, 비행실기교육을 외국에 있는 교육기관에 위탁하는 경우에는 외국 정부로부터 전문교육기관 지정을 받은 자이어야 한다.
라. 교육평가방법
1) 학과시험은 3회 이상 실시할 것
2) 실기시험은 2회 이상 실시할 것
3) 교육생은 총 학과교육시간의 100분의 85 이상을 이수하도록 할 것
4) 학과시험 범위는 제1호 가목 1) 학과시험 과목에 따라 실시할 것
5) 실기시험 범위는 제1호 가목 2) 실기시험 과목에 따라 실시할 것
6) 과목별 합격기준은 100분의 70 이상으로 할 것
7) 과목별 불합격자는 해당 과목 교육시간의 100분의 20 이내에서 추가교육을 한 후 2회의 재시험을 실시할 수 있도록 할 것
마. 교육계획: 교관, 시설 및 장비 등을 고려한 연간 최대 교육인원을 포함한 교육계획을 수립할 것
바. 교육규정에 포함하여야 할 사항

1) 교육기관의 명칭
2) 교육기관의 소재지
3) 항공종사자 자격별 교육과정명
4) 교육목표 및 목적
5) 교육기관 운영과 관련된 조직 및 인원과 관련된 임무
6) 교육생 응시기준 및 선발방법 등
7) 교육생 정원(연간 최대 교육인원)
8) 편입기준
9) 결석자에 대한 보충교육 방법
10) 시험시행 횟수, 시기 및 방법
11) 학사운영(입학 및 수료 등) 보고에 관한 사항
12) 수료증명서 발급에 관한 사항
13) 교육과정 운영과 관련된 기록·유지 등에 관한 사항
14) 그 밖에 전문교육기관 운영에 필요한 사항 등

사. 항공안전관리시스템(SMS)을 마련할 것

아. 역량기반의 교육 및 평가(CBTA: Competency-based training and assessment)를 할 것

2. 사업용 조종사과정 지정기준

가. 교육과목 및 교육방법

1) 학과교육: 과목별 교육내용 및 시간은 다음을 표준으로 하되, 총교육시간은 510시간(자가용 조종사과정 교육시간을 포함한다) 이상이어야 한다. 다만, 과목별 교육시간은 100분의 35의 범위에서 조정할 수 있고, 교육내용별 교육시간은 조정하여 실시할 수 있다.

과목	교육 내용	교육시간	계
항공법규	국제·국내항공법규	45	90
	조종 관련 항공법규	45	
공중항법	항법이론	30	105
	비행단계별 비행절차	30	
	인적수행능력(위기 및 오류관리 포함)	45	
항공기상	기상일반	15	90
	항공기상	30	
	항공기상분석 및 실무	45	
비행이론	비행이론 일반	10	115
	항공기의 구조와 시스템	45	
	기초비행원리	30	
	항공기 성능	30	
항공교통·통신·정보업무	교통관제업무 일반	30	90
	조난·비상·긴급통신 방법 및 절차	15	
	항공통신	30	
	항공정보	15	
시험(중간시험을 네 번 이상 실시해야 한다)		20	20
계			510

※ 비고 : 총 교육시간의 50% 범위 내에서 국토교통부장관이 인정하는 CBT(Computer Based Training)를 이용하여 교육을 실시할 수 있다.

2) 실기교육: 과목별 시간배분은 다음을 표준으로 하며, 과목별 교육시간은 100 분의 35 범위 내에서 조정이 가능하되, 기장으로서의 비행시간 70시간을 포함한 총교육시간은 150시간 이상(자가용 조종사과정 교육시간을 포함한다)이어야 한다.

구분	과목	동승 비행시간	단독 비행시간 (또는 기장시간)	계
비행기	1. 장주 이착륙	15	20	35
	2. 공중 조작	10	15	25
	3. 기본계기비행	10	10	20
	4. 야외 비행	34	20	54
	5. 야간 비행	5	5	10
	6. 비정상 및 비상절차	1	–	1
	7. 시험(중간시험을 세 번 이상 실시하여야 한다)	5	–	5
	계	**80**	**70**	**150**
헬리콥터	1. 장주 이착륙	15	5	20
	2. 공중 조작	3	3	6
	3. 지표 부근에서의 조작	5	2	7
	4. 기본계기비행	5	5	10
	6. 야외 비행	15	10	25
	5. 야간 비행	2	5	7
	7. 비정상 및 비상절차	15	5	20
	8. 시험(중간시험을 두 번 이상 실시하여야 한다)	5	–	5
	계	**65**	**35**	**100**

단, 지방항공청장이 지정한 모의비행훈련장치를 이용한 비행훈련시간은 10시간 이내에서 인정한다.

나. 교관 확보기준

1) 학과교관

가) 자격요건

(1) 21세 이상일 것

(2) 해당 과목에 대한 지식과 능력을 갖추고 있을 것

(3) 항공기 종류 및 등급에 해당하는 자가용 조종사, 사업용 조종사, 부조종사 또는 운송용 조종사 자격증명(항공법규, 인적수행능력, 항공기상, 비행이론, 항공교통·통신·정보업무 과목의 학과교관의 경우에는 제외한다)을 가질 것

(4) 다음 표에 해당하는 교과목별 학과교관이 가져야 할 자격증명은 다음과 같다.

과목	자격증명 등
1. 항공법규	항공종사자 자격증명 소지자 또는 해당 분야의 실무경력(교육경력을 포함한다)이 3년 이상인 사람
2. 항공기상	항공종사자 자격증명(항공정비사를 제외한다) 소지자 또는 해당 분야의 실무경력(교육경력을 포함한다)이 3년 이상인 사람

과목	자격증명 등
3. 비행이론	항공종사자 자격증명 소지자 또는 해당 분야의 실무경력(교육경력을 포함한다)이 3년 이상인 사람
4. 항공교통 · 통신 · 정보업무	항공종사자 자격증명(항공정비사를 제외한다) 소지자 또는 해당 분야의 실무경력(교육경력을 포함한다)이 3년 이상인 사람
5. 인적수행능력(위기 및 오류관리 포함)	항공종사자 자격증명 소지자 또는 항공의학, 심리학, 철학을 전공하고 인적수행능력 과정을 이수한 사람(항공우주의료 관련 해당분야 실무경력 또는 교육경력이 3년 이상인 사람을 포함한다)

나) 운영기준

(1) 학과교관의 강의는 1주당 30시간을 초과하지 않을 것(비행실기교관으로 근무한 시간을 포함하며, 학과시험 감독으로 근무한 시간은 제외한다)

(2) 학과교관의 강의준비 시간은 강의 1시간당 1시간 이상 주어질 것

2) 비행실기교관

가) 자격요건

(1) 21세 이상일 것

(2) 해당 과정의 실기교육(모의비행장치 비행훈련 포함)에 필요한 아래의 항공종사자 자격증명 중 어느 하나를 가질 것, 다만, 사업용 조종사 자격증명 또는 군의 비행실기교관 자격을 가진 비행실기교관 중 100분의 75 이상은 계기비행증명 또는 군의 계기비행증명을 가질 것

(가) 사업용 조종사 자격증명 및 조종교육증명

(나) 운송용 조종사 자격증명 및 조종교육증명

(다) 군의 비행실기교관 자격

나) 운영기준

(1) 비행실기교관의 조종교육시간은 연간 1,200시간(학과교관으로 근무한 시간을 포함하며, 학과시험 감독으로 근무한 시간은 제외한다)을 초과하지 아니할 것

(2) 비행실기교관 한명이 담당하는 교육생은 6명 이하로 할 것.

3) 주임교관

가) 24세 이상일 것

나) 해당 교육과정 운영에 필요한 지식, 경력, 능력 및 지휘통솔력을 갖춘 학과 및 비행실기 교관 중 각각 1명을 학과주임교관 및 실기주임교관으로 임명할 것

4) 실기시험관

가) 자격요건

(1) 23세 이상일 것

(2) 해당 과정의 실기시험(모의비행장치 실기시험 포함)에 필요한 아래의 항공종사자 자격증명 중 어느 하나를 가진 사람으로서 500시간 이상의 조종교육경력과 1,500시간 이상의 총 비행경력이 있을 것

(가) 사업용 조종사(계기비행증명을 보유할 것) 자격증명 및 선임 조종교육증명

(나) 운송용 조종사 자격증명 및 조종교육증명

(다) 군의 비행평가교관 자격(군의 계기비행증명을 보유할 것)

(3) 최근 2년 이내에 「항공사업법」, 「항공안전법」 또는 「공항시설법」을 위반하여 행정처분을 받은 사실이 없을 것

나) 운영기준

(1) 필요 시 실기시험관을 학과교관 및 비행실기교관을 겸임할 수 있도록 할 것

(2) 전문교육기관 설치자 및 관리자는 실기시험관을 겸직하지 않도록 할 것

(3) 실기시험관은 자신이 비행실기 과목을 교육한 학생에 대하여는 그 과목에 대한 평가업무를 수행할 수 없도록 할 것

다. 시설 및 장비 확보기준

1) 강의실, 자료열람실, 비행계획실, 브리핑실, 교관실 및 행정사무실 등 학과교육 및 비행실기교육에 필요한 교육훈련 시설은 학생 수를 고려하여 충분히 확보해야 하며, 건축 관계 법규, 「소음·진동관리법」 및 「소방법」 등 관련 법규의 기준에 적합할 것
2) 실기비행훈련에 사용되는 훈련용 항공기는 「항공안전법」에 따른 감항성을 확보할 수 있도록 유지·관리할 것.
3) 모의비행훈련장치는 모의비행훈련장치 지정기준 및 검사요령에 따라 지정되고 유지·관리할 것
4) 이착륙 시설(훈련비행장)은 실기비행훈련에 사용되는 항공기의 비행훈련에 적합한 활주로·계류장 및 항공교통관제 처리용량을 갖추어야 하며, 교신이 가능한 무선송수신 통신장비를 갖출 것
5) 비행실기교육을 외부에 위탁하는 경우 수탁자는 법 제48조에 따라 전문교육기관 지정을 받은 자일 것. 다만, 비행실기교육을 외국에 있는 교육기관에 위탁하는 경우에는 외국 정부로부터 전문교육기관 지정을 받은 자이어야 한다.

라. 교육평가방법

1) 학과시험은 5회 이상 실시할 것
2) 실기시험은 4회 이상 실시할 것
3) 교육생은 총 학과교육시간의 100분의 85 이상을 이수하도록 할 것
4) 학과시험 범위는 제2호 가목 1) 학과시험 과목에 따라 실시할 것
5) 실기시험 범위는 제2호 가목 2) 실기시험 과목에 따라 실시할 것
6) 과목별 합격기준은 100분의 70 이상으로 할 것
7) 과목별 불합격자는 해당 과목 교육시간의 100분의 20 이내에서 추가교육을 한 후 2회의 재시험을 실시할 수 있도록 할 것

마. 교육계획: 교관, 시설 및 장비 등을 고려한 연간 최대 교육인원을 포함한 교육계획을 수립할 것

바. 교육규정에 포함하여야 할 사항

1) 교육기관의 명칭
2) 교육기관의 소재지
3) 항공종사자 자격별 교육과정명
4) 교육목표 및 목적
5) 교육기관 운영과 관련된 조직 및 인원과 관련된 임무
6) 교육생 응시기준 및 선발방법 등
7) 교육생 정원(연간 최대 교육인원)
8) 편입기준
9) 결석자에 대한 보충교육 방법
10) 시험시행 횟수, 시기 및 방법
11) 학사운영(입학 및 수료 등) 보고에 관한 사항
12) 수료증명서 발급에 관한 사항
13) 교육과정 운영과 관련된 기록·유지 등에 관한 사항
14) 그 밖에 전문교육기관 운영에 필요한 사항 등

사. 항공안전관리시스템(SMS)을 마련할 것

아. 역량기반의 교육 및 평가(CBTA: Competency-based training and assessment)를 할 것

3. 부조종사(MPL: Multi-crew Pilot Licence) 과정 지정기준

가. 교육과목 및 교육방법

1) 학과교육: 과목별 시간배분은 다음을 표준으로 하며, 과목별 교육시간은 100분의 35 범위 내에서 조정이 가능하되, 총교육시간은 650시간 이상이어야 한다. 다만, 총 교육시간의 50% 범위 내에서 국토교통부장관이 인정하는 CBT(Computer Based Training)를 이용한 교육시간은 이를 포함할 수 있다.

과목	교육시간
1. 항공법규	18
2. 항공교통관제 및 항공정보(수색 및 구조 포함)	40
3. 전파법규 및 전기통신술	10
4. 무선공학(항공보안무선시설 및 무선기기)	27
5. 항공기상	77
6. 공중항법	68
7. 항공계기	20
8. 운항관리(비행계획 포함)	10
9. 항공역학(비행이론, 감항검사 포함)	40
10. 항공기구조	20
11. 항공장비	30
12. 동력장치	30
13. 정비방식, 중량배분, 중심위치, 항공기 성능	30
14. 항공기 조종법	30
15. 항공기 취급법	10
16. 인적 성능 및 한계(위기 및 오류 관리 포함)	20
17. 특정 형식의 항공기 비행교범(구조, 동력장치, 장비, 성능, 운용제한 및 중량배분 등 포함)	116
18. 특정 형식의 항공기 조종실 절차훈련(CPT: Cockpit Procedure Training)	20
19. 항공사 운영(항공역사, 운송항공회사, 항공경제, ICAO와 IATA의 역할 포함)	10
20. 시험(중간시험을 여덟 번 이상 실시하여야 한다)	24
계	650

2) 실기교육: 과목별 시간배분은 다음을 표준으로 하며, 과목별 교육시간은 100 분의 35 범위 내에서 조정이 가능하되, 지방항공청장이 지정한 특정 형식의 항공기 모의비행훈련장치를 이용한 비행훈련 시간과 최소한 40시간 이상의 실제 비행기에 의한 비행경력을 포함하여 총 240시간 이상이어야 한다.

과목	동승 비행시간	단독 비행시간 (또는 기장시간)	계
1. 항공기 비행 전 지상작동	10	3	13
2. 항공기 이륙	30	12	42
3. 항공기 상승비행	25	10	35
4. 항공기 순항비행	15	10	25
5. 항공기 강하비행	15	10	25
6. 항공기 접근비행	25	10	35
7. 항공기 착륙	30	12	42
8. 항공기 비행 후 지상작동	10	3	13
9. 시험(중간시험을 여덟 번 이상 실시하여야 한다)	10	–	10
계	170	70	240

나. 교관 확보기준

1) 학과교관 자격요건

가) 자격요건

(1) 21세 이상일 것

(2) 해당 과목에 대한 지식과 능력을 갖추고 있을 것

(3) 항공기 종류 및 등급에 해당하는 자가용 조종사, 사업용 조종사, 부조종사 또는 운송용 조종사 자격증명을 가질 것

(4) 다음 표에 해당하는 교과목별 학과교관이 소지해야 할 자격증명은 다음과 같다.

과목	자격증명 등
1. 항공교통관제, 항공정보, 항공기상, 운항관리 등	자가용 조종사, 사업용 조종사, 부조종사, 운송용 조종사, 운항관리사, 항공교통관제사 중 1개
2. 전파법규, 전기통신술, 무선공학 등	자가용 조종사, 사업용 조종사, 부조종사, 운송용 조종사 또는 해당 과목 교육에 적합한 국가기술자격증명 중 1개
3. 항공계기, 항공역학, 항공기구조, 항공장비, 동력장치, 정비방식, 중량배분 중심위치, 항공기 성능, 항공기 취급법 등	자가용 조종사, 사업용 조종사, 부조종사, 운송용 조종사, 항공기관사, 항공정비사 중 1개
4. 인적 성능 및 한계 중 항공생리·심리 및 구급법	자가용 조종사, 사업용 조종사, 부조종사, 운송용 조종사, 항공의학에 관한 교육을 받은 의사 중 1개

나) 운영기준

(1) 학과교관의 강의는 1주당 20시간을 초과하지 않을 것(비행실기교관으로 근무한 시간을 포함하며 학과시험 감독으로 근무한 시간은 제외한다)

(2) 학과교관의 강의준비 시간은 강의 1시간당 1이상 주어질 것

2) 비행실기교관

가) 자격요건

(1) 21세 이상일 것

(2) 해당 과정의 실기교육(모의비행장치 비행훈련 포함)에 필요한 아래의 항공종사자 자격증명 중 어느 하나를 가질 것. 다만, 사업용 조종사 자격증명 또는 군의 비행실기교관 자격을 가진 비행실기교관 중 100분의 75 이상은 계기비행증명 또는 군의 계기비행증명을 가질 것

(가) 사업용 조종사 자격증명 및 조종교육증명

(나) 운송용 조종사 자격증명 및 조종교육증명

(다) 군의 비행실기교관 자격

나) 운영기준

(1) 비행실기교관의 조종교육 시간은 연간 1,200시간(학과교관으로 근무한 시간을 포함하며, 학과시험 감독으로 근무한 시간은 제외한다)을 초과하지 아니할 것

(2) 비행실기교관 한 명이 담당하는 교육생은 6명 이하로 할 것

3) 주임교관

가) 24세 이상일 것

나) 해당 교육과정 운영에 필요한 지식, 경력, 능력 및 지휘통솔력을 갖춘 학과 및 비행실기 교관 중 각각 1명을 학과주임교관 및 실기주임교관으로 임명할 것

4) 실기시험관

가) 자격요건

(1) 23세 이상일 것

(2) 실기시험관은 해당 과정의 실기시험(모의비행장치 실기시험 포함)에 필요한 아래의 항공종사자 자격증명 중 어느 하나를 가지고 500시간 이상의 조종교육경력과 1,500시간 이상의 총비행경력이 있을 것

(가) 사업용 조종사(계기비행증명을 보유할 것) 자격증명 및 선임 조종교육증명
(나) 운송용 조종사 자격증명 및 선임 조종교육증명
(다) 군의 비행평가교관 자격(군의 계기비행증명을 보유할 것)
(3) 최근 2년 이내에 「항공사업법」, 「항공안전법」 또는 「공항시설법」을 위반하여 행정처분을 받은 사실이 없을 것

나) 운영기준
(1) 필요 시 실기시험관은 학과교관 및 비행실기교관을 겸임할 수 있도록 할 것
(2) 전문교육기관 설치자 및 관리자는 실기시험관을 겸직하지 않도록 할 것
(3) 실기시험관은 자신이 비행실기 과목을 교육한 학생에 대해서는 그 과목에 대한 평가업무를 수행할 수 없도록 할 것

다. 시설 및 장비 확보기준
1) 강의실, 자료열람실, 비행계획실, 브리핑실, 교관실 및 행정사무실 등 학과교육 및 비행실기교육에 필요한 교육훈련 시설은 학생 수를 고려하여 충분히 확보해야 하며, 건축 관계 법규, 「소음·진동관리법」 및 「소방법」 등 관련법규의 기준에 적합할 것
2) 실기비행훈련에 사용되는 훈련용 항공기는 「항공안전법」에 따른 감항성을 확보할 수 있도록 유지·관리할 것
3) 모의비행훈련장치는 모의비행훈련장치 지정기준 및 검사요령에 따라 지정되고 유지·관리할 것
4) 이착륙 시설(훈련비행장)은 실기비행훈련에 사용되는 항공기의 비행훈련에 적합한 활주로·계류장 및 항공교통관제 처리용량을 갖추어야 하며, 교신이 가능한 무선송수신 통신장비를 갖출 것
5) 비행실기교육을 외부에 위탁하는 경우 수탁자는 법 제48조에 따라 전문교육기관 지정을 받은 자일 것. 다만, 비행실기교육을 외국에 있는 교육기관에 위탁하는 경우에는 외국 정부로부터 전문교육기관 지정을 받은 자이어야 한다.

라. 교육평가방법
1) 교육과정 중 학과시험 및 실기시험은 각각 9회 이상 실시할 것
2) 교육생은 총 학과교육시간의 100분의 85 이상을 이수토록 할 것
3) 학과시험 범위는 제3호 가목 1) 학과시험 과목에 따라 실시할 것
4) 실기시험 범위는 제3호 가목 2) 실기시험 과목에 따라 실시할 것
5) 과목별 합격기준은 100분의 70 이상으로 할 것
6) 과목별 불합격자는 해당 과목 교육시간의 100분의 20 이내에서 추가교육을 한 후 2회의 재시험을 실시할 수 있도록 할 것

마. 교육계획: 교관, 시설 및 장비 등을 고려한 연간 최대 교육인원을 포함한 교육계획을 수립할 것

바. 교육규정에 포함하여야 할 사항
1) 교육기관의 명칭
2) 교육기관의 소재지
3) 항공종사자 자격별 교육과정명
4) 교육목표 및 목적
5) 교육기관 운영과 관련된 조직 및 인원과 관련된 임무
6) 교육생 응시기준 및 선발방법 등
7) 교육생 정원(연간 최대 교육인원)
8) 편입기준
9) 결석자에 대한 보충교육 방법
10) 시험시행 횟수, 시기 및 방법
11) 학사운영(입학 및 수료 등) 보고에 관한 사항
12) 수료증명서 발급에 관한 사항
13) 교육과정 운영과 관련된 기록·유지 등에 관한 사항
14) 그 밖에 전문교육기관 운영에 필요한 사항 등

사. 항공안전관리시스템(SMS)을 마련할 것

아. 역량기반의 교육 및 평가(CBTA: Competency-based training and assessment)를 할 것

4. 조종사 등급 한정 추가과정 지정기준

가. 교육과목 및 교육방법

1) 학과교육: 과목별 시간배분은 다음을 표준으로 하며, 과목별 교육시간은 100분의 35 범위 내에서 조정이 가능하되, 총교육시간은 20시간 이상이어야 한다.

과목	교육시간
1. 항공기 일반(다발항공기의 구조, 동력장치, 장비, 성능, 운용제한 및 중량 배분 등 포함)	10
2. 항공기 조종법	9
3. 시험	1
계	20

2) 실기교육: 과목별 시간배분은 다음을 표준으로 한다.

과목	동승 비행시간
1. 장주 이착륙	2
2. 공중 조작	3
3. 기본계기비행	2
4. 비정상 및 비상절차	2
5. 시험	1
계	10

나. 교관 확보기준

1) 학과교관

가) 자격요건

(1) 21세 이상일 것

(2) 해당 과목에 대한 지식과 능력을 갖추고 있을 것

(3) 항공기 종류 및 등급에 해당하는 사업용 조종사, 부조종사 또는 운송용 조종사 자격증명을 가질 것. 단 항공기 일반 과목의 학과교관은 해당 종류의 항공정비사 자격증명을 가진 사람도 가능

나) 운영기준

(1) 학과교관의 강의는 1주당 20시간을 초과하지 않을 것(비행실기교관으로 근무한 시간을 포함하며, 학과시험감독으로 근무한 시간은 제외한다)

(2) 학과교관의 강의준비 시간은 강의 1시간당 1시간 이상 주어질 것

2) 비행실기교관

가) 자격요건

(1) 21세 이상일 것

(2) 해당 과정의 실기교육에 필요한 아래의 항공종사자 자격증명 중 어느 하나를 가질 것

(가) 사업용 조종사 자격증명(계기비행증명을 보유할 것) 및 조종교육증명

(나) 운송용 조종사 자격증명 및 조종교육증명

(다) 군의 비행실기교관 자격(군의 계기비행증명을 보유할 것)

나) 운영기준

(1) 비행실기교관의 조종교육시간은 연간 1,200시간(학과교관으로 근무한 시간을 포함하며, 학과시험 감독으로 근무한 시간은 제외한다)을 초과하지 아니할 것

(2) 비행실기교관 한명이 담당하는 교육생은 6명 이하로 할 것

3) 주임교관

가) 24세 이상일 것

나) 해당 교육과정 운영에 필요한 지식, 경력, 능력 및 지휘통솔력을 갖춘 학과 및 비행실기 교관 중 각각 1명을 학과 주임교관 및 실기주임교관으로 임명할 것

4) 실기시험관

가) 자격요건

(1) 23세 이상일 것

(2) 해당 과정의 실기시험에 필요한 아래의 항공종사자 자격증명 중 어느 하나를 가지고 400시간 이상의 조종교육 경력과 1,000시간 이상의 총비행경력이 있을 것

(가) 사업용 조종사(계기비행증명을 보유할 것) 자격증명 및 선임 조종교육증명

(나) 운송용 조종사 자격증명 및 선임 조종교육증명

(다) 군의 비행평가교관 자격(군의 계기비행증명을 보유할 것)

(3) 최근 2년 이내에 「항공사업법」, 「항공안전법」 또는 「공항시설법」을 위반하여 행정처분을 받은 사실이 없을 것

나) 운영기준

(1) 필요 시 실기시험관을 학과교관 및 비행실기교관을 겸임할 수 있도록 할 것

(2) 전문교육기관 설치자 및 관리자는 실기시험관을 겸직하지 않도록 할 것

(3) 실기시험관은 자신이 비행실기 과목을 교육한 학생에 대해서는 그 과목에 대한 평가업무를 수행할 수 없도록 할 것

다. 시설 및 장비 확보기준

1) 강의실, 자료열람실, 비행계획실, 브리핑실, 교관실 및 행정사무실 등 학과교육 및 비행실기교육에 필요한 교육훈련 시설은 학생 수를 고려하여 충분히 확보해야 하며, 건축 관계 법규, 「소음 · 진동관리법」 및 「소방법」등 관련 법규의 기준에 적합할 것

2) 실기비행훈련에 사용되는 훈련용 항공기는 「항공안전법」에 따른 감항성을 확보할 수 있도록 유지 · 관리할 것

3) 이착륙 시설(훈련비행장)은 실기비행훈련에 사용되는 항공기의 비행훈련에 적합한 활주로 · 계류장 및 항공교통관제 처리용량을 갖추어야 하며, 교신이 가능한 무선송수신 통신장비를 갖출 것

4) 비행실기교육을 외부에 위탁하는 경우 수탁자는 법 제48조에 따라 전문교육기관 지정을 받은 자일 것. 다만, 비행실기교육을 외국에 있는 교육기관에 위탁하는 경우에는 외국 정부로부터 전문교육기관 지정을 받은 자이어야 한다.

라. 교육평가방법

1) 교육과정 중 학과시험 및 실기시험은 각각 한 번 이상 실시할 것

2) 교육생은 총학과교육시간의 100분의 85 이상을 이수토록 할 것

3) 학과시험 범위는 제4호 가목 1) 학과시험 과목에 따라 실시할 것

4) 실기시험 범위는 제4호 가목 2) 실기시험 과목에 따라 실시할 것

5) 과목별 합격기준은 100분의 70 이상으로 할 것

6) 과목별 불합격자는 해당 과목 교육시간의 100분의 20 이내에서 추가교육을 한 후 2회의 재시험을 실시할 수 있도록 할 것

마. 교육계획: 교관, 시설 및 장비 등을 고려한 최대 교육인원을 포함한 교육계획을 수립할 것

바. 교육규정에 포함하여야 할 사항

1) 교육기관의 명칭

2) 교육기관의 소재지

3) 항공종사자 자격별 교육과정명

4) 교육목표 및 목적

5) 교육기관 운영과 관련된 조직 및 인원과 관련된 임무

6) 교육생 응시기준 및 선발방법 등

7) 교육생 정원(연간 최대 교육인원)
8) 편입기준
9) 결석자에 대한 보충교육 방법
10) 시험시행 횟수, 시기 및 방법
11) 학사운영(입학 및 수료 등) 보고에 관한 사항
12) 수료증명서 발급에 관한 사항
13) 교육과정 운영과 관련된 기록·유지 등에 관한 사항
14) 그 밖에 전문교육기관 운영에 필요한 사항 등

사. 역량기반의 교육 및 평가(CBTA : Competency-based training and assessment)를 할 것

5. 조종사 형식 한정 추가과정 지정기준

가. 교육과목 및 교육방법

1) 학과교육: 과목별 시간배분은 다음을 표준으로 하며, 과목별 교육시간은 100분의 35 범위 내에서 조정이 가능하되, 총교육시간은 140시간 이상이거나 항공기 제작회사가 정한 형식한정 변경에 필요한 학과교육 시간 이상이어야 한다. 다만, 총 교육시간의 50% 범위 내에서 국토교통부장관이 인정하는 CBT(Computer Based Training)를 이용한 교육시간은 이를 포함할 수 있다.

과목	교육시간
1. 해당 항공기 비행교범(구조, 동력장치, 장비, 성능, 운용제한 및 중량배분 등 포함)	116
2. 해당 항공기 조종실 절차훈련(CPT, Cockpit Procedure Training)	20
3. 시험(중간시험을 두 번 이상 실시하여야 한다)	4
계	140

2) 실기교육: 과목별 배분시간은 다음을 표준으로 한다.

<table>
<tr><th rowspan="2">구분</th><th rowspan="2">과목</th><th colspan="2">동승 비행시간</th></tr>
<tr><th>제트발동기</th><th>왕복발동기</th></tr>
<tr><td rowspan="3">비행기</td><td>1. 모의비행훈련</td><td>20</td><td>16</td></tr>
<tr><td>2. 항공기 실제비행훈련</td><td>2</td><td>2</td></tr>
<tr><td>3. 시험(중간시험을 한 번 이상 실시하여야 한다)</td><td>2</td><td>2</td></tr>
<tr><td colspan="2">계</td><td>24</td><td>20</td></tr>
<tr><td rowspan="2">헬리콥터</td><td>1. 항공기 실제비행훈련</td><td colspan="2">20</td></tr>
<tr><td>2. 시험(중간시험을 한 번 이상 실시하여야 한다)</td><td colspan="2">2</td></tr>
<tr><td colspan="2">계</td><td colspan="2">22</td></tr>
</table>

※ 비고

1. 항공기 제작회사가 정한 형식 한정 변경에 필요한 실기교육시간 또는 국토교통부장관이 인가한 훈련규정에서 정한 실기교육시간 이상으로 운영 가능
2. 헬리콥터의 경우 다른 헬리콥터에 대한 형식 한정 자격이 있는 사람의 경우 항공기 실제비행훈련 동승비행시간은 10시간 이상

나. 교관 확보기준

1) 학과교관

가) 자격요건

(1) 21세 이상일 것
(2) 해당 과목에 대한 지식과 능력을 갖추고 있을 것

(3) 해당 과정에 맞는 형식의 사업용 조종사, 부조종사 또는 운송용 조종사 자격증명을 가질 것. 단 항공기 비행교범 과목의 학과교관은 해당 형식의 항공기에 대한 정비경력이 있는 항공정비사 자격증명을 가진 사람도 가능

나) 운영기준

(1) 학과교관의 강의는 1주당 20시간을 초과하지 않을 것(비행실기교관으로 근무한 시간을 포함하며, 학과시험 감독으로 근무한 시간은 제외한다)

(2) 학과교관의 강의준비 시간은 강의 1시간당 1시간 이상 주어질 것

2) 비행실기교관

가) 자격요건

(1) 21세 이상일 것

(2) 해당 과정에 맞는 항공기의 형식 한정 자격을 가진 사람으로서 아래의 항공종사자 자격증명 중 어느 하나를 가져야 한다.

(가) 사업용 조종사 자격증명(비행기에 대해서만 계기비행증명을 보유할 것) 및 조종교육증명

(나) 운송용 조종사 자격증명 및 조종교육증명

(다) 군의 비행실기교관 자격(비행기에 대해서만 군의 계기비행증명을 보유할 것)

나) 운영기준

(1) 비행실기교관의 조종교육시간은 연간 1,200시간(학과교관으로 근무한 시간을 포함하며, 학과시험 감독으로 근무한 시간은 제외한다)을 초과하지 아니할 것

(2) 비행실기교관 한명이 담당하는 교육생은 6명 이하로 할 것

3) 주임교관

가) 24세 이상일 것

나) 해당 교육과정 운영에 필요한 지식, 경력, 능력 및 지휘통솔력을 갖춘 학과 및 비행실기 교관 중 각각 1명을 학과주임교관 및 실기주임교관으로 임명할 것

4) 실기시험관

가) 자격요건

(1) 23세 이상일 것

(2) 해당 과정의 실기시험에 필요한 아래의 항공종사자 자격증명 중 어느 하나를 가지고 500시간 이상의 조종교육 경력과 해당 형식의 항공기 비행시간 100시간을 포함하여 1,500시간 이상의 총비행경력이 있을 것

(가) 사업용 조종사(계기비행증명을 보유할 것) 자격증명 및 조종교육증명

(나) 운송용 조종사 자격증명 및 선임 조종교육증명

(다) 군의 비행평가교관 자격(군의 계기비행증명을 보유할 것)

(3) 최근 2년 이내에 「항공사업법」, 「항공안전법」 또는 「공항시설법」을 위반하여 행정처분을 받은 사실이 없을 것

나) 운영기준

(1) 필요 시 실기시험관을 학과교관 및 비행실기교관을 겸임할 수 있도록 할 것

(2) 전문교육기관 설치자 및 관리자는 실기시험관을 겸직하지 않도록 할 것

(3) 실기시험관은 자신이 비행실기 과목을 교육한 학생에 대해서는 그 과목에 대한 평가업무를 수행할 수 없도록 할 것

다. 시설 및 장비 확보기준

1) 강의실, 자료열람실, 비행계획실, 브리핑실, 교관실 및 행정사무실 등 학과교육 및 비행실기교육에 필요한 교육훈련 시설은 학생 수를 고려하여 충분히 확보해야 하며, 건축 관계 법규, 「소음·진동관리법」 및 「소방법」등 관련 법규의 기준에 적합할 것

2) 실기비행훈련에 사용되는 훈련용 항공기는 「항공안전법」에 따른 감항성을 확보할 수 있도록 유지·관리할 것

3) 이착륙 시설(훈련비행장)은 실기비행훈련에 사용되는 항공기의 비행훈련에 적합한 활주로·계류장 및 항공교통관제 처리용량을 갖추어야 하며, 교신이 가능한 무선송수신 통신장비를 갖출 것

4) 비행실기교육을 외부에 위탁하는 경우 수탁자는 법 제48조에 따라 전문교육기관 지정을 받은 자일 것. 다만, 비행실기교육을 외국에 있는 교육기관에 위탁하는 경우에는 외국 정부로부터 전문교육기관 지정을 받은 자이어야 한다.

라. 교육평가방법
1) 학과시험은 3회 이상 실시할 것
2) 실기시험은 2회 이상 실시할 것
3) 교육생은 총 학과교육시간의 100분의 85 이상을 이수토록 할 것
4) 학과시험 범위는 제5호 가목 1) 학과시험 과목에 따라 실시할 것
5) 실기시험 범위는 제5호 가목 2) 실기시험 과목에 따라 실시할 것
6) 과목별 합격기준은 100분의 70 이상으로 할 것
7) 과목별 불합격자는 해당 과목 교육시간의 100분의 20 이내에서 추가교육을 한 후 2회의 재시험을 실시할 수 있도록 할 것

마. 교육계획: 교관, 시설 및 장비 등을 고려한 최대 교육인원을 포함한 교육계획을 수립할 것

바. 교육규정에 포함하여야 할 사항
1) 교육기관의 명칭
2) 교육기관의 소재지
3) 항공종사자 자격별 교육과정명
4) 교육목표 및 목적
5) 교육기관 운영과 관련된 조직 및 인원과 관련된 임무
6) 교육생 응시기준 및 선발방법 등
7) 교육생 정원(연간 최대 교육인원)
8) 편입기준
9) 결석자에 대한 보충교육 방법
10) 시험시행 횟수, 시기 및 방법
11) 학사운영(입학 및 수료 등) 보고에 관한 사항
12) 수료증명서 발급에 관한 사항
13) 교육과정 운영과 관련된 기록·유지 등에 관한 사항
14) 그 밖에 전문교육기관 운영에 필요한 사항 등

사. 역량기반의 교육 및 평가(CBTA : Competency-based training and assessment)를 할 것

6. 계기비행증명과정 지정기준

가. 교육과목 및 교육방법
1) 학과교육: 과목별 교육내용 및 시간은 다음을 표준으로 하되, 총교육시간은 70시간 이상이어야 한다. 다만, 과목별 교육시간은 100분의 35의 범위에서 조정할 수 있고, 교육내용별 교육시간은 조정하여 실시할 수 있다.

과목	교육 내용	교육시간	계
계기비행	항공법규(계기비행 등에 관한 사항)	8	68
	운항일반	15	
	계기비행 및 비상절차	30	
	항공교통관제 시스템	15	
시험(중간시험을 한 번 이상 실시해야 한다)		2	2
계			70

※ 비고 : 총 교육시간의 50% 범위 내에서 국토교통부장관이 인정하는 CBT(Computer Based Training)를 이용하여 교육을 실시할 수 있다.

2) 실기교육: 과목별 배분시간은 다음을 표준으로 한다. 다만, 과목별 비행시간은 100분의 35 범위 내에서 조정이 가능하되, 총교육시간은 40시간 이상이어야 한다.

과목	동승 비행시간
1. 기본계기비행(정상, 비정상 및 비상상태 회복절차 등 포함)	10
2. 계기비행(계기이륙, 표준계기 출발 및 도착, 항공로 비행, 체공, 접근 및 착륙 등 포함)	18
3. 야외 계기비행	10
4. 시험(중간시험을 한 번 이상 실시하여야 한다)	2
계	40

다만, 지방항공청장이 지정한 모의비행훈련장치 시간은 20시간 이내에서 인정한다.

나. 교관 확보기준

1) 학과교관

가) 자격요건

(1) 20세 이상일 것

(2) 해당 과목에 대한 지식과 능력을 갖추고 있을 것

(3) 해당 과정에 맞은 항공기 종류의 사업용 조종사, 부조종사 또는 운송용 조종사 자격증명(항공법규, 운항일반, 항공교통관제시스템 과목의 학과교관은 제외한다)을 가질 것

(4) 다음 표에 해당하는 교과목별 학과교관이 가져야 할 자격증명은 다음과 같다.

과목	자격증명 등
1. 항공법규, 운항일반	항공종사자 자격증명 소지자 또는 해당 분야의 실무경력(교육경력을 포함한다)이 3년 이상인 사람
2. 항공교통관제시스템	자가용 · 사업용 · 운송용 조종사, 항공교통관제사, 운항관리사 자격증명 소지자 또는 해당 분야의 실무경력(교육경력을 포함한다)이 3년 이상인 사람

나) 운영기준

(1) 학과교관의 강의는 1주당 20시간을 초과하지 않을 것(비행실기교관으로 근무한 시간을 포함하며, 학과시험 감독으로 근무한 시간은 제외한다)

(2) 학과교관의 강의준비 시간은 강의 1시간당 1시간 이상 주어질 것

2) 비행실기교관

가) 자격요건

(1) 21세 이상일 것

(2) 비행실기교관은 해당 과정에 맞는 다음 항공종사자 자격증명 중 어느 하나를 가질 것

(가) 사업용 조종사 자격증명(계기비행증명을 보유할 것) 및 조종교육증명

(나) 운송용 조종사 자격증명 및 조종교육증명

(다) 군의 비행실기교관 자격(군의 계기비행증명을 보유할 것)

나) 운영기준

(1) 비행실기교관의 조종교육시간은 연간 1,200시간(학과교관으로 근무한 시간을 포함하며, 학과시험감독으로 근무한 시간은 제외한다)을 초과하지 아니할 것

(2) 비행실기교관 한명이 담당하는 교육생은 6명 이하로 할 것

3) 주임교관

가) 24세 이상일 것

나) 해당 교육과정 운영에 필요한 지식, 경력, 능력 및 지휘통솔력을 갖춘 학과 및 비행실기 교관 중 각각 1명을 학과주임교관 및 실기주임교관으로 임명할 것

4) 실기시험관

가) 자격요건

(1) 23세 이상일 것

(2) 해당 과정의 실기시험에 필요한 아래의 항공종사자 자격증명 중 어느 하나를 가지고 500시간 이상의 조종교육 경력과 해당 종류의 항공기 계기비행시간 100시간을 포함하여 1,500시간 이상의 총비행경력이 있을 것

(가) 사업용 조종사(계기비행증명을 보유할 것) 자격증명 및 선임 조종교육증명

(나) 운송용 조종사 자격증명 및 선임 조종교육증명

(다) 군의 비행평가교관 자격(군의 계기비행증명을 보유할 것)

(3) 최근 2년 이내에 「항공사업법」, 「항공안전법」 또는 「공항시설법」을 위반하여 행정처분을 받은 사실이 없을 것

나) 운영기준

(1) 필요 시 실기시험관을 학과교관 및 비행실기교관을 겸임할 수 있도록 할 것

(2) 전문교육기관 설치자 및 관리자는 실기시험관을 겸직하지 않도록 할 것

(3) 실기시험관은 자신이 비행실기 과목을 교육한 학생에 대해서는 그 과목에 대한 평가업무를 수행할 수 없도록 할 것

다. 시설 및 장비 확보기준

1) 강의실, 자료열람실, 비행계획실, 브리핑실, 교관실 및 행정사무실 등 학과교육 및 비행실기교육에 필요한 교육훈련 시설은 학생 수를 고려하여 충분히 확보해야 하며, 건축 관계 법규, 「소음·진동관리법」 및 「소방법」 등 관련법규의 기준에 적합할 것

2) 실기비행훈련에 사용되는 훈련용 항공기는 「항공안전법」에 따른 감항성을 확보할 수 있도록 유지·관리할 것

3) 이착륙 시설(훈련비행장)은 실기비행훈련에 사용되는 항공기의 비행훈련에 적합한 활주로·계류장 및 항공교통관제 처리용량을 갖추어야 하며, 교신이 가능한 무선송수신 통신장비를 갖출 것

라. 교육평가방법

1) 교육과정 중 학과시험 및 실기시험은 각각 2회 이상 실시할 것

2) 교육생은 총 학과교육시간의 100분의 85 이상을 이수토록 할 것

3) 학과시험 범위는 제6호 가목1) 학과시험 과목에 따라 실시할 것

4) 실기시험 범위는 제6호 가목2) 실기시험 과목에 따라 실시할 것

5) 과목별 합격기준은 100분의 70 이상으로 할 것

6) 과목별 불합격자는 해당 과목 교육시간의 100분의 20 이내에서 추가교육을 한 후 2회의 재시험을 실시할 수 있도록 할 것

마. 교육계획: 교관, 시설 및 장비 등을 고려한 연간 최대 교육인원을 포함한 교육계획을 수립할 것

바. 교육규정에 포함하여야 할 사항

1) 교육기관의 명칭

2) 교육기관의 소재지

3) 항공종사자 자격별 교육과정명

4) 교육목표 및 목적

5) 교육기관 운영과 관련된 조직 및 인원과 관련된 임무

6) 교육생 응시기준 및 선발방법 등

7) 교육생 정원(연간 최대 교육인원)

8) 편입기준

9) 결석자에 대한 보충교육 방법

10) 시험시행 횟수, 시기 및 방법

11) 학사운영(입학 및 수료 등) 보고에 관한 사항

12) 수료증명서 발급에 관한 사항

13) 교육과정 운영과 관련된 기록·유지 등에 관한 사항

14) 그 밖에 전문교육기관 운영에 필요한 사항 등

사. 역량기반의 교육 및 평가(CBTA : Competency-based training and assessment)를 할 것

7. 조종교육증명과정 지정기준

가. 교육과목 및 교육방법

1) 학과교육: 과목별 시간배분은 다음을 표준으로 하며, 과목별 교육시간은 100분의 35 범위 내에서 조정이 가능하되, 총교육시간은 135시간 이상이어야 한다. 다만, 총 교육시간의 50% 범위 내에서 국토교통부장관이 인정하는 CBT(Computer Based Training)를 이용한 교육시간은 이를 포함할 수 있다.

과목	교육시간
1. 항공법규(항공교통관제 및 항공정보 포함)	10
2. 사업용 조종사에 필요한 학과교육의 복습	40
3. 교육심리학 (학습진도, 인간의 행동, 효과적인 의사소통, 교수과정, 교육방법, 비평, 평가, 교육보조자료의 이용 등을 포함)	50
4. 교육방법(비행교육기술, 교육계획 등을 포함)	20
5. 비행안전이론	5
6. 인적수행능력(위기 및 오류관리 포함)	5
7. 시험(중간시험을 한 번 이상 포함하여야 한다)	5
계	135

2) 실기교육: 실기교육시간은 15시간 이상이어야 한다.

과목	동승 비행시간
1. 비행 전후 점검	1
2. 공중조작(해당 항공기에 대한 자가용 및 사업용 조종사 실기교육에 필요한 과목)	2
3. 지상참조 비행	2
4. 장주비행	2
5. 야간비행	2
6. 야외 비행(계기비행 포함)	2
7. 비정상 및 비상절차	2
8. 시험(중간시험을 한 번 이상 포함하여야 한다)	2
계	15
※ 비고: 조종교육증명 과정 수료 시 교육생의 총비행시간은 230시간 이상이어야 한다.	

나. 교관 확보기준

1) 학과교관

가) 자격요건

(1) 21세 이상일 것

(2) 해당 과목에 대한 지식과 능력을 갖추고 있을 것

(3) 해당 과정에 맞는 항공기 종류의 사업용 조종사, 부조종사 또는 운송용 조종사 자격증명(항공법규, 교육심리학, 인적수행능력 과목의 학과교관은 제외한다)을 가질 것

(4) 다음 표에 해당하는 교과목별 학과교관이 가져야 할 자격증명은 다음과 같다.

과목	자격증명 등
1. 항공법규	항공종사자 자격증명 소지자 또는 해당 분야의 실무경력(교육경력을 포함한다)이 3년 이상인 사람
2. 교육심리학	항공종사자 자격증명 소지자, 심리학을 전공한 사람 또는 해당 분야의 실무경력(교육경력을 포함한다)이 3년 이상인 사람
3. 인적수행능력 (위기 및 오류관리 포함)	항공종사자 자격증명 소지자 또는 항공의학, 심리학, 철학을 전공하고 인적수행능력 과정을 이수한 사람(항공우주의료 관련 해당분야 실무경력 또는 교육경력이 3년 이상인 사람을 포함한다)

나) 운영기준

(1) 학과교관의 강의는 1주당 20시간을 초과하지 않을 것(비행실기교관으로 근무한 시간을 포함하며, 학과시험감독으로 근무한 시간은 제외한다)

(2) 학과교관의 강의준비 시간은 강의 1시간당 1시간 이상 주어질 것

2) 비행실기교관

가) 자격요건

(1) 21세 이상일 것

(2) 해당 과정에 맞는 다음의 항공종사자 자격증명 중 어느 하나를 가지고 있을 것

(가) 사업용 조종사(계기비행증명을 보유할 것) 자격증명 및 조종교육증명

(나) 운송용 조종사 자격증명 및 조종교육증명

(다) 군의 비행평가교관 자격(군의 계기비행증명을 보유할 것)

나) 운영기준

(1) 비행실기교관의 조종교육시간은 연간 1,200시간(학과교관으로 근무한 시간을 포함하며, 학과시험 감독으로 근무한 시간은 제외한다)을 초과하지 아니할 것

(2) 비행실기교관 한명이 담당하는 교육생은 6명 이하로 할 것

3) 주임교관

가) 24세 이상일 것

나) 해당 교육과정 운영에 필요한 지식, 경력, 능력 및 지휘통솔력을 갖춘 학과 및 비행실기 교관 중 각각 1명을 학과주임교관 및 실기주임교관으로 임명할 것

4) 실기시험관

가) 자격요건

(1) 23세 이상일 것

(2) 해당 과정의 실기시험에 필요한 아래의 항공종사자 자격증명 중 어느 하나를 가지고 500시간 이상의 조종교육경력과 해당 종류의 항공기 계기비행시간 100시간을 포함하여 1,500시간 이상의 총비행경력이 있을 것

(가) 사업용 조종사(계기비행증명을 보유할 것) 자격증명 및 선임 조종교육증명

(나) 운송용 조종사 자격증명 및 선임 조종교육증명

(다) 군의 비행평가교관 자격(군의 계기비행증명을 보유할 것)

(3) 최근 2년 이내에 「항공사업법」, 「항공안전법」 또는 「공항시설법」을 위반하여 행정처분을 받은 사실이 없을 것

나) 운영기준

(1) 필요 시 실기시험관을 학과교관 및 비행실기교관을 겸임할 수 있도록 할 것

(2) 전문교육기관 설치자 및 관리자는 실기시험관을 겸직하지 않도록 할 것

(3) 실기시험관은 자신이 비행실기 과목을 교육한 학생에 대해서는 그 과목에 대한 평가업무를 수행할 수 없도록 할 것

다. 시설 및 장비 확보기준

1) 강의실, 자료열람실, 비행계획실, 브리핑실, 교관실 및 행정사무실 등 학과교육 및 비행실기교육에 필요한 교육훈련 시설은 학생 수를 고려하여 충분히 확보해야 하며, 건축 관계 법규, 「소음 · 진동관리법」 및 「소방법」 등 관련 법규의 기준에 적합할 것

2) 실기비행훈련에 사용되는 훈련용 항공기는 「항공안전법」에 따른 감항성을 확보할 수 있도록 유지 · 관리할 것.

3) 이착륙 시설(훈련비행장)은 실기비행훈련에 사용되는 항공기의 비행훈련에 적합한 활주로 · 계류장 및 항공교통관제 처리용량을 갖추어야 하며, 교신이 가능한 무선송수신 통신장비를 갖출 것

라. 교육평가방법

1) 학과시험은 3회 이상 실시할 것

2) 실기시험은 2회 이상 실시할 것

3) 교육생은 총학과교육시간의 100분의 85 이상을 이수토록 할 것

4) 학과시험 범위는 제7호 가목 1) 학과시험 과목에 따라 실시할 것

5) 실기시험 범위는 제7호 가목 2) 실기시험 과목에 따라 실시할 것

6) 과목별 합격기준은 100분의 70 이상으로 할 것

7) 과목별 불합격자는 해당 과목 교육시간의 100분의 20 이내에서 추가교육을 한 후 2회의 재시험을 실시할 것

마. 교육계획: 교관, 시설 및 장비 등을 고려한 연간 최대 교육인원을 포함한 교육계획을 수립할 것

바. 교육규정에 포함하여야 할 사항

1) 교육기관의 명칭

2) 교육기관의 소재지

3) 항공종사자 자격별 교육과정명

4) 교육목표 및 목적

5) 교육기관 운영과 관련된 조직 및 인원과 관련된 임무

6) 교육생 응시기준 및 선발방법 등

7) 교육생 정원(연간 최대 교육인원)

8) 편입기준

9) 결석자에 대한 보충교육 방법

10) 시험시행 횟수, 시기 및 방법

11) 학사운영(입학 및 수료 등) 보고에 관한 사항

12) 수료증명서 발급에 관한 사항

13) 교육과정 운영과 관련된 기록 · 유지 등에 관한 사항

14) 그 밖에 전문교육기관 운영에 필요한 사항 등

사. 역량기반의 교육 및 평가(CBTA : Competency-based training and assessment)를 할 것

8. 항공교통관제사과정 지정기준

가. 교육과목 및 교육방법

1) 학과교육: 과목별 교육내용 및 시간은 다음을 표준으로 하되, 총교육시간은 345시간 이상이어야 한다. 다만, 과목별 교육시간은 100분의 35의 범위에서 조정할 수 있고, 교육내용별 교육시간은 조정하여 실시할 수 있다.

과목	교육 내용	교육시간	계
항공법규	국제・국내항공법	22.5	45
	항공교통관제 관련 항공법규	22.5	
관제일반	관제일반	15	75
	항공로관제절차	15	
	접근관제절차	15	
	공항교통관제	15	
	인적수행능력(위기 및 오류 관리 포함)	15	
항행안전시설	항행안전시설	15	45
	항공지도	15	
	공중항법	15	
항공기상	기상일반	15	45
	항공기상	15	
	항공기상분석 및 실무	15	
항공교통・통신・정보업무	교통관제업무 일반	15	60
	조난・비상・긴급통신 방법 및 절차	15	
	항공통신	15	
	항공정보	15	
항공관제영어	항공관제영어(발음법 포함)	68	68
시험	시험(중간시험을 세 번 이상 실시하여야 한다)	7	7
계			345

2) 실기교육: 실기교육시간은 180시간 이상이어야 한다.

과목	교육시간
1. 항공교통관제 실기교육(국토교통부장관이 인정한 모의관제장비에 의한 교육도 포함한다)	176
2. 시험(중간시험은 두 번 이상 실시하여야 한다)	4
계	180

※ 비고
1. 항공교통관제 실기교육은 비행장관제 실기교육을 100시간 이상 하고, 나머지 시간은 지역관제, IFR 비행장관제 또는 접근관제 실기교육을 해야 한다.
2. 실기교육은 지역관제소 또는 표준계기출발절차 및 계기접근절차가 수립되어 있는 비행장의 관제탑 또는 접근관제소에서 할 수 있다.

나. 교관 확보기준
1) 학과교관
가) 자격요건
(1) 21세 이상일 것
(2) 해당 과목에 대한 지식과 능력을 갖추고 있을 것
(3) 해당 과정에 맞는 항공교통관제사 자격증명(항공법규, 항행안전시설, 인적수행능력, 항공기상, 항공교통・통신・정보업무, 항공관제영어 과목의 학과교관은 제외한다)

(4) 다음 표에 해당하는 교과목별 학과교관이 가져야 할 자격증명은 다음과 같다.

과목	자격증명 등
1. 항공법규	항공종사자 자격증명 소지자 또는 해당 분야의 실무경력(교육경력을 포함한다)이 3년 이상인 사람
2. 항행안전시설	자가용 · 사업용 · 운송용 조종사, 항공교통관제사, 운항관리사, 군의 항공교통관제 교관자격 소지자 또는 해당 분야의 실무경력(교육경력을 포함한다)이 3년 이상인 사람 중 1개
3. 항공기상	자가용 · 사업용 · 운송용 조종사, 항공교통관제사, 군의 항공교통관제 교관자격, 운항관리사 소지자 또는 해당 분야의 실무경력(교육경력을 포함한다) 3년 이상인 사람
4. 항공교통 · 통신 · 정보업무	자가용 · 사업용 · 운송용 조종사, 항공교통관제사, 군의 항공교통관제 교관자격, 운항관리사 소지자 또는 해당 분야 실무경력(교육경력을 포함한다) 3년 이상인 사람
5. 항공관제영어	자가용 · 사업용 · 운송용 조종사, 항공교통관제사, 군의 항공교통관제 교관자격 소지자 또는 해당 과목의 실무경력(교육경력을 포함한다)이 3년 이상인 사람
6. 인적수행능력(위기 및 오류관리 포함)	항공종사자 자격증명 소지자 또는 항공의학, 심리학, 철학을 전공하고 인적수행능력 과정을 이수한 사람

나) 운영기준

(1) 학과교관의 강의는 1주당 20시간을 초과하지 않을 것(관제실기교관으로 근무한 시간을 포함하며, 학과시험 감독으로 근무한 시간은 제외한다)

(2) 학과교관의 강의준비 시간은 강의 1시간당 1시간 이상 주어질 것

2) 관제실기교관

가) 자격요건

(1) 21세 이상일 것

(2) 해당 과정에 맞는 항공교통관제사 자격증명 또는 군의 항공교통관제 실기교관자격으로 3년 이상의 실무경력이 있을 것

나) 운영기준

(1) 관제실기교관의 교육시간은 1주당 20시간(학과교관으로 근무한 시간을 포함하며, 학과시험감독으로 근무한 시간은 제외한다)을 초과하지 아니할 것

(2) 관제실기교관 한명이 담당하는 교육생은 6명 이하로 할 것

3) 주임교관

가) 24세 이상일 것

나) 해당 교육과정 운영에 필요한 지식, 경력, 능력 및 지휘통솔력을 갖춘 학과 및 관제실기 교관 중 각각 1명을 학과주임교관 및 실기주임교관으로 임명할 것

4) 실기시험관

가) 자격요건

(1) 23세 이상일 것

(2) 해당 과정의 실기시험에 필요한 항공교통관제사 자격증명 또는 군의 항공교통관제 실기평가교관 자격을 가지고, 3년 이상의 관제실기교육 경력을 포함한 5년 이상의 항공교통관제사로서의 실무경력을 가질 것

(3) 최근 2년 이내에 「항공사업법」, 「항공안전법」 또는 「공항시설법」을 위반하여 행정처분을 받은 사실이 없을 것

나) 운영기준

(1) 필요 시 실기시험관을 학과교관 및 관제실기교관을 겸임할 수 있도록 할 것

2) 전문교육기관 설치자 및 관리자는 실기시험관을 겸직하지 않도록 할 것

(3) 실기시험관은 자신이 관제실기 과목을 교육한 학생에 대해서는 그 과목에 대한 평가업무를 수행할 수 없도록 할 것

다. 시설 및 장비 확보기준

1) 강의실, 어학실습실, 자료열람실, 교관실 및 행정사무실 등 학과교육 및 관제실기교육에 필요한 교육훈련시설은 학생 수를 고려하여 충분히 확보해야 하며, 건축 관계 법규, 「소음·진동관리법」 및 「소방법」 등 관련 법규의 기준에 적합할 것

2) 실제 관제장비를 사용할 수 없는 기관은 관제실기교육에 사용되는 국토교통부장관이 인정한 모의관제장비를 다음과 같이 갖출 것. 단, 비행장관제를 실습할 수 있는 수동식 또는 자동식 모의비행장관제장비 중 하나는 반드시 갖추어야 한다.

가) 모의비행장관제장비

(1) 수동식 모의비행장관제장비

(가) 건물과 비행장 모형을 대형 탁자에 설치해 놓고 보조요원들이 그 주위에 둘러서서 모형항공기를 이동시키며, 조종사처럼 무선통신을 할 수 있을 것

(나) 모형관제탑에서는 그 모형비행장과 모형항공기를 보면서 교육을 할 수 있을 것

(다) 관제탑 콘솔에는 전시판, 무선전화기 마이크, 헤드폰, 5회선의 전화, 풍향풍속계 등을 갖출 것

(라) 관제탑에서 사용되는 업무일지·지도·절차도를 갖출 것

(2) 자동식 모의비행장관제장비

(가) 모형관제탑 내 관제사의 전면에 위치한 스크린에 비행장과 비행장 주위의 항공기 이동상황을 컴퓨터로 전시하고, 보조요원이 그 상황을 조절하면서 조종사처럼 무선통신을 할 수 있을 것

(나) 모형관제탑에서는 스크린에 전시되는 모형비행장과 모형항공기를 보면서 교육할 수 있을 것

(다) 모형관제탑 콘솔에는 전시판, 무선전화기 마이크, 헤드폰, 5회선의 전화, 풍향풍속계 등을 갖출 것

(라) 관제탑에서 사용되는 업무일지·지도·절차도를 갖출 것

나) 다음과 같은 모의접근관제장비를 갖출 것

(1) 학생 및 보조요원이 사용할 긴 콘솔이 있고, 그 위에 비행진행판 또는 전시판을 갖추어야 하며, 레이더접근관제·정밀접근관제 교육용으로는 실물 레이더 또는 컴퓨터를 이용한 자동식모의관제장비를 갖출 것

(2) 항공기 역할을 하는 보조요원 2명이 다른 방 또는 동일한 실내의 다른 쪽에 위치해 있고, 지역관제소·관제탑·소방·기상실·항공사 등과의 전화통신을 담당하는 보조요원 1명이 있을 것 이 경우 학생이 보조요원 역할을 담당할 수 있다.

(3) 전화와 무선통신용 장비를 각각 갖출 것

(4) 접근관제소에서 사용되는 업무일지·지도·절차도를 갖출 것

다) 다음과 같은 모의항로관제장비를 갖출 것

(1) 지역관제소의 각 섹터별로 콘솔에 비행진행판 또는 전시판을 갖추어야 하며, 레이더항로관제 교육용으로는 실물 레이더 또는 컴퓨터를 이용한 자동식 모의관제장비를 갖출 것

(2) 각 섹터별로 공지통신 및 지점 간 통신(5회선 이상)을 위한 통상적인 통신시설을 갖출 것

(3) 항공기 역할을 하는 보조요원 2명이 다른 방 또는 동일한 실내의 다른 쪽에 위치해 있고, 접근관제소·관제탑·기상실·통신실·항공사 등과의 전화통신을 담당하는 보조요원 1명이 있을 것

(4) 지역관제소에서 사용되는 업무일지·지도·절차도를 갖출 것

라. 교육평가방법

1) 학과시험은 4회 이상 실시할 것

2) 실기시험은 3회 이상 실시할 것

3) 교육생은 총학과교육시간의 100분의 85 이상을 이수토록 할 것

4) 학과시험 범위는 제8호 가목 1) 학과시험 과목에 따라 실시할 것

5) 실기시험 범위는 제8호 가목 2) 실기시험 과목에 따라 실시할 것

6) 과목별 합격기준은 100분의 70 이상으로 할 것
7) 과목별 불합격자는 해당 과목 교육시간의 100분의 20 이내에서 추가교육을 한 후 2회의 재시험을 실시할 수 있도록 할 것

마. 교육계획: 교관, 시설 및 장비 등을 고려한 최대 교육인원을 포함한 교육계획을 수립할 것
바. 교육규정에 포함하여야 할 사항
1) 교육기관의 명칭
2) 교육기관의 소재지
3) 항공종사자 자격별 교육과정명
4) 교육목표 및 목적
5) 교육기관 운영과 관련된 조직 및 인원과 관련된 임무
6) 교육생 응시기준 및 선발방법 등
7) 교육생 정원(연간 최대 교육인원)
8) 편입기준
9) 결석자에 대한 보충교육 방법
10) 시험시행 횟수, 시기 및 방법
11) 학사운영(입학 및 수료 등) 보고에 관한 사항
12) 수료증명서 발급에 관한 사항
13) 교육과정 운영과 관련된 기록·유지 등에 관한 사항
14) 그 밖에 전문교육기관 운영에 필요한 사항 등

사. 역량기반의 교육 및 평가(CBTA : Competency-based training and assessment)를 할 것

9. 항공정비사과정 지정기준

가. 교육과목 및 교육방법: 과목별 교육내용 및 시간은 다음을 표준으로 하되, 총교육시간은 2,410시간(항공전자·전기·계기과정은 1,725시간) 이상이어야 한다. 다만, 과목별 교육시간은 100분의 35의 범위에서 조정할 수 있고, 교육내용별 교육시간은 조정하여 실시할 수 있다.

과목	교육 내용	비행기 과정			헬리콥터 과정			항공전자·전기·계기 과정		
		학과시간	실기시간	계	학과시간	실기시간	계	학과시간	실기시간	계
항공법규	국제항공법(ICAO와 IATA에 관한 내용 포함) 국내항공법(사고조사 및 항공보안 포함)	45	–	45	45	–	45	45	–	45
	항공정비관리(정비관련 규정, 도서, 정비조직, 정비프로그램, 정비방식 및 양식기록에 관한 내용 포함)	45	–	45	45	–	45	45	–	45
	중간시험(2회 이상)	5	–	5	5	–	5	5	–	5
	소계	95	–	95	95	–	95	95	–	95

과목	교육 내용	비행기 과정			헬리콥터 과정			항공전자·전기·계기 과정		
		학과 시간	실기 시간	계	학과 시간	실기 시간	계	학과 시간	실기시간	계
정비 일반	수학·물리	30	–	30	30	–	30	30	–	30
	항공역학	45	–	45	45	–	45	45	–	45
	항공기 도면	20	25	45	20	25	45	20	25	45
	항공기 중량 및 평형관리	10	20	30	10	20	30	10	20	30
	항공기 재료, 공정, 하드웨어	20	25	45	20	25	45	20	25	45
	항공기 세척 및 부식방지	15	15	30	15	15	30	15	15	30
	유체 라인 및 피팅	10	35	45	10	35	45	10	35	45
	일반공구와 측정공구	10	20	30	10	20	30	10	20	30
	안전 및 지상취급과 서비스작업	20	10	30	20	10	30	20	10	30
	검사원리 및 기법	30	15	45	30	15	45	30	15	45
	인적수행능력 (위기 및 오류 관리 포함)	45	–	45	45	–	45	45	–	45
	중간시험(2회 이상)	10	–	10	10	–	10	10	–	10
	소계	**265**	**165**	**430**	**265**	**165**	**430**	**265**	**165**	**430**
항공 기체	항공기 구조	30	30	60	30	30	60	–	–	–
	항공기 천, 외피, 목재와 구조물 수리	20	10	30	20	10	30	–	–	–
	항공기 금속구조 수리	30	60	90	30	60	90	–	–	–
	항공기 용접	20	40	60	20	40	60	–	–	–
	첨단 복합 소재	25	50	75	25	50	75	–	–	–
	항공기 도색 및 마무리	10	20	30	10	20	30	–	–	–
	항공기 유압계통	30	30	60	30	30	60	–	–	–
	항공기 착륙장치 계통	30	30	60	30	30	60	–	–	–
	항공기 연료계통	30	30	60	30	30	60	–	–	–
	화재방지, 제빙 (De-icing)·방빙(Anti-icing) 및 빗물 제어(Rain Control)	15	15	30	15	15	30	–	–	–
	객실공조 및 공기압력 제어계통	20	25	45	20	25	45	–	–	–
	헬리콥터 구조 및 계통	20	25	45	–	–	–	–	–	–
	헬리콥터 조종 계통	–	–	–	20	25	45	–	–	–
	중간시험(2회 이상)	15	–	15	15	–	15	–	–	–
	소계	**295**	**365**	**660**	**295**	**365**	**660**	**–**	**–**	**–**

과목	교육 내용	비행기 과정			헬리콥터 과정			항공전자 · 전기 · 계기 과정		
		학과 시간	실기 시간	계	학과 시간	실기 시간	계	학과 시간	실기시간	계
항공 발동기	왕복엔진일반 및 흡기 · 배기계통	20	25	45	20	25	45	–	–	–
	왕복엔진 연료 및 연료조절계통	20	25	45	20	25	45	–	–	–
	왕복엔진 점화 및 시동계통	20	25	45	20	25	45	–	–	–
	왕복엔진 윤활 및 냉각계통	20	25	45	20	25	45	–	–	–
	프로펠러	20	25	45	20	25	45	–	–	–
	헬리콥터 엔진	20	25	45	–	–	–	–	–	–
	헬리콥터 동력전달장치	–	–	–	20	25	45	–	–	–
	왕복엔진 장착, 탈착 및 교환	20	25	45	20	25	45	–	–	–
	왕복엔진 정비 및 작동(화재방지계통 포함)	20	25	45	20	25	45	–	–	–
	경량항공기 엔진	10	5	15	10	5	15	–	–	–
	가스터빈엔진 일반 및 구조	20	25	45	20	25	45	–	–	–
	가스터빈엔진 연료 및 연료조절계통	20	25	45	20	25	45	–	–	–
	가스터빈엔진 점화 및 시동계통	20	25	45	20	25	45	–	–	–
	가스터빈엔진 윤활 및 냉각계통	20	25	45	20	25	45	–	–	–
	가스터빈엔진 장착, 탈착 및 교환	20	25	45	20	25	45	–	–	–
	가스터빈엔진 정비 및 작동(화재방지계통 포함)	10	20	30	10	20	30	–	–	–
	중간시험(2회 이상)	5	5	10	5	5	10	–	–	–
	소계	**285**	**355**	**640**	**285**	**355**	**640**	**–**	**–**	**–**
전자 · 전기 · 계기 (기본)	기초전기 · 전자	120	75	195	120	75	195	120	75	195
	항공기 전기계통	60	30	90	60	30	90	60	30	90
	항공기 계기계통	60	30	90	60	30	90	60	30	90
	항공기 통신 및 항법계통, 자동비행장치	120	60	180	120	60	180	120	60	180
	중간시험(2회 이상)	5	10	15	5	10	15	5	10	15
	소계	**365**	**205**	**570**	**365**	**205**	**570**	**365**	**205**	**570**

과목	교육 내용	비행기 과정			헬리콥터 과정			항공전자 · 전기 · 계기 과정		
		학과 시간	실기 시간	계	학과 시간	실기 시간	계	학과 시간	실기시간	계
전자 · 전기 · 계기 (심화)	전자 · 전기 · 계기	–	–	–	–	–	–	45	45	90
	디지털 전자	–	–	–	–	–	–	45	45	90
	라디오 주파수 (RF: radio frequency) 통신	–	–	–	–	–	–	60	60	120
	항공통신계통	–	–	–	–	–	–	60	60	120
	항법계통	–	–	–	–	–	–	90	90	180
	중간시험(2회 이상)	–	–	–	–	–	–	5	10	15
	소계							305	310	615
최종 시험	종합평가 시험	5	10	15	5	10	15	5	10	15
계		1,310	1,100	2,410	1,310	1,100	2,410	1,035	690	1,725

나. 교관 확보기준

1) 학과교관

가) 자격요건

(1) 21세 이상일 것

(2) 해당 과목에 대한 지식과 능력을 갖추고 있을 것

(3) 해당 과정에 맞는 항공정비사 자격증명 가진 사람으로서 3년 이상의 실무경력(항공법규, 기초전기, 인적성능 및 한계, 수학 · 물리 · 일반기계 과목의 학과교관의 경우에는 제외한다)을 가질 것.

(4) 다음 표에 해당하는 교과목별 학과교관이 가져야 할 자격증명은 다음과 같다.

과목	자격증명 등
1. 항공장비 (전기, 계기, 전자, 무선통신, 레이더 및 항법장비 등)	항공정비사 또는 해당 과목 교육에 적합한 국가기술자격을 소지하고, 항공전자(전기, 계기 포함) 교육과정을 이수한 사람
2. 인적 성능 및 한계	항공종사자 자격증명 또는 항공의학, 심리학, 철학을 전공하고 인적성능 및 한계과정을 이수한 사람
3. 수학, 물리, 일반기계	해당 과목에 대한 학사 이상 자격을 소지하고 교육기관에서 교육 경험이 있는 사람

나) 운영기준

(1) 학과교관의 강의는 1주당 20시간을 초과하지 않을 것(정비실기교관으로 근무한 시간을 포함하며, 학과시험감독으로 근무한 시간은 제외한다)

(2) 학과교관의 강의준비 시간은 강의 1시간당 1시간 이상 주어질 것

다) 학과교관의 강의준비 시간은 강의 1시간당 1시간을 표준으로 한다.

2) 정비실기교관

가) 자격요건

(1) 21세 이상일 것

(2) 해당 과정에 맞는 항공정비사 자격증명 또는 군 교육기관의 경우 군의 항공정비사 실기교관자격으로 3년 이상의 실무경력을 가져야 한다.

나) 운영기준
(1) 정비실기교관의 교육시간은 1주당 20시간(학과교관으로 근무한 시간을 포함하며, 학과시험 감독으로 근무한 시간은 제외한다)을 초과하지 아니할 것
(2) 정비실기교관 한명이 담당하는 교육생은 12명 이하로 할 것

3) 주임교관
가) 24세 이상일 것
나) 해당 교육과정 운영에 필요한 지식, 경력, 능력 및 지휘통솔력을 갖춘 학과 및 정비실기 교관 중 각각 1명을 학과주임교관 및 실기주임교관으로 임명할 것

4) 실기시험관
가) 자격요건
(1) 23세 이상일 것
(2) 해당 과정의 실기시험에 필요한 항공정비사 자격증명 또는 군의 항공정비사 실기평가교관 자격을 소지하고 3년 이상의 정비 실기교육 경력을 포함한 5년 이상의 항공정비사로서의 실무경력을 가질 것
(3) 최근 2년 이내에 「항공법」 또는 「항공안전법」을 위반하여 행정처분을 받은 사실이 없을 것
나) 운영기준
(1) 필요 시 실기시험관을 학과교관 및 정비실기교관을 겸임할 수 있도록 할 것
(2) 전문교육기관 설치자 및 관리자는 실기시험관을 겸직하지 않도록 할 것
(3) 실기시험관은 자신이 정비실기 과목을 교육한 학생에 대해서는 그 과목에 대한 평가업무를 수행할 수 없도록 할 것

다. 시설 및 장비 확보기준
1) 강의실, 정비실습실, 자료열람실, 교관실 및 행정사무실 등 학과교육 및 정비실기교육에 필요한 교육훈련시설은 학생 수를 고려하여 충분히 확보해야 하며, 건축 관계 법규, 「소음 · 진동관리법」 및 「소방법」등 관련 법규의 기준에 적합할 것
2) 정비실기를 위해 갖추어야 할 장비는 다음과 같다.

구분	장비 및 공구	
	비행기과정 또는 헬리콥터 과정	항공전기 · 전자 · 계기 과정
1. 기초금속 가공실기	가. 장비 1) 동력 그라인더(Grinder: 연마기) 2) 동력 드릴링머신(Drilling Machine: 구멍 뚫는 기계) 3) 바이스(Vise: 가공물 고정을 위한 소형 기구) 12개 이상 및 작업대 3대 이상 4) 형상 가공장비 5) 금속 절단용 동력 쇠톱 나. 측정 및 금 긋기 개인용 공구 1) 스틸자 2) 삼각자 3) 필러 게이지(Feeler Gauge: 틈새 측정기) 세트 4) 디바이더(Divider: 컴퍼스 모양의 제도 용구) 세트 5) 버니어캘리퍼스(Vernier Calipers: 아들자가 달려 두께나 지름을 재는 기구)(안팎 지름 측정) 6) 마이크로미터(안팎 지름 측정)	

<table>
<tr><th rowspan="2">구분</th><th colspan="2">장비 및 공구</th></tr>
<tr><th>비행기과정 또는 헬리콥터 과정</th><th>항공전기 · 전자 · 계기 과정</th></tr>
<tr><td>1. 기초금속 가공실기</td><td>다. 조립용 공구
1) 일반공구 세트
2) 사이드 커터 플라이어(Side Cutter Plier: 절단용 공구, 펜치)
3) 핸드 드릴과 소형 다이어미터 드릴(Diameter Drill: 다양한 지름 크기로 구멍을 뚫는 기구) 세트
4) 해머 세트(볼핀(Ball Peen: 둥근 머리), 동, 고무, 피혁, 플라스틱, 크로스형(머리 · 자루 수직의 한 손 사용형))</td><td></td></tr>
<tr><td>2. 용접실기</td><td>가. 산소-아세틸렌 용접장비 세트
나. 전기 아크 용접기 1대
다. 용접 보호장구(눈 및 얼굴 가리개, 보안경, 가죽 장갑 및 앞치마)
라. 점 용접용 전기저항 용접기 1대</td><td></td></tr>
<tr><td>3. 판금실기</td><td>가. 장비
1) 절단기 1대
2) 그라인더 1대
3) 판재 접기 장치(Cornice Brake)
4) 핸드 바이스(Hand Vise) 1개
5) 형상 롤러(Forming Roll) 1대
6) 정밀드릴링머신(Sensitive Drilling Machine) 1대
7) 공기 압축기(Air Compressor)
나. 공구
1) 판금(Plate) 게이지 1개
2) 판금 공구 세트
3) 쇠톱
4) 줄 세트
5) 센터 및 핀 펀치 세트
6) 평면 정과 여러 단면의 정 세트
7) 복합소재 수리 공구</td><td></td></tr>
<tr><td>4. 발동기 실기</td><td>가. 장비
1) 왕복발동기 1대 이상
2) 가스-터빈 발동기 5대 이상
3) 시운전이 가능한 발동기 또는 작동모습을 시현할 수 있는 발동기 1대 이상
4) 발동기 분해 시 부품 보관용 스탠드
5) 부품 세척용 장비
6) 이동용 호이스트(Hoist: 물건을 들어 옮기는 기중기)
7) 발동기 슬링(Sling: 물건을 감싸 매다는 기구)
8) 발동기 분해 및 조립용 공구 세트
9) 비파괴검사용 장비(초음파검사, 형광침투검사, 와전류검사, 자분탐상검사)
10) 내시경검사 장비</td><td></td></tr>
</table>

<table>
<tr><th rowspan="2">구분</th><th colspan="2">장비 및 공구</th></tr>
<tr><th>비행기과정 또는 헬리콥터 과정</th><th>항공전기 · 전자 · 계기 과정</th></tr>
<tr><td>4. 발동기 실기</td><td>나. 공구
1) 일반 공구 세트
2) 토크 렌치(Torque Wrench: 볼트와 너트를 규정된 회전력에 맞춰 조이는 데 사용하는 공구)
3) 스트랩 렌치(Strap Wrench: 끈을 이용하여 물체 표면에 손상을 주지 않고 물체를 잡을 수 있는 렌치)</td><td></td></tr>
<tr><td>5. 항공기체 실기</td><td>가. 헬리콥터, 비행기를 포함한 항공기 3대(가동 할 수 있거나 정비가 가능할 것) 이상
나. 유압식 리프트잭(Lift Jack: 물건을 들어올리는 기구의 하나), 리프트슬링(Lift Sling: 물건을 감싸 매달아 올리는 기구의 하나) 등 작업대
다. 기술도서(圖書) 비치용 책상 및 진열대
라. 작업용 운반차
마. 소화장비(CO_2 소화기 등)
바. 작업대, 바퀴 고정 받침목 등 격납고용 비품
사. 이동용 소형 크레인
아. 타이어 수리용 장비
자. 오일 및 연료 보충용 장비
차. 케이블 스웨이징(Swaging: 압축가공) 장비
카. 이동용 유압식 실험 트롤리(Trolley: 운반선반)
타. 일반 공구 세트
파. 로터 트래킹(Rotor Tracking: 헬리콥터 회전날개 궤적) 및 밸런싱 장비(헬리콥터 과정에 한한다)
하. 트랜스미션(변속기) 정비용 작업대 2대(헬리콥터 과정에 한한다)</td><td></td></tr>
<tr><td>6. 항공기 계통실기</td><td>가. 유압계통 부품
나. 착륙장치계통 부품
다. 공압계통 부품
라. 비행조종장치 부품
마. 객실 공기조절장치 부품
바. 산소계통 부품
자. 제빙계통 부품
차. 비상장치, 방빙장치 등의 다양한 부품</td><td>좌동</td></tr>
<tr><td>7. 항공전기 · 전자 · 계기 실기(기본)</td><td>가. 특수공구 및 측정기기
1) 전기 납땜인두 12세트 이상
2) 전선 스트리퍼(Stripper: 전선 피복 제거기) 1개 이상
3) 전기 · 전자 · 계기용 공구 1세트 이상
4) 크림핑(Crimping: 단자 · 전선 접합용 압착펜치) 공구 1세트 이상
5) 멀티미터 1세트 이상
6) 오실로스코프(Oscilloscope: 전압의 변화를 화면으로 보여주는 장치) 1세트 이상
7) 메가 옴(Mega Ohm) 미터 1세트 이상</td><td>좌동</td></tr>
</table>

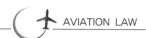

<table>
<tr><th rowspan="2">구분</th><th colspan="2">장비 및 공구</th></tr>
<tr><th>비행기과정 또는 헬리콥터 과정</th><th>항공전기 · 전자 · 계기 과정</th></tr>
<tr><td>7. 항공전기 · 전자 · 계기 실기(기본)</td><td>8) 배터리 충전장치
9) 직류(5~28 V DC) · 교류(AC) 전원공급 장치
10) 전원공급장치
11) 신호발생기(실기 교육용 포함)
12) 교류 전압계
13) 변압기
나. 소요자재
1) 실기교육용 항공기 케이블
2) 항공기 플러그, 리셉터클(Receptacle: 벽이나 천장에 설치하여 전기장치를 끼워 사용할 수 있는 배선 기구의 하나) 등
3) 항공기 램프(직류 및 교류용)
다. 시험 또는 훈련장비
1) 압력계기 시험용 장비
2) 고도계기 시험용 장비
3) 공기누설 점검용 장비(모형장비를 포함한다)
4) 컴퍼스 교정 모의장치
5) 간단한 형태의 자동조종장치
6) 항공전자 작동 모의장치
라. 탑재장비 및 계기
1) 매니폴드 압력 게이지(여러 개의 가지관이 갈라져 있는 기관의 압력을 측정하는 기기)
2) 유압 게이지
3) 발동기 오일 압력 게이지
4) 속도계기
5) 피토(Pitot: 기체나 액체의 흐르는 속도를 구하는 장치) 정압 헤드
6) 고도계
7) 상승계
8) 선회지시계(항공기의 선회방향 · 속도를 나타내는 계기) 및 경사지시계(항공기의 경사를 나타내는 계기)
9) 방향 자이로스코프(Gyroscope: 회전축이 수평 위치로 유지되어 항공기 선회나 자세 변화의 영향을 받지 않고 항상 정확한 방향을 표시하는 장치)
10) 인공수평계
11) 발동기회전계기
12) 발동기온도계기
13) 발동기 배기가스 온도계기
14) 연료량계기
15) 송신기(Transmitter)
16) 초단파 · 고주파 송수신기
17) 계기착륙장치[착륙경로수신기, 위치 수신기]
18) 장거리 항법 장비(GPS, IRs)
19) 탑재항법장비
20) 무선고도계기</td><td></td></tr>
</table>

구분	장비 및 공구	
	비행기과정 또는 헬리콥터 과정	항공전기 · 전자 · 계기 과정
7. 항공전기 · 전자 · 계기 실기(기본)	21) 항공기 마그네토(Magneto: 자석 발전기) 및 점화용 전선 22) 직류 발전기 또는 교류 발전기 23) 전압 조정기 및 전류제한 장치 24) 시동기(Starter Motor) 25) 정지형 인버터(Static Inverter)	
8. 항공전기 · 전자 · 계기 실기(심화)		1) 정속구동장치 또는 통합구동발전기 2) 반파정류기(Half-Wave Rectifier), 전파 정류기(Full Wave Rectifier) 또는 브리지 정류기(Bridge Rectifier: 4개의 소자를 브리지형으로 접속한 전파 정류기) 3) 전자식 디스플레이 유닛 4) 오디오 컨트롤 패널 (Audio Control Panel-ACP) 5) 무선통신 패널 (Radio Comm-unication Panel-RCP) 6) 선형 변위 비례 변환 장치 (Linear Variable Differential Transducer--LVDT) 또는 각 변위 비례 변환 장치(Rotary Variable Differential Transformer-RVDT) 7) 도통(導通: 전자 회로 및 전자 부품에 대한 전기적 특성) 점검용 전기선 묶음(Wire Bundle) 8) 전기 · 전자장비실(Electric and Electronic Equipment Compartment) 모형 9) 정전기방지용 장비 세트

라. 교육평가방법

1) 학과시험은 9회 이상 실시하도록 할 것
2) 실기시험은 8회 이상 실시하도록 할 것
3) 교육생은 총 교육시간의 100분의 85 이상을 이수하도록 할 것
4) 학과시험은 제9호 가목에 따른 과목별로 실시한다.
5) 실기시험은 제9호 가목에 따른 과목별로 실시한다.
6) 과목별 합격기준은 100분의 70 이상으로 할 것
7) 과목별 불합격자는 해당 과목 교육시간의 100분의 20 이내에서 추가교육을 한 후 2회의 재시험을 실시할 수 있도록 할 것
8) 다른 항공정비사 교육과정을 이수할 때 동일한 교육과목을 이수한 경우에는 해당 교육과정을 이수하는데 필요한 해당 교육과목을 이수한 것으로 볼 것

마. 교육계획: 교관, 시설 및 장비 등을 고려한 연간 최대 교육인원을 포함한 교육계획을 수립하여야 한다.

바. 교육규정에 포함하여야 할 사항은 다음과 같다.

1) 교육기관의 명칭
2) 교육기관의 소재지
3) 항공종사자 자격별 교육과정명
4) 교육목표 및 목적
5) 교육기관 운영과 관련된 조직 및 인원과 관련된 임무
6) 교육생 응시기준 및 선발방법 등
7) 교육생 정원(연간 최대 교육인원)
8) 편입기준
9) 결석자에 대한 보충교육 방법
10) 시험시행 횟수, 시기 및 방법
11) 학사운영(입학 및 수료 등) 보고에 관한 사항
12) 수료증명서 발급에 관한 사항
13) 교육과정 운영과 관련된 기록·유지 등에 관한 사항
14) 그 밖에 전문교육기관 운영에 필요한 사항 등

사. 역량기반의 교육 및 평가(CBTA : Competency-based training and assessment)를 할 것

10. 경량항공기 조종사과정 지정기준

가. 교육과목 및 교육방법

1) 학과교육: 과목별 시간배분은 다음을 표준으로 하며, 총교육시간은 20시간 이상이어야 한다.

교육과목	교육시간
1. 항공법규	2
2. 항공기상	3
3. 항공역학(비행이론)	10
4. 항공교통통신(정보업무, 공중항법 포함한다)	3
5. 시험(중간시험을 한 번 이상 실시하여야 한다)	2
계	20

2) 실기교육: 과목별 시간배분은 다음을 표준으로 하며, 단독 비행시간 또는 기장시간(자기의 책임 하에 비행한 시간을 말한다. 이하 같다) 5시간을 포함한 총교육시간은 20시간 이상이어야 한다.

구분	과목	동승 비행시간	단독 비행시간 (또는 기장시간)	교육시간
타면조종형비행기, 체중이동형비행기, 동력패러슈트	1. 장주 이륙·착륙	7	3	10
	2. 공중 조작	4	2	6
	3. 비정상 및 비상절차	2	-	2
	4. 시험 (중간시험을 한 번 이상 실시하여야 한다)	2	-	2
계		15	5	20

구분	과목	동승 비행시간	단독 비행시간 (또는 기장시간)	교육시간
회전익경량항공기	1. 장주 이륙 · 착륙	3	2	5
	2. 공중 조작	3	2	5
	3. 지표 부근에서의 조작	4	1	5
	4. 비정상 및 비상절차	3	–	3
	5. 시험 (중간시험을 한 번 이상 실시하여야 한다)	2	–	2
계		15	5	20

나. 교관 확보기준

1) 학과교관

가) 자격요건

(1) 20세 이상일 것

(2) 해당 과목에 대한 지식과 능력을 갖추고 있을 것

(3) 경량항공기 종류에 해당하는 조종사 자격증명을 가질 것

나) 운영기준

(1) 학과교관의 강의는 1주당 30시간을 초과하지 않을 것(비행실기교관으로 근무한 시간을 포함하며, 학과시험 감독으로 근무한 시간은 제외한다)

(2) 학과교관의 강의준비 시간은 강의 1시간당 1시간 이상 주어질 것

2) 비행실기교관

가) 자격요건

(1) 20세 이상일 것

(2) 경량항공기 조종사 자격증명 및 조종교육증명을 가질 것

나) 운영기준

(1) 비행실기교관의 조종교육시간은 연간 1,200시간(학과교관으로 근무한 시간을 포함하며, 학과시험 감독으로 근무한 시간은 제외한다)을 초과하지 아니할 것

(2) 비행실기교관 한 명이 담당하는 교육생은 8명 이하로 할 것

3) 주임교관

가) 24세 이상일 것

나) 해당 교육과정 운영에 필요한 지식, 경력, 능력 및 지휘통솔력을 갖춘 학과 및 비행실기 교관 중 1명을 주임교관으로 임명할 것

4) 실기시험관

가) 자격요건

(1) 23세 이상일 것

(2) 해당 경량항공기의 조종사 자격증명을 가진 사람으로서 300시간 이상의 비행경력이 있을 것

(3) 최근 2년 이내에 「항공법」 또는 「항공안전법」을 위반하여 행정처분을 받은 사실이 없을 것

나) 운영기준

(1) 필요 시 실기시험관을 학과교관 및 비행실기교관을 겸임할 수 있도록 할 것

(2) 전문교육기관 설치자 및 관리자는 실기시험관을 겸직하지 않도록 할 것

(3) 실기시험관은 자신이 비행실기 과목을 교육한 학생에 대해서는 그 과목에 대한 평가업무를 수행할 수 없도록 할 것

다. 시설 및 장비 확보기준
1) 강의실, 자료열람실, 비행계획실, 브리핑실, 교관실 및 행정사무실 등 학과교육 및 비행실기교육에 필요한 교육훈련 시설은 학생 수를 고려하여 충분히 확보해야 하며, 건축 관계 법규, 「소음 · 진동관리법」 및 「소방법」 등 관련 법규의 기준에 적합할 것
2) 실기비행훈련에 사용되는 훈련용 경량항공기는 「항공안전법」에 따른 안전성인증을 확보할 수 있도록 유지 · 관리할 것
3) 이착륙 시설(훈련비행장)은 실기비행훈련에 사용되는 항공기의 비행훈련에 적합한 활주로 · 계류장 및 항공교통관제 처리용량을 갖추어야 하며, 교신이 가능한 무선송수신 통신장비를 갖출 것

라. 교육평가방법
1) 교육과정 중 학과시험 및 실기시험은 각각 2회 이상 실시할 것
2) 학과시험 범위는 제1호 가목 (1) 학과교육 과목에 따라 실시할 것
3) 실기시험 범위는 제1호 가목 (2) 실기교육 과목에 따라 실시할 것
4) 과목별 합격기준은 100분의 70 이상으로 할 것
5) 과목별 불합격자는 해당 과목 교육시간의 100분의 20 이내에서 추가교육을 한 후 2회의 재시험을 실시할 수 있도록 할 것.

마. 교육계획: 교관, 시설 및 장비 등을 고려한 연간 최대 교육인원을 포함한 교육계획을 수립할 것

바. 교육규정에 포함되어야 할 사항
1) 교육기관의 명칭
2) 교육기관의 소재지
3) 항공종사자 자격별 교육과정명
4) 교육목표 및 목적
5) 교육기관 운영과 관련된 조직 및 인원과 관련된 임무
6) 교육생 응시기준 및 선발방법 등
7) 교육생 정원(연간 최대 교육인원)
8) 편입기준
9) 결석자에 대한 보충교육 방법
10) 시험시행 횟수, 시기 및 방법
11) 학사운영(입학 및 수료 등) 보고에 관한 사항
12) 수료증명서 발급에 관한 사항
13) 교육과정 운영과 관련된 기록 · 유지 등에 관한 사항
14) 그 밖에 전문교육기관 운영에 필요한 사항 등

11. **삭제** 〈2018. 3. 23.〉

■ 항공안전법 시행규칙 [별표 15] 〈개정 2020. 11. 2.〉 [시행일 : 2021. 2. 3.] 제5호 비고의 제2호

항공기에 장비하여야 할 구급용구 등(제110조 관련)

1. 구급용구

구분	품목	수량	
		항공운송사업 및 항공기사용사업에 사용하는 경우	그 밖의 경우
가. 수상비행기(수륙 양용 비행기를 포함한다)	• 구명동의 또는 이에 상당하는 개인부양 장비 • 음성신호발생기 • 해상용 닻 • 일상용 닻	탑승자 한 명당 1개 1기 1개 1개	탑승자 한 명당 1개 1기 1개(해상이동에 필요한 경우만 해당한다) 1개
나. 육상비행기 (수륙 양용 비행기를 포함한다)			
1) 착륙에 적합한 해안으로부터 93킬로미터(50해리) 이상의 해상을 비행하는 다음의 경우 가) 쌍발비행기가 임계발동기가 작동하지 않아도 최저안전고도 이상으로 비행하여 교체비행장에 착륙할 수 있는 경우 나) 3발 이상의 비행기가 2개의 발동기가 작동하지 않아도 항로상 교체비행장에 착륙할 수 있는 경우	• 구명동의 또는 이에 상당하는 개인부양 장비	탑승자 한 명당 1개	탑승자 한 명당 1개
2) 1) 외의 육상단발비행기가 해안으로부터 활공거리를 벗어난 해상을 비행하는 경우	• 구명동의 또는 이에 상당하는 개인부양 장비	탑승자 한 명당 1개	탑승자 한 명당 1개
3) 이륙경로나 착륙접근경로가 수상에서의 사고 시에 착수가 예상되는 경우	• 구명동의 또는 이에 상당하는 개인부양 장비	탑승자 한 명당 1개	
다. 장거리 해상을 비행하는 비행기 1) 비상착륙에 적합한 육지로부터 120분 또는 740킬로미터(400해리) 중 짧은 거리 이상의 해상을 비행하는 다음의 경우 가) 쌍발비행기가 임계발동기가 작동하지 않아도 최저안전고도 이상으로 비행하여 교체비행장에 착륙할 수 있는 경우	• 구명동의 또는 이에 상당하는 개인부양 장비 • 구명보트 • 불꽃조난신호장비	탑승자 한 명당 1개 적정 척 수 1기	탑승자 한 명당 1개 적정 척 수 1기

구분	품목	수량	
		항공운송사업 및 항공기사용사업에 사용하는 경우	그 밖의 경우
나) 3발 이상의 비행기가 2개의 발동기가 작동하지 않아도 항로상 교체비행장에 착륙할 수 있는 경우			
2) 1) 외의 비행기가 30분 또는 185킬로미터(100해리) 중 짧은 거리 이상의 해상을 비행하는 경우	• 육상비행기 또는 수상비행기의 구분에 따라 가 또는 나에서 정한 품목 • 구명보트 • 불꽃조난신호장비	육상비행기 또는 수상비행기의 구분에 따라 가 또는 나에서 정한 수량 적정 척 수 1기	 적정 척 수 1기
3) 비행기가 비상착륙에 적합한 육지로부터 93킬로미터(50해리) 이상의 해상을 비행하는 경우	• 구명동의 또는 이에 상당하는 개인부양 장비		탑승자 한 명당 1개
4) 비상착륙에 적합한 육지로부터 단발기는 185킬로미터(100해리), 다발기는 1개의 발동기가 작동하지 않아도 370킬로미터(200해리) 이상의 해상을 비행하는 경우	• 구명보트 • 불꽃조난신호장비		적정 척 수 1기
라. 수색구조가 특별히 어려운 산악지역, 외딴지역 및 국토교통부장관이 정한 해상 등을 횡단 비행하는 비행기(헬리콥터를 포함한다)	• 불꽃조난신호장비 • 구명장비	1기 이상 1기 이상	1기 이상 1기 이상
마. 헬리콥터 1) 제1종 또는 제2종 헬리콥터가 육지(비상착륙에 적합한 섬을 포함한다)로부터 순항속도로 10분거리 이상의 해상을 비행하는 경우	• 헬리콥터 부양장치 • 구명동의 또는 이에 상당하는 개인부양 장비 • 구명보트 • 불꽃조난신호장비	1조 탑승자 한 명당 1개 적정 척 수 1기	1조 탑승자 한 명당 1개 적정 척 수 1기
2) 제3종 헬리콥터가 다음의 비행을 하는 경우			
가) 비상착륙에 적합한 육지 또는 섬으로부터 자동회전 또는 안전강착거리를 벗어난 해상을 비행하는 경우	• 헬리콥터 부양장치	1조	1조
나) 비상착륙에 적합한 육지 또는 섬으로부터 자동회전거리를 초과하되, 국토교통부장관이 정한 육지로부터의 거리 내의 해상을 비행하는 경우	• 구명동의 또는 이에 상당하는 개인부양 장비	탑승자 한 명당 1개	탑승자 한 명당 1개
다) 가)에서 정한 지역을 초과하는 해상을 비행하는 경우	• 구명동의 또는 이에 상당하는 개인부양 장비	탑승자 한 명당 1개	탑승자 한 명당 1개

구분	품목	수량	
		항공운송사업 및 항공기사용사업에 사용하는 경우	그 밖의 경우
3) 제2종 및 제3종 헬리콥터가 이륙 경로나 착륙접근 경로가 수상에 서의 사고시에 착수가 예상되는 경우	• 구명보트 • 불꽃조난신호장비 • 구명동의 또는 이에 상당하는 개인부양 장비	적정 척 수 1기 탑승자 한 명당 1개	적정 척 수 1기 탑승자 한 명당 1개
4) 앞바다(offshore)를 비행하거나 국토교통부장관이 정한 수상을 비행할 경우	• 헬리콥터 부양장치	1조	1조
5) 산불진화 등에 사용되는 물을 담기 위해 수면위로 비행하는 경우	• 구명동의 또는 이에 상당하는 개인부양 장비	탑승자 한 명당 1개	탑승자 한 명당 1개

※ 비고

1) 구명동의 또는 이에 상당하는 개인부양 장비는 생존위치표시등이 부착된 것으로서 각 좌석으로부터 꺼내기 쉬운 곳에 두고, 그 위치 및 사용방법을 승객이 명확히 알기 쉽도록 해야 한다.
2) 육지로부터 자동회전 착륙거리를 벗어나 해상 비행을 하거나 산불 진화 등에 사용되는 물을 담기 위해 수면 위로 비행 하는 경우 헬리콥터의 탑승자는 헬리콥터가 수면 위에서 비행하는 동안 위 표 마목에 따른 구명동의를 계속 착용하고 있어야 한다.
3) 헬리콥터가 해상 운항을 할 경우, 해수 온도가 10℃ 이하일 경우에는 탑승자 모두 구명동의를 착용해야 한다.
4) 음성신호발생기는 1972년 「국제해상충돌예방규칙협약」에서 정한 성능을 갖춰야 한다.
5) 구명보트의 수는 탑승자 전원을 수용할 수 있는 수량이어야 한다. 이 경우 구명보트는 비상시 사용하기 쉽도록 적재되어야 하며, 각 구명보트에는 비상신호등·방수휴대등이 각 1개씩 포함된 구명용품 및 불꽃조난신호장비 1기를 갖춰야 한다. 다만, 구명용품 및 불꽃조난신호장비는 구명보트에 보관할 수 있다.
6) 위 표 마목의 제1종·제2종 및 제3종 헬리콥터는 다음과 같다.
   가) 제1종 헬리콥터(Operations in performance Class 1 helicopter): 임계발동기에 고장이 발생한 경우, TDP(Take-off Decision Point: 이륙결심지점) 전 또는 LDP(Landing Decision Point: 착륙결심지점)를 통과한 후에는 이륙을 포기하거나 또는 착륙지점에 착륙해야 하며, 그 외에는 적합한 착륙 장소까지 안전하게 계속 비행이 가능한 헬리콥터
   나) 제2종 헬리콥터(Operations in performance Class 2 helicopter): 임계발동기에 고장이 발생한 경우, 초기 이륙 조종단계 또는 최종 착륙 조종 단계에서는 강제 착륙이 요구되며, 이 외에는 적합한 착륙 장소까지 안전하게 계속 비행이 가능한 헬리콥터
   다) 제3종 헬리콥터(Operations in performance Class 3 helicopter): 비행 중 어느 시점이든 임계발동기에 고장이 발생할 경우 강제착륙이 요구되는 헬리콥터

2. 소화기

가. 항공기에는 적어도 조종실 및 조종실과 분리되어 있는 객실에 각각 한 개 이상의 이동이 간편한 소화기를 갖춰 두어야 한다. 다만, 소화기는 소화액을 방사 시 항공기 내의 공기를 해롭게 오염시키거나 항공기의 안전운항에 지장을 주는 것이어서는 안 된다.

나. 항공기의 객실에는 다음 표의 소화기를 갖춰 두어야 한다.

승객 좌석 수	소화기의 수량
1) 6석부터 30석까지	1
2) 31석부터 60석까지	2
3) 61석부터 200석까지	3
4) 201석부터 300석까지	4
5) 301석부터 400석까지	5
6) 401석부터 500석까지	6
7) 501석부터 600석까지	7
8) 601석 이상	8

3. 항공운송사업용 및 항공기사용사업용 항공기에는 사고 시 사용할 도끼 1개를 갖춰 두어야 한다.

4. 항공운송사업용 여객기에는 다음 표의 메가폰을 갖춰 두어야 한다.

승객 좌석 수	메가폰의 수
61석부터 99석까지	1
100석부터 199석까지	2
200석 이상	3

5. 의료지원용구(Medical supply)

구분	품목	수량
가. 구급의료용품 (First-aid Kit)	1) 내용물 설명서 2) 멸균 면봉(10개 이상) 3) 일회용 밴드 4) 거즈 붕대 5) 삼각건, 안전핀 6) 멸균된 거즈 7) 압박(탄력) 붕대 8) 소독포 9) 반창고 10) 상처 봉합용 테이프 11) 손 세정제 또는 물수건 12) 안대 또는 눈을 보호할 수 있는 테이프 13) 가위 14) 수술용 접착테이프 15) 핀셋 16) 일회용 의료장갑(2개 이상) 17) 체온계(비수은 체온계) 18) 인공호흡 마스크 19) 최신 정보를 반영한 응급처치교범 20) 구급의료용품 사용 시 보고를 위한 서식 21) 복용 약품(진통제, 구토억제제, 코 충혈 완화제,	승객 좌석 수에 따른 다음의 수량 가) 100석 이하: 1조 나) 101석부터 200석까지: 2조 다) 201석부터 300석까지: 3조 라) 301석부터 400석까지: 4조 마) 401석부터 500석까지: 5조 바) 501석 이상: 6조

구분	품목	수량
가. 구급의료용품 (First-aid Kit)	제산제, 항히스타민제), 다만, 자가용 항공기, 항공기 사용사업용 항공기 및 여객을 수송하지 않는 항공운송사업용 헬리콥터의 경우에는 항히스타민제를 갖춰두지 않을 수 있다.	
나. 감염예방 의료용구 (Universal Precaution Kit)	1) 액체응고제(파우더) 2) 살균제 3) 피부 세척을 위한 수건 4) 안면/눈 보호대(마스크) 5) 일회용 의료장갑 6) 보호용 앞치마(에이프런) 7) 흡착용 대형 타올 8) 오물 처리를 위한 주걱(긁을 수 있는 도구 포함) 9) 오물을 위생적으로 처리할 수 있는 봉투 10) 사용 설명서	승객 좌석 수에 따른 다음의 수량 가) 250석 이하: 1조 나) 251석부터 500석까지: 2조 다) 501석 이상: 3조
다. 비상의료용구 (Emergency Medical Kit)	1) 장비 가) 내용물 설명서 나) 청진기 다) 혈압계 라) 인공기도 마) 주사기 바) 주사바늘 사) 정맥주사용 카테터 아) 항균 소독포 자) 일회용 의료 장갑 차) 주사 바늘 폐기함 카) 도뇨관 타) 정맥 혈류기(수액세트) 파) 지혈대 하) 스폰지 거즈 거) 접착 테이프 너) 외과용 마스크 더) 기관 카테터(또는 대형 정맥 캐뉼러) 러) 탯줄 집게(제대 겸자) 머) 체온계(비수은 체온계) 버) 기본인명구조술 지침서 서) 인공호흡용 Bag-valve 마스크 어) 손전등(펜라이트)과 건전지 2) 약품 가) 아드레날린제(희석 농도 1:1,000) 또는 에피네프린(희석 농도 1:1,000) 나) 항히스타민제(주사용) 다) 정맥주사용 포도당(50%, 주사용 50ml) 라) 니트로글리세린 정제(또는 스프레이) 마) 진통제 바) 항경련제(주사용)	1조

구분	품목	수량
다. 비상의료용구 (Emergency Medical Kit)	사) 진토제(주사용) 아) 기관지 확장제(흡입식) 자) 아트로핀 차) 부신피질스테로이드(주사제) 카) 이뇨제(주사용) 타) 자궁수축제 파) 주사용 생리식염수(농도 0.9%, 용량 250ml 이상) 하) 아스피린(경구용) 거) 경구용 베타수용체 차단제	

※ 비고

1. 모든 항공기에는 가목에서 정하는 수량의 구급의료용품을 탑재해야 한다.
2. 항공운송사업용 항공기에는 나목에서 정하는 수량의 감염예방 의료용구를 탑재하여야 한다. 다만, 「재난 및 안전관리 기본법」 제38조에 따라 발령된 위기경보가 심각 단계인 경우에는 나목에서 정하는 감염예방 의료용구에 1조를 더한 감염예방 의료용구를 탑재해야 한다.
3. 비행시간이 2시간 이상이면서 승객 좌석 수가 101석 이상인 항공운송사업용 항공기에는 다목에서 정하는 수량 이상의 비상의료용구를 탑재해야 한다.
4. 가목에 따른 구급의료용품과 나목에 따른 감염예방 의료용구는 비행 중 승무원이 쉽게 접근하여 사용할 수 있도록 객실 전체에 고르게 분포되도록 갖춰 두어야 한다.

6. **삭제** 〈2020. 11. 2.〉

■ 항공안전법 시행규칙 [별표 16]

항공계기 등의 기준(제117조 제1항 관련)

비행구분	계기명	수량			
		비행기		헬리콥터	
		항공운송 사업용	항공운송 사업용 외	항공운송 사업용	항공운송 사업용 외
시계 비행 방식	나침반 (MAGNETIC COMPASS)	1	1	1	1
	시계(시, 분, 초의 표시)	1	1	1	1
	정밀기압고도계 (SENSITIVE PRESSURE ALTIMETER)	1	–	1	1
	기압고도계 (PRESSURE ALTIMETER)	–	1	–	–
	속도계 (AIRSPEED INDICATOR)	1	1	1	1
계기 비행 방식	나침반 (MAGNETIC COMPASS)	1	1	1	1
	시계(시, 분, 초의 표시)	1	1	1	1
	정밀기압고도계 (SENSITIVE PRESSURE ALTIMETER)	2	1	2	1
	기압고도계 (PRESSURE ALTIMETER)	–	1	–	–
	동결방지장치가 되어 있는 속도계 (AIRSPEED INDICATOR)	1	1	1	1
	선회 및 경사지시계 (TURN AND SLIP INDICATOR)	1	1	–	–
	경사지시계 (SLIP INDICATOR)	–	–	1	1
	인공수평자세지시계 (ATTITUDE INDICATOR)	1	1	조종석당 1개 및 여분의 계기 1개	
	자이로식 기수방향지시계 (HEADING INDICATOR)	1	1	1	1
	외기온도계 (OUTSIDE AIR TEMPERATURE INDICATOR)	1	1	1	1
	승강계 (RATE OF CLIMB AND DESCENT INDICATOR)	1	1	1	1
	안정성유지시스템 (STABILIZATION SYSTEM)	–	–	1	1

※ 비고

1. 자이로식 계기에는 전원의 공급상태를 표시하는 수단이 있어야 한다.
2. 비행기의 경우 고도를 지시하는 3개의 바늘로 된 고도계(three pointer altimeter)와 드럼형 지시고도계(drum pointer altimeter)는 정밀기압고도계의 요건을 충족하지 않으며, 헬리콥터의 경우 드럼형 지시고도계는 정밀기압고도계의 요건을 충족하지 않는다.
3. 선회 및 경사지시계(헬리콥터의 경우에는 경사지시계), 인공수평 자세지시계 및 자이로식 기수방향지시계의 요건은 결합 또는 통합된 비행지시계(Flight director)로 충족될 수 있다. 다만, 동시에 고장 나는 것을 방지하기 위하여 각각의 계기에는 안전장치가 내장되어야 한다.
4. 헬리콥터의 설계자 또는 제작자가 안정성유지시스템 없이도 안정성을 유지할 수 있는 능력이 있다고 시험비행을 통하여 증명하거나 이를 증명할 수 있는 서류 등을 제출한 경우에는 안정성유지시스템을 갖추지 않을 수 있다.
5. 계기비행방식에 따라 운항하는 최대이륙중량 5,700킬로그램을 초과하는 비행기와 제1종 및 제2종 헬리콥터는 주 발전장치와는 별도로 30분 이상 인공수평 자세지시계를 작동시키고 조종사가 자세지시계를 식별할 수 있는 조명을 제공할 수 있는 비상전원 공급장치를 갖추어야 한다. 이 경우 비상전원 공급장치는 주발전장치 고장시 자동으로 작동되어야 하고 자세지시계가 비상전원으로 작동 중임이 계기판에 명확하게 표시되어야 한다.
6. 야간에 시계비행방식으로 국외를 운항하려는 항공운송사업용 헬리콥터는 시계비행방식으로 비행할 경우 위 표에 따라 장착해야 할 계기와 조종사 1명당 1개의 인공수평 자세지시계, 1개의 경사지시계, 1개의 자이로식 기수방향지시, 1개의 승강계를 장착해야 한다.
7. 진보된 조종실 자동화 시스템[Advanced cockpit automation system(Glass cockpit)-각종 아날로그 및 디지털 계기를 하나 또는 두 개의 전시화면(Display)으로 통합한 형태]을 갖춘 항공기는 주 시스템과 전시(Display)장치가 고장난 경우 조종사에게 항공기의 자세, 방향, 속도 및 고도를 제공하는 여분의 시스템을 갖추어야 한다. 다만, 주간에 시계비행방식으로 운항하는 헬리콥터는 제외한다.
8. 국외를 운항하는 항공운송사업 외의 비행기가 계기비행방식으로 비행하려는 경우에는 2개의 독자적으로 작동하는 비행기 자세 측정 장치(independent altitude measuring)와 비행기 자세 전시 장치(display system)를 갖추어야 한다.
9. 야간에 시계비행방식으로 운항하려는 항공운송사업 외의 헬리콥터에는 각 조종석마다 자세지시계 1개와 여분의 자세지시계 1개, 경사지시계 1개, 기수방향지시계 1개, 승강계 1개를 추가로 장착해야 한다.

■ 항공안전법 시행규칙 [별표 17]

항공기에 실어야 할 연료와 오일의 양(제119조 관련)

구분		연료 및 오일의 양	
		왕복발동기 장착 항공기	터빈발동기 장착 항공기
항공운송사업용 및 항공기사용사업용 비행기	계기비행으로 교체비행장이 요구될 경우	다음 각 호의 양을 더한 양 1. 이륙 전에 소모가 예상되는 연료(taxi fuel)의 양 2. 이륙부터 최초 착륙예정 비행장에 착륙할 때까지 필요한 연료(trip fuel)의 양 3. 이상사태 발생 시 연료 소모가 증가할 것에 대비하기 위한 것으로서 법 제77조에 따라 고시하는 운항기술기준(이하 이 표에서 "운항기술기준"이라 한다)에서 정한 연료(Contingency fuel)의 양 4. 다음 각 목의 어느 하나에 해당하는 연료(destination alternate fuel)의 양 가. 1개의 교체비행장이 요구되는 경우: 다음의 양을 더한 양 1) 최초 착륙예정 비행장에서 한 번의 실패접근에 필요한 양 2) 교체비행장까지 상승비행, 순항비행, 강하비행, 접근비행 및 착륙에 필요한 양 나. 2개 이상의 교체비행장이 요구되는 경우: 각각의 교체비행장에 대하여 가목에 따라 산정된 양 중 가장 많은 양 5. 교체비행장에 도착 시 예상되는 비행기의 중량 상태에서 순항속도 및 순항고도로 45분간 더 비행할 수 있는 연료(final reserve fuel)의 양 6. 그 밖에 비행기의 비행성능 등을 고려하여 운항기술기준에서 정한 추가 연료의 양	다음 각 호의 양을 더한 양 1. 이륙 전에 소모가 예상되는 연료의 양 2. 이륙부터 최초 착륙예정 비행장에 착륙할 때까지 필요한 연료의 양 3. 이상사태 발생 시 연료 소모가 증가할 것에 대비하기 위한 것으로서 운항기술기준에서 정한 연료의 양 4. 다음 각 목의 어느 하나에 해당하는 연료의 양 가. 1개의 교체비행장이 요구되는 경우: 다음의 양을 더한 양 1) 최초 착륙예정 비행장에서 한 번의 실패접근에 필요한 양 2) 교체비행장까지 상승비행, 순항비행, 강하비행, 접근비행 및 착륙에 필요한 양 나. 2개 이상의 교체비행장이 요구되는 경우: 각각의 교체비행장에 대하여 가목에 따라 산정된 양 중 가장 많은 양 5. 교체비행장에 도착 시 예상되는 비행기의 중량 상태에서 표준대기 상태에서의 체공속도로 교체비행장의 450미터(1,500피트)의 상공에서 30분간 더 비행할 수 있는 연료의 양 6. 그 밖에 비행기의 비행성능 등을 고려하여 운항기술기준에서 정한 추가 연료의 양
	계기비행으로 교체비행장이 요구되지 않을 경우	다음 각 호의 양을 더한 양 1. 이륙 전에 소모가 예상되는 연료의 양 2. 이륙부터 최초 착륙예정 비행장에 착륙할 때까지 필요한 연료의 양 3. 이상사태 발생 시 연료소모가 증가할 것에 대비하기 위한 것으로서 운항기술기준에서 정한 연료의 양	다음 각 호의 양을 더한 양 1. 이륙 전에 소모가 예상되는 연료의 양 2. 이륙부터 최초 착륙예정 비행장에 착륙할 때까지 필요한 연료의 양 3. 이상사태 발생 시 연료소모가 증가할 것에 대비하기 위한 것으로서 운항기술기준에서 정한 연료의 양

<table>
<tr><th colspan="2" rowspan="2">구분</th><th colspan="2">연료 및 오일의 양</th></tr>
<tr><th>왕복발동기 장착 항공기</th><th>터빈발동기 장착 항공기</th></tr>
<tr><td rowspan="2">항공운송사업용 및 항공기사용 사업용 비행기</td><td>계기비행으로 교체비행장이 요구되지 않을 경우</td><td>4. 다음 각 목의 어느 하나에 해당하는 연료의 양
가. 제186조 제3항 제1호에 해당하는 경우: 표준대기상태에서 최초 착륙예정 비행장의 450미터(1,500피트)의 상공에서 체공속도로 15분간 더 비행할 수 있는 양
나. 제186조 제3항 제2호에 해당하는 경우: 다음의 어느 하나에 해당하는 양 중 더 적은 양
1) 제5호에 따른 연료의 양을 포함하여 순항속도로 45분간 더 비행할 수 있는 양에 순항고도로 계획된 비행시간의 15퍼센트의 시간을 더 비행할 수 있는 양을 더한 양
2) 순항속도로 2시간을 더 비행할 수 있는 양
5. 최초 착륙예정 비행장에 도착 시 예상되는 비행기 중량 상태에서 순항속도 및 순항고도로 45분간 더 비행할 수 있는 연료의 양. 다만, 제4호 나목1)에 따라 연료를 실은 경우에는 제5호에 따른 연료를 실은 것으로 본다.
6. 그 밖에 비행기의 비행성능 등을 고려하여 운항기술기준에서 정한 추가 연료의 양</td><td>4. 다음 각 목의 어느 하나에 해당하는 연료의 양
가. 제186조 제3항 제1호에 해당하는 경우: 표준대기상태에서 최초 착륙예정 비행장의 450미터(1,500피트)의 상공에서 체공속도로 15분간 더 비행할 수 있는 양
나. 제186조 제3항 제2호에 해당하는 경우: 제5호에 따른 연료의 양을 포함하여 최초 착륙예정 비행장의 상공에서 정상적인 순항 연료소모율로 2시간을 더 비행할 수 있는 양
5. 최초 착륙예정 비행장에 도착 시 예상되는 비행기 중량 상태에서 표준대기 상태에서의 체공속도로 최초 착륙예정 비행장의 450미터(1,500피트)의 상공에서 30분간 더 비행할 수 있는 양. 다만, 제4호 나목에 따라 연료를 실은 경우에는 제5호에 따른 연료를 실은 것으로 본다.
6. 그 밖에 비행기의 비행성능 등을 고려하여 운항기술기준에서 정한 추가 연료의 양</td></tr>
<tr><td>시계비행을 할 경우</td><td colspan="2">다음 각 호의 양을 더한 양
1. 최초 착륙예정 비행장까지 비행에 필요한 양
2. 순항속도로 45분간 더 비행할 수 있는 양</td></tr>
<tr><td rowspan="4">항공운송사업용 및 항공기사용사업용 외의 비행기</td><td>계기비행으로 교체비행장이 요구될 경우</td><td colspan="2">다음 각 호의 양을 더한 양
1. 최초 착륙예정 비행장까지 비행에 필요한 양
2. 그 교체비행장까지 비행을 마친 후 순항고도로 45분간 더 비행할 수 있는 양</td></tr>
<tr><td>계기비행으로 교체비행장이 요구되지 않을 경우</td><td colspan="2">다음 각 호의 양을 더한 양
1. 제186조 제3항 단서에 따라 교체비행장이 요구되지 않는 경우 최초 착륙예정 비행장까지 비행에 필요한 양
2. 순항고도로 45분간 더 비행할 수 있는 양</td></tr>
<tr><td>주간에 시계비행을 할 경우</td><td colspan="2">다음 각 호의 양을 더한 양
1. 최초 착륙예정 비행장까지 비행에 필요한 양
2. 순항고도로 30분간 더 비행할 수 있는 양</td></tr>
<tr><td>야간에 시계비행을 할 경우</td><td colspan="2">다음 각 호의 양을 더한 양
1. 최초 착륙예정 비행장까지 비행에 필요한 양
2. 순항고도로 45분간 더 비행할 수 있는 양</td></tr>
</table>

구분		연료 및 오일의 양	
		왕복발동기 장착 항공기	터빈발동기 장착 항공기
항공운송사업용 및 항공기사용사업용 헬리콥터	시계비행을 할 경우	다음 각 호의 양을 더한 양 1. 최초 착륙예정 비행장까지 비행에 필요한 양 2. 최대항속속도로 20분간 더 비행할 수 있는 양 3. 이상사태 발생 시 연료소모가 증가할 것에 대비하기 위한 것으로서 운항기술기준에서 정한 연료의 양	
	계기비행으로 교체비행장이 요구될 경우	다음 각 호의 양을 더한 양 1. 최초 착륙예정 비행장까지 비행하여 한 번의 접근과 실패접근을 하는 데 필요한 양 2. 교체비행장까지 비행하는 데 필요한 양 3. 표준대기 상태에서 교체비행장의 450미터(1,500피트)의 상공에서 30분간 체공하는 데 필요한 양에 그 비행장에 접근하여 착륙하는 데 필요한 양을 더한 양 4. 이상사태 발생 시 연료소모가 증가할 것에 대비하기 위한 것으로서 운항기술기준에서 정한 연료의 양	
	계기비행으로 교체비행장이 요구되지 않을 경우	제186조 제7항 제1호의 경우에는 다음 각 호의 양을 더한 양 1. 최초 착륙예정 비행장까지 비행에 필요한 양 2. 표준대기 상태에서 최초 착륙예정 비행장의 450미터(1,500피트)의 상공에서 30분간 체공하는 데 필요한 양에 그 비행장에 접근하여 착륙하는 데 필요한 양을 더한 양 3. 이상사태 발생 시 연료소모가 증가할 것에 대비하기 위한 것으로서 운항기술기준에서 정한 연료의 양	
	계기비행으로 적당한 교체비행장이 없을 경우	제186조 제7항 제2호의 경우에는 다음 각 호의 양을 더한 양 1. 최초 착륙예정 비행장까지 비행에 필요한 양 2. 최초 착륙예정 비행장의 상공에서 체공속도로 2시간 동안 체공하는 데 필요한 양	
항공운송사업용 및 항공기사용사업용 외의 헬리콥터	시계비행을 할 경우	다음 각 호의 양을 더한 양 1. 최초 착륙예정 비행장까지 비행에 필요한 양 2. 최대항속속도로 20분간 더 비행할 수 있는 양 3. 이상사태 발생 시 연료 소모가 증가할 것에 대비하여 소유자등이 정한 추가의 양	
	계기비행으로 교체비행장이 요구될 경우	다음 각 호의 양을 더한 양 1. 최초 착륙예정 비행장까지 비행하여 한 번의 접근과 실패접근을 하는 데 필요한 양 2. 교체비행장까지 비행하는 데 필요한 양 3. 표준대기 상태에서 교체비행장의 450미터(1,500피트)의 상공에서 30분간 체공하는 데 필요한 양에 그 비행장에 접근하여 착륙하는 데 필요한 양을 더한 양 4. 이상사태 발생 시 연료 소모가 증가할 것에 대비하여 소유자등이 정한 추가의 양	
	계기비행으로 교체비행장이 요구되지 않는 경우	다음 각 호의 양을 더한 양 1. 최초 착륙예정 비행장까지 비행에 필요한 양 2. 표준대기 상태에서 최초 착륙예정 비행장의 450미터(1,500피트)의 상공에서 30분간 체공하는 데 필요한 양에 그 비행장에 접근하여 착륙하는 데 필요한 양을 더한 양 3. 이상사태 발생 시 연료 소모가 증가할 것에 대비하여 소유자등이 정한 추가의 양	
	계기비행으로 적당한 교체비행장이 없을 경우	다음 각 호의 양을 더한 양 1. 최초 착륙예정 비행장까지 비행에 필요한 양 2. 그 비행장의 상공에서 체공속도로 2시간 동안 체공하는 데 필요한 양	

■ 항공안전법 시행규칙 [별표 18] 〈개정 2019. 9. 23.〉

운항승무원의 승무시간등 기준(제127조 제1항 관련)

1. 운항승무원의 연속 24시간 동안 최대 승무시간·비행근무시간 기준

(단위: 시간)

운항승무원 편성	최대 승무시간	최대 비행근무시간
기장 1명	8	13
기장 1명, 기장 외의 조종사 1명	8	13
기장 1명, 기장 외의 조종사 1명, 항공기관사 1명	12	15
기장 1명, 기장 외의 조종사 2명	12	16
기장 2명, 기장 외의 조종사 1명	13	16.5
기장 2명, 기장 외의 조종사 2명	16	20
기장 2명, 기장 외의 조종사 2명, 항공기관사 2명	16	20

※ 비고

1. "승무시간(Flight Time)"이란 비행기의 경우 이륙을 목적으로 비행기가 최초로 움직이기 시작한 때부터 비행이 종료되어 최종적으로 비행기가 정지한 때까지의 총 시간을 말하며, 헬리콥터의 경우 주회전익이 회전하기 시작한 때부터 주회전익이 정지된 때까지의 총 시간을 말한다.
2. "비행근무시간(Flight Duty Period)"이란 운항승무원이 1개 구간 또는 연속되는 2개 구간 이상의 비행이 포함된 근무의 시작을 보고한 때부터 마지막 비행이 종료되어 최종적으로 항공기의 발동기가 정지된 때까지의 총 시간을 말한다.
3. 연속되는 24시간 동안 12시간을 초과하여 승무할 경우 항공기에는 다음 각 목의 어느 하나에 해당하는 휴식시설이 있어야 한다. 이 경우 위 표에 따른 최대 비행근무시간은 다음 각 목의 구분에 따른 휴식시설의 등급에 따라 단축한다.
   가. 1등급 휴식시설[객실 외에 있는 침상(bunk)이나 수평으로 수면할 수 있는 시설]: 단축 없음
   나. 2등급 휴식시설(객실 내에 있는 80도 이상의 수평에 가까운 자세로 수면할 수 있고 커튼 등으로 승객과 분리된 좌석): 1시간 단축
   다. 3등급 휴식시설(객실 또는 조종실 내에 있는 발과 다리 받침대가 있고 40도 이상 기울어지는 좌석): 2시간 단축
4. 시차가 4시간을 초과하는 지역을 운항하는 운항승무원이 해당 지역에서 최소 36시간 이상의 연속되는 휴식을 취하지 못하였거나, 최소 72시간 이상 체류하지 못한 경우에는 위 표 및 비고 제3호에 따른 최대 비행근무시간을 30분 단축한다.
5. 항공기사용사업 중 응급구호 및 환자 이송을 하는 헬리콥터의 운항승무원은 제외한다.
6. 법 제55조 제2호에 따른 국외운항항공기의 운항승무원은 제외한다.

2. 운항승무원의 연속되는 28일 및 365일 동안의 최대 승무시간 기준

(단위: 시간)

운항승무원 편성	연속 28일	연속 365일
기장 1명	100	1,000
기장 1명, 기장 외의 조종사 1명	100	1,000
기장 1명, 기장 외의 조종사 1명, 항공기관사 1명	120	1,000
기장 1명, 기장 외의 조종사 2명	120	1,000
기장 2명, 기장 외의 조종사 1명	120	1,000
기장 2명, 기장 외의 조종사 2명	120	1,000
기장 2명, 기장 외의 조종사 2명, 항공기관사 2명	120	1,000

※ 비고
1. 운항승무원의 편성이 불규칙하게 이루어지는 경우 해당 기간 중 가장 많은 시간편성 항목의 최대 승무시간 기준을 적용한다.
2. 「항공사업법」에 따른 항공기사용사업 중 응급구호 및 환자 이송을 하는 헬리콥터의 운항승무원은 제외한다.

3. 운항승무원의 연속되는 7일 및 28일 동안의 최대 근무시간 기준

구분	연속 7일	연속 28일
근무시간	60시간	190시간

※ 비고
1. "근무시간"이란 운항승무원이 항공기 운영자의 요구에 따라 근무보고를 하거나 근무를 시작한 때부터 모든 근무가 끝난 때까지의 시간을 말한다.
2. 항공기사용사업 중 응급구호 및 환자 이송을 하는 헬리콥터의 운항승무원은 제외한다.

4. 운항승무원의 비행근무시간에 따른 최소 휴식시간 기준

비행근무시간	휴식시간
8시간 미만	10시간 이상
8시간 이상 ~ 9시간 미만	11시간 이상
9시간 이상 ~ 10시간 미만	12시간 이상
10시간 이상 ~ 11시간 미만	13시간 이상
11시간 이상 ~ 12시간 미만	14시간 이상
12시간 이상 ~ 13시간 미만	15시간 이상
13시간 이상 ~ 14시간 미만	16시간 이상
14시간 이상 ~ 15시간 미만	17시간 이상
15시간 이상 ~ 16시간 미만	18시간 이상
16시간 이상 ~ 17시간 미만	20시간 이상
17시간 이상 ~ 18시간 미만	22시간 이상
18시간 이상 ~ 19시간 미만	24시간 이상
19시간 이상 ~ 20시간 미만	26시간 이상

※ 비고
1. 항공운송사업자 및 항공기사용사업자는 운항승무원이 승무를 마치고 마지막으로 취한 지상에서의 휴식 이후의 비행근무시간에 따라서 위 표에서 정하는 지상에서의 휴식을 취할 수 있도록 해야 한다.
2. 항공운송사업자 및 항공기사용사업자는 운항승무원이 연속되는 7일마다 연속되는 30시간 이상의 휴식을 취할 수 있도록 해야 한다.

5. 응급구호 및 환자 이송을 하는 헬리콥터 운항승무원의 최대 승무시간 기준

구분	연속 24시간	연속 3개월	연속 6개월	1년
최대 승무시간	8시간	500시간	800시간	1,400시간

6. 법 제55조 제2호에 따른 국외운항항공기의 운항승무원의 연속 24시간 동안 최대 승무시간·비행근무시간

운항승무원 편성	최대 승무시간	최대비행근무시간
기장 1명, 기장 외의 조종사 1명	10	14
기장 1명, 기장 외의 조종사 2명	16	18

※ 비고

1. 기장 2명 편성의 경우 최대승무시간을 2시간까지 연장하여 승무할 수 있다. 단, 1개 구간의 승무시간이 10시간을 초과하는 경우에는 승무를 마치고 지상에서 최소 휴식시간 없이는 새로운 비행근무를 할 수 없으며, 연장된 승무시간은 1주일 동안 총 4시간을 초과할 수 없다.
2. 기장 1명, 기장 외의 조종사 2명 편성의 경우 등판 각도조절이 가능한 휴식용 좌석이 있어야 한다. 단, 180도로 누울 수 있는 휴식용 침상 등이 있는 경우에는 최대승무시간 및 최대근무시간을 각각 2시간 연장할 수 있다.

■ 항공안전법 시행규칙 [별표 19] 〈개정 2019. 9. 23.〉

객실승무원의 비행근무시간 및 휴식시간기준(제128조 제2항 관련)

객실승무원 수	비행근무시간	휴식시간
최소 객실승무원 수	14시간	10시간
최소 객실승무원 수에 1명 추가	16시간	14시간
최소 객실승무원 수에 2명 추가	18시간	14시간
최소 객실승무원 수에 3명 추가	20시간	14시간

※ 비고: 항공운송사업자는 객실승무원이 연속되는 7일마다 연속되는 24시간 이상의 휴식을 취할 수 있도록 해야 한다.

■ 항공안전법 시행규칙 [별표 20] 〈개정 2020. 2. 28.〉

항공안전관리시스템의 구축 · 운용 및 승인기준(제132조 제2항 관련)

1. 항공안전에 관한 정책, 달성목표 및 조직체계

가. 최고경영관리자(Chief Executive Officer)의 권한 및 책임에 관한 사항

1) 최고경영관리자는 다음 각 호의 권한 및 책임을 가질 것

가) 항공기 운항 및 제작 · 교육 · 사업 등의 서비스 실시여부에 대한 최종 결정 권한

나) 항공기 운항 및 제작 · 교육 · 사업 등의 서비스 관련 재정적 · 인적 자원 활용에 관한 최종 결정 권한

다) 해당 기관 · 법인 등의 안전성과에 대한 최종 책임

2) 최고경영관리자는 국제민간항공협약 및 관련 법령에 따라 다음의 사항을 모두 포함하는 안전정책(이하 "안전정책"이라 한다)을 수립할 것. 이 경우 수립된 안전정책은 환경 변화에 대응할 수 있도록 지속적으로 관리되어야 한다.

가) 안전문화 활성화 유도 등 안전의 책임에 관한 사항

나) 안전정책 이행을 위한 재정적 · 인적 자원 등의 제공에 관한 사항

다) 항공기사고 · 항공기준사고 · 항공안전장애에 관한 정보 등 항공안전데이터 및 항공안전정보의 수집, 보고절차 등에 관한 사항

라) 안전규정을 준수하지 않거나 준수하지 못한 경우 조직 구성원의 징계 등에 관한 사항

3) 최고경영관리자는 안전정책에 따라 다음의 사항을 모두 포함하는 조직의 안전목표(이하 "안전목표"라 한다)를 수립할 것. 이 경우 수립된 안전목표는 환경 변화에 대응할 수 있도록 지속적으로 관리되어야 한다.

가) 안전성과의 모니터링 및 측정에 관한 사항

나) 항공안전관리시스템의 효과적인 운영의 책임에 관한 사항

4) 최고경영관리자는 조직 구성원과 소통하고 협력하여 안전정책 및 안전목표를 수립해야 한다.

나. 안전관리 관련 업무분장에 관한 사항

1) 최고경영관리자는 항공안전관리시스템의 구축 및 운영을 위해 다음의 기준에 따라 내부규정으로 그 업무 분장에 관한 사항을 정할 것

가) 최고경영관리자에게 항공안전관리시스템의 구축 및 운영에 관한 명확한 권한과 책임의 부여

나) 최고경영관리자 외의 고위관리자에게 안전 업무에 대한 명확한 권한과 책임의 부여

다) 그 밖의 관리자 및 조직 구성원에게 안전 업무에 대한 명확한 권한과 책임의 부여

라) 측정된 항공안전 위험도에 대한 안전개선조치를 결정할 수 있는 관리자의 지정

2) 최고경영관리자가 조직 구성원과 소통하고 협력하여 업무분장을 하는 구조를 갖출 것

다. 총괄 안전관리자(Key Safety Personnel)의 지정

최고경영관리자는 항공안전관리시스템의 효율적 운영을 위해 항공안전관리시스템을 총괄적으로 구축 및 관리하는 총괄 안전관리자를 지정할 것

라. 위기대응계획 수립

1) 최고경영관리자는 항공기 사고 등 비상상황에 대처하기 위한 위기대응계획을 수립할 것

2) 최고경영관리자는 비상상황에 신속하게 대처하기 위하여 관계기관과의 협의를 거쳐 비상상황 시 수행할 각 기관의 역할을 미리 정할 것

마. 매뉴얼 등 항공안전관리시스템 관련 기록 · 관리에 관한 사항

1) 최고경영관리자는 다음의 사항을 모두 포함하여 항공안전관리시스템 매뉴얼을 마련할 것

가) 안전정책 및 안전목표에 관한 사항

나) 항공안전관리시스템 관련 법령에 관한 사항

다) 항공안전관리시스템 운영절차 및 방법에 관한 사항

라) 안전관리 관련 업무분장에 관한 사항
2) 최고경영관리자는 항공안전관리시스템을 통해 생산되는 자료를 기록하고 보존할 것

2. 항공안전 위험도의 관리

가. 항공안전위해요인의 식별절차에 관한 사항
1) 최고경영관리자는 법 제58조 제2항에 따른 사업·교육 또는 운항에 영향을 주는 항공안전위해요인을 식별하기 위한 절차를 마련하여 운영할 것
2) 항공안전위해요인 식별은 사고가 발생한 이후에 대한 사후조치 방식과 사고예방을 위한 사전관리 방식이 모두 이루어질 것

나. 항공안전 위험도 평가 및 경감조치에 관한 사항
최고경영관리자는 발견된 항공안전위해요인별로 항공기사고에 영향을 주는 정도 및 발생빈도 등을 분석 및 측정하고 그 결과를 종합적으로 관리하는 절차를 마련할 것

3. 항공안전보증

가. 안전성과의 모니터링 및 측정에 관한 사항
1) 최고경영관리자는 측정한 안전성과를 검증하고 항공안전 위험도 관리의 효율성을 확인하는 방안을 마련할 것
2) 안전성과는 안전목표에 따라 설정한 안전성과지표(safety performance indicator) 및 지표 별 목표치(safety performance target) 등과 연계하여 확인할 것

나. 변화관리에 관한 사항
최고경영관리자는 법 제58조 제2항에 따른 사업·교육 또는 운항에 영향을 줄 수 있는 업무처리절차 및 업무환경 등의 변화를 인지하고 그 변화로 인해 새롭게 출현하는 항공안전위해요인이나 항공안전위해요인에 대한 위험도를 재측정하고 관리할 것

다. 항공안전관리시스템 운영절차 개선에 관한 사항
최고경영관리자는 항공안전관리시스템의 효과적 운영을 위해 운영절차의 적절성을 지속으로 진단하고 보완할 것

4. 항공안전증진

가. 안전교육 및 훈련에 관한 사항
최고경영관리자는 조직 구성원의 업무별로 항공안전관리시스템 운영에 대하여 필요한 교육훈련 프로그램을 수립하고 교육훈련을 실시할 것

나. 안전관리 관련 정보 등의 공유에 관한 사항
최고경영관리자는 조직 구성원과 다음의 안전관리 관련 정보를 항상 공유할 것
1) 항공안전관리시스템의 운영에 관한 정보
2) 주요 항공안전위해요인 등 항공안전데이터 및 항공안전정보
3) 항공안전위해요인 제거 및 항공안전 위험도 경감 등 안전개선조치에 관한 정보
4) 항공안전관리시스템 운영절차 개선 등에 관한 정보

5. 다음 각 목에 해당하는 자는 해당 프로그램이나 시스템을 구비한 항공안전관리시스템 구축·운용할 것

가. 제130조의2에 해당하는 항공운송사업자: 법 제58조 제4항에 따른 비행자료분석프로그램
나. 국토교통부장관 또는 항공교통업무증명을 받은 자: 법 제83조 제1항에 따른 항공교통관제 업무 중 레이더를 이용하여 항공교통관제 업무를 수행하려는 경우에는 법 제58조 제5항 각 호에 따른 사항이 포함된 항공안전관리시스템

■ 항공안전법 시행규칙 [별표 20의2] 〈개정 2020. 12. 10.〉

의무보고 대상 항공안전장애의 범위(제134조 관련)

구분	항공안전장애 내용
1. 비행 중	가. 항공기간 분리최저치가 확보되지 않았거나 다음의 어느 하나에 해당하는 경우와 같이 분리최저치가 확보 되지 않을 우려가 있었던 경우. 1) 항공기에 장착된 공중충돌경고장치 회피기동(ACAS RA)이 발생한 경우 2) 항공교통관제기관의 항공기 감시 장비에 근접충돌경고(short-term conflict alert)가 표시된 경우. 다만, 항공교통관제사가 항공법규 등 관련 규정에 따라 항공기 상호 간 분리최저치 이상을 유지토록 하는 관제지시를 하였고 조종사가 이에 따라 항행을 한 것이 확인된 경우는 제외한다.
	나. 지형·수면·장애물 등과 최저 장애물회피고도(MOC, Minimum Obstacle Clearance)가 확보되지 않았던 경우(항공기준사고에 해당하는 경우는 제외한다)
	다. 비행금지구역 또는 비행제한구역에 허가 없이 진입한 경우를 포함하여 비행경로 또는 비행고도 이탈 등 항공교통관제기관의 사전 허가를 받지 아니한 항행을 한 경우. 다만, 허용된 오차범위 내의 운항 등 일시적인 경미한 고도·경로 이탈은 제외한다.
2. 이륙·착륙	가. 다음의 어느 하나에 해당하는 형태의 착륙을 한 경우 1) 활주로 또는 착륙표면에 항공기 동체 꼬리, 날개 끝, 엔진덮개, 착륙장치 등의 비정상적 접촉 2) 비행교범 등에서 정한 강하속도(vertical speed), "G" 값(착륙표면 접촉충격량) 등을 초과한 착륙(hard landing) 또는 최대착륙중량을 초과한 착륙(heavy landing) 3) 활주로·헬리패드(헬리콥터 이착륙장을 말한다) 등에 착륙접지하였으나, 다음의 어느 하나에 해당하는 착륙을 한 경우 가) 정해진 접지구역(touch-down zone)에 못 미치는 착륙(short landing) 나) 정해진 접지구역(touch-down zone)을 초과한 착륙(long landing)
	나. 항공기가 다음의 어느 하나에 해당하는 사유로 이륙활주를 중단한 경우 또는 이륙을 강행한 경우 1) 부적절한 기재·외장 설정 2) 항공기 시스템 기능장애 등 정비요인 3) 항공교통관제지시, 기상 등 그 밖의 사유
	다. 항공기가 이륙활주 또는 착륙활주 중 착륙장치가 활주로표면 측면 외측의 포장된 완충구역(Runway Shoulder 이내로 한정한다)으로 이탈하였으나 활주로로 다시 복귀하여 이륙활주 또는 착륙활주를 안전하게 마무리 한 경우
3. 지상운항	가. 항공기가 지상운항 중 다른 항공기나 장애물, 차량, 장비 등과 접촉·충돌하였거나, 공항 내 설치된 항행안전시설 등을 포함한 각종 시설과 접촉·추돌한 경우
	나. 항공기가 주기(駐機) 중 다른 항공기나 장애물, 차량, 장비 등과 접촉·충돌한 경우. 다만, 항공기의 손상이 없거나 운항허용범위 이내의 손상인 경우는 제외한다.
	다. 항공기가 유도로를 이탈한 경우
	라. 항공기, 차량, 사람 등이 허가 없이 유도로에 진입한 경우
	마. 항공기, 차량, 사람 등이 허가 없이 또는 잘못된 허가로 항공기의 이륙·착륙을 위해 지정된 보호구역 또는 활주로에 진입하였으나 다른 항공기의 안전 운항에 지장을 주지 않은 경우

구분	항공안전장애 내용
4. 운항 준비	가. 지상조업 중 비정상 상황(급유 중 인위적으로 제거해야 하는 다량의 기름유출 등)이 발생한 경우
	나. 위험물 처리과정에서 부적절한 라벨링, 포장, 취급 등이 발생한 경우
5. 항공기 화재 및 고장	가. 운항 중 다음의 어느 하나에 해당하는 경미한 화재 또는 연기가 발생한 경우 1) 운항 중 항공기 구성품 또는 부품의 고장으로 인하여 조종실 또는 객실에 연기·증기 또는 중독성 유해가스가 축적되거나 퍼지는 현상이 발생한 경우 2) 객실 조리기구·설비 또는 휴대전화기 등 탑승자의 물품에서 경미한 화재·연기가 발생한 경우. 다만, 단순 이물질에 의한 것으로 확인된 경우는 제외한다. 3) 화재경보시스템이 작동한 경우. 다만, 탑승자의 일시적 흡연, 스프레이 분사, 수증기 등의 요인으로 화재경보시스템이 작동된 것으로 확인된 경우는 제외한다.
	나. 운항 중 항공기의 연료공급시스템(fuel system)과 연료덤핑시스템(fuel dumping system: 비행 중 항공기 중량 감소를 위해 연료를 공중에 배출하는 장치)에 영향을 주는 고장이나 위험을 발생시킬 수 있는 연료 누출이 발생한 경우
	다. 지상운항 중 또는 이륙·착륙을 위한 지상 활주 중 제동력 상실을 일으키는 제동시스템 구성품의 고장이 발생한 경우
	라. 운항 중 의도하지 아니한 착륙장치의 내림이나 올림 또는 착륙장치의 문 열림과 닫힘이 발생한 경우
	마. 제작사가 제공하는 기술자료에 따른 최대허용범위(제작사가 기술자료를 제공하지 않는 경우에는 법 제19조에 따라 고시한 항공기기술기준에 따른 최대 허용범위를 말한다)를 초과한 항공기 구조의 균열, 영구적인 변형이나 부식이 발생한 경우
	바. 대수리가 요구되는 항공기 구조 손상이 발생한 경우
	사. 항공기의 고장, 결함 또는 기능장애로 결항, 항공기 교체, 회항 등이 발생한 경우
	아. 운항 중 엔진 덮개가 풀리거나 이탈한 경우
	자. 운항 중 다음의 어느 하나에 해당하는 사유로 발동기가 정지된 경우 1) 발동기의 연소 정지 2) 발동기 또는 항공기 구조의 외부 손상 3) 외부 물체의 발동기 내 유입 또는 발동기 흡입구에 형성된 얼음의 유입
	차. 운항 중 발동기 배기시스템 고장으로 발동기, 인접한 구조물 또는 구성품이 파손된 경우
	카. 고장, 결함 또는 기능장애로 항공기에서 발동기를 조기(非계획적)에 떼어 낸 경우
	타. 운항 중 프로펠러 페더링시스템(프로펠러 날개깃 각도를 조절하는 장치) 또는 항공기의 과속을 제어하기 위한 시스템에 고장이 발생한 경우(운항 중 프로펠러 페더링이 발생한 경우를 포함한다)
	파. 운항 중 비상조치를 하게 하는 항공기 구성품 또는 시스템의 고장이 발생한 경우. 다만, 발동기 연소를 인위적으로 중단시킨 경우는 제외한다.
	하. 비상탈출을 위한 시스템, 구성품 또는 탈출용 장비가 고장, 결함, 기능장애 또는 비정상적으로 전개한 경우(훈련, 시험, 정비 또는 시현 시 발생한 경우를 포함한다)
	거. 운항 중 화재경보시스템이 오작동 한 경우

구분	항공안전장애 내용
6. 공항 및 항행서비스	가. 「공항시설법」제2조 제16호에 따른 항공등화시설의 운영이 중단된 경우
	나. 활주로, 유도로 및 계류장이 항공기 운항에 지장을 줄 정도로 중대한 손상을 입었거나 화재가 발생한 경우
	다. 안전 운항에 지장을 줄 수 있는 물체 또는 위험물이 활주로, 유도로 등 공항 이동지역에 방치된 경우
	라. 다음의 어느 하나에 해당하는 항공교통통신 장애가 발생한 경우 1) 항공기와 항공교통관제기관 간 양방향 무선통신이 두절되어 안전운항을 위해 필요로 하는 관제교신을 하지 못한 상황 2) 항공기에 대한 항공교통관제업무가 중단된 상황
	마. 다음의 어느 하나에 해당하는 상황이 발생한 경우 1) 「공항시설법」제2조 제15호에 따른 항행안전무선시설, 항공고정통신시설 · 항공이동통신시설 · 항공정보방송시설 등 항공정보통신시설 의 운영이 중단된 상황(예비장비가 작동한 경우도 포함한다) 2) 「공항시설법」 제2조 제15호에 따른 항행안전무선시설, 항공고정통신시설 · 항공이동통신시설 · 항공정보방송시설 등 항공정보통신시설 과 항공기 간 신호의 송 · 수신 장애가 발생한 상황 3) 1) 및 2) 외의 예비장비(전원시설을 포함한다) 장애가 24시간 이상 발생한 상황
	바. 활주로 또는 유도로 등 공항 이동지역 내에서 차량과 차량, 장비 또는 사람이 충돌하거나 장비와 사람이 충돌하여 항공기 운항에 지장을 초래한 경우
7. 기타	가. 운항 중 항공기가 다음의 어느 하나에 해당되는 충돌 · 접촉, 또는 충돌우려 등이 발생한 경우 1) 우박, 그 밖의 물체. 다만, 항공기 손상이 없거나 운항허용범위 이내의 손상인 경우는 제외한다. 2) 드론, 무인비행장치 등
	나. 운항 중 여압조절 실패, 비상장비의 탑재 누락, 비정상적 문 · 창문 열림 등 객실의 안전이 우려된 상황이 발생한 경우(항공기준사고에 해당하는 사항은 제외한다)
	다. 제127조 제1항 단서에 따라 국토교통부장관이 정하여 고시한 승무시간 등의 기준 내에서 해당 운항승무원의 최대승무시간이 연장된 경우
	라. 비행 중 정상적인 조종을 할 수 없는 정도의 레이저 광선에 노출된 경우
	마. 항공기의 급격한 고도 또는 자세 변경 등(난기류 등 기상요인으로 인한 것을 포함한다)으로 인해 객실승무원이 부상을 당하여 업무수행이 곤란한 경우
	바. 항공기 운항 관련 직무를 수행하는 객실승무원의 신체 · 정신건강 또는 심리상태 등의 사유로 해당 객실승무원의 교체 또는 하기(下機)를 위하여 출발지 공항으로 회항하거나 목적지 공항이 아닌 공항에 착륙하는 경우
	사. 항공기가 조류 또는 동물과 충돌 한 경우(조종사 등이 충돌을 명확히 인지하였거나, 충돌흔적이 발견된 경우로 한정한다)

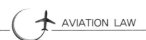

■ 항공안전법 시행규칙 [별표 21]

순항고도(제164조 제1항 제2호 및 제3호 관련)

1. 일반적으로 사용되는 순항고도

가. 고도측정 단위를 미터(meter)로 사용하는 지역

비행방향											
000°에서 179°까지						180°에서 359°까지					
계기비행			시계비행			계기비행			시계비행		
비행고도	고도		비행고도	고도		비행고도	고도		비행고도	고도	
	미터	피트		미터	피트		미터	피트		미터	피트
0030	300	1 000	–	–	–	0060	600	2 000	–	–	–
0090	900	3 000	0105	1 050	3 500	0120	1200	3 900	0135	1 350	4 400
0150	1 500	4 900	0165	1 650	5 400	0180	1800	5 900	0195	1 950	6 400
0210	2 100	6 900	0225	2 250	7 400	0240	2400	7 900	0255	2 550	8 400
0270	2 700	8 900	0285	2 850	9 400	0300	3000	9 800	0315	3 150	10 300
0330	3 300	10 800	0345	3 450	11 300	0360	3600	11 800	0375	3 750	12 300
0390	3 900	12 800	0405	4 050	13 300	0420	4200	13 800	0435	4 350	14 300
0450	4 500	14 800	0465	4 650	15 300	0480	4800	15 700	0495	4 950	16 200
0510	5 100	16 700	0525	5 250	17 200	0540	5400	17 700	0555	5 550	18 200
0570	5 700	18 700	0585	5 850	19 200	0600	6000	19 700	0615	6 150	20 200
0630	6 300	20 700	0645	6 450	21 200	0660	6600	21 700	0675	6 750	22 100
0690	6 900	22 600	0705	7 050	23 100	0720	7200	23 600	0735	7 350	24 100
0750	7 500	24 600	0765	7 650	25 100	0780	7800	25 600	0795	7 950	26 100
0810	8 100	26 600	0825	8 250	27 100	0840	8400	27 600	0855	8 550	28 100
0890	8 900	29 100	0920	9 200	30 100	0950	9500	31 100	0980	9 800	32 100
1010	10 100	33 100	1040	10 400	34 100	1070	10700	35 100	1100	11 000	36 100
1130	11 300	37 100	1160	11 600	38 100	1190	11900	39 100	1220	12 200	40 100
1250	12 500	41 100	1280	12 800	42 100	1310	13100	43 000	1370	13 400	44 000
1370	13 700	44 900	1400	14 000	46 100	1430	14300	46 900	1460	14 600	47 900
1490	14 900	48 900	1520	15 200	49 900	1550	15500	50 900	1580	15 800	51 900
·	·	·	·	·	·	·	·	·	·	·	·
·	·	·	·	·	·	·	·	·	·	·	·
·	·	·	·	·	·	·	·	·	·	·	·

나. 고도측정 단위를 피트(feet)로 사용하는 지역

비행방향											
000°에서 179°까지						180°에서 359°까지					
계기비행			시계비행			계기비행			시계비행		
비행고도	고도		비행고도	고도		비행고도	고도		비행고도	고도	
	피트	미터		피트	미터		피트	미터		피트	미터
010	1 000	300	–	–	–	020	2 000	600	–	–	–
030	3 000	900	035	3 500	1 050	040	4 000	1 200	045	4 500	1 350
050	5 000	1 500	055	5 500	1 700	060	6 000	1 850	065	6 500	2 000
070	7 000	2 150	075	7 500	2 300	080	8 000	2 450	085	8 500	2 600
090	9 000	2 750	095	9 500	2 900	100	10 000	3 050	105	10 500	3 200
110	11 000	3350	115	11 500	3 500	120	12 000	3 650	125	12 500	3 800
130	13 000	3 950	135	13 500	4 100	140	14 000	4 250	145	14 500	4 400
150	15 000	4 550	155	15 500	4 700	160	16 000	4 900	165	16 500	5 050
170	17 000	5 200	175	17 500	5 350	180	18 000	5 500	185	18 500	5 650
190	19 000	5 800	195	19 500	5 950	200	20 000	6 100	205	20 500	6 250
210	21 000	6 400	215	21 500	6 550	220	22 000	6 700	225	22 500	6 850
230	23 000	7 000	235	23 500	7 150	240	24 000	7 300	245	24 500	7 450
250	25 000	7 600	255	25 500	7 750	260	26 000	7 900	265	26 500	8 100
270	27 000	8 250	275	27 500	8 400	280	28 000	8 550	285	28 500	8 700
290	29 000	8 850	300	30 000	9 150	310	31 000	9 450	320	32 000	9 750
330	33 000	10 050	340	34 000	10 350	350	35 000	10 650	360	36 000	10 950
370	37 000	11 300	380	38 000	11 600	390	39 000	11 900	400	40 000	12 200
410	41 000	12 500	420	42 000	12 800	430	43 000	13 100	440	44 000	13 400
450	45 000	13 700	460	46 000	14 000	470	47 000	14 350	480	48 000	14 650
490	49 000	14 950	500	50 000	15 250	510	51 000	15 550	520	52 000	15 850
·	·	·	·	·	·	·	·	·	·	·	·
·	·	·	·	·	·	·	·	·	·	·	·
·	·	·	·	·	·	·	·	·	·	·	·

2. 수직분리축소공역(RVSM)에서의 순항고도

가. 고도측정 단위를 미터(meter)로 사용하며 8,900미터 이상 12,500미터 이하의 고도에서 300미터의 수직분리최저치가 적용되는 지역

비행방향											
000°에서 179°까지						180°에서 359°까지					
계기비행			시계비행			계기비행			시계비행		
비행고도	고도		비행고도	고도		비행고도	고도		비행고도	고도	
	미터	피트		미터	피트		미터	피트		미터	피트
0030	300	1 000	–	–	–	0060	600	2 000	–	–	–
0090	900	3 000	0105	1 050	3 500	0120	1 200	3 900	0135	1 350	4 400
0150	1 500	4 900	0165	1 650	5 400	0180	1 800	5 900	0195	1 950	6 400
0210	2 100	6 900	0225	2 250	7 400	0240	2 400	7 900	0255	2 550	8 400
0270	2 700	8 900	0285	2 850	9 400	0300	3 000	9 800	0315	3 150	10 300
0330	3 300	10 800	0345	3 450	11 300	0360	3 600	11 800	0375	3 750	12 300
0390	3 900	12 800	0405	4 050	13 300	0420	4 200	13 800	0435	4 350	14 300
0450	4 500	14 800	0465	4 650	15 300	0480	4 800	15 700	0495	4 950	16 200
0510	5 100	16 700	0525	5 250	17 200	0540	5 400	17 700	0555	5 550	18 200
0570	5 700	18 700	0585	5 850	19 200	0600	6 000	19 700	0615	6 150	20 200
0630	6 300	20 700	0645	6 450	21 200	0660	6 600	21 700	0675	6 750	22 100
0690	6 900	22 600	0705	7 050	23 100	0720	7 200	23 600	0735	7 350	24 100
0750	7 500	24 600	0765	7 650	25 100	0780	7 800	25 600	0795	7 950	26 100
0810	8 100	26 600	0825	8 250	27 100	0840	8 400	27 600	0855	8 550	28 100
0890	8 900	29 100				0920	9 200	30 100			
0950	9 500	31 100				0980	9 800	32 100			
1010	10 100	33 100				1040	10 400	34 100			
1070	10 700	35 100				1100	11 000	36 100			
1130	11 300	37 100				1160	11 600	38 100			
1190	11 900	39 100				1220	12 200	40 100			
1250	12 500	41 100				1310	13 100	43 000			
1370	13 700	44 900				1430	14 300	46 900			
1490	14 900	48 900				1550	15 500	50 900			
·	·	·				·	·	·			
·	·	·				·	·	·			
·	·	·				·	·	·			

나. 고도측정 단위를 피트(feet)로 사용하며 FL290 이상 FL410 이하의 고도에서 1,000피트의 수직분리최저치가 적용되는 지역

비행방향											
000°에서 179°까지						180°에서 359°까지					
계기비행			시계비행			계기비행			시계비행		
비행고도	고도		비행고도	고도		비행고도	고도		비행고도	고도	
	피트	미터		피트	미터		피트	미터		피트	미터
010	1 000	300	–	–	–	020	2 000	600	–	–	–
030	3 000	900	035	3 500	1 050	040	4 000	1 200	045	4 500	1 350
050	5 000	1 500	055	5 500	1 700	060	6 000	1 850	065	6 500	2 000
070	7 000	2 150	075	7 500	2 300	080	8 000	2 450	085	8 500	2 600
090	9 000	2 750	095	9 500	2 900	100	10 000	3 050	105	10 500	3 200
110	11 000	3 350	115	11 500	3 500	120	12 000	3 650	125	12 500	3 800
130	13 000	3 950	135	13 500	4 100	140	14 000	4 250	145	14 500	4 400
150	15 000	4 550	155	15 500	4 700	160	16 000	4 900	165	16 500	5 050
170	17 000	5 200	175	17 500	5 350	180	18 000	5 500	185	18 500	5 650
190	19 000	5 800	195	19 500	5 950	200	20 000	6 100	205	20 500	6 250
210	21 000	6 400	215	21 500	6 550	220	22 000	6 700	225	22 500	6 850
230	23 000	7 000	235	23 500	7 150	240	24 000	7 300	245	24 500	7 450
250	25 000	7 600	255	25 500	7 750	260	26 000	7 900	265	26 500	8 100
270	27 000	8 250	275	27 500	8 400	280	28 000	8 550	285	28 500	8 700
290	29 000	8 850				300	30 000	9 150			
310	31 000	9 450				320	32 000	9 750			
330	33 000	10 050				340	34 000	10 350			
350	35 000	10 650				360	36 000	10 950			
370	37 000	11 300				380	38 000	11 600			
390	39 000	11 900				400	40 000	12 200			
410	41 000	12 500				430	43 000	13 100			
450	45 000	13 700				470	47 000	14 350			
490	49 000	14 950				510	51 000	15 550			
·	·	·				·	·	·			
·	·	·				·	·	·			
·	·	·				·	·	·			

■ 항공안전법 시행규칙 [별표 22]

수상에서의 항공기 등불(제168조 제6호 관련)

1. 수상이동

<table>
<tr><td>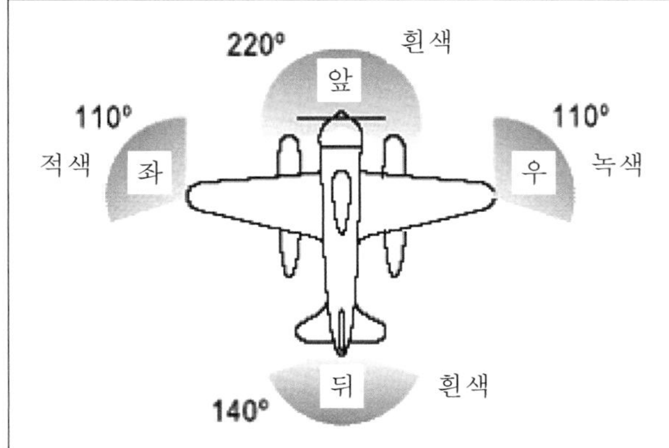</td><td>다음의 등불이 차폐(遮蔽)되지 않고 지속적으로 점등되어야 한다.
1) 좌측 수평면 상하로 발광하며 발광각도 110°의 적색등
2) 우측 수평면 상하로 발광하며 발광각도 110°의 녹색등
3) 후방으로 발광하며 발광각도 140°의 백색등
4) 전방 수평면 상하로 발광하며 발광각도 220°의 백색등
주: 1), 2) 또는 3)에서 명시한 등불은 적어도 3.7km(2NM)의 거리에서 보여야 하며, 4)에서 명시한 등불은 비행기 길이가 20m나 그 이상인 경우에는 적어도 9.3km(5NM)의 거리에서, 비행기의 길이가 20m 미만인 경우에는 적어도 5.6km(3NM)의 거리에서 눈에 보여야 한다.</td></tr>
</table>

2. 다른 선박 또는 비행기를 견인하는 항공기

<table>
<tr><td>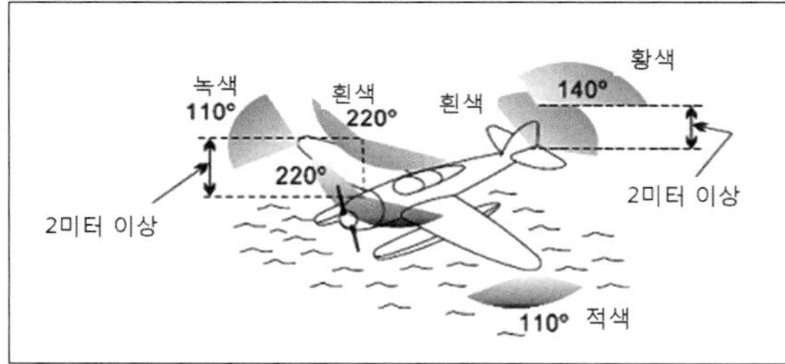</td><td>다음의 등불이 차폐되지 않고 지속적으로 점등되어야 한다.
1) 수상이동 시에서 명시한 등불
2) 수상이동 시의 3)에서 명시한 등불과 동일한 특성을 보유한 상태에서, 위로 적어도 2미터 이상 분리된 황색등
3) 수상이동 시의 4)에서 명시한 등불과 동일한 특성을 보유한 상태에서, 위나 아래로 최소 2미터 이상 분리된 제2등불</td></tr>
</table>

3. 견인되는 항공기

<table>
<tr><td>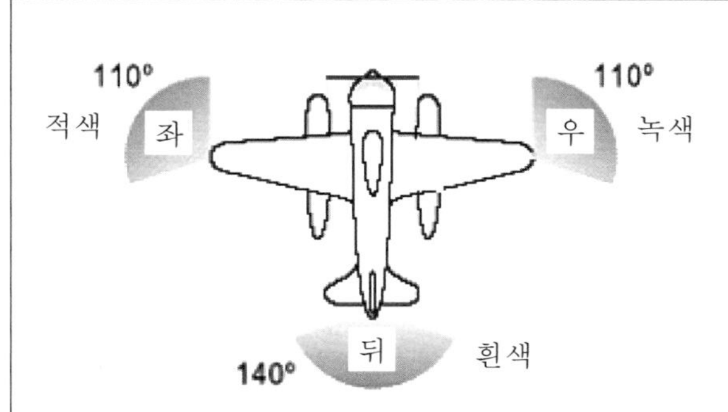</td><td>수상이동 시의 1), 2), 3)에서 명시한 등불이 차폐되지 않은 상태에서 지속적으로 점등되어야 한다.</td></tr>
</table>

4. 조종불능 상태에 있는 항공기

가. 대수속력(Making way)이 없는 경우

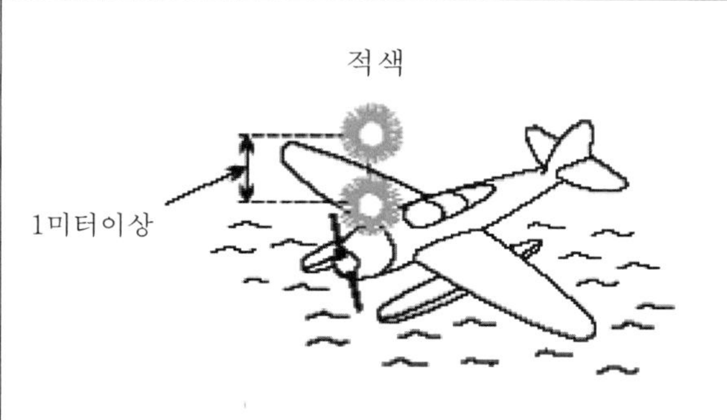	가장 잘 보이는 곳에 지속 점등되는 2개의 적색등(두 등불간의 간격은 1미터 이상)을 적어도 3.7km(2NM)의 거리에서 모든 수평방향에서 눈에 보일 수 있게 점등하여야 한다.

나. 대수속력(Making way)이 있는 경우

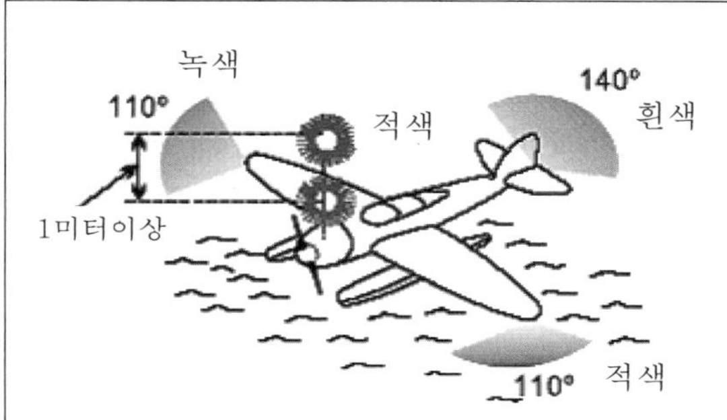	대수속력이 없는 경우의 등불과 수상이동시의 1), 2), 3)에 명시한 등불을 점등하여야 한다.

5. 정박 중인 항공기

가. 비행기의 길이가 50m 미만일 경우

	가장 잘 보이는 곳에 지속 점등되는 백색등을 적어도 3.7km(2NM)의 거리에서 모든 수평방향에서 눈에 보일 수 있게 점등하여야 한다.

나. 비행기의 길이가 50m 또는 그 이상일 경우

	앞쪽과 뒤쪽에 지속 점등되는 백색등을 적어도 5.6km(3NM)의 거리에서 모든 수평방향에서 눈에 보일 수 있게 점등하여야 한다.

다. 비행기의 폭이 50m 또는 그 이상일 경우

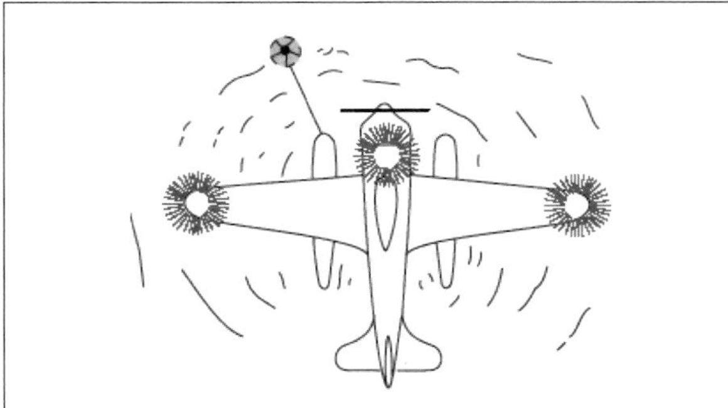	최대 폭을 나타내주기 위하여 날개 양끝에서 지속 점등되는 백색등을 적어도 1.9km(1NM)의 거리에서 모든 수평방향에서 눈에 보일 수 있게 점등하여야 한다.

라. 비행기의 폭 및 길이가 50m 또는 그 이상일 경우

	비행기의 최대 폭과 길이를 나타내주기 위하여 날개 양끝과 앞쪽과 뒤쪽에서 지속 점등되는 백색등을 적어도 1.9km(1NM)의 거리에서 모든 수평방향에서 눈에 보일 수 있게 점등하여야 한다.

■ 항공안전법 시행규칙 [별표 23]

공역의 구분(제221조 제1항 관련)

1. 제공하는 항공교통업무에 따른 구분

구분		내용
관제 공역	A등급 공역	모든 항공기가 계기비행을 해야 하는 공역
	B등급 공역	계기비행 및 시계비행을 하는 항공기가 비행 가능하고, 모든 항공기에 분리를 포함한 항공교통관제업무가 제공되는 공역
	C등급 공역	모든 항공기에 항공교통관제업무가 제공되나, 시계비행을 하는 항공기 간에는 교통정보만 제공되는 공역
	D등급 공역	모든 항공기에 항공교통관제업무가 제공되나, 계기비행을 하는 항공기와 시계비행을 하는 항공기 및 시계비행을 하는 항공기 간에는 교통정보만 제공되는 공역
	E등급 공역	계기비행을 하는 항공기에 항공교통관제업무가 제공되고, 시계비행을 하는 항공기에 교통정보가 제공되는 공역
비관제공역	F등급 공역	계기비행을 하는 항공기에 비행정보업무와 항공교통조언업무가 제공되고, 시계비행항공기에 비행정보업무가 제공되는 공역
	G등급 공역	모든 항공기에 비행정보업무만 제공되는 공역

2. 공역의 사용목적에 따른 구분

구분		내용
관제공역	관제권	「항공안전법」 제2조 제25호에 따른 공역으로서 비행정보구역 내의 B, C 또는 D등급 공역 중에서 시계 및 계기비행을 하는 항공기에 대하여 항공교통관제업무를 제공하는 공역
	관제구	「항공안전법」 제2조 제26호에 따른 공역(항공로 및 접근관제구역을 포함한다)으로서 비행정보구역 내의 A, B, C, D 및 E등급 공역에서 시계 및 계기비행을 하는 항공기에 대하여 항공교통관제업무를 제공하는 공역
	비행장 교통구역	「항공안전법」 제2조 제25호에 따른 공역 외의 공역으로서 비행정보구역 내의 D등급에서 시계비행을 하는 항공기 간에 교통정보를 제공하는 공역
비관제공역	조언구역	항공교통조언업무가 제공되도록 지정된 비관제공역
	정보구역	비행정보업무가 제공되도록 지정된 비관제공역
통제공역	비행금지구역	안전, 국방상, 그 밖의 이유로 항공기의 비행을 금지하는 공역
	비행제한구역	항공사격·대공사격 등으로 인한 위험으로부터 항공기의 안전을 보호하거나 그 밖의 이유로 비행허가를 받지 않은 항공기의 비행을 제한하는 공역
	초경량비행장치 비행제한구역	초경량비행장치의 비행안전을 확보하기 위하여 초경량비행장치의 비행활동에 대한 제한이 필요한 공역
주의공역	훈련구역	민간항공기의 훈련공역으로서 계기비행항공기로부터 분리를 유지할 필요가 있는 공역
	군작전구역	군사작전을 위하여 설정된 공역으로서 계기비행항공기로부터 분리를 유지할 필요가 있는 공역
	위험구역	항공기의 비행시 항공기 또는 지상시설물에 대한 위험이 예상되는 공역
	경계구역	대규모 조종사의 훈련이나 비정상 형태의 항공활동이 수행되는 공역

■ 항공안전법 시행규칙 [별표 26] 〈개정 2020. 12. 10.〉

신호(제194조 관련)

1. 조난신호(Distress signals)

가. 조난에 처한 항공기가 다음의 신호를 복합적 또는 각각 사용할 경우에는 중대하고 절박한 위험에 처해 있고 즉각적인 도움이 필요함을 나타낸다.

1) 무선전신 또는 그 밖의 신호방법에 의한 “SOS” 신호(모스부호는 …---…)

2) 짧은 간격으로 한 번에 1발씩 발사되는 붉은색불빛을 내는 로켓 또는 대포

3) 붉은색불빛을 내는 낙하산 부착 불빛

4) “메이데이(MAYDAY)”라는 말로 구성된 무선전화 조난 신호

5) 데이터링크를 통해 전달된 “메이데이(MAYDAY)” 메시지

나. 조난에 처한 항공기는 가목에도 불구하고 주의를 끌고, 자신의 위치를 알리며, 도움을 얻기 위한 어떠한 방법도 사용할 수 있다.

2. 긴급신호(Urgency signals)

가. 항공기 조종사가 착륙등 스위치의 개폐를 반복하거나 점멸항행등과는 구분되는 방법으로 항행등 스위치의 개폐를 반복하는 신호를 복합적으로 또는 각각 사용할 경우에는 즉각적인 도움은 필요하지 않으나 불가피하게 착륙해야 할 어려움이 있음을 나타낸다.

나. 다음의 신호가 복합적으로 또는 각각 따로 사용될 경우에는 이는 선박, 항공기 또는 다른 차량, 탑승자 또는 목격된 자의 안전에 관하여 매우 긴급한 통보 사항을 가지고 있음을 나타낸다.

1) 무선전신 또는 그 밖의 신호방법에 의한 “XXX” 신호

2) 무선전화로 송신되는 “PAN PAN”

3) 데이터링크를 통해 전송된 “PAN PAN”

3. 요격 시 사용되는 신호

가. 요격항공기의 신호 및 피요격항공기의 응신

1) 피요격항공기는 지체 없이 다음 조치를 해야 한다.

가) 나목에 따른 시각 신호를 이해하고 응답하며, 요격항공기의 지시에 따를 것

나) 가능한 경우에는 관할 항공교통업무기관에 피요격 중임을 통보할 것

다) 항공비상주파수 121.5MHZ나 243.0MHZ로 호출하여 요격항공기 또는 요격 관계기관과 연락하도록 노력하고 해당 항공기의 식별부호 및 위치와 비행내용을 통보할 것

라) 트랜스폰더 SSR을 장착하였을 경우에는 항공교통관제기관으로부터 다른 지시가 있는 경우를 제외하고는 Mode A Code 7700으로 맞출 것

마) 자동종속감시시설(ADS-B 또는 ADS-C)을 장착하였을 경우에는 항공교통관제기관으로부터 다른 지시가 있는 경우를 제외하고는 적절한 비상기능을 선택할 것

바) 항공교통관제기관으로부터 무선으로 수신한 지시가 요격항공기의 시각신호와 다를 경우 피요격항공기는 요격항공기의 시각신호에 따라 이행하면서 항공교통관제기관에 조속한 확인을 요구해야 한다.

사) 항공교통관제기관으로부터 무선으로 수신한 지시가 요격항공기의 무선지시와 다를 경우 피요격항공기는 요격항공기의 무선지시에 따라 이행하면서 항공교통관제기관에 조속한 확인을 요구해야 한다.

2) 요격절차는 다음과 같이 하여야 한다.

가) 요격항공기와 통신이 이루어졌으나 통상의 언어로 사용할 수 없을 경우에 필요한 정보와 지시는 다음과 같은 발음과 용어를 2회 연속 사용하여 전달할 수 있도록 시도해야 한다.

PHRASE	PRONUNCIATION	MEANING
CALL SIGN (call sign)	KOL SA-IN (call sign)	My call sign is (call sign)
WILCO	VILL-KO	Understood Will comply
CAN NOT	KANN NOTT	Unable to comply
REPEAT	REE-PEET	Repeat your instruction
AM LOST	AM LOSST	Position unknown
MAYDAY	MAYDAY	I am in distress
HIJACK	HI-JACK	I have been hijacked
LAND (place name)	LAAND (place name)	I request to land at (place name)
DESCEND	DEE-SEND	I require descent

나) 요격항공기가 사용해야 하는 용어는 다음과 같다.

Phrase	Pronunciation	Meaning
CALL SIGN	KOL SA-IN	What is your call sign?
FOLLOW	FOL-LO	Follow me
DESCEND	DEE-SEND	Descend for landing
YOU LAND	YOU LAAND	Land at this aerodrome
PROCEED	PRO-SEED	You may proceed

3) 요격항공기로부터 시각신호로 지시를 받았을 경우 피요격항공기도 즉시 시각신호로 요격항공기의 지시에 따라야 한다.

4) 요격항공기로부터 무선을 통하여 지시를 청취하였을 경우 피요격항공기는 즉시 요격항공기의 무선지시에 따라야 한다.

나. 시각 신호

1) 요격항공기의 신호 및 피요격항공기의 응신

번호	요격항공기의 신호	의미	피요격항공기의 응신	의미
1	피요격항공기의 약간 위쪽 전방 좌측(또는 피요격항공기가 헬리콥터인 경우에는 우측)에서 날개를 흔들고 항행등을 불규칙적으로 점멸시킨 후 응답을 확인하고, 통상 좌측(헬리콥터인 경우 우측)으로 완만하게 선회하여 원하는 방향으로 향한다. 주1) 기상조건 또는 지형에 따라 위에서 제시한 요격항공기의 위치 및 선회방향을 반대로 할 수도 있다. 주2) 피요격항공기가 요격항공기의 속도를 따르지 못할 경우 요격항공기는 race track형으로 비행을 반복하며, 피요격항공기의 옆을 통과할 때마다 날개를 흔들어야 한다.	당신은 요격을 당하고 있으니 나를 따라오라.	날개를 흔들고, 항행등을 불규칙적으로 점멸시킨 후 요격항공기의 뒤를 따라간다.	알았다. 지시를 따르겠다.
2	피요격항공기의 진로를 가로지르지 않고 90° 이상의 상승선회를 하며, 피요격항공기로부터 급속히 이탈한다.	그냥 가도 좋다.	날개를 흔든다.	알았다. 지시를 따르겠다.

번호	요격항공기의 신호	의미	피요격항공기의 응신	의미
3	바퀴다리를 내리고 고정착륙등을 켠 상태로 착륙방향으로 활주로 상공을 통과하며, 피요격항공기가 헬리콥터인 경우에는 헬리콥터착륙구역 상공을 통과한다. 헬리콥터의 경우, 요격헬리콥터는 착륙접근을 하고 착륙장 부근에 공중에서 저고도비행을 한다.	이 비행장에 착륙하라.	바퀴다리를 내리고, 고정착륙등을 켠 상태로 요격항공기를 따라서 활주로나 헬리콥터착륙구역 상공을 통과한 후 안전하게 착륙할 수 있다고 판단되면 착륙한다.	알았다. 지시를 따르겠다.

2) 피요격항공기의 신호 및 요격항공기의 응신

번호	피요격항공기의 신호	의미	요격항공기의 응신	의미
1	비행장 상공 300미터(1,000피트) 이상 600미터(2,000피트) 이하[(헬리콥터의 경우 50미터(170피트) 이상 100미터(330피트) 이하] 의 고도로 착륙활주로나 헬리콥터착륙구역 상공을 통과하면서 바퀴다리를 올리고 섬광착륙등을 점멸하면서 착륙활주로나 헬리콥터착륙구역을 계속 선회한다. 착륙등을 점멸할 수 없는 경우에는 사용가능한 다른 등화를 점멸한다.	지정한 비행장이 적절하지 못하다.	피요격항공기를 교체비행장으로 유도하려는 경우에는 바퀴다리를 올린 후 1) 요격항공기의 신호 및 피요격항공기의 응신 1의 요격항공기 신호방법을 사용한다. 피요격항공기를 방면하려는 경우에는 1) 요격항공기의 신호 및 피요격항공기의 응신 2의 요격항공기 신호방법을 사용한다.	알았다. 나를 따라 오라. 알았다. 그냥 가도 좋다.
2	점멸하는 등화와는 명확히 구분할 수 있는 방법으로 사용가능한 모든 등화의 스위치를 규칙적으로 개폐한다.	지시를 따를 수 없다.	1) 요격항공기의 신호 및 피요격항공기의 응신 2의 요격항공기 신호방법을 사용한다.	알았다.
3	사용가능한 모든 등화를 불규칙적으로 점멸한다.	조난상태에 있다.	1) 요격항공기의 신호 및 피요격항공기의 응신 2의 요격항공기 신호방법을 사용한다.	알았다.

4. 비행제한구역, 비행금지구역 또는 위험구역 침범 경고신호

지상에서 10초 간격으로 발사되어 붉은색 및 녹색의 불빛이나 별모양으로 폭발하는 신호탄은 비인가 항공기가 비행제한구역, 비행금지구역 또는 위험구역을 침범하였거나 침범하려고 한 상태임을 나타내며, 해당 항공기는 이에 필요한 시정조치를 해야 함을 나타낸다.

5. 무선통신 두절 시의 연락방법

가. 빛총신호

신호의 종류	의미		
	비행 중인 항공기	지상에 있는 항공기	차량·장비 및 사람
연속되는 녹색	착륙을 허가함	이륙을 허가함	
연속되는 붉은색	다른 항공기에 진로를 양보하고 계속 선회할 것	정지할 것	정지할 것
깜박이는 녹색	착륙을 준비할 것(착륙 및 지상유도를 위한 허가가 뒤이어 발부)	지상 이동을 허가함	통과하거나 진행할 것
깜박이는 붉은색	비행장이 불안전하니 착륙하지 말 것	사용 중인 착륙지역으로부터 벗어날 것	활주로 또는 유도로에서 벗어날 것
깜박이는 흰색	착륙하여 계류장으로 갈 것	비행장 안의 출발지점으로 돌아갈 것	비행장 안의 출발지점으로 돌아갈 것

나. 항공기의 응신

1) 비행 중인 경우

가) 주간: 날개를 흔든다. 다만, 최종 선회구간(base leg) 또는 최종 접근구간(final leg)에 있는 항공기의 경우에는 그러하지 아니하다.

나) 야간: 착륙등이 장착된 경우에는 착륙등을 2회 점멸하고, 착륙등이 장착되지 않은 경우에는 항행등을 2회 점멸한다.

2) 지상에 있는 경우

가) 주간: 항공기의 보조익 또는 방향타를 움직인다.

나) 야간: 착륙등이 장착된 경우에는 착륙등을 2회 점멸하고, 착륙등이 장착되지 않은 경우에는 항행등을 2회 점멸한다.

6. 유도신호(MARSHALLING SIGNALS)

가. 항공기에 대한 유도원의 신호

1) 유도원은 항공기의 조종사가 유도업무 담당자임을 알 수 있는 복장을 해야 한다.

2) 유도원은 주간에는 일광형광색봉, 유도봉 또는 유도장갑을 이용하고, 야간 또는 저시정상태에서는 발광유도봉을 이용하여 신호를 하여야 한다.

3) 유도신호는 조종사가 잘 볼 수 있도록 유도봉을 손에 들고 다음의 위치에서 조종사와 마주 보며 실시한다.

가) 비행기의 경우에는 비행기의 왼쪽에서 조종사가 가장 잘 볼 수 있는 위치

나) 헬리콥터의 경우에는 조종사가 유도원을 가장 잘 볼 수 있는 위치

4) 유도원은 다음의 신호를 사용하기 전에 항공기를 유도하려는 지역 내에 항공기와 충돌할 만한 물체가 있는지를 확인해야 한다.

1. 항공기 안내(Wingwalker)	
	오른손의 유도봉을 위쪽을 향하게 한 채 머리 위로 들어 올리고, 왼손의 유도봉을 아래로 향하게 하면서 몸쪽으로 붙인다.
2. 출입문의 확인	
	양손의 유도봉을 위로 향하게 한 채 양팔을 쭉 펴서 머리 위로 올린다.

<table>
<tr><td colspan="2">3. 다음 유도원에게 이동 또는 항공교통관제기관으로부터 지시 받은 지역으로의 이동</td></tr>
<tr><td></td><td>양쪽 팔을 위로 올렸다가 내려 팔을 몸의 측면 바깥쪽으로 쭉 편 후 다음 유도원의 방향 또는 이동구역방향으로 유도봉을 가리킨다.</td></tr>
<tr><td colspan="2">4. 직진</td></tr>
<tr><td></td><td>팔꿈치를 구부려 유도봉을 가슴 높이에서 머리 높이까지 위 아래로 움직인다.</td></tr>
<tr><td colspan="2">5. 좌회전(조종사 기준)</td></tr>
<tr><td></td><td>오른팔과 유도봉을 몸쪽 측면으로 직각으로 세운 뒤 왼손으로 직진신호를 한다. 신호동작의 속도는 항공기의 회전속도를 알려준다.</td></tr>
<tr><td colspan="2">6. 우회전(조종사 기준)</td></tr>
<tr><td></td><td>왼팔과 유도봉을 몸쪽 측면으로 직각으로 세운 뒤 오른손으로 직진신호를 한다. 신호동작의 속도는 항공기의 회전속도를 알려준다.</td></tr>
<tr><td colspan="2">7. 정지</td></tr>
<tr><td></td><td>유도봉을 쥔 양쪽 팔을 몸 쪽 측면에서 직각으로 뻗은 뒤 천천히 두 유도봉이 교차할 때 까지 머리위로 움직인다.</td></tr>
</table>

8. 비상정지	
	빠르게 양쪽 유도봉을 든 팔을 머리 위로 뻗었다가 유도봉을 교차시킨다.
9. 브레이크 정렬	
	손바닥을 편 상태로 어깨 높이로 들어 올린다. 운항승무원을 응시한 채 주먹을 쥔다. 승무원으로부터 인지신호(엄지손가락을 올리는 신호)를 받기 전까지는 움직여서는 안 된다.
10. 브레이크 풀기	
	주먹을 쥐고 어깨 높이로 올린다. 운항승무원을 응시한 채 손을 편다. 승무원으로부터 인지신호(엄지손가락을 올리는 신호)를 받기 전까지는 움직여서는 안 된다.
11. 고임목 삽입	
	팔과 유도봉을 머리 위로 쭉 뻗는다. 유도봉이 서로 닿을 때 까지 안쪽으로 유도봉을 움직인다. 운항승무원에게 인지표시를 반드시 수신하도록 한다.
12. 고임목 제거	
	팔과 유도봉을 머리 위로 쭉 뻗는다. 유도봉을 바깥쪽으로 움직인다. 운항승무원에게 인가받기 전까지 초크를 제거해서는 안 된다.

13. 엔진시동걸기	
	오른팔을 머리 높이로 들면서 유도봉을 위를 향한다. 유도봉으로 원 모양을 그리기 시작하면서 동시에 왼팔을 머리 높이로 들고 엔진시동 걸 위치를 가리킨다.
14. 엔진 정지	
	유도봉을 쥔 팔을 어깨 높이로 들어 올려 왼쪽 어깨 위로 위치시킨 뒤 유도봉을 오른쪽·왼쪽 어깨로 목을 가로질러 움직인다.
15. 서행	
	허리부터 무릎 사이에서 위 아래로 유도봉을 움직이면서 뻗은 팔을 가볍게 툭툭 치는 동작으로 아래로 움직인다.
16. 한쪽 엔진의 출력 감소	
	양손의 유도봉이 지면을 향하게 하여 두 팔을 내린 후, 출력을 감소시키려는 쪽의 유도봉을 위 아래로 흔든다.
17. 후진	
	몸 앞 쪽의 허리높이에서 양팔을 앞쪽으로 빙글빙글 회전시킨다. 후진을 정지시키기 위해서는 신호 7 및 8을 사용한다.

18. 후진하면서 선회(후미 우측)	
	왼팔은 아래쪽을 가리키며 오른팔은 머리 위로 수직으로 세웠다가 옆으로 수평위치까지 내리는 동작을 반복한다.
19. 후진하면서 선회(후미 좌측)	
	오른팔은 아래쪽을 가리키며 왼팔은 머리 위로 수직으로 세웠다가 옆으로 수평위치까지 내리는 동작을 반복한다.
20. 긍정(Affirmative)/ 모든 것이 정상임(All Clear)	
	오른팔을 머리높이로 들면서 유도봉을 위로 향한다. 손 모양은 엄지손가락을 치켜세운다. 왼쪽 팔은 무릎 옆쪽으로 붙인다.
*21. 공중정지(Hover)	
	유도봉을 든 팔을 90° 측면으로 편다.
*22. 상승	
	유도봉을 든 팔을 측면 수직으로 쭉 펴고 손바닥을 위로 향하면서 손을 위쪽으로 움직인다. 움직임의 속도는 상승률을 나타낸다.

*23. 하강	
	유도봉을 든 팔을 측면 수직으로 쭉 펴고 손바닥을 아래로 향하면서 손을 아래로 움직인다. 움직임의 속도는 강하율을 나타낸다.
*24. 왼쪽으로 수평이동(조종사 기준)	
	팔을 오른쪽 측면 수직으로 뻗는다. 빗자루를 쓰는 동작으로 같은 방향으로 다른 쪽 팔을 이동시킨다.
*25. 오른쪽으로 수평이동(조종사 기준)	
	팔을 왼쪽 측면 수직으로 뻗는다. 빗자루를 쓰는 동작으로 같은 방향으로 다른 쪽 팔을 이동시킨다.
*26. 착륙	
	몸의 앞쪽에서 유도봉을 쥔 양팔을 아래쪽으로 교차시킨다.
27. 화재	
	화재지역을 왼손으로 가리키면서 동시에 어깨와 무릎사이의 높이에서 부채질 동작으로 오른손을 이동시킨다. 야간 - 유도봉을 사용하여 동일하게 움직인다.

28. 위치대기(stand-by)	
	양팔과 유도봉을 측면에서 45° 로 아래로 뻗는다. 항공기의 다음 이동이 허가될 때 까지 움직이지 않는다.
29. 항공기 출발	
	오른손 또는 유도봉으로 경례하는 신호를 한다. 항공기의 지상이동(taxi)이 시작될 때 까지 운항승무원을 응시한다.
30. 조종장치를 손대지 말 것(기술적 · 업무적 통신신호)	
	머리 위로 오른팔을 뻗고 주먹을 쥐거나 유도봉을 수평방향으로 쥔다. 왼팔은 무릎 옆에 붙인다.
31. 지상 전원공급 연결(기술적 · 업무적 통신신호)	
	머리 위로 팔을 뻗어 왼손을 수평으로 손바닥이 보이도록 하고, 오른손의 손가락 끝이 왼손에 닿게 하여 "T"자 형태를 취한다. 밤에는 광채가 나는 막대 "T"를 사용할 수 있다.
32. 지상 전원공급 차단(기술적 · 업무적 통신신호)	
	신호 31과 같이 한 후 오른손이 왼손에서 떨어지도록 한다. 운항승무원이 인가할 때 까지 전원공급을 차단해서는 안 된다. 밤에는 광채가 나는 유도봉을 이용하여 "T"를 사용할 수 있다.

<table>
<tr><td colspan="2">33. 부정(기술적 · 업무적 통신신호)</td></tr>
<tr><td></td><td>오른팔을 어깨에서부터 90° 로 곧게 뻗어 고정시키고, 유도봉을 지상 쪽으로 향하게 하거나 엄지손가락을 아래로 향하게 표시한다. 왼손은 무릎 옆에 붙인다.</td></tr>
<tr><td colspan="2">34. 인터폰을 통한 통신의 구축(기술적 · 업무적 통신신호)</td></tr>
<tr><td></td><td>몸에서부터 90° 로 양 팔을 뻗은 후, 양손이 두 귀를 컵 모양으로 가리도록 한다.</td></tr>
<tr><td colspan="2">35. 계단 열기 · 닫기</td></tr>
<tr><td></td><td>오른팔을 측면에 붙이고 왼팔을 45° 머리 위로 올린다. 오른팔을 왼쪽 어깨 위쪽으로 쓸어 올리는 동작을 한다.</td></tr>
<tr><td colspan="2">※ 비고
1. 항공기 유도원이 배트, 조명유도봉 또는 횃불을 드는 경우에도 관련 신호의 의미는 같다.
2. 항공기의 엔진번호는 항공기를 마주 보고 있는 유도원의 위치를 기준으로 오른쪽에서부터 왼쪽으로 번호를 붙인다.
3. "*"가 표시된 신호는 헬리콥터에 적용한다.
4. 주간에 시정이 양호한 경우에는 조명막대의 대체도구로 밝은 형광색의 유도봉이나 유도장갑을 사용할 수 있다.</td></tr>
</table>

나. 유도원에 대한 조종사의 신호

1) 조종실에 있는 조종사는 손이 유도원에게 명확히 보이도록 해야 하며, 필요한 경우에는 쉽게 식별할 수 있도록 조명을 비추어야 한다.

2) 브레이크

가) 주먹을 쥐거나 손가락을 펴는 순간이 각각 브레이크를 걸거나 푸는 순간을 나타낸다.

나) 브레이크를 걸었을 경우: 손가락을 펴고 양팔과 손을 얼굴 앞에 수평으로 올린 후 주먹을 쥔다.

다) 브레이크를 풀었을 경우: 주먹을 쥐고 팔을 얼굴 앞에 수평으로 올린 후 손가락을 편다.

3) 고임목(Chocks)

가) 고임목을 끼울 것: 팔을 뻗고 손바닥을 바깥쪽으로 향하게 하며, 두 손을 안쪽으로 이동시켜 얼굴 앞에서 교차되게 한다.

나) 고임목을 뺄 것: 두 손을 얼굴 앞에서 교차시키고 손바닥을 바깥쪽으로 향하게 하며, 두 팔을 바깥쪽으로 이동시킨다.

4) 엔진시동 준비완료

시동시킬 엔진의 번호만큼 한쪽 손의 손가락을 들어올린다.

다. 기술적 · 업무적 통신신호

1) 수동신호는 음성통신이 기술적 · 업무적 통신신호로 가능하지 않을 경우에만 사용해야 한다.

2) 유도원은 운항승무원으로부터 기술적 · 업무적 통신신호에 대하여 인지하였음을 확인해야 한다.

7. 비상수신호

<table>
<tr><td colspan="2">가. 탈출 권고</td></tr>
<tr><td></td><td>한 팔을 앞으로 뻗어 눈높이까지 들어 올린 후 손짓으로 부르는 동작을 한다.
야간 – 막대를 사용하여 동일하게 움직인다.</td></tr>
<tr><td colspan="2">나. 동작중단 권고 – 진행 중인 탈출 중단 및 항공기 이동 또는 그 밖의 활동 중단</td></tr>
<tr><td></td><td>양팔을 머리 앞으로 들어 올려 손목에서 교차시키는 동작을 한다.
야간 – 막대를 사용하여 동일하게 움직인다.</td></tr>
<tr><td colspan="2">다. 비상 해제</td></tr>
<tr><td></td><td>양팔을 손목이 교차할 때 까지 안쪽 방향으로 모은 후 바깥 방향으로 45도 각도로 뻗는 동작을 한다.
야간 – 막대를 사용하여 동일하게 움직인다.</td></tr>
</table>

■ 항공안전법 시행규칙 [별표 27]

위험물의 포장·용기검사기관의 검사장비 및 검사인력 등의 지정기준(제210조 제2항 관련)

1. 용지 및 건물 면적

가. 시험실(화학분석실 용지는 제외한다): 231제곱미터

나. 사무실: 66제곱미터

2. 시험항목별 시험기기

시험항목	시험기기	수	비고
시험환경 및 사전처리	• 항온항습실(고정) • 항온항습기(work in chamber)	• 1실 • 1대 이상	(온도: −30℃~60℃/ 습도: 0%~98%)
낙하시험	• 정밀낙하시험기 • 중량물낙하시험기	• 1대 이상 • 1대 이상	
적재시험	• 적재시험기 또는 하중 추	• 1대 이상	
수압시험	• 수압시험기	• 1대 이상	
기밀시험	• 수조/기밀시험기	• 1대 이상	
흡수도시험	• 콥법 테스터(Cobb Method Tester)	• 1대 이상	
기타시험	• 진동시험기 • 자력측정기(Gauss meter) • 강봉(Steel Rod)	• 1대 이상 • 1대 이상 • 1대 이상	

※ 비고: 화학성분 정성 및 정량분석 시험기[제시된 UN No. 및 성능분석(MSDS) 등의 확인 또는 하주 의뢰 시 확인시험]

- ICP(고주파 플라스마 발광분석기)
- GC-MASS(가스크로마토그래피/질량분석기)
- LC-MASS(액체크로마토그래피/질량분석기)
- FT-IR(적외선분광분석기)

3. 시험검사원

가. 시험검사책임자: 시험검사소당 1명

나. 전문시험검사원: 2명

■ 항공안전법 시행규칙 [별표 28] 〈개정 2017. 7. 18.〉

위험물 포장 · 용기 검사기관의 행정처분기준(제211조 제1항 관련)

위반행위	해당 법 조문	처분내용
1. 거짓이나 그 밖의 부정한 방법으로 포장 · 용기 검사기관의 지정을 받은 경우	법 제71조 제5항 제1호	지정취소
2. 포장 · 용기검사기관이 법 제71조 제2항에 따른 포장 및 용기의 검사방법 · 합격기준 등을 위반하여 법 제71조 제1항에 따른 검사를 한 경우	법 제71조 제5항 제2호	
가. 포장 및 용기의 검사방법 · 합격기준에 따른 시료 개수를 준수하지 않은 경우		업무전부정지(90일)
나. 검사를 하지 않은 포장 및 용기 또는 합격기준을 미달한 포장 및 용기에 대하여 검사합격증을 발행한 경우		지정취소
다. 지정된 시험검사원이 아닌 자가 시험을 한 경우		업무전부정지(30일)
3. 법 제71조 제4항에 따른 포장 · 용기 검사기관의 지정기준에 맞지 않게 된 경우 가. 검사기관의 시험실 및 사무실 기준에 맞지 않게 된 경우 나. 검사에 필요한 시험기기를 갖추지 않은 경우 다. 검사에 필요한 시험검사책임자 및 전문시험검사원을 확보하지 않은 경우	법 제71조 제5항 제3호	업무전부정지(30일)

■ 항공안전법 시행규칙 [별표 29]

위험물전문교육기관의 지정기준(제212조 제2항 관련)

1. 교육시설은 교육환경 및 보건위생에 적합한 장소에 설립하되, 그 목적을 실현하는 데에 필요한 다음 각 목의 시설을 갖추어야 한다.

가. 강의실
나. 실습 또는 실기 등이 필요한 경우에는 이에 필요한 시설 및 설비
다. 사무실·화장실·급수시설 등 보건위생상 필요한 시설 및 설비
라. 그 밖에 교육에 필요한 교구 및 자료 열람시설

2. 단위시설의 기준

가. 강의실 면적은 60제곱미터 이상으로 하되, 1제곱미터당 1.2명 이하가 되도록 할 것
나. 화장실은 성별로 구분해야 하고, 급수시설은 상수도를 사용하는 경우를 제외하고는 그 수질이 「먹는 물 관리법」 제5조 제3항에 따른 수질기준에 적합할 것
다. 채광시설·환기시설 및 냉난방시설은 보건위생에 적합하게 해야 하며, 야간교육을 하는 경우 조명시설은 책상면과 흑판면의 조도가 150럭스 이상일 것
라. 방음시설은 「소음·진동관리법」에 따른 생활소음규제기준에 적합해야 하며, 소방시설은 「소방법」에 따른 소방기구·경보설비·피난시설 등 방화 및 소방에 필요한 시설을 갖출 것

3. 장비

가. 교육용 위험물 등급 표찰 자료(각 등급별로 보유해야 한다)
나. 교육용 위험물 취급 표찰 자료(해당 연도 발행분만 적용한다)
다. 위험물 화주신고서, 항공운송장, 위험물 사고·준사고 보고서 사본
라. 시청각교육 보조장비: TV, VTR, OHP 등
마. 국제민간항공기구, 국제항공운송협회 또는 국토교통부에서 발간하는 위험물 관련 항공위험물운송기술기준 및 기타 지침서
바. 한글로 작성된 교육교재(다만, 한글을 사용할 수 없는 교육생을 대상으로 교육과정을 운영할 경우는 해당 언어로 교육교재를 작성할 수 있다.)

4. 다음 각 목의 어느 하나에 해당하는 상근 인력 2명 이상의 교관을 확보해야 한다.

가. 국제민간항공기구, 국제항공운송협회, 위험물취급전문교육기관 등에서 위험물교관 교육과정을 이수한 사람
나. 국제민간항공기구, 국제항공운송협회, 위험물취급전문교육기관 등에서 해당 교육시험 합격 증명을 받고 항공위험물 교육경력이 5년 이상인 사람으로서 국토교통부장관이 교관으로 적합하다고 인정하는 사람

■ 항공안전법 시행규칙 [별표 32]

운항증명 신청 시에 제출할 서류(제257조 제1항 관련)

1. 국토교통부장관 또는 지방항공청장으로부터 발급 받은 「항공사업법」 제7조에 따른 국내 항공운송사업면허증 또는 국제항공운송사업면허증, 「항공사업법」 제10조 제1항에 따른 소형항공운송사업등록증, 「항공사업법」 제30조에 따른 항공기사용사업등록증 중 해당 면허증 또는 등록증의 사본
2. 「항공사업법」 제8조 제1항 제4호 또는 같은 법 제11조 제1항 제2호에 따라 제출한 사업계획서 내용의 추진일정
3. 조직·인력의 구성, 업무분장 및 책임
4. 주요 임원의 이력서
5. 항공법규 준수의 이행 서류와 이를 증명하는 서류(Final Compliance Statement)
6. 항공기 또는 운항·정비와 관련된 시설·장비 등의 구매·계약 또는 임차 서류
7. 종사자 훈련 교과목 운영계획
8. 별표 36에서 정한 내용이 포함되도록 구성된 다음 각 목의 구분에 따른 교범. 이 경우 단행본으로 운영하거나 각 교범을 통합하여 운영할 수 있다.
   가. 운항일반교범(Policy and Administration Manual)
   나. 항공기운영교범(Aircraft Operating Manual)
   다. 최소장비목록 및 외형변경목록(MEL/CDL)
   라. 훈련교범(Training Manual)
   마. 항공기성능교범(Aircraft Performance Manual)
   바. 노선지침서(Route Guide)
   사. 비상탈출절차교범(Emergency Evacuation Procedures Manual)
   아. 위험물교범(Dangerous Goods Manual)
   자. 사고절차교범(Accident Procedures Manual)
   차. 보안업무교범(Security Manual)
   카. 항공기 탑재 및 처리교범(Aircraft Loading and Handling Manual)
   타. 객실승무원업무교범(Cabin Attendant Manual)
   파. 비행교범(Airplane Flight Manual)
   하. 지속감항정비프로그램(Continuous Airworthiness Maintenance Program)
9. 승객 브리핑카드(Passenger Briefing Cards)
10. 급유·재급유·배유절차
11. 비상구열 좌석(Exit Row Seating)절차
12. 약물 및 주정음료 통제절차
13. 운영기준에 포함될 자료
14. 비상탈출 시현계획(Emergency Evacuation Demonstration Plan)
15. 운항증명을 위한 현장검사 수검계획(Flight Operations Inspection Plan)
16. 환경영향평가서(Environmental Assessment)
17. 훈련계약에 관한 사항
18. 정비규정
19. 그 밖에 국토교통부장관이 정하는 사항

■ 항공안전법 시행규칙 [별표 33]

운항증명의 검사기준(제258조 관련)

1. 서류검사 기준

<table>
<tr><th rowspan="3">검사 항목 및 검사 기준</th><th colspan="4">적용대상 사업자</th></tr>
<tr><th colspan="3">항공운송사업</th><th rowspan="2">항공기 사용사업</th></tr>
<tr><th>국제</th><th>국내</th><th>소형</th></tr>
<tr><td>가. 「항공사업법」 제8조 제1항 제4호 또는 제11조 제1항 제2호에 따라 제출한 사업계획서 내용의 추진일정
국토교통부장관 또는 지방항공청장이 운항증명을 위한 검사를 시작하기 전에 완료되어야 하는 항목, 활동 내용 및 항공기등의 시설물 구매에 관한 내용이 정확한 예정일 순서에 따라 이치에 맞게 수립되어 있을 것</td><td>○</td><td>○</td><td>○</td><td>○</td></tr>
<tr><td>나. 조직·인력의 구성, 업무분장 및 책임
신청자가 인가받으려는 운항을 하기에 적합한 조직체계와 충분한 인력을 확보하고 업무분장을 명확하게 유지할 것</td><td>○</td><td>○</td><td>○</td><td>○</td></tr>
<tr><td>다. 항공법규 준수의 이행 서류와 이를 증명하는 서류(Regulations Compliance Statement)
항공운송사업자 또는 항공기사용사업자에게 적용되는 항공법규의 준수방법을 논리적으로 진술하거나 또는 증명서류로 확인시킬 수 있을 것</td><td>○</td><td>○</td><td>○</td><td>○</td></tr>
<tr><td>라. 항공기 또는 운항·정비와 관련된 시설·장비 등의 구매·계약 또는 임차 서류
신청자가 제시한 운항을 하는 데 필요한 항공기, 시설 및 업무 준비를 마쳤음을 증명할 수 있을 것</td><td>○</td><td>○</td><td>○</td><td>○</td></tr>
<tr><td>마. 종사자 훈련 교과목 운영계획
기초훈련, 비상절차훈련, 지상운항절차훈련, 비행훈련, 정기훈련(Recurrent Training), 전환 및 승격훈련(Transition and Upgrade Training), 항공기차이점훈련(Differences Training), 보안훈련, 위험물취급훈련, 검열운항승무원/비행교관훈련, 객실승무원훈련, 운항관리사훈련 및 정비인력훈련을 포함한 종사자에 대한 훈련계획이 적절히 수립되어 있을 것</td><td>○</td><td>○</td><td>○</td><td>○</td></tr>
<tr><td>바. 별표 36에서 정한 내용이 포함되도록 구성된 다음의 구분에 따른 교범</td><td></td><td></td><td></td><td></td></tr>
<tr><td>1) 운항일반교범(Policy and Administration Manual)</td><td>○</td><td>○</td><td>○</td><td>○</td></tr>
<tr><td>2) 항공기운영교범(Aircraft Operating Manual)</td><td>○</td><td>○</td><td>○</td><td>해당될 경우 적용</td></tr>
<tr><td>3) 최소장비목록 및 외형변경목록(MEL/CDL)</td><td>○</td><td>○</td><td>○</td><td>해당될 경우 적용</td></tr>
<tr><td>4) 훈련교범(Training Manual)</td><td>○</td><td>○</td><td>○</td><td>○</td></tr>
<tr><td>5) 항공기성능교범(Aircraft Performance Manual)</td><td>○</td><td>○</td><td>○</td><td>○</td></tr>
<tr><td>6) 노선지침서(Route Guide)</td><td>○</td><td>○</td><td>○</td><td>–</td></tr>
<tr><td>7) 비상탈출절차교범(Emergency Evacuation Procedures Manual)</td><td>○</td><td>○</td><td>해당될 경우 적용</td><td>–</td></tr>
<tr><td>8) 위험물교범(Dangerous Goods Manual)</td><td>○</td><td>○</td><td>해당될 경우 적용</td><td>–</td></tr>
</table>

검사 항목 및 검사 기준	적용대상 사업자			
	항공운송사업			항공기 사용사업
	국제	국내	소형	
9) 사고절차교범(Accident Procedures Manual)	○	○	○	○
10) 보안업무교범(Security Manual)	○	○	○	–
11) 항공기 탑재 및 처리교범(Aircraft Loading and Handling Manual)	○	○	○	–
12) 객실승무원업무교범(Cabin Attendant Manual)	○	○	–	–
13) 비행교범(Airplane Flight Manual)	○	○	○	○
14) 지속감항정비프로그램(Continuous Airworthiness Maintenance Program)	○	○	해당될 경우 적용	해당될 경우 적용
15) 지상조업 협정 및 절차	○	○	○	–
사. 승객 브리핑카드(Passenger Briefing Cards) 운항승무원 및 객실승무원이 도울 수 없는 비상상황에서 승객이 필요로 하는 기능과 승객의 재착석절차 등이 적절하게 정해져 있을 것	○	○	○	–
아. 급유 · 재급유 · 배유절차 연료 주입과 배유 시 처리절차 및 안전조치가 적절하게 정해져 있을 것	○	○	○	해당될 경우 적용
자. 비상구열 좌석(Exit Row Seating)절차 비상상황 발생 시 객실승무원의 객실안전업무를 보조하도록 하기 위한 비상구열좌석의 배정방법 등의 절차가 적절하게 정해져 있을 것	○	○	해당될 경우 적용	–
차. 약물 및 주류등 통제절차 항공기 안전운항을 해칠 수 있는 승무원의 약물 또는 주류등의 섭취를 방지할 대책이 적절히 마련되어 있을 것	○	○	○	○
카. 운영기준에 포함될 자료 운항하려는 항로 · 공항 및 항공기 정비방법 등에 관한 기초자료가 적절히 작성되어 있을 것	○	○	○	○
타. 비상탈출 시현계획(Emergency Evacuation Demonstration Plan) 비상상황에서 운항승무원 및 객실승무원이 취해야 할 조치능력을 모의로 시현할 수 있는 시나리오 및 일정 등이 적절히 짜여져 있을 것	○	○	해당될 경우 적용	–
파. 항공기 운항 검사계획(Flight Operations Inspection Plan) 항공법규를 준수하면서 모든 운항업무를 수행할 수 있음을 시범 보일 수 있는 시나리오 및 일정 등 계획이 적절히 짜여져 있을 것	○	○	○	–
하. 환경영향평가서(Environmental Assessment) 자체적으로 또는 외부기관으로부터 환경영향평가에 관한 종합적 분석자료가 준비되어 있을 것	○	○	○	–
거. 훈련계약에 관한 사항 종사자 훈련에 관한 아웃소싱 등 해당 사유가 있는 경우 훈련방식과 조건 등 적절한 훈련여건을 갖추고 있음을 증명할 수 있을 것	○	○	○	○
너. 정비규정 별표 37에서 정한 사항에 대한 모든 절차 등이 적절하게 정해져 있을 것	○	○	○	○
더. 그 밖에 국토교통부장관이 정하는 사항	○	○	○	○

2. 현장검사 기준

검사 항목 및 검사 기준	적용 대상 사업자			
	항공운송사업			항공기 사용사업
	국제	국내	소형	
가. 지상의 고정 및 이동시설·장비 검사 주 운항기지, 주 정비기지, 국내외 취항공항 및 교체공항(국토교통부장관 또는 지방항공청장이 지정하는 곳만 해당한다)의 지상시설·장비, 인력 및 훈련프로그램 등이 신청자가 인가받으려는 운항을 하기에 적합하게 갖추어져 있을 것	○	○	○	○
나. 운항통제조직의 운영 운항통제, 운항 감독방법, 운항관리사의 배치와 임무 배정 등이 안전운항을 위하여 적절하게 이루어지고 있을 것	○	○	○	○
다. 정비검사시스템의 운영 정비방법·기준 및 검사절차 등이 적합하게 갖추어져 있을 것	○	○	○	○
라. 항공종사자 자격증명 검사 조종사·항공기관사·운항관리사 및 정비사의 자격증명 소지 등 자격관리가 적절히 이루어지고 있을 것	○	○	○	○
마. 훈련프로그램 평가 1) 훈련시설, 훈련스케줄 및 교과목 등이 적절히 짜여져 있고 실행되고 있음을 증명할 것 2) 운항승무원에 대한 훈련과정이 기초훈련, 비상절차훈련, 지상훈련, 비행훈련 및 항공기차이점훈련을 포함하여 효과적으로 짜여져 있고 자격을 갖춘 교관이 훈련시키고 있음을 증명할 것 3) 검열운항승무원 및 비행교관 훈련과정이 적절하게 짜여져 있고 그대로 실행하고 있을 것 4) 객실승무원 훈련과정이 기초훈련, 비상절차훈련 및 지상훈련을 포함하여 적절하게 짜여져 있고 그대로 실행하고 있음을 증명할 것. 다만, 화물기 및 소형항공운송사업의 경우에는 적용하지 않는다. 5) 운항관리사의 훈련과정이 적절하게 짜여져 있고 그대로 실행되고 있음을 증명할 것 6) 위험물취급훈련 및 보안훈련과정이 적절하게 짜여져 있고 그대로 실행되고 있음을 증명할 것 7) 정비훈련과정이 적절하게 짜여져 있고 그대로 실행되고 있음을 증명할 것	○	○	○	해당될 경우 적용
바. 비상탈출 시현 비상상황에서 비상탈출 및 구명장비의 사용 등 운항승무원 및 객실승무원이 취해야 할 조치를 적절하게 할 수 있음을 시범 보일 것	○	○	해당될 경우 적용	–
사. 비상착수 시현 수면 위로 비행하게 될 항공기의 기종과 모델별로 비상착수 시 비상장비의 사용 등 필요한 조치를 적절하게 할 수 있음을 시범 보일 것	○	○	해당될 경우 적용	–

검사 항목 및 검사 기준	적용 대상 사업자			
	항공운송사업			항공기 사용사업
	국제	국내	소형	
아. 기록 유지 · 관리 검사 1) 운항승무원 훈련, 비행시간 · 휴식시간, 자격관리 등 운항 관련 기록이 적절하게 유지 및 관리되고 있을 것 2) 항공기기록, 직원훈련, 자격관리 및 근무시간 제한 등 정비 관련 기록이 적절하게 관리 · 유지되고 있을 것 3) 비행기록(Flight Records)이 적절하게 유지되고 있을 것	○	○	○	○
자. 항공기 운항검사(Flight Operations Inspection) 비행 전(Pre-flight), 비행 중(In-flight) 및 비행 후(Post-flight)의 모든 운항절차가 적절하게 이루어지고 있음을 시범 보일 것	○	○	○	-
차. 객실승무원 직무능력 평가 비행 중 객실 내 안전업무를 수행하기에 적절한 능력을 보유하고 있음을 시범 보일 것	○	○	해당될 경우 적용	-
카. 항공기 적합성 검사(Aircraft Conformity Inspection) 항공기가 안전하게 비행할 수 있는 성능을 유지하고 있음을 증명할 것	○	○	○	○
타. 주요 간부직원에 대한 직무지식에 관한 인터뷰 검사관이 실시하는 주요 보직자에 대한 무작위 인터뷰 시 해당직무에 대한 이해와 필요한 지식을 보유하고 있음을 증명할 것	○	○	○	○

■ 항공안전법 시행규칙 [별표 36] 〈개정 2020. 12. 10.〉

운항규정에 포함되어야 할 사항(제266조 제2항 제1호 관련)

1. 비행기를 이용하여 항공운송사업 또는 항공기사용사업을 하려는 자의 운항규정은 다음과 같은 구성으로 운항의 특수한 상황을 고려하여 분야별로 분리하거나 통합하여 발행할 수 있다.

가. 일반사항(General)

1) 항공기 운항업무를 수행하는 종사자의 책임과 의무
2) 운항승무원 및 객실승무원의 승무시간・근무시간 제한 및 휴식시간 제공에 관한 기준과 운항관리사의 근무시간 제한에 관한 규정
3) 성능기반항행요구(PBN)공역의 운항을 위한 요건을 포함한 항공기에 장착하여야 할 항법장비의 목록
4) 장거리 운항과 관련된 장소에서의 장거리항법절차, 회항시간 연장운항을 위한 운항통제, 운항절차, 교육훈련, 비행감시절차 및 중요시스템 고장시의 절차 및 회항공항의 이용 절차
5) 무선통신 청취를 유지하여야 할 상황
6) 최저비행고도 결정방법
7) 비행장 기상최저치 결정방법
8) 승객이 항공기에 탑승하고 있는 상태에서의 연료 재급유 중 안전예방조치
9) 지상조업 협정 및 절차
10) 「국제민간항공협약」부속서 12에서 정한 항공기 사고를 목격한 기장의 행동절차
11) 지휘권 승계의 지정을 포함한 운항형태별 운항승무원
12) 항로상에서 1개 또는 그 이상의 발동기가 고장이 날 가능성을 포함한 운항의 모든 환경을 고려한 항공기에 탑재하여야 할 연료 및 오일 양의 산출에 관한 세부지침
13) 산소의 요구량과 사용하여야 하는 조건
14) 항공기의 중량 및 균형 관리를 위한 지침
15) 지상에서의 제빙・방빙(De-icing/Anti-icing) 작업수행 및 관리를 위한 지침
16) 운항비행계획서(Operational flight plan)의 세부사항
17) 각 비행단계별 표준운항절차(Standard operating procedures)
18) 정상 점검표(Normal checklist)의 사용 및 사용시기에 관한 지침
19) 출발 시 돌발사태 대응절차
20) 고도 인지의 유지 및 자동으로 설정하거나 운항승무원의 고도 복명・복창(Altitude call-out)에 관한 지침
21) 계기비행기상상태(IMC)에서의 자동조종장치(Autopilots) 및 자동추력조절장치(Auto-throttles)의 사용에 관한 지침
22) 지형회피가 포함된 곳에서의 항공교통관제(ATC) 승인의 확인 및 수락에 관한 지침
23) 출발 및 접근 브리핑 내용
24) 지역・항로 및 공항을 익숙하게 하기 위한 절차
25) 안정된 접근절차(Stabilized approach procedure)
26) 지표면 근처에서의 많은 강하율에 대한 제한
27) 계기접근을 시작하거나 계속하기 위한 요구조건
28) 정밀 및 비정밀 계기접근절차의 수행을 위한 지침
29) 야간 및 계기비행기상상태에서의 계기접근 및 착륙하는 동안 승무원의 업무량 관리를 위한 운항승무원 임무 및 절차의 할당
30) 비행 중 육지 또는 수면 충돌사고(CFIT) 회피를 위한 지침 및 훈련요건과 지상접근경고장치(GPWS)의 사용을 위한 정책

31) 공중충돌회피 및 공중충돌회피장치(ACAS)의 사용을 위한 정책 · 지침 · 절차 및 훈련요건
32) 다음을 포함한 민간 항공기의 요격에 관한 정보 및 지침
(가) 「국제민간항공협약」 부속서 2에서 정한 요격을 받은 항공기의 기장의 행동절차
(나) 요격하는 항공기 및 요격을 받은 항공기가 사용하는 「국제민간항공협약」 부속서 2에 포함된 시각신호 사용방법
33) 15,000미터(49,000피트)를 초과하는 고도로 비행하는 항공기를 위한 다음의 사항
(가) 태양 우주방사선에 노출될 경우 취하여야 할 최선의 진로를 조종사가 결정할 수 있도록 하는 정보
(나) 강하하기로 결정하였을 경우 다음 사항이 포함된 절차
(1) 적절한 항공교통업무(ATS) 기관에 사전 경고를 줄 필요성과 잠정적인 강하허가를 받을 필요성
(2) 항공교통업무 기관과 통신설정이 아니 되거나 간섭을 받을 경우 취하여야 할 조치
34) 항공안전관리시스템의 운영 및 관리에 관한 사항
35) 비상의 경우 취하여야 할 조치사항을 포함한 위험물 수송에 관한 정보 및 지침
36) 보안 지침 및 안내서
37) 「국제민간항공협약」 부속서 6에서 정한 수색절차 점검표
38) 항공기에 탑재된 항행장비에 사용되는 항행데이터(Electronic Navigation data)의 적합성을 보증하기 위한 절차 및 동 데이터를 적시에 배분하고 최신판으로 유지할 수 있도록 하는 절차
39) 비행 개시, 비행의 지속, 회항 및 비행의 종료에 관한 운항승무원 · 운항관리사의 기능과 책임을 포함하는 운항통제에 대한 책임과 운항통제에 관한 정책 및 관련 절차
40) 출발공항 또는 도착공항의 구조(救助) 및 소방등급 정보와 운항적합성 평가에 관한 사항
41) 전방시현장비 및 시각강화장비의 사용에 관한 지침 및 훈련 절차(전방시현장비 및 시각강화장비를 사용하는 경우에만 해당한다)
42) 전자비행정보장비의 사용에 관한 지침 및 훈련 절차(전자비행정보장비를 사용하는 경우에만 해당한다)

나. 항공기 운항정보(Aircraft operating information)
1) 형식증명 · 감항증명 등의 항공기 인증서 및 운용한계지정서에 명시된 항공기운항 제한사항(Aircraft certificate limitation and operating limitation)
2) 「국제민간항공협약」 부속서 6에서 정한 운항승무원이 사용할 정상 · 비정상 및 비상 절차와 이와 관련된 점검표
3) 모든 엔진작동 시 상승성능에 대한 운항지침 및 정보
4) 다른 추력 · 동력 및 속도 조절에 따른 비행 전 · 비행 중 계획을 위한 비행계획자료
5) 항공기의 형식별 최대측풍과 배풍요소 및 동 수치를 감소시키는 돌풍, 저시정, 활주로 상태, 승무원 경험, 오토파일럿의 사용, 비정상 또는 비상상황, 그 밖에 운항과 관련된 요소
6) 중량 및 균형 계산을 위한 지침 및 자료
7) 항공기 화물탑재 및 화물의 고정을 위한 지침
8) 「국제민간항공협약」 부속서 6에서 정한 조종계통과 관련된 항공기 시스템과 그 사용을 위한 지침
9) 성능기반항행요구(PBN)공역에서의 운항을 위한 요건을 포함하여 승인을 얻거나 인가를 받은 특별운항 및 운항할 비행기의 형식에 맞는 최소장비목록(MEL)과 외형변경목록(CDL)
10) 비상 및 안전장비의 점검표 및 그 사용지침
11) 항공기 형식별 특정절차, 승무원 협조, 승무원의 비상시 위치할당 및 각 승무원에게 할당된 비상시의 임무를 포함한 비상탈출절차
12) 운항승무원과 객실승무원간의 협조를 위하여 필요한 절차의 설명을 포함한 객실승무원이 사용할 정상 · 비정상 및 비상 절차와 이와 관련된 점검표 및 필요하면 항공기 계통에 관한 정보
13) 요구되는 산소의 총량과 이용가능한 양을 결정하기 위한 절차를 포함한 다른 항로에 대한 생존 및 비상장비와 이륙 전 장비의 정상기능을 확인하는데 필요한 절차
14) 생존자가 지상에서 공중으로 사용할 「국제민간항공협약」 부속서 12에 포함된 시각신호코드

15) 운항승무원 및 운항업무를 담당하는 자에게 운항정보(NOTAM, AIP, AIC, AIRAC 등)에 수록된 정보를 배포하기 위한 절차

다. 지역, 노선 및 비행장(Areas, routes and aerodromes)

1) 운항승무원이 해당비행을 위하여 항공기 운항에 적용할 수 있는 통신시설, 항행안전시설, 비행장, 계기접근, 계기도착 및 계기출발에 관한 정보와 항공운송사업자 또는 항공기사용사업자가 항공기 운항의 적절한 수행을 위하여 필요하다고 판단되는 그 밖의 정보가 포함된 노선지침서(Route Guide)

2) 비행하려는 각 노선에 대한 최저비행고도

3) 최초 목적지 비행장 또는 교체비행장으로 사용할만한 각 비행장에 대한 비행장 기상최저치

4) 접근 또는 비행장시설의 기능저하에 따른 비행장 기상최저치의 증가내용

5) 다음의 정보를 포함한 규정에서 요구하는 모든 비행 프로파일(Profile)의 준수를 위하여 필요한 정보(다만, 다음의 정보에는 제한을 두지는 아니한다)

(가) 이륙거리에 영향을 미치는 항공기 계통 고장을 포함한 건조, 젖은 상태 및 오염된 상태에서의 이륙 활주로 길이요건의 결정

(나) 이륙상승 제한의 결정

(다) 항로상승 제한의 결정

(라) 접근상승 및 착륙상승 제한의 결정

(마) 착륙거리에 영향을 미치는 항공기 계통 고장을 포함한 건조, 젖은 상태 및 오염된 상태에서의 착륙 활주로 길이요건의 결정

(바) 타이어 속도제한과 같은 추가적인 정보의 결정

라. 훈련(Training)

1) 「국제민간항공협약」부속서 6에서 정한 운항승무원 훈련프로그램 및 요건의 세부내용

2) 「국제민간항공협약」부속서 6에서 정한 객실승무원 훈련프로그램의 세부내용

3) 「국제민간항공협약」부속서 6에서 정한 비행감독의 방법과 관련하여 고용된 운항관리사 훈련프로그램의 세부내용

4) 별표 12 제1호에 따른 자가용조종사 과정, 같은 별표 제2호에 따른 사업용조종사과정, 같은 별표 7호에 따른 계기비행증명과정 또는 같은 별표 제8호에 따른 조종교육증명과정의 지정기준의 학과교육, 실기교육, 교관확보기준, 시설 및 장비확보기준, 교육평가방법, 교육계획, 교육규정 등 세부내용(항공기를 이용하여 소속 직원 외에 타인의 수요에 따른 비행훈련을 하는 경우에 적용한다)

2. 헬리콥터를 이용하여 항공운송사업 또는 항공기사용사업을 하려는 자의 운항규정은 다음과 같은 구성으로 운항의 특수한 상황을 고려하여 분야별로 분리하거나 통합하여 발행할 수 있다.

가. 일반사항(General)

1) 항공기 운항업무를 수행하는 종사자의 책임과 의무

2) 운항승무원 및 객실승무원의 승무시간·근무시간 제한 및 휴식시간 제공에 관한 기준과 운항관리사의 근무시간 제한에 관한 규정

3) 항공기에 장착하여야 할 항법장비의 목록

4) 무선통신 청취를 유지하여야 할 상황

5) 최저비행고도 결정방법

6) 헬기장 기상최저치 결정방법

7) 승객이 항공기에 탑승하고 있는 상태에서의 연료 재급유 중 안전예방조치

8) 지상조업 협정 및 절차

9) 「국제민간항공협약」부속서 12에서 정한 항공기 사고를 목격한 기장의 행동절차

10) 지휘권 승계의 지정을 포함한 운항형태별 운항승무원

11) 항로상에서 1개 또는 그 이상의 발동기가 고장날 가능성을 포함한 운항의 모든 환경을 고려한 항공기에 탑재하여야 할 연료 및 오일 양의 산출에 관한 세부지침
12) 산소의 요구량과 사용하여야 하는 조건
13) 항공기 중량 및 균형 관리를 위한 지침
14) 지상에서의 제빙・방빙(De-icing/Anti-icing) 작업수행 및 관리를 위한 지침
15) 운항비행계획서(Operational flight plan)의 세부사항
16) 각 비행단계별 표준운항절차(Standard operating procedures)
17) 정상 점검표(Normal checklist)의 사용 및 사용시기에 관한 지침
18) 출발시 돌발사태 대응절차
19) 고도 인지의 유지에 관한 지침
20) 지형회피가 포함된 곳에서의 항공교통관제(ATC) 승인의 확인 및 수락에 관한 지침
21) 출발 및 접근 브리핑 내용
22) 항로 및 목적지를 익숙하게 하기 위한 절차
23) 계기접근을 시작하거나 계속하기 위한 요구조건
24) 정밀 및 비정밀 계기접근절차의 수행을 위한 지침
25) 야간 및 계기비행기상상태에서의 계기접근 및 착륙하는 동안 승무원의 업무량 관리를 위한 운항승무원의 임무 및 절차의 할당
26) 다음을 포함한 민간 항공기의 요격에 관한 정보 및 지침
  가) 「국제민간항공협약」 부속서 2에서 정한 요격을 받은 항공기 기장의 행동절차
  나) 요격하는 항공기 및 요격을 받은 항공기가 사용하는「국제민간항공협약」 부속서 2에 포함된 시각신호사용방법
27) 「국제민간항공협약」 부속서 6에서 정한 안전정책과 종사자의 책임을 포함한 사고예방 및 비행안전프로그램의 세부 내용
28) 비상의 경우에 취하여야 할 조치사항을 포함한 위험물 수송에 관한 정보 및 지침
29) 보안 지침 및 안내서
30) 「국제민간항공협약」 부속서 6에서 정한 수색절차 점검표
31) 비행 개시, 비행의 지속, 회항 및 비행의 종료에 관한 운항승무원・운항관리사의 기능과 책임을 포함하는 운항통제에 대한 책임과 운항통제에 관한 정책 및 관련 절차

나. 항공기 운항정보(Aircraft operating information)
1) 형식증명・감항증명 등의 항공기 인증서 및 운용한계지정서에 명시된 항공기 운항 제한사항(Aircraft certificate limitation and operating limitation)
2) 「국제민간항공협약」 부속서 6에서 정한 운항승무원이 사용할 정상・비정상 및 비상 절차와 이와 관련된 점검표
3) 다른 추력・동력 및 속도 조절에 따른 비행 전・비행 중 계획을 위한 비행계획자료
4) 중량 및 균형 계산을 위한 지침 및 자료
5) 항공기 화물탑재 및 화물의 고정을 위한 지침
6) 「국제민간항공협약」 부속서 6에서 정한 조종계통과 관련된 항공기 시스템과 그 사용을 위한 지침
7) 헬리콥터 형식 및 인가받은 특정운항을 위한 최소장비목록(MEL)
8) 비상 및 안전장비의 점검표 및 그 사용지침
9) 형식별 특정절차, 승무원 협조, 승무원의 비상시 위치할당 및 각 승무원에게 할당된 비상시의 임무를 포함한 비상탈출절차
10) 운항승무원과 객실승무원간의 협조를 위하여 필요한 절차의 설명을 포함한 객실승무원이 사용할 정상・ㄴ비정상 및 비상 절차와 이와 관련된 점검표 및 필요한 항공기 계통에 관한 정보
11) 요구되는 산소의 총량과 이용가능한 양을 결정하기 위한 절차를 포함한 다른 항로에 대한 생존 및 비상장비와 이륙 전 장비의 정상기능을 확인하는데 필요한 절차

12) 생존자가 지상에서 공중으로 사용할 「국제민간항공협약」부속서 12에 포함된 시각신호코드

13) 엔진작동 시 상승성능에 대한 운항지침 및 정보(Information on helicopter climb performance with all engines operation). 이 경우 정보는 헬리콥터 제작사 등에서 제공한 자료를 기초로 한 것만을 말한다.

14) 운항승무원 및 운항업무를 담당하는 자에게 운항정보(NOTAM, AIP, AIC, AIRAC 등)에 수록된 정보를 배포하기 위한 절차

다. 노선 및 비행장(Routes and aerodromes)

1) 운항승무원이 해당비행을 위하여 항공기 운항에 적용할 수 있는 통신시설, 항행안전시설, 비행장, 계기접근, 계기도착 및 계기출발에 관한 정보와 항공운송사업자 또는 항공기사용사업자가 항공기 운항의 적절한 수행을 위하여 필요하다고 판단되는 그 밖의 정보가 포함된 노선지침서(Route Guide)

2) 비행하려는 각 노선에 대한 최저비행고도

3) 최초 목적지 헬기장 또는 교체 헬기장으로 사용할 만한 각 헬기장에 대한 헬기장 기상최저치

4) 접근 또는 헬기장 시설의 기능저하에 따른 헬기장 기상최저치의 증가내용

라. 훈련(Training)

1) 「국제민간항공협약」부속서 6에서 정한 운항승무원 훈련프로그램 및 요건의 세부내용

2) 「국제민간항공협약」부속서 6에서 정한 객실승무원 훈련프로그램의 세부내용

3) 「국제민간항공협약」부속서 6에서 정한 비행감독의 방법과 관련하여 고용된 운항관리사 훈련프로그램의 세부내용

4) 별표 12 제1호에 따른 자가용조종사 과정, 같은 별표 제2호에 따른 사업용조종사과정, 같은 별표 제6호에 따른 계기비행증명과정 또는 같은 별표 제7호에 따른 조종교육증명과정의 지정기준의 학과교육, 실기교육, 교관확보기준, 시설 및 장비확보기준, 교육평가방법, 교육계획, 교육규정 등 세부내용(항공기를 이용하여 소속 직원 외에 타인의 수요에 따른 비행훈련을 하는 경우에 적용한다)

■ 항공안전법 시행규칙 [별표 37] 〈개정 2020. 12. 10.〉

정비규정에 포함되어야 할 사항(제266조 제2항 제2호 관련)

내용	항공 운송사업	항공기 사용사업	변경인가 대상
1. 일반사항			
가. 제정/개정/관리(차례/유효 페이지 목록/ 개정 기록표/개정요약/인가 및 신고목록/배포처 등 포함)	○	○	
나. 목적(지속 감항정비 프로그램 (CAMP) 준수 명시)	○		
다. 적용 범위	○	○	
라. 책임관리자 의무	○	○	
마. 용어 정의 및 약어	○	○	
바. 관련 항공법규와 인가받은 운영기준 등 준수 의무	○	○	
사. 정비규정의 적용을 받는 항공기 목록 및 운항 형태	○	○	
2. 직무 및 정비조직			
가. 정비조직 및 부문별 책임관리자	○	○	
나. 정비업무에 관한 분장 및 책임	○	○	
다. 항공기 정비에 종사하는 자의 자격인정 기준 및 업무범위	○	○	○
라. 검사원의 자격인정 기준과 업무범위	○	○	○
마. 용접, 비파괴검사 등 특수업무 종사자의 자격인정 기준과 업무범위	○	○	○
바. 취항 공항지점의 목록과 수행하는 정비에 관한 사항	○		
사. 항공기 정비에 종사하는 자의 근무시간, 업무의 인수인계에 관한 사항	○	○	
3. 항공기의 감항성을 유지하기 위한 정비 프로그램(CAMP)			
가. 항공기 정비프로그램의 개발, 개정 및 적용 기준	○		○
나. 항공기, 엔진/APU, 장비품 등의 정비 방식, 정비단계, 점검주기 등에 대한 프로그램	○		○
다. 항공기, 엔진, 장비품 정비계획	○		
라. 엔진 수리작업 기준(W○rkscope planning)에 관한 사항	○		○
마. 특별 정비작업 및 비계획 정비에 관한 사항	○		
바. 시한성 품목의 목록 및 한계에 관한 사항	○		○
사. 점검주기의 일시조정 기준	○		○
아. 경년항공기에 대한 특별정비기준 1) 경년항공기 안전강화 규정 2) 경년시스템 감항성 향상프로그램 3) 기체구조 반복 점검 프로그램 4) 연료탱크 안전강화 규정 5) 기체구조 수리평가 프로그램 6) 부식처리 및 관리 프로그램	○		○

내용	항공 운송사업	항공기 사용사업	변경인가 대상
4. 항공기 검사프로그램			
가. 항공기 검사프로그램의 개정 및 적용 기준		○	○
나. 운용 항공기의 검사방식, 검사단계 및 시기(반복 주기를 포함한다)		○	○
다. 항공기 형식별 검사단계별 점검표		○	
라. 시한성 품목의 목록 및 한계에 관한 사항		○	○
마. 점검주기의 일시조정 기준		○	○
5. 품질관리			
가. 품질관리 기준 및 방침	○	○	○
나. 지속적인 분석 및 감시 시스템(CASS)과 품질심사에 관한 절차	○		○
다. 신뢰성관리절차	○		○
라. 필수 검사제도	○		○
마. 필수 검사항목 지정	○		○
바. 일반 검사제도	○	○	○
사. 항공기 고장, 결함 및 부식 등에 대한 조사 분석 및 항공 당국/제작사 보고 절차	○	○	○
아. 정비프로그램의 유효성 및 효과분석 방법	○		
자. 수령검사 및 자재품질기준	○	○	○
차. 정비작업의 면제처리 및 예외 적용에 관한 사항	○		○
카. 중량 및 평형계측 절차	○	○	
타. 사고조사장비(FDR/CVR) 운용 절차	○	○	
6. 기술관리			
가. 감항성 개선지시, 기술회보 등의 검토 수행절차	○		○
나. 기체구조수리평가 프로그램	○		○
다. 항공기 부식 예방 및 처리에 관한 사항	○	○	○
라. 대수리·개조의 수행절차, 기록 및 보고 절차	○	○	
마. 기술적 판단 기준 및 조치 절차	○		○
바. 기체구조 손상허용 기술 승인 절차	○		○
사. 일시적 비행허용을 위한 기술검토 절차(Deferral EA)	○		○
아. 탑재 소프트웨어(Loadable software) 보안관리	○		○
7. 항공기등, 장비품 및 부품의 정비방법 및 절차			
가. 수행하려는 정비의 범위(항공기 기종 및 엔진 형식별)	○	○	○
나. 수행된 정비 등의 확인 절차(비행 전 감항성 확인, 비상장비 작동가능상태 확인 및 정비수행을 확인하는 자 등)	○	○	
다. 최소장비목록(MEL) 또는 외형변경 목록(CDL) 적용기준 및 정비이월 절차(NEF 포함)	○	○	○
라. 제·방빙절차	○	○	
마. 지상조업 감독, 급유/급유량/연료 품질 관리 등 운항정비를 위한 절차	○	○	
바. 회항시간 연장운항(EDTO), 수직 분리 축소(RVSM), 정밀접근 (CAT) 등 특정 사항에 따른 정비 절차	○	○	

내용	항공 운송사업	항공기 사용사업	변경인가 대상
사. 발동기 시운전 절차	○	○	
아. 항공기 여압 시험 절차	○	○	
자. 비행시험, 공수비행에 관한 기준 및 절차	○	○	
차. 구급용구 등의 관리 절차	○	○	
카. 정전기 민감부품(ESDS)의 취급 절차	○	○	
8. 계약정비			
가. 계약정비를 하는 경우 정비확인에 대한 책임, 서명 및 확인절차	○	○	
나. 계약정비에 대한 평가, 계약 후 이행 여부에 대한 심사 절차	○		○
9. 장비 및 공구 관리			
가. 정밀측정 장비 및 시험장비의 관리 절차	○		○
나. 장비 및 공구를 제작하여 사용하는 경우 승인 절차	○	○	
10. 정비 시설			
가. 보유 또는 이용하려는 정비시설의 위치 및 수행하는 정비작업	○	○	
나. 각 정비 시설별로 갖추어야 하는 설비 및 환경 기준	○	○	
11. 정비 매뉴얼, 기술문서 및 정비 기록물 의 관리방법			
가. 각종 기술자료의 접수, 배포 및 이용 방법	○	○	
나. 전자교범 및 전자 기록 유지관리 시스템	○		○
다. 탑재용 항공일지(비행 및 정비) 등의 서식 및 기록 방법, 운영 절차	○	○	○
라. 정비기록 문서의 관리책임 및 보존 기간	○	○	○
마. 정비문서 및 각종 꼬리표의 서식 및 기록 방법(기술지시서, 정시점검 카드, 작업지시서 등)	○	○	
바. 적정 예비엔진 수량을 판단하는 기준	○		
12. 정비 훈련 프로그램			
가. 교육과정의 종류, 과정별 시간 및 실시 방법	○	○	○
나. 강사(교관)의 자격 기준 및 임명	○	○	○
다. 훈련자의 평가 기준 및 방법	○	○	○
라. 위탁교육 시 위탁 기관의 강사, 커리큘럼(curriculum) 등의 적절성 확인 방법	○	○	
마. 정비훈련 기록에 관한 사항	○	○	
13. 자재 관리			
가. 자재관리 일반(구매, 검수, 저장, 불출, 반납 등)	○	○	
나. 저장정비 및 시효관리	○	○	
다. 부품 임차, 공동사용, 교환, 유용에 관한 사항	○		○
라. 외부 보관부품(External Stock) 관리에 관한 사항	○		
마. 비인가 부품·비인가의심부품의 판단 방법 및 보고 절차	○	○	
바. 위험물(Dangerous Goods) 취급 절차	○	○	
사. 호환품 선정기준	○	○	

내용	항공 운송사업	항공기 사용사업	변경인가 대상
14. 안전 및 보안에 관한 사항			
가. 항공기 지상안전을 유지하기 위한 방법	○	○	
나. 인적요인에 대한 안전관리 방법	○	○	
다. 마약, 약물 및 주류 오용 금지사항	○	○	
라. 항공기 보안에 관한 사항	○	○	
15. 그 밖에 항공운송사업자 또는 항공기 사용사업자가 필요하다고 판단하는 사항			
가. 양식 및 양식 관리절차	○	○	

■ 항공안전법 시행규칙 [별표 40] 〈개정 2020. 12. 10.〉

경량항공기 안전성인증 등급에 따른 운용범위(제284조 제5항 관련)

등급	운용범위
제1종	제한 없음
제2종	항공기대여업 또는 항공레저스포츠사업에의 사용 제한
제3종	다음의 각 호의 사용을 제한 1. 항공기대여업 또는 항공레저스포츠사업에의 사용 2. 조종사를 포함하여 2명이 탑승한 경우에는 이륙 장소의 중심으로부터 반경 10킬로미터 범위를 초과하는 비행에 사용
제4종	다음의 각 호의 사용을 제한 1. 항공기대여업 또는 항공레저스포츠사업에의 사용 2. 이륙 장소의 중심으로부터 반경 10킬로미터 범위를 초과하는 비행에 사용 3. 1명의 조종사 외의 사람이 탑승하는 비행에 사용 4. 인구 밀집지역 상공에서의 비행에 사용

※ 비고: 항공안전기술원은 안전성인증 검사결과에 따라 비행고도, 속도 등의 성능에 관한 제한사항을 추가로 지정할 수 있다.

■ 항공안전법 시행규칙 [별표 41]

경량항공기에 대한 경미한 정비의 범위(제285조 제2항 관련)

경량항공기에 대한 경미한 정비의 범위는 다음과 같으며, 복잡한 조립 조작이 포함되어 있지 않아야 한다.

1. 착륙장치(Landing Gear)의 타이어를 떼어내는 작업(이하 "장탈"이라 한다), 원래의 위치에 붙이는 작업(이하 "장착"이라 한다)
2. 착륙장치의 탄성충격흡수장치(Elastic Shock Absorber)의 고정용 코드(Cord)의 교환
3. 착륙장치의 유압완충지주(Shock Strut)에 윤활유 또는 공기의 보충
4. 착륙장치 바퀴(Wheel) 베어링에 대한 세척 및 윤활유 주입 등의 서비스
5. 손상된 풀림방지 안전선(Safety Wire) 또는 고정 핀(Cotter Key)의 교환
6. 덮개(Cover plates), 카울링(Cowing) 및 페어링(Fairing)과 같은 비구조부 품목의 장탈(분해하는 경우는 제외한다) 및 윤활
7. 리브 연결(Rib Stitching), 구조부 부품 또는 조종면의 장탈을 필요로 하지 않는 단순한 직물의 기움
8. 유압유 저장탱크에 유압액을 보충하는 것
9. 1차 구조부재 또는 작동 시스템의 장탈 또는 분해가 필요하지 않은 동체(Fuselage), 날개, 꼬리부분의 표면[균형 조종면(Balanced control surfaces)은 제외한다], 페어링, 카울링, 착륙장치, 조종실 내부의 장식을 위한 덧칠(Coating)
10. 장비품(Components)의 보존 또는 보호를 위한 재료의 사용. 다만, 관련된 1차 구조부재 또는 작동 시스템의 분해가 요구되지 않아야 하고, 덧칠이 금지되거나 좋지 않은 영향이 없어야 한다.
11. 객실 또는 조종실의 실내 장식품 또는 장식용 비품의 수리. 다만, 수리를 위해 1차 구조부재나 작동 시스템의 분해가 요구되지 않아야 하고, 작동 시스템에 간섭을 주거나 1차 구조부재에 영향을 주지 않아야 한다.
12. 페어링, 구조물이 아닌 덮개, 카울링, 소형 패치에 대한 작고 간단한 수리작업 및 공기흐름에 영향을 줄 수 있는 외형상의 변화가 없는 보강작업
13. 작업이 조종계통 또는 전기계통 장비품 등과 같은 작동 시스템의 구조에 간섭을 일으키지 않는 측면 창문(Side Windows)의 교환
14. 안전벨트의 교환
15. 1차 구조부과 작동 시스템의 분해가 필요하지 않는 좌석 또는 좌석부품의 교환
16. 고장 난 착륙등(Landing Light)의 배선 회로에 대한 고장탐구 및 수리
17. 위치등(Position Light)과 착륙등(Landing Light)의 전구, 반사면, 렌즈의 교환
18. 중량과 평형(Weight and Balance) 계산이 필요 없는 바퀴와 스키의 교환
19. 프로펠러나 비행조종계통의 장탈이 필요 없는 카울링의 교환
20. 점화플러그의 교환, 세척 또는 간극(Gap)의 조정
21. 호스 연결부위의 교환
22. 미리 제작된 연료 배관의 교환
23. 연료와 오일 여과기 세척
24. 배터리의 교환 및 충전 서비스
25. 작동에 부수적인 역할을 하며 구조부재가 아닌 패스너(Fastener)의 교환 및 조절

■ 항공안전법 시행규칙 [별표 43]

초경량비행장치 안전성 인증기관의 인력 및 시설기준(제305조 제2항 관련)

구분	기준
1. 법인성격	항공관련 업무를 수행하는 비영리법인
2. 전문인력	다음 각 목의 어느 하나에 해당하는 사람 5명 이상을 확보할 것 가. 법 제35조 제8호에 따른 항공정비사 자격증명을 받은 사람 나. 「국가기술자격법」에 따른 항공기사 이상의 자격을 받은 사람 다. 항공기술 관련 학사 이상의 학위를 취득한 후 3년 이상 항공기등, 경량항공기 또는 초경량비행장치의 설계·제작·정비 또는 품질보증 또는 안전성인증 업무에 종사한 경력이 있는 사람
3. 시설 및 장비	가. 초경량비행장치의 시험비행 등을 위한 이륙 및 착륙 시설(타인의 시설을 임차하여 사용하는 경우를 포함한다) 나. 안전성인증 민원업무 처리에 필요한 사무실 및 사무기기 다. 초경량비행장치와 관련된 기술자료실 라. 초경량비행장치 조종자 등에 대한 안전교육을 실시할 수 있는 강의실

■ 항공안전법 시행규칙 [별표 44]

초경량비행장치 조종자 증명기관의 인력 및 시설기준(제306조 제2항 관련)

구분	기준
1. 법인성격	항공 조종, 정비 등의 업무를 수행하는 비영리법인
2. 전문인력	다음 각 목의 어느 하나에 해당하는 사람 3명 이상을 확보할 것 가. 법 제35조 제3호에 따른 자가용 조종사 이상의 자격증명을 받은 사람 나. 법 제109조 제1항에 따른 경량항공기 조종사 자격증명을 취득한 후 3년 이상 경량항공기 또는 초경량비행장치의 조종교육 업무에 종사한 경력이 있는 사람 다. 법 제125조 제1항에 따른 초경량비행장치 조종자 증명을 취득한 후 3년 이상 초경량비행장치의 조종교육 업무에 종사한 경력이 있는 사람 라. 경량항공기 또는 초경량비행장치의 조종 관련 업무에 5년 이상 종사한 경력이 있는 사람
3. 시설 및 장비	가. 초경량비행장치 조종자 증명의 학과시험을 위한 학과시험장(타인의 시설을 임차하여 사용하는 경우를 포함한다) 나. 초경량비행장치 조종자 증명의 실기시험을 위한 이륙 및 착륙 시설(타인의 시설을 임차하여 사용하는 경우를 포함한다) 다. 초경량비행장치 조종자 증명 관련 민원업무 처리에 필요한 사무실 및 사무기기

■ 항공안전법 시행규칙 [별표 44의2] 〈신설 2020. 2. 28.〉

초경량비행장치 조종자 등에 대한 행정처

위반행위 또는 사유	해당 법 조문	처분내용
1. 거짓이나 그 밖의 부정한 방법으로 자격증명등을 받은 경우	법 제125조 제2항 제1호	조종자증명 취소
2. 이 법을 위반하여 벌금 이상의 형을 선고받은 경우	법 제125조 제2항 제2호	가. 벌금 100만원 미만: 효력정지 30일 나. 벌금 100만원 이상 200만원 미만: 효력정지 50일 다. 벌금 200만원 이상: 조종증명 취소
3. 초경량비행장치의 조종자로서 업무를 수행할 때 고의 또는 중대한 과실로 초경량비행장치사고를 일으켜 다음 각 목의 인명피해를 발생시킨 경우	법 제125조 제2항 제3호	
가. 사망자가 발생한 경우		조종자증명 취소
나. 중상자가 발생한 경우		효력 정지 90일
다. 중상자 외의 부상자가 발생한 경우		효력 정지 30일
4. 초경량비행장치의 조종자로서 업무를 수행할 때 고의 또는 중대한 과실로 초경량비행장치사고를 일으켜 다음 각 목의 재산피해를 발생시킨 경우	법 제125조 제2항 제3호	
가. 초경량비행장치 또는 제3자의 재산피해가 100억원 이상인 경우		효력 정지 180일
나. 초경량비행장치 또는 제3자의 재산피해가 10억원 이상 100억원 미만인 경우		효력 정지 90일
다. 초경량비행장치 또는 제3자의 재산피해가 10억원 미만인 경우		효력 정지 30일
5. 법 제129조 제1항에 따른 초경량비행장치 조종자의 준수사항을 위반한 경우	법 제125조 제2항 제4호	1차 위반: 효력 정지 30일 2차 위반: 효력 정지 60일 3차 이상 위반: 효력 정지 180일
6. 법 제131조에서 준용하는 법 제57조 제1항을 위반하여 주류등의 영향으로 초경량비행장치를 사용하여 비행을 정상적으로 수행할 수 없는 상태에서 초경량비행장치를 사용하여 비행한 경우	법 제125조 제2항 제5호	가. 주류의 경우 - 혈중알콜농도 0.02퍼센트 이상 0.06퍼센트 미만: 효력 정지 60일 - 혈중알콜농도 0.06퍼센트 이상 0.09퍼센트 미만: 효력 정지 120일 - 혈중알콜농도 0.09퍼센트 이상: 효력 정지 180일 나. 마약류 또는 환각물질의 경우 - 1차 위반: 효력 정지 60일 - 2차 위반: 효력 정지 120일 - 3차 이상 위반: 효력 정지 180일

위반행위 또는 사유	해당 법 조문	처분내용
7. 법 제131조에서 준용하는 법 제57조 제2항을 위반하여 초경량비행장치를 사용하여 비행하는 동안에 같은 조 제1항에 따른 주류등을 섭취하거나 사용한 경우	법 제125조 제2항 제6호	가. 주류의 경우 - 혈중알콜농도 0.02퍼센트 이상 0.06퍼센트 미만: 효력 정지 60일 - 혈중알콜농도 0.06퍼센트 이상 0.09퍼센트 미만: 효력 정지 120일 - 혈중알콜농도 0.09퍼센트 이상: 효력 정지 180일 나. 마약류 또는 환각물질의 경우 - 1차 위반: 효력 정지 60일 - 2차 위반: 효력 정지 120일 - 3차 이상 위반: 효력 정지 180일
8. 법 제131조에서 준용하는 법 제57조 제3항을 위반하여 같은 조 제1항에 따른 주류등의 섭취 및 사용 여부의 측정 요구에 따르지 않은 경우	법 제125조 제2항 제7호	1차 위반: 효력 정지 60일 2차 위반: 효력 정지 120일 3차 이상 위반: 효력 정지 180일
9. 조종자 증명의 효력정지기간에 초경량비행장치를 사용하여 비행한 경우	법 제125조 제2항 제8호	조종자증명 취소

※ 비고

1. 처분의 구분
   가. 조종자증명 취소: 초경량비행장치 조종자증명을 취소하는 것을 말한다.
   나. 효력 정지: 일정기간 초경량비행장치를 조종할 수 있는 자격을 정지하는 것을 말한다.
2. 1개의 위반행위나 사유가 2개 이상의 처분기준에 해당되는 경우와 고의 또는 중대한 과실로 인명 및 재산피해가 동시에 발생한 경우에는 그 중 무거운 처분기준을 적용한다.
3. 위반행위의 차수에 따른 행정처분의 기준은 최근 1년간 같은 위반행위로 행정처분을 받은 경우에 적용한다. 이 경우 행정처분 기준의 적용은 같은 위반행위에 대하여 최초로 행정처분을 한 날과 같은 위반행위를 다시 위반한 날을 기준으로 한다.
4. 다음 각 목의 사유를 고려하여 행정처분의 2분의 1의 범위에서가중하거나 감경할 수 있다.
   가. 가중할 수 있는 경우
      1) 위반의 내용·정도가 중대하여 공중에 미치는 영향이 크다고 인정되는 경우
      2) 위반행위가 고의나 중대한 과실에 의한 것으로 인정되는 경우
      3) 과거 효력정지 처분이 있는 경우
   나. 감경할 수 있는 경우
      1) 위반행위가 고의성이 없는 사소한 부주의나 오류로 인한 것으로 인정되는 경우
      2) 위반행위가 처음 발생한 경우
      3) 위반행위자가 법 위반상태를 시정하거나 해소하기 위하여 노력한 사실이 인정되는 경우

■ 항공안전법 시행규칙 [별표 45]

전문검사기관이 갖추어야 할 기술인력 · 시설 및 장비기준(제318조 관련)

구분	기준
1. 기술인력	항공기등 또는 장비품의 인증업무 또는 시제품에 대한 기능시험 · 성능시험 · 구조시험 등의 업무에 5년 이상의 경력이 있는 사람 2명 이상을 확보하고, 인증 관련법 제도 외에 나목부터 자목까지 중 해당 분야의 교육 · 훈련을 이수하여야 한다. 가. 인증 관련법 제도 나. 기체구조 및 하중 인증분야 다. 추진기관 인증분야 라. 세부계통 및 실내장치 인증분야 마. 환경증명 인증분야 바. 비행시험 및 비행성능 인증분야 사. 항공전자 · 전기 인증분야 아. 형식증명 또는 제작증명 적합성 검사분야 자. 소프트웨어 인증분야
2. 시설	가. 항공기등 또는 장비품의 해당분야에 대한 설계검증 및 품질인증을 위한 시설 나. 기술인력의 교육 · 훈련을 위한 시설(자체 교육 · 훈련을 실시할 경우만 해당한다)
3. 장비	항공기등 또는 장비품의 해당분야에 대한 설계검증 · 시험분석 및 평가를 위해 필요한 장비

■ 항공안전법 시행규칙 [별표 47] 〈개정 2020. 12. 10.〉

수수료(제321조 관련)

납부자	수수료
1. 삭제 〈2018. 3. 23.〉	
2. 삭제 〈2018. 3. 23.〉	
3. 법 제20조 제1항에 따라 형식증명 또는 제한형식증명을 신청하거나 변경신청하는 자. 다만, 변경신청하는 경우 다음 수수료의 50퍼센트를 감면한다. 가. 비행기·헬리콥터 및 비행선 (1) 최대이륙중량 5,700킬로그램 이하 (가) 단발기 (나) 다발기 (2) 최대이륙중량 5,700킬로그램 초과 나. 활공기 다. 발동기 (1) 피스톤발동기 (2) 터보프롭 또는 터보샤프트 발동기 (3) 제트발동기 라. 프로펠러 마. 형식증명서 또는 제한형식증명서 재발급	 130만원 260만원 260만원에 최대이륙중량 초과 1천킬로그램마다 3만3천원을 더한 금액 46만5천원 65만원 130만원 260만원 30만원 200원
4. 법 제20조 제5항에 따라 부가형식증명을 신청하는 자 가. 부가형식증명서 최초 발급 나. 부가형식증명서 재발급	 37만원 200원
5. 법 제21조 제1항 본문에 따라 형식증명승인을 신청하는 자 가. 최대이륙중량이 5,700킬로그램을 초과한 비행기, 헬리콥터 나. 최대이륙중량이 5,700킬로그램 이하인 비행기, 헬리콥터 및 비행선 (1) 단발기 (2) 다발기 다. 활공기 라. 발동기 (1) 피스톤발동기 (2) 터보프롭 또는 터보샤프트 발동기 (3) 제트발동기 마. 프로펠러 바. 형식증명승인서 재발급	 130만원에 최대이륙중량 초과 1천킬로그램마다 1만6천원을 더한 금액 65만원 130만원 23만원 33만원 65만원 130만원 15만원 200원
6. 법 제21조 제5항에 따라 부가형식증명승인을 신청하는 자	18만원
7. 법 제22조 제1항에 따라 제작증명을 신청하는 자 가. 항공기 나. 발동기 또는 프로펠러	 130만원 65만원

납부자	수수료
8. 다음 각 호의 항공기에 대하여 법 제23조 제1항에 따라 표준감항증명, 특별감항증명(실험분류, 특별비행허가분류는 제외한다) 또는 법 제24조에 따라 항공기에 대한 감항승인을 신청하는 자. 다만, 항공운송사업용 항공기의 경우 법 제31조 제2항에 따라 국토교통부장관이 위촉한 검사원이 감항증명을 위한 항공기 상태검사 및 시험비행을 수행하는 경우를 제외한다.	
가. 법 제20조 제1항에 따른 형식증명 또는 제한형식증명을 받지 않은 항공기	
나. 법 제20조 제1항에 따른 형식증명 또는 제한형식증명 또는 제21조 제1항에 따른 형식증명승인을 받은 항공기, 감항증명을 받은 사실이 있는 항공기	나목의 감항증명검사수수료에 제3호의 형식증명 또는 제한형식증명 검사수수료를 더한 금액
(1) 비행기 · 헬리콥터 및 비행선	
(가) 최대이륙중량 5,700킬로그램 이하	
1) 단발기	10만원
2) 다발기	20만원
(나) 최대이륙중량 5,700킬로그램 초과	20만원에 최대이륙중량 초과 1천킬로그램마다 3천원을 더한 금액
(2) 활공기	4만원
다. 감항증명서 재교부	200원
9. 법 제24조 제1항에 따라 발동기, 프로펠러, 장비품 또는 부품에 대한 감항승인을 신청하는 자	개당 2천원. 다만, 부품을 묶음 단위로 신청하는 경우 묶음 당 2천원
10. 법 제25조 제1항에 따라 소음기준적합증명을 신청하는 자(서류검사에 의한 소음기준적합증명을 신청하는 자를 제외한다)	
가. 신규로 신청하는 자	
(1) 최대이륙중량 5천700킬로그램 이하의 것	10만원(시험비행을 실시하는 경우에는 18만5천원)
(2) 최대이륙중량 5천700킬로그램 초과의 것	10만원에 최대이륙중량 매 1천킬로그램까지마다 800원을 가산한 금액(단, 시험비행을 실시하는 경우에는 18만천원에 최대이륙중량 매 1천킬로그램까지마다 1천원을 가산한 금액)
나. 소음기준적합증명을 받은 사실이 있는 항공기로서 수리 · 개조 등으로 재신청하는 자	
(1) 최대이륙중량 5천700킬로그램 이하의 것	5만원(시험비행을 실시하는 경우에는 14만2천원)
(2) 최대이륙중량 5천700킬로그램 초과의 것	5만원에 최대이륙중량 매 1천킬로그램까지마다 500원을 가산한 금액(단, 시험비행을 실시하는 경우에는 14만2천원에 최대이륙중량 매 1천킬로그램까지마다 1천원을 가산한 금액)
다. 소음기준적합증명서의 재교부	200원
11. 법 제27조 제1항에 따라 기술표준품형식승인을 신청하는 자	27만원
가. 기술표준품형식승인서 재발급	200원
12. 법 제28조 제1항에 따라 부품등제작자증명을 신청하는 자	26만원
가. 부품등제작자증명서 재발급	200원

납부자	수수료
13. 법 제30조 제1항 본문의 수리·개조승인을 신청하는 자 가. 비행기·헬리콥터 및 비행선 (1) 최대이륙중량 5천700킬로그램 이하의 것 (가) 단발기 (나) 다발기 (2) 최대이륙중량 5천700킬로그램 초과의 것 나. 활공기 다. 발동기, 프로펠러 및 장비품(항공기에 장착되어 있지 않은 상태로 신청한 경우)	 4만원 8만원 8만원에 최대이륙중량 5천700킬로그램을 초과하는 중량에 대하여 매 1천킬로그램까지마다 2,000원을 가산한 금액 4만원 4만원
14. 법 제34조 제1항에 따른 항공종사자 자격증명의 발급 및 재발급을 신청 하는 자	1만원
15. 법 제38조 제1항에 따른 시험 및 법 제38조 제2항에 따른 심사에 응시하는 자 가. 학과시험 (1) 자격증명시험(조종사, 항공정비사, 항공교통관제사, 운항관리사) (2) 한정심사(조종사, 항공정비사) 나. 실기시험 (1) 자격증명시험 (가) 조종사, 항공정비사(구술), 항공교통관제사(구술), 운항관리사 (나) 항공정비사 (다) 항공교통관제사 (2) 한정심사(조종사, 항공정비사)	5만6천원 9만2천원 9만7천원 12만7천원 10만2천원 11만7천원
16. 법 제38조 제4항에 따른 자격증명서 유효성 확인서 발급을 신청하는 자	1만원
17. 법 제39조 제3항에 따른 모의비행장치 지정을 위한 검사를 신청하는 자	39만2천원
18. 법 제44조에 따른 계기비행증명 및 조종교육증명 시험에 응시하는 자	제15호에 따른 수수료
19. 법 제45조에 따른 항공영어구술능력증명시험 또는 증명서 발급을 신청하는 자 가. 항공영어구술능력증명시험 나. 항공영어구술능력증명 발급 또는 재발급	 12만3천원 1만1천원
20. 다음 각 호의 허가서를 발급 또는 재발급을 신청하는 자 가. 법 제46조 제2항에 따른 항공기 조종연습 나. 법 제116조 제1항에 따른 경량항공기 조종연습	 200원 200원
21. 법 제63조 제2항에 따른 운항자격인정을 위한 심사를 신청하는 자 가. 지식심사 나. 항공기 또는 모의비행장치를 이용한 기량심사 다. 가목의 지식심사와 나목의 기량심사를 병행하는 심사	 5만2천원 8만3천원 13만5천원
22. 법 제74조 제1항에 따른 회항시간 연장운항의 승인을 받고자 신청하는 자	8만원
23. 법 제75조 제1항에 따른 수직분리축소공역 등에서의 항공기 운항승인을 받고자 신청하는 자	8만원
24. 법 제90조 제1항에 따른 운항증명을 받고 자 신청하는 자	78만원
25. 법 제90조 제5항에 따른 안전운항체계변경을 하고자 신청하는 자	39만원

납부자	수수료
26. 법 제97조 제1항에 따라 정비조직인증을 신청하는 자 가. 신규 및 갱신 신청 나. 업무한정 및 제한사항의 추가 또는 변경 (사업장의 소재지 변경 또는 추가를 포함한다)	 78만원 39만원
27. 법 제103조에 따른 외국인국제항공운송사업자에 대한 운항증명승인을 신청하는 자 1. 신규 신청 2. 변경승인 신청	 39만원 19만5천원
28. 법 제107조에 따른 외국항공기의 유상운송에 대한 운항안전성 검사를 받고 자 신청하는 자	20만원
29. 법 제108조 제1항에 따른 경량항공기 안전성인증을 신청 하는 자 가. 초도검사 나. 정기검사 다. 수시 및 재검사 라. 증명서 재교부	 20만원 15만원 9만원 2만원
30. 법 제109조에 따른 경량항공기 조종사 자격증명을 신청하는 자	제15호에 따른 수수료
31. 법 제115조 제1항에 따른 경량항공기 조종교육증명을 신청하는 자	제15호에 따른 수수료
32. 법 제115조 제2항에 따른 경량항공기 안전교육을 신청하는 자	5만원(온라인교육의 경우 3만5천원)
33. 법 제124조에 따른 초경량비행장치 안전성인증을 신청하는 자 가. 초도검사 나. 정기검사 다. 수시 및 재검사 라. 증명서 재발급	 20만원(인력활공기, 낙하산류의 경우 15만원) 15만원(인력활공기, 낙하산류의 경우 10만원) 9만원 2만원
34. 법 제125조 제1항에 따른 초경량비행장치 조종자 증명을 신청 하는 자 가. 학과시험 나. 실기시험 다. 증명서 발급 및 재발급	 4만4천원 6만6천원 1만원
35. 법 제129조 제5항에 따라 무인비행장치 특별비행승인을 신청하는 자	1만원

※ 비고

1. 법 제136조 제1항에 따른 검사등을 위하여 현지출장이 필요한 경우 신청자는 수수료 외에 공무원인 경우 「공무원여비규정」, 전문검사기관 등의 소속검사원인 경우 해당 기관의 여비규정에 따른 여비를 따로 부담하여야 한다.
2. 위 표에 따른 수수료에는 기술검증 등과 관련된 비용이 포함되어 있지 않으므로, 전문검사기관 등에서 수행하여야 하는 기술검증 등이 필요한 경우 신청자는 해당 기관에서 정한 인건비 등의 기준에 따라 별도의 비용을 부담하여야 한다.
3. 제14호부터 제16호까지, 제18호, 제29호부터 제31호까지, 제33호 및 제34호를 신청하는 신청자는 해당 수수료 외에 부가세를 추가 부담하여야 한다.
4. 제34호에 따른 초경량비행장치 조종자 증명의 실기시험에 사용되는 초경량비행장치는 해당 시험응시자가 제공하여야 한다.
5. 제15호 및 제18호에 따른 시험에 응시하는 자는 시험실시기관이 제공하는 항공기를 이용하는 경우 해당 항공기의 실운용비를 따로 부담하여야 한다.
6. 제8호에 따른 검사에 불합격하여 다시 검사를 신청하는 경우 해당하는 검사 수수료의 100분의 50을 감면할 수 있다. 다만, 서류상의 검사만을 받는 경우에는 재검사 수수료를 면제할 수 있다.
7. 「국민기초생활 보장법」에 따른 수급자 또는 「한부모가족지원법」에 따른 보호대상자에게는 제15호, 제18호 및 제34호에 따른 수수료의 100분의 50을 감면할 수 있다.
8. 제3호부터 제13호까지의 수수료는 2022년 6월 30일까지 신청하는 자에 대하여 해당 수수료의 100분의 50을 감면한다.

1 항공안전법 예상문제

01 총 칙

01 항공안전법의 목적을 잘못 설명한 것은?

① 국제민간항공협약 및 동 협약의 부속서로서 채택된 표준과 방식에 따른다.
② 항공기, 경량항공기 또는 초경량비행장치의 안전하고 효율적인 항행을 위한 방법을 규정한다.
③ 항공시설을 효율적으로 설치·관리하도록 한다.
④ 국가, 항공사업자 및 항공종사자 등의 의무 등에 관한 사항을 규정함을 목적으로 한다.

해설 항공안전법 제1조

02 항공안전법의 구성 체계를 잘못 설명한 것은?

① 제1장은 항공용어의 정의이다.
② 제2장은 항공기 등록이다.
③ 제3장은 항공기기술기준 및 형식증명 등이다.
④ 제4장은 항공종사자 등이다.

해설 항공안전법 본문 차례

03 항공기의 정의를 바르게 설명한 것은?

① 민간항공에 사용되는 대형 항공기를 말한다.
② 공기의 반작용으로 뜰 수 있는 기기로서 국토교통부령으로 정하는 기준에 해당하는 비행기, 헬리콥터, 비행선, 활공기와 그 밖에 대통령령으로 정하는 기기를 말한다.
③ 민간항공에 사용하는 비행선과 활공기를 제외한 모든 것을 말한다.
④ 활공기, 회전익 항공기, 비행기, 비행선을 말한다.

해설 항공안전법 제2조 1

04 그 밖에 대통령령으로 정하는 항공기의 범위에 포함되는 것은?

① 자체중량이 150kg을 초과하는 1인승 비행장치
② 자체중량이 200kg을 초과하는 2인승 비행장치
③ 자체중량, 속도, 좌석 수 등이 국토교통부령이 정하는 범위를 초과하는 비행장치
④ 지구 대기권 내외를 비행할 수 있는 항공우주선

해설 항공안전법 시행령 제2조

05 항공안전법 중 "최대이륙중량, 좌석 수, 속도 또는 자체중량 등이 국토교통부령으로 정하는 기준을 초과하는 기기"에서 항공기인 기기의 범위가 아닌 것은?

① 최대이륙중량이 600kg 이하일 것
② 단발 왕복발동기를 장착할 것
③ 최대 실속속도 또는 최소 정상비행속도가 45노트 이하일 것
④ 조종사 좌석을 포함한 탑승좌석이 3개 이하일 것

해설 항공안전법 시행규칙 제3조 및 제4조
조종사 좌석을 포함한 탑승좌석이 2개 이하일 것

06 경량항공기의 종류에 포함되지 않는 것은?

① 비행기
② 헬리콥터
③ 동력패러글라이더
④ 자이로플레인

해설 항공안전법 제2조 2
동력패러슈트(Powered parachute)임.

정답 01 ③ 02 ① 03 ② 04 ④ 05 ④ 06 ③

07 **경량항공기의 기준으로 적합하지 않은 것은?**

① 탑승자, 연료 및 비상용 장비의 중량을 제외한 자체중량이 115kg을 초과할 것
② 최대이륙중량이 600kg 이하일 것
③ 비행 중에 프로펠러의 각도를 조종할 수 없을 것
④ 조종사 좌석을 제외한 탑승좌석이 2개 이하일 것

해설 항공안전법 시행규칙 제4조

08 **항공안전법에서 국토교통부령이 정하는 "초경량비행장치"라 함은?**

① 동력비행장치, 인력활공기, 기구류 및 비행선
② 동력비행장치, 인력활공기 및 활공기
③ 동력비행장치, 인력활공기, 기구류 및 무인비행장치
④ 동력비행장치, 행글라이더, 패러글라이더, 기구류 및 무인비행장치 등

해설 항공안전법 제2조 3

09 **초경량비행장치의 범위에 속하지 않는 것은?**

① 행글라이더 ② 패러글라이더
③ 동력활공기 ④ 무인비행장치

해설 항공안전법 제2조 3

10 **"초경량비행장치"에 대한 설명으로 옳지 않은 것은?**

① 좌석이 1개인 경우 자체 중량이 115kg, 좌석이 2개인 경우 250kg 이하일 것
② 행글라이더는 체중이동, 타면조종 등의 방법으로 조종하는 비행장치
③ 패러글라이더는 날개에 부착된 줄을 이용하여 조종하는 비행장치
④ 기구류는 기체의 성질, 온도차 등을 이용하는 유인자유기구

해설 항공안전법 시행규칙 제5조
좌석이 1개인 경우 자체중량이 115kg 이하이어야 함. 좌석이 2개인 경우는 해당하지 않음.

11 **좌석이 1개인 경우 초경량비행장치의 범위에 속하는 동력비행장치는?**

① 자체 중량이 125kg 이하일 것
② 자체 중량이 115kg 이하일 것
③ 자체 중량이 200kg 이하일 것
④ 자체 중량이 225kg 이하일 것

해설 항공안전법 시행규칙 제5조

12 **초경량비행장치의 기준 중 "동력비행장치"가 아닌 것은?**

① 고정익비행장치일 것
② 좌석이 1개일 것
③ 탑승자, 연료 및 비상용 장비의 중량을 제외한 자체중량이 115kg 이하일 것
④ 동력비행장치의 연료용량이 좌석이 1개인 경우 19ℓ, 좌석이 2개인 경우 30ℓ 이하일 것

해설 항공안전법 시행규칙 제5조

13 **항공안전법 시행규칙에서 초경량비행장치의 기준 중 "무인비행장치"라 함은?**

① 자체무게가 180kg 미만이고, 길이가 20m미만인 무인헬리콥터
② 자체무게가 180kg 미만이고, 길이가 20m미만인 무인활공기
③ 자체무게가 150kg 미만인 무인비행기 및 무인회전익비행장치
④ 자체중량이 150kg 미만인 무인비행선

해설 항공안전법 시행규칙 제5조 5

14 **항공안전법에서 "국가기관등항공기"가 아닌 것은?**

① 재난, 재해 등으로 인한 수색, 구조에 사용되는 항공기
② 산불의 진화 및 예방에 사용되는 항공기
③ 응급환자의 수송 등 구조, 구급활동에 사용되는 항공기
④ 군・경찰・세관용 항공기

해설 항공안전법 제2조 4
국가항공기와 국가기관등항공기의 차이점

정답 07 ④ 08 ④ 09 ③ 10 ① 11 ② 12 ④ 13 ③ 14 ④

15 다음 중 항공안전법에서 정한 "국가기관등항공기"에 속하는 것은?

① 해군 초계기 ② 경찰청 항공기
③ 산림청 헬기 ④ 세관 업무용 항공기

해설 항공안전법 제2조 4

16 항공안전법 시행령에서 "대통령령으로 정하는 공공기관"이라 함은?

① 국립공원관리공단을 말한다.
② 군 항공기관을 말한다.
③ 경찰 항공기관을 말한다.
④ 세관용 항공기관을 말한다.

해설 항공안전법 시행령 제3조

17 항공안전법에서 정하는 "항공업무"가 아닌 것은?

① 항공기의 운항(항공기의 조종연습 제외)
② 항공교통관제(항공교통관제연습 제외)
③ 항공기의 운항관리 및 무선설비의 조작
④ 항공기에 탑승하여 비상탈출진행 등 안전업무를 수행

해설 항공안전법 제2조 5
④는 객실승무원의 업무임.

18 항공기 사고로 인한 사망 · 중상의 적용기준이 아닌 것은?

① 항공기에 탑승한 사람이 사망하거나 중상을 입은 경우
② 항공기의 후류로 인하여 사망하거나 중상을 입은 경우
③ 초경량비행장치에 탑승한 사람이 사망하거나 중상을 입은 경우
④ 자연적인 원인 또는 자기 자신이나 타인에 의하여 발생된 경우

해설 항공안전법 시행규칙 제6조

19 항공안전법에서 규정하는 "항공기사고"가 아닌 것은?

① 사람의 사망, 중상 또는 행방불명
② 항공기의 파손 또는 구조적 손상
③ 항공기의 위치를 확인할 수 없거나 항공기에 접근이 불가능한 경우
④ 자연적인 원인 또는 자기 자신이나 타인에 의하여 발생된 경우

해설 항공안전법 제2조 6

20 항공기의 감항성이란?

① 항공기등이 안전하게 비행할 수 있는 성능
② 기술기준을 충족한다는 것
③ ICAO 기준을 충족한다는 것
④ 항공기가 비행 중에 나타내는 성능

해설 항공안전법 제2조 5의 라

21 항공기사고로 인한 사망 · 중상의 범위가 아닌 것은?

① 부상을 입은 날부터 7일 이내에 48시간 이상의 입원을 요하는 부상
② 코뼈 · 손가락 · 발가락 등의 간단한 골절
③ 열상(찢어진 상처)으로 인한 심한 출혈 · 신경 · 근육 또는 힘줄의 손상
④ 2도나 3도의 화상 또는 신체표면의 5퍼센트 이상의 화상

해설 항공안전법 시행규칙 제7조 2
간단한 골절은 중상의 범위에서 제외됨.

22 다음 중 중상의 범위에 포함되지 않는 것은?

① 부상을 입은 날부터 7일 이내에 24시간 이상의 입원을 요하는 부상
② 심한 출혈 · 신경 · 근육 또는 힘줄의 손상
③ 골절
④ 내장의 손상

해설 항공안전법 시행규칙 제7조 ②

정답 15 ③ 16 ① 17 ④ 18 ④ 19 ④ 20 ① 21 ② 22 ①

23 항공기의 파손 또는 구조적 손상의 범위에 속하지 않는 것은?

① 덮개와 부품(accessory)을 포함하여 한 개의 발동기의 고장 또는 손상
② 항공기 구조물에 영향을 미쳐 대수리가 요구되는 것
③ 항공기의 성능에 영향을 미쳐 구성품의 교체가 요구되는 것
④ 비행특성에 영향을 미쳐 대수리가 요구되는 것

해설 항공안전법 시행규칙 제8조 별표 1

24 "항공기준사고"의 범위에 속하지 않는 것은?

① 정상적인 비행 중 지표 또는 수면과의 충돌(CFIT)을 가까스로 회피한 비행
② 폐쇄 중이거나 다른 항공기가 사용 중인 활주로에서의 이륙 포기
③ 비행 중 다른 항공기 또는 물체와의 거리가 500피트 이상으로 근접하여 충돌
④ 폐쇄되거나 다른 항공기가 사용 중인 활주로에의 착륙 또는 착륙 시도

해설 항공안전법 시행규칙 제9조 별표 2
500피트 미만으로 근접하였던 경우가 해당함.

25 항공안전법에서 "항공안전위해요인"의 설명으로 틀린 것은?

① 항공기사고를 발생시킬 수 있거나 발생 가능성의 확대에 기여할 수 있는 상황, 상태 또는 물적·인적요인 등
② 항공기준사고를 발생시킬 수 있거나 발생 가능성의 확대에 기여할 수 있는 상황, 상태 또는 물적·인적요인 등
③ 항공안전장애를 발생시킬 수 있거나 발생 가능성의 확대에 기여할 수 있는 상황, 상태 또는 물적·인적요인 등
④ 항공기의 운항 등과 관련하여 항공안전에 영향을 미치거나 미칠 우려가 있는 것

해설 항공안전법 제2조 10의2

26 국토교통부령으로 정하는 "항공안전장애"의 내용이 아닌 것은?

① 안전운항에 지장을 줄 수 있는 물체가 활주로 위에 방치된 경우
② 항공기가 허가 없이 비행금지구역 또는 비행제한구역에 진입한 경우
③ 항공기의 중대한 손상, 파손이나 구조상의 결함이 발생한 경우
④ 주기 중인 항공기와 차량 또는 물체 등이 충돌한 경우

해설 항공안전법 시행규칙 제9조 별표 20의 2는 안전장애의 범위이고, ③은 별표 1의 항공기의 손상·파손 또는 구조상의 결함임.

27 다음 중 "항공안전장애"의 범위에 속하지 않는 것은?

① 운항 중 객실이나 화물칸에서 화재, 연기가 발생한 경우
② 운항 중 엔진 덮개가 풀리거나 이탈한 경우
③ 이동지역에서 운항 중인 항공기의 안전에 지장을 줄 수 있는 위험물이 방치된 경우
④ 비행 중인 항공기에 대한 항공교통관제업무가 중단된 경우

해설 항공안전법 시행규칙 제9조 별표 2

28 국토교통부령으로 정하는 항공안전장애의 범위에 포함되지 않는 것은?

① 운항 중 엔진 덮개가 풀리거나 이탈한 경우
② 항행안전무선시설, 공항정보방송시설(ATIS)의 운영이 중단된 경우
③ 공중충돌경보장치 회피조언에 따른 항공기 기동이 있었던 경우
④ 항공기가 지상에서 운항 중 다른 항공기나 장애물과 접촉, 충돌하여 중대한 손상이 있는 경우

해설 항공안전법 시행규칙 제9조 별표 2

정답 23 ① 24 ③ 25 ④ 26 ③ 27 ① 28 ④

29 **항공기준사고의 범위에 포함되지 않는 것은?**

① 다른 항공기와 충돌위험이 있었던 것으로 판단되는 근접비행이 발생한 경우
② 조종사가 연료량 또는 연료분배 이상으로 비상선언을 한 경우
③ 운항 중 발동기에서 화재가 발생한 경우
④ 운항 중 엔진 덮개가 풀리거나 이탈한 경우

해설 항공안전법 시행규칙 제9조 별표 2

30 **항공안전법에서 "위험도(Safety risk)"라 함은?**

① 항공안전위해요인이 항공안전을 저해하는 사례로 발전할 가능성과 그 심각도
② 항공기준사고를 발생시킬 수 있거나 발생 가능성의 확대에 기여할 수 있는 상황, 상태 또는 물적 · 인적요인 등
③ 항공안전장애를 발생시킬 수 있거나 발생 가능성의 확대에 기여할 수 있는 상황, 상태 또는 물적 · 인적요인 등
④ 항공기의 운항 등과 관련하여 항공안전에 영향을 미치거나 미칠 우려가 있는 것

해설 항공안전법 제2조 10의3

31 **항공안전법에서 "항공안전데이터"의 자료가 아닌 것은?**

① 항공기 등에 발생한 고장, 결함 또는 기능장애에 관한 보고
② 비행자료 및 분석결과
③ 레이더 자료 및 분석결과
④ 승객의 서비스 불만족 보고

해설 항공안전법 제2조 10의4

32 **항공안전법에서 항공교통의 안전을 위하여 정한 "관제권"이라 함은?**

① 국토부장관이 지정한 공역
② 국토부령으로 정한 공역
③ 대통령이 지정한 공역
④ 지방항공청장이 지정한 공역

해설 항공안전법 제2조 25

33 **"항공안전위해요인"의 설명이 아닌 것은?**

① 항공기사고를 발생시킬 수 있거나 발생 가능성의 확대에 기여할 수 있는 상황, 상태 또는 물적 · 인적요인 등
② 항공기준사고를 발생시킬 수 있거나 발생 가능성의 확대에 기여할 수 있는 상황, 상태 또는 물적 · 인적요인 등
③ 항공안전장애를 발생시킬 수 있거나 발생 가능성의 확대에 기여할 수 있는 상황, 상태 또는 물적 · 인적요인 등
④ 항공기의 운항 등과 관련하여 항공안전에 영향을 미치거나 미칠 우려가 있는 것

해설 항공안전법 제2조 10의2

34 **항공안전법에서 "비행정보구역"의 설명이 아닌 것은?**

① 안전하고 효율적인 비행을 위해 국토교통부장관이 지정 · 공고한 공역
② 항공기의 수색 또는 구조에 필요한 정보 제공을 위한 공역
③ 국토교통부장관이 그 명칭, 수직 및 수평 범위를 지정 · 공고한 공역
④ 항공기의 안전하고 효율적인 비행에 필요한 정보 제공을 위한 공역

해설 항공안전법 제2조 11의 설명과 같이 반드시 국토교통부장관이 지정 · 공고하는 구역임.

35 **항공안전법에서 "항공안전정보"의 설명이 아닌 것은?**

① 항공안전데이터를 안전관리 목적으로 사용하기 위하여 가공(加工)한 것
② 항공안전데이터를 안전관리 목적으로 사용하기 위하여 정리한 것
③ 항공안전데이터를 안전관리 목적으로 사용하기 위하여 분석한 것
④ 항공안전을 위해 국제기구 또는 외국정부 등이 우리나라와 공유한 자료

해설 항공안전법 제2조 10의5

정답 29 ④ 30 ④ 31 ④ 32 ① 33 ④ 34 ④ 35 ④

36 항공안전법에서 "관제구"의 높이는 지표 또는 수면으로부터 얼마인가?

① 200m 이상 ② 300m 이상
③ 400m 이상 ④ 500m 이상

해설 항공안전법 제2조 26

37 항공안전법에서 "항공로"라 함은?

① 항공기의 항행에 적합하다고 지정한 지구의 표면상에 표시한 공간의 길
② 항공교통의 안전을 위하여 국토교통부장관이 지정한 공역
③ 비행장 및 그 주변의 공역
④ 지표면 또는 수면으로부터 200미터 이상 높이의 공역

해설 항공안전법 제2조 13

38 항공안전법에서 정하는 "항공종사자"라 함은?

① 항공안전법의 규정에 의한 자격증명을 받은 자
② 항공안전법에 따라 안전성 여부를 확인하는 업무를 하는 자
③ 항공안전법에 따라 정비 또는 수리·개조하는 업무를 하는 자
④ 항공안전법에 따라 감항성을 확인하는 업무를 하는 자

해설 항공안전법 제2조 14

39 항공안전법에서 "모의비행장치"의 설명이 잘못된 것은?

① 실제의 항공기와 동일하게 재현할 수 있게 고안된 비행장치
② 기계·전기·전자장치 등을 항공기와 동일하게 재현할 수 있게 고안된 비행장치
③ 통제기능과 비행의 성능 및 특성 등을 재현할 수 있게 고안된 비행장치
④ 항공기의 조종실을 모방하여 전시하는 비행장치

해설 항공안전법 제2조 15

40 항공안전법에서 정하는 "객실승무원"이라 함은?

① 항공기에 탑승하여 비상탈출진행 등 안전업무를 수행하는 항공종사자
② 항공기에 탑승하여 서비스 업무를 담당하는 승무원
③ 항공기에 탑승하여 비상탈출진행 등 안전업무를 수행하는 승무원
④ 항공기에 탑승하여 서비스 업무를 담당하는 항공종사자

해설 항공안전법 제2조 17

41 항공안전법에서 "계기비행"이라 함은?

① 시계비행 기상상태 외의 기상상태를 말한다.
② 항공기에 장착된 계기에 의존하여 비행하는 것을 말한다.
③ 국토교통부장관이 지시하는 비행로에서 행하는 비행을 말한다.
④ 비행계획을 할 때에는 국토교통부장관의 승인을 받아야 한다.

해설 항공안전법 제2조 18

42 "군용항공기 등의 적용 특례" 사항이 아닌 것은?

① 군용항공기와 이에 관련된 항공업무에 종사하는 자에 대하여는 이 법을 적용하지 아니한다.
② 세관업무 또는 경찰업무에 사용하는 항공기와 이에 관련된 항공업무에 종사하는 자에 대하여는 이 법을 적용하지 아니한다.
③ 「대한민국과 아메리카합중국 간의 상호방위조약」 제4조의 규정에 의하여 아메리카합중국이 사용하는 항공기와 이에 관련된 항공업무에 종사하는 자에 대하여는 제2항의 규정을 준용하지 아니한다.
④ 「대한민국과 아메리카합중국 간의 상호방위조약」 제4조의 규정에 의하여 아메리카합중국이 사용하는 항공기와 이에 관련된 항공업무에 종사하는 자에 대하여는 적용하지 아니한다.

해설 항공안전법 제3조

정답 36 ① 37 ① 38 ① 39 ④ 40 ③ 41 ② 42 ③

43 항공안전법에서 규정한 용어의 정의 중 틀린 것은?

① 항공종사자란 항공업무에 종사하는 종사자를 말한다.
② 객실승무원이란 항공기에 탑승하여 비상탈출진행 등 안전업무를 수행하는 승무원을 말한다.
③ 비행장이란 항공기의 이·착륙을 위하여 사용되는 육지 또는 수면의 일정한 구역으로서 대통령령으로 정하는 것을 말한다.
④ 공항이란 공항시설을 갖춘 공공용 비행장으로서 국토교통부장관이 그 명칭, 위치 및 구역을 지정, 고시한 것을 말한다.

해설 항공안전법 제2조 용어정의

44 항공안전법에서 "계기비행방식"라 함은?

① 국방부장관이 지시한 방법에 따라 행하는 비행방식
② 국토교통부장관이 지시한 방법에 따라 행하는 비행방식
③ 지방항공청장이 지시한 방법에 따라 행하는 비행방식
④ 대통령이 지시한 방법에 따라 행하는 비행방식

해설 항공안전법 제2조 19

45 "항공안전데이터의 종류"가 아닌 것은?

① 위험물의 포장·적재(積載)·저장·운송 과정에서 발생한 사건으로서 항공상 위험을 야기할 우려가 있는 사건에 관한 자료
② 위험물의 처리 과정에서 발생한 사건으로서 항공상 위험을 야기할 우려가 있는 사건에 관한 자료
③ 위험을 야기할 우려가 있는 사건에 관한 자료
④ 항공기와 조류의 충돌에 관련된 자료

해설 항공안전법 시행규칙 제10조

46 "긴급운항"의 범위가 아닌 것은?

① 국토교통부령이 정하는 공공목적으로 긴급히 운항(훈련을 포함한다)하는 경우
② 항공기를 이용하여 재해·재난의 예방, 산림방제·순찰, 산림보호사업을 하는 경우
③ 항공기를 이용하여 재해·재난의 예방, 산림방제·순찰, 산림 보호 사업을 위한 화물수송 그 밖에 이와 유사한 목적으로 긴급하게 운항하는 경우
④ 세관, 소방·산림업무 등에 사용되는 항공기를 이용하여 화물 수송을 긴급하게 운항하는 경우

해설 항공안전법 시행규칙 제11조

47 임대차항공기의 운영에 대한 권한 및 의무의 이양에 관한 사항이 아닌 것은?

① 외국에 등록된 항공기를 임차하여 운영하는 경우
② 대한민국에 등록된 항공기를 외국에 임대하여 운항하게 하는 경우
③ 임대차 항공기에 대한 권한 및 의무이양에 관한 사항은 대통령이 정하여 고시한다.
④ 임대차 항공기에 대한 권한 및 의무 이양에 관한 사항은 국제민간항공협약에 따른다.

해설 항공안전법 제5조

2 항공기 등록

01 항공기를 등록하여야 할 자가 아닌 것은?

① 항공기를 소유한 자
② 외국에 임대할 목적으로 도입한 항공기로서 국내 국적을 취득할 항공기
③ 항공기를 임차한 자
④ 군, 세관 또는 경찰에서 군·세관·경찰업무로 사용하기 위하여 군·세관·경찰이 소유자

해설 항공안전법 제7조

정답 43 ① 44 ② 45 ③ 46 ① 47 ③ / 01 ②

02 항공기 등록을 필요로 하지 아니하는 항공기를 잘못 기술한 것은?

① 군, 경찰 또는 세관업무에 사용하는 항공기
② 외국에 임대할 목적으로 도입한 항공기로서 국내 국적을 취득할 항공기
③ 국내에서 제작한 항공기로서 제작자 외의 소유자가 결정되지 않은 항공기
④ 외국에 등록된 항공기를 임차하여 법 제5조의 규정에 따라 운영하는 경우의 항공기

해설 항공안전법 시행령 제4조

03 항공기 등록 시 필요한 서류가 아닌 것은?

① 등록원인을 증명하는 서류
② 감항증명서
③ 등록세납부증명서
④ 항공기 취득가액을 증명하는 서류

해설 항공기 등록령 제18조

04 항공기 국적 취득에 대한 설명이 틀린 것은?

① 국적을 취득하고 이에 따른 권리를 갖는다.
② 국적을 취득하고 소유권을 갖게 된다.
③ 국적을 취득하고 이에 따른 의무를 갖는다.
④ 국적을 취득하고 이에 따른 권리와 의무를 갖는다.

해설 항공안전법 제8조
소유권은 별도로 등록해야 함.

05 항공기 국적 취득에 대한 설명으로 틀린 것은?

① 국적을 취득한다.
② 분쟁 발생 시 소유권을 증명한다.
③ 권리를 갖는다.
④ 의무를 갖는다.

해설 항공안전법 제8조

06 항공기에 관한 권리 중 등록할 사항이 아닌 것은?

① 소유권 ② 임대권
③ 임차권 ④ 저당권

해설 항공안전법 제9조

07 항공기 소유권의 득실변경과 관계없는 것은?

① 항공기에 대한 소유권의 득실변경은 등록하여야 효력이 생긴다.
② 항공기에 대한 임차권은 등록하여 제3자에 대하여 그 효력이 생긴다.
③ 항공기에 대한 임대권은 등록하여 제3자에 대하여 그 효력이 생긴다.
④ 항공기를 사용할 수 있는 권리가 있는 자는 이를 국토부장관에게 등록하여야 한다.

해설 항공안전법 제9조

08 항공기의 등록에 대한 설명 중 틀린 것은?

① 등록된 항공기는 대한민국의 국적을 취득한다.
② 세관이나 경찰업무에 사용하는 항공기는 등록할 필요가 없다.
③ 항공기에 대한 임차권은 등록하여 제3자에 대하여 그 효력이 생긴다.
④ 국토교통부장관의 허가를 필요로 한다.

해설 항공안전법 제9조
항공기 등록이지 허가사항은 아님.

09 항공기 등록의 효력 중 행정적 효력과 관계없는 것은?

① 대한민국의 국적을 취득한다.
② 분쟁 발생 시 소유권을 증명한다.
③ 항공에 사용할 수 있다.
④ 감항증명을 받을 수 있다.

해설 항공안전법 제9조
항공기 등록과 항공기 소유권 등록의 차이점 : 항공기 등록은 필수사항이고 항공기 소유권 등록은 선택사항임.

10 항공기 등록의 민사적 효력과 관계없는 것은?

① 항공기의 소유권을 공증한다.
② 소유권에 관해 제3자에 대한 대항조건이 된다.
③ 항공에 사용할 수 있는 요건이 된다.
④ 항공기를 저당하는 데 있어 기본조건이 된다.

해설 항공안전법 제9조

정답 02 ② 03 ② 04 ② 05 ② 06 ② 07 ③ 08 ④ 09 ② 10 ③

11 **다음 중 항공기 등록의 제한사유가 아닌 것은?**

① 대한민국 국민이 아닌 사람
② 외국인이 주식의 1/2 이상을 소유하는 법인 / 외국정부 또는 외국의 공공단체
③ 외국의 법인 또는 단체
④ 대한민국 국민 또는 법인이 임대하거나 기타 사용할 수 있는 권리를 가진 항공기 / 외국의 국적을 가진 항공기를 임차한 사람, 법인 또는 단체

해설 항공안전법 제10조

12 **다음 중 대한민국 국적으로 등록할 수 있는 항공기는?**

① 외국에서 우리나라 국민이 제작한 항공기
② 외국에서 우리나라 국민이 수리한 항공기
③ 외국인 국제항공운송사업자가 국내에서 해당 사업에 사용하는 항공기
④ 외국 항공기의 국내 사용 단서에 따라 국토교통부장관의 허가를 받은 항공기

해설 항공안전법 제9조

13 **항공기의 등록원부에 기재해야 할 사항이 아닌 것은?**

① 항공기의 형식　② 제작 연월일
③ 항공기의 정치장　④ 등록기호

해설 항공안전법 제11조

14 **항공기 등록의 종류가 아닌 것은?**

① 신규등록　② 변경등록
③ 임차등록　④ 이전등록

해설 항공안전법 제13조, 제14조

15 **항공기 변경등록은 그 사유가 있는 날부터 며칠 이내에 신청하여야 하는가?**

① 10일　② 15일
③ 20일　④ 30일

해설 항공안전법 제13조

16 **항공기 등록에 대한 설명으로 틀린 것은?**

① 항공기를 등록한 때에는 신청인에게 항공기 등록증명서를 발급하여야 한다.
② 사유가 있는 날부터 15일 이내에 국토부장관에게 변경등록을 신청하여야 한다.
③ 소유자 · 양수인 또는 임차인은 국토부장관에게 이전등록을 신청하여야 한다.
④ 사유가 있는 날부터 10일 이내에 국토부장관에게 말소등록을 신청하여야 한다.

해설 항공안전법 제12조, 제14조
말소등록은 사유가 있는 날부터 15일 이내에 국토교통부장관에게 신청

17 **다음 중 변경등록을 신청하여야 하는 경우는?**

① 항공기 소유자의 변경
② 항공기 등록번호의 변경
③ 항공기 형식의 변경
④ 정치장의 변경

해설 항공안전법 제12조, 제14조

18 **항공기의 소유권 또는 임차권을 이전하는 경우 누구에게 이전등록을 신청하여야 하는가?**

① 국토교통부장관　② 항공안전본부장
③ 지방항공청장　④ 관할등기소

해설 항공안전법 제14조

19 **항공기 이전등록은 그 사유가 있는 날부터 며칠 이내에 신청하여야 하는가?**

① 10일　② 15일
③ 20일　④ 30일

해설 항공안전법 제14조

20 **항공기 이전등록 시 증여 또는 상속으로 인한 경우 며칠 이내에 신청하여야 하는가?**

① 10일 이내　② 15일 이내
③ 20일 이내　④ 30일 이내

해설 항공기 등록령 제14조

정답 11 ④ 12 ① 13 ② 14 ③ 15 ② 16 ④ 17 ④ 18 ① 19 ② 20 ④

21 항공기의 등록을 신청하여야 할 경우가 아닌 것은?

① 항공기 정치장을 이동하였다.
② 항공기를 타인에게 양도하였다.
③ 외국인의 항공기를 소유할 권리가 생겼다.
④ 항공기 소유자의 주소지가 변경되었다.

해설 항공안전법 제7조

22 다음 중 말소등록을 해야 하는 경우는?

① 항공기사고 등으로 항공기의 위치를 1개월 이내에 확인할 수 없다.
② 보관을 위해 항공기를 해체하였다.
③ 임차기간이 만료되었다.
④ 대한민국 국민이 아닌 자에게 항공기를 양도하였다(단, 대한민국 국적은 유지함).

해설 항공안전법 제15조

23 항공기 말소등록의 대상이 아닌 것은?

① 항공기가 멸실되었거나 항공기를 해체한 경우
② 항공기의 존재 여부가 3개월 이상 불분명한 경우
③ 항공기를 법 제10조 제1항(항공기 등록의 제한)에 해당하는 자에게 양도 또는 임대한 경우
④ 항공기를 사용할 수 있는 권리가 상실된 경우

해설 항공안전법 제15조
항공기의 존재여부가 1개월 이상 불분명한 경우

24 소유자 등이 말소등록의 사유가 있는 날부터 15일 이내에 국토부장관에게 말소등록을 신청하지 않았을 때의 조치사항은?

① 국토교통부장관은 즉시 직권으로 등록을 말소하여야 한다.
② 국토교통부장관은 7일 이상의 기간을 정하여 말소등록을 할 것을 최고하여야 한다.
③ 국토교통부장관은 말소등록을 하도록 독촉장을 발부하여야 한다.
④ 300만원 이하의 벌금에 처하고, 말소등록을 하도록 사용자 등에게 통보하여야 한다.

해설 항공안전법 제15조

25 항공기 말소등록은 그 사유가 있는 날부터 며칠 이내에 신청하여야 하는가?

① 7일 ② 10일
③ 15일 ④ 20일

해설 항공안전법 제15조

26 항공기 등록기호표는 언제 부착하는가?

① 항공기 등록 시
② 감항증명 신청 시
③ 항공기를 등록한 후에
④ 감항증명을 받았을 때

해설 항공안전법 제17조

27 항공기 등록기호표의 부착은 누가 하는가?

① 항공기 소유자등
② 국토교통부 담당 공무원
③ 항공기 제작자
④ 유자격 정비사

해설 항공안전법 제17조

28 항공안전법에서 정한 항공기 등록기호표의 부착에 대한 설명으로 올바른 것은?

① 대통령령이 정하는 형식·위치 및 방법에 따라 붙여야 한다.
② 국적기호와 소유자의 명칭을 적어야 한다.
③ 그 사실을 지방항공청장에게 신고하여야 한다.
④ 국토교통부령으로 정하는 형식·위치 및 방법에 따라 항공기에 붙여야 한다.

해설 항공안전법 시행규칙 제12조

29 항공기의 "등록기호표"에 기재하여야 할 사항은?

① 국적기호, 등록기호, 소유국 국기
② 국적기호, 등록기호, 항공기 형식
③ 국적기호, 등록기호, 소유자등의 명칭
④ 국적기호, 등록기호, 항공기 제작사

해설 항공안전법 시행규칙 제12조

정답 21 ② 22 ③ 23 ② 24 ② 25 ③ 26 ④ 27 ① 28 ④ 29 ③

30 **항공기 등록기호표는 어떻게 부착하는가?**

① 항공기 출입구 윗부분에 가로 7cm, 세로 5cm의 내화 금속으로 만들어 보기 쉬운 곳에 부착한다.
② 항공기 윗부분에 가로 7cm, 세로 5cm의 내화금속으로 만들어 보기 쉬운 곳에 부착한다.
③ 등록기호표에는 국적기호 및 등록기호(이하 "등록부호"라 한다)와 국기, 소유자등의 명칭을 기재하여야 한다.
④ 등록기호표에는 국적기호 및 등록기호(이하 "등록부호"라 한다)와 국기, 소유자등과 제작자 명칭을 기재하여야 한다.

해설 항공안전법 시행규칙 제12조

31 **다음 "등록기호표"에 대한 설명 중 맞는 것은?**

① 등록기호표에 적어야 할 사항은 국적기호 및 등록기호와 제작 연월일이다.
② 등록기호표는 강철 등과 같은 내화금속으로 만든다.
③ 등록기호표는 항공기 출입구 윗부분의 바깥쪽 보기 쉬운 곳에 부착한다.
④ 등록기호표의 크기는 가로 7cm, 세로 5cm의 직사각형이다.

해설 항공안전법 시행규칙 제12조

32 **항공기를 항공에 사용하기 위하여 표시해야 하는 것은?**

① 국적기호, 등록기호
② 국적기호, 등록기호, 항공기호의 명칭
③ 국적기호, 등록기호, 소유자의 성명 또는 명칭
④ 국적기호, 등록기호, 소유자의 성명 또는 명칭, 감항분류

해설 항공안전법 제18조

33 **등록부호를 표시하는 장소가 아닌 것은?**

① 보조 날개, 플랩 ② 동체
③ 주 날개 ④ 꼬리 날개

해설 항공안전법 시행규칙 제14조

34 **항공기 "등록기호" 표시방법을 바르게 설명한 것은?**

① 장식체가 아닌 4개의 아라비아 숫자와 문자로 표시
② 장식체가 아닌 4개의 로마 대문자로 표시
③ 장식체가 아닌 4개의 아라비아 숫자로 표시
④ 4개의 장식체의 숫자 및 문자로 표시

해설 항공안전법 시행규칙 제13조

35 **항공기의 국적기호 및 등록기호 표시방법 중 틀린 것은?**

① 등록기호는 국적기호의 뒤에 이어서 표시해야 한다.
② 국적기호는 장식체가 아닌 로마자의 대문자 HL로 표시해야 한다.
③ 등록기호는 장식체의 4개의 아라비아 숫자로 표시해야 한다.
④ 등록부호는 지워지지 않도록 선명하게 표시해야 한다.

해설 항공안전법 시행규칙 제13조
등록기호는 장식체를 사용해서는 아니됨.

36 **우리나라의 국적기호를 "HL"로 정한 까닭은?**

① ICAO가 선정한 것이다.
② 우리나라 국회가 선정하여 각 체약국에 통보한 것이다.
③ 무선국의 호출부호 중에서 선정한 것이다.
④ 각국이 선정하여 ICAO에 통보한 것이다.

해설 항공안전법 시행규칙 제13조

37 **헬리콥터의 경우 등록부호의 표시장소는?**

① 동체 앞면과 옆면에 표시한다.
② 동체 윗면과 아랫면에 표시한다.
③ 동체 윗면과 옆면에 표시한다.
④ 동체 아랫면과 옆면에 표시한다.

해설 항공안전법 시행규칙 제14조

정답 30 ① 31 ④ 32 ④ 33 ① 34 ③ 35 ③ 36 ③ 37 ④

38 **비행기와 활공기의 주 날개에 등록부호를 표시하는 경우 표시장소 및 방법에 대한 설명 중 틀린 것은?**

① 주 날개와 꼬리 날개 또는 주 날개와 동체에 표시하여야 한다.
② 주 날개에 표시하는 경우에는 오른쪽 날개 아랫면과 왼쪽 날개 윗면에 표시한다.
③ 주 날개의 앞 끝과 뒤 끝에서 같은 거리에 위치하도록 표시한다.
④ 각 기호는 보조 날개와 플랩에 걸쳐서는 아니 된다.

해설 항공안전법 시행규칙 제14조

39 **비행선에는 등록부호를 어떻게 표시하는가?**

① 선체에 표시하는 경우에는 대칭축과 직교하는 최대 횡단면 부근의 윗면과 양 옆면에 표시한다.
② 수평안정판에 표시하는 경우에는 오른쪽 아랫면과 왼쪽 아랫면에 등록부호의 윗부분이 수평안정판의 앞 끝을 향하게 표시한다.
③ 수직안정판에 표시하는 경우에는 수직안정판의 양 쪽면 윗부분에 수평으로 표시한다.
④ 동체 아랫면에 표시하는 경우에는 동체의 최대 횡단면 부근에 등록부호의 윗부분이 동체 좌측을 향하게 표시한다.

해설 항공안전법 시행규칙 제14조

40 **등록부호에 사용하는 각 문자와 숫자의 높이가 잘못된 것은?**

① 비행기와 활공기: 주 날개에 표시하는 경우에는 50cm 이상
② 헬리콥터: 동체 옆면에 표시하는 경우에는 50cm 이상
③ 비행선: 선체에 표시하는 경우에는 50cm 이상
④ 비행선: 수평안정판과 수직안정판에 표시하는 경우에는 15cm 이상

해설 항공안전법 시행규칙 제15조
헬리콥터 동체 아랫면 50cm 이상, 옆면 30cm 이상

41 **항공기 등록부호의 폭, 선 굵기 및 간격이 잘못된 것은?**

① 폭은 문자 및 숫자 높이의 3분의 2
② 선의 굵기는 문자 및 숫자 높이의 6분의 1
③ 간격은 각 기호 폭의 4분의 1 이상, 2분의 1 이하
④ 아라비아 숫자의 폭은 문자 및 숫자 높이의 3분의 2

해설 항공안전법 시행규칙 제16조

42 **항공기 등록부호 표시의 예외사항이 아닌 것은?**

① 부득이한 사유가 있다고 인정하는 경우에는 등록부호의 높이, 폭 등을 따로 정할 수 있다.
② 부득이한 사유가 있다고 인정하는 경우에는 등록부호의 표시장소 등을 따로 정할 수 있다.
③ 관계 중앙행정기관의 장이 국토교통부장관과 협의하여 등록부호의 표시장소, 높이, 폭 등을 따로 정할 수 있다.
④ 관계 중앙행정기관의 장이 항공안전본부장과 협의하여 등록부호의 표시장소, 높이, 폭 등을 따로 정할 수 있다.

해설 항공안전법 시행규칙 제17조 2 참조

3 항공기기술기준 및 형식증명 등

01 **항공안전법에서 "항공기의 형식증명"이란?**

① 항공기의 강도·구조 및 성능에 관한 기준을 정하는 증명
② 항공기의 취급 또는 비행 특성에 관한 것을 명시하는 증명
③ 항공기의 감항성에 관한 기술을 정하는 증명
④ 항공기 형식의 설계에 관한 감항성을 별도로 하는 증명

해설 항공안전법 제20조

정답 38 ② 39 ① 40 ② 41 ④ 42 ④ / 01 ④

02 **다음 중 형식증명의 대상이 아닌 것은?**

① 항공기
② 발동기
③ 프로펠러
④ 자동조종장치 / 장비품

해설 항공안전법 제19조

03 **국토부장관이 고시하는 항공기기술기준에 포함되어야 할 사항이 아닌 것은?**

① 감항기준
② 환경기준
③ 감항성을 유지를 위한 기준
④ 정비기준

해설 항공안전법 제19조

04 **"형식증명 신청서"에 첨부할 서류가 아닌 것은?**

① 인증계획서
② 항공기 3면도
③ 발동기의 설계, 운용 특성에 관한 자료
④ 설계계획서

해설 항공안전법 시행규칙 제18조

05 **형식증명을 위한 검사 범위에 해당되지 않는 것은?**

① 해당 형식의 설계에 대한 검사
② 제작과정에 대한 검사
③ 완성 후의 상태 및 비행성능에 대한 검사
④ 제작공정의 설비에 대한 검사

해설 항공안전법 시행규칙 제20조

06 **형식증명을 받은 항공기등을 제작하고자 할 때 국토교통부장관으로부터 받을 수 있는 것은?**

① 감항증명 ② 제작증명
③ 형식증명승인 ④ 부품등제작자증명

해설 항공안전법 제22조

07 **"형식증명승인"에 대한 설명이 잘못된 것은?**

① 대한민국에 수출하려는 제작자는 국토부령으로 정하는 바에 따라 국토교통부장관의 승인을 받을 수 있다.
② 형식증명승인을 할 때에는 해당 항공기등이 항공기기술기준에 적합한지를 검사하여야 한다.
③ 대한민국과 항공안전에 관한 협정을 체결한 국가로부터 형식증명을 받은 항공기등도 검사를 받아야 한다.
④ 검사 결과 항공기등이 항공기기술기준에 적합하다고 인정할 때에는 국토교통부령으로 정하는 바에 따라 형식증명승인서를 발급하여야 한다.

해설 항공안전법 제21조

08 **형식증명승인을 위한 검사 범위로 맞는 것은?**

① 해당 형식의 설계가 감항성의 기준에 적합한지를 검사하여야 한다.
② 해당 형식의 설계, 제작과정에 대한 검사를 하여야 한다.
③ 해당 형식의 설계, 제작과정 및 완성 후의 상태에 대한 검사를 하여야 한다.
④ 해당 형식의 설계, 제작과정 및 완성 후의 상태와 비행성능에 대한 검사를 하여야 한다.

해설 항공안전법 시행규칙 제27조

09 **제작증명 신청서에 첨부하여야 할 서류가 아닌 것은?**

① 품질관리규정
② 제작 설비 및 인력 현황
③ 비행교범 또는 운용방식을 기재한 서류
④ 품질관리의 체계를 설명하는 자료

해설 항공안전법 시행규칙 제32조

정답 02 ④ 03 ④ 04 ④ 05 ④ 06 ② 07 ③ 08 ② 09 ③

10 항공기 "제작증명"을 위한 검사 범위가 아닌 것은?

① 제작기술
② 설계기술
③ 설비·인력·품질관리체계
④ 제작 관리 체계 및 제작과정

해설 항공안전법 시행규칙 제33조

11 항공기의 안전성을 확보하기 위한 기본적인 제도는?

① 성능 및 품질검사 ② 수리, 개조승인
③ 감항증명 ④ 형식증명

해설 항공안전법 제23조

12 항공기를 항공에 사용하기 위하여 필요한 절차는?

① 항공기의 등록 → 감항증명 → 시험비행
② 항공기의 등록 → 시험비행 → 감항증명
③ 시험비행 → 항공기의 등록 → 감항증명
④ 감항증명 → 항공기의 등록 → 시험비행

해설 항공안전법 제2장

13 감항증명 신청서는 누구에게 제출해야 하는가?

① 국토교통부장관
② 지방항공청장
③ 국토교통부장관 또는 지방항공청장
④ 해당 자치단체장

해설 항공안전법 시행규칙 제35조

14 항공기의 "감항증명"에 대한 설명이 잘못된 것은?

① 항공기가 안전하게 비행할 수 있는 성능이 있다는 증명이다.
② 항공기가 안전하게 비행할 수 있는 감항성이 있다는 증명이다.
③ 국토교통부령이 정하는 바에 따라 지방항공청장에게 이를 신청하여야 한다.
④ 감항증명은 대한민국 국적을 가진 항공기가 아니면 이를 받을 수 없다.

해설 항공안전법 제35조

15 감항증명은 누구에게 신청하여야 하는가?

① 국토교통부장관 ② 항공안전본부장
③ 항공교통본부장 ④ 해당 자치단체장

해설 항공안전법 제23조

16 감항증명은 검사희망일 며칠 전까지 신청하여야 하는가?

① 검사희망일 7일 전까지
② 검사희망일 10일 전까지
③ 검사희망일 15일 전까지
④ 검사희망일 20일 전까지

해설 항공기 기술기준 21.1.4

17 국내에서 제작하는 항공기에 대한 감항증명 신청 내용은?

① 설계의 초기에 신청하여야 한다.
② 제작의 착수 전에 신청하여야 한다.
③ 국토교통부장관이 정하여 고시하는 감항증명의 종류별로 신청하여야 한다.
④ 설계의 초기 또는 제작의 착수 전에 신청하여야 한다.

해설 항공기 기술기준 21.1.4

18 항공안전법 시행규칙 제35조 감항증명 신청서에 대한 설명으로 잘못된 것은?

① 감항증명 신청서는 국토교통부장관 또는 지방항공청장에게 제출하여야 한다.
② 비행교범을 지방항공청장에게 제출하여야 하지만, 연구·개발을 위한 특별감항증명에는 제외한다.
③ 정비교범 내용은 감항성 한계범위, 주기적 검사방법 또는 요건, 장비품, 부품 등의 사용한계등에 관한 사항을 지방항공청장에게 제출하여야 한다.
④ 수리교범을 지방항공청장에게 제출하여야 한다.

해설 항공안전법 시행규칙 제35조

정답 10 ② 11 ③ 12 ② 13 ③ 14 ③ 15 ① 16 ① 17 ④ 18 ④

19 **감항증명 신청 시 첨부하여야 할 서류가 아닌 것은?**

① 비행교범
② 정비교범
③ 해당 항공기의 정비방식을 기재한 서류
④ 감항증명과 관련하여 국토교통부장관이 필요하다고 인정하여 고시하는 서류

해설 항공안전법 시행규칙 제35조

20 **감항증명 신청 시 첨부하는 비행교범에 포함되지 않는 사항은?**

① 항공기의 종류 · 등급 · 형식 및 제원에 관한 사항
② 항공기의 성능 및 운용한계에 관한 사항
③ 항공기의 제작 · 정비 · 수리에 관한 사항
④ 항공기 조작방법 등 그 밖에 국토교통부장관이 정하여 고시하는 사항

해설 항공안전법 시행규칙 제35조

21 **"예외적으로 감항증명을 받을 수 있는 항공기"가 아닌 것은?**

① 국토교통부령으로 정하는 국내에서 제작하는 항공기
② 국내에서 수리 · 개조 또는 제작한 후 수출할 항공기
③ 대한민국 국적을 취득하기 전에 감항증명을 위한 검사를 신청한 항공기
④ 대한민국에서 사용하다 외국에 임대할 항공기

해설 항공안전법 시행규칙 제36조

22 **다음 중 항공에 사용할 수 있는 항공기는?**

① 국내에서 수리, 개조 또는 제작한 후 수출할 항공기
② 현지답사를 위해 일시적으로 비행하는 항공기
③ 형식증명을 변경하기 위하여 운용한계를 초과하지 않는 비행을 하는 항공기
④ 특별감항증명을 받은 항공기

해설 항공안전법 제23조

23 **특별감항증명의 대상이 되는 항공기가 아닌 것은?**

① 항공기의 제작자, 연구기관 등의 연구 및 개발 중인 항공기
② 재난 · 재해 등으로 인한 수색 · 구조에 사용하는 항공기
③ 항공기의 제작 · 정비 · 수리 또는 개조 후 시험비행을 하는 경우
④ 외국에서 수입하여 외국으로 임대할 항공기의 경우

해설 항공안전법 시행규칙 제37조
④는 예외적으로 감항증명을 받을 수 있는 항공기임.

24 **특별감항증명의 대상이 되는 항공기가 아닌 것은?**

① 항공기의 생산업체 또는 연구기관이 시험 · 조사 · 연구를 위하여 시험비행을 하는 경우
② 항공기의 제작 · 정비 · 수리 또는 개조 후 시험비행을 하는 경우
③ 운용한계를 초과하지 않는 시험비행을 하는 경우
④ 항공기를 수입하기 위하여 승객이나 화물을 싣지 아니하고 비행을 하는 경우

해설 항공안전법 시행규칙 제37조

25 **"특정한 업무"를 수행하기 위하여 사용하는 경우가 아닌 것은?**

① 재난 · 재해 등으로 인한 수색(搜索) · 구조에 사용되는 경우
② 산불의 진화 및 예방에 사용되는 경우
③ 응급환자의 수송 등 구조 · 구급활동에 사용되는 경우
④ 설계에 관한 형식증명을 위해 특별시험비행을 하는 경우

해설 항공안전법 시행규칙 제37조

정답 19 ③ 20 ③ 21 ④ 22 ④ 23 ④ 24 ③ 25 ④

26 **감항증명의 유효기간에 대한 설명으로 옳지 않은 것은?**

① 감항증명의 유효기간은 1년으로 한다.
② 정비조직인증을 받은 자의 감항성 유지 능력을 고려하여 국토교통부령으로 정하는 바에 따라 유효기간을 연장할 수 있다.
③ 정비 등을 위탁하는 경우에는 정비조직인증을 받은 자의 감항성 유지능력을 고려한다.
④ 감항증명의 유효기간을 연장할 수 있는 항공기는 항공기의 감항성을 지속적으로 유지하기 위하여 지방항공청장이 정하는 정비방법(고시)에 따라 정비 등이 이루어지는 항공기를 말한다.

해설 항공안전법 제23조, 시행규칙 제38조

27 **감항증명에 대한 설명 중 틀린 것은?**

① 감항증명을 받은 경우 유효기간 이내에는 감항성 유지에 대한 확인을 받지 않는다.
② 국토교통부장관이 승인한 경우를 제외하고는 대한민국 국적을 가진 항공기만 감항증명을 받을 수 있다.
③ 유효기간은 1년이며, 항공기의 형식 및 소유자등의 감항성 유지능력 등을 고려하여 연장이 가능하다.
④ 감항증명 당시의 항공기기술기준에 적합하지 아니한 경우에는 감항증명의 효력을 정지시키거나 유효기간을 단축시킬 수 있다.

해설 항공안전법 제23조

28 **감항증명의 유효기간을 연장할 수 있는 항공기는?**

① 항공운송사업에 사용되는 항공기
② 국제항공운송사업에 사용되는 항공기
③ 국토교통부장관이 정하여 고시하는 방법에 따라 정비 등이 이루어지는 항공기
④ 항공기의 종류, 등급 등을 고려하여 국토교통부장관이 정하여 고시하는 항공기

해설 항공안전법 시행규칙 제38조

29 **감항증명의 유효기간을 연장할 수 있는 경우는?**

① 항공기 소유자등의 정비능력등을 고려하여 국토교통부령으로 정하는 바에 따라 유효기간을 연장할 수 있다.
② 정비조직인증을 받은 자의 정비능력을 고려하여 기종별 소음등급에 따라 유효기간을 연장할 수 있다.
③ 정비조직인증을 받은 자에게 정비 등을 위탁하는 경우 유효기간을 연장할 수 있다.
④ 항공기의 감항성을 지속적으로 유지하기 위하여 관련 규정에 따라 정비등이 이루어지는 경우 유효기간을 연장할 수 있다.

해설 항공안전법 제23조

30 **감항증명을 할 때 검사의 일부를 생략할 수 있는 항공기가 아닌 것은?**

① 제20조의 규정에 의한 형식증명을 받은 항공기
② 제21조의 규정에 의한 형식증명승인을 얻은 항공기
③ 제22조의 규정에 의한 제작증명을 받은 자가 제작한 항공기
④ 법27조의 규정에 의한 기술표준품 형식승인을 받은 항공기

해설 항공안전법 제23조

31 **형식증명을 받은 항공기에 대한 감항증명을 할 때 생략할 수 있는 검사는?**

① 설계에 대한 검사
② 제작과정에 대한 검사
③ 설계에 대한 검사와 형식에 대한 검사
④ 설계에 대한 검사와 제작과정에 대한 검사

해설 항공안전법 시행규칙 제40조

정답 26 ④ 27 ① 28 ③ 29 ① 30 ④ 31 ①

32 형식증명승인을 받은 항공기에 대한 감항증명을 할 때 국토교통부령이 정하는 바에 따라 생략할 수 있는 검사는?

① 설계에 대한 검사
② 설계에 대한 검사와 제작과정에 대한 검사
③ 비행성능에 대한 검사
④ 제작과정에 대한 검사

해설 항공안전법 시행규칙 제40조

33 감항증명을 위한 검사 범위는?

① 설계, 제작과정 및 완성 후의 상태와 비행성능
② 설계, 제작과정 및 완성 후의 비행성능
③ 설계, 제작과정 및 완성 후의 상태
④ 설계, 완성 후의 상태와 비행성능

해설 항공안전법 시행규칙 제38조

34 감항증명서의 교부는 누가 하는가?

① 국토교통부장관 또는 지방항공청장
② 지방항공청장
③ 국토교통부장관
④ 공항공사 이사장

해설 항공안전법 시행규칙 제42조

35 항공기기술기준의 운용한계는 무엇에 의하여 지정하는가?

① 항공기의 감항분류
② 항공기의 사용연수
③ 항공기의 종류, 등급, 형식
④ 항공기의 중량

해설 항공안전법 시행규칙 제41조

36 항공기의 운용한계가 아닌 것은?

① 조작금지한계　② 적재한계
③ 대기속도한계　④ 고도한계

해설 항공안전법 시행규칙 제41조

37 항공기 소유자에게 교부되는 운용한계 지정서에 포함될 사항이 아닌 것은?

① 항공기의 종류 및 등급
② 항공기의 국적 및 등록기호
③ 항공기의 제작일련번호
④ 감항증명번호

해설 항공안전법 시행규칙 제39조 별지 18호

38 감항증명을 행한 항공기의 운용한계에 관한 사항이 아닌 것은?

① 고도한계에 관한 사항
② 항속거리한계
③ 발동기 운용성능에 관한 사항
④ 속도에 관한 사항

해설 항공안전법 시행규칙 제39조

39 감항증명서의 효력 정지를 명할 수 있는 경우는?

① 항공기가 감항증명 당시의 항공기기술기준에 적합하지 아니하게 된 경우
② 제21조의 규정에 의한 형식증명승인을 얻은 항공기
③ 제22조의 규정에 의한 제작증명을 받은 자가 제작한 항공기
④ 항공기를 수출하는 외국정부로부터 수입하는 항공기

해설 항공안전법 제23조

40 감항증명서를 반납하여야 하는 경우는?

① 지방항공청장이 감항증명의 효력을 정지시키고 반납을 명한 경우
② 감항증명의 유효기간이 단축된 경우
③ 감항증명의 유효기간이 경과된 경우
④ 운용한계의 지정사항이 변경된 경우

해설 항공안전법 시행규칙 제43조

정답 32 ② 33 ① 34 ① 35 ① 36 ① 37 ① 38 ② 39 ① 40 ①

41 항공기, 장비품 또는 부품에 대한 정비 등 명령에 대한 설명으로 틀린 것은?

① 해당되는 항공기등, 장비품 또는 부품의 형식
② 정비등을 하여야 할 시기 및 그 방법
③ 그 밖에 정비등을 수행하는 데 필요한 기술자료
④ 정비등을 완료한 후 그 이행 결과를 지방항공청장에게 통보하여야 한다.

해설 항공안전법 시행규칙 제45조

42 감항승인 신청서에 첨부하여야 하는 서류가 아닌 것은?

① 기술표준품형식승인기준에 적합함을 입증하는 자료
② 지방항공청장이 정한 서류
③ 제작사가 발행한 정비교범
④ 감항성개선 명령의 이행 결과 등

해설 항공안전법 시행규칙 제46조

43 감항승인을 위한 검사 범위가 아닌 것은?

① 해당 항공기등 부품의 상태 및 성능에 대하여 검사를 하여야 한다.
② 해당 항공기등 장비품의 상태 및 성능에 대하여 검사를 하여야 한다.
③ 해당 항공기등의 상태 및 성능에 대하여 검사를 하여야 한다.
④ 지방항공청장이 해당 항공기등의 성능에 대하여 검사를 하여야 한다.

해설 항공안전법 시행규칙 제47조

44 소음기준적합증명 대상 항공기는?

① 국제민간항공협약 부속서 16에 규정한 항공기
② 항공운송사업에 사용되는 터빈발동기를 장착한 항공기
③ 최대이륙중량 5,700kg을 초과하는 항공기
④ 터빈발동기를 장착한 항공기로서 국토교통부장관이 정하여 고시하는 항공기

해설 항공안전법 시행규칙 제49조

45 "항공기등의 감항승인" 내용이 아닌 것은?

① 국토부령으로 정하는 바에 따라 국토부장관 또는 지방항공청장에게 감항승인을 신청할 수 있다.
② 국토부장관 또는 지방항공청장은 해당 항공기등・장비품을 검사한 후 기술기준에 적합하다고 인정하는 경우에는 감항승인을 하여야 한다.
③ 항공기를 외국으로 수출하려는 경우에 항공기 감항승인을 신청해야 한다.
④ 발동기・프로펠러・장비품 또는 부품을 자가 사용할 경우에만 감항승인을 신청한다.

해설 항공안전법 제24조, 시행규칙 제46조, 제47조, 제48조

46 "소음기준적합증명"은 언제 받아야 하는가?

① 감항증명을 받을 때
② 형식증명을 받을 때
③ 운용한계를 지정할 때
④ 항공기를 등록할 때

해설 항공안전법 제25조

47 소음기준적합증명을 받아야 하는 항공기는?

① 터빈발동기를 장착한 항공기, 국제선을 운항하는 항공기
② 터빈발동기를 장착한 항공기, 국내선을 운항하는 항공기
③ 왕복발동기를 장착한 항공기, 국제선을 운항하는 항공기
④ 왕복발동기를 장착한 항공기, 국내선을 운항하는 항공기

해설 항공안전법 시행규칙 제49조

48 소음기준적합증명 신청은 어떻게 하는가?

① 10일 전까지 지방항공청장 또는 국토교통부장관에게 제출
② 10일 전까지 지방항공청장에게 제출
③ 15일 전까지 지방항공청장에게 제출
④ 15일 전까지 국토부장관에게 제출

해설 항공안전법 시행규칙 제50조

정답 41 ④ 42 ② 43 ④ 44 ① 45 ④ 46 ① 47 ① 48 ①

49 **"소음기준적합증명 신청서"에 첨부되는 서류가 아닌 것은?**

① 해당 항공기의 비행교범
② 해당 항공기가 소음기준에 적합하다는 사실을 증명할 수 있는 서류
③ 해당 항공기의 제작 증명서
④ 수리 또는 개조에 관한 기술사항을 적은 서류

해설 항공안전법 시행규칙 제50조

50 **소음기준적합증명의 검사 기준과 소음의 측정방법 등에 관한 세부적인 사항은 누가 정하는가?**

① 대통령령으로 정한다.
② 대통령이 정하여 고시한다.
③ 국토교통부령으로 정한다.
④ 국토교통부장관이 정하여 고시한다.

해설 항공안전법 시행규칙 제51조

51 **소음기준적합증명의 기준과 소음의 측정방법은?**

① 국제민간항공조약 부속서16에 의한다.
② 항공기 제작자가 정한 방법에 의한다.
③ 지방항공청장이 정하여 고시하는 바에 따른다.
④ 국토교통부장관이 정하여 고시하는 바에 따른다.

해설 항공안전법 시행규칙 제51조

52 **소음기준적합증명을 받지 않고 운항할 수 있는 경우가 아닌 항공기는?**

① 항공기 생산업체가 장비품 등의 연구 · 개발을 위하여 시험비행을 하는 경우
② 항공기의 제작 · 정비 · 수리 또는 개조 후 시험비행을 하는 경우
③ 항공기의 정비 또는 수리 · 개조를 위한 장소까지 공수비행을 하는 경우
④ 항공기의 설계 변경을 위하여 시험비행을 하는 경우

해설 항공안전법 시행규칙 제53조
항공기 설계 변경에 관한 형식증명을 위하여 운용한계를 초과하는 시험비행을 하는 경우

53 **기술표준품의 설계, 제작에 대한 형식승인을 신청할 때 필요한 서류가 아닌 것은?**

① 품질관리규정
② 감항성 확인서 / 제품식별서
③ 제조규격서 및 제품사양서
④ 적합성 확인서

해설 항공안전법 시행규칙 제55조 2 참고

54 **다음 중 설계, 제작하려는 경우 형식승인을 받아야 하는 것은?**

① 모든 장비품
② 사고한계 부품
③ 제작사에서 만든 부품
④ 국토교통부장관이 고시하는 장비품

해설 항공안전법 제27조

55 **형식승인이 면제되는 기술표준품이 아닌 것은?**

① 대한민국과 기술표준품의 형식승인에 관한 항공안전협정을 체결한 국가로부터 형식승인을 받은 기술표준품
② 감항증명을 받은 그 항공기에 포함되어 있는 기술표준품
③ 형식증명(승인)을 받은 그 항공기에 포함되어 있는 기술표준품
④ 제작증명을 받은 그 항공기에 포함되어 있는 기술표준품

해설 항공안전법 제27조, 시행규칙 제56조 1, 2, 3
④는 해당되지 않음

56 **기술표준품 형식승인의 검사 범위가 아닌 것은?**

① 기술기준에 적합하게 설계되었는지 여부
② 설계 · 제작과정에 적용되는 품질관리체계
③ 장비품 및 부품의 식별서
④ 기술표준품관리체계

해설 항공안전법 시행규칙 제57조

정답 49 ③ 50 ④ 51 ④ 52 ④ 53 ② 54 ④ 55 ④ 56 ③

57 **기술표준품형식승인 검사를 할 때 품질관리체계에 포함되는 내용이 아닌 것은?**

① 기술표준품을 제작할 수 있는 기술
② 기술표준품을 제작할 수 있는 조직
③ 기술표준품을 제작할 수 있는 설비
④ 기술표준품을 제작할 수 있는 인력

해설 항공안전법 시행규칙 제57조

58 **기술표준품형식승인의 발급기준이 아닌 것은?**

① 검사 결과 해당 기술표준품이 기술기준에 적합하다고 판단되는 경우
② 기술표준품을 제작할 수 있는 기술, 설비 및 인력 등이 적합하다고 판단되는 경우
③ 기술표준품의 제조시설을 이전·축소 또는 확장하는 경우에는 그 사실을 10일 이내 지방항공청장에게 서면으로 보고
④ 설계·제작과정에 적용되는 품질관리체계가 적합하다고 판단되는 경우

해설 항공안전법 제27조, 시행규칙 제58조 ①, ② 참고

59 **기술표준품형식승인서에 기록되지 않는 것은?**

① 기술표준품 명칭
② 기술표준품 부품번호
③ 유효기간
④ 적용 최소성능표준

해설 항공안전법 시행규칙 제58조

60 **항공기기술기준위원회에 대한 설명으로 옳은 것은?**

① 국제민간항공조약 부속서를 고시한다.
② 대한민국과 항공안전협정을 체결한 국가의 기준을 고시한다.
③ 항공기기술기준 제·개정안을 심의·의결한다.
④ 위원회의 구성, 위원의 선임기준 및 임기 등은 대통령령으로 정한다.

해설 항공안전법 시행규칙 제60조

61 **항공기 부품등제작자증명을 받지 않아도 되는 부품은?**

① 전시 또는 연구의 목적으로 제작되는 장비품 또는 부품
② 훈련목적으로 제작되는 장비품 또는 부품
③ 제작승인을 얻어 제작하는 기술표준품
④ 군사목적으로 제작되는 장비품 또는 부품

해설 항공안전법 제28조, 시행규칙 제63조

62 **항공기에 사용할 장비품 또는 부품을 제작하고자 하는 경우 국토교통부장관의 부품등제작자증명을 받아야 하는 경우는?**

① 형식증명 당시 장착되었던 장비품 또는 부품의 제작자가 제작하는 동종의 장비품 또는 부품
② 제작증명을 받아 제작하는 기술표준품
③ 기술표준품형식승인을 받아 제작하는 기술표준품
④ 산업표준화법에 따라 인증받은 항공분야 장비품 또는 부품

해설 항공안전법 제28조, 시행규칙 제63조

63 **부품등제작자증명 신청서에 첨부할 서류가 아닌 것은?**

① 품질관리규정
② 적합성 계획서 또는 확인서
③ 제작자, 제작번호 및 제작 연월일
④ 장비품 및 부품의 식별서

해설 항공안전법 시행규칙 제61조

64 **부품등제작자증명의 검사범위가 아닌 것은?**

① 해당 부품의 설계적합성
② 해당 부품의 품질관리체계
③ 해당 부품의 제작과정
④ 제조규격서 및 제품사양서

해설 항공안전법 시행규칙 제62조 ①, ② 참고

정답 57 ② 58 ③ 59 ③ 60 ③ 61 ① 62 ② 63 ③ 64 ④

65 **부품등제작자증명서의 발급내용이 잘못된 것은?**

① 검사 결과 기술기준에 적합하다고 판단되면 부품등제작자증명서를 발급하여야 한다.
② 해당 부품등이 장착될 항공기등의 형식을 지정하여야 한다.
③ 해당 부품등에 대하여 부품등제작증명을 받았음을 표시할 수 있다.
④ 기술표준품의 형식승인은 "부품등 제작형식 승인"으로 본다.

해설 항공안전법 시행규칙 제64조

66 **감항증명을 받은 항공기의 소유자등이 해당 항공기를 국토교통부령으로 정하는 범위 안에서 수리 또는 개조하고자 하는 경우 누구의 승인을 받아야 하는가?**

① 항공기기술기준에 적합한지에 관하여 국토부장관의 승인을 받아야 한다.
② 항공기기술기준에 적합한지에 관하여 지방항공청장의 승인을 받아야 한다.
③ 대통령령이 정하는 수리 · 개조 사항에 대하여 국토교통장관의 승인을 받아야 한다.
④ 국토교통부령이 정하는 수리 · 개조 사항에 대하여 국토부장관의 승인을 받아야 한다.

해설 항공안전법 제30조

67 **항공기의 수리 · 개조승인을 얻어야 하는 수리 또는 개조의 범위는?**

① 정비조직인증을 받은 업무 범위 안에서 항공기를 수리 · 개조하는 경우
② 정비조직인증을 받은 업무 범위를 초과하여 항공기를 수리 · 개조하는 경우
③ 정비조직인증을 받은 자가 항공기 등을 수리 · 개조하는 경우
④ 정비조직인증을 받은 자에게 항공기 등의 수리 · 개조를 위탁하는 경우

해설 항공안전법 시행규칙 제65조

68 **정비조직인증을 받은 업무 범위를 초과하여 항공기를 수리 · 개조한 경우에는 어떻게 하여야 하는가?**

① 국토교통부장관의 검사를 받아야 한다.
② 국토교통부장관의 승인을 받아야 한다.
③ 항공정비사 자격증명을 가진 자에 의하여 확인을 받아야 한다.
④ 국토교통부장관에게 신고하여야 한다.

해설 항공안전법 제30조, 시행규칙 제65조

69 **수리 · 개조승인의 신청은 어떻게 하는가?**

① 작업착수 10일 전 지방항공청장에게
② 작업착수 10일 전 국토교통부장관에게
③ 작업착수 15일 전 지방항공청장에게
④ 작업착수 15일 전 국토교통부장관에게

해설 항공안전법 시행규칙 제66조

70 **수리 또는 개조의 승인 신청 시 첨부하여야 할 서류는?**

① 수리 또는 개조 방법과 기술등을 설명하는 자료
② 수리 또는 개조설비, 인력현황
③ 수리 또는 개조규정
④ 수리 또는 개조계획서

해설 항공안전법 시행규칙 제61조

71 **기술기준에 적합할 때, 수리 · 개조 승인을 받은 것으로 볼 수 없는 경우는?**

① 기술표준품형식승인을 받은 자가 제작한 기술표준품을 그가 수리 · 개조하는 경우
② 부품등제작자증명을 받은 자가 제작한 장비품 또는 부품을 그가 수리 · 개조하는 경우
③ 성능 및 품질검사를 받은 자가 수리 · 개조하는 경우
④ 정비조직인증을 받은 자가 항공기등, 장비품 또는 부품을 수리 · 개조하는 경우

해설 항공안전법 제30조 ①, ②, ③ 참고

정답 65 ④ 66 ① 67 ② 68 ② 69 ① 70 ④ 71 ③

72 **항공기등의 수리·개조승인의 검사 범위가 아닌 것은?**

① 지방항공청장은 수리신청을 받은 경우에는 수리계획서가 기술기준에 적합하게 이행될 수 있을지 여부를 확인한 후 승인하여야 한다.
② 지방항공청장은 개조신청을 받은 경우에는 개조계획서가 기술기준에 적합하게 이행될 수 있을지 여부를 확인한 후 승인하여야 한다.
③ 지방항공청장은 수리신청을 받은 경우에 수리계획서만으로 곤란하다고 판단되는 때에는 작업완료 후 수리결과서에 작업지시서 수행본 1부를 첨부하여 제출하는 것을 조건으로 승인할 수 있다.
④ 지방항공청장은 개조계획서만으로 확인이 곤란하다고 판단되는 때에는 작업완료 후 수리결과서를 제출하는 것을 조건으로 승인할 수 있다.

해설 항공안전법 시행규칙 제67조

73 **감항증명을 받은 항공기를 기술표준품형식승인을 받은 자가 제작한 기술표준품으로 그가 수리·개조하였을 때 해당되지 않는 것은?**

① 해당 항공기의 감항성을 확보한다.
② 수리·개조승인을 받은 것으로 본다.
③ 해당 항공기의 감항증명의 유효기간에 의하여 규제된다.
④ 해당 항공기의 감항성 유무에 관한 보고를 국토교통부장관에게 한다.

해설 항공안전법 제30조 ①, ②, ③ 참고

74 **항공기등의 검사관으로 임명 또는 위촉될 수 있는 사람은?**

① 항공정비사 자격증명을 받은 사람
② 항공공장정비사 자격증명을 받은 사람
③ 항공산업기사 자격을 취득한 사람
④ 5년 이상 항공기의 설계, 제작, 정비 또는 품질보증 업무에 종사한 경력이 있는 사람

해설 항공안전법 제31조

75 **항공기 감항검사관 임명 또는 위촉대상이 아닌 것은?**

① 법 제35조 제8호의 항공정비사 자격증명을 받은 사람
② 국가기술자격법에 의한 항공기사 이상의 자격을 취득한 사람
③ 국가기관등 항공기의 품질보증업무에 5년 이상 종사한 경력이 있는 사람
④ 항공 관련 학사학위를 취득한 후 설계·제작·정비업무 등에 종사한 경력이 있는 사람

해설 항공안전법 제31조 ②
학사 이상의 학위를 취득한 후 3년 이상의 항공기의 설계·제작·정비 또는 품질보증업무에 종사한 경력이 있는 사람

76 **항공기등의 정비등의 확인 행위는?**

① 법 제35조 제6호의 항공정비사 자격증명을 가진 사람이 항공기등에 대하여 감항성 확인
② 법 제35조 제7호의 항공정비사 자격증명을 가진 사람이 장비품에 대하여 감항성 확인
③ 법 제35조 제8호의 항공정비사 자격증명을 가진 사람이 장비품, 부품에 대하여 감항성 확인
④ 법 제35조 제9호의 항공정비사 자격증명을 가진 사람이 장비품, 부품에 대하여 감항성 확인

해설 항공안전법 제32조

77 **“경미한 정비”의 범위는?**

① 감항성에 미치는 영향이 경미한 개조작업
② 복잡한 결합작용을 필요로 하는 규격장비품 또는 부품의 교환작업
③ 간단한 보수를 하는 예방작업으로서 리깅 또는 간극의 조정작업
④ 법 제32조의 행위를 하는 경우

해설 항공안전법 시행규칙 제68조

정답 72 ① 73 ④ 74 ① 75 ④ 76 ③ 77 ③

78 국토교통부령으로 정하는 "국외 정비확인자의 자격"이 없는 자는?

① 외국정부가 발급한 항공정비사 자격증명을 받은 사람
② 외국정부의 항공정비사 자격증명을 가진 사람
③ 외국정부가 인정한 항공기의 수리사업자
④ 외국정부가 인정한 항공기 정비사업자에 소속된 사람으로서 항공정비사 자격증명을 받은 사람과 같거나 그 이상의 능력이 있는 사람

해설 항공안전법 시행규칙 제71조

79 다음 중 국외 정비확인자의 자격 조건으로 맞는 것은?

① 외국정부로부터 자격증명을 받은 사람
② 법 제97조의 규정에 의한 정비조직인증을 받은 외국의 항공기 정비업자
③ 외국정부가 인정한 항공기의 수리사업자로서 항공정비사 자격증명을 받은 사람과 같거나 그 이상의 능력이 있다고 국토교통부장관이 인정한 사람
④ 외국정부가 인정한 항공기 정비사업자에 소속된 사람으로서 항공정비사 자격증명을 받은 사람과 같거나 그 이상의 능력이 있다고 국토교통부장관이 인정한 사람

해설 항공안전법 시행규칙 제71조

80 국외 정비확인자 인정의 유효기간은?

① 6개월
② 1년
③ 2년
④ 국토교통부장관이 정하는 기간

해설 항공안전법 시행규칙 제73조 ③

4 항공기기술기준

01 항공기의 항행안전을 확보하기 위한 기술상의 기준에 적합한지 여부를 검사하여야 하는 경우가 아닌 것은?

① 항공안전법 제20조의 규정에 의한 형식증명
② 항공안전법 제23조의 규정에 의한 감항증명
③ 항공안전법 제25조의 규정에 의한 소음기준적합증명
④ 항공안전법 제30조의 규정에 의한 수리·개조승인

해설 소음기준적합증명은 감항증명의 일환임.

02 임계발동기라 함은 해당 발동기가 정지하였을 때 어떤 영향을 주는 발동기인가?

① 항공기의 성능 또는 조종특성이 있는 발동기
② 항공기의 성능 또는 조종특성에 가장 심각한 영향을 미치는 발동기
③ 항공기의 성능 또는 조종특성에 가장 심각한 영향을 미치지 않는 발동기
④ 항공기의 성능 또는 조종특성이 없는 발동기

03 승무원 및 승객의 설계단위중량은 얼마인가?

① 67kg/인 ② 72kg/인
③ 77kg/인 ④ 80kg/인

04 설계단위중량 중 틀린 것은?

① 연료 0.62kg/ℓ
② 윤활유 0.9kg/ℓ
③ 승무원 77kg/인(사람)
④ 승객 77kg/인(사람)

해설 항공기 기술기준 part 1 총칙 1.3 정의

05 안전벨트 또는 박대는 착용자의 중량을 얼마로 산정하는가?

① 150lbs ② 160lbs
③ 170lbs ④ 180lbs

정답 78 ③ 79 ④ 80 ② / 01 ③ 02 ② 03 ③ 04 ① 05 ③

06 감항분류 기호 중 비행기 U(실용)의 최대인가 이륙 중량은?

① 2,740kg 이하　② 5,670kg 이하
③ 7,520kg 이하　④ 15,170kg 이하

07 다음 중 비행기의 감항분류에 해당되지 않는 것은?

① U　② T
③ N　④ X

08 비행기의 감항분류에 해당되는 것은?

① 보통, 실용, 곡예, 커뮤터, 수송
② 보통, 특수, 곡예, 커뮤터, 수송
③ 보통, 실용, 특수, 커뮤터, 수송
④ 보통, 실용, 곡예, 커뮤터, 특수

09 비행기의 감항분류와 그 기호가 잘못 연결된 것은?

① 수송: T　② 곡예: A
③ 보통: N　④ 실용: C / 곡예: K

10 비행기의 감항분류 기호 U(Utility)는?

① 최대인가 이륙중량 5,670kg 이하이며 곡기비행을 하지 않도록 설계된 비행기
② 최대인가 이륙중량 5,670kg 이하 비행기
③ 최대인가 이륙중량 5,670kg 이하이며 제한된 곡기비행을 할 수 있게 설계된 비행기
④ 최대인가 이륙중량 5,700kg을 초과하는 수송류 비행기

11 헬리콥터의 감항분류에 속하지 않는 것은?

① N　② TA
③ TB　④ U

12 MTOW이 3,100kg(7,000lbs) 이하인 헬리콥터의 감항분류는?

① TA　② TB
③ N　④ U

13 헬리콥터의 감항분류 기호를 잘못 설명한 것은?

① 감항분류 보통기호 N은 최대중량 3,100kg (7,000lb) 이하이며, 탑승자가 9인 이하의 헬리콥터이다.
② 감항분류 수송기호 TA는 최대중량이 9,000kg (20,000lb)을 초과하고, 승객 좌석수가 10개 이상인 헬리콥터는 수송 TA급에 대한 형식증명을 받아야 한다.
③ 감항분류 수송기호 TB는 최대중량이 9,000kg (20,000lb) 이하이고, 승객 좌석 수가 9개 이하인 헬리콥터는 수송 TB급에 대한 형식증명을 받을 수 있다.
④ 감항분류 수송기호 U는 조종사 좌석을 제외한 좌석이 9인승 이하이고, 최대인가 이륙중량이 5,670kg(12,500lb) 이하이며, 제한된 곡기비행을 할 수 있게 설계된 비행기이다.

해설 헬리콥터 감항분류 N, TA, TB로 분류

14 비상 탈출구의 게시판 및 그 조작위치는 무슨 색으로 도색하는가?

① 백색　② 녹색
③ 적색　④ 황색

15 우리나라 국적기호 HL은 어떻게 선정되었는가?

① 국제전기통신조약에 의해 ICAO가 선정한 것이다.
② 국제전기통신조약에 의해 국토교통부가 선정한 것이다.
③ 국제전기통신조약에 의해 무선국의 호출부호 중에서 선정한 것이다.
④ 국제전기통신조약에 의해 IATA에 통보한 것이다.

16 최소장비목록(MEL)의 제정권자는?

① 항공기 제작사
② 전문검사기관
③ 국토교통부장관
④ 지방항공청장

정답 06 ② 07 ④ 08 ① 09 ④ 10 ③ 11 ④ 12 ③ 13 ④ 14 ③ 15 ③ 16 ①

5 항공종사자 등

01 항공종사자의 자격증명 응시연령이 잘못된 것은?

① 자가용 조종사는 만 17세
② 사업용 조종사는 만 18세
③ 경량항공기 조종사는 만 18세
④ 항공정비사는 만 18세

해설 항공안전법 제34조, 제109조 ②
경량항공기 조종사는 17세 미만은 받을 수 없음.

02 항공종사자의 자격증명 응시연령에 관한 설명 중 맞는 것은?

① 자가용 조종사의 자격은 만 18세, 다만 자가용 활공기 조종사의 경우에는 만 16세로 한다.
② 사업용 조종사, 항공사, 항공기관사 및 항공정비사의 자격은 만 20세
③ 운송용 조종사 및 운항관리사의 자격은 만 21세
④ 부조종사 및 항공사의 자격은 만 20세

해설 항공안전법 제34조

03 항공정비사 자격증명 취소처분을 받고 다시 취득할 수 있을 때까지의 유효기간은?

① 1년 경과 ② 2년 경과
③ 3년 경과 ④ 4년 경과

해설 항공안전법 제34조

04 항공작전기지에서 근무하는 군인이 자격증명이 없더라도 국방부장관으로부터 자격인정을 받아 수행할 수 있는 업무는?

① 조종 ② 관제
③ 항공정비 ④ 급유 및 배유

해설 항공안전법 제34조

05 항공종사자 자격증명의 종류가 아닌 것은?

① 운송용 조종사 ② 항공사
③ 객실승무원 ④ 부조종사

해설 항공안전법 제35조

06 항공안전법 제36조의 "업무범위"가 아닌 것은?

① 자격증명의 종류에 따른 항공업무 외의 항공업무에 종사하여서는 아니 된다.
② 정비등을 한 항공기등, 장비품에 대하여 감항성을 확인하는 행위
③ 정비를 한 경량항공기에 대하여 안전하게 운용할 수 있음을 확인하는 행위
④ 운송용 조종사의 업무를 자가용 조종사의 자격을 가진 자가 할 수 있는 행위

해설 항공안전법 제36조

07 자격증명의 업무범위에 대한 설명 중 틀린 것은?

① 국토교통부령으로 정하는 항공기의 경우 국토교통부장관이 허가한 경우에는 적용하지 않는다.
② 새로운 종류의 항공기의 경우 국토교통부장관이 허가한 경우에는 적용하지 않는다.
③ 새로운 등급 또는 형식의 항공기의 경우 국토교통부장관이 허가한 경우에는 적용하지 않는다.
④ 항공기의 개조 후 시험비행을 하는 경우 국토교통부장관이 허가한 경우에는 적용하지 않는다.

해설 항공안전법 제36조 ③ 참고

08 항공안전법 및 관련 규정에 따라 지방항공청장에게 신고를 하지 않고 조종할 수 있는 것은?

① 중급 또는 초급 활공기
② 무인비행장치
③ 헬리콥터
④ 초경량비행장치

해설 항공안전법 제36조

09 무상으로 운항하는 항공기를 보수를 받고 조종하는 행위를 하는 항공종사자는?

① 자가용 조종사 ② 운송용 조종사
③ 사업용 조종사 ④ 시험비행 조종사

해설 항공안전법 제36조 별표 참고

정답 01 ③ 02 ③ 03 ② 04 ② 05 ③ 06 ④ 07 ④ 08 ① 09 ③

10 항공기에 탑승한 항공기관사의 업무범위는?

① 그 위치 및 항로의 측정과 항공상의 자료를 산출하는 행위
② 운항에 필요한 사항을 확인하는 행위
③ 비행계획의 작성 및 변경을 하는 행위
④ 조종장치의 조작을 제외한 발동기 및 기체를 취급하는 행위

해설 항공안전법 제36조 별표 참고

11 항공정비사의 업무범위를 두 가지 고르시오.

① 정비등을 한 항공기등, 장비품 또는 부품에 대하여 감항성을 확인하는 행위
② 정비를 한 경량항공기 또는 그 장비품·부품에 대하여 안전하게 운용할 수 있음을 확인하는 행위
③ 정비 또는 수리, 개조한 항공기에 대하여 법 제30조에 따른 확인을 하는 행위
④ 정비 또는 개조한 항공기(경미한 정비 및 법 제30조 제1항에 따른 수리, 개조는 제외)에 대하여 법 제32조에 따른 확인을 하는 행위

해설 항공안전법 제36조 별표 참고

12 항공기의 종류와 등급의 한정을 바르게 설명한 것은?

① 국토교통부장관은 자격증명을 받고자 하는 자가 실기시험에 사용하는 항공기의 종류와 등급으로 한정하여야 한다.
② 국토교통부장관은 자격증명을 받고자 하는 자가 실기시험에 사용하는 항공기의 종류·등급 또는 형식으로 한정하여야 한다.
③ 국토교통부장관은 자격증명을 받고자 하는 자가 실기시험에 사용하는 항공기의 형식으로 한정하여야 한다.
④ 국토교통부장관은 항공정비사에 대하여는 자격증명을 받고자 하는 자가 실기시험에 사용하는 항공기의 종류와 등급으로 한정하여야 한다.

해설 항공안전법 시행규칙 제81조

13 항공기에 탑승하지 않고 항공업무를 수행하는 항공종사자는?

① 조종사 ② 항공사
③ 운항관리사 ④ 항공기관사

해설 항공안전법 제36조 별표 참고

14 자격증명의 한정을 바르게 설명한 것은?

① 항공기의 종류, 등급 또는 형식에 의한다.
② 항공업무에 의한다.
③ 항공종사자의 기능에 의한다.
④ 항공종사자 자격에 의한다.

해설 항공안전법 제37조

15 자격증명의 형식 한정을 하지 않아도 되는 것은?

① 운항관리사 ② 항공기관사
③ 자가용 조종사 ④ 항공정비사

해설 항공안전법 제37조

16 운항관리사의 업무범위가 아닌 것은?

① 항공기 운항상의 자료 산출
② 비행계획의 작성 및 변경
③ 항공기 연료 소비량의 산출
④ 항공기 운항의 통제 및 감시

해설 항공안전법 제36조 별표 참고

17 항공기 종류의 한정은 어떻게 구분하는가?

① 비행기, 헬리콥터, 비행선, 활공기, 항공우주선
② 육상단발 및 육상다발
③ 수상기의 경우 수상단발 및 수상다발
④ 활공기의 경우 상급 및 중급 항공기

해설 항공안전법 시행규칙 제81조

18 다음 중 항공기의 종류에 해당되지 않는 것은?

① 비행기 ② 비행선
③ 수상기/수상비행선 ④ 항공우주선

해설 항공안전법 시행규칙 제81조

정답 10 ④ 11 ①, ② 12 ② 13 ③ 14 ① 15 ① 16 ① 17 ① 18 ③

19 **항공기 등급의 한정에 대한 설명으로 틀린 것은?**

① 육상기의 경우에는 육상단발 및 육상다발로 구분한다.
② 수상기의 경우 수상단발 및 수상다발로 구분한다.
③ 활공기의 경우에는 상급 및 중급으로 구분한다.
④ 항공정비사의 경우에는 육상단발 및 육상다발로 구분한다.

해설 항공안전법 시행규칙 제81조

20 **항공기 형식의 한정에 대한 설명이 아닌 것은?**

① 비행교범에 2명 이상의 조종사가 필요한 것으로 되어 있는 항공기
② "가" 외에 국토교통부장관이 지정하는 형식의 항공기
③ 항공기관사의 경우에는 모든 형식의 항공기
④ 항공교통관제사의 경우에는 모든 형식의 항공기

해설 항공안전법 시행규칙 제81조

21 **항공정비사의 자격증명에 대한 한정은?**

① 항공기의 종류에 의한다.
② 항공기 종류 및 정비업무 범위에 의한다.
③ 항공기 등급 및 정비업무 범위에 의한다.
④ 항공기 종류, 등급 또는 형식에 의한다.

해설 항공안전법 제37조

22 **항공종사자 시험 실시의 내용이 잘못된 것은?**

① 지식 및 능력에 관하여 학과시험 및 실기시험에 합격하여야 한다.
② 항공기 탑승경력 및 정비경력 등을 심사하여야 한다.
③ 형식에 대한 최초의 자격증명의 한정은 실기시험에 의하여 심사할 수 있다.
④ 항공기의 종류 · 등급 또는 형식별로 한정 심사를 하여야 한다.

해설 항공안전법 제38조 ①, ②, ③ 참고

23 **항공정비사의 자격증명을 한정하는 경우 정비업무 범위가 아닌 것은?**

① 기체 관련 분야
② 왕복발동기 관련 분야
③ 착륙장치 / 장비품 관련 분야
④ 터빈발동기 관련 분야

해설 항공안전법 시행규칙 제81조

24 **다음 중 종사할 수 있는 업무의 범위를 한정하는 항공종사자는? 또는 조작 또는 정비할 수 있는 업무범위가 한정되어 있는 자격증명은?**

① 항공기관사 ② 부조종사
③ 운송용조종사 ④ 항공정비사

해설 항공안전법 시행규칙 제81조

25 **항공종사자 시험의 일부 또는 전부를 면제 받을 수 없는 사람은?**

① 외국정부로부터 자격증명을 받은 사람
② 법 제48조의 규정에 의한 전문교육기관의 교육과정을 이수한 사람
③ 군기술학교의 교육 이수 및 해당 항공업무에 3년 이상의 실무경험이 있는 사람
④ 「국가기술자격법」에 의한 항공기술분야의 자격을 가진 사람

해설 항공안전법 제38조

26 **항공정비사 자격증명 시험에 응시할 수 없는 사람은?**

① 4년 이상의 항공기 정비 경력이 있는 사람
② 고등교육법에 의한 대학 및 전문대학에서 항공정비사에 필요한 과정을 이수한 사람
③ 국토교통부장관이 지정한 전문교육기관에서 항공기 정비에 필요한 과정을 이수한 사람
④ 고등교육법에 의한 대학 및 전문대학을 졸업하고, 6개월 이상의 정비실무경력 또는 교육 이수 전에 정비실무경력이 1년 이상인 사람

해설 항공안전법 시행규칙 제75조 별표 4

정답 19 ④ 20 ④ 21 ② 22 ③ 23 ③ 24 ④ 25 ③ 26 ②

27 **항공 "업무 범위 한정"이 필요한 항공정비사 자격증명을 신청할 수 있는 사람은?**

① 정비업무 분야에서 3년 이상의 정비와 개조의 실무경력이 있는 사람
② 3년 이상의 정비와 개조의 실무경력과 1년 이상의 검사경력이 있는 사람
③ 전문교육기관에서 2년 이상의 교육을 받은 사람
④ 고등교육법에 의한 전문대학 이상의 교육기관에서 필요한 과정을 이수한 사람

해설 항공안전법 시행규칙 제75조 별표 4

28 **항공정비사의 시험과목 및 범위로 틀린 것은?**

① 항공법규는 해당 업무에 필요한 항공법규
② 정비일반의 이론과 항공기의 중심위치의 계산 등에 관한 지식
③ 항공발동기는 구조・성능・정비에 관한 지식과 항공기 연료・윤활유에 관한 지식
④ 항공장비는 장비품의 구조・성능・정비 및 전기・전자・계기에 관한 지식

해설 항공안전법 시행규칙 제82조 별표 5
(개정 2020. 2. 28)

29 **항공정비사 자격증명의 학과시험 과목이 아닌 것은?**

① 항공법규　② 정비일반
③ 항공유압　④ 전자・전기・계기

해설 항공안전법 시행규칙 제82조 별표 5
(개정 2020. 2. 28)

30 **자격증명시험 또는 한정심사의 일부 과목 또는 전 과목에 합격한 사람의 유효기간은?**

① 1년　② 2년
③ 3년　④ 4년

해설 항공안전법 시행규칙 제85조

31 **자격증명을 받은 사람이 다른 자격증명을 받기 위해 응시하는 경우는?**

① 국토교통부장관이 인정한 경우 학과시험의 일부를 면제할 수 있다.
② 한국교통안전공단이사장이 인정한 경우 학과시험의 일부를 면제할 수 있다.
③ 지방항공청장이 인정한 경우 학과시험의 일부를 면제할 수 있다.
④ 항공법 시행규칙 별표 6에 따라 학과시험의 일부를 면제할 수 있다.

해설 항공안전법 시행규칙 제86조 별표 6

32 **항공정비사 자격시험에서 실기시험이 일부 면제되는 경우는?**

① 대학을 졸업하고 항공정비사 학과시험의 범위를 포함하는 각 과목을 이수한 사람
② 3년 이상 항공정비에 관한 실무경험이 있는 사람
③ 외국정부가 발행한 항공정비사 자격증명을 소지한 사람
④ 항공정비사 자격증명을 받고, 3년의 실무경력이 있는 사람

해설 항공안전법 시행규칙 제88조

33 **항공정비사 자격증명 시험에 응시하는 경우 학과시험 일부를 면제 받을 수 없는 사람은?**

① 항공기술사 자격을 취득한 사람
② 항공기사 자격을 취득한 후 항공기 정비업무에 1년 이상 종사한 경력이 있는 사람
③ 항공산업기사 자격 취득 후 항공기 정비업무에 2년 이상 종사한 경력이 있는 사람
④ 항공정비기능사 자격 취득 후 항공기 정비업무에 3년 이상 종사한 경력이 있는 사람

해설 항공안전법 제38조, 시행규칙 제88조

정답 27 ② 28 ④ 29 ③ 30 ② 31 ② 32 ③ 33 ④

34 **항공안전법 시행규칙 제89조 "한정심사의 면제" 대상이 아닌 것은?**

① 국토교통부장관이 지정한 외국의 전문교육기관을 이수한 조종사
② 국토교통부장관이 지정한 외국의 전문교육기관을 이수한 항공기관사
③ 항공정비사의 경우 해당 종류의 항공기 정비 실무경력이 5년 이상인 자
④ 조종사의 경우에는 해당 등급의 비행경력이 1,000시간 이상인 자

해설 항공안전법 시행규칙 제89조 별표 7

35 **자격증명의 효력에 대한 설명으로 맞는 것은?**

① 그 상급의 자격증명을 받은 경우에는 종전의 자격에 관한 항공기의 등급·형식의 한정에 관하여도 유효하다.
② 그 상급의 자격증명을 받은 경우에는 종전의 자격에 관한 항공기의 등급·형식의 계기비행증명 자격증명에 관하여도 유효하다.
③ 그 상급의 자격증명을 받은 경우에는 종전의 자격에 관한 항공기의 등급·형식의 계기비행증명·조종교육증명에 관한 자격증명에 관하여도 유효하다.
④ 항공정비사의 자격증명을 받은 사람이 비행기 한정을 받은 경우에는 활공기에 대한 한정을 함께 받은 것으로 본다.

해설 항공안전법 시행규칙 제90조

36 **항공정비사 자격증명을 받은 사람이 비행기 한정을 받은 경우에 대한 설명 중 맞는 것은?**

① 모든 종류의 항공기에 대한 자격증명을 받은 것으로 본다.
② 헬리콥터에 대한 자격증명을 받은 것으로 본다.
③ 활공기에 대한 자격증명을 받은 것으로 본다.
④ 비행선에 대한 자격증명을 받은 것으로 본다.

해설 항공안전법 시행규칙 제90조

37 **모의비행장치를 이용한 자격증명 실기시험의 실시 내용이 아닌 것은?**

① 항공기 대신 모의비행장치를 이용하여 실기시험을 실시할 수 있다.
② 모의비행장치를 이용한 탑승경력은 항공기 탑승경력으로 본다.
③ 항공기 대신 모의비행장치를 이용하여 구술시험을 실시할 수 있다.
④ 모의비행장치의 지정기준 등에 관하여 필요한 사항은 국토부령으로 정한다.

해설 항공안전법 제39조

38 **모의비행장치의 지정기준으로 틀린 것은?**

① 모의비행장치의 설치과정 및 개요에 대하여 지정받아야 한다.
② 교관의 자격·경력 및 정원에 대하여 지정받아야 한다.
③ 모의비행장치의 성능·점검요령에 대하여 지정받아야 한다.
④ 모의비행장치의 관리 및 정비방법에 대하여 지정받아야 한다.

해설 항공안전법 시행규칙 제91조

39 **항공기 승무원 신체검사의 유효기간이 잘못된 것은?**

① 항공운송사업에 종사하는 60세 이상인 사람은 6개월
② 자가용 조종사 40세 미만은 24개월
③ 항공교통관제사 50세 미만은 24개월
④ 항공기관사는 12개월

해설 항공안전법 시행규칙 제92조
자가용 조종사 40세 미만은 60개월

40 **항공업무에 종사하는 경우 항공신체검사증명을 받지 않아도 되는 사람은?**

① 항공기관사 ② 운송용 조종사
③ 운항관리사 ④ 항공교통관제사

해설 항공안전법 제40조

정답 34 ④ 35 ④ 36 ③ 37 ③ 38 ② 39 ② 40 ③

41 만 40세 이상 50세 미만인 운송용 조종사의 항공 신체검사증명의 유효기간은?

① 6개월 ② 12개월
③ 18개월 ④ 24개월

해설 항공안전법 시행규칙 제92조 별표 8

42 만 40세 이상 50세 미만인 항공교통관제사의 항공 신체검사증명의 유효기간은?

① 6개월 ② 12개월
③ 18개월 ④ 24개월

해설 항공안전법 시행규칙 제92조 별표 8

43 항공종사자 자격증명의 취소 사유가 아닌 것은?

① 자격증을 분실한 후 1년이 경과하도록 분실 신고를 하지 않은 경우
② 항공안전법을 위반하여 벌금 이상의 형을 선고 받은 경우
③ 고의 또는 중대한 과실로 항공기 사고를 일으켜 인명피해가 있는 경우
④ 항공안전법에 의한 자격증명등의 정지명령을 위반한 경우

해설 항공안전법 제43조

44 부정행위를 한 사람에 대한 응시의 제한은?

① 부정행위를 한 사실을 발견한 경우 1년간 시험응시 제한
② 부정행위를 한 사실을 발견한 경우 2년간 시험응시 제한
③ 부정행위를 한 사실을 발견한 경우 3년간 시험응시 제한
④ 부정행위를 한 사실을 발견한 경우 그 합격을 취소

해설 항공안전법 제43조 ③

45 항공종사자 자격증명을 반드시 취소하여야 하는 경우는?

① 항공안전법을 위반하여 벌금 이상의 형을 선고받은 경우
② 항공안전법에 의한 정지명령을 위반한 경우
③ 거짓이나 부정한 방법으로 자격증명등을 받은 경우
④ 항공종사자로서 직무를 행함에 있어서 고의 또는 중대한 과실이 있는 경우

해설 항공안전법 제43조

46 항공종사자가 항공안전법을 위반하여 벌금 이상의 형을 선고받은 경우 행정처분은?

① 자격증명을 취소하거나, 1년 이내의 기간을 정하여 자격증명등의 효력을 정지시킨다.
② 자격증명을 취소하거나, 2년 이내의 기간을 정하여 자격증명등의 효력을 정지시킨다.
③ 2년 이내의 기간을 정하여 항공업무의 정지를 명할 수 있다.
④ 자격증명등을 취소시킨다.

해설 항공안전법 제43조

47 자격증명의 한정을 받은 항공종사자가 한정된 종류, 등급 또는 형식 외의 항공기나 한정된 정비분야 외의 항공업무에 2차 위반하여 종사한 경우 행정처분은?

① 효력 정지 30일 ② 효력 정지 60일
③ 효력 정지 90일 ④ 효력 정지 180일

해설 항공안전법 시행규칙 제97조 별표 10

48 항공종사자 전문교육기관의 지정에 대한 사항이 아닌 것은?

① 학위 취득 사항을 지정받아야 한다.
② 교육과목 및 교육방법을 지정받아야 한다.
③ 시설 및 장비 현황을 지정받아야 한다.
④ 교관의 자격·경력 및 정원을 지정받아야 한다.

해설 항공안전법 시행규칙 제104조 별표 12

정답 41 ② 42 ④ 43 ① 44 ② 45 ③ 46 ① 47 ② 48 ①

49 조종교육증명을 받아야 할 항공기에 대한 조종교육과 관계없는 것은?

① 이륙조작 ② 착륙조작
③ 곡예비행조작 ④ 공중조작

해설 항공안전법 시행규칙 제89조

6 항공기의 운항

01 항공기에 설치 · 운용하는 "무선설비"의 내용으로 잘못된 것은?

① 항공기를 운항하려는 자는 비상위치무선표지설비 등을 설치 · 운용하여야 한다.
② 항공기에 2차 감시레이더용 트랜스폰더 등을 설치 · 운용하여야 한다.
③ 항공기 소유자등은 비상위치무선표지설비 등을 설치 · 운용하여야 한다.
④ 지방항공청장이 정하는 무선설비를 설치 · 운용하여야 한다.

해설 항공안전법 제51조

02 항공운송사업에 사용되는 항공기가 국내에서 운항 시 설치하지 않아도 되는 무선설비는?

① 초단파(VHF) 또는 극초단파(UHF) 무선전화 송수신기
② 계기 착륙시설(ILS) 수신기
③ 거리 측정시설(DME) 수신기
④ 기상 레이더

해설 항공안전법 시행규칙 제107조

03 항공운송사업에 사용되는 항공기 외의 항공기가 시계비행방식에 의한 비행을 하는 경우 설치하여야 하는 의무무선설비가 아닌 것은?

① SSR Transponder
② VOR 수신기
③ VHF 또는 UHF 무선전화 송수신기
④ ELT

해설 항공안전법 시행규칙 제107조

04 항공운송사업에 사용되는 항공기 외의 항공기가 시계비행방식에 의한 비행을 하는 경우 설치하여야 하는 의무무선설비는?

① 2차감시 항공교통관제 레이더용 트랜스폰더 1대
② 자동방향탐지기(ADF) 1 대
③ 계기착륙시설(ILS) 수신기 1대
④ 전방향표지시설(VOR) 수신기 1대

해설 항공안전법 시행규칙 제107조

05 항공운송사업에 사용되는 최대이륙중량 5,700kg 미만의 항공기와 헬리콥터의 경우 설치하지 않아도 되는 무선설비는?

① SSR Transponder
② ILS 수신기
③ VHF 또는 UHF 무선전화 송수신기
④ DME 수신기

해설 항공안전법 시행규칙 제107조 ①의 4

06 기상레이더를 설치 · 운용하여야 하는 항공기는?

① 국제선 항공운송사업에 사용되는 비행기
② 국제선 항공운송사업에 사용되는 비행기로서 여압장치가 장착된 비행기
③ 국제선 항공운송사업에 사용되는 헬리콥터
④ 계기비행방식에 의한 비행을 하는 항공운송사업에 사용되는 비행기

해설 항공안전법 시행규칙 제107조 ①의 7

07 항공계기등의 설치 · 탑재 및 운용 등에 대한 설명이 틀린 것은?

① 항공계기등을 설치하여 운용하여야 한다.
② 서류 등을 탑재하여 운용하여야 한다.
③ 구급용구 등을 탑재하여 운용하여야 한다.
④ 운용방법 등에 관하여 필요한 사항은 지방항공청장이 정한다.

해설 항공안전법 제52조

정답 49 ③ / 01 ④ 02 ④ 03 ② 04 ① 05 ② 06 ② 07 ④

08 **항공기에 비치하여야 하는 항공일지는?**

① 발동기 항공일지 ② 프로펠러 항공일지
③ 탑재용 항공일지 ④ 기체 항공일지

해설 항공안전법 시행규칙 제108조

09 **활공기의 소유자가 갖추어야 할 서류는?**

① 활공기용 항공일지
② 탑재용 항공일지
③ 지상비치용 발동기 항공일지
④ 지상비치용 프로펠러 항공일지

해설 항공안전법 시행규칙 제108조

10 **항공기 소유자등이 갖추어야 할 항공일지가 아닌 것은?**

① 탑재용 항공일지
② 탑재용 발동기 항공일지 / 지상비치용 기체 항공일지
③ 지상비치용 발동기 항공일지
④ 지상비치용 프로펠러 항공일지

해설 항공안전법 시행규칙 제108조

11 **탑재용 항공일지의 기재 사항이 아닌 것은?**

① 항공기 등록부호 및 등록 연월일
② 감항분류 및 감항증명번호
③ 장비교환 이유
④ 발동기 및 프로펠러의 형식

해설 항공안전법 시행규칙 제108조

12 **탑재용 항공일지의 수리, 개조 또는 정비의 실시에 관한 기록 사항이 아닌 것은?**

① 실시 연월일 및 장소
② 실시 이유, 수리, 개조 또는 정비의 위치
③ 교환 부품명
④ 확인자의 자격증명번호 / 비행 중 발생한 항공기의 결함

해설 항공안전법 시행규칙 제108조

13 **외국 국적 항공기의 탑재용 항공일지 기재 사항이 아닌 것은?**

① 승무원의 성명 및 업무
② 발동기 및 프로펠러의 형식
③ 항공기의 비행안전에 영향을 미치는 사항
④ 항공기의 등록부호, 등록증번호, 등록 연월일

해설 항공안전법 시행규칙 제108조

14 **지상 비치용 항공일지의 기재 사항이 아닌 것은?**

① 발동기 또는 프로펠러의 형식
② 발동기 또는 프로펠러의 장비교환에 관한 기록
③ 발동기 또는 프로펠러의 수리·개조 또는 정비의 실시에 관한 기록
④ 항공기의 형식 및 형식증명번호 / 감항증명서 번호

해설 항공안전법 시행규칙 제108조

15 **활공기용 항공일지의 기재 사항이 아닌 것은?**

① 발동기 또는 프로펠러의 형식
② 활공기의 형식 및 형식증명서번호
③ 비행에 관한 다음의 기록에서 비행구간 또는 장소
④ 비행에 관한 다음의 기록에서 비행시간 또는 이·착륙횟수

해설 항공안전법 시행규칙 제108조

16 **항공운송사업에 사용되는 모든 비행기에 갖추어야 할 사고예방장치는?**

① 공중충돌경고장치
② 기압저하경고장치
③ 비행자료기록장치
④ 조종실음성기록장치

해설 항공안전법 시행규칙 제109조

정답 08 ③ 09 ① 10 ② 11 ③ 12 ④ 13 ② 14 ④ 15 ① 16 ①

17 **항공운송사업에 사용되는 터빈발동기를 장착한 비행기로서 지상접근경고장치(GPWS) 1기 이상을 장착하여야 하는 비행기는?**

① 최대이륙중량 15,000kg을 초과하거나 승객 30명을 초과하는 항공기
② 최대이륙중량 15,000kg을 초과하지 않는 항공기
③ 최대이륙중량 5,700kg을 초과하거나 승객 9명을 초과하는 항공기
④ 최대이륙중량 5,700kg을 초과하지 않는 항공기

해설 항공안전법 시행규칙 제109조

18 **최대이륙중량 5,700kg 이상의 비행기에 장치해야 할 사고예방장비는?**

① CVR, FDR ② FDR, GPWS
③ CVR, GPWS ④ FDR, DME

해설 항공안전법 시행규칙 제109조

19 **ICAO 부속서 6에서 정한 디지털방식으로 자료를 기록할 수 있는 장치는?**

① 비행자료기록장치(FDR)
② 지상접근경고장치(GPWS)
③ 공중충돌경고장치(ACAS)
④ 전방돌풍경고장치

해설 항공안전법 시행규칙 제109조 ①의 2 나, 다항

20 **헬리콥터가 수색구조가 특별히 어려운 산악 지역, 외딴 지역 및 국토교통부장관이 정한 해상 등을 횡단 비행하는 경우 갖추어야 할 구급용구는?**

① 구명동의 또는 이에 상당하는 개인 부양 장비, 구급용구
② 불꽃조난신호장비, 구명장비
③ 음성신호발생기, 구명장비
④ 비상신호등 및 휴대등, 구명장비

해설 항공안전법 시행규칙 제110조 별표 15

21 **항공운송사업에 사용되는 터빈발동기를 장착한 비행기에 사고예방장치(또는 사고조사)를 위하여 장착하여야 하는 장치는?**

① ACAS, FDR ② GPWS, CVR
③ FDR, CVR ④ ACAS, GPWS

해설 항공안전법 시행규칙 제109조

22 **전방돌풍경고장치를 의무적으로 장착해야 될 항공기의 무게 기준은?**

① 4,600Kg ② 5,700Kg
③ 7,600Kg ④ 15,000Kg

해설 항공안전법 시행규칙 제109조

23 **항공기의 소유자가 항공기에 갖추어야 할 구급용구가 아닌 것은?**

① 비상식량 ② 구명동의
③ 음성신호발생기 ④ 구명보트

해설 항공안전법 시행규칙 제110조

24 **수상비행기가 갖추어야 할 구급용구가 아닌 것은?**

① 음성신호발생기 ② 불꽃조난 신호장비
③ 해상용 닻 ④ 일상용 닻

해설 항공안전법 시행규칙 제110조 별표 15 가항 참고

25 **승객 150명을 탑승시킬 수 있는 항공기에 비치해야 할 소화기 수는?**

① 3개 ② 4개
③ 5개 ④ 6개

해설 항공안전법 시행규칙 제110조 별표 15

26 **항공운송사업용 항공기에 비치해야 할 도끼 수는?**

① 1개 ② 2개
③ 3개 ④ 4개

해설 항공안전법 시행규칙 제110조 별표 15

정답 17 ③ 18 ① 19 ① 20 ② 21 ③ 22 ② 23 ① 24 ② 25 ① 26 ①

27 승객 좌석 수가 250석일 때 비치해야 할 메가폰 수는?

① 1개 ② 2개
③ 3개 ④ 4개

해설 항공안전법 시행규칙 제110조 별표 15

28 항공기에 장비하여야 할 구급용구에 대한 설명 중 틀린 것은?

① 승객 200명일 때 소화기 3개
② 승객 500명일 때 소화기 5개
③ 항공운송사업용 및 항공기사용사업용 항공기에는 도끼 1개
④ 항공운송사업용 여객기의 승객이 200명 이상일 때 메가폰 3개

해설 항공안전법 시행규칙 제110조 별표 15

29 항공기에 장비하여야 할 구급용구에 대한 설명 중 틀린 것은?

① 승객 좌석 수 201석부터 300석까지의 객실에는 소화기 4개
② 항공운송사업용 및 항공기사용사업용 항공기에는 도끼 1개
③ 승객 좌석 수 200석 이상의 항공운송사업용 여객기에는 메가폰 2개
④ 승객 좌석 수 201석부터 300석까지의 모든 항공기에는 구급의료용품 3조

해설 항공안전법 시행규칙 제110조 별표 15

30 승객 및 승무원의 좌석에 대한 설명이 틀린 것은?

① 2세 이상의 승객과 모든 승무원을 위한 안전벨트가 달린 좌석을 장착하여야 한다.
② 승무원의 좌석에는 안전벨트 외에 어깨 끈을 장착하여야 한다.
③ 승객의 좌석에는 안전벨트 외에 어깨 끈을 장착하여야 한다.
④ 운항승무원 좌석에 장착하는 어깨 끈은 급감속 시 상체를 자동으로 제어하는 것이어야 한다.

해설 항공안전법 시행규칙 제111조

31 승객 좌석 수가 159석인 항공기에 탑재해야 할 구급의료용품의 수는?

① 1개 ② 2개
③ 3개 ④ 4개

해설 항공안전법 시행규칙 제110조 별표 15

32 항공기에 비치하여야 할 구급의료용품에 포함하여야 할 최소 품목 아닌 것은?

① 부상 치료를 위한 기구
② 코 충혈완화 스프레이
③ 물 혼합 소독제 / 피부 세척제
④ 혈압계

해설 항공안전법 시행규칙 제110조 별표 15

33 항공기에 비치하여야 할 비상의료용구가 아닌 것은?

① 외과용 소독장갑
② 혈압계
③ 물 혼합 소독제 / 피부 세척제
④ 지혈붕대 또는 지혈대

해설 항공안전법 시행규칙 제110조 별표 15

34 항공기에 타고 있는 모든 사람이 사용할 수 있는 낙하산을 갖추어야 하는 경우는?

① 허가를 받아 시험비행 등을 하는 항공기
② 항공운송사업을 위한 모든 항공기
③ 국토교통부장관이 지정한 항공기
④ 곡예비행을 하는 헬리콥터

해설 항공안전법 시행규칙 제112조

35 항공기에 탑재해야 할 서류가 아닌 것은?

① 형식증명서 / 화물적재분포도
② 감항증명서 / 무선국허가증명서
③ 항공기 등록증명서
④ 탑재용 항공일지 / 운용한계지정서

해설 항공안전법 시행규칙 제113조

정답 27 ③ 28 ② 29 ③ 30 ③ 31 ② 32 ④ 33 ③ 34 ① 35 ①

36 항공운송사업에 사용되는 헬리콥터에 장착하여야 하는 산소량은?

① 승객 전원과 승무원 전원이 비행고도 등 비행환경에 적합하게 필요로 하는 양
② 승객 10퍼센트와 승무원 전원이 그 초과되는 시간 동안 필요로 하는 양
③ 승객 전원과 승무원 전원이 해당비행시간 동안 필요로 하는 양
④ 승객 전원과 승무원 전원이 최소한 5분 이상 사용할 수 있는 양

해설 항공안전법 시행규칙 제114조

37 여압장치가 없는 항공기가 700헥토파스칼(hPa) 미만인 비행고도에서 비행하려는 경우 장착하여야 하는 산소량은?

① 승객 10퍼센트와 승무원 전원이 그 초과되는 시간 동안 필요로 하는 양
② 승객 전원과 승무원 전원이 해당비행시간 동안 필요로 하는 양
③ 승객 전원과 승무원 전원이 비행고도 등 비행환경에 따라 적합하게 필요로 하는 양
④ 승객 전원과 승무원 전원이 최소한 10분 이상 사용할 수 있는 양

해설 항공안전법 시행규칙 제114조

38 376hPa 미만인 비행고도로 비행하려는 경우에 장착하여야 하는 것은?

① 기내의 압력이 떨어질 때 운항승무원에게 이를 경고할 수 있는 기압저하경보장치 1기
② 승객 10%와 승무원 전원이 그 초과되는 시간 동안 필요로 하는 양의 산소
③ 승객 전원과 승무원 전원이 해당 비행시간 동안 필요로 하는 양의 산소
④ 승객 전원과 승무원 전원이 최소한 5분 이상 사용할 수 있는 양의 산소

해설 항공안전법 시행규칙 제114조

39 항공기등록증명서, 감항증명서, 탑재용 항공일지 등 국토교통부령으로 정하는 서류를 탑재하지 않아도 되는 항공기는?

① 비행선
② 활공기 / 특별감항증명을 받은 항공기
③ 헬리콥터
④ 동력비행장치

해설 항공안전법 시행규칙 제113조

40 기체진동을 감시할 수 있는 시스템을 장착해야 하는 헬리콥터는?

① 최대이륙중량이 3,175kg을 초과하는 헬리콥터
② 최대이륙중량이 3,500kg을 초과하는 헬리콥터
③ 승객 10명을 초과하여 수송할 수 있는 국제항공노선을 운항하는 헬리콥터
④ 승객 15명을 초과하여 수송할 수 있는 국제항공노선을 운항하는 헬리콥터

해설 항공안전법 시행규칙 제115조

41 항공운송사업용 항공기가 방사선투과량계기를 갖추어야 하는 경우는?

① 평균 해면으로부터 15,000m를 초과하는 고도로 비행하는 경우
② 평균 해면으로부터 25,000m를 초과하는 고도로 비행하는 경우
③ 평균 해면으로부터 35,000m를 초과하는 고도로 비행하는 경우
④ 평균 해면으로부터 45,000m를 초과하는 고도로 비행하는 경우

해설 항공안전법 시행규칙 제116조

42 계기비행 시 항공기에 장착해야 되는 정밀기압고도계의 수는?

① 1개　② 2개
③ 3개　④ 4개

해설 항공안전법 시행규칙 제117조 별표 16

정답 36 ① 37 ① 38 ① 39 ② 40 ① 41 ① 42 ②

43 **시계비행을 하는 항공기에 갖추어야 할 항공계기 등이 아닌 것은?**

① 나침반 ② 속도계
③ 정밀기압고도계 ④ 승강계 / 온도계

해설 항공안전법 시행규칙 제117조 별표 16

44 **시계비행을 하는 항공기에 갖추어야 할 계기는?**

① 정밀기압고도계 ② 선회계
③ 승강계 ④ 외기온도계

해설 항공안전법 시행규칙 제117조 별표 16

45 **결빙이 있거나 결빙이 예상되는 지역으로 운항하려는 항공기에 장치하여야 할 장비는?**

① 제빙장치 또는 결빙방지장치
② 제빙장치 및 제우장치
③ 결빙방지장치 및 제우장치
④ 제빙부츠장치 및 제우장치

해설 항공안전법 시행규칙 제118조

46 **항공운송사업 및 항공기사용사업용 항공기 중 계기비행으로 교체비행장이 요구되는 왕복발동기 장착 항공기에 실어야 할 연료의 양은?**

① 순항속도로 45분간 더 비행할 수 있는 양
② 순항속도로 60분간 더 비행할 수 있는 양
③ 최초 착륙예정 비행장까지 비행에 필요한 양에 해당 예정 비행장의 교체비행장 중 소모량이 가장 많은 비행장까지 비행을 마친 후, 다시 순항속도로 45분간 더 비행할 수 있는 양을 더한 양
④ 최초 착륙예정 비행장까지 비행에 필요한 양에 해당 예정 비행장의 교체비행장 중 소모량이 가장 많은 비행장까지 비행을 마친 후, 다시 순항속도로 60분간 더 비행할 수 있는 양을 더한 양

해설 항공안전법 시행규칙 제119조

47 **프로펠러 항공기가 계기비행으로 교체비행장이 요구되는 경우 항공기에 실어야 할 연료의 양은?**

① 교체비행장으로부터 순항속도로 45분간 더 비행할 수 있는 연료의 양
② 교체비행장으로부터 순항속도로 60분간 더 비행할 수 있는 연료의 양
③ 교체비행장의 상공에서 30분간 체공하는 데 필요한 연료의 양
④ 이상사태 발생 시 연료소모가 증가할 것에 대비하여 국토교통부장관이 정한 추가 연료의 양

해설 항공안전법 시행규칙 제119조

48 **항공안전법에서 정하는 항공기 연료 탑재량(항공운송사업용, 터빈 발동기 장착 항공기의 계기비행으로 교체비행장이 요구될 경우)에 대한 설명으로 틀린 것은?**

① 지방항공청장이 정하는 연료 및 오일을 실어야 한다.
② 시계비행 시 최초 착륙예정 비행장까지 비행에 필요한 양에 순항속도로 45분간 더 비행할 수 있는 양을 실어야 한다.
③ 계기비행 시 최초 착륙예정 비행장까지 비행에 필요한 양에 순항속도로 2시간 더 비행할 수 있는 양을 실어야 한다.
④ 국토교통부장관이 정하는 양의 연료 및 오일을 실어야 한다.

해설 항공안전법 시행규칙 제119조

49 **항공운송사업용 비행기(왕복발동기 항공기)가 시계비행 시 착륙예정 비행장까지 비행에 필요한 연료의 양에 추가로 실어야 할 연료는?**

① 다시 순항속도로 30분간 더 비행할 수 있는 양
② 다시 순항속도로 45분간 더 비행할 수 있는 양
③ 다시 순항속도로 50분간 더 비행할 수 있는 양
④ 다시 순항속도로 60분간 더 비행할 수 있는 양

해설 항공안전법 시행규칙 제119조

정답 43 ④ 44 ① 45 ① 46 ③ 47 ① 48 ① 49 ②

50 항공운송사업용 및 항공기사용사업용 헬리콥터가 시계비행을 할 경우 실어야 할 연료의 양이 아닌 것은?

① 최초 착륙예정 비행장까지 비행에 필요한 양
② 최초 착륙예정 비행장의 상공에서 체공속도로 2시간 동안 체공하는 데 필요한 양 / 소유자가 정한 추가 연료의 양
③ 최대항속속도로 20분간 더 비행할 수 있는 양
④ 이상사태 발생 시 연료의 소모가 증가할 것에 대비하여 운항기술기준에서 정한 추가의 양

해설 항공안전법 시행규칙 제119조

51 항공운송사업용 및 항공기사용사업용 헬리콥터가 계기비행으로 교체비행장이 요구될 경우 실어야 할 연료의 양은?

① 최초 착륙예정 비행장까지 비행예정시간의 10퍼센트의 시간을 비행할 수 있는 양
② 최초 착륙예정 비행장의 상공에서 체공속도로 2시간 동안 체공하는 데 필요한 양
③ 교체비행장에서 표준기온으로 450m(1,500ft)의 상공에서 30분간 체공하는 데 필요한 양에 그 비행장에 접근하여 착륙하는 데 필요한 양을 더한 양
④ 최대항속속도로 20분간 더 비행할 수 있는 양

해설 항공안전법 시행규칙 제119조

52 항공운송사업용 헬리콥터가 착륙예정인 비행장의 기상상태가 도착예정시간에 양호할 것이 확실한 경우, 비행장 상공에서 몇 분간 체공하는 데 필요한 연료의 양을 채워야 하는가?

① 20분　② 30분
③ 45분　④ 60분

해설 항공안전법 시행규칙 제119조

53 항공운송사업 및 항공기사용사업용 헬리콥터가 계기비행으로 적당한 교체비행장이 없을 경우 최초 착륙예정 비행장까지 비행에 필요한 양 이외에 추가로 필요한 연료의 양은?

① 최대항속속도로 20분간 더 비행할 수 있는 양
② 최초 착륙예정 비행장에 표준기온으로 450m(1,500ft)의 상공에서 30분간 체공하는 데 필요한 양에 그 비행장에 접근하여 착륙하는 데 필요한 양을 더한 양
③ 30분간 체공하는 데 필요한 양에 그 비행장에 접근하여 착륙하는 데 필요한 양을 더한 양
④ 최초 착륙예정 비행장의 상공에서 체공속도로 2시간 동안 체공하는 데 필요한 양

해설 항공안전법 시행규칙 제119조

54 항공기를 정박하는 데 있어 야간을 뜻하는 것은?

① 일몰 30분 전부터 일출 30분 후
② 일몰 1시간 전부터 일출 1시간 전까지
③ 일몰 시부터 일출 시까지
④ 일몰 10분 전부터 일출 10분 전까지

해설 항공안전법 제54조

55 항공기가 야간에 정박해 있을 때 무엇으로 위치를 알리는가?

① 등불　② 충돌방지등
③ 무선설비　④ 수기

해설 항공안전법 제54조

56 항공기가 야간에 공중과 지상을 항행할 때 필요한 등불은?

① 우현등, 좌현등, 회전지시등
② 우현등, 좌현등, 충돌방지등
③ 우현등, 좌현등, 미등
④ 우현등, 좌현등, 미등, 충돌방지등

해설 항공안전법 시행규칙 제120조

정답 50 ② 51 ③ 52 ② 53 ④ 54 ③ 55 ① 56 ④

57 야간에 항행하는 항공기의 위치를 나타내기 위한 등불이 아닌 것은?

① 좌현등 ② 우현등
③ 기수등 ④ 충돌방지등

해설 항공안전법 시행규칙 제120조

58 항공기 항행등의 색깔은?

① 우현등: 적색, 좌현등: 녹색, 미등: 백색
② 우현등: 녹색, 좌현등: 적색, 미등: 백색
③ 우현등: 백색, 좌현등: 적색, 미등: 녹색
④ 우현등: 녹색, 좌현등: 백색, 미등: 적색

해설 항공안전법 시행규칙 제120조

59 주류등에 의하여 항공종사자가 업무를 정상적으로 수행할 수 없는 경우는?

① 업무에 종사하는 동안에는 주류등을 섭취하거나 사용하여서는 아니 된다.
② 국토부장관은 주류등의 섭취여부를 호흡측정기검사 방법으로 측정할 수 있다.
③ 국토부장관은 항공종사자의 동의를 얻어 소변검사 등을 측정할 수 있다.
④ 주정성분이 있는 음료의 섭취로 혈중 알콜농도가 0.02퍼센트 이상인 경우

해설 항공안전법 제57조

60 항공종사자의 주류등의 종류 및 측정에 대한 설명이 틀린 것은?

① 주류등은 사고력 등에 장애를 일으키는 에틸알코올 성분이 포함된 발효주 등를 말한다.
② 지방항공청장은 소속 공무원으로 하여금 주류등의 섭취 또는 사용 사실을 측정하게 할 수 있다.
③ 공항경찰대는 주류등의 섭취 또는 사용 사실을 측정하게 할 수 있다.
④ 주류등의 섭취를 적발한 공무원은 섭취 또는 사용 적발보고서를 작성하여 국토교통부장관에게 보고하여야 한다.

해설 항공안전법 시행규칙 제128조

61 항공안전 목표를 달성하기 위한 항공안전프로그램의 고시 내용이 아닌 것은?

① 항공운송 업무 등에 관한 사항
② 국가의 항공안전에 관한 목표
③ 항공기 운항 및 항공기 정비 등 세부 분야별 활동에 관한 사항
④ 항공기사고 및 항공안전장애 등에 대한 보고체계에 관한 사항

해설 항공안전법 제58조

62 사고예방 및 비행안전프로그램의 수립 · 운용 내용이 아닌 것은?

① 항공운송사업자의 안전정책과 종사자의 책임
② 항공운송사업자의 안전정책과 종사자의 처우
③ 비행안전을 저해하거나 저해할 우려가 있는 상태 등에 대한 보고
④ 비행안전을 저해하거나 저해할 우려가 있는 상태 등에 대한 분석체계

해설 항공안전법 시행규칙 제257조 별표 32

63 항공기 사고를 보고해야 할 의무가 있는 사람은?

① 기장
② 항공기의 소유자
③ 항공정비사
④ 기장 및 항공기의 소유자

해설 항공안전법 제59조 및 시행규칙 제134조 ③

64 항공기사고, 항공기준사고 또는 항공안전장애를 발생시키거나 발생한 것을 알게 된 경우 국토교통부장관에게 보고하여야 할 관계인이 아닌 자는?

① 항공기 조종사
② 항공정비사
③ 항공교통관제사
④ 항행안전시설 관리자

해설 항공안전법 시행규칙 제134조 ③

정답 57 ① 58 ② 59 ④ 60 ③ 61 ① 62 ② 63 ④ 64 ①

65 **항공안전장애를 발생시키거나 발생한 것을 알게 된 경우에는?**

① 국토부장관에게 즉시 보고하여야 한다.
② 국토부장관에게 24시간 이내에 보고하여야 한다.
③ 국토부장관에게 72시간 이내에 보고하여야 한다.
④ 국토부장관에게 10일 이내에 보고하여야 한다.

해설 항공안전법 시행규칙 제134조

66 **항공안전장애 중 발생한 것을 알았을 때 즉시 보고하여야 하는 경우는?**

① 항공기가 지상에서 운항 중 다른 항공기와 충돌한 경우
② 운항 중 발동기에 화재가 발생한 경우
③ 항공기 급유 중 항공기의 안전에 영향을 줄 정도의 기름이 유출된 경우
④ 항공정보통신시설의 운영이 중단된 상황

해설 항공안전법 시행규칙 제134조

67 **항공안전위해요인을 발생시켰거나 발생한 것을 안 자 또는 발생될 것이 예상된다고 판단되는 자는 어떻게 해야 하는가?**

① 국토부장관에게 그 사실을 보고할 수 있다.
② 발생일로부터 72시간 이내에 국토부장관에게 그 사실을 보고할 수 있다.
③ 발생일로부터 10일 이내에 국토부장관에게 보고하여야 한다.
④ 발생일로부터 10일 이내에 지방항공청장에게 보고하여야 한다.

해설 항공안전법 제61조

68 **항공안전위해요인을 발생시킨 사람이 발생일부터 며칠 이내에 국토교통부장관에게 보고한 경우 처분을 하지 않을 수 있는가?**

① 5일 ② 7일
③ 10일 ④ 15일

해설 항공안전법 제61조

69 **항공안전위해요인을 보고하려는 경우 항공안전 자율보고서는 누구에게 제출하여야 하는가?**

① 국토교통부장관
② 교통안전공단 이사장
③ 항공교통관제소장
④ 지방항공청장

해설 항공안전법 시행규칙 제135조

70 **항공안전 자율보고에 대한 설명 중 틀린 것은?**

① 항공안전위해요인이 발생한 것을 안 사람 또는 발생될 것이 예상된다고 판단하는 사람은 국토부장관에게 보고할 수 있다.
② 국토부장관이 정하여 고시하는 전자적인 보고방법에 따라 국토교통부장관 또는 지방항공청장에게 보고할 수 있다.
③ 항공안전 자율보고를 한 사람의 의사에 반하여 보고자의 신분을 공개하여서는 아니 된다.
④ 항공안전위해요인을 발생시킨 사람이 10일 이내에 보고를 한 경우에는 처분을 하지 아니할 수 있다.

해설 항공안전법 제61조, 시행규칙 제135조
② 한국교통안전공단 이사장에게 보고한다.

71 **항공안전위해요인(경미한 항공안전장애)이 아닌 것은?**

① 항공기 급유 중 항공기 정상운항을 지연시킬 정도의 기름이 유출된 경우
② 공항 근처에 항공안전을 해칠 우려가 있는 장애물 또는 위험물이 방치된 경우
③ 항공안전을 해칠 우려가 있는 절차나 제도 등이 발견된 경우
④ 항공기 운항 중 항로 또는 고도로부터 위험을 초래하지 않는 이탈을 한 경우

해설 항공안전법 제61조, 시행규칙 제135조

정답 65 ③ 66 ④ 67 ① 68 ③ 69 ② 70 ② 71 ①

72 항공기 기장의 직무와 권한에 관한 설명 중 틀린 것은?

① 해당 항공기의 승무원을 지휘・감독한다.
② 항공기 안에 있는 여객에 대하여 안전에 필요한 사항을 명할 수 있다.
③ 규정에 의한 사고가 발생한 때에는 국토교통부장관에게 보고하여야 한다.
④ 항공기 내에서 발생한 범죄에 대하여 사법권을 갖는다.

해설 항공안전법 제62조

73 항공기의 운항에 필요한 준비가 끝난 것을 확인하지 않고 항공기를 출발시켜 사고가 발생했다면 누구의 책임인가?

① 확인 정비사　② 기장
③ 운항관리사　④ 항공기 소유자

해설 항공안전법 제62조

74 기장의 권한이 아닌 것은?

① 항공기에 위난이 생길 우려가 있다고 인정되는 때에는 안전사항을 명할 수 있다.
② 여객에 위난이 생긴 때에는 여객에 대하여 피난방법을 명할 수 있다.
③ 여객에 위난이 생긴 때에는 여객에 대하여 안전에 필요한 사항을 명할 수 있다.
④ 항공기에 위난이 생길 우려가 있다고 인정되는 때에는 피난방법을 명할 수 있다.

해설 항공안전법 제62조

75 기장이 국토교통부장관에게 보고하여야 할 사항이 아닌 것은?

① 다른 항공기준사고 발생에 대하여 보고한다.
② 다른 항공기사고 발생에 대하여 보고한다.
③ 항공안전장애 발생 시 보고하여야 한다.
④ 무선설비를 통하여 그 사실을 안 경우에도 보고하여야 한다.

해설 항공안전법 제62조

76 기장의 의무사항이 아닌 것은?

① 기장은 항공기사고 발생 시 국토부장관에게 그 사실을 보고하여야 한다.
② 기장은 항공기사고 또는 항공기준사고 발생 시 지방항공청장에게 그 사실을 보고하여야 한다.
③ 기장은 항공기준사고 발생 시 국토부장관에게 그 사실을 보고하여야 한다.
④ 기장이 보고할 수 없는 경우에는 해당 항공기의 소유자 등이 보고하여야 한다.

해설 항공안전법 제62조

77 항공기 출발 전에 기장이 확인하여야 할 사항이 아닌 것은?

① 해당 항공기와 그 장비품의 정비 및 정비 결과
② 이륙중량, 착륙중량, 중심위치 및 중량분포
③ 해당 항공기의 운항에 필요한 기상정보
④ 항공일지 여객명단

해설 항공안전법 시행규칙 제136조

78 항공기 출발 전 기장이 항공기와 그 장비품의 정비 및 정비결과를 확인하는 경우 점검하여야 할 사항이 아닌 것은?

① 항공기의 외부 점검
② 발동기의 지상 시운전 점검
③ 장비품의 정비 및 정비 결과
④ 기타 항공기의 작동사항 점검

해설 항공안전법 시행규칙 제136조

79 기장이 비행계획을 변경하고자 하는 경우에 누구의 승인을 받아야 하는가?

① 국토교통부장관　② 지방항공청장
③ 운항관리사　④ 항공교통관제사

해설 항공안전법 제65조

정답 72 ④ 73 ② 74 ④ 75 ④ 76 ② 77 ④ 78 ③ 79 ③

80 항공운송사업에 사용되는 항공기를 출발시키거나 그 비행계획을 변경하고자 하는 경우에는?

① 운항관리사의 승인은 필요하지 않다.
② 운항관리사의 승인만 있으면 된다.
③ 해당 항공기의 기장과 운항관리사의 의견이 일치해야 한다.
④ 해당 항공기의 기장이 결정한다.

해설 항공안전법 제65조

81 비행장이 아닌 곳에서 이 · 착륙이 가능한 항공기는?

① 헬리콥터 ② 항공우주선
③ 활공기 ④ 경량항공기

해설 항공안전법 제66조

82 항공기의 이 · 착륙 장소에 대한 설명 중 잘못된 것은?

① 육상에 있어서는 비행장
② 수상에 있어서는 대통령이 지정한 장소
③ 불가피한 사유가 있는 경우 국토부장관의 허가를 얻어야 한다.
④ 활공기는 비행장 외의 장소에서도 이 · 착륙이 가능하다.

해설 항공안전법 제66조

83 항공기 이륙 · 착륙 장소 외에서 이 · 착륙허가등에서 허가 사항이 아닌 것은?

① 비행 중 계기고장, 연류부족 등 비상상황인 경우
② 국토부장관이 발급한 운영기준에 따른 경우에는 그러하지 아니하다.
③ 응급환자 또는 수색인력 · 구조인력 등을 수송하는 경우
④ 헬리콥터를 이용한 사람 등의 목적으로 항공기를 비행장이 아닌 장소에서 이륙 또는 착륙하여야 하는 경우

해설 항공안전법 제66조, 시행령 제9조 ①

84 비행장 안의 이동지역에서 이동하는 항공기의 충돌예방을 위한 기준이 아닌 것은?

① 추월하는 항공기는 다른 항공기의 통행에 지장을 주지 아니하도록 충분한 분리 간격을 유지할 것
② 기동지역에서 지상이동하는 항공기는 정지선등이 꺼져 있는 경우에 이동할 것
③ 기동지역에서 지상이동하는 항공기는 관제탑의 지시가 없는 경우에는 활주로진입전대기 지점에서 정지 · 대기할 것
④ 교차하거나 이와 유사하게 접근하는 항공기 상호간에는 다른 항공기를 좌측으로 보는 항공기가 진로를 양보할 것

해설 항공안전법 시행규칙 제162조 1~5 참고
④ 우측으로 보는 항공기가 양보할 것

85 항공기 상호간의 통행의 우선순위가 가장 빠른 것은?

① 활공기 ② 비행선
③ 동력활공기 ④ 헬리콥터

해설 항공안전법 시행규칙 제166조

86 비행 중 교차하거나 그와 유사하게 접근하는 동순위의 항공기 상호간에 있어서 진로의 양보는?

① 다른 항공기를 상방으로 보는 항공기가 진로를 양보한다.
② 다른 항공기를 하방으로 보는 항공기가 진로를 양보한다.
③ 다른 항공기를 우측으로 보는 항공기가 진로를 양보한다.
④ 다른 항공기를 좌측으로 보는 항공기가 진로를 양보한다.

해설 항공안전법 시행규칙 제166조

정답 80 ③ 81 ③ 82 ② 83 ② 84 ④ 85 ① 86 ③

87 항공기의 진로와 속도 등에 대한 설명으로 잘못된 것은?

① 통행의 우선순위를 가진 항공기는 그 진로와 속도를 유지하여야 한다.
② 진로를 양보하는 항공기는 그 다른 항공기의 상하 또는 전방을 통과해서는 아니 된다.
③ 충돌할 위험이 있을 정도로 정면 또는 이와 유사하게 접근하는 경우에는 서로 기수를 오른쪽으로 돌려야 한다.
④ 추월당하는 항공기의 왼쪽을 통과하여야 한다.

해설 항공안전법 시행규칙 제167조

88 항공기 또는 선박이 근접하는 경우 충돌예방 방법이 아닌 것은?

① 수상에서 야간에 비행하는 항공기는 수상접근경고장치를 작동시킬 것
② 선박을 오른쪽으로 보는 항공기가 진로를 양보하고 충분한 간격을 유지할 것
③ 항공기 또는 선박이 정면 또는 이와 유사하게 접근하는 경우에는 서로 기수를 오른쪽으로 바꾸고 충분한 간격을 유지할 것
④ 추월하려는 항공기는 충돌을 회피할 수 있도록 진로를 변경하여 추월할 것

해설 항공안전법 시행규칙 제168조 1~6 참고
야간에 이·착륙하는 항공기는 수상의 항공기 또는 선박으로부터 충분한 간격을 유지할 것

89 관제탑과 항공기 간의 무선통신이 두절된 경우 빛총 신호가 잘못된 것은?

① 비행 중인 항공기에 보내는 연속되는 녹색신호 – 착륙을 허가함
② 비행 중인 항공기에 보내는 연속되는 적색신호 – 착륙하지 말 것
③ 지상에 있는 항공기에 보내는 연속되는 녹색신호 – 이륙을 허가함
④ 지상에 있는 항공기에 보내는 연속되는 적색신호 – 정지할 것

해설 항공안전법 시행규칙 제194조 별표 26

90 항공기와 활공기의 탑승자 사이에 상의하여야 할 사항이 아닌 것은?

① 출발 및 예항의 방법
② 예항줄의 이탈 시기·장소 및 방법
③ 연락신호 및 그 의미
④ 항공기에 연락원을 배치

해설 항공안전법 시행규칙 제171조

91 항공기로 활공기를 예항하는 방법 중 맞는 것은?

① 항공기와 활공기 간에 무선통신으로 연락이 가능한 경우에는 항공기에 연락원을 탑승시킬 것
② 예항줄의 길이는 60m 이상 80m 이하로 할 것
③ 야간에 예항을 하려는 경우에는 지방항공청장의 허가를 받을 것
④ 예항줄 길이의 80%에 상당하는 고도 이하의 고도에서 예항줄을 이탈시킬 것

해설 항공안전법 시행규칙 제171조

92 항공기가 도착비행장에 착륙 시 관할 항공교통업무기관에 보고하여야 할 사항은?

① 감항증명번호
② 최대이륙중량
③ 항공기의 식별부호
④ 항공기 소유자의 성명 또는 명칭 및 주소

해설 항공안전법 시행규칙 제188조

93 편대비행을 하려는 조종사가 다른 기장과 협의하여야 할 사항이 아닌 것은?

① 편대비행의 실시계획
② 편대의 형
③ 국토교통부장관에게 위치 보고
④ 선회, 그 밖의 행동의 요령

해설 항공안전법 시행규칙 제170조

정답 87 ④ 88 ① 89 ② 90 ④ 91 ③ 92 ③ 93 ③

94 항공기 운항승무원에 대한 유도원의 유도신호의 의미는?

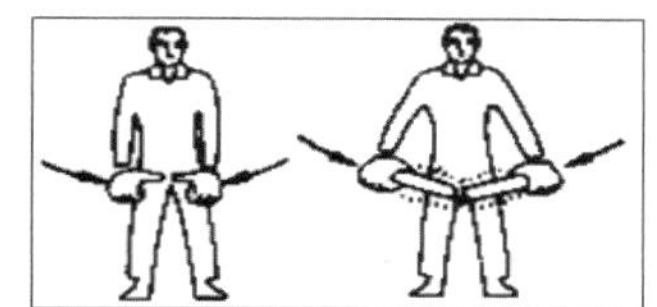

① 시동 걸기 ② 파킹 브레이크
③ 서행 ④ 초크 삽입

해설 항공안전법 시행규칙 제194조 별표 26

95 항공기 곡예비행 금지구역이 아닌 것은?

① 사람 또는 건축물이 밀집한 지역의 상공
② 관제구 및 관제권
③ 지표로부터 450미터(1,500피트) 미만의 고도
④ 가장 높은 장애물의 상단으로부터 300미터 이하의 고도

해설 항공안전법 시행규칙 제204조 1~5 참고

96 시각신호, 요격(가로채기)절차와 요격방식을 잘못 설명한 것은?

① 시각신호를 이해하고 응답하여야 한다.
② 요격절차와 요격방식 등을 준수하여 요격에 응하여야 한다.
③ 국제기준의 요격절차와 요격방식 등을 준수하여 요격에 응하여야 한다.
④ 외국 정부가 관할하는 요격절차와 요격방식 등을 준수하여 요격에 응하여야 한다.

해설 항공안전법 시행규칙 제196조 ①, ② 참고

97 곡예비행이라 할 수 없는 것은?

① 항공기를 옆으로 세우거나 회전시키며 하는 비행
② 항공기를 뒤집어서 비행
③ 항공기의 등속수평비행
④ 항공기를 급강하 또는 급상승시키는 비행

해설 항공안전법 시행규칙 제203조

98 국제표준시(UTC : Coordinated Universal Time)를 잘못 설명한 것은?

① 시각은 자정을 기준으로 하루 24시간을 시 · 분으로 표시한다.
② 필요하면 시 · 분 · 초 단위까지 표시하여야 한다.
③ 관제비행을 하려는 자는 관제비행의 시작 전과 비행 중에 필요하면 시간을 점검하여야 한다.
④ 데이터링크통신에 따라 시간을 이용하려는 경우에는 국제표준시를 기준으로 1초 이내의 정확도를 유지 · 관리하여야 한다.

해설 항공안전법 시행규칙 제195조 ① 참고

99 국토교통부령이 정하는 "긴급하게 운항하는 항공기"가 아닌 것은?

① 재난, 재해 등으로 인한 수색, 구조 항공기
② 응급환자의 수송 등 구조, 구급 활동을 하는 항공기
③ 자연재해 발생 시에 긴급복구를 하는 항공기
④ 긴급 구호물자를 수송하는 항공기

해설 항공안전법 시행규칙 제207조

100 긴급항공기 지정신청서에 적어야 할 사항이 아닌 것은?

① 항공기형식 및 등록부호
② 긴급한 업무의 종류
③ 항공기 장착장비 및 정비방식
④ 긴급한 업무수행에 관한 업무규정

해설 항공안전법 시행규칙 제207조

101 긴급항공기를 운항한 자가 운항이 끝난 후 24시간 이내에 제출하여야 할 사항이 아닌 것은?

① 조종사의 성명과 자격
② 조종사 외의 탑승자의 인적사항
③ 긴급한 업무의 종류
④ 항공기형식 및 등록부호

해설 항공안전법 시행규칙 제208조

정답 94 ④ 95 ④ 96 ③ 97 ③ 98 ② 99 ④ 100 ③ 101 ③

102 폭발성이나 연소성이 높은 물건을 운송할 때 누구의 허가를 받아야 하는가?

① 법무부장관 ② 국토교통부장관
③ 국방부장관 ④ 경찰청장

해설 항공안전법 제70조

103 국토교통부령으로 정하는 위험물이 아닌 것은?

① 가소성 물질 ② 인화성 액체
③ 산화성 물질류 ④ 방사성 물질류

해설 항공안전법 시행규칙 제209조

104 항공기 내에서 여객이 지닌 전자기기의 사용을 제한할 수 있는 권한을 가진 자는?

① 기장 ② 운항승무원
③ 항공운송사업자 ④ 국토교통부장관

해설 항공안전법 제73조

105 항공기가 운항 중에 사용할 수 없는 전자기기는?

① 이동전화 ② 휴대용 음성녹음기
③ 심장박동기 ④ 전기면도기

해설 항공안전법 시행규칙 제214조

106 운항 중에 전자기기의 사용을 제한할 수 있는 항공기는?

① 시계비행방식으로 비행 중인 항공기
② 계기비행방식으로 비행 중인 헬리콥터
③ 응급환자를 후송 중인 항공기
④ 화재진압 임무 중인 항공기

해설 항공안전법 시행규칙 제214조

107 여객운송에 사용되는 항공기로 승객을 운송하는 경우, 장착 좌석 수가 51석 이상 100석 이하일 때 항공기에 태워야 할 객실승무원의 수는?

① 1명 ② 2명
③ 3명 ④ 4명

해설 항공안전법 시행규칙 제218조

108 다음 중에 전자기기의 사용을 제한하지 않는 항공기는?

① 시계비행방식으로 비행 중인 항공기
② 시계비행방식으로 비행 중인 헬리콥터
③ 계기비행방식으로 비행 중인 비행기
④ 계기비행방식으로 비행 중인 헬리콥터

해설 항공안전법 시행규칙 제214조

109 항공안전법 제76조에서 정하는 승무원등의 탑승에 대한 설명이 아닌 것은?

① 국토부령으로 정하는 바에 따라 운행의 안전에 필요한 승무원을 태워야 한다.
② 운항승무원은 자격증명서 및 항공신체검사증명서를 지녀야 한다.
③ 운항관리사 및 항공정비사는 자격증명서를 지녀야 한다.
④ 항공정비사는 자격증명서 및 항공신체검사증명서를 지녀야 한다.

해설 항공안전법 시행규칙 제219조 1~3 참고

110 국토교통부장관이 정하여 고시하는 운항기술기준에 포함되는 사항이 아닌 것은?

① 항공기 계기 및 장비
② 항공운송사업의 운항증명
③ 항공종사자의 훈련 / 항공신체검사증명
④ 항공종사자의 자격증명

해설 항공안전법 제77조

111 안전운항을 위한 운항기술기준 등이 아닌 것은?

① 항공훈련기관
② 항공기의 감항성, 항공기의 운항
③ 정비조직 인증기준
④ 형식증명 및 수리개조능력 인정

해설 항공안전법 제77조

정답 102 ② 103 ① 104 ④ 105 ① 106 ② 107 ② 108 ① 109 ④ 110 ③ 111 ④

7 공역 및 항공교통업무 등

01 비행정보구역을 공역으로 구분하여 지정 · 공고할 수 없는 것은?

① 관제공역 ② 비관제공역
③ 비통제공역 ④ 주의공역

해설 항공안전법 제78조

02 서울 상공의 통제공역은 누가 지정 · 공고할 수 있는가?

① 대통령
② 국토교통부장관
③ 국방부장관
④ 서울특별시장

해설 항공안전법 제78조

03 항공교통의 안전을 위하여 항공기의 비행을 금지 또는 제한할 필요가 있는 공역은?

① 관제공역 ② 비관제공역
③ 통제공역 ④ 주의공역

해설 항공안전법 제78조

04 공역의 종류에 대한 설명으로 옳지 않은 것은?

① 관제공역: 항공교통의 안전을 위하여 항공기의 비행순서 · 시기 및 방법 등에 관하여 국토교통부장관의 지시를 받아야 할 필요가 있는 공역
② 비관제공역: 관제공역 외의 공역으로서 조종사에게 비행에 필요한 조언 · 비행정보 등을 제공하는 공역
③ 통제공역: 항공기의 안전을 보호하거나 기타의 이유로 비행허가를 받지 아니한 항공기의 비행을 제한하는 공역
④ 주의공역: 항공기의 비행 시 조종사의 특별한 주의 · 경계 · 식별 등이 필요한 공역

해설 항공안전법 제78조

05 주의공역에 포함되지 않는 공역은?

① 훈련공역
② 군작전공역
③ 위험공역 + 경계공역
④ 통제공역

해설 항공안전법 시행규칙 제221조 별표 23

06 항공교통업무에 따른 관제공역의 내용이 아닌 것은?

① A등급 공역은 모든 비행기가 계기비행을 하여야 하는 공역
② B등급 공역은 계기비행 및 시계비행을 하는 항공기가 비행 가능한 공역
③ C등급 공역은 계기비행을 하는 항공기에 항공교통관제업무가 제공되는 공역
④ D등급 공역은 시계비행을 하는 항공기 간에는 비행정보업무만 제공되는 공역

해설 항공안전법 시행규칙 제221조 별표 23

07 항공교통업무 등이 바르게 설명되지 못한 것은?

① 국토교통부장관은 항공기 또는 경량항공기 등에 항공교통관제 업무를 제공할 수 있다.
② 국토교통부장관은 운항과 관련된 조언 및 정보를 조종사 또는 관련 기관 등에 제공할 수 있다.
③ 지방항공청장은 비행정보구역 안에서 수색 · 구조를 필요로 하는 경량항공기에 관한 정보를 조종사 또는 관련 기관에게 제공할 수 있다.
④ 항공교통업무증명을 받은 자는 항공기 등에 항공교통관제 업무를 제공할 수 있다.

해설 항공안전법 제83조

정답 01 ③ 02 ② 03 ③ 04 ③ 05 ④ 06 ③ 07 ③

08 **항공안전법 시행령 제11조에서 "공역위원회"의 기능이 아닌 것은?**

① 공역의 설정·조정 및 관리에 관한 사항
② 항공기의 비행 및 항공교통관제에 관한 중요한 절차의 제·개정에 관한 사항
③ 항공통계 및 자료의 발간에 관한 사항
④ 항공기가 공역 및 항공시설을 안전하고 효율적으로 이용하는 방안에 관한 사항

해설 항공안전법 시행령 제11조 참고

09 **항공교통업무의 목적이 아닌 것은?**

① 항공기 간의 충돌방지
② 기동지역 안에서 항공기와 장애물 간의 충돌방지
③ 항공교통흐름의 촉진 및 질서 유지
④ 전파에 의한 항공기 항행의 지원

해설 항공안전법 시행규칙 제228조

10 **항공교통관제 업무의 종류가 아닌 것은?**

① 착륙유도관제 ② 비행장관제
③ 지역관제업무 ④ 접근관제업무

해설 항공안전법 시행규칙 제228조

11 **항공교통업무기관의 표류항공기에 대한 조치사항이 아닌 것은?**

① 표류항공기와 양방향 통신을 시도할 것
② 모든 가능한 방법을 활용하여 표류항공기의 위치를 파악할 것
③ 표류하고 있을 것으로 추정되는 지역의 관할 항공교통업무기관에 사실을 통보할 것
④ 표류항공기의 위치를 관계기관에 통보할 것

해설 항공안전법 시행규칙 제235조

12 **항공기가 조난된 경우의 항공기 수색이나 인명구조에 대한 설명으로 잘못된 것은?**

① 대통령령으로 정하는 바에 따라 수색이나 인명을 구조한다.
② 국토교통부장관은 관계 행정기관의 역할 등을 정한다.
③ 국토교통부장관은 항공기 수색·구조 지원에 관한 계획을 수립·시행하여야 한다.
④ ICAO가 정하는 바에 따라 수색이나 인명을 구조한다.

해설 항공안전법 제88조

13 **공역의 설정기준 및 지정절차 등 그 밖에 필요한 사항이 아닌 것은?**

① 공역구분의 세부적인 설정기준
② 지정절차, 항공기의 표준 출발·도착 절차 및 접근절차
③ 항공로등의 세부절차
④ 항공정보간행물 또는 항공고시보

해설 항공안전법 시행규칙 제221조

8 항공운송사업자 등에 대한 안전관리

01 **항공운송사업의 운항을 개시하는 조건이 아닌 것은?**

① 인력, 장비, 시설 등에 대하여 국토부장관의 검사를 받아야 한다.
② 인력, 장비, 시설 등에 대하여 지방항공청장의 검사를 받아야 한다.
③ 인력, 장비, 시설, 운항관리지원 등에 대하여 국토부장관의 검사를 받아야 한다.
④ 인력, 장비, 시설, 정비관리지원 등에 대하여 국토부장관의 검사를 받아야 한다.

해설 항공안전법 제90조

정답 08 ③ 09 ④ 10 ① 11 ④ 12 ④ 13 ④ / 01 ②

02 항공운송사업자가 운항을 시작하기 전에 국토부장관으로부터 인력, 장비, 시설, 운항관리지원 및 정비관리지원 등 안전운항체계에 대하여 받아야 하는 것은?

① 운항증명 ② 항공운송사업면허
③ 운항개시증명 ④ 항공운송사업증명

해설 항공안전법 제90조

03 국토교통부장관의 운항증명을 받지 않아도 되는 것은?

① 국내항공운송사업 ② 소형항공운송사업
③ 항공기사용사업 ④ 항공기취급업

해설 항공안전법 제90조

04 항공운송사업자가 운항증명을 받으려는 경우 신청서를 제출해야 하는 기일은?

① 운항개시 예정일 30일 전까지
② 운항개시 예정일 60일 전까지
③ 운항개시 예정일 90일 전까지
④ 운항개시 예정일 120일 전까지

해설 항공안전법 시행규칙 제257조

05 국토부장관 또는 지방항공청장은 운항증명 신청이 있을 때 며칠 이내로 운항증명 검사계획을 수립하여 신청인에게 통보하여야 하는가?

① 7일 이내 ② 10일 이내
③ 15일 이내 ④ 20일 이내

해설 항공안전법 시행규칙 제257조

06 운항증명 신청 시 제출해야 할 서류가 아닌 것은?

① 부동산을 사용할 수 있음을 증명하는 서류
② 지속감항정비 프로그램
③ 비상탈출절차교범
④ 최소장비목록 및 외형변경목록

해설 항공안전법 시행규칙 제257조 별표 32

07 항공운송사업자의 운항증명을 위한 검사의 구분은?

① 상태검사, 서류검사 ② 현장검사, 서류검사
③ 상태검사, 현장검사 ④ 현장검사, 시설검사

해설 항공안전법 시행규칙 제258조

08 운항증명을 위한 검사기준 중 서류검사 기준이 아닌 것은?

① 제출한 사업계획서 내용의 추진 일정
② 운항을 하기에 적합한 조직체계와 충분한 인력의 확보
③ 항공법규 준수의 이행 서류와 이를 증명하는 서류
④ 운항통제조직의 운영

해설 항공안전법 시행규칙 제258조 별표 33

09 운항증명을 위한 검사기준 중 현장검사 기준 사항이 아닌 것은?

① 지상의 고정 및 이동 시설, 장비 검사
② 운항통제조직의 운영
③ 운항을 하기에 적합한 조직체계와 충분한 인력의 확보
④ 훈련프로그램 평가

해설 항공안전법 시행규칙 제258조 별표 33

10 운항증명을 위한 현장검사 중 정비검사 시스템의 운영검사 기준은?

① 통제, 감독 및 임무배정 등이 안전운항을 위하여 적절하게 부여되어 있을 것
② 정비방법, 기준 및 검사절차 등이 적합하게 갖추어져 있을 것
③ 지상시설, 장비, 인력 및 훈련 프로그램 등이 적합하게 갖추어져 있을 것
④ 정비사의 자격증명 소지 등 자격관리가 적절히 이루어지고 있을 것

해설 항공안전법 시행규칙 제258조 별표 33

정답 02 ① 03 ④ 04 ③ 05 ② 06 ① 07 ② 08 ④ 09 ③ 10 ②

11 **항공기 안전운항을 위한 운영기준 변경 시 언제부터 적용되는가?**

① 변경 후 바로
② 7일 이후
③ 30일 후
④ 국토부장관이 고시한 날

해설 항공안전법 시행규칙 제261조

12 **항공기 운항정지 처분의 사유가 아닌 것은?**

① 감항증명을 받지 아니한 항공기를 운항한 경우
② 소음기준 적합증명을 받지 아니한 항공기를 운항한 경우
③ 설치한 의무무선설비가 운용되지 아니하는 항공기를 운항한 경우
④ 항공기 운항업무를 수행하는 종사자의 책임과 의무를 위반하였을 경우

해설 항공안전법 제91조

13 **항공운송사업자가 항공기 이용자 등에게 심한 불편을 주거나 공익을 해칠 우려가 있는 경우에는 과징금을 얼마나 부과할 수 있는가?**

① 100억원 ② 50억원
③ 30억원 ④ 10억원

해설 항공안전법 제92조

14 **운항규정 및 정비규정에 대한 설명으로 틀린 것은?**

① 최소장비목록 등은 국토교통부장관에게 신고하여야 한다.
② 최소장비목록 등은 국토교통부장관의 인가를 받아야 한다.
③ 정비규정을 제정할 때에는 국토교통부장관의 인가를 받아야 한다.
④ 승무원 훈련프로그램 등은 국토교통부장관의 인가를 받아야 한다.

해설 항공안전법 제93조

15 **항공운송사업자가 운항규정 및 정비규정을 제정하거나 중요한 사항을 변경하고자 하는 경우에는?**

① 국토교통부장관의 허가를 받아야 한다.
② 국토교통부장관의 인가를 받아야 한다.
③ 국토교통부장관의 승인를 받아야 한다.
④ 국토교통부장관에게 신고하여야 한다.

해설 항공안전법 제93조

16 **항공기의 운항 및 정비에 관한 운항규정 및 정비규정은 누가 제정하는가?**

① 국토교통부장관
② 항공기 제작사
③ 항공사 사장(항공운송사업자)
④ 지방항공청장

해설 항공안전법 제93조

17 **항공운송사업자가 최소장비목록, 승무원 훈련프로그램 등 국토교통부령으로 정하는 사항을 제정하거나 변경하려는 경우에는?**

① 국토교통부장관의 인가를 받아야 한다.
② 국토교통부장관의 승인를 받아야 한다.
③ 국토교통부장관에게 신고하여야 한다.
④ 국토교통부장관에게 제출하여야 한다.

해설 항공안전법 제93조

18 **운항규정 및 정비규정에 포함되어야 할 사항이 아닌 것은?**

① 운항승무원 및 객실승무원의 승무시간・근무시간 계약
② 장거리 운항과 관련된 장소에서의 장거리항법절차
③ 항공기등의 품질관리절차
④ 항공기등, 장비품 및 부품의 정비방법 및 절차

해설 항공안전법 시행규칙 제266조 별표 36 및 37

정답 11 ③ 12 ④ 13 ① 14 ① 15 ② 16 ③ 17 ① 18 ①

19 운항규정과 정비규정의 인가사항이 아닌 것은?

① 항공기 운항업무를 수행하는 종사자의 책임과 의무
② 조종사와 정비사의 인력 수급
③ 정비에 종사하는 사람의 훈련방법
④ 항공기등, 장비품 및 부품의 정비방법 및 절차

해설 항공안전법 시행규칙 제266조

20 운항규정에 포함될 사항이 아닌 것은?

① 항공기 운항정보
② 훈련
③ 지역, 노선 및 비행장
④ 최저장비목록

해설 항공안전법 시행규칙 제266조 별표 36

21 정비규정에 포함될 사항이 아닌 것은?

① 항공기 등의 품질관리 절차 / 정비 매뉴얼, 기술문서의 관리방법
② 교육훈련 / 직무적성검사 / 직무능력평가 / 중량 및 균형관리
③ 항공기의 감항성을 유지하기 위한 정비 및 검사 프로그램
④ 항공기등 및 부품의 정비방법 및 절차

해설 항공안전법 시행규칙 제266조 별표 36

22 정비조직인증을 받은 자의 과징금 부과에 대한 설명으로 맞는 것은?

① 운항정지처분을 갈음하여 50억원 이하의 과징금을 부과할 수 있다.
② 중대한 규정 위반 시에는 업무정지 처분과 더불어 과징금을 부과한다.
③ 부득이하게 업무정지를 할 수 없을 때에는 과징금으로 대체한다.
④ 과징금을 기간 이내에 납부하지 않으면 국토교통부령에 의하여 이를 징수한다.

해설 항공안전법 제99조

23 항공기정비업 등록자가 국토교통부령으로 정하는 정비등을 하려고 할 때 받아야 하는 것은?

① 정비조직인증　② 안전성인증
③ 수리, 개조승인　④ 형식승인

해설 항공안전법 제97조

24 다음 중 정비조직인증을 취소하여야 하는 경우는?

① 정비조직인증 기준을 위반한 경우
② 고의 또는 중대한 과실에 의하여 항공기 사고가 발생한 경우
③ 승인을 받지 아니하고 항공안전관리시스템을 운영한 경우
④ 부정한 방법으로 정비조직인증을 받은 경우

해설 항공안전법 제98조

25 항공운송사업자에 대한 안전개선명령이 아닌 것은?

① 운수권에 대한 배분
② 항공기 및 그 밖의 시설의 개선
③ 항공에 관한 국제조약을 이행하기 위하여 필요한 사항
④ 항공기 안전운항의 방해 요소를 제거하기 위하여 필요한 사항

해설 항공안전법 제94조

9 외국항공기

01 외국 국적 항공기가 항행 시 장관의 허가를 받아야 할 사항이 아닌 것은?

① 대한민국 밖에서 이륙하여 대한민국 밖에 착륙하는 항행
② 대한민국 밖에서 이륙하여 대한민국 안에 착륙하는 항행
③ 대한민국 안에서 이륙하여 대한민국 밖에 착륙하는 항행
④ 대한민국 밖에서 이륙하여 대한민국을 통과하여 대한민국 밖에 착륙하는 항행

해설 항공안전법 제100조

정답 19 ② 20 ④ 21 ② 22 ③ 23 ① 24 ① 25 ① / 01 ①

02 **국가항공기가 아닌 것은?**

① 군용기
② 국가 원수가 전세로 사용하는 민간비행기
③ 세관이 소유하는 업무용 항공기
④ 국토부가 소유하는 점검용 항공기

해설 항공안전법 제102조

03 **외국항공기의 항행허가 신청서에 기재하여야 할 사항이 아닌 것은?**

① 신청인의 성명, 주소 및 국적
② 항공기의 등록부호, 형식 및 식별부호
③ 최저비행고도
④ 운항의 목적

해설 항공안전법 시행규칙 제274조

04 **"외국항공기의 국내사용허가 신청서"의 기재내용이 아닌 것은?**

① 항공기 사용자의 성명, 주소 및 국적
② 항공기의 국적, 등록부호, 형식 및 식별부호
③ 여객의 성명, 국적 및 여행의 목적
④ 운항의 목적

해설 항공안전법 시행규칙 제276조

05 **외국항공기의 국내사용허가 변경신청서는 누구에게 제출하는가?**

① 지방항공청장
② 국토교통부장관
③ 국토교통부 항공정책실장
④ 외교부장관

해설 항공안전법 시행규칙 제276조

06 **외국인국제항공운송사업자의 항공기에 탑재하여야 할 서류가 아닌 것은?**

① 항공기등록증명서 ② 감항증명서
③ 형식증명서 ④ 소음기준적합증명서

해설 항공안전법 제104조, 시행규칙 제281조

07 **외국인국제항공운송사업을 하려는 자는 운항 개시 예정일 며칠 전까지 운항증명승인 신청서를 제출하여야 하는가?**

① 30일 ② 60일
③ 90일 ④ 120일

해설 항공안전법 시행규칙 제279조

08 **외국인국제항공운송사업의 운항증명승인 신청서에 첨부하여야 할 서류가 아닌 것은?**

① 「국제민간항공조약」 부속서 6에 따라 해당 정부가 발행한 운항증명 및 운영기준
② 「국제민간항공조약」 부속서 6에 따라 해당 정부로부터 인가받은 운항규정 및 정비규정
③ 사업경영 자금의 내역과 조달방법, 최근의 손익계산서와 대차대조표
④ 항공기 운영국가의 항공당국이 인정한 항공기 임대차 계약서

해설 항공안전법 시행규칙 제297조

09 **항공안전법 시행규칙 제278조에 의한 증명서 등의 인정이 아닌 것은?**

① 항공기 등록증명
② 감항증명
③ 항공종사자 자격증명
④ 형식증명

해설 항공안전법 시행규칙 제278조

10 **외국인국제항공운송사업자의 항공기 운항 정지에 해당되는 사항이 아닌 것은?**

① 거짓이나 그 밖의 부정한 방법으로 허가를 받은 경우
② 운항증명승인을 받지 아니하고 운항한 경우
③ 운항조건·제한사항을 준수하지 아니한 경우
④ 항공운송의 안전을 위한 명령에 따르지 아니한 경우

해설 항공안전법 제105조

정답 02 ④ 03 ④ 04 ③ 05 ① 06 ③ 07 ② 08 ③ 09 ③ 10 ①

10 경량항공기

01 경량항공기의 안전성인증에 대한 설명으로 맞는 것은?

① 기술상의 기준에 적합하다는 안전성인증을 교통안전공단에서 받아야 한다.
② 기술상의 기준에 적합하다는 안전성인증을 국토교통부에서 받아야 한다.
③ 기술상의 기준에 적합하다는 안전성인증을 지방항공청에서 받아야 한다.
④ 안전성인증서 발급은 국토교통부장관이 정한다.

해설 항공안전법 제108조, 시행규칙 제284조

02 경량항공기의 정비 확인을 위한 자료가 아닌 것은?

① 제작자가 제공하는 최신의 정비교범 및 기술문서
② 제작자가 정비프로그램을 제공하지 않아 소유자 등이 수립한 정비프로그램
③ 국토교통부장관이 정하여 고시하는 기술기준에 부합하는 기술자료
④ 안전성인증 검사를 받을 때 제출한 검사프로그램

해설 항공안전법 시행규칙 제285조

03 경량항공기의 종류를 한정하는 것이 아닌 것은?

① 타면조종형비행기 ② 경량헬리콥터
③ 자이로플레인 ④ 초급활공기

해설 항공안전법 시행규칙 제290조

04 경량항공기의 의무무선설비가 아닌 것은?

① 초단파(VHF) 무선전화 송수신기 1대
② 극초단파(UHF) 무선전화 송수신기 1대
③ 2차 감시 항공교통관제 레이더용 트랜스폰더 1대
④ 거리측정시설

해설 항공안전법 시행규칙 제297조 ②, ③ 참고

05 경량항공기를 사용하여 비행하려는 사람이 지켜야 할 사항이 아닌 것은?

① 미리 비행계획을 수립하여 국토교통부장관의 승인을 받아야 한다.
② 비행안전을 위한 기술상의 기준에 적합하다는 안전성인증을 받아야 한다.
③ 항공정비사 자격증명을 가진 자로부터 기술상의 기준에 적합하다는 확인을 받아야 한다.
④ 경량항공기의 조종교육을 위한 비행은 영리 목적으로 사용할 수 없다.

해설 항공안전법 제67조 및 제121조

11 초경량비행장치

01 신고를 필요로 하지 아니하는 초경량비행장치가 아닌 것은?

① 유인비행기
② 동력을 이용하지 아니하는 비행장치
③ 계류식 무인비행장치
④ 낙하산류

해설 항공안전법 제122조, 시행령 제24조

02 초경량비행장치 신고서에 첨부하여 지방항공청장에게 제출해야 할 서류가 아닌 것은?

① 소유하고 있음을 증명하는 서류
② 제작자 및 제작번호
③ 제원 및 성능표
④ 보험가입을 증명하는 서류(개정)

해설 항공안전법 시행규칙 제301조

03 안전성인증 대상인 초경량비행장치가 아닌 것은?

① 동력비행장치
② 회전익비행장치
③ 유인자유기구
④ 무인비행장치

해설 항공안전법 시행규칙 제305조

정답 01 ① 02 ② 03 ④ 04 ④ 05 ④ / 01 ① 02 ② 03 ④

04 초경량비행장치 조종자 증명이 필요한 초경량비행장치가 아닌 것은?

① 동력비행장치 ② 회전익비행장치
③ 낙하산류 ④ 동력패러글라이더

해설 항공안전법 시행규칙 제306조

05 초경량비행장치 조종자 전문교육기관의 지정기준이 아닌 것은?

① 비행시간이 200시간 이상인 지도조종자 1명 이상이 있을 것
② 비행시간이 400시간 이상인 실기평가조종자 1명 이상이 있을 것
③ 강의실 및 사무실이 각 1개 이상이 있을 것
④ 이착륙 시설 및 훈련용 비행장치가 1대 이상이 있을 것

해설 항공안전법 시행규칙 제307조 ①~③ 참고

06 비행계획 승인이 불필요한 초경량비행장치는?

① 최저비행고도(150미터) 미만의 고도에서 운영하는 계류식 기구
② 프로펠러에서 추진력을 얻는 것
③ 차륜(車輪)·스키드(skid) 등 착륙장치가 장착된 고정익비행장치
④ 플로트(float) 등 착륙장치가 장착된 고정익비행장치

해설 항공안전법 시행규칙 제308조

07 초경량비행장치의 구조 지원 장비를 장착해야 하는 것은?

① 동력을 이용하지 아니하는 비행장치
② 동력패러글라이더
③ 계류식 기구 및 무인비행장치
④ 유인비행장치

해설 항공안전법 시행규칙 제309조

08 다음 중 초경량비행장치 조종자의 준수사항이 아닌 것은?

① 인명이나 재산에 위험을 초래할 우려가 있는 낙하물을 투하하는 행위
② 인구가 밀집된 지역의 상공에서 인명 또는 재산에 위험을 초래할 우려가 있는 비행
③ 사람이 많이 모인 장소의 상공에서 재산에 위험을 초래할 우려가 있는 비행
④ 국토교통부장관의 허가를 받아 관제공역·통제공역·주의공역에서 비행

해설 항공안전법 시행규칙 제310조 ①~⑥ 참고

09 초경량비행장치 사고의 보고 내용이 아닌 것은?

① 사고가 발생한 일시 및 장소
② 초경량비행장치의 종류 및 신고번호
③ 사고를 발생하게 한 사람
④ 사람의 사상 또는 물건의 파손 개요

해설 항공안전법 시행규칙 제312조

10 초경량비행장치 사용에 대한 설명이 맞는 것은?

① 초경량비행장치를 소유한 자는 이를 지방항공청장에게 신고하여야 한다.
② 국토교통부령이 정하는 기관 또는 단체로부터 국토교통부장관이 정하여 고시하는 자격기준에 적합하다는 증명을 받아야 한다.
③ 비행안전을 위한 기술상의 기준에 적합하다는 안전성인증을 받아야 한다.
④ 초경량비행장치를 사용하여 비행하고자 하는 자는 국토교통부령이 정하는 보험에 가입하여야 한다(항공기대여업, 사용사업, 레저스포츠사업).

해설 항공안전법 제125조

정답 04 ③ 05 ② 06 ① 07 ④ 08 ④ 09 ③ 10 ②

12 보 칙

01 다음 중 국토교통부장관에게 업무보고를 해야 하는 사람이 아닌 것은?

① 항공정비사
② 항행안전시설 관리직원
③ 출입사무소 관리소장
④ 소형항공운송사업자

해설 항공안전법 제132조

02 항공안전 활동업무에 관한 보고 및 서류의 제출을 하게 할 수 있는 자가 아닌 것은?

① 항공기등, 장비품의 제작 또는 정비등을 하는 자
② 공항지역 출입직원
③ 비행장, 공항시설 또는 항행안전시설의 설치자 및 관리자
④ 항공종사자 및 초경량비행장치 조종자

해설 항공안전법 제132조

03 항공안전에 관한 전문가로 위촉받을 수 없는 사람은?

① 항공종사자 자격증명을 가진 사람으로서 해당 분야에서 10년 이상의 실무경력을 갖춘 사람
② 항공종사자 양성 전문교육기관의 해당 분야에서 5년 이상 교육훈련업무에 종사한 사람
③ 5급 이상의 공무원으로 항공분야에서 7년 이상의 실무경력을 갖춘 사람
④ 6급 이상의 공무원으로 항공분야에서 10년 이상의 실무경력을 갖춘 사람

해설 항공안전법 시행규칙 제314조

04 국토교통부장관이 권한을 위임할 수 있는 사항이 아닌 것은?

① 감항증명
② 소음기준적합증명
③ 수리・개조승인
④ 형식증명의 검사범위

해설 항공안전법 제135조

05 항공운송사업자가 취항하고 있는 공항에 대한 정기적인 안전성검사는 누가 실시하는가?

① 국토교통부장관 또는 지방항공청장
② 항공교통본부장
③ 공항공사사장
④ 교통안전공단이사장

해설 항공안전법 시행규칙 제315조

06 취소나 효력정지의 처분을 하고자 하는 경우 중 청문을 실시하지 않아도 되는 것은?

① 항공종사자자격증명의 취소 / 항공신체검사증명의 취소
② 항공기사용사업 등록의 취소
③ 공항개발사업 허가의 취소
④ 항공운송사업 면허 또는 등록의 취소

해설 항공안전법 제134조

07 항공운송사업자가 취항하고 있는 공항에 대한 정기 안전성검사 시 검사항목이 아닌 것은?

① 항공기운항・정비 및 지원에 관련된 업무・조직 및 교육훈련
② 항공기부품과 예비품의 보관 및 급유시설
③ 항공기 운항허가 및 비상지원절차
④ 항공기 정비방법 및 절차 / 공항 내 비행절차

해설 항공안전법 시행규칙 제315조

08 국토교통부장관이 지방항공청장에게 위임한 권한은?

① 항공기기술기준 적합 여부의 검사 및 운용한계의 지정(법23.5)
② 국가기관등항공기의 수리・개조 승인(법30)
③ 항공교통관제사에 대한 항공신체검사명령(법41)
④ 항공영어구술능력증명서의 발급(법45.3)

해설 항공안전법 시행령 제26조

정답 01 ③ 02 ② 03 ③ 04 ④ 05 ① 06 ③ 07 ④ 08 ①

09 감항증명 등의 항공관련업무를 수행하는 전문검사기관은 누가 지정·고시하는가?

① 대통령
② 국토교통부장관
③ 지방항공청장
④ 교통안전공단

해설 항공안전법 시행령 제26조

10 항공기 및 장비품의 증명을 위한 검사업무를 수행하기 위하여 인가받아야 하는 규정은?

① 운항규정
② 정비규정
③ 관리규정
④ 검사규정

해설 항공안전법 시행령 제27조

11 항공기 검사기관의 검사규정에 포함되지 않아도 되는 것은?

① 검사관의 업무범위 및 책임
② 시설 및 장비의 운용·관리 / 기술도서 및 자료의 관리·유지
③ 증명 또는 검사업무의 체계 및 절차
④ 검사관의 자격관리 / 공항 내 비행절차

해설 항공안전법 시행령 제27조

12 국토교통부장관이 교통안전공단에 위탁하지 않은 업무는?

① 자격증명 시험업무 및 자격증명 한정심사업무(법38)
② 계기비행증명업무 및 조종교육증명업무(법44)
③ 항공안전 자율보고의 접수·분석 및 전파에 관한 업무(법61)
④ 항공신체검사증명에 관한 업무(법40)

해설 항공안전법 시행령 제26조

13 벌 칙

01 사람이 현존하는 항공기, 경량항공기 또는 초경량비행장치를 항행 중에 추락 또는 전복시키거나 또는 파손한 사람에 대한 처벌은?

① 사형, 무기 또는 5년 이상의 징역에 처한다.
② 사형, 무기 또는 7년 이상의 징역에 처한다.
③ 사형 또는 7년 이상의 징역이나 금고에 처한다.
④ 사형 또는 5년 이상의 징역이나 금고에 처한다.

해설 항공안전법 제138조 ①

02 비행장, 이착륙장, 공항시설 또는 항행안전시설을 파손하거나 그 밖의 방법으로 항공상의 위험을 발생시킨 사람에 대한 처벌은?

① 사형, 무기 또는 5년 이상의 징역에 처한다.
② 사형, 무기 또는 10년 이하의 징역에 처한다.
③ 사형 또는 7년 이상의 징역이나 금고에 처한다.
④ 사형 또는 5년 이상의 징역이나 금고에 처한다.

해설 항공안전법 제40조

03 직권을 남용하여 항공기 안에 있는 사람의 권리행사를 방해한 기장에 대한 처벌은?

① 1년 이상 5년 이하의 징역
② 2년 이상 10년 이하의 징역
③ 2년 이상 5년 이하의 징역
④ 1년 이상 10년 이하의 징역

해설 항공안전법 제142조

04 기장이 항공기를 이탈한 죄에 대한 처벌은?

① 5년 이하의 징역
② 3년 이하의 징역
③ 10년 이하의 징역
④ 20년 이하의 징역

해설 항공안전법 제143조

정답 09 ② 10 ④ 11 ④ 12 ④ / 01 ① 02 ② 03 ④ 04 ①

05 감항증명 또는 소음기준적합증명을 받지 아니하거나 증명이 취소 또는 정지된 항공기를 운항한 자의 처벌은?

① 2년 이하의 징역 또는 3천만원 이하의 벌금
② 2년 이하의 징역 또는 5천만원 이하의 벌금
③ 3년 이하의 징역 또는 3천만원 이하의 벌금
④ 3년 이하의 징역 또는 5천만원 이하의 벌금

해설 항공안전법 제144조

06 수리 · 개조승인을 받지 아니한 항공기등, 장비품 또는 부품을 운항 또는 항공기등에 사용한 자에 대한 처벌은?

① 2년 이하의 징역 또는 3천만원 이하의 벌금
② 2년 이하의 징역 또는 5천만원 이하의 벌금
③ 3년 이하의 징역 또는 3천만원 이하의 벌금
④ 3년 이하의 징역 또는 5천만원 이하의 벌금

해설 항공안전법 제144조

07 정비등을 한 항공기등, 장비품 또는 부품에 대하여 감항성을 확인받지 아니하고 운항 또는 항공기등에 사용한 자의 처벌은?

① 2년 이하의 징역 또는 3천만원 이하의 벌금
② 2년 이하의 징역 또는 5천만원 이하의 벌금
③ 3년 이하의 징역 또는 3천만원 이하의 벌금
④ 3년 이하의 징역 또는 5천만원 이하의 벌금

해설 항공안전법 제144조

08 업무상 과실 또는 중대한 과실로 항행 중인 항공기를 추락 또는 전복시키거나 파괴한 사람에 대한 처벌은?

① 1년 이하의 징역이나 또는 1천만원 이하의 벌금
② 2년 이하의 징역이나 또는 1천만원 이하의 벌금
③ 3년 이하의 징역이나 또는 5천만원 이하의 벌금
④ 2년 이하의 징역이나 또는 2천만원 이하의 벌금

해설 항공안전법 제149조 ②

09 항공종사자 자격증명을 받지 않고 항공업무에 종사한 사람에 대한 처벌은?

① 1년 이하의 징역 또는 1천만원 이하의 벌금
② 2년 이하의 징역 또는 1천만원 이하의 벌금
③ 1년 이하의 징역 또는 2천만원 이하의 벌금
④ 2년 이하의 징역 또는 2천만원 이하의 벌금

해설 항공안전법 제148조

10 무자격 정비사가 항공기를 정비했을 때의 처벌은?

① 1년 이하의 징역 또는 1천만원 이하의 벌금
② 1년 이하의 징역 또는 2천만원 이하의 벌금
③ 2년 이하의 징역 또는 1천만원 이하의 벌금
④ 2년 이하의 징역 또는 2천만원 이하의 벌금

해설 항공안전법 제148조

11 과실로 항공기 · 비행장 · 공항시설 또는 항행안전시설을 파손한 사람에 대한 처벌은?

① 1년 이하의 징역 또는 1천만원 이하의 벌금
② 2년 이하의 징역 또는 1천만원 이하의 벌금
③ 1년 이하의 징역 또는 2천만원 이하의 벌금
④ 2년 이하의 징역 또는 2천만원 이하의 벌금

해설 항공안전법 제149조

12 주류등을 섭취한 후 항공업무에 종사한 경우의 처벌은?

① 2년 이하의 징역 또는 2천만원 이하의 벌금
② 2년 이하의 징역 또는 3천만원 이하의 벌금
③ 3년 이하의 징역 또는 3천만원 이하의 벌금
④ 3년 이하의 징역 또는 4천만원 이하의 벌금

해설 항공안전법 제146조

13 무자격 계기비행 등의 죄에 대한 처벌은?

① 1천만원 이하의 벌금
② 1천5백만원 이하의 벌금
③ 2천만원 이하의 벌금
④ 2천5백만원 이하의 벌금

해설 항공안전법 제151조

정답 05 ④ 06 ④ 07 ④ 08 ③ 09 ④ 10 ④ 11 ① 12 ③ 13 ③

14 **승무원의 자격이 없는 자를 항공기에 승무시키거나 항공법에 의하여 승무시켜야 할 항공종사자를 승무시키지 아니한 소유자등에 대한 처벌은?**

① 1년 이하의 징역 또는 1천만원 이하의 벌금
② 1년 이하의 징역 또는 1천만원 이하의 벌금
③ 2년 이하의 징역 또는 2천만원 이하의 벌금
④ 2년 이하의 징역 또는 2천만원 이하의 벌금

해설 항공안전법 제151조

15 **국적, 등록기호 등의 명칭을 표시하지 않은 항공기 소유자의 처벌은**

① 1년 이하의 징역 또는 1천만원 이하의 벌금
② 1년 이하의 징역 또는 3천만원 이하의 벌금
③ 2년 이하의 징역 또는 2천만원 이하의 벌금
④ 1년 이하의 징역 또는 5천만원 이하의 벌금

해설 항공안전법 제150조

16 **기장이 보고의무 등의 위반에 관한 죄를 범했을 때의 처벌은?**

① 2년 이하의 징역에 처한다.
② 1천만원 이하의 벌금에 처한다.
③ 1년 이하의 징역에 처한다.
④ 500만원 이하의 벌금에 처한다.

해설 항공안전법 제158조

17 **검사 또는 출입을 거부, 방해 또는 기피한 자에 대한 처벌은?**

① 300만원 이하의 벌금
② 500만원 이하의 벌금
③ 1천만원 이하의 벌금
④ 3천만원 이하의 벌금

해설 항공안전법 제163조

18 **양벌규정의 적용을 받지 않는 것은?**

① 국적 등의 표시를 아니한 항공기를 항공에 사용한 경우
② 무자격자가 항공업무에 종사한 경우
③ 항공종사자를 승무시키지 아니한 경우
④ 규정에 위반하여 계기비행을 한 경우

해설 항공안전법 제164조

19 **법인 또는 기타 종업원이 업무에 관한 규정을 위반한 때의 처벌이 아닌 것은?**

① 행위자를 벌한다.
② 법인을 벌한다.
③ 법인에게 벌금형을 과(科)한다.
④ 개인에게 벌금형을 과(科)한다.

해설 항공안전법 제164조

20 **벌칙 적용의 특례 사항에 대한 설명으로 옳은 것은?**

① 항공운송사업자의 업무 등에 대하여 과징금을 부과할 수 있는 행위는 국토교통부장관의 고발이 있어야 공소를 제기할 수 있다.
② 검사거부 등의 죄에 대하여 과징금을 부과할 수 있는 행위는 국토교통부장관의 고발이 있어야 공소를 제기할 수 있다.
③ 출입 거부·방해 등의 죄에 대하여 과징금을 부과할 수 있는 행위는 국토교통부장관의 고발이 있어야 공소를 제기할 수 있다.
④ 과징금을 부과한 행위에 대하여는 과태료를 부과할 수 있다.

해설 항공안전법 제166조

21 **초경량비행장치의 안전성인증을 받지 아니하고 비행한 사람의 과태료는?**

① 500만원 이하
② 1,000만원 이하
③ 2,000만원 이하
④ 3년 이하의 징역 또는 3,000만원 이하

해설 항공안전법 제161조

정답 14 ① 15 ① 16 ④ 17 ② 18 ④ 19 ② 20 ① 21 ④

항공사업법

AVIATION LAW

<table>
<tr><th>항공사업법, 시행령
[법률 제17462호, 2020. 6. 9., 일부개정]
[대통령령 제30714호, 2020. 5. 26., 일부개정]</th><th>항공사업법 시행규칙
[국토교통부령 제782호, 2020. 12. 10., 일부개정]</th></tr>
<tr><td colspan="2">제1장 총칙</td></tr>
<tr><td>제1조(목적) 이 법은 항공정책의 수립 및 항공사업에 관하여 필요한 사항을 정하여 대한민국 항공사업의 체계적인 성장과 경쟁력 강화 기반을 마련하는 한편, 항공사업의 질서유지 및 건전한 발전을 도모하고 이용자의 편의를 향상시켜 국민경제의 발전과 공공복리의 증진에 이바지함을 목적으로 한다.</td><td></td></tr>
<tr><td>제2조(정의) 이 법에서 사용하는 용어의 뜻은 다음과 같다. 〈개정 2017. 1. 17.〉
1. “항공사업”이란 이 법에 따라 국토교통부장관의 면허, 허가 또는 인가를 받거나 국토교통부장관에게 등록 또는 신고하여 경영하는 사업을 말한다.
2. “항공기”란 「항공안전법」 제2조 제1호에 따른 항공기를 말한다.
3. “경량항공기”란 「항공안전법」 제2조 제2호에 따른 경량항공기를 말한다.
4. “초경량비행장치”란 「항공안전법」 제2조 제3호에 따른 초경량비행장치를 말한다.
5. “공항”이란 「공항시설법」 제2조 제3호에 따른 공항을 말한다.
6. “비행장”이란 「공항시설법」 제2조 제2호에 따른 비행장을 말한다.
7. “항공운송사업”이란 국내항공운송사업, 국제항공운송사업 및 소형항공운송사업을 말한다.
8. “항공운송사업자”란 국내항공운송사업자, 국제항공운송사업자 및 소형항공운송사업자를 말한다.
9. “국내항공운송사업”이란 타인의 수요에 맞추어 항공기를 사용하여 유상으로 여객이나 화물을 운송하는 사업으로서 국토교통부령으로 정하는 일정 규모 이상의 항공기를 이용하여 다음 각 목의 어느 하나에 해당하는 운항을 하는 사업을 말한다.
가. 국내 정기편 운항: 국내공항과 국내공항 사이에 일정한 노선을 정하고 정기적인 운항계획에 따라 운항하는 항공기 운항
나. 국내 부정기편 운항: 국내에서 이루어지는 가목 외의 항공기 운항</td><td>제2조(국내항공운송사업 및 국제항공운송사업용 항공기의 규모) 「항공사업법」(이하 “법”이라 한다) 제2조 제9호 각 목 외의 부분 및 같은 조 제11호 각 목 외의 부분에서 “국토교통부령으로 정하는 일정 규모 이상의 항공기”란 각각 다음 각 호의 요건을 모두 갖춘 항공기를 말한다.
1. 여객을 운송하기 위한 사업의 경우 승객의 좌석 수가 51석 이상일 것
2. 화물을 운송하기 위한 사업의 경우 최대이륙중량이 2만5천킬로그램을 초과할 것
3. 조종실과 객실 또는 화물칸이 분리된 구조일 것
제3조(부정기편 운항의 구분) 법 제2조 제9호 나목, 제11호 나목 및 제13호에 따른 국내 및 국제 부정기편 운항은 다음 각 호와 같이 구분한다.
1. 지점 간 운항: 한 지점과 다른 지점 사이에 노선을 정하여 운항하는 것
2. 관광비행: 관광을 목적으로 한 지점을 이륙하여 중간에 착륙하지 아니하고 정해진 노선을 따라 출발지점에 착륙하기 위하여 운항하는 것
3. 전세운송: 노선을 정하지 아니하고 사업자와 항공기를 독점하여 이용하려는 이용자 간의 1개의 항공운송계약에 따라 운항하는 것
제4조(항공기사용사업의 범위) 법 제2조 제15호에서 “농약살포, 건설자재 등의 운반 또는 사진촬영 등 국토교통부령으로 정하는 업무”란 다음 각 호의 어느 하나에 해당하는 업무를 말한다. 〈개정 2020. 12. 10.〉
1. 비료 또는 농약 살포, 씨앗 뿌리기 등 농업 지원
2. 해양오염 방지약제 살포
3. 광고용 현수막 견인 등 공중광고
4. 사진촬영, 육상 및 해상 측량 또는 탐사
5. 산불 등 화재 진압
6. 수색 및 구조(응급구호 및 환자 이송을 포함한다)</td></tr>
</table>

항공사업법, 시행령	항공사업법 시행규칙
10. **"국내항공운송사업자"**란 제7조 제1항에 따라 국토교통부장관으로부터 국내항공운송사업의 면허를 받은 자를 말한다. 11. **"국제항공운송사업"**이란 타인의 수요에 맞추어 항공기를 사용하여 유상으로 여객이나 화물을 운송하는 사업으로서 국토교통부령으로 정하는 일정 규모 이상의 항공기를 이용하여 다음 각 목의 어느 하나에 해당하는 운항을 하는 사업을 말한다. 가. **국제 정기편 운항:** 국내공항과 외국공항 사이 또는 외국공항과 외국공항 사이에 일정한 노선을 정하고 정기적인 운항계획에 따라 운항하는 항공기 운항 나. **국제 부정기편 운항:** 국내공항과 외국공항 사이 또는 외국공항과 외국공항 사이에 이루어지는 가목 외의 항공기 운항 12. **"국제항공운송사업자"**란 제7조 제1항에 따라 국토교통부장관으로부터 국제항공운송사업의 면허를 받은 자를 말한다. 13. **"소형항공운송사업"**이란 타인의 수요에 맞추어 항공기를 사용하여 유상으로 여객이나 화물을 운송하는 사업으로서 국내항공운송사업 및 국제항공운송사업 외의 항공운송사업을 말한다. 14. **"소형항공운송사업자"**란 제10조 제1항에 따라 국토교통부장관에게 소형항공운송사업을 등록한 자를 말한다. 15. **"항공기사용사업"**이란 항공운송사업 외의 사업으로서 타인의 수요에 맞추어 항공기를 사용하여 유상으로 농약살포, 건설자재 등의 운반, 사진촬영 또는 항공기를 이용한 비행훈련 등 국토교통부령으로 정하는 업무를 하는 사업을 말한다. 16. **"항공기사용사업자"**란 제30조 제1항에 따라 국토교통부장관에게 항공기사용사업을 등록한 자를 말한다. 17. **"항공기정비업"**이란 타인의 수요에 맞추어 다음 각 목의 어느 하나에 해당하는 업무를 하는 사업을 말한다. 가. 항공기, 발동기, 프로펠러, 장비품 또는 부품을 정비·수리 또는 개조하는 업무 나. 가목의 업무에 대한 기술관리 및 품질관리 등을 지원하는 업무	7. 헬리콥터를 이용한 건설자재 등의 운반(헬리콥터 외부에 건설자재 등을 매달고 운반하는 경우만 해당한다) 8. 산림, 관로(管路), 전선(電線) 등의 순찰 또는 관측 9. 항공기를 이용한 비행훈련(「고등교육법」 제2조에 따른 학교가 실시하는 비행훈련의 경우는 제외한다) 10. 항공기를 이용한 고공낙하 11. 글라이더 견인 12. 그 밖에 특정 목적을 위하여 하는 것으로서 국토교통부장관 또는 지방항공청장이 인정하는 업무 **제5조(항공기취급업의 구분)** 법 제2조 제19호에 따른 항공기취급업은 다음 각 호와 같이 구분한다. 1. 항공기급유업: 항공기에 연료 및 윤활유를 주유하는 사업 2. 항공기하역업: 화물이나 수하물(手荷物)을 항공기에 싣거나 항공기에서 내려서 정리하는 사업 3. 지상조업사업: 항공기 입항·출항에 필요한 유도, 항공기 탑재 관리 및 동력 지원, 항공기 운항정보 지원, 승객 및 승무원의 탑승 또는 출입국 관련 업무, 장비 대여 또는 항공기의 청소 등을 하는 사업 **제6조(초경량비행장치사용사업의 사업범위 등)** ① 법 제2조 제23호에서 "국토교통부령으로 정하는 초경량비행장치"란 「항공안전법 시행규칙」 제5조 제2항 제5호에 따른 무인비행장치를 말한다. ② 법 제2조 제23호에서 "농약살포, 사진촬영 등 국토교통부령으로 정하는 업무"란 다음 각 호의 어느 하나에 해당하는 업무를 말한다. 1. 비료 또는 농약 살포, 씨앗 뿌리기 등 농업 지원 2. 사진촬영, 육상·해상 측량 또는 탐사 3. 산림 또는 공원 등의 관측 또는 탐사 4. 조종교육 5. 그 밖의 업무로서 다음 각 목의 어느 하나에 해당하지 아니하는 업무 가. 국민의 생명과 재산 등 공공의 안전에 위해를 일으킬 수 있는 업무 나. 국방·보안 등에 관련된 업무로서 국가 안보를 위협할 수 있는 업무

항공사업법, 시행령	항공사업법 시행규칙
18. "**항공기정비업자**"란 제42조 제1항에 따라 국토교통부장관에게 항공기정비업을 등록한 자를 말한다. 19. "**항공기취급업**"이란 타인의 수요에 맞추어 항공기에 대한 급유, 항공화물 또는 수하물의 하역과 그 밖에 국토교통부령으로 정하는 지상조업(地上操業)을 하는 사업을 말한다. 20. "**항공기취급업자**"란 제44조 제1항에 따라 국토교통부장관에게 항공기취급업을 등록한 자를 말한다. 21. "**항공기대여업**"이란 타인의 수요에 맞추어 유상으로 항공기, 경량항공기 또는 초경량비행장치를 대여(貸與)하는 사업(제26호 나목의 사업은 제외한다)을 말한다. 22. "**항공기대여업자**"란 제46조 제1항에 따라 국토교통부장관에게 항공기대여업을 등록한 자를 말한다. 23. "**초경량비행장치사용사업**"이란 타인의 수요에 맞추어 국토교통부령으로 정하는 초경량비행장치를 사용하여 유상으로 농약살포, 사진촬영 등 국토교통부령으로 정하는 업무를 하는 사업을 말한다. 24. "**초경량비행장치사용사업자**"란 제48조 제1항에 따라 국토교통부장관에게 초경량비행장치사용사업을 등록한 자를 말한다. 25. "**항공레저스포츠**"란 취미 · 오락 · 체험 · 교육 · 경기 등을 목적으로 하는 비행[공중에서 낙하하여 낙하산(落下傘)류를 이용하는 비행을 포함한다] 활동을 말한다. 26. "**항공레저스포츠사업**"이란 타인의 수요에 맞추어 유상으로 다음 각 목의 어느 하나에 해당하는 서비스를 제공하는 사업을 말한다. 가. 항공기(비행선과 활공기에 한정한다), 경량항공기 또는 국토교통부령으로 정하는 초경량비행장치를 사용하여 조종교육, 체험 및 경관조망을 목적으로 사람을 태워 비행하는 서비스 나. 다음 중 어느 하나를 항공레저스포츠를 위하여 대여하여 주는 서비스 1) 활공기 등 국토교통부령으로 정하는 항공기 2) 경량항공기 3) 초경량비행장치 다. 경량항공기 또는 초경량비행장치에 대한 정비, 수리 또는 개조서비스	제7조(항공레저스포츠사업에 사용되는 항공기 등) ① 법 제2조 제26호 가목에서 "국토교통부령으로 정하는 초경량비행장치"란 다음 각 호의 어느 하나에 해당하는 것을 말한다. 1. 인력활공기(人力滑空機) 2. 기구류 3. 동력패러글라이더(착륙장치가 없는 비행장치로 한정한다) 4. 낙하산류 ② 법 제2조 제26호 나목 1)에서 "활공기 등 국토교통부령으로 정하는 항공기"란 활공기 또는 비행선을 말한다.

항공사업법, 시행령
27. **"항공레저스포츠사업자"**란 제50조 제1항에 따라 국토교통부장관에게 항공레저스포츠사업을 등록한 자를 말한다. 28. **"상업서류송달업"**이란 타인의 수요에 맞추어 유상으로 「우편법」 제1조의2 제7호 단서에 해당하는 수출입 등에 관한 서류와 그에 딸린 견본품을 항공기를 이용하여 송달하는 사업을 말한다. 29. **"상업서류송달업자"**란 제52조 제1항에 따라 국토교통부장관에게 상업서류송달업을 신고한 자를 말한다. 30. **"항공운송총대리점업"**이란 항공운송사업자를 위하여 유상으로 항공기를 이용한 여객 또는 화물의 국제운송계약 체결을 대리(代理)[사증(査證)을 받는 절차의 대행은 제외한다]하는 사업을 말한다. 31. **"항공운송총대리점업자"**란 제52조 제1항에 따라 국토교통부장관에게 항공운송총대리점업을 신고한 자를 말한다. 32. **"도심공항터미널업"**이란 「공항시설법」 제2조 제4호에 따른 공항구역이 아닌 곳에서 항공여객 및 항공화물의 수송 및 처리에 관한 편의를 제공하기 위하여 이에 필요한 시설을 설치·운영하는 사업을 말한다. 33. **"도심공항터미널업자"**란 제52조 제1항에 따라 국토교통부장관에게 도심공항터미널업을 신고한 자를 말한다. 34. **"공항운영자"**란 「인천국제공항공사법」, 「한국공항공사법」 등 관계 법률에 따라 공항운영의 권한을 부여받은 자 또는 그 권한을 부여받은 자로부터 공항운영의 권한을 위탁·이전받은 자를 말한다. 35. **"항공교통사업자"**란 공항 또는 항공기를 사용하여 여객 또는 화물의 운송과 관련된 유상서비스(이하 "항공교통서비스"라 한다)를 제공하는 공항운영자 또는 항공운송사업자를 말한다. 36. **"항공교통이용자"**란 항공교통사업자가 제공하는 항공교통서비스를 이용하는 자를 말한다. 37. **"항공보험"**이란 여객보험, 기체보험(機體保險), 화물보험, 전쟁보험, 제3자보험 및 승무원보험과 그 밖에 국토교통부령으로 정하는 보험을 말한다. 38. **"외국인 국제항공운송사업"**이란 제54조 제1항에 따라 타인의 수요에 맞추어 항공기를 사용하여 유상으로 여객이나 화물을 운송하는 사업을 말한다. 39. **"외국인 국제항공운송사업자"**란 제54조 제1항에 따라 국토교통부장관으로부터 외국인 국제항공운송사업의 허가를 받은 자를 말한다.
제3조(항공정책기본계획의 수립) ① 국토교통부장관은 국가항공정책(「항공우주산업개발 촉진법」에 따른 항공우주산업의 지원·육성에 관한 사항은 제외한다. 이하 같다)에 관한 기본계획(이하 "항공정책기본계획"이라 한다)을 5년마다 수립하여야 한다. ② 항공정책기본계획에는 다음 각 호의 사항이 포함되어야 한다. 1. 국내외 항공정책 환경의 변화와 전망 2. 국가항공정책의 목표, 전략계획 및 단계별 추진계획 3. 국내항공운송사업, 항공기정비업 등 항공산업의 육성 및 경쟁력 강화에 관한 사항 4. 공항의 효율적 개발 및 운영에 관한 사항 5. 항공교통이용자 보호 및 서비스 개선에 관한 사항 6. 항공전문인력의 양성 및 항공안전기술·항공기정비기술 등 항공산업 관련 기술의 개발에 관한 사항 7. 항공교통의 안전관리에 관한 사항 8. 항공보안에 관한 사항 9. 항공레저스포츠 활성화에 관한 사항 10. 그 밖에 항공운송사업, 항공기정비업 등 항공산업의 진흥을 위하여 필요한 사항 ③ 항공정책기본계획은 「항공보안법」 제9조의 항공보안 기본계획, 「항공안전법」 제6조의 항공안전정책기본계획 및 「공항시설법」 제3조의 공항개발 종합계획에 우선하며, 그 계획의 기본이 된다. ④ 국토교통부장관은 항공정책기본계획을 수립하거나 대통령령으로 정하는 중요한 사항을 변경하려면 관계 중앙행정기관의 장과 특별시장·광역시장·특별자치시장·도지사 또는 특별자치도지사(이하 "시·도지사"라 한다)와 협의하여야 한다.

항공사업법, 시행령

영 제2조(항공정책기본계획의 중요한 사항의 변경) 「항공사업법」(이하 "법"이라 한다) 제3조 제4항에서 "대통령령으로 정하는 중요한 사항"이란 다음 각 호의 어느 하나에 해당하는 사항을 말한다.
1. 국가항공정책의 목표 및 전략계획
2. 국내 항공운송사업의 육성
3. 공항의 효율적 개발
4. 항공교통이용자의 보호
5. 항공안전기술의 개발
6. 그 밖에 국토교통부장관이 정하는 사항

⑤ 국토교통부장관은 항공정책기본계획을 수립하거나 변경하였을 때에는 그 내용을 관보에 고시하고, 관계 중앙행정기관의 장 및 시 · 도지사에게 알려야 한다.
⑥ 국토교통부장관은 항공정책기본계획을 시행하기 위한 연도별 시행계획을 수립하여야 한다.

제4조(항공정책위원회의 설치 및 운영 등) ① 항공정책에 관한 다음 각 호의 사항을 심의하기 위하여 국토교통부장관 소속으로 항공정책위원회(이하 "위원회"라 한다)를 둔다.
1. 항공정책기본계획의 수립 및 변경
2. 제3조 제6항에 따른 연도별 시행계획의 수립 및 변경
3. 「공항시설법」 제4조 제1항에 따른 공항개발 기본계획의 수립에 관한 사항
4. 대통령령으로 정하는 일정 규모 이상의 공항 또는 비행장의 개발에 관한 주요 정책 및 자금의 조달에 관한 사항
5. 공항 또는 비행장의 개발과 관련하여 관계 부처 간의 협조에 관한 사항으로서 위원회의 위원장이 심의에 부치는 사항
6. 그 밖에 항공정책에 관한 중요사항 및 공항 또는 비행장의 개발에 관한 사항으로서 위원회의 위원장이 심의에 부치는 사항

영 제3조(항공정책위원회의 심의 대상이 되는 공항 또는 비행장의 개발 규모) 법 제4조 제1항에 따른 항공정책위원회(이하 "항공정책위원회"라 한다)의 심의 대상 중 같은 항 제4호에서 "대통령령으로 정하는 일정 규모 이상의 공항 또는 비행장의 개발"이란 다음 각 호의 어느 하나에 해당하는 개발을 말한다.
1. 새로운 공항의 개발 또는 총사업비가 1천억원 이상이면서 국가의 재정지원 규모가 300억원 이상인 새로운 비행장의 개발
2. 공항 · 비행장개발예정지역의 면적이 당초 계획보다 20만제곱미터 이상 늘어나는 공항 또는 육상비행장의 개발
3. 500미터 이상의 활주로가 신설되거나 활주로의 길이가 500미터 이상 늘어나는 공항 또는 육상비행장의 개발

② 위원회는 위원장 1명을 포함한 20명 내외의 위원으로 구성한다.
③ 위원회의 위원장은 국토교통부장관이 되고, 위원은 다음 각 호의 사람이 된다.
1. 대통령령으로 정하는 행정각부의 차관
2. 항공에 관한 학식과 경험이 풍부한 사람으로서 국토교통부장관이 위촉하는 13명 이내의 사람

영 제4조(항공정책위원회의 위원) 법 제4조 제3항 제1호에서 "대통령령으로 정하는 행정각부의 차관"이란 다음 각 호의 사람을 말한다. 〈개정 2017. 7. 26., 2017. 9. 4.〉
1. 기획재정부 제2차관
2. 과학기술정보통신부 제1차관
3. 외교부 제2차관
4. 국방부차관
5. 문화체육관광부 제1차관
6. 산업통상자원부 제1차관

항공사업법, 시행령
영 제5조(위원의 해촉) 국토교통부장관은 항공정책위원회의 법 제4조 제3항 제2호에 따른 위원이 다음 각 호의 어느 하나에 해당하는 경우에는 해당 위원을 해촉(解囑)할 수 있다. 1. 심신장애로 인하여 직무를 수행할 수 없게 된 경우 2. 직무와 관련된 비위 사실이 있는 경우 3. 직무태만, 품위손상이나 그 밖의 사유로 인하여 위원으로 적합하지 아니하다고 인정되는 경우 4. 법 제4조 제7항 또는 제8항의 사유에 해당하는 데에도 불구하고 회피하지 아니한 경우 5. 위원 스스로 직무를 수행하는 것이 곤란하다고 의사를 밝히는 경우
④ 제3항 제2호에 따른 위원의 임기는 2년으로 한다. ⑤ 위원회에 상정할 안건에 관한 전문적인 연구, 사전 검토 및 위원회에서 위임한 업무 처리 등을 위하여 위원회에 실무위원회를 둘 수 있다.
영 제9조(실무위원회) ① 법 제4조 제5항에 따라 항공정책위원회에 두는 실무위원회(이하 "실무위원회"라 한다)는 위원장 1명을 포함한 20명 내외의 위원으로 성별을 고려해 구성한다. 〈개정 2018. 12. 31.〉 ② 실무위원회의 위원장은 국토교통부의 고위공무원단에 속하는 일반직공무원 중에서 국토교통부장관이 지명하는 사람이 된다. ③ 실무위원회의 위원은 다음 각 호의 사람이 된다. 〈개정 2017. 7. 26.〉 1. 기획재정부・과학기술정보통신부・외교부・국방부・문화체육관광부・산업통상자원부의 4급 이상 일반직공무원(고위공무원단에 속하는 일반직공무원을 포함한다) 중 해당 기관의 장이 지명하는 사람 각 1명 2. 「인천국제공항공사법」에 따라 설립된 인천국제공항공사의 임직원 중 인천국제공항공사 사장이 지명하는 사람 1명 3. 「한국공항공사법」에 따라 설립된 한국공항공사의 임직원 중 한국공항공사 사장이 지명하는 사람 1명 4. 항공에 관한 학식과 경험이 풍부한 사람 중에서 실무위원회의 위원장이 위촉하는 사람 ④ 제3항 제4호에 따른 위원의 임기는 2년으로 한다. ⑤ 실무위원회에 간사 1명을 두되, 간사는 국토교통부 소속 공무원 중에서 국토교통부장관이 지명한다. ⑥ 제3항 제2호 및 제3호에 따라 위원을 지명한 자는 위원이 제5조 각 호의 어느 하나에 해당하는 경우에는 그 지명을 철회할 수 있다. ⑦ 실무위원회의 위원장은 제3항 제4호에 따른 위원이 제5조 각 호의 어느 하나에 해당하는 경우에는 해당 위원을 해촉할 수 있다. ⑧ 실무위원회의 위원이 다음 각 호의 어느 하나에 해당하는 경우에는 해당 심의 대상 안건의 심의에서 제척(除斥)된다. 〈신설 2018. 12. 31.〉 1. 위원 또는 위원이 속한 법인・단체 등과 이해관계가 있는 경우 2. 위원의 가족(「민법」 제779조에 따른 가족을 말한다)이 이해관계인인 경우 3. 그 밖에 위원회의 의결에 직접적인 이해관계가 있다고 인정되는 경우 ⑨ 해당 심의 대상 안건의 당사자는 위원에게 공정한 직무집행을 기대하기 어려운 사정이 있으면 위원회에 기피신청을 할 수 있으며, 위원회는 기피신청이 타당하다고 인정하면 의결로 기피를 결정해야 한다. 이 경우 기피신청의 대상인 위원은 그 의결에 참여하지 못한다. 〈신설 2018. 12. 31.〉 ⑩ 위원은 제8항 또는 제9항의 사유에 해당하면 스스로 해당 심의 대상 안건의 심의를 회피해야 한다. 〈신설 2018. 12. 31.〉
⑥ 제1항부터 제5항까지에서 규정한 사항 외에 위원회와 실무위원회의 구성과 운영 등에 필요한 사항은 대통령령으로 정한다. ⑦ 위원회의 위원이 다음 각 호의 어느 하나에 해당하는 경우에는 해당 심의 대상 안건의 심의에서 제척(除斥)된다. 1. 위원 또는 위원이 속한 법인・단체 등과 이해관계가 있는 경우

항공사업법, 시행령

2. 위원의 가족(「민법」 제779조에 따른 가족을 말한다)이 이해관계인인 경우
3. 그 밖에 위원회의 의결에 직접적인 이해관계가 있다고 인정되는 경우

⑧ 해당 심의 대상 안건의 당사자는 위원에게 공정한 직무집행을 기대하기 어려운 사정이 있으면 위원회에 기피신청을 할 수 있으며, 위원회는 기피신청이 타당하다고 인정하면 의결로 기피를 결정하여야 한다.

⑨ 위원은 제7항이나 제8항의 사유에 해당하면 스스로 해당 심의 대상 안건의 심의를 회피하여야 한다.

제5조(항공기술개발계획의 수립) ① 국토교통부장관은 항공기술의 발전을 위하여 항공기술개발계획을 수립하여야 한다.

② 항공기술개발계획에는 다음 각 호의 사항이 포함되어야 한다.

1. 항공교통 수단의 안전기술 개발 및 국내외 보급기반 구축에 관한 사항
2. 항공사고예방기술 및 항공기정비기술의 개발에 관한 사항
3. 항공교통 관리 및 항행시설기술의 개발에 관한 사항
4. 공항 운영 및 관리기술의 개발에 관한 사항
5. 그 밖에 항공기술산업의 발전에 필요한 사항

제6조(항공사업의 정보화) ① 국토교통부장관은 항공 관련 정보의 관리, 활용 및 제공 등의 업무를 전자적으로 처리하기 위하여 다음 각 호의 사업을 추진할 수 있다.

1. 운항 · 비행정보를 관리하기 위한 비행정보시스템 구축 · 운영
2. 항공물류정보를 관리하기 위한 항공물류정보시스템 구축 · 운영
3. 항공교통 및 항공산업 관련 정보제공을 위한 항공정보포털시스템 구축 · 운영
4. 항공종사자 자격증명시험 정보를 관리하기 위한 상시원격학과시험시스템 구축 · 운영
5. 항공인력양성 및 관리를 위한 항공인력양성사업정보화시스템 구축 · 운영
6. 그 밖에 항공 관련 업무의 전자적 처리를 위하여 필요하여 대통령령으로 정하는 사업

② 국토교통부장관은 제1항에 따른 사업을 추진하기 위하여 관계 행정기관의 장, 제65조 제1항에 따른 항공사업자, 공항운영자, 항공 관련 기관 · 단체의 장에게 주민등록 전산정보(주민등록번호 · 외국인등록번호 등 고유식별정보를 포함한다), 적하목록 등 필요한 자료의 제출을 요청할 수 있다. 이 경우 자료의 제공을 요청받은 자는 특별한 사유가 없으면 이에 따라야 한다.

③ 국토교통부장관은 필요하다고 인정하는 경우 제1항에 따른 사업의 전부 또는 일부를 대통령령으로 정하는 바에 따라 관계 전문기관에 위탁할 수 있다.

영 제11조(항공 관련 정보화사업의 위탁) 국토교통부장관은 법 제6조 제3항에 따라 다음 각 호의 사업을 해당 호에서 정한 기관에 위탁한다. 〈개정 2019. 2. 8.〉

1. 항공물류정보시스템 구축 · 운영: 「인천국제공항공사법」에 따른 인천국제공항공사
2. 항공정보포털시스템 구축 · 운영: 법 제68조에 따른 한국항공협회
3. 상시원격학과시험시스템 구축 · 운영: 「한국교통안전공단법」에 따른 한국교통안전공단
4. 항공인력양성사업정보화시스템 구축 · 운영: 법 제68조에 따른 한국항공협회

④ 제1항부터 제3항까지에서 규정한 사항 외에 항공사업의 정보화에 필요한 사항은 국토교통부령으로 정한다.

항공사업법, 시행령	항공사업법 시행규칙
제2장 항공운송사업	
제7조(국내항공운송사업과 국제항공운송사업) ① 국내항공운송사업 또는 국제항공운송사업을 경영하려는 자는 국토교통부장관의 면허를 받아야 한다. 다만, 국제항공운송사업의 면허를 받은 경우에는 국내항공운송사업의 면허를 받은 것으로 본다. ② 제1항에 따른 면허를 받은 자가 정기편 운항을 하려면 노선별로 국토교통부장관의 허가를 받아야 한다. ③ 제1항에 따른 면허를 받은 자가 부정기편 운항을 하려면 국토교통부장관의 허가를 받아야 한다. ④ 제1항에 따른 면허를 받으려는 자는 신청서에 사업운영계획서를 첨부하여 국토교통부장관에게 제출하여야 하며, 제2항에 따른 허가를 받으려는 자는 신청서에 사업계획서를 첨부하여 국토교통부장관에게 제출하여야 한다. ⑤ 국토교통부장관은 제1항에 따라 면허를 발급하거나 제28조에 따라 면허를 취소하려는 경우에는 관련 전문가 및 이해관계인의 의견을 들어 결정하여야 한다. ⑥ 제1항부터 제3항까지의 규정에 따른 면허 또는 허가를 받은 자가 그 내용 중 국토교통부령으로 정하는 중요한 사항을 변경하려면 변경면허 또는 변경허가를 받아야 한다. ⑦ 제1항부터 제6항까지의 규정에 따른 면허, 허가, 변경면허 및 변경허가의 절차, 면허 등 관련 서류 제출, 의견수렴에 필요한 사항 등에 관한 사항은 국토교통부령으로 정한다.	제8조(국내항공운송사업 또는 국제항공운송사업의 면허 등) ① 법 제7조 제1항에 따라 국내항공운송사업 또는 국제항공운송사업의 면허를 받으려는 자는 별지 제1호서식의 면허신청서(전자문서로 된 신청서를 포함한다)에 다음 각 호의 서류(전자문서를 포함한다)를 첨부하여 국토교통부장관에게 제출하여야 한다. 이 경우 담당 공무원은 「전자정부법」 제36조 제1항에 따른 행정정보의 공동이용을 통하여 법인 등기사항증명서(신청인이 법인인 경우만 해당한다)를 확인하여야 한다. 〈개정 2020. 2. 28.〉 1. 다음 각 목의 사항을 포함하는 사업운영계획서 가. 취항 예정 노선, 운항계획, 영업소와 그 밖의 사업소(이하 "사업소"라 한다) 등 개략적 사업계획 나. 사용 예정 항공기의 수(도입계획을 포함한다) 및 각 항공기의 형식 다. 신청인이 다른 사업을 하고 있는 경우에는 그 사업의 개요와 해당 사업의 재무제표 및 손익계산서 라. 주주총회의 의결사항(「상법」상 주식회사인 경우만 해당한다) 2. 해당 신청이 법 제8조에 따른 면허기준을 충족함을 증명하거나 설명하는 서류로서 다음 각 목의 사항을 포함하는 서류 가. 안전 관련 조직과 인력의 확보계획 및 교육훈련 계획 나. 정비시설 및 운항관리시설의 개요 다. 최근 10년간 항공기 사고, 항공기 준사고, 항공안전장애 내용 및 소비자 피해구제 접수 건수(신청인이 항공운송사업자인 경우만 해당한다) 라. 임원과 항공종사자의 「항공사업법」, 「항공안전법」, 「공항시설법」, 「항공보안법」 또는 「항공·철도 사고조사에 관한 법률」 위반 내용 마. 소비자 피해구제 계획의 개요 바. 「항공사업법」 제2조 제37호에 따른 항공보험 가입 여부 및 가입 계획 사. 법 제19조 제1항에 따른 운항개시예정일(이하 "운항개시예정일"이라 한다)부터 3년 동안 사업운영계획서에 따라 항공운송사업을 운영하였을 경우에 예상되는 운영비 등의 비용 명세, 해당 기간 동안의 자금조달 계획 및 확보 자금 증빙서류 아. 해당 국내항공운송사업 또는 국제항공운송사업을 경영하기 위하여 필요한 자금의 명세(자본금의 증감 내용을 포함한다)와 자금조달방법

항공사업법 시행규칙

자. 예상 사업수지 및 그 산출 기초
3. 신청인이 법 제9조 각 호에 따른 결격사유에 해당하지 아니함을 증명하는 서류
4. 법 제11조 제1항에 따른 항공기사고 시 지원계획서

② 국토교통부장관은 제1항에 따른 면허 신청을 받은 경우에는 법 제8조에 따른 면허기준을 충족하는지와 법 제9조에 따른 결격사유에 해당하는지를 심사한 후 신청내용이 적합하다고 인정하는 경우에는 별지 제2호서식의 면허대장에 그 사실을 적고 별지 제3호서식의 면허증을 발급하여야 한다.

③ 제2항에 따라 국내항공운송사업 또는 국제항공운송사업의 면허를 받은 자가 법 제7조 제2항에 따른 정기편 운항을 위한 노선허가(이하 이 조에서 "정기편 노선허가"라 한다) 또는 법 제7조 제3항에 따른 부정기편 운항을 위한 허가(이하 이 조에서 "부정기편 운항허가"라 한다)를 받으려는 경우에는 별지 제4호서식의 신청서에 다음 각 호의 서류를 첨부하여 국토교통부장관 또는 지방항공청장에게 제출하여야 한다. 다만, 부정기편 운항허가를 신청하는 경우에는 제3호 가목·다목 및 사목의 내용이 포함된 사업계획서만 제출한다.

1. 해당 정기편 운항으로 해당 노선의 안전에 지장을 줄 염려가 없다는 것을 증명하는 서류
2. 해당 정기편 운항이 이용자 편의에 적합함을 증명하는 서류
3. 다음 각 목의 사항을 포함하는 사업계획서
가. 해당 정기편 노선 또는 부정기편 운항의 기점·기항지 및 종점
나. 신청 당시 사용하고 있는 항공기의 수와 해당 정기편 운항으로 항공기의 수 또는 형식이 변경된 경우에는 그 내용
다. 해당 정기편 운항 또는 부정기편 운항의 운항 횟수, 출발·도착 일시 및 운항기간
라. 해당 정기편 운항을 위하여 필요한 자금의 명세와 조달방법
마. 해당 정기편 운항으로 정비시설 또는 운항관리시설이 변경된 경우에는 그 내용
바. 해당 정기편 운항으로 자격별 항공종사자의 수가 변경된 경우에는 그 내용
사. 해당 정기편 운항 또는 부정기편 운항에서의 여객·화물의 취급 예정 수량(공급 좌석 수 또는 톤 수를 말한다)
아. 해당 정기편 운항에 따른 예상 사업수지 및 그 산출기초

④ 국토교통부장관 또는 지방항공청장은 제3항에 따른 신청을 받으면 정기편 노선허가에 대해서는 제3항 제1호 및 제2호에 따라 적합 여부를 심사한 후 그 신청 내용이 적합하다고 인정하는 경우 별지 제2호서식의 노선허가 대장에 그 노선허가 내용을 적고 별지 제5호서식의 허가증을 발급하여야 하며, 부정기편 운항허가에 대해서는 신청 내용이 적합하면 허가를 하였음을 신청인에게 통지하여야 한다.

⑤ 제2항에 따라 국내항공운송사업 또는 국제항공운송사업의 면허를 받은 자가 「항공안전법」 제5조 및 같은 법 시행령 제4조 제4호에 따른 외국 국적의 항공기를 이용하여 정기편 운항 또는 부정기편 운항을 하려면 다음 각 호의 요건을 모두 갖추어야 한다.

1. 항공기의 유지·관리를 포함한 항공기 운항의 책임이 임차계약서에 명시될 것
2. 항공기 운항에 따른 사고의 배상책임 소재가 계약에 명시될 것
3. 임차인의 운항코드와 편명이 명시될 것
4. 항공기의 등록증명·감항증명·소음증명 및 승무원의 자격증명은 국제민간항공기구(ICAO)의 기준에 따라 항공기 등록국에서 받을 것
5. 그 밖에 취항하려는 국가와 체결한 항공협정에서 정하고 있는 요건을 충족할 것

⑥ 제2항에 따른 면허대장이나 제4항에 따른 노선허가 대장은 전자적 처리가 불가능한 특별한 사유가 없으면 전자적 처리가 가능한 방법으로 작성·관리하여야 한다.

⑦ 국내항공운송사업 또는 국제항공운송사업의 면허를 받은 자가 법 제7조 제6항에 따라 다음 각 호의 면허내용을 변경하려는 경우에는 별지 제6호서식의 변경면허 신청서에 그 변경 내용을 증명하는 서류를 첨부하여 국토교통부장관에게 제출하여야 한다. 이 경우 담당 공무원은 「전자정부법」 제36조 제1항에 따른 행정정보의 공동이용을 통하여 법인 등기사항증명서(신청인이 법인인 경우만 해당한다)를 확인하여야 한다.

항공사업법 시행규칙

1. 상호(법인인 경우만 해당한다)
2. 대표자
3. 주소(소재지)
4. 사업범위

⑧ 정기편 노선허가 또는 부정기편 운항허가를 받은 자가 법 제7조 제6항에 따라 허가받은 내용을 변경하려는 경우에는 별지 제7호서식의 변경허가 신청서에 그 변경 내용을 증명하는 서류를 첨부하여 국토교통부장관 또는 지방항공청장에게 제출하여야 한다. 다만, 제3항 제3호 각 목의 어느 하나에 해당하는 내용을 변경하는 경우는 제외한다.

⑨ 국토교통부장관은 제7항에 따른 변경면허의 신청을 받은 경우에는 법 제8조에 따른 면허기준을 충족하는지와 법 제9조에 따른 결격사유에 해당하는지를 심사한 후 신청내용이 적합하다고 인정하는 경우에는 별지 제2호서식의 면허대장에 그 사실을 적고 별지 제3호서식의 면허증을 새로 발급하여야 한다.

⑩ 국토교통부장관 또는 지방항공청장은 제8항에 따른 변경허가 신청을 받으면 정기편 노선 변경허가에 대해서는 제3항 제1호 및 제2호에 따라 적합 여부를 심사한 후 그 신청 내용이 적합하다고 인정하는 경우 별지 제2호서식의 노선허가 대장에 그 노선 변경허가 내용을 적고 별지 제5호서식의 허가증을 재발급하여야 하며, 부정기편 운항 변경허가에 대해서는 신청 내용이 적합하면 변경허가를 하였음을 신청인에게 통지하여야 한다.

제9조(면허 관련 의견수렴) ① 국토교통부장관은 법 제7조 제1항에 따라 면허 신청을 받거나 법 제28조에 따라 면허를 취소하려는 경우에는 법 제7조 제5항에 따라 관계기관과 이해관계자의 의견을 청취하여야 한다.

② 국토교통부장관은 제1항에 따른 의견청취가 완료된 후 변호사와 공인회계사를 포함한 민간 전문가가 과반수 이상 포함된 자문회의를 구성하여 자문회의의 의견을 들어야 한다.

③ 국토교통부장관은 제2항에 따른 자문회의에 면허의 발급 또는 취소 여부를 판단하기 위하여 필요한 자료와 제1항에 따른 의견청취 결과를 제공하여야 한다.

④ 제1항부터 제3항까지의 규정에 따른 의견청취, 자문회의의 구성 및 운영, 그 밖에 면허의 발급 또는 취소와 관련된 의견수렴에 필요한 세부사항은 국토교통부장관이 정한다.

제10조(국내항공운송사업 또는 국제항공운송사업과 소형항공운송사업의 겸업) 법 제7조 제1항에 따라 국내항공운송사업 또는 국제항공운송사업의 면허를 신청하는 자가 법 제10조 제1항에 따른 소형항공운송사업의 등록을 함께 신청하려는 경우에는 국내항공운송사업 또는 국제항공운송사업의 면허신청서에 그 뜻을 적어 함께 신청할 수 있다.

항공사업법, 시행령	항공사업법 시행규칙
제8조(국내항공운송사업과 국제항공운송사업 면허의 기준) ① 국내항공운송사업 또는 국제항공운송사업의 면허기준은 다음 각 호와 같다. 〈개정 2019. 8. 27.〉 1. 해당 사업이 항공기 안전, 운항승무원 등 인력확보 계획 등을 고려 시 항공교통의 안전에 지장을 줄 염려가 없을 것 2. 항공시장의 현황 및 전망을 고려하여 해당 사업이 이용자의 편의에 적합할 것 3. 면허를 받으려는 자는 일정 기간 동안의 운영비 등 대통령령으로 정하는 기준에 따라 해당 사업을 수행할 수 있는 재무능력을 갖출 것 4. 다음 각 목의 요건에 적합할 것 가. 자본금 50억원 이상으로서 대통령령으로 정하는 금액 이상일 것 나. 항공기 1대 이상 등 대통령령으로 정하는 기준에 적합할 것 다. 그 밖에 사업 수행에 필요한 요건으로서 국토교통부령으로 정하는 요건을 갖출 것 **영 제12조(국내항공운송사업 또는 국제항공운송사업의 면허기준)** 법 제8조 제1항 제3호, 같은 항 제4호 가목 및 나목에 따른 국내항공운송사업 또는 국제항공운송사업의 면허기준은 별표 1과 같다. ② 국내항공운송사업자 또는 국제항공운송사업자는 제7조 제1항에 따라 면허를 받은 후 최초 운항 전까지 제1항에 따른 면허기준을 충족하여야 하며, 그 이후에도 계속적으로 유지하여야 한다. ③ 국토교통부장관은 제2항에 따른 면허기준의 준수 여부를 확인하기 위하여 국토교통부령으로 정하는 바에 따라 필요한 자료의 제출을 요구할 수 있다. ④ 국내항공운송사업자 또는 국제항공운송사업자는 제9조 각 호의 어느 하나에 해당하는 사유가 발생하였거나, 대주주 변경 등 국토교통부령으로 정하는 경영상 중대한 변화가 발생하는 경우에는 즉시 국토교통부장관에게 알려야 한다.	**제8조의2(국내항공운송사업과 국제항공운송사업 면허의 기준)** 법 제8조 제1항 제4호 다목에서 "국토교통부령으로 정하는 요건"이란 다음 각 호의 요건을 말한다. 1. 운항승무원 및 객실승무원 등 인력확보계획이 적정할 것 2. 법 제16조에 따른 운수권 확보 가능성 및 수요확보 가능성 등 노선별 취항계획이 타당할 것 [본조신설 2018. 10. 31.] **제11조(자료제출 등)** ① 국토교통부장관은 법 제8조 제3항에 따라 다음 각 호의 어느 하나에 해당하는 자료의 제출을 요구할 수 있다. 1. 다음 각 목의 사항 등이 포함된 포괄손익계산서 가. 매출액 나. 영업이익 다. 외환환산손익이 별도로 명시된 당기순이익 라. 항공기 운용리스금액 및 항공기 금융리스 이자가 별도로 명시된 영업비용 2. 다음 각 목의 사항 등이 포함된 재무상태표 가. 매출채권(유상여객 및 화물에 대한 채권을 말한다), 유형자산[항공기, 엔진 등 항공기재(航空機材)를 말한다], 외화표시 자산 및 자본금이 포함된 자산 현황 나. 선수금(유상여객 및 화물에 관한 채무를 말한다), 항공기 구매 관련 부채, 금융리스 관련 부채 및 마일리지(탑승거리, 판매가 등에 따라 적립되는 점수 등을 말한다) 부채가 포함된 부채현황 3. 다음 각 목의 사항 등이 포함된 사업 현황 가. 유동비율(유동자산/유동부채) 나. 대주주 및 외국인의 주식 또는 지분의 보유 비율 다. 항공기 수급 현황 라. 항공종사자 현황 마. 최근 3년간 자본잠식 비율[(납입자본금-자기자본)/납입자본금] ② 법 제8조 제4항에서 "대주주 변경 등 국토교통부령으로 정하는 경영상 중대한 변화"란 다음 각 호의 사항을 말한다. 1. 대주주 변경(모기업의 대주주가 변경된 경우를 포함한다) 2. 「기업구조조정 촉진법」에 따른 공동관리 또는 「채무자 회생 및 파산에 관한 법률」에 따른 회생 및 파산 3. 「항공안전법」 제10조 제1항 각 호의 어느 하나에 해당하는 자에게 주식이나 지분의 3분의 1 이상을 매각하거나 그 사업을 사실상 지배할 우려가 있는 정도의 지분을 매각하려는 경우 4. 「항공안전법」 제10조 제1항 제1호에 해당하는 사람을 임원으로 선임한 경우

<table>
<tr><th>항공사업법, 시행령</th><th>항공사업법 시행규칙</th></tr>
<tr><td>제9조(국내항공운송사업과 국제항공운송사업 면허의 결격사유 등) 국토교통부장관은 다음 각 호의 어느 하나에 해당하는 자에게는 국내항공운송사업 또는 국제항공운송사업의 면허를 해서는 아니 된다. 〈개정 2017. 12. 26.〉
1. 「항공안전법」 제10조 제1항 각 호의 어느 하나에 해당하는 자
2. 피성년후견인, 피한정후견인 또는 파산선고를 받고 복권되지 아니한 사람
3. 이 법, 「항공안전법」, 「공항시설법」, 「항공보안법」, 「항공ㆍ철도 사고조사에 관한 법률」을 위반하여 금고 이상의 실형을 선고받고 그 집행이 끝난 날 또는 집행을 받지 아니하기로 확정된 날부터 3년이 지나지 아니한 사람
4. 이 법, 「항공안전법」, 「공항시설법」, 「항공보안법」, 「항공ㆍ철도 사고조사에 관한 법률」을 위반하여 금고 이상의 형의 집행유예를 선고받고 그 유예기간 중에 있는 사람
5. 국내항공운송사업, 국제항공운송사업, 소형항공운송사업 또는 항공기사용사업의 면허 또는 등록의 취소처분을 받은 후 2년이 지나지 아니한 자. 다만, 제2호에 해당하여 제28조 제1항 제4호 또는 제40조 제1항 제4호에 따라 면허 또는 등록이 취소된 경우는 제외한다.
6. 임원 중에 제1호부터 제5호까지의 어느 하나에 해당하는 사람이 있는 법인</td><td></td></tr>
<tr><td>제10조(소형항공운송사업) ① 소형항공운송사업을 경영하려는 자는 국토교통부령으로 정하는 바에 따라 국토교통부장관에게 등록하여야 한다.
② 제1항에 따른 소형항공운송사업을 등록하려는 자는 다음 각 호의 요건을 갖추어야 한다.
1. 자본금 또는 자산평가액이 7억원 이상으로서 대통령령으로 정하는 금액 이상일 것
2. 항공기 1대 이상 등 대통령령으로 정하는 기준에 적합할 것
3. 그 밖에 사업 수행에 필요한 요건으로서 국토교통부령으로 정하는 요건을 갖출 것

영 제13조(소형항공운송사업의 등록요건) 법 제10조 제2항 제1호 및 제2호에 따른 소형항공운송사업의 등록요건은 별표 2와 같다.</td><td>제12조(소형항공운송사업의 등록) ① 법 제10조에 따른 소형항공운송사업을 하려는 자는 별지 제8호서식의 등록신청서(전자문서로 된 신청서를 포함한다)에 다음 각 호의 서류(전자문서를 포함한다)를 첨부하여 지방항공청장에게 제출하여야 한다. 이 경우 지방항공청장은 「전자정부법」 제36조 제1항에 따른 행정정보의 공동이용을 통하여 법인 등기사항증명서(신청인이 법인인 경우에만 해당한다)를 확인하여야 한다.
1. 해당 신청이 법 제10조 제2항의 등록요건을 충족함을 증명하는 서류
2. 다음 각 목의 사항을 포함하는 사업계획서
가. 정기편 또는 제3조에 따른 부정기편 운항 구분
나. 사업활동을 하는 주된 지역. 다만, 국제선 운항의 경우에는 다음의 서류 또는 사항을 사업계획서에 포함시켜야 한다.</td></tr>
</table>

<table>
<tr><th>항공사업법, 시행령</th><th>항공사업법 시행규칙</th></tr>
<tr><td>③ 제1항에 따라 소형항공운송사업을 등록한 자가 정기편 운항을 하려면 노선별로 국토교통부장관의 허가를 받아야 하며, 부정기편 운항을 하려면 국토교통부장관에게 신고하여야 한다.
④ 제1항 및 제3항에 따라 등록 또는 신고를 하거나 허가를 받으려는 자는 국토교통부령으로 정하는 바에 따라 운항개시예정일 등을 적은 신청서에 사업계획서와 그 밖에 국토교통부령으로 정하는 서류를 첨부하여 국토교통부장관에게 제출하여야 한다.
⑤ 제1항 및 제3항에 따라 등록 또는 신고를 하거나 허가를 받으려는 자가 그 내용 중 국토교통부령으로 정하는 중요한 사항을 변경하려면 국토교통부장관에게 변경등록 또는 변경신고를 하거나 변경허가를 받아야 한다.
⑥ 제1항부터 제5항까지의 규정에 따른 등록, 신고, 허가, 변경등록, 변경신고 및 변경허가의 절차 등에 관한 사항은 국토교통부령으로 정한다.
⑦ 소형항공운송사업 등록의 결격사유에 관하여는 제9조를 준용한다.</td><td>1) 외국에서 사업을 하는 경우에는 「국제민간항공조약」 및 해당 국가의 관계 법령 등에 어긋나지 아니하고 계약 체결 등 영업이 가능함을 증명하는 서류
2) 지점 간 운항의 경우에는 기점 · 기항지 · 종점 및 비행로와 각 지점 간의 거리에 관한 사항
3) 관광비행의 경우에는 출발지 및 비행로에 관한 사항
다. 사용 예정 항공기의 수 및 각 항공기의 형식(지점 간 운항 및 관광비행인 경우에는 노선별 또는 관광 비행구역별 사용 예정 항공기의 수 및 각 항공기의 형식)
라. 해당 운항과 관련된 사업을 경영하기 위하여 필요한 자금의 명세와 조달방법
마. 여객 · 화물의 취급 예정 수량 및 그 산출근거와 예상 사업수지
바. 도급사업별 취급 예정 수량 및 그 산출근거와 예상 사업수지
사. 신청인이 다른 사업을 하고 있는 경우에는 그 사업의 개요
3. 운항하려는 공항 또는 비행장시설의 이용이 가능함을 증명하는 서류(비행기를 이용하는 경우만 해당하며, 전세운송의 경우는 제외한다)
4. 법 제11조 제1항에 따른 항공기사고 시 지원계획서
5. 해당 사업의 경영을 위하여 항공종사자 또는 항공기정비업자, 공항 또는 비행장 시설 · 설비의 소유자 또는 운영자, 헬기장 및 관련 시설의 소유자 또는 운영자, 항공기의 소유자 등과 계약한 서류 사본
② 지방항공청장은 제1항에 따른 등록신청서의 내용이 명확하지 아니하거나 그 첨부서류가 미비한 경우에는 7일 이내에 보완을 요구하여야 한다.
③ 지방항공청장은 제1항에 따른 등록 신청을 받은 경우에는 법 제10조 제2항에 따른 소형항공운송사업의 등록을 충족하는지 심사한 후 신청내용이 적합하다고 인정되면 별지 제9호서식의 등록대장에 적고 별지 제10호서식의 등록증을 발급하여야 한다.
④ 지방항공청장은 제3항에 따른 등록 신청 내용을 심사하는 경우 제1항 제5호에 따른 계약의 이행이 가능한지를 확인하기 위하여 관계 행정기관, 관련 단체 또는 계약 당사자의 의견을 들을 수 있다.
⑤ 제3항의 등록대장은 전자적 처리가 불가능한 특별한 사유가 없으면 전자적 처리가 가능한 방법으로 작성 · 관리하여야 한다.</td></tr>
</table>

항공사업법 시행규칙

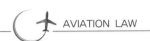

제13조(소형항공운송사업의 변경등록) 소형항공운송사업자가 법 제10조 제5항에 따라 다음 각 호의 사항을 변경하려는 경우에는 그 변경 사유가 발생한 날부터 30일 이내에 별지 제13호서식의 변경등록 신청서에 그 변경 사실을 증명할 수 있는 서류를 첨부하여 지방항공청장에게 제출하여야 한다. 다만, 그 변경 사항이 제1호·제3호 또는 제5호에 해당하면 지방항공청장은 「전자정부법」 제36조 제1항에 따라 행정정보의 공동이용을 통하여 법인 등기사항증명서를 확인함으로써 증명서류를 갈음할 수 있다.

1. 자본금의 변경
2. 사업소의 신설 또는 변경
3. 대표자 변경
4. 대표자의 대표권 제한 및 그 제한의 변경
5. 상호 변경
6. 사업범위의 변경
7. 항공기 등록 대수의 변경

제14조(소형항공운송사업의 노선허가 및 변경허가 등) ① 제12조 제3항에 따라 소형항공운송사업의 등록을 받은 자가 법 제10조 제3항에 따른 정기편 운항을 위한 노선허가(이하 이 조에서 "정기편 노선허가"라 한다)를 받거나 부정기편 운항을 위한 신고(이하 이 조에서 "부정기편 운항신고"라 한다)를 하려면 별지 제4호서식의 신청서(신고서)에 다음 각 호의 서류를 첨부하여 지방항공청장에게 제출하여야 한다. 다만, 부정기편 운항신고를 하는 경우에는 제3호 가목·다목 및 사목의 내용이 포함된 사업계획서만 제출한다.

1. 해당 정기편 운항으로 해당 노선의 안전에 지장을 줄 염려가 없다는 것을 증명하는 서류
2. 해당 정기편 운항이 이용자 편의에 적합함을 증명하는 서류
3. 다음 각 목의 사항을 포함하는 사업계획서
   가. 해당 정기편 노선 또는 부정기편 운항의 기점·기항지 및 종점
   나. 신청 당시 사용하고 있는 항공기의 수와 해당 정기편 운항으로 항공기의 수 또는 형식이 변경된 경우에는 그 내용
   다. 해당 정기편 운항 또는 부정기편 운항의 운항 횟수, 출발·도착 일시 및 운항기간
   라. 해당 정기편 운항을 위하여 필요한 자금의 명세와 조달방법
   마. 해당 정기편 운항으로 정비시설 또는 운항관리시설이 변경된 경우에는 그 내용
   바. 해당 정기편 운항으로 자격별 항공종사자의 수가 변경된 경우에는 그 내용
   사. 해당 정기편 운항 또는 부정기편 운항에서의 여객·화물의 취급 예정 수량(공급 좌석 수 또는 톤 수를 말한다)
   아. 해당 정기편 운항에 따른 예상 사업수지 및 그 산출기초

② 지방항공청장은 제1항에 따른 신청 또는 신고를 받으면 정기편 노선허가에 대해서는 제1항 제1호 및 제2호에 따라 적합여부를 심사한 후 그 신청 내용이 적합하다고 인정하는 경우 별지 제2호서식의 노선허가 대장에 그 노선허가 내용을 적고 별지 제5호서식의 허가증을 발급하여야 하며, 부정기편 운항신고에 대해서는 신고 내용이 적합하면 신고를 수리하였음을 신고인에게 통지하여야 한다.

③ 제12조 제3항에 따라 소형항공운송사업의 면허를 받은 자가 「항공안전법」 제5조 및 「항공안전법 시행령」 제4조 제4호에 따른 외국 국적의 항공기를 이용하여 정기편 운항 또는 부정기편 운항을 하려면 다음 각 호의 요건을 모두 갖추어야 한다.

1. 항공기의 유지·관리를 포함한 항공기 운항의 책임이 임차계약서에 명시될 것
2. 항공기 운항에 따른 사고의 배상책임 소재가 계약에 명시될 것
3. 임차인의 운항코드와 편명이 명시될 것
4. 항공기의 등록증명·감항증명·소음증명 및 승무원의 자격증명은 국제민간항공기구의 기준에 따라 항공기 등록국에서 받을 것
5. 그 밖에 취항하려는 국가와 체결한 항공협정에서 정하고 있는 요건에 적합할 것

항공사업법, 시행령	항공사업법 시행규칙
	④ 제2항에 따른 노선허가 대장은 전자적 처리가 불가능한 특별한 사유가 없으면 전자적 처리가 가능한 방법으로 작성·관리하여야 한다. ⑤ 정기편 노선허가를 받았거나 부정기편 운항신고를 한 자가 법 제10조 제5항에 따라 허가받았거나 신고한 내용을 변경하려는 경우에는 별지 제7호서식의 변경허가 신청서(변경신고서)에 그 변경 내용을 증명하는 서류를 첨부하여 지방항공청장에게 제출하여야 한다. 다만, 제1항 제3호 각 목의 어느 하나에 해당하는 내용을 변경하는 경우는 제외한다. ⑥ 지방항공청장은 제5항에 따른 변경허가의 신청이나 변경신고를 받으면 정기편 노선 변경허가에 대해서는 제1항 제1호 및 제2호에 따라 적합여부를 심사한 후 그 신청 내용이 적합하다고 인정하는 경우 별지 제2호서식의 노선허가 대장에 그 노선 변경허가 내용을 적고 별지 제5호서식의 허가증을 재발급하여야 하며, 부정기편 운항 변경신고에 대해서는 신고 내용이 적합하면 변경신고를 수리하였음을 신고인에게 통지하여야 한다. **제15조(소형항공운송사업과 항공기사용사업의 겸업)** 법 제10조 제1항에 따른 소형항공운송사업의 등록을 신청하는 자가 법 제30조 제1항에 따른 항공기사용사업의 등록을 함께 신청하려는 경우에는 소형항공운송사업의 등록신청서에 그 뜻을 적어 함께 신청할 수 있다.
제11조(항공기사고 시 지원계획서) ① 제7조 제1항에 따라 국내항공운송사업 및 국제항공운송사업의 면허를 받으려는 자 또는 제10조 제1항에 따라 소형항공운송사업 등록을 하려는 자는 면허 또는 등록을 신청할 때 국토교통부령으로 정하는 바에 따라 「항공안전법」 제2조 제6호에 따른 항공기사고와 관련된 탑승자 및 그 가족의 지원에 관한 계획서(이하 "항공기사고 시 지원계획서"라 한다)를 첨부하여야 한다. ② 항공기사고 시 지원계획서에는 다음 각 호의 사항이 포함되어야 한다. 1. 항공기사고대책본부의 설치 및 운영에 관한 사항 2. 피해자의 구호 및 보상절차에 관한 사항 3. 유해(遺骸) 및 유품(遺品)의 식별·확인·관리·인도에 관한 사항 4. 피해자 가족에 대한 통지 및 지원에 관한 사항 5. 그 밖에 국토교통부령으로 정하는 사항 ③ 국토교통부장관은 항공기사고 시 지원계획서의 내용이 신속한 사고 수습을 위하여 적절하지 못하다고 인정하는 경우에는 그 내용의 보완 또는 변경을 명할 수 있다.	

<table>
<tr><th>항공사업법, 시행령</th><th>항공사업법 시행규칙</th></tr>
<tr><td>④ 항공운송사업자는 「항공안전법」 제2조 제6호에 따른 항공기사고가 발생하면 항공기사고 시 지원계획서에 포함된 사항을 지체 없이 이행하여야 한다.
⑤ 국토교통부장관은 항공기사고 시 지원계획서를 제출하지 아니하거나 제3항에 따른 보완 또는 변경 명령을 이행하지 아니한 자에게는 제7조 제1항에 따른 면허 또는 제10조 제1항에 따른 등록을 해서는 아니 된다.</td><td></td></tr>
<tr><td>제12조(사업계획의 변경 등) ① 항공운송사업자는 사업면허, 등록 또는 노선허가를 신청할 때 제출하거나 변경인가 또는 변경신고한 사업계획에 따라 그 업무를 수행하여야 한다. 다만, 다음 각 호의 어느 하나에 해당하는 사유로 사업계획에 따라 업무를 수행하기 곤란한 경우는 그러하지 아니하다.
1. 기상악화
2. 안전운항을 위한 정비로서 예견하지 못한 정비
3. 천재지변
4. 항공기 접속(接續)관계(불가피한 경우로서 국토교통부령으로 정하는 경우에 한정한다)
5. 제1호부터 제4호까지에 준하는 부득이한 사유
② 항공운송사업자는 제1항 단서에 해당하는 경우에는 국토교통부령으로 정하는 바에 따라 국토교통부장관에게 신고하여야 한다.
③ 항공운송사업자는 제1항에 따른 사업계획을 변경하려면 국토교통부령으로 정하는 바에 따라 국토교통부장관의 인가를 받아야 한다. 다만, 국토교통부령으로 정하는 경미한 사항을 변경하려는 경우에는 국토교통부장관에게 신고하여야 한다.
④ 제3항에도 불구하고 다음 각 호의 어느 하나에 해당하는 비(非)사업 목적으로 운항을 하려는 자가 국토교통부장관에게 「항공안전법」 제67조 제2항 제4호에 따른 비행계획을 제출하였을 때에는 사업계획 변경인가를 받은 것으로 본다.
1. 항공기 정비를 위한 공수(空手) 비행
2. 항공기 정비 후 항공기의 성능을 점검하기 위한 시험 비행
3. 교체공항으로 회항한 항공기의 목적공항으로의 비행
4. 구조대원 또는 긴급구호물자 등 무상으로 사람이나 화물을 수송하기 위한 비행
⑤ 제3항에 따른 사업계획의 변경인가 기준에 관하여는 제8조 제1항을 준용한다.</td><td>제16조(당일 사업계획의 변경신고) ① 법 제12조 제1항 제4호에서 "국토교통부령으로 정하는 경우"란 다음 각 호의 어느 하나에 해당하는 경우로 인하여 접속(接續)관계에 있는 노선이 지연된 경우를 말한다.
1. 이륙 대기 및 공중 체공 등의 사유로 항공교통관제 허가가 지연된 경우
2. 항공로 혼잡으로 운항이 지연된 경우
3. 테러 및 전염병 등의 발생으로 조치가 필요하여 운항이 지연된 경우
4. 공항시설에 장애가 발생하여 운항이 지연된 경우
5. 법 제12조 제1항 제1호부터 제3호까지 및 제5호의 어느 하나에 해당하는 사유로 운항이 지연된 경우
6. 그 밖에 지방항공청장이 인정하는 경우
② 법 제12조 제2항에 따른 신고는 문서 또는 전문(電文)으로 출발 10분 전까지 하여야 한다.
제17조(사업계획의 변경인가 신청) ① 법 제12조 제3항 본문에 따라 사업계획을 변경하려는 항공운송사업자는 별지 제14호서식의 변경인가 신청서에 변경하려는 사항에 관한 명세서를 첨부하여 국토교통부장관에게 제출하여야 한다.
② 계절적 수요 등 일시적 수요증가에 대응하기 위하여 정기편 노선에 주 1회 이상의 횟수로 4주 미만의 기간 동안 운항을 추가(이하 "임시증편"이라 한다)하기 위하여 사업계획을 변경하려는 국내항공운송사업자 또는 국제항공운송사업자는 별지 제15호서식의 신청서에 임시증편노선에 관한 명세서를 첨부하여 운항개시예정일 5일 전까지 지방항공청장에게 제출하여야 한다.
제18조(사업계획 변경신고) ① 법 제12조 제3항 단서에서 "국토교통부령으로 정하는 경미한 사항"이란 다음 각 호의 사항을 말한다. 〈개정 2020. 5. 27.〉
1. 항공기의 기종(국제선의 경우 항공협정에서 항공기의 좌석 수, 탑재화물 톤 수를 고려하여 수송력 범위를 정하고 있으면 그 수송력 범위에 해당하는 경우만 해당한다)
2. 국내항공운송사업 또는 국제항공운송사업의 정기편 운항횟수 감편 또는 운항중단(4주 미만의 경우만 해당한다)
3. 항공기의 급유 또는 정비 등을 위하여 착륙하는 비행장</td></tr>
</table>

항공사업법, 시행령	항공사업법 시행규칙
	4. 항공기의 운항시간(취항하는 공항이 군용비행장인 경우에는 해당 기지부대장이 운항시간에 대하여 동의하는 경우만 해당한다) 5. 항공기의 편명 6. 외국과의 항공협정으로 운항지점 및 수송력 등에 제한 없이 운항이 가능한 경우 운항지점 및 운항횟수 7. 제6호를 제외한 국제선운항의 임시변경(7일 이내인 경우만 해당한다) 8. 자본금(감소하는 경우만 해당한다) 9. 항공기의 도입·처분과 관련된 사항(국내운송사업과 국제항공운송사업만 해당한다) ② 법 제12조 제3항 단서에 따라 제1항 각 호의 어느 하나에 해당하는 사항을 변경하려는 자는 별지 제16호서식의 변경신고서에 변경 사실을 증명할 수 있는 서류를 첨부하여 변경 예정일 7일 전까지(국제화물운송을 위하여 제1항 제1호부터 제7호까지의 사항 중 어느 하나에 해당하는 사항을 임시로 변경하는 경우에는 출발 10분 전까지로 한다) 지방항공청장(제1항 제9호의 사항은 국토교통부장관)에게 신고하여야 한다. 이 경우 담당 공무원은 「전자정부법」 제36조 제1항에 따른 행정정보의 공동이용을 통하여 법인 등기사항증명서를 확인하여야 한다. 〈개정 2020. 5. 27.〉 ③ 지방항공청장은 제2항에 따른 신고사항 중 제1항 제8호의 자본금 감소에 대해서는 국토교통부장관에게 보고하여야 한다.
제13조(사업계획의 준수 여부 조사) ① 국토교통부장관은 항공교통서비스에 관한 이용자 불편을 최소화하기 위하여 항공운송사업자에 대하여 제12조에 따른 사업계획 중 국토교통부령으로 정하는 운항계획의 준수 여부를 조사할 수 있다. ② 국토교통부장관은 제1항에 따른 조사 결과에 따라 사업개선 명령 또는 사업정지 등 필요한 조치를 할 수 있다. ③ 국토교통부장관은 제1항에 따른 조사 업무를 효율적으로 추진하기 위하여 국토교통부령으로 정하는 바에 따라 전담조사반을 둘 수 있다. ④ 제1항에 따라 조사를 실시하는 경우에는 제73조를 준용한다.	**제19조(사업계획의 준수 여부 조사 범위)** 법 제13조 제1항에서 "국토교통부령으로 정하는 운항계획"이란 다음 각 호의 사항에 해당하는 운항계획을 말한다. 1. 제8조 제3항 제3호 가목부터 다목까지 및 사목에 해당하는 사항 2. 제18조 제1항 제2호·제4호·제6호에 해당하는 사항 **제20조(전담조사반의 구성 및 운영)** ① 지방항공청장은 법 제13조 제3항에 따라 운항계획 준수 여부를 조사하기 위하여 제19조에 따른 운항계획 관련 업무를 담당하는 공무원으로 구성되는 전담조사반을 운영할 수 있다. ② 전담조사반은 운항계획 준수 여부의 조사가 종료되었을 때에는 지체 없이 조사보고서를 작성하여 국토교통부장관에게 제출하여야 한다.

<table>
<tr><th>항공사업법, 시행령</th><th>항공사업법 시행규칙</th></tr>
<tr><td>
제14조(항공운송사업 운임 및 요금의 인가 등) ① 국제항공운송사업자 및 소형항공운송사업자(국제 정기편 운항만 해당한다)는 해당 국제항공노선에 관련된 항공협정에서 정하는 바에 따라 국제항공노선의 여객 또는 화물(우편물은 제외한다. 이하 같다)의 운임 및 요금을 정하여 국토교통부장관의 인가를 받거나 국토교통부장관에게 신고하여야 한다. 이를 변경하려는 경우에도 또한 같다.
② 국내항공운송사업자 및 소형항공운송사업자(국내 정기편 운항만 해당한다)는 국내항공노선의 여객 또는 화물의 운임 및 요금을 정하거나 변경하려는 경우에는 20일 이상 예고하여야 한다.
③ 제1항에 따른 운임과 요금의 인가기준은 다음 각 호와 같다.
1. 해당 사업의 적정한 경비 및 이윤을 포함한 범위를 초과하지 아니할 것
2. 해당 사업이 제공하는 서비스의 성질이 고려되어 있을 것
3. 특정한 여객 또는 화물운송 의뢰인에 대하여 불합리하게 차별하지 아니할 것
4. 여객 또는 화물운송 의뢰인이 해당 사업을 이용하는 것을 매우 곤란하게 하지 아니할 것
5. 다른 항공운송사업자와의 부당한 경쟁을 일으킬 우려가 없을 것
</td><td>
제21조(운임 및 요금의 인가 신청 등) 법 제14조 제1항에 따라 국제항공노선의 운임 및 요금을 정하거나 변경하려는 자는 별지 제17호서식의 인가(변경인가) 신청서나 별지 제18호서식의 신고서(변경신고서)에 다음 각 호의 서류를 첨부하여 국토교통부장관에게 제출하여야 한다.
1. 운임 및 요금의 종류·금액 및 그 산출근거가 되는 서류(산출근거 서류는 인가 신청의 경우만 해당한다)
2. 운임 및 요금의 변경 사유(변경인가 신청 또는 변경신고의 경우만 해당한다)
</td></tr>
<tr><td>
제15조(운수에 관한 협정 등) ① 항공운송사업자가 다른 항공운송사업자(외국인 국제항공운송사업자를 포함한다)와 공동운항협정 등 운수에 관한 협정(이하 "운수협정"이라 한다)을 체결하거나 운항일정·운임·홍보·판매에 관한 영업협력 등 제휴에 관한 협정(이하 "제휴협정"이라 한다)을 체결하는 경우에는 국토교통부령으로 정하는 바에 따라 국토교통부장관의 인가를 받아야 한다. 인가받은 사항을 변경하려는 경우에도 같다.
② 제1항 후단에도 불구하고 국토교통부령으로 정하는 경미한 사항을 변경한 경우에는 국토교통부령으로 정하는 바에 따라 지체 없이 국토교통부장관에게 신고하여야 한다.
③ 운수협정과 제휴협정에는 다음 각 호의 어느 하나에 해당하는 내용이 포함되어서는 아니 된다.
1. 항공운송사업자 간 경쟁을 실질적으로 제한하는 내용
</td><td>
제22조(운수에 관한 협정의 범위) 항공운송사업자가 법 제15조 제1항에 따라 국토교통부장관 또는 지방항공청장의 인가를 받아 다른 항공운송사업자와 운수에 관한 협정을 체결할 수 있는 사항은 다음 각 호와 같다.
1. 국가 간 항공협정에서 항공운송사업자 간 협의에 따르도록 위임된 사항
2. 공동운항 등 운항방법에 관한 사항
3. 수송력 공급·수입·비용의 배분에 관한 사항
4. 항공협정 미체결 국가의 항공운송사업자와의 영업 협력에 관한 사항
제23조(운수에 관한 협정 등) ① 법 제15조 제1항에 따라 다른 항공운송사업자와 운수에 관한 협정 또는 제휴에 관한 협정(이하 "협정등"이라 한다)을 체결하거나 변경하려는 자는 별지 제19호서식의 협정 체결(변경)인가 신청서에 다음 각 호의 서류를 첨부하여 국토교통부장관 또는 지방항공청장에게 제출하여야 한다.
1. 협정등의 당사자가 경영하고 있는 사업의 개요를 적은 서류
</td></tr>
</table>

항공사업법, 시행령	항공사업법 시행규칙
2. 이용자의 이익을 부당하게 침해하거나 특정 이용자를 차별하는 내용 3. 다른 항공운송사업자의 가입 또는 탈퇴를 부당하게 제한하는 내용 ④ 국토교통부장관은 제1항에 따라 제휴협정을 인가하거나 변경인가하는 경우에는 미리 공정거래위원회와 협의하여야 한다. ⑤ 운수협정 또는 제휴협정은 국토교통부장관의 인가 또는 변경인가를 받아야 그 효력이 발생한다.	2. 체결하거나 변경하려는 협정등의 내용을 적은 서류(협정등이 외국어로 표시되어 있는 경우에는 원안과 그 번역문) 3. 협정등의 체결 또는 변경이 필요한 사유를 적은 서류 ② 법 제15조 제2항에서 "국토교통부령으로 정하는 경미한 사항"이란 다음 각 호의 어느 하나에 해당하는 사항을 말한다. 1. 법 제15조에 따라 인가받은 운수에 관한 협정의 유효기간 변경에 관한 사항 2. 법 제15조에 따라 인가받은 협정등 중 정산 요율의 변경에 관한 사항 3. 법 제15조에 따라 인가받은 협정등 중 항공기의 편명 변경에 관한 사항 4. 법 제15조에 따라 인가받은 협정등 중 항공기의 운항 횟수 또는 운항지점의 변경에 관한 사항(정기편 노선허가에 따른 사업계획의 범위에서의 운항 횟수 또는 운항지점의 변경만 해당한다) ③ 법 제15조 제2항에 따라 제2항 각 호의 사항을 변경하려는 자는 별지 제20호서식의 협정 변경신고서에 변경 사실을 증명할 수 있는 서류를 첨부하여 국토교통부장관 또는 지방항공청장에게 제출하여야 한다.
제16조(국제항공 운수권의 배분 등) ① 국토교통부장관은 외국정부와의 항공회담을 통하여 항공기 운항 횟수를 정하고, 그 횟수 내에서 항공기를 운항할 수 있는 권리(이하 "운수권"이라 한다)를 국제항공운송사업자의 신청을 받아 배분할 수 있다. ② 국토교통부장관은 제1항에 따라 운수권을 배분하는 경우에는 제8조 제1항 각 호의 면허기준 및 외국정부와의 항공회담에 따른 합의사항 등을 고려하여야 한다. ③ 국토교통부장관은 운수권의 활용도를 높이기 위하여 국제항공운송사업자가 다음 각 호의 어느 하나에 해당하는 경우에는 배분된 운수권의 전부 또는 일부를 회수할 수 있다. 1. 제25조에 따라 폐업하거나 해당 노선을 폐지한 경우 2. 운수권을 배분받은 후 1년 이내에 해당 노선을 취항하지 아니한 경우 3. 해당 노선을 취항한 후 운수권의 전부 또는 일부를 사용하지 아니한 경우 ④ 제1항 및 제3항에 따른 운수권의 배분신청, 배분·회수의 기준 및 방법과 그 밖에 필요한 사항은 국제항공운송사업자의 운항 가능 여부, 이용자의 편의성 등을 고려하여 국토교통부령으로 정한다.	

항공사업법, 시행령	항공사업법 시행규칙
제17조(영공통과이용권의 배분 등) ① 국토교통부장관은 외국정부와의 항공회담을 통하여 외국의 영공통과 이용 횟수를 정하고, 그 횟수 내에서 항공기를 운항할 수 있는 권리(이하 "영공통과이용권"이라 한다)를 국제항공운송사업자의 신청을 받아 배분할 수 있다. ② 국토교통부장관은 제1항에 따른 영공통과이용권을 배분하는 경우에는 제8조 제1항 각 호의 면허기준 및 외국정부와의 항공회담에 따른 합의사항 등을 고려하여야 한다. ③ 국토교통부장관은 제1항에 따라 배분된 영공통과이용권이 사용되지 아니하는 경우에는 배분된 영공통과이용권의 전부 또는 일부를 회수할 수 있다. ④ 제1항 및 제3항에 따른 영공통과이용권의 배분신청, 배분·회수의 기준 및 방법과 그 밖에 필요한 사항은 국제항공운송사업자의 운항 가능 여부, 이용자의 편의성 등을 고려하여 국토교통부령으로 정한다.	
제18조(항공기 운항시각의 배분 등) ① 국토교통부장관은 「인천국제공항공사법」 제10조 제1항 제1호에 따른 인천국제공항 등 국토교통부령으로 정하는 공항의 효율적인 운영과 항공기의 원활한 운항, 항공교통의 안전 확보, 항공교통이용자 보호 및 항공교통서비스의 개선 등을 위하여 항공기의 출발 또는 도착시각(이하 "운항시각"이라 한다)을 항공운송사업자의 신청을 받아 배분 또는 조정할 수 있다. 〈개정 2019. 11. 26.〉 ② 국토교통부장관은 제1항에도 불구하고 다음 각 호의 어느 하나에 해당하는 경우 항공의 공공성, 안전성 또는 이용편리성 확보 등 공공복리를 위하여 직권으로 운항시각을 배분 또는 조정할 수 있다. 〈신설 2019. 11. 26.〉 1. 천재지변으로 공항시설이 파손되는 등 공항운영에 차질이 발생하거나 발생할 우려가 있는 경우 2. 항공안전사고가 발생하거나 발생할 우려가 있는 경우 3. 지역 간 항공서비스의 심각한 불균형으로 지역균형발전을 저해한다고 인정되는 경우 4. 항공수요의 급격한 변동으로 인해 항공서비스 제공에 중대한 차질이 발생하거나 발생할 우려가 있는 경우 5. 운항시각의 집중 등으로 공항운영에 차질이 발생하는 경우 6. 운항시각의 배분이나 운영과 관련하여 항공운송사업자의 불공정행위나 부당행위가 있는 경우	**제23조의2(운항시각 교환의 인가 신청)** ① 항공사업자는 법 제18조 제7항에 따른 운항시각 교환 인가를 신청하려면 별지 제20호의2서식의 운항시각 교환 인가 신청서에 교환하려는 운항시각에 관한 명세서를 첨부하여 국토교통부장관에게 제출해야 한다. ② 제1항의 신청서를 받은 국토교통부장관은 신청을 받은 날부터 25일 이내에 인가 여부를 회신해야 한다. 이 경우 공휴일 및 토요일은 그 기간의 산정에서 제외한다. [본조신설 2020. 5. 27.]

항공사업법, 시행령	항공사업법 시행규칙
7. 항공운송사업자에 대한 주기적인 서비스 또는 안전 평가 결과 항공운송사업자가 항공운송사업을 수행하기에 현저히 곤란하다고 인정되는 경우 ③ 국토교통부장관은 제1항 또는 제2항에 따라 운항시각을 배분하는 경우에는 공항시설의 규모, 여객수용능력 등을 고려하여야 한다. 〈개정 2019. 11. 26.〉 ④ 국토교통부장관은 제1항 또는 제2항에 따라 운항시각을 배분 또는 조정할 때 필요한 경우 조건 또는 기한을 붙이거나 이미 붙인 조건 또는 기한을 변경할 수 있다. 〈신설 2019. 11. 26.〉 ⑤ 국토교통부장관은 운항시각의 활용도 향상, 공항의 효율적인 운영과 항공기의 원활한 운항, 항공교통의 안전 확보, 항공교통이용자 보호 및 항공교통서비스의 개선 등을 위하여 제1항 또는 제2항에 따라 배분된 운항시각의 전부 또는 일부가 사용되지 아니하는 경우에는 배분한 운항시각을 회수할 수 있다. 〈개정 2019. 11. 26.〉 ⑥ 제1항부터 제5항까지의 규정에 따른 운항시각의 배분신청, 배분·조정·회수의 기준 및 방법과 그 밖에 필요한 사항은 국토교통부령으로 정한다. 〈개정 2019. 11. 26.〉 ⑦ 항공운송사업자가 제1항 또는 제2항에 따라 배분받은 운항시각을 다른 항공운송사업자가 배분받은 운항시각과 상호 교환하려는 경우에는 국토교통부장관의 인가를 받아야 한다. 〈신설 2019. 11. 26.〉 ⑧ 제7항에 따른 인가의 신청, 인가의 기준 및 그 밖에 운항시각의 상호 교환에 필요한 사항은 국토교통부령으로 정한다. 〈신설 2019. 11. 26.〉	
제19조(항공운송사업자의 운항개시 의무) ① 항공운송사업자는 면허신청서 또는 등록신청서에 적은 운항개시예정일에 운항을 시작하여야 한다. ② 항공운송사업자가 제7조 제2항 또는 제10조 제3항에 따라 정기편 노선의 허가를 받은 경우에는 노선허가 신청서에 적은 운항개시예정일에 운항을 시작하여야 한다. ③ 제1항과 제2항에도 불구하고 천재지변이나 그 밖의 불가피한 사유로 운항개시예정일을 연기하는 경우에는 국토교통부장관의 승인을 받아야 하며, 운항개시예정일 전에 운항을 시작하려는 경우에는 국토교통부장관에게 신고하여야 한다. 이 경우 국토교통부장관에게 승인받거나 신고한 운항개시예정일에 운항을 시작하여야 한다.	**제24조(운항개시의 연기 신청 등)** ① 항공운송사업자는 법 제19조 제3항에 따라 운항개시예정일을 연기하려는 경우에는 변경된 운항개시 예정일과 그 사유를 적은 별지 제11호서식의 신청서를 국토교통부장관 또는 지방항공청장에게 제출하여야 한다. ② 항공운송사업자는 법 제19조 제3항에 따라 항공운송사업 면허신청서 또는 노선허가신청서에 적힌 운항개시예정일 전에 운항을 개시하려는 경우에는 변경된 운항개시예정일과 그 사유를 적은 별지 제12호서식의 신고서를 국토교통부장관 또는 지방항공청장에게 제출하여야 한다.

항공사업법, 시행령	항공사업법 시행규칙
제20조(항공운송사업 면허 등 대여금지) 항공운송사업자는 타인에게 자기의 성명 또는 상호를 사용하여 항공운송사업을 경영하게 하거나 그 면허증 또는 등록증을 빌려주어서는 아니 된다.	
제21조(항공운송사업의 양도·양수) ① 항공운송사업자가 항공운송사업을 양도·양수하려는 경우에는 국토교통부령으로 정하는 바에 따라 국토교통부장관의 인가를 받아야 한다. 다만, 소형항공운송사업자가 그 소형항공운송사업을 양도·양수하려는 경우에는 신고하여야 한다. ② 국토교통부장관은 제1항에 따라 양도·양수의 인가 신청 또는 신고를 받은 경우 양도인 또는 양수인이 다음 각 호의 어느 하나에 해당하면 양도·양수를 인가하거나 신고를 수리해서는 아니 된다. 1. 양수인이 제9조 각 호의 어느 하나에 해당하는 경우 2. 양도인이 제28조에 따라 사업정지처분을 받고 그 처분기간 중에 있는 경우 3. 양도인이 제28조에 따라 면허취소처분을 받았으나 「행정심판법」 또는 「행정소송법」에 따라 그 취소처분이 집행정지 중에 있는 경우 ③ 국토교통부장관은 제1항에 따른 인가 신청 또는 신고를 받으면 국토교통부령으로 정하는 바에 따라 이를 공고하여야 한다. 이 경우 공고의 비용은 양도인이 부담한다. ④ 제1항에 따라 인가를 받거나 신고가 수리된 경우에는 양수인은 양도인인 항공운송사업자의 이 법에 따른 지위를 승계한다.	**제25조(항공운송사업의 양도·양수의 인가 신청)** ① 법 제21조 제1항에 따라 항공운송사업을 양도·양수하려는 양도인과 양수인은 별지 제21호서식의 인가 신청서(소형항공운송사업을 양도·양수하는 경우에는 신고서를 말한다)에 다음 각 호의 서류를 첨부하여 계약일부터 30일 이내에 연명(連名)으로 국토교통부장관 또는 지방항공청장에게 제출하여야 한다. 이 경우 담당 공무원은 「전자정부법」 제36조 제1항에 따른 행정정보의 공동이용을 통하여 양수인의 법인 등기사항증명서(양수인이 법인인 경우만 해당한다)를 확인하여야 한다. 1. 양도·양수 후 해당 노선에 대한 사업계획서 2. 양수인이 법 제8조 제1항 제3호 및 제4호의 기준을 충족함을 증명하거나 설명하는 서류와 법 제9조의 결격사유에 해당하지 아니함을 증명하는 서류 3. 양도·양수 계약서의 사본 4. 양도 또는 양수에 관한 의사결정을 증명하는 서류(양도인 또는 양수인이 법인인 경우만 해당한다) ② 국토교통부장관 또는 지방항공청장은 제1항에 따른 신청을 받으면 법 제21조 제3항에 따라 다음 각 호의 사항을 공고하여야 한다. 1. 양도·양수인의 성명(법인의 경우에는 법인의 명칭 및 대표자의 성명) 및 주소 2. 양도·양수의 대상이 되는 노선 및 사업범위 3. 양도·양수의 사유 4. 양도·양수 인가 신청일 및 양도·양수 예정일
제22조(법인의 합병) ① 법인인 국내항공운송사업자 및 국제항공운송사업자가 다른 항공운송사업자 또는 항공운송사업 외의 사업을 경영하는 자와 합병하려는 경우에는 국토교통부령으로 정하는 바에 따라 국토교통부장관의 인가를 받아야 한다. 다만, 법인인 소형항공운송사업자가 다른 항공운송사업자 또는 항공운송사업 외의 사업을 경영하는 자와 합병하려는 경우에는 국토교통부장관에게 신고하여야 한다. ② 제1항에 따른 인가 또는 신고 기준에 관하여는 제8조 제1항을 준용한다.	**제26조(법인 합병의 인가 신청)** 법 제22조 제1항에 따라 법인의 합병을 하려는 자는 별지 제22호서식의 합병인가 신청서(소형항공운송사업자가 법인 합병을 하려는 경우에는 합병 신고서를 말한다)에 다음 각 호의 서류를 첨부하여 계약일부터 30일 이내에 연명으로 국토교통부장관 또는 지방항공청장에게 제출하여야 한다. 이 경우 담당 공무원은 「전자정부법」 제36조 제1항에 따른 행정정보의 공동이용을 통하여 합병당사자의 법인 등기사항증명서를 확인하여야 한다. 1. 합병의 방법과 조건에 관한 서류 2. 당사자가 신청 당시 경영하고 있는 사업의 개요를 적은 서류

항공사업법, 시행령	항공사업법 시행규칙
③ 제1항에 따라 인가를 받거나 신고가 수리된 경우에는 합병으로 존속하거나 신설되는 법인은 합병으로 소멸되는 법인인 항공운송사업자의 이 법에 따른 지위를 승계한다.	3. 합병 후 존속하는 법인 또는 합병으로 설립되는 법인이 법 제8조 제1항 제3호 및 제4호의 기준을 충족함을 증명하거나 설명하는 서류와 법 제9조의 결격사유에 해당하지 아니함을 증명하는 서류 4. 합병계약서 5. 합병에 관한 의사결정을 증명하는 서류
제23조(상속) ① 항공운송사업자가 사망한 경우 그 상속인(상속인이 2명 이상인 경우 협의에 의한 1명의 상속인을 말한다)은 피상속인인 항공운송사업자의 이 법에 따른 지위를 승계한다. ② 제1항에 따른 상속인은 피상속인의 항공운송사업을 계속하려면 피상속인이 사망한 날부터 30일 이내에 국토교통부장관에게 신고하여야 한다. ③ 제1항에 따라 항공운송사업자의 지위를 승계한 상속인이 제9조 각 호의 어느 하나에 해당하는 경우에는 3개월 이내에 그 항공운송사업을 타인에게 양도할 수 있다.	**제27조(상속인의 지위승계 신고)** 법 제23조 제2항에 따라 항공운송사업자의 지위를 승계한 상속인은 별지 제23호서식의 지위승계 신고서(전자문서로 된 신고서를 포함한다)에 다음 각 호의 서류(전자문서를 포함한다)를 첨부하여 국토교통부장관 또는 지방항공청장에게 제출하여야 한다. 1. 가족관계등록부 2. 신고인이 법 제8조 제1항 제3호 및 제4호의 기준을 충족함을 증명하거나 설명하는 서류와 법 제9조의 결격사유에 해당하지 아니함을 증명하는 서류 3. 신고인의 항공운송사업 승계에 대한 다른 상속인의 동의서(2명 이상의 상속인이 있는 경우만 해당한다)
제24조(항공운송사업의 휴업과 노선의 휴지) ① 항공운송사업자는 다음 각 호의 어느 하나에 해당하는 경우에는 국토교통부장관의 허가를 받아야 한다. 다만, 국제항공운송사업자가 국내항공운송사업을 휴업[국내노선의 휴지(休止)를 포함한다]하려는 경우에는 국토교통부장관에게 신고하여야 한다. 1. 국제항공운송사업자가 휴업(국제노선의 휴지를 포함한다)하려는 경우 2. 소형항공운송사업자가 국제노선을 휴지하려는 경우 ② 제1항 본문에 따른 휴업 또는 휴지의 허가기준은 다음 각 호와 같다. 1. 휴업 또는 휴지 예정기간에 항공편 예약 사항이 없거나, 예약 사항이 있는 경우 대체 항공편 제공 등의 조치가 끝났을 것 2. 휴업 또는 휴지로 이용자 등에게 심한 불편을 주거나 공익을 해칠 우려가 없을 것 ③ 국내항공운송사업자 또는 소형항공운송사업자가 휴업(노선의 휴지를 포함하되, 국제노선의 휴지는 제외한다)하려는 경우에는 국토교통부장관에게 신고하여야 한다. ④ 제1항 및 제3항에 따른 휴업 또는 휴지 기간은 6개월을 초과할 수 없다. 다만, 외국과의 항공협정으로 운항지점 및 수송력 등에 제한 없이 운항이 가능한 노선의 휴지기간은 12개월을 초과할 수 없다.	**제28조(항공운송사업의 휴업허가 또는 노선의 휴지)** ① 법 제24조 제1항 본문에 따라 휴업 또는 국제노선 휴지(休止) 허가를 신청하려는 국제항공운송사업자 또는 소형항공운송사업자는 별지 제24호서식의 허가 신청서를 사업휴업·노선휴지 예정일 15일 전까지 국토교통부장관 또는 지방항공청장에게 제출하여야 한다. ② 법 제24조 제1항 단서 및 같은 조 제3항에 따라 휴업 또는 국내노선 휴지를 신고하려는 국제항공운송사업자, 국내항공운송사업자 또는 소형항공운송사업자는 별지 제24호서식의 신고서를 휴업(휴지) 예정일 5일 전까지 국토교통부장관 또는 지방항공청장에게 제출하여야 한다.

항공사업법, 시행령	항공사업법 시행규칙
제25조(항공운송사업의 폐업과 노선의 폐지) ① 국제항공운송사업자가 폐업(국제노선의 폐지를 포함한다)하려는 경우와 소형항공운송사업자가 국제노선을 폐지하려는 경우에는 국토교통부장관의 허가를 받아야 한다. 다만, 국제항공운송사업자가 국내항공운송사업을 폐업(국내노선의 폐지를 포함한다)하려는 경우에는 국토교통부장관에게 신고하여야 한다. ② 제1항 본문에 따른 폐업 또는 폐지의 허가기준은 다음 각 호와 같다. 1. 폐업일 또는 폐지일 이후 항공편 예약 사항이 없거나, 예약 사항이 있는 경우 대체 항공편 제공 등의 조치가 끝났을 것 2. 폐업 또는 폐지로 항공시장의 건전한 질서를 침해하지 아니할 것 ③ 국내항공운송사업자 또는 소형항공운송사업자가 폐업(노선의 폐지를 포함하되, 국제노선의 폐지는 제외한다)하려는 경우에는 국토교통부장관에게 신고하여야 한다.	**제29조(항공운송사업의 폐업 또는 노선의 폐지)** ① 법 제25조 제1항 본문에 따라 폐업 또는 국제노선 폐지 허가를 신청하려는 국제항공운송사업자 또는 소형항공운송사업자는 별지 제25호 서식의 허가 신청서를 폐업·노선폐지 예정일 15일 전까지 국토교통부장관 또는 지방항공청장에게 제출하여야 한다. ② 법 제25조 제1항 단서 및 제3항에 따라 폐업 또는 국내노선 폐지 신고를 하려는 국제항공운송사업자, 국내항공운송사업자 또는 소형항공운송사업자는 별지 제25호서식의 신고서를 폐업(노선폐지) 예정일 5일 전까지 국토교통부장관 또는 지방항공청장에게 제출하여야 한다.
제26조(항공운송사업 면허 등의 조건) ① 제7조, 제10조, 제12조, 제14조, 제15조, 제21조 및 제24조에 따른 면허·등록·인가·허가에는 조건 또는 기한을 붙이거나 이미 붙인 조건 또는 기한을 변경할 수 있다. ② 제1항에 따른 조건 또는 기한은 공공의 이익 증진이나 면허·등록·인가 또는 허가의 시행에 필요한 최소한도의 것이어야 하며, 해당 항공운송사업자에게 부당한 의무를 부과하는 것이어서는 아니 된다.	
제27조(사업개선 명령) 국토교통부장관은 항공교통서비스의 개선을 위하여 필요하다고 인정되는 경우에는 항공교통사업자에게 다음 각 호의 사항을 명할 수 있다. 1. 사업계획의 변경 2. 운임 및 요금의 변경 3. 항공기 및 그 밖의 시설의 개선 4. 「항공안전법」 제2조 제6호에 따른 항공기사고로 인하여 지급할 손해배상을 위한 보험계약의 체결 5. 항공에 관한 국제조약을 이행하기 위하여 필요한 사항 6. 항공교통이용자를 보호하기 위하여 필요한 사항 7. 제63조의 항공교통서비스 평가 결과에 따른 서비스 개선계획 제출 및 이행 8. 국토교통부령으로 정하는 바에 따른 재무구조 개선 9. 그 밖에 항공기의 안전운항에 대한 방해 요소를 제거하기 위하여 필요한 사항	**제30조(재무구조 개선명령)** 국토교통부장관은 다음 각 호의 어느 하나에 해당하는 경우에 법 제27조 제8호에 따른 재무구조 개선을 명할 수 있다. 〈개정 2018. 10. 31.〉 1. 자본금의 2분의 1 이상이 잠식된 상태가 1년 이상 지속되는 경우 2. 완전자본잠식이 되는 경우[자기자본이 영(0)인 경우]

항공사업법, 시행령	항공사업법 시행규칙
제28조(항공운송사업 면허의 취소 등) ① 국토교통부장관은 항공운송사업자가 다음 각 호의 어느 하나에 해당하면 그 면허 또는 등록을 취소하거나 6개월 이내의 기간을 정하여 그 사업의 전부 또는 일부의 정지를 명할 수 있다. 다만, 제1호·제2호·제4호 또는 제21호에 해당하면 그 면허 또는 등록을 취소하여야 한다. 〈개정 2017. 8. 9., 2019. 8. 27., 2019. 11. 26.〉 1. 거짓이나 그 밖의 부정한 방법으로 면허를 받거나 등록한 경우 2. 제7조에 따라 면허받은 사항 또는 제10조에 따라 등록한 사항을 이행하지 아니한 경우 3. 제8조 제1항에 따른 면허기준 또는 제10조 제2항에 따른 등록기준에 미달한 경우. 다만, 다음 각 목의 어느 하나에 해당하는 경우는 제외한다. 가. 면허 또는 등록 기준에 일시적으로 미달한 후 3개월 이내에 그 기준을 충족하는 경우 나. 「채무자 회생 및 파산에 관한 법률」에 따라 법원이 회생절차개시의 결정을 하고 그 절차가 진행 중인 경우 다. 「기업구조조정 촉진법」에 따라 금융채권자협의회가 채권금융기관 공동관리절차 개시의 의결을 하고 그 절차가 진행 중인 경우 4. 항공운송사업자가 제9조 각 호의 어느 하나에 해당하게 된 경우. 다만, 다음 각 목의 어느 하나에 해당하는 경우는 제외한다. 가. 제9조 제6호에 해당하는 법인이 3개월 이내에 해당 임원을 결격사유가 없는 임원으로 바꾸어 임명한 경우 나. 피상속인이 사망한 날부터 3개월 이내에 상속인이 항공운송사업을 타인에게 양도한 경우 5. 제12조 제1항 본문에 따른 사업계획에 따라 사업을 하지 아니한 경우 또는 같은 조 제2항에 따른 신고를 하지 아니하거나 거짓으로 신고한 경우 6. 제12조 제3항에 따른 인가를 받지 아니하거나 신고를 하지 아니하고 사업계획을 변경한 경우 7. 제14조 제1항을 위반하여 운임 및 요금에 대하여 인가 또는 변경인가를 받지 아니하거나 신고 또는 변경신고를 하지 아니한 경우 및 인가받거나 신고한 사항을 이행하지 아니한 경우 8. 제15조를 위반하여 운수협정 또는 제휴협정에 대하여 인가 또는 변경인가를 받지 아니하거나 신고를 하지 아니한 경우 및 인가받거나 신고한 사항을 이행하지 아니한 경우	**제31조(항공운송사업자에 대한 행정처분기준)** 법 제28조 제1항에 따른 행정처분의 기준은 별표 1과 같다.

항공사업법, 시행령
9. 제20조를 위반하여 타인에게 자기의 성명 또는 상호를 사용하여 사업을 경영하게 하거나 면허증 또는 등록증을 빌려준 경우 10. 제21조 제1항을 위반하여 인가나 신고 없이 사업을 양도·양수한 경우 11. 제22조 제1항을 위반하여 인가나 신고 없이 사업을 합병한 경우 12. 제23조 제2항을 위반하여 상속에 관한 신고를 하지 아니한 경우 13. 제24조 제1항 또는 제3항을 위반하여 허가나 신고 없이 휴업한 경우 및 휴업기간이 지난 후에도 사업을 시작하지 아니한 경우 14. 제26조 제1항에 따라 부과된 면허 등의 조건 등을 이행하지 아니한 경우 15. 제27조 제1호·제2호·제4호 또는 제6호에 따른 사업개선 명령을 이행하지 아니한 경우 16. 제27조 제8호에 따른 사업개선 명령 후 2분의 1 이상 자본잠식이 2년 이상 지속되어 대통령령으로 정하는 안전 또는 소비자 피해가 우려되는 경우 17. 제61조의2 제1항을 위반하여 같은 항 각 호의 시간을 초과하여 항공기를 머무르게 한 경우 18. 제62조 제4항을 위반하여 운송약관 등을 갖추어 두지 아니하거나 항공교통이용자가 열람할 수 있게 하지 아니한 경우 19. 제62조 제5항을 위반하여 항공운임 등 총액을 쉽게 알 수 있도록 제공하지 아니한 경우 20. 국가의 안전이나 사회의 안녕질서에 위해를 끼칠 현저한 사유가 있는 경우 21. 이 조에 따른 사업정지명령을 위반하여 사업정지기간에 사업을 경영한 경우 22. 「항공안전법」 제90조 제1항에 따른 검사에서 대통령령으로 정하는 중대한 결함이 발견된 경우
영 제14조(면허취소 등의 사유) ① 법 제28조 제1항 제16호에서 "대통령령으로 정하는 안전 또는 소비자 피해가 우려되는 경우"란 다음 각 호의 어느 하나에 해당하는 경우를 말한다. 〈개정 2020. 2. 25.〉 1. 「항공안전법」 제2조 제14호에 따른 항공종사자에 대한 교육훈련 또는 항공기 정비 등에 대한 투자 부족으로 인하여 같은 조 제6호 또는 제9호에 따른 항공기사고 또는 항공기준사고(航空機準事故)가 예상되는 경우 2. 운송 불이행 또는 취소된 항공권의 대금환급 지연이 예상되는 경우 3. 그 밖에 제1호 또는 제2호와 유사한 경우로서 안전 또는 소비자 피해가 우려되는 경우 ② 법 제28조 제1항 제22호에서 "대통령령으로 정하는 중대한 결함"이란 다음 각 호의 어느 하나에 해당하는 결함 중 항공운항에 중대한 영향을 미치는 결함을 말한다. 〈신설 2020. 2. 25., 2020. 5. 26.〉 1. 「항공안전법」 제2조 제17호에 따른 객실승무원 및 같은 법 제34조 제1항에 따른 항공종사자 자격증명을 받은 조종사, 항공정비사, 운항관리사 등의 자격·인원 및 교육훈련의 결함 2. 운항통제시설, 정비작업장, 훈련시설, 예비엔진 및 예비부품 등 인가받으려는 항공운항에 필요한 시설 및 장비의 결함
② 제1항에 따른 처분의 기준 및 절차와 그 밖에 필요한 사항은 국토교통부령으로 정한다.
제29조(과징금 부과) ① 국토교통부장관은 항공운송사업자가 제28조 제1항 제3호 또는 제5호부터 제20호까지의 어느 하나에 해당하여 사업의 정지를 명하여야 하는 경우로서 그 사업을 정지하면 그 사업의 이용자 등에게 심한 불편을 주거나 공익을 해칠 우려가 있는 경우에는 사업정지처분을 갈음하여 50억원 이하의 과징금을 부과할 수 있다. 다만, 소형항공운송사업자의 경우에는 20억원 이하의 과징금을 부과할 수 있다. 〈개정 2019. 11. 26.〉 ② 제1항에 따라 과징금을 부과하는 위반행위의 종류와 위반 정도에 따른 과징금의 금액과 그 밖에 필요한 사항은 대통령령으로 정한다. ③ 국토교통부장관은 제1항에 따른 과징금을 내야 할 자가 납부기한까지 과징금을 내지 아니하면 국세 체납처분의 예에 따라 징수한다.

항공사업법, 시행령	항공사업법 시행규칙
영 제15조(과징금을 부과하는 위반행위와 과징금의 금액 등) 법 제29조 제1항(법 제53조 제1항 및 제59조 제2항에서 준용하는 경우를 포함한다)에 따라 과징금을 부과하는 위반행위의 종류와 위반 정도 등에 따른 과징금의 금액은 별표 3과 같다. 영 제16조(과징금의 부과 및 납부) ① 국토교통부장관은 법 제29조에 따라 과징금을 부과하려면 그 위반행위의 종류와 해당 과징금의 금액을 구체적으로 적어 서면으로 통지하여야 한다. ② 제1항에 따라 통지를 받은 자는 통지를 받은 날부터 20일 이내에 국토교통부장관이 정하는 수납기관에 과징금을 내야 한다. 다만, 천재지변이나 그 밖의 부득이한 사유로 그 기간에 과징금을 낼 수 없는 경우에는 그 사유가 없어진 날부터 7일 이내에 내야 한다. ③ 제2항에 따라 과징금을 받은 수납기관은 그 납부자에게 영수증을 발급하여야 한다. ④ 과징금의 수납기관은 제2항에 따른 과징금을 받으면 지체 없이 그 사실을 국토교통부장관에게 통보하여야 한다. ⑤ 과징금은 나누어 낼 수 없다.	

제3장 항공기사용사업 등

▶ 제1절 항공기사용사업

항공사업법, 시행령	항공사업법 시행규칙
제30조(항공기사용사업의 등록) ① 항공기사용사업을 경영하려는 자는 국토교통부령으로 정하는 바에 따라 운항개시예정일 등을 적은 신청서에 사업계획서와 그 밖에 국토교통부령으로 정하는 서류를 첨부하여 국토교통부장관에게 등록하여야 한다. ② 제1항에 따른 항공기사용사업을 등록하려는 자는 다음 각 호의 요건을 갖추어야 한다. 1. 자본금 또는 자산평가액이 7억원 이상으로서 대통령령으로 정하는 금액 이상일 것 2. 항공기 1대 이상 등 대통령령으로 정하는 기준에 적합할 것 3. 그 밖에 사업 수행에 필요한 요건으로서 국토교통부령으로 정하는 요건을 갖출 것 영 제18조(항공기사용사업의 등록요건) 법 제30조 제2항 제1호 및 제2호에 따른 항공기사용사업의 등록요건은 별표 4와 같다.	제32조(항공기사용사업의 등록) ① 법 제30조 제1항에서 "국토교통부령으로 정하는 서류"란 다음 각 호의 서류를 말한다. 〈개정 2017. 7. 18.〉 1. 해당 신청이 법 제30조 제2항의 등록요건을 충족함을 증명하는 서류 2. 다음 각 목의 사항을 포함하는 사업계획서 가. 사용 예정 항공기의 수 및 각 항공기의 형식(지점 간 운항 및 관광비행인 경우에는 노선별 또는 관광비행구역별 사용 예정 항공기의 수 및 각 항공기의 형식) 나. 해당 운항과 관련된 사업을 경영하기 위하여 필요한 자금의 명세와 조달방법 다. 도급사업별 취급 예정 수량 및 그 산출근거와 예상 사업수지 라. 신청인이 다른 사업을 하고 있는 경우에는 그 사업의 개요 3. 운항하려는 공항 또는 비행장시설의 이용이 가능함을 증명하는 서류(비행기를 이용하는 경우만 해당하며, 전세운송의 경우는 제외한다)

항공사업법, 시행령	항공사업법 시행규칙
③ 제9조 각 호의 어느 하나에 해당하는 자는 항공기 사용사업의 등록을 할 수 없다.	4. 해당 사업의 경영을 위하여 항공종사자 또는 항공기정비업자, 공항 또는 비행장 시설·설비의 소유자 또는 운영자, 헬기장 및 관련 시설의 소유자 또는 운영자, 항공기의 소유자 등과 계약한 서류 사본 5. 법 제30조의2 제1항에 따라 보증보험, 공제(共濟) 또는 영업보증금(이하 "보증보험등"이라 한다)에 가입하거나 예치한 사실을 증명하는 서류[항공기를 이용한 비행훈련 업무를 하는 사업을 경영하는 자(이하 "비행훈련업자"라 한다)에 한정하며, 법 제30조의2 제1항 단서에 따라 보증보험등에 가입 또는 예치하지 아니할 수 있는 자는 제외한다] ② 법 제30조에 따른 항공기사용사업을 하려는 자는 별지 제8호서식의 등록신청서에 제1항 각 호의 서류를 첨부하여 지방항공청장에게 제출하여야 한다. 이 경우 지방항공청장은 「전자정부법」 제36조 제1항에 따른 행정정보의 공동이용을 통하여 법인 등기사항증명서(신청인이 법인인 경우에만 해당한다)를 확인하여야 한다. ③ 지방항공청장은 제1항에 따른 등록신청서의 내용이 명확하지 아니하거나 그 첨부서류가 미비한 경우에는 7일 이내에 보완을 요구하여야 한다. ④ 지방항공청장은 제1항에 따른 등록 신청을 받은 경우에는 법 제30조 제2항에 따른 항공기사용사업의 등록요건을 충족하는지 심사한 후 신청내용이 적합하다고 인정되면 별지 제9호서식의 등록대장에 적고 별지 제10호서식의 등록증을 발급하여야 한다. ⑤ 지방항공청장은 제3항에 따른 등록 신청 내용을 심사하는 경우 제1항 제4호에 따른 계약의 이행이 가능한지를 확인하기 위하여 관계 행정기관, 관련 단체 또는 계약 당사자의 의견을 들을 수 있다. ⑥ 제4항의 등록대장은 전자적 처리가 불가능한 특별한 사유가 없으면 전자적 처리가 가능한 방법으로 작성·관리하여야 한다.
제30조의2(보증보험 등의 가입 등) ① 항공기사용사업자 중 항공기를 이용한 비행훈련 업무를 하는 사업을 경영하는 자(이하 "비행훈련업자"라 한다)는 국토교통부령으로 정하는 바에 따라 교육비 반환 불이행 등에 따른 교육생의 손해를 배상할 것을 내용으로 하는 보증보험, 공제(共濟) 또는 영업보증금(이하 "보증보험등"이라 한다)에 가입하거나 예치하여야 한다. 다만, 해당 비행훈련업자의 재정적 능력 등을 고려하여 대통령령으로 정하는 경우에는 보증보험등에 가입 또는 예치하지 아니할 수 있다.	제32조의2(보증보험등의 가입 등) ① 법 제30조의2 제1항에 따라 비행훈련업자가 가입하거나 예치하여야 하는 보증보험등의 가입 또는 예치 금액은 별표 1의2와 같다. ② 제1항에 따라 보증보험등에 가입 또는 예치한 비행훈련업자는 보험증서, 공제증서 또는 예치증서의 사본을 지체 없이 지방항공청장에게 제출하여야 한다. 이를 변경 또는 갱신한 때에도 또한 같다.

<table>
<tr><th>항공사업법, 시행령</th><th>항공사업법 시행규칙</th></tr>
<tr><td>영 제18조의2(보증보험 등의 가입 또는 예치의 예외)
① 법 제30조의2 제1항 단서에서 "대통령령으로 정하는 경우"란 다음 각 호의 어느 하나에 해당하는 경우를 말한다.
1. 다음 각 목의 요건을 모두 충족하는 경우
가. 항공기사용사업자 중 항공기를 이용한 비행훈련 업무를 하는 사업을 경영하는 자(이하 "비행훈련업자"라 한다)의 직전 3개 사업연도의 평균 매출액이 300억원 이상이고, 직전 3개 사업연도의 평균 당기순이익이 30억원 이상일 것(매출액 및 당기순이익은 손익계산서에 표시된 매출액 및 당기순이익을 말하며, 비행훈련업자가 다른 사업을 겸업하는 경우에는 항공기를 이용한 비행훈련 업무를 하는 사업에서 발생한 매출액 및 당기순이익을 말한다)
나. 비행훈련업자가 최근 3년 이내에 해당 사업을 휴업하거나 폐업한 사실이 없을 것
2. 비행훈련업자가 교육비를 후불로 받는 등 교육비 반환 불이행 등에 따른 교육생의 손해가 발생할 우려가 없음을 지방항공청장이 인정하는 경우
[본조신설 2017. 7. 17.]

② 비행훈련업자는 교육생(제1항의 보증보험등에 따라 손해배상을 받을 수 있는 교육생으로 한정한다)이 계약의 해지 및 해제를 원하거나 사업 등록의 취소·정지 등으로 영업을 계속할 수 없는 경우에는 교육생으로부터 받은 교육비를 반환하는 등 교육생을 보호하기 위하여 필요한 조치를 하여야 한다.
③ 제2항에 따른 교육비의 구체적인 반환사유, 반환금액, 그 밖에 필요한 사항은 국토교통부령으로 정한다.
[본조신설 2017. 1. 17.]</td><td>③ 제1항 및 제2항에서 규정한 사항 외에 보증보험등의 가입 또는 예치 절차 및 보증보험금, 공제금 또는 영업보증금의 지급절차 등에 관하여 필요한 사항은 국토교통부장관이 정하여 고시한다.
[본조신설 2017. 7. 18.]
제32조의3(교육비의 반환) ① 법 제30조의2 제2항에 따라 비행훈련업자는 다음 각 호의 어느 하나에 해당하는 경우에 교육생으로부터 받은 교육비를 반환하여야 한다.
1. 교육생이 계약의 해지 또는 해제를 원하는 경우
2. 비행훈련업자가 법 제37조 또는 제38조에 따라 항공기사용사업을 휴업 또는 폐업한 경우
3. 비행훈련업자가 법 제40조에 따라 등록취소 또는 사업정지명령을 받아 영업을 계속할 수 없는 경우
4. 그 밖에 비행훈련업자가 교육장비 또는 교육장소를 제공하지 못하는 등 영업을 계속할 수 없는 경우
② 비행훈련업자는 제1항 각 호의 사유가 발생한 날부터 30일 이내(반환금액이 5천만원을 초과하는 경우에는 60일 이내)에 별표 1의3의 기준에 따라 산정한 반환금액을 반환하여야 한다. 이 경우 비행훈련업자가 제1항 각 호의 사유가 발생한 날부터 10일 이내에 반환하지 아니한 경우에는 별표 1의3의 기준에 따라 산정한 반환금액에 「민법」 제379조의 법정이율에 따른 이자를 가산한 금액을 반환하여야 한다.
[본조신설 2017. 7. 18.]</td></tr>
<tr><td>제31조(항공기사용사업자의 운항개시 의무) 항공기사용사업자는 등록신청서에 적은 운항개시예정일에 운항을 시작하여야 한다. 다만, 천재지변이나 그 밖의 불가피한 사유로 국토교통부장관의 승인을 받아 운항 개시 날짜를 연기하는 경우와 운항개시예정일 전에 운항을 개시하기 위하여 국토교통부장관에게 신고하는 경우에는 그러하지 아니하다.</td><td>제33조(운항개시의 연기 신청 등) ① 항공기사용사업자가 법 제31조 단서에 따라 운항개시예정일을 연기하려는 경우에는 변경된 운항개시예정일과 그 사유를 적은 별지 제11호서식의 신청서를 지방항공청장에게 제출하여야 한다.
② 항공기사용사업자가 법 제31조 단서에 따라 항공기사용사업 등록신청서에 적힌 운항개시예정일 전에 운항을 개시하려는 경우에는 변경된 운항개시예정일과 그 사유를 적은 별지 제12호서식의 신고서를 지방항공청장에게 제출하여야 한다.</td></tr>
</table>

항공사업법, 시행령	항공사업법 시행규칙
제32조(사업계획의 변경 등) ① 항공기사용사업자는 등록할 때 제출한 사업계획에 따라 그 업무를 수행하여야 한다. 다만, 기상악화 등 국토교통부령으로 정하는 부득이한 사유가 있는 경우는 그러하지 아니하다. ② 항공기사용사업자는 제1항에 따른 사업계획을 변경하려는 경우에는 국토교통부장관의 인가를 받아야 한다. 다만, 국토교통부령으로 정하는 경미한 사항을 변경하려는 경우에는 국토교통부장관에게 신고하여야 한다. ③ 제2항에 따른 사업계획의 변경인가 기준은 다음 각 호와 같다. 1. 해당 사업의 시작으로 항공교통의 안전에 지장을 줄 염려가 없을 것 2. 해당 사업의 시작으로 사업자 간 과당경쟁의 우려가 없고 이용자의 편의에 적합할 것	**제34조(사업계획의 변경 등)** ① 법 제32조 제1항 단서에서 "기상악화 등 국토교통부령으로 정하는 부득이한 사유"란 다음 각 호의 어느 하나에 해당하는 사유를 말한다. 1. 기상악화 2. 안전운항을 위한 정비로서 예견하지 못한 정비 3. 천재지변 4. 제1호부터 제3호까지의 사유에 준하는 부득이한 사유 ② 법 제32조 제2항 본문에 따라 사업계획을 변경하려는 자는 별지 제14호서식의 변경인가 신청서에 변경하려는 사항에 관한 명세서를 첨부하여 지방항공청장에게 제출하여야 한다. ③ 법 제32조 제2항 단서에서 "국토교통부령으로 정하는 경미한 사항"이란 다음 각 호의 사항을 말한다. 1. 자본금의 변경 2. 사업소의 신설 또는 변경 3. 대표자 변경 4. 대표자의 대표권 제한 및 그 제한의 변경 5. 상호 변경 6. 사업범위의 변경 7. 항공기 등록 대수의 변경 ④ 법 제32조 제2항 단서에 따라 제3항 각 호의 어느 하나에 해당하는 사항을 변경하려는 자는 변경 사유가 발생한 날부터 30일 이내에 별지 제16호서식의 변경신고서에 변경 사실을 증명할 수 있는 서류를 첨부하여 지방항공청장에게 제출하여야 한다. 이 경우 변경 사항이 제3항 제1호·제3호 또는 제5호에 해당하면 지방항공청장은 「전자정부법」 제36조 제1항에 따라 행정정보의 공동이용을 통하여 법인 등기사항증명서를 확인함으로써 증명서류를 갈음할 수 있다.
제33조(명의대여 등의 금지) 항공기사용사업자는 타인에게 자기의 성명 또는 상호를 사용하여 항공기사용사업을 경영하게 하거나 그 등록증을 빌려주어서는 아니 된다.	
제34조(항공기사용사업의 양도·양수) ① 항공기사용사업자가 항공기사용사업을 양도·양수하려는 경우에는 국토교통부령으로 정하는 바에 따라 국토교통부장관에게 신고하여야 한다. ② 국토교통부장관은 제1항에 따라 양도·양수의 신고를 받은 경우 양도인 또는 양수인이 다음 각 호의 어느 하나에 해당하면 양도·양수 신고를 수리해서는 아니 된다. 1. 양수인이 제9조 각 호의 어느 하나에 해당하는 경우 2. 양도인이 제40조에 따라 사업정지처분을 받고 그 처분기간 중에 있는 경우	**제35조(항공기사용사업의 양도·양수의 인가 신청)** ① 법 제34조 제1항에 따라 항공기사용사업을 양도·양수하려는 양도인과 양수인은 별지 제21호서식의 인가 신청서에 다음 각 호의 서류를 첨부하여 계약일부터 30일 이내에 연명으로 지방항공청장에게 제출하여야 한다. 이 경우 담당 공무원은 「전자정부법」 제36조 제1항에 따른 행정정보의 공동이용을 통하여 양수인의 법인 등기사항증명서(양수인이 법인인 경우만 해당한다)를 확인하여야 한다. 1. 양도·양수 후 사업계획서

항공사업법, 시행령	항공사업법 시행규칙
3. 양도인이 제40조에 따라 등록취소처분을 받았으나 「행정심판법」 또는 「행정소송법」에 따라 그 취소처분이 집행정지 중에 있는 경우 ③ 국토교통부장관은 제1항에 따른 신고를 받으면 국토교통부령으로 정하는 바에 따라 이를 공고하여야 한다. 이 경우 공고의 비용은 양도인이 부담한다. ④ 제1항에 따라 신고가 수리된 경우에 양수인은 양도인인 항공기사용사업자의 이 법에 따른 지위를 승계한다.	2. 양수인이 법 제9조의 결격사유에 해당하지 아니함을 증명하는 서류와 법 제30조 제2항의 기준을 충족함을 증명하거나 설명하는 서류 3. 양도·양수 계약서의 사본 4. 양도 또는 양수에 관한 의사결정을 증명하는 서류(양도인 또는 양수인이 법인인 경우만 해당한다) ② 지방항공청장은 제1항에 따른 신청을 받으면 법 제34조 제3항에 따라 다음 각 호의 사항을 공고하여야 한다. 1. 양도·양수인의 성명(법인의 경우에는 법인의 명칭 및 대표자의 성명) 및 주소 2. 양도·양수의 대상이 되는 사업범위 3. 양도·양수의 사유 4. 양도·양수 인가 신청일 및 양도·양수 예정일
제35조(법인의 합병) ① 법인인 항공기사용사업자가 다른 항공기사용사업자 또는 항공기사용사업 외의 사업을 경영하는 자와 합병하려는 경우에는 국토교통부령으로 정하는 바에 따라 국토교통부장관에게 신고하여야 한다. ② 제1항에 따라 신고가 수리된 경우에 합병으로 존속하거나 신설되는 법인은 합병으로 소멸되는 법인인 항공기사용사업자의 이 법에 따른 지위를 승계한다.	제36조(법인의 합병 신고) 법 제35조 제1항에 따라 법인의 합병을 하려는 항공기사용사업자는 별지 제22호서식의 합병 신고서에 다음 각 호의 서류를 첨부하여 계약일부터 30일 이내에 연명으로 지방항공청장에게 제출하여야 한다. 이 경우 담당 공무원은 「전자정부법」 제36조 제1항에 따른 행정정보의 공동이용을 통하여 합병당사자의 법인 등기사항증명서를 확인하여야 한다. 1. 합병의 방법과 조건에 관한 서류 2. 당사자가 신청 당시 경영하고 있는 사업의 개요를 적은 서류 3. 합병 후 존속하는 법인 또는 합병으로 설립되는 법인이 법 제9조의 결격사유에 해당하지 아니함을 증명하는 서류와 법 제30조 제2항의 기준을 충족을 증명하거나 설명하는 서류 4. 합병계약서 5. 합병에 관한 의사결정을 증명하는 서류
제36조(상속) ① 항공기사용사업자가 사망한 경우 그 상속인(상속인이 2명 이상인 경우 협의에 의한 1명의 상속인을 말한다)은 피상속인인 항공기사용사업자의 이 법에 따른 지위를 승계한다. ② 제1항에 따른 상속인은 피상속인의 항공기사용사업을 계속하려면 피상속인이 사망한 날부터 30일 이내에 국토교통부장관에게 신고하여야 한다. ③ 제1항에 따라 항공기사용사업자의 지위를 승계한 상속인이 제9조 각 호의 어느 하나에 해당하는 경우에는 3개월 이내에 그 항공기사용사업을 타인에게 양도할 수 있다.	제37조(상속인의 지위승계 신고) 법 제36조 제2항에 따라 항공기사용사업자의 지위를 승계한 상속인은 별지 제23호서식의 지위승계 신고서(전자문서로 된 신고서를 포함한다)에 다음 각 호의 서류(전자문서를 포함한다)를 첨부하여 국토교통부장관에게 제출하여야 한다. 1. 가족관계등록부 2. 신고인이 법 제9조의 결격사유에 해당하지 아니함을 증명하는 서류와 법 제30조 제2항에 따른 등록요건을 충족함을 증명하거나 설명하는 서류 3. 신고인의 항공기사용사업 승계에 대한 다른 상속인의 동의서(2명 이상의 상속인이 있는 경우만 해당한다)

항공사업법, 시행령	항공사업법 시행규칙
제37조(항공기사용사업의 휴업) ① 항공기사용사업자가 휴업하려는 경우에는 국토교통부령으로 정하는 바에 따라 국토교통부장관에게 신고하여야 한다. ② 제1항에 따른 휴업기간은 6개월을 초과할 수 없다.	**제38조(항공기사용사업 휴업 신고)** 법 제37조 제1항에 따라 휴업 신고를 하려는 항공기사용사업자는 별지 제24호서식의 휴업 신고서를 휴업 예정일 5일 전까지 지방항공청장에게 제출하여야 한다.
제38조(항공기사용사업의 폐업) ① 항공기사용사업자가 폐업하려는 경우에는 국토교통부령으로 정하는 바에 따라 국토교통부장관에게 신고하여야 한다. ② 제1항에 따른 폐업을 할 수 있는 경우는 다음 각 호와 같다. 1. 폐업일 이후 예약 사항이 없거나, 예약 사항이 있는 경우 대체 서비스 제공 등의 조치가 끝났을 것 2. 폐업으로 항공시장의 건전한 질서를 침해하지 아니할 것	**제39조(항공기사용사업의 폐업 또는 노선의 폐지)** 법 제38조 제1항에 따라 폐업 신고를 하려는 항공기사용사업자는 별지 제25호서식의 폐업 신고서를 폐업 예정일 15일 전까지 지방항공청장에게 제출하여야 한다.
제39조(사업개선 명령) 국토교통부장관은 항공기사용사업의 서비스 개선을 위하여 필요하다고 인정되는 경우에는 항공기사용사업자에게 다음 각 호의 사항을 명할 수 있다. 1. 사업계획의 변경 2. 항공기 및 그 밖의 시설의 개선 3. 「항공안전법」 제2조 제6호에 따른 항공기사고로 인하여 지급할 손해배상을 위한 보험계약의 체결 4. 항공에 관한 국제조약을 이행하기 위하여 필요한 사항 5. 그 밖에 항공기사용사업 서비스의 개선을 위하여 필요한 사항	
제40조(항공기사용사업의 등록취소 등) ① 국토교통부장관은 항공기사용사업자가 다음 각 호의 어느 하나에 해당하면 그 등록을 취소하거나 6개월 이내의 기간을 정하여 그 사업의 전부 또는 일부의 정지를 명할 수 있다. 다만, 제1호·제2호·제4호·제13호 또는 제15호에 해당하면 그 등록을 취소하여야 한다. 〈개정 2017. 1. 17., 2017. 8. 9.〉 1. 거짓이나 그 밖의 부정한 방법으로 등록한 경우 2. 제30조 제1항에 따라 등록한 사항을 이행하지 아니한 경우 3. 제30조 제2항에 따른 등록기준에 미달한 경우. 다만, 다음 각 목의 어느 하나에 해당하는 경우는 제외한다. 가. 등록기준에 일시적으로 미달한 후 3개월 이내에 그 기준을 충족하는 경우	**제40조(항공기사용사업자 등에 대한 행정처분기준)** 법 제40조 제1항에 따른 행정처분의 기준은 별표 2와 같다.

항공사업법, 시행령	항공사업법 시행규칙
나. 「채무자 회생 및 파산에 관한 법률」에 따라 법원이 회생절차개시의 결정을 하고 그 절차가 진행 중인 경우 다. 「기업구조조정 촉진법」에 따라 금융채권자협의회가 채권금융기관 공동관리절차 개시의 의결을 하고 그 절차가 진행 중인 경우 4. 항공기사용사업자가 제9조 각 호의 어느 하나에 해당하게 된 경우. 다만, 다음 각 목의 어느 하나에 해당하는 경우는 제외한다. 가. 제9조 제6호에 해당하는 법인이 3개월 이내에 해당 임원을 결격사유가 없는 임원으로 바꾸어 임명한 경우 나. 피상속인이 사망한 날부터 3개월 이내에 상속인이 항공기사용사업을 타인에게 양도한 경우 4의2. 제30조의2 제1항을 위반하여 보증보험등에 가입 또는 예치하지 아니한 경우 5. 제32조 제1항을 위반하여 사업계획에 따라 사업을 하지 아니한 경우 및 같은 조 제2항에 따라 인가를 받지 아니하거나 신고를 하지 아니하고 사업계획을 변경한 경우 6. 제33조를 위반하여 타인에게 자기의 성명 또는 상호를 사용하여 사업을 경영하게 하거나 등록증을 빌려 준 경우 7. 제34조 제1항을 위반하여 신고를 하지 아니하고 사업을 양도·양수한 경우 8. 제35조 제1항을 위반하여 합병신고를 하지 아니한 경우 9. 제36조 제2항을 위반하여 상속에 관한 신고를 하지 아니한 경우 10. 제37조 제1항 및 제2항을 위반하여 신고 없이 휴업한 경우 및 휴업기간이 지난 후에도 사업을 시작하지 아니한 경우 11. 제39조 제1호 또는 제3호에 따른 사업개선 명령을 이행하지 아니한 경우 12. 제62조 제6항을 위반하여 요금표 등을 갖추어 두지 아니하거나 항공교통이용자가 열람할 수 있게 하지 아니한 경우 13. 「항공안전법」 제95조 제2항에 따른 항공기 운항의 정지명령을 위반하여 운항정지기간에 운항한 경우 14. 국가의 안전이나 사회의 안녕질서에 위해를 끼칠 현저한 사유가 있는 경우	

항공사업법, 시행령	항공사업법 시행규칙
15. 이 조에 따른 사업정지명령을 위반하여 사업정지 기간에 사업을 경영한 경우 ② 제1항에 따른 처분의 기준 및 절차와 그 밖에 필요한 사항은 국토교통부령으로 정한다.	
제41조(과징금 부과) ① 국토교통부장관은 항공기사용사업자가 제40조 제1항 제3호, 제4호의2, 제5호부터 제12호까지 또는 제14호의 어느 하나에 해당하여 사업의 정지를 명하여야 하는 경우로서 사업을 정지하면 그 사업의 이용자 등에게 심한 불편을 주거나 공익을 해칠 우려가 있는 경우에는 사업정지처분을 갈음하여 10억원 이하의 과징금을 부과할 수 있다. 〈개정 2017. 1. 17.〉 영 제19조(과징금을 부과하는 위반행위와 과징금의 금액 등) ① 법 제41조 제1항(법 제43조 제8항, 제45조 제8항, 제47조 제9항, 제49조 제9항, 제51조 제8항 및 제53조 제9항에서 준용하는 경우를 포함한다)에 따라 과징금을 부과하는 위반행위의 종류와 위반 정도 등에 따른 과징금의 금액은 별표 5와 같다. ② 과징금의 부과·납부 및 독촉·징수에 관하여는 제16조 및 제17조를 준용한다. ② 제1항에 따라 과징금을 부과하는 위반행위의 종류와 위반 정도에 따른 과징금의 금액과 그 밖에 필요한 사항은 대통령령으로 정한다. ③ 국토교통부장관은 제1항에 따른 과징금을 내야 할 자가 납부기한까지 과징금을 내지 아니하면 국세 체납처분의 예에 따라 징수한다.	
▶ **제2절 항공기정비업**	
제42조(항공기정비업의 등록) ① 항공기정비업을 경영하려는 자는 국토교통부령으로 정하는 바에 따라 국토교통부장관에게 등록하여야 한다. 등록한 사항 중 국토교통부령으로 정하는 사항을 변경하려는 경우에는 국토교통부장관에게 신고하여야 한다. ② 제1항에 따른 항공기정비업을 등록하려는 자는 다음 각 호의 요건을 갖추어야 한다. 1. 자본금 또는 자산평가액이 3억원 이상으로서 대통령령으로 정하는 금액 이상일 것 2. 정비사 1명 이상 등 대통령령으로 정하는 기준에 적합할 것 3. 그 밖에 사업 수행에 필요한 요건으로서 국토교통부령으로 정하는 요건을 갖출 것	제41조(항공기정비업의 등록) ① 법 제42조에 따른 항공기정비업을 하려는 자는 별지 제26호서식의 등록신청서(전자문서로 된 신청서를 포함한다)에 다음 각 호의 서류(전자문서를 포함한다)를 첨부하여 지방항공청장에게 제출하여야 한다. 이 경우 지방항공청장은 「전자정부법」 제36조 제1항에 따른 행정정보의 공동이용을 통하여 법인 등기사항증명서(신청인이 법인인 경우만 해당한다) 및 부동산 등기사항증명서(타인의 부동산을 사용하는 경우는 제외한다)를 확인하여야 한다. 1. 해당 신청이 법 제42조 제2항에 따른 등록요건을 충족함을 증명하거나 설명하는 서류 2. 다음 각 목의 사항을 포함하는 사업계획서 가. 자본금 나. 상호·대표자의 성명과 사업소의 명칭 및 소재지

<table>
<tr><th>항공사업법, 시행령</th><th>항공사업법 시행규칙</th></tr>
<tr><td>영 제20조(항공기정비업의 등록요건) 법 제42조 제2항 제1호 및 제2호에 따른 항공기정비업의 등록요건은 별표 6과 같다.

③ 다음 각 호의 어느 하나에 해당하는 자는 항공기정비업의 등록을 할 수 없다. 〈개정 2017. 12. 26.〉
1. 제9조 제2호부터 제6호(법인으로서 임원 중에 대한민국 국민이 아닌 사람이 있는 경우는 제외한다)까지의 어느 하나에 해당하는 자
2. 항공기정비업 등록의 취소처분을 받은 후 2년이 지나지 아니한 자. 다만, 제9조 제2호에 해당하여 제43조 제7항에 따라 항공기정비업 등록이 취소된 경우는 제외한다.</td><td>다. 해당 사업의 취급 예정 수량 및 그 산출근거와 예상 사업 수지계산서
라. 필요한 자금 및 조달방법
마. 사용시설 · 설비 및 장비 개요
바. 종사자의 수
사. 사업 개시 예정일
3. 부동산을 사용할 수 있음을 증명하는 서류(타인의 부동산을 사용하는 경우만 해당한다)
② 지방항공청장은 제1항에 따른 등록신청서의 내용이 명확하지 아니하거나 첨부서류가 미비한 경우에는 7일 이내에 그 보완을 요구하여야 한다.
③ 지방항공청장은 제1항에 따라 등록신청을 받았을 때에는 법 제42조 제2항에 따른 항공기정비업 등록요건을 충족하는지를 심사하여 신청내용이 적합하다고 인정되면 별지 제9호서식의 등록대장에 그 사실을 적고, 별지 제10호서식의 등록증을 발급하여야 한다.
④ 지방항공청장은 제3항에 따른 등록 신청 내용을 심사할 때 항공기정비업의 등록 신청인과 계약한 항공종사자, 항공운송사업자, 공항 또는 비행장 시설 · 설비의 소유자 등이 해당 계약을 이행할 수 있는지에 관하여 관계 행정기관 또는 단체의 의견을 들을 수 있다.
⑤ 제3항의 등록대장은 전자적 처리가 불가능한 특별한 사유가 없으면 전자적 처리가 가능한 방법으로 작성 · 관리하여야 한다.
제42조(항공기정비업 변경신고) ① 법 제42조 제1항 후단에서 "국토교통부령으로 정하는 사항"이란 다음 각 호의 사항을 말한다. 〈개정 2017. 7. 18.〉
1. 자본금의 감소
2. 사업소의 신설 또는 변경
3. 대표자 변경
4. 대표자의 대표권 제한 및 그 제한의 변경
5. 상호의 변경
6. 사업 범위의 변경
② 법 제42조 제1항 후단에 따라 변경신고를 하려는 자는 그 변경 사유가 발생한 날부터 30일 이내에 별지 제13호서식의 변경신고서에 변경 사실을 증명할 수 있는 서류를 첨부하여 지방항공청장에게 제출하여야 한다.</td></tr>
<tr><td>제43조(항공기정비업에 대한 준용규정) ① 항공기정비업의 명의대여 등의 금지에 관하여는 제33조를 준용한다.
② 항공기정비업의 양도 · 양수에 관하여는 제34조를 준용한다.</td><td></td></tr>
</table>

항공사업법, 시행령	항공사업법 시행규칙
③ 항공기정비업의 합병에 관하여는 제35조를 준용한다. ④ 항공기정비업의 상속에 관하여는 제36조를 준용한다. ⑤ 항공기정비업의 휴업 및 폐업에 관하여는 제37조 및 제38조를 준용한다. ⑥ 항공기정비업의 사업개선 명령에 관하여는 제39조(같은 조 제3호는 제외한다)를 준용한다. ⑦ 항공기정비업의 등록취소 또는 사업정지에 관하여는 제40조를 준용한다. 다만, 제40조 제1항 제4호(항공기정비업자가 제9조 제1호에 해당하게 된 경우에 한정한다), 제4호의2, 제5호 및 제13호는 준용하지 아니한다. 〈개정 2017. 1. 17.〉 ⑧ 항공기정비업에 대한 과징금의 부과에 관하여는 제41조를 준용한다. 이 경우 제41조 제1항 중 "10억원"은 "3억원"으로 본다.	
▶ **제3절 항공기취급업**	
제44조(항공기취급업의 등록) ① 항공기취급업을 경영하려는 자는 국토교통부령으로 정하는 바에 따라 신청서에 사업계획서와 그 밖에 국토교통부령으로 정하는 서류를 첨부하여 국토교통부장관에게 등록하여야 한다. 등록한 사항 중 국토교통부령으로 정하는 사항을 변경하려는 경우에는 국토교통부장관에게 신고하여야 한다. ② 제1항에 따른 항공기취급업을 등록하려는 자는 다음 각 호의 요건을 갖추어야 한다. 1. 자본금 또는 자산평가액이 3억원 이상으로서 대통령령으로 정하는 금액 이상일 것 2. 항공기 급유, 하역, 지상조업을 위한 장비 등이 대통령령으로 정하는 기준에 적합할 것 3. 그 밖에 사업 수행에 필요한 요건으로서 국토교통부령으로 정하는 요건을 갖출 것 **영 제21조(항공기취급업의 등록요건)** 법 제44조 제2항 제1호 및 제2호에 따른 항공기취급업의 등록요건은 별표 7과 같다. ③ 다음 각 호의 어느 하나에 해당하는 자는 항공기취급업의 등록을 할 수 없다. 〈개정 2017. 12. 26.〉 1. 제9조 제2호부터 제6호(법인으로서 임원 중에 대한민국 국민이 아닌 사람이 있는 경우는 제외한다)까지의 어느 하나에 해당하는 자	**제43조(항공기취급업의 등록)** ① 법 제44조에 따른 항공기취급업을 하려는 자는 별지 제26호서식의 등록신청서(전자문서로 된 신청서를 포함한다)에 다음 각 호의 서류(전자문서를 포함한다)를 첨부하여 지방항공청장에게 제출하여야 한다. 이 경우 지방항공청장은 「전자정부법」 제36조 제1항에 따른 행정정보의 공동이용을 통하여 법인등기사항증명서(신청인이 법인인 경우만 해당한다) 및 부동산 등기사항증명서(타인의 부동산을 사용하는 경우는 제외한다)를 확인하여야 한다. 〈개정 2019. 1. 3.〉 1. 해당 신청이 법 제44조 제2항에 따른 등록요건을 충족함을 증명하거나 설명하는 서류 2. 다음 각 목의 사항을 포함하는 사업계획서 가. 자본금 나. 상호・대표자의 성명과 사업소의 명칭 및 소재지 다. 해당 사업의 취급 예정 수량 및 그 산출근거와 예상 사업수지계산서 라. 필요한 자금 및 조달방법 마. 사용시설・설비 및 장비 개요 바. 종사자의 수 사. 사업 개시 예정일 아. 도급(하도급을 포함한다)하려는 경우 해당 업무의 범위와 책임, 수급업체에 대한 관리감독에 관한 사항 3. 부동산을 사용할 수 있음을 증명하는 서류(타인의 부동산을 사용하는 경우만 해당한다)

항공사업법, 시행령	항공사업법 시행규칙
2. 항공기취급업 등록의 취소처분을 받은 후 2년이 지나지 아니한 자. 다만, 제9조 제2호에 해당하여 제45조 제7항에 따라 항공기취급업 등록이 취소된 경우는 제외한다.	② 지방항공청장은 제1항에 따른 등록신청서의 내용이 명확하지 아니하거나 첨부서류가 미비한 경우에는 7일 이내에 그 보완을 요구하여야 한다. ③ 지방항공청장은 제1항에 따라 등록 신청을 받았을 때에는 법 제44조 제2항에 따른 항공기취급업 등록요건을 충족하는지를 심사하여 신청내용이 적합하다고 인정되면 별지 제9호서식의 등록대장에 그 사실을 적고, 별지 제10호서식의 등록증을 발급하여야 한다. ④ 지방항공청장은 제3항에 따른 등록 신청 내용을 심사할 때 항공기취급업의 등록 신청인과 계약한 항공종사자, 항공운송사업자, 공항 또는 비행장 시설 · 설비의 소유자 등이 그 계약을 이행할 수 있는지에 관하여 관계 행정기관 또는 단체의 의견을 들을 수 있다. ⑤ 제3항의 등록대장은 전자적 처리가 불가능한 특별한 사유가 없으면 전자적 처리가 가능한 방법으로 작성 · 관리하여야 한다. **제44조(항공기취급업 변경신고)** ① 법 제44조 제1항 후단에서 "국토교통부령으로 정하는 사항"이란 다음 각 호의 사항을 말한다. 〈개정 2017. 7. 18., 2019. 1. 3.〉 1. 자본금의 감소 2. 사업소의 신설 또는 변경 3. 대표자 변경 4. 대표자의 대표권 제한 및 그 제한의 변경 5. 상호의 변경 6. 사업 범위의 변경 7. 도급(하도급을 포함한다)에 관한 사항의 변경 ② 법 제44조 제1항 후단에 따라 변경신고를 하려는 자는 그 변경 사유가 발생한 날부터 30일 이내에 별지 제13호서식의 변경신고서에 그 변경 사실을 증명할 수 있는 서류를 첨부하여 지방항공청장에게 제출하여야 한다.
제45조(항공기취급업에 대한 준용규정) ① 항공기취급업의 명의대여 등의 금지에 관하여는 제33조를 준용한다. ② 항공기취급업의 양도 · 양수에 관하여는 제34조를 준용한다. ③ 항공기취급업의 합병에 관하여는 제35조를 준용한다. ④ 항공기취급업의 상속에 관하여는 제36조를 준용한다. ⑤ 항공기취급업의 휴업 및 폐업에 관하여는 제37조 및 제38조를 준용한다. ⑥ 항공기취급업의 사업개선 명령에 관하여는 제39조(같은 조 제3호는 제외한다)를 준용한다.	

항공사업법, 시행령	항공사업법 시행규칙
⑦ 항공기취급업의 등록취소 또는 사업정지에 관하여는 제40조를 준용한다. 다만, 제40조 제1항 제4호(항공기취급업자가 제9조 제1호에 해당하게 된 경우에 한정한다), 제4호의2, 제5호 및 제13호는 준용하지 아니한다. 〈개정 2017. 1. 17.〉 ⑧ 항공기취급업에 대한 과징금의 부과에 관하여는 제41조를 준용한다. 이 경우 제41조 제1항 중 "10억원"은 "3억원"으로 본다.	
▶ 제4절 항공기대여업	
제46조(항공기대여업의 등록) ① 항공기대여업을 경영하려는 자는 국토교통부령으로 정하는 바에 따라 신청서에 사업계획서와 그 밖에 국토교통부령으로 정하는 서류를 첨부하여 국토교통부장관에게 등록하여야 한다. 등록한 사항 중 국토교통부령으로 정하는 사항을 변경하려는 경우에는 국토교통부장관에게 신고하여야 한다. ② 제1항에 따른 항공기대여업을 등록하려는 자는 다음 각 호의 요건을 갖추어야 한다. 1. 자본금 또는 자산평가액이 3천만원 이상으로서 대통령령으로 정하는 금액 이상일 것 2. 항공기, 경량항공기 또는 초경량비행장치 1대 이상 등 대통령령으로 정하는 기준에 적합할 것 3. 그 밖에 사업 수행에 필요한 요건으로서 국토교통부령으로 정하는 요건을 갖출 것 **영 제22조(항공기대여업의 등록요건)** 법 제46조 제2항 제1호 및 제2호에 따른 항공기대여업의 등록요건은 별표 8과 같다. ③ 다음 각 호의 어느 하나에 해당하는 자는 항공기대여업의 등록을 할 수 없다. 〈개정 2017. 12. 26.〉 1. 제9조 각 호의 어느 하나에 해당하는 자 2. 항공기대여업 등록의 취소처분을 받은 후 2년이 지나지 아니한 자. 다만, 제9조 제2호에 해당하여 제47조 제8항에 따라 항공기대여업 등록이 취소된 경우는 제외한다.	**제45조(항공기대여업의 등록신청)** ① 법 제46조에 따른 항공기대여업을 하려는 자는 별지 제26호서식의 등록신청서(전자문서로 된 신청서를 포함한다)에 다음 각 호의 서류(전자문서를 포함한다)를 첨부하여 지방항공청장에게 제출하여야 한다. 이 경우 지방항공청장은 「전자정부법」 제36조 제1항에 따른 행정정보의 공동이용을 통하여 법인 등기사항증명서(신청인이 법인인 경우만 해당한다) 및 부동산 등기사항증명서(타인의 부동산을 사용하는 경우는 제외한다)를 확인하여야 한다. 1. 해당 신청이 법 제46조 제2항에 따른 등록요건을 충족함을 증명하거나 설명하는 서류 2. 다음 각 목의 사항을 포함하는 사업계획서 가. 자본금 나. 상호·대표자의 성명과 사업소의 명칭 및 소재지 다. 예상 사업수지계산서 라. 재원 조달방법 마. 사용 시설·설비 및 장비 개요 바. 종사자 인력의 개요 사. 사업 개시 예정일 3. 부동산을 사용할 수 있음을 증명하는 서류(타인의 부동산을 사용하는 경우만 해당한다) ② 지방항공청장은 제1항에 따른 등록신청서의 내용이 명확하지 아니하거나 첨부서류가 미비한 경우에는 7일 이내에 보완을 요구하여야 한다. ③ 지방항공청장은 제1항에 따라 등록신청을 받았을 때에는 법 제46조 제2항에 따른 항공기대여업의 등록요건을 충족하는지를 심사하여 신청내용이 적합하다고 인정되면 별지 제9호서식의 등록대장에 그 사실을 적고, 별지 제10호서식의 등록증을 발급하여야 한다.

항공사업법, 시행령	항공사업법 시행규칙
	④ 지방항공청장은 제3항에 따른 등록 신청 내용을 심사할 때 항공기대여업의 등록 신청인과 계약한 항공종사자, 항공운송사업자, 공항, 비행장 또는 이착륙장 시설 · 설비의 소유자 등이 그 계약을 이행할 수 있는지에 관하여 관계 행정기관 또는 단체의 의견을 들을 수 있다. ⑤ 제3항의 등록대장은 전자적 처리가 불가능한 특별한 사유가 없으면 전자적 처리가 가능한 방법으로 작성 · 관리하여야 한다. **제46조(항공기대여업 변경신고)** ① 법 제46조 제1항 후단에서 "국토교통부령으로 정하는 사항"이란 다음 각 호의 사항을 말한다. 〈개정 2017. 7. 18.〉 1. 자본금의 감소 2. 사업소의 신설 또는 변경 3. 대표자 변경 4. 대표자의 대표권 제한 및 그 제한의 변경 5. 상호의 변경 6. 사업 범위의 변경 ② 법 제46조 제1항 후단에 따라 변경신고를 하려는 자는 변경 사유가 발생한 날부터 30일 이내에 별지 제13호서식의 변경신고서에 변경 사실을 증명할 수 있는 서류를 첨부하여 지방항공청장에게 제출하여야 한다.
제47조(항공기대여업에 대한 준용규정) ① 항공기대여업의 사업계획에 관하여는 제32조를 준용한다. ② 항공기대여업의 명의대여 등의 금지에 관하여는 제33조를 준용한다. ③ 항공기대여업의 양도 · 양수에 관하여는 제34조를 준용한다. ④ 항공기대여업의 합병에 관하여는 제35조를 준용한다. ⑤ 항공기대여업의 상속에 관하여는 제36조를 준용한다. ⑥ 항공기대여업의 휴업 및 폐업에 관하여는 제37조 및 제38조를 준용한다. ⑦ 항공기대여업의 사업개선 명령에 관하여는 제39조를 준용한다. 이 경우 제39조 제2호 중 "항공기"는 "항공기 · 경량항공기 · 초경량비행장치"로, 같은 조 제3호 중 "「항공안전법」 제2조 제6호에 따른 항공기사고"는 "「항공안전법」 제2조 제6호부터 제8호까지에 따른 항공기사고 · 경량항공기사고 · 초경량비행장치사고"로 본다.	

<table>
<tr><th>항공사업법, 시행령</th><th>항공사업법 시행규칙</th></tr>
<tr><td>⑧ 항공기대여업의 등록취소 또는 사업정지에 관하여는 제40조(같은 조 제1항 제4호의2 · 제13호는 제외한다)를 준용한다. 〈개정 2017. 1. 17.〉
⑨ 항공기대여업에 대한 과징금의 부과에 관하여는 제41조를 준용한다. 이 경우 제41조 제1항 중 "10억원"은 "3억원"으로 본다.</td><td></td></tr>
<tr><td colspan="2">▶ 제5절 초경량비행장치사용사업</td></tr>
<tr><td>제48조(초경량비행장치사용사업의 등록) ① 초경량비행장치사용사업을 경영하려는 자는 국토교통부령으로 정하는 바에 따라 신청서에 사업계획서와 그 밖에 국토교통부령으로 정하는 서류를 첨부하여 국토교통부장관에게 등록하여야 한다. 등록한 사항 중 국토교통부령으로 정하는 사항을 변경하려는 경우에는 국토교통부장관에게 신고하여야 한다.
② 제1항에 따른 초경량비행장치사용사업을 등록하려는 자는 다음 각 호의 요건을 갖추어야 한다. 〈개정 2016. 12. 2.〉
1. 자본금 또는 자산평가액이 3천만원 이상으로서 대통령령으로 정하는 금액 이상일 것. 다만, 최대이륙중량이 25킬로그램 이하인 무인비행장치만을 사용하여 초경량비행장치사용사업을 하려는 경우는 제외한다.
2. 초경량비행장치 1대 이상 등 대통령령으로 정하는 기준에 적합할 것
3. 그 밖에 사업 수행에 필요한 요건으로서 국토교통부령으로 정하는 요건을 갖출 것

영 제23조(초경량비행장치사용사업의 등록요건) 법 제48조 제2항 제1호 본문 및 같은 항 제2호에 따른 초경량비행장치사용사업의 등록요건은 별표 9와 같다.

③ 다음 각 호의 어느 하나에 해당하는 자는 초경량비행장치사용사업의 등록을 할 수 없다. 〈개정 2017. 12. 26.〉
1. 제9조 각 호의 어느 하나에 해당하는 자
2. 초경량비행장치사용사업 등록의 취소처분을 받은 후 2년이 지나지 아니한 자. 다만, 제9조 제2호에 해당하여 제49조 제8항에 따라 초경량비행장치사용사업 등록이 취소된 경우는 제외한다.</td><td>제47조(초경량비행장치사용사업의 등록) ① 법 제48조에 따른 초경량비행장치사용사업을 하려는 자는 별지 제26호서식의 등록신청서(전자문서로 된 신청서를 포함한다)에 다음 각 호의 서류(전자문서를 포함한다)를 첨부하여 지방항공청장에게 제출하여야 한다. 이 경우 지방항공청장은 「전자정부법」 제36조 제1항에 따른 행정정보의 공동이용을 통하여 법인 등기사항증명서(신청인이 법인인 경우만 해당한다)와 부동산 등기사항증명서(타인의 부동산을 사용하는 경우는 제외한다)를 확인하여야 한다.
1. 해당 신청이 법 제48조 제2항에 따른 등록요건을 충족함을 증명하거나 설명하는 서류 1부
2. 다음 각 목의 사항을 포함하는 사업계획서
가. 사업목적 및 범위
나. 초경량비행장치의 안전성 점검 계획 및 사고 대응 매뉴얼 등을 포함한 안전관리대책
다. 자본금
라. 상호 · 대표자의 성명과 사업소의 명칭 및 소재지
마. 사용시설 · 설비 및 장비 개요
바. 종사자 인력의 개요
사. 사업 개시 예정일
3. 부동산을 사용할 수 있음을 증명하는 서류(타인의 부동산을 사용하는 경우만 해당한다)
② 지방항공청장은 제1항에 따른 등록신청서의 내용이 명확하지 아니하거나 첨부서류가 미비한 경우에는 7일 이내에 보완을 요구하여야 한다.
③ 지방항공청장은 제1항에 따라 등록신청을 받았을 때에는 법 제48조 제2항에 따른 초경량비행장치사용사업 등록요건을 충족하는지를 심사하여 신청내용이 적합하다고 인정되면 별지 제9호서식의 등록대장에 그 사실을 적고, 별지 제10호서식의 등록증을 발급하여야 한다.
④ 지방항공청장은 제3항에 따른 등록 신청 내용을 심사할 때 초경량비행장치사용사업의 등록 신청인과 계약한 이착륙장 시설 · 설비의 소유자 등이 해당 계약을 이행할 수 있는지에 관하여 관계 행정기관 또는 단체의 의견을 들을 수 있다.</td></tr>
</table>

항공사업법, 시행령	항공사업법 시행규칙
	⑤ 제3항의 등록대장은 전자적 처리가 불가능한 특별한 사유가 없으면 전자적 처리가 가능한 방법으로 작성·관리하여야 한다. 제48조(초경량비행장치사용사업 변경신고) ① 법 제48조 제1항 후단에서 "국토교통부령으로 정하는 사항"이란 다음 각 호의 사항을 말한다. 〈개정 2017. 7. 18.〉 1. 자본금의 감소 2. 사업소의 신설 또는 변경 3. 대표자 변경 4. 대표자의 대표권 제한 및 그 제한의 변경 5. 상호의 변경 6. 사업 범위의 변경 ② 법 제48조 제1항 후단에 따라 변경신고를 하려는 자는 변경 사유가 발생한 날부터 30일 이내에 별지 제13호서식의 변경신고서에 변경 사실을 증명할 수 있는 서류를 첨부하여 지방항공청장에게 제출하여야 한다.
제49조(초경량비행장치사용사업에 대한 준용규정) ① 초경량비행장치사용사업의 사업계획에 관하여는 제32조를 준용한다. ② 초경량비행장치사용사업의 명의대여 등의 금지에 관하여는 제33조를 준용한다. ③ 초경량비행장치사용사업의 양도·양수에 관하여는 제34조를 준용한다. ④ 초경량비행장치사용사업의 합병에 관하여는 제35조를 준용한다. ⑤ 초경량비행장치사용사업의 상속에 관하여는 제36조를 준용한다. ⑥ 초경량비행장치사용사업의 휴업 및 폐업에 관하여는 제37조 및 제38조를 준용한다. ⑦ 초경량비행장치사용사업의 사업개선 명령에 관하여는 제39조를 준용한다. 이 경우 제39조 제2호 중 "항공기"는 "초경량비행장치"로, 같은 조 제3호 중 "「항공안전법」 제2조 제6호에 따른 항공기사고"는 "「항공안전법」 제2조 제8호에 따른 초경량비행장치사고"로 본다. ⑧ 초경량비행장치사용사업의 등록취소 또는 사업정지에 관하여는 제40조(같은 조 제1항 제4호의2·제13호는 제외한다)를 준용한다. 〈개정 2017. 1. 17.〉 ⑨ 초경량비행장치사용사업에 대한 과징금의 부과에 관하여는 제41조를 준용한다. 이 경우 제41조 제1항 중 "10억원"은 "3천만원"으로 본다.	

<table>
<tr><th>항공사업법, 시행령</th><th>항공사업법 시행규칙</th></tr>
<tr><td colspan="2">▶ 제6절 항공레저스포츠사업</td></tr>
<tr><td>
제50조(항공레저스포츠사업의 등록) ① 항공레저스포츠사업을 경영하려는 자는 국토교통부령으로 정하는 바에 따라 국토교통부장관에게 등록하여야 한다. 등록한 사항 중 국토교통부령으로 정하는 사항을 변경하려는 경우에는 국토교통부장관에게 신고하여야 한다.
② 제1항에 따른 항공레저스포츠사업을 등록하려는 자는 다음 각 호의 요건을 갖추어야 한다.
1. 자본금 또는 자산평가액이 3천만원 이상으로서 대통령령으로 정하는 금액 이상일 것
2. 항공기, 경량항공기 또는 초경량비행장치 1대 이상 등 대통령령으로 정하는 기준에 적합할 것
3. 그 밖에 사업 수행에 필요한 요건으로서 국토교통부령으로 정하는 요건을 갖출 것

영 제24조(항공레저스포츠사업의 등록요건) 법 제50조 제2항 제1호 및 제2호에 따른 항공레저스포츠사업의 등록요건은 별표 10과 같다.

③ 다음 각 호의 어느 하나에 해당하는 자는 항공레저스포츠사업의 등록을 할 수 없다. 〈개정 2017. 12. 26.〉
1. 제9조 각 호의 어느 하나에 해당하는 자
2. 항공기취급업, 항공기정비업, 또는 항공레저스포츠사업(제2조 제26호 각 목의 사업 중 해당하는 사업의 경우에 한정한다) 등록의 취소처분을 받은 후 2년이 지나지 아니한 자. 다만, 제9조 제2호에 해당하여 제43조 제7항, 제45조 제7항 또는 제51조 제7항에 따라 등록이 취소된 경우는 제외한다.
④ 항공레저스포츠사업이 다음 각 호의 어느 하나에 해당하는 경우 국토교통부장관은 항공레저스포츠사업 등록을 제한할 수 있다.
1. 항공레저스포츠 활동의 안전사고 우려 및 이용자들에게 심한 불편을 주거나 공익을 해칠 우려가 있는 경우
2. 인구밀집지역, 사생활 침해, 교통, 소음 및 주변환경 등을 고려할 때 영업행위가 부적합하다고 인정하는 경우
3. 그 밖에 항공안전 및 사고예방 등을 위하여 국토교통부장관이 항공레저스포츠사업의 등록제한이 필요하다고 인정하는 경우
</td><td>
제49조(항공레저스포츠사업의 등록) ① 법 제50조 제1항에 따라 항공레저스포츠사업을 등록하려는 자는 별지 제26호서식의 등록신청서(전자문서로 된 신청서를 포함한다)에 다음 각 호의 서류(전자문서를 포함한다)를 첨부하여 지방항공청장에게 제출하여야 한다. 이 경우 지방항공청장은 「전자정부법」 제36조 제1항에 따른 행정정보의 공동이용을 통하여 법인 등기사항증명서(신청인이 법인인 경우만 해당한다)와 부동산 등기사항증명서(타인의 부동산을 사용하는 경우는 제외한다)를 확인하여야 한다.
1. 해당 신청이 법 제50조 제2항에 따른 등록요건을 충족함을 증명하거나 설명하는 서류
2. 다음 각 목의 사항을 포함하는 사업계획서
가. 자본금
나. 상호·대표자의 성명과 사업소의 명칭 및 소재지
다. 해당 사업의 항공기 등 수량 및 그 산출근거와 예상 사업 수지계산서
라. 재원 조달방법
마. 사용 시설·설비, 장비 및 이용자 편의시설 개요
바. 종사자 인력의 개요
사. 사업 개시 예정일
아. 영업구역 범위 및 영업시간
자. 탑승료·대여료 등 이용요금
차. 항공레저 활동의 안전 및 이용자 편의를 위한 안전 관리대책(항공레저시설 관리 및 점검계획, 안전 수칙·교육·점검계획, 사고발생 시 비상연락체계, 탑승자 기록관리, 기상상태 현황 등)
3. 사업시설 부지 등 부동산을 사용할 수 있음을 증명하는 서류(타인의 부동산을 사용하는 경우만 해당한다)
② 지방항공청장은 제1항에 따른 등록신청서의 내용이 명확하지 아니하거나 첨부서류가 미비한 경우에는 7일 이내에 그 보완을 요구하여야 한다.
③ 지방항공청장은 제1항에 따라 등록 신청을 받았을 때에는 법 제50조 제2항에 따른 항공레저스포츠사업 등록요건을 충족하는지를 심사하여 신청내용이 적합하다고 인정되면 별지 제9호서식의 등록대장에 그 사실을 적고, 별지 제10호서식의 등록증을 발급하여야 한다. 〈개정 2019. 1. 3.〉
④ 지방항공청장은 제3항에 따른 등록 신청 내용을 심사할 때 항공레저스포츠사업의 등록 신청인과 계약한 공항, 비행장, 이착륙장 시설·설비의 소유자 등이 해당 계약을 이행할 수 있는지에 관하여 관계 행정기관 또는 단체의 의견을 들을 수 있다.
</td></tr>
</table>

항공사업법, 시행령	항공사업법 시행규칙
	⑤ 제3항의 등록대장은 전자적 처리가 불가능한 특별한 사유가 없으면 전자적 처리가 가능한 방법으로 작성·관리하여야 한다. **제50조(항공레저스포츠사업의 등록기준상의 경량항공기)** 영 별표 10 제1호 나목 2) 및 같은 표 제2호 나목 2)에서 "국토교통부령으로 정하는 안전성인증 등급을 받은 경량항공기"란 「항공안전법」 제108조 제2항 및 「항공안전법 시행규칙」 제284조 제5항 제1호에 따른 제1종 등급을 받은 경량항공기를 말한다. **제51조(항공레저스포츠사업의 변경신고)** ① 법 제50조 제1항 후단에서 "국토교통부령으로 정하는 사항"이란 다음 각 호의 사항을 말한다. 〈개정 2017. 7. 18.〉 1. 자본금의 감소 2. 사업소의 신설 또는 변경 3. 대표자 변경 4. 대표자의 대표권 제한 및 그 제한의 변경 5. 상호의 변경 6. 사업 범위의 변경 ② 법 제50조 제1항 후단에 따라 변경신고를 하려는 자는 변경 사유가 발생한 날부터 30일 이내에 별지 제13호서식의 변경신고서에 변경 사실을 증명할 수 있는 서류를 첨부하여 지방항공청장에게 제출하여야 한다.
제51조(항공레저스포츠사업에 대한 준용규정) ① 항공레저스포츠사업의 명의대여 등의 금지에 관하여는 제33조를 준용한다. ② 항공레저스포츠사업의 양도·양수에 관하여는 제34조를 준용한다. ③ 항공레저스포츠사업의 합병에 관하여는 제35조를 준용한다. ④ 항공레저스포츠사업의 상속에 관하여는 제36조를 준용한다. ⑤ 항공레저스포츠사업의 휴업 및 폐업에 관하여는 제37조 및 제38조를 준용한다. ⑥ 항공레저스포츠사업의 사업개선 명령에 관하여는 제39조를 준용한다. 이 경우 제39조 제2호 중 "항공기"는 "항공기·경량항공기·초경량비행장치"로, 같은 조 제3호 중 "「항공안전법」 제2조 제6호에 따른 항공기사고"는 "「항공안전법」 제2조 제6호부터 제8호까지에 따른 항공기사고·경량항공기사고·초경량비행장치사고"로 본다.	

항공사업법, 시행령	항공사업법 시행규칙
⑦ 항공레저스포츠사업의 등록취소 또는 사업정지에 관하여는 제40조(같은 조 제1항 제4호의2 · 제5호 및 제13호는 제외한다)를 준용한다. 〈개정 2017. 1. 17.〉 ⑧ 항공레저스포츠사업에 대한 과징금의 부과에 관하여는 제41조를 준용한다. 이 경우 제41조 제1항 중 "10억원"은 "3억원"으로 본다.	
▶ 제7절 상업서류송달업 등	
제52조(상업서류송달업 등의 신고) ① 상업서류송달업, 항공운송총대리점업 및 도심공항터미널업(이하 "상업서류송달업등"이라 한다)을 경영하려는 자는 국토교통부령으로 정하는 바에 따라 국토교통부장관에게 신고하여야 한다. 신고한 사항을 변경하려는 경우에도 또한 같다. ② 제1항에 따른 신고를 하려는 자는 국토교통부령으로 정하는 바에 따라 해당 신고서에 사업계획서와 그 밖에 국토교통부령으로 정하는 서류를 첨부하여 국토교통부장관에게 제출하여야 한다.	제52조(상업서류송달업의 신고 및 변경신고) ① 법 제52조 제1항 전단에 따라 상업서류송달업을 하려는 자는 별지 제27호서식의 신고서에 다음 각 호의 서류를 첨부하여 지방항공청장에게 제출하여야 한다. 이 경우 담당 공무원은 「전자정부법」 제36조 제1항에 따른 행정정보의 공동이용을 통하여 법인 등기사항증명서(신고인이 법인인 경우만 해당한다) 또는 사업자등록증명을 확인하여야 한다. 1. 사업계획서 2. 예상 사업수지계산서 3. 외국의 상업서류 송달업체로서 50개 이상의 대리점망을 가진 상업서류 송달업체와의 계약 체결 또는 2개 대륙 6개국 이상에서의 해외지사 설치를 증명하는 서류 ② 법 제52조 제1항 후단에 따라 상호 · 소재지 또는 대표자나 외국업체와 체결한 계약을 변경하려는 자는 그 사유가 발생한 날부터 60일 이내에 별지 제27호서식의 신고서에 변경 사실을 증명할 수 있는 서류를 첨부하여 지방항공청장에게 신고하여야 한다. ③ 지방항공청장은 제1항과 제2항에 따른 신고를 받으면 별지 제28호서식의 신고대장에 그 내용을 적고, 별지 제29호서식의 신고증명서를 발급하여야 한다. ④ 제3항의 신고대장은 전자적 처리가 불가능한 특별한 사유가 없으면 전자적 처리가 가능한 방법으로 작성 · 관리하여야 한다. 제53조(항공운송총대리점업의 신고 및 변경신고) ① 법 제52조 제1항 전단에 따라 항공운송총대리점업을 하려는 자는 별지 제27호서식의 신고서에 다음 각 호의 서류를 첨부하여 지방항공청장에게 제출하여야 한다. 이 경우 담당 공무원은 「전자정부법」 제36조 제1항에 따른 행정정보의 공동이용을 통하여 법인 등기사항증명서(신고인이 법인인 경우만 해당한다)를 확인하여야 한다. 1. 사업계획서 2. 항공운송사업자와 체결한 계약서 3. 예상 사업수지계산서

항공사업법, 시행령	항공사업법 시행규칙
	② 법 제52조 제1항 후단에 따라 상호 · 소재지 및 대표자를 변경하려는 자는 그 사유가 발생한 날부터 30일 이내에 별지 제27호서식의 신고서에 변경 사실을 증명할 수 있는 서류를 첨부하여 지방항공청장에게 신고하여야 한다. ③ 지방항공청장은 제1항과 제2항에 따른 신고를 받으면 별지 제28호서식의 신고대장에 그 내용을 적고, 별지 제29호서식의 신고증명서를 발급하여야 한다. ④ 제3항의 신고대장은 전자적 처리가 불가능한 특별한 사유가 없으면 전자적 처리가 가능한 방법으로 작성 · 관리하여야 한다. **제54조(도심공항터미널업의 신고 및 변경신고)** ① 법 제52조 제1항 전단에 따라 도심공항터미널업을 하려는 자는 별지 제27호서식의 신고서에 다음 각 호의 서류를 첨부하여 지방항공청장에게 제출하여야 한다. 이 경우 담당 공무원은 「전자정부법」 제36조 제1항에 따른 행정정보의 공동이용을 통하여 법인 등기사항증명서(신고인이 법인인 경우만 해당한다)를 확인하여야 한다. 1. 사업계획서 2. 도심공항터미널시설 명세서 3. 국제항공운송사업자와 체결한 계약서 4. 예상 사업수지계산서 5. 공항과 도심공항터미널을 왕래하는 교통수단의 확보에 관한 서류 ② 법 제52조 제1항 후단에 따라 상호 · 소재지 및 대표자를 변경하려는 자는 그 사유가 발생한 날부터 30일 이내에 별지 제27호서식의 신고서에 변경 사실을 증명할 수 있는 서류를 첨부하여 지방항공청장자에게 제출하여야 한다. ③ 지방항공청장은 제1항과 제2항에 따른 신고를 받으면 별지 제28호서식의 신고대장에 그 내용을 적고, 별지 제29호서식의 신고증명서를 발급하여야 한다. ④ 제3항의 신고대장은 전자적 처리가 불가능한 특별한 사유가 없으면 전자적 처리가 가능한 방법으로 작성 · 관리하여야 한다.
제53조(상업서류송달업등에 대한 준용규정) ① 항공운송총대리점업의 운송약관 등의 비치 및 과징금에 대하여는 제28조(같은 조 제1항 제18호만 해당한다), 제29조를 준용한다. 이 경우 제28조 제1항 각 호 외의 부분 본문 및 단서 중 "면허 또는 등록을 취소"는 "영업소를 폐쇄"로, 제29조 제1항 본문 중 "50억원"은 "3억원"으로 본다. 〈개정 2019. 11. 26.〉 ② 상업서류송달업등의 명의대여 등의 금지에 관하여는 제33조를 준용한다. 이 경우 "등록증"은 "신고증명서"로 본다.	

항공사업법, 시행령	항공사업법 시행규칙
③ 상업서류송달업등의 양도·양수에 관하여는 제34조를 준용한다. ④ 상업서류송달업등의 합병에 관하여는 제35조를 준용한다. ⑤ 상업서류송달업등의 상속에 관하여는 제36조를 준용한다. ⑥ 상업서류송달업등의 휴업 및 폐업에 관하여는 제37조 및 제38조를 준용한다. ⑦ 상업서류송달업등의 사업개선 명령에 관하여는 제39조(같은 조 제3호는 제외한다)를 준용한다. ⑧ 상업서류송달업등의 영업소의 폐쇄 또는 사업정지에 관하여는 제40조(같은 조 제1항 제3호·제4호·제4호의2·제12호 및 제13호는 제외한다)를 준용한다. 이 경우 제40조 제1항 각 호 외의 부분 본문 및 단서 중 "등록을 취소"는 "영업소를 폐쇄"로 본다. 〈개정 2017. 1. 17.〉 ⑨ 상업서류송달업등에 대한 과징금의 부과에 관하여는 제41조를 준용한다. 이 경우 제41조 제1항 중 "10억원"은 "3억원"으로 본다.	
제4장 외국인 국제항공운송사업	
제54조(외국인 국제항공운송사업의 허가) ① 제7조 제1항 및 제10조 제1항에도 불구하고 다음 각 호의 어느 하나에 해당하는 자는 국토교통부장관의 허가를 받아 타인의 수요에 맞추어 유상으로 「항공안전법」 제100조 제1항 각 호의 어느 하나에 해당하는 항행(이러한 항행과 관련하여 행하는 대한민국 각 지역 간의 항행을 포함한다)을 하여 여객 또는 화물을 운송하는 사업을 할 수 있다. 이 경우 국토교통부장관은 국내항공운송사업의 국제항공 발전에 지장을 초래하지 아니하는 범위에서 운항 횟수 및 사용 항공기의 기종(機種)을 제한하여 사업을 허가할 수 있다. 1. 대한민국 국민이 아닌 사람 2. 외국정부 또는 외국의 공공단체 3. 외국의 법인 또는 단체 4. 제1호부터 제3호까지의 어느 하나에 해당하는 자가 주식이나 지분의 2분의 1 이상을 소유하거나 그 사업을 사실상 지배하는 법인. 다만, 우리나라가 해당 국가(국가연합 또는 경제공동체를 포함한다)와 체결한 항공협정에서 달리 정한 경우에는 그 항공협정에 따른다.	**제55조(외국인 국제항공운송사업의 허가 신청)** 법 제54조에 따라 외국인 국제항공운송사업을 하려는 자는 운항개시예정일 60일 전까지 별지 제30호서식의 신청서(전자문서로 된 신청서를 포함한다)에 다음 각 호의 서류(전자문서를 포함한다)를 첨부하여 국토교통부장관에게 제출하여야 한다. 1. 자본금과 그 출자자의 국적별 및 국가·공공단체·법인·개인별 출자액의 비율에 관한 명세서 2. 신청인이 신청 당시 경영하고 있는 항공운송사업의 개요를 적은 서류(항공운송사업을 경영하고 있는 경우만 해당한다) 3. 다음 각 목의 사항을 포함한 사업계획서 가. 노선의 기점·기항지 및 종점과 각 지점 간의 거리 나. 사용 예정 항공기의 수, 각 항공기의 등록부호·형식 및 식별부호, 사용 예정 항공기의 등록·감항·소음·보험 증명서 다. 운항 횟수 및 출발·도착 일시 라. 정비시설 및 운항관리시설의 개요 4. 신청인이 해당 노선에 대하여 본국에서 받은 항공운송사업 면허증 사본 또는 이를 갈음하는 서류 5. 법인의 정관 및 그 번역문(법인인 경우만 해당한다)

항공사업법, 시행령	항공사업법 시행규칙
5. 외국인이 법인등기사항증명서상의 대표자이거나 외국인이 법인등기사항증명서상 임원 수의 2분의 1 이상을 차지하는 법인. 다만, 우리나라가 해당 국가(국가연합 또는 경제공동체를 포함한다)와 체결한 항공협정에서 달리 정한 경우에는 그 항공협정에 따른다. ② 제1항에 따른 허가기준은 다음 각 호와 같다. 1. 우리나라와 체결한 항공협정에 따라 해당 국가로부터 국제항공운송사업자로 지정받은 자일 것 2. 운항의 안전성이 「국제민간항공협약」 및 같은 협약의 부속서에서 정한 표준과 방식에 부합하여 「항공안전법」 제103조 제1항에 따른 운항증명승인을 받았을 것 3. 항공운송사업의 내용이 우리나라가 해당 국가와 체결한 항공협정에 적합할 것 4. 국제 여객 및 화물의 원활한 운송을 목적으로 할 것 ③ 제1항에 따른 허가를 받으려는 자는 국토교통부령으로 정하는 바에 따라 신청서에 사업계획서와 그 밖에 국토교통부령으로 정하는 서류를 첨부하여 운항개시예정일 60일 전까지 국토교통부장관에게 제출하여야 한다.	6. 최근의 손익계산서와 대차대조표 7. 운송약관 및 그 번역문 8. 「항공안전법 시행규칙」 제279조 제1항 각 목의 제출서류 9. 「항공보안법」 제10조 제2항에 따른 자체 보안계획서 10. 그 밖에 국토교통부장관이 정하는 사항
제55조(외국항공기의 유상운송) ① 외국 국적을 가진 항공기(외국인 국제항공운송사업자가 해당 사업에 사용하는 항공기는 제외한다)의 사용자는 「항공안전법」 제100조 제1항 제1호 또는 제2호에 따른 항행(이러한 항행과 관련하여 행하는 국내 각 지역 간의 항행을 포함한다)을 할 때 국내에 도착하거나 국내에서 출발하는 여객 또는 화물의 유상운송을 하는 경우에는 국토교통부령으로 정하는 바에 따라 국토교통부장관의 허가를 받아야 한다. ② 제1항에 따른 허가기준은 다음 각 호와 같다. 1. 우리나라가 해당 국가와 체결한 항공협정에 따른 정기편 운항을 보완하는 것일 것 2. 운항의 안전성이 「국제민간항공협약」 및 같은 협약의 부속서에서 정한 표준과 방식에 부합할 것 3. 건전한 시장질서를 해치지 아니할 것 4. 국제 여객 및 화물의 원활한 운송을 목적으로 할 것	**제56조(외국항공기의 유상운송허가 신청)** 법 제55조에 따라 외국 국적을 가진 항공기를 사용하여 유상운송을 하려는 자는 운송 예정일 10일 전까지(국내 및 국외의 재난으로 인한 물자 · 인력의 수송, 국가행사 지원, 긴급수출품 운송 등의 경우에는 운송개시 전까지로 한다) 별지 제31호서식의 신청서에 다음 각 호의 사항을 적은 운항 내용을 첨부하여 국토교통부장관 또는 지방항공청장에게 제출하여야 한다. 1. 항공기의 국적 · 등록부호 · 형식 및 식별부호 2. 기항지를 포함한 항행의 경로 · 일시 및 유상운송 구간 3. 해당 운송을 하려는 취지 4. 기장 · 승무원의 성명과 자격 5. 여객의 성명 및 국적 또는 화물의 품명 및 수량 6. 운임 또는 요금의 종류 및 액수 7. 「항공안전법 시행규칙」 제279조 제1항 제1호 및 제2호의 제출서류(주 1회 이상의 운항 횟수로 4주 이상 운항하는 것을 계획한 경우만 해당한다) 8. 그 밖에 국토교통부장관이 정하는 사항
제56조(외국항공기의 국내 유상 운송 금지) 제54조, 제55조 또는 「항공안전법」 제101조 단서에 따른 허가를 받은 항공기는 유상으로 국내 각 지역 간의 여객 또는 화물을 운송해서는 아니 된다.	

항공사업법, 시행령	항공사업법 시행규칙
제57조(외국인 국제항공운송사업의 휴업) ① 외국인 국제항공운송사업자가 휴업하려는 경우에는 국토교통부장관에게 신고하여야 한다. ② 제1항에 따른 휴업기간은 6개월을 초과할 수 없다. ③ 외국인 국제항공운송사업자가 제2항에 따른 최대 휴업기간이 지난 이후에 사업을 재개하지 아니하면서 폐업신고를 하지 아니한 경우에는 최대 휴업기간 종료일의 다음날 폐업한 것으로 본다.	**제57조(외국인 국제항공운송사업의 휴업 신고)** 법 제57조 제1항에 따라 휴업 신고를 하려는 외국인 국제항공운송사업자는 별지 제36호서식의 신고서를 국토교통부장관에게 제출하여야 한다.
제58조(군수품 수송의 금지) 외국 국적을 가진 항공기(「대한민국과 아메리카합중국 간의 상호방위조약」 제4조에 따라 아메리카합중국정부가 사용하는 항공기와 이에 관련된 항공업무에 종사하는 사람은 제외한다)로 「항공안전법」 제100조 제1항 각 호의 어느 하나에 해당하는 항행을 하여 국토교통부령으로 정하는 군수품을 수송해서는 아니 된다. 다만, 국토교통부령으로 정하는 바에 따라 국토교통부장관의 허가를 받은 경우에는 그러하지 아니한다.	**제58조(수송 금지 군수품)** 법 제58조 본문에서 "국토교통부령으로 정하는 군수품"이란 병기와 탄약을 말한다. **제59조(외국항공기의 군수품 수송허가 신청)** 법 제58조 단서에 따라 군수품 수송허가를 신청하려는 자는 수송 예정일 10일 전까지 별지 제32호서식의 신청서에 다음 각 호의 사항을 적은 운항 및 수송명세서를 첨부하여 국토교통부장관에게 제출하여야 한다. 1. 성명 · 국적 및 주소 2. 항공기의 국적 · 등록부호 · 형식 및 식별부호 3. 수송하려는 군수품의 품명과 수량의 명세 4. 해당 수송이 필요한 이유 5. 해당 군수품을 수송하려는 구간 및 항행의 일시
제59조(외국인 국제항공운송사업 허가의 취소 등) ① 국토교통부장관은 외국인 국제항공운송사업자가 다음 각 호의 어느 하나에 해당하면 그 허가를 취소하거나 6개월 이내의 기간을 정하여 그 사업의 정지를 명할 수 있다. 다만, 제1호 또는 제22호에 해당하는 경우에는 그 허가를 취소하여야 한다. 〈개정 2017. 8. 9., 2019. 11. 26.〉 1. 거짓이나 그 밖의 부정한 방법으로 허가를 받은 경우 2. 제54조 제2항에 따른 허가기준에 적합하지 아니하게 운항하거나 사업을 한 경우 3. 제57조를 위반하여 신고를 하지 아니하고 휴업한 경우 및 휴업기간에 사업을 하거나 휴업기간이 지난 후에도 사업을 시작하지 아니한 경우 4. 제60조 제2항에서 준용하는 제12조 제1항부터 제3항까지의 규정을 위반하여 사업계획에 따라 사업을 하지 아니한 경우 및 인가를 받지 아니하거나 신고를 하지 아니하고 사업계획을 정하거나 변경한 경우 5. 제60조 제4항에서 준용하는 제14조 제1항을 위반하여 운임 및 요금에 대하여 인가 또는 변경인가를 받지 아니하거나 신고 또는 변경신고를 하지 아니한 경우 및 인가를 받거나 신고한 사항을 이행하지 아니한 경우	**제60조(외국인 국제항공운송사업에 대한 행정처분기준)** 법 제59조 제1항에 따른 행정처분의 기준은 별표 3과 같다.

항공사업법, 시행령	항공사업법 시행규칙
6. 제60조 제5항에서 준용하는 제15조를 위반하여 운수협정 또는 제휴협정에 대하여 인가 또는 변경인가를 받지 아니하거나 신고를 하지 아니한 경우 및 인가를 받거나 신고한 사항을 이행하지 아니한 경우 7. 제60조 제8항에서 준용하는 제26조에 따라 부과된 허가 등의 조건 등을 이행하지 아니한 경우 8. 제60조 제9항에서 준용하는 제27조에 따른 사업개선 명령을 이행하지 아니한 경우 9. 제60조 제11항에서 준용하는 제61조의2 제1항을 위반하여 같은 항 각 호의 시간을 초과하여 항공기를 머무르게 한 경우 9의2. 제60조 제12항에서 준용하는 제62조 제4항 및 제5항을 위반하여 운송약관 등 서류의 비치 및 항공운임 등 총액 정보 제공의 의무를 이행하지 아니한 경우 10. 「항공안전법」 제51조를 위반하여 국토교통부령으로 정하는 무선설비를 설치하지 아니한 항공기 또는 설치한 무선설비가 운용되지 아니하는 항공기를 항공에 사용한 경우 11. 「항공안전법」 제52조를 위반하여 항공기에 항공계기등을 설치하거나 탑재하지 아니하고 항공에 사용하거나 그 운용방법 등을 따르지 아니한 경우 12. 「항공안전법」 제54조를 위반하여 항공기를 야간에 비행시키거나 비행장에 주기 또는 정박시키는 경우에 국토교통부령으로 정하는 바에 따라 등불로 항공기의 위치를 나타내지 아니한 경우 13. 「항공안전법」 제66조를 위반하여 이륙·착륙 장소가 아닌 곳에서 이륙하거나 착륙하게 한 경우 14. 「항공안전법」 제68조를 위반하여 비행 중 금지행위 등을 하게 한 경우 15. 「항공안전법」 제70조 제1항을 위반하여 허가를 받지 아니하고 항공기를 이용하여 위험물을 운송하거나 같은 조 제3항을 위반하여 국토교통부장관이 고시하는 위험물취급의 절차 및 방법을 따르지 아니하고 위험물을 취급한 경우 16. 「항공안전법」 제104조 제1항을 위반하여 같은 항 각 호의 서류를 항공기에 싣지 아니하고 운항한 경우 17. 「항공안전법」 제104조 제2항을 위반하여 같은 조 제1항 제2호의 운영기준을 지키지 아니한 경우 18. 정당한 사유 없이 허가받거나 인가받은 사항을 이행하지 아니한 경우	

항공사업법, 시행령	항공사업법 시행규칙
19. 주식이나 지분의 과반수에 대한 소유권 또는 실질적인 지배권이 제54조 제2항 제1호에 따라 국제항공운송사업자를 지정한 국가 또는 그 국가의 국민에게 속하지 아니하게 된 경우. 다만, 우리나라가 해당 국가(국가연합 또는 경제공동체를 포함한다)와 체결한 항공협정에서 달리 정한 경우에는 그 항공협정에 따른다. 20. 대한민국과 제54조 제2항 제1호에 따라 국제항공운송사업자를 지정한 국가가 항공에 관하여 체결한 협정이 있는 경우 그 협정이 효력을 잃거나 그 해당 국가 또는 외국인 국제항공운송사업자가 그 협정을 위반한 경우 21. 대한민국의 안전이나 사회의 안녕질서에 위해를 끼칠 현저한 사유가 있는 경우 22. 이 조에 따른 사업정지명령을 위반하여 사업정지 기간에 사업을 경영한 경우 ② 제1항에 따른 사업정지처분을 갈음한 과징금의 부과에 관하여는 제29조를 준용한다. ③ 제1항에 따른 처분의 세부기준과 그 밖에 처분의 절차에 필요한 사항은 국토교통부령으로 정한다.	
제60조(외국인 국제항공운송사업에 대한 준용규정) ① 외국인 국제항공운송사업자의 항공기사고 시 지원계획서에 관하여는 제11조를 준용한다. 이 경우 "면허 또는 등록"은 "허가"로 본다. ② 외국인 국제항공운송사업자의 사업계획의 변경 등에 관하여는 제12조를 준용한다. 이 경우 "사업면허, 등록 또는 노선허가"는 "허가"로 본다. ③ 외국인 국제항공운송사업자의 사업계획 준수 여부 조사에 관하여는 제13조를 준용한다. ④ 외국인 국제항공운송사업자의 운임 및 요금의 인가 등에 관하여는 제14조를 준용한다. ⑤ 외국인 국제항공운송사업자의 운수에 관한 협정 등에 관하여는 제15조를 준용한다. ⑥ 외국인 국제항공운송사업자의 항공기 운항시각의 배분 등에 관하여는 제18조를 준용한다. 〈신설 2019. 11. 26.〉 ⑦ 외국인 국제항공운송사업자의 폐업에 관하여는 제25조를 준용한다. 〈개정 2019. 11. 26.〉 ⑧ 외국인 국제항공운송사업자의 허가 조건에 관하여는 제26조를 준용한다. 〈개정 2019. 11. 26.〉	제61조(외국인 국제항공운송사업자의 사업계획 변경인가 신청 등) ① 법 제60조 제2항에 따라 사업계획을 변경하려는 자는 별지 제33호서식의 외국인 국제항공운송사업계획 변경인가 신청서 및 외국인 국제항공운송사업계획 변경신고서, 별지 제34호서식의 외국인 국제항공운송사업 노선임시증편 인가 신청서를 국토교통부장관 또는 지방항공청장에게 제출하여야 한다. ② 법 제60조 제2항에 따라 준용되는 법 제12조 제3항 단서에서 "국토교통부령으로 정하는 경미한 사항"이란 다음 각 호의 사항을 말한다. 〈개정 2020. 5. 27.〉 1. 자본금 2. 대표자 및 대표권의 제한 3. 상호(국내사업소만 해당한다) 4. 항공기 수 및 편명 5. 항공기등록부호 6. 항공기의 기종(국제선의 경우에는 항공협정에서 항공기의 좌석 수, 탑재화물 톤 수를 고려하여 수송력 범위를 정하고 있으면 그 수송력 범위에 해당하는 경우만 해당한다) 7. 정기편의 운항 횟수 감편 또는 4주 미만 운항 중단(국제항공운송사업만 해당한다)

항공사업법, 시행령	항공사업법 시행규칙
⑨ 외국인 국제항공운송사업자의 사업개선 명령에 관하여는 제27조를 준용한다. 〈개정 2019. 11. 26.〉 ⑩ 외국인 국제항공운송사업자의 항공교통이용자 보호 등에 관하여는 제61조를 준용한다. 〈개정 2019. 11. 26.〉 ⑪ 외국인 국제항공운송사업자의 이동지역에서의 지연 금지 등에 관하여는 제61조의2를 준용한다. 〈신설 2019. 11. 26.〉 ⑫ 외국인 국제항공운송사업자의 운송약관 등의 신고·비치 및 항공운임 등 총액에 관한 정보 제공의 의무에 관하여는 제62조 제1항·제4항 및 제5항을 준용한다. 〈개정 2017. 8. 9., 2019. 11. 26.〉 ⑬ 외국인 국제항공운송사업자의 항공교통서비스 평가에 관하여는 제63조를 준용한다. 〈개정 2019. 11. 26.〉 ⑭ 외국인 국제항공운송사업자의 정보제공 등에 관하여는 제64조를 준용한다. 〈개정 2019. 11. 26.〉	8. 운항시간(취항하는 공항이 군용비행장인 경우에는 해당기지부대장이 운항시간에 대해 동의하는 경우만 해당한다) 9. 외국과의 항공협정으로 운항지점 및 수송력 등에 제한 없이 운항이 가능한 경우 운항지점 및 운항횟수 10. 제9호에 해당되는 경우를 제외한 국제선운항의 임시변경사항(7일 이내인 경우만 해당한다) 11. 항공기의 급유 또는 정비 등을 위해 착륙하는 비행장 **제62조(외국인 국제항공운송사업자의 운임 및 요금의 인가 신청 등)** ① 법 제60조 제4항에 따라 준용되는 법 제14조에 따라 운임 및 요금의 인가 또는 변경인가를 신청하거나 신고하려는 자는 별지 제35호서식의 인가·변경인가 신청서나 신고·변경신고서를 국토교통부장관에게 제출하여야 한다. ② 제1항에 따른 인가 또는 변경인가 신청을 할 때에는 운임 및 요금의 산출근거를 적은 서류를 첨부하여야 한다. **제63조(외국인 국제항공운송사업자의 폐업 신고)** 법 제60조 제6항에 따라 준용되는 법 제25조에 따라 폐업 신고를 하려는 자는 별지 제36호서식의 신고서를 국토교통부장관에게 제출하여야 한다.
제5장 항공교통이용자 보호	
제61조(항공교통이용자 보호 등) ① 항공교통사업자는 영업개시 30일 전까지 국토교통부령으로 정하는 바에 따라 항공교통이용자를 다음 각 호의 어느 하나에 해당하는 피해로부터 보호하기 위한 피해구제 절차 및 처리계획(이하 "피해구제계획"이라 한다)을 수립하고 이를 이행하여야 한다. 다만, 제12조 제1항 각 호의 어느 하나에 해당하는 사유로 인한 피해에 대하여 항공교통사업자가 불가항력적 피해임을 증명하는 경우에는 그러하지 아니하다. 1. 항공교통사업자의 운송 불이행 및 지연 2. 위탁수화물의 분실·파손 3. 항공권 초과 판매 4. 취소 항공권의 대금환급 지연 5. 탑승위치, 항공편 등 관련 정보 미제공으로 인한 탑승 불가 6. 그 밖에 항공교통이용자를 보호하기 위하여 국토교통부령으로 정하는 사항 ② 피해구제계획에는 다음 각 호의 사항이 포함되어야 한다. 1. 피해구제 접수처의 설치 및 운영에 관한 사항	**제64조(항공교통이용자의 피해유형 등)** ① 법 제61조 제1항 제6호에서 "국토교통부령으로 정하는 사항"이란 다음 각 호의 어느 하나에 해당하는 사항을 말한다. 1. 항공마일리지와 관련한 다음 각 목의 피해 가. 항공사 과실로 인한 항공마일리지의 누락 나. 항공사의 사전 고지 없이 발생한 항공마일리지의 소멸 2. 「교통약자의 이용편의 증진법」 제2조 제7호에 따른 이동편의시설의 미설치로 인한 항공기의 탑승 장애 ② 법 제61조 제2항 제5호에서 "국토교통부령으로 정하는 항공교통이용자 피해구제에 관한 사항"이란 다음 각 호의 사항을 말한다. 1. 피해 구제 상담을 위한 국내 대표 전화번호 2. 피해구제 처리결과에 대한 이의 신청의 방법 및 절차 ③ 법 제61조 제6항에 따른 보고는 반기별로 별지 제37호서식의 보고서를 국토교통부장관 또는 지방항공청장에게 제출하는 방법으로 한다. 〈개정 2019. 1. 3.〉 **제64조의2(교통약자를 위한 정보제공 등)** ① 항공교통사업자는 법 제61조 제11항 제1호에 따라 다음 각 호의 구분에 따른 정보를 「교통약자의 이동편의 증진법」 제2조 제1호에 해당하는 교통약자(이하 "교통약자"라 한다)가 요청한 경우 이를 제공해야 한다.

항공사업법, 시행령	항공사업법 시행규칙
2. 피해구제 업무를 담당할 부서 및 담당자의 역할과 임무 3. 피해구제 처리 절차 4. 피해구제 신청자에 대하여 처리결과를 안내할 수 있는 정보제공의 방법 5. 그 밖에 국토교통부령으로 정하는 항공교통이용자 피해구제에 관한 사항 ③ 항공교통사업자는 항공교통이용자의 피해구제 신청을 신속·공정하게 처리하여야 하며, 그 신청을 접수한 날부터 14일 이내에 결과를 통지하여야 한다. ④ 제3항에도 불구하고 신청인의 피해조사를 위한 번역이 필요한 경우 등 특별한 사유가 있는 경우에는 항공교통사업자는 항공교통이용자의 피해구제 신청을 접수한 날부터 60일 이내에 결과를 통지하여야 한다. 이 경우 항공교통사업자는 통지서에 그 사유를 구체적으로 밝혀야 한다. ⑤ 제3항 및 제4항에 따른 처리기한 내에 피해구제 신청의 처리가 곤란하거나 항공교통이용자의 요청이 있을 경우에는 그 피해구제 신청서를 「소비자기본법」에 따른 한국소비자원에 이송하여야 한다. ⑥ 항공교통사업자는 항공교통이용자의 피해구제 신청현황, 피해구제 처리결과 등 항공교통이용자 피해구제에 관한 사항을 국토교통부령으로 정하는 바에 따라 국토교통부장관에게 정기적으로 보고하여야 한다. ⑦ 국토교통부장관은 관계 중앙행정기관의 장, 「소비자기본법」 제33조에 따른 한국소비자원의 장에게 항공교통이용자의 피해구제 신청현황, 피해구제 처리결과 등 항공교통이용자 피해구제에 관한 자료의 제공을 요청할 수 있다. 이 경우 자료의 제공을 요청받은 자는 특별한 사유가 없으면 이에 따라야 한다. ⑧ 국토교통부장관은 항공교통이용자의 피해를 예방하고 피해구제가 신속·공정하게 이루어질 수 있도록 다음 각 호의 어느 하나에 해당하는 사항에 대하여 항공교통이용자 보호기준을 고시할 수 있다. 1. 제1항 각 호에 해당하는 사항 2. 항공권 취소·환불 및 변경과 관련하여 소비자 피해가 발생하는 사항 3. 항공권 예약·구매·취소·환불·변경 및 탑승과 관련된 정보제공에 관한 사항	1. 공항운영자 가. 공항 외부와 내부의 교통약자 이용편의시설 현황 및 이용방법 나. 공항 내 이동을 위해 제공되는 서비스의 내용과 이용방법 다. 그 밖에 교통약자의 공항시설 이용을 위해 제공되는 서비스 및 불만처리 절차 2. 항공운송사업자 가. 교통약자 우선좌석 운영 및 이용가능 여부 나. 기내용 휠체어 이용 가능 여부 다. 그 밖에 교통약자의 항공기 이용을 위해 제공되는 서비스 및 불만처리 절차 ② 항공교통사업자는 교통약자로부터 요청받은 제64조의3 또는 제64조의4에 따른 서비스가 그 소관에 속하지 않으면 해당 교통약자의 유형, 요청사항 등에 관한 정보를 관련 항공교통사업자에게 통지해야 한다. [본조신설 2020. 2. 28.] **제64조의3[교통약자를 위한 공항이용 및 항공기 탑승·하기(下機) 서비스]** ① 항공교통사업자는 법 제61조 제11항 제2호에 따라 교통약자가 공항이용 및 항공기 탑승·하기(下機)를 위해 항공기 출발 48시간 전까지 다음 각 호의 서비스를 요청하는 경우 이를 제공해야 한다. 1. 휠체어를 이용하는 교통약자가 탑승하는 항공기에 탑승교 또는 휠체어 탑승설비 우선 배정 2. 수하물로 운송하는 교통약자용 보조기구의 우선 처리 ② 제1항에도 불구하고 항공교통사업자는 기상상황, 재난, 다른 교통약자에 의한 해당 서비스의 이용 등 부득이한 사유가 있는 경우에는 해당 서비스를 제공하지 않을 수 있다. 이 경우 그 사유를 교통약자에게 알려야 한다. ③ 항공교통사업자는 공항이용 및 항공기 탑승·하기(下機)를 위해 교통약자에게 서비스를 제공할 때 본인의 동의 없이 교통약자를 안거나 업어서 이동시켜서는 안 된다. 다만, 비행기 사고 등 불가피한 사유가 있는 경우에는 그렇지 않다. [본조신설 2020. 2. 28.] **제64조의5(교통약자 관련 종사자의 훈련·교육)** ① 항공교통사업자는 법 제61조 제11항 제4호에 따라 다음 각 호의 종사자에게 연간 2시간 이상 훈련·교육을 실시해야 한다. 1. 고객 안내 및 서비스 상담 업무를 담당하는 직원 2. 예약 및 발권 업무를 담당하는 직원 3. 객실승무원 4. 휠체어 탑승설비 등 그 밖의 이동수단 운행업무를 담당하는 직원

항공사업법, 시행령	항공사업법 시행규칙
⑨ 국토교통부장관은 제8항에 따라 항공교통이용자 보호기준을 고시하는 경우 관계 행정기관의 장과 미리 협의하여야 하며, 항공교통사업자, 「소비자기본법」 제29조에 따라 등록한 소비자단체, 항공 관련 전문가 및 그 밖의 이해관계인 등의 의견을 들을 수 있다. ⑩ 항공교통사업자, 항공운송총대리점업자 및 「관광진흥법」 제4조에 따라 여행업 등록을 한 자(이하 "여행업자"라 한다)는 제8항에 따른 항공교통이용자 보호기준을 준수하여야 한다. ⑪ 국토교통부장관은 「교통약자의 이동편의 증진법」 제2조 제1호에 해당하는 교통약자를 보호하고 이동권을 보장하기 위하여 다음 각 호의 어느 하나에 해당하는 사항에 대하여 교통약자의 항공교통이용 편의기준을 국토교통부령으로 정할 수 있다. 〈신설 2019. 8. 27.〉 1. 항공교통사업자가 교통약자를 위하여 제공하여야 하는 정보 및 정보제공방법에 관한 사항 2. 항공교통사업자가 교통약자의 공항이용 및 항공기 탑승·하기(下機)를 위하여 제공하여야 하는 서비스에 관한 사항 3. 항공운송사업자가 교통약자를 위하여 항공기 내에서 제공하여야 하는 서비스에 관한 사항 4. 항공교통사업자가 교통약자 관련 서비스를 제공하기 위하여 실시하여야 하는 종사자 훈련·교육에 관한 사항 5. 교통약자 관련 서비스에 대하여 접수된 불만처리에 관한 사항 ⑫ 항공교통사업자는 제11항에 따른 교통약자의 항공교통이용 편의기준을 준수하여야 한다. 〈신설 2019. 8. 27.〉	② 제1항에 따른 종사자 훈련·교육에 다음 각 호의 내용이 포함되어야 한다. 1. 교통약자 이동편의시설 종류와 사용방법 2. 교통약자용 보조기구 및 보조견의 취급 3. 교통약자가 사용하는 위험물 취급 등 안전 및 보안 관련 규범 4. 그 밖에 교통약자의 항공여행에 관한 필요한 사항 [본조신설 2020. 2. 28.] **제64조의6(교통약자 관련 서비스의 불만처리)** ① 항공교통사업자는 법 제61조 제11항 제5호에 따라 교통약자 관련 서비스에 대하여 접수된 불만을 신속·공정하게 처리해야 하며, 그 신청을 접수한 날부터 14일 이내에 결과를 통지해야 한다. ② 항공교통사업자는 불만 조사를 위해 번역이 필요한 경우 등 특별한 사유가 있는 경우에는 제1항에도 불구하고 교통약자의 불만을 접수한 날부터 60일 이내에 결과를 통지해야 한다. 이 경우 항공교통사업자는 결과통지서에 그 연장사유를 구체적으로 밝혀야 한다. [본조신설 2020. 2. 28.]
제61조의2(이동지역에서의 지연 금지 등) ① 항공운송사업자는 항공교통이용자가 항공기에 탑승한 상태로 이동지역(활주로·유도로 및 계류장 등 항공기의 이륙·착륙 및 지상이동을 위하여 사용되는 공항 내 지역을 말한다. 이하 같다)에서 다음 각 호의 시간을 초과하여 항공기를 머무르게 하여서는 아니 된다. 다만, 승객의 하기(下機)가 공항운영에 중대한 혼란을 초래할 수 있다고 관계 기관의 장이 의견을 제시하거나, 기상·재난·재해·테러 등이 우려되어 안전 또는 보안상의 이유로 승객을 기내에서 대기시킬 수밖에 없다고 관계 기관의 장 또는 기장이 판단하는 경우에는 그러하지 아니하다.	**제64조의7(이동지역 내 지연사항 보고)** 법 제61조의2 제3항에 따른 보고에는 다음 각 호의 사항이 포함되어야 한다. 1. 지연시간 2. 지연원인 3. 승객에 대한 조치내용 4. 하기(下機)계획 [본조신설 2020. 5. 27.]

항공사업법, 시행령	항공사업법 시행규칙
1. 국내항공운송: 3시간 2. 국제항공운송: 4시간 ② 항공운송사업자는 항공교통이용자가 항공기에 탑승한 상태로 이동지역에서 항공기를 머무르게 하는 경우 해당 항공기에 탑승한 항공교통이용자에게 30분마다 그 사유 및 진행상황을 알려야 한다. ③ 항공운송사업자는 항공교통이용자가 항공기에 탑승한 상태로 이동지역에서 항공기를 머무르게 하는 시간이 2시간을 초과하게 된 경우 해당 항공교통이용자에게 적절한 음식물을 제공하여야 하며, 국토교통부령으로 정하는 바에 따라 지체 없이 국토교통부장관에게 보고하여야 한다. ④ 제3항에 따른 항공운송사업자의 보고를 받은 국토교통부장관은 관계 기관의 장 및 공항운영자에게 해당 지연 상황의 조속한 해결을 위하여 필요한 협조를 요청할 수 있다. 이 경우 요청을 받은 자는 특별한 사유가 없으면 이에 따라야 한다. ⑤ 그 밖에 이동지역 내에서의 지연 금지 및 관계 기관의 장 등에 대한 협조 요청의 절차와 내용에 관한 사항은 대통령령으로 정한다. [본조신설 2019. 11. 26.]	
영 제24조의2(이동지역에서의 기내 지연 시 협조요청 등) ① 국토교통부장관이 법 제61조의2 제4항에 따라 협조를 요청할 수 있는 사항은 다음 각 호의 구분에 따른 사항으로 한다. 1. 관계 기관의 장에 대한 협조요청 가. 항공기 입·출항 보고서 및 탑승객 명부의 우선 처리 나. 외부음식 반입 관련 허가절차의 우선 처리 다. 승무원 보건상태 신고 및 승무원 교체에 따른 변경신고의 우선 처리 라. 그 밖에 이동지역(활주로·유도로 및 계류장 등 항공기의 이륙·착륙 및 지상이동을 위하여 사용되는 공항 내 지역을 말한다. 이하 같다)에서의 지연 해소를 위하여 협조가 필요한 사항 2. 공항운영자에 대한 협조요청 가. 항공기가 2시간을 초과하여 이동지역에서 머무를 경우 상황 접수·전파·모니터링 나. 계류장 재배정, 관제 지원 및 항공기 통제 다. 승객 하기(下機) 절차 지원	

항공사업법, 시행령	항공사업법 시행규칙
라. 그 밖에 이동지역에서의 지연 해소를 위하여 협조가 필요한 사항 ② 국토교통부장관은 제1항에 따른 협조를 요청하는 경우에는 문서로 해야 하고, 협조의 내용과 이유를 구체적으로 밝혀야 한다. [본조신설 2020. 5. 26.]	
제62조(운송약관 등의 비치 등) ① 항공운송사업자는 운송약관을 정하여 국토교통부장관에게 신고하여야 한다. 이를 변경하려는 경우에도 같다. ② 제1항에 따른 신고 또는 변경신고가 신고서의 기재사항 및 첨부서류에 흠이 없고, 법령 등에 규정된 형식상의 요건을 충족하는 경우에는 신고서가 접수기관에 도달된 때에 신고 의무가 이행된 것으로 본다. 〈신설 2017. 8. 9.〉 ③ 제1항에 따른 운송약관 신고 등 필요한 사항은 국토교통부령으로 정한다. 〈개정 2017. 8. 9.〉 ④ 항공교통사업자는 다음 각 호의 서류를 그 사업자의 영업소, 인터넷 홈페이지 또는 항공교통이용자가 잘 볼 수 있는 곳에 국토교통부령으로 정하는 바에 따라 갖추어 두고, 항공교통이용자가 열람할 수 있게 하여야 한다. 다만, 제1호부터 제3호까지의 서류는 항공교통사업자 중 항공운송사업자만 해당한다. 〈개정 2017. 8. 9.〉 1. 운임표 2. 요금표 3. 운송약관 4. 피해구제계획 및 피해구제 신청을 위한 관계 서류 ⑤ 항공운송사업자, 항공운송총대리점업자 및 여행업자는 제14조 제1항 및 제2항의 운임 및 요금을 포함하여 대통령령으로 정하는 바에 따라 항공교통이용자가 실제로 부담하여야 하는 금액의 총액(이하 "항공운임 등 총액"이라 한다)을 쉽게 알 수 있도록 항공교통이용자에게 해당 정보를 제공하여야 한다. 〈개정 2017. 8. 9.〉	**제65조(운송약관의 신고)** 법 제62조 제1항에 따라 신고 또는 변경신고를 하려는 자는 별지 제38호서식의 신고(변경신고서)에 다음 각 호의 서류를 첨부하여 국토교통부장관 또는 지방항공청장에게 제출하여야 한다. 이 경우 제출서류가 외국어로 작성된 경우에는 번역문을 첨부하여야 한다. 〈개정 2019. 1. 3.〉 1. 운송약관 2. 운송약관 신·구조문대비표 및 운송약관 변경사유(변경신고의 경우만 해당한다) **제66조(항공교통이용자를 위한 서류의 비치 장소)** 법 제62조 제3항에 따라 항공교통사업자가 같은 항 각 호에 따른 서류를 갖추어 두어야 하는 장소는 다음과 같다. 다만, 제3호의 장소에는 법 제62조 제3항 제4호에 따른 서류 중 피해구제 신청을 위한 관계 서류만 비치할 수 있다. 1. 발권대 2. 공항 안내데스크 3. 항공기 내(법 제2조 제39호에 따른 외국인 국제항공운송사업자는 제외한다)
영 제25조(항공운임 등 총액) ① 항공운송사업자가 법 제62조 제5항에 따라 항공교통이용자에게 제공하여야 하는 항공운임 등 총액(이하 "항공운임 등 총액"이라 한다)은 다음 각 호의 금액을 합산한 금액으로 한다. 〈개정 2017. 11. 10.〉 1. 「공항시설법」 제32조 제1항에 따른 사용료 2. 법 제14조 제1항 또는 제2항에 따른 운임 및 요금	

항공사업법, 시행령	항공사업법 시행규칙
3. 해외 공항의 시설사용료 4. 「관광진흥개발기금법」 제2조 제3항에 따른 출국납부금 5. 「국제질병퇴치기금법」 제5조 제1항에 따른 출국납부금 6. 그 밖에 항공운송사업자가 제공하는 항공교통서비스를 이용하기 위하여 항공교통이용자가 납부하여야 하는 금액 ② 항공운송사업자는 법 제62조 제5항에 따라 항공교통이용자에게 항공권을 표시·광고 또는 안내하는 경우에 항공운임 등 총액에 관한 정보를 제공하여야 한다. 〈개정 2017. 11. 10.〉 ③ 항공운송총대리점업자 및 법 제61조 제10항에 따른 여행업자는 법 제62조 제5항에 따라 항공교통이용자에게 항공권 또는 항공권이 포함되어 있는 여행상품을 표시·광고 또는 안내하는 경우에 항공운임 등 총액에 관한 정보를 제공하여야 한다. 다만, 항공운임 등 총액이 여행상품 가격에 포함된 경우에는 항공운임 등 총액에 관한 정보를 제공한 것으로 본다. 〈개정 2017. 11. 10.〉 ④ 제2항 또는 제3항에 따라 항공권 또는 항공권이 포함되어 있는 여행상품을 표시·광고 또는 안내할 때 항공운임 등 총액에 관한 정보를 제공하는 기준은 다음 각 호와 같다. 1. 항공운임 등 총액이 편도인지 왕복인지를 명시할 것 2. 항공운임 등 총액에 포함된 유류할증료, 해외 공항의 시설사용료 등 발권일·환율 등에 따라 변동될 수 있는 항목의 변동가능 여부를 명시할 것 3. 항공권 또는 항공권이 포함되어 있는 여행상품을 표시 또는 광고할 때 항공교통이용자가 항공운임 등 총액을 쉽게 식별할 수 있도록 "항공운임 등 총액"의 글자 크기·형태 및 색상 등을 제1항 각 호의 사항과 차별되게 강조할 것 4. 출발·도착 도시 및 일자, 항공권의 종류 등이 구체적으로 명시된 항공권 또는 해당 항공권이 포함된 여행상품의 경우 유류할증료(환율에 따라 변동되는 유류할증료의 경우 항공운송사업자 또는 외국인 국제항공운송사업자가 적용하는 환율로 산정한 금액을 말한다)를 명시할 것	

항공사업법, 시행령	항공사업법 시행규칙
⑥ 항공기사용사업자, 항공기정비업자, 항공기취급업자, 항공기대여업자, 초경량비행장치사용사업자 및 항공레저스포츠사업자는 요금표 및 약관을 영업소나 그 밖의 사업소에서 항공교통이용자가 잘 볼 수 있는 곳에 국토교통부령으로 정하는 바에 따라 갖추어 두고, 항공교통이용자가 열람할 수 있게 하여야 한다. 〈개정 2017. 8. 9.〉 ⑦ 여행업에 대하여는 제28조(같은 조 제1항 제19호에 한정한다)를 준용한다. 이 경우 제28조 제1항 각 호 외의 부분 본문 중 "국토교통부장관"은 "특별자치시장 · 특별자치도지사 · 시장 · 군수 · 구청장(자치구의 구청장을 말한다)"으로 본다. 〈개정 2017. 8. 9., 2019. 11. 26.〉	
제63조(항공교통서비스 평가 등) ① 국토교통부장관은 공공복리의 증진과 항공교통이용자의 권익보호를 위하여 항공교통사업자가 제공하는 항공교통서비스에 대한 평가를 할 수 있다. ② 제1항에 따른 항공교통서비스 평가항목은 다음 각 호와 같다. 1. 항공교통서비스의 정시성 또는 신뢰성 2. 항공교통서비스 관련 시설의 편의성 3. 항공교통서비스의 안전성 4. 그 밖에 제1호부터 제3호까지에 준하는 사항으로서 국토교통부령으로 정하는 사항 ③ 국토교통부장관은 항공교통서비스의 평가를 할 경우 항공교통사업자에게 관련 자료 및 의견 제출 등을 요구하거나 서비스에 대한 실지조사를 할 수 있다. ④ 제3항에 따른 자료 또는 의견 제출 등을 요구받은 항공교통사업자는 특별한 사유가 없으면 이에 따라야 한다. ⑤ 국토교통부장관은 제1항에 따른 항공교통서비스의 평가를 한 후 평가항목별 평가 결과, 서비스 품질 및 서비스 순위 등 세부사항을 대통령령으로 정하는 바에 따라 공표하여야 한다. **영 제26조(항공교통서비스 평가 결과의 공표)** 국토교통부장관은 법 제63조 제5항에 따라 항공교통서비스의 평가 결과를 공표하는 경우에는 그 평가가 끝난 날부터 10일 이내에 국토교통부 홈페이지에 게시하여야 한다. ⑥ 제1항부터 제5항까지에서 규정한 사항 외에 항공교통서비스에 대한 평가기준, 평가주기 및 절차 등에 관한 세부사항은 국토교통부령으로 정한다.	**제67조(항공교통서비스 평가항목)** 법 제63조 제2항 제4호에서 "국토교통부령으로 정하는 사항"이란 다음 각 호의 사항을 말한다. 1. 항공교통서비스의 이용자 만족도 2. 항공교통서비스의 신속성 및 정확성 3. 항공운송사업자의 안전문화 4. 항공교통사업자의 피해구제실적 및 항공교통이용자 보호조치의 충실성 **제68조(항공교통서비스 평가기준 등)** ① 법 제63조에 따른 항공교통서비스 평가는 다음 각 호의 기준에 따라 한다. 〈개정 2019. 1. 3.〉 1. 평가방법: 평가항목에 대해서는 정량평가를 기준으로 평가할 것. 다만, 평가항목의 특성상 필요하다고 인정하는 경우에는 정성평가를 추가할 수 있다. 2. 평가기간 및 평가주기: 해당 연도의 1월 1일부터 12월 31일까지를 기준으로 1년마다 평가할 것 ② 국토교통부장관은 법 제63조 제1항에 따라 평가를 할 때에는 항공교통사업자의 매출규모, 인력현황, 사업범위 또는 사업운영방식 등을 종합적으로 고려할 수 있다. ③ 국토교통부장관은 법 제63조 제1항에 따른 평가를 위하여 필요하다고 인정하는 경우에는 관계 전문가, 기관 또는 단체에 대하여 의견 또는 자료의 제출을 요청할 수 있다. ④ 제1항부터 제3항까지의 규정에 따른 평가방법 및 평가절차 등에 관하여 필요한 세부사항은 국토교통부장관이 정한다.

<table>
<tr><th>항공사업법, 시행령</th><th>항공사업법 시행규칙</th></tr>
<tr><td>
제64조(항공교통이용자를 위한 정보의 제공 등) ① 국토교통부장관은 항공교통이용자 보호 및 항공교통서비스의 촉진을 위하여 국토교통부령으로 정하는 바에 따라 항공교통서비스에 관한 보고서(이하 “항공교통서비스 보고서”라 한다)를 연 단위로 발간하여 국토교통부령으로 정하는 바에 따라 항공교통이용자에게 제공하여야 한다.
② 항공교통서비스 보고서에는 다음 각 호의 사항이 포함되어야 한다.
1. 항공교통사업자 및 항공교통이용자 현황
2. 항공교통이용자의 피해현황 및 그 분석 자료
3. 항공교통서비스 수준에 관한 사항
4. 「항공안전법」 제133조에 따른 항공운송사업자의 안전도에 관한 정보
5. 국제기구 또는 다른 나라의 항공교통이용자 보호 및 항공교통서비스 정책에 관한 사항
6. 항공교통이용자의 항공권 구입에 따라 적립되는 마일리지(탑승거리, 판매가 등에 따라 적립되는 점수 등을 말한다)에 대한 항공운송사업자(외국인 국제항공운송사업자를 포함한다)별 적립 기준 및 사용 기준
7. 제1호부터 제6호까지에서 규정한 사항 외에 국토교통부령으로 정하는 항공교통이용자 보호에 관한 사항
③ 국토교통부장관은 항공교통서비스 보고서 발간을 위하여 항공교통사업자에게 자료의 제출을 요청할 수 있다. 이 경우 항공교통사업자는 특별한 사유가 없으면 이에 따라야 한다.
</td><td>
제69조(항공교통서비스 보고서 발간 등) ① 국토교통부장관은 법 제64조 제1항에 따른 항공교통서비스에 관한 보고서(이하 “항공교통서비스 보고서”라 한다)의 발간을 위하여 필요하다고 인정하는 경우에는 관계 공무원으로 구성되는 항공교통서비스 발간협의회를 설치·운영할 수 있다.
② 항공교통서비스 보고서의 제공은 국토교통부의 홈페이지에 게재하는 방법으로 한다. 이 경우 필요하다고 인정되는 경우에는 항공 관련 기관·단체의 간행물이나 홈페이지에 함께 게재할 수 있다.
③ 법 제64조 제2항 제7호에서 “국토교통부령으로 정하는 항공교통이용자 보호에 관한 사항”이란 다음 각 호의 사항을 말한다. 〈개정 2019. 1. 3.〉
1. 항공교통이용자 및 항공교통사업자 관련 국내 법령 현황
2. 항공교통사업자의 업무규정 또는 약관의 주요 내용
3. 항공교통사업자의 이용요금에 관한 사항
4. 항공교통량 및 이용객 현황에 관한 사항
④ 제3항에 따른 항공교통이용자의 보호에 관한 사항과 관련된 세부내용 및 구분 등에 필요한 사항은 국토교통부장관이 정한다.
</td></tr>
<tr><td colspan="2">제6장 항공사업의 진흥</td></tr>
<tr><td>
제65조(항공사업자에 대한 재정지원) ① 국가는 항공사업을 진흥하기 위하여 다음 각 호의 어느 하나에 해당하는 경우 대통령령으로 정하는 바에 따라 항공사업을 영위하는 자(이하 “항공사업자”라 한다)에게 그 소요자금의 일부를 보조하거나 재정자금으로 융자하여 줄 수 있다.
1. 전쟁·내란·테러 등으로 항공사업자에게 손실이 발생한 경우
2. 항공사업의 육성을 위하여 필요하다고 인정하는 경우
</td><td></td></tr>
</table>

항공사업법, 시행령	항공사업법 시행규칙
② 지방자치단체는 항공사업의 지원이 지역경제 활성화를 위하여 필요하다고 인정하는 경우에는 조례로 정하는 바에 따라 예산의 범위에서 항공사업자에게 재정지원을 할 수 있다.	
영 제27조(항공사업의 진흥) ① 국가가 법 제65조 제1항에 따라 항공사업자에게 소요 자금의 일부를 보조하거나 융자할 수 있는 금액의 범위는 다음 각 호와 같다. 1. 법 제 65조 제1항 제1호의 경우: 전쟁 · 내란 · 테러 등으로 인한 손실액의 100분의 20 이내의 보조 또는 100분의 70 이내의 융자 2. 법 제65조 제1항 제2호의 경우: 국토교통부장관이 정한 금액 ② 법 제65조 제1항에 따라 보조 또는 융자를 받으려는 자는 다음 각 호의 사항을 적은 신청서를 국토교통부장관에게 제출하여야 한다. 1. 신청자의 주소 · 성명(법인인 경우에는 그 명칭 및 대표자의 성명) 2. 면허, 허가, 인가, 등록 및 신고의 종류 · 일자 · 번호 3. 보조 또는 융자를 받으려는 이유 4. 보조 또는 융자를 받으려는 금액 ③ 제2항의 신청서에는 다음 각 호의 서류를 첨부하여야 한다. 이 경우 국토교통부장관은 「전자정부법」 제36조 제1항에 따른 행정정보의 공동이용을 통하여 법인 등기사항증명서(법인인 경우로 한정한다)를 확인하여야 한다. 1. 면허, 허가, 인가, 등록 및 신고에 따르는 사업운영계획서 또는 사업계획서 사본 2. 보조 또는 융자에 의하여 시행하려는 사업의 사업계획서 3. 전쟁 · 내란 · 테러 등으로 인한 손실이 발생한 경우에는 그 손실액 내역 및 증빙자료	
제66조(항공기담보의 특례) 정부 또는 금융회사 등은 항공사업자가 항공기를 도입하는 경우에 그 항공기가 「항공안전법」 제7조에 따른 소유권 취득에 관한 등록을 하기 전이라도 그 항공기를 담보로 하여 융자하여 줄 수 있다.	
제67조(보조 또는 융자 자금의 목적 외 사용금지와 감독) ① 이 법에 따라 보조 또는 융자를 받은 항공사업자는 그 자금을 해당 교부 목적 외의 목적으로 사용하지 못한다.	

항공사업법, 시행령
② 국토교통부장관 또는 지방자치단체의 장은 이 법에 따라 보조 또는 융자를 받은 항공사업자에 대하여 그 자금을 적정하게 사용하도록 감독하여야 한다.
제68조(한국항공협회의 설립) ① 다음 각 호에 해당하는 자는 항공운송사업의 발전, 항공운송사업자의 권익보호, 공항운영 개선 및 항공안전에 관한 연구와 그 밖에 정부가 위탁한 업무를 효율적으로 수행하기 위하여 한국항공협회(이하 "협회"라 한다)를 설립할 수 있다. 1. 국내항공운송사업자 또는 국제항공운송사업자 2. 「인천국제공항공사법」에 따른 인천국제공항공사 3. 「한국공항공사법」에 따른 한국공항공사 4. 그 밖에 항공과 관련된 사업자 및 단체 **영 제28조(한국항공협회의 설립)** 법 제68조에 따른 한국항공협회(이하 "협회"라 한다)를 설립하려면 협회의 회원이 될 자격이 있는 자 10분의 1 이상의 발기인이 정관을 작성하여 해당 협회의 회원이 될 자격이 있는 자 과반수가 출석한 창립총회의 의결을 거쳐야 한다. ② 협회는 법인으로 한다. ③ 협회는 그 주된 사무소의 소재지에서 설립등기를 함으로써 성립한다. ④ 협회의 정관, 업무 및 감독 등에 관하여 필요한 사항은 대통령령으로 정한다. ⑤ 국토교통부장관은 필요하다고 인정되는 경우에는 협회가 다음 각 호의 어느 하나에 해당하는 사업을 원활하게 할 수 있도록 예산의 범위에서 협회에 재정지원을 할 수 있다. 1. 항공 진흥 및 안전을 위한 연구사업 2. 항공 관련 정보의 수집·관리를 위한 사업 3. 외국 항공기관과의 국제협력 촉진을 위한 사업 4. 그 밖에 항공운송산업 발전을 위하여 국토교통부장관이 필요하다고 인정하는 사업 ⑥ 협회에 관하여는 이 법에서 규정한 것을 제외하고는 「민법」 중 사단법인에 관한 규정을 준용한다.
제69조(항공 관련 기관·단체 및 항공산업의 육성) ① 국가는 항공산업발전을 위하여 항공 관련 기관·단체를 육성하여야 한다. ② 국가는 제1항의 경우에 재정적 지원이 필요하다고 인정할 때에는 예산의 범위에서 그 소요 자금의 일부를 보조할 수 있다. **영 제32조(항공 관련 기관·단체의 육성)** ① 법 제69조 제2항에 따라 보조를 받으려는 항공 관련 기관·단체는 다음 각 호의 사항을 적은 신청서를 국토교통부장관에게 제출하여야 한다. 1. 신청자의 주소·성명(법인인 경우에는 그 명칭 및 대표자의 성명) 2. 신청자의 사업개요 3. 보조를 받으려는 이유 4. 보조를 받으려는 금액 ② 제1항의 신청서에는 다음 각 호의 서류를 첨부하여야 한다. 이 경우 국토교통부장관은 「전자정부법」 제36조 제1항에 따른 행정정보의 공동이용을 통하여 법인 등기사항증명서(법인인 경우로 한정한다)를 확인하여야 한다. 1. 보조에 의하여 시행하려는 사업의 사업계획서 2. 법인 또는 단체의 정관 ③ 국가는 항공산업과 관련된 기술 및 기술의 개발, 인력 양성 등을 위하여 필요한 사업을 직접 시행하거나 지방자치단체 및 관계 기관 등이 시행하는 사업에 드는 비용의 일부를 보조할 수 있다.

항공사업법, 시행령	항공사업법 시행규칙
제69조의2(무인항공 분야 항공산업의 안전증진 및 활성화) 국가는 「항공안전법」 제2조 제3호에 따른 초경량비행장치 중 무인비행장치 및 같은 조 제6호에 따른 무인항공기의 인증, 정비·수리·개조, 사용 또는 이와 관련된 서비스를 제공하는 무인항공 분야 항공산업의 안전증진 및 활성화를 위하여 대통령령으로 정하는 바에 따라 다음 각 호의 사업을 추진할 수 있다. 1. 무인항공 분야 항공산업의 발전을 위한 기반조성 2. 무인항공 분야 항공산업에 대한 현황 및 관련 통계의 조사·연구 3. 무인비행장치 및 무인항공기의 안전기술, 운영·관리체계 등에 대한 연구 및 개발 4. 무인비행장치 및 무인항공기의 조종, 성능평가·인증, 안전관리, 정비·수리·개조 등 전문인력의 양성 5. 무인항공 분야의 우수한 기업의 지원 및 육성 6. 무인비행장치 및 무인항공기의 사용 촉진 및 보급 7. 무인비행장치 및 무인항공기의 안전한 운영·관리 등을 위한 인프라 또는 비행시험 시설의 구축·운영 8. 무인항공 분야 항공산업의 발전을 위한 국제협력 및 해외진출의 지원 9. 그 밖에 무인항공 분야 항공산업의 안전증진 및 활성화를 위하여 필요한 사항 [본조신설 2017. 8. 9.]	
제7장 보칙	
제70조(항공보험 등의 가입의무) ① 다음 각 호의 항공사업자는 국토교통부령으로 정하는 바에 따라 항공보험에 가입하지 아니하고는 항공기를 운항할 수 없다. 1. 항공운송사업자 2. 항공기사용사업자 3. 항공기대여업자 ② 제1항 각 호의 자 외의 항공기 소유자 또는 항공기를 사용하여 비행하려는 자는 국토교통부령으로 정하는 바에 따라 항공보험에 가입하지 아니하고는 항공기를 운항할 수 없다.	**제70조(항공운송사업자 등의 항공보험 등 가입의무)** ① 법 제70조에 따라 항공보험 등에 가입한 자는 항공보험 등에 가입한 날부터 7일 이내에 다음 각 호의 사항을 적은 보험가입신고서 또는 공제가입신고서에 보험증서 또는 공제증서 사본을 첨부하여 국토교통부장관에게 제출하여야 한다. 가입사항을 변경하거나 갱신하였을 때에도 또한 같다. 〈개정 2017. 7. 18.〉 1. 가입자의 주소, 성명(법인인 경우에는 그 명칭 및 대표자의 성명) 2. 가입된 보험 또는 공제의 종류, 보험료 또는 공제료 및 보험금액 또는 공제금액 3. 보험 또는 공제의 종류별 발효 및 만료일 4. 보험증서 또는 공제증서의 개요 ② 법 제70조 제1항 및 제2항에 따른 항공보험에 가입하는 경우의 책임한도액은 다음과 같다. 〈개정 2017. 7. 18.〉

항공사업법, 시행령	항공사업법 시행규칙
③ 「항공안전법」 제108조에 따른 경량항공기소유자등은 그 경량항공기의 비행으로 다른 사람이 사망하거나 부상한 경우에 피해자(피해자가 사망한 경우에는 손해배상을 받을 권리를 가진 자를 말한다)에 대한 보상을 위하여 같은 조 제1항에 따른 안전성인증을 받기 전까지 국토교통부령으로 정하는 보험이나 공제에 가입하여야 한다. 〈개정 2017. 1. 17.〉 ④ 초경량비행장치를 초경량비행장치사용사업, 항공기대여업 및 항공레저스포츠사업에 사용하려는 자와 무인비행장치 등 국토교통부령으로 정하는 초경량비행장치를 소유한 국가, 지방자치단체, 「공공기관의 운영에 관한 법률」 제4조에 따른 공공기관은 국토교통부령으로 정하는 보험 또는 공제에 가입하여야 한다. 〈개정 2020. 6. 9.〉 ⑤ 제1항부터 제4항까지의 규정에 따라 항공보험 등에 가입한 자는 국토교통부령으로 정하는 바에 따라 보험가입신고서 등 보험가입 등을 확인할 수 있는 자료를 국토교통부장관에게 제출하여야 한다. 이를 변경 또는 갱신한 때에도 또한 같다. 〈신설 2017. 1. 17.〉	1. 우리나라가 가입하고 있는 항공운송의 책임에 관한 제국제협약에서 규정하는 책임한도액 2. 제1호를 적용하기 불합리한 경우에는 국토교통부장관이 정하는 항공운송인의 책임한도액 ③ 법 제70조 제3항에서 "국토교통부령으로 정하는 보험이나 공제"란 다른 사람이 사망하거나 부상한 경우에 피해자(피해자가 사망한 경우에는 손해배상을 받을 권리를 가진 자를 말한다. 이하 이 조에서 같다)에게 「자동차손해배상 보장법 시행령」 제3조 제1항 각 호에 따른 금액 이상을 보장하는 보험 또는 공제를 말하며, 동승한 사람에 대하여 보장하는 보험 또는 공제를 포함한다. 〈개정 2020. 12. 10.〉 ④ 법 제70조 제4항에서 "무인비행장치 등 국토교통부령으로 정하는 초경량비행장치"란 「항공안전법 시행규칙」 제5조 제5호에 따른 무인비행장치를 말한다. 〈개정 2020. 12. 10.〉 ⑤ 법 제70조 제4항에서 "국토교통부령으로 정하는 보험 또는 공제"란 다음 각 호의 보험 또는 공제를 말한다. 〈신설 2020. 12. 10.〉 1. 다른 사람이 사망하거나 부상한 경우에 피해자(피해자가 사망한 경우에는 손해배상을 받을 권리를 가진 자를 말한다. 이하 이 조에서 같다)에게 「자동차손해배상 보장법 시행령」 제3조 제1항 각 호에 따른 금액 이상을 보장하는 보험 또는 공제(동승한 사람에 대하여 보장하는 보험 또는 공제를 포함한다) 2. 다른 사람의 재물이 멸실되거나 훼손된 경우에 피해자에게 「자동차손해배상 보장법 시행령」 제3조 제3항에 따른 금액 이상을 보장하는 보험 또는 공제(「항공안전법 시행규칙」 제5조 제5호에 따른 무인비행장치를 소유한 경우에만 해당한다) [제목개정 2017. 7. 18.]
제71조(경량항공기 등의 영리 목적 사용금지) 누구든지 경량항공기 또는 초경량비행장치를 사용하여 비행하려는 자는 다음 각 호의 어느 하나에 해당하는 경우를 제외하고는 경량항공기 또는 초경량비행장치를 영리 목적으로 사용해서는 아니 된다. 1. 항공기대여업에 사용하는 경우 2. 초경량비행장치사용사업에 사용하는 경우 3. 항공레저스포츠사업에 사용하는 경우	

항공사업법, 시행령	항공사업법 시행규칙
제72조(수수료 등) ① 다음 각 호의 어느 하나에 해당하는 자는 국토교통부령으로 정하는 바에 따라 국토교통부장관(제75조에 따라 권한이 위탁된 경우에는 수탁자를 말한다)에게 수수료를 내야 한다. 1. 이 법에 따른 면허·허가·인가·승인 또는 등록(이하 "면허등"이라 한다)을 받으려는 자 2. 이 법에 따른 신고를 하려는 자 3. 이 법에 따른 면허증 또는 허가서의 발급 또는 재발급을 신청하는 자 ② 면허등을 위하여 현지출장이 필요한 경우에는 그 출장에 드는 여비를 신청인이 내야 한다. 이 경우 여비의 기준은 국토교통부령으로 정한다. ③ 국가 또는 지방자치단체는 제1항에 따른 수수료를 면제한다.	**제71조(수수료)** ① 법 제72조에 따라 수수료를 낼 자와 그 금액은 별표 4와 같다. ② 제1항에 따른 수수료는 정보통신망을 이용하여 전자화폐·전자결제 등의 방법으로 내도록 할 수 있다. ③ 법 제72조 제2항에 따른 현지출장 등의 여비 지급기준은 「공무원 여비 규정」에 따른다. ④ 제1항에 따른 수수료가 과오납(過誤納)된 경우에는 해당 과오납 금액을 반환하여야 한다.
제73조(보고, 출입 및 검사 등) ① 국토교통부장관은 이 법의 시행에 필요한 범위에서 국토교통부령으로 정하는 바에 따라 다음 각 호의 자에게 그 업무에 관한 보고를 하게 하거나 서류를 제출하게 할 수 있다. 1. 항공사업자 2. 공항운영자 3. 항공종사자 4. 제1호부터 제3호까지의 자 외의 자로서 항공기 또는 항공시설을 계속하여 사용하는 자 ② 국토교통부장관은 이 법을 시행하기 위하여 특히 필요한 경우에는 소속 공무원으로 하여금 제1항 각 호의 어느 하나에 해당하는 자의 사무소, 사업장, 공항시설, 비행장 또는 항공기 등에 출입하여 관계 서류나 시설, 장비, 그 밖의 물건 등을 검사하거나 관계인에게 질문하게 할 수 있다. ③ 국토교통부장관은 상업서류송달업자가 「우편법」을 위반할 현저한 우려가 있다고 인정하여 과학기술정보통신부장관이 요청하는 경우에는 과학기술정보통신부 소속 공무원으로 하여금 상업서류송달업자의 사무소 또는 사업장에 출입하여 「우편법」과 관련된 사항에 관한 검사 또는 질문을 하게 할 수 있다. 〈개정 2017. 7. 26.〉 ④ 제2항 및 제3항에 따른 검사 또는 질문을 하려면 검사 또는 질문을 하기 7일 전까지 검사 또는 질문의 일시, 사유 및 내용 등의 계획을 피검사자 또는 피질문자에게 알려야 한다. 다만, 긴급한 경우이거나 사전에 알리면 증거인멸 등으로 검사 또는 질문의 목적을 달성할 수 없다고 인정하는 경우에는 그러하지 아니할 수 있다.	**제71조의2(서류의 제출 등)** ① 법 제73조 제1항에 따라 국토교통부장관으로부터 업무에 관한 보고 또는 서류의 제출을 요청받은 자는 그 요청을 받은 날부터 15일 이내에 보고(전자문서에 의한 보고를 포함한다)하거나 자료를 제출(전자문서에 의한 제출을 포함한다)해야 한다. ② 법 제73조 제7항에 따른 증표는 별지 제39호서식과 같다. [본조신설 2019. 1. 3.]

항공사업법, 시행령
⑤ 제2항 및 제3항에 따른 검사 또는 질문을 하는 공무원은 그 권한을 표시하는 증표를 지니고, 이를 관계인에게 보여주어야 한다. ⑥ 제2항 및 제3항에 따른 검사 또는 질문을 한 경우에는 그 결과를 피검사자 또는 피질문자에게 서면으로 알려야 한다. ⑦ 제5항에 따른 증표에 관하여 필요한 사항은 국토교통부령으로 정한다.
제74조(청문) 국토교통부장관은 다음 각 호의 어느 하나에 해당하는 처분을 하려면 청문을 하여야 한다. 〈개정 2017. 8. 9., 2019. 11. 26.〉 1. 제28조 제1항에 따른 항공운송사업 면허 또는 등록의 취소 2. 제40조 제1항에 따른 항공기사용사업 등록의 취소 3. 제43조 제7항에서 준용하는 제40조 제1항에 따른 항공기정비업 등록의 취소 4. 제45조 제7항에서 준용하는 제40조 제1항에 따른 항공기취급업 등록의 취소 5. 제47조 제8항에서 준용하는 제40조 제1항에 따른 항공기대여업 등록의 취소 6. 제49조 제8항에서 준용하는 제40조 제1항에 따른 초경량비행장치사용사업 등록의 취소 7. 제51조 제7항에서 준용하는 제40조 제1항에 따른 항공레저스포츠사업 등록의 취소 8. 제53조 제1항에서 준용하는 제28조(같은 조 제1항 제18호만 해당한다)에 따른 항공운송총대리점업의 영업소 폐쇄 9. 제53조 제8항에서 준용하는 제40조에 따른 상업서류송달업등의 영업소 폐쇄 10. 제59조 제1항에 따른 외국인 국제항공운송사업 허가의 취소 11. 제62조 제7항에서 준용하는 제28조 제1항에 따른 여행업 등록의 취소. 이 경우 제28조 제1항 각 호 외의 부분 본문 중 "국토교통부장관"은 "특별자치시장 · 특별자치도지사 · 시장 · 군수 · 구청장(자치구의 구청장을 말한다)"으로 본다.
제75조(권한의 위임 · 위탁) ① 이 법에 따른 국토교통부장관의 권한은 그 일부를 대통령령으로 정하는 바에 따라 시 · 도지사 또는 국토교통부장관 소속 기관의 장에게 위임할 수 있다.
영 제33조(권한의 위임 · 위탁) ① 국토교통부장관은 법 제75조 제1항에 따라 다음 각 호의 권한을 지방항공청장에게 위임한다. 다만, 제1호의 권한은 서울지방항공청장에게만 위임한다. 〈개정 2018. 12. 31., 2020. 5. 26.〉 1. 법 제6조 제1항 제1호에 따른 비행정보시스템의 구축 · 운영 2. 법 제7조 제3항 및 제6항에 따른 국내항공운송사업자의 부정기편 운항의 허가(운항기간이 2주 미만인 경우만 해당한다) 및 변경허가(변경되는 운항기간이 2주 미만인 경우만 해당한다) 3. 법 제7조 제3항 및 제6항에 따른 국제항공운송사업자의 부정기편 운항 허가 및 변경허가(외국과의 항공협정으로 수송력에 제한 없이 운항이 가능한 공항으로의 부정기편 운항 허가 및 변경허가만 해당한다) 4. 소형항공운송사업에 대한 다음 각 목의 사항 가. 법 제10조 제1항에 따른 등록 나. 법 제61조 제6항에 따른 항공교통이용자의 피해구제 신청현황 및 그 처리결과 등에 관한 보고의 접수 다. 법 제62조 제1항에 따른 운송약관 신고 및 변경신고의 접수 5. 법 제10조 제3항에 따른 정기편 노선의 허가 및 부정기편 운항 신고의 수리 6. 법 제10조 제5항에 따른 변경등록, 변경신고의 수리 및 변경허가 7. 법 제11조에 따른 항공기사고 시 지원계획서(소형항공운송사업 등록을 하려는 자의 항공기사고 시 지원계획서만 해당한다)의 수리 및 그 내용의 보완 또는 변경 명령 8. 법 제12조 제2항에 따른 신고의 수리 9. 법 제12조 제3항 본문에 따른 사업계획 변경인가(국내항공운송사업 또는 국제항공운송사업의 경우에는 항공노선의 임시증편을 위한 사업계획 변경인가만 해당한다)

항공사업법, 시행령

10. 법 제12조 제3항 단서에 따른 사업계획 변경신고의 수리. 다만, 다음 각 목의 사업계획 변경신고의 수리는 제외한다.
  가. 항공기의 도입·처분과 관련된 사업계획 변경신고(국내항공운송사업과 국제항공운송사업만 해당한다)
  나. 국토교통부장관의 인가를 받아야 하는 국내항공운송사업 또는 국제항공운송사업의 사업계획 변경과 연계되는 경미한 사업계획 변경신고로서 사업계획 변경인가 신청 시에 국토교통부장관에게 함께 제출되는 사업계획 변경신고
11. 법 제13조에 따른 운항계획의 준수 여부에 대한 조사 및 그 조사를 위한 전담조사반의 설치
12. 법 제15조 제1항 및 제2항에 따른 운수협정 및 제휴협정의 인가, 변경인가 및 변경신고의 수리(소형항공운송사업자가 다른 소형항공운송사업자와 체결한 운수협정 또는 제휴협정만 해당한다)
13. 법 제15조 제4항에 따른 공정거래위원회와의 협의(소형항공운송사업자가 다른 소형항공운송사업자와 체결한 제휴협정을 인가 또는 변경인가하는 경우만 해당한다)
14. 삭제 〈2020. 5. 26.〉
15. 법 제19조 제3항에 따른 운항개시예정일 연기 승인 및 운항개시예정일 전 운항 신고의 수리(소형항공운송사업의 경우만 해당한다)
16. 법 제21조 제1항 단서에 따른 양도·양수 신고의 수리 및 같은 조 제3항에 따른 공고(같은 조 제1항 단서에 따른 양도·양수 신고에 대한 공고만 해당한다)
17. 법 제22조 제1항 단서에 따른 합병 신고의 수리
18. 법 제23조 제2항에 따른 상속 신고의 수리(소형항공운송사업의 경우만 해당한다)
19. 법 제24조에 따른 휴업·휴지의 허가 또는 신고의 수리(소형항공운송사업의 경우만 해당한다)
20. 법 제25조에 따른 폐업·폐지의 허가 또는 신고의 수리(소형항공운송사업의 경우만 해당한다)
21. 법 제27조에 따른 사업개선 명령(지방항공청장에게 권한이 위임된 사항에 관한 사업개선 명령만 해당한다)
22. 법 제28조에 따른 면허 또는 등록의 취소 또는 사업정지명령(지방항공청장에게 권한이 위임된 사항에 관한 면허 또는 등록의 취소 또는 사업정지명령만 해당한다)
23. 법 제29조에 따른 과징금의 부과 및 징수(지방항공청장에게 권한이 위임된 사항에 관한 과징금의 부과 및 징수만 해당한다)
24. 항공기사용사업에 대한 다음 각 목의 사항
  가. 법 제30조 제1항에 따른 항공기사용사업의 등록
  나. 법 제31조 단서에 따른 운항개시예정일 연기 승인 및 운항개시예정일 전 운항 신고의 수리
  다. 법 제32조 제2항에 따른 사업계획의 변경인가 및 변경신고의 수리
  라. 법 제34조 제1항에 따른 양도·양수 신고의 수리 및 같은 조 제3항에 따른 공고
  마. 법 제35조 제1항에 따른 합병 신고의 수리
  바. 법 제36조 제2항에 따른 상속 신고의 수리
  사. 법 제37조 제1항에 따른 휴업 신고의 수리
  아. 법 제38조 제1항에 따른 폐업 신고의 수리
  자. 법 제39조에 따른 사업개선 명령
  차. 법 제40조 제1항에 따른 등록취소 또는 사업정지명령
  카. 법 제41조에 따른 과징금의 부과·징수
25. 항공기정비업에 대한 다음 각 목의 사항
  가. 법 제42조 제1항에 따른 항공기정비업의 등록 및 변경신고의 수리
  나. 법 제43조 제2항에 따라 준용되는 법 제34조 제1항에 따른 양도·양수 신고의 수리 및 같은 조 제3항에 따른 공고
  다. 법 제43조 제3항에 따라 준용되는 법 제35조 제1항에 따른 합병 신고의 수리
  라. 법 제43조 제4항에 따라 준용되는 법 제36조 제2항에 따른 상속 신고의 수리
  마. 법 제43조 제5항에 따라 준용되는 법 제37조 제1항에 따른 휴업 신고의 수리

항공사업법, 시행령

바. 법 제43조 제5항에 따라 준용되는 법 제38조 제1항에 따른 폐업 신고의 수리
사. 법 제43조 제6항에 따라 준용되는 법 제39조에 따른 사업개선 명령
아. 법 제43조 제7항에 따라 준용되는 법 제40조 제1항에 따른 등록취소 또는 사업정지명령
자. 법 제43조 제8항에 따라 준용되는 법 제41조에 따른 과징금의 부과·징수
26. 항공기취급업에 대한 다음 각 목의 사항
가. 법 제44조 제1항에 따른 항공기취급업의 등록 및 변경신고의 수리
나. 법 제45조 제2항에 따라 준용되는 법 제34조 제1항에 따른 양도·양수 신고의 수리 및 같은 조 제3항에 따른 공고
다. 법 제45조 제3항에 따라 준용되는 법 제35조 제1항에 따른 합병 신고의 수리
라. 법 제45조 제4항에 따라 준용되는 법 제36조 제2항에 따른 상속 신고의 수리
마. 법 제45조 제5항에 따라 준용되는 법 제37조 제1항에 따른 휴업 신고의 수리
바. 법 제45조 제5항에 따라 준용되는 법 제38조 제1항에 따른 폐업 신고의 수리
사. 법 제45조 제6항에 따라 준용되는 법 제39조에 따른 사업개선 명령
아. 법 제45조 제7항에 따라 준용되는 법 제40조 제1항에 따른 등록취소 또는 사업정지명령
자. 법 제45조 제8항에 따라 준용되는 법 제41조 제1항에 따른 과징금의 부과·징수
27. 항공기대여업에 대한 다음 각 목의 사항
가. 법 제46조 제1항에 따른 항공기대여업의 등록 및 변경신고의 수리
나. 법 제47조 제1항에 따라 준용되는 법 제32조 제2항에 따른 사업계획의 변경인가 또는 변경신고의 수리
다. 법 제47조 제3항에 따라 준용되는 법 제34조 제1항에 따른 양도·양수 신고의 수리 및 같은 조 제3항에 따른 공고
라. 법 제47조 제4항에 따라 준용되는 법 제35조 제1항에 따른 합병 신고의 수리
마. 법 제47조 제5항에 따라 준용되는 법 제36조 제2항에 따른 상속 신고의 수리
바. 법 제47조 제6항에 따라 준용되는 법 제37조 제1항에 따른 휴업 신고의 수리
사. 법 제47조 제6항에 따라 준용되는 법 제38조 제1항에 따른 폐업 신고의 수리
아. 법 제47조 제7항에 따라 준용되는 법 제39조에 따른 사업개선 명령
자. 법 제47조 제8항에 따라 준용되는 법 제40조 제1항에 따른 등록취소 또는 사업정지명령
차. 법 제47조 제9항에 따라 준용되는 법 제41조에 따른 과징금의 부과·징수
28. 초경량비행장치사용사업에 대한 다음 각 목의 사항
가. 법 제48조 제1항에 따른 초경량비행장치사용사업의 등록 및 변경신고의 수리
나. 법 제49조 제1항에 따라 준용되는 법 제32조 제2항에 따른 사업계획의 변경인가 또는 변경신고의 수리
다. 법 제49조 제3항에 따라 준용되는 법 제34조 제1항에 따른 양도·양수 신고의 수리 및 같은 조 제3항에 따른 공고
라. 법 제49조 제4항에 따라 준용되는 법 제35조 제1항에 따른 합병 신고의 수리
마. 법 제49조 제5항에 따라 준용되는 법 제36조 제2항에 따른 상속 신고의 수리
바. 법 제49조 제6항에 따라 준용되는 법 제37조 제1항에 따른 휴업 신고의 수리
사. 법 제49조 제6항에 따라 준용되는 법 제38조 제1항에 따른 폐업 신고의 수리
아. 법 제49조 제7항에 따라 준용되는 법 제39조에 따른 사업개선 명령
자. 법 제49조 제8항에 따라 준용되는 법 제40조 제1항에 따른 등록취소 또는 사업정지명령
차. 법 제49조 제9항에 따라 준용되는 법 제41조에 따른 과징금의 부과·징수
29. 항공레저스포츠사업에 대한 다음 각 목의 사항
가. 법 제50조 제1항에 따른 항공레저스포츠사업의 등록 및 변경신고의 수리

항공사업법, 시행령

나. 법 제51조 제2항에 따라 준용되는 법 제34조 제1항에 따른 양도·양수 신고의 수리 및 같은 조 제3항에 따른 공고
다. 법 제51조 제3항에 따라 준용되는 법 제35조 제1항에 따른 합병 신고의 수리
라. 법 제51조 제4항에 따라 준용되는 법 제36조 제2항에 따른 상속 신고의 수리
마. 법 제51조 제5항에 따라 준용되는 법 제37조 제1항에 따른 휴업 신고의 수리
바. 법 제51조 제5항에 따라 준용되는 법 제38조 제1항에 따른 폐업 신고의 수리
사. 법 제51조 제6항에 따라 준용되는 법 제39조에 따른 사업개선 명령
아. 법 제51조 제7항에 따라 준용되는 법 제40조 제1항에 따른 등록취소 또는 사업정지명령
자. 법 제51조 제8항에 따라 준용되는 법 제41조에 따른 과징금의 부과·징수

30. 상업서류송달업, 항공운송총대리점업 및 도심공항터미널업에 대한 다음 각 목의 사항
가. 법 제52조 제1항에 따른 상업서류송달업, 항공운송총대리점업 및 도심공항터미널업의 신고 및 변경신고의 수리
나. 법 제53조 제3항에 따라 준용되는 법 제34조 제1항에 따른 양도·양수 신고의 수리 및 같은 조 제3항에 따른 공고
다. 법 제53조 제4항에 따라 준용되는 법 제35조 제1항에 따른 합병 신고의 수리
라. 법 제53조 제5항에 따라 준용되는 법 제36조 제2항에 따른 상속 신고의 수리
마. 법 제53조 제6항에 따라 준용되는 법 제37조 제1항에 따른 휴업 신고의 수리
바. 법 제53조 제6항에 따라 준용되는 법 제38조 제1항에 따른 폐업 신고의 수리
사. 법 제53조 제7항에 따라 준용되는 법 제39조에 따른 사업개선 명령
아. 법 제53조 제8항에 따라 준용되는 법 제40조 제1항에 따른 영업소의 폐쇄 또는 사업정지명령
자. 법 제53조 제9항에 따라 준용되는 법 제41조에 따른 과징금의 부과·징수

31. 법 제55조 제1항에 따른 외국 국적을 가진 항공기의 여객 또는 화물의 유상운송 허가(외국과의 항공협정으로 수송력에 제한 없이 운항이 가능한 공항으로의 유상운송인 경우만 해당한다)

32. 외국인 국제항공운송사업에 대한 다음 각 목의 사항
가. 법 제59조 제1항에 따른 허가취소 또는 사업정지명령(지방항공청장에게 권한이 위임된 사항에 관한 허가취소 또는 사업정지명령만 해당한다)
나. 법 제59조 제2항에서 준용하는 법 제29조에 따른 과징금의 부과 및 징수(지방항공청장에게 권한이 위임된 사항에 관한 과징금의 부과 및 징수만 해당한다)
다. 법 제60조 제2항에서 준용하는 법 제12조 제2항에 따른 신고의 수리
라. 법 제60조 제2항에서 준용하는 법 제12조 제3항 본문에 따른 사업계획 변경인가(항공노선의 임시증편을 위한 사업계획 변경인가만 해당한다)
마. 법 제60조 제2항에서 준용하는 법 제12조 제3항 단서에 따른 사업계획 변경신고의 수리. 다만, 다음의 사업계획 변경신고의 수리는 제외한다.
1) 자본금의 변경
2) 대표자 변경, 대표권의 제한 및 그 제한의 변경
3) 상호변경(국내사업소만 해당한다)
4) 국토교통부장관의 인가를 받아야 하는 사업계획 변경과 연계되는 경미한 사업계획 변경신고로서 사업계획 변경인가 신청 시에 국토교통부장관에게 함께 제출되는 사업계획 변경신고

32의2. 법 제61조의2 제3항에 따른 이동지역 내 지연발생 보고의 접수 및 같은 조 제4항에 따른 관계 기관의 장과 공항운영자에 대한 협조 요청

33. 법 제70조 제5항에 따른 항공보험 등에 가입한 자가 제출하는 보험가입신고서 등 보험가입 등을 확인할 수 있는 자료의 접수(항공사업의 등록 업무가 지방항공청장에게 위임된 경우만 해당한다)

34. 법 제74조에 따른 청문의 실시(지방항공청장에게 위임된 업무와 관련된 사항만 해당한다)

항공사업법, 시행령

35. 법 제84조에 따른 과태료의 부과·징수(지방항공청장에게 권한이 위임된 사항에 관한 과태료 및 법 제84조 제2항 제18호에 따른 과태료의 부과·징수만 해당한다)

② 국토교통부장관은 제18조에 따른 운항시각의 배분 등의 업무를 대통령령으로 정하는 바에 따라 「인천국제공항공사법」에 따른 인천국제공항공사 또는 「한국공항공사법」에 따른 한국공항공사에 위탁할 수 있다. 〈신설 2019. 11. 26.〉

② 국토교통부장관은 법 제75조 제2항에 따라 다음 각 호의 업무를 「인천국제공항공사법」에 따른 인천국제공항공사 또는 「한국공항공사법」에 따른 한국공항공사에 관할별로 위탁한다. 〈신설 2020. 5. 26.〉
1. 법 제18조 제1항에 따른 운항시각 배분 또는 조정 신청의 접수
2. 법 제18조 제1항에 따른 운항시각 배분 또는 조정

③ 국토교통부장관은 다음 각 호의 업무를 대통령령으로 정하는 바에 따라 「정부출연연구기관 등의 설립·운영 및 육성에 관한 법률」에 따라 설립된 한국교통연구원 또는 항공 관련 기관·단체에 위탁할 수 있다. 〈개정 2019. 11. 26.〉
1. 제63조에 따른 항공교통서비스 평가에 관한 업무
2. 제64조에 따른 항공교통이용자를 위한 항공교통서비스 보고서의 발간에 관한 업무

③ 국토교통부장관은 법 제75조 제3항에 따라 같은 항 제1호 및 제2호의 업무를 「정부출연연구기관 등의 설립·운영 및 육성에 관한 법률」 제8조에 따라 설립된 한국교통연구원에 위탁한다. 〈개정 2020. 5. 26.〉
④ 국토교통부장관은 법 제75조 제4항에 따라 법 제69조의2 각 호의 업무를 「항공안전기술원법」에 따른 항공안전기술원에 위탁한다. 〈신설 2017. 11. 10., 2020. 5. 26.〉

④ 국토교통부장관은 제69조의2에 따른 업무를 대통령령으로 정하는 바에 따라 「항공안전기술원법」에 따른 항공안전기술원(이하 "기술원"이라 한다) 또는 항공 관련 기관·단체에 위탁할 수 있다. 〈신설 2017. 8. 9., 2019. 11. 26.〉

제76조(벌칙 적용에서 공무원 의제) 다음 각 호의 어느 하나에 해당하는 사람은 「형법」 제129조부터 제132조까지의 규정을 적용할 때에는 공무원으로 본다. 〈개정 2019. 11. 26.〉
1. 제4조에 따른 항공정책위원회의 위원 중 공무원이 아닌 사람
2. 제75조 제2항에 따라 국토교통부장관이 위탁한 업무에 종사하는 인천국제공항공사 또는 한국공항공사의 임직원
3. 제75조 제3항에 따라 국토교통부장관이 위탁한 업무에 종사하는 한국교통연구원 또는 항공 관련 기관·단체 등의 임직원

제8장 벌칙

제77조(보조금 등의 부정 교부 및 사용 등에 관한 죄) 제65조에 따른 보조금, 융자금을 거짓이나 그 밖의 부정한 방법으로 교부받은 자는 5년 이하의 징역 또는 5천만원 이하의 벌금에 처한다.

제78조(항공사업자의 업무 등에 관한 죄) ① 다음 각 호의 어느 하나에 해당하는 자는 3년 이하의 징역 또는 3천만원 이하의 벌금에 처한다.
1. 제7조에 따른 면허를 받지 아니하고 국내항공운송사업 또는 국제항공운송사업을 경영한 자
2. 제10조 제1항에 따른 등록을 하지 아니하고 소형항공운송사업을 경영한 자
3. 제30조 제1항에 따른 등록을 하지 아니하고 항공기사용사업을 경영한 자
4. 제67조 제1항을 위반하여 보조금, 융자금을 교부목적 외의 목적에 사용한 항공사업자
5. 제70조 제1항을 위반하여 항공보험에 가입하지 아니하고 항공기를 운항한 항공사업자
6. 제70조 제2항을 위반하여 항공보험에 가입하지 아니하고 항공기를 운항한 자

② 다음 각 호의 어느 하나에 해당하는 자는 1년 이하의 징역 또는 1천만원 이하의 벌금에 처한다.
1. 제20조에 따른 면허 등 대여금지를 위반한 항공운송사업자

항공사업법, 시행령

2. 제33조에 따른 명의대여 등의 금지를 위반한 항공기사용사업자
3. 제42조에 따른 등록을 하지 아니하고 항공기정비업을 경영한 자
4. 제43조 제1항에서 준용하는 제33조에 따른 명의대여 등의 금지를 위반한 항공기정비업자
5. 제44조에 따른 등록을 하지 아니하고 항공기취급업을 경영한 자
6. 제45조 제1항에서 준용하는 제33조에 따른 명의대여 등의 금지를 위반한 항공기취급업자
7. 제46조에 따른 등록을 하지 아니하고 항공기대여업을 경영한 자
8. 제47조 제2항에서 준용하는 제33조에 따른 명의대여 등의 금지를 위반한 항공기대여업자
9. 제48조 제1항에 따른 등록을 하지 아니하고 초경량비행장치사용사업을 경영한 자
10. 제49조 제2항에서 준용하는 제33조에 따른 명의대여 등의 금지를 위반한 초경량비행장치사용사업자
11. 제50조 제1항에 따른 등록을 하지 아니하고 항공레저스포츠사업을 경영한 자
12. 제51조 제1항에서 준용하는 제33조에 따른 명의대여 등의 금지를 위반한 항공레저스포츠사업자
13. 제52조 제1항에 따른 신고를 하지 아니하고 상업서류송달업등을 경영한 자

③ 다음 각 호의 어느 하나에 해당하는 자는 1천만원 이하의 벌금에 처한다. 〈개정 2019. 11. 26.〉

1. 제12조 제1항 또는 제2항을 위반하여 사업계획 변경인가 또는 변경신고를 하지 아니한 자
2. 제12조 제3항에 따른 인가를 받지 아니하고 사업계획을 변경한 자
3. 제14조에 따른 인가를 받지 아니하거나 신고를 하지 아니하고 운임 또는 요금을 받은 자
4. 제15조를 위반하여 인가 또는 변경인가를 받지 아니한 운수협정 또는 제휴협정을 이행하거나 변경신고를 하지 아니한 자

4의2. 제18조 제7항에 따른 인가를 받지 아니하고 항공기 운항시각을 상호 교환한 자

5. 제24조 또는 제37조를 위반하여 휴업 또는 휴지를 한 자
6. 제27조(같은 조 제6호는 제외한다) 또는 제39조에 따른 사업개선명령을 위반한 자
7. 제28조 또는 제40조에 따른 사업정지명령을 위반한 자
8. 제32조 제1항을 위반하여 등록할 때 제출한 사업계획대로 업무를 수행하지 아니한 자
9. 제32조 제2항에 따른 인가를 받지 아니하고 사업계획을 변경한 자
10. 제43조 제6항에서 준용하는 제39조(같은 조 제3호는 제외한다)에 따른 명령을 위반한 항공기정비업자
11. 제45조 제6항에서 준용하는 제39조(같은 조 제3호는 제외한다)에 따른 명령을 위반한 항공기취급업자
12. 제47조 제7항에서 준용하는 제39조에 따른 명령을 위반한 항공기대여업자
13. 제49조 제7항에서 준용하는 제39조에 따른 명령을 위반한 초경량비행장치사용사업자
14. 제51조 제6항에서 준용하는 제39조에 따른 명령을 위반한 항공레저스포츠사업자
15. 제53조 제7항에서 준용하는 제39조 제1호를 위반한 상업서류송달업자, 항공운송총대리점업자 및 도심공항터미널업자

제79조(외국인 국제항공운송사업자 등의 업무 등에 관한 죄) ① 제54조 제1항에 따른 허가를 받지 아니하고 외국인 국제항공운송사업을 경영한 자는 3년 이하의 징역 또는 3천만원 이하의 벌금에 처한다.

② 다음 각 호의 어느 하나에 해당하는 자는 3천만원 이하의 벌금에 처한다.

1. 제54조 제1항 후단에 따른 운항 횟수 또는 항공기 기종의 제한을 위반한 외국인 국제항공운송사업자
2. 제55조 제1항에 따른 허가를 받지 아니하고 같은 조에 따른 유상운송을 한 자 또는 제56조를 위반하여 유상운송을 한 자

③ 다음 각 호의 어느 하나에 해당하는 외국인 국제항공운송사업자는 1천만원 이하의 벌금에 처한다. 〈개정 2019. 11. 26.〉

1. 제59조에 따른 사업정지명령을 위반한 자
2. 제60조 제2항에서 준용하는 제12조 제3항에 따른 인가를 받지 아니하거나 신고를 하지 아니하고 사업계획을 변경한 자

항공사업법, 시행령
3. 제60조 제4항에서 준용하는 제14조 제1항에 따른 인가를 받지 아니하거나 신고를 하지 아니하고 운임 또는 요금을 받은 자 4. 제60조 제5항에서 준용하는 제15조에 따른 인가 또는 변경인가를 받지 아니한 운수협정 또는 제휴협정을 이행하거나 변경신고를 하지 아니한 자 4의2. 제60조 제6항에서 준용하는 제18조 제7항에 따른 인가를 받지 아니하고 항공기 운항시각을 상호 교환한 자 5. 제60조 제9항에서 준용하는 제27조(같은 조 제6호는 제외한다)에 따른 사업개선 명령을 이행하지 아니한 자
제80조(경량항공기 등의 영리 목적 사용에 관한 죄) ① 제71조를 위반하여 경량항공기를 영리 목적으로 사용한 자는 1년 이하의 징역 또는 1천만원 이하의 벌금에 처한다. ② 제71조를 위반하여 초경량비행장치를 영리 목적으로 사용한 자는 6개월 이하의 징역 또는 500만원 이하의 벌금에 처한다.
제81조(검사 거부 등의 죄) 제73조 제2항 또는 제3항에 따른 검사 또는 출입을 거부·방해하거나 기피한 자는 500만원 이하의 벌금에 처한다.
제82조(양벌규정) 법인의 대표자나 법인 또는 개인의 대리인, 사용인, 그 밖의 종업원이 그 법인 또는 개인의 업무에 관하여 제77조부터 제81조까지의 어느 하나에 해당하는 위반행위를 하면 그 행위자를 벌하는 외에 그 법인 또는 개인에게도 해당 조문의 벌금형을 과(科)한다. 다만, 법인 또는 개인이 그 위반행위를 방지하기 위하여 해당 업무에 관하여 상당한 주의와 감독을 게을리하지 아니한 경우에는 그러하지 아니하다.
제83조(벌칙 적용의 특례) 제78조(같은 조 제1항 및 같은 조 제2항 제1호는 제외한다) 및 제79조(같은 조 제1항은 제외한다)의 벌칙에 관한 규정을 적용할 때 이 법에 따라 과징금을 부과할 수 있는 행위에 대해서는 국토교통부장관의 고발이 있어야 공소를 제기할 수 있으며, 과징금을 부과한 행위에 대해서는 과태료를 부과할 수 없다.
제84조(과태료) ① 제27조 제6호 및 제7호에 따른 사업개선 명령을 이행하지 아니한 항공교통사업자 중 항공운송사업자(외국인 국제항공운송사업자를 포함한다)에게는 2천만원 이하의 과태료를 부과한다. **영 제35조(과태료의 부과기준)** 법 제84조에 따른 과태료의 부과기준은 별표 11과 같다. ② 다음 각 호의 어느 하나에 해당하는 자에게는 500만원 이하의 과태료를 부과한다. <개정 2017. 1. 17., 2017. 8. 9., 2019. 8. 27., 2019. 11. 26.> 1. 제8조 제3항에 따른 자료를 제출하지 아니하거나 거짓의 자료를 제출한 자 2. 제8조 제4항에 따른 고지의 의무를 이행하지 아니한 자 3. 제25조를 위반하여 폐업 또는 폐지를 하거나 폐업 또는 폐지 신고를 하지 아니하거나 거짓으로 신고한 자 4. 제27조 제6호에 따른 사업개선 명령을 이행하지 아니한 공항운영자 4의2. 제30조의2제2항을 위반하여 교육비의 반환 등 교육생을 보호하기 위한 조치를 하지 아니한 자 5. 제38조를 위반하여 폐업하거나 폐업 신고를 하지 아니하거나 거짓으로 신고한 자 6. 제43조 제5항에서 준용하는 제38조를 위반하여 폐업하거나 폐업 신고를 하지 아니하거나 거짓으로 신고한 자 7. 제45조 제5항에서 준용하는 제38조를 위반하여 폐업하거나 폐업 신고를 하지 아니하거나 거짓으로 신고한 자 8. 제47조 제6항에서 준용하는 제38조를 위반하여 폐업하거나 폐업 신고를 하지 아니하거나 거짓으로 신고한 자 9. 제49조 제6항에서 준용하는 제38조를 위반하여 폐업하거나 폐업 신고를 하지 아니하거나 거짓으로 신고한 자 10. 제51조 제5항에서 준용하는 제38조를 위반하여 폐업하거나 폐업 신고를 하지 아니하거나 거짓으로 신고한 자 11. 제53조 제6항에서 준용하는 제38조를 위반하여 폐업하거나 폐업 신고를 하지 아니하거나 거짓으로 신고한 자 12. 제61조 제6항(제60조 제10항에서 준용하는 경우를 포함한다)에 따라 보고를 하지 아니하거나 거짓으로 보고한 자 13. 제61조 제10항(제60조 제10항에서 준용하는 경우를 포함한다)에 따른 의무를 위반한 자

항공사업법, 시행령

14. 제61조 제12항(제60조 제10항에서 준용하는 경우를 포함한다)에 따른 의무를 위반한 자
15. 제61조의2 제2항(제60조 제11항에서 준용하는 경우를 포함한다)을 위반하여 지연사유 및 진행상황 등을 알리지 아니한 자
16. 제61조의2 제3항(제60조 제11항에서 준용하는 경우를 포함한다)을 위반하여 음식물을 제공하지 아니하거나 보고를 하지 아니한 자
17. 제62조 제1항(제60조 제12항에서 준용하는 경우를 포함한다)을 위반하여 운송약관을 신고 또는 변경신고하지 아니한 자
18. 제62조 제4항(제60조 제12항에서 준용하는 경우를 포함한다) 또는 같은 조 제6항에 따른 요금표 등을 갖추어 두지 아니하거나 거짓 사항을 적은 요금표 등을 갖추어 둔 자
19. 제62조 제5항(제60조 제12항에서 준용하는 경우를 포함한다)을 위반하여 항공운임 등 총액을 제공하지 아니하거나 거짓으로 제공한 자
20. 제63조 제4항(제60조 제13항에서 준용하는 경우를 포함한다)을 위반하여 자료를 제출하지 아니하거나 거짓 자료를 제출한 자
21. 제70조 제3항 또는 제4항을 위반하여 보험 또는 공제에 가입하지 아니하고 경량항공기 또는 초경량비행장치를 사용하여 비행한 자
22. 제70조 제5항에 따른 자료를 제출하지 아니하거나 거짓으로 자료를 제출한 자
23. 제73조 제1항에 따른 보고 등을 하지 아니하거나 거짓 보고 등을 한 자
24. 제73조 제2항 또는 제3항에 따른 질문에 대하여 거짓으로 진술한 자

③ 제1항 및 제2항에 따른 과태료는 대통령령으로 정하는 바에 따라 국토교통부장관이 부과 · 징수한다.

④ 제2항 제13호 및 제16호에 해당하는 여행업자에 대한 과태료는 대통령령으로 정하는 바에 따라 특별자치시장 · 특별자치도지사 · 시장 · 군수 · 구청장(자치구의 구청장을 말한다)이 부과 · 징수한다.

■ 항공사업법 시행령 [별표 1] 〈개정 2018. 10. 30.〉

국내항공운송사업 및 국제항공운송사업의 면허기준(제12조 관련)

구분	국내(여객)·국내(화물)·국제(화물)	국제(여객)
1. 재무능력	법 제19조 제1항에 따른 운항개시예정일(이하 "운항개시예정일"이라 한다)부터 3년 동안 법 제7조 제4항에 따른 사업운영계획서에 따라 항공운송사업을 운영하였을 경우에 예상되는 운영비 등의 비용을 충당할 수 있는 재무능력(해당 기간 동안 예상되는 영업수익 및 기타수익을 포함한다)을 갖출 것. 다만, 운항개시예정일부터 3개월 동안은 영업수익 및 기타수익을 제외하고도 해당 기간에 예상되는 운영비 등의 비용을 충당할 수 있는 재무능력을 갖추어야 한다.	
2. 자본금 또는 자산평가액	가. 법인: 납입자본금 50억원 이상일 것 나. 개인: 자산평가액 75억원 이상일 것	가. 법인: 납입자본금 150억원 이상일 것 나. 개인: 자산평가액 200억원 이상일 것
3. 항공기	가. 항공기 대수: 1대 이상 나. 항공기 성능 1) 계기비행능력을 갖출 것 2) 쌍발(雙發) 이상의 항공기일 것 3) 여객을 운송하는 경우에는 항공기의 조종실과 객실이, 화물을 운송하는 경우에는 항공기의 조종실과 화물칸이 분리된 구조일 것 4) 항공기의 위치를 자동으로 확인할 수 있는 기능을 갖출 것 다. 승객의 좌석 수가 51석 이상일 것(여객을 운송하는 경우만 해당한다) 라. 항공기의 최대이륙중량이 25,000킬로그램을 초과할 것(화물을 운송하는 경우만 해당한다)	가. 항공기 대수: 5대 이상(운항개시예정일부터 3년 이내에 도입할 것) 나. 항공기 성능 1) 계기비행능력을 갖출 것 2) 쌍발 이상의 항공기일 것 3) 항공기의 조종실과 객실이 분리된 구조일 것 4) 항공기의 위치를 자동으로 확인할 수 있는 기능을 갖출 것 다. 승객의 좌석 수가 51석 이상일 것

■ 항공사업법 시행령 [별표 2] 〈개정 2018. 12. 31.〉

소형항공운송사업의 등록요건(제13조 관련)

구분	기준
1. 자본금 또는 자산평가액	가. 승객 좌석 수가 10석 이상 50석 이하의 항공기(화물운송전용의 경우 최대이륙중량이 5,700킬로그램 초과 2만5천킬로그램 이하의 항공기) 1) 법인: 납입자본금 15억원 이상 2) 개인: 자산평가액 22억5천만원 이상 나. 승객 좌석 수가 9석 이하의 항공기(화물운송전용의 경우 최대이륙중량이 5,700킬로그램 이하의 항공기) 1) 법인: 납입자본금 7억5천만원 이상 2) 개인: 자산평가액 11억2,500만원 이상
2. 항공기	
가. 대수	1대 이상
나. 능력	1) 항공기의 위치를 자동으로 확인할 수 있는 기능을 갖출 것(해상비행 및 국제선 운항인 경우에만 해당한다) 2) 계기비행능력을 갖출 것. 다만, 헬리콥터를 이용해 주간시계비행 조건으로만 관광 또는 여객수송을 하는 경우는 제외한다.
3. 기술인력	
가. 조종사	항공기 1대당 「항공안전법」에 따른 운송용 조종사(해당 항공기의 비행교범에 따라 1명의 조종사가 필요한 항공기인 경우와 비행선인 항공기의 경우에는 「항공안전법」에 따른 사업용 조종사를 말한다) 자격증명을 받은 사람 1명 이상
나. 정비사	항공기 1대당 「항공안전법」에 따른 항공정비사 자격증명을 받은 사람 1명 이상. 다만, 보유 항공기에 대한 정비능력이 있는 항공기정비업자에게 항공기 정비업무 전체를 위탁하는 경우에는 정비사를 두지 않을 수 있다.
4. 대기실 등 이용객 편의시설	가. 대기실, 화장실, 세면장 등 이용객 편의시설(공항 또는 비행장의 대기실에 시설을 확보한 경우는 제외한다)을 갖출 것 나. 이용객 안내시설
5. 보험가입	보유 항공기마다 여객보험(화물운송 전용인 경우 여객보험은 제외한다), 기체보험, 화물보험, 전쟁보험(국제선 운항만 해당한다), 제3자보험 및 승무원보험. 다만, 여객보험, 기체보험, 화물보험 및 전쟁보험은 「항공안전법」 제90조에 따른 운항증명 완료 전까지 가입할 수 있다.

■ 항공사업법 시행령 [별표 4]

항공기사용사업의 등록요건(제18조 관련)

구분	기준
1. 자본금 또는 자산평가액	가. 법인: 납입자본금 7억5천만원 이상 나. 개인: 자산평가액 11억2,500만원 이상
2. 기술인력 가. 조종사 나. 정비사	 항공기 1대당 「항공안전법」에 따른 사업용 조종사 자격증명을 받은 사람 1명 이상 항공기 1대당(같은 기종인 경우에는 2대당) 「항공안전법」에 따른 항공정비사 자격증명을 받은 사람 1명 이상. 다만, 보유 항공기에 대한 정비능력이 있는 항공기정비업자에게 항공기 정비업무 전체를 위탁하는 경우에는 정비사를 두지 않을 수 있다.
3. 항공기 가. 대수 나. 능력	 1대 이상 해상 비행 시 항공기의 위치를 자동으로 확인할 수 있는 기능을 갖출 것
4. 보험가입	보유 항공기마다 기체보험, 제3자보험 및 승무원보험에 가입할 것

■ 항공사업법 시행령 [별표 6]

항공기정비업의 등록요건(제20조 관련)

구분	기준
1. 자본금 또는 자산평가액	가. 법인: 납입자본금 3억원 이상 나. 개인: 자산평가액 4억5천만원 이상
2. 인력·시설 및 장비기준	가. 인력: 「항공안전법」에 따른 항공정비사 자격증명을 받은 사람 1명 이상 나. 시설: 사무실, 정비작업장(정비자재보관 장소 등을 포함한다) 및 사무기기 다. 장비: 작업용 공구, 계측장비 등 정비작업에 필요한 장비(수행하려는 업무에 해당하는 장비로 한정한다)

■ 항공사업법 시행령 [별표 7] 〈개정 2018. 12. 31.〉

항공기취급업의 등록요건(제21조 관련)

구분	기준
1. 자본금 또는 자산평가액	가. 법인: 납입자본금 3억원 이상 나. 개인: 자산평가액 4억5천만원 이상
2. 장비 가. 항공기급유업 나. 항공기하역업 다. 지상조업사업	 급유 지원차, 급유차, 트랙터, 트레일러 등 급유에 필요한 장비. 다만, 해당 공항의 급유시설 상황에 따라 불필요한 장비는 제외한다. 소형 견인차, 수화물 하역차, 화물 하역장비, 수화물 이동장치, 화물 트레일러, 화물 카트 등 하역에 필요한 장비(수행하려는 업무에 필요한 장비로 한정한다) 항공기 견인차, 지상발전기(GPU), 엔진시동지원장치(ASU), 탑승 계단차, 오물처리 카트 등 지상조업에 필요한 장비(수행하려는 업무에 필요한 장비로 한정한다)

※ 비고: 임차계약을 통해 항공기취급업 등록에 필요한 장비의 사용권을 확보한 경우에는 해당 장비를 갖춘 것으로 본다.

■ 항공사업법 시행령 [별표 8] 〈개정 2018. 12. 31.〉

항공기대여업의 등록요건(제22조 관련)

구분	기준
1. 자본금 또는 자산평가액	가. 법인: 납입자본금 2억5천만원 이상. 다만, 경량항공기 또는 초경량비행장치만을 대여하는 경우에는 3천만원 이상으로 한다. 나. 개인: 자산평가액 3억7,500만원 이상. 다만, 경량항공기 또는 초경량비행장치만을 대여하는 경우에는 3천만원 이상으로 한다.
2. 항공기	항공기, 경량항공기 또는 초경량비행장치 1대 이상
3. 보험가입	항공기, 경량항공기 또는 초경량비행장치마다 여객보험(여객이 없는 초경량비행장치의 경우에는 제외한다), 기체보험(경량항공기 및 초경량비행장치의 경우에는 제외한다), 제3자보험, 승무원보험(승무원이 없는 초경량비행장치의 경우에는 제외한다)에 가입할 것

■ 항공사업법 시행령 [별표 9] 〈개정 2018. 12. 31.〉

초경량비행장치사용사업의 등록요건(제23조 관련)

구분	기준
1. 자본금 또는 자산평가액	가. 법인: 납입자본금 3천만원 이상 나. 개인: 자산평가액 3천만원 이상
2. 조종자	1명 이상
3. 장치	초경량비행장치(무인비행장치로 한정한다) 1대 이상
4. 보험(해당 보험에 상응하는 공제를 포함한다)	제3자보험에 가입할 것

■ 항공사업법 시행령 [별표 10] 〈개정 2020. 5. 26.〉

항공레저스포츠사업의 등록요건(제24조 관련)

1. 법 제2조 제26호 가목의 서비스를 제공하는 사업의 경우

구분	기준
가. 자본금 또는 자산평가액	1) 법인: 납입자본금 3억원 이상. 다만, 경량항공기 또는 초경량비행장치만을 사용하는 경우에는 3천만원 이상으로 한다 2) 개인: 자산평가액 4억5천만원 이상. 다만, 경량항공기 또는 초경량 비행장치만을 사용하는 경우에는 3천만원 이상으로 한다.
나. 항공기 등	다음의 구분에 따른 요건을 갖춘 항공기·경량항공기 또는 초경량비행장치 1대 이상 1) 항공기: 「항공안전법」 제23조에 따른 감항증명을 받은 비행선 또는 활공기 2) 경량항공기: 「항공안전법」 제108조 제2항에 따라 국토교통부령으로 정하는 안전성인증 등급을 받은 경량항공기 3) 초경량비행장치: 「항공안전법」 제124조에 따라 안전성인증을 받은 초경량비행장치
다. 인력	1) 조종사: 다음의 구분에 따른 자격기준을 충족하는 사람 1명 이상 가) 항공기: 「항공안전법」에 따른 운송용 조종사 또는 사업용 조종사 자격증명을 받은 사람 나) 경량항공기: 「항공안전법」 제115조 제1항에 따른 경량항공기 조종교육증명을 받은 사람 다) 초경량비행장치: 「항공안전법」 제125조 제1항에 따른 초경량비행장치 조종자 증명을 받은 사람으로서 비행시간이 180시간 이상인 사람
	2) 정비인력(초경량비행장치만을 사용하는 사업의 경우는 제외한다): 「항공안전법」에 따른 항공정비사 자격증명을 받은 사람 1명 이상. 다만, 경량항공기를 사용하는 사업의 경우로서 해당 경량항공기의 정비업무 전체를 법 제2조 제26호 다목의 서비스를 제공하는 항공레저스포츠사업자에게 위탁한 경우에는 정비인력을 갖추지 않을 수 있다.
	3) 항공레저스포츠 이용자의 안전관리를 위한 비행 및 안전통제요원 1명 이상. 다만, 안전관리에 지장을 주지 않는 범위에서 2)에 따른 정비인력으로 대체할 수 있다.
라. 시설 및 장비	항공레저스포츠 이용자와 사업장 주변 항공기(군 비행장에서 운용하는 항공기를 포함한다)의 안전을 위하여 인근에 있는 「항공안전법」 제83조 제4항에 따른 항공교통업무를 수행하는 기관(군 비행장을 포함한다)과 연락할 수 있는 유·무선 통신장비를 갖출 것
마. 보험(해당 보험에 상응하는 공제를 포함한다)	항공기, 경량항공기 및 초경량비행장치마다 제3자배상책임보험, 조종자 및 동승자 보험에 가입하되, 가입금액은 「자동차손해배상 보장법 시행령」 제3조 제1항에 따른 금액 이상으로 할 것. 다만, 초경량비행장치(기구류 제외)에 대해서는 사업자별로 보험에 가입할 수 있다.

2. 법 제2조 제26호 나목의 서비스를 제공하는 사업의 경우

구분	기준
가. 자본금 또는 자산평가액	1) 법인: 납입자본금 2억5천만원 이상. 다만, 경량항공기 또는 초경량비행장치만을 대여하는 경우에는 3천만원 이상으로 한다. 2) 개인: 자산평가액 3억7,500만원 이상. 다만, 경량항공기 또는 초경량비행장치만을 대여하는 경우에는 3천만원 이상으로 한다.
나. 항공기 등	다음의 구분에 따른 요건을 갖춘 항공기·경량항공기 또는 초경량비행장치 1대 이상 1) 항공기: 「항공안전법」 제23조에 따른 감항증명을 받은 비행선 또는 활공기 2) 경량항공기: 「항공안전법」 제108조 제2항에 따라 국토교통부령으로 정하는 안전성인증 등급을 받은 경량항공기 3) 초경량비행장치: 「항공안전법」 제2조 제3호에 따른 초경량비행장치
다. 인력	1) 항공기 또는 경량항공기를 대여하는 경우: 「항공안전법」에 따른 항공정비사 자격증명을 받은 사람 1명 이상. 다만, 경량항공기를 대여하는 사업의 경우로서 해당 경량항공기의 정비업무 전체를 법 제2조 제26호 다목의 서비스를 제공하는 항공레저스포츠사업자에게 위탁한 경우는 제외한다. 2) 초경량비행장치를 대여하는 경우: 「항공안전법」 제125조 제1항에 따른 초경량비행장치 조종자 증명을 받은 사람으로서 비행시간이 180시간 이상인 사람. 다만, 다만, 초경량비행장치의 정비업무 전체를 법 제2조 제26호 다목의 서비스를 제공하는 항공레저스포츠사업자에게 위탁한 경우는 제외한다.
라. 보험(해당 보험에 상응하는 공제를 포함한다)	항공기, 경량항공기 및 초경량비행장치마다 제3자배상책임보험, 조종자 및 동승자 보험에 가입하되, 가입금액은 「자동차손해배상 보장법 시행령」 제3조 제1항에 따른 금액 이상으로 할 것. 다만, 초경량비행장치(기구류 제외)에 대해서는 사업자별로 보험에 가입할 수 있다.

3. 법 제2조 제26호 다목의 서비스를 제공하는 사업의 경우

구분	기준
가. 자본금 또는 자산평가액	1) 법인: 납입자본금 3천만원 이상 2) 개인: 자산평가액 3천만원 이상
나. 인력	1) 경량항공기를 정비, 수리 또는 개조하는 경우: 「항공안전법」에 따른 항공정비사 자격증명을 받은 사람 1명 이상 2) 초경량비행장치를 정비, 수리 또는 개조하는 경우: 다음의 어느 하나에 해당하는 사람 1명 이상. 다만, 다)에 해당하는 사람은 낙하산류 초경량비행장치를 정비, 수리 또는 개조하는 경우만 해당한다. 가) 「항공안전법」 제125조 제1항에 따른 초경량비행장치 조종자 증명을 받은 사람으로서 비행시간이 180시간 이상인 사람 나) 「항공안전법」에 따른 항공정비사 자격증명을 받은 사람 다) 「민법」 제32조에 따라 설립된 사단법인 또는 외국의 정부나 민간단체에서 발행한 낙하산 정비 자격증명을 받은 사람
다. 시설 및 장비	1) 시설: 사무실 및 정비, 수리 또는 개조를 위한 작업장(정비자재 보관 장소 등을 포함한다) 2) 장비: 작업용 공구, 계측장비 등 정비, 수리 또는 개조 작업에 필요한 장비(수행하려는 업무에 해당하는 장비로 한정한다)

※ 비고

1. 항공레저스포츠사업자가 다른 항공레저스포츠사업의 등록을 추가로 신청하는 경우에는 등록한 항공레저스포츠사업의 자본금 기준(등록한 항공레저스포츠사업이 둘 이상인 경우에는 자본금 기준이 최대인 항공레저스포츠사업의 자본금 기준을 말한다)의 2분의 1을 한도로 등록하려는 항공레저스포츠사업의 자본금 기준의 2분의 1에 해당하는 자본금을 이미 갖춘 것으로 본다.
2. 항공레저스포츠사업자가 둘 이상의 다른 항공레저스포츠사업의 등록을 추가로 신청하는 경우에는 등록한 항공레저스포츠사업의 자본금 기준(등록한 항공레저스포츠사업이 둘 이상인 경우에는 자본금 기준이 최대인 항공레저스포츠사업의 자본금 기준을 말한다)의 2분의 1을 한도로 등록하려는 각각의 항공레저스포츠사업의 자본금 기준의 2분의 1에 해당하는 자본금을 이미 갖춘 것으로 본다.
3. 항공레저스포츠사업 등록을 하지 않은 자가 둘 이상의 항공레저스포츠사업의 등록을 동시에 신청하는 경우에는 등록하려는 항공레저스포츠사업 중 자본금 기준이 최대인 항공레저스포츠사업의 자본금을 갖추면 자본금 기준이 최대인 항공레저스포츠사업 외의 각각의 항공레저스포츠사업의 자본금 기준의 2분의 1에 해당하는 자본금을 이미 갖춘 것으로 본다.
4. 제1호부터 제3호까지의 규정에 따라 자본금 기준의 일부를 이미 갖춘 것으로 보고 항공레저스포츠사업을 등록한 후, 다음 각 목의 어느 하나에 해당하는 사유가 발생한 경우에는 등록 신청 당시 이미 갖춘 것으로 본 자본금을 다시 갖추어야 한다. 이 경우 다시 자본금을 갖추어야 하는 항공레저스포츠사업이 둘 이상인 경우에는 자본금 기준이 최대인 항공레저스포츠사업의 자본금을 갖추면 자본금 기준이 최대인 항공레저스포츠사업 외의 각각의 항공레저스포츠사업의 자본금 기준의 2분의 1에 해당하는 자본금을 이미 갖춘 것으로 본다.
   가. 제1호 및 제2호에 따른 등록 신청 당시 이미 등록하였던 항공레저스포츠사업(등록한 항공레저스포츠사업이 둘 이상인 경우에는 자본금 기준이 최대인 항공레저스포츠사업을 말한다)을 등록 취소 또는 폐업 등의 사유로 더 이상 경영하지 않게 된 경우
   나. 제3호에 따른 등록 신청 당시 자본금 기준이 최대인 항공레저스포츠사업을 등록 취소 또는 폐업 등의 사유로 더 이상 경영하지 않게 된 경우

항공사업법 예상문제

01 "항공기취급업"에 속하지 않는 것은?

① 항공기급유업
② 지상조업사업
③ 항공기하역업
④ 항공기정비업 / 항공기운송업 / 화물운송사업

해설 항공사업법 시행규칙 제5조

02 항공운송사업자가 사업계획으로 업무를 정하거나 변경하려는 경우 국토교통부장관에게 해야 하는 것은? (다만, 국토교통부령으로 정하는 경미한 사항은 제외)

① 인가 ② 신고
③ 등록 ④ 제출

해설 항공사업법 제12조

03 항공기급유업을 등록하기 위하여 필요한 장비는?

① 터그카 ② 서비스카
③ GPU ④ 스텝카

해설 항공사업법 시행규칙 제43조

04 외국인 국제항공운송사업의 허가신청서에 첨부하여야 할 서류가 아닌 것은?

① 「국제민간항공조약」 부속서 6에 따라 해당 정부가 발행한 운항증명 및 운영기준
② 최근의 손익계산서와 대차대조표
③ 사업경영 자금의 내역과 조달방법
④ 운항규정 및 정비규정 / 운송약관과 그 번역본

해설 항공사업법 시행규칙 제43조

05 "외국항공기의 유상운송허가 신청서"에 기재하여야 할 사항이 아닌 것은?

① 항공기의 국적, 등록부호, 형식 및 식별부호
② 운송을 하려는 취지
③ 여객의 성명 및 국적 또는 화물의 품명 및 수량
④ 목적 비행장 및 총 예상 소요비행시간

해설 항공사업법 제55조, 시행규칙 제56조

정답 01 ④ 02 ① 03 ② 04 ② 05 ④

공항시설법

AVIATION LAW

<table>
<tr><th>공항시설법, 시행령
[법률 제17610호, 2020. 12. 8., 일부개정]
[대통령령 제30977호, 2020. 8. 26., 타법개정]</th><th>공항시설법 시행규칙
[국토교통부령 제618호, 2019. 4. 4., 일부개정]</th></tr>
<tr><td colspan="2">제1장 총칙</td></tr>
<tr><td>제1조(목적) 이 법은 공항·비행장 및 항행안전시설의 설치 및 운영 등에 관한 사항을 정함으로써 항공산업의 발전과 공공복리의 증진에 이바지함을 목적으로 한다.</td><td></td></tr>
<tr><td>제2조(정의) 이 법에서 사용하는 용어의 뜻은 다음과 같다.
1. "항공기"란 「항공안전법」 제2조 제1호에 따른 항공기를 말한다.
2. "비행장"이란 항공기·경량항공기·초경량비행장치의 이륙[이수(離水)를 포함한다. 이하 같다]과 착륙[착수(着水)를 포함한다. 이하 같다]을 위하여 사용되는 육지 또는 수면(水面)의 일정한 구역으로서 대통령령으로 정하는 것을 말한다.

영 제2조(비행장의 구분) 「공항시설법」(이하 "법"이라 한다) 제2조 제2호에서 "대통령령으로 정하는 것"이란 다음 각 호의 것을 말한다.
1. 육상비행장
2. 육상헬기장
3. 수상비행장
4. 수상헬기장
5. 옥상헬기장
6. 선상(船上)헬기장
7. 해상구조물헬기장

3. "공항"이란 공항시설을 갖춘 공공용 비행장으로서 국토교통부장관이 그 명칭·위치 및 구역을 지정·고시한 것을 말한다.
4. "공항구역"이란 공항으로 사용되고 있는 지역과 공항·비행장개발예정지역 중 「국토의 계획 및 이용에 관한 법률」 제30조 및 제43조에 따라 도시·군계획시설로 결정되어 국토교통부장관이 고시한 지역을 말한다.
5. "비행장구역"이란 비행장으로 사용되고 있는 지역과 공항·비행장개발예정지역 중 「국토의 계획 및 이용에 관한 법률」 제30조 및 제43조에 따라 도시·군계획시설로 결정되어 국토교통부장관이 고시한 지역을 말한다.</td><td>제2조(활주로의 크기) 「공항시설법」(이하 "법") 제2조 제12호에서 "국토교통부령으로 정하는 크기"란 별표 1 제1호 라목 및 마목에 따른 육상비행장 활주로의 길이 및 폭과 같은 표 제2호의 표에 따른 헬기장 활주로의 길이 및 폭을 말한다.
제3조(착륙대의 크기) 법 제2조 제13호에서 "국토교통부령으로 정하는 크기"란 다음 각 호의 구분에 따른 크기를 말한다.
1. 육상비행장: 별표 1 제1호 나목에서 정하는 길이와 폭으로 이루어지는 활주로 중심선에 중심을 두는 직사각형의 지표면
2. 육상헬기장, 옥상헬기장, 선상헬기장 및 해상구조물헬기장: 별표 1 제2호에서 정하는 길이와 폭으로 활주로(최종접근·이륙구역) 주변에 설치하는 안전지대
3. 수상비행장: 별표 1 제8호에서 정하는 폭 및 같은 표 제1호 라목에서 정하는 길이로 이루어지는 활주로 중심선에 중심을 두는 직사각형의 수면
제4조(장애물 제한 표면의 기준) 「공항시설법 시행령」 (이하 "영") 제5조 제2항에 따른 장애물 제한표면의 기준은 별표 2와 같다.
제5조(항행안전시설) 법 제2조 제15호에서 "국토교통부령으로 정하는 시설"이란 다음 항공등화, 항행안전무선시설 및 항공정보통신시설을 말한다.
제6조(항공등화) 법 제2조 제16호에서 "국토교통부령으로 정하는 시설"이란 별표 3의 시설을 말한다.
제7조(항행안전무선시설) 법 제2조 제17호에서 "국토교통부령으로 정하는 시설"이란 다음 각 호의 시설을 말한다.
1. 거리측정시설(DME)
2. 계기착륙시설(ILS/MLS/TLS)
3. 다변측정감시시설(MLAT)
4. 레이더시설(ASR/ARSR/SSR/ARTS/ASDE/PAR)
5. 무지향표지시설(NDB)
6. 범용접속데이터통신시설(UAT)
7. 위성항법감시시설(GNSS Monitoring System)</td></tr>
</table>

3장 공항시설법

공항시설법, 시행령	공항시설법 시행규칙
6. "공항·비행장개발예정지역"이란 공항 또는 비행장 개발사업을 목적으로 제4조에 따라 국토교통부장관이 공항 또는 비행장의 개발에 관한 기본계획으로 고시한 지역을 말한다. 7. "공항시설"이란 공항구역에 있는 시설과 공항구역 밖에 있는 시설 중 대통령령으로 정하는 시설로서 국토교통부장관이 지정한 다음 각 목의 시설을 말한다. 가. 항공기의 이륙·착륙 및 항행을 위한 시설과 그 부대시설 및 지원시설 나. 항공 여객 및 화물의 운송을 위한 시설과 그 부대시설 및 지원시설 **영 제3조(공항시설의 구분)** 법 제2조 제7호 각 목 외의 부분에서 "대통령령으로 정하는 시설"이란 다음 각 호의 시설을 말한다. 1. 다음 각 목에서 정하는 기본시설 가. 활주로, 유도로, 계류장, 착륙대 등 항공기의 이착륙시설 나. 여객터미널, 화물터미널 등 여객시설 및 화물처리시설 다. 항행안전시설 라. 관제소, 송수신소, 통신소 등의 통신시설 마. 기상관측시설 바. 공항 이용객을 위한 주차시설 및 경비·보안시설 사. 공항 이용객에 대한 홍보시설 및 안내시설 2. 다음 각 목에서 정하는 지원시설 가. 항공기 및 지상조업장비의 점검·정비 등을 위한 시설 나. 운항관리시설, 의료시설, 교육훈련시설, 소방시설 및 기내식 제조·공급 등을 위한 시설 다. 공항의 운영 및 유지·보수를 위한 공항 운영·관리시설 라. 공항 이용객 편의시설 및 공항근무자 후생복지시설 마. 공항 이용객을 위한 업무·숙박·판매·위락·운동·전시 및 관람집회 시설 바. 공항교통시설 및 조경시설, 방음벽, 공해배출 방지시설 등 환경보호시설 사. 공항과 관련된 상하수도 시설 및 전력·통신·냉난방 시설 아. 항공기 급유시설 및 유류의 저장·관리 시설 자. 항공화물을 보관하기 위한 창고시설	8. 위성항법시설(GNSS/SBAS/GRAS/GBAS) 9. 자동종속감시시설(ADS, ADS-B, ADS-C) 10. 전방향표지시설(VOR) 11. 전술항행표지시설(TACAN) **제8조(항공정보통신시설)** 법 제2조 제18호에서 "국토교통부령으로 정하는 시설"이란 다음 각 호의 시설을 말한다. 1. 항공고정통신시설 가. 항공고정통신시스템(AFTN/MHS) 나. 항공관제정보교환시스템(AIDC) 다. 항공정보처리시스템(AMHS) 라. 항공종합통신시스템(ATN) 2. 항공이동통신시설 가. 관제사·조종사간데이터링크 통신시설(CPDLC) 나. 단거리이동통신시설(VHF/UHF Radio) 다. 단파데이터이동통신시설(HFDL) 라. 단파이동통신시설(HF Radio) 마. 모드 S 데이터통신시설 바. 음성통신제어시설(VCCS, 항공직통전화시설 및 녹음시설을 포함한다) 사. 초단파디지털이동통신시설(VDL, 항공기출발허가시설 및 디지털공항정보방송시설을 포함한다) 아. 항공이동위성통신시설[AMS(R)S] 3. 항공정보방송시설: 공항정보방송시설(ATIS)

공항시설법, 시행령	공항시설법 시행규칙
차. 공항의 운영·관리와 항공운송사업 및 이와 관련된 사업에 필요한 건축물에 부속되는 시설 카. 공항과 관련된 「신에너지 및 재생에너지 개발·이용·보급 촉진법」 제2조 제3호에 따른 신에너지 및 재생에너지 설비 3. 도심공항터미널 4. 헬기장에 있는 여객시설, 화물처리시설 및 운항지원시설 5. 공항구역 내에 있는 「자유무역지역의 지정 및 운영에 관한 법률」 제4조에 따라 지정된 자유무역지역에 설치하려는 시설로서 해당 공항의 원활한 운영을 위하여 필요하다고 인정하여 국토교통부장관이 지정·고시하는 시설 6. 그 밖에 국토교통부장관이 공항의 운영 및 관리에 필요하다고 인정하는 시설	
8. "비행장시설"이란 비행장에 설치된 항공기의 이륙·착륙을 위한 시설과 그 부대시설로서 국토교통부장관이 지정한 시설을 말한다. 9. "공항개발사업"이란 이 법에 따라 시행하는 다음 각 목의 사업을 말한다. 가. 공항시설의 신설·증설·정비 또는 개량에 관한 사업 나. 공항개발에 따라 필요한 접근교통수단 및 항만시설 등 기반시설의 건설에 관한 사업 다. 공항이용객 및 항공과 관련된 업무종사자를 위한 사업 등 대통령령으로 정하는 사업	
영 제4조(항공 관련 업무종사자 등을 위한 공항개발사업) 법 제2조 제9호 다목에서 "공항이용객 및 항공과 관련된 업무종사자를 위한 사업 등 대통령령으로 정하는 사업"이란 다음 각 호의 어느 하나에 해당하는 사업을 말한다. 1. 제3조 제1호 및 제2호에 따른 공항시설의 운영 및 관리에 관한 업무에 종사하는 사람을 위한 주거시설, 생활편익시설 및 이와 관련된 부대시설의 건설에 관한 사업 2. 공항개발사업으로 인하여 주거지를 상실하는 사람을 위한 주거시설, 생활편익시설 및 이와 관련된 부대시설의 건설에 관한 사업 3. 그 밖에 공항개발사업의 건설 종사자를 위한 임시숙소의 건설 등 공항의 건설 및 운영과 관련하여 공항개발사업 시행자가 시행하는 사업	

공항시설법, 시행령	공항시설법 시행규칙
10. "비행장개발사업"이란 이 법에 따라 시행하는 다음 각 목의 사업을 말한다. 가. 비행장시설의 신설·증설·정비 또는 개량에 관한 사업 나. 비행장개발에 따라 필요한 접근교통수단 등 기반시설의 건설에 관한 사업 11. "공항운영자"란 「항공사업법」 제2조 제34호에 따른 공항운영자를 말한다. 12. "활주로"란 항공기 착륙과 이륙을 위하여 국토교통부령으로 정하는 크기로 이루어지는 공항 또는 비행장에 설정된 구역을 말한다. 13. "착륙대"(着陸帶)란 활주로와 항공기가 활주로를 이탈하는 경우 항공기와 탑승자의 피해를 줄이기 위하여 활주로 주변에 설치하는 안전지대로서 국토교통부령으로 정하는 크기로 이루어지는 활주로 중심선에 중심을 두는 직사각형의 지표면 또는 수면을 말한다. 14. "장애물 제한표면"이란 항공기의 안전운항을 위하여 공항 또는 비행장 주변에 장애물(항공기의 안전운항을 방해하는 지형·지물 등을 말한다)의 설치 등이 제한되는 표면으로서 대통령령으로 정하는 구역을 말한다.	
영 제5조(장애물 제한표면의 구분) ① 법 제2조 제14호에서 "대통령령으로 정하는 구역"이란 다음 각 호의 것을 말한다. 1. 수평표면 2. 원추표면 3. 진입표면 및 내부진입표면 4. 전이(轉移)표면 및 내부전이표면 5. 착륙복행(着陸復行)표면 ② 장애물 제한표면의 기준 등에 관하여 필요한 사항은 국토교통부령으로 정한다.	
15. "항행안전시설"이란 유선통신, 무선통신, 인공위성, 불빛, 색채 또는 전파(電波)를 이용하여 항공기의 항행을 돕기 위한 시설로서 국토교통부령으로 정하는 시설을 말한다. 16. "항공등화"란 불빛, 색채 또는 형상(形象)을 이용하여 항공기의 항행을 돕기 위한 항행안전시설로서 국토교통부령으로 정하는 시설을 말한다.	

<table>
<tr><th>공항시설법, 시행령</th><th>공항시설법 시행규칙</th></tr>
<tr><td>17. “항행안전무선시설”이란 전파를 이용하여 항공기의 항행을 돕기 위한 시설로서 국토교통부령으로 정하는 시설을 말한다.
18. “항공정보통신시설”이란 전기통신을 이용하여 항공교통업무에 필요한 정보를 제공 · 교환하기 위한 시설로서 국토교통부령으로 정하는 시설을 말한다.
19. “이착륙장”이란 비행장 외에 경량항공기 또는 초경량비행장치의 이륙 또는 착륙을 위하여 사용되는 육지 또는 수면의 일정한 구역으로서 대통령령으로 정하는 것을 말한다.

영 제6조(이착륙장의 구분) 법 제2조 제19호에서 “대통령령으로 정하는 것”이란 다음 각 호의 것을 말한다.
1. 육상이착륙장
2. 수상이착륙장

20. “항공학적 검토”란 항공안전과 관련하여 시계비행 및 계기비행절차 등에 대한 위험을 확인하고 수용할 수 있는 안전수준을 유지하면서도 그 위험을 제거하거나 줄이는 방법을 찾기 위하여 계획된 검토 및 평가를 말한다.</td><td></td></tr>
<tr><td colspan="2">제2장 공항 및 비행장의 개발</td></tr>
<tr><td>제3조(공항개발 종합계획의 수립) ① 국토교통부장관은 공항개발사업을 체계적이고 효율적으로 추진하기 위하여 5년마다 다음 각 호의 사항이 포함된 공항개발 종합계획(이하 “종합계획”이라 한다)을 수립하여야 한다.
1. 항공 수요의 전망
2. 권역별 공항 또는 국가의 재정지원 규모가 300억원 이상의 범위에서 대통령령으로 정하는 규모 이상의 비행장개발 등에 관한 계획
3. 투자 소요 및 재원조달방안
4. 그 밖에 공항 및 비행장 개발과 운영 등에 관한 사항

영 제7조(공항개발 종합계획의 수립 · 변경 등) ① 법 제3조 제1항 제2호에서 “대통령령으로 정하는 규모 이상의 비행장개발”이란 다음 각 호의 어느 하나에 해당하는 것을 말한다.
1. 국가의 재정지원 규모가 300억원 이상이면서 총사업비가 1천억원 이상인 비행장개발</td><td></td></tr>
</table>

3장 공항시설법

공항시설법, 시행령
2. 비행장개발예정지역의 면적이 20만제곱미터 이상인 육상비행장개발 ② 법 제3조 제3항에 따라 국토교통부장관은 다음 각 호의 어느 하나에 해당하는 경우에는 법 제3조 제1항에 따른 공항개발 종합계획(이하 "종합계획"이라 한다)을 변경하여야 한다. 1. 새로운 공항개발에 관한 사항을 종합계획에 추가하는 경우 2. 국가의 재정지원 규모가 300억원 이상이면서 총사업비가 1천억원 이상인 새로운 비행장개발에 관한 사항을 종합계획에 추가하는 경우 3. 공항·비행장개발예정지역의 면적이 당초 계획보다 20만제곱미터 이상 늘어나는 공항개발 또는 육상비행장개발에 관한 사항을 종합계획에 추가하는 경우 4. 길이 500미터 이상의 활주로가 신설되거나 기존 활주로의 길이가 500미터 이상 늘어나는 공항개발 또는 육상비행장개발에 관한 사항을 종합계획에 추가하는 경우 ③ 법 제3조 제4항에 따라 국토교통부장관으로부터 종합계획의 수립 또는 변경에 관한 의견제시 요청을 받은 관할 지방자치단체의 장은 종합계획안을 14일 이상 주민이 열람하게 하고 그 주민의 의견을 들어야 한다. ④ 국토교통부장관은 법 제3조 제7항에 따라 종합계획을 수립하거나 종합계획을 변경하였을 때에는 다음 각 호의 구분에 따라 해당 사항을 각각 관보에 고시하여야 한다. 1. 종합계획을 수립한 경우: 법 제3조 제1항 각 호의 사항 2. 종합계획을 변경한 경우: 변경된 사항
② 종합계획은 「항공사업법」 제3조에 따른 항공정책기본계획, 「국가통합교통체계효율화법」 제4조 및 제6조에 따른 국가기간교통망계획 및 중기 교통시설투자계획과 조화를 이루도록 수립하여야 한다. ③ 국토교통부장관은 종합계획 내용 중 공항개발 계획의 변경 등 대통령령으로 정하는 중요한 사항을 변경하려면 대통령령으로 정하는 바에 따라 종합계획을 변경하여야 한다. ④ 국토교통부장관은 종합계획을 수립하거나 제3항에 따라 종합계획을 변경(이하 이 조에서 "변경"이라 한다)하려는 경우에는 관할 지방자치단체의 장의 의견을 들은 후 관계 중앙행정기관의 장과 협의하여야 한다. ⑤ 국토교통부장관은 관계 행정기관의 장에게 종합계획의 수립 또는 변경에 필요한 자료를 요구할 수 있다. 이 경우 요구를 받은 관계 행정기관의 장은 정당한 사유가 없으면 협조하여야 한다. ⑥ 국토교통부장관은 종합계획을 수립하거나 변경하려는 경우에는 「항공사업법」 제4조에 따른 항공정책위원회의 심의를 거쳐야 한다. ⑦ 국토교통부장관은 종합계획을 수립하거나 변경하였을 때에는 대통령령으로 정하는 바에 따라 그 내용을 고시하여야 한다.
제4조(공항개발 기본계획의 수립) ① 국토교통부장관은 공항 또는 비행장을 개발하려면 공항 또는 비행장의 개발에 관한 기본계획(이하 "기본계획"이라 한다)을 수립하여야 한다. 다만, 공항시설 또는 비행장시설의 개량에 관한 사업 등 대통령령으로 정하는 경미한 개발사업의 경우에는 기본계획을 수립하지 아니할 수 있다.
영 제8조(공항개발 기본계획의 수립·변경 등) ① 법 제4조 제1항 단서에서 "공항시설 또는 비행장시설의 개량에 관한 사업 등 대통령령으로 정하는 경미한 개발사업"이란 다음 각 호의 어느 하나에 해당하는 사업을 말한다. 1. 기존의 공항구역 또는 비행장구역 내에서 시행하는 공항개발사업 또는 비행장개발사업(이하 "개발사업") 2. 공항·비행장개발예정지역이 「환경영향평가법 시행령」 제59조 및 별표 4에 따라 소규모 환경영향평가를 실시하여야 하는 면적 미만인 개발사업 3. 제2조 제2호부터 제7호까지의 규정에 따른 비행장에 관한 비행장개발사업 4. 그 밖에 국토교통부장관이 해당 사업의 특성상 법 제4조 제1항에 따른 공항 또는 비행장의 개발에 관한 기본계획(이하 "기본계획"이라 한다)을 수립할 필요가 없다고 인정하는 개발사업 ② 법 제4조 제3항에 따라 국토교통부장관은 다음 각 호의 어느 하나에 해당하는 경우에는 기본계획을 변경하여야 한다.

공항시설법, 시행령

1. 공항·비행장개발예정지역의 면적이 당초 계획보다 「환경영향평가법 시행령」 제59조 및 별표 4에 따라 소규모 환경영향평가를 실시하여야 하는 면적 이상 늘어나는 공항개발 또는 육상비행장개발에 관한 사항을 기본계획에 추가하는 경우
2. 활주로의 신설에 관한 사항을 기본계획에 추가하는 경우
3. 활주로의 길이 변경에 관한 사항을 기본계획에 추가하는 경우

③ 법 제4조 제4항에서 준용하는 법 제3조 제4항에 따라 국토교통부장관으로부터 기본계획의 수립 또는 변경에 관한 의견제시 요청을 받은 관할 지방자치단체의 장은 기본계획안을 14일 이상 주민이 열람하게 하고 그 주민의 의견을 들어야 한다.

④ 국토교통부장관은 법 제4조 제5항에 따라 기본계획을 수립하거나 변경하였을 때에는 다음 각 호의 구분에 따라 해당 사항을 각각 관보에 고시하여야 한다.

1. 기본계획을 수립한 경우: 법 제4조 제2항 각 호의 사항
2. 기본계획을 변경한 경우: 변경된 사항

② 기본계획에는 다음 각 호의 사항이 포함되어야 한다.

1. 공항 또는 비행장의 현황 분석
2. 공항 또는 비행장의 수요전망
3. 공항·비행장개발예정지역 및 장애물 제한표면
4. 공항 또는 비행장의 규모 및 배치
5. 건설 및 운영계획
6. 재원조달계획
7. 환경관리계획
8. 그 밖에 공항 또는 비행장 개발 및 운영 등에 필요한 사항

③ 국토교통부장관은 기본계획 내용 중 새로운 활주로의 건설 등 대통령령으로 정하는 중요한 사항을 변경하려면 대통령령으로 정하는 바에 따라 기본계획을 변경하여야 한다.

④ 기본계획의 수립 또는 제3항에 따른 기본계획의 변경에 관하여는 제3조 제4항부터 제6항까지의 규정을 준용한다.

⑤ 국토교통부장관은 기본계획을 수립하거나 제3항에 따라 기본계획을 변경하였을 때에는 대통령령으로 정하는 바에 따라 그 내용을 고시하여야 한다. 이 경우 지형도면의 고시에 관하여는 「토지이용규제 기본법」 제8조에 따른다.

⑥ 국토교통부장관은 제5항에 따라 기본계획을 고시한 경우에는 그 기본계획을 관계 특별시장·광역시장·도지사(이하 "시·도지사"라 한다)·특별자치시장·특별자치도지사에게 송부하여 14일 이상 일반인에게 공람시켜야 한다.

제5조(공항개발기술심의위원회) ① 공항개발사업 또는 비행장개발사업(이하 "개발사업"이라 한다)에 따른 건설기술·교통영향 등에 관한 중요 사항을 심의하기 위하여 국토교통부에 공항개발기술심의위원회(이하 "기술심의위원회"라 한다)를 둔다.

영 제9조(공항개발기술심의위원회의 구성) ① 법 제5조 제1항에 따른 공항개발기술심의위원회(이하 "기술심의위원회"라 한다)의 위원장은 기술심의위원회의 위원 중에서 국토교통부장관이 지명하는 사람이 된다.

② 법 제5조 제2항 제2호 및 제3호에 따른 위원의 임기는 2년으로 한다.

영 제10조(공항개발기술심의위원회의 기능) 기술심의위원회는 다음 각 호의 사항을 심의한다.

1. 법 제8조 제1항 제1호·제2호(「건축법」 제4조에 따른 건축위원회의 심의만 해당한다) 또는 제12호의 사항이 포함되어 있는 개발사업에 관한 실시계획의 수립 또는 승인에 관한 사항
2. 법 제19조 제1항 제1호에 따른 특수기술 또는 특수장치에 관한 사항
3. 법 제19조 제1항 제2호에 따른 시설의 구조 및 형태에 관한 사항
4. 제28조 제5호에 따른 통합발주에 관한 사항
5. 그 밖에 건설공사의 설계 및 시공의 적정성 등에 관한 사항 등 국토교통부장관이 심의를 요청하는 사항

공항시설법, 시행령

② 기술심의위원회는 위원장을 포함한 100명 이내의 위원으로 구성하며, 다음 각 호의 어느 하나에 해당하는 사람 중에서 국토교통부장관이 임명 또는 위촉한다.
1. 개발사업 업무와 관련된 5급 이상 공무원
2. 「공공기관의 운영에 관한 법률」에 따른 공공기관의 임원
3. 공항·건축·토목·소방·환경 등에 관하여 전문적 학식과 경험이 풍부한 사람

③ 기술심의위원회의 위원장은 기술심의위원회의 심의를 효율적으로 수행하고, 기술심의위원회에서 위임한 사항을 심의하기 위하여 필요한 경우에는 분야별 소위원회를 구성·운영할 수 있다.
④ 제3항에 따른 분야별 소위원회의 심의를 받은 경우 기술심의위원회의 심의를 받은 것으로 본다.
⑤ 기술심의위원회 및 소위원회의 구성·기능 및 운영 등에 필요한 사항은 대통령령으로 정한다.

영 제11조(기술심의위원회 위원의 제적·기피·회피) ① 기술심의위원회의 위원이 다음 각 호의 어느 하나에 해당하는 경우에는 기술심의위원회의 심의·의결에서 제척(除斥)된다.
1. 위원 또는 그 배우자나 배우자였던 사람이 해당 안건의 당사자(당사자가 법인·단체 등인 경우에는 그 임원을 포함한다. 이하 이 호 및 제2호에서 같다)가 되거나 그 안건의 당사자와 공동권리자 또는 공동의무자인 경우
2. 위원이 해당 안건의 당사자와 친족이거나 친족이었던 경우
3 위원이 해당 안건에 대하여 증언, 진술, 자문, 연구, 용역 또는 감정을 한 경우
4. 위원이나 위원이 속한 법인이 해당 안건의 당사자의 대리인이거나 대리인이었던 경우

② 해당 안건의 당사자는 위원에게 공정한 심의·의결을 기대하기 어려운 사정이 있는 경우에는 기술심의위원회에 기피 신청을 할 수 있고, 기술심의위원회는 의결로 이를 결정한다. 이 경우 기피 신청의 대상인 위원은 그 의결에 참여하지 못한다.
③ 위원이 제1항 각 호에 따른 제척 사유에 해당하는 경우에는 스스로 해당 안건의 심의·의결에서 회피(回避)하여야 한다.

영 제12조(기술심의위원회 위원의 해임 및 해촉) 국토교통부장관은 기술심의위원회 위원이 다음 각 호의 어느 하나에 해당하는 경우에는 해당 위원을 해임하거나 해촉(解囑)할 수 있다.
1. 심신장애로 인하여 직무를 수행할 수 없게 된 경우
2. 직무와 관련된 비위사실이 있는 경우
3. 직무태만, 품위손상이나 그 밖의 사유로 인하여 위원으로 적합하지 아니하다고 인정되는 경우
4. 제11조 제1항 각 호의 어느 하나에 해당하는 데에도 불구하고 회피하지 아니한 경우
5. 위원 스스로 직무를 수행하는 것이 곤란하다고 의사를 밝히는 경우

영 제13조(기술심의위원회 위원장의 직무) ① 기술심의위원회의 위원장은 기술심의위원회를 대표하고, 기술심의위원회의 업무를 총괄한다.
② 기술심의위원회의 위원장이 부득이한 사유로 직무를 수행할 수 없을 때에는 기술심의위원회 위원장이 미리 지명한 위원이 그 직무를 대행한다.

영 제14조(기술심의위원회의 회의) ① 기술심의위원회의 위원장은 기술심의위원회의 회의를 소집하고, 그 의장이 된다.
② 기술심의위원회의 회의는 재적위원 과반수의 출석으로 개의(開議)하고, 출석위원 과반수의 찬성으로 의결한다.
③ 기술심의위원회의 위원장은 기술심의위원회의 회의를 소집하는 경우 회의 개최 7일 전까지 회의 일시, 장소 및 안건 등 구체적인 회의 일정을 각 위원에게 알려야 한다. 다만, 긴급히 회의를 소집하여야 할 경우에는 그러하지 아니하다.
④ 기술심의위원회의 위원장은 기술심의위원회의 심의를 위하여 필요한 경우에는 현장조사를 하거나 관계공무원 또는 관계전문가, 그 밖에 이해관계인으로 하여금 회의에 출석하여 발언하게 하거나 그 의견을 들을 수 있으며, 관계 연구기관 및 관계 전문가에게 기술검토를 의뢰하거나 필요한 자료를 요청할 수 있다.

공항시설법, 시행령	공항시설법 시행규칙
영 제15조(기술심의위원회의 간사) ① 기술심의위원회에 기술심의위원회의 사무를 처리할 간사 1명을 둔다. ② 간사는 국토교통부 소속 공무원 중에서 국토교통부장관이 지명한다. **영 제16조(분야별 소위원회 구성 · 운영)** ① 법 제5조 제3항에 따른 분야별 소위원회(이하 "소위원회"라 한다)는 위원장 1명을 포함하여 10명 이상 30명 이내의 위원으로 구성한다. ② 소위원회의 위원장은 기술심의위원회의 위원장이 되거나 소위원회의 위원 중에서 기술심의위원회의 위원장이 지명하는 자가 된다. ③ 소위원회의 위원은 기술심의위원회의 위원 중 기술심의위원회의 위원장이 지명하는 사람이 된다. ④ 소위원회의 회의는 소위원회 재적위원 과반수의 출석으로 개의하고, 출석위원 과반수의 찬성으로 의결한다. ⑤ 소위원회의 위원의 제척 · 기피 · 회피 및 지명 철회에 관하여는 각각 제11조 및 제12조를 준용한다. **영 제17조(운영세칙)** 이 영에서 규정한 것 외에 기술심의위원회 및 소위원회의 운영에 필요한 사항은 기술심의위원회의 의결을 거쳐 기술심의위원회의 위원장이 정한다.	
제6조(개발사업의 시행자) ① 개발사업은 국토교통부장관이 시행한다. ② 국토교통부장관 외의 자가 개발사업을 시행하려면 국토교통부령으로 정하는 바에 따라 국토교통부장관의 허가를 받아야 한다. 다만, 시설의 개량 등에 관한 개발사업 중 일상적인 유지 · 보수사업 등 국토교통부령으로 정하는 경미한 개발사업은 국토교통부장관의 허가 없이 시행할 수 있다. **영 제19조(실시계획의 수립 · 승인)** ① 법 제6조 제2항 본문에 따라 개발사업에 관한 허가를 받은 자는 법 제7조 제1항에 따른 개발사업에 관한 실시계획(이하 "실시계획"이라 한다)을 수립하여 그 허가를 받은 날(해당 사업을 단계적으로 추진할 수 있도록 허가를 받은 경우에는 해당 단계별 허가를 받은 날을 말한다)부터 3년 이내에 법 제7조 제3항에 따라 국토교통부장관에게 승인을 신청하여야 한다. ② 국토교통부장관은 부득이한 사유가 있다고 인정하는 경우에는 1년의 범위에서 제1항에 따른 실시계획의 승인신청 기간을 연장할 수 있다.	**제9조(개발사업의 시행허가)** ① 법 제6조 제2항 본문에 따라 공항개발사업 시행에 관한 허가를 받으려는 자는 별지 제1호 서식의 신청서에 다음 각 호의 서류를 첨부하여 지방항공청장에게 제출하여야 한다. 이 경우 담당 공무원은 「전자정부법」 제36조 제1항에 따른 행정정보의 공동이용을 통하여 법인등기사항증명서(신청인이 법인인 경우만 해당한다)를 확인하여야 한다. 1. 사업계획서 2. 사업예정지역의 위치 · 범위 및 시설배치계획 도면 3. 사업 내용별 추정사업비(공사비를 포함한다) 명세서 4. 자금조달계획서 5. 축척 5천분의 1 이상의 지형도 및 지적평면도 또는 이에 준하는 평면도로서 인접지를 포함하는 것 ② 법 제6조 제2항 본문에 따라 비행장개발사업 시행에 관한 허가를 받으려는 자는 별지 제2호서식의 신청서에 다음 각 호의 서류를 첨부하여 지방항공청장에게 제출하여야 한다. 이 경우 담당 공무원은 「전자정부법」 제36조 제1항에 따른 행정정보의 공동이용을 통하여 법인등기사항증명서(신청인이 법인인 경우만 해당한다)를 확인하여야 한다. 1. 제1항 각 호의 서류

공항시설법, 시행령	공항시설법 시행규칙
③ 제2항에 따른 허가의 기준은 다음 각 호와 같다. 1. 개발사업의 목적 및 내용이 종합계획 및 기본계획과 조화를 이룰 것 2. 해당 개발사업을 적절하게 수행하는 데 필요한 재무능력 및 기술능력이 있을 것 ④ 국토교통부장관은 제2항에 따른 허가를 할 때 해당 개발사업과 관계된 토지 및 시설(공항의 유지・보수를 위한 시설, 공항이용객 편의시설 등 대통령령으로 정하는 시설은 제외한다)을 국가에 귀속시킬 것을 조건으로 하거나 그 개발사업으로 인하여 부수적으로 필요하게 되는 도로 및 상하수도 등의 기반시설 설치에 드는 비용을 그 개발사업의 시행자가 부담할 것을 조건으로 허가할 수 있다. 영 제18조(국가에 귀속되지 아니하는 시설) 법 제6조 제4항 및 제21조 제1항 후단에서 "공항의 유지・보수를 위한 시설, 공항이용객 편의시설 등 대통령령으로 정하는 시설"이란 다음 각 호의 어느 하나에 해당하는 시설로서 국토교통부장관이 인정하는 시설을 말한다. 1. 공항구역에 설치하는 공항시설로서 제3조 제2호, 제4호(운항지원시설은 제외한다) 또는 제5호의 시설 2. 비행장구역에 설치하는 비행장시설로서 제3조 제2호에 따른 시설과 동일하거나 유사한 기능을 가진 시설 3. 그 밖에 공항구역 밖에 설치하는 공항시설	2. 다음 각 목의 사항을 기재한 서류 가. 비행장의 표고(標高) 및 표점 나. 비행장의 종류 및 착륙대의 등급 다. 착륙대의 깊이(수상비행장 및 수상헬기장만 해당한다) 3. 비행장 설치 예정 부지에 대한 소유권 또는 사용권이 있음을 증명하는 서류(소유권・사용권이 없는 경우에는 비행장 설치공사 예정 기일까지 이를 취득하기 위한 계획서를 말한다) 4. 해당 비행장에 사용할 항공기의 종류 및 형식을 기재한 서류 5. 비행장의 운영 및 관리계획서 6. 해당 비행장의 비행절차 및 인접공항 또는 비행장(군 비행장을 포함한다)의 비행절차와의 상관관계를 설명하는 도면(계기비행에 의한 착륙 또는 야간 착륙에 이용되는 비행장의 경우에는 그 사유를 포함한다) 7. 해당 비행장의 소요 공역도면 및 인접공역의 현황을 기재한 서류 8. 해당 비행장에 제공되는 항공교통업무의 내용을 기재한 서류 9. 비행장 설치예정지역의 풍향・풍속도(이착륙장 예정지・예정수면 또는 그 부근에서의 풍속은 최근 1년 이상의 자료에 의하여 작성된 것에 한정한다) 10. 장애물 제한표면을 설명하는 도면 및 서류 11. 다음 각 목의 구분에 따른 실측도 가. 육상비행장, 육상헬기장 또는 옥상헬기장: 평면도, 착륙대 종단면도, 착륙대 횡단면도 및 부근도 나. 수상비행장 또는 해상구조물헬기장: 평면도 및 부근도 다. 선상헬기장: 평면도, 착륙대 종단면도, 착륙대 횡단면도 12. 옥상헬기장 설치와 관련된 다음 각 목의 사항을 기재한 서류(옥상헬기장인 경우에만 해당한다) 가. 해당 건축물 또는 구조물의 구조도면과 구조계산서 나. 사용 예정 항공기 운항 시의 구조 및 구조계산상 안전을 증명하는 기술확인서 다. 진입표면・전이표면・수평표면 및 원추표면의 투영면과 일치하는 구역 안의 건축물 또는 구조물의 높이를 표시한 배치도 및 투영도(착륙대보다 높은 것만 해당한다) ③ 제2항 제11호에 따른 실측도는 다음 각 호에 따라 작성하여야 한다. 1. 평면도: 축척 5천분의 1 이상으로서 다음 각 목의 사항을 명시할 것 가. 방위 나. 비행장 부지 및 경계선

공항시설법, 시행령	공항시설법 시행규칙
	다. 비행장 주변 100미터 이상에 걸친 구역 안의 지형 및 지명 라. 비행장 시설의 예정 위치 마. 주요 도로·시가지 및 다른 교통시설과 연결되는 도로 2. 착륙대 종단면도: 가로축척 5천분의 1 이상, 세로축척 500분의 1 이상으로서 다음 각 목의 사항을 명시할 것 가. 측점번호, 측점 간 거리(100미터로 할 것) 및 추가거리 나. 측점마다의 중심선의 지면, 시공기면, 성토의 높이 및 절토의 깊이 3. 착륙대 횡단면도(활주로의 양단 및 중앙의 3개소에서의 착륙대의 횡단면도): 가로축척 1천분의 1 이상, 세로축척 50분의 1 이상으로서 다음 각 목의 사항을 명시할 것 가. 측점번호 및 측점 간 거리 나. 측점마다의 지면, 시공기면, 성토의 높이 및 절토의 깊이 4. 부근도: 축척 1만분의 1(축척 1만분의 1의 도면이 없는 경우에는 축척 2만 5천분의 1 또는 5만분의 1)로 작성하되, 제2항 제12호 다목의 진입표면·전이표면·수평표면 및 원추표면의 투영면과 일치하는 구역 안에 건축물 또는 구조물이 있는 경우에는 해당 지역의 축척 5천분의 1 이상의 도면에 그 건축물 또는 구조물의 위치 및 종류, 장애 정도 등을 명시할 것 ④ 법 제6조 제2항 단서에서 "일상적인 유지·보수사업 등 국토교통부령으로 정하는 경미한 개발사업"이란 다음 각 호의 어느 하나에 해당하는 사업을 말한다. 〈개정 2018. 2. 9.〉 1. 「건축법」 제14조에 따른 건축신고, 같은 법 제19조 제2항 제2호에 따른 건축물의 용도변경 신고, 같은 법 제20조 제3항에 따른 가설건축물의 축조 신고 및 같은 법 제83조 제1항에 따른 공작물의 축조 신고의 대상이 되는 사업 2. 「전기사업법」 제2조 제16호에 따른 전기설비, 「정보통신공사업법」 제2조 제1호에 따른 정보통신설비 및 냉난방·운송·승강·소화설비 등 기계설비의 교체 및 유지·보수사업 3. 조경수의 식재 등 조경시설의 설치 4. 다음 각 목의 어느 하나에 해당하는 「문화예술진흥법」에 따른 문화시설의 설치 가. 연면적 1천제곱미터 미만의 문화시설의 설치 나. 90일의 범위 내에서 사용하기 위한 문화시설의 설치 5. 토목·건축물의 안전에 영향을 미치지 아니하는 일상적인 유지·보수사업 6. 항행안전시설의 통신선로 및 부품 교체 등 일상적인 유지·보수사업

공항시설법, 시행령	공항시설법 시행규칙
제7조(실시계획의 수립 · 승인 등) ① 제6조에 따른 개발사업의 시행자(이하 "사업시행자"라 한다)는 대통령령으로 정하는 바에 따라 개발사업을 시작하기 전에 개발사업에 관한 실시계획(이하 "실시계획"이라 한다)을 수립하여야 한다. ② 실시계획에는 다음 각 호의 사항이 포함되어야 한다. 1. 사업시행에 필요한 설계도서 2. 자금조달계획 3. 개발사업 시행기간 4. 그 밖에 국토교통부령으로 정하는 사항 ③ 국토교통부장관 외의 사업시행자가 실시계획을 수립한 경우에는 국토교통부장관의 승인을 받아야 한다. 승인받은 사항을 변경하려는 경우에도 또한 같다. ④ 국토교통부장관 외의 사업시행자는 제3항 후단에도 불구하고 구조의 변경을 수반하지 아니하고 안전에 지장이 없는 시설물의 변경 등 국토교통부령으로 정하는 경미한 사항의 변경은 제20조에 따라 준공확인을 신청할 때 한꺼번에 신고할 수 있다. ⑤ 국토교통부장관은 제8조 제1항 제1호 · 제2호(「건축법」 제4조에 따른 건축위원회의 심의만 해당한다) 또는 제12호의 사항이 포함되어 있는 실시계획을 수립하거나 제3항에 따라 실시계획을 승인하려면 미리 기술심의위원회의 심의를 거쳐야 한다. ⑥ 국토교통부장관은 실시계획을 수립 또는 변경하였거나 제3항에 따라 실시계획을 승인 또는 변경승인하였을 때에는 국토교통부령으로 정하는 바에 따라 그 내용을 고시하여야 한다. 다만, 제4항에 따른 경미한 사항의 변경 등 국토교통부령으로 정하는 경미한 개발사업에 대해서는 고시를 생략할 수 있다. ⑦ 국토교통부장관은 제6항에 따라 고시한 경우에는 관계 서류의 사본을 관할 특별자치시장 · 특별자치도지사 · 시장 · 군수 및 자치구의 구청장(이하 "시장 · 군수 · 구청장"이라 한다)에게 보내야 한다. ⑧ 제7항에 따라 관계 서류의 사본을 받은 시장 · 군수 · 구청장은 관계 서류에 「국토의 계획 및 이용에 관한 법률」 제2조 제4호의 도시 · 군관리계획의 결정 사항이 포함되어 있는 경우에는 같은 법 제32조에 따라 지형도면의 승인신청 등 필요한 조치를 하여야 한다. 이 경우 사업시행자는 지형도면의 고시 등에 필요한 서류를 시장 · 군수 · 구청장에게 제출하여야 한다.	제10조(실시계획의 수립 · 승인 등) ① 법 제7조 제2항 제4호에서 "국토교통부령으로 정하는 사항"이란 다음 각 호의 서류 또는 도면을 말한다. 1. 위치도와 허가구역을 표시한 평면도 2. 수용하거나 사용할 토지 · 물건 또는 권리(이하 "토지등"이라 한다)의 소재지 · 지번 · 지목 및 면적, 소유권 및 소유권외의 권리의 명세와 그 소유자 및 권리자의 성명 · 주소 3. 사업시행지역에 있는 토지등의 매수 · 보상계획 및 주민의 이주대책을 기재한 서류 4. 계획평면도 · 단면도 및 공사설명서 등 설계도서 5. 공사예정표 6. 자금계획서(연차별 자금투자계획 및 재원조달계획을 포함한다) 7. 환경영향평가서 및 교통영향평가서, 교통영향평가 및 환경영향평가에 대한 관계 행정기관의 장과의 협의 결과(대상사업의 경우만 해당한다) 8. 문화재 현황 조사 결과 및 관계 행정기관의 장과의 협의 결과(대상사업의 경우만 해당한다) 9. 지진피해 경감대책을 기재한 서류(대상사업의 경우만 해당한다) 10. 「국토의 계획 및 이용에 관한 법률」 제65조 제1항에 따라 기존의 공공시설에 대체되는 공공시설을 설치하는 경우에는 기존 공공시설의 이전 및 철거계획과 대체공공시설의 설치계획서 11. 「건설기술 진흥법」에 따른 설계심의대상사업인 경우에는 그 심의 내용을 기재한 서류 12. 법 제5조에 따른 기술심의위원회의 심의사항이 포함되어 있는 경우에는 그 내용 및 심의에 필요한 서류 13. 법 제8조 제1항 각 호에 따른 인 · 허가 등 의제사항이 있는 경우에는 그 내용 및 같은 조 제2항에 따른 관계 행정기관의 장과의 협의에 필요한 서류 14. 법 제17조에 따른 부대공사계획(대상사업의 경우만 해당한다) ② 법 제7조 제3항 전단에 따라 공항개발사업 또는 비행장개발사업(이하 "개발사업"이라 한다) 실시계획의 승인을 받으려는 사업시행자(법 제6조에 따른 개발사업의 시행자를 말한다. 이하 같다)는 별지 제3호서식의 신청서에 제1항 각 호의 서류를 첨부하여 지방항공청장에게 제출하여야 한다. 이 경우 담당 공무원은 「전자정부법」 제36조 제1항에 따른 행정정보의 공동이용을 통하여 법인등기사항증명서(법인인 경우만 해당한다)와 지적도를 확인하여야 한다. 〈개정 2018. 2. 9.〉

공항시설법, 시행령	공항시설법 시행규칙
⑨ 국토교통부장관은 제12조 제1항에 따른 토지등의 수용이 필요한 실시계획을 수립하거나 승인한 경우에는 사업시행자의 명칭 및 사업의 종류와 수용할 토지등의 세목(細目)을 고시하고, 그 토지등의 소유자 및 권리자에게 그 사실을 알려야 한다. 실시계획이 변경되어 수용할 토지등의 세목이 변경된 경우에도 또한 같다.	1. 삭제 〈2018. 2. 9.〉 2. 삭제 〈2018. 2. 9.〉 3. 삭제 〈2018. 2. 9.〉 ③ 법 제7조 제3항 후단에 따른 실시계획 변경승인을 받으려는 사업시행자는 별지 제4호서식의 신청서에 다음 각 호의 서류를 첨부하여 지방항공청장에게 제출하여야 한다. 이 경우 담당 공무원은 「전자정부법」 제36조 제1항에 따른 행정정보의 공동이용을 통하여 법인등기사항증명서(법인인 경우만 해당한다)를 확인하여야 한다. 1. 변경사유 및 변경내용을 기재한 서류 2. 관계도면(필요한 경우만 해당한다) ④ 법 제7조 제4항에서 "구조의 변경을 수반하지 아니하고 안전에 지장이 없는 시설물의 변경 등 국토교통부령으로 정하는 경미한 사항의 변경"이란 다음 각 호의 어느 하나에 해당하는 변경을 말한다. 〈개정 2018. 2. 9.〉 1. 「건축법 시행령」 제12조 제3항 각 호의 어느 하나에 해당하는 변경 2. 5천제곱미터 이하의 범위에서의 공항·비행장개발예정지역의 축소(건축 면적의 변경은 제외한다) 3. 총사업비의 100분의 10 미만의 변경. 다만, 법 제23조에 따른 재정지원 금액이 증가하는 경우는 제외한다. 4. 1년 이하의 범위에서의 사업시행기간 변경. 다만, 다음 각 목의 어느 하나에 해당하는 경우는 제외한다. 가. 연장하는 사업시행기간에 법 제12조에 따른 토지등의 수용 또는 사용이 필요한 경우 나. 사업시행기간 연장으로 인하여 법 제23조에 따른 재정지원 금액이 증가하는 경우 5. 설비의 위치 변경 ⑤ 법 제7조 제6항 본문에 따른 실시계획 승인 또는 변경승인의 고시는 다음 각 호의 사항을 고시하는 것으로 한다. 1. 사업의 명칭 2. 사업시행지역의 위치 및 면적 3. 사업시행자의 성명 및 주소(법인인 경우에는 법인의 명칭·주소와 대표자의 성명·주소) 4. 사업의 목적과 규모 등 개요 5. 사업시행기간(착공 및 준공 예정일을 포함한다) 6. 총사업비 및 재원조달계획 7. 수용하거나 사용할 토지등의 소재지·지번·지목 및 면적, 소유권 및 소유권 외의 권리의 명세와 그 소유자 및 권리자의 성명·주소 8. 공항 또는 비행장의 표고 및 표점 9. 착륙대의 등급

공항시설법, 시행령	공항시설법 시행규칙
	10. 활주로의 강도(공항, 육상비행장 및 육상헬기장의 경우만 해당한다) 또는 착륙대의 깊이(수상비행장 및 수상헬기장의 경우만 해당한다) 11. 시계비행 또는 계기비행 이륙·착륙절차 ⑥ 법 제7조 제6항 단서에서 "제4항에 따른 경미한 사항의 변경 등 국토교통부령으로 정하는 경미한 개발사업"이란 다음 각 호의 어느 하나에 해당하는 경우를 말한다. 1. 제4항 각 호의 어느 하나에 해당하는 경우 2. 제1호와 유사한 것으로서 국토교통부장관 또는 지방항공청장이 고시가 불필요하다고 인정하는 경우
제8조(인·허가등의 의제 등) ① 국토교통부장관이 제7조 제1항 및 제3항에 따라 실시계획을 수립하거나 승인하였을 때에는 다음 각 호의 승인·허가·인가·결정·지정·면허·협의·동의·심의 또는 해제 등(이하 "인·허가등"이라 한다)을 받은 것으로 보고, 국토교통부장관이 제7조 제6항에 따라 실시계획의 고시 또는 실시계획의 승인을 고시하였을 때에는 다음 각 호의 법률에 따른 인·허가등의 고시 또는 공고가 있는 것으로 본다. 〈개정 2017. 1. 17., 2017. 10. 31., 2020. 1. 29.〉 1. 「건설기술 진흥법」 제5조에 따른 건설기술심의위원회의 심의 2. 「건축법」 제4조에 따른 건축위원회의 심의, 같은 법 제11조에 따른 건축허가, 같은 법 제14조에 따른 건축신고, 같은 법 제19조에 따른 용도변경 허가 및 신고, 같은 법 제20조 제1항에 따른 가설건축물의 건축허가 및 같은 조 제3항에 따른 신고, 같은 법 제29조에 따른 건축허가권자와의 협의 3. 「경제자유구역의 지정 및 운영에 관한 특별법」 제9조에 따른 실시계획의 승인 4. 「골재채취법」 제22조에 따른 골재채취의 허가 5. 「공유수면 관리 및 매립에 관한 법률」 제8조에 따른 공유수면의 점용·사용 허가 및 점용·사용 허가의 고시, 같은 법 제17조에 따른 공유수면 점용·사용 실시계획의 승인 또는 신고, 같은 법 제28조에 따른 공유수면의 매립면허, 같은 법 제33조에 따른 매립면허의 고시, 같은 법 제35조에 따른 매립면허관청과의 협의 또는 매립면허관청의 승인 및 같은 법 제38조에 따른 공유수면매립실시계획의 승인	

공항시설법, 시행령

6. 「국토의 계획 및 이용에 관한 법률」 제30조에 따른 도시 · 군관리계획의 결정, 같은 법 제56조에 따른 개발행위의 허가, 같은 법 제86조에 따른 도시 · 군계획시설사업 시행자의 지정, 같은 법 제88조에 따른 실시계획의 인가 및 같은 법 제91조에 따른 실시계획의 고시
7. 「군사기지 및 군사시설 보호법」 제13조에 따른 행정기관의 허가 등에 관한 협의
8. 「농지법」 제34조에 따른 농지전용의 허가 또는 협의
9. 「대기환경보전법」 제23조, 「물환경보전법」 제33조 및 「소음 · 진동관리법」 제8조에 따른 배출시설 설치의 허가 또는 신고
10. 「도로법」 제107조에 따른 도로관리청과의 협의 또는 승인(같은 법 제19조에 따른 도로 노선의 지정 · 고시, 같은 법 제25조에 따른 도로구역의 결정, 같은 법 제36조에 따른 도로관리청이 아닌 자에 대한 도로공사의 시행허가, 같은 법 제61조 제1항에 따른 도로의 점용 허가에 관한 것만 해당한다)
11. 「도시공원 및 녹지 등에 관한 법률」 제24조에 따른 도시공원의 점용허가
12. 「도시교통정비 촉진법」 제16조에 따른 교통영향평가서의 제출 및 검토
13. 「도시철도법」 제7조 제1항에 따른 도시철도사업계획의 승인 및 같은 법 제26조 제1항에 따른 도시철도운송사업의 면허
14. 「사방사업법」 제14조에 따른 사방지(砂防地)에서의 벌채 등의 허가 및 같은 법 제20조에 따른 사방지 지정의 해제
15. 「산림자원의 조성 및 관리에 관한 법률」 제36조 제1항 · 제4항에 따른 입목의 벌채 등의 허가 · 신고
16. 「산업입지 및 개발에 관한 법률」 제16조에 따른 산업단지개발사업의 시행자 지정 및 같은 법 제17조에 따른 국가산업단지개발실시계획의 승인
17. 「산업집적활성화 및 공장설립에 관한 법률」 제13조에 따른 공장설립 등의 승인 및 신고
18. 「산지관리법」 제14조에 따른 산지전용허가 및 같은 법 제15조에 따른 산지전용신고
19. 「소방시설공사업법」 제13조 제1항에 따른 소방시설공사의 신고
20. 「화재예방, 소방시설 설치 · 유지 및 안전관리에 관한 법률」 제7조 제1항에 따른 건축허가 등의 동의
21. 「수도법」 제17조 제1항에 따른 일반수도사업의 인가, 같은 법 제52조 및 제54조에 따른 전용상수도 및 전용공업용수도 설치의 인가
22. 「위험물안전관리법」 제6조 제1항에 따른 제조소등의 설치허가
23. 「자연공원법」 제71조 제1항에 따른 공원관리청과의 협의(같은 법 제23조에 따른 공원구역에서의 행위허가에 관한 것만 해당한다)
24. 「초지법」 제23조에 따른 초지전용(草地轉用)의 허가 및 신고 또는 협의
25. 「폐기물관리법」 제29조 제2항에 따른 폐기물처리시설 설치의 승인 또는 신고
26. 「하수도법」 제16조에 따른 공공하수도 공사 · 유지의 허가, 같은 법 제24조에 따른 점용행위에 관한 점용허가 및 같은 법 제34조 제2항에 따른 개인하수처리시설의 설치 등에 대한 신고
27. 「하천법」 제6조에 따른 하천관리청과의 협의 또는 승인(같은 법 제30조에 따른 하천공사 시행의 허가, 같은 법 제33조에 따른 하천의 점용허가 및 점용허가의 고시, 같은 법 제50조에 따른 하천수의 사용허가에 관한 것만 해당한다)
28. 「항로표지법」 제9조 제6항, 제13조 또는 제14조에 따른 항로표지의 설치 · 관리의 허가 또는 신고
29. 「항만법」 제9조 제2항에 따른 항만개발사업 시행의 허가 및 같은 법 제10조 제2항에 따른 항만개발사업실시계획의 승인

② 국토교통부장관은 제7조 제1항 또는 제3항에 따라 실시계획을 수립 또는 승인을 하려는 경우에는 그 실시계획에 제1항 각 호의 어느 하나에 해당하는 사항이 포함되어 있으면 그 실시계획이 제1항 각 호에 따른 법률에 적합한지에 관하여 미리 관계 행정기관의 장과 협의하여야 한다.

③ 제2항에 따라 협의를 요청받은 관계 행정기관의 장은 협의 요청을 받은 날부터 20일 이내에 의견을 제출하여야 한다. 이 경우 관계 행정기관의 장이 그 기간 내에 의견을 제출하지 아니한 경우에는 협의가 이루어진 것으로 본다.

공항시설법, 시행령	공항시설법 시행규칙
제9조(국공유지의 처분제한 등) ① 제4조 제5항에 따라 공항·비행장개발예정지역으로 지정·고시된 지역 또는 제7조 제6항에 따라 실시계획이 고시된 지역에 있는 국가 또는 지방자치단체 소유의 토지로서 개발사업에 필요한 토지는 그 개발사업 외의 목적으로 매각하거나 양도할 수 없다. ② 제1항에 따른 공항·비행장개발예정지역으로 고시된 지역 또는 실시계획이 고시된 지역에 있는 국가 또는 지방자치단체 소유의 재산은 「국유재산법」, 「공유재산 및 물품 관리법」 및 그 밖의 다른 법령에도 불구하고 사업시행자에게 수의계약으로 매각하거나 양도할 수 있다. 이 경우 행정재산의 용도폐지 및 「국유재산법」 제40조 제2항 제1호에 따른 일반재산의 처분에 관하여는 국토교통부장관이 미리 관계 행정기관의 장과 협의하여야 한다. ③ 제2항에서 규정한 사항 외에 국유재산의 매각·양도에 관하여는 국토교통부장관이 미리 기획재정부장관과 협의하여야 한다. ④ 제2항 후단 또는 제3항에 따른 협의요청이 있을 때에는 관계 행정기관의 장 또는 기획재정부장관은 요청을 받은 날부터 30일 이내에 용도폐지 및 매각·양도 또는 그 밖에 필요한 조치를 하여야 한다. ⑤ 제2항에 따라 사업시행자에게 매각하거나 양도하려는 재산 중 관리청이 불분명한 재산에 대해서는 다른 법령의 규정에도 불구하고 기획재정부장관이 관리 또는 처분한다.	
제10조(행위 등의 제한) ① 제4조 제5항에 따라 공항·비행장개발예정지역으로 지정·고시된 지역 또는 제7조 제6항에 따라 실시계획이 고시된 지역에서 건축물의 건축, 인공구조물의 설치, 토지의 형질변경, 토석의 채취, 토지분할, 물건을 쌓아 놓는 행위 등 대통령령으로 정하는 행위를 하려는 자는 국토교통부장관, 해양수산부장관(「공유수면 관리 및 매립에 관한 법률」에 따라 해양수산부장관이 관리하는 공유수면에서의 행위에 대한 것으로 한정한다. 이하 이 조에서 같다) 또는 시장·군수·구청장의 허가를 받아야 한다. 허가받은 사항을 변경하려는 경우에도 또한 같다.	제11조(공항·비행장개발예정지역에서 검축물의 건축 등 행위 신고) 영 제20조 제4항에서 "국토교통부령으로 정하는 공항·비행장개발예정지역에서의 개발행위 등 신고서"란 별지 5호 서식의 신고서를 말한다.

공항시설법, 시행령

영 제20조(행위제한 등) ① 법 제10조 제1항 전단에서 "건축물의 건축, 인공구조물의 설치, 토지의 형질변경, 토석의 채취, 토지분할, 물건을 쌓아 놓는 행위 등 대통령령으로 정하는 행위"란 다음 각 호의 행위를 말한다.

1. 건축물의 건축: 「건축법」 제2조 제1항 제2호에 따른 건축물(가설건축물을 포함한다)의 건축, 대수선 또는 용도변경
2. 인공구조물의 설치: 인공을 가하여 제작한 시설물(「건축법」 제2조 제1항 제2호에 따른 건축물은 제외한다)의 설치
3. 토지의 형질변경: 절토(切土)·성토(盛土)·정지(整地)·포장(鋪裝) 등의 방법으로 토지의 형상을 변경하는 행위 또는 토지를 굴착하거나 공유수면을 매립하는 행위
4. 토석의 채취: 흙·모래·자갈·바위 등의 토석을 채취하는 행위. 다만, 토지의 형질변경을 목적으로 하는 것은 제3호에 따른다.
5. 토지분할
6. 물건을 쌓아 놓는 행위: 이동이 쉽지 아니한 물건을 1개월 이상 쌓아 놓는 행위
7. 수산동식물의 포획·채취 또는 양식: 「수산업법」 제2조 제7호·제10호 및 제19호에 따른 양식·입어 및 유어(遊漁)
8. 죽목(竹木)을 베거나 심는 행위

② 국토교통부장관, 해양수산부장관(「공유수면 관리 및 매립에 관한 법률」에 따라 해양수산부장관이 관리하는 공유수면에서의 행위에 대한 것으로 한정한다) 또는 특별자치시장·특별자치도지사·시장·군수 및 자치구의 구청장(이하 "시장·군수·구청장"이라 한다)은 법 제10조 제1항에 따라 제1항 각 호의 어느 하나에 해당하는 행위를 허가(변경허가를 포함한다)하려는 경우에는 실시계획이 고시되기 전까지는 국토교통부장관의 의견을 들어야 하며, 실시계획이 고시된 이후에는 법 제6조에 따른 개발사업의 시행자(이하 "사업시행자"라 한다)의 의견을 들어야 한다.

③ 법 제10조 제2항 제2호에서 "경작을 위한 토지의 형질변경 등 대통령령으로 정하는 행위"란 다음 각 호의 어느 하나에 해당하는 행위를 말한다.

1. 경작을 위한 토지의 형질변경
2. 개발사업에 지장을 주지 아니하고 자연경관을 손상하지 아니하는 범위에서의 토석채취
3. 이동이 쉬운 물건을 쌓아 놓는 행위
4. 관상용 죽목의 임시 식재(경작지에서의 임시 식재는 제외한다)

④ 법 제10조 제3항에 따라 공항·비행장개발예정지역 또는 실시계획의 고시 당시 이미 관계 법령에 따라 행위허가를 받았거나 허가를 받을 필요가 없는 행위에 관하여 그 공사 또는 사업을 착수한 자가 그 공사 또는 사업을 계속하여 시행하기 위하여 국토교통부장관 또는 시장·군수·구청장에게 신고하려는 경우에는 국토교통부령으로 정하는 공항·비행장개발예정지역에서의 개발행위 등 신고서를 제출하여야 한다.

⑤ 제4항에 따라 신고서를 접수한 시장·군수·구청장은 즉시 그 사실을 국토교통부장관에게 통지하여야 한다.

② 제1항에도 불구하고 다음 각 호의 어느 하나에 해당하는 행위는 허가를 받지 아니하고 할 수 있다.

1. 재해복구 또는 재난수습에 필요한 응급조치를 위하여 하는 행위
2. 경작을 위한 토지의 형질변경 등 대통령령으로 정하는 행위

③ 제1항에 따라 허가를 받아야 하는 행위로서 공항·비행장개발예정지역 또는 실시계획의 고시 당시 이미 관계 법령에 따라 행위허가를 받았거나 허가를 받을 필요가 없는 행위에 관하여 그 공사 또는 사업을 착수한 자는 대통령령으로 정하는 바에 따라 국토교통부장관 또는 시장·군수·구청장에게 신고한 후 이를 계속 시행할 수 있다.

④ 국토교통부장관, 해양수산부장관 또는 시장·군수·구청장은 제1항을 위반한 자에게 원상회복을 명할 수 있다. 이 경우 원상회복 명령을 받은 자가 그 의무를 이행하지 아니하면 국토교통부장관, 해양수산부장관 또는 시장·군수·구청장은 「행정대집행법」에 따라 대집행할 수 있다.

⑤ 제1항에 따른 허가의 절차 및 기준 등에 관하여는 이 법에서 정한 것을 제외하고는 「국토의 계획 및 이용에 관한 법률」 제57조부터 제60조까지 및 제62조를 준용한다.

⑥ 제1항에 따라 허가를 받은 경우에는 「국토의 계획 및 이용에 관한 법률」 제56조에 따라 개발행위의 허가를 받은 것으로 본다.

공항시설법, 시행령	공항시설법 시행규칙
제11조(토지에 출입 및 사용 등) ① 사업시행자(비행장개발사업의 경우에는 국토교통부장관, 지방자치단체의 장 및 「공공기관의 운영에 관한 법률」 제4조에 따른 공공기관의 장으로 한정하며, 이하 이 조 및 제12조 제1항에서 같다)는 개발사업을 위하여 필요한 경우에는 다음 각 호의 행위를 할 수 있다. 1. 타인의 토지에 출입하는 행위 2. 타인의 토지를 재료적치장(材料積置場), 통로 또는 임시도로로 일시적으로 사용하는 행위 3. 특히 필요한 경우 나무, 흙, 돌 또는 그 밖의 장애물을 변경하거나 제거하는 행위 ② 제1항에 따른 행위의 방법 및 절차 등에 관하여는 「국토의 계획 및 이용에 관한 법률」 제130조 제2항부터 제9항까지 및 제131조를 준용한다. 이 경우 "도시·군계획시설사업의 시행자"는 "사업시행자"로 본다.	
제12조(토지등의 수용) ① 사업시행자는 개발사업을 시행하기 위하여 필요한 경우에는 「공익사업을 위한 토지 등의 취득 및 보상에 관한 법률」 제3조에 따른 토지·물건 또는 권리(이하 "토지등"이라 한다)를 수용하거나 사용할 수 있다. ② 제7조에 따른 실시계획의 수립 또는 승인과 이에 관한 고시가 있을 때에는 「공익사업을 위한 토지 등의 취득 및 보상에 관한 법률」 제20조 제1항 및 제22조에 따른 사업인정 및 사업인정의 고시가 있는 것으로 본다. ③ 토지등의 수용 또는 사용에 관한 재결(裁決)의 신청은 「공익사업을 위한 토지 등의 취득 및 보상에 관한 법률」 제23조 및 제28조 제1항에도 불구하고 실시계획에서 정하는 개발사업의 시행기간 내에 할 수 있다. ④ 토지등의 수용 또는 사용에 관한 재결의 관할 토지수용위원회는 중앙토지수용위원회로 한다. ⑤ 토지등의 수용 또는 사용에 관하여는 이 법에 특별한 규정이 있는 것을 제외하고는 「공익사업을 위한 토지 등의 취득 및 보상에 관한 법률」을 준용한다.	
제13조(토지매수업무 등의 위탁) ① 사업시행자는 개발사업을 위한 토지매수업무, 손실보상업무 및 이주대책 사업 등을 대통령령으로 정하는 바에 따라 관할 지방자치단체의 장에게 위탁할 수 있다.	

공항시설법, 시행령	공항시설법 시행규칙
영 제21조(토지매수업무 등의 위탁) ① 사업시행자는 법 제13조 제1항에 따라 관할 지방자치단체의 장에게 토지매수업무, 손실보상업무 및 이주대책사업 등을 위탁하려면 위탁할 업무의 내용 및 위탁조건 등을 명시한 서면을 관할 지방자치단체의 장에게 제출하여야 한다. ② 제1항에 따라 업무위탁을 요청받은 관할 지방자치단체의 장은 특별한 사유가 없으면 이에 따라야 한다.	
② 제1항에 따라 토지매수업무, 손실보상업무 및 이주대책사업 등을 위탁하는 경우의 위탁수수료 등에 관하여는 「공익사업을 위한 토지 등의 취득 및 보상에 관한 법률」에서 정하는 바에 따른다. ③ 개발사업을 위한 손실보상을 하는 경우 국토교통부장관이 한 처분이나 제한으로 인한 손실은 국가가 보상하여야 하고, 국토교통부장관 외의 자의 사업시행으로 인한 손실은 그 사업시행자가 보상하거나 그 손실을 방지하기 위한 시설을 설치하여야 한다.	
제14조(토지의 매수청구) ① 공항·비행장개발예정지역으로 고시됨에 따라 그 지역 안의 토지를 종래의 용도로 사용할 수 없어 그 효용이 현저하게 감소한 토지 또는 그 토지의 사용 및 수익이 사실상 불가능한 토지(이하 "매수대상토지"라 한다)의 소유자로서 다음 각 호의 어느 하나에 해당하는 자는 해당 사업시행자에게 그 토지의 매수를 청구할 수 있다. 1. 공항·비행장개발예정지역으로 고시될 당시부터 그 토지를 계속 소유한 자 2. 토지의 사용·수익이 불가능하게 되기 전에 그 토지를 취득하여 계속 소유한 자 3. 제1호 또는 제2호에 해당하는 자로부터 그 토지를 상속받아 계속 소유한 자	제12조(토지매수청구서) 영 제23조 제1항에서 "국토교통부령으로 정하는 매수청구서"란 별지 제6호서식의 매수청구서를 말한다.
영 제22조(매수대상토지의 판정기준) 법 제14조 제1항에 따른 공항·비행장개발예정지역으로 고시됨에 따라 그 지역 안의 토지를 종래의 용도로 사용할 수 없어 그 효용이 현저하게 감소한 토지 또는 그 토지의 사용 및 수익이 사실상 불가능한 토지(이하 "매수대상토지"라 한다)의 판정기준은 다음 각 호의 기준에 따른다. 이 경우 매수대상토지의 효용감소, 사용·수익의 사실상 불가능에 대하여 법 제14조 제1항에 따라 토지의 매수를 청구한 자(이하 "매수청구인"이라 한다)의 귀책사유가 없어야 한다.	

공항시설법, 시행령
1. 종래의 용도로 사용할 수 없어 그 효용이 현저하게 감소한 토지: 매수청구 당시 매수대상토지를 공항·비행장개발예정지역 지정 이전의 지목(매수청구인이 공항·비행장개발예정지역 지정 이전에 적법하게 지적공부상의 지목과 다르게 사용하고 있었음을 공적자료로 증명하는 경우에는 공항·비행장개발예정지역 지정 이전의 실제 용도를 지목으로 본다)대로 사용할 수 없어 매수청구일 현재 해당 토지의 개별공시지가(「부동산 가격공시에 관한 법률」 제10조에 따른 개별공시지가를 말한다. 이하 같다)가 그 토지가 있는 읍·면·동 안에 지정된 공항·비행장개발예정지역의 동일한 지목의 개별공시지가(매수대상토지의 개별공시지가는 제외한다) 평균치의 100분의 50 미만일 것 2. 토지의 사용 및 수익이 사실상 불가능한 토지: 법 제10조 제1항에 따른 행위 등의 제한으로 인하여 해당 토지의 사용 및 수익이 불가능할 것 **영 제23조(매수절차)** ① 법 제14조 제1항에 따라 토지의 매수를 청구하려는 자는 국토교통부령으로 정하는 토지매수청구서에 다음 각 호의 서류를 첨부하여 사업시행자에게 제출하여야 한다. 1. 토지대장 등본 2. 토지등기사항증명서 3. 토지이용계획확인서 4. 토지의 매수를 청구하는 사유를 적은 서류 ② 제1항에도 불구하고 국토교통부장관이 사업시행자인 경우로서 국토교통부장관에게 토지의 매수를 청구하려는 자는 제1항 제1호부터 제3호까지의 서류를 제출하지 아니할 수 있다. 이 경우 국토교통부장관은 「전자정부법」 제36조 제1항에 따른 행정정보의 공동이용을 통하여 토지대장, 토지등기사항증명서 및 토지이용계획확인서를 확인하여야 한다. ③ 제1항 또는 제2항에 따라 매수청구를 받은 사업시행자는 법 제15조 제1항에 따른 매수대상 여부 및 매수예상가격 등을 매수청구인에게 알리기 전에 매수대상토지가 제22조에 따른 기준에 적합한지 판단하여야 한다. ④ 법 제15조 제1항에 따른 매수예상가격은 매수청구 당시의 해당 토지의 개별공시지가로 한다. ⑤ 사업시행자는 법 제15조 제1항에 따라 매수예상가격을 알린 경우에는 둘 이상의 감정평가업자(「감정평가 및 감정평가사에 관한 법률」 제2조 제4호에 따른 감정평가업자를 말한다. 이하 같다)에게 매수대상토지에 대한 감정평가를 의뢰하여 제25조에 따른 산정방법에 따라 매수대상토지의 매수가격(이하 "매수가격"이라 한다)을 결정하여야 한다. ⑥ 사업시행자는 제5항에 따라 감정평가를 의뢰하려는 경우에는 감정평가를 의뢰하기 1개월 전까지 감정평가를 의뢰한다는 사실을 매수청구인에게 알려야 한다. ⑦ 사업시행자는 제5항에 따라 매수가격을 결정하였을 때에는 즉시 이를 매수청구인에게 알려야 한다. ② 제1항에 따른 종래의 용도로 사용할 수 없어 그 효용이 현저하게 감소한 토지 또는 그 토지의 사용 및 수익이 사실상 불가능한 토지의 구체적인 판정기준은 대통령령으로 정한다.
제15조(매수청구의 절차 등) ① 사업시행자는 제14조 제1항에 따라 토지의 매수청구를 받은 날부터 6개월 이내에 매수대상 여부 및 매수예상가격 등을 매수청구인에게 알려야 한다. ② 사업시행자는 제1항에 따라 매수대상토지로 통보를 한 토지에 대하여는 5년의 범위에서 대통령령으로 정하는 기간 이내에 매수계획을 수립하여 그 매수대상토지를 매수하여야 한다. **영 제24조(매수기한)** 법 제15조 제2항에서 "대통령령으로 정하는 기간"이란 법 제15조 제1항에 따라 매수대상 여부를 알린 날부터 3년을 말한다. ③ 매수대상토지의 매수가격(이하 "매수가격"이라 한다)은 매수청구 당시의 「부동산 가격공시에 관한 법률」에 따른 표준지공시지가를 기준으로 그 공시기준일부터 매수청구인에게 이를 지급하려는 날까지의 기간 동안 대통령령으로 정하는 지가변동률, 생산자물가상승률, 해당 토지의 위치·형상·환경 및 이용상황 등을 고려하여 평가한 금액으로 한다.

공항시설법, 시행령	공항시설법 시행규칙
영 제25조(매수가격의 산정방법 등) ① 법 제15조 제3항에서 "대통령령으로 정하는 지가변동률, 생산자물가상승률"이란 「부동산 거래신고 등에 관한 법률 시행령」 제17조 제1항에 따라 국토교통부장관이 조사한 지가변동률 및 「한국은행법」 제86조에 따라 한국은행이 조사·작성하는 생산자물가지수에 따라 산정된 생산자물가상승률을 말한다. ② 매수가격은 「부동산 가격공시에 관한 법률」 제3조에 따른 표준지공시지가를 기준으로 감정평가업자 둘 이상이 평가한 금액의 산술평균치로 한다. ④ 제1항부터 제3항까지에 따라 매수한 토지는 사업시행자가 국토교통부장관이면 국가에 귀속되고, 사업시행자가 국토교통부장관이 아니면 해당 사업시행자에게 귀속된다. ⑤ 제1항부터 제3항까지에 따라 토지를 매수하는 경우 매수가격의 산정방법, 매수절차, 그 밖에 필요한 사항은 대통령령으로 정한다.	
제16조(비용의 부담) ① 사업시행자는 제15조 제3항에 따른 매수가격의 산정을 위한 감정평가 등에 드는 비용을 부담한다. ② 사업시행자는 제1항에도 불구하고 매수청구인이 정당한 사유 없이 매수청구를 철회하는 경우에는 대통령령으로 정하는 바에 따라 감정평가에 따르는 비용의 전부 또는 일부를 매수청구인에게 부담하게 할 수 있다. 다만, 매수예상 가격에 비하여 매수가격이 대통령령으로 정하는 비율 이상으로 떨어진 경우에는 그러하지 아니하다. 영 제26조(감정평가비용의 납부고지 등) ① 법 제16조 제2항 본문에 따라 사업시행자는 제23조 제5항에 따른 감정평가를 의뢰한 후 매수청구인이 정당한 사유 없이 매수청구의 철회를 통보하는 경우에는 해당 토지에 대한 감정평가 비용의 전부를 매수청구인이 부담하도록 할 수 있다. ② 사업시행자는 제1항에 따라 매수청구의 철회를 통보받은 경우 그 통보일부터 10일 이내에 국토교통부령으로 정하는 감정평가 비용의 납부고지서에 감정평가 비용의 산출내역서를 첨부하여 매수청구인에게 보내야 한다. ③ 제2항에 따른 납부고지서를 받은 매수청구인은 납부기한 내에 고지된 감정평가 비용을 사업시행자에게 납부하여야 한다.	제13조(감정평가비용의 납부고지서) 영 제26조 제2항 각 호 외의 부분에서 "국토교통부령으로 정하는 감정평가 비용의 납부고지서"란 별지 제7호서식의 납부고지서를 말한다.

공항시설법, 시행령	공항시설법 시행규칙
④ 법 제16조 제2항 단서에서 "대통령령으로 정하는 비율"이란 100분의 30을 말한다. ③ 사업시행자가 국토교통부장관 또는 지방자치단체의 장인 경우 매수청구인이 제2항 본문에 따라 부담하여야 하는 비용을 납부하지 아니하면 국세 또는 지방세 체납처분의 예에 따라 징수할 수 있다.	
제17조(부대공사의 시행) ① 사업시행자는 개발사업이 아닌 공사로서 개발사업으로 인하여 필요하게 되거나 개발사업을 시행하기 위하여 필요하게 된 공사(이하 "부대공사"라 한다)는 해당 개발사업으로 보아 해당 개발사업과 함께 시행할 수 있다. **영 제27조(부대공사의 범위)** 법 제17조 제1항에 따른 부대공사의 범위는 다음 각 호와 같다. 1. 공사용 건설자재의 현장가공·조립·운반·보관 등을 위하여 공항·비행장개발예정지역 또는 그 인근에 설치되는 시설(공사기간 중에 설치되는 시설에 한정한다)의 건설 2. 개발사업에 필요한 토석채취장의 개발 3. 개발사업 공사용 진입도로·접안시설·주차장·야적장 등의 설치 및 그 운영에 필요한 시설의 건설 4. 개발사업과 관련된 건설인력을 수용하기 위한 숙소·편의시설 및 각종 부속시설의 건설 5. 개발사업과 관련된 건설장비 및 검사계측기기의 정비·점검 및 수리를 위한 시설의 건설 6. 항공기 안전운항 및 공역확보에 필요한 구릉(丘陵) 및 구조물 등 장애물의 제거공사 7. 공항시설 또는 비행장시설에서 배출되는 분뇨·오수·폐수 등을 처리하기 위한 중수도시설 및 폐수처리시설의 건설 8. 환경오염도측정을 위한 시설의 건설 9. 그 밖에 건설안전 관련시설 등 개발사업의 시행에 필요하다고 국토교통부장관이 인정하는 시설의 건설 ② 부대공사의 범위는 대통령령으로 정한다.	
제18조(개발사업의 대행) 국토교통부장관은 국토교통부장관 외의 자가 시행하는 개발사업을 효율적으로 수행하기 위하여 필요한 경우에는 해당 사업시행자와 협의하여 그 사업시행자의 비용부담으로 국토교통부장관이 시행하거나, 제3자에게 대행하게 할 수 있다.	

공항시설법, 시행령	공항시설법 시행규칙
제19조(개발사업의 촉진과 품질향상 등을 위한 특례) ① 다음 각 호의 어느 하나에 해당하는 개발사업에 대해서는 「건축법」 제49조 · 제50조 및 제53조, 「위험물안전관리법」 제5조 제4항 및 「화재예방, 소방시설 설치 · 유지 및 안전관리에 관한 법률」 제9조 제1항을 적용하지 아니한다. 1. 국토교통부장관이 기술심의위원회의 심의를 거쳐 인정한 특수기술 또는 특수장치를 이용한 개발사업 2. 개발사업에 따른 시설의 구조 및 형태가 관계 법령에 따른 소방 · 방재 · 방화 · 대피 등에 관한 기준보다 높은 수준이라고 국토교통부장관이 기술심의위원회의 심의를 거쳐 인정하는 개발사업 ② 사업시행자는 다양한 기능과 특성을 갖는 건설공사를 발주할 때 공사의 성질상 또는 기술관리상 건축 · 전기 및 전기통신 공사를 분리하여 발주하기 곤란한 경우로서 대통령령으로 정하는 경우에는 통합하여 발주할 수 있다.	
영 제28조(분리발주의 예외) 법 제19조 제2항에서 "대통령령으로 정하는 경우"란 다음 각 호의 어느 하나에 해당하는 경우를 말한다. 1. 특허공법 등 특수한 기술에 의하여 행하여지는 공사로서 분리발주할 경우 하자책임의 구분이 불명확하게 되거나 하나의 목적물을 완성할 수 없게 되는 경우 2. 천재지변 또는 재해로 인한 복구공사로서 발주가 시급하여 분리발주가 곤란한 경우 3. 국방 · 국가안보 등과 관련되는 공사로서 기밀유지를 위하여 분리발주가 곤란한 경우 4. 「국가를 당사자로 하는 계약에 관한 법률 시행령」 제79조 제1항 제5호에 따른 설계 · 시공일괄입찰로 시행하는 공사이거나 「지방자치단체를 당사자로 하는 계약에 관한 법률 시행령」 제95조 제1항 제5호에 따른 설계 · 시공일괄입찰로 시행하는 공사로서 분리발주가 곤란한 경우 5. 효율적인 사업추진을 위하여 분리발주가 곤란하다고 국토교통부장관이 기술심의위원회의 심의를 거쳐 인정하는 경우	

공항시설법, 시행령	공항시설법 시행규칙
③ 사업시행자는 「산업집적활성화 및 공장설립에 관한 법률」 제20조에도 불구하고 개발사업에 들어가는 각종 건설자재의 생산시설로서 국토교통부장관이 개발사업에 직접 필요하다고 인정하는 시설을 공항·비행장개발예정지역 또는 그 인근에 신설·증설 또는 이전할 수 있다. 이 경우 건설자재의 생산시설은 공사용 목적으로 개발사업 기간 중에 설치되는 것으로 한정한다. ④ 사업시행자는 개발사업을 끝낸 경우에는 제3항에 따라 설치한 시설을 원상회복하여야 한다.	
제20조(준공확인) ① 국토교통부장관 외의 사업시행자는 개발사업에 관한 공사를 끝낸 경우에는 지체 없이 국토교통부령으로 정하는 바에 따라 국토교통부장관에게 공사준공 보고서를 제출하고 준공확인을 받아야 한다. 다만, 「건축법」 제22조에 따른 허가권자로부터 사용승인을 받은 건축물에 대해서는 준공확인을 받은 것으로 본다. ② 제1항 단서에 따라 허가권자로부터 사용승인을 받은 사업시행자는 국토교통부장관에게 그 사실을 보고하여야 한다. ③ 국토교통부장관은 제1항에 따라 준공확인을 하는 경우에는 관계 중앙행정기관의 장, 지방자치단체의 장, 「공공기관의 운영에 관한 법률」 제4조에 따른 공공기관의 장 또는 관계 전문기관 등에 준공확인에 필요한 검사를 의뢰할 수 있다. ④ 국토교통부장관은 제1항에 따른 준공확인 신청을 받았을 때에는 준공확인을 한 후 그 공사가 실시계획의 내용대로 시행되었다고 인정되는 경우에는 그 신청인에게 준공확인증명서를 발급하여야 한다. ⑤ 국토교통부장관은 개발사업에 관한 공사를 끝낸 경우 또는 제4항에 따라 준공확인증명서를 발급한 경우에는 국토교통부령으로 정하는 바에 따라 개발사업의 명칭, 종류, 위치 및 사용 개시일 등을 고시하여야 한다. ⑥ 제5항에 따라 고시를 하였거나 제1항 단서에 따라 사용승인서를 받은 경우에는 제8조 제1항 각 호의 인·허가등에 따른 해당 사업의 준공확인 또는 준공인가 등을 받은 것으로 본다.	제14조(준공확인의 신청 등) ① 법 제20조 제1항 본문에 따른 준공확인 또는 법 제25조 제2항에 따른 이착륙장 준공확인을 받으려는 사업시행자는 별지 제8호서식의 보고서에 다음 각 호의 서류를 첨부하여 지방항공청장에게 제출하여야 한다. 이 경우 담당 공무원은 「전자정부법」 제36조 제1항에 따른 행정정보의 공동이용을 통하여 법인등기사항증명서(신청인이 법인인 경우만 해당한다)를 확인하여야 한다. 〈개정 2018. 2. 9., 2018. 6. 27.〉 1. 준공조서(준공설계도서 및 준공사진을 포함한다) 2. 공사착공 전 및 준공 후의 상황을 구분·인식할 수 있는 준공사진 또는 도면 3. 시공품질검사명세서(「건설기술진흥법 시행령」 제89조에 따라 품질관리계획 또는 품질시험계획을 수립하여야 하는 건설공사에 한정한다) 4. 시장·군수 또는 자치구청장이 발행하는 지적측량성과도(필요한 경우만 해당한다) ② 법 제20조 제4항에 따른 준공확인 증명서 및 법 제25조 제4항에 따른 이착륙장 준공확인 증명서는 별지 제9호서식과 같다. 〈개정 2018. 6. 27.〉 ③ 법 제20조 제5항에 따른 준공확인의 고시는 다음 각 호의 사항을 고시하는 것으로 한다. 1. 공항 또는 비행장의 명칭·위치 및 면적 2. 사업시행자의 성명(명칭) 및 주소 3. 사업의 목적 및 내용 4. 해당 사업의 완료일 5. 해당 시설의 사용 개시 예정일 6. 시계비행 또는 계기비행 이륙·착륙 절차 7. 「국토의 계획 및 이용에 관한 법률」 제65조 제1항에 따라 새로 설치된 공공시설 또는 종래의 공공시설의 귀속에 관한 조서 및 관계 도면 8. 해당 시설의 이용에 관한 특별한 사항

공항시설법, 시행령	공항시설법 시행규칙
⑦ 제4항에 따른 준공확인증명서를 발급받기 전에는 개발사업으로 조성되거나 설치된 토지 및 시설을 사용해서는 아니 된다. 다만, 국토교통부장관으로부터 준공확인 전에 사용허가를 받았거나 제1항 단서에 따라 건축물에 대하여 준공확인을 받은 것으로 보는 경우에는 그러하지 아니하다. ⑧ 국토교통부장관은 제7항 단서에 따른 사용허가의 신청을 받은 날부터 20일 이내에 허가 여부를 신청인에게 통지하여야 한다. 〈신설 2018. 12. 18.〉	④ 국토교통부장관 또는 지방항공청장은 제3항에 따라 고시한 사항이 변경된 경우에는 그 변경 사항을 고시하여야 한다. ⑤ 법 제20조 제7항 단서에 따른 준공확인 전 사용허가 또는 법 제25조 제5항 단서에 따른 이착륙장 준공확인 전 사용허가를 받으려는 자는 별지 제10호서식의 신청서에 다음 각 호의 서류를 첨부하여 지방항공청장에게 제출하여야 한다. 이 경우 담당 공무원은 「전자정부법」 제36조 제1항에 따른 행정정보의 공동이용을 통하여 법인등기사항증명서(법인인 경우만 해당한다)를 확인하여야 한다. 〈개정 2018. 2. 9., 2018. 6. 27.〉 1. 준공확인 전에 사용하려는 시설의 현황 및 목적을 기재한 서류 2. 시공품질검사명세서(「건설기술진흥법 시행령」 제89조에 따라 품질관리계획 또는 품질시험계획을 수립하여야 하는 건설공사에 한정한다)
제21조(투자허가 · 시설물의 귀속 등) ① 국토교통부장관이 시행하는 개발사업에 투자하려는 자는 국토교통부장관의 허가를 받아야 한다. 이 경우 국토교통부장관은 그 개발사업과 관련된 토지 및 그 밖의 시설(공항의 유지 · 보수를 위한 시설, 공항이용객 편의시설 등 대통령령으로 정하는 시설은 제외한다)을 국가에 귀속시킬 것을 조건으로 허가할 수 있다. **영 제29조(투자허가의 신청)** 법 제21조 제1항에 따라 국토교통부장관이 시행하는 개발사업에 투자하려는 자는 국토교통부령으로 정하는 투자허가신청서에 사업계획서 및 설계도서를 첨부하여 국토교통부장관에게 제출하여야 한다. ② 제1항 후단 및 제6조 제4항에 따른 조건이 붙은 허가를 받아 조성되거나 설치된 토지 및 시설은 해당 공사의 준공과 동시에 국가에 귀속된다. 다만, 조건이 붙지 아니한 허가를 받은 경우에는 그 토지 및 공항시설은 해당 사업시행자의 소유로 한다. ③ 제2항에도 불구하고 「인천국제공항공사법」에 따른 인천국제공항공사가 인천국제공항 개발사업으로 조성 또는 설치한 토지 및 시설의 귀속에 관하여는 같은 법에서 정하는 바에 따른다.	**제15조(공항개발사업 투자허가신청서)** 영 제29조 제1항에서 "국토교통부령으로 정하는 투자허가신청서"란 별지 제11호서식의 신청서를 말한다.

공항시설법, 시행령

제22조(사용・수익 등) ① 국토교통부장관은 제21조 제2항에 따라 국가에 귀속된 공항시설 또는 비행장시설의 투자자 또는 사업시행자에게 그 시설 또는 국토교통부장관이 관리하는 다른 시설을 그가 투자한 총사업비의 범위에서 대통령령으로 정하는 바에 따라 무상으로 사용・수익하게 할 수 있다. 다만, 「인천국제공항공사법」에 따른 인천국제공항공사가 사업시행자로서 인천국제공항 개발사업으로 조성 또는 설치한 토지 및 시설의 사용・수익 등에 관하여는 같은 법에서 정하는 바에 따른다.

영 제30조(무상사용・수익 허가 등) ① 법 제22조 제1항에 따라 국가에 귀속된 공항시설, 비행장시설 또는 국토교통부장관이 관리하는 다른 시설의 무상사용・수익허가를 받으려는 투자자 또는 사업시행자(이하 이 조에서 "투자자등"이라 한다)는 무상사용・수익을 하려는 공항시설, 비행장시설 또는 국토교통부장관이 관리하는 다른 시설의 종류, 무상사용・수익의 목적 및 기간을 적은 신청서를 국토교통부장관에게 제출하여야 한다.

② 국토교통부장관이 법 제22조 제1항에 따른 무상사용・수익허가를 할 수 있는 공항시설, 비행장시설 또는 국토교통부장관이 관리하는 다른 시설의 범위는 투자자등이 해당 시설을 무상으로 사용・수익하여도 해당 공항, 비행장 또는 국토교통부장관이 관리하는 다른 시설의 관리・운영에 지장을 주지 아니한다고 인정되는 것으로 한정한다.

③ 법 제22조 제1항에 따른 무상사용・수익허가를 위한 총사업비의 산정방법은 해당 개발사업의 준공확인일을 기준으로 그 개발사업과 관련된 다음 각 호의 비용을 합산한 금액으로 한다. 〈개정 2020. 8. 26.〉

1. 조사비: 개발사업의 시행을 위한 측량비와 그 밖의 조사비로서 공사비에 포함되지 아니한 비용
2. 설계비: 개발사업의 시행을 위한 설계에 필요한 비용
3. 공사비: 개발사업의 시행을 위한 재료비, 노무비 및 경비를 합친 금액. 이 경우 각 비용의 산정은 「국가를 당사자로 하는 계약에 관한 법률 시행령」 제9조에 따른 예정가격의 결정기준과 정부표준품셈 및 단가(정부고시가격이 있는 경우에는 그 가격을 말한다)에 따른다.
4. 보상비: 개발사업의 시행을 위하여 지급된 토지매입비[건물, 입목(立木) 등의 매입비를 포함한다], 이주대책비 및 영업권・어업권・양식업권・광업권 등의 권리에 대한 보상비
5. 부대비: 「국가를 당사자로 하는 계약에 관한 법률 시행령」 제9조의 예정가격의 결정기준에 따라 산정한 일반관리비, 환경영향평가비, 시공감리비 등 개발사업 시행허가의 조건을 이행하기 위하여 필요한 모든 비용과 「농지법」 제40조에 따른 농지보전부담금 등
6. 건설이자: 제1호부터 제5호까지의 비용에 대한 건설이자(이자율은 사업기간 중 한국은행이 발표하는 예금은행 정기예금 가중평균 수신금리를 적용한다)

④ 법 제22조 제1항에 따라 공항시설, 비행장시설 또는 국토교통부장관이 관리하는 다른 시설을 무상으로 사용・수익할 수 있는 기간은 그 시설을 유상으로 사용할 경우의 사용료 총액이 제1항에 따라 산출된 총사업비에 도달할 때까지로 한다.

② 국토교통부장관은 공항 또는 비행장의 운영을 위하여 부득이하게 필요한 경우에는 제1항에 따라 무상으로 사용・수익을 하게 한 공항시설 또는 비행장시설의 무상사용・수익허가를 취소할 수 있다. 이 경우 국토교통부장관은 제1항에 따른 투자자 또는 사업시행자가 국가에 귀속된 공항시설 또는 비행장시설을 유상으로 사용・수익할 경우의 사용료 총액이 총사업비에 도달하지 아니한 경우에는 그 사용료 총액이 총사업비에 도달할 때까지 다른 공항시설 또는 비행장시설을 무상으로 사용・수익하게 하는 등의 방식으로 보상이 이루어지도록 필요한 조치를 하여야 한다.

③ 제1항에 따른 총사업비의 산정방법과 무상으로 사용・수익할 수 있는 기간은 대통령령으로 정한다.

제23조(재정지원) ① 국가는 개발사업의 촉진을 위하여 사업시행자에게 예산의 범위에서 해당 개발사업에 필요한 비용의 전부 또는 일부를 보조하거나 재정자금을 융자할 수 있다.

② 국가는 지방자치단체의 장이 제25조 제1항에 따라 국토교통부장관의 허가를 받아 이착륙장을 설치하는 경우에는 해당 사업시행에 필요한 비용의 전부 또는 일부를 보조하거나 재정자금을 융자할 수 있다.

공항시설법, 시행령	공항시설법 시행규칙
제24조(공항시설 및 비행장시설의 설치기준 등) 제6조 제1항 및 제2항에 따른 개발사업에 필요한 공항시설 또는 비행장시설 및 항행안전시설의 설치에 관한 기준(이하 "시설설치기준"이라 한다)은 대통령령으로 정한다. **영 제31조(공항시설 및 비행장시설의 설치기준)** 법 제24조에 따른 개발사업에 필요한 공항시설 및 비행장시설의 설치기준은 다음 각 호와 같다. 1. 공항 또는 비행장 주변에 항공기의 이륙·착륙에 지장을 주는 장애물이 없을 것. 다만, 해당 공항 또는 비행장의 공사 완료 예정일까지 그 장애물을 확실히 제거할 수 있다고 인정되는 경우는 제외한다. 2. 공항 또는 비행장의 체공선회권(공항 또는 비행장에 착륙하려는 항공기의 체공선회를 위하여 필요하다고 인정하는 공항 또는 비행장 상공의 정해진 공역을 말한다. 이하 같다)이 인접한 공항 또는 비행장의 체공선회권과 중복되지 아니할 것 3. 공항 또는 비행장의 활주로·착륙대·유도로의 길이 및 폭과 각 표면의 경사도 및 공항 또는 비행장의 표지시설 등이 국토교통부령으로 정하는 기준에 적합할 것	**제16조(공항시설 및 비행장시설의 설치기준)** 영 제31조 제3호에서 "국토교통부령으로 정하는 기준"이란 별표 1에 따른 기준을 말한다.
제25조(이착륙장) ① 국토교통부장관은 이착륙장을 설치할 수 있으며, 국토교통부장관 외의 자가 이착륙장을 설치하려는 경우에는 대통령령으로 정하는 바에 따라 국토교통부장관으로부터 허가를 받아야 한다. 국토교통부장관이 이착륙장의 설치를 허가하려는 경우에는 관계 중앙행정기관의 장 및 관할 시장·군수·구청장과 사전에 협의하여야 한다. **영 제32조(이착륙장의 설치 허가 신청)** ① 법 제25조 제1항에 따라 국토교통부장관 외의 자가 이착륙장을 설치하려는 경우에는 국토교통부령으로 정하는 이착륙장 설치허가 신청서에 다음 각 호의 서류를 첨부하여 국토교통부장관에게 제출하여야 한다. 이 경우 국토교통부장관은 「전자정부법」 제36조 제1항에 따른 행정정보의 공동이용을 통하여 법인 등기사항증명서(신청인이 법인인 경우에 한정한다)를 확인하여야 한다. 1. 이착륙장 설치계획서 2. 이착륙장 설치 예정 부지에 대한 소유권 또는 사용권이 있음을 증명하는 서류(소유권 또는 사용권이 없는 경우에는 이착륙장 설치공사 예정일까지 이를 취득하기 위한 계획서를 말한다)	**제17조(이·착륙장의 설치허가신청서)** 영 제32조 제1항 각 호 외의 부분 전단에서 "국토교통부령으로 정하는 이착륙장 설치허가 신청서"란 별지 제12호서식의 신청서를 말한다.

공항시설법, 시행령

3. 소유자의 성명・주소가 기재된 토지조서 및 물건조서
4. 공사의 내용을 확인할 수 있는 설계도서(설계도면, 설계설명서, 개략적인 공사비 및 수량산출서를 포함한다)

② 제1항 제1호에 따른 이착륙장 설치계획서에는 다음 각 호의 사항이 포함되어야 한다.

1. 이착륙장 시설의 개요 및 설치목적
2. 이착륙장 설치 기간 및 공사 방법
3. 이착륙장 설치에 사용되는 자금의 조달계획
4. 이착륙장을 사용할 예정인 경량항공기 또는 초경량비행장치의 종류
5. 이착륙장 관리계획
6. 이착륙장의 시계비행 절차
7. 이착륙장에 필요한 공역도면 및 인접공역의 현황
8. 인접한 공항 또는 비행장(군 비행장을 포함한다)의 비행절차와의 상관관계를 설명하는 도면
9. 경량항공기 또는 초경량비행장치에 제공되는 항공교통업무의 내용
10. 풍향・풍속도(이착륙장 예정지・예정수면 또는 그 부근에서의 풍속은 최근 1년 이상의 자료에 의하여 작성된 것에 한정한다)

③ 법 제25조 제1항에 따라 국토교통부장관 외에 이착륙장을 설치하려는 자는 제1항 제4호에도 불구하고 국토교통부장관으로부터 이착륙장 설치 허가를 받은 후 공사를 착수하기 전에 설계도서에 관하여 국토교통부장관으로부터 따로 허가를 받는 조건으로 설계도서를 첨부하지 아니할 수 있다. 이 경우 이착륙장 설치에 소요되는 추정 비용(공사비를 포함한다) 및 시설배치계획 도면을 설계도서 대신 제출하여야 한다.

영 제33조(이착륙장의 설치기준) 법 제25조 제1항에 따른 이착륙장의 설치기준은 다음 각 호와 같다.

1. 이착륙장 주변에 경량항공기 또는 초경량비행장치의 이륙 또는 착륙에 지장을 주는 장애물이 없을 것. 다만, 해당 이착륙장의 공사 완료 예정일까지 그 장애물을 확실히 제거할 수 있다고 인정되는 경우는 제외한다.
2. 이착륙장 활주로의 길이・폭과 활주로 안전구역 및 활주로 보호구역의 길이・폭 등이 국토교통부장관이 정하여 고시하는 기준에 적합할 것

② 제1항에 따라 이착륙장 설치허가를 받은 자는 이착륙장 설치공사를 완료한 경우 지체 없이 국토교통부령으로 정하는 바에 따라 공사준공보고서를 국토교통부장관에게 제출하고 준공확인을 받아야 하며, 제3항에 따른 기준에 적합하도록 이착륙장을 관리하여야 한다. 〈개정 2017. 12. 26.〉

영 제34조(이착륙장의 관리기준) ① 법 제25조 제2항에 따른 이착륙장의 관리기준은 다음 각 호와 같다.

1. 제33조에 따른 이착륙장의 설치기준에 적합하도록 유지할 것
2. 이착륙장 시설의 기능 유지를 위하여 점검・청소 등을 할 것
3. 개량이나 그 밖의 공사를 하는 경우에는 필요한 표지의 설치 또는 그 밖의 적절한 조치를 하여 경량항공기 또는 초경량비행장치의 이륙 또는 착륙을 방해하지 아니할 것
4. 이착륙장에 사람・차량 등이 임의로 출입하지 아니하도록 할 것
5. 기상악화, 천재지변이나 그 밖의 원인으로 인하여 경량항공기 또는 초경량비행장치의 안전한 이륙 또는 착륙이 곤란할 우려가 있는 경우에는 지체 없이 해당 이착륙장의 사용을 일시 정지하는 등 위해를 예방하기 위하여 필요한 조치를 할 것
6. 관계 행정기관 및 유사시에 지원하기로 협의된 기관과 수시로 연락할 수 있는 설비 또는 비상연락망을 갖출 것
7. 그 밖에 국토교통부장관이 정하여 고시하는 이착륙장 관리기준에 적합하게 관리할 것

② 이착륙장을 관리하는 자는 다음 각 호의 사항이 포함된 이착륙장 관리규정을 정하여 관리하여야 한다.

1. 이착륙장의 운용 시간
2. 이륙 또는 착륙의 방향과 비행구역 등을 특별히 한정하는 경우에는 그 내용

공항시설법, 시행령

3. 경량항공기 또는 초경량비행장치를 위한 연료 · 자재 등의 보급 장소, 정비 · 점검 장소 및 계류 장소(해당 보급 · 정비 · 점검 등의 방법을 지정하려는 경우에는 그 방법을 포함한다)
4. 이착륙장의 출입 제한 방법
5. 이착륙장 안에서의 행위를 제한하는 경우에는 그 제한 대상 행위
6. 경량항공기 또는 초경량비행장치의 안전한 이륙 또는 착륙을 위한 이착륙 절차의 준수에 관한 사항

③ 이착륙장을 관리하는 자는 다음 각 호의 사항이 기록된 이착륙장 관리대장을 갖추어 두고 관리하여야 한다.

1. 이착륙장의 설비상황
2. 이착륙장 시설의 신설 · 증설 · 개량 등 시설의 변동 내용
3. 재해 · 사고 등이 발생한 경우에는 그 시각 · 원인 · 상황과 이에 대한 조치
4. 관계 기관과의 연락사항
5. 경량항공기 또는 초경량비행장치의 이착륙장 사용상황

③ 제1항 및 제2항에 따른 이착륙장의 설치 및 관리에 필요한 기준은 대통령령으로 정한다.

④ 제2항에 따른 준공확인의 신청을 받은 국토교통부장관은 지체 없이 준공검사를 한 후 해당 설치공사가 제3항에 따른 기준에 적합한 경우 준공확인증명서를 발급하여야 한다. 〈신설 2017. 12. 26.〉

⑤ 제4항에 따른 준공확인증명서를 받기 전에는 해당 이착륙장을 사용하여서는 아니 된다. 다만, 국토교통부령으로 정하는 바에 따라 국토교통부장관으로부터 사용허가를 받은 경우에는 그러하지 아니하다. 〈신설 2017. 12. 26.〉

⑥ 국토교통부장관은 다음 각 호의 어느 하나에 해당하는 경우에는 이착륙장을 설치 또는 관리하는 자에게 적합한 조치를 하도록 명령할 수 있다. 이 경우 국토교통부장관은 명령을 받은 자가 국토교통부장관이 정하는 상당한 기간 내에 적합한 조치를 하지 아니하는 경우에는 해당 허가를 취소할 수 있다. 〈개정 2017. 12. 26.〉

1. 정당한 사유 없이 이착륙장 설치허가서에 적힌 공사 착수 예정일부터 1년 이내에 착공하지 아니하거나 정당한 사유 없이 공사 완료 예정일까지 공사를 끝내지 아니한 경우
2. 허가에 붙인 조건을 위반한 경우
3. 제3항에 따른 이착륙장의 설치 및 관리 기준에 적합하지 아니한 경우

⑦ 국토교통부장관은 이착륙장 설치자가 다음 각 호의 어느 하나에 해당하는 경우에는 그 사업의 시행 및 관리에 관한 허가 또는 승인을 취소하거나 그 효력의 정지, 공사의 중지 명령 등의 필요한 처분을 할 수 있다. 다만, 제1호 또는 제3호에 해당하는 경우에는 그 사업의 시행 및 관리에 관한 허가 또는 승인을 취소하여야 한다. 〈개정 2017. 12. 26.〉

1. 거짓이나 그 밖의 부정한 방법으로 허가를 받은 경우
2. 제1항을 위반하여 국토교통부장관 외의 자가 허가를 받지 아니하고 이착륙장을 설치하거나 허가 받은 사항을 위반한 경우
3. 사정 변경으로 이착륙장 설치를 계속 시행하는 것이 불가능하다고 인정되는 경우

⑧ 국토교통부장관은 다음 각 호의 어느 하나에 해당하는 경우에는 이착륙장 사용의 중지를 명할 수 있다. 〈개정 2017. 12. 26.〉

1. 이착륙장의 위치 · 구조 등이 설치허가서에 적힌 사실과 다른 경우
2. 제3항에 따른 기준에 맞지 아니하게 된 경우
3. 제5항을 위반하여 준공확인증명서를 받기 전에 이착륙장을 사용하거나 사용허가를 받지 아니하고 이착륙장을 사용하는 경우

공항시설법, 시행령	공항시설법 시행규칙
제3장 공항 및 비행장의 관리·운영	
제26조(공항시설관리권) ① 국토교통부장관은 공항시설을 유지·관리하고 그 공항시설을 사용하거나 이용하는 자로부터 사용료를 징수할 수 있는 권리(이하 "공항시설관리권"이라 한다)를 설정할 수 있다. ② 제1항에 따라 공항시설관리권을 설정받은 자는 대통령령으로 정하는 바에 따라 국토교통부장관에게 등록하여야 한다. 등록한 사항을 변경할 때에도 또한 같다. ③ 공항시설관리권은 물권(物權)으로 보며, 이 법에 특별한 규정이 있는 경우를 제외하고는 「민법」 중 부동산에 관한 규정을 준용한다.	
제27조(공항시설관리권 관련 저당권 설정의 특례) ① 저당권이 설정된 공항시설관리권은 저당권자의 동의가 없으면 처분할 수 없다. ② 제26조 제1항에 따라 공항시설관리권이 설정된 공항시설 중 활주로 등 대통령령으로 정하는 중요 공항시설에 설정된 공항시설관리권에 대해서는 저당권을 설정할 수 없다.	
제28조(공항시설관리권 등의 권리 변동) ① 공항시설관리권 또는 공항시설관리권을 목적으로 하는 저당권의 설정·변경·소멸 또는 처분의 제한은 국토교통부에서 갖추어 두고 있는 공항시설관리권 등록부에 공항시설관리권 또는 저당권의 설정·변경·소멸 또는 처분의 제한 사실을 등록함으로써 효력이 발생한다. ② 제1항에 따른 공항시설관리권 등의 등록에 필요한 사항은 대통령령으로 정한다.	
제29조(비행장시설관리권) ① 국토교통부장관은 국가 소유의 비행장시설을 유지·관리하고 그 비행장시설을 사용하거나 이용하는 자로부터 사용료를 징수할 수 있는 권리(이하 "비행장시설관리권"이라 한다)를 설정할 수 있다. ② 비행장시설관리권에 관하여는 제26조 제2항·제3항, 제27조 및 제28조를 준용한다. 이 경우 "공항시설"은 "비행장시설"로, "공항시설관리권"은 "비행장시설관리권"으로, "공항시설관리권 등록부"는 "비행장시설관리권 등록부"로 본다.	
제30조(관리대장의 작성·비치) ① 공항시설 또는 비행장시설을 관리·운영하는 자는 공항시설 또는 비행장시설의 관리대장을 작성하여 갖추어 두어야 한다.	**제18조(시설의 관리대장)** ① 법 제30조에 따른 공항시설 또는 비행장시설의 관리대장은 공항 또는 비행장별로 작성하되 해당 시설의 도면을 포함하여야 한다.

공항시설법, 시행령	공항시설법 시행규칙
② 제1항에 따른 관리대장의 작성 · 비치 및 기록 사항 등에 필요한 사항은 국토교통부령으로 정한다.	② 제1항에 따른 관리대장에는 다음 각 호의 사항을 적어야 한다. 1. 시설의 신설 · 증설 · 개량 등의 변화 2. 그 밖에 공항 또는 비행장의 관리 · 운영을 위하여 필요한 사항 ③ 제1항에 따른 도면 중 평면도는 축척 5천분의 1의 도면에 부근의 지형 · 방위 및 해발고도 등을 표시하여 작성하되 다음 각 호의 사항을 포함하여야 한다. 1. 공항구역 또는 비행장구역 및 그 경계선 2. 행정구역의 명칭 및 그 경계선 3. 시설의 위치 및 배치 현황 4. 도로 · 철도 및 항만 등 접근교통시설 5. 주변 장애물 분포현황 6. 그 밖에 시설 관리에 필요한 참고사항 ④ 제1항에 따른 관리대장은 공항 또는 비행장을 관리 · 운영하는 자가 상시적으로 볼 수 있는 장소에 비치하여야 한다.
제31조(시설의 관리기준) ① 공항시설 또는 비행장시설을 관리 · 운영하는 자는 시설의 보안관리 및 기능유지에 필요한 사항 등 국토교통부령으로 정하는 시설의 관리 · 운영 및 사용 등에 관한 기준(이하 "시설관리기준"이라 한다)에 따라 그 시설을 관리하여야 한다. ② 국토교통부장관은 대통령령으로 정하는 바에 따라 공항시설 또는 비행장시설이 시설관리기준에 맞게 관리되는지를 확인하기 위하여 필요한 검사를 하여야 한다. 다만, 제38조 제1항에 따른 공항으로서 제40조 제1항에 따른 공항의 안전운영체계에 대한 검사를 받는 공항은 이 조에 따른 검사를 하지 아니할 수 있다. **영 제35조(공항시설 또는 비행장시설의 관리에 대한 검사)** ① 국토교통부장관은 법 제31조 제2항에 따라 공항시설 또는 비행장시설이 시설관리기준에 맞게 관리되는지를 확인하기 위하여 필요한 검사를 연 1회 이상 실시하여야 한다. 다만, 휴지(休止) 중인 공항시설 또는 비행장시설은 검사를 하지 아니할 수 있다. ② 제1항에 따른 검사의 절차 · 방법 및 항목 등에 관하여 필요한 사항은 국토교통부장관이 정하여 고시한다.	**제19조(시설의 관리기준 등)** ① 법 제31조 제1항에서 "시설의 보안관리 및 기능유지에 필요한 사항 등 국토교통부령으로 정하는 시설의 관리 · 운영 및 사용 등에 관한 기준"이란 별표 4의 기준을 말한다. ② 공항운영자는 시설의 적절한 관리 및 공항이용자의 편의를 확보하기 위하여 필요한 경우에는 시설이용자나 영업자에 대하여 시설의 운영실태, 영업자의 서비스실태 등에 대하여 보고하게 하거나 그 소속직원으로 하여금 시설의 운영실태, 영업자의 서비스실태 등을 확인하게 할 수 있다. ③ 공항운영자는 공항 관리상 특히 필요가 있을 경우에는 시설이용자 또는 영업자에 대하여 당해시설의 사용의 정지 또는 수리 · 개조 · 이전 · 제거나 그밖에 필요한 조치를 명할 수 있다.

공항시설법, 시행령	공항시설법 시행규칙
제31조의2(안전관리기준의 준수) ① 공항시설의 유지·보수, 항공기에 대한 급유, 항공화물 또는 수하물의 하역 등 대통령령으로 정하는 항공 관련 업무를 수행하는 사람(이하 "항공업무 수행자"라 한다)은 안전사고의 예방과 차량 및 장비의 안전운행을 위하여 「항공보안법」 제12조에 따른 공항시설 보호구역(이하 "보호구역"이라 한다)에서 다음 각 호의 안전관리기준을 모두 준수하여야 한다. 1. 차량을 운전하거나 장비 등을 사용하려는 경우 공항운영자의 사전 승인을 받을 것 2. 공항운영자에게 등록된 차량을 사용할 것 3. 보호구역에 설치되거나 표시된 교통안전 관련 시설 또는 표지를 훼손하지 말 것 4. 보호구역에서 차량 및 장비를 운행할 경우 다음 각 목의 행위를 하지 말 것 가. 제한속도 및 안전거리 유지의무를 위반하는 행위 나. 주행 중인 차량을 추월하는 행위 다. 지상에서 이동 중인 항공기의 앞을 가로지르거나 주기 중인 항공기의 밑으로 운행하는 행위. 다만, 항공기에 대한 급유, 화물의 하역 등 항공기 관련 업무를 수행 중인 경우는 제외한다. 5. 항공기 이동에 지장을 초래할 수 있는 장비, 부품, 이물질 등을 활주로 및 유도로 등에 방치하거나 공항운영자가 지정한 구역이 아닌 장소에 가연성 물질 등 위험물을 보관 또는 저장하지 말 것 6. 보호구역에서 사람, 차량 또는 장비 관련 사고가 발생한 경우 즉시 신고할 것 7. 보호구역에서 흡연(공항운영자가 지정한 장소에서의 흡연은 제외한다), 음주 또는 환각제 복용을 하거나 음주 또는 환각제 복용 상태에서 업무 수행을 하지 말 것 8. 그 밖에 안전사고의 예방과 차량 및 장비의 안전운행을 위하여 대통령령으로 정하는 기준 ② 국토교통부장관은 항공업무 수행자가 제1항에 따른 안전관리기준을 위반한 경우 1년 이내의 기간을 정하여 해당 업무(운전업무를 제외한다)에 대한 정지를 명하거나, 공항운영자에게 운전업무의 승인 취소 또는 1년 이내의 기간을 정하여 운전업무를 정지할 것을 명할 수 있다. 다만, 거짓 또는 그 밖의 부정한 방법으로 제1항 제1호에 따른 승인을 받거나 같은 항 제7호를 위반하여 음주 또는 환각제 복용 상태에서 운전업무를 수행한 경우에는 운전업무의 승인 취소를 명하여야 한다.	제19조의2(안전관리기준의 시행) ① 법 제31조의2 제1항에 따른 안전관리기준의 시행에 필요한 사항은 다음 각 호와 같다. 1. 공항운영자는 법 제31조의2 제1항에 따른 항공업무 수행자(이하 "항공업무 수행자"라 한다)가 준수하여야 하는 안전관리기준과 공항의 지형 및 구조 등에 관한 매뉴얼을 작성하여 항공업무 수행자가 소속한 기관에 나누어 줄 것 2. 항공업무 수행자가 소속한 기관의 장은 항공업무 수행자가 제1호에 따른 매뉴얼의 내용을 알 수 있도록 할 것 3. 공항운영자는 법 제31조의2 제1호에 따라 차량 운전 등에 대한 사전 승인을 하려면 운전업무종사자가 제1호에 따른 매뉴얼을 알고 있는지 확인할 것 ② 제1항 제1호에 따른 매뉴얼에 포함되어야 할 구체적인 사항은 국토교통부장관이 정하여 고시한다. [본조신설 2018. 6. 27.] 제19조의3(항공업무 수행자에 대한 행정처분 기준) 법 제31조의2 제3항에 따른 행정처분의 기준은 별표 4의2와 같다. [본조신설 2018. 6. 27.]

<table>
<tr><th>공항시설법, 시행령</th><th>공항시설법 시행규칙</th></tr>
<tr><td>영 제35조의2(항공 관련 업무) 법 제31조의2 제1항 각 호 외의 부분에서 "공항시설의 유지·보수, 항공기에 대한 급유, 항공화물 또는 수하물의 하역 등 대통령령으로 정하는 항공 관련 업무"란 다음 각 호의 어느 하나에 해당하는 업무를 말한다.
1. 공항시설의 유지·보수 및 안전점검
2. 항공기에 대한 급유
3. 항공화물·수하물의 탑재 및 하역
4. 항공기 정비, 항공기 입항·출항 유도, 항공기 동력공급, 항공기 청소, 승객 운송 차량 운전, 기내물품 운반
5. 그 밖에 공항시설 보호구역 안에서 상시적으로 이루어지는 항공기 운항 지원 업무
[본조신설 2018. 6. 26.]
영 제35조의3(안전사고 예방 등에 관한 기준) 법 제31조의2 제1항 제8호에 따른 안전사고의 예방과 차량 및 장비의 안전운행을 위한 기준은 다음 각 호와 같다.
1. 항공기 및 차량 등의 연료가 유출된 경우 즉시 공항운영자에게 알리고 이를 제거하는 등 필요한 조치를 취할 것
2. 승차정원 및 화물적재량을 초과하지 말 것
3. 일시정지선을 준수하고 공항운영자가 지정한 구역 외의 장소에 차량 및 장비를 주차하거나 정차하지 말 것
4. 차량 및 장비를 운행하는 중에는 전방을 주시하고, 휴대전화 사용 등 안전 운행에 방해가 되는 행위를 하지 말 것
5. 공항운영자가 정하는 바에 따라 차량 및 장비를 견인할 것
6. 공항운영자가 정하는 바에 따라 차량 및 장비에 대하여 안전검사를 실시할 것
[본조신설 2018. 6. 26.]

③ 제1항에 따른 안전관리기준의 시행 및 제2항에 따른 처분의 기준·절차 등에 필요한 사항은 국토교통부령으로 정한다.
[본조신설 2017. 12. 26.]</td><td></td></tr>
<tr><td>제32조(사용료의 징수 등) ① 공항시설 또는 비행장시설을 관리·운영하는 자는 국토교통부령으로 정하는 바에 따라 공항·비행장·항행안전시설을 사용하거나 이용하는 자로부터 사용료를 징수할 수 있다.</td><td>제20조(사용료의 징수 등) ① 법 제32조 제1항에 따라 지방항공청장이 징수하는 공항·비행장·항행안전시설 사용료의 종류 및 산정기준은 별표 5와 같다.
② 지방항공청장은 공항운영자에게 법 제32조 제1항에 따른 사용료의 징수업무를 대행하게 할 수 있다.</td></tr>
</table>

공항시설법, 시행령	공항시설법 시행규칙
② 제1항에 따라 사용료를 받으려는 자는 사용료의 금액을 정하거나 변경하려는 경우에는 국토교통부장관에게 신고하여야 한다. 다만, 지방자치단체의 장과 「공공기관의 운영에 관한 법률」 제4조에 따른 공공기관을 제외한 자가 사용료를 정하거나 변경하려는 경우에는 국토교통부장관의 승인을 받아야 한다. ③ 국토교통부장관은 제2항 본문에 따른 신고를 받은 날부터 10일 이내에 신고수리 여부를 신고인에게 통지하여야 한다. 〈신설 2018. 12. 18.〉 ④ 국토교통부장관이 제3항에서 정한 기간 내에 신고수리 여부 또는 민원 처리 관련 법령에 따른 처리기간의 연장을 신고인에게 통지하지 아니하면 그 기간(민원 처리 관련 법령에 따라 처리기간이 연장 또는 재연장된 경우에는 해당 처리기간을 말한다)이 끝난 날의 다음 날에 신고를 수리한 것으로 본다. 〈신설 2018. 12. 18.〉	③ 공항운영자는 항공권을 판매하는 항공운송사업자 등에게 법 제32조 제1항에 따른 사용료의 징수업무를 대행하게 할 수 있다. ④ 법 제32조 제2항에 따른 사용료 금액의 신고(변경신고를 포함한다)를 하려는 자 또는 승인(변경승인을 포함하다)을 받으려는 자는 별지 제13호서식의 신청서에 다음 각 호의 서류를 첨부하여 국토교통부장관에게 제출하여야 한다. 이 경우 담당 공무원은 「전자정부법」 제36조 제1항에 따른 행정정보의 공동이용을 통하여 법인등기사항증명서(법인인 경우만 해당한다)를 확인하여야 한다. 1. 예상 사업수지계산서 2. 다음 각 목의 사항을 포함한 사용료 요금표 가. 사용료 부과 대상시설 나. 사용료의 종류 및 산정기준 다. 사용료의 징수 방법 및 절차 3. 다음 각 목의 사항을 포함한 사용료 감면 규정 가. 감면대상 사용료의 종류 나. 사용료 감면절차 및 감면비율 4. 변경 사유 및 변경 전의 사업수지계산서(사용료 변경의 경우만 해당한다)
제33조(공항 또는 비행장 사용의 휴지·폐지·재개) ① 국토교통부장관 외의 사업시행자 및 공항시설 또는 비행장시설을 관리·운영하는 자(이하 "사업시행자등"이라 한다)는 공항시설의 사용을 휴지(休止) 또는 폐지하려는 경우 국토교통부장관의 승인을 받아야 한다. 다만, 공항의 운영과 직접적인 관련이 없는 시설 등 국토교통부령으로 정하는 공항시설은 그러하지 아니하다. ② 사업시행자등은 비행장시설을 휴지 또는 폐지하려는 경우 그 휴지 또는 폐지 예정일 15일 전에 국토교통부장관에게 신고하여야 한다. 다만, 비행장의 운영과 직접적인 관련이 없는 시설 등 국토교통부령으로 정하는 비행장시설은 그러하지 아니하다. ③ 사업시행자등은 휴지 또는 폐지한 공항시설 또는 비행장시설의 사용을 재개(再開)하려면 국토교통부령으로 정하는 바에 따라 국토교통부장관의 승인을 받아야 한다. 이 경우 국토교통부장관은 시설설치기준 및 시설관리기준에 따라 검사하여야 한다. ④ 국토교통부장관은 제1항부터 제3항까지에 따른 공항시설 또는 비행장시설의 휴지·폐지 또는 재개에 관한 사항을 고시하여야 한다.	제21조(공항·비행장시설 사용의 휴지·폐지·재개) ① 법 제33조 제1항에 따른 공항시설 사용 휴지·폐지의 승인을 받으려는 사업시행자등(국토교통부장관 외의 사업시행자 및 공항시설 또는 비행장시설을 관리·운영하는 자를 말한다. 이하 같다)은 별지 제14호서식의 신청서에 휴지 또는 폐지하려는 공항시설의 내용, 그 사유 및 기간을 적은 서류를 첨부하여 지방항공청장에게 제출하여야 한다. 이 경우 담당 공무원은 「전자정부법」 제36조 제1항에 따른 행정정보의 공동이용을 통하여 법인등기사항증명서(신청인이 법인인 경우만 해당한다)를 확인하여야 한다. ② 법 제33조 제1항 단서에서 "공항의 운영과 직접적인 관련이 없는 시설 등 국토교통부령으로 정하는 공항시설"이란 다음 각 호의 시설 외의 시설을 말한다. 1. 활주로, 유도로, 계류장, 격납고 등 항공기의 운항과 직접적인 관련이 있는 시설로서 국토교통부장관이 정하여 고시하는 시설 2. 탑승교, 여객·화물터미널 등 여객 또는 화물의 운송과 관련이 있는 시설로서 국토교통부장관이 정하여 고시하는 시설 3. 항행안전시설 등 항공안전 확보와 관련이 있는 시설로서 국토교통부장관이 정하여 고시하는 시설

<table>
<tr><th>공항시설법, 시행령</th><th>공항시설법 시행규칙</th></tr>
<tr><td></td><td>4. 승강설비, 교통약자 편의시설 등 이용객의 편의를 중대하게 저해하는 이용객 편의시설로서 국토교통부장관이 정하여 고시하는 시설
5. 주차장 등 공항 또는 비행장의 운영 및 관리와 직접적인 관련이 있는 시설로서 국토교통부장관이 정하여 고시하는 시설
③ 법 제33조 제2항 전단에 따른 비행장시설 휴지·폐지 신고를 하려는 사업시행자등은 별지 제14호 서식의 신고서에 휴지·폐지하려는 비행장시설의 내용, 그 사유 및 기간을 적은 서류를 첨부하여 지방항공청장에게 제출하여야 한다. 이 경우 담당 공무원은 「전자정부법」 제36조 제1항에 따른 행정정보의 공동이용을 통하여 법인등기사항증명서(신청인이 법인인 경우만 해당한다)를 확인하여야 한다.
④ 법 제33조 제2항 단서에서 "비행장의 운영과 직접 관련이 없는 시설 등 국토교통부령으로 정하는 비행장시설"이란 제2항 각 호의 시설 외의 비행장시설을 말한다.
⑤ 법 제33조 제3항에 따른 공항시설 또는 비행장시설의 사용 재개 승인을 받으려는 사업시행자등은 별지 제14호서식의 신청서에 사용을 재개하려는 시설의 내용, 재개 사유 및 재개 시기를 기재한 서류를 첨부하여 지방항공청장에게 제출하여야 한다. 이 경우 담당 공무원은 「전자정부법」 제36조 제1항에 따른 행정정보의 공동이용을 통하여 법인등기사항증명서(신청인이 법인인 경우만 해당한다)를 확인하여야 한다.
⑥ 법 제33조 제4항에 따른 공항 또는 비행장 사용의 휴지·폐지 또는 재개에 관한 고시는 다음 각 호의 사항을 고시하는 것으로 한다.
1. 공항 또는 비행장의 명칭 및 위치
2. 사업시행자의 성명(명칭) 및 주소
3. 휴지 또는 폐지의 사유(휴지의 경우에는 휴지개시일 및 그 예정기간을 포함한다)
4. 폐지 또는 재개의 경우에는 그 예정일</td></tr>
<tr><td>제34조(장애물의 제한 등) ① 누구든지 제4조 제5항에 따른 기본계획의 고시(변경 고시를 포함한다) 또는 제7조 제6항에 따른 실시계획의 고시(변경 고시를 포함한다) 이후에는 해당 고시에 따른 장애물 제한표면의 높이 이상의 건축물·구조물(고시 당시 이미 관계 법령에 따라 행위허가를 받았거나 허가를 받을 필요가 없는 행위에 관하여 그 공사에 착수한 건축물 또는 구조물은 제외한다)·식물 및 그 밖의 장애물을 설치·재배하거나 방치해서는 아니 된다. 다만, 다음 각 호의 어느 하나에 해당하는 경우에는 그러하지 아니하다. 〈개정 2017. 12. 26.〉</td><td>제22조(장애물의 제한에 관한 협의) ① 법 제34조 제1항 제1호에서 "국토교통부령으로 정하는 장애물"이란 다음 각 호의 것을 말한다.
1. 「건축법」에 따른 가설건축물 및 피뢰설비
2. 건축물 옥상에 설치되어 있는 7미터 미만의 안테나(유사 구조물을 포함한다)
3. 공항시설 또는 비행장시설로서 공항 또는 비행장 운영에 필요한 시설
4. 지형적 특성으로 인하여 인위적으로 제거하기 곤란한 산악 및 구릉</td></tr>
</table>

공항시설법, 시행령	공항시설법 시행규칙
1. 관계 행정기관의 장이 국토교통부령으로 정하는 바에 따라 국토교통부장관 또는 사업시행자등과 협의하여 설치 또는 방치를 허가하거나 그 공항 또는 비행장의 사용 개시 예정일 전에 제거할 예정인 가설물이나 그 밖에 국토교통부령으로 정하는 장애물의 경우 2. 국토교통부령으로 정하는 항공학적 검토 기준 및 방법 등에 따른 항공학적 검토 결과에 대하여 제35조에 따른 항공학적 검토위원회의 의결로 국토교통부장관이 항공기의 비행안전을 특히 해치지 아니한다고 결정하는 경우 ② 국토교통부장관은 제1항을 위반하여 설치·재배 또는 방치한 장애물(식물이 성장하여 장애물 제한표면 위로 나오는 경우를 포함한다)에 대한 소유권 및 그 밖의 권리를 가진 자에게 그 장애물의 제거를 명할 수 있다. ③ 국토교통부장관 및 사업시행자등은 제1항 각 호에 따른 고시 이전에 장애물 제한표면의 높이를 넘어선 장애물에 대한 소유권 및 그 밖의 권리를 가진 자에게 그 장애물의 제거를 요구할 수 있다. 이 경우 국토교통부장관 또는 사업시행자등은 대통령령으로 정하는 바에 따라 그 장애물에 대한 소유권 및 그 밖의 권리를 가진 자에게 장애물의 제거로 인한 손실을 보상하여야 한다. 영 제36조(장애물 제거에 따른 손실보상 등) ① 법 제34조 제3항 후단에 따라 손실보상을 받으려는 자는 다음 각 호의 사항을 적은 국토교통부령으로 정하는 신청서에 그 장애물에 대한 소유권 또는 그 밖의 권리를 가진 자임을 증명하는 서류 및 장애물을 표시하는 도면를 첨부하여 국토교통부장관 또는 국토교통부장관 외의 사업시행자 및 공항시설 또는 비행장시설을 관리·운영하는 자(이하 "사업시행자등"이라 한다)에게 제출하여야 한다. 1. 소유자 및 그 밖의 이해관계인의 성명과 주소 2. 장애물 및 그 밖에 그와 관련되는 물건의 소재지·종류·면적 및 수량 3. 손실보상 요구 명세	5. 레이저광선 발사 장치의 위치, 발사 방향 등 국토교통부장관이 정하여 고시하는 기준에 적합한 레이저광선 6. 별표 6의 기준에 적합한 건축물이나 구조물 ② 법 제34조 제1항 제1호에 따라 협의를 하려는 관계 행정기관의 장은 별지 제15호서식의 요청서에 다음 각 호의 서류를 첨부하여 비행장설치자에게 제출하여야 한다. 1. 사업계획서 2. 설계도 ③ 제2항에 따른 협의 요청서를 받은 비행장설치자는 다음 각 호의 구분에 따라 처리하여야 한다. 1. 협의대상이 장애물 제한표면의 높이 미만인 경우에는 설치 또는 방치할 수 있음을 통지한다. 2. 협의대상이 장애물 제한표면의 높이 이상이고 제1항 각 호의 어느 하나에 해당하지 아니하는 경우에는 설치 또는 방치할 수 없음을 통지한다. 3. 협의대상이 장애물 제한표면의 높이 이상이나 제1항 각 호의 어느 하나에 해당하는 경우에는 지방항공청장이 별표 7의 비행안전 확인기준에 따라 검토한 결과 항공기의 비행안전에 지장이 없다고 인정하면 설치 또는 방치할 수 있음을 통지하고 항공기의 비행안전에 지장이 있다고 인정하면 설치 또는 방치할 수 없음을 통지한다. ④ 관계 행정기관의 장은 제3항 제1호 또는 제3호에 따른 통지를 받아 건축물 또는 구조물을 설치한 경우에는 다음 각 호의 구분에 따른 기한 내에 해당 건축물 또는 구조물의 설치·변경 현황을 별지 제16호서식의 서식에 따라 비행장설치자에게 통보하여야 한다. 1. 공사 개시 후: 5일 이내 2. 최고높이 도달 후: 7일 이내 3. 준공 또는 사용승인 전: 5일 이내 제23조(항공학적 검토 기준 및 방법) 법 제34조 제1항 제2호에서 "국토교통부령으로 정하는 항공학적 검토 기준 및 방법"이란 별표 8의 검토기준 및 방법을 말한다. 제24조(장애물 등의 매수청구 신청서) 영 제36조 제2항에서 "국토교통부령으로 정하는 신청서"란 별지 제17호서식의 신청서를 말한다. 제25조(장애물의 현황 관리) 법 제34조 제8항에 따른 장애물 관리기준은 다음 각 호와 같다. 1. 관할 공항의 장애물 제한표면이 지표면 또는 수면에 수직으로 투영된 구역(이하 "장애물제한구역"이라 한다) 내의 장애물을 관리하고, 매년 1회 관리하는 장애물의 현황을 지방항공청장에게 보고할 것

공항시설법, 시행령	공항시설법 시행규칙
② 법 제34조 제4항에 따라 장애물 또는 그 장애물이 설치되어 있는 토지의 매수를 요구하려는 자는 다음 각 호의 사항을 적은 국토교통부령으로 정하는 신청서에 장애물 또는 토지에 대한 소유권이 있음을 증명하는 서류와 장애물 또는 토지를 표시하는 도면을 첨부하여 국토교통부장관 또는 사업시행자등에게 제출하여야 한다. 1. 소유자 및 그 밖의 이해관계인의 성명과 주소 2. 장애물 또는 토지의 소재지 · 종류 · 면적 및 수량 ③ 국토교통부장관 또는 사업시행자등이 법 제34조 제4항에 따라 장애물 또는 토지를 매수하려는 경우 매수가격은 당사자 간의 협의로 결정하되, 협의가 이루어지지 아니하거나 협의를 할 수 없는 경우에는 둘 이상의 감정평가업자에게 의뢰하여 평가한 금액의 산술평균치로 한다. ④ 제3항에 따른 감정평가를 위하여 당사자는 각각 감정평가업자 하나를 선정할 수 있으며, 어느 한쪽이 감정평가업자를 추천하지 아니하는 경우에는 상대방 어느 한쪽이 감정평가업자 둘을 선정할 수 있다. ⑤ 제3항에 따른 감정평가에 필요한 비용은 국토교통부장관 또는 사업시행자등이 부담하여야 한다. ⑥ 법 제34조 제7항 후단에 따라 국토교통부장관 또는 사업시행자등이 「공익사업을 위한 토지 등의 취득 및 보상에 관한 법률」 제51조에 따른 관할 토지수용위원회에 재결을 신청하려는 경우에는 장애물에 대한 소유권 및 그 밖의 권리를 가진 자에게 그 사실을 미리 알려야 한다.	2. 장애물제한구역 내에서 비행안전에 영향을 주는 장애물에 대해서는 5년마다 정밀측량을 실시하고 그 결과를 지방항공청장에게 보고할 것 제26조(항공학적 검토 전문기관) 법 제34조 제9항 전단에서 "국토교통부령으로 정하는 전문기관"이란 다음 각 호의 어느 하나에 해당하는 기관 중에서 국토교통부장관이 지정하여 고시하는 기관을 말한다. 1. 「정부출연연구기관 등의 설립 · 운영 및 육성에 관한 법률」에 따른 연구기관 2. 「과학기술분야 정부출연연구기관 등의 설립 · 운영 및 육성에 관한 법률」에 따른 연구기관 3. 그 밖에 국토교통부장관이 정하여 고시하는 인력기준을 갖춘 법인 제27조(항공기 비행안전에 관한 결정 신청) ① 법 제34조 제9항에 따른 비행안전에 관한 국토교통부장관의 결정을 받으려는 자는 별지 제18호서식의 신청서에 다음 각 호의 서류를 첨부하여 국토교통부장관에게 제출하여야 한다. 1. 제26조에 따라 지정 · 고시한 항공학적 검토 전문기관이 작성한 항공학적 검토 결과보고서 2. 그 밖에 국토교통부장관이 정하여 고시하는 서류 ② 국토교통부장관은 법 제34조 제1항 제2호에 따라 법 제35조에 따른 항공학적 검토위원회의 의결이 있은 날부터 14일 이내에 그 의결결과 및 비행안전에 관한 결정결과를 신청인에게 통보하여야 한다.
④ 제3항에 따른 장애물 또는 장애물이 설치되어 있는 토지의 소유자는 그 장애물의 제거로 인하여 그 장애물 또는 토지의 사용 · 수익이 곤란하게 된 경우에는 대통령령으로 정하는 바에 따라 국토교통부장관 또는 해당 사업시행자등에게 그 장애물 또는 토지의 매수를 요구할 수 있다. ⑤ 국토교통부장관은 제3항 후단에 따른 손실보상에 대하여 당사자 간의 협의가 이루어지지 아니하여 그 장애물을 제거할 수 없는 경우로서 해당 공항 또는 비행장의 원활한 관리 · 운영을 위하여 특히 필요하다고 인정될 때에는 장애물에 대한 소유권 및 그 밖의 권리를 가진 자에게 그 장애물의 제거를 명할 수 있다. ⑥ 제2항 및 제5항에 따라 장애물의 제거명령을 받은 자가 그 명령에 따르지 아니하는 경우에는 국토교통부장관은 「행정대집행법」에서 정하는 바에 따라 그 장애물을 제거할 수 있다.	

공항시설법, 시행령

⑦ 제5항에 따라 장애물을 제거하는 경우에는 국토교통부장관 또는 사업시행자등이 장애물에 대한 소유권 및 그 밖의 권리를 가진 자에게 그 장애물의 제거로 인한 손실을 보상하여야 한다. 이 경우 손실보상 금액은 당사자 간의 협의로 결정하되, 협의가 이루어지지 아니하거나 협의를 할 수 없는 경우에는 대통령령으로 정하는 바에 따라 「공익사업을 위한 토지 등의 취득 및 보상에 관한 법률」 제51조에 따른 관할 토지수용위원회에 재결을 신청할 수 있다.

⑧ 사업시행자등은 항공기 안전운항에 지장이 없도록 장애물에 대한 정기적인 현황조사 등 국토교통부령으로 정하는 바에 따라 장애물을 관리하여야 한다.

⑨ 제1항 제2호에 따른 항공기의 비행안전에 관한 국토교통부장관의 결정을 받고자 하는 자는 국토교통부령으로 정하는 전문기관에 신청하여 항공학적 검토를 거쳐 그 검토 결과보고서를 국토교통부령으로 정하는 절차에 따라 제출하여야 한다. 이 경우 항공학적 검토에 소요되는 비용은 신청하는 자가 부담한다.

제35조(항공학적 검토위원회) ① 항공학적 검토에 관한 사항을 심의·의결하기 위하여 국토교통부에 항공학적 검토위원회(이하 이 조에서 "위원회"라 한다)를 둔다.

영 제37조(항공학적 검토위원회의 구성) ① 법 제35조 제1항에 따른 항공학적 검토위원회(이하 "검토위원회"라 한다)의 위원장은 검토위원회의 위원 중에서 국토교통부장관이 지명하는 사람이 된다.

② 검토위원회의 위원은 다음 각 호의 사람 중에서 국토교통부장관이 임명하거나 위촉한다.

1. 항공 업무와 관련된 국토교통부 소속의 5급 이상 공무원
2. 공항의 개발·운영 등 항공 관련 학식과 경험이 풍부한 사람

③ 제2항 제2호에 따른 위원의 임기는 2년으로 한다.

② 위원회에서 항공학적 검토에 관한 사항을 심의·의결하는 때에는「국제민간항공조약」 및 같은 조약의 부속서(附屬書)에서 채택된 표준과 방식에 부합하도록 하여야 한다.

③ 위원회는 위원장 1명을 포함한 10명 이내의 위원으로 구성하되, 위원 중 과반수 이상은 외부 관계 전문가로 한다.

④ 위원회는 필요한 경우 행정기관의 장, 「공공기관의 운영에 관한 법률」 제4조에 따른 공공기관의 장, 그 밖에 관련 기관·단체의 장에게 자료의 제공 등 협조를 요청할 수 있다. 이 경우 해당 기관이나 단체의 장은 정당한 사유가 없으면 이에 따라야 한다.

⑤ 위원회의 위원 중 공무원이 아닌 사람은 「형법」 제129조부터 제132조까지를 적용할 때에는 공무원으로 본다.

⑥ 그 밖에 위원회의 구성과 운영 등에 필요한 사항은 대통령령으로 정한다.

영 제38조(검토위원회의 기능) 검토위원회는 다음 각 호의 사항을 심의·의결한다.

1. 법 제34조 제9항 전단에 따른 항공학적 검토 결과보고서에 관한 사항
2. 그 밖에 항공학적 검토와 관련하여 검토위원회의 위원장이 필요하다고 인정하는 사항

영 제39조(검토위원회 위원의 제척·기피·회피) ① 검토위원회의 위원이 다음 각 호의 어느 하나에 해당하는 경우에는 검토위원회의 심의·의결에서 제척된다.

1. 위원 또는 그 배우자나 배우자였던 사람이 해당 안건의 당사자(당사자가 법인·단체 등인 경우에는 그 임원을 포함한다. 이하 이 호 및 제2호에서 같다)가 되거나 그 안건의 당사자와 공동권리자 또는 공동의무자인 경우
2. 위원이 해당 안건의 당사자와 친족이거나 친족이었던 경우
3. 위원이 해당 안건에 대하여 증언, 진술, 자문, 연구, 용역 또는 감정을 한 경우
4. 위원이나 위원이 속한 법인이 해당 안건의 당사자의 대리인이거나 대리인이었던 경우

② 해당 안건의 당사자는 검토위원회의 위원에게 공정한 심의·의결을 기대하기 어려운 사정이 있는 경우에는 검토위원회에 기피 신청을 할 수 있고, 검토위원회는 의결로 이를 결정한다. 이 경우 기피 신청의 대상인 위원은 그 의결에 참여하지 못한다.

③ 위원이 제1항 각 호에 따른 제척 사유에 해당하는 경우에는 스스로 해당 안건의 심의·의결에서 회피하여야 한다.

<table>
<tr><th>공항시설법, 시행령</th><th>공항시설법 시행규칙</th></tr>
<tr><td>영 제40조(검토위원회 위원의 해임 및 해촉) 국토교통부장관은 검토위원회 위원이 다음 각 호의 어느 하나에 해당하는 경우에는 해당 위원을 해임하거나 해촉할 수 있다.
1. 심신장애로 인하여 직무를 수행할 수 없게 된 경우
2. 직무와 관련된 비위사실이 있는 경우
3. 직무태만, 품위손상이나 그 밖의 사유로 인하여 위원으로 적합하지 아니하다고 인정되는 경우
4. 제39조 제1항 각 호의 어느 하나에 해당하는 데에도 불구하고 회피하지 아니한 경우
5. 위원 스스로 직무를 수행하는 것이 곤란하다고 의사를 밝히는 경우
영 제41조(검토위원회 위원장의 직무) ① 검토위원회의 위원장은 검토위원회를 대표하고, 검토위원회의 업무를 총괄한다.
② 검토위원회의 위원장이 부득이한 사유로 직무를 수행할 수 없을 때에는 검토위원회의 위원장이 미리 지명한 검토위원회의 위원이 그 직무를 대행한다.
영 제42조(검토위원회의 운영) ① 검토위원회의 위원장은 검토위원회의 회의를 소집하고, 그 의장이 된다.
② 검토위원회의 회의는 재적위원 3분의 2 이상의 출석으로 개의하고, 출석위원 과반수의 찬성으로 의결한다.
③ 검토위원회의 위원장은 검토위원회의 회의를 소집하는 경우 회의 개최 7일 전까지 회의 일시, 장소 및 안건 등 구체적인 회의 일정을 검토위원회의 각 위원에게 알려야 한다. 다만, 긴급히 회의를 소집하여야 할 경우에는 그러하지 아니하다.
영 제43조(검토위원회의 간사) ① 검토위원회에 검토위원회의 사무를 처리할 간사 1명을 둔다.
② 간사는 국토교통부에서 항공학적 검토 업무를 담당하는 과장이 된다.
영 제44조(검토위원회의 운영세칙) 이 영에서 규정한 것 외에 검토위원회의 운영에 필요한 사항은 검토위원회의 의결을 거쳐 위원장이 정한다.</td><td></td></tr>
<tr><td>제36조(항공장애 표시등의 설치 등) ① 국토교통부장관 또는 사업시행자등은 장애물 제한표면에서 수직으로 지상까지 투영한 구역에 있는 구조물로서 국토교통부령으로 정하는 구조물에는 국토교통부령으로 정하는 항공장애 표시등(이하 "표시등"이라 한다) 및 항공장애 주간(晝間)표지(이하 "표지"라 한다)의 설치 위치 및 방법 등에 따라 표시등 및 표지를 설치하여야 한다.</td><td>제28조(항공 장애 표시등 및 항공장애 주간표지의 설치 등)
① 법 제36조 제1항 본문에서 "국토교통부령으로 정하는 구조물"이란 별표 9의 구조물을 말한다.
② 법 제36조 제1항 본문에서 "국토교통부령으로 정하는 항공장애 표시등(이하 "표시등"이라 한다) 및 항공장애 주간(晝間)표지(이하 "표지"라 한다)의 설치 위치 및 방법 등"이란 별표 10의 기준을 말한다. 〈개정 2018. 2. 9.〉</td></tr>
</table>

공항시설법, 시행령	공항시설법 시행규칙
다만, 제4조 제5항에 따른 기본계획의 고시 또는 변경 고시, 제7조 제6항에 따른 실시계획의 고시 또는 변경 고시를 한 후에 설치되는 구조물의 경우에는 그 구조물의 소유자가 표시등 및 표지를 설치하여야 한다. 〈개정 2017. 8. 9.〉 ② 장애물 제한표면 밖의 지역에서 지표면이나 수면으로부터 높이가 60미터 이상 되는 구조물을 설치하는 자는 제1항에 따른 표시등 및 표지의 설치 위치 및 방법 등에 따라 표시등 및 표지를 설치하여야 한다. 다만, 구조물의 높이가 표시등이 설치된 구조물과 같거나 낮은 구조물 등 국토교통부령으로 정하는 구조물은 그러하지 아니하다. 〈개정 2017. 8. 9.〉 ③ 국토교통부장관은 국토교통부령으로 정하는 바에 따라 제1항 및 제2항에 따른 구조물 외의 구조물이 항공기의 항행안전을 현저히 해칠 우려가 있으면 구조물에 표시등 및 표지를 설치하여야 한다. ④ 제1항 및 제3항에 따른 구조물의 소유자 또는 점유자는 국토교통부장관 또는 사업시행자등에 의한 표시등 및 표지의 설치를 거부할 수 없다. 이 경우 국토교통부장관 또는 사업시행자등은 제1항 본문 또는 제3항에 따른 표시등 및 표지의 설치로 인하여 해당 구조물의 소유자 또는 점유자에게 손실이 발생하면 대통령령으로 정하는 바에 따라 그 손실을 보상하여야 한다. **영 제45조(항공장애 표시등 및 항공장애 주간표지의 설치로 인한 손실보상)** ① 법 제36조 제4항 후단에 따른 손실보상의 금액은 당사자 간의 협의로 결정하되, 협의가 이루어지지 아니하거나 협의를 할 수 없는 경우에는 둘 이상의 감정평가업자에게 의뢰하여 평가한 금액의 산술평균치로 한다. ② 제1항에 따른 감정평가를 위하여 당사자는 각각 감정평가업자 하나를 선정할 수 있으며, 어느 한쪽이 감정평가업자를 추천하지 아니하는 경우에는 상대방 어느 한쪽이 감정평가업자 둘을 선정할 수 있다. ③ 제1항에 따른 감정평가에 필요한 비용은 국토교통부장관 또는 사업시행자등이 부담하여야 한다. ④ 제1항에 따른 보상은 당사자 간의 별도 합의가 없는 경우 현금으로 보상하여야 한다. ⑤ 국토교통부장관 외의 자가 제1항 또는 제2항에 따라 표시등 또는 표지를 설치하려는 경우에는 국토교통부장관과 미리 협의하여야 하며, 해당 시설을 설치한 날부터 15일 이내에 국토교통부령으로 정하는 바에 따라 국토교통부장관에게 신고하여야 한다. 〈신설 2017. 8. 9.〉	③ 삭제 〈2018. 2. 9.〉 ④ 법 제36조 제2항 단서에서 "구조물의 높이가 표시등이 설치된 구조물과 같거나 낮은 구조물 등 국토교통부령으로 정하는 구조물"이란 별표 11의 구조물을 말한다. ⑤ 법 제36조 제3항에 따라 같은 조 제1항 및 제2항에 따른 구조물 외의 구조물로서 다음 각 호의 요건을 모두 갖춘 구조물에는 제2항 및 제3항에 따라 표시등 및 표지를 설치하여야 한다. 1. 장애물 제한표면에서 수직으로 지상까지 투영한 구역에 위치한 구조물일 것 2. 장애물 제한표면에 근접한 구조물일 것 3.항공기의 항행 안전을 해칠 우려가 있는 구조물일 것 **제29조(표시등 및 표지의 설치·변경·철거신고 및 관리)** ① 법 제36조 제5항에 따라 표시등 또는 표지 설치 신고를 하려는 자는 별지 제19호서식의 신고서에 다음 각 호의 서류를 첨부하여 지방항공청장에게 제출하여야 한다. 〈개정 2018. 2. 9.〉 1. 표시등 또는 표지의 종류·수량 및 설치위치가 포함된 도면 2. 표시등 또는 표지의 설치사진(전체적 위치를 나타내는 것) 3. 그 밖에 국토교통부장관이 정하여 고시하는 사항 ② 법 제36조 제6항에 따라 표지등 또는 표지 철거 신고를 하려는 자는 별지 제19호의2서식의 신고서에 표시등 또는 표지의 철거사진을 첨부하여 지방항공청장에게 제출하여야 한다. 〈신설 2018. 2. 9.〉 ③ 법 제36조 제6항에 따라 표시등 또는 표지 변경 신고를 하려는 자는 별지 제19호의3서식의 신고서에 다음 각 호의 서류를 첨부하여 지방항공청장에게 제출하여야 한다. 〈신설 2018. 2. 9.〉 1. 표시등 또는 표지의 변경 설치 도면 2. 표시등 또는 표지의 변경 설치 사진 3. 그 밖에 국토교통부장관이 정하여 고시하는 서류 ④ 법 제36조 제7항에 따른 표시등 또는 표지의 관리기준은 별표 12와 같다. 〈개정 2018. 2. 9.〉 ⑤ 법 제36조 제9항에 따른 표시등 및 표지의 관리실태 검사 시기 및 방법 등은 국토교통부장관이 정하여 고시한다. 〈신설 2018. 2. 9.〉 ⑥ 법 제36조 제13항에 따른 표시등의 종류와 성능 등은 별표 10의 기준에 따른다. 〈신설 2018. 2. 9.〉 [제목개정 2018. 2. 9.]

공항시설법, 시행령	공항시설법 시행규칙
⑥ 제1항부터 제3항까지에 따라 표시등 또는 표지가 설치된 구조물을 소유 또는 관리하는 자가 해당 구조물에 설치된 표시등 또는 표지를 철거하거나 변경하려는 경우에는 국토교통부장관과 미리 협의하여야 하며, 해당 시설을 철거 또는 변경한 날부터 15일 이내에 국토교통부령으로 정하는 바에 따라 국토교통부장관에게 신고하여야 한다. 〈신설 2017. 8. 9.〉 ⑦ 제1항부터 제3항까지의 규정에 따라 표시등 또는 표지가 설치된 구조물을 소유 또는 관리하는 자는 국토교통부령으로 정하는 바에 따라 그 표시등 및 표지를 관리하여야 한다. 〈개정 2017. 8. 9.〉 ⑧ 국토교통부장관은 제1항 또는 제2항에도 불구하고 표시등 또는 표지를 설치하지 아니한 자에게 일정한 기간을 정하여 해당 시설의 설치를 명할 수 있다. 〈신설 2017. 8. 9.〉 ⑨ 국토교통부장관은 제7항에 따른 관리 실태를 정기 또는 수시로 검사하여야 하며, 검사 결과 점등 불량, 시설기준 미준수 등 관리상 하자를 발견하는 경우에는 그 시정을 명할 수 있다. 〈개정 2017. 8. 9.〉 ⑩ 제8항 또는 제9항에 따라 시정명령을 받은 자는 국토교통부장관이 정하는 기간 내에 그 명령을 이행하여야 하며, 그 명령을 이행하였을 때에는 지체 없이 이를 국토교통부장관에게 보고하여야 한다. 〈신설 2017. 8. 9.〉 ⑪ 국토교통부장관은 제10항에 따른 보고를 받은 경우 지체 없이 제8항 또는 제9항에 따른 시정명령의 이행 상태 등에 대한 확인을 하여야 한다. 〈신설 2017. 8. 9.〉 ⑫ 국토교통부장관은 제9항에 따른 검사 또는 시정명령 권한의 전부 또는 일부를 「공공기관의 운영에 관한 법률」에 따른 공공기관 등 관계 전문기관에 위탁할 수 있다. 〈개정 2017. 8. 9.〉	
영 제46조(검사 또는 시정명령 권한의 위탁) 국토교통부장관은 법 제36조 제12항에 따라 같은 조 제9항에 따른 표시등 및 표지 관리 실태의 검사 또는 시정명령 권한을 「한국교통안전공단법」에 따른 한국교통안전공단(이하 "한국교통안전공단"이라 한다)에 위탁한다. 〈개정 2018. 2. 9., 2019. 2. 8.〉	
⑬ 제1항부터 제3항까지에 따라 설치하는 표시등의 종류와 성능 등은 국토교통부령으로 정한다. 〈신설 2017. 8. 9.〉	

공항시설법, 시행령	공항시설법 시행규칙
제37조(항공등화와 유사한 등화의 제한) ① 누구든지 항공등화의 인식에 방해가 되거나 항공등화로 잘못 인식될 우려가 있는 등화[이하 "유사등화"(類似燈火)라 한다]를 설치해서는 아니 된다. ② 국토교통부장관은 항공등화를 설치할 때 유사등화가 이미 설치되어 있는 경우에는 항공등화의 인식을 방해하거나 항공등화로 잘못 인식되지 아니하도록 유사등화의 소유자 또는 관리자에게 그 유사등화를 가리거나 소등할 것을 명할 수 있다. 이 경우 그 조치에 필요한 비용은 그 항공등화의 설치자가 부담한다.	
제38조(공항운영증명 등) ① 국제항공노선이 있는 공항 등 대통령령으로 정하는 공항을 운영하려는 공항운영자는 국토교통부령으로 정하는 바에 따라 공항을 안전하게 운영할 수 있는 체계를 갖추어 국토교통부장관의 증명(이하 "공항운영증명"이라 한다)을 받아야 한다. **영 제47조(공항운영증명을 받아야 하는 공항 등)** ① 법 제38조 제1항에서 "국제항공노선이 있는 공항 등 대통령령으로 정하는 공항"이란 인천·김포·김해·제주·청주·무안·양양·대구·광주공항 및 그 밖에 국토교통부장관이 정하여 고시하는 공항을 말한다. ② 국토교통부장관은 법 제38조 제2항에 따라 다음 각 호에 따른 등급으로 구분하여 같은 조 제1항에 따른 공항운영증명(이하 "공항운영증명"이라 한다)을 할 수 있다. 1. 1등급: 「항공사업법」 제2조 제9호 및 제11호에 따른 국내항공운송사업 및 국제항공운송사업에 사용되고 최근 5년 평균 연간 운항횟수가 3만회 이상인 공항(부정기편만 운항하는 공항은 제외한다)에 대한 공항운영증명 2. 2등급: 「항공사업법」 제2조 제9호 및 제11호에 따른 국내항공운송사업 및 국제항공운송사업에 사용되고 최근 5년 평균 연간 운항횟수가 3만회 미만인 공항(부정기편만 운항하는 공항은 제외한다)에 대한 공항운영증명 3. 3등급: 「항공사업법」 제2조 제9호에 따른 국내항공운송사업에 사용되는 공항(부정기편만 운항하는 공항은 제외한다)에 대한 공항운영증명 4. 4등급: 제1호부터 제3호까지에 해당하지 아니하는 공항으로서 「항공사업법」 제2조 제7호에 따른 항공운송사업에 사용되는 공항에 대한 공항운영증명	**제30조(공항운영증명의 인가 등)** ① 법 제38조 제1항에 따른 공항운영증명(이하 "공항운영증명"이라 한다)을 받으려는 공항운영자는 법 제39조 제1항에 따른 공항운영규정(이하 "공항운영규정"이라 한다) 인가를 받은 후 별지 제20호서식의 신청서를 국토교통부장관에게 제출하여야 한다. 이 경우 담당 공무원은 「전자정부법」 제36조 제1항에 따른 행정정보의 공동이용을 통하여 법인등기사항증명서(신청인이 법인인 경우만 해당한다)를 확인하여야 한다. ② 국토교통부장관은 제1항에 따른 신청서를 제출받은 경우에는 해당 공항의 운영체계가 다음 각 호의 기준 및 규정에 적합한지의 여부를 심사하여 적합하다고 인정되면 별지 제21호서식의 증명서를 발급하여야 한다. 1. 법 제38조 제4항에 따른 공항안전운영기준(이하 "공항안전운영기준"이라 한다) 2. 법 제39조 제1항에 따라 인가받은 공항운영규정 ③ 「군사기지 및 군사시설 보호법」에 따른 비행장을 사용하는 공항에 대하여 공항운영증명을 받으려는 공항운영자는 공항운영이 군 작전에 영향을 주지 아니하도록 하여야 하며, 법 제40조 제1항에 따른 공항의 안전운영체계의 유지에 필요한 인력·장비 등을 마련하여야 한다. ④ 법 제38조 제3항에 따라 공항운영증명 변경인가를 받으려는 공항운영자는 법 제39조 제1항에 따른 공항운영규정 변경인가를 받거나 같은 조 제2항에 따른 공항운영규정 변경신고를 한 후 별지 제22호서식의 신청서에 그 공항의 공항운영증명의 변경내용을 확인할 수 있는 다음 각 호의 서류를 첨부하여 국토교통부장관에게 제출하여야 한다. 이 경우 담당 공무원은 「전자정부법」 제36조 제1항에 따른 행정정보의 공동이용을 통하여 법인등기사항증명서(신청인이 법인인 경우만 해당한다)를 확인하여야 한다.

공항시설법, 시행령	공항시설법 시행규칙
② 국토교통부장관은 공항운영증명을 하는 경우 공항의 사용목적, 항공기의 운항 횟수 등을 고려하여 대통령령으로 정하는 바에 따라 공항운영증명의 등급을 구분하여 증명할 수 있다. ③ 공항운영증명을 받은 자가 해당 공항의 공항운영증명의 등급 등 공항운영증명의 내용을 변경하려는 경우에는 국토교통부령으로 정하는 바에 따라 국토교통부장관의 공항운영증명 변경인가를 받아야 한다. ④ 국토교통부장관은 공항의 안전운영체계를 위하여 필요한 인력, 시설, 장비 및 운영절차 등에 관한 기술기준(이하 "공항안전운영기준"이라 한다)을 정하여 고시하여야 한다.	1. 국제항공노선 운항여부(국제항공노선 운항의 경우에만 해당하고, 부정기편만 운항하는 공항은 제외한다)를 기재한 서류 2. 신청일 전월의 말일을 기준으로 최근 5년간 평균 연간 운항 횟수를 기재한 서류 3. 해당 공항에 취항하는 항공기의 규모를 기재한 서류 ⑤ 국토교통부장관은 제4항에 따른 신청서를 제출받은 경우에는 해당 공항의 운영체계가 다음 각 호의 기준 및 규정에 적합한지의 여부를 심사하여 적합하다고 인정되면 별지 제21호서식의 증명서를 발급하여야 한다. 1. 공항안전운영기준 2. 법 제39조 제1항에 따라 변경인가를 받거나 같은 조 제2항에 따라 변경신고를 한 공항운영규정 ⑥ 국토교통부장관은 소속공무원 또는 「항공안전법」 제132조 제2항에 따라 위촉된 항공안전 전문가로 하여금 제2항 또는 제4항에 따른 심사를 하게 하거나 자문에 응하게 할 수 있다.
제39조(공항운영규정) ① 공항운영증명을 받으려는 공항운영자는 공항안전운영기준에 따라 그가 운영하려는 공항의 운영규정(이하 "공항운영규정"이라 한다)을 수립하여 국토교통부장관의 인가를 받아야 하며, 이를 변경하려는 경우에도 또한 같다. ② 제1항에도 불구하고 공항운영자는 공항운영자의 자체적인 세부 운영규정 등 국토교통부령으로 정하는 경미한 사항을 변경하려는 경우에는 국토교통부장관에게 신고하여야 한다. ③ 공항운영증명을 받은 공항운영자는 공항안전운영기준이 변경되거나 공항의 안전 또는 위험의 방지 등을 위하여 국토교통부장관이 공항운영규정의 변경을 명하는 경우에는 국토교통부령으로 정하는 바에 따라 공항운영규정을 변경하여야 한다. ④ 국토교통부장관은 제1항에 따른 인가의 신청을 받은 날부터 20일 이내에 인가 여부를 신청인에게 통지하여야 한다. 〈신설 2018. 12. 18.〉	제31조(공항운영규정의 수립 인가) ① 법 제39조 제1항에 따라 공항운영규정의 인가를 받으려는 공항운영자는 별지 제23호서식의 신청서에 다음 각 호의 서류를 첨부하여 국토교통부장관에게 제출하여야 한다. 이 경우 담당 공무원은 「전자정부법」 제36조 제1항에 따른 행정정보의 공동이용을 통하여 법인등기사항증명서(신청인이 법인인 경우만 해당한다)를 확인하여야 한다. 1. 공항운영규정(세부 운영규정을 포함한다) 2부 2. 공항안전운영기준에서 정하는 공항안전운영기준 이행서(Compliance Statement) 3. 항공기의 운항 또는 항공안전에 직접적인 영향을 초래하는 공항시설의 소유 또는 그 권리에 관한 서류 4. 활주로 · 유도로 · 계류장 등 항공기의 이륙 및 착륙을 위한 시설의 관리 · 운영현황(위탁운영 현황을 포함한다)에 관한 서류 5. 공항안전운영기준에서 정하는 필수공항정보 양식 6. 공항안전운영기준에 미달하는 사항이 있는 경우 이를 보완할 수 있는 대체시설 또는 대체운영절차를 적은 서류 ② 국토교통부장관은 제1항에 따라 신청서를 제출받은 경우에는 해당 공항의 운영규정이 공항안전운영기준에 적합한지의 여부를 심사하여 적합하다고 인정되면 그 규정을 인가하여야 한다.

공항시설법, 시행령	공항시설법 시행규칙
	③ 국토교통부장관은 제1항 제6호에 따른 서류를 제출한 공항운영자에 대해서는 국토교통부장관이 정하여 고시하는 항공학적 검토기준에 의한 검토 결과에 따라 그 대체시설 또는 대체운영절차로써 공항운영의 안전이 확보될 수 있다고 인정되는 경우에만 제2항에 따른 공항운영규정의 인가를 하여야 한다. ④ 공항운영자는 법 제39조 제1항에 따라 인가받은 공항운영규정을 이행하기 위하여 필요하면 항공운송사업자·항공기취급업자 등 공항의 운영과 관련된 자에게 관련 서류의 열람이나 제출 등의 협조를 요청할 수 있다. 이 경우 공항운영자로부터 관련 서류의 열람 등에 대한 협조를 요청받은 자는 특별한 사유가 없는 한 그 요청에 따라야 한다. ⑤ 법 제39조 제1항에 따른 공항운영규정의 인가에 관한 심사 또는 자문에 대하여는 제30조 제6항을 준용한다. **제32조(공항운영규정의 변경)** ① 법 제39조 제1항에 따라 인가받은 공항운영규정의 변경인가를 받으려는 공항운영자는 별지 제24호서식의 신청서에 다음 각 호의 서류를 첨부하여 국토교통부장관에게 제출하여야 한다. 이 경우 담당 공무원은 「전자정부법」 제36조 제1항에 따른 행정정보의 공동이용을 통하여 법인등기사항증명서(신청인이 법인인 경우만 해당한다)를 확인하여야 한다. 1. 변경 내용 및 그 내용을 증명하는 서류 2. 신·구 내용 대비표 3. 공항안전운영기준에 미달하는 사항이 있는 경우 이를 보완할 수 있는 대체시설 또는 대체운영절차를 적은 서류 ② 국토교통부장관은 제1항에 따라 신청서를 제출받은 경우에는 공항안전운영기준에 적합한지의 여부를 심사하여 적합하다고 인정되면 그 규정을 인가하여야 한다. ③ 국토교통부장관은 제1항 제3호에 따른 서류를 제출한 공항운영자에 대해서는 국토교통부장관이 정하여 고시하는 항공학적 검토기준에 의한 검토 결과에 따라 그 대체시설 또는 대체운영절차로써 공항운영의 안전이 확보될 수 있다고 인정되는 경우에만 제2항에 따른 공항운영규정의 인가를 하여야 한다. ④ 법 제39조 제2항에서 "공항운영자의 자체적인 세부 운영규정 등 국토교통부령으로 정하는 경미한 사항"이란 다음 각 호의 사항을 말한다. 1. 세부 운영규정 2. 공항운영규정의 목적과 범위 등 일반 사항 3. 자체 안전점검프로그램 4. 교육훈련프로그램 5. 조직도 등 공항의 행정에 관한 사항

공항시설법, 시행령	공항시설법 시행규칙
	⑤ 법 제39조 제2항에 따라 공항운영규정 변경신고를 하려는 공항운영자는 별지 제25호서식의 신고서에 다음 각 호의 서류를 첨부하여 국토교통부장관에게 제출하여야 한다. 이 경우 담당 공무원은 「전자정부법」 제36조 제1항에 따른 행정정보의 공동이용을 통하여 법인등기사항증명서(신청인이 법인인 경우만 해당한다)를 확인하여야 한다. 1. 변경 내용 및 그 내용을 증명하는 서류 2. 신·구 내용 대비표 ⑥ 공항운영자는 법 제39조 제1항에 따라 변경인가를 받거나 같은 조 제2항에 따라 신고한 공항운영규정을 이행하기 위하여 필요하면 항공운송사업자·항공기취급업자 등 공항의 운영과 관련된 자에게 관련 서류의 열람이나 제출 등의 협조를 요청할 수 있다. 이 경우 공항운영자로부터 관련 서류의 열람 등에 대한 협조를 요청받은 자는 특별한 사유가 없는 한 그 요청에 따라야 한다. ⑦ 법 제39조 제1항에 따른 공항운영규정의 변경인가 또는 같은 조 제2항에 따른 변경신고에 관한 심사 또는 자문에 대하여는 제30조 제6항을 준용한다. ⑧ 법 제39조 제3항에 따라 공항운영규정을 변경하여야 하는 공항운영자는 공항안전운영기준이 변경된 날 또는 국토교통부장관이 공항운영규정의 변경을 명한 날부터 30일 이내에 국토교통부장관에게 공항운영규정의 변경인가를 신청하거나 그 변경한 내용을 제출하여야 한다.
제40조(공항운영의 검사 등) ① 공항운영증명을 받은 공항운영자는 공항안전운영기준 및 공항운영규정에 따라 공항의 안전운영체계를 지속적으로 유지하여야 하며, 국토교통부장관은 이에 대한 준수 여부를 정기 또는 수시로 검사하여야 한다. ② 국토교통부장관은 제1항에 따른 검사 결과 공항운영자가 공항 안전운영기준 또는 공항운영규정을 위반하여 공항을 운영한 경우에는 국토교통부령으로 정하는 바에 따라 시정조치를 명할 수 있다.	**제33조(공항운영의 검사 등)** ① 지방항공청장은 법 제40조 제1항에 따라 연 1회 정기검사를 실시하되, 필요하면 수시로 검사를 실시할 수 있다. ② 지방항공청장은 법 제40조 제2항에 따라 공항운영자에게 시정조치를 명하는 경우에는 시설의 설치기간 등 시정에 필요한 적정한 기간을 주어야 한다. ③ 제2항에 따른 시정조치명령을 받은 공항운영자는 그 명령을 이행하였을 때에는 지체 없이 그 시정내용을 지방항공청장에게 통보하여야 한다.
제41조(공항운영증명 취소 등) ① 국토교통부장관은 공항운영증명을 받은 공항운영자가 다음 각 호의 어느 하나에 해당하는 경우 공항운영증명을 취소하거나 6개월 이내의 기간을 정하여 공항운영의 정지 또는 그 밖에 필요한 보완조치를 명할 수 있다. 다만, 제1호에 해당하는 경우에는 공항운영증명을 취소하여야 한다. 1. 거짓이나 그 밖의 부정한 방법으로 공항운영증명을 받은 경우	**제34조(공항운영증명의 취소 등)** ① 법 제41조 제1항 제2호 라목에서 "안전목표·안전조직 및 안전장에 보고체계 등 국토교통부령으로 정하는 중요 사항"이란 「항공안전법」 제58조 제2항 각 호 외의 부분 후단에 따른 사항을 말한다. ② 법 제41조에 따른 공항운영증명의 취소, 공항운영의 정지 처분 등의 기준은 별표 13과 같다.

3장 공항시설법

공항시설법, 시행령	공항시설법 시행규칙
2. 「항공안전법」 제58조 제2항을 위반하여 다음 각 목의 어느 하나에 해당하는 경우 가. 사업을 시작하기 전까지 항공안전관리시스템을 마련하지 아니한 경우 나. 승인을 받지 아니하고 항공안전관리시스템을 운용한 경우 다. 항공안전관리시스템을 승인받은 내용과 다르게 운용한 경우 라. 승인을 받지 아니하고 안전목표·안전조직 및 안전장애 보고체계 등 국토교통부령으로 정하는 중요 사항을 변경한 경우 3. 제40조 제2항에 따른 시정조치를 이행하지 아니한 경우 4. 천재지변 등 정당한 사유 없이 공항안전운영기준을 위반하여 공항안전에 위험을 초래한 경우 5. 고의 또는 중대한 과실로 항공기사고가 발생하거나 공항종사자를 관리·감독하는 상당한 주의의무를 게을리함으로써 항공기사고가 발생한 경우 ② 제1항에 따른 처분의 기준 및 절차 등에 관하여 필요한 사항은 국토교통부령으로 정한다.	
제42조(사업시행자등의 지위승계) ① 국토교통부장관 외의 비행장개발 사업시행자(비행장시설을 관리·운영하는 자를 포함한다)의 지위를 승계하려는 자는 국토교통부령으로 정하는 바에 따라 국토교통부장관에게 지위승계를 신고하여야 한다. 〈개정 2018. 12. 18.〉 ② 국토교통부장관은 제1항에 따른 신고를 받은 날부터 15일 이내에 신고수리 여부를 신고인에게 통지하여야 한다. 〈신설 2018. 12. 18.〉 ③ 국토교통부장관이 제2항에서 정한 기간 내에 신고수리 여부 또는 민원 처리 관련 법령에 따른 처리기간의 연장을 신고인에게 통지하지 아니하면 그 기간(민원 처리 관련 법령에 따라 처리기간이 연장 또는 재연장된 경우에는 해당 처리기간을 말한다)이 끝난 날의 다음 날에 신고를 수리한 것으로 본다. 〈신설 2018. 12. 18.〉	제35조(비행장개발 사업시행자등의 지위승계) 법 제42조에 따라 비행장개발 사업시행자(비행장시설을 관리·운영하는 자를 포함한다)의 지위 승계신고를 하려는 자는 별지 제26호서식의 신고서에 다음 각 호의 서류를 첨부하여 지방항공청장에게 제출하여야 한다. 이 경우 담당 공무원은 「전자정부법」 제36조 제1항에 따른 행정정보의 공동이용을 통하여 법인등기사항증명서(신청인이 법인인 경우만 해당한다)를 확인하여야 한다. 1. 승계 원인사실을 증명하는 서류 2. 승계하는 사항과 승계의 조건을 기재한 서류

공항시설법, 시행령	공항시설법 시행규칙
제4장 항행안전시설	
제43조(항행안전시설의 설치) ① 항행안전시설(제6조에 따른 개발사업으로 설치하는 항행안전시설 외의 것을 말한다. 이하 이 조부터 제46조까지에서 같다)은 국토교통부장관이 설치한다. ② 국토교통부장관 외에 항행안전시설을 설치하려는 자는 국토교통부령으로 정하는 바에 따라 국토교통부장관의 허가를 받아야 한다. 이 경우 국토교통부장관은 항행안전시설의 설치를 허가할 때 해당 시설을 국가에 귀속시킬 것을 조건으로 하거나 그 시설의 설치 및 운영 등에 필요한 조건을 붙일 수 있다. 영 제48조(항행안전시설 설치에 관한 실시계획의 수립·승인 등) ① 법 제43조 제2항에 따라 항행안전시설의 설치에 관한 허가를 받은 자는 법 제44조 제1항에 따른 항행안전시설 설치에 관한 실시계획을 수립하여 그 허가를 받은 날(해당 사업을 단계적으로 추진할 수 있도록 허가를 받은 경우에는 해당 단계별 허가를 받은 날을 말한다)부터 3년 이내에 법 제44조 제3항에 따라 국토교통부장관에게 승인을 신청하여야 한다. ② 국토교통부장관은 부득이한 사유가 있다고 인정하는 경우에는 1년의 범위에서 제1항에 따른 실시계획의 승인신청 기간을 연장할 수 있다. ③ 국토교통부장관은 제2항 전단에 따른 허가의 신청을 받은 날부터 15일 이내에 허가 여부를 신청인에게 통지하여야 한다. 〈신설 2018. 12. 18.〉 ④ 제2항에 따라 국가에 귀속된 항행안전시설의 사용·수익에 관하여는 제22조를 준용한다. 〈개정 2018. 12. 18.〉 ⑤ 제1항 및 제2항에 따른 항행안전시설의 설치기준, 허가기준 등 항행안전시설 설치에 필요한 사항은 국토교통부령으로 정한다. 〈개정 2018. 12. 18.〉	제36조(항행안전시설 설치허가의 신청 등) ① 법 제43조 제2항에 따른 항행안전시설 설치허가를 받으려는 자는 별지 제27호서식의 신청서에 제9조 제1항 각 호의 서류를 첨부하여 지방항공청장(항공로용으로 사용되는 항공정보통신시설 및 항행안전무선시설의 경우에는 항공교통본부장을 말한다)에게 제출하여야 한다. 이 경우 담당 공무원은 「전자정부법」 제36조 제1항에 따른 행정정보의 공동이용을 통하여 법인등기사항증명서(신청인이 법인인 경우만 해당한다)를 확인하여야 한다. ② 법 제43조 제4항에 따른 항행안전시설의 설치기준은 다음 각 호와 같다. 1. 항공등화의 설치기준: 별표 14 2. 항행안전무선시설의 설치기준: 별표 15 3. 항공정보통신시설의 설치기준: 별표 16
제44조(항행안전시설 설치 실시계획의 수립·승인 등) ① 제43조 제1항 및 제2항에 따라 항행안전시설을 설치하려는 자(이하 "항행안전시설설치자"라 한다)는 대통령령으로 정하는 바에 따라 항행안전시설 설치를 시작하기 전에 실시계획을 수립하여야 한다. ② 제1항에 따른 실시계획에는 다음 각 호의 사항이 포함되어야 한다. 1. 사업시행에 필요한 설계도서	제37조(항행안전시설 설치 실시계획 승인신청서 등) ① 법 제44조 제2항 제4호에서 "국토교통부령으로 정하는 사항"이란 제10조 제1항 각 호(제14호는 제외한다)의 사항을 말한다. ② 법 제44조 제3항 전단에 따른 항행안전시설 설치 실시계획 승인을 받으려는 자는 별지 제28호서식의 신청서에 실시계획을 첨부하여 지방항공청장(항공로용으로 사용되는 항공정보통신시설 및 항행안전무선시설의 경우에는 항공교통본부장을 말한다)에게 제출하여야 한다.

공항시설법, 시행령	공항시설법 시행규칙
2. 자금조달계획 3. 시행기간 4. 그 밖에 국토교통부령으로 정하는 사항 ③ 제43조 제2항에 따른 항행안전시설설치자가 실시계획을 수립한 경우에는 국토교통부장관의 승인을 받아야 한다. 승인받은 사항을 변경하려는 경우에도 또한 같다. ④ 제43조 제2항에 따른 항행안전시설설치자는 제3항 후단에도 불구하고 구조의 변경을 수반하지 아니하고 안전에 지장이 없는 시설물의 변경 등 국토교통부령으로 정하는 경미한 사항의 변경은 제45조에 따른 완성검사를 신청할 때 한꺼번에 신고할 수 있다. ⑤ 국토교통부장관은 제1항에 따라 실시계획을 수립하거나 제3항에 따라 실시계획을 승인한 경우에는 그 항행안전시설의 명칭, 종류, 위치 등 국토교통부령으로 정하는 사항을 고시하여야 한다.	이 경우 담당 공무원은 「전자정부법」 제36조 제1항에 따른 행정정보의 공동이용을 통하여 법인등기사항증명서(신청인이 법인인 경우만 해당한다)와 지적도를 확인하여야 한다. ③ 법 제44조 제3항 후단에 따라 항행안전시설 설치 실시계획 변경승인을 받으려는 자는 별지 제29호서식의 신청서에 다음 각 호의 서류를 첨부하여 지방항공청장(항공로용으로 사용되는 항공정보통신시설 및 항행안전무선시설의 경우에는 항공교통본부장을 말한다)에게 제출하여야 한다. 이 경우 담당 공무원은 「전자정부법」 제36조 제1항에 따른 행정정보의 공동이용을 통하여 법인등기사항증명서(신청인이 법인인 경우만 해당한다)와 지적도를 확인하여야 한다. 1. 실시계획 2. 변경사유 및 변경내용을 설명할 수 있는 서류 3. 관계도면(필요한 경우에 한정한다) ④ 법 제44조 제4항에서 "구조의 변경을 수반하지 아니하고 안전에 지장이 없는 시설물의 변경 등 국토교통부령으로 정하는 경미한 사항"이란 다음 각 호 어느 하나에 해당하는 것을 말한다. 1. 「건축법 시행령」 제12조 제3항 각 호의 어느 하나에 해당하는 변경 2. 5백제곱미터 이하의 범위에서의 사업면적 축소 3. 100분의 10 이하의 범위에서의 총사업비 변경 4. 6개월 이하의 범위에서의 사업시행기간 변경. 다만, 연장하는 사업시행기간에 법 제12조에 따른 토지등의 수용 또는 사용이 필요한 경우는 제외한다. ⑤ 법 제44조 제5항에서 "그 항행안전시설의 명칭, 종류, 위치 등 국토교통부령으로 정하는 사항"이란 다음 각 호의 사항을 말한다. 1. 사업의 명칭 2. 사업시행지역의 위치 및 면적 3. 사업시행자의 성명 및 주소(법인인 경우에는 법인의 명칭·주소와 대표자의 성명·주소) 4. 사업의 목적과 규모 등 개요 5. 사업시행기간(착공 및 준공 예정일을 포함한다) 6. 총사업비 및 재원조달계획 7. 수용하거나 사용할 토지등의 소재지·지번·지목 및 면적, 소유권 및 소유권 외의 권리의 명세와 그 소유자 및 권리자의 성명·주소 8. 그 밖에 필요한 사항

공항시설법, 시행령	공항시설법 시행규칙
제45조(항행안전시설의 완성검사) ① 제43조 제2항에 따른 항행안전시설설치자는 해당 시설의 공사가 끝난 경우에는 사용 개시 이전에 국토교통부령으로 정하는 바에 따라 국토교통부장관의 완성검사를 받아야 한다. ② 제43조 제2항에 따른 항행안전시설설치자는 제1항에 따른 완성검사를 신청하기 전에 제48조에 따른 비행검사를 받아야 한다. ③ 국토교통부장관은 제1항에 따라 완성검사를 받으려는 항행안전시설이 제44조 제3항에 따른 승인 내용대로 시행되었다고 인정되는 경우에는 그 신청인에게 완성검사확인증을 발급하여야 한다. ④ 국토교통부장관은 항행안전시설 설치에 관한 공사를 끝냈거나 제3항에 따라 완성검사확인증을 발급하였을 때에는 항행안전시설의 명칭, 종류, 위치 및 사용 개시 예정일, 항행안전시설의 운용시간, 운용주파수, 이용상 제한사항 등 국토교통부령으로 정하는 사항을 지정·고시하여야 한다. ⑤ 제3항에 따라 완성검사확인증을 발급 받기 전에는 항행안전시설 설치허가를 받아 설치한 항행안전시설을 사용해서는 아니 된다. 다만, 완성검사확인증을 발급 받기 전에 국토교통부령으로 정하는 바에 따라 국토교통부장관으로부터 사용허가를 받은 경우에는 그러하지 아니하다.	제38조(항행안전시설의 완성검사) ① 법 제45조 제1항에 따른 항행안전시설공사의 완성검사를 받으려는 자는 별지 제30호서식의 신청서에 다음 각 호의 서류를 첨부하여 지방항공청장(항공로용으로 사용되는 항공정보통신시설 및 항행안전무선시설의 경우에는 항공교통본부장을 말한다)에게 제출하여야 한다. 이 경우 담당 공무원은 「전자정부법」 제36조 제1항에 따른 행정정보의 공동이용을 통하여 법인등기사항증명서(신청인이 법인인 경우만 해당한다)를 확인하여야 한다. 1. 완성검사조서 2. 준공설계도서(설치허가 신청 시의 설계도서에 변경이 있는 경우만 해당한다) 3. 준공사진 ② 법 제45조 제3항에 따른 완성검사확인증은 별지 제31호서식과 같다. ③ 법 제45조 제4항에서 "항행안전시설의 명칭, 종류, 위치 및 사용 개시 예정일, 항행안전시설의 운용시간, 운용주파수, 이용상 제한사항 등 국토교통부령으로 정하는 사항"이란 다음 각 호의 사항을 말한다. 1. 항공등화에 관한 다음 각 목의 사항 가. 항공등화의 명칭·종류·위치 및 사용 개시 예정일 나. 항공등화설치자의 성명 및 주소 다. 등의 규격·광도·배치 및 그 밖에 항공등화의 성능에 관한 중요 사항 라. 운용시간 마. 그 밖에 항공등화 이용에 관하여 필요한 사항 2. 항행안전무선시설 또는 항공정보통신시설에 관한 다음 각 목의 사항 가. 항행안전무선시설 또는 항공정보통신시설의 명칭·종류·위치 및 사용 개시 예정일 나. 항행안전무선시설 또는 항공정보통신시설설치자의 성명과 주소 다. 송신주파수 라. 안테나공급전력 마. 코스의 방향 바. 식별부호 사. 정격 통달거리 아. 운용시간 자. 그 밖에 항행안전무선시설 또는 항공정보통신시설 이용에 관하여 필요한 사항

공항시설법, 시행령	공항시설법 시행규칙
	④ 법 제45조 제3항에 따라 완성검사확인증을 발급받은 항행안전시설을 사용하려는 자는 별지 제32호서식의 신고서에 사용을 개시하려는 시설의 내용을 기재한 서류를 첨부하여 지방항공청장(항공로용으로 사용되는 항공정보통신시설 및 항행안전무선시설의 경우에는 항공교통본부장을 말한다)에게 제출하여야 한다. 이 경우 담당 공무원은 「전자정부법」 제36조 제1항에 따른 행정정보의 공동이용을 통하여 법인등기사항증명서(신청인이 법인인 경우만 해당한다)를 확인하여야 한다.
제46조(항행안전시설의 변경) ① 제43조 제2항에 따른 항행안전시설설치자 및 그 시설을 관리·운영하는 자는 해당 시설에 대하여 국토교통부령으로 정하는 사항을 변경하려는 경우에는 국토교통부령으로 정하는 바에 따라 국토교통부장관의 허가를 받아야 한다. ② 국토교통부장관은 제1항에 따른 변경허가의 신청을 받은 날부터 15일 이내에 허가 여부를 신청인에게 통지하여야 한다. 〈신설 2018. 12. 18.〉 ③ 제1항에 따라 변경허가를 받은 자는 항행안전시설의 변경이 완료되면 제45조 제1항에 따른 완성검사를 받아야 한다. 이 경우 제45조 제2항부터 제4항까지의 규정을 준용한다. 〈개정 2018. 12. 18.〉	제39조(항행안전시설의 변경) ① 법 제46조 제1항에서 "국토교통부령으로 정하는 사항"이란 다음 각 호의 사항을 말한다. 1. 항공안전시설에 관한 다음 각 목의 사항 가. 등의 규격 또는 광도 나. 비행장 등화의 배치 및 조합 다. 운용시간 2. 항행안전무선시설 또는 항공정보통신시설에 관한 다음 각 목의 사항 가. 정격 통달거리 나. 코스 다. 운용시간 라. 송수신장치의 구조 또는 회로(주파수, 안테나전력, 식별부호, 그 밖에 항행안전무선시설 또는 항공정보통신시설의 전기적 특성에 영향을 주는 경우만 해당한다) 마. 송수신장치와 전원설비 ② 법 제46조 제1항에 따른 항행안전시설의 변경허가를 받으려는 자는 별지 제33호서식의 신청서에 다음 각 호의 서류를 첨부하여 지방항공청장(항공로용으로 사용되는 항공정보통신시설 및 항행안전무선시설의 경우에는 항공교통본부장을 말한다)에게 제출하여야 한다. 1. 시설의 변경 내용을 적은 서류 2. 변경되는 시설 관련 도면 3. 변경 사유 ③ 제2항에 따라 변경허가 신청을 한 항행안전시설설치자가 해당 시설의 완성검사를 신청하는 경우에는 제38조를 준용한다.

공항시설법, 시행령	공항시설법 시행규칙
제47조(항행안전시설의 관리) ① 제6조에 따른 개발사업으로 항행안전시설을 설치하는 자 및 그 시설을 관리하는 자와 제43조 제1항 및 제2항에 따라 항행안전시설을 설치하는 자 및 그 시설을 관리하는 자(이하 "항행안전시설설치자등"이라 한다)는 국토교통부령으로 정하는 항행안전시설의 관리·운용 및 사용기준(이하 "항행안전시설관리기준"이라 한다)에 따라 그 시설을 관리하여야 한다. ② 국토교통부장관은 대통령령으로 정하는 바에 따라 항행안전시설이 항행안전시설관리기준에 맞게 관리되는지를 확인하기 위하여 필요한 검사를 하여야 한다. 영 제49조(항행안전시설의 관리에 대한 검사) 국토교통부장관은 법 제47조 제2항에 따라 항행안전시설이 항행안전시설관리기준에 맞게 관리되는지를 확인하기 위하여 필요한 검사를 연 1회 이상 실시하여야 한다. 다만, 휴지 중인 항행안전시설은 검사를 하지 아니할 수 있다. ③ 제2항에 따른 검사의 방법, 절차 등은 국토교통부장관이 정하여 고시한다. ④ 이 법에서 규정한 사항 외에 항행안전시설의 관리·운영 및 사용 등에 필요한 사항은 국토교통부령으로 정한다.	제40조(항행안전시설의 관리) ① 법 제47조 제1항에서 "국토교통부령으로 정하는 항행안전시설의 관리·운용 및 사용기준"이란 별표 17의 기준을 말한다. 〈개정 2018. 9. 21.〉 ② 법 제47조 제4항에 따라 국토교통부장관은 항행안전시설(항공등화는 제외한다. 이하 이 조에서 같다)에 관한 안전관리계획을 마련하여 고시하고 항행안전시설의 설치자 또는 관리자에게 통보하여야 한다. ③ 제2항에 따라 통보를 받은 항행안전시설의 설치자 또는 관리자는 항행안전시설 안전관리계획을 실행하기 위한 시행계획을 마련하고 시행하여야 한다.
제48조(항행안전시설의 비행검사) ① 항행안전시설설치자등은 국토교통부장관이 항행안전시설의 성능을 분석할 수 있는 장비를 탑재한 항공기를 이용하여 실시하는 항행안전시설의 성능 등에 관한 검사(이하 "비행검사"라 한다)를 받아야 한다. ② 비행검사의 종류, 대상시설, 절차 및 방법 등에 관하여 필요한 사항은 국토교통부장관이 정하여 고시한다.	
제49조(항행안전시설 사용의 휴지·폐지·재개) ① 국토교통부장관 외의 항행안전시설설치자등은 항행안전시설의 사용을 휴지 또는 폐지하려는 경우에는 국토교통부장관의 승인을 받아야 한다. 다만, 항공기의 항행이나 비행 안전에 영향을 초래하지 아니하는 시설 등 국토교통부령으로 정하는 시설은 그러하지 아니하다.	제41조(항행안전시설 사용의 휴지·폐지·재개) ① 법 제49조 제1항에 따라 항행안전시설 사용의 휴지·폐지 승인을 받으려는 항행안전시설설치자등(법 제47조 제1항에 따른 항행안전시설설치자등을 말한다. 이하 같다)은 별지 제14호서식의 신청서에 휴지 또는 폐지하려는 항행안전시설의 내용, 그 사유 및 기간을 적은 서류를 첨부하여 지방항공청장(항공로용으로 사용되는 항공정보통신시설 및 항행안전무선시설의 경우에는 항공교통본부장을 말한다)에게 제출하여야 한다.

공항시설법, 시행령	공항시설법 시행규칙
② 국토교통부장관 외의 항행안전시설설치자등은 휴지 또는 폐지한 항행안전시설의 사용을 재개하려는 경우에는 비행검사에 합격한 후 사용 개시 예정일 15일 이전에 국토교통부장관의 승인을 받아야 한다. 이 경우 국토교통부장관은 항행안전시설관리기준에 따라 검사하여야 한다. ③ 국토교통부장관은 제1항 및 제2항에 따른 항행안전시설의 휴지·폐지 또는 재개에 관한 사항을 고시하여야 한다.	② 법 제49조 제2항에 따라 항행안전시설 사용의 재개 승인을 받으려는 항행안전시설설치자등은 별지 제14호서식의 신청서에 사용을 재개하려는 시설의 내용, 재개 사유 및 재개 시기를 기재한 서류를 첨부하여 지방항공청장(항공로용으로 사용되는 항공정보통신시설 및 항행안전무선시설의 경우에는 항공교통본부장을 말한다)에게 제출하여야 한다. ③ 법 제49조 제3항에 따른 항행안전시설 사용의 휴지·폐지·재개 고시는 다음 각 호의 사항을 고시하는 것으로 한다. 1. 항행안전시설의 종류 및 명칭 2. 설치자의 성명 및 주소 3. 항행안전시설의 위치와 소재지 4. 휴지의 경우에는 휴지 개시일과 그 기간 5. 폐지 또는 재개의 경우에는 그 예정일
제50조(항행안전시설 사용료) ① 항행안전시설설치자등은 국토교통부령으로 정하는 바에 따라 항행안전시설을 사용하거나 이용하는 자에게 사용료(이하 "항행안전시설 사용료"라 한다)를 받을 수 있다. ② 국토교통부장관 외의 항행안전시설설치자등이 제1항에 따라 항행안전시설 사용료를 받으려면 그 사용료의 금액을 정하여 국토교통부장관에게 신고하여야 한다. 항행안전시설 사용료를 변경하려는 경우에도 또한 같다. ③ 국토교통부장관은 제2항에 따른 신고를 받은 날부터 10일 이내에 신고수리 여부를 신고인에게 통지하여야 한다. 〈신설 2018. 12. 18.〉 ④ 국토교통부장관이 제3항에서 정한 기간 내에 신고수리 여부 또는 민원 처리 관련 법령에 따른 처리기간의 연장을 신고인에게 통지하지 아니하면 그 기간(민원 처리 관련 법령에 따라 처리기간이 연장 또는 재연장된 경우에는 해당 처리기간을 말한다)이 끝난 날의 다음 날에 신고를 수리한 것으로 본다. 〈신설 2018. 12. 18.〉 ⑤ 항행안전시설 사용료의 징수절차, 징수방법 및 징수요율 등은 국토교통부령으로 정한다. 〈개정 2018. 12. 18.〉	

공항시설법, 시행령	공항시설법 시행규칙
제51조(항행안전시설설치자등의 지위승계) ① 국토교통부장관 외의 항행안전시설설치자등의 지위를 승계하려는 자는 국토교통부령으로 정하는 바에 따라 국토교통부장관에게 지위승계를 신고하여야 한다. 〈개정 2018. 12. 18.〉 ② 국토교통부장관은 제1항에 따른 신고를 받은 날부터 15일 이내에 신고수리 여부를 신고인에게 통지하여야 한다. 〈신설 2018. 12. 18.〉 ③ 국토교통부장관이 제2항에서 정한 기간 내에 신고수리 여부 또는 민원 처리 관련 법령에 따른 처리기간의 연장을 신고인에게 통지하지 아니하면 그 기간(민원 처리 관련 법령에 따라 처리기간이 연장 또는 재연장된 경우에는 해당 처리기간을 말한다)이 끝난 날의 다음 날에 신고를 수리한 것으로 본다. 〈신설 2018. 12. 18.〉	제42조(항행안전시설 성능적합증명 신청) 법 제51조에 따라 항행안전시설설치자등의 지위승계를 신고하려는 자는 별지 제26호서식의 신고서에 다음 각 호의 서류를 첨부하여 지방항공청장(항공로용으로 사용되는 항공정보통신시설 및 항행안전무선시설의 경우에는 항공교통본부장을 말한다)에게 제출하여야 한다. 이 경우 담당 공무원은 「전자정부법」 제36조 제1항에 따른 행정정보의 공동이용을 통하여 법인 등기사항증명서(신고인이 법인인 경우만 해당한다)를 확인하여야 한다. 1. 승계 원인사실을 증명하는 서류 2. 승계하는 사항과 승계의 조건을 기재한 서류
제52조(항행안전시설의 성능적합증명) ① 항행안전무선시설, 항공정보통신시설을 제작하거나 수입하는 자는 국토교통부령으로 정하는 바에 따라 국토교통부장관으로부터 그 시설이 국토교통부장관이 정하여 고시하는 항행안전시설에 관한 기술기준에 맞게 제작되었다는 증명(이하 "성능적합증명"이라 한다)을 받을 수 있다. ② 국토교통부장관은 성능적합증명을 위한 검사를 하는 경우에는 국토교통부령으로 정하는 바에 따라 항공 관련 업무를 수행하는 전문검사기관을 지정하여 검사 업무를 대행하게 할 수 있다.	제43조(항행안전시설 성능적합증명 신청) ① 법 제52조 제1항에 따른 항행안전시설 성능적합증명(이하 "성능적합증명"이라 한다)을 받으려는 자는 별지 제34호서식의 신청서에 다음 각 호의 서류를 첨부하여 국토교통부장관에게 제출하여야 한다. 1. 설계도서 2. 부품표 3. 제작된 시설의 성능 확보의 방법 및 절차를 적은 서류 4. 지상·비행성능 시험방법 및 성능시험 결과서 5. 그 밖의 참고사항 ② 국토교통부장관은 성능적합증명을 위한 검사 결과가 법 제52조 제1항에 따른 기술기준에 적합하면 별지 제35호서식에 따른 성능적합증명서를 발급하여야 한다. ③ 국토교통부장관은 법 제52조 제2항에 따라 성능적합증명 전문검사기관을 지정하려는 경우에는 미리 다음 각 호의 사항을 정하여 고시하여야 한다. 〈개정 2018. 2. 9.〉 1. 검사기관의 지정절차 2. 검사기관의 업무 범위 3. 검사기관의 기술인력 및 시설장비 4. 검사기관에 대한 지도·감독 5. 그 밖에 검사기관의 지정에 관하여 필요한 사항
제53조(항공통신업무 등) ① 국토교통부장관은 항공교통업무가 효율적으로 수행되고, 항공안전에 필요한 정보·자료가 항공통신망을 통하여 편리하고 신속하게 제공·교환·관리될 수 있도록 항공통신에 관한 업무(이하 "항공통신업무"라 한다)를 수행하여야 한다.	제44조(항공통신업무의 종류 등) ① 법 제53조 제1항에 따라 지방항공청장(항공로용으로 사용되는 항공정보통신시설 및 항행안전무선시설의 경우에는 항공교통본부장을 말한다)이 수행하는 항공통신업무의 종류와 내용은 다음 각 호와 같다.

3장 공항시설법

공항시설법, 시행령	공항시설법 시행규칙
② 항공통신업무의 종류, 운영절차 등에 관하여 필요한 사항은 국토교통부령으로 정한다.	1. 항공고정통신업무: 특정 지점 사이에 항공고정통신시스템(AFTN/MHS) 또는 항공정보처리시스템(AMHS) 등을 이용하여 항공정보를 제공하거나 교환하는 업무 2. 항공이동통신업무: 항공국과 항공기국 사이에 단파이동통신시설(HF Radio) 등을 이용하여 항공정보를 제공하거나 교환하는 업무 3. 항공무선항행업무: 항행안전무선시설을 이용하여 항공항행에 관한 정보를 제공하는 업무 4. 항공방송업무: 단거리이동통신시설(VHF/UHF Radio) 등을 이용하여 항공항행에 관한 정보를 제공하는 업무 ② 제1항에 따른 항공통신업무의 종류별 세부 업무내용과 운영절차 등에 관하여 필요한 사항은 국토교통부장관이 정하여 고시한다.
제54조(항행안전시설 설치에 관한 준용 규정) ① 제6조에 따른 개발사업으로 설치하는 항행안전시설에 관하여는 제43조 제5항, 제44조 제5항, 제45조 및 제46조를 준용한다. 이 경우 "항행안전시설설치자"는 "사업시행자"로 본다. 〈개정 2018. 12. 18.〉 ② 제43조에 따른 항행안전시설의 설치에 관하여는 제8조 및 제11조부터 제13조까지의 규정을 준용한다. 이 경우 "제7조에 따른 실시계획"은 "제44조에 따른 실시계획"으로 보며, "사업시행자"는 "항행안전시설설치자"로 본다.	
제5장 보칙	
제55조(출입·검사 등) ① 국토교통부장관은 이 법 시행을 위하여 필요한 경우에는 사업시행자등 또는 항행안전시설설치자등에 대하여 그 업무에 관하여 필요한 보고를 하게 하거나 자료의 제출을 명할 수 있으며, 소속 공무원으로 하여금 사무실이나 그 밖의 장소에 출입하여 그 업무를 검사하게 할 수 있다. ② 제1항에 따라 검사를 하는 공무원은 그 권한을 표시하는 증표를 지니고 관계인에게 보여주어야 한다. ③ 제2항에 따른 증표에 관하여 필요한 사항은 국토교통부령으로 정한다.	제45조(검사공무원의 증표) 법 제55조 제3항에 따른 증표는 별지 제36호서식과 같다.
제56조(금지행위) ① 누구든지 국토교통부장관, 사업시행자등 또는 항행안전시설설치자등의 허가 없이 착륙대, 유도로(誘導路), 계류장(繫留場), 격납고(格納庫) 또는 항행안전시설이 설치된 지역에 출입해서는 아니 된다.	제46조(시설출입의 허가 등) 법 제56조 제1항에 따른 공항시설·비행장시설의 출입허가를 받으려는 자는 별지 제37호서식의 신청서를 지방항공청장, 항공교통본부장, 사업시행자등 또는 항행안전시설설치자등에게 제출하여야 한다.

공항시설법, 시행령	공항시설법 시행규칙
② 누구든지 활주로, 유도로 등 그 밖에 국토교통부령으로 정하는 공항시설·비행장시설 또는 항행안전시설을 파손하거나 이들의 기능을 해칠 우려가 있는 행위를 해서는 아니 된다. ③ 누구든지 항공기, 경량항공기 또는 초경량비행장치를 향하여 물건을 던지거나 그 밖에 항행에 위험을 일으킬 우려가 있는 행위를 해서는 아니 된다. 다만, 다음 각 호의 어느 하나에 해당하는 자는 「항공안전법」 제127조의 비행승인(같은 조 제2항 단서에 따라 제한된 범위에서 비행하려는 경우를 포함한다)을 받지 아니한 초경량비행장치가 공항 또는 비행장에 접근하거나 침입한 경우 해당 비행장치를 퇴치·추락·포획하는 등 항공안전에 필요한 조치를 할 수 있다. 〈개정 2020. 12. 8.〉 1. 국가 또는 지방자치단체 2. 공항운영자 3. 비행장시설을 관리·운영하는 자 ④ 누구든지 항행안전시설과 유사한 기능을 가진 시설을 항공기 항행을 지원할 목적으로 설치·운영해서는 아니 된다. ⑤ 항공기와 조류의 충돌을 예방하기 위하여 누구든지 항공기가 이륙·착륙하는 방향의 공항 또는 비행장 주변지역 등 국토교통부령으로 정하는 범위에서 공항 주변에 새들을 유인할 가능성이 있는 오물처리장 등 국토교통부령으로 정하는 환경을 만들거나 시설을 설치해서는 아니 된다. ⑥ 누구든지 국토교통부장관, 사업시행자등, 항행안전시설설치자등 또는 이착륙장을 설치·관리하는 자의 승인 없이 해당 시설에서 다음 각 호의 어느 하나에 해당하는 행위를 해서는 아니 된다. 1. 영업행위 2. 시설을 무단으로 점유하는 행위 3. 상품 및 서비스의 구매를 강요하거나 영업을 목적으로 손님을 부르는 행위 4. 그 밖에 제1호부터 제3호까지의 행위에 준하는 행위로서 해당 시설의 이용이나 운영에 현저하게 지장을 주는 대통령령으로 정하는 행위 **영 제50조(금지행위)** 법 제56조 제6항 제4호에서 "대통령령으로 정하는 행위"란 다음 각 호의 행위를 말한다. 1. 노숙(露宿)하는 행위 2. 폭언 또는 고성방가 등 소란을 피우는 행위 3. 광고물을 설치·부착하거나 배포하는 행위	**제47조(금지행위 등)** ① 법 제56조 제2항에서 "국토교통부령으로 정하는 공항시설·비행장시설 또는 항행안전시설"이라 함은 다음 각 호의 시설을 말한다. 1. 착륙대, 계류장 및 격납고 2. 항공기 급유시설 및 항공유 저장시설 ② 법 제56조 제3항에 따른 항행에 위험을 일으킬 우려가 있는 행위는 다음 각 호와 같다. 〈개정 2018. 2. 9.〉 1. 착륙대, 유도로 또는 계류장에 금속편·직물 또는 그 밖의 물건을 방치하는 행위 2. 착륙대·유도로·계류장·격납고 및 사업시행자등이 화기 사용 또는 흡연을 금지한 장소에서 화기를 사용하거나 흡연을 하는 행위 3. 운항 중인 항공기에 장애가 되는 방식으로 항공기나 차량 등을 운행하는 행위 4. 지방항공청장의 승인 없이 레이저광선을 방사하는 행위 5. 지방항공청장의 승인 없이 「항공안전법」 제78조 제1항 제1호에 따른 관제권에서 불꽃 또는 그 밖의 물건(「총포·도검·화약류 등의 안전관리에 관한 법률 시행규칙」 제4조에 따른 장난감용 꽃불류는 제외한다)을 발사하거나 풍등(風燈)을 날리는 행위6. 그 밖에 항행의 위험을 일으킬 우려가 있는 행위 ③ 국토교통부장관은 제2항 제4호에 따른 레이저광선의 방사로부터 항공기 항행의 안전을 확보하기 위하여 다음 각 호의 보호공역을 비행장 주위에 설정하여야 한다. 1. 레이저광선 제한공역 2. 레이저광선 위험공역 3. 레이저광선 민감공역 ④ 제3항에 따른 보호공역의 설정기준 및 레이저광선의 허용출력한계는 별표 18과 같다. ⑤ 제2항 제4호 및 제5호에 따른 승인을 받으려는 자는 다음 각 호의 구분에 따른 신청서와 첨부서류를 지방항공청장에게 제출하여야 한다. 이 경우 담당 공무원은 「전자정부법」 제36조 제1항에 따른 행정정보의 공동이용을 통하여 법인등기사항증명서(신청인이 법인인 경우만 해당한다)를 확인하여야 한다. 1. 제2항 제4호의 경우: 별지 제38호서식의 신청서와 레이저장치 구성 수량 서류(각 장치마다 레이저 장치 구성 설명서를 작성한다) 2. 제2항 제5호의 경우: 별지 제39호서식의 신청서 ⑥ 법 제56조 제5항에 따라 다음 각 호의 구분에 따른 지역에서는 해당 호에 따른 환경이나 시설을 만들거나 설치하여서는 아니 된다.

3장 공항시설법

공항시설법, 시행령	공항시설법 시행규칙
4. 기부를 요청하거나 물품을 배부 또는 권유하는 행위 5. 공항의 시설이나 주차장의 차량을 훼손하거나 더럽히는 행위 6. 공항운영자가 지정한 장소 외의 장소에 쓰레기 등의 물건을 버리는 행위 7. 무기, 폭발물 또는 가연성 물질을 휴대하거나 운반하는 행위(공항 내의 사업자 또는 영업자 등이 그 업무 또는 영업을 위하여 하는 경우는 제외한다) 8. 불을 피우는 행위 9. 내화구조와 소화설비를 갖춘 장소 또는 야외 외의 장소에서 가연성 또는 휘발성 액체를 사용하여 항공기, 발동기, 프로펠러 등을 청소하는 행위 10. 공항운영자가 정한 구역 외의 장소에 가연성 액체 가스 등을 보관하거나 저장하는 행위 11. 흡연구역 외의 장소에서 담배를 피우는 행위 12. 기름을 넣거나 배출하는 작업 중인 항공기로부터 30미터 이내의 장소에서 담배를 피우는 행위 13. 기름을 넣거나 배출하는 작업, 정비 또는 시운전 중인 항공기로부터 30미터 이내의 장소에 들어가는 행위(그 작업에 종사하는 사람은 제외한다) 14. 내화구조와 통풍설비를 갖춘 장소 외의 장소에서 기계칠을 하는 행위 15. 휘발성·가연성 물질을 사용하여 격납고 또는 건물 바닥을 청소하는 행위 16. 기름이 묻은 걸레 등의 폐기물을 해당 폐기물에 의하여 부식되거나 훼손될 수 있는 보관용기에 담거나 버리는 행위 [전문개정 2018. 8. 21.] ⑦ 국토교통부장관, 사업시행자등, 항행안전시설설치자등, 이착륙장을 설치·관리하는 자, 경찰공무원(의무경찰을 포함한다) 또는 자치경찰공무원은 제6항을 위반하는 자의 행위를 제지(制止)하거나 퇴거(退去)를 명할 수 있다. 〈개정 2017. 12. 26., 2020. 12. 22.〉 [시행일 : 2021. 1. 1.] 제56조	1. 공항 표점에서 3킬로미터 이내의 범위의 지역: 양돈장 및 과수원 등 국토교통부장관이 정하여 고시하는 환경이나 시설 2. 공항 표점에서 8킬로미터 이내의 범위의 지역: 조류보호구역, 사냥금지구역 및 음식물 쓰레기 처리장 등 국토교통부장관이 정하여 고시하는 환경이나 시설 ⑦ 삭제 〈2018. 9. 21.〉 **제48조(위반행위에 대한 과태료 부과의 요청 등)** 법 제56조 제7항에 따른 제지(制止) 또는 퇴거(退去) 명령을 따르지 아니하는 자에 대하여 지방항공청장에게 법 제69조 제1항 제6호에 따른 과태료의 부과를 요청하려는 공항운영자는 별지 제40호서식의 통보서에 다음 각 호의 자료를 첨부하여 지방항공청장에게 제출하여야 한다. 1. 법 제56조 제6항 각 호의 어느 하나에 해당하는 위반행위에 대한 증거자료 2. 법 제56조 제7항에 따른 명령 및 그 명령을 따르지 아니한 사실을 기재한 서류 3. 제1호의 위반행위로 피해를 입은 자의 진술서 또는 의견서(해당 사실이 있는 경우만 해당한다)

공항시설법, 시행령	공항시설법 시행규칙
제57조(시정명령 등) 국토교통부장관은 다음 각 호의 어느 하나에 해당하는 경우에는 사업시행자등 또는 국토교통부장관 외의 항행안전시설설치자등에게 적합한 조치를 하도록 명령하거나 해당 시설을 시설관리기준 또는 항행안전시설관리기준에 따라 관리할 것을 명령할 수 있다. 이 경우 국토교통부장관은 명령을 받은 자가 국토교통부장관이 정하는 상당한 기간 내에 적합한 조치를 하지 아니하는 경우에는 해당 허가를 취소할 수 있다. 1. 정당한 사유 없이 실시계획 승인 신청서에 적힌 공사 착수 예정일부터 1년 이내에 착공하지 아니하거나 정당한 사유 없이 공사 완료 예정일까지 공사를 끝내지 아니한 경우 2. 제20조 제1항에 따른 준공확인 또는 제45조 제1항에 따른 완성검사 결과 공사를 끝낸 시설이 실시계획 승인 내용과 다른 경우 3. 공항시설 · 비행장시설 또는 항행안전시설이 시설관리기준 또는 항행안전시설관리기준에 따라 관리되지 아니한 경우 4. 허가에 붙인 조건을 위반한 경우	
제58조(허가 등의 취소 등) ① 국토교통부장관은 사업시행자 또는 항행안전시설설치자가 다음 각 호의 어느 하나에 해당하는 경우에는 그 사업의 시행 및 관리에 관한 허가 또는 승인을 취소하거나 그 효력의 정지, 공사의 중지 명령 등의 필요한 처분을 할 수 있다. 다만, 제1호 또는 제4호에 해당하는 경우에는 그 사업의 시행 및 관리에 관한 허가 또는 승인을 취소하여야 한다. 1. 거짓이나 그 밖의 부정한 방법으로 허가를 받은 경우 2. 제7조 제3항 또는 제44조 제3항을 위반하여 국토교통부장관 외의 사업시행자 또는 항행안전시설설치자가 승인을 받지 아니하고 실시계획을 수립하거나 승인받은 사항을 변경한 경우 3. 제7조 제3항 또는 제44조 제3항에 따라 승인 또는 변경승인을 받은 실시계획을 위반한 경우 4. 사정 변경으로 개발사업 또는 항행안전시설의 설치를 계속 시행하는 것이 불가능하다고 인정되는 경우 **영 제51조(허가 등의 취소에 관한 고시)** 국토교통부장관은 법 제58조 제1항에 따른 허가 · 승인의 취소 또는 허가 · 승인의 효력의 정지, 공사의 중지 명령 등의 필요한 처분을 하였을 때에는 법 제58조 제2항에 따라 다음 각 호의 사항을 고시하여야 한다.	**제49조(위반행위에 대한 처분기준)** 법 제58조 제3항에 따라 사업시행자 또는 항행안전시설설치자가 법 제58조 제1항 각 호를 위반한 경우의 처분기준은 별표 20과 같다.

공항시설법, 시행령	공항시설법 시행규칙
1. 사업의 명칭 또는 실시계획의 명칭 2. 사업시행자 또는 법 제44조 제1항에 따른 항행안전시설설치자의 성명 및 주소(법인인 경우에는 법인의 명칭 및 주소와 대표자의 성명 및 주소) 3. 처분의 내용 및 사유 4. 그 밖에 국토교통부장관이 필요하다고 인정하는 사항 ② 국토교통부장관은 제1항에 따른 처분 또는 명령을 하였을 때에는 대통령령으로 정하는 바에 따라 그 사실을 고시하여야 한다. ③ 제1항에 따른 처분의 세부기준 및 그 밖에 필요한 사항은 국토교통부령으로 정한다.	
제59조(과징금의 부과) ① 국토교통부장관은 공항운영자 또는 사업시행자·항행안전시설설치자에게 제41조 제1항 각 호의 어느 하나에 해당하여 공항운영의 정지를 명하여야 하거나 제58조에 따라 사업의 시행 및 관리에 관한 허가·승인의 효력 정지, 공사의 중지를 명하여야 하는 경우로서 그 처분이 해당 시설의 이용자에게 심한 불편을 주거나 그 밖에 공익을 침해할 우려가 있을 때에는 그 처분을 갈음하여 10억원 이하의 과징금을 부과·징수할 수 있다. **영 제52조(과징금을 부과하는 위반행위와 과징금의 금액)** ① 법 제41조 제1항에 따른 공항운영의 정지 명령을 갈음하여 법 제59조 제1항에 따라 과징금을 부과하는 위반행위의 종류와 위반 정도 등에 따른 과징금의 금액은 별표 1과 같다. ② 법 제58조 제1항에 따른 사업의 시행 및 관리에 관한 허가·승인의 효력 정지, 공사의 중지 명령을 갈음하여 법 제59조 제1항에 따라 과징금을 부과하는 위반행위의 종류와 위반 정도 등에 따른 과징금의 금액은 별표 2와 같다. **영 제53조(과징금의 부과 및 납부)** ① 국토교통부장관은 법 제59조 제1항에 따라 과징금을 부과하려면 그 위반행위의 종류와 해당 과징금의 금액을 구체적으로 적어 서면으로 통지하여야 한다. ② 제1항에 따라 통지를 받은 자는 통지를 받은 날부터 20일 이내에 국토교통부장관이 정하는 수납기관에 과징금을 내야 한다. 다만, 천재지변이나 그 밖의 부득이한 사유로 그 기간에 과징금을 낼 수 없는 경우에는 그 사유가 없어진 날부터 7일 이내에 내야 한다.	

공항시설법, 시행령	공항시설법 시행규칙
③ 제2항에 따라 과징금을 받은 수납기관은 그 납부자에게 영수증을 발급하여야 한다. ④ 과징금의 수납기관은 제2항에 따른 과징금을 받으면 지체 없이 그 사실을 국토교통부장관에게 통보하여야 한다. ⑤ 과징금은 나누어 낼 수 없다.	
② 제1항에 따라 과징금을 부과하는 위반행위의 종류와 위반정도에 따른 과징금의 금액 등에 관하여 필요한 사항은 대통령령으로 정한다. ③ 국토교통부장관은 제1항에 따른 과징금을 내야 할 자가 납부기한까지 과징금을 내지 아니하면 국세 체납처분의 예에 따라 징수한다.	
영 제54조(과징금의 독촉 및 징수) ① 국토교통부장관은 제53조 제1항에 따라 과징금의 납부통지를 받은 자가 납부기한까지 과징금을 내지 아니하면 납부기한이 지난 날부터 7일 이내에 독촉장을 발급하여야 한다. 이 경우 납부기한은 독촉장 발급일부터 10일 이내로 하여야 한다. ② 국토교통부장관은 제1항에 따라 독촉을 받은 자가 납부기한까지 과징금을 내지 아니한 경우에는 소속 공무원으로 하여금 국세 체납처분의 예에 따라 과징금을 강제징수하게 할 수 있다.	
제60조(수수료) ① 이 법에 따른 허가, 증명 또는 검사를 받으려는 자는 국토교통부령으로 정하는 수수료를 내야 한다. ② 이 법에 따른 허가, 증명 또는 검사를 위하여 현지출장이 필요한 경우에는 그 출장에 드는 여비를 신청인이 내야 한다. 이 경우 여비의 기준은 국토교통부령으로 정한다.	제50조(수수료의 부과기준) ① 법 제48조에 따라 비행검사를 받으려는 자에대한 법 제60조 제1항에 따른 수수료는 별표 21과 같다. 〈개정 2018. 9. 21.〉 ② 법 제60조 제2항에 따른 여비의 기준은 「공무원 여비 규정」에 따른다. 〈신설 2018. 9. 21.〉 [본조신설 2018. 2. 9.]
제61조(권한의 위임) 국토교통부장관은 이 법에 따른 권한의 일부를 대통령령으로 정하는 바에 따라 국토교통부장관 소속 기관의 장, 시·도지사 또는 시장·군수·구청장에게 위임할 수 있다.	
영 제55조(권한의 위임) ① 국토교통부장관은 법 제61조에 따라 다음 각 호의 권한을 지방항공청장에게 위임한다. 다만, 국토교통부장관이 직접 시행하는 것으로 정하여 고시하는 개발사업과 관련된 제1호, 제3호, 제6호부터 제21호까지, 제23호부터 제25호까지, 제30호, 제32호 및 제33호의 권한은 제외한다. 〈개정 2018. 2. 9., 2018. 6. 26.〉	

3장 공항시설법

공항시설법, 시행령
1. 법 제6조 제1항에 따른 개발사업의 시행 2. 법 제6조 제2항에 따른 개발사업의 시행허가 3. 법 제7조 제1항에 따른 실시계획의 수립 4. 법 제7조 제3항에 따른 실시계획의 승인 및 변경 승인 5. 법 제7조 제4항에 따른 변경신고의 수리 6. 법 제7조 제5항에 따른 기술심의위원회에 대한 심의의 요청 7. 법 제7조 제6항에 따른 실시계획의 고시 8. 법 제7조 제7항에 따른 실시계획 관계 서류 사본의 통지 및 같은 조 제8항 후단에 따른 지형도면의 고시 등에 필요한 서류의 제출 9. 법 제7조 제9항에 따른 고시 및 토지등의 소유자 및 권리자에 대한 통지 10. 법 제9조 제2항 후단에 따른 관계 행정기관의 장과의 협의 11. 법 제9조 제3항에 따른 기획재정부장관과의 협의 12. 법 제10조 제1항에 따른 건축물의 건축 등 행위에 관한 허가 및 변경 허가 13. 법 제10조 제3항에 따른 신고의 수리 14. 법 제10조 제4항에 따른 원상회복 명령 및 「행정대집행법」에 따른 대집행 15. 법 제12조 제1항에 따른 수용 또는 사용 16. 법 제13조 제3항에 따른 손실보상 17. 법 제14조에 따른 매수청구의 접수 18. 법 제15조 제1항에 따른 매수대상 여부 및 매수예상가격 등의 통지 19. 법 제15조 제2항에 따른 매수계획의 수립 및 매수 20. 법 제16조 제1항에 따른 비용의 부담 및 같은 조 제3항에 따른 비용의 징수 21. 법 제17조 제1항에 따른 부대공사의 시행 22. 법 제18조에 따른 사업시행자와의 협의, 사업시행자를 대행한 개발사업의 시행 및 사업시행자를 대행할 제3자의 선정 23. 법 제19조 제2항에 따른 건설공사의 발주 24. 법 제19조 제3항 전단에 따른 개발사업에 직접 필요한 건설자재의 생산시설에 관한 인정 및 건설자재의 생산시설의 신설·증설 또는 이전 25. 법 제19조 제4항에 따른 원상회복 26. 법 제20조 제1항에 따른 공사준공 보고서의 접수 및 준공확인 27. 법 제20조 제2항에 따른 보고의 접수 28. 법 제20조 제3항에 따른 준공확인에 필요한 검사의 의뢰 29. 법 제20조 제4항에 따른 준공확인증명서의 발급 30. 법 제20조 제5항에 따른 고시 31. 법 제20조 제7항 단서에 따른 준공확인 전 사용허가 32. 법 제21조 제1항에 따른 투자허가 33. 법 제22조 제1항에 따른 무상사용·수익허가, 같은 조 제2항에 따른 무상사용·수익허가의 취소 및 필요한 조치 34. 법 제25조 제1항에 따른 이착륙장의 설치, 이착륙장 설치에 관한 허가 및 관계 중앙행정기관의 장 및 관할 시장·군수·구청장과의 사전협의 35. 법 제25조 제2항에 따른 이착륙장의 관리 36. 법 제25조 제6항에 따른 명령 및 허가의 취소 37. 법 제25조 제7항에 따른 허가 또는 승인의 취소 등 필요한 처분 38. 법 제25조 제8항에 따른 이착륙장 사용의 중지 명령

공항시설법, 시행령

39. 법 제31조 제2항 본문에 따른 검사
40. 법 제31조의2 제2항에 따른 해당 업무(운전업무를 제외한다) 정지명령, 공항운영자에게 하는 운전업무의 승인 취소 및 운전업무의 정지 명령
41. 법 제32조 제1항에 따른 공항시설, 비행장시설 또는 항행안전시설에 대한 사용료의 징수
42. 법 제33조 제1항에 따른 공항시설 사용의 휴지 또는 폐지에 대한 승인
43. 법 제33조 제2항에 따른 비행장시설의 휴지 또는 폐지에 대한 신고의 수리
44. 법 제33조 제3항에 따른 공항시설 또는 비행장시설 사용의 재개(再開)에 대한 승인 및 시설설치기준 및 시설관리기준에 따른 검사
45. 법 제33조 제4항에 따른 고시
46. 법 제34조 제2항에 따른 장애물의 제거 명령
47. 법 제34조 제3항에 따른 장애물의 제거 요구 및 장애물의 제거로 인한 손실보상
48. 법 제34조 제4항에 따른 장애물 또는 토지의 매수 요구에 대한 접수
49. 법 제34조 제5항에 따른 장애물의 제거명령 및 같은 조 제7항에 따른 손실보상
50. 법 제34조 제6항에 따른 장애물의 제거
51. 법 제36조 제1항 및 제3항에 따른 표시등 및 표지의 설치
52. 법 제36조 제4항에 따른 손실보상
53. 법 제36조 제5항에 따른 표시등 또는 표지의 설치에 관한 협의 및 신고의 접수
54. 법 제36조 제6항에 따른 표시등 또는 표지의 철거와 변경에 관한 협의 및 신고의 접수
55. 법 제36조 제8항에 따른 표시등 또는 표지의 설치 명령
56. 법 제36조 제9항에 따른 검사 및 시정명령
57. 법 제36조 제10항에 따른 시정명령 이행에 관한 보고의 접수
58. 법 제36조 제11항에 따른 시정명령의 이행 상태 등에 대한 확인
59. 법 제37조 제2항에 따른 유사등화에 대한 소등 등의 명령
60. 법 제40조 제1항 및 제2항에 따른 검사 및 시정조치 명령
61. 항행안전시설(항공로용으로 사용되는 항공정보통신시설 및 항행안전무선시설은 제외하되, 타목, 거목 및 너목에서는 포함한다)에 대한 다음 각 목의 권한

가. 법 제43조 제1항에 따른 항행안전시설의 설치
나. 법 제43조 제2항에 따른 항행안전시설 설치의 허가
다. 법 제44조 제1항에 따른 항행안전시설 설치에 관한 실시계획의 수립
라. 법 제44조 제3항에 따른 항행안전시설 설치에 관한 실시계획의 승인 및 변경승인
마. 법 제44조 제4항에 따른 신고의 수리
바. 법 제44조 제5항에 따른 고시
사. 법 제45조 제1항 및 제3항에 따른 완성검사 및 완성검사확인증의 발급
아. 법 제45조 제4항에 따른 지정·고시
자. 법 제45조 제5항 단서에 따른 완성검사확인증 발급 전 사용허가
차. 법 제46조 제1항에 따른 항행안전시설 변경허가
카. 법 제47조 제2항에 따른 검사
타. 법 제48조 제1항에 따른 비행검사(서울지방항공청장만 해당한다)
파. 법 제49조 제1항 및 제2항에 따른 항행안전시설의 휴지·폐지 또는 사용 재개에 관한 승인
하. 법 제49조 제3항에 따른 항행안전시설의 휴지·폐지 또는 사용 재개에 관한 고시
거. 법 제50조 제1항에 따른 항행안전시설 사용료의 징수
너. 법 제50조 제2항에 따른 항행안전시설 사용료 신고의 수리 및 사용료 변경신고의 수리

공항시설법, 시행령

더. 법 제51조에 따른 지위승계 신고의 수리
러. 법 제53조 제1항에 따른 항공통신업무의 수행
62. 법 제56조 제7항에 따른 제지 또는 퇴거 명령
63. 법 제57조에 따른 명령 또는 허가의 취소(지방항공청장에게 권한이 위임된 사항에 관한 명령 또는 허가의 취소만 해당한다)
64. 법 제58조 제1항에 따른 허가 또는 승인취소 등 필요한 처분 및 같은 조 제2항에 따른 고시(지방항공청장에게 권한이 위임된 사항에 관한 허가 또는 승인취소 등 필요한 처분 및 고시만 해당한다)
65. 법 제62조에 따른 청문의 실시(지방항공청장에게 권한이 위임된 사항에 관한 청문의 실시만 해당한다)
66. 법 제69조에 따른 과태료의 부과 및 징수(지방항공청장에게 권한이 위임된 사항에 관한 과태료 및 법 제69조 제1항 제3호에 따른 과태료의 부과·징수만 해당한다)
67. 법 제70조에 따른 이행강제금의 부과 및 징수

② 국토교통부장관은 법 제61조에 따라 다음 각 호의 권한을 항공교통본부장에게 위임한다.

1. 항행안전시설(항공로용으로 사용되는 항공정보통신시설 및 항행안전무선시설만 해당한다)에 대한 다음 각 목의 권한
가. 법 제43조 제1항에 따른 항행안전시설의 설치
나. 법 제43조 제2항에 따른 항행안전시설 설치의 허가
다. 법 제44조 제1항에 따른 항행안전시설 설치에 관한 실시계획의 수립
라. 법 제44조 제3항에 따른 항행안전시설 설치에 관한 실시계획의 승인 및 변경승인
마. 법 제44조 제4항에 따른 신고의 수리
바. 법 제44조 제5항에 따른 고시
사. 법 제45조 제1항 및 제3항에 따른 완성검사 및 완성검사확인증의 발급
아. 법 제45조 제4항에 따른 지정·고시
자. 법 제45조 제5항 단서에 따른 완성검사확인증 발급 전 사용허가
차. 법 제46조 제1항에 따른 항행안전시설 변경허가
카. 법 제47조 제2항에 따른 검사
타. 법 제49조 제1항 및 제2항에 따른 항행안전시설의 휴지·폐지 또는 사용 재개에 관한 승인
파. 법 제49조 제3항에 따른 항행안전시설의 휴지·폐지 또는 사용 재개에 관한 고시
하. 법 제51조에 따른 지위승계 신고의 수리
거. 법 제53조 제1항에 따른 항공통신업무의 수행
2. 법 제57조에 따른 명령 또는 허가의 취소(항공교통본부장에게 권한이 위임된 사항에 관한 명령 또는 허가의 취소만 해당한다)
3. 법 제58조 제1항에 따른 허가 또는 승인취소 등 필요한 처분 및 같은 조 제2항에 따른 고시(항공교통본부장에게 권한이 위임된 사항에 관한 허가 또는 승인취소 등 필요한 처분 및 고시만 해당한다)
4. 법 제62조에 따른 청문의 실시(항공교통본부장에게 권한이 위임된 사항에 관한 청문의 실시만 해당한다)

제62조(청문) 국토교통부장관은 다음 각 호의 어느 하나에 해당하는 처분을 하려면 청문을 하여야 한다. 〈개정 2017. 12. 26.〉

1. 제25조 제6항 또는 제57조에 따른 허가의 취소
2. 제25조 제7항 또는 제58조 제1항에 따른 허가·승인의 취소
3. 제41조 제1항에 따른 공항운영증명의 취소 또는 공항운영의 정지

제63조(규제의 재검토) 국토교통부장관은 제37조 제1항에 따른 유사등화의 설치 제한에 관한 사항에 대하여 2016년 1월 1일을 기준으로 3년마다(매 3년이 되는 해의 기준일과 같은 날 전까지를 말한다) 그 타당성을 검토하여 폐지, 완화 또는 유지 등의 조치를 하여야 한다.

공항시설법, 시행령	공항시설법 시행규칙
제6장 벌칙	
제64조(공항운영증명에 관한 죄) 제38조를 위반하여 공항운영증명을 받지 아니하고 공항을 운영한 자는 3년 이하의 징역 또는 3천만원 이하의 벌금에 처한다.	
제65조(개발사업에 따른 시설의 불법 사용 등의 죄) 다음 각 호의 어느 하나에 해당하는 자는 2천만원 이하의 벌금에 처한다. 1. 제6조 제2항 또는 제43조 제2항을 위반하여 허가를 받지 아니하고 시설을 설치한 자 2. 제20조 제7항 또는 제45조 제5항(제54조 제1항에서 준용하는 경우를 포함한다)을 위반하여 시설을 사용한 자 3. 제34조 제1항을 위반한 자 4. 제56조 제1항부터 제4항까지의 규정을 위반한 자 5. 제57조에 따라 허가가 취소된 시설을 사용한 자	
제66조(명령 등의 위반 죄) 다음 각 호의 어느 하나에 해당하는 자는 1년 이하의 징역 또는 1천만원 이하의 벌금에 처한다. 〈개정 2017. 12. 26.〉 1. 제10조 제1항에 따라 허가 또는 변경허가를 받아야 할 사항을 허가 또는 변경허가를 받지 아니하고 건축물의 건축 등의 행위를 하거나 거짓 또는 부정한 방법으로 허가를 받은 자 2. 정당한 사유 없이 제11조 제1항(제54조 제2항에서 준용하는 경우를 포함한다)에 따른 행위를 방해하거나 거부한 자 3. 제25조 제8항에 따른 명령을 위반한 자 4. 정당한 사유 없이 제57조 및 제58조 제1항에 따른 국토교통부장관의 명령 또는 처분을 위반한 자	
제67조(업무방해 죄) 다음 각 호의 어느 하나에 해당하는 자는 500만원 이하의 벌금에 처한다. 1. 제31조 제2항, 제40조 제1항, 제47조 제2항 및 제48조 제1항에 따른 검사를 거부·방해하거나 기피한 자 2. 제55조 제1항에 따른 검사 또는 출입을 거부 또는 방해하거나 보고를 거짓으로 한 자 및 기피한 자	
제67조의2(제지·퇴거명령에 대한 불이행의 죄) 제56조 제7항에 따른 명령에 따르지 아니한 자는 20만원 이하의 벌금이나 구류 또는 과료(科料)에 처한다. [본조신설 2018. 2. 21.]	

공항시설법, 시행령	공항시설법 시행규칙
제68조(양벌규정) 법인의 대표자나 법인 또는 개인의 대리인, 사용인, 그 밖의 종업원이 그 법인 또는 개인의 업무에 관하여 제65조부터 제67조까지 및 제67조의2의 위반행위를 하면 행위자를 벌하는 외에 그 법인 또는 개인에게도 해당 조문의 벌금형을 과(科)한다. 다만, 법인 또는 개인이 그 위반행위를 방지하기 위하여 해당 업무에 관하여 상당한 주의와 감독을 게을리하지 아니한 경우에는 그러하지 아니하다. 〈개정 2018. 2. 21.〉	
제69조(과태료) ① 다음 각 호의 어느 하나에 해당하는 자에게는 500만원 이하의 과태료를 부과한다. 〈개정 2017. 8. 9., 2017. 12. 26.〉 1. 제25조 제5항을 위반하여 준공확인증명서를 받기 전에 이착륙장을 사용하거나 사용허가를 받지 아니하고 이착륙장을 사용한 자 2. 제32조 제2항 또는 제50조 제2항에 따라 사용료를 신고 또는 승인을 받지 아니하거나 신고 또는 승인한 사용료와 다르게 사용료를 받은 자 3. 제36조 제1항 · 제2항 · 제7항에 따라 표시등 및 표지를 설치 또는 관리하지 아니한 자 4. 제39조 제1항을 위반하여 인가를 받지 아니하고 공항운영규정을 변경한 공항운영자 5. 제39조 제3항을 위반하여 공항운영규정을 변경하지 아니한 공항운영자 6. 제40조 제1항을 위반하여 공항안전운영기준 및 공항운영규정에 따라 공항의 안전운영체계를 지속적으로 유지하지 아니한 공항운영자 7. 삭제 〈2018. 2. 21.〉 **영 제56조(고유식별정보의 처리)** 사업시행자등(법 제2조 제11호에 따른 공항운영자로 한정한다)은 법 제56조 제7항에 따른 제지 또는 퇴거 명령에 따르지 아니한 자에 대하여 국토교통부장관에게 법 제69조 제1항 제7호에 따른 과태료의 부과를 요청하는 사무를 수행하기 위하여 불가피한 경우 「개인정보 보호법 시행령」 제19조 제1호에 따른 주민등록번호가 포함된 자료를 처리할 수 있다. 〈개정 2018. 6. 26.〉 **영 제57조(과태료의 부과기준)** 법 제69조 제1항 및 제2항에 따른 과태료의 부과기준은 별표 3과 같다. ② 다음 각 호의 어느 하나에 해당하는 자에게는 200만원 이하의 과태료를 부과한다. 〈개정 2017. 8. 9.〉	

공항시설법, 시행령	공항시설법 시행규칙
1. 제36조 제5항 또는 제6항을 위반하여 표시등 또는 표지의 설치 · 변경 · 철거에 관한 신고를 하지 아니한 자 2. 제37조 제2항에 따른 명령을 위반한 자 3. 제39조 제2항을 위반하여 신고를 하지 아니하고 공항운영규정을 변경한 공항운영자 ③ 제1항 또는 제2항에 따른 과태료는 대통령령으로 정하는 바에 따라 국토교통부장관이 부과 · 징수한다.	
제70조(이행강제금) ① 국토교통부장관은 제36조 제8항 또는 제9항에 따라 시정명령을 받은 후 그 정한 기간 이내에 그 명령을 이행하지 아니하는 자에게는 다음 각 호의 구분에 따라 이행강제금을 부과한다. 1. 제36조 제8항을 위반한 경우: 1천만원 이하 2. 제36조 제9항을 위반한 경우: 500만원 이하 ② 국토교통부장관은 제1항에 따른 이행강제금을 부과하기 전에 이행강제금을 부과 · 징수한다는 것을 미리 문서로 알려 주어야 한다. ③ 국토교통부장관은 제1항에 따라 이행강제금을 부과하는 경우에는 이행강제금의 금액, 부과 사유, 납부기한, 수납기관, 이의제기 방법 및 이의제기 기관 등을 명시한 문서로 하여야 한다. ④ 국토교통부장관은 제36조 제8항 또는 제9항에 따른 최초의 시정명령이 있었던 날을 기준으로 하여 1년에 한 번씩 그 시정명령이 이행될 때까지 반복하여 제1항에 따른 이행강제금을 부과 · 징수할 수 있다. ⑤ 국토교통부장관은 시정명령을 받은 자가 시정명령을 이행한 경우에는 새로운 이행강제금의 부과를 중지하되, 이미 부과된 이행강제금은 징수하여야 한다. ⑥ 국토교통부장관은 제3항에 따라 이행강제금 부과처분을 받은 자가 이행강제금을 납부기한까지 내지 아니하면 국세 체납처분의 예에 따라 징수한다. ⑦ 이행강제금의 부과 및 징수 절차는 국토교통부령으로 정한다. [본조신설 2017. 8. 9.]	**제51조(이행강제금 부과 및 징수)** 법 제70조 제7항에 따른 이행강제금의 부과 및 징수 절차는 「국고금관리법 시행규칙」을 준용한다. 이 경우 납입고지서에는 이의신청방법 및 이의신청기간을 함께 기재하여야 한다. [본조신설 2018. 2. 9.]
제7장 범칙행위에 관한 처리의 특례〈신설 2018.2.21.〉	
제71조(통칙) ① 이 장에서 "범칙행위"란 제67조의2에 해당하는 위반행위를 뜻하며, 그 구체적인 범위는 대통령령으로 정한다.	

3장 공항시설법

공항시설법, 시행령
영 제58조(범칙행위의 범위와 범칙금액) 법 제71조 제1항 및 제72조 제2항에 따른 범칙행위의 구체적인 범위와 범칙금액은 별표 4와 같다. [본조신설 2018. 8. 21.]
② 이 장에서 "범칙자"란 범칙행위를 한 사람으로서 다음 각 호의 어느 하나에 해당하지 아니하는 사람을 뜻한다. 1. 범칙행위를 한 날부터 1년 이내에 3회 이상 위반행위를 한 사람 2. 그 밖에 죄를 범한 동기, 수단 및 결과 등을 헤아려 통고처분을 하는 것이 타당하지 아니하다고 인정되는 사람 ③ 이 장에서 "범칙금"이란 범칙자가 제72조에 따른 통고처분에 따라 국고 또는 제주특별자치도의 금고에 내야 할 금전을 말한다. [본조신설 2018. 2. 21.]
제72조(통고처분) ① 경찰서장이나 제주특별자치도지사는 범칙자로 인정되는 사람에 대하여 그 이유를 명시한 범칙금납부통고서로 범칙금을 낼 것을 통고할 수 있다. 다만, 다음 각 호의 어느 하나에 해당하는 사람에 대해서는 그러하지 아니하다. 1. 성명 또는 주소가 확실하지 아니한 사람 2. 범칙금납부통고서 받기를 거부한 사람 ② 제1항에 따라 통고할 범칙금의 액수는 범칙행위의 종류와 위반 정도에 따라 그 위반행위에 대하여 이 법에서 정하는 벌금의 범위에서 대통령령으로 정한다. ③ 제주특별자치도지사가 제1항에 따라 통고처분을 한 경우에는 관할 경찰서장에게 그 사실을 통보하여야 한다. [본조신설 2018. 2. 21.]
제73조(범칙금의 납부 등) ① 제72조에 따라 범칙금납부통고서를 받은 사람은 10일 이내에 경찰서장 또는 제주특별자치도지사가 지정하는 수납기관에 범칙금을 내야 한다. 다만, 천재지변이나 그 밖의 부득이한 사유로 그 기간 내에 범칙금을 납부할 수 없는 경우에는 그 부득이한 사유가 없어지게 된 날부터 5일 이내에 내야 한다. ② 제1항에 따른 납부기간에 범칙금을 내지 아니한 사람은 납부기간이 끝나는 날의 다음 날부터 20일 이내에 통고받은 범칙금에 그 금액의 100분의 20을 더한 금액을 내야 한다. ③ 제1항에 따른 범칙금납부통고서에 불복하는 사람은 그 납부기간 내에 경찰서장에게 이의를 제기할 수 있다. ④ 제1항 또는 제2항에 따라 범칙금을 낸 사람은 그 범칙행위에 대하여 다시 처벌받지 아니한다. [본조신설 2018. 2. 21.]
제74조(통고처분 불이행자 등의 처리) ① 경찰서장 또는 제주특별자치도지사는 다음 각 호의 어느 하나에 해당하는 사람에 대해서는 지체 없이 즉결심판을 청구하여야 한다. 다만, 즉결심판이 청구되기 전까지 통고받은 범칙금에 그 금액의 100분의 50을 더한 금액을 낸 사람에 대해서는 그러하지 아니하다. 1. 제72조 제1항 각 호의 어느 하나에 해당하는 사람 2. 제73조 제2항에 따른 납부기간 내에 범칙금을 내지 아니한 사람 3. 제73조 제3항에 따라 이의를 제기한 사람 ② 제1항 제2호에 따라 즉결심판이 청구된 피고인이 통고받은 범칙금에 그 금액의 100분의 50을 더한 금액을 내고 그 증명서류를 즉결심판 선고 전까지 제출하였을 때에는 경찰서장 또는 제주특별자치도지사는 그 피고인에 대한 즉결심판 청구를 취소하여야 한다. ③ 제1항 단서 또는 제2항에 따라 범칙금을 낸 사람은 그 범칙행위에 대하여 다시 처벌받지 아니한다. [본조신설 2018. 2. 21.]

공항시설법 예상문제

01 공항시설법 시행령에서 정하는 비행장의 구분이 아닌 것은?

① 육상비행장 ② 옥상헬기장
③ 해상구조물헬기장 ④ 육상구조물헬기장

해설 공항시설법 시행령 제2조

02 비행장이란 무엇인가?

① 항공기의 이·착륙을 위해 사용되는 육지 또는 수면
② 항공기가 이·착륙하는 활주로와 유도로
③ 항공기를 계류시킬 수 있는 곳
④ 항공기에 승객을 탑승시킬 수 있는 곳

해설 공항시설법 제2조

03 공항시설법에서 정하는 "공항"이란 무엇인가?

① 국회에서 그 명칭·위치 및 구역을 법으로 정한 것을 말한다.
② 지방항공청장이 그 명칭·위치 및 구역을 지정·고시한 것을 말한다.
③ 국토교통부장관이 그 명칭·위치 및 구역을 지정·고시한 것을 말한다.
④ 대통령령으로 그 명칭·위치 및 구역을 지정·고시한 것을 말한다.

해설 공항시설법 제2조

04 대통령령으로 정하는 공항의 시설 중 "지원시설"에 해당하는 것은?

① 도심공항터미널 ② 화물처리시설
③ 기상관측시설 ④ 항공기 급유시설

해설 공항시설법 시행령 제3조

05 공항시설법에서 정하는 "공항시설"이 아닌 것은?

① 항공기의 이륙·착륙 및 여객·화물의 운송을 위한 시설
② 항공기의 이륙·착륙 및 여객·화물의 운송을 위한 부대시설
③ 항공기의 이륙·착륙 및 여객·화물의 운송을 위한 지원시설
④ 공항구역 밖에 있는 시설 중 대통령령이 지정하는 시설

해설 공항시설법 제2조 7

06 공항시설법에서 공항구역 안에 있는 시설과 공항구역 밖에 있는 시설은 누가 지정하는가?

① 국토교통부장관이 정하고 국토교통부장관이 지정한다.
② 대통령이 정하고 국토교통부장관이 지정한다.
③ 국토교통부장관이 정하고 지방항공청장이 지정한다.
④ 국회에서 제정하고 대통령이 지정한다.

해설 공항시설법 제2조 7

07 항공기의 이륙·착륙 및 여객·화물의 운송을 위한 시설과 그 부대시설 및 지원시설을 무엇이라 하는가?

① 공항시설 ② 공항
③ 비행장 ④ 화물터미널

해설 공항시설법 시행령 제3조

정답 01 ④ 02 ① 03 ③ 04 ④ 05 ④ 06 ② 07 ①

08 공항시설법 시행령에서 정한 공항시설 중에 "지원시설"이 아닌 것은?

① 항공기 및 지상조업장비의 점검·정비 등을 위한 시설
② 운항관리·의료·교육훈련·소방시설 및 기내식 제조공급 등을 위한 시설
③ 공항의 운영 및 유지·보수를 위한 공항운영·관리시설
④ 관제소·송수신소·통신소 등의 통신시설

해설 공항시설법 시행령 제3조

09 공항시설법 시행령의 "공항시설"이 아닌 것은?

① 도심공항터미널
② 헬기장 안에 있는 여객·화물처리시설 및 운항지원시설
③ 지방항공청장이 지정·고시하는 시설
④ 국토교통부장관이 공항의 운영 및 관리에 필요하다고 인정하는 시설

해설 공항시설법 시행령 제3조

10 공항시설법 시행령에서 공항시설의 구분에서 "기본시설"이 아닌 것은?

① 활주로·유도로·계류장·착륙대등 항공기의 이·착륙시설
② 여객터미널·화물터미널 등 여객 및 화물처리시설
③ 항행안전시설, 기상관측시설
④ 공항운영, 관리시설 / 항공기 급유 시설 / 공항 이용객 편의시설 및 공항근무자 후생복지시설 / 항공기 정비시설

해설 공항시설법 시행령 제3조

11 육상비행장에서 수평표면의 원호 중심은 활주로 중심선 끝으로부터 몇 미터 연장된 지점에 있는가?

① 50m ② 60m
③ 80m ④ 100m

해설 공항시설법 시행규칙 제4조 별표 2

12 공항시설법이 정한 항행안전시설이 아닌 것은?

① 항행안전무선시설 ② 항공등화
③ 항공정보통신시설 ④ 항공장애 주간표지

해설 공항시설법 시행규칙 제5조

13 다음 중 "항행안전시설"이 아닌 것은?

① 유선통신·무선통신에 의해 항공기의 항행을 돕기 위한 시설
② 불빛·색채에 의하여 항공기의 항행을 돕기 위한 시설
③ 항공기의 항행을 돕기 위한 시설로서 국토교통부장관이 정하는 시설
④ 형상에 의하여 항공기의 항행을 돕기 위한 시설

해설 공항시설법 제2조 15

14 공항시설법의 항행안전무선시설에 포함되지 않는 것은?

① 무지향표지시설(NDB)
② 전방향표지시설(VOR)
③ 거리측정시설(DME)
④ 자동방향탐지시설(ADF)

해설 공항시설법 시행규칙 제7조

15 공항시설법 시행규칙 제8조의 항공이동통신시설이 아닌 것은?

① 단거리이동통신시설 (VHF/UHF Radio)
② 단파이동통신시설(HF Radio)
③ 초단파디지털이동통신시설(VDL)
④ 항공종합통신망(ATN)

해설 공항시설법 시행규칙 제8조

16 지표면이나 수면으로부터 몇 미터 이상 되는 구조물을 설치하려는 경우에 항공장애 표시등 및 항공장애 주간표지를 설치하여야 하는가?

① 50m 이상 ② 60m 이상
③ 80m 이상 ④ 100m 이상

해설 공항시설법 제36조

정답 08 ④ 09 ③ 10 ④ 11 ② 12 ④ 13 ③ 14 ④ 15 ④ 16 ②

17 **항행안전시설 휴지 등을 고시할 때 고시하여야 할 사항이 아닌 것은?**

① 설치자 성명 및 주소
② 항행안전시설 종류 및 명칭
③ 휴지의 경우 휴지기간
④ 폐지 또는 재개의 경우 그 개시일

해설 공항시설법 시행규칙 제41조

18 **특별한 사유 없이 출입하여서는 안 되는 곳은?**

① 활주로 유도로 급유시설 등
② 착륙대 유도로 보세구역 등
③ 착륙대 격납고 보세구역 등
④ 착륙대 유도로 계류장 등

해설 공항시설법 제56조

19 **공항 내에서의 금지행위가 아닌 것은?**

① 비행장 주변 레이저 방사
② 착륙대, 유도로 또는 계류장에 금속편, 직물, 기타의 물건을 방치하는 것
③ 공항 안에서 정치된 항공기 근처로 항공기를 운항하는 행위
④ 착륙대, 유도로, 계류장 또는 격납고에서 함부로 화기를 사용하는 행위

해설 공항시설법 시행규칙 제47조

20 **공항 내에서의 금지행위가 아닌 것은?**

① 격납고에 금속편, 직물 또는 기타의 물건을 방치하는 행위
② 에이프런(계류장)에 금속편, 직물 또는 기타의 물건을 방치하는 행위
③ 착륙대, 유도로에 금속편, 직물 또는 기타의 물건을 방치하는 행위
④ 착륙대, 유도로에서 화기를 사용하는 행위 / 비행장 안으로 물건을 투척하는 행위

해설 공항시설법 시행규칙 제47조

21 **공항시설에서의 금지행위가 아닌 것은?**

① 공항시설에서 노숙하는 행위
② 폭언 또는 고성방가 등 소란을 피우는 행위
③ 광고물을 설치·부착하거나 배포하는 행위
④ 공항시설에서 공항공사의 허락을 받고 물품을 배부 또는 권유하는 행위

해설 공항시설법 시행령 제50조

정답 17 ④ 18 ④ 19 ③ 20 ① 21 ④

AVIATION LAW

항공 · 철도 사고조사에 관한 법률

AVIATION LAW

항공·철도 사고조사에 관한 법률, 시행령 [법률 제17453호, 2020. 6. 9., 타법개정] [대통령령 제24395호, 2013. 2. 22., 일부개정]	항공·철도 사고조사에 관한 법률 시행규칙 [국토해양부령 제571호, 2013. 2. 28., 일부개정]
제1장 총칙	
제1조(목적) 이 법은 항공·철도사고조사위원회를 설치하여 항공사고 및 철도사고 등에 대한 독립적이고 공정한 조사를 통하여 사고 원인을 정확하게 규명함으로써 항공사고 및 철도사고 등의 예방과 안전 확보에 이바지함을 목적으로 한다.	
제2조(정의) ① 이 법에서 사용하는 용어의 뜻은 다음과 같다. 〈개정 2009. 6. 9., 2013. 3. 22., 2016. 3. 29., 2020. 6. 9.〉 1. "항공사고"란 「항공안전법」 제2조 제6호에 따른 항공기사고, 같은 조 제7호에 따른 경량항공기사고 및 같은 조 제8호에 따른 초경량비행장치사고를 말한다. 2. "항공기준사고"란 「항공안전법」 제2조 제9호에 따른 항공기준사고를 말한다. 3. "항공사고등"이라 함은 제1호에 따른 항공사고 및 제2호에 따른 항공기준사고를 말한다. 4. 삭제 〈2009. 6. 9.〉 5. 삭제 〈2009. 6. 9.〉 6. "철도사고"란 철도(도시철도를 포함한다. 이하 같다)에서 철도차량 또는 열차의 운행 중에 사람의 사상이나 물자의 파손이 발생한 사고로서 다음 각 호의 어느 하나에 해당하는 사고를 말한다. 가. 열차의 충돌 또는 탈선사고 나. 철도차량 또는 열차에서 화재가 발생하여 운행을 중지시킨 사고 다. 철도차량 또는 열차의 운행과 관련하여 3명 이상의 사상자가 발생한 사고 라. 철도차량 또는 열차의 운행과 관련하여 5천만원 이상의 재산피해가 발생한 사고 7. "사고조사"란 항공사고등 및 철도사고(이하 "항공·철도사고등"이라 한다)와 관련된 정보·자료 등의 수집·분석 및 원인규명과 항공·철도안전에 관한 안전권고 등 항공·철도사고등의 예방을 목적으로 제4조에 따른 항공·철도사고조사위원회가 수행하는 과정 및 활동을 말한다.	

항공ㆍ철도 사고조사에 관한 법률, 시행령	항공ㆍ철도 사고조사에 관한 법률 시행규칙
② 이 법에서 사용하는 용어 외에는 「항공사업법」ㆍ「항공안전법」ㆍ「공항시설법」 및 「철도안전법」에서 정하는 바에 따른다. 〈개정 2016. 3. 29.〉	
제3조(적용범위 등) ① 이 법은 다음 각 호의 어느 하나에 해당하는 항공ㆍ철도사고등에 대한 사고조사에 관하여 적용한다. 1. 대한민국 영역 안에서 발생한 항공ㆍ철도사고등 2. 대한민국 영역 밖에서 발생한 항공사고등으로서 「국제민간항공조약」에 의하여 대한민국을 관할권으로 하는 항공사고등 ② 제1항에도 불구하고 「항공안전법」 제2조 제4호에 따른 국가기관등항공기에 대한 항공사고조사는 다음 각 호의 어느 하나에 해당하는 경우 외에는 이 법을 적용하지 아니한다. 〈개정 2009. 6. 9., 2016. 3. 29., 2020. 6. 9.〉 1. 사람이 사망 또는 행방불명된 경우 2. 국가기관등항공기의 수리ㆍ개조가 불가능하게 파손된 경우 3. 국가기관등항공기의 위치를 확인할 수 없거나 국가기관등항공기에 접근이 불가능한 경우 ③ 제1항에도 불구하고 「항공안전법」 제3조에 따른 항공기의 항공사고조사는 이 법을 적용하지 아니한다. 〈개정 2016. 3. 29., 2020. 6. 9.〉 ④ 항공사고등에 대한 조사와 관련하여 이 법에서 규정하지 아니한 사항은 「국제민간항공조약」과 같은 조약의 부속서(附屬書)에서 채택된 표준과 방식에 따라 실시한다. 〈신설 2013. 3. 22.〉 [제목개정 2013. 3. 22.]	
제2장 항공ㆍ철도사고조사위원회	
제4조(항공ㆍ철도사고조사위원회의 설치) ① 항공ㆍ철도사고등의 원인규명과 예방을 위한 사고조사를 독립적으로 수행하기 위하여 국토교통부에 항공ㆍ철도사고조사위원회(이하 "위원회"라 한다)를 둔다. 〈개정 2008. 2. 29., 2013. 3. 23.〉 ② 국토교통부장관은 일반적인 행정사항에 대하여는 위원회를 지휘ㆍ감독하되, 사고조사에 대하여는 관여하지 못한다. 〈개정 2008. 2. 29., 2013. 3. 23.〉	**제2조(항공ㆍ철도종사자와 관계인의 범위)** 「항공ㆍ철도 사고조사에 관한 법률」(이하 "법"이라 한다) 제17조 제1항에 따라 항공ㆍ철도사고등의 발생사실을 법 제4조 제1항에 따른 항공ㆍ철도사고조사위원회(이하 "위원회"라 한다)에 통보해야 하는 항공ㆍ철도종사자와 관계인의 범위는 다음 각 호와 같다. 〈개정 2013. 2. 28.〉 1. 경량항공기 조종사(조종사가 통보할 수 없는 경우에는 그 경량항공기의 소유자) 2. 초경량비행장치의 조종자(조종자가 통보할 수 없는 경우에는 그 초경량비행장치의 소유자)

항공·철도 사고조사에 관한 법률, 시행령

영 제2조(분과위원회의 구성 등) ①「항공·철도 사고조사에 관한 법률」(이하 "법" 이라 한다) 제4조에 따른 항공·철도사고조사위원회(이하 "위원회"라 한다)에 두는 분과위원회는 다음 각 호와 같다.

1. 항공분과위원회
2. 철도분과위원회

② 제1항 제1호에 따른 항공분과위원회는 항공사고등에 대한 다음 각 호의 사항을 심의·의결한다.

1. 법 제25조 제1항에 따른 사고조사보고서의 작성 등에 관한 사항
2. 법 제26조 제1항에 따른 안전권고 등에 관한 사항
3. 그 밖에 항공사고등에 관한 사항으로서 위원회에서 심의를 위임한 사항

③ 제1항 제2호에 따른 철도분과위원회는 철도사고에 대한 다음 각 호의 사항을 심의·의결한다. 〈개정 2013. 2. 22.〉

1. 법 제25조 제1항에 따른 사고조사보고서의 작성 등에 관한 사항
2. 법 제26조 제1항에 따른 안전권고 등에 관한 사항
3. 그 밖에 철도사고에 관한 사항으로서 위원회에서 심의를 위임한 사항

④ 제1항 각 호에 따른 분과위원회(이하 "분과위원회"라 한다)는 분과위원회의 위원장(이하 "분과위원장"이라 한다)과 분과위원회의 상임위원(이하 "분과상임위원"이라 한다) 각 1명을 포함한 7명 이내의 위원으로 구성한다. 〈개정 2013. 2. 22.〉

⑤ 각 분과위원장과 분과상임위원은 위원회의 위원장(이하 "위원장"이라 한다)과 상임위원이 각각 겸임하고, 분과위원회의 위원은 위원장이 위원회의 위원 중에서 지명한 사람으로 한다. 〈개정 2013. 2. 22.〉

⑥ 분과위원장은 분과위원회를 대표하고, 분과위원회의 업무를 총괄한다.

제5조(위원회의 업무) 위원회는 다음 각 호의 업무를 수행한다. 〈개정 2020. 6. 9.〉

1. 사고조사
2. 제25조에 따른 사고조사보고서의 작성·의결 및 공표
3. 제26조에 따른 안전권고 등
4. 사고조사에 필요한 조사·연구
5. 사고조사 관련 연구·교육기관의 지정
6. 그 밖에 항공사고조사에 관하여 규정하고 있는 「국제민간항공조약」 및 동 조약부속서에서 정한 사항

제6조(위원회의 구성) ①위 원회는 위원장 1인을 포함한 12인 이내의 위원으로 구성하되, 위원 중 대통령령으로 정하는 수의 위원은 상임으로 한다. 〈개정 2020. 6. 9.〉

② 위원장 및 상임위원은 대통령이 임명하며, 비상임위원은 국토교통부장관이 위촉한다. 〈개정 2008. 2. 29., 2013. 3. 23.〉

③ 상임위원의 직급에 관하여는 대통령령으로 정한다.

제7조(위원의 자격요건) 위원이 될 수 있는 자는 항공·철도관련 전문지식이나 경험을 가진 자로서 다음 각 호의 어느 하나에 해당하는 자로 한다.

1. 변호사의 자격을 취득한 후 10년 이상 된 자
2. 대학에서 항공·철도 또는 안전관리분야 과목을 가르치는 부교수 이상의 직에 5년 이상 있거나 있었던 자
3. 행정기관의 4급 이상 공무원으로 2년 이상 있었던 자
4. 항공·철도 또는 의료 분야 전문기관에서 10년 이상 근무한 박사학위 소지자
5. 항공종사자 자격증명을 취득하여 항공운송사업체에서 10년 이상 근무한 경력이 있는 자로서 임명·위촉일 3년 이전에 항공운송사업체에서 퇴직한 자
6. 철도시설 또는 철도운영관련 업무분야에서 10년 이상 근무한 경력이 있는 자로서 임명·위촉일 3년 이전에 퇴직한 자
7. 국가기관등항공기 또는 군·경찰·세관용 항공기와 관련된 항공업무에 10년 이상 종사한 경력이 있는 자

항공 · 철도 사고조사에 관한 법률, 시행령

제8조(위원의 결격사유) 다음 각 호의 어느 하나에 해당하는 자는 위원이 될 수 없다. 〈개정 2017. 3. 21., 2020. 6. 9.〉

1. 피성년후견인 · 피한정후견인 또는 파산자로서 복권되지 아니한 자
2. 금고 이상의 실형을 선고 받고 그 집행이 종료(집행이 종료된 것으로 보는 경우를 포함한다)되거나 집행이 면제된 날부터 3년이 지나지 아니한 자
3. 금고 이상의 형의 집행유예를 선고받고 그 유예기간 중에 있는 자
4. 법원의 판결 또는 법률에 의하여 자격이 상실 또는 정지된 자
5. 항공운송사업자, 항공기 또는 초경량비행장치와 그 장비품의 제조 · 개조 · 정비 및 판매사업 그 밖에 항공관련 사업을 운영하는 자 또는 그 임직원
6. 철도운영자 및 철도시설관리자, 철도차량을 제작 · 조립 또는 수입하는 자, 철도건설관련 시공업자 또는 철도용품 · 장비 판매사업자 그 밖의 철도관련 사업을 운영하는 자 및 그 임직원

제9조(위원의 신분보장) ① 위원은 임기 중 직무와 관련하여 독립적으로 권한을 행사 한다.

② 위원은 다음 각 호의 어느 하나에 해당하는 경우를 제외하고는 그 의사에 반하여 해임 또는 해촉되지 아니한다.

1. 제8조 각 호의 어느 하나에 해당하는 경우
2. 심신장애로 인하여 직무를 수행할 수 없다고 인정되는 경우
3. 이 법에 의한 직무상의 의무를 위반하여 위원으로서의 직무수행이 부적당하게 된 경우

제10조(위원장의 직무 등) ① 위원장은 위원회를 대표하며 위원회의 업무를 통할한다.

② 위원장이 부득이한 사유로 인하여 직무를 수행할 수 없는 때에는 위원장이 미리 지명한 위원, 상임위원, 위원 중 연장자 순으로 그 직무를 대행한다.

제11조(위원의 임기) 위원의 임기는 3년으로 하되, 연임할 수 있다.

제12조(회의 및 의결) ① 위원회의 회의는 위원장이 소집하고, 위원장은 의장이 된다.

② 위원회의 의사는 재적위원 과반수로 결정한다.

제13조(분과위원회) ① 위원회는 사고조사 내용을 효율적으로 심의하기 위하여 분과위원회를 둘 수 있다.

② 제1항에 따른 분과위원회의 의결은 위원회의 의결로 본다. 〈개정 2020. 6. 9.〉

③ 분과위원회의 조직 및 운영에 관하여 필요한 사항은 대통령령으로 정한다.

제14조(자문위원) 위원회는 사고조사에 관련된 자문을 얻기 위하여 필요한 경우 항공 및 철도분야의 전문지식과 경험을 갖춘 전문가를 대통령령으로 정하는 바에 따라 자문위원으로 위촉할 수 있다. 〈개정 2020. 6. 9.〉

영 제4조(자문위원의 위촉 등) ① 법 제14조에 따라 위원장은 해당 분야에 관하여 학식과 경험이 풍부한 사람을 자문위원으로 위촉할 수 있다. 〈개정 2013. 2. 22.〉

② 위원장은 자문위원으로 하여금 사고조사에 관하여 의견을 진술하게 하거나 서면으로 의견을 제출할 것을 요청할 수 있다.

③ 자문위원의 임기는 5년으로 하되, 연임할 수 있다.

제15조(직무종사의 제한) ① 위원회는 항공 · 철도사고등의 원인과 관계가 있거나 있었던 자와 밀접한 관계를 갖고 있다고 인정되는 위원에 대하여는 해당 항공 · 철도사고등과 관련된 회의에 참석시켜서는 아니된다. 〈개정 2020. 6. 9.〉

② 제1항의 규정에 해당되는 위원은 해당 항공 · 철도사고등과 관련한 위원회의 회의를 회피할 수 있다. 〈개정 2020. 6. 9.〉

항공·철도 사고조사에 관한 법률, 시행령	항공·철도 사고조사에 관한 법률 시행규칙
제16조(사무국) ① 위원회의 사무를 처리하기 위하여 위원회에 사무국을 둔다. ② 사무국은 사무국장·사고조사관 그 밖의 직원으로 구성한다. ③ 사무국장은 위원장의 명을 받아 사무국 업무를 처리한다. ④ 사무국의 조직 및 운영 등에 관하여 필요한 사항은 대통령령으로 정한다.	
제3장 사고조사	
제17조(항공·철도사고등의 발생 통보) ① 항공·철도사고등이 발생한 것을 알게 된 항공기의 기장, 「항공안전법」 제62조 제5항 단서에 따른 그 항공기의 소유자등, 「철도안전법」 제61조 제1항에 따른 철도운영자등, 항공·철도종사자, 그 밖의 관계인(이하 "항공·철도종사자등"이라 한다)은 지체 없이 그 사실을 위원회에 통보하여야 한다. 다만, 「항공안전법」 제2조 제4호에 따른 국가기관등항공기의 경우에는 그와 관련된 항공업무에 종사하는 사람은 소관 행정기관의 장에게 보고하여야 하며, 그 보고를 받은 소관 행정기관의 장은 위원회에 통보하여야 한다. 〈개정 2016. 3. 29.〉 ② 제1항에 따른 항공·철도종사자와 관계인의 범위, 통보에 포함되어야 할 사항, 통보시기, 통보방법 및 절차 등은 국토교통부령으로 정한다. 〈개정 2013. 3. 23.〉 ③ 위원회는 제1항에 따라 항공·철도사고등을 통보한 자의 의사에 반하여 해당 통보자의 신분을 공개하여서는 아니 된다. [전문개정 2009. 6. 9.]	**제3조(통보사항)** 법 제17조 제1항에 따라 항공·철도사고등의 발생 통보 시 포함되어야 할 사항은 다음 각 호와 같다. 1. 항공사고등 가. 항공기사고등의 유형 나. 발생 일시 및 장소 다. 기종(통보자가 알고 있는 경우만 해당한다) 라. 발생 경위(통보자가 알고 있는 경우만 해당한다) 마. 사상자 등 피해상황(통보자가 알고 있는 경우만 해당한다) 바. 통보자의 성명 및 연락처 사. 가목부터 바목까지에서 규정한 사항 외에 사고조사에 필요한 사항 2. 철도사고 가. 철도사고의 유형 나. 발생 일시 및 장소 다. 발생 경위(통보자가 알고 있는 경우만 해당한다) 라. 사상자, 재산피해 등 피해상황(통보자가 알고 있는 경우만 해당한다) 마. 사고수습 및 복구계획(통보자가 알고 있는 경우만 해당한다) 바. 통보자의 성명 및 연락처 사. 가목부터 바목까지에서 규정한 사항 외에 사고조사에 필요한 사항 **제4조(통보시기)** 법 제17조 제1항에 따른 통보의무자는 항공·철도사고등이 발생한 사실을 알게 된 때에는 지체 없이 통보하여야 하며, 제3조에 따른 통보사항의 부족을 이유로 통보를 지연시켜서는 아니 된다. 〈개정 2013. 2. 28.〉 **제5조(통보방법 및 절차)** ① 법 제17조 제1항에 따른 항공·철도사고등의 발생통보는 구두, 전화, 모사전송(FAX), 인터넷 홈페이지 등의 방법 중 가장 신속한 방법을 이용하여야 한다. 〈개정 2013. 2. 28.〉

항공·철도 사고조사에 관한 법률, 시행령	항공·철도 사고조사에 관한 법률 시행규칙
	② 제1항의 통보에 필요한 전화번호, 모사전송번호, 인터넷 홈페이지 주소 등은 위원회가 정하여 고시한다. **제6조(국가기관등항공기 사고발생 통보)** 법 제17조 제1항 단서에 따라 소관 행정기관의 장이 국가기관등항공기의 사고 발생 사실을 위원회에 통보할 경우에는 제3조부터 제5조까지를 준용한다.
제18조(사고조사의 개시 등) 위원회는 제17조 제1항에 따라 항공·철도사고등을 통보 받거나 발생한 사실을 알게 된 때에는 지체 없이 사고조사를 개시하여야 한다. 다만, 대한민국에서 발생한 외국항공기의 항공사고등에 대한 원활한 사고조사를 위하여 필요한 경우 해당 항공기의 소속 국가 또는 지역사고조사기구(Regional Accident Investigation Organization)와의 합의나 협정에 따라 사고조사를 그 국가 또는 지역사고조사기구에 위임할 수 있다. 〈개정 2009. 6. 9., 2013. 3. 22.〉	
제19조(사고조사의 수행 등) ① 위원회는 사고조사를 위하여 필요하다고 인정되는 때에는 위원 또는 사무국 직원으로 하여금 다음 각 호의 사항을 조치하게 할 수 있다. 〈개정 2009. 6. 9.〉 1. 항공기 또는 초경량비행장치의 소유자, 제작자, 탑승자, 항공사고등의 현장에서 구조 활동을 한 자 그 밖의 관계인(이하 "항공사고등 관계인")에 대한 항공사고등 관련 보고 또는 자료의 제출 요구 2. 철도사고와 관련된 철도운영 및 철도시설관리자, 종사자, 사고현장에서 구조활동을 하는 자, 그 밖의 관계인(이하 "철도사고 관계인")에 대한 철도사고와 관련한 보고 또는 자료의 제출 요구 3. 사고현장 및 그밖에 필요하다고 인정되는 장소에 출입하여 항공기 및 철도 시설·차량 그 밖의 항공·철도사고등과 관련이 있는 장부·서류 또는 물건(이하 "관계물건"이라 한다)의 검사 4. 항공사고등 관계인 및 철도사고 관계인(이하 "관계인")의 출석 요구 및 질문 5. 관계 물건의 소유자·소지자 또는 보관자에 대한 해당 물건의 보존·제출 요구 또는 제출한 물건의 유치 6. 사고현장 및 사고와 관련 있는 장소에 대한 출입통제	**제7조(증표)** 법 제19조 제4항에 따른 증표는 별지 서식과 같다.

항공 · 철도 사고조사에 관한 법률, 시행령

② 제1항 제5호에 따른 보존의 요구를 받은 자는 해당 물건을 이동시키거나 변경 · 훼손하여서는 아니된다. 다만, 공공의 이익에 중대한 영향을 미친다고 판단되거나 인명구조 등 긴급한 사유가 있는 경우에는 그러하지 아니하다. 〈개정 2020. 6. 9.〉

③ 위원회는 제1항 제5호에 따라 유치한 관련물건이 사고조사에 더 이상 필요하지 아니할 때에는 가능한 한 조속히 유치를 해제하여야 한다. 〈개정 2020. 6. 9.〉

④ 제1항에 따른 조치를 하는 자는 그 권한을 표시하는 증표를 가지고 있어야 하며, 관계인의 요구가 있는 때에는 이를 제시하여야 한다. 〈개정 2020. 6. 9.〉

제20조(항공 · 철도사고조사단의 구성 · 운영) ① 위원회는 사고조사를 위하여 필요하다고 인정되는 때에는 분야별 관계 전문가를 포함한 항공 · 철도사고조사단을 구성 · 운영할 수 있다.

영 제5조(항공 · 철도사고조사단의 구성 등) ① 법 제20조 제1항에 따른 항공 · 철도사고조사단(이하 "조사단"이라 한다)의 단장은 법 제16조 제2항에 따른 사고조사관 또는 사고조사와 관련된 업무를 수행하는 직원 중에서 위원장이 임명한다.

② 조사단의 단장은 조사단에 관한 사무를 총괄하고, 조사단의 구성원을 지휘 · 감독한다.

③ 위원회는 항공사고등이 군용항공기 또는 군 항공업무[항공기에 탑승하여 행하는 항공기의 운항(항공기의 조종연습은 제외한다), 항공교통관제 및 운항관리에 한정한다]와 관련되거나 군용항공기지 안에서 발생한 경우로서 이에 대한 조사를 위하여 조사단을 구성하는 경우에는 그 사고와 관련된 분야의 전문가 중에서 국방부장관이 추천하는 사람을 조사단에 참여시켜야 한다. 〈개정 2013. 2. 22.〉

④ 이 영에서 정한 것 외에 조사단의 구성 및 운영에 관하여 필요한 사항은 위원장이 정한다.

② 항공 · 철도사고조사단의 구성 · 운영에 관하여 필요한 사항은 대통령령으로 정한다.

제21조(국토교통부장관의 지원) ① 위원회는 사고조사를 수행하기 위하여 필요하다고 인정하는 때에는 국토교통부장관에게 사실의 조사 또는 관련 공무원의 파견, 물건의 지원 등 사고조사에 필요한 지원을 요청할 수 있다. 〈개정 2008. 2. 29., 2013. 3. 23.〉

② 국토교통부장관은 제1항의 규정에 따라 사고조사의 지원을 요청받은 때에는 사고조사가 원활하게 진행될 수 있도록 필요한 지원을 하여야 한다. 〈개정 2008. 2. 29., 2013. 3. 23.〉

③ 국토교통부장관은 제2항의 규정에 따라 사실의 조사를 지원하기 위하여 필요하다고 인정하는 때에는 소속 공무원으로 하여금 제19조 제1항 각 호의 사항을 조치하게 할 수 있다. 이 경우 제19조 제4항의 규정을 준용한다. 〈개정 2008. 2. 29., 2013. 3. 23.〉

[제목개정 2008. 2. 29., 2013. 3. 23.]

제22조(관계 행정기관 등의 협조) 위원회는 신속하고 정확한 조사를 수행하기 위하여 관계 행정기관의 장, 관계 지방자치단체의 장 그 밖의 공 · 사 단체의 장(이하 "관계기관의 장")에게 항공 · 철도사고등과 관련된 자료 · 정보의 제공, 관계 물건의 보존 등 그 밖의 필요한 협조를 요청할 수 있다. 이 경우 관계기관의 장은 정당한 사유가 없으면 협조하여야 한다. 〈개정 2020. 6. 9.〉

제23조(시험 및 의학적 검사) ① 위원회는 사고조사와 관련하여 사상자에 대한 검시, 생존한 승무원 등에 대한 의학적 검사, 항공기 · 철도차량 등의 구성품 등에 대하여 검사 · 분석 · 시험 등을 할 수 있다.

② 위원회는 필요하다고 인정하는 경우에는 제1항에 따른 검시 · 검사 · 분석 · 시험 등의 업무를 관계 전문가 · 전문기관 등에 의뢰할 수 있다. 〈개정 2020. 6. 9.〉

제24조(관계인 등의 의견청취) ① 위원회는 사고조사를 종결하기 전에 해당 항공 · 철도사고등과 관련된 관계인에게 대통령령으로 정하는 바에 따라 의견을 진술할 기회를 부여하여야 한다. 〈개정 2020. 6. 9.〉

항공 · 철도 사고조사에 관한 법률, 시행령
영 제6조(의견청취) ① 위원회는 법 제24조 제1항에 따라 관계인의 의견을 들으려는 때에는 일시 및 장소를 정하여 의견청취 7일 전까지 서면으로 통지하여야 한다. ② 제1항에 따른 통지를 받은 관계인은 위원회에 출석할 수 없는 부득이한 사유가 있는 경우에는 미리 서면(전자문서를 포함한다)으로 의견을 제출할 수 있다. ③ 제1항에 따른 통지를 받은 관계인이 정당한 사유 없이 위원회에 출석하지 아니하고 서면으로도 의견을 제출하지 아니한 때에는 의견진술의 기회를 포기한 것으로 본다. ② 위원회는 사고조사를 위하여 필요하다고 인정되는 경우에는 공청회를 개최하여 관계인 또는 전문가로부터 의견을 들을 수 있다.
제25조(사고조사보고서의 작성 등) ① 위원회는 사고조사를 종결한 때에는 다음 각 호의 사항이 포함된 사고조사보고서를 작성하여야 한다. 〈개정 2020. 6. 9.〉 1. 개요 2. 사실정보 3. 원인분석 4. 사고조사결과 5. 제26조에 따른 권고 및 건의사항 ② 위원회는 대통령령으로 정하는 바에 따라 제1항에 따라 작성된 사고조사보고서를 공표하고 관계기관의 장에게 송부하여야 한다. 〈개정 2020. 6. 9.〉 **영 제7조(사고조사보고서의 공표)** 위원회는 법 제25조 제2항에 따른 사고조사보고서를 언론기관에 발표하거나 위원회의 인터넷 홈페이지 게재 또는 인쇄물의 발간 등 일반인이 쉽게 알 수 있는 방법으로 공표하여야 한다.
제26조(안전권고 등) ① 위원회는 제29조 제2항에 따른 조사 및 연구활동 결과 필요하다고 인정되는 경우와 사고조사과정 중 또는 사고조사결과 필요하다고 인정되는 경우에는 항공 · 철도사고등의 재발방지를 위한 대책을 관계 기관의 장에게 안전권고 또는 건의할 수 있다. 〈개정 2013. 3. 22.〉 ② 관계 기관의 장은 제1항에 따른 위원회의 안전권고 또는 건의에 대하여 조치계획 및 결과를 위원회에 통보하여야 한다. 〈개정 2020. 6. 9.〉
제27조(사고조사의 재개) 위원회는 사고조사가 종결된 이후에 사고조사 결과가 변경될 만한 중요한 증거가 발견된 경우에는 사고조사를 다시 할 수 있다.
제28조(정보의 공개금지) ① 위원회는 사고조사 과정에서 얻은 정보가 공개됨으로써 해당 또는 장래의 정확한 사고조사에 영향을 줄 수 있거나, 국가의 안전보장 및 개인의 사생활이 침해될 우려가 있는 경우에는 이를 공개하지 아니할 수 있다. 이 경우 항공 · 철도사고등과 관계된 사람의 이름을 공개하여서는 아니 된다. 〈개정 2013. 3. 22., 2020. 6. 9.〉 ② 제1항에 따라 공개하지 아니할 수 있는 정보의 범위는 대통령령으로 정한다. 〈개정 2020. 6. 9.〉 **영 제8조(공개를 금지할 수 있는 정보의 범위)** 법 제28조 제2항에 따라 공개하지 아니할 수 있는 정보의 범위는 다음 각 호와 같다. 다만, 해당정보가 사고분석에 관계된 경우에는 법 제25조 제1항에 따른 사고조사보고서에 그 내용을 포함시킬 수 있다. 〈개정 2013. 2. 22.〉 1. 사고조사과정에서 관계인들로부터 청취한 진술 2. 항공기운항 또는 열차운행과 관계된 자들 사이에 행하여진 통신기록 3. 항공사고등 또는 철도사고와 관계된 자들에 대한 의학적인 정보 또는 사생활 정보 4. 조종실 및 열차기관실의 음성기록 및 그 녹취록

항공 · 철도 사고조사에 관한 법률, 시행령	항공 · 철도 사고조사에 관한 법률 시행규칙
5. 조종실의 영상기록 및 그 녹취록 6. 항공교통관제실의 기록물 및 그 녹취록 7. 비행기록장치 및 열차운행기록장치 등의 정보 분석 과정에서 제시된 의견	
제29조(사고조사에 관한 연구 등) ① 위원회는 국내외 항공 · 철도사고등과 관련된 자료를 수집 · 분석 · 전파하기 위한 정보관리 체제를 구축하여 필요한 정보를 공유할 수 있도록 하여야 한다. ② 위원회는 사고조사 기법의 개발 및 항공 · 철도사고등의 예방을 위하여 조사 및 연구활동을 할 수 있다.	
제4장 보칙	
제30조(다른 절차와의 분리) 사고조사는 민 · 형사상 책임과 관련된 사법절차, 행정처분절차 또는 행정쟁송절차와 분리 · 수행되어야 한다.	
제31조(비밀누설의 금지) 위원회의 위원 · 자문위원 또는 사무국 직원, 그 직에 있었던 자 및 위원회에 파견되거나 위원회의 위촉에 의하여 위원회의 업무를 수행하거나 수행하였던 자는 그 직무상 알게 된 비밀을 누설하여서는 아니된다.	
제32조(불이익의 금지) 이 법에 의하여 위원회에 진술 · 증언 · 자료 등의 제출 또는 답변을 한 사람은 이를 이유로 해고 · 전보 · 징계 · 부당한 대우 또는 그 밖에 신분이나 처우와 관련하여 불이익을 받지 아니한다.	
제33조(위원회의 운영 등) ①이 법에서 정하지 아니한 위원회의 운영 및 사고조사에 필요한 사항 등은 위원장이 따로 정한다. ② 위원회는 국토교통부령으로 정하는 바에 따라 위원회에 출석하여 발언하는 위원장 · 위원 · 자문위원 및 관계인에 대하여 수당 또는 여비를 지급할 수 있다. 〈개정 2008. 2. 29., 2013. 3. 23., 2020. 6. 9.〉	**제8조(수당 등의 지급)** 법 제33조 제2항에 따라 위원회에 출석하는 위원장 · 위원 · 자문위원 및 관계인에 대하여 예산의 범위에서 수당 및 여비를 지급할 수 있다. 다만, 공무원이 그 소관업무와 직접적으로 관련되어 위원회에 출석하는 경우에는 그러하지 아니하다.
제34조(벌칙적용에서의 공무원 의제) 위원회의 위원, 자문위원, 제20조 제1항에 따른 분야별 관계전문가, 제23조 제2항에 따른 관계전문가 또는 전문기관의 임직원 중 공무원이 아닌 자는 「형법」 제129조부터 제132조까지의 규정을 적용할 때에는 공무원으로 본다. 〈개정 2020. 6. 9.〉	

항공 · 철도 사고조사에 관한 법률, 시행령

제5장 벌칙

제35조(사고조사방해의 죄) 다음 각 호의 어느 하나에 해당하는 자는 3년 이하의 징역 또는 3천만원 이하의 벌금에 처한다.

1. 제19조 제1항 제1호 및 제2호의 규정을 위반하여 항공 · 철도사고등에 관하여 보고를 하지 아니하거나 허위로 보고를 한 자 또는 정당한 사유없이 자료의 제출을 거부 또는 방해한 자
2. 제19조 제1항 제3호의 규정을 위반하여 사고현장 및 그 밖에 필요하다고 인정되는 장소의 출입 또는 관계 물건의 검사를 거부 또는 방해한 자
3. 제19조 제1항 제5호의 규정을 위반하여 관계 물건의 보존 · 제출 및 유치를 거부 또는 방해한 자
4. 제19조 제2항의 규정을 위반하여 관계 물건을 정당한 사유 없이 보존하지 아니하거나 이를 이동 · 변경 또는 훼손시킨 자

제36조(비밀누설의 죄) 제31조의 규정을 위반하여 직무상 알게 된 비밀을 누설한 자는 2년 이하의 징역, 5년 이하의 자격정지 또는 2천만원 이하의 벌금에 처한다. 〈개정 2014. 5. 21.〉

제36조의2(사고발생 통보 위반의 죄) 제17조 제1항 본문을 위반하여 항공 · 철도사고등이 발생한 것을 알고도 정당한 사유 없이 통보를 하지 아니하거나 거짓으로 통보한 항공 · 철도종사자등은 500만원 이하의 벌금에 처한다.
[본조신설 2009. 6. 9.]

제37조(양벌규정) 법인의 대표자나 법인 또는 개인의 대리인, 사용인, 그 밖의 종업원이 그 법인 또는 개인의 업무에 관하여 제35조 또는 제36조의2의 어느 하나에 해당하는 위반행위를 하면 그 행위자를 벌하는 외에 그 법인 또는 개인에게도 해당 조문의 벌금형을 과(科)한다. 다만, 법인 또는 개인이 그 위반행위를 방지하기 위하여 해당 업무에 관하여 상당한 주의와 감독을 게을리하지 아니한 경우에는 그러하지 아니하다.
[전문개정 2009. 6. 9.]

제38조(과태료) ① 다음 각 호의 어느 하나에 해당하는 자에게는 1천만원 이하의 과태료를 부과한다. 〈개정 2020. 6. 9.〉

1. 제19조 제1항 제1호 및 제2호의 규정을 위반하여 항공 · 철도사고등과 관계가 있는 자료의 제출을 정당한 사유 없이 기피 또는 지연시킨 자
2. 제19조 제1항 제3호의 규정을 위반하여 항공 · 철도사고등과 관련이 있는 관계 물건의 검사를 기피한 자
3. 제19조 제1항 제4호의 규정을 위반하여 정당한 사유 없이 출석을 거부하거나 질문에 대하여 허위로 진술한 자
4. 제19조 제1항 제5호의 규정을 위반하여 관계 물건의 제출 및 유치를 기피 또는 지연시킨 자
5. 제19조 제1항 제6호의 규정을 위반하여 출입통제에 따르지 아니한 자
6. 제32조의 규정을 위반하여 이 법에 의하여 위원회에 진술, 증언, 자료 등의 제출 또는 답변을 한 자에 대하여 이를 이유로 해고, 전보, 징계, 부당한 대우 그 밖에 신분이나 처우와 관련하여 불이익을 준 자

영 제9조(과태료의 부과기준) 법 제38조 제1항에 따른 과태료의 부과기준은 별표와 같다.
[전문개정 2011. 4. 4.]

② 제1항에 따른 과태료는 대통령령으로 정하는 바에 따라 국토교통부장관이 부과 · 징수한다. 〈개정 2008. 2. 29., 2013. 3. 23., 2020. 6. 9.〉
③ 삭제 〈2009. 6. 9.〉
④ 삭제 〈2009. 6. 9.〉
⑤ 삭제 〈2009. 6. 9.〉

항공·철도 사고조사에 관한 법률 예상문제

01 항공·철도 사고조사에 관한 법률의 목적은?

① 사고 등의 예방과 안전 확보
② 항공사고를 발생시킨 자의 행정 처분
③ 항공시설의 설치와 관리의 효율화
④ 항공기 항행의 안전을 도모

해설 항공·철도 사고조사에 관한 법률 제1조

02 사고조사 위원회의 목적이 아닌 것은?

① 사고원인의 규명
② 항공기 항행의 안전 확보
③ 항공사고의 예방
④ 사고 항공기에 대한 고장 탐구

해설 항공·철도 사고조사에 관한 법률 제1조

03 "항공사고"가 아닌 것은?

① 항공기의 중대한 손상·파손 또는 구조상의 고장
② 경량항공기의 추락·충돌 또는 화재 발생
③ 초경량비행장치의 추락·충돌 또는 화재 발생
④ 조종사가 연료 부족으로 비상선언을 한 경우

해설 항공·철도 사고조사에 관한 법률 제2조

04 항공·철도 사고조사에 관한 법률이 적용되지 않는 경우는?

① 사람이 사망 또는 행방불명된 경우
② 대한민국 영역 안에서 발생한 항공사고등
③ 대한민국 영역 안에서 발생한 철도사고등
④ 「국제민간항공조약」에 의하여 대한민국을 관할권으로 하는 항공사고등

해설 항공·철도 사고조사에 관한 법률 제3조

05 국가기관등항공기에 대한 항공사고조사에 있어서 항공·철도 사고조사에 관한 법률을 적용하지 않는 경우는?

① 사람이 사망 또는 행방불명된 경우
② 수리·개조가 불가능하게 파손된 경우
③ 항공기의 중대한 손상, 파손 또는 구조상의 고장의 경우
④ 위치를 확인할 수 없거나 접근이 불가능한 경우

해설 항공·철도 사고조사에 관한 법률 제3조

06 항공·철도사고조사위원회에 대한 설명으로 틀린 것은?

① 항공·철도사고등의 원인규명과 예방을 위한 사고조사를 독립적으로 수행한다.
② 국토교통부에 항공·철도사고조사위원회를 둔다.
③ 국토교통부장관은 일반적인 행정사항에 대하여는 위원회를 지휘·감독한다.
④ 국토교통부장관이 사고조사에 대하여 관여한다.

해설 항공·철도 사고조사에 관한 법률 제4조
국토교통부장관은 사고자에 대하여 관여하지 못함.

07 항공사고조사위원회는 어디에 설치되어 있는가?

① 국무총리실
② 국토교통부
③ 서울지방항공청
④ 행정안전부의 재난안전대책본부

해설 항공·철도 사고조사에 관한 법률 제4조

4장 항공철도사고조사법

정답 01 ① 02 ④ 03 ④ 04 ① 05 ③ 06 ④ 07 ②

08 항공 · 철도사고조사위원회가 수행하는 업무가 아닌 것은?

① 사고조사보고서의 작성 · 의결 및 공표
② 사고재발 방지를 위한 안전권고
③ 사고조사결과를 교육 / 사고항공기에 대한 고장탐구 / 사고조사가 종료된 후 사고조사가 변경될 만한 중요한 증거가 발견된 경우에도 사고조사를 할 수는 없다.
④ 사고조사에 필요한 조사 · 연구

해설 항공 · 철도 사고조사에 관한 법률 제5조

09 사고조사위원회에 대한 설명 중 틀린 것은?

① 사고조사단의 구성, 운영에 관하여 필요한 사항은 대통령령으로 정한다.
② 위원의 임기는 5년이다.
③ 12명 이내의 위원으로 구성되어 있다.
④ 위원은 직무와 관련하여 독립된 권한을 행사한다.

해설 항공 · 철도 사고조사에 관한 법률 제6조
위원의 임기는 3년으로 하되, 연임할 수 있음.

10 항공사고와 관계가 있는 물건의 보존, 제출 및 유치를 거부 또는 방해한 자에 대한 처벌은?

① 1년 이하의 징역 또는 2천만원 이하의 벌금
② 2년 이하의 징역 또는 3천만원 이하의 벌금
③ 3년 이하의 징역 또는 3천만원 이하의 벌금
④ 4년 이하의 징역 또는 5천만원 이하의 벌금

해설 항공 · 철도 사고조사에 관한 법률 제35조

정답 08 ③ 09 ② 10 ③

항공보안법

AVIATION LAW

항공보안법, 시행령 [법률 제17461호, 2020. 6. 9., 일부개정] [대통령령 제30509호, 2020. 3. 3., 타법개정]	항공보안법 시행규칙 [국토교통부령 제687호, 2020. 1. 23., 일부개정]
제1장 총칙 〈개정 2010. 3. 22.〉	
제1조(목적) 이 법은 「국제민간항공협약」 등 국제협약에 따라 공항시설, 항행안전시설 및 항공기 내에서의 불법행위를 방지하고 민간항공의 보안을 확보하기 위한 기준·절차 및 의무사항 등을 규정함을 목적으로 한다. 〈개정 2013. 4. 5.〉 [전문개정 2010. 3. 22.]	
제2조(정의) 이 법에서 사용하는 용어의 뜻은 다음과 같다. 다만, 이 법에 특별한 규정이 있는 것을 제외하고는 「항공사업법」·「항공안전법」·「공항시설법」에서 정하는 바에 따른다. 〈개정 2012. 1. 26., 2013. 4. 5., 2016. 3. 29., 2017. 10. 24.〉 1. "운항중"이란 승객이 탑승한 후 항공기의 모든 문이 닫힌 때부터 내리기 위하여 문을 열 때까지를 말한다. 2. "공항운영자"란 「항공사업법」 제2조 제34호에 따른 공항운영자를 말한다. 3. "항공운송사업자"란 「항공사업법」 제7조에 따라 면허를 받은 국내항공운송사업자 및 국제항공운송사업자, 같은 법 제10조에 따라 등록을 한 소형항공운송사업자 및 같은 법 제54조에 따라 허가를 받은 외국인 국제항공운송업자를 말한다. 4. "항공기취급업체"란 「항공사업법」 제44조에 따라 항공기취급업을 등록한 업체를 말한다. 5. "항공기정비업체"란 「항공사업법」 제42조에 따라 항공기정비업을 등록한 업체를 말한다. 6. "공항상주업체"란 공항에서 영업을 할 목적으로 공항운영자와 시설이용 계약을 맺은 개인 또는 법인을 말한다. 7. "항공기내보안요원"이란 항공기 내의 불법방해행위를 방지하는 직무를 담당하는 사법경찰관리 또는 그 직무를 위하여 항공운송사업자가 지명하는 사람을 말한다. 8. "불법방해행위"란 항공기의 안전운항을 저해할 우려가 있거나 운항을 불가능하게 하는 행위로서 다음 각 목의 행위를 말한다. 가. 지상에 있거나 운항중인 항공기를 납치하거나 납치를 시도하는 행위	**제1조의2(장비운영자)** 「항공보안법」(이하 "법"이라 한다) 제2조 제11호에서 "국토교통부령으로 정하는 자"란 「항공사업법」 제2조 제33호에 따른 도심공항터미널업자(이하 "도심공항터미널업자"라 한다)를 말한다. [본조신설 2018. 12. 21.]

5장 항공보안법

항공보안법, 시행령	항공보안법 시행규칙
나. 항공기 또는 공항에서 사람을 인질로 삼는 행위 다. 항공기, 공항 및 항행안전시설을 파괴하거나 손상시키는 행위 라. 항공기, 항행안전시설 및 제12조에 따른 보호구역(이하 "보호구역"이라 한다)에 무단 침입하거나 운영을 방해하는 행위 마. 범죄의 목적으로 항공기 또는 보호구역 내로 제21조에 따른 무기 등 위해물품(危害物品)을 반입하는 행위 바. 지상에 있거나 운항중인 항공기의 안전을 위협하는 거짓 정보를 제공하는 행위 또는 공항 및 공항시설 내에 있는 승객, 승무원, 지상근무자의 안전을 위협하는 거짓 정보를 제공하는 행위 사. 사람을 사상(死傷)에 이르게 하거나 재산 또는 환경에 심각한 손상을 입힐 목적으로 항공기를 이용하는 행위 아. 그 밖에 이 법에 따라 처벌받는 행위 9. "보안검색"이란 불법방해행위를 하는 데에 사용될 수 있는 무기 또는 폭발물 등 위험성이 있는 물건들을 탐지 및 수색하기 위한 행위를 말한다. 10. "항공보안검색요원"이란 승객, 휴대물품, 위탁수하물, 항공화물 또는 보호구역에 출입하려고 하는 사람 등에 대하여 보안검색을 하는 사람을 말한다. 11. "장비운영자"란 제15조부터 제17조까지 및 제17조의2에 따라 보안검색을 실시하기 위하여 항공보안장비를 설치·운영하는 공항운영자, 항공운송사업자, 화물터미널운영자, 상용화주 및 그 밖에 국토교통부령으로 정하는 자를 말한다. [전문개정 2010. 3. 22.]	
제3조(국제협약의 준수) ① 민간항공의 보안을 위하여 이 법에서 규정하는 사항 외에는 다음 각 호의 국제협약에 따른다. 〈개정 2013. 4. 5.〉 1. 「항공기 내에서 범한 범죄 및 기타 행위에 관한 협약」 2. 「항공기의 불법납치 억제를 위한 협약」 3. 「민간항공의 안전에 대한 불법적 행위의 억제를 위한 협약」 4. 「민간항공의 안전에 대한 불법적 행위의 억제를 위한 협약을 보충하는 국제민간항공에 사용되는 공항에서의 불법적 폭력행위의 억제를 위한 의정서」 5. 「가소성 폭약의 탐지를 위한 식별조치에 관한 협약」	

항공보안법, 시행령	항공보안법 시행규칙
② 제1항에 따른 국제협약 외에 항공보안에 관련된 다른 국제협약이 있는 경우에는 그 협약에 따른다. 〈개정 2013. 4. 5.〉 [전문개정 2010. 3. 22.]	
제4조(국가의 책무) 국토교통부장관은 민간항공의 보안에 관한 계획 수립, 관계 행정기관 간 업무 협조체제 유지, 공항운영자 · 항공운송사업자 · 항공기취급업체 · 항공기정비업체 · 공항상주업체 및 항공여객 · 화물터미널운영자 등의 자체 보안계획에 대한 승인 및 실행점검, 항공보안 교육훈련계획의 개발 등의 업무를 수행한다. 〈개정 2013. 3. 23., 2013. 4. 5.〉 [전문개정 2010. 3. 22.]	
제5조(공항운영자 등의 협조의무) 공항운영자, 항공운송사업자, 항공기취급업체, 항공기정비업체, 공항상주업체, 항공여객 · 화물터미널운영자, 공항이용자, 그 밖에 국토교통부령으로 정하는 자는 항공보안을 위한 국가의 시책에 협조하여야 한다. 〈개정 2013. 3. 23., 2013. 4. 5.〉 [전문개정 2010. 3. 22.]	**제2조(협조의무자)** 법 제5조에서 "국토교통부령으로 정하는 자"란 다음 각 호의 어느 하나에 해당하는 자를 말한다. 〈개정 2013. 3. 23., 2014. 4. 4., 2017. 3. 30., 2017. 11. 3., 2018. 12. 21.〉 1. 「공항시설법」 제6조 제2항 또는 제43조 제2항에 따라 국토교통부장관의 허가를 받아 비행장 또는 항행안전시설을 설치한 자 2. 도심공항터미널업자 [전문개정 2010. 9. 20.]
제6조 삭제 〈2013. 4. 5.〉	
제2장 항공보안협의회 등 〈개정 2013. 4. 5.〉	
제7조(항공보안협의회) ① 항공보안에 관련되는 다음 각 호의 사항을 협의하기 위하여 국토교통부에 항공보안협의회를 둔다. 〈개정 2013. 3. 23., 2013. 4. 5.〉 1. 항공보안에 관한 계획의 협의 2. 관계 행정기관 간 업무 협조 3. 제10조 제2항에 따른 자체 보안계획의 승인을 위한 협의 4. 그 밖에 항공보안을 위하여 항공보안협의회의 장이 필요하다고 인정하는 사항. 다만, 「국가정보원법」 제3조에 따른 대테러에 관한 사항은 제외한다.	**제3조의2(국가항공보안계획의 내용 등)** ① 법 제10조 제1항에 따른 국가항공보안계획(이하 "국가항공보안계획"이라 한다)에는 다음 각 호의 내용이 포함되어야 한다. 〈개정 2014. 4. 4.〉 1. 법 제9조 제1항에 따른 공항운영자등(이하 "공항운영자등"이라 한다)의 항공보안에 대한 임무 2. 법 제27조 제1항에 따른 항공보안장비(이하 "항공보안장비"라 한다)의 관리 3. 법 제28조 제2항에 따른 교육훈련 4. 법 제31조 제1항에 따른 국가항공보안 우발계획(이하 "우발계획"이라 한다) 5. 법 제33조 제1항에 따른 점검업무 등 6. 항공보안에 관한 국제협력 7. 그 밖에 항공보안에 관하여 필요한 사항

항공보안법, 시행령	항공보안법 시행규칙
영 제2조(항공보안협의회의 구성 등) ① 「항공보안법」(이하 "법"이라 한다) 제7조 제1항에 따른 항공보안협의회(이하 "보안협의회"라 한다)는 위원장 1명을 포함한 20명 이내의 위원으로 구성한다. 〈개정 2014. 4. 1.〉 ② 보안협의회의 위원장은 국토교통부 항공정책실장이 되고, 위원은 다음 각 호의 사람으로 한다. 〈개정 2013. 3. 23., 2014. 4. 1., 2014. 11. 19., 2017. 7. 26.〉 1. 외교부·법무부·국방부·문화체육관광부·농림축산식품부·보건복지부·국토교통부·국가정보원·관세청·경찰청 및 해양경찰청의 고위공무원단 또는 이에 상당하는 직급의 공무원 중 소속 기관의 장이 지명하는 사람 각 1명 2. 항공보안에 관한 학식과 경험이 풍부한 사람·공항운영자 또는 항공운송사업자를 대표하는 사람 중 국토교통부장관이 위촉하는 사람 ③ 제2항 제2호에 따른 위촉위원의 임기는 2년으로 한다. 〈신설 2016. 6. 14.〉 ④ 위원장은 보안협의회를 대표하며 그 업무를 총괄한다. 〈개정 2014. 4. 1., 2016. 6. 14.〉 ⑤ 보안협의회의 위원장이 부득이한 사유로 그 직무를 수행할 수 없을 경우에는 위원장이 지명한 위원이 그 직무를 대행한다. 〈개정 2014. 4. 1., 2016. 6. 14.〉 ⑥ 위원장은 보안협의회의 회의를 소집하고, 그 의장이 된다. 〈개정 2014. 4. 1., 2016. 6. 14.〉 ⑦ 보안협의회의 사무를 처리하기 위하여 간사를 두며, 국토교통부장관이 소속 공무원 중에서 임명한다. 〈개정 2013. 3. 23., 2014. 4. 1., 2016. 6. 14.〉 ⑧ 법 제7조 제1항 제3호에 따라 보안협의회의 협의대상인 자체 보안계획은 다음 각 호와 같다. 〈개정 2014. 4. 1., 2016. 6. 14.〉 1. 공항운영자의 자체 보안계획의 수립 및 변경 2. 항공운송사업자(국내항공운송사업자 및 국제항공운송사업자만 해당한다)의 자체 보안계획의 수립 및 변경 ⑨ 이 영에서 규정한 사항 외에 보안협의회의 운영에 필요한 세부사항은 보안협의회의 의결을 거쳐 위원장이 정한다. 〈개정 2014. 4. 1., 2016. 6. 14.〉 [전문개정 2010. 9. 20.] [제목개정 2014. 4. 1.]	② 국토교통부장관은 국가항공보안계획을 수립하는 경우에는 법 제7조 제1항에 따른 항공보안협의회의 협의를 거쳐야 한다. 〈개정 2013. 3. 23., 2014. 4. 4.〉 [본조신설 2010. 9. 20.] **제20조(규제의 재검토)** 국토교통부장관은 제7조 제1항에 따른 조종실 출입문에 대한 보안조치에 대하여 2020년 1월 1일을 기준으로 3년마다(매 3년이 되는 해의 1월 1일 전까지를 말한다) 그 타당성을 검토하여 개선 등의 조치를 하여야 한다. [전문개정 2020. 1. 23.]

항공보안법, 시행령

② 항공보안협의회의 구성, 운영 및 자체 보안계획 승인의 대상 등에 관하여 필요한 사항은 대통령령으로 정한다. 〈개정 2013. 4. 5.〉
[전문개정 2010. 3. 22.]
[제목개정 2013. 4. 5.]

영 제2조의2(보안협의회의 위원의 제척 · 기피 · 회피) ① 보안협의회 위원이 다음 각 호의 어느 하나에 해당하는 경우에는 보안협의회의 협의에서 제척(除斥)된다.

1. 위원 또는 그 배우자나 배우자이었던 사람이 해당 안건의 당사자가 되거나 그 안건의 당사자와 공동권리자 또는 공동의무자인 경우
2. 위원이 해당 안건의 당사자와 친족이거나 친족이었던 경우
3. 위원이 해당 안건에 대하여 증언, 진술, 자문, 연구, 용역 또는 감정을 한 경우
4. 위원이나 위원이 속한 법인이 해당 안건 당사자의 대리인이거나 대리인이었던 경우

② 당사자는 위원에게 공정한 협의를 기대하기 어려운 사정이 있는 경우에는 보안협의회에 기피 신청을 할 수 있고, 보안협의회는 의결로 이를 결정한다. 이 경우 기피 신청의 대상인 위원은 그 의결에 참여하지 못한다.

③ 위원이 제1항 각 호에 따른 제척 사유에 해당하는 경우에는 스스로 해당 안건의 협의에서 회피(回避)하여야 한다.
[본조신설 2016. 6. 14.]

영 제2조의3(보안협의회의 위원의 해촉) ① 제2조 제2항 제1호에 따라 위원을 지명한 자는 위원이 다음 각 호의 어느 하나에 해당하는 경우에는 그 지명을 철회할 수 있다.

1. 심신장애로 인하여 직무를 수행할 수 없게 된 경우
2. 직무와 관련된 비위사실이 있는 경우
3. 직무태만, 품위손상이나 그 밖의 사유로 인하여 위원으로 적합하지 아니하다고 인정되는 경우
4. 제2조의2 제1항 각 호의 어느 하나에 해당하는 데에도 불구하고 회피하지 아니한 경우
5. 위원 스스로 직무를 수행하는 것이 곤란하다고 의사를 밝히는 경우

② 국토교통부장관은 제2조 제2항 제2호에 따른 위원이 제1항 각 호의 어느 하나에 해당하는 경우에는 해당 위원을 해촉(解囑)할 수 있다.
[본조신설 2016. 6. 14.]

제8조(지방항공보안협의회) ① 지방항공청장은 관할 공항별로 항공보안에 관한 사항을 협의하기 위하여 지방항공보안협의회를 둔다. 〈개정 2013. 4. 5.〉

영 제3조(지방항공보안협의회의 구성 등) ① 법 제8조 제1항에 따른 지방항공보안협의회(이하 "지방보안협의회"라 한다)는 위원장 1명을 포함한 20명 이내의 위원으로 구성한다. 〈개정 2014. 4. 1.〉

② 지방보안협의회의 위원은 다음 각 호의 사람으로 한다. 〈개정 2014. 4. 1.〉

1. 해당 공항에 상주(常住)하는 정부기관의 소속 직원 각 1명
2. 해당 공항운영자가 추천하는 소속 직원 1명
3. 해당 공항에 상주하는 항공운송사업자가 추천하는 소속 직원 각 1명
4. 제1호부터 제3호까지에서 규정한 사람 외에 항공보안을 위하여 위원장이 위촉하는 사람

③ 위원장은 해당 공항을 관할하는 지방항공청장 또는 지방항공청장이 소속 공무원 중에서 지명하는 사람이 된다.

④ 제2항 제4호에 따른 위촉위원의 임기는 2년으로 한다. 〈신설 2016. 6. 14.〉

⑤ 위원장은 지방보안협의회를 대표하며 그 업무를 총괄한다. 〈개정 2014. 4. 1., 2016. 6. 14.〉

⑥ 위원장은 지방보안협의회의 회의를 소집하고, 그 의장이 된다. 〈개정 2014. 4. 1., 2016. 6. 14.〉

⑦ 지방보안협의회의 사무를 처리하기 위하여 간사를 두며, 지방항공청장이 소속 공무원 중에서 임명한다. 〈개정 2014. 4. 1., 2016. 6. 14.〉

항공보안법, 시행령

⑧ 이 영에서 규정한 사항 외에 지방보안협의회의 운영에 필요한 세부사항은 지방보안협의회의 의결을 거쳐 위원장이 정한다. 〈개정 2014. 4. 1., 2016. 6. 14.〉
[전문개정 2010. 9. 20.]
[제목개정 2014. 4. 1.]

② 지방항공보안협의회의 구성·임무 및 운영 등에 관하여 필요한 사항은 대통령령으로 정한다. 〈개정 2013. 4. 5.〉
[전문개정 2010. 3. 22.]
[제목개정 2013. 4. 5.]

영 제3조의2(지방항공보안협의회의 제적·기피·회피) 지방보안협의회 위원의 제척·기피·회피에 관하여는 제2조의2를 준용한다.
[본조신설 2016. 6. 14.]

영 제3조의3(지방항공보안협의회 위원의 해촉 등) ① 제3조 제2항 제2호 또는 제3호에 따라 위원을 추천한 자는 위원이 다음 각 호의 어느 하나에 해당하는 경우에는 그 추천을 철회할 수 있다.
1. 심신장애로 인하여 직무를 수행할 수 없게 된 경우
2. 직무와 관련된 비위사실이 있는 경우
3. 직무태만, 품위손상이나 그 밖의 사유로 인하여 위원으로 적합하지 아니하다고 인정되는 경우
4. 제2조의2 제1항 각 호의 어느 하나에 해당하는 데에도 불구하고 회피하지 아니한 경우
5. 위원 스스로 직무를 수행하는 것이 곤란하다고 의사를 밝히는 경우

② 지방보안협의회 위원장은 제3조 제2항 제4호에 따른 위원이 제1항 각 호의 어느 하나에 해당하는 경우에는 해당 위원을 해촉할 수 있다.
[본조신설 2016. 6. 14.]

영 제4조(지방항공보안협의회의 임무 등) ① 지방보안협의회는 다음 각 호의 사항을 협의한다. 〈개정 2014. 4. 1.〉
1. 법 제10조 제2항에 따른 자체 보안계획의 수립 및 변경에 관한 사항
2. 공항시설의 보안에 관한 사항
3. 항공기의 보안에 관한 사항
4. 법 제31조 제2항에 따른 자체 우발계획의 수립·시행에 관한 사항
5. 제1호부터 제4호까지에서 규정한 사항 외에 공항 및 항공기의 보안에 관한 사항

② 위원장은 제1항 각 호에 해당하는 사항을 협의한 경우에는 국토교통부장관에게 보고하여야 한다. 〈개정 2013. 3. 23.〉
[전문개정 2010. 9. 20.]
[제목개정 2014. 4. 1.]

항공보안법, 시행령	항공보안법 시행규칙
제9조(항공보안 기본계획) ① 국토교통부장관은 항공보안에 관한 기본계획(이하 "기본계획"이라 한다)을 5년마다 수립하고, 그 내용을 공항운영자, 항공운송사업자, 항공기취급업체, 항공기정비업체, 공항상주업체, 항공여객·화물터미널운영자, 그 밖에 국토교통부령으로 정하는 자(이하 "공항운영자등"이라 한다)에게 통보하여야 한다. 〈개정 2013. 3. 23., 2013. 4. 5.〉	**제3조(기본계획의 통보)** 법 제9조 제1항에서 "국토교통부령으로 정하는 자"란 다음 각 호의 어느 하나에 해당하는 자를 말한다. 1. 도심공항터미널업자 2. 법 제12조에 따라 지정된 보호구역에 상주하는 기관으로서 다음 각 목의 어느 하나에 해당하는 기관 가. 「고등교육법」 제2조에 따른 교육기관 나. 「항공사업법」 제2조 제15호에 따른 항공기사용사업을 하는 자 다. 「항공안전법」 제2조 제1호 가목 및 나목에 따른 비행기나 헬리콥터를 소유하거나 임차해서 사용하는 자 라. 「항공안전법」 제48조 제1항에 따른 전문교육기관 3. 법 제17조의2 제1항에 따른 상용화주 [전문개정 2018. 12. 21.]
영 제5조(기본계획의 수립·변경 등) ① 법 제9조 제1항에 따른 항공보안에 관한 기본계획(이하 "기본계획"이라 한다)에는 다음 각 호의 내용이 포함되어야 한다. 〈개정 2014. 4. 1.〉 1. 국내외 항공보안 환경의 변화 및 전망 2. 국내 항공보안 현황 및 경쟁력 강화에 관한 사항 3. 국가 항공보안정책의 목표, 추진방향 및 단계별 추진계획 4. 항공보안 전문인력의 양성 및 항공보안 기술의 개발에 관한 사항 5. 그 밖에 항공보안 발전을 위하여 필요한 사항 ② 국토교통부장관은 기본계획을 수립하거나 변경하는 경우에는 보안협의회의 협의를 거쳐야 한다. 〈신설 2014. 4. 1.〉 ③ 국토교통부장관은 기본계획을 수립하거나 변경한 경우에는 그 내용을 법 제9조 제1항에 따른 공항운영자등(이하 "공항운영자등"이라 한다)에게 통보하여야 한다. 〈개정 2013. 3. 23., 2014. 4. 1.〉 [전문개정 2010. 9. 20.] [제목개정 2014. 4. 1.]	
② 기본계획에는 항공보안에 관한 종합적·장기적인 추진방향 등 대통령령으로 정하는 사항이 포함되어야 한다. 〈개정 2013. 4. 5.〉 ③ 국토교통부장관은 기본계획에 따라 항공보안 업무를 수행하기 위하여 매년 항공보안에 관한 시행계획(이하 "시행계획"이라 한다)을 수립·시행하여야 한다. 〈개정 2013. 4. 5.〉 ④ 국토교통부장관은 기본계획을 수립하거나 변경하고자 하는 때에는 관계 행정기관과 미리 협의하여야 한다. 〈신설 2013. 4. 5.〉 ⑤ 국토교통부장관은 기본계획 및 시행계획의 수립을 위하여 필요하다고 인정하는 경우에는 관계 기관, 단체 또는 전문가로부터 의견을 듣거나 필요한 자료의 제출을 요청할 수 있다. 〈신설 2013. 4. 5.〉	

항공보안법, 시행령	항공보안법 시행규칙
⑥ 그 밖에 기본계획 및 시행계획의 수립·변경·시행 등에 필요한 사항은 대통령령으로 정한다. 〈신설 2013. 4. 5.〉 [전문개정 2010. 3. 22.] [제목개정 2013. 4. 5.]	
영 제5조의2(시행계획의 수립·변경 등) ① 국토교통부장관은 기본계획에 포함된 제5조 제1항 제3호에 따른 단계별 추진계획에 따라 매년 항공보안에 관한 시행계획(이하 "시행계획"이라 한다)을 수립하여야 한다. ② 국토교통부장관은 시행계획을 수립하거나 변경하는 경우에는 보안협의회의 협의를 거쳐야 한다. ③ 국토교통부장관은 시행계획을 수립하거나 변경한 경우에는 그 내용을 공항운영자등에게 통보하여야 한다. [본조신설 2014. 4. 1.]	
제10조(국가항공보안계획 등의 수립) ① 국토교통부장관은 항공보안 업무를 수행하기 위하여 국가항공보안계획을 수립·시행하여야 한다. 〈개정 2013. 3. 23., 2013. 4. 5.〉 ② 공항운영자등은 제1항의 국가항공보안계획에 따라 자체 보안계획을 수립하거나 수립된 자체 보안계획을 변경하려는 경우에는 국토교통부장관의 승인을 받아야 한다. 다만, 국토교통부령으로 정하는 경미한 사항의 변경은 그러하지 아니하다. 〈개정 2013. 3. 23.〉 ③ 제1항 및 제2항에 따라 수립하는 국가항공보안계획, 자체 보안계획의 세부 내용 및 수립절차 등에 관하여 필요한 사항은 국토교통부령으로 정한다. 〈개정 2013. 3. 23.〉 [전문개정 2010. 3. 22.]	**제3조의2(국가항공보안계획의 내용 등)** ① 법 제10조 제1항에 따른 국가항공보안계획(이하 "국가항공보안계획"이라 한다)에는 다음 각 호의 내용이 포함되어야 한다. 〈개정 2014. 4. 4.〉 1. 법 제9조 제1항에 따른 공항운영자등(이하 "공항운영자등"이라 한다)의 항공보안에 대한 임무 2. 법 제27조 제1항에 따른 항공보안장비(이하 "항공보안장비"라 한다)의 관리 3. 법 제28조 제2항에 따른 교육훈련 4. 법 제31조 제1항에 따른 국가항공보안 우발계획(이하 "우발계획"이라 한다) 5. 법 제33조 제1항에 따른 점검업무 등 6. 항공보안에 관한 국제협력 7. 그 밖에 항공보안에 관하여 필요한 사항 ② 국토교통부장관은 국가항공보안계획을 수립하는 경우에는 법 제7조 제1항에 따른 항공보안협의회의 협의를 거쳐야 한다. 〈개정 2013. 3. 23., 2014. 4. 4.〉 [본조신설 2010. 9. 20.] **제3조의3(자체 보안계획의 승인 등)** 국토교통부장관 또는 지방항공청장은 법 제10조 제2항에 따라 자체 보안계획을 승인하려 할 때에는 다음 각 호의 사항을 검토하여야 한다. 〈개정 2013. 3. 23., 2014. 4. 4., 2015. 11. 5.〉 1. 국가항공보안계획과의 적합성 2. 법 제3조에 따른 국제협약 및 「국제민간항공협약」 부속서 17 등과의 적합성 [본조신설 2010. 9. 20.]

항공보안법 시행규칙

제3조의4(공항운영자의 자체 보안계획) ① 법 제10조 제2항에 따라 공항운영자가 수립하는 자체 보안계획에는 다음 각 호의 사항이 포함되어야 한다. 〈개정 2014. 4. 4.〉

1. 항공보안업무 담당 조직의 구성·세부업무 및 보안책임자의 지정
2. 항공보안에 관한 교육훈련
3. 항공보안에 관한 정보의 전달 및 보고 절차
4. 공항시설의 경비대책
5. 보호구역 지정 및 출입통제
6. 승객·휴대물품 및 위탁수하물에 대한 보안검색
7. 통과 승객·환승 승객 및 그 휴대물품·위탁수하물에 대한 보안검색
8. 승객의 일치여부 확인 절차
9. 항공보안검색요원의 운영계획
10. 법 제12조에 따른 보호구역 밖에 있는 공항상주업체의 항공보안관리 대책
11. 항공보안장비의 관리 및 운용
12. 법 제19조 제1항에 따른 보안검색 실패 등에 대한 대책 및 보고·전달체계
13. 법 제29조에 따른 보안검색 기록의 작성·유지
14. 공항별 특성에 따른 세부 보안기준

② 공항운영자는 자체 보안계획을 승인 받은 경우 관련 기관, 항공운송사업자 등에게 관련 사항을 통보하여야 한다.
[본조신설 2010. 9. 20.]

제3조의5(항공운송사업자의 자체 보안계획) ① 법 제10조 제2항에 따라 항공운송사업자가 수립하는 자체 보안계획에는 다음 각 호의 사항이 포함되어야 한다. 〈개정 2014. 4. 4.〉

1. 항공보안업무 담당 조직의 구성·세부업무 및 보안책임자의 지정
2. 항공보안에 관한 교육훈련
3. 항공보안에 관한 정보의 전달 및 보고 절차
4. 항공기 정비시설 등 항공운송사업자가 관리·운영하는 시설에 대한 보안대책
5. 항공기 보안에 관한 다음 각 목의 사항
   가. 항공기에 대한 경비대책
   나. 비행 전·후 항공기에 대한 보안점검
   다. 계류(繫留)항공기에 대한 탑승계단, 탑승교, 출입문, 경비요원 배치에 관한 보안 및 통제 절차
   라. 항공기 운항중 보안대책
   마. 법 제23조에 따른 승객의 협조의무를 위반한 사람에 대한 처리절차
   바. 법 제24조에 따른 수감 중인 사람 등의 호송 절차
   사. 법 제25조에 따른 범인의 인도·인수 절차
   아. 항공기내보안요원의 운영 및 무기운용 절차
   자. 국외취항 항공기에 대한 보안대책
   차. 항공기에 대한 위협 증가 시 항공보안대책
   카. 조종실 출입절차 및 조종실 출입문 보안강화대책
   타. 기장의 권한 및 그 권한의 위임절차
   파. 기내 보안장비 운용절차
6. 기내식 및 저장품에 대한 보안대책
7. 항공보안검색요원 운영계획
8. 법 제19조 제1항에 따른 보안검색 실패 대책보고
9. 항공화물 보안검색 방법

항공보안법 시행규칙

10. 법 제29조에 따른 보안검색기록의 작성·유지
11. 항공보안장비의 관리 및 운용
12. 화물터미널 보안대책(화물터미널을 관리 운영하는 항공운송사업자만 해당한다)
13. 법 제17조 제3항에 따른 운송정보의 제공 절차
14. 위해물품 탑재 및 운송절차
15. 보안검색이 완료된 위탁수하물에 대한 항공기에 탑재되기 전까지의 보호조치 절차
16. 승객 및 위탁수하물에 대한 일치여부 확인 절차
17. 승객 일치 확인을 위해 공항운영자에게 승객 정보제공
18. 법 제23조 제7항에 따른 항공기 탑승 거절절차
19. 항공기 이륙 전 항공기에서 내리는 탑승객 발생 시 처리절차
20. 비행서류의 보안관리 대책
21. 보호구역 출입증 관리대책
22. 그 밖에 항공보안에 관하여 필요한 사항

② 외국국적 항공운송사업자가 수립하는 자체 보안계획은 영문 및 국문으로 작성되어야 한다.

[본조신설 2010. 9. 20.]

제3조의6(항공기취급업체등의 자체 보안계획) 법 제10조 제2항에 따라 항공기취급업체·항공기정비업체·공항상주업체(보호구역 안에 있는 업체만 해당한다), 항공여객·화물터미널 운영자 및 도심공항터미널을 경영하는 자가 수립하는 자체 보안계획에는 다음 각 호의 사항이 포함되어야 한다. 〈개정 2014. 4. 4.〉

1. 항공보안업무 담당 조직의 구성·세부업무 및 보안책임자의 지정
2. 항공보안에 관한 교육훈련
3. 항공보안에 관한 정보의 전달 및 보고 절차
4. 보호구역 출입증 관리 대책
5. 해당 시설 경비보안 및 보안검색 대책
6. 항공보안장비 관리 및 운용
7. 그 밖에 항공보안에 관한 사항

[본조신설 2010. 9. 20.]

제3조의7(자체 보안계획의 변경 등) ① 법 제10조 제2항 단서에서 “국토교통부령으로 정하는 경미한 사항”이란 다음 각 호의 사항을 말한다. 〈개정 2013. 3. 23., 2014. 4. 4.〉

1. 기관 운영에 관한 일반현황의 변경
2. 기관 및 부서의 명칭 변경
3. 항공보안에 관한 법령, 고시 및 지침 등의 변경사항 반영

② 공항운영자등은 제1항에 따라 자체 보안계획을 변경한 경우에는 국토교통부장관 또는 지방항공청장에게 그 사실을 즉시 통보하여야 한다. 〈개정 2013. 3. 23., 2015. 11. 5.〉

[본조신설 2010. 9. 20.]

<table>
<tr><th>항공보안법, 시행령</th><th>항공보안법 시행규칙</th></tr>
<tr><td colspan="2">제3장 공항 · 항공기 등의 보안</td></tr>
<tr><td>제11조(공항시설 등의 보안) ① 공항운영자는 공항시설과 항행안전시설에 대하여 보안에 필요한 조치를 하여야 한다. 〈개정 2013. 4. 5.〉
② 공항운영자는 보안검색이 완료된 승객과 완료되지 못한 승객 간의 접촉을 방지하기 위한 대책을 수립 · 시행하여야 한다.
③ 공항운영자는 보안검색을 거부하거나 무기 · 폭발물 또는 그 밖에 항공보안에 위협이 되는 물건을 휴대한 승객 등이 보안검색이 완료된 구역으로 진입하는 것을 방지하기 위한 대책을 수립 · 시행하여야 한다. 〈신설 2013. 4. 5.〉
④ 공항을 건설하거나 유지 · 보수를 하는 경우에 불법방해행위로부터 사람 및 시설 등을 보호하기 위하여 준수하여야 할 세부 기준은 국토교통부장관이 정한다. 〈개정 2013. 3. 23., 2013. 4. 5.〉
[전문개정 2010. 3. 22.]
[제목개정 2013. 4. 5.]</td><td></td></tr>
<tr><td>제12조(공항시설 보호구역의 지정) ① 공항운영자는 보안검색이 완료된 구역, 활주로, 계류장(繫留場) 등 공항시설의 보호를 위하여 필요한 구역을 국토교통부장관의 승인을 받아 보호구역으로 지정하여야 한다. 〈개정 2013. 3. 23.〉
② 공항운영자는 필요한 경우 국토교통부장관의 승인을 받아 임시로 보호구역을 지정할 수 있다. 〈개정 2013. 3. 23.〉
③ 제1항과 제2항에 따른 보호구역의 지정기준 및 지정취소에 관하여 필요한 사항은 국토교통부령으로 정한다. 〈개정 2013. 3. 23.〉
[전문개정 2010. 3. 22.]</td><td>제4조(보호구역의 지정) 법 제12조 제1항에 따른 보호구역에는 다음 각 호의 지역이 포함되어야 한다. 〈개정 2014. 4. 4., 2017. 11. 3.〉
1. 보안검색이 완료된 구역
2. 출입국심사장
3. 세관검사장
4. 관제탑 등 관제시설
5. 활주로 및 계류장(항공운송사업자가 관리 · 운영하는 정비시설에 부대하여 설치된 계류장은 제외한다)
6. 항행안전시설 설치지역
7. 화물청사
8. 제4호부터 제7호까지의 규정에 따른 지역의 부대지역
[전문개정 2010. 9. 20.]
제5조(보호구역등의 지정승인 · 변경 및 취소) ① 공항운영자는 법 제12조에 따라 보호구역 또는 임시보호구역(이하 "보호구역등"이라 한다)의 지정승인을 받으려는 경우에는 다음 각 호의 서류를 첨부하여 지방항공청장에게 제출하여야 한다. 〈개정 2013. 3. 23., 2015. 11. 5.〉
1. 보호구역등의 지정목적
2. 보호구역등의 도면
3. 보호구역등의 출입통제 대책
4. 지정기간(임시보호구역을 지정하는 경우만 해당한다)</td></tr>
</table>

항공보안법, 시행령	항공보안법 시행규칙
	② 공항운영자는 지정된 보호구역등의 변경승인을 받으려는 경우에는 다음 각 호의 서류를 첨부하여 지방항공청장에게 제출하여야 한다. 〈개정 2013. 3. 23., 2015. 11. 5.〉 1. 보호구역등의 변경사유 2. 변경하려는 해당 보호구역등의 도면 3. 변경하려는 해당 보호구역등의 출입통제 대책 ③ 공항운영자는 지정된 보호구역등의 지정취소의 승인을 받으려는 경우에는 다음 각 호의 서류를 지방항공청장에게 제출하여야 한다. 〈신설 2017. 11. 3.〉 1. 보호구역등의 지정취소 사유 2. 해당 보호구역등의 도면 [전문개정 2010. 9. 20.]
제13조(보호구역에의 출입허가) ① 다음 각 호의 어느 하나에 해당하는 사람은 공항운영자의 허가를 받아 보호구역에 출입할 수 있다. 1. 보호구역의 공항시설 등에서 상시적으로 업무를 수행하는 사람 2. 공항 건설이나 공항시설의 유지·보수 등을 위하여 보호구역에서 업무를 수행할 필요가 있는 사람 3. 그 밖에 업무수행을 위하여 보호구역에 출입이 필요하다고 인정되는 사람 ② 제1항에 따른 출입허가의 절차 등에 관하여 필요한 사항은 국토교통부령으로 정한다. 〈개정 2013. 3. 23.〉 [전문개정 2010. 3. 22.]	제6조(보호구역등에 대한 출입허가 등) ① 법 제13조에 따라 보호구역등을 출입하려는 사람은 공항운영자가 정하는 출입허가신청서를 공항운영자에게 제출하여야 한다. 이 경우 차량을 운행하여 출입하려는 사람은 그 차량에 대하여 따로 차량출입허가신청서를 제출하여야 한다. ② 공항운영자는 법 제13조 제1항 제1호에 따른 사람에게 보호구역등에 출입허가를 하려면 「보안업무규정」 제33조에 따른 신원조사를 조사기관의 장에게 의뢰하여야 한다. 〈신설 2012. 9. 24., 2017. 11. 3.〉 ③ 공항운영자는보호구역등의 출입허가를 한 경우에는 신청인에게 공항운영자가 정하는 출입증 또는 차량출입증을 발급하여야 한다. 이 경우 공항운영자가 관할하지 않는 지역의 출입허가를 하려면 관할 행정기관의 장과 미리 협의하여야 한다. 〈개정 2012. 9. 24.〉 ④ 제3항에 따라 출입허가를 받은 사람이 보호구역등으로 출입하는 경우에는 출입증을 달아야 하며, 차량을 운행하여 출입하는 경우에는 해당 차량의 운전석 앞 유리창에도 차량출입증을 붙여야 한다. 〈개정 2012. 9. 24.〉 ⑤ 공항운영자 및 화물터미널운영자는 보호구역등을 출입하는 사람 또는 차량에 대하여 기록하고 이를 작성한 날로부터 1년 이상 보존하여야 한다. 〈개정 2012. 9. 24.〉 ⑥ 출입허가를 갱신하는 경우에 관하여는 제1항부터 제5항까지의 규정을 준용한다. 〈신설 2012. 9. 24.〉 ⑦ 이 규칙에 규정된 사항 외에 보호구역등의 출입허가 및 기록의 작성·보존 등에 필요한 세부사항은 공항운영자 및 화물터미널운영자가 정한다. 〈개정 2012. 9. 24.〉 [전문개정 2010. 9. 20.] [제목개정 2012. 9. 24.]

항공보안법, 시행령	항공보안법 시행규칙
제14조(승객의 안전 및 항공기의 보안) ① 항공운송사업자는 승객의 안전 및 항공기의 보안을 위하여 필요한 조치를 하여야 한다. ② 항공운송사업자는 승객이 탑승한 항공기를 운항하는 경우 항공기내보안요원을 탑승시켜야 한다. ③ 항공운송사업자는 국토교통부령으로 정하는 바에 따라 조종실 출입문의 보안을 강화하고 운항중에는 허가받지 아니한 사람의 조종실 출입을 통제하는 등 항공기에 대한 보안조치를 하여야 한다. 〈개정 2013. 3. 23., 2013. 4. 5.〉 ④ 항공운송사업자는 매 비행 전에 항공기에 대한 보안점검을 하여야 한다. 이 경우 보안점검에 관한 세부사항은 국토교통부령으로 정한다. 〈개정 2013. 3. 23.〉 ⑤ 공항운영자 및 항공운송사업자는 액체, 겔(gel)류 등 국토교통부장관이 정하여 고시하는 항공기 내 반입금지 물질이 보안검색이 완료된 구역과 항공기 내에 반입되지 아니하도록 조치하여야 한다. 〈개정 2013. 3. 23., 2013. 4. 5.〉 ⑥ 항공운송사업자 또는 항공기 소유자는 항공기의 보안을 위하여 필요한 경우에는 「청원경찰법」에 따른 청원경찰이나 「경비업법」에 따른 특수경비원으로 하여금 항공기의 경비를 담당하게 할 수 있다. 〈개정 2013. 4. 5.〉 [전문개정 2010. 3. 22.]	제7조(항공기 보안조치) ① 항공운송사업자는 법 제14조 제3항에 따라 여객기의 보안강화 등을 위하여 조종실 출입문에 다음 각 호의 보안조치를 하여야 한다. 〈개정 2013. 3. 23., 2014. 4. 4.〉 1. 조종실 출입통제 절차를 마련할 것 2. 객실에서 조종실 출입문을 임의로 열 수 없는 견고한 잠금장치를 설치할 것 3. 조종실 출입문열쇠 보관방법을 정할 것 4. 운항중에는 조종실 출입문을 잠글 것 5. 국토교통부장관이 법 제32조에 따라 보안조치한 항공보안시설을 설치할 것 ② 항공운송사업자는 법 제14조 제4항에 따라 항공기의 보안을 위하여 매 비행 전에 다음 각 호의 보안점검을 하여야 한다. 〈개정 2014. 4. 4.〉 1. 항공기의 외부 점검 2. 객실, 좌석, 화장실, 조종실 및 승무원 휴게실 등에 대한 점검 3. 항공기의 정비 및 서비스 업무 감독 4. 항공기에 대한 출입 통제 5. 위탁수하물, 화물 및 물품 등의 선적 감독 6. 승무원 휴대물품에 대한 보안조치 7. 특정 직무수행자 및 항공기내보안요원의 좌석 확인 및 보안조치 8. 보안 통신신호 절차 및 방법 9. 유효 탑승권의 확인 및 항공기 탑승까지의 탑승과정에 있는 승객에 대한 감독 10. 기장의 객실승무원에 대한 통제, 명령 절차 및 확인 ③ 항공운송사업자는 제2항 제4호에 따른 항공기에 대한 출입통제를 위하여 다음 각 호에 대한 대책을 수립하여야 한다. 1. 탑승계단의 관리 2. 탑승교 출입통제 3. 항공기 출입문 보안조치 4. 경비요원의 배치 [전문개정 2010. 9. 20.] [제목개정 2014. 4. 4.]
제15조(승객 등의 검색 등) ① 항공기에 탑승하는 사람은 신체, 휴대물품 및 위탁수하물에 대한 보안검색을 받아야 한다.	제8조(보안검색위탁업체 지정기준) 법 제15조 제3항 및 제7항에 따른 보안검색위탁업체의 지정기준은 다음과 같다. 〈개정 2014. 4. 4.〉 1. 승객·휴대물품 및 위탁수하물 보안검색위탁업체의 지정기준

5장 항공보안법

항공보안법, 시행령	항공보안법 시행규칙
② 공항운영자는 항공기에 탑승하는 사람, 휴대물품 및 위탁수하물에 대한 보안검색을 하고, 항공운송사업자는 화물에 대한 보안검색을 하여야 한다. 다만, 관할 국가경찰관서의 장은 범죄의 수사 및 공공의 위험예방을 위하여 필요한 경우 보안검색에 대하여 필요한 조치를 요구할 수 있고, 공항운영자나 항공운송사업자는 정당한 사유 없이 그 요구를 거절할 수 없다. **영 제10조(승객 및 휴대물품의 보안검색방법 등)** ① 공항운영자는 법 제15조에 따라 항공기 탑승 전에 모든 승객 및 휴대물품에 대하여 법 제27조에 따라 국토교통부장관이 고시하는 항공보안장비(이하 "검색장비등")를 사용하여 보안검색을 하여야 한다. 이 경우 승객에 대해서는 문형금속탐지기 또는 원형검색장비를, 휴대물품에 대해서는 엑스선 검색장비를 사용하여 보안검색을 하여야 하며, 폭발물이나 위해물품이 있다고 의심되는 경우에는 폭발물 탐지장비 등 필요한 검색장비등을 추가하여 보안검색을 하여야 한다. 〈개정 2013. 3. 23., 2014. 4. 1., 2017. 5. 8.〉 ② 삭제 〈2014. 4. 1.〉 ③ 공항운영자는 다음 각 호의 어느 하나에 해당하는 경우에는 승객의 동의를 받아 직접 신체에 대한 검색을 하거나 개봉검색을 하여야 한다. 이 경우 제5호에 해당하는 경우에는 폭발물 흔적탐지장비 등 필요한 검색장비등을 추가하여 보안검색을 하여야 한다. 〈개정 2014. 4. 1., 2017. 5. 8.〉 1. 검색장비등이 정상적으로 작동하지 아니하는 경우 2. 검색장비등의 경보음이 울리는 경우 3. 무기류나 위해(危害)물품을 휴대(携帶)하거나 숨기고 있다고 의심되는 경우 4. 엑스선 검색장비에 의한 검색결과 그 내용물을 판독할 수 없는 경우 5. 엑스선 검색장비로 보안검색을 할 수 없는 크기의 단일 휴대물품인 경우 ④ 공항운영자는 기내에서 휴대가 금지되는 물품이 항공보안에 위해(危害)가 되지 아니하다고 인정되는 경우에는 위탁수하물로 탑재(搭載)를 하게 할 수 있다. 〈개정 2014. 4. 1.〉 [전문개정 2010. 9. 20.]	가. 인천공항의 경우 1) 「경비업법」 제4조에 따라 경비업 허가를 받은 법인일 것 2) 자본금이 10억원 이상일 것 3) 상시고용직원인 보안검색인력이 100명 이상일 것 나. 김포·김해 및 제주공항의 경우 1) 「경비업법」 제4조에 따라 경비업 허가를 받은 법인일 것 2) 자본금이 10억원 이상일 것 3) 상시고용직원인 보안검색인력이 50명 이상일 것 다. 가목 및 나목 외의 공항의 경우 1) 「경비업법」 제4조에 따라 경비업 허가를 받은 법인일 것 2) 자본금이 5억원 이상일 것 3) 상시고용직원인 보안검색인력이 10명 이상일 것 2. 화물 보안검색위탁업체의 지정기준 가. 「경비업법」 제4조에 따라 경비업 허가를 받은 법인일 것 나. 자본금이 5억원 이상일 것 다. 상시고용직원인 보안검색인력이 5명 이상일 것 [전문개정 2010. 9. 20.] **제8조의2(항공기에 탑승하는 승객의 운송정보 제공)** ① 법 제15조 제5항 전단에서 "항공기에 탑승하는 승객의 성명, 국적, 여권번호 등 국토교통부령으로 정하는 운송정보"란 다음 각 호의 운송정보를 말한다. 1. 승객의 성명 2. 승객의 국적 및 여권번호(국내선의 경우에는 승객식별번호) 3. 승객의 탑승 항공편명 및 운항 일시 ② 항공운송사업자는 항공기에 탑승하는 승객에게 탑승권을 발급하였을 때에는 법 제15조 제5항 전단에 따라 지체 없이 제1항 각 호의 운송정보를 정보통신망을 통하여 공항운영자에게 제공하여야 한다. 이 경우 운송정보를 제공하는 정보통신망의 운영 등에 관한 세부사항은 항공운송사업자와 공항운영자가 협의하여 정한다. ③ 공항운영자는 제2항 전단에 따라 제공받은 운송정보를 「개인정보 보호법」에 따라 관리하여야 하며, 제공받은 운송정보의 정보주체인 승객이 탑승한 항공기가 해당 공항을 이륙한 즉시 제공받은 운송정보를 폐기하여야 한다. [본조신설 2014. 4. 4.] **제8조의3(통과 승객 또는 환승 승객의 운송정보 제공)** 법 제17조 제4항에서 준용하는 법 제15조 제5항에 따라 항공운송사업자가 통과 승객 또는 환승 승객에 대한 운송정보를 공항운영자에게 제공하는 경우에는 제8조의2를 준용한다. [본조신설 2014. 4. 4.]

항공보안법, 시행령	항공보안법 시행규칙
영 제11조(위탁수하물의 보안검색방법 등) ① 항공운송사업자는 법 제15조에 따라 탑승권을 소지한 승객의 위탁수하물에 대해서만 공항운영자에게 보안검색을 의뢰하여야 한다. 이 경우 항공운송사업자는 공항운영자에게 보안검색을 의뢰하기 전에 그 위탁수하물이 탑승권을 소지한 승객의 소유인지 및 위해물품인지를 확인하여야 한다. ② 공항운영자는 제1항에 따른 위탁수하물에 대하여 항공기 탑재 전에 엑스선 검색장비를 사용하여 보안검색을 하여야 한다. 〈신설 2017. 5. 8.〉 ③ 공항운영자는 다음 각 호의 어느 하나에 해당하는 경우에는 항공기 탑재 전에 위탁수하물을 개봉하여 그 내용물을 검색하여야 한다. 이 경우 폭발물이나 위해물품이 있다고 의심되는 경우 또는 제3호의2에 해당하는 경우에는 폭발물 흔적탐지장비 등 필요한 검색장비 등을 추가하여 보안검색을 하여야 한다. 〈개정 2014. 4. 1., 2017. 5. 8.〉 1. 엑스선 검색장비가 정상적으로 작동하지 아니한 경우 2. 무기류 또는 위해물품이 숨겨져 있다고 의심되는 경우 3. 엑스선 검색장비에 의한 검색결과 그 내용물을 판독할 수 없는 경우 3의2. 엑스선 검색장비로 보안검색을 할 수 없는 크기의 단일 위탁수하물인 경우 4. 제1호부터 제3호까지 및 제3호의2에서 규정한 경우 외에 항공보안에 위협이 증가하는 등 특별한 사유가 발생하는 경우 ④ 공항운영자는 보안검색이 끝난 위탁수하물이 보안검색이 완료되지 아니한 위탁수하물과 혼재되지 아니하도록 하여야 한다. 〈개정 2017. 5. 8.〉 ⑤ 항공운송사업자는 보안검색이 끝난 위탁수하물을 항공기에 탑재하기 전까지 보호조치를 하여야 하며, 항공기에 탑재된 위탁수하물이 탑승한 승객의 소유인지를 확인하여 그 소유자가 항공기에 탑승하지 아니한 경우에는 그 위탁수하물을 운송해서는 아니 된다. 다만, 그 위탁수하물에 대한 운송처리를 잘못하여 다른 항공기로 운송하여야 할 경우에는 별도의 보안조치를 한 후에 탑재할 수 있다. 〈개정 2017. 5. 8.〉 [전문개정 2010. 9. 20.]	**제8조의4(보안검색위탁업체 지정절차 등)** ① 법 제15조 제3항에 따라 공항운영자 또는 항공운송사업자가 보안검색위탁업체의 지정을 추천하려는 경우에는 별지 제1호서식의 보안검색위탁업체 지정신청서에 지정 대상 보안검색위탁업체에 관한 다음 각 호의 서류를 첨부하여 지방항공청장에게 제출하여야 한다. 〈개정 2015. 11. 5.〉 1. 「경비업법」에 따른 경비업 허가증 2. 보안검색인력 명단 및 해당 인력의 법 제28조 제2항에 따른 교육훈련 이수증 3. 보안검색위탁업체 추천서 ② 제1항에 따라 지정신청서를 제출받은 지방항공청장은 「전자정부법」 제36조 제1항에 따른 행정정보의 공동이용을 통하여 지정 대상 보안검색위탁업체의 법인 등기사항증명서 및 사업자등록증을 확인하여야 한다. 다만, 해당 업체가 사업자등록증의 확인에 동의하지 아니하는 경우에는 해당 서류를 첨부하게 하여야 한다. 〈개정 2015. 11. 5.〉 ③ 제1항에 따라 지정신청서를 제출받은 지방항공청장은 지정 대상 보안검색위탁업체가 제8조에 따른 지정기준에 적합하다고 인정하는 경우에는 공항운영자 또는 항공운송사업자에게 별지 제2호서식의 보안검색위탁업체 지정서를 발급하여야 한다. 〈개정 2015. 11. 5.〉 [본조신설 2014. 4. 4.]

항공보안법, 시행령
영 제12조(화물에 대한 보안검색방법 등) ① 법 제15조에 따라 여객기에 탑재하는 화물에 대한 항공운송사업자의 보안검색에 대해서는 제11조 제2항 및 제3항을 준용한다. 〈개정 2017. 5. 8.〉 ② 항공운송사업자는 화물기에 탑재하는 화물에 대해서는 다음 각 호의 어느 하나에 해당하는 방법으로 보안검색을 하여야 한다. 1. 개봉검색 2. 엑스선 검색장비에 의한 검색 3. 폭발물 탐지장비 또는 폭발물 흔적탐지장비에 의한 검색 4. 폭발물 탐지견에 의한 검색 5. 압력실을 사용한 검색 [전문개정 2010. 9. 20.] **영 제13조(특별 보안검색방법)** ① 공항운영자는 법 제15조에 따라 의료보조장치를 착용한 장애인, 임산부 또는 중환자 등 국토교통부장관이 인정하는 사람에 대해서는 보안검색 장소 외의 별도의 장소에서 보안검색을 할 수 있다. 〈개정 2013. 3. 23.〉 ② 공항운영자는 다음 각 호의 요건을 모두 갖춘 외교행낭에 대해서는 개봉검색을 하여서는 아니 된다. 1. 외교행낭은 외교신서사(外交信書使)의 신분을 증명할 수 있는 공문서 및 외교행낭의 수를 표시한 공문서를 소지한 사람과 함께 운송될 것 2. 외교행낭의 외부에 외교행낭임을 알아볼 수 있는 표지와 국가표시가 있을 것 ③ 법 제15조에 따라 공항운영자 또는 항공운송사업자는 다음 각 호의 어느 하나에 해당하는 것에 대해서는 개봉검색을 하거나 증명서류 확인 및 폭발물 흔적탐지장비에 의한 검색 등의 방법으로 보안검색을 할 수 있다. 〈개정 2013. 3. 23., 2014. 4. 1., 2017. 5. 8.〉 1. 골수·혈액·조혈모세포(造血母細胞) 등 인체조직과 관련된 의료품 2. 유골, 유해 3. 이식용 장기 4. 살아있는 동물 4의2. 의료용·과학용 필름 5. 제1호부터 제4호까지 및 제4호의2에서 규정한 사항 외에 검색장비등에 의하여 보안검색을 하는 경우 본래의 형질이 손상되거나 변질될 수 있는 것 등으로서 국토교통부장관의 허가를 받은 것 [전문개정 2010. 9. 20.] **영 제14조(관할 국가경찰관서의 장의 필요한 조치 요구)** 법 제15조 제2항 단서에 따라 관할 국가경찰관서의 장은 범죄의 수사 및 공공의 위험예방을 위하여 필요한 경우 공항운영자 또는 항공운송사업자에게 다음 각 호의 필요한 조치를 요구할 수 있다. 다만, 그 이행에 예산이 수반되거나 항공보안검색요원의 증원계획에 관한 사항은 서면으로 요구하여야 한다. 1. 보안검색대상자에 대한 불심검문, 신체 또는 물품의 수색 등에 대한 협력 2. 제10조부터 제12조까지의 규정에 따른 보안검색방법 중 필요하다고 인정되는 방법에 의한 보안검색 3. 보안검색강화를 위한 항공보안검색요원의 증원배치 [전문개정 2010. 9. 20.] **영 제15조(보안검색의 면제)** ① 다음 각 호의 어느 하나에 해당하는 사람(휴대물품을 포함한다)에 대해서는 법 제15조에 따른 보안검색을 면제할 수 있다. 〈개정 2018. 5. 8.〉 1. 공무로 여행을 하는 대통령(대통령당선인과 대통령권한대행을 포함한다)과 외국의 국가원수 및 그 배우자 2. 국제협약 등에 따라 보안검색을 면제받도록 되어 있는 사람 3. 국내공항에서 출발하여 다른 국내공항에 도착한 후 국제선 항공기로 환승하려는 경우로서 다음 각 목의 요건을 모두 갖춘 승객 및 승무원

항공보안법, 시행령

가. 출발하는 국내공항에서 법 제15조 제1항에 따른 보안검색을 완료하고 국내선 항공기에 탑승하였을 것
나. 국제선 항공기로 환승하기 전까지 보안검색이 완료된 구역을 벗어나지 아니할 것

② 다음 각 호의 요건을 모두 갖춘 외교행낭에 대해서는 법 제15조에 따른 보안검색을 면제할 수 있다. 〈개정 2013. 3. 23.〉

1. 제13조 제2항 각 호의 요건을 모두 갖출 것
2. 불법방해행위를 하는 데에 사용할 수 있는 무기 또는 폭발물 등 위험성이 있는 물건들이 없다는 것을 증명하는 해당 국가 공관의 증명서를 국토교통부장관이 인증할 것

③ 다음 각 호의 요건을 모두 갖춘 위탁수하물을 환적(換積)하는 경우에는 법 제15조에 따른 보안검색을 면제할 수 있다. 〈개정 2013. 3. 23.〉

1. 출발 공항에서 탑재 직전에 적절한 수준으로 보안검색이 이루어질 것
2. 출발 공항에서 탑재된 후에 환승 공항에 도착할 때까지 계속해서 외부의 비인가 접촉으로부터 보호받을 것
3. 국토교통부장관이 제1호 및 제2호의 사항을 확인하기 위하여 출발 공항의 보안통제 실태를 직접 확인하고 해당 국가와 협약을 체결할 것

④ 항공운송사업자는 외교신서사가 탑승하지 아니한 경우에는 제2항에 따라 보안검색이 면제된 외교행낭을 운송해서는 아니 된다.

[전문개정 2010. 9. 20.]

③ 공항운영자 및 항공운송사업자는 제2항에 따른 보안검색을 직접 하거나 「경비업법」 제4조 제1항에 따른 경비업자 중 공항운영자 및 항공운송사업자의 추천을 받아 제6항에 따라 국토교통부장관이 지정한 업체에 위탁할 수 있다. 〈개정 2013. 3. 23.〉

영 제18조(다른 직무의 금지 등) 공항운영자 · 항공운송사업자 또는 법 제15조 제3항(법 제16조 및 제17조 제5항에서 준용하는 경우를 포함한다)에 따라 보안검색을 위탁받은 업체는 항공보안검색요원이 보안검색 업무를 수행 중인 때에는 보안검색 업무 외의 다른 업무를 수행하게 하여서는 아니 된다. 〈개정 2014. 4. 1.〉

[전문개정 2010. 9. 20.]

④ 공항운영자는 제2항에 따른 보안검색에 드는 비용에 충당하기 위하여 「공항시설법」 제32조 및 제50조에 따른 사용료의 일부를 사용할 수 있다. 〈개정 2016. 3. 29.〉

⑤ 항공운송사업자는 공항 및 항공기의 보안을 위하여 항공기에 탑승하는 승객의 성명, 국적 및 여권번호 등 국토교통부령으로 정하는 운송정보를 공항운영자에게 제공하여야 한다. 이 경우 운송정보 제공 방법 및 절차 등 필요한 사항은 국토교통부령으로 정한다. 〈신설 2014. 1. 14.〉

⑥ 제2항에 따른 보안검색의 방법 · 절차 · 면제 등에 관하여 필요한 사항은 대통령령으로 정한다. 〈개정 2014. 1. 14.〉

⑦ 제3항에 따라 보안검색 업무를 위탁받으려는 업체는 국토교통부령으로 정하는 바에 따라 국토교통부장관의 지정을 받아야 한다. 〈개정 2013. 4. 5., 2014. 1. 14.〉

⑧ 국토교통부장관은 제6항에 따라 지정을 받은 업체가 다음 각 호의 어느 하나에 해당하는 경우에는 그 지정을 취소할 수 있다. 다만, 제1호 또는 제2호에 해당하면 지정을 취소하여야 한다. 〈신설 2013. 4. 5., 2014. 1. 14.〉

1. 거짓이나 그 밖의 부정한 방법으로 지정을 받은 경우
2. 「경비업법」에 따른 경비업의 허가가 취소되거나 영업이 정지된 경우
3. 국토교통부령에 따른 지정기준에 미달하게 된 경우. 다만, 일시적으로 지정기준에 미달하게 되어 3개월 이내에 지정기준을 다시 갖춘 경우에는 그러하지 아니하다.
4. 보안검색 업무의 수행 중 고의 또는 중대한 과실로 인명피해가 발생하거나 보안검색에 실패한 경우

[전문개정 2010. 3. 22.]
[제목개정 2014. 1. 14.]

항공보안법, 시행령	항공보안법 시행규칙
제16조(승객이 아닌 사람 등에 대한 검색) ① 공항운영자는 제13조 제1항에 따라 허가를 받아 보호구역으로 들어가는 사람 또는 물품에 대하여도 보안검색을 하여야 한다. 이 경우 보안검색의 방법·절차·면제 및 위탁 등에 관하여는 제15조 제2항 단서, 같은 조 제3항 및 제6항부터 제8항까지의 규정을 준용한다. 〈개정 2013. 4. 5., 2014. 1. 14.〉 ② 제1항에도 불구하고 화물터미널 내에 지정된 보호구역으로 들어가는 사람 또는 물품에 대한 보안검색은 화물터미널운영자가 하여야 한다. 이 경우 보안검색의 방법·절차·면제 및 위탁 등에 관하여는 제15조 제2항 단서, 같은 조 제3항 및 제6항부터 제8항까지의 규정을 준용한다. 〈개정 2013. 4. 5., 2014. 1. 14.〉 [전문개정 2010. 3. 22.]	
영 제15조의2(승객이 아닌 사람 등에 대한 보안검색방법 등) ① 공항운영자 또는 화물터미널운영자가 법 제16조 제1항 또는 제2항에 따라 보호구역으로 들어가는 사람에 대하여 보안검색을 하는 경우에는 제10조 제1항 및 제3항을 준용한다. ② 공항운영자 또는 화물터미널운영자가 법 제16조 제1항 또는 제2항에 따라 보호구역으로 들어가는 물품에 대하여 보안검색을 하는 경우에는 제11조 제2항부터 제4항까지를 준용한다. [본조신설 2017. 5. 8.]	
제17조(통과 승객 또는 환승 승객에 대한 보안검색 등) ① 항공운송사업자는 항공기가 공항에 도착하면 통과 승객이나 환승 승객으로 하여금 휴대물품을 가지고 내리도록 하여야 한다. ② 공항운영자는 제1항에 따라 항공기에서 내린 통과 승객, 환승 승객, 휴대물품 및 위탁수하물에 대하여 보안검색을 하여야 한다. 〈개정 2013. 4. 5.〉 **영 제16조(통과 승객 또는 환승 승객의 보안검색방법)** ① 공항운영자가 법 제17조 제2항에 따라 통과 승객 또는 환승 승객에 대하여 보안검색을 하는 경우에는 제10조·제11조·제13조 및 제15조를 준용한다. 〈개정 2016. 6. 14.〉 ② 삭제 〈2018. 5. 8.〉 [전문개정 2010. 9. 20.] [제목개정 2018. 5. 8.]	**제8조의3(통과 승객 또는 환승 승객의 운송정보 제공)** 법 제17조 제4항에서 준용하는 법 제15조 제5항에 따라 항공운송사업자가 통과 승객 또는 환승 승객에 대한 운송정보를 공항운영자에게 제공하는 경우에는 제8조의2를 준용한다. [본조신설 2014. 4. 4.]

항공보안법, 시행령	항공보안법 시행규칙
③ 제2항에 따른 보안검색에 드는 비용은 공항운영자가 부담하고, 항공운송사업자는 통과 승객이나 환승 승객에 대한 운송정보를 공항운영자에게 제공하여야 한다. ④ 제3항에 따른 운송정보 제공에 대하여는 제15조 제5항을 준용한다. 〈개정 2014. 1. 14.〉 ⑤ 제2항에 따른 보안검색의 방법·절차·면제 및 위탁 등에 관하여는 제15조 제2항 단서, 같은 조 제3항 및 제6항부터 제8항까지의 규정을 준용한다. 〈개정 2013. 4. 5., 2014. 1. 14.〉 [전문개정 2010. 3. 22.]	
제17조의2(상용화주) ① 국토교통부장관은 검색장비, 항공보안검색요원 등 국토교통부령으로 정하는 기준을 갖춘 화주(貨主) 또는 항공화물을 포장하여 보관 및 운송하는 자를 지정하여 항공화물 및 우편물에 대하여 보안검색을 실시하게 할 수 있다. 〈개정 2013. 3. 23.〉 ② 국토교통부장관은 제1항에 따라 지정된 자[이하 "상용화주"(常用貨主)라 한다]가 준수하여야 할 화물 보안통제절차 등에 관한 항공화물보안기준을 정하여 고시하여야 한다. 〈개정 2013. 3. 23.〉 ③ 항공운송사업자는 제15조 제2항에도 불구하고 제1항에 따라 상용화주가 보안검색을 한 항공화물 및 우편물에 대하여는 보안검색을 하지 아니한다. 다만, 다음 각 호에서 정하는 항공화물 및 우편물에 대하여는 보안검색을 실시하여야 한다. 〈개정 2017. 8. 9.〉 1. 상용화주로부터 접수하였으나 상용화주가 아닌 자가 취급한 경우 2. 접수·보안검색·운송 등 취급과정에서 상용화주 및 항공운송사업자의 통제를 벗어난 경우 3. 훼손 흔적이 있는 경우 4. 허가받지 아니한 자의 접촉이 발생하였거나 접촉이 의심되는 경우 5. 화물전용기에서 여객기로 옮겨지는 경우 6. 무작위 표본검색 등 국토교통부장관이 정하여 고시한 사항에 해당하는 경우 7. 제15조 제2항 단서에 따라 관할 국가경찰관서의 장이 필요한 조치를 요구한 경우 8. 그 밖에 위협정보의 입수 등 항공운송사업자가 보안검색이 필요하다고 인정할 만한 상당한 사유가 있는 경우	제9조의2(상용화주의 지정기준) ① 법 제17조의2 제1항에서 "국토교통부장관이 정하는 기준"이란 다음 각 호와 같다. 〈개정 2013. 3. 23.〉 1. 다음 각 목에 해당하는 검색장비를 갖출 것 가. 여객기에 탑재하는 화물의 보안검색을 위한 엑스선 검색장비 나. 화물기에 탑재하는 화물의 보안검색을 검색장비로 하는 경우에는 엑스선 검색장비, 폭발물 탐지장비 또는 폭발물 흔적탐지장비 2. 항공보안검색요원을 2명 이상 확보할 것 3. 항공화물의 보안을 위해 다음 각 목의 시설을 모두 갖출 것 가. 화물을 포장 또는 보관할 수 있는 시설로서 일반구역과 분리되어 항공화물에 대한 보안통제가 이루어질 수 있는 시설 나. 보안검색이 완료된 항공화물이 완료되지 않은 항공화물과 섞이지 않도록 분리할 수 있는 시설 4. 상용화주 지정 신청일 이전 6개월 이내의 기간 중 총 24회 이상 항공화물을 운송 의뢰한 실적이 있을 것 5. 그 밖에 국토교통부장관이 정하여 고시하는 항공화물 보안기준에 적합할 것 ② 제1항에도 불구하고 「경비업법」 제4조 제1항에 따른 경비업자에게 항공화물의보안검색을 위탁하여 실시하는 경우에는 제1항 제1호 또는 제2호를 적용하지 아니할 수 있다. [본조신설 2010. 9. 20.]

항공보안법, 시행령	항공보안법 시행규칙
④ 상용화주의 지정절차 등에 관하여 필요한 사항은 국토교통부령으로 정한다. 〈개정 2013. 3. 23.〉 [본조신설 2010. 3. 22.]	제9조의3(상용화주의 지정절차 등) ① 법 제17조의2 제4항에 따른 상용화주의 지정절차는 다음 각 호와 같다. 〈개정 2013. 3. 23., 2014. 4. 4., 2015. 11. 5.〉 1. 상용화주로 지정받으려는 자는 별지 제3호서식의 상용화주 지정신청서에 다음 각 호의 사항을 첨부하여 지방항공청장에게 제출할 것 가. 보안검색장비 및 항공보안검색요원 등에 관한 사항을 포함한 항공화물 보안프로그램 나. 「물류정책기본법」 제43조 제1항 및 같은 법 시행규칙 제6조 제2항에 따른 국제물류주선업등록증(국제물류주선업자만 해당한다) 다. 삭제 〈2014. 4. 4.〉 라. 삭제 〈2014. 4. 4.〉 마. 화물운송 거래실적 바. 항공화물의보안통제를 담당하는 사람의 명단 및 신원조회 의뢰서 사. 보안통제 취급직원의 교육이수 증명서 1의2. 제1호에 따라 지정신청서를 제출받은 지방항공청장은 「전자정부법」 제36조 제1항에 따른 행정정보의 공동이용을 통하여 법인 등기사항증명서 및 사업자등록증을 확인하여야 한다. 다만, 신청인이 사업자등록증의 확인에 동의하지 아니하는 경우에는 해당 서류를 첨부하게 하여야 한다. 2. 지정신청서를 접수한 지방항공청장은 제9조의2제1항에 따라 상용화주의 지정을 위해 법 제33조 제1항의 항공보안 감독관(이하 "감독관"이라 한다) 등 관계 공무원으로 하여금 심사하도록 할 것. 다만, 필요한 경우 전문가를 위촉하여 심사할 수 있다. 3. 지방항공청장이심사를 완료하고 상용화주로 지정하려는 경우에는 별지 제4호서식의 상용화주 지정서를 발급할 것 ② 지방항공청장은 상용화주를 지정한 경우에는 항공운송사업자에게 통보하여야 한다. 〈개정 2013. 3. 23., 2015. 11. 5.〉 [본조신설 2010. 9. 20.]
제17조의3(상용화주의 지정취소) ① 국토교통부장관은 상용화주가 다음 각 호의 어느 하나에 해당하는 경우 그 지정을 취소할 수 있다. 다만, 제1호에 해당하면 그 지정을 취소하여야 한다. 〈개정 2013. 3. 23., 2013. 4. 5.〉 1. 거짓이나 그 밖의 부정한 방법으로 지정을 받은 경우 2. 제17조의2 제1항의 지정기준에 미달하게 된 경우 3. 제17조의2 제2항의 항공화물보안기준을 위반하여 업무를 수행한 경우	제9조의4(상용화주 지정취소의 절차) ① 삭제 〈2014. 4. 4.〉 ② 지정취소를 통보받은 상용화주는 10일 이내에 지방항공청장에게 상용화주 지정서를 반납하여야 한다. 〈개정 2013. 3. 23., 2015. 11. 5.〉 [본조신설 2010. 9. 20.]

항공보안법, 시행령	항공보안법 시행규칙
② 국토교통부장관은 제1항에 따라 상용화주의 지정을 취소한 경우에는 즉시 항공운송사업자에게 통보하여 항공운송사업자가 보안검색을 하도록 조치하여야 한다. 〈개정 2013. 3. 23., 2013. 4. 5.〉 ③ 상용화주 지정취소의 절차 등에 관하여 필요한 사항은 국토교통부령으로 정한다. 〈개정 2013. 3. 23.〉 [본조신설 2010. 3. 22.]	
제18조(기내식 등의 통제) ① 항공운송사업자는 제21조에 따른 위해물품이 기내식(機內食)이나 기내 저장품을 이용하여 항공기 내로 유입되는 것을 방지하기 위하여 필요한 조치를 하여야 한다. ② 기내식 및 기내 저장품 유입·유출의 통제에 대한 세부 사항은 국토교통부령으로 정한다. 〈개정 2013. 3. 23.〉 [전문개정 2010. 3. 22.]	제10조(기내식 등의 통제) ① 항공운송사업자는 법 제18조에 따라 위해물품이 기내식 또는 기내저장품을 이용하여 기내로 유입되지 아니하도록 기내식 또는 기내저장품을 운반하는 사람·차량 및 기내식 제조시설에 대하여 보안대책을 수립하여야 한다. ② 항공운송사업자는 다음 각 호의 어느 하나에 해당하는 경우에는 기내식 또는 기내저장품 등이 기내로 유입되게 하여서는 아니 된다. 1. 외부의 침입흔적이 있는 경우 2. 항공운송사업자가 지정한 사람에 의하여 검사·확인되지 아니한 경우 3. 기내식 용기 등에 위해물품이 들어있다고 의심이 되는 경우 [전문개정 2010. 9. 20.]
제19조(보안검색 실패 등에 대한 대책) ① 공항운영자, 항공운송사업자 및 화물터미널운영자는 다음 각 호의 사항이 발생한 경우에는 즉시 국토교통부장관에게 보고하여야 한다. 〈개정 2013. 3. 23., 2013. 4. 5.〉 1. 검색장비가 정상적으로 작동되지 아니한 상태로 검색을 하였거나 검색이 미흡한 사실을 알게 된 경우 2. 허가받지 아니한 사람 또는 물품이 보호구역 또는 항공기 안으로 들어간 경우 3. 그 밖에 항공보안에 우려가 있는 것으로서 국토교통부령으로 정하는 사항 ② 국토교통부장관은 제1항에 따른 보고를 받은 경우에는 다음 각 호의 구분에 따라 항공보안을 위한 필요한 조치를 하여야 한다. 〈개정 2013. 4. 5.〉 1. 항공기가 출발하기 전에 보고를 받은 경우: 해당 항공기에 대한 보안검색 등의 보안조치 2. 항공기가 출발한 후 보고를 받은 경우: 해당 항공기가 도착하는 국가의 관련 기관에 대한 통보 ③ 국토교통부장관은 다른 국가로부터 제1항 각 호의 어느 하나에 해당하는 사항을 통보받은 경우에는 해당 항공기를 격리계류장으로 유도하여 보안검색 등 보안조치를 하여야 한다. 〈개정 2013. 3. 23., 2013. 4. 5.〉 [전문개정 2010. 3. 22.]	제11조(보안검색 실패 등에 대한 보고) 법 제19조 제1항 제3호에 따라 공항운영자·항공운송사업자·화물터미널운영자는 다음 각 호의 어느 하나에 해당하는 경우 지방항공청장에게 보고하여야 하며, 제1호의 사항에 대하여는 관련 행정기관에 지체 없이 통보하여야 한다. 〈개정 2013. 3. 23., 2014. 4. 4., 2015. 9. 2., 2015. 11. 5.〉 1. 법 제2조 제8호의 불법방해행위가 발생한 경우 2. 「항공보안법 시행령」(이하 "영"이라 한다) 제10조부터 제12조까지 및 제16조에 따른 보안검색방법에 따라 보안검색이 이루어지지 아니한 경우 3. 법 제28조에 따른 교육훈련을 이수하지 아니한 사람에 의하여 보안검색이 이루어진 경우 4. 무기·폭발물 등에 의하여 항공기에 대한 위협이 증가하는 경우 [전문개정 2010. 9. 20.]

항공보안법, 시행령	항공보안법 시행규칙
제20조(비행 서류의 보안관리 절차 등) ① 항공운송사업자는 탑승권, 수하물 꼬리표 등 비행 서류에 대한 보안관리 대책을 수립·시행하여야 한다. 〈개정 2013. 4. 5.〉 ② 제1항에 따른 비행 서류의 보안관리를 위한 세부 사항은 국토교통부령으로 정한다. 〈개정 2013. 3. 23., 2013. 4. 5.〉 [전문개정 2010. 3. 22.] [제목개정 2013. 4. 5.]	**제12조(비행 서류의 보안관리)** ① 항공운송사업자는 법 제20조에 따른 비행 서류를 다음 각 호와 같이 관리하여야 한다. 〈개정 2014. 4. 4.〉 1. 비행 서류의 취급절차 등 보안관리를 위한 지침을 마련할 것 2. 비행 서류의 보안관리를 위한 보안담당자 및 취급자를 지정할 것 3. 비행 서류의 보관장소를 지정할 것 ② 항공운송사업자는 탑승권·수하물꼬리표·승객탑승명세서·화물탑재명세서·위험물보고서·무기운송 보고서 등 비행 서류를 작성한 날부터 1년 이상 보존하여야 한다. ③ 제2항에 따라 비행 서류를 보존할 때 컴퓨터 등의 정보처리장치에 의하여 생산·관리되는 기록정보 자료(이하 "전자기록물"이라 한다)로 보존할 수 있다. [전문개정 2010. 9. 20.] [제목개정 2014. 4. 4.]
제4장 항공기 내의 보안 〈개정 2013. 4. 5.〉	
제21조(무기 등 위해물품 휴대 금지) ① 누구든지 항공기에 무기[탄저균(炭疽菌), 천연두균 등의 생화학무기를 포함한다], 도검류(刀劍類), 폭발물, 독극물 또는 연소성이 높은 물건 등 국토교통부장관이 정하여 고시하는 위해물품을 가지고 들어가서는 아니 된다. 〈개정 2013. 3. 23.〉 ② 제1항에도 불구하고 경호업무, 범죄인 호송업무 등 대통령령으로 정하는 특정한 직무를 수행하기 위하여 대통령령으로 정하는 무기의 경우에는 국토교통부장관의 허가를 받아 항공기에 가지고 들어갈 수 있다. 〈개정 2013. 3. 23.〉 **영 제18조의2(특정 직무의 수행)** 법 제21조 제2항에서 "경호업무, 범죄인 호송업무 등 대통령령으로 정하는 특정한 직무"란 다음 각 호의 업무를 말한다. 〈개정 2014. 4. 1.〉 1. 「대통령 등의 경호에 관한 법률」에 따른 경호업무 2. 「경찰관 직무집행법」에 따른 요인(要人)경호업무 3. 외국정부의 중요 인물을 경호하는 해당 정부의 경호업무 4. 법 제24조에 따른 호송대상자에 대한 호송업무 5. 항공기 내의 불법방해행위를 방지하는 항공기내보안요원의 업무 [본조신설 2010. 9. 20.]	**제12조의2(기내 무기 반입 허가절차)** ① 법 제21조 제5항에 따라 항공기 내에 무기를 가지고 들어가려는 사람은 항공기 탑승 최소 3일 전에 다음 각 호의 사항을 지방항공청장에게 신청하여야 한다. 다만, 긴급한 경호 업무 및 범죄인 호송업무는 탑승 전까지 그 사실을 유선 등으로 미리 통보하여야 하고, 항공기 탑승 후 3일 이내에 서면으로 제출하여야 한다. 〈개정 2013. 3. 23., 2015. 11. 5., 2017. 11. 3.〉 1. 무기 반입자의 성명 2. 무기 반입자의 생년월일 3. 무기 반입자의 여권번호(외국인만 해당한다) 4. 항공기의 탑승일자 및 편명 5. 무기 반입 사유 6. 무기의 종류 및 수량 7. 그 밖에 기내 무기반입에 필요한 사항 ② 지방항공청장은 항공기 내 무기 반입의 허가 신청을 받은 경우 영 제18조의2에 따른 특정한 직무에 해당하고 영 제19조에 따른 무기의 종류에 적합한 경우에는 허가하여야 한다. 〈개정 2013. 3. 23., 2015. 11. 5.〉 ③ 지방항공청장은 제2항에 따라 항공기 내 무기 반입을 허가한 경우 이를 관련기관에 통보하여야 한다. 〈개정 2013. 3. 23., 2015. 11. 5.〉

항공보안법, 시행령	항공보안법 시행규칙
영 제19조(기내 반입무기) 법 제21조 제2항에서 "대통령령으로 정하는 무기"란 다음 각 호의 무기를 말한다. 〈개정 2014. 4. 1., 2016. 1. 6.〉 1. 「총포·도검·화약류 등의 안전관리에 관한 법률 시행령」 제3조에 따른 권총 2. 「총포·도검·화약류 등의 안전관리에 관한 법률 시행령」 제6조의2에 따른 분사기 3. 「총포·도검·화약류 등의 안전관리에 관한 법률 시행령」 제6조의3에 따른 전자충격기 4. 국제협약 또는 외국정부와의 합의서에 의하여 휴대가 허용되는 무기 [전문개정 2010. 9. 20.]	④ 외국국적 항공기 내에 무기를 반입하여 우리나라로 운항하는 경우에도 제1항부터 제3항까지의 규정을 준용한다. [전문개정 2010. 9. 20.]
③ 제2항에 따라 항공기에 무기를 가지고 들어가려는 사람은 탑승 전에 이를 해당 항공기의 기장에게 보관하게 하고 목적지에 도착한 후 반환받아야 한다. 다만, 제14조 제2항에 따라 항공기 내에 탑승한 항공기내보안요원은 그러하지 아니하다. ④ 항공기 내에 제2항에 따른 무기를 반입하고 입국하려는 항공보안에 관한 업무를 수행하는 외국인 또는 외국국적 항공운송사업자는 항공기 출발 전에 국토교통부장관으로부터 미리 허가를 받아야 한다. 〈개정 2013. 3. 23., 2013. 4. 5.〉 ⑤ 제2항 및 제4항에 따른 항공기 내 무기 반입 허가절차 등에 관하여 필요한 사항은 국토교통부령으로 정한다. 〈개정 2013. 3. 23.〉 [전문개정 2010. 3. 22.]	
제22조(기장 등의 권한) ① 기장이나 기장으로부터 권한을 위임받은 승무원(이하 "기장등"이라 한다) 또는 승객의 항공기 탑승 관련 업무를 지원하는 항공운송사업자 소속 직원 중 기장의 지원요청을 받은 사람은 다음 각 호의 어느 하나에 해당하는 행위를 하려는 사람에 대하여 그 행위를 저지하기 위한 필요한 조치를 할 수 있다. 〈개정 2013. 4. 5.〉 1. 항공기의 보안을 해치는 행위 2. 인명이나 재산에 위해를 주는 행위 3. 항공기 내의 질서를 어지럽히거나 규율을 위반하는 행위 ② 항공기 내에 있는 사람은 제1항에 따른 조치에 관하여 기장등의 요청이 있으면 협조하여야 한다.	

항공보안법, 시행령	항공보안법 시행규칙
③ 기장등은 제1항 각 호의 행위를 한 사람을 체포한 경우에 항공기가 착륙하였을 때에는 체포된 사람이 그 상태로 계속 탑승하는 것에 동의하거나 체포된 사람을 항공기에서 내리게 할 수 없는 사유가 있는 경우를 제외하고는 체포한 상태로 이륙하여서는 아니 된다. ④ 기장으로부터 권한을 위임받은 승무원 또는 승객의 항공기 탑승 관련 업무를 지원하는 항공운송사업자 소속 직원 중 기장의 지원요청을 받은 사람이 제1항에 따른 조치를 할 때에는 기장의 지휘를 받아야 한다. [전문개정 2010. 3. 22.]	
제23조(승객의 협조의무) ① 항공기 내에 있는 승객은 항공기와 승객의 안전한 운항과 여행을 위하여 다음 각 호의 어느 하나에 해당하는 행위를 하여서는 아니 된다. 〈개정 2013. 7. 16., 2016. 3. 29., 2020. 6. 9.〉 1. 폭언, 고성방가 등 소란행위 2. 흡연 3. 술을 마시거나 약물을 복용하고 다른 사람에게 위해를 주는 행위 4. 다른 사람에게 성적(性的) 수치심을 일으키는 행위 5. 「항공안전법」 제73조를 위반하여 전자기기를 사용하는 행위 6. 기장의 승낙 없이 조종실 출입을 기도하는 행위 7. 기장등의 업무를 위계 또는 위력으로써 방해하는 행위 ② 승객은 항공기 내에서 다른 사람을 폭행하거나 항공기의 보안이나 운항을 저해하는 폭행·협박·위계행위(危計行爲) 또는 출입문·탈출구·기기의 조작을 하여서는 아니 된다. 〈개정 2017. 3. 21.〉 ③ 승객은 항공기가 착륙한 후 항공기에서 내리지 아니하고 항공기를 점거하거나 항공기 내에서 농성하여서는 아니 된다. ④ 항공기 내의 승객은 항공기의 보안이나 운항을 저해하는 행위를 금지하는 기장등의 정당한 직무상 지시에 따라야 한다. 〈개정 2013. 4. 5.〉 ⑤ 항공운송사업자는 금연 등 항공기와 승객의 안전한 운항과 여행을 위한 규제로 인하여 승객이 받는 불편을 줄일 수 있는 방안을 마련하여야 한다. ⑥ 기장등은 승객이 항공기 내에서 제1항 제1호부터 제5호까지의 어느 하나에 해당하는 행위를 하거나 할 우려가 있는 경우 이를 중지하게 하거나 하지 말 것을 경고하여 사전에 방지하도록 노력하여야 한다.	**제13조(탑승거절 대상자)** ① 항공운송사업자는 법 제23조 제7항 제4호에 따라 다음 각 호의 어느 하나에 해당하는 사람에 대하여 탑승을 거절할 수 있다. 1. 법 제14조 제1항에 따른 항공운송사업자의 승객의 안전 및 항공기의 보안을 위하여 필요한 조치를 거부한 사람 2. 법 제23조 제1항 제3호에 따른 행위로 승객 및 승무원 등에게 위해를 가할 우려가 있는 사람 3. 법 제23조 제2항의 행위를 한 사람 4. 법 제23조 제4항에 따른 기장 등의 정당한 직무상 지시를 따르지 아니한 사람 5. 탑승권 발권 등 탑승수속 시 위협적인 행동, 공격적인 행동, 욕설 또는 모욕을 주는 행위 등을 하는 사람으로서 다른 승객의 안전 및 항공기의 안전운항을 해칠 우려가 있는 사람 ② 항공운송사업자가 제1항에 따라 탑승을 거절하는 경우에는 그 사유를 탑승이 거절되는 사람에게 고지하여야 한다. [전문개정 2010. 9. 20.]

항공보안법, 시행령	항공보안법 시행규칙
⑦ 항공운송사업자는 다음 각 호의 어느 하나에 해당하는 사람에 대하여 탑승을 거절할 수 있다. 〈개정 2013. 3. 23., 2013. 4. 5.〉 1. 제15조 또는 제17조에 따른 보안검색을 거부하는 사람 2. 음주로 인하여 소란행위를 하거나 할 우려가 있는 사람 3. 항공보안에 관한 업무를 담당하는 국내외 국가기관 또는 국제기구 등으로부터 항공기 안전운항을 해칠 우려가 있어 탑승을 거절할 것을 요청받거나 통보받은 사람 4. 그 밖에 항공기 안전운항을 해칠 우려가 있어 국토교통부령으로 정하는 사람 ⑧ 누구든지 공항에서 보안검색 업무를 수행 중인 항공보안검색요원 또는 보호구역에의 출입을 통제하는 사람에 대하여 업무를 방해하는 행위 또는 폭행 등 신체에 위해를 주는 행위를 하여서는 아니 된다. ⑨ 항공운송사업자는 항공기가 이륙하기 전에 승객에게 국토교통부장관이 정하는 바에 따라 승객의 협조의무를 영상물 상영 또는 방송 등을 통하여 안내하여야 한다. 〈신설 2017. 8. 9.〉 [전문개정 2010. 3. 22.] [제목개정 2013. 4. 5.]	
제24조(수감 중인 사람 등의 호송) ① 사법경찰관리 또는 법 집행 권한이 있는 공무원은 항공기를 이용하여 피의자, 피고인, 수형자(受刑者), 그 밖에 기내 보안에 위해를 일으킬 우려가 있는 사람(이하 이 조에서 "호송대상자"라 한다)을 호송할 경우에는 미리 해당 항공운송사업자에게 통보하여야 한다. 〈개정 2013. 4. 5.〉 ② 제1항에 따른 통보사항에는 호송대상자의 인적사항, 호송 이유, 호송방법 및 호송 안전조치 등에 관한 사항이 포함되어야 한다. ③ 제1항에 따라 통보를 받은 항공운송사업자는 호송대상자가 항공기, 승무원 및 승객의 안전에 위협이 된다고 판단되는 경우에는 사법경찰관리 등 호송 공무원에게 적절한 안전조치를 요구할 수 있다. ④ 호송대상자의 호송방법, 호송조건 등에 관하여 필요한 사항은 국토교통부령으로 정한다. 〈개정 2013. 3. 23.〉 [전문개정 2010. 3. 22.]	제14조(수감 중인 사람 등에 대한 호송방법 등) ① 법 제24조 제1항에 따른 통보를 받은 항공운송사업자는 호송대상자가 탑승하는 항공기의 기장에게는 호송사실을, 호송대상자를 호송하는 사법경찰관리 또는 법 집행 권한이 있는 공무원에게는 호송대상자의 좌석 및 안전조치 요구사항 등을 각각 통보하여야 한다. ② 법 제24조 제4항에 따라 항공운송사업자는 호송대상자가 항공기에 탑승하는 경우 승객의 안전을 위하여 다음 각 호의 필요한 조치를 하여야 한다. 1. 호송대상자의 탑승절차를 별도로 마련할 것 2. 호송대상자의 좌석은 승객의 안전에 위협이 되지 아니하도록 배치할 것 3. 호송대상자에게 술을 제공하지 아니할 것 4. 호송대상자에게 철제 식기류를 제공하지 아니할 것 [전문개정 2010. 9. 20.]

<table>
<tr><th>항공보안법, 시행령</th><th>항공보안법 시행규칙</th></tr>
<tr><td>제25조(범인의 인도 · 인수) ① 기장등은 항공기 내에서 이 법에 따른 죄를 범한 범인을 직접 또는 해당 관계 기관 공무원을 통하여 해당 공항을 관할하는 국가경찰관서에 통보한 후 인도하여야 한다. 〈개정 2016. 1. 19.〉
② 기장등이 다른 항공기 내에서 죄를 범한 범인을 인수한 경우에 그 항공기 내에서 구금을 계속할 수 없을 때에는 직접 또는 해당 관계 기관 공무원을 통하여 해당 공항을 관할하는 국가경찰관서에 지체 없이 인도하여야 한다.
③ 제1항 및 제2항에 따라 범인을 인도받은 국가경찰관서의 장은 범인에 대한 처리 결과를 지체 없이 해당 항공운송사업자에게 통보하여야 한다.
[전문개정 2010. 3. 22.]</td><td rowspan="2"></td></tr>
<tr><td>제26조(예비조사) ① 국가경찰관서의 장은 제25조 제1항 및 제2항에 따라 범인을 인도받은 경우에는 범행에 대한 범인의 조사, 증거물의 제출요구 또는 증인에 대한 진술확보 등 예비조사를 할 수 있다.
② 국가경찰관서의 장은 제1항에 따른 예비조사를 하는 경우에 해당 항공기의 운항을 부당하게 지연시켜서는 아니 된다.
[전문개정 2010. 3. 22.]</td></tr>
<tr><td colspan="2">제5장 항공보안장비 등 〈개정 2013. 4. 5.〉</td></tr>
<tr><td>제27조(항공보안장비 성능 인증 등) ① 장비운영자가 이 법에 따른 보안검색을 하는 경우에는 국토교통부장관으로부터 성능 인증을 받은 항공보안장비를 사용하여야 한다.
② 제1항에 따른 항공보안장비의 성능 인증을 위한 기준 · 방법 · 절차 및 장비운영자가 사용하는 항공보안장비의 성능 검사 등 운영에 필요한 사항은 국토교통부령으로 정한다.
③ 국토교통부장관은 성능 인증을 받은 항공보안장비의 종류, 운영, 유지관리 등에 관한 기준을 정하여 고시하여야 한다.
④ 국토교통부장관은 제1항에 따라 성능 인증을 받은 항공보안장비가 계속하여 성능을 유지하고 있는지를 확인하기 위하여 국토교통부령으로 정하는 바에 따라 정기적으로 또는 수시로 점검을 실시하여야 한다.</td><td>제14조의2(항공보안장비의 성능 인증 신청) 법 제27조 제1항에 따른 항공보안장비의 성능 인증을 받으려는 항공보안장비의 제작자 또는 수입업자는 별지 제4호의2서식에 따른 항공보안장비 성능 인증 신청서에 다음 각 호의 서류를 첨부해서 국토교통부장관(법 제27조의3 및 영 제19조의2에 따라 「항공안전기술원법」에 따른 항공안전기술원에 인증업무를 위탁하는 경우에는 항공안전기술원을 말한다. 이하 “인증기관”이라 한다)에 제출해야 한다. 이 경우 담당 공무원은 「전자정부법」 제36조 제1항에 따른 행정정보의 공동이용을 통해서 법인 등기사항증명서(법인인 경우만 해당한다)를 확인해야 한다.
1. 사업자등록증 사본
2. 국내에 거주하는 대리인임을 증명하는 서류(대리인이 신청하는 경우에 한한다)
3. 항공보안장비의 성능 제원표 및 시험용 물품(테스트 키트)에 관한 서류</td></tr>
</table>

항공보안법, 시행령	항공보안법 시행규칙
⑤ 우리나라와 항공보안장비 성능 상호인증 협약이 체결된 국가로부터 그 성능을 인증받은 항공보안장비는 제1항의 규정에도 불구하고 우리나라의 항공보안장비 성능 인증을 받은 것으로 본다. 다만, 국토교통부장관은 상호인증 협약을 체결하였을 때에는 그 내용을 고시하여야 한다. [전문개정 2017. 10. 24.]	4. 항공보안장비의 외관도 및 사용자 설명서 5. 항공보안장비의 구조·운영방법·유지관리 등에 대한 설명서 6. 성능 인증 품질시스템(제14조의3제1항 제1호에 따른 성능 인증 기준에 적합한 항공보안장비를 생산하거나 수입할 수 있는 능력)을 증명하는 자료 7. 항공보안장비의 사후관리를 위한 시설·기술인력을 확보하고 있는 사실을 증명하는 서류(최초로 성능 인증을 신청하는 경우에 한한다) 8. 국토교통부장관이 정해서 고시하는 서류로서 항공보안장비의 성능 인증 기준을 갖추었음을 증명하는 서류(해당하는 경우에 한한다) [본조신설 2018. 12. 21.] **제14조의3(항공보안장비의 성능 인증 등)** ① 인증기관은 법 제27조 제2항에 따라 성능 인증을 하려면 다음 각 호의 기준 및 절차에 따라야 한다. 1. 성능 인증 기준 가. 국토교통부장관이 정해서 고시하는 항공보안장비의 기능과 성능 기준에 적합한 보안장비일 것 나. 항공보안장비의 활용 편의성, 안전성 및 내구성 등을 갖춘 보안장비일 것 2. 성능 인증 절차 가. 법 제27조의4에 따른 시험기관(이하 "시험기관"이라 한다)이 실시하는 같은 조에 따른 성능평가시험(이하 "성능평가시험"이라 한다)을 받을 것 나. 시험기관의 성능평가시험서와 제14조의2에 따라 성능 인증 신청자가 제출한 성능 제원표 등을 비교·검토할 것 다. 성능 인증 품질시스템을 확인할 것 ② 인증기관은 제14조의2에 따라 제출받은 서류에 흠이 없고 제1항 제1호에 따른 성능 인증 기준(이하 "성능 인증 기준"이라 한다) 및 같은 항 제2호에 따른 성능 인증 절차에 따라 적합하다고 인정하는 경우에는 별지 제4호의3서식에 따른 항공보안장비 성능 인증서를 발급해야 한다. ③ 인증기관은 항공보안장비가 성능 인증 기준에 적합하지 않은 경우에는 지체없이 그 결과를 신청인에게 통지해야 한다. ④ 제1항 및 제2항에서 규정한 사항 외에 성능 인증 기준 등에 필요한 세부사항은 국토교통부장관이 정해서 고시한다. [본조신설 2018. 12. 21.] **제14조의4(항공보안장비의 성능평가시험 등)** ① 시험기관은 제14조의3제1항 제2호 가목에 따라 인증기관으로부터 성능평가시험을 의뢰받은 경우 다음 각 호의 기준에 따라 성능평가시험을 실시해야 한다.

5장 항공보안법

항공보안법, 시행령	항공보안법 시행규칙
	1. 제작자 등과 협의해서 시험계획서를 작성하고 인증기관에 통보할 것 2. 성능 인증 기준에 적합한지를 확인할 것 ② 시험기관은 성능평가시험을 실시한 때에는 별지 제4호의4서식에 따른 성능평가시험 결과서를 인증기관에 제출해야 한다. ③ 성능평가시험을 위한 기준·절차 및 방법 등에 관한 세부사항은 국토교통부장관이 정해서 고시한다. [본조신설 2018. 12. 21.] **제14조의5(항공보안장비의 성능 검사)** ① 장비운영자는 법 제27조 제2항에 따라 사용하는 항공보안장비를 내용연수(「물품관리법」 제16조의2 제1항에 따라 조달청장이 정한 경제적 사용연수를 말한다)를 연장해 계속 사용하려면 인증기관이 실시하는 항공보안장비의 성능 검사를 받아야 한다. ② 제1항에 따른 항공보안장비의 성능 검사의 기준·방법 및 절차 등에 관한 사항은 국토교통부장관이 정해서 고시한다. [본조신설 2018. 12. 21.] **제14조의6(항공보안장비의 점검)** ① 인증기관은 법 제27조 제4항에 따라 각 호의 기준에 따라 정기점검 및 수시점검을 실시해야 한다. 1. 정기점검: 항공보안장비가 성능 인증 기준에 맞게 제작되었는지 및 성능 인증 품질시스템의 유지 여부 등에 관해 매년 실시하는 점검 2. 수시점검: 국토교통부장관의 요청이나 특별 점검계획에 따라 실시하는 점검 ② 국토교통부장관은 제1항에 따라 인증기관이 정기점검 또는 수시점검을 실시하기 위해 필요하다고 인정하는 경우 관계 직원, 시험기관 및 관계전문가와 함께 점검하게 할 수 있다. ③ 제1항 및 제2항에서 규정한 사항 외에 점검의 기준·방법 및 절차 등에 관해 필요한 사항은 국토교통부장관이 정해서 고시한다. [본조신설 2018. 12. 21.]
제27조의2(항공보안장비 성능 인증의 취소) 국토교통부장관은 성능 인증을 받은 항공보안장비가 다음 각 호의 어느 하나에 해당하는 경우에는 그 인증을 취소할 수 있다. 다만, 제1호에 해당하는 때에는 그 인증을 취소하여야 한다. 1. 거짓이나 그 밖의 부정한 방법으로 인증을 받은 경우 2. 항공보안장비가 제27조 제2항에 따른 성능 기준에 적합하지 아니하게 된 경우	

항공보안법, 시행령	항공보안법 시행규칙
3. 제27조 제4항에 따른 점검을 정당한 사유 없이 받지 아니한 경우 4. 제27조 제4항에 따른 점검을 실시한 결과 중대한 결함이 있다고 판단될 경우 [본조신설 2017. 10. 24.]	
제27조의3(인증업무의 위탁) 국토교통부장관은 인증업무의 전문성과 신뢰성을 확보하기 위하여 제27조에 따른 항공보안장비의 성능 인증 및 점검 업무를 대통령령으로 정하는 기관(이하 "인증기관"이라 한다)에 위탁할 수 있다. [본조신설 2017. 10. 24.] 영 제19조의2(인증업무의 위탁) 법 제27조의3에서 "대통령령으로 정하는 기관"이란 「항공안전기술원법」에 따른 항공안전기술원을 말한다. [본조신설 2018. 5. 8.] [종전 제19조의2는 제19조의3으로 이동 〈2018. 5. 8.〉]	
제27조의4(시험기관의 지정) ① 국토교통부장관은 제27조에 따른 성능 인증을 위하여 항공보안장비의 성능을 평가하는 시험(이하 "성능평가시험"이라 한다)을 실시하는 기관(이하 "시험기관"이라 한다)을 지정할 수 있다. ② 제1항에 따라 시험기관 지정을 받으려는 법인이나 단체는 국토교통부령으로 정하는 지정기준을 갖추어 국토교통부장관에게 지정신청을 하여야 한다. [본조신설 2017. 10. 24.]	제14조의7(시험기관의 지정 등) ① 법 제27조의4 제2항에서 "국토교통부령으로 정하는 지정기준"이란 별표 2에 따른 기준을 말한다. ② 법 제27조의4에 따라 시험기관으로 지정을 받으려는 법인이나 단체는 별지 제4호의5서식에 따른 항공보안장비 시험기관 지정 신청서에 다음 각 호의 서류를 첨부해서 국토교통부장관에게 제출해야 한다. 이 경우 담당 공무원은 「전자정부법」 제36조 제1항에 따른 행정정보의 공동이용을 통해서 법인 등기사항증명서(법인인 경우만 해당한다)를 확인해야 한다. 1. 성능평가시험을 위한 조직, 인력 및 시험 설비 현황 등을 적은 사업계획서 2. 성능평가시험을 수행하기 위한 절차 및 방법 등을 적은 업무규정 3. 법인의 정관 또는 단체의 규약 4. 사업자등록증 및 인감증명서(법인인 경우에 한한다) 5. 제1항에 따른 시험기관 지정기준을 갖추었음을 증명하는 서류 ③ 국토교통부장관은 제2항에 따라 시험기관 지정신청을 받은 때에는 현장평가 등이 포함된 심사계획서를 작성해서 신청자에게 통보하고 그 심사계획에 따라 심사해야 한다.

항공보안법, 시행령	항공보안법 시행규칙
	④ 국토교통부장관은 제3항에 따른 심사 결과 제1항에 따른 지정기준을 갖추었다고 인정하는 때에는 별지 제4호의6서식에 따른 항공보안장비 시험기관 지정서를 발급해야 한다. 이 경우 다음 각 호의 사항을 관보에 고시해야 한다. 1. 시험기관의 명칭 2. 시험기관의 소재지 3. 지정 일자 및 지정번호 4. 업무 수행 범위 5. 그 밖에 국토교통부장관이 정하는 사항 ⑤ 제1항부터 제4항까지에서 규정한 사항 외에 시험기관 지정 및 심사 등에 관해 필요한 사항은 국토교통부장관이 정해서 고시한다. [본조신설 2018. 12. 21.]
제27조의5(시험기관의 지정취소 등) ① 국토교통부장관은 제27조의4에 따라 시험기관으로 지정받은 법인이나 단체가 다음 각 호의 어느 하나에 해당하는 경우에는 그 지정을 취소하거나 1년 이내의 기간을 정하여 그 업무의 전부 또는 일부의 정지를 명할 수 있다. 다만, 제1호 또는 제2호에 해당하는 때에는 그 지정을 취소하여야 한다. 1. 거짓이나 그 밖의 부정한 방법을 사용하여 시험기관으로 지정을 받은 경우 2. 업무정지 명령을 받은 후 그 업무정지 기간에 성능평가시험을 실시한 경우 3. 정당한 사유 없이 성능평가시험을 실시하지 아니한 경우 4. 제27조 제2항에 따른 기준·방법·절차 등을 위반하여 성능평가시험을 실시한 경우 5. 제27조의4 제2항에 따른 시험기관 지정기준을 충족하지 못하게 된 경우 6. 성능평가시험 결과를 거짓으로 조작하여 수행한 경우 ② 제1항에 따른 지정취소와 업무정지의 기준 등에 관하여 필요한 사항은 국토교통부령으로 정한다. [본조신설 2017. 10. 24.]	**제14조의8(시험기관의 지정취소 등)** ① 법 제27조의5 제2항에서 "지정취소와 업무정지의 기준"이란 별표 3에 따른 기준을 말한다. ② 국토교통부장관은 제1항에 따라 시험기관의 지정을 취소하거나 업무의 정지를 명한 경우에는 지체 없이 그 사실을 관보에 고시해야 한다. [본조신설 2018. 12. 21.] **제14조의9(시험기관지정심사위원회 등의 구성·운영 등)** ① 국토교통부장관 및 인증기관의 장은 성능 인증 제도의 효율적 운영을 위해 필요한 경우 시험기관지정심사위원회 또는 인증심사위원회를 구성·운영할 수 있다. ② 제1항에 따른 시험기관지정심사위원회 및 인증심사위원회의 구성·운영 등에 필요한 사항은 국토교통부장관이 정해서 고시한다. [본조신설 2018. 12. 21.] **제14조의10(성능 인증 등에 대한 기록관리)** 인증기관 및 시험기관은 성능 인증·성능평가시험 등에 관한 사항을 기록(전자장치에 파일 등의 형태로 저장하는 기록을 포함한다)하고 보관·관리해야 하며, 시험기관이 지정취소 등의 사유로 그 업무를 더 이상 수행하지 않는 경우에는 1개월 이내에 그 자료를 인증기관에 제출해야 한다. [본조신설 2018. 12. 21.]
제27조의6(수수료) 제27조 제1항에 따라 항공보안장비 성능 인증을 받으려는 자는 국토교통부령으로 정하는 바에 따라 인증기관 및 시험기관에 수수료를 내야 한다. [본조신설 2017. 10. 24.]	**제14조의11(수수료)** ① 법 제27조의6에 따라 항공보안장비 성능 인증을 받으려는 자가 내야 하는 수수료의 산정기준은 별표 4와 같다. ② 법 제27조 제1항에 따라 항공보안장비 성능 인증을 받으려는 자는 다음 각 호의 구분에 따라 인증기관 또는 시험기관에 수수료를 내야 한다.

항공보안법, 시행령	항공보안법 시행규칙
	1. 제14조의2에 따른 항공보안장비의 성능 인증 신청 및 제14조의4에 따른 성능평가시험에 관한 수수료 2. 제14조의5에 따른 성능 검사에 관한 수수료 ③ 인증기관 또는 시험기관은 제2항 각 호에 따른 수수료 외에 별도의 부과금을 받을 수 없다. ④ 제1항 및 제2항에서 규정한 사항 외에 수수료 금액, 납부기간, 납부방법 등에 대한 세부 사항은 인증기관 또는 시험기관이 따로 정해서 공고해야 한다. [본조신설 2018. 12. 21.]
제28조(교육훈련 등) ① 국토교통부장관은 항공보안에 관한 업무수행자의 교육에 필요한 사항을 정하여야 한다. 〈개정 2013. 3. 23., 2013. 4. 5.〉 ② 보안검색 업무를 감독하거나 수행하는 사람은 국토교통부장관이 지정한 교육기관에서 검색방법, 검색절차, 검색장비의 운용, 그 밖에 보안검색에 필요한 교육훈련을 이수하여야 한다. 〈개정 2013. 3. 23.〉 ③ 제2항에 따른 교육기관으로 지정받으려는 자가 갖추어야 하는 시설·장비 및 인력 등의 지정기준에 대하여는 국토교통부령으로 정한다. 〈개정 2013. 3. 23.〉 ④ 국토교통부장관은 교육기관으로 지정받은 자가 다음 각 호의 어느 하나에 해당하는 경우에는 그 지정을 취소할 수 있다. 다만, 제1호에 해당하면 지정을 취소하여야 한다. 〈개정 2013. 3. 23.〉 1. 거짓이나 그 밖의 부정한 방법으로 교육기관의 지정을 받은 경우 2. 제3항의 지정기준에 미달하게 된 경우. 다만, 일시적으로 지정기준에 미달하게 되어 3개월 내에 지정기준을 다시 갖춘 경우에는 그러하지 아니하다. 3. 교육의 전 과정을 2년 이상 운영하지 아니한 경우 ⑤ 교육기관의 지정이나 교육훈련에 관하여 필요한 사항은 국토교통부장관이 정한다. 〈개정 2013. 3. 23.〉 [전문개정 2010. 3. 22.]	제15조(보안검색교육기관의 지정 등) ① 법 제28조 제2항에 따라 보안검색교육기관으로 지정받으려는 자는 별지 제5호서식의 보안검색교육기관 지정신청서에 다음 각 호의 사항이 포함된 교육계획서를 첨부하여 국토교통부장관에게 제출하여야 한다. 〈개정 2013. 3. 23., 2014. 4. 4.〉 1. 교육과정 및 교육내용 2. 교관의 자격·경력 및 정원 등의 현황 3. 교육시설 및 교육장비의 현황 4. 교육평가방법 5. 연간 교육계획 6. 교육규정 ② 법 제28조 제2항에 따른 보안검색교육기관의 시설·장비 및 인력 등의 지정기준은 별표와 같다. ③ 국토교통부장관은 제1항에 따라 제출된 신청서류를 심사하여 그 내용이 제2항에 따른 지정기준에 적합한 경우에는 보안검색교육기관으로 지정하고, 별지 제6호서식의 보안검색교육기관 지정서를 발급하여야 한다. 〈개정 2012. 9. 24., 2013. 3. 23., 2014. 4. 4.〉 ④ 보안검색교육기관은 제1항 각 호의 사항에 변경이 있는 경우에는 그 변경내용을 국토교통부장관에게 보고하여야 한다. 〈개정 2013. 3. 23.〉 [전문개정 2010. 9. 20.]
제29조(검색 기록의 유지) 공항운영자 및 항공운송사업자 또는 보안검색을 위탁받은 검색업체는 검색요원의 업무, 현장교육훈련 기록 등의 보안검색에 관한 기록을 국토교통부령으로 정하는 바에 따라 작성·유지하여야 한다. 〈개정 2013. 3. 23.〉 [전문개정 2010. 3. 22.]	제16조(보안검색기록의 작성 등) ① 법 제29조에 따라 공항운영자·항공운송사업자 또는 보안검색을위탁받은검색업체는 다음 각 호의 사항이 포함된 보안검색에 관한 기록을 작성하여 1년 이상 보존하여야 한다. 〈개정 2014. 4. 4.〉 1. 보안검색업무를 수행한 항공보안검색요원·감독자의 성명 및 근무시간 2. 항공보안장비의 점검 및 운용에 관한 사항

항공보안법, 시행령	항공보안법 시행규칙
	3. 법 제21조에 따른 무기 등 위해물품 적발 현황 및 적발된 위해물품의 처리 결과 4. 항공보안검색요원에 대한 현장교육훈련 기록 5. 그 밖에 보안검색업무 수행 중에 발생한 특이사항 ② 제1항에 따른 보안검색 기록은 전자기록물로 보존할 수 있다. [전문개정 2010. 9. 20.]
제6장 항공보안 위협에 대한 대응 〈개정 2013. 4. 5.〉	
제30조(항공보안을 위협하는 정보의 제공) ① 국토교통부장관은 항공보안을 해치는 정보를 알게 되었을 때에는 관련 행정기관, 국제민간항공기구, 해당 항공기 등록국가의 관련 기관 및 항공기 소유자 등에 그 정보를 제공하여야 한다. 〈개정 2013. 3. 23., 2013. 4. 5.〉 ② 제1항에 따른 정보 제공의 절차 및 협력사항 등에 관한 세부 사항은 국토교통부령으로 정한다. 〈개정 2013. 3. 23.〉 [전문개정 2010. 3. 22.] [제목개정 2013. 4. 5.]	**제17조(정보의 제공)** 법 제30조에 따라 국토교통부장관이 정보를 제공하여야 할 대상은 다음 각 호와 같다. 〈개정 2013. 3. 23.〉 1. 영 제2조 제2항 제1호에 따른 행정기관 2. 해당 항공기 등록국가 및 운영국가의 관련 기관 3. 항공기 승객이 외국인인 경우 해당 국가의 관련 기관 4. 국제민간항공기구(ICAO) [전문개정 2010. 9. 20.]
제31조(국가항공보안 우발계획 등의 수립) ① 국토교통부장관은 민간항공에 대한 불법방해행위에 신속하게 대응하기 위하여 국가항공보안 우발계획을 수립·시행하여야 한다. ② 공항운영자등은 제1항의 국가항공보안 우발계획에 따라 자체 우발계획을 수립·시행하여야 한다. ③ 공항운영자등은 제2항에 따라 자체 우발계획을 수립 또는 변경하는 경우에는 국토교통부장관의 승인을 받아야 한다. 다만, 국토교통부령으로 정하는 경미한 사항을 변경하는 경우에는 그러하지 아니하다. ④ 제1항부터 제3항까지의 규정에 따른 국가항공보안 우발계획 및 자체 우발계획의 구체적인 내용, 수립기준 및 승인절차 등에 관하여 필요한 사항은 국토교통부령으로 정한다. [전문개정 2013. 4. 5.]	**제18조(국가항공보안 우발계획 등의 내용)** ① 법 제31조 제1항에 따른 우발계획에는 다음 각 호의 사항이 포함되어야 한다. 〈신설 2014. 4. 4.〉 1. 영 제2조 제2항 제1호에 따른 행정기관의 역할 2. 항공보안등급 발령 및 등급별 조치사항 3. 불법방해행위 대응에 관한 기본대책 4. 불법방해행위 유형별 대응대책 5. 위협평가 및 위험관리에 관한 사항 6. 그 밖에 항공보안에 관하여 필요한 사항 ② 공항운영자등이 법 제31조 제2항에 따라 수립하는 자체 우발계획에는 다음 각 호의 구분에 따른 사항이 포함되어야 한다. 〈개정 2014. 4. 4.〉 1. 공항운영자의 자체 우발계획 가. 영 제2조 제2항 제1호에 따른 행정기관의 역할 나. 공항시설 위협시의 대응대책 다. 항공기 납치시의 대응대책 라. 폭발물 또는 생화학무기 위협시의 대응대책 2. 항공운송사업자의 자체 우발계획 가. 공항시설 위협시의 대응대책 나. 항공기납치 방지대책 다. 폭발물 또는 생화학무기 위협시의 대응대책

항공보안법, 시행령	항공보안법 시행규칙
	3. 항공기취급업체 · 항공기정비업체 · 공항상주업체(보호구역 안에 있는 업체만 해당한다), 항공여객 · 화물터미널 운영자, 도심공항터미널을 경영하는 자의 자체 우발계획 가. 공항시설 위협시의 대응대책 나. 폭발물 또는 생화학무기 위협시의 대응대책 [전문개정 2010. 9. 20.] [제목개정 2014. 4. 4.] **제18조의2(자체 우발계획의 승인 및 변경 등)** ① 국토교통부장관 또는 지방항공청장은 법 제31조 제3항 본문에 따라 자체 우발계획을 승인하려는 경우에는 다음 각 호의 사항을 검토하여야 한다. 〈개정 2015. 11. 5.〉 1. 우발계획과의 적합성 2. 법 제3조에 따른 국제협약 및 「국제민간항공협약」 부속서 17 등과의 적합성 ② 법 제31조 제3항 단서에서 "국토교통부령으로 정하는 경미한 사항"이란 다음 각 호의 사항을 말한다. 1. 기관 운영에 관한 일반현황의 변경 2. 기관 및 부서의 명칭 변경 3. 항공보안에 관한 법령, 고시 및 지침 등의 변경사항 반영 ③ 공항운영자등(공항운영자, 항공운송사업자 중 「항공사업법」 제7조에 따라 면허를 받은 국내항공운송사업자 및 국제항공운송사업자는 제외한다)은 자체 우발계획을 법 제10조 제2항에 따른 자체 보안계획에 포함하여 국토교통부장관의 승인을 받을 수 있다. 〈개정 2017. 11. 3.〉 [본조신설 2014. 4. 4.]
제32조(보안조치) 국토교통부장관은 민간항공에 대한 위협에 신속한 대응이 필요한 경우에는 공항운영자등에 대하여 필요한 조치를 할 수 있다. 〈개정 2013. 3. 23.〉 [전문개정 2010. 3. 22.] [제목개정 2013. 4. 5.]	
제33조(항공보안 감독) ① 국토교통부장관은 소속 공무원을 항공보안 감독관으로 지정하여 항공보안에 관한 점검업무를 수행하게 하여야 한다. 〈개정 2013. 3. 23., 2013. 4. 5.〉 ② 국토교통부장관은 대통령령으로 정하는 바에 따라 관계 행정기관과 합동으로 공항 및 항공기의 보안실태에 대하여 현장점검을 할 수 있다. 〈개정 2013. 4. 5.〉	**제19조(감독관 운영 등)** ① 감독관은 국토교통부장관 또는 지방항공청장의 명에 따라 공항운영자등의 항공보안에 관한 업무를 점검하여야 한다. 〈개정 2013. 3. 23., 2014. 4. 4., 2015. 11. 5.〉 ② 제1항에 따른 감독관이 항공보안 점검을 하는 경우에는 공항운영자등의 정상적인 업무수행을 방해하여서는 아니 된다. 〈개정 2014. 4. 4.〉

항공보안법, 시행령	항공보안법 시행규칙
영 제19조의3(합동 현장점검의 실시) ① 법 제33조 제2항에 따라 국토교통부장관이 관계 행정기관과 합동으로 현장점검을 실시할 수 있는 경우는 다음 각 호와 같다. 〈개정 2013. 3. 23., 2014. 4. 1.〉 1. 국가원수 또는 국제기구의 대표 등 국내외 중요인사가 참석하는 국제회의가 개최되는 경우 2. 올림픽경기대회·아시아경기대회 또는 국제박람회 등 국제행사가 개최되는 경우 3. 국내외 정보수사기관으로부터 구체적 테러 첩보 또는 보안위협 정보를 알게 된 경우 4. 제1호부터 제3호까지에서 규정한 경우 외에 공항시설 및 항공기의 보안 유지를 위하여 국토교통부장관이 필요하다고 인정하는 경우 ② 제1항에 따라 합동으로 현장점검을 실시하려는 행정기관은 그 필요성 및 점검항목 등에 관하여 미리 국토교통부장관과 협의하여야 한다. 다만, 긴급을 요하는 경우에는 그러하지 아니하다. 〈개정 2013. 3. 23.〉 [전문개정 2010. 9. 20.] [제19조의2에서 이동, 종전 제19조의3은 제19조의4로 이동 〈2018. 5. 8.〉] ③ 국토교통부장관은 제1항 및 제2항에 따른 점검업무의 수행에 필요하다고 인정하는 경우에는 공항운영자등에게 필요한 서류 및 자료를 제출하게 할 수 있다. 〈신설 2013. 4. 5.〉 ④ 국토교통부장관은 제1항 및 제2항에 따른 점검 결과 그 개선이나 보완이 필요하다고 인정하는 경우에는 공항운영자등에게 시정조치 또는 그 밖의 보안대책 수립을 명할 수 있다. 〈신설 2013. 4. 5.〉 ⑤ 제1항 또는 제2항에 따라 점검을 하는 경우에는 점검 7일 전까지 점검일시, 점검이유 및 점검내용 등에 대한 점검계획을 점검 대상자에게 통지하여야 한다. 다만, 긴급한 경우 또는 사전에 통지하면 증거인멸 등으로 점검 목적을 달성할 수 없다고 인정하는 경우에는 그러하지 아니하다. 〈개정 2013. 4. 5.〉 ⑥ 항공보안 감독관은 항공보안에 관한 점검업무 수행을 위하여 필요한 경우에는 항공기 및 공항시설에 출입하여 검사할 수 있다. 〈개정 2013. 4. 5.〉 ⑦ 제1항, 제2항 및 제6항에 따라 점검을 하는 공무원은 그 권한을 표시하는 증표를 지니고 이를 관계인에게 보여주어야 한다. 〈개정 2013. 4. 5.〉	③ 감독관은 점검결과 항공보안에 관한 법령에 위반한 사실을 발견한 때에는 지체 없이 국토교통부장관 또는 지방항공청장에게 보고하여야 한다. 다만, 긴급한 조치가 필요한 때에는 현장조치 지시를 하고 국토교통부장관 또는 지방항공청장에게 보고하여야 한다. 〈개정 2013. 3. 23., 2014. 4. 4., 2015. 11. 5.〉 ④ 이 규칙에서 정한 사항 외에 감독관의 지정·운영 및 점검활동 등의 필요한 사항은 국토교통부장관이 정한다. 〈개정 2013. 3. 23.〉 [전문개정 2010. 9. 20.]

항공보안법, 시행령	항공보안법 시행규칙
⑧ 제1항에 따른 항공보안 감독관의 지정·운영 및 점검업무 등에 대한 세부 사항은 국토교통부령으로 정한다. 〈개정 2013. 3. 23., 2013. 4. 5.〉 [전문개정 2010. 3. 22.]	
제33조의2(항공보안 자율신고) ① 민간항공의 보안을 해치거나 해칠 우려가 있는 사실로서 국토교통부령으로 정하는 사실을 안 사람은 국토교통부장관에게 그 사실을 신고(이하 이 조에서 "항공보안 자율신고"라 한다) 할 수 있다. ② 국토교통부장관은 항공보안 자율신고를 한 사람의 의사에 반하여 신고자의 신분을 공개하여서는 아니 되며, 그 신고 내용을 보안사고 예방 및 항공보안 확보 목적 외의 다른 목적으로 사용하여서는 아니 된다. **영 제19조의4(항공보안 자율신고업무의 위탁)** 국토교통부장관은 법 제33조의2 제4항 전단에 따라 항공보안 자율신고의 접수·분석·전파에 관한 업무를 「한국교통안전공단법」에 따른 한국교통안전공단에 위탁한다. 〈개정 2019. 2. 8.〉 [본조신설 2014. 4. 1.] [제19조의3에서 이동 〈2018. 5. 8.〉] ③ 공항운영자등은 소속 임직원이 항공보안 자율신고를 한 경우에는 그 신고를 이유로 해고, 전보, 징계, 그 밖에 신분이나 처우와 관련하여 불이익한 조치를 하여서는 아니 된다. ④ 국토교통부장관은 제1항 및 제2항에 따른 항공보안 자율신고의 접수·분석·전파에 관한 업무를 대통령령으로 정하는 바에 따라 「한국교통안전공단법」에 따른 한국교통안전공단에 위탁할 수 있다. 이 경우 위탁받은 업무에 종사하는 한국교통안전공단의 임직원은 「형법」 제129조부터 제132조까지의 규정을 적용할 때에는 공무원으로 본다. 〈개정 2017. 10. 24.〉 ⑤ 항공보안 자율신고의 신고방법 및 신고처리절차 등에 관하여 필요한 사항은 국토교통부령으로 정한다. [본조신설 2013. 4. 5.]	**제19조의2(항공보안 자율신고의 절차 등)** ① 법 제33조의2 제1항에서 "국토교통부령으로 정하는 사실"이란 다음 각 호의 어느 하나에 해당하는 사실을 말한다. 1. 불법방해행위가 시도되거나 발생될 가능성이 있는 사실 2. 법 제10조 제2항에 따른 자체 보안계획을 이행하지 아니한 사실 3. 보안검색이 완료된 승객과 완료되지 못한 승객이 접촉한 사실 4. 법 제13조 제1항을 위반하여 공항운영자의 허가를 받지 아니하고 보호구역에 진입한 사실 5. 법 제14조 제4항을 위반하여 항공기에 대한 보안점검을 실시하지 아니한 사실 6. 법 제15조 제1항, 제16조 및 제17조 제2항에 따라 보안검색이 이루어지지 아니한 사실 7. 법 제21조를 위반하여 위해물품을 항공기 내에 반입한 사실 8. 법 제31조 제2항에 따라 자체 우발계획을 이행하지 아니한 사실 9. 법 제32조에 따른 보안조치를 공항운영자등이 이행하지 아니한 사실 10. 그 밖에 항공보안을 해치거나 해칠 우려가 있는 사실 ② 법 제33조의2 제1항에 따라 항공보안 자율신고를 하려는 자는 별지 제7호서식에 따른 항공보안 자율신고서 또는 국토교통부장관이 정하여 고시하는 전자적인 신고방법에 따라 「교통안전공단법」에 따른 교통안전공단에 신고하여야 한다. ③ 제2항에 따른 항공보안 자율신고를 접수한 교통안전공단은 분기별로 해당 신고 현황을 국토교통부장관에게 보고하여야 한다. 다만, 긴급한 조치가 필요한 신고의 경우에는 신고를 받은 후 지체 없이 국토교통부장관에게 보고하여야 한다. ④ 제3항에 따른 보고를 받은 국토교통부장관은 신고사항을 조사하여 항공보안을 위하여 필요한 조치를 하거나 항공보안 대책을 마련하여야 한다. ⑤ 제1항부터 제4항까지의 규정에서 정한 사항 외에 항공보안 자율신고의 접수·분석 및 전파 등에 관하여 필요한 사항은 국토교통부장관이 정하여 고시한다. [본조신설 2014. 4. 4.]

항공보안법, 시행령

제7장 보칙

제34조(재정 지원) 국가는 예산의 범위에서 항공보안 업무 수행에 필요한 비용을 지원할 수 있다. 〈개정 2013. 4. 5.〉
[전문개정 2010. 3. 22.]

제35조(감독) ① 국토교통부장관은 이 법 또는 이 법에 따른 명령이나 처분을 위반하는 행위에 대하여는 시정명령 등 필요한 조치를 할 수 있다. 〈개정 2013. 3. 23., 2017. 10. 24.〉
② 국토교통부장관은 항공보안장비의 안전 및 적합성을 확보하기 위하여 인증기관 및 시험기관에 대하여 필요한 범위에서 지도·감독을 할 수 있다. 〈신설 2017. 10. 24.〉
③ 국토교통부장관은 제2항에 따라 감독상 필요하다고 인정되는 경우에는 인증기관 및 시험기관의 운영과 업무의 처리에 관한 명령을 할 수 있으며, 소속 공무원으로 하여금 그 장부와 전표, 서류, 시설 등을 검사하게 할 수 있다. 이 경우 검사를 하는 공무원은 그 권한을 표시하는 증표를 지니고 이를 관계인에게 내보여야 한다. 〈신설 2017. 10. 24.〉
[전문개정 2010. 3. 22.]

제35조의2(항공보안정보체계의 구축) ① 국토교통부장관은 항공보안정보의 체계적인 관리 및 정보공유를 위하여 항공보안정보체계를 구축·운영할 수 있다.
② 국토교통부장관은 항공보안정보체계의 구축·운영에 필요한 자료의 제출 또는 정보의 제공을 공항운영자등에게 요청할 수 있다. 이 경우 자료의 제출이나 정보의 제공을 요구받은 자는 정당한 사유가 없으면 이에 따라야 한다.
[본조신설 2017. 8. 9.]

제36조 삭제 〈2012. 1. 26.〉

제37조(청문) 국토교통부장관은 다음 각 호의 어느 하나에 해당하는 취소처분을 하려면 청문을 하여야 한다. 〈개정 2013. 3. 23., 2013. 4. 5., 2014. 1. 14., 2017. 10. 24.〉
1. 제15조 제8항(제16조 제1항 후단, 제2항 후단 및 제17조 제5항에서 준용하는 경우를 포함한다)에 따른 위탁업체 지정의 취소
2. 제17조의3제1항에 따른 상용화주 지정의 취소
3. 제27조의5에 따른 시험기관 지정의 취소
4. 제28조 제4항에 따른 교육기관 지정의 취소

[전문개정 2010. 3. 22.]

제38조(권한의 위임·위탁) ① 이 법에 따른 국토교통부장관의 권한은 대통령령으로 정하는 바에 따라 그 일부를 지방항공청장에게 위임할 수 있다. 이 경우 지방항공청장은 위임받은 권한의 일부를 국토교통부장관의 승인을 받아 소속 기관의 장에게 재위임할 수 있다. 〈개정 2013. 3. 23., 2013. 4. 5.〉

영 제20조(권한의 위임) 국토교통부장관은 법 제38조 제1항에 따라 다음 각 호의 권한을 지방항공청장에게 위임한다. 〈개정 2013. 3. 23., 2014. 4. 1., 2015. 10. 29.〉
1. 법 제2조 제3호에 따른 항공운송사업자 중 소형항공운송사업자 및 외국인 국제항공운송사업자가 법 제10조 제2항에 따라 수립하는 자체 보안계획의 승인 또는 변경승인
2. 법 제2조 제4호부터 제6호까지의 규정에 따른 업체가 법 제10조 제2항에 따라 수립하는 자체 보안계획의 승인 또는 변경승인
3. 법 제12조에 따른 공항시설 보호구역과 임시 보호구역의 지정 및 지정취소의 승인

3의2. 법 제15조 제2항 및 이 영 제13조 제1항에 따른 특별 보안검색 대상의 인정
3의3. 법 제15조 제2항 및 이 영 제13조 제3항 제5호에 따른 허가
3의4. 법 제15조 제2항 및 이 영 제15조 제2항 제2호에 따른 증명서의 인증

항공보안법, 시행령

4. 법 제15조 제7항 및 제8항(법 제16조 및 제17조 제5항에서 준용하는 경우를 포함한다)에 따른 보안검색 위탁업체의 지정 및 지정 취소

4의2. 법 제17조의2 및 제17조의3에 따른 상용화주의 지정 및 지정 취소

5. 법 제19조 제1항에 따른 보안검색 실패 등의 보고 접수

5의2. 법 제19조 제2항에 따른 항공보안을 위한 필요한 조치

5의3. 법 제19조 제3항에 따른 보안검색 등 보안조치

5의4. 법 제21조 제2항 및 제4항에 따른 항공기내 무기 반입의 허가

6. 법 제31조 제3항 본문에 따른 자체 우발계획의 승인 또는 변경승인(자체 보안계획과 별도로 승인 또는 변경승인을 받는 경우만 해당한다)

7. 법 제33조 제1항에 따른 항공보안 감독관(해당 지방항공청장 소속 항공보안 감독관만 해당한다)을 통한 점검업무 수행

8. 법 제33조 제3항에 따른 서류 및 자료 제출 요구(제7호에 따른 점검업무 수행과 관련된 경우만 해당한다)

9. 법 제33조 제4항에 따른 시정조치 또는 보안대책 수립 명령(제7호에 따른 점검업무 수행과 관련된 경우만 해당한다)

10. 법 제37조 제1호 및 제2호에 따른 청문의 실시

11. 법 제51조 제4항에 따른 과태료의 부과·징수(지방항공청장에게 위임된 사무와 관련된 사항만 해당한다)

[본조신설 2010. 9. 20.]

② 이 법에 따른 국토교통부장관의 권한은 대통령령으로 정하는 바에 따라 그 일부를 다른 행정청이나 행정청이 아닌 자에게 위탁할 수 있다. 〈개정 2013. 3. 23.〉

[전문개정 2010. 3. 22.]

제38조의2(벌칙 적용에서 공무원 의제) 항공보안장비 성능 인증 및 성능평가시험에 관한 업무에 종사하는 인증기관 및 시험기관의 임직원은 「형법」 제129조부터 제132조까지의 규정에 따른 벌칙을 적용할 때에는 공무원으로 본다.

[본조신설 2017. 10. 24.]

제8장 벌칙

제39조(항공기 파손죄) ① 운항중인 항공기의 안전을 해칠 정도로 항공기를 파손한 사람(「항공안전법」 제138조 제1항에 해당하는 사람은 제외한다)은 사형, 무기징역 또는 5년 이상의 징역에 처한다. 〈개정 2016. 3. 29.〉

② 계류 중인 항공기의 안전을 해칠 정도로 항공기를 파손한 사람은 7년 이하의 징역에 처한다.

[전문개정 2010. 3. 22.]

제40조(항공기 납치죄 등) ① 폭행, 협박 또는 그 밖의 방법으로 항공기를 강탈하거나 그 운항을 강제한 사람은 무기 또는 7년 이상의 징역에 처한다.

② 제1항의 죄를 범하여 사람을 사상(死傷)에 이르게 한 사람은 사형 또는 무기징역에 처한다.

③ 제1항의 미수범은 처벌한다.

④ 제1항 또는 제2항의 죄를 범할 목적으로 예비 또는 음모한 사람은 5년 이하의 징역에 처한다. 다만, 그 목적한 죄를 실행에 옮기기 전에 자수한 사람에 대하여는 그 형을 감경하거나 면제할 수 있다.

[전문개정 2010. 3. 22.]

제41조(항공시설 파손죄) ① 항공기 운항과 관련된 항공시설을 파손하거나 조작을 방해함으로써 항공기의 안전운항을 해친 사람(「항공안전법」 제140조에 해당하는 사람은 제외한다)은 10년 이하의 징역에 처한다. 〈개정 2016. 3. 29., 2017. 10. 24.〉

항공보안법, 시행령

② 제1항의 죄를 범하여 사람을 사상에 이르게 한 사람은 사형, 무기징역 또는 7년 이상의 징역에 처한다. 〈신설 2017. 10. 24.〉
[전문개정 2010. 3. 22.]

제42조(항공기 항로 변경죄) 위계 또는 위력으로써 운항중인 항공기의 항로를 변경하게 하여 정상 운항을 방해한 사람은 1년 이상 10년 이하의 징역에 처한다.
[전문개정 2010. 3. 22.]

제43조(직무집행방해죄) 폭행·협박 또는 위계로써 기장등의 정당한 직무집행을 방해하여 항공기와 승객의 안전을 해친 사람은 10년 이하의 징역에 처한다.
[전문개정 2010. 3. 22.]

제44조(항공기 위험물건 탑재죄) 제21조를 위반하여 휴대 또는 탑재가 금지된 물건을 항공기에 휴대 또는 탑재하거나 다른 사람으로 하여금 휴대 또는 탑재하게 한 사람은 2년 이상 5년 이하의 징역 또는 2천만원 이상 5천만원 이하의 벌금에 처한다. 〈개정 2017. 8. 9.〉
[전문개정 2010. 3. 22.]

제45조(공항운영 방해죄) 거짓된 사실의 유포, 폭행, 협박 및 위계로써 공항운영을 방해한 사람은 5년 이하의 징역 또는 5천만원 이하의 벌금에 처한다. 〈개정 2013. 4. 5.〉
[전문개정 2010. 3. 22.]

제46조(항공기 내 폭행죄 등) ① 제23조 제2항을 위반하여 항공기의 보안이나 운항을 저해하는 폭행·협박·위계행위 또는 출입문·탈출구·기기의 조작을 한 사람은 10년 이하의 징역에 처한다.
② 제23조 제2항을 위반하여 항공기 내에서 다른 사람을 폭행한 사람은 5년 이하의 징역에 처한다.
[전문개정 2017. 3. 21.]

제47조(항공기 점거 및 농성죄) 제23조 제3항을 위반하여 항공기를 점거하거나 항공기 내에서 농성한 사람은 3년 이하의 징역 또는 3천만원 이하의 벌금에 처한다. 〈개정 2013. 4. 5.〉
[전문개정 2010. 3. 22.]

제48조(운항 방해정보 제공죄) 항공운항을 방해할 목적으로 거짓된 정보를 제공한 사람은 3년 이하의 징역 또는 3천만원 이하의 벌금에 처한다. 〈개정 2013. 4. 5.〉
[전문개정 2010. 3. 22.]

제49조(벌칙) ① 제23조 제1항 제7호를 위반하여 기장등의 업무를 위계 또는 위력으로써 방해한 사람은 10년 이하의 징역 또는 1억원 이하의 벌금에 처한다. 〈신설 2016. 1. 19., 2017. 3. 21.〉
② 다음 각 호의 어느 하나에 해당하는 사람은 3년 이하의 징역 또는 3천만원 이하의 벌금에 처한다. 〈개정 2017. 3. 21.〉
1. 제23조 제1항 제6호를 위반하여 조종실 출입을 기도한 사람
2. 제23조 제4항을 위반하여 기장등의 지시에 따르지 아니한 사람
[전문개정 2010. 3. 22.]

제50조(벌칙) ① 제23조 제8항을 위반하여 공항에서 보안검색 업무를 수행 중인 항공보안검색요원 또는 보호구역에의 출입을 통제하는 사람에 대하여 업무를 방해하는 행위 또는 폭행 등 신체에 위해를 주는 행위를 한 사람은 5년 이하의 징역 또는 5천만원 이하의 벌금에 처한다.
② 운항 중인 항공기 내에서 다음 각 호의 어느 하나에 해당하는 사람은 3년 이하의 징역 또는 3천만원 이하의 벌금에 처한다.

항공보안법, 시행령
1. 제23조 제1항 제1호를 위반하여 폭언, 고성방가 등 소란행위를 한 사람 2. 제23조 제1항 제3호를 위반하여 술을 마시거나 약물을 복용하고 다른 사람에게 위해를 주는 행위를 한 사람 ③ 다음 각 호의 어느 하나에 해당하는 자는 5천만원 이하의 벌금에 처한다. 1. 제10조 제2항을 위반하여 자체 보안계획을 수립하지 아니한 자 2. 제15조를 위반하여 보안검색 업무를 하지 아니하거나 소홀히 한 사람 3. 제31조 제2항을 위반하여 자체 우발계획을 수립하지 아니한 자 ④ 다음 각 호의 어느 하나에 해당하는 자는 3천만원 이하의 벌금에 처한다. 1. 제10조 제2항을 위반하여 자체 보안계획의 승인을 받지 아니한 자 2. 제16조 또는 제17조를 위반하여 보안검색 업무를 하지 아니하거나 소홀히 한 사람 3. 제31조 제3항을 위반하여 자체 우발계획의 승인을 받지 아니한 자 ⑤ 계류 중인 항공기 내에서 다음 각 호의 어느 하나에 해당하는 사람은 2천만원 이하의 벌금에 처한다. 1. 제23조 제1항 제1호를 위반하여 폭언, 고성방가 등 소란행위를 한 사람 2. 제23조 제1항 제3호를 위반하여 술을 마시거나 약물을 복용하고 다른 사람에게 위해를 주는 행위를 한 사람 ⑥ 운항 중인 항공기 내에서 다음 각 호의 어느 하나에 해당하는 사람은 1천만원 이하의 벌금에 처한다. 1. 제23조 제1항 제2호를 위반하여 흡연을 한 사람 2. 제23조 제1항 제4호를 위반하여 다른 사람에게 성적(性的) 수치심을 일으키는 행위를 한 사람 3. 제23조 제1항 제5호를 위반하여 전자기기를 사용한 사람 ⑦ 계류 중인 항공기 내에서 다음 각 호의 어느 하나에 해당하는 사람은 5백만원 이하의 벌금에 처한다. 1. 제23조 제1항 제2호를 위반하여 흡연을 한 사람 2. 제23조 제1항 제4호를 위반하여 다른 사람에게 성적(性的) 수치심을 일으키는 행위를 한 사람 3. 제23조 제1항 제5호를 위반하여 전자기기를 사용한 사람 ⑧ 제13조 제1항을 위반하여 공항운영자의 허가를 받지 아니하고 보호구역에 출입한 사람은 100만원 이하의 벌금에 처한다. [전문개정 2017. 3. 21.]
제50조의2(양벌규정) 법인의 대표자나 법인 또는 개인의 대리인, 사용인, 그 밖의 종업원이 그 법인 또는 개인의 업무에 관하여 제50조의 어느 하나에 해당하는 위반행위를 하면 그 행위자를 벌하는 외에 그 법인 또는 개인에게도 해당 조문의 벌금형을 과(科)한다. 다만, 법인 또는 개인이 그 위반행위를 방지하기 위하여 해당 업무에 관하여 상당한 주의와 감독을 게을리하지 아니한 경우에는 그러하지 아니하다. [본조신설 2013. 4. 5.]
제51조(과태료) ① 다음 각 호의 어느 하나에 해당하는 자에게는 1천만원 이하의 과태료를 부과한다. 〈개정 2013. 4. 5., 2016. 1. 19., 2017. 10. 24.〉 1. 제10조 제2항에 따라 승인받은 자체 보안계획을 이행하지 아니한 자(국가항공보안계획과 관련되는 부분만 해당한다) 2. 제14조 제2항을 위반하여 항공기내보안요원을 탑승시키지 아니한 항공운송사업자 3. 제14조 제4항을 위반하여 항공기에 대한 보안점검을 실시하지 아니한 항공운송사업자 4. 제17조 제1항을 위반하여 통과 승객이나 환승 승객에게 휴대물품을 가지고 내리도록 조치하지 아니한 항공운송사업자 5. 제19조 제1항을 위반하여 국토교통부장관에게 보고하지 아니한 자 5의2. 제25조 제1항을 위반하여 항공기 내에서 죄를 범한 범인을 관할 국가경찰관서에 인도하지 아니한 기장등이 소속된 항공운송사업자 6. 제27조를 위반하여 국토교통부장관의 성능 인증을 받은 항공보안장비를 사용하지 아니한 자 6의2. 제27조에 따른 항공보안장비 성능 인증을 위한 기준과 절차 등을 위반한 인증기관 및 시험기관

5장 항공보안법

항공보안법, 시행령

7. 제31조 제3항에 따라 승인받은 자체 우발계획을 이행하지 아니한 자(국가항공보안 우발계획과 관련되는 부분만 해당한다)
8. 제32조에 따른 보안조치를 이행하지 아니한 자
9. 제33조 제4항에 따른 시정조치 또는 명령을 이행하지 아니한 자
10. 제33조의2제3항을 위반하여 불이익한 조치를 한 자
11. 제35조에 따른 시정명령 등 필요한 조치를 이행하지 아니한 자

영 제21조(과태료의 부과기준) 법 제51조 제1항부터 제3항까지의 규정에 따른 과태료의 부과기준은 별표와 같다.
[본조신설 2014. 4. 1.]

② 다음 각 호의 어느 하나에 해당하는 자에게는 500만원 이하의 과태료를 부과한다. 〈신설 2013. 4. 5., 2017. 8. 9.〉
1. 제23조 제9항에 따른 안내를 하지 아니한 항공운송사업자
2. 제29조를 위반하여 보안검색에 관한 기록을 작성·유지하지 아니한 자
3. 제33조 제3항에 따른 점검업무의 수행에 필요한 서류 및 자료를 제출하지 아니하거나 거짓의 자료를 제출한 자

③ 제17조 제1항에 따른 항공운송사업자의 지시에도 불구하고 휴대물품을 가지고 내리지 아니한 사람에게는 100만원 이하의 과태료를 부과한다. 〈개정 2013. 4. 5.〉

④ 제1항부터 제3항까지의 규정에 따른 과태료는 대통령령으로 정하는 바에 따라 국토교통부장관이 부과·징수한다. 〈개정 2013. 4. 5.〉

[전문개정 2010. 3. 22.]

국제항공법

AVIATION LAW

I 국제항공법의 개념

1. 국제항공법의 특성

국제항공법은 각국 항공기의 운항 및 항공기의 운항 등으로 발생하는 법률관계를 규제하는 특수한 법의 영역을 형성하고 있으며, 민법·상법 등의 일반 법규가 아닌 특별법에 속하고, 독자적인 자율성을 갖는 법이라고 볼 수 있다. 항공법은 직접적으로 필요에 따라 입법된 성문법규로서, 국제항공법은 이 항공법이 국제법규로서 성립된 것이며 성문의 국제조약으로서 형성되는 것이다.

국제항공법은 항공 그 자체가 갖는 국제성이 법의 분야에 반영되고 있는 법규로서 국제적이고 보편적이어야 한다는 것이 요구되며, 항공법 부문 중에서 큰 비중을 차지하고 있다. 이와 같은 국제항공법의 우위성은 입법면에서도 인정되고 있다. 즉, 국제적 통일법으로서 국제기구에 의해 입법되며, 이것이 각국의 국내항공법 제정에 반영되는 것이다.

2. 국제항공법의 적용

국제항공법은 평화 시의 항공에 대해서만 적용되며, 전시의 항공에는 적용되지 않는다. 그리고 민간항공기에만 적용되며 국가 항공기에는 적용되지 않는다. 국제민간항공조약(시카고조약) 제3조 a항은 "이 조약은 민간 항공기에 대해서만 적용되는 것이며 국가 항공기에는 적용되지 않는다."고 규정하고 있으며, 또한 이 조약 b항에서는 "군·세관·경찰의 업무에 사용되는 항공기는 국가 항공기로 인정한다."고 규정하고 있다.

그리고 국제항공법의 적용 대상이 되는 항공기에는 "무조종사 항공기"도 포함되어 있다. 조종자 없이 비행할 수 있는 항공기는 체약국의 특별한 허가를 받아야 하고, 또한 그 허가조건에 따르지 않으면 그 체약국의 영역 상공을 조종자 없이 비행할 수 없다.

3. 국제항공법의 발달과정

가. 제1기

이 시기는 항공기의 발달이 극히 미비한 시기로서 항공기는 실험단계에 있었다. 이와 같은 상태에서 각국의 항공법은 대체로 경찰규칙의 정도에 불과하였으며, 국제적으로는 비정부 간의 사적 활동이 주가 되고 있었다.

이 당시 많은 학자 중에서 가장 공적이 많았던 학자는 프랑스의 Fauchille이었으며, 그가 1901년에 발표한 「공역과 항공기의 법률문제」는 최초의 체계적인 항공법이었으며, 국제항공법의 역사적 문헌이 되고 있다. 이 시기에 개최한 중요한 국제회의로는 1910년 19개국의 대표가 참가하여 파리에서 개최한 국제항공회의가 있다. 이 회의에서는 공역의 문제에 관한 국제항공법전안이 제출되었으나, 영국과 프랑스 간의 의견 대립으로 채택되지 않았다.

나. 제2기

제2기는 1919년의 파리국제항공조약으로부터 시작된다. 즉, 제1차 세계대전 종료 후 1919년 10월 13일 파리에서 국제항공조약이 체결되었다. 이 조약에 의해 각국은 자국의 영공에 대한 국가주권이 확립되었고, 세계 각국은 국제 간에 있어 항공기의 사용과 비행을 규제하는 국제항공의 체계가 확립되었다.

파리조약 제1조에서는 영역상의 공역에 대한 주권을 확립하였으며, 제 2조에서는 부정기항공에 있어 무해항공의 자유를 인정하였고, 제3조는 비행금지구역의 설정에 관해 규정하였다. 이 밖에도 항공기의 국적, 감항증명 및 항공종사자의 기능 증명, 비행규칙, 운송금지품 그리고 국가 항공기 등에 관해 규정하였다.

파리조약은 국제민간항공을 위한 국제적인 통일 공법(公法)으로서, 제1차 세계대전 후의 국제항공운송의 발달을 촉진하는 데 크게 기여하였다. 시카고 국제민간항공조약이 체결될 때까지 국제항공의 기본법이 되었고, 이 기간에는 세계 각국이 파리조약에 근거하여 항공법을 제정하였다.

다. 제3기

제3기는 2차 세계대전 말기인 1944년 시카고 국제민간항공회의에서부터 현재까지의 기간이다. 이 시카고 회의는 1919년의 파리 국제항공회의 이후 가장 중요한 국제항공회의이며, 1944년 11월 1일 미국의 초청으로 시카고에서 국제민간항공회의가 개최되었다.

이 회의에서는 제2차 세계대전 후 국제민간항공의 질서있는 발전을 기하기 위한 상공의 자유 확립, 국제민간항공조약의 제정 및 국제민간항공기구의 설치 등이 토의되었고, 현재 국제민간항공의 기본법인 국제민간항공조약을 성립시켰다.

4. 공역 이론

가. 공역의 자유설

지구상의 공간은 어떠한 국가도 영유할 수 없다는 뜻에서 공역은 자유라고 주장하는 설이다.

(1) 절대적 자유설: 전 공역은 공간적으로나 물적으로 제한없이 완전히 자유이다.

(2) 상대적 자유설: 전 공역은 원칙적으로 자유를 인정하나 영역상의 공역에 관해서는 하토국(下土國)의 안정상의 권리를 인정한다.

나. 공역의 주권설

공역의 주권설은 공역은 하토국의 영유에 속하는 것이며 일정고도까지 주권을 인정하는 학설과 고도의 제한없이 주권을 인정하는 학설로 구분된다.

공역주권의 원칙형성은 제1차 세계대전의 결과로서, 공역의 법적 성질에 관한 각국의 태도는 공역주권설에 의해 통일되었고, 1919년의 파리국제항공조약에 의해 명문화되었다.

Ⅱ 항공에 관한 국제조약 및 기구

1. 국제민간항공조약(시카고조약)

가. 국제민간항공회의(시카고 회의)와 국제민간항공조약의 체결

1944년 11월 1일 미국 시카고에서 연합국 및 중립국 52개국 대표가 모여 국제민간항공회의를 개최하고, 종전 후의 국제민간항공의 제반문제에 관해 토의하였다. 이를 일반적으로 "시카고회의"라고 하며, 이 회의에서 토의된 주요사항은 상공의 자유 확립, 국제민간항공조약의 제정 및 국제민간항공기구의 설치 등이다. 전후 국제항공의 방향을 설정하고 건전한 발전을 도모하기 위하여 개최된 시카고 회의에서는 영공주권에 관한 파리조약의 원칙을 그대로 인정하였다. 주요한 의제 중의 하나인 "상공의 자유"는 완전한 자유를 주장하는 미국과 제한된 자유만을 보장하자는 영국을 비롯한 유럽 국가들 간의 의견 대립으로 시카고조약에서는 상공의 자유에 관한 규정을 성립시키지 못하였다. 그리고 상공의 자유에 관한 규정은 부속협정인 국제항공운송협정과 국제항공업무통과협정에 위임하기로 하였다. 시카고조약에서는 부정기항공에 대한 자유만을 일정한 조건하에 각 체약국이 향유할 수 있을 뿐이고, 각국은 타국의 허가 없이는 정기항공운송을 위해 그 영역으로 취항하는 것은 물론, 영공통과의 권리도 인정받지 않았다.

시카고 회의에서 영공의 자유를 인정하는 다국 간 질서가 수립되지는 않았지만, 반면에 국제민간항공을 통일적으로 규율하는 국제민간항공조약(시카고조약)이 제정되었다. 또 국제항공의 안정성 확보와 국제항공질서 감시를 목적으로 한 국제적 관리기구인 국제민간항공기구(ICAO)의 설립이 결정되었다.

나. 국제민간항공조약

1919년의 파리조약, 1926년의 마드리드조약, 1928년의 아바나조약 등에서 채택된 국제민간항공에 관한 원칙을 정리해서 통합하고, 동시에 제2차 세계대전 이후의 국제항공의 건전하고 질서있는 발전을 위하여 필요한 기본원칙과 법적 질서를 확립하기 위해, 1944년 12월 7일 시카고 회의(국제민간항공회의)에서 국제민간항공조약을 체결하게 되었다. 본 조약은 1947년 4월 4일에 발효되었으며, 우리나라는 1952년 12월 11일에 가입하였다.

국제민간항공조약의 목적은 조약의 전문에 있는 바와 같이 국제민간항공을 안전하고 질서있게 발달하도록 하여 국제민간항공업무가 기회 균등주의에 의하여 확립되고, 또 건전하고 경제적으로 운영되도록 국제항공의 원칙과 기술을 발전시키는 데 있다.

국제민간항공조약이 채택하고 있는 국제항공에 관한 원칙과 주요 개념을 요약하면 다음과 같다.

(1) 영공주권의 원칙

영공주권의 원칙은 1919년 파리조약에서 최초로 성문화하였으며, 시카고조약은 그러한 영공주권의 원칙을 재확인하였다. 조약의 제1조에서 "각국이 자기 나라 영역상의 공간에서 완전하고도 배타적인 권리를 가질 것을 승인한다."라고 규정하여, 체약국은 각국이 그 영공에서 완전하고 배타적인 주권을 갖고 있음을 인정하고 있다.

(2) 부정기 항공기의 무해통과의 자유와 기술착륙의 자유

(가) 무상 부정기 항공

정기국제항공업무에 종사하지 않는 체약국의 항공기가 사전 허가가 없더라도 체약국의 영공을 통과(제1의 자유)하거나, 운송 이외의 목적을 위한 기술착륙, 즉 여객, 화물 등의 적하를 하지 않고 급유나 정비 등의 기술적 필요성 때문에 착륙(제2의 자유)할 수 있다. 기술착륙의 자유라 함은 급유나 정비, 또는 승무원 교체의 목적에서 착륙하는 것을 뜻하며, 상업상 여객이나 화물을 내려놓을 목적으로 착륙하는 것이 아니다.

(나) 유상 부정기 항공

정기국제항공업무에 종사하지 않는 체약국의 항공기가 유상으로 여객, 화물, 우편물의 운송을 할 경우에는 원칙적으로 타 체약국의 사전허가 없이도 영공을 통과하거나 영역 내에 착륙할 수 있다.

(3) 정기항공업무

정기국제항공업무는 체약국의 특별한 허가를 받아야 하며, 그 허가조건을 준수할 경우에 한하여 그 체약국의 영공을 통과하거나 그 영역에 취항할 수가 있다.

(4) 에어 카보타지(Air Carbotage) 금지의 원칙

시카고조약 제7조는 각 체약국은 다른 체약국의 항공기가 유상 또는 전세로 자국의 영역 내에 있는 지점 간에 여객, 화물, 우편물을 적재할 때, 항공운송을 하는 것을 금지할 수 있다고 규정하고 있다. 이것이 에어 카보타지(Air Carbotage)의 금지 규정으로, 이로 인해 자국 내 지점 간의 국내수송은 자국의 항공기만 운항할 수 있는 것이다.

한편 타국의 영역 내에서 그 나라의 국내운송을 하는 자유를 에어 카보타지(Air Carbotage)의 자유라고 한다.

(5) 조약의 적용

조약 제3조 제1항에 의거 시카고조약은 민간 항공기에만 적용되는 것이며, 국가 항공기는 시카고조약 대상에서 제외된다. 국가 항공기라 함은 군용기, 세관용 항공기, 경찰용 항공기 등 국가기관에 소속되거나 그와 같은 목적을 위하여 그와 동일한 기능을 가지고 사용되는 경우를 뜻한다.

국가 항공기의 범주는 다음 항목들로 구분될 수 있다.

① 세관 항공기
② 경찰 항공기
③ 군용 항공기
④ 우편배달 항공기
⑤ 국가원수의 수행 항공기
⑥ 고위관료 수행 항공기
⑦ 특별사절 수행 항공기

(6) 항공기의 휴대 서류

시카고조약 제29조에서 국제항공에 종사하는 체약국의 모든 항공기는 다음의 서류를 휴대하여야 한다고 규정하였다. 조약상의 요건은 다음과 같다.

① 등록증명서: 국적 및 등록기호, 항공기 형식, 제조사, 제조번호, 등록인의 주소, 성명 등 기재
② 감항증명서: 기술적 안전기준에 적합하다는 증명
③ 각 승무원의 유효한 면장
④ 항공일지: 항공기의 사용, 정비, 개조에 관한 기록부
⑤ 무선기를 장비할 때에는 항공기국의 면허장
⑥ 여객을 운송할 때에는 그 성명, 탑승지 및 목적지의 기록표: 탑승지, 목적지를 좌석 등급별로 정리
⑦ 화물을 운송할 때에는 화물의 목록 및 세목 신고서: 적하물의 내용, 중량, 적재지 및 적하지별 정리

(7) 사고조사

시카고조약 제26조에서는 "체약국의 항공기가 다른 체약국 영역 내에서 사고를 일으켰을 경우 그 사고가 사망 혹은 중상을 수반하였을 때, 또는 항공기 혹은 항공시설의 중대한 기술적 결함을 표시하는 때에는, 그 사고가 발생한 나라는 자국의 법률이 허용하는 한도 내에서 국제민간항공기구가 권고하는 수속에 따라 사고의 사정을 조사하여야 할 의무를 갖는다."라고 규정하고 있다.

그리고 사고 항공기의 등록국에는 조사에 참석할 입회인을 파견할 기회를 주어야 하며, 또 사고조사를 하는 국가는 항공기 등록국에 조사한 사항을 보고하여야 한다.

(8) 국제표준과 권고방식

국제민간항공조약은 항공기, 항공종사자에 대한 규칙, 표준 등의 통일을 위하여 국제표준과 권고된 방식을 채택하고 있다. 그리고 이것을 조약의 부속서로 한다는 취지를 규정하고 있다.

국제표준 및 권고방식은, 조약 제37조에 의하여 가입한 각 국가가 항공업무의 안전과 질서를 위해서 각국의 비행방식, 항로, 항공종사자 규칙 등 이에 대한 관련 업무를 통일하기 위해 설정되는 국제적 기준이다.

국제표준은 물질적 특성, 형상, 시설, 성능, 종사자, 절차 등에 관한 세칙으로서, 그 통일적 적용이 국제항공의 안전이나 정확을 위하여 필요하다고 인정한 것이다. 체약국이 조약에 대해 준수할 것을 요하고 있으며, 준수할 수 없을 경우에는 이사회에 통보하는 것을 의무로 하고 있다.

권고방식은 그 통일적 적용이 국제항공의 안전, 정확 및 능률을 위하여 바람직하다고 인정되는 사항이다. 권고방식은 국제표준과 달리 의무적인 것이 아니고, 여기에 따르도록 노력하는 것에 불과하다. 따라서 권고방식과 자국의 방식과의 차이에 대하여 ICAO에 통고할 것이 의무는 아니지만, 이러한 사항이 항공의 안전을 위하여 중대할 경우에는 그 상이점에 관하여 통고를 행할 것이 권장되고 있다.

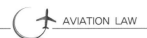

국제표준 및 권고된 방식을 정하는 사항의 범위는 조약 제37조에 명시되어 있다. 국제민간항공기구에 의해 채택된 조약 부속서는 19개 부속서로 되어 있으며, 현재 부속서로서 채택된 국제표준 및 권고된 방식은 다음과 같다.

부속서(Annex 또는 SARPs)의 목록	
Annex 01	항공종사자 자격증명(Personnel Licensing)
Annex 02	항공의 규칙(Rules of the Air)
Annex 03	국제항행의 기상업무(Meteorological Service for International Air Navigation)
Annex 04	항공도(Aeronautical Charts)
Annex 05	공중 및 지상업무에 사용하기 위한 측정단위 (Units of Measurement to be used in Air and Ground Operations)
Annex 06	항공기 운영(Operations of Aircraft)
–Part I	국제상업항공운송–비행기(International Commercial Air Transport–Aeroplanes)
–Part Ⅱ	국제일반항공–비행기(International General Aviation–Aeroplanes)
–Part Ⅲ	국제운영–헬리콥터(International Operations–Helicopters)
Annex 07	항공기 국적 및 등록기호(Aircraft Nationality and Registration Marks)
Annex 08	항공기 감항성(Airworthiness of Aircraft)
–Part I.	용어 정의(Definitions)
–Part Ⅱ.	인증과 감항성유지 절차(Procedures for Certification and Continuing Airworthiness)
–Part Ⅲ.	대형비행기(Large Aeroplanes)
–Part ⅢA.	대형비행기(Large Aeroplanes(1960.06.13~2004.03.2.)
–Part ⅢB.	대형비행기(Large Aeroplanes(2004.03.2.~
–Part Ⅳ.	헬리콥터(Helicopters)
–Part ⅣA.	헬리콥터(Helicopters(1991.03.22.~2007.12.13)
–Part ⅣB.	헬리콥터(Helicopters(2007.12.13~)
–Part V.	소형비행기(Small Aeroplanes (2007.12.13~)
–Part Ⅵ.	엔진(Engines)
–Part Ⅶ.	프로펠러(Propellers)
Annex 09	출・입국 간소화(Facilitation)
Annex 10	항공 통신(Aeronautical Telecommunications)
Annex 11	항공교통 업무(Air Traffic Services)
Annex 12	수색 및 구조(Search and Rescue)
Annex 13	항공기 사고조사(Aircraft Accident Investigation)
Annex 14	비행장(Aerodromes)
Annex 15	항공 정보 업무(Aeronautical Information Services)
Annex 16	환경 보호(Environment Protection)
Annex 17	항공 보안(Aviation Security)
Annex 18	위험품의 항공안전수송(The Safe Transport of Dangerous Goods by Air)
Annex 19	안전 관리(Safety Management)

ICAO 체약국가(193개국) (비준 또는 가맹서 기탁일자)	
국가	비준 또는 가맹서 기탁일자
Afghanistan	4 April 1947
Albania	28 March 1991 (A)
Algeria	7 May 1963 (A)
Andorra	26 January 2001 (A)
Angola	11 March 1977 (A)
Antigua and Barbuda	10 November 1981 (A)
Argentina	4 June 1946 (A)
Armenia	18 June 1992 (A)
Australia	1 March 1947
Austria	27 August 1948 (A)
Azerbaijan	9 October 1992 (A)
Bahamas	27 May 1975 (A)
Bahrain	20 August 1971 (A)
Bangladesh	22 December 1972 (A)
Barbados	21 March 1967 (A)
Belarus	4 June 1993 (A)
Belgium	5 May 1947
Belize	7 December 1990 (A)
Benin	29 May 1961 (A)
Bhutan	17 May 1989 (A)
Bolivia (Plurinational State of)	4 April 1947
Bosnia and Herzegovina	13 January 1993 (A)
Botswana	28 December 1978 (A)
Brazil	8 July 1946
Brunei Darussalam	4 December 1984 (A)
Bulgaria	8 June 1967 (A)
Burkina Faso	21 March 1962 (A)
Burundi	19 January 1968 (A)
Cabo Verde	19 August 1976 (A)
Cambodia	16 January 1956 (A)
Cameroon	15 January 1960 (A)
Canada	13 February 1946
Central African Republic	28 June 1961 (A)
Chad	3 July 1962 (A)
Chile	11 March 1947

China (1)	20 February 1946
Colombia	31 October 1947
Comoros	15 January 1985 (A)
Congo	26 April 1962 (A)
Cook Islands	20 August 1986 (A)
Costa Rica	1 May 1958
Côte d'Ivoire	31 October 1960 (A)
Croatia	9 April 1992 (A)
Cuba	11 May 1949
Cyprus	17 January 1961 (A)
Czech Republic	4 March 1993 (A)
Democratic People's Republic of Korea	16 August 1977 (A)
Democratic Republic of the Congo	27 July 1961 (A)
Denmark	28 February 1947
Djibouti	30 June 1978 (A)
Dominica	14 March 2019 (A)
Dominican Republic	25 January 1946
Ecuador	20 August 1954
Egypt	13 March 1947
El Salvador	11 June 1947
Equatorial Guinea	22 February 1972 (A)
Eritrea	17 September 1993 (A)
Estonia	24 January 1992 (A)
Eswatini	14 February 1973 (A)
Ethiopia	1 March 1947
Fiji	5 March 1973 (A)
Finland	30 March 1949 (A)
France	25 March 1947
Gabon	18 January 1962 (A)
Gambia	13 May 1977 (A)
Georgia	21 January 1994 (A)
Germany (2)	9 May 1956 (A)
Ghana	9 May 1957 (A)
Greece	13 March 1947
Grenada	31 August 1981 (A)
Guatemala	28 April 1947
Guinea	27 March 1959 (A)

Guinea-Bissau	15 December 1977 (A)
Guyana	3 February 1967 (A)
Haiti	25 March 1948
Honduras	7 May 1953
Hungary	30 September 1969 (A)
Iceland	21 March 1947
India	1 March 1947
Indonesia	27 April 1950 (A)
Iran (Islamic Republic of)	19 April 1950
Iraq	2 June 1947
Ireland	31 October 1946
Israel	24 May 1949 (A)
Italy	31 October 1947 (A)
Jamaica	26 March 1963 (A)
Japan	8 September 1953 (A)
Jordan	18 March 1947 (A)
Kazakhstan	21 August 1992 (A)
Kenya	1 May 1964 (A)
Kiribati	14 April 1981 (A)
Kuwait	18 May 1960 (A)
Kyrgyzstan	25 February 1993 (A)
Lao People's Democratic Republic	13 June 1955 (A)
Latvia	13 July 1992 (A)
Lebanon	19 September 1949
Lesotho	19 May 1975 (A)
Liberia	11 February 1947
Libya	29 January 1953 (A)
Lithuania	8 January 1992 (A)
Luxembourg	28 April 1948
Madagascar	14 April 1962 (A)
Malawi	11 September 1964 (A)
Malaysia	7 April 1958 (A)
Maldives	12 March 1974 (A)
Mali	8 November 1960 (A)
Malta	5 January 1965 (A)
Marshall Islands	18 March 1988 (A)
Mauritania	13 January 1962 (A)

Mauritius	30 January 1970 (A)
Mexico	25 June 1946
Micronesia (Federated States of)	27 September 1988 (A)
Monaco	4 January 1980 (A)
Mongolia	7 September 1989 (A)
Montenegro	12 February 2007 (A)
Morocco	13 November 1956 (A)
Mozambique	5 January 1977 (A)
Myanmar	8 July 1948 (A)
Namibia	30 April 1991 (A)
Nauru	25 August 1975 (A)
Nepal	29 June 1960 (A)
Netherlands (3)	26 March 1947
New Zealand	7 March 1947
Nicaragua	28 December 1945
Niger	29 May 1961 (A)
Nigeria	14 November 1960 (A)
North Macedonia	10 December 1992 (A)
Norway	5 May 1947
Oman	24 January 1973 (A)
Pakistan	6 November 1947 (A)
Palau	4 October 1995 (A)
Panama (4)	18 January 1960 (A)
Papua New Guinea	15 December 1975 (A)
Paraguay	21 January 1946
Peru	8 April 1946
Philippines	1 March 1947
Poland	6 April 1945
Portugal	27 February 1947
Qatar	5 September 1971 (A)
Republic of Korea	11 November 1952 (A)
Republic of Moldova	1 June 1992 (A)
Romania	30 April 1965 (A)
Russian Federation	15 October 1970 (A)
Rwanda	3 February 1964 (A)
Saint Kitts and Nevis	21 May 2002 (A)
Saint Lucia	20 November 1979 (A)

Saint Vincent and the Grenadines	15 November 1983 (A)
Samoa	21 November 1996 (A)
San Marino	13 May 1988 (A)
Sao Tome and Principe	28 February 1977 (A)
Saudi Arabia	19 February 1962 (A)
Senegal	11 November 1960 (A)
Serbia (7)	14 December 2000 (A)
Seychelles	25 April 1977 (A)
Sierra Leone	22 November 1961 (A)
Singapore	20 May 1966 (A)
Slovakia	15 March 1993 (A)
Slovenia	13 May 1992 (A)
Solomon Islands	11 April 1985 (A)
Somalia	2 March 1964 (A)
South Africa	1 March 1947
South Sudan	11 October 2011 (A)
Spain	5 March 1947
Sri Lanka	1 June 1948 (A)
Sudan	29 June 1956 (A)
Suriname	5 March 1976 (A)
Sweden	7 November 1946
Switzerland (5)	6 February 1947
Syrian Arab Republic	21 December 1949
Tajikistan	3 September 1993 (A)
Thailand	4 April 1947
Timor-Leste	4 August 2005 (A)
Togo	18 May 1965 (A)
Tonga	2 November 1984 (A)
Trinidad and Tobago	14 March 1963 (A)
Tunisia	18 November 1957 (A)
Turkey	20 December 1945
Turkmenistan	15 March 1993 (A)
Tuvalu	19 October 2017 (A)
Uganda	10 April 1967 (A)
Ukraine	10 August 1992 (A)
United Arab Emirates	25 April 1972 (A)
United Kingdom	1 March 1947

United Republic of Tanzania	23 April 1962 (A)
United States	9 August 1946
Uruguay	14 January 1954
Uzbekistan	13 October 1992 (A)
Vanuatu	17 August 1983 (A)
Venezuela (Bolivarian Republic of)	1 April 1947 (A)
Viet Nam	13 March 1980 (A)
Yemen (6)	17 April 1964 (A)
Zambia	30 October 1964 (A)
Zimbabwe	11 February 1981 (A)

(1) 1974년 2월 15일자 중화인민공화국 정부로부터 공한은 "중화인민공화국 정부(현 중국)는 1944년 12월 9일 당시 중국 정부(현 타이완)가 시카고에서 서명하고 비준서가 1946년 2월 20일에 기탁된 국제민간항공협약을 인정하기로 결정하였다."라는 것을 ICAO에 권고하였다. 현 타이완을 ICAO에서 축출하는 공한이다.

(2) 1990년 4월 2일 협약을 준수했던 독일 민주 공화국은 1990년 10월 3일에 독일 연방 공화국에 귀속되었다.

(3) 네덜란드 왕국의 정부는 1986년 1월 9일자 주석에 의해 1986년 1월 1일 현재 이 협약이 네덜란드령 안틸레스(아루바 제외) 및 아루바에 적용 가능하다고 미국 정부에 통보했다.

(4) 파나마 가입에는 "조건"으로 지정된 다음 문구를 포함한다.
("파나마 공화국은 협약 제2조에 명시된 관할권이라는 단어에 대해 파나마 공화국이 동의할 수 없다는 조건으로 해당 협약에 동의한다.")

(5) 스위스의 장관은 스위스 비준서를 전송하는 메모에서 다음과 같은 진술을 했다.
"우리 정부는 스위스 당국이 리히텐슈타인 공국 당국과 이 협약이 공국 영토뿐만 아니라 스위스 연방의 영토에도 적용될 것임을 귀하에게 통지하도록 지시했다. 1923년 3월 29일 리히텐슈타인 전체 영토를 스위스 관세 영토와 통합하는 조약은 계속 유효하다."

(6) 1970년 1월 28일 협약을 준수했던 예멘 인민민주공화국은 1990년 5월 22일 예멘 아랍공화국과 합병하였다.

(7) 2003년 2월 4일, 유고 슬라비아 연방 공화국의 이름이 세르비아와 몬테네그로로 변경되었다. 2006년 6월 3일에 몬테네그로 국회에서 채택한 독립 선언에 따라 세르비아는 2006년 6월 7일자 메모를 통해 ICAO에 ICAO에서 세르비아와 몬테네그로의 국가 연합 회원 자격이 세르비아 공화국에 의해 계속 유지될 것이라고 권고했다. 이후 세르비아는 2006년 7월 13일자 메모를 통해 세르비아 공화국이 세르비아와 몬테네그로가 체결한 국제 조약에서 비롯된 권리를 계속 행사하고 공약을 존중하며, 세르비아 공화국이 세르비아와 몬테네그로를 대신하여 모든 국제 협정의 당사자로 간주될 것을 요청함을 ICAO에 통보했다.

다. 양자협정(항공협정)의 성립 배경

시카고조약이 의견의 차이를 해소하지 못해 상공의 자유에 관한 문제를 완벽히 해결하지 못하였지만, 이와는 별개로 국제항공운송협정과 국제항공업무통과협정의 2개의 조약이 성립되었다.

국제항공운송협정은 다섯 가지 하늘의 자유를 상호 승인할 것을 인정하였으며, 이것을 "5개의 자유의 협정(Five Freedoms Agreement)"이라고 한다. 다섯 가지의 하늘의 자유를 규정한 국제항공운송협정은 1945년 2월 8일에 발효되었지만, 영국을 비롯한 주요국이 참가하지 않았고 당초에 참가했던 미국도 나중에 탈퇴함으로써 실효를 잃고 말았다. 이 협정의 의의는 하늘의 자유의 개념을 명확하게 분류하고 정의하였다는 점에 있다.

국제항공운송협정은 국제항공업무통과협정에서 규정하고 있는 2개의 자유(무해항공의 자유, 기술착륙의 자유)에 3개의 자유를 합하여 정기국제항공업무에 관한 5개의 자유를 이 협정 제1조에서 규정하고 있으며, 이를 열거하면 다음과 같다.

① 제1의 자유: 체약국의 영역을 무착륙으로 횡단하는 특권(무해항공의 자유)을 의미한다. 한국의 K항공사가 미국의 영공을 통과하는 특권을 받는 경우를 예로 들 수 있다.

② 제2의 자유: 운수 이외의 목적으로 착륙하는 특권(기술착륙의 자유)을 의미한다. 예를 들어, 한국의 K항공사가 미국 내 지점에 운수 이외의 목적으로 즉, 급유 또는 정비 등 기술상의 목적으로 착륙하는 권리를 말한다.

③ 제3의 자유: 자국 내에서 적재한 여객 및 화물을 체약국인 타국에서 하기하는 자유이다. K항공사의 소속국인 한국의 서울에서 승인국인 미국의 로스엔젤레스로 여객, 화물, 우편물을 유상으로 수송하는 권리를 말한다.

④ 제4의 자유: 다른 체약국의 영역에서 자국을 향해 여객 및 화물을 적재하는 자유이다. 한국의 K항공사가 미국의 로스엔젤레스로부터 한국의 서울로 수송할 수 있는 유상 운송권을 의미한다.

⑤ 제5의 자유: 제3국의 영역으로 향하는 여객 및 화물을 다른 체약국의 영역 내에서 적재하는 자유 또는 제3국의 영역으로부터 여객 및 화물을 다른 체약국의 영역 내에서 하기하는 자유를 의미한다.

국제항공업무통과협정은 1944년의 시카고 국제민간항공회의에서 채택되었으며, 정기항공에 관한 다수국 간 협정으로서 제1 및 제2의 자유만을 인정하고 있어 2개의 자유의 협정이라고도 한다. 정기국제항공업무에 있어서 각 체약국이 타체약국에 대하여 자국의 영역을 무착륙으로 횡단하는 특권과 운수 이외의 목적으로 착륙하는 기술착륙의 특권, 이 두 가지의 하늘의 자유를 인정하였다.

또한 이러한 특권은 시카고조약의 규정에 따라 행사하지 않으면 안 된다는 것과, 운수 이외의 목적으로 착륙할 특권을 타체약국에 허용하는 경우에도 체약국은 그 착륙 지점에서 합리적인 급유, 정비, 지상조업 등 상업상 업무의 제공을 요구할 수 있도록 규정하고 있다. 국제항공업무통과협정은 1945년 1월 30일에 발효되었다.

이와 같이 시카고 회의에서는 상업항공, 즉 정기국제항공업무에 필요한 제3, 제4 및 제5의 자유에 대한 자국 간 조약을 성립시키는 데 실패했으며, 이 때문에 정기국제항공업무의 개설은 2국 간의 개별적인 항공협정에 의존하게 되었다.

1946년 2월에 미국과 영국은 2국 간 항공협정을 처음으로 체결하였으며, 이것이 이후 각국의 2국 간 항공협정체결에 있어 표준형이 된 소위 버뮤다협정이다. 버뮤다협정은 시카고 표준방식을 채택하여 체계적인 형태를 갖춘 최초의 항공협정이며, 전후 각국이 체결한 항공협정의 기본모델이 되었으며, 전후의 국제민간항공의 발전을 위한 초석이 되었다.

2. 국제민간항공기구(International Civil Aviation Organization: ICAO)

가. ICAO의 설립과 구성원

ICAO는 1944년 12월 시카고 국제민간항공회의의 의제로서 국제민간항공기구의 설립이 제안되어 만들어졌으며, 현재는 국제연합의 산하기관의 하나이다. 국제민간항공기구는 1945년 6월 6일 "국제민간항공에 관한 잠정적 협정"에 의거 잠정적으로 발족되었으며, 국제민간항공조약이 1947년 4월 4일 발효됨에 따라 이 조약에 의거하여 정식으로 설립하게 되었다. 국제민간항공기구는 시카고조약 체약국으로 구성되며, 다음 3종류의 국가로 구분된다.

① 시카고조약 서명국으로서 비준서의 기탁을 한 국가

② 시카고조약 서명국 이외의 연합국 및 중립국으로서 시카고조약에 가입수속을 한 국가

③ ①, ② 이외의 국가들로서 일본 · 독일과 같은 제2차 세계대전의 패전국, 또는 한국과 같이 대전 후 독립한 국가

나. ICAO의 목적

ICAO의 설립목적은 시카고조약의 기본원칙인 기회균등을 기반으로 하여 국제항공운송의 건전한 발전을 도모하는 데 있다. 또 국제민간항공의 발달 및 안전의 확인 도모, 능률적 · 경제적 항공운송의 실현, 항공기술의 증진, 체약국의 권리 존중, 국제항공기업의 기회균등 보장 등에 그 목적을 두고 있다.

국제항공에 있어서 ICAO의 수행임무를 보면 다음과 같다(시카고조약 제44조).

① 국제민간항공의 안전 및 건전한 발전의 확보

② 평화적 목적을 위한 항공기의 설계 및 운항기술의 장려

③ 국제민간항공을 위한 항공로, 공항 및 항행안전시설 발달의 장려

④ 안전, 정확, 능률, 경제적인 항공수송에 대한 제국가 간의 요구에 대응

⑤ 불합리한 경쟁으로 인한 경제적 낭비의 방지

⑥ 체약국 권리의 반영 및 국제항공에 대한 공정한 기회부여와 보장

⑦ 체약국의 차별대우 지양

⑧ 국제항공의 비행안전 증진 도모

⑨ 국제민간항공의 모든 부문에서의 발달 촉진

다. ICAO 소재지

1946년 국제민간항공기구의 결의에 의하여 항구적인 소재지는 캐나다 몬트리올에 두기로 하였으며, 현재 ICAO의 본부는 캐나다 정부와의 협약에 의해 몬트리올에 두고 있다. 그러나 1954년 소재지에 관한 조약 제45조의 규정을 개정하여, 총회에서 체약국 5분의 3 이상의 결의로 국제민간항공기구의 본부를 다른 장소로 이동할 수 있게 되었다.

3. 국제항공운송협회(International Air Transport Association: IATA)

가. IATA의 설립 및 목적

IATA는 세계 각국의 항공기업(32개국의 61개 항공회사가 참여)이 1945년 4월 19일 쿠바의 아바나에서 세계 항공회사회의를 개최하여, 제2차 대전 후의 항공수송의 비약적인 발전에 의해 예상되는 여러 가지 문제에 대처하고, 국제항공운송사업에 종사하는 항공회사 간의 협조 강화를 목적으로 설립된 순수 민간의 국제협력 단체이다. 국제운송협회의 제1회 총회는 1945년 10월 캐나다 몬트리올에서 개최되었으며, 1945년 12월 국제민간항공운송협회에 관한 특별법을 제정하였다.

IATA의 목적은 첫째, 세계인류의 이익을 위해 안전하고 정기적이며 또한 경제적인 항공운송의 발달을 촉진함과 동시에 이와 관련되는 제반 문제의 연구, 둘째, 국제민간항공 운송에 직접적 또는 간접적으로 종사하고 있는 항공기업의 협력기관으로서 항공기업 간의 협력을 위한 모든 수단의 제공, 셋째, ICAO 및 기타 국제기구와 협력의 도모 등 세 가지로 대별될 수 있다. 이 중에서도 가장 중요한 것이 항공기업 간의 협력이다.

나. IATA의 회원

IATA의 회원은 정회원과 준회원으로 구분되며, ICAO 가맹국의 국적을 가진 항공기업만이 IATA의 회원이 될 수 있다. 국제항공운송에 종사하고 있는 항공기업은 정회원, 국제항공운송 이외의 정기항공운송에 종사하고 있는 항공기업은 준회원이 될 수 있다.

IATA는 원래 정기항공기업의 단체로 발족했지만, 1945년에 개최된 캐나다 회의에서 특별법 및 정관을 개정함으로써 최근에 급속하게 발달하고 있는 부정기 항공기업도 IATA의 회원이 될 수 있게 하였다.

4. 기타 항공교통 안전에 관한 국제협약

가. 항공기 내에서 범한 범죄와 기타 행위에 관한 협약(동경협약, 1963)

국제항공법에서 항공기 안에서 발생한 범죄에 대해 어느 나라가 관할권을 가지는가를 결정하는 것이 필요함에 따라 국제법학회와 형법학회에서 수차례에 걸쳐 이 문제를 논의하였다. 그 결과 1963년 동경에서 개최된 ICAO 체약국 전체대표자회의에서 채택되었다.

본 협약의 목적은 첫째, 공해 상공에서 범죄가 발생했거나 어느 나라 영공인지 구분이 안 되는 곳에서 발생한 범죄에 대해 적용형법을 결정하고, 둘째, 항공기의 안전을 저해하는 기상에서의 범죄와 행위에 대한 기장의 권리와 의무를 명확히 하고, 셋째, 항공기의 안전을 저해하는 범죄와 행위가 발생한 후 항공기가 착륙하는 지역 당국의 권리와 의무를 명확히 하는 것이다.

나. 항공기의 불법납치 억제를 위한 협약(헤이그협약, 1970)

1960년대 말경 증가하는 하이재킹에 대처하기 위해 국제적인 공동 노력이 시작되었으며, 1970년 12월 하이재킹을 국제적으로 처벌해야 하는 범죄로 규정한 헤이그협약을 체결하였다.

다. 국제항공안전에 대한 불법적 행위의 억제를 위한 협약(몬트리올협약, 1971)

동경협약과 헤이그협약이 전적으로 기내에서 행한 범죄의 억제에 관한 것이므로, 민간항공에 대한 여타 불법행위를 규제할 다른 협정이 필요하게 되었다. 이러한 범죄들은 헤이그협약이 체결된 다음 해인 1971년에 체결된 몬트리올협약에서 다루어졌다.

라. 국제민간항공의 공항에서의 불법적 행위 억제에 관한 의정서(1971년 몬트리올협약 보완, 1988)

마. 탐색 목적의 플라스틱 폭발물의 표지에 관한 협약(1971년 몬트리올에서 서명, 1998년 발효)

[항공의 자유(freedom of the air) 유형]

구 분	내 용
제1자유 (영공통과)	일국의 항공사가 타국의 영토 위를 무착륙으로 비행할 수 있는 권리(fly-over right)
제2자유 (기술착륙)	운송 이외의 급유, 정비와 같은 기술적 목적을 위해 상대국에 착륙할 수 있는 자유(technical landing right)
제3자유	자국 영토 내에서 실은 여객과 화물을 상대국으로 운송할 수 있는 자유(set-down right) 한국 → 일본
제4자유	상대국의 영토 내에서 여객과 화물을 탑승하고 자국으로 운송할 수 있는 자유(bring-back right) 일본 ← 한국
제5자유	자국에서 출발하거나 도착하는 비행 중에 상대국과 제3국 간의 여객과 화물을 운송할 수 있는 권리(beyond right) 일본 → 한국 → 미국
제6자유 = 6수송	항공사가 자국을 경유하여 두 외국 사이에서 운송할 수 있는 권리(제3자유+제4자유의 결합) 일본 → 한국 미국
제7자유	일국의 항공사가 두 외국 간에 운송하는 서비스를 전적으로 외국에서 독립적으로 제공하는 권리
제8자유	자국에서 출발하여, 외국 내의 국내 지점 간을 운송할 수 있는 권리("consecutive" cabotage)
제9자유	자국에서의 출발 없이, 외국 내의 국내 지점만을 운송할 수있는 권리("stand alone" cabotage)

[항공의 자유 설명 그림]

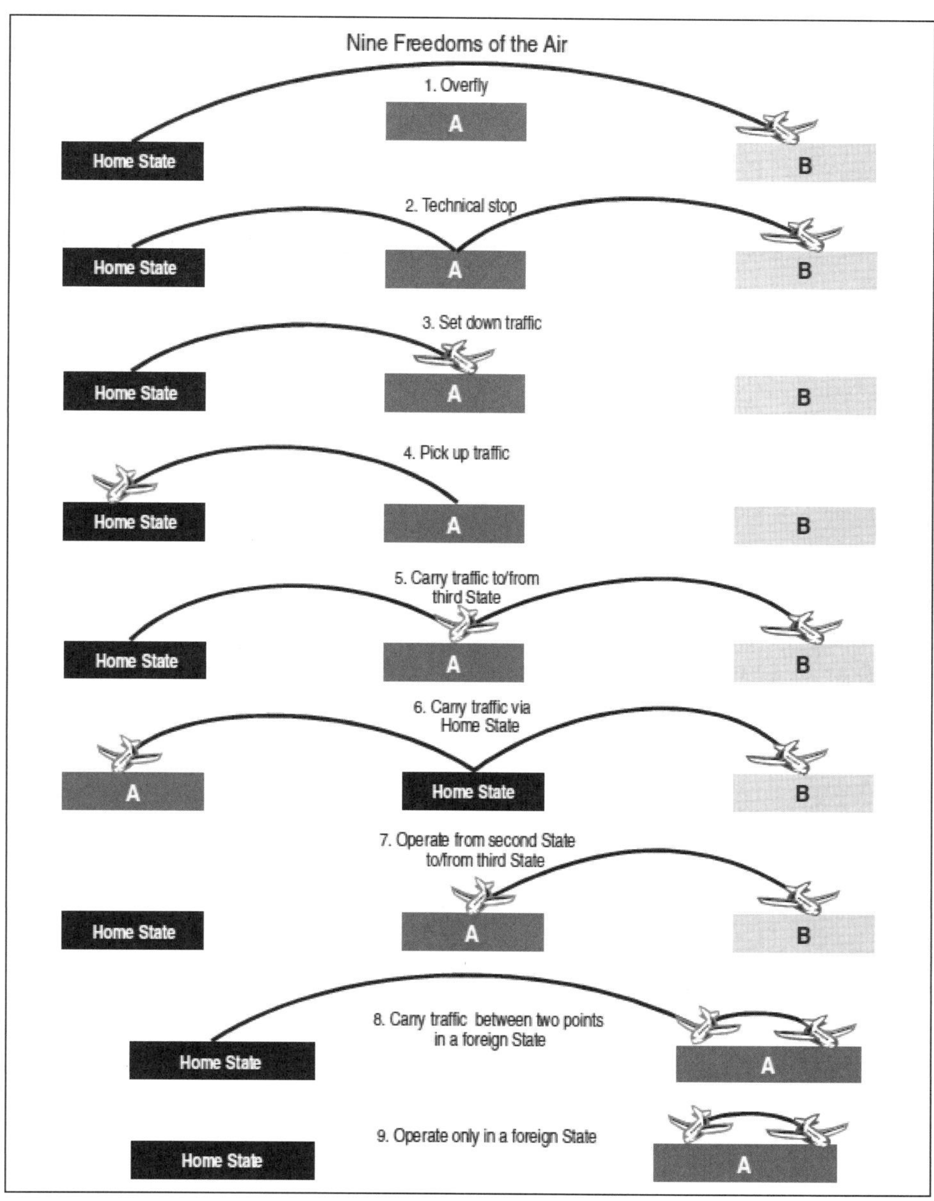

Nine Freedoms of the Air
1. Overfly
Home State
A
B
2. Technical stop
Home State
A
B
3. Set down traffic
Home State
A
B
4. Pick up traffic
Home State
A
B
5. Carry traffic to/from third State
Home State
A
B
6. Carry traffic via Home State
A
Home State
B
7. Operate from second State to/from third State
Home State
A
B
8. Carry traffic between two points in a foreign State
Home State
A
9. Operate only in a foreign State
Home State
A

6 국제항공법 예상문제

01 **시카고 국제민간항공조약에 대한 설명 중 틀린 것은?**

① 국제민간항공조약은 1944년에 제정되었다.
② 국제민간항공기구의 소재지는 캐나다 몬트리올이다.
③ 완벽한 항공의 자유를 확립하는 것을 목적으로 하였다.
④ 국제항공에 있어 항공시설 및 관리방식의 통일화와 그 표준에 관한 규정을 설정하고 있다.

해설 국제민간항공협약 제1조

02 **국제민간항공조약(시카고조약)에 대한 설명 중 틀린 것은?**

① 1947년 발효되었다.
② 완전한 상공의 자유를 확립하였다.
③ 완전하고 배타적인 주권을 인정하고 있다.
④ 국제민간항공조약을 보완하는 협정으로 국제항공업무통과협정이 있다.

해설 국제민간항공협약 제1조
완전한 상공의 자유를 확립하지 못하였음.

03 **항구적인 국제민간항공기구의 소재지는?**

① 스위스 제네바
② 프랑스 파리
③ 캐나다 몬트리올
④ 미국 뉴욕

해설 국제민간항공기구

04 **국제민간항공기구에 관한 설명 중 틀린 것은?**

① 1944년 시카고 국제민간항공회의에서 의제로서 국제민간항공기구의 설립이 제안되었다.
② 1946년 국제민간항공에 관한 잠정적 협정에 의거, 정식으로 설립되었다.
③ 국제민간항공기구의 소재지는 캐나다 몬트리올이다.
④ 국제민간항공기구는 국제민간항공의 안전 및 건전한 발전의 확보를 목적으로 한다.

해설 국제민간항공협약 설립배경

05 **국제민간항공조약의 전문 내용으로 틀린 것은?**

① 세계 각국과 각국 민간에 있어서의 우의와 이해를 창조하고 유지
② 세계 각국과 체약국의 이익 보호
③ 세계 평화의 기초인 각국과 각 국민 간의 협력을 증진
④ 국제민간항공이 안전하고 정연하게 발달

해설 국제민간항공협약 전문

06 **각국이 자국 영역상의 공간에 있어서 완전하고 배타적인 주권을 행사할 수 있는 것을 국제적으로 인정하는 법은?**

① 국제항공운송협정
② 시카고 국제민간항공협약
③ 바르샤바 조약 / 버뮤다 항공협정
④ 국제항공업무통과협정

해설 국제민간항공협약 제1조

정답 01 ③ 02 ② 03 ③ 04 ② 05 ② 06 ②

07 **국제민간항공조약이 규정하는 국가의 영토를 잘못 설명한 것은?**

① 그 나라의 주권, 종주권하에 있는 육지와 그에 인접한 영해
② 그 나라의 위임통치하에 있는 육지와 그에 인접한 영토
③ 그 나라의 보호하에 있는 육지
④ 그 나라의 위임통치하에 있는 육지

해설 국제민간항공협약 제2조
주권, 종주권 보호하에 있는 육지와 그에 인접한 영수

08 **국제민간항공조약에서 규정한 국가항공기가 아닌 것은?**

① 군 항공기
② 세관 항공기
③ 경찰 항공기
④ 산림청 항공기 / 국토부 점검용 항공기

해설 국제민간항공협약 제3조

09 **국가업무 항공기로 취급할 수 없는 항공기는?**

① 군 업무에 사용하고 있는 항공기
② 세관 업무에 사용하고 있는 항공기
③ 국가원수나 외교사절이 전세로 사용하는 민간 항공기
④ 지방항공청이 감항검사를 하고 있는 항공기

10 **항공협정을 기초로 하여 운영되는 정기국제항공업무가 보유하는 특권과 관계가 없는 것은?**

① 상대 체약국의 영역을 무착륙으로 횡단비행하는 특권
② 운수 이외의 목적으로 상대 체약국의 영역에 착륙하는 특권
③ 여객, 화물의 적재 및 하기를 위해 상대 체약국의 영역 내에 착륙하는 특권
④ 상대 체약국의 영역 내에서 2지점 간의 구역을 여객 및 화물의 운송을 하는 특권

해설 국제항공업무통과협정

11 **국제항공업무통과협정과 관계있는 것은?**

① 제1의 자유와 제2의 자유
② 제2의 자유와 제3의 자유
③ 제3의 자유와 제4의 자유
④ 제4의 자유와 제5의 자유

해설 국제항공업무통과협정

12 **시카고조약 제6조 당해 양국 간의 항공협정 내용이 아닌 것은?**

① 양국 간에 항공협정을 체결하였으면, 체약국의 특별한 허가를 받지 않아도 당해 체약국의 영역을 비행하거나 그 영역 내에서 항공활동을 할 수 있다.
② 체약국의 특별한 허가를 받지 않고, 당해 체약국의 영역을 비행하거나 그 영역 내에서 항공활동을 할 수 없다.
③ 체약국의 특별한 허가를 받고, 그 조건에 따르는 경우 당해 체약국의 영역을 비행할 수 있다.
④ 체약국의 특별한 허가를 받고, 그 조건에 따르는 경우 당해 체약국의 영역 내에서 항공활동을 할 수 있다.

해설 국제민간항공협약 제6조

13 **체약국의 영역 상공을 무착륙으로 횡단할 수 있는 자유는?**

① 제1의 자유 ② 제2의 자유
③ 제3의 자유 ④ 제5의 자유

해설 하늘의 자유

14 **체약국의 영역을 운수 이외의 목적으로 착륙하는 자유는?**

① 제1의 자유(무단횡단)
② 제2의 자유(기술착륙)
③ 제3의 자유
④ 제4의 자유

해설 하늘의 자유

정답 07 ② 08 ④ 09 ④ 10 ④ 11 ① 12 ① 13 ① 14 ②

15 **자국 내에서 적재한 여객 및 화물을 체약국인 타국에서 하기하는 자유는?**

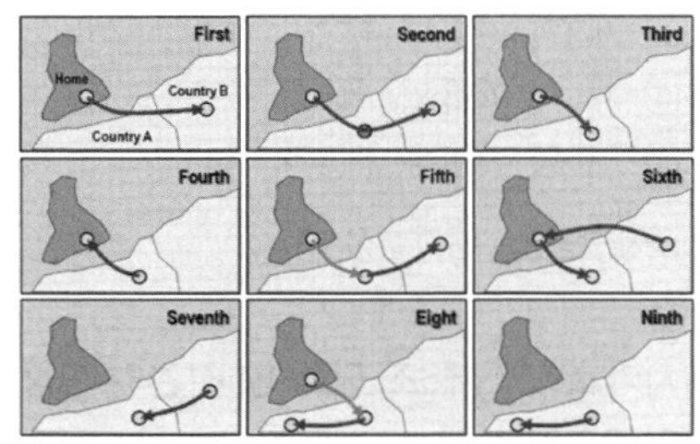

① 제1의 자유 ② 제2의 자유
③ 제3의 자유 ④ 제4의 자유

해설 하늘의 자유

16 **정기국제항공에 있어 상업권(운수권)의 자유는?**

① 제1의 자유
② 제2의 자유
③ 제2의 자유와 제3의 자유
④ 제3의 자유와 제4의 자유

해설 하늘의 자유

17 **워싱턴에서 여객 및 화물을 적재하여 자국인 우리나라로 비행하여 하기하는 자유는?**

① 제2의 자유 ② 제3의 자유
③ 제4의 자유 ④ 제5의 자유

해설 하늘의 자유

18 **Air Cabotage의 금지란?**

① 다른 체약국의 영역에서 자국을 향해 여객·화물을 적재하는 것을 금지하는 것
② 외국항공기가 자국 내의 지점 간에 있어 여객·화물의 적재 및 하기를 금지하는 것
③ 제3국의 영역으로 향하는 여객·화물을 다른 체약국의 영역 내에서 적재하는 것을 금지하는 것
④ 제3국의 영역으로부터 여객·화물을 다른 체약국의 영역 내에서 하기하는 것을 금지하는 것

해설 국제민간항공협약 제7조

19 **체약국인 타국의 항공기가 우리나라 인천국제공항에서 홍콩으로 향하는 여객, 화물을 싣는 특권의 자유는?**

① 제2의 자유 ② 제3의 자유
③ 제4의 자유 ④ 제5의 자유

해설 하늘의 자유

20 **다른 체약국의 항공기가 비행금지 구역을 침범하였을 경우의 조치사항은?**

① 추방을 지시하며, 응하지 않을 경우 격추시킨다.
② 영역 외로 추방한다.
③ 지정 공항에 착륙할 것을 지시한다.
④ 침입항공기를 계속 감시하며, 영역 외의 추방을 지시한다.

해설 국제민간항공협약 제9조 (C)항

21 **국제항공업무에 사용되는 체약국의 모든 항공기가 공해 상공에 있어 준수하여야 할 항공규칙은?**

① 시카고협약 제9조에 의해 ICAO가 설정한 항공규칙을 준수하여야 한다.
② 시카고협약 제10조에 의해 ICAO가 설정한 항공규칙을 준수하여야 한다.
③ 시카고협약 제11조에 의해 ICAO가 설정한 항공규칙을 준수하여야 한다.
④ 시카고협약 제12조에 의해 ICAO가 설정한 항공규칙을 준수하여야 한다.

해설 국제민간항공협약 제12조

22 **국제항공업무에 사용되는 항공기에 관세 면제의 적용 대상 물품이 아닌 것은?**

① 항공기에 실려 있는 장비품
② 항공기에 실려 있는 연료 및 윤활유
③ 해당 항공기로부터 지상에 부려 놓은 항공기의 물품
④ 체약국 세관의 감시하에 보관하는 물품

해설 국제민간항공협약 제24조

정답 15 ③ 16 ④ 17 ③ 18 ② 19 ④ 20 ③ 21 ④ 22 ③

23 **다른 체약국 영역 내에서 사고를 일으켰을 경우 사고조사는 어떻게 하는가?**

① 다른 체약국의 법률이 허용하는 한도 내에서 사고조사를 한다.
② 사고가 발생한 나라는 법률에 따라 ICAO가 권고하는 수속에 따라 사고조사를 한다.
③ 다른 체약국의 법률이 허용하는 한도 내에서 ICAO가 입회하여 사고조사를 한다.
④ 사고가 발생한 나라는 법률에 따라 ICAO가 입회하여 사고조사를 한다.

해설 국제민간항공협약 제26조

24 **우리나라에서 외국항공기의 사고 발생 시 사고조사는?**

① ICAO가 정하는 법령에 의거하여 사고조사를 한다.
② 우리나라 법령의 허용 범위 안에서 ICAO가 권고하는 수속에 따라 사고조사를 한다.
③ 2개국 협정에서 규정한 조항에 의거하여 사고조사를 한다.
④ 우리나라 법대로 사고조사를 한다.

해설 국제민간항공협약 제26조

25 **국제항공에 종사하는 모든 항공기가 휴대할 서류와 관계없는 것은?**

① 감항증명서, 등록증명서
② 항공일지, 형식증명서
③ 여객을 운송할 때는 성명, 탑승지 및 목표지의 기록표
④ 화물을 운송할 때는 적재목록 및 화물의 세목 신고서

해설 국제민간항공협약 제29조

26 **국제민간항공협약 부속서는 몇 개로 이루어져 있는가?**

① 14개 ② 16개
③ 19개 ④ 21개

해설 국제민간항공협약 제37조

27 **항공종사자 자격 및 교육훈련 내용을 명시한 부속서는?**

① 부속서1 ② 부속서7
③ 부속서8 ④ 부속서13

해설 국제민간항공협약 제37조

28 **항공기의 국적 및 등록에 관한 국제민간항공협약 부속서는?**

① 부속서6 ② 부속서7
③ 부속서8 ④ 부속서10

해설 국제민간항공협약 제37조

29 **항공기의 감항성에 대한 내용을 명시한 부속서는?**

① 부속서5 ② 부속서6
③ 부속서7 ④ 부속서8

해설 국제민간항공협약 제37조

30 **항공기 사고조사, 보고, 통지 등을 명시한 부속서는?**

① 부속서13 ② 부속서14
③ 부속서15 ④ 부속서16

해설 국제민간항공협약 제37조

31 **항공기 환경보호 및 소음규제에 대한 내용 등을 명시한 부속서는?**

① 부속서15 ② 부속서16
③ 부속서17 ④ 부속서18

해설 국제민간항공협약 제37조

32 **국제민간항공조약 부속서의 내용으로 옳지 않은 것은?**

① 부속서 1: 항공종사자 자격증명
② 부속서 6: 항공기 사고조사
③ 부속서 8: 항공기의 감항성
④ 부속서 16: 항공기 소음

해설 국제민간항공협약 제37조
부속서 6은 항공기 운영임.

정답 23 ② 24 ② 25 ② 26 ③ 27 ① 28 ② 29 ④ 30 ① 31 ② 32 ②

33 다음 중 국제민간항공조약에서 정하는 것은?

① 권고 방식 ② 기술 교범
③ 표준 방식 ④ 강제 규칙

해설 국제민간항공협약 제37조

34 국제민간항공협약 부속서에서 물리적 특성, 형태, 재료, 성능, 인원 또는 절차에 대한 세칙으로 체약국이 준수해야 할 의무는?

① 권고 방식 ② 국제 표준
③ 취득 정보 ④ 기술 교범

해설 국제민간항공협약 제37조

35 국제민간항공의 위험물 수송 등을 결정하는 기구는?

① 국제민간항공기구(ICAO)
② 국제항공운송협회(IATA)
③ 국제항공위원회(CINA)
④ 항공운수협회

36 국제항공운송협회(IATA)의 설립목적이 아닌 것은?

① 안전한 항공운송의 발달과 촉진
② 항공기업 간의 협조
③ 국제민간항공기구 및 기타 국제기관 간의 협조
④ 각 체약국 간 이득 적정 분배 / 국가 항공기의 관리 / 국제항공사업 기회 균등 보장

37 국제항공운송협회(IATA)의 정회원 자격은?

① ICAO 가맹국의 국제항공업무를 담당하는 회사
② ICAO 가맹국의 국내항공업무를 담당하는 회사
③ ICAO 가맹국의 정기항공업무를 담당하는 회사
④ 어떤 회사든 모두 가능하다.

38 국제민간항공의 운송절차, 운임의 결정 및 항공운송대리점에 관한 규정을 결정하는 기구는?

① 국제민간항공기구(ICAO)
② 국제항공운송협회(IATA)
③ 국제항공위원회(CINA)
④ 미국항공운수협회

정답 33 ① 34 ② 35 ① 36 ④ 37 ① 38 ②

모의고사

- 조종사자격증명 모의고사
- 항공정비사 모의고사

AVIATION LAW

제 1 회 조종사자격증명 모의고사

01 항공기 소유권의 득실변경과 관계없는 것은?

① 항공기에 대한 소유권의 득실변경은 등록해야 효력이 생긴다.
② 항공기에 대한 임차권은 등록해야 제3자에 대하여 그 효력이 생긴다.
③ 항공기에 대한 임대권은 등록해야 제3자에 대하여 그 효력이 생긴다.
④ 항공기를 사용할 수 있는 권리가 있는 자는 이를 국토부장관에게 등록하여야 한다.

해설 항공안전법 제7조, 제9조

02 여압장치가 없는 항공기가 700헥토파스칼(hPa) 미만인 비행고도에서 비행하려는 경우 장착하여야 하는 산소량은?

① 승객 10퍼센트와 승무원 전원이 그 초과되는 시간 동안 필요로 하는 양
② 승객 전원과 승무원 전원이 해당비행시간 동안 필요로 하는 양
③ 승객 전원과 승무원 전원이 비행고도 등 비행환경에 따라 적합하게 필요로 하는 양
④ 승객 전원과 승무원 전원이 최소한 10분 이상 사용할 수 있는 양

해설 항공안전법 시행규칙 제114조 제1항 제1호

03 항공기를 항공에 사용하기 위하여 필요한 절차는?

① 항공기의 등록 → 감항증명 → 시험비행
② 항공기의 등록 → 시험비행 → 감항증명
③ 시험비행 → 항공기의 등록 → 감항증명
④ 감항증명 → 항공기의 등록 → 시험비행

해설 항공안전법 제2장

04 항공기 운항정지 처분의 사유가 아닌 것은?

① 감항증명을 받지 아니한 항공기를 운항한 경우
② 소음기준 적합증명을 받지 아니한 항공기를 운항한 경우
③ 설치한 의무무선설비가 운용되지 아니하는 항공기를 운항한 경우
④ 항공기 운항업무를 수행하는 종사자의 책임과 의무를 위반하였을 경우

해설 항공안전법 제91조 제1항

05 항공기기술기준의 운용한계는 무엇에 의하여 지정하는가?

① 항공기의 감항분류
② 항공기의 사용연수
③ 항공기의 종류, 등급, 형식
④ 항공기의 중량

해설 항공안전법 시행규칙 제41조

06 항공종사자의 자격증명 응시연령으로 잘못된 것은?

① 자가용 조종사는 만17세
② 사업용 조종사는 만18세
③ 경량항공기 조종사는 만18세
④ 항공정비사는 만18세

해설 항공안전법 제34조 제2항 제1호, 제109조 제2항 제1호

정답 01 ④ 02 ① 03 ② 04 ③ 05 ① 06 ③

07 항공기에 타고 있는 모든 사람이 사용할 수 있는 낙하산을 갖춰야 하는 경우는?

① 허가를 받아 시험비행 등을 하는 항공기
② 항공운송사업을 위한 모든 항공기
③ 국토교통부장관이 지정한 항공기
④ 곡예비행을 하는 헬리콥터

해설 항공안전법 시행규칙 제112조

08 소음기준적합증명 대상 항공기는?

① 국제민간항공협약 부속서 16에 규정한 항공기
② 항공운송사업에 사용되는 터빈발동기를 장착한 항공기
③ 최대이륙중량 5,700kg을 초과하는 항공기
④ 터빈발동기를 장착한 항공기로서 국토교통부장관이 정하여 고시하는 항공기

해설 항공안전법 시행규칙 제49조

09 승객 150명을 탑승시킬 수 있는 항공기에 비치하여야 할 소화기 수는?

① 3개 ② 4개
③ 5개 ④ 6개

해설 항공안전법 시행규칙 제110조 별표 15 제2호

10 비행 중 교차하거나 그와 유사하게 접근하는 동순위의 항공기 상호 간에 있어서 진로의 양보는?

① 다른 항공기를 상방으로 보는 항공기가 진로를 양보한다.
② 다른 항공기를 하방으로 보는 항공기가 진로를 양보한다.
③ 다른 항공기를 우측으로 보는 항공기가 진로를 양보한다.
④ 다른 항공기를 좌측으로 보는 항공기가 진로를 양보한다.

해설 항공안전법 시행규칙 제166조 제1항 제5호

11 항공기의 종류와 등급의 한정을 바르게 설명한 것은?

① 국토교통부장관은 자격증명을 받고자 하는 자가 실기시험에 사용하는 항공기의 종류와 등급으로 한정하여야 한다.
② 국토교통부장관은 자격증명을 받고자 하는 자가 실기시험에 사용하는 항공기의 종류·등급 또는 형식으로 한정하여야 한다.
③ 국토교통부장관은 자격증명을 받고자 하는 자가 실기시험에 사용하는 항공기의 형식으로 한정하여야 한다.
④ 국토교통부장관은 항공정비사에 대하여는 자격증명을 받고자 하는 자가 실기시험에 사용하는 항공기의 종류와 등급으로 한정하여야 한다.

해설 항공안전법 시행규칙 제81조 제1항

12 항공기에 비치하여야 하는 항공일지는?

① 발동기 항공일지 ② 프로펠러 항공일지
③ 탑재용 항공일지 ④ 기체 항공일지

해설 항공안전법 시행규칙 제108조 제1항

13 우리나라의 국적기호를 "HL"로 정한 까닭은?

① ICAO가 선정한 것이다.
② 우리나라 국회가 선정하여 각 체약국에 통보한 것이다.
③ 무선국의 호출부호 중에서 선정한 것이다.
④ 각국이 선정하여 ICAO에 통보한 것이다.

해설 국제민간항공협약 Part 3

14 항공기 사고를 보고해야 할 의무가 있는 사람은?

① 기장
② 항공기의 소유자
③ 항공정비사
④ 기장 및 항공기의 소유자

해설 항공안전법 제59조 제1항, 항공안전법 시행규칙 제134조 제2항

정답 07 ① 08 ④ 09 ① 10 ③ 11 ② 12 ③ 13 ③ 14 ④

15 항공기가 야간에 공중과 지상을 항행할 때 필요한 등불은?

① 우현등, 좌현등, 회전지시등
② 우현등, 좌현등, 충돌방지등
③ 우현등, 좌현등, 미등
④ 우현등, 좌현등, 미등, 충돌방지등

해설 항공안전법 시행규칙 제120조 제1항

16 "항공사고"가 아닌 것은?

① 항공기의 중대한 손상·파손 또는 구조상의 고장
② 경량항공기의 추락·충돌 또는 화재 발생
③ 초경량비행장치의 추락·충돌 또는 화재 발생
④ 조종사가 연료 부족으로 비상선언을 한 경우

해설 항공안전법 제2조 제6호 ~ 제8호

17 "외국 항공기의 유상운송허가 신청서"에 기재하여야 할 사항이 아닌 것은?

① 항공기의 국적, 등록부호, 형식 및 식별부호
② 운송을 하려는 취지
③ 여객의 성명 및 국적 또는 화물의 품명 및 수량
④ 목적 비행장 및 총 예상 소요비행시간

해설 항공사업법 시행규칙 제56조

18 항공기에 장비하여야 할 구급용구에 대한 설명 중 틀린 것은?

① 승객 좌석 수 201석부터 300석까지의 객실에는 소화기 4개
② 항공운송사업용 및 항공기사용사업용 항공기에는 도끼 1개
③ 승객 좌석 수 200석 이상의 항공운송사업용 여객기에는 메가폰 2개
④ 승객 좌석 수 201석부터 300석까지의 모든 항공기에는 구급의료용품 3조

해설 항공안전법 시행규칙 제110조 별표 15 제1호
200석 이상인 경우 메가폰 3개

19 주류등을 섭취한 후 항공업무에 종사한 경우의 처벌은?

① 2년 이하의 징역 또는 2천만원 이하의 벌금
② 2년 이하의 징역 또는 3천만원 이하의 벌금
③ 3년 이하의 징역 또는 3천만원 이하의 벌금
④ 3년 이하의 징역 또는 4천만원 이하의 벌금

해설 항공안전법 제146조

20 항공운송사업에 사용되는 항공기 외의 항공기가 시계비행방식에 의한 비행을 하는 경우 설치하여야 하는 의무무선설비는?

① 2차 감시 항공교통관제 레이더용 트랜스폰더 1대
② 자동방향탐지기(ADF) 1 대
③ 계기착륙시설(ILS) 수신기 1대
④ 전방향표지시설(VOR) 수신기 1대

해설 항공안전법 시행규칙 제107조 제1항

21 각국이 자국의 영역상의 공간에 있어서 완전하고 배타적인 주권을 행사할 수 있는 것을 국제적으로 인정하는 법은?

① 국제항공운송협정
② 시카고 국제민간항공협약
③ 바르샤바 조약 / 버뮤다 항공협정
④ 국제항공업무통과협정

해설 국제민간항공협약 전문

22 항공운송사업에 사용되는 터빈발동기를 장착한 비행기에 사고예방장치(또는 사고조사)를 위하여 장착하여야 하는 장치는?

① ACAS, FDR
② GPWS, CVR
③ FDR, CVR
④ ACAS, GPWS

해설 항공안전법 시행규칙 제109조

부록 모의고사

정답 15 ④ 16 ④ 17 ④ 18 ③ 19 ③ 20 ① 21 ② 22 ③

23 항공운송사업용 비행기(왕복발동기 항공기)가 시계비행 시 착륙예정 비행장까지 비행에 필요한 연료의 양에 추가로 실어야 할 연료는?

① 다시 순항속도로 30분간 더 비행할 수 있는 양
② 다시 순항속도로 45분간 더 비행할 수 있는 양
③ 다시 순항속도로 50분간 더 비행할 수 있는 양
④ 다시 순항속도로 60분간 더 비행할 수 있는 양

해설 항공안전법 시행규칙 제119조 별표 17

24 항공교통업무에 따른 관제공역의 내용이 아닌 것은?

① A등급 공역은 모든 비행기가 계기비행을 하여야 하는 공역
② B등급 공역은 계기비행 및 시계비행을 하는 항공기가 비행가능한 공역
③ C등급 공역은 계기비행을 하는 항공기에 항공교통관제업무가 제공되는 공역
④ D등급 공역은 시계비행을 하는 항공기간에는 비행정보업무만 제공되는 공역

해설 항공안전법 시행규칙 제221조 별표 23

25 항공종사자의 주류등의 종류 및 측정에 대한 설명으로 틀린 것은?

① 주류등은 사고력 등에 장애를 일으키는 에틸알코올 성분이 포함된 발효주 등을 말한다.
② 지방항공청장은 소속 공무원으로 하여금 주류등의 섭취 또는 사용사실을 측정하게 할 수 있다.
③ 공항경찰대는 주류등의 섭취 또는 사용 사실을 측정하게 할 수 있다.
④ 주류등의 섭취를 적발한 공무원은 섭취 또는 사용 적발보고서를 작성하여 국토교통부장관에게 보고하여야 한다.

해설 항공안전법 시행규칙 제129조
국토교통부장관은 주류등의 섭취 또는 사용 사실을 측정하게 할 수 있음.

정답 23 ② 24 ③ 25 ③

제 2 회 조종사자격증명 모의고사

01 항공기 권리를 등록하여야 할 항공기는?

① 군, 경찰 또는 세관업무에 사용하는 항공기
② 외국에 임대할 목적으로 도입한 항공기로서 국내 국적을 취득할 항공기
③ 국내에서 제작한 항공기로서 제작자외의 소유자가 결정되지 않은 항공기
④ 외국에 등록된 항공기를 임차하여 법 제5조의 규정에 따라 운영하는 경우의 항공기

해설 항공안전법 제7조, 항공안전법 시행령 제4조

02 Air Cabotage의 금지란?

① 다른 체약국의 영역에서 자국을 향해 여객·화물을 적재하는 것을 금지하는 것
② 외국항공기가 자국 내의 지점 간에 있어 여객·화물의 적재 및 하기를 금지하는 것
③ 제3국의 영역으로 향하는 여객·화물을 다른 체약국의 영역 내에서 적재하는 것을 금지하는 것
④ 제3국의 영역으로부터 여객·화물을 다른 체약국의 영역 내에서 하기하는 것을 금지하는 것

해설 ICAO협약 Air Cabotage 금지의 원칙 제7조

03 항공계기등의 설치·탑재 및 운용 등에 대한 설명이 틀린 것은?

① 항공계기등을 설치하여 운용하여야 한다.
② 서류 등을 탑재하여 운용하여야 한다.
③ 구급용구 등을 탑재하여 운용하여야 한다.
④ 운용방법 등에 관하여 필요한 사항은 지방항공청장이 정한다.

해설 항공안전법 제52조 제1항 ~ 제2항
국토교통부령으로 정함.

04 다음 중 형식증명의 대상이 아닌 것은?

① 항공기
② 발동기
③ 프로펠러
④ 자동조종장치 / 장비품

해설 항공안전법 제20조 제1항

05 항공운송사업에 사용되는 터빈발동기를 장착한 비행기로서 지상접근경고장치(GPWS) 1기 이상을 장착하여야 하는 비행기는?

① 최대이륙중량 15,000kg을 초과하거나 승객 30명을 초과하는 항공기
② 최대이륙중량 15,000kg을 초과하지 않는 항공기
③ 최대이륙중량 5,700kg을 초과하거나 승객 9명을 초과하는 항공기
④ 최대이륙중량 5,700kg을 초과하지 않는 항공기

해설 항공안전법 시행규칙 제109조 제2항

06 항공기 기장의 직무와 권한에 관한 설명 중 틀린 것은?

① 해당 항공기의 승무원을 지휘·감독한다.
② 항공기 안에 있는 여객에 대하여 안전에 필요한 사항을 명할 수 있다.
③ 규정에 의한 사고가 발생한 때에는 국토교통부장관에게 보고하여야 한다.
④ 항공기 내에서 발생한 범죄에 대하여 사법권을 갖는다.

해설 항공안전법 제62조 제1항 ~ 제5항

정답 01 ② 02 ② 03 ④ 04 ④ 05 ③ 06 ④

07 **감항증명 신청 시 첨부하는 비행교범에 포함되지 않는 사항은?**

① 항공기의 종류・등급・형식 및 제원에 관한 사항
② 항공기의 성능 및 운용한계에 관한 사항
③ 항공기의 제작 정비 수리에 관한 사항
④ 항공기 조작방법 등 그 밖에 국토교통부장관이 정하여 고시하는 사항

해설 항공안전법 시행규칙 제35조 제2항

08 **항공기 승무원 신체검사의 유효기간이 잘못된 것은?**

① 항공운송사업에 종사하는 60세 이상인 사람은 6개월
② 자가용 조종사 40세 미만은 24개월
③ 항공교통관제사 50세 미만은 24개월
④ 항공기관사는 12개월

해설 항공안전법 시행규칙 제92조 제1항 별표 8
자가용 조종사 40세 미만은 60개월임.

09 **항공운송사업에 사용되는 항공기 외의 항공기가 시계비행방식에 의한 비행을 하는 경우 설치하여야 하는 의무무선설비가 아닌 것은?**

① SSR Transponder
② VOR 수신기
③ VHF 또는 UHF 무선전화 송수신기
④ ELT

해설 항공안전법 시행규칙 제107조 제1항

10 **항공운송사업용 항공기에 비치해야 할 도끼 수는?**

① 1개 ② 2개
③ 3개 ④ 4개

해설 항공안전법 시행규칙 별표 15 제3호

11 **다음 중 대한민국 국적으로 등록할 수 있는 항공기는?**

① 외국에서 우리나라 국민이 제작한 항공기
② 외국에서 우리나라 국민이 수리한 항공기
③ 외국인 국제항공운송사업자가 국내에서 해당 사업에 사용하는 항공기
④ 외국 항공기의 국내 사용 단서에 따라 국토교통부장관의 허가를 받은 항공기

해설 항공안전법 제10조

12 **항공・철도사고조사위원회에 대한 설명으로 틀린 것은?**

① 항공・철도사고 등의 원인 규명과 예방을 위한 사고조사를 독립적으로 수행한다.
② 국토교통부에 항공・철도사고조사위원회를 둔다.
③ 국토교통부장관은 일반적인 행정사항에 대하여는 위원회를 지휘・감독한다.
④ 국토교통부장관이 사고조사에 대하여는 관여한다.

해설 항공안전법 제4조 제1항 ~ 제2항
국토교통부장관은 사고조사에 대하여 관여하지 않음.

13 **계기비행 시 항공기에 장착해야 되는 정밀기압고도계의 수는?**

① 1개 ② 2개
③ 3개 ④ 4개

해설 항공안전법 시행규칙 제117조 제1항 별표 16

14 **"항공기취급업"에 속하지 않는 것은?**

① 항공기급유업
② 지상조업사업
③ 항공기하역업
④ 항공기정비업/항공기운송업/화물운송사업

해설 항공안전법 시행규칙 제5조

정답 07 ③ 08 ② 09 ② 10 ① 11 ① 12 ④ 13 ② 14 ④

15 소음기준적합증명을 받지 않고 운항할 수 있는 경우가 아닌 항공기는?

① 항공기 생산업체가 장비품 등의 연구·개발을 위하여 시험비행을 하는 경우
② 항공기의 제작·정비·수리 또는 개조 후 시험비행을 하는 경우
③ 항공기의 정비 또는 수리·개조를 위한 장소까지 공수비행을 하는 경우
④ 항공기의 설계 변경을 위하여 시험비행을 하는 경우

해설 항공안전법 시행규칙 제53조 제1항

16 항공교통업무의 목적이 아닌 것은?

① 항공기 간의 충돌방지
② 기동지역 안에서 항공기와 장애물 간의 충돌방지
③ 항공교통흐름의 촉진 및 질서 유지
④ 전파에 의한 항공기 항행의 지원

해설 항공안전법 시행규칙 제228조 제1항

17 탑재용 항공일지의 기재사항이 아닌 것은?

① 항공기 등록부호 및 등록 연월일
② 감항분류 및 감항증명번호
③ 장비교환 이유
④ 발동기 및 프로펠러의 형식

해설 항공안전법 시행규칙 제108조 제2항 제1호

18 프로펠러 항공기가 계기비행으로 교체비행장이 요구되는 경우 항공기에 실어야 할 연료의 양은?

① 교체비행장으로부터 순항속도로 45분간 더 비행할 수 있는 연료의 양
② 교체비행장으로부터 순항속도로 60분간 더 비행할 수 있는 연료의 양
③ 교체비행장의 상공에서 30분간 체공하는 데 필요한 연료의 양
④ 이상사태 발생 시 연료소모가 증가할 것에 대비하여 국토교통부장관이 정한 추가 연료의 양

해설 항공안전법 시행규칙 제119조 별표 17

19 승객 및 승무원의 좌석 장착에 대한 설명이 틀린 것은?

① 2세 이상의 승객과 모든 승무원을 위한 안전벨트가 달린 좌석을 장착하여야 한다.
② 승무원의 좌석에는 안전벨트 외에 어깨 끈을 장착하여야 한다.
③ 승객의 좌석에는 안전벨트 외에 어깨 끈을 장착하여야 한다.
④ 운항승무원의 좌석에 장착하는 어깨 끈은 급감속 시 상체를 자동적으로 제어하는 것이어야 한다.

해설 항공안전법 시행규칙 제111조
모든 승무원의 좌석에는 안전띠 외에 어깨 끈을 장착해야 함.

20 항공운송사업자가 운항을 시작하기 전에 국토부장관으로부터 인력, 장비, 시설, 운항관리지원 및 정비관리지원 등 안전운항체계에 대하여 받아야 하는 것은?

① 운항증명　　② 항공운송사업면허
③ 운항개시증명　　④ 항공운송사업증명

해설 항공안전법 제90조 제1항

21 기장이 항공기를 이탈한 죄에 대한 처벌은?

① 5년 이하의 징역　　② 3년 이하의 징역
③ 10년 이하의 징역　　④ 20년 이하의 징역

해설 항공안전법 제143조

22 국토교통부령이 정하는 "긴급하게 운항하는 항공기"가 아닌 것은?

① 재난, 재해 등으로 인한 수색, 구조 항공기
② 응급환자의 수송 등 구조, 구급 활동을 하는 항공기
③ 자연재해 발생 시에 긴급복구를 하는 항공기
④ 긴급 구호물자를 수송하는 항공기

해설 항공안전법 시행규칙 제207조 제1항

정답 15 ④ 16 ④ 17 ③ 18 ① 19 ③ 20 ① 21 ① 22 ④

부록 모의고사

23 **기장의 의무사항이 아닌 것은?**

① 기장은 항공기사고 발생 시 국토부장관에게 그 사실을 보고하여야 한다.
② 기장은 항공기사고 또는 항공기준사고 발생 시 지방항공청장에게 그 사실을 보고하여야 한다.
③ 기장은 항공기준사고 발생 시 국토부장관에게 그 사실을 보고하여야 한다.
④ 기장이 보고할 수 없는 경우에는 해당 항공기의 소유자 등이 보고하여야 한다.

해설 항공안전법 제62조 제5항
기장은 사고 발생 시 국토교통부장관에게 보고하여야 함.

24 **항공운송사업에 사용되는 모든 비행기에 갖추어야 할 사고예방장치는?**

① 공중충돌경고장치 ② 기압저하경고장치
③ 비행자료기록장치 ④ 조종실음성기록장치

해설 항공안전법 시행규칙 제109조 제1항

25 **항공작전기지에서 근무하는 군인이 자격증명이 없더라도 국방부장관으로부터 자격인정을 받아 수행할 수 있는 업무는?**

① 조종 ② 관제
③ 항공정비 ④ 급유 및 배유

해설 항공안전법 제34조 제3항

정답 23 ② 24 ① 25 ②

항공정비사 모의고사

01 항공기 권리를 등록하여야 할 항공기는?

① 군, 경찰 또는 세관업무에 사용하는 항공기
② 외국에 임대할 목적으로 도입한 항공기로서 국내 국적을 취득할 항공기
③ 국내에서 제작한 항공기로서 제작자외의 소유자가 결정되지 않은 항공기
④ 외국에 등록된 항공기를 임차하여 법 제5조의 규정에 따라 운영하는 경우의 항공기

해설 항공안전법 제7조, 항공안전법 시행령 제4조

02 항공기의 수리 · 개조승인을 얻어야 하는 수리 또는 개조의 범위는?

① 정비조직인증을 받은 업무범위 안에서 항공기를 수리 · 개조하는 경우
② 정비조직인증을 받은 업무범위를 초과하여 항공기를 수리 · 개조하는 경우
③ 정비조직인증을 받은 자가 항공기 등을 수리 · 개조하는 경우
④ 정비조직인증을 받은 자에게 항공기 등의 수리 · 개조를 위탁하는 경우

해설 항공안전법 시행규칙 제65조

03 등록부호를 표시하는 장소가 아닌 것은?

① 보조 날개, 플랩 ② 동체
③ 주 날개 ④ 꼬리 날개

해설 항공안전법 시행규칙 제14조
주 날개와 꼬리 날개 또는 주 날개와 동체

04 감항증명 신청 시 첨부하여야 할 서류가 아닌 것은?

① 비행교범
② 정비교범
③ 해당 항공기의 정비방식을 기재한 서류
④ 감항증명과 관련하여 국토교통부장관이 필요하다고 인정하여 고시하는 서류

해설 항공안전법 시행규칙 제35조 제1항

05 소음기준적합증명을 받아야 하는 항공기는?

① 터빈발동기를 장착한 항공기, 국제선을 운항하는 항공기
② 터빈발동기를 장착한 항공기, 국내선을 운항하는 항공기
③ 왕복발동기를 장착한 항공기, 국제선을 운항하는 항공기
④ 왕복발동기를 장착한 항공기, 국내선을 운항하는 항공기

해설 항공안전법 시행규칙 제49조

06 수리 또는 개조의 승인 신청 시 첨부하여야 할 서류는?

① 수리 또는 개조 방법과 기술 등을 설명하는 자료
② 수리 또는 개조설비, 인력현황
③ 수리 또는 개조규정
④ 수리 또는 개조계획서

해설 항공안전법 시행규칙 제66조

정답 01 ② 02 ② 03 ① 04 ③ 05 ① 06 ④

07 **항공안전법 제20조의 "항공기의 형식증명"이란?**

① 항공기의 강도 · 구조 및 성능에 관한 기준을 정하는 증명
② 항공기의 취급 또는 비행 특성에 관한 것을 명시하는 증명
③ 항공기의 감항성에 관한 기술을 정하는 증명
④ 항공기 형식의 설계에 관한 감항성을 별도로 하는 증명

해설 항공안전법 제20조

08 **항공기에 설치 · 운용하는 "무선설비"의 내용으로 잘못된 것은?**

① 항공기를 운항하려는 자는 비상위치무선표지설비 등을 설치 · 운용하여야 한다.
② 항공기에 2차 감시레이더용 트랜스폰더 등을 설치 · 운용하여야 한다.
③ 항공기 소유자등은 비상위치무선표지설비 등을 설치 · 운용하여야 한다.
④ 지방항공청장이 정하는 무선설비를 설치 · 운용하여야 한다.

해설 항공안전법 제51조
국토교통부령으로 정하는 무선설비를 설치 · 운용하여야 함.

09 **항공기 등록기호표는 어떻게 부착하는가?**

① 항공기 출입구 윗부분에 가로 7cm, 세로 5cm의 내화금속으로 만들어 보기 쉬운 곳에 부착한다.
② 항공기 윗부분에 가로 7cm, 세로 5cm의 내화금속으로 만들어 보기 쉬운 곳에 부착한다.
③ 등록기호표에는 국적기호 및 등록기호(이하 "등록부호"라 한다)와 국기, 소유자등의 명칭을 기재하여야 한다.
④ 등록기호표에는 국적기호 및 등록기호(이하 "등록부호"라 한다)와 국기, 소유자등과 제작자 명칭을 기재하여야 한다.

해설 항공안전법 시행규칙 제12조 제1항

10 **"경미한 정비"의 범위는?**

① 감항성에 미치는 영향이 경미한 개조작업
② 복잡한 결합작용을 필요로 하는 규격 장비품 또는 부품의 교환작업
③ 간단한 보수를 하는 예방작업으로서 리깅 또는 간극의 조정작업
④ 법 제32조의 행위를 하는 경우

해설 항공안전법 시행규칙 제68조

11 **"항공기취급업"에 속하지 않는 것은?**

① 항공기급유업
② 지상조업사업
③ 항공기하역업
④ 항공기정비업 / 항공기운송업 / 화물운송사업

해설 항공안전법 시행규칙 제5조

12 **국토부장관이 고시하는 항공기기술기준에 포함되어야 할 사항이 아닌 것은?**

① 감항기준
② 환경기준
③ 지속 감항성 유지를 위한 기준
④ 정비기준

해설 항공안전법 제19조

13 **탑재용 항공일지의 수리, 개조 또는 정비의 실시에 관한 기록 사항이 아닌 것은?**

① 실시 연월일 및 장소
② 실시 이유, 수리, 개조 또는 정비의 위치
③ 교환 부품명
④ 확인자의 자격증명번호 / 비행 중 발생한 항공기의 결함

해설 항공안전법 시행규칙 제108조 제2항 제1호

정답 07 ④ 08 ④ 09 ① 10 ③ 11 ④ 12 ④ 13 ④

14 **자격증명의 효력에 대한 설명으로 알맞은 것은?**

① 그 상급의 자격증명을 받은 경우에는 종전의 자격에 관한 항공기의 등급·형식의 한정에 관하여도 유효하다.
② 그 상급의 자격증명을 받은 경우에는 종전의 자격에 관한 항공기의 등급·형식의 계기비행증명 자격증명에 관하여도 유효하다.
③ 그 상급의 자격증명을 받은 경우에는 종전의 자격에 관한 항공기의 등급·형식의 계기비행증명·조종교육증명에 관한 자격증명에 관하여도 유효하다.
④ 항공정비사의 자격증명을 받은 사람이 비행기 한정을 받은 경우에는 활공기에 대한 한정을 함께 받은 것으로 본다.

해설 항공안전법 시행규칙 제90조

15 **사고조사위원회에 대한 설명 중 틀린 것은?**

① 사고조사단의 구성, 운영에 관하여 필요한 사항은 대통령령으로 정한다.
② 위원의 임기는 5년이다.
③ 12명 이내의 위원으로 구성되어 있다.
④ 위원은 직무와 관련하여 독립된 권한을 행사한다.

해설 항공안전법 제6조 제11조
위원의 임기는 3년임.

16 **항공기등의 정비등의 확인 행위로 옳은 것은?**

① 법 제35조 제6호의 항공정비사 자격증명을 가진 사람이 항공기등에 대하여 감항성 확인
② 법 제35조 제7호의 항공정비사 자격증명을 가진 사람이 장비품에 대하여 감항성 확인
③ 법 제35조 제8호의 항공정비사 자격증명을 가진 사람이 장비품, 부품에 대하여 감항성 확인
④ 법 제35조 제9호의 항공정비사 자격증명을 가진 사람이 장비품, 부품에 대하여 감항성 확인

해설 항공안전법 제32조

17 **감항증명의 유효기간에 대한 설명으로 옳지 않은 것은?**

① 감항증명의 유효기간은 1년으로 한다.
② 정비조직인증을 받은 자의 감항성 유지 능력을 고려하여 국토교통부령으로 정하는 바에 따라 유효기간을 연장할 수 있다.
③ 정비 등을 위탁하는 경우에는 정비조직인증을 받은 자의 감항성 유지 능력을 고려한다.
④ 감항증명의 유효기간을 연장할 수 있는 항공기는 항공기의 감항성을 지속적으로 유지하기 위하여 지방항공청장이 정하는 정비방법(고시)에 따라 정비 등이 이루어지는 항공기를 말한다.

해설 항공안전법 제23조 제4항 시행규칙 제38조

18 **항공기등의 검사관으로 임명 또는 위촉될 수 있는 사람은?**

① 항공정비사 자격증명을 받은 사람
② 항공공장정비사 자격증명을 받은 사람
③ 항공산업기사 자격을 취득한 사람
④ 3년 이상 항공기의 설계, 제작, 정비 또는 품질보증 업무에 종사한 경력이 있는 사람

해설 항공안전법 제31조 제2항

19 **정비규정에 포함될 사항이 아닌 것은?**

① 항공기 등의 품질관리 절차 / 정비 매뉴얼, 기술문서의 관리방법
② 교육훈련 / 직무적성검사 / 직무능력평가 / 중량 및 균형관리
③ 항공기의 감항성을 유지하기 위한 정비 및 검사 프로그램
④ 항공기등 및 부품의 정비방법 및 절차

해설 항공안전법 시행규칙 제266조 제2항 제1호 별표 37

부록 모의고사

정답 14 ④ 15 ② 16 ③ 17 ④ 18 ① 19 ②

20 **항공기기술기준위원회에 대한 설명으로 옳은 것은?**

① 국제민간항공조약 부속서를 고시한다.
② 대한민국과 항공안전협정을 체결한 국가의 기준을 고시한다.
③ 항공기기술기준 제·개정안을 심의·의결한다.
④ 위원회의 구성, 위원의 선임기준 및 임기 등은 대통령령으로 정한다.

해설 항공안전법 시행규칙 제60조

21 **항공기, 장비품 또는 부품에 대한 정비등 명령에 대한 설명으로 틀린 것은?**

① 해당되는 항공기등, 장비품 또는 부품의 형식
② 정비등을 하여야 할 시기 및 그 방법
③ 그 밖에 정비등을 수행하는 데 필요한 기술자료
④ 정비등을 완료한 후 그 이행 결과를 지방항공청장에게 통보하여야 한다.

해설 항공안전법 시행규칙 제45조

22 **공역의 종류에 대한 설명이 잘못된 것은?**

① 관제공역: 항공교통의 안전을 위하여 항공기의 비행순서·시기 및 방법 등에 관하여 국토교통부장관의 지시를 받아야 할 필요가 있는 공역
② 비관제공역: 관제공역 외의 공역으로서 조종사에게 비행에 필요한 조언·비행정보 등을 제공하는 공역
③ 통제공역: 항공기의 안전을 보호하거나 기타의 이유로 비행허가를 받지 아니한 항공기의 비행을 제한하는 공역
④ 주의공역: 항공기의 비행 시 조종사의 특별한 주의·경계·식별 등이 필요한 공역

해설 항공안전법 제78조 제1항
통제공역은 항공교통의 안전을 위하여 비행을 금지하거나 제한할 필요가 있는 공역임.

23 **항공정비사의 업무범위를 두 가지 고르시오.**

① 정비등을 한 항공기등, 장비품 또는 부품에 대하여 감항성을 확인하는 행위
② 정비를 한 경량항공기 또는 그 장비품·부품에 대하여 안전하게 운용할 수 있음을 확인하는 행위
③ 정비 또는 수리, 개조한 항공기에 대하여 법 제30조에 따른 확인을 하는 행위
④ 정비 또는 개조한 항공기(경미한 정비 및 법 제30조 제1항에 따른 수리, 개조는 제외)에 대하여 법 제32조에 따른 확인을 하는 행위

해설 항공안전법 제36조 제1항 별표

24 **항공정비사 자격증명 취소처분을 받은 후 다시 취득할 수 있을 때까지의 유효기간은?**

① 1년 경과
② 2년 경과
③ 3년 경과
④ 4년 경과

해설 항공안전법 제34조 제2항 제2호

25 **국외 정비확인자 인정의 유효기간은?**

① 6개월
② 1년
③ 2년
④ 국토교통부장관이 정하는 기간

해설 항공안전법 시행규칙 제73조

정답 20 ③ 21 ④ 22 ③ 23 ①, ② 24 ② 25 ②

항공정비사 모의고사

01 **항공기의 운항 및 정비에 관한 운항규정 및 정비규정은 누가 제정하는가?**

① 국토교통부장관
② 항공기 제작사
③ 항공사 사장(항공운송사업자)
④ 지방항공청장

해설 항공안전법 제93조 제1항

02 **등록을 필요로 하는 항공기의 범위는?**

① 군 또는 세관에서 사용하거나 경찰업무에 사용하는 항공기
② 외국에 임대할 목적으로 도입한 항공기로서 외국국적을 취득할 항공기
③ 국내에서 제작한 항공기로서 제작자외의 소유자가 결정되지 아니한 항공기
④ 대한민국 국민이 사용할 수 있는 권리가 있는 외국인 소유 항공기

해설 항공안전법 시행령 제4조

03 **항공기에 탑재해야 할 서류가 아닌 것은?**

① 형식증명서 / 화물적재분포도
② 감항증명서 / 무선국허가증명서
③ 항공기 등록증명서
④ 탑재용 항공일지 / 운용한계지정서

해설 항공안전법 시행규칙 제113조

04 **항공종사자의 자격증명의 종류가 아닌 것은?**

① 운송용 조종사　② 항공사
③ 객실승무원　④ 부조종사

해설 항공안전법 제35조

05 **항공기의 "등록기호표"에 기재하여야 할 사항은?**

① 국적기호, 등록기호, 소유국 국기
② 국적기호, 등록기호, 항공기 형식
③ 국적기호, 등록기호, 소유자등의 명칭
④ 국적기호, 등록기호, 항공기 제작사

해설 항공안전법 시행규칙 제12조 제2항

06 **"소음기준적합증명"은 언제 받아야 하는가?**

① 감항증명을 받을 때
② 형식증명을 받을 때
③ 운용한계를 지정할 때
④ 항공기를 등록할 때

해설 항공안전법 제25조 제1항

07 **항공기 등록에 대한 설명이 틀린 것은?**

① 항공기를 등록한 때에는 신청인에게 항공기 등록증명서를 발급하여야 한다.
② 사유가 있는 날부터 15일 이내에 국토부장관에게 변경등록을 신청하여야 한다.
③ 소유자・양수인 또는 임차인은 국토부장관에게 이전등록을 신청하여야 한다.
④ 사유가 있는 날부터 10일 이내에 국토부장관에게 말소등록을 신청하여야 한다.

해설 항공안전법 제12조 ~ 제14조
말소 등록은 15일 이내

정답 01 ③ 02 ④ 03 ① 04 ③ 05 ③ 06 ① 07 ④

08 **기술기준에 적합할 때, 수리·개조 승인을 받은 것으로 볼 수 없는 경우는?**

① 기술표준품형식승인을 받은 자가 제작한 기술표준품을 그가 수리·개조하는 경우
② 부품등제작자증명을 받은 자가 제작한 장비품 또는 부품을 그가 수리·개조하는 경우
③ 성능 및 품질검사를 받은 자가 수리·개조하는 경우
④ 정비조직인증을 받은 자가 항공기등, 장비품 또는 부품을 수리·개조하는 경우

해설 항공안전법 제30조 제3항

09 **항공기의 소유자가 항공기에 갖추어야 할 구급용구가 아닌 것은?**

① 비상식량 ② 구명동의
③ 음성신호발생기 ④ 구명보트

해설 항공안전법 시행규칙 제110조 별표 15 제1호

10 **"형식증명신청서"에 첨부할 서류가 아닌 것은?**

① 인증계획서
② 항공기 3면도
③ 발동기의 설계, 운용특성에 관한 자료
④ 설계계획서

해설 항공안전법 시행규칙 제18조

11 **"특정한 업무"를 수행하기 위하여 사용하는 경우가 아닌 것은?**

① 재난·재해 등으로 인한 수색(搜索)·구조에 사용되는 경우
② 산불의 진화 및 예방에 사용되는 경우
③ 응급환자의 수송 등 구조·구급활동에 사용되는 경우
④ 설계에 관한 형식증명을 위해 특별시험비행을 하는 경우

해설 항공안전법 시행규칙 제37조 제4항

12 **감항증명의 유효기간을 연장할 수 있는 항공기는?**

① 항공운송사업에 사용되는 항공기
② 국제항공운송사업에 사용되는 항공기
③ 국토교통부장관이 정하여 고시하는 방법에 따라 정비 등이 이루어지는 항공기
④ 항공기의 종류, 등급 등을 고려하여 국토교통부장관이 정하여 고시하는 항공기

해설 항공안전법 시행규칙 제38조

13 **항공사고와 관계가 있는 항공기 정비 서류의 검사를 거부한 자에 대한 처벌은?**

① 1년 이하의 징역 또는 2천만원 이하의 벌금
② 2년 이하의 징역 또는 3천만원 이하의 벌금
③ 3년 이하의 징역 또는 3천만원 이하의 벌금
④ 4년 이하의 징역 또는 5천만원 이하의 벌금

해설 항공·철도 사고조사에 관한 법률 제35조 제1항

14 **자격증명의 한정을 바르게 설명한 것은?**

① 항공기의 종류, 등급 또는 형식에 의한다.
② 항공업무에 의한다.
③ 항공종사자의 기능에 의한다.
④ 항공종사자 자격에 의한다.

해설 항공안전법 제37조 제1항

15 **형식증명을 위한 검사 범위에 해당되지 않는 것은?**

① 해당 형식의 설계에 대한 검사
② 제작과정에 대한 검사
③ 완성 후의 상태 및 비행성능에 대한 검사
④ 제작공정의 설비에 대한 검사

해설 항공안전법 시행규칙 제20조

정답 08 ③ 09 ① 10 ④ 11 ④ 12 ③ 13 ③ 14 ① 15 ④

16 "형식증명승인"에 대한 설명 중 틀린 것은?

① 대한민국에 수출하려는 제작자는 국토부령으로 정하는 바에 따라 국토교통부장관의 승인을 받을 수 있다.
② 형식증명승인을 할 때에는 해당 항공기등이 항공기기술기준에 적합한지를 검사하여야 한다.
③ 대한민국과 항공안전에 관한 협정을 체결한 국가로부터 형식증명을 받은 항공기등도 검사를 받아야 한다.
④ 검사 결과 항공기등이 항공기기술기준에 적합하다고 인정할 때에는 국토교통부령으로 정하는 바에 따라 형식증명승인서를 발급하여야 한다.

해설 항공안전법 제21조 제1항 ~ 제3항
형식증명승인을 받은 것으로 봄.

17 정비조직인증을 받은 업무 범위를 초과하여 항공기를 수리 · 개조한 경우에는?

① 국토교통부장관의 검사를 받아야 한다.
② 국토교통부장관의 승인을 받아야 한다.
③ 항공정비사 자격증명을 가진 자에 의하여 확인을 받아야 한다.
④ 국토교통부장관에게 신고하여야 한다.

해설 항공안전법 제30조 제1항, 시행규칙 제65조

18 감항증명을 위한 검사 범위는?

① 설계, 제작과정 및 완성 후의 상태와 비행성능
② 설계, 제작과정 및 완성 후의 비행성능
③ 설계, 제작과정 및 완성 후의 상태
④ 설계, 완성 후의 상태와 비행성능

해설 항공안전법 시행규칙 제38조

19 항공기등의 수리 · 개조승인의 검사범위가 아닌 것은?

① 지방항공청장은 수리신청을 받은 경우에는 수리계획서가 기술기준에 적합하게 이행될 수 있을지 여부를 확인한 후 승인하여야 한다.
② 지방항공청장은 개조신청을 받은 경우에는 개조계획서가 기술기준에 적합하게 이행될 수 있을지 여부를 확인한 후 승인하여야 한다.
③ 지방항공청장은 수리신청을 받은 경우에 수리계획서만으로 곤란하다고 판단되는 때에는 작업완료 후 수리결과서에 작업지시서 수행본 1부를 첨부하여 제출하는 것을 조건으로 승인할 수 있다.
④ 지방항공청장은 개조계획서만으로 확인이 곤란하다고 판단되는 때에는 작업완료 후 수리결과서를 제출하는 것을 조건으로 승인할 수 있다.

해설 항공안전법 시행규칙 제67조

20 감항증명에 대한 설명 중 틀린 것은?

① 감항증명을 받은 경우 유효기간 이내에는 감항성 유지에 대한 확인을 받지 않는다.
② 국토교통부장관이 승인한 경우를 제외하고는 대한민국 국적을 가진 항공기만 감항증명을 받을 수 있다.
③ 유효기간은 1년이며, 항공기의 형식 및 소유자등의 감항성 유지능력 등을 고려하여 연장이 가능하다.
④ 감항증명 당시의 항공기기술기준에 적합하지 아니한 경우에는 감항증명의 효력을 정지시키거나 유효기간을 단축시킬 수 있다.

해설 항공안전법 제23조 제2항, 제4항, 제6항, 제9항
소유자등이 해당 항공기의 감항성을 유지하는지 수시로 검사해야 함.

정답 16 ③ 17 ② 18 ① 19 ③ 20 ①

21 **국토교통부령으로 정하는 "국외 정비확인자의 자격"이 없는 자는?**

① 외국정부가 발급한 항공정비사 자격증명을 받은 사람
② 외국정부의 항공정비사 자격증명을 가진 사람
③ 외국정부가 인정한 항공기의 수리사업자
④ 외국정부가 인정한 항공기 정비사업자에 소속된 사람으로서 항공정비사 자격증명을 받은 사람과 같은 이상의 능력이 있는 사람

해설 항공안전법 시행규칙 제71조

22 **항공정비사 자격시험에서 실기시험이 일부 면제되는 경우는?**

① 대학을 졸업하고 항공정비사 학과시험의 범위를 포함하는 각 과목을 이수한 사람
② 3년 이상 항공정비에 관한 실무경험이 있는 사람
③ 외국정부가 발행한 항공정비사 자격증명을 소지한 사람
④ 항공정비사 자격증명을 받고, 3년의 실무경력이 있는 사람

해설 항공안전법 시행규칙 제88조 제1항

23 **항공교통업무 등이 바르게 설명되지 못한 것은?**

① 국토교통부장관은 항공기 또는 경량항공기 등에 항공교통관제 업무를 제공할 수 있다.
② 국토교통부장관은 운항과 관련된 조언 및 정보를 조종사 또는 관련 기관 등에 제공할 수 있다.
③ 지방항공청장은 비행정보구역 안에서 수색·구조를 필요로 하는 경량항공기에 관한 정보를 조종사 또는 관련 기관에게 제공할 수 있다.
④ 항공교통업무증명을 받은 자는 항공기 등에 항공교통관제 업무를 제공할 수 있다.

해설 항공안전법 제83조 제1항 ~ 제3항
국토교통부장관 또는 항공교통업무증명을 받은 자

24 **"예외적으로 감항증명을 받을 수 있는 항공기"가 아닌 것은?**

① 국토교통부령으로 정하는 국내에서 제작하는 항공기
② 국내에서 수리·개조 또는 제작한 후 수출할 항공기
③ 대한민국의 국적을 취득하기 전에 감항증명을 위한 검사를 신청한 항공기
④ 대한민국에서 사용하다 외국에 임대할 항공기

해설 항공안전법 시행규칙 제36조

25 **항공운송사업자가 사업계획으로 업무를 정하거나 변경하려는 경우 국토교통부장관에게 해야 하는 것은? (다만, 국토교통부령으로 정하는 경미한 사항은 제외)**

① 인가 ② 신고
③ 등록 ④ 제출

해설 항공안전법 제12조 제3항

정답 21 ③ 22 ③ 23 ③ 24 ④ 25 ①

MEMO

항공자격증명을 위한

항공법규

2021. 1. 26. 초 판 1쇄 인쇄
2021. 2. 2. 초 판 1쇄 발행

지은이 | 이득순
감 수 | 이상희, 김관연, 정하걸, 이기산
펴낸이 | 이종춘
펴낸곳 | BM (주)도서출판 **성안당**
주소 | 04032 서울시 마포구 양화로 127 첨단빌딩 3층(출판기획 R&D 센터)
10881 경기도 파주시 문발로 112 파주 출판 문화도시(제작 및 물류)
전화 | 02) 3142-0036
031) 950-6300
팩스 | 031) 955-0510
등록 | 1973. 2. 1. 제406-2005-000046호
출판사 홈페이지 | **www.cyber.co.kr**
ISBN | 978-89-315-0183-4 (13550)
정가 | 25,000원

이 책을 만든 사람들
기획 | 최옥현
진행 | 이희영
교정·교열 | 이진영
전산편집 | 민혜조
표지 디자인 | 임진영
홍보 | 김계향, 유미나
국제부 | 이선민, 조혜란, 김혜숙
마케팅 | 구본철, 차정욱, 나진호, 이동후, 강호묵
마케팅 지원 | 장상범, 박지연
제작 | 김유석